油田油气集输与处理技术手册

(中册)

《油田油气集输与处理技术手册》编委会 编

石油工业出版社

内 容 提 要

本手册是在总结我国油田油气集输技术成果的基础上,根据各油田设计院技术特点,组织部分具有技术特长和丰富经验的专家编写而成。

手册共有23章及两个附录,分上、中、下三册。本册为中册,主要内容包括采出水处理、配注系统、油田含油污泥处理、数字化油田与油气计量、防腐与绝热、辅助及公用工程、设备与容器。

本手册是一部数据资料丰富、功能齐全、方便实用的工具书,可供从事油田油气集输工程的技术和管理人员以及石油院校相关专业师生参考使用。

图书在版编目(CIP)数据

油田油气集输与处理技术手册. 中册/《油田油气集输与处理技术手册》编委会编. —北京：石油工业出版社,2023.4

ISBN 978-7-5183-5669-0

Ⅰ. ①油… Ⅱ. ①油… Ⅲ. ①油气集输—技术手册 Ⅳ. ①TE86-62

中国版本图书馆 CIP 数据核字(2022)第186479号

出版发行:石油工业出版社

(北京安定门外安华里2区1号 100011)

网　　址:www.petropub.com

编辑部:(010)64523687　图书营销中心:(010)64523633

经　销:全国新华书店

印　刷:北京中石油彩色印刷有限责任公司

2023年4月第1版　2023年4月第1次印刷
787×1092毫米　开本:1/16　印张:48
字数:1060千字

定价:282.00元
(如出现印装质量问题,我社图书营销中心负责调换)
版权所有,翻印必究

《油田油气集输与处理技术手册》
编 委 会

主　　编: 汤　林　徐英俊
名誉主编: 苗承武
执行主编: 白晓东　赵雪峰　张志贵　王铁军　梁　平
副 主 编: 班兴安　吴　浩　章卫兵　张维智
编 写 人: (按姓氏笔画排序)

卜明哲　于红侠　于　涛　于　博　万　丽　么金红　马天怡
马绪军　王大庆　王　石　王兴刚　王　坤　王　郁　王宗科
王春刚　王胜利　王　洋　王晓东　王　超　王辉文　王　悟
牛春庆　邓　煜　卢　浩　田　晶　付　玥　付金辉　付　勇
付跃有　白晓东　兰后东　曲　虎　乔攀尧　刘子健　刘发安
刘兴煜　刘贤明　刘洪锋　刘雪梅　刘清华　齐德珍　许艳春
孙春芬　孙洪升　孙　淼　杜廷召　杜明俊　杨学军　杨　健
李玉春　李　庆　李　岩　李　彦　李　雪　李　楠　李慧静
李　蕾　连洪江　吴晓磊　何玉辉　何国栋　沈　杨　宋广通
宋尊剑　张东波　张京龙　张春刚　张维智　张　琳　张新平
张燕霞　陈长青　陈　宁　陈宏健　陈　辉　邵艳波　邵颖丽
苗永保　苑井玉　范　欣　林　森　尚增辉　周　磊　庞鑫峰
宗大庆　赵永军　赵　超　袁海涛　贾　庆　贾雪松　夏　蓉
徐　东　徐　峰　栾　庆　郭东红　郭南南　郭胜利　唐德志
黄燕飞　曹毅渊　戚　涛　崔慧娟　章　瑶　梁　平　梁　明
董荟思　敬辉阳　蒋　新　焦文龙　谭为群　樊梦芳　戴　滨
魏　哲

审 稿 人: (按姓氏笔画排序)

卫　晓　王金国　王瑞泉　孙铁民　杨清民　李玉春　李延春
李勇浩　吴　玮　吴　迪　何　莉　张汉沛　张春刚　张德发
苗承武　曹广仁

前　言

油田地面工程是控制投资、降低成本的重要源头，是安全生产、提质增效的关键环节，是实现油田高效开发、体现开发效果和水平的重要途径。油气集输与处理是油田地面工程中的一个重要系统，是生产合格原油和伴生气产品最为关键的工艺过程。为适应目前油田多种开发方式并存，指导不同类型油田油气集输与处理系统设计、生产管理与决策咨询，中国石油油气和新能源分公司、中国石油规划总院、大庆油田工程建设有限公司、中国石油工程建设有限公司华北分公司、中国石油工程项目管理公司天津设计院、重庆科技学院、石油工业出版社等单位在充分借鉴《油田油气集输设计技术手册》（上下册）（石油工业出版社，1994年，1995年）编写经验及技术成果的基础上，共同编写了《油田油气集输与处理技术手册》（上中下册），以适应新形势下地面工程建设以及提质增效、精益生产、提高设计质量和人员技术水平的需要。

本手册的编写充分贯彻了继承性、科学性、先进性和实用性的指导思想，全面总结了中国油田地面工程60多年技术发展脉络，广泛吸取了地面工程近十年来技术创新和发展成果，充分展现了中国石油油田地面工程优化简化、标准化设计、完整性管理、数字化油田建设、化学复合驱油田开发等特色技术体系，努力做到规范化、系统化和图表化，力图为广大工程技术和管理人员提供一部功能齐全、数据可靠、方便实用的工具书。

本手册共分为23章和两个附录。第一章至第八章为上册，第九章至第十五章为中册，第十六章至附录为下册。第一章由白晓东、陈辉和张维智编写；第二章由魏哲、杨学军、付玥、马天怡和谭为群编写；第三章由田晶、夏蓉、王超、李慧静和栾庆编写；第四章由马绪军、董荟思、李慧静、王石和刘兴煜编写；第五章由连洪江、赵超、沈杨、曹毅渊、庞鑫峰、于涛、苗永保、于博、王超、付金辉、孙森和苑井玉编写；第六章由李彦、梁平、齐德珍、刘贤明和王大庆编写；第七章由何国栋、崔慧娟、贾雪松和袁海涛编写；第八章由邵艳波和曲虎编写；第九章由何玉辉、宋尊剑、王愔、赵永军、王辉文、李岩、乔攀尧和吴晓磊编写；第十章由蒋新、刘洪锋、宗大庆、郭胜利、王洋、章瑶、李蕾、邓煜、王宗科、张新平、么金红、王晓东、焦文龙、牛春庆和王胜利编写；第十一章由王春刚编写；第十二章由万丽、张东波、王兴刚、戴滨和范欣编写；第十三章由李雪、敬辉阳、徐峰、郭东红和兰后东编写；第十四章由刘雪梅、黄燕飞、于红侠、王郁、付跃有、樊梦芳、张京龙和张琳编写；第十五章由邵艳波、刘清华、杜廷召、杨建和卢浩编写；第十六章由杜明俊和卜明哲编写；第十七章由梁明编写；第十八章由王坤和李庆编写；第十九章由付勇和陈宏健编写；第二十章由贾庆、林森和郭南南编写；第二十一章由尚增辉编写；第二十二章由孙春芬和徐东编写；第二十三章由张燕霞、崔慧娟、周磊、陈宁、陈长青和刘子健编写；附录一由许艳春、邵颖丽、孙洪升、宋广通和李楠编写；附录二由白晓东和陈辉编写。全书由白晓东、何禹、戚涛和刘发安统稿，由汤林、徐英俊进行全面技术审定把关。

本手册编写过程中，得到苗承武、王瑞泉、曹广仁、王怀孝、孟宪杰、孙铁民、赵玉华、卫晓、张箭啸、何莉等专家的大力支持和悉心指导，在此表示衷心的感谢。同时，本书还利用了部分油气田公司相关技术总结材料，在此表示诚挚的谢意。

本手册内容丰富、技术性强，但限于编者经验及水平，错误和疏漏在所难免，恳请读者批评指正。

总目录

上 册

第一章　常用术语
第二章　油田采出物组成、性质及质量标准
第三章　油气集输
第四章　原油处理
第五章　原油储运
第六章　伴生气处理及轻烃回收
第七章　天然气凝液储运
第八章　油气集输管道

中 册

第九章　采出水处理
第十章　配注系统
第十一章　油田含油污泥处理
第十二章　数字化油田与油气计量
第十三章　防腐与绝热
第十四章　辅助及公用工程
第十五章　设备与容器

下　册

第十六章　管道材料及管道附属件

第十七章　管线与站库启动投产

第十八章　油气田地面建设标准化设计

第十九章　油气田管道完整性管理

第二十章　油气集输和水处理化学剂

第二十一章　安全、环境保护、职业卫生与节能

第二十二章　工程投资及经济评价

第二十三章　油气集输与处理常用软件

附录 A　常用基础资料

附录 B　油田地面工程常用规范

目 录

第九章 采出水处理 (1)

第一节 概述 (1)
一、油田采出水的来源 (1)
二、油田采出水的成分 (2)
三、油田采出水的特点 (3)
四、采出水处理的主要内容 (3)

第二节 水质指标 (5)
一、原水水质 (5)
二、回注水水质标准 (5)
三、排放污水水质标准 (6)
四、稠油热采注汽锅炉给水水质标准 (10)
五、无效回注水水质标准 (10)

第三节 采出水回注常规处理 (11)
一、采出水处理工艺流程 (11)
二、除油 (17)
三、过滤 (24)
四、采出水处理站工艺计算 (28)

第四节 采出水回注深度处理 (45)
一、多级过滤 (45)
二、膜过滤 (47)

第五节 稠油采出水回用处理 (52)
一、水质特性 (52)
二、工艺流程及特点 (52)
三、除油 (55)
四、吸附除硅 (56)
五、水质软化 (59)
六、相关设备 (70)

第六节　采出水达标外排处理 …… （77）
　　一、工艺选择 …… （77）
　　二、采出水预处理 …… （78）
　　三、生化处理 …… （79）
　　四、设备选用 …… （83）

第七节　辅助生产设施 …… （84）
　　一、污油回收 …… （84）
　　二、污水回收 …… （86）
　　三、药剂投加 …… （90）
　　四、杀菌工艺 …… （91）

参考文献 …… （95）

第十章　配注系统 …… （96）

第一节　概述 …… （96）
　　一、水驱 …… （96）
　　二、化学剂驱 …… （96）
　　三、蒸汽驱 …… （97）
　　四、气驱 …… （97）

第二节　注水 …… （98）
　　一、注水方式的选择 …… （98）
　　二、注水压力的确定 …… （99）
　　三、注水水源 …… （99）
　　四、注水量的确定 …… （100）
　　五、注水工艺选择 …… （101）
　　六、系统布局 …… （102）
　　七、注水站 …… （102）
　　八、主要设备选择 …… （111）
　　九、注水管道 …… （113）

第三节　注蒸汽 …… （117）
　　一、注蒸汽采油方式及工艺 …… （117）
　　二、注汽站 …… （125）
　　三、注汽管道 …… （132）

第四节 注化学剂 (140)
    一、注聚合物 (140)
    二、三元复合驱配制注入 (151)
    三、注入管道 (157)
   第五节 注气 (158)
    一、系统布局 (158)
    二、工艺流程 (159)
    三、主要设备选择 (162)
    四、注气管道 (166)
   参考文献 (170)

第十一章 油田含油污泥处理 (171)

   第一节 概述 (171)
    一、油田含油污泥来源 (171)
    二、油田含油污泥特性 (172)
    三、含油污泥的危害 (173)
    四、设计技术要求 (174)
   第二节 预处理工艺技术 (176)
    一、含油污泥储存单元 (176)
    二、含油污泥搅拌单元 (176)
    三、含油污泥加热单元 (176)
    四、含油污泥提升输送单元 (176)
    五、含油污泥筛分单元 (176)
   第三节 减量化处理工艺技术 (177)
    一、调质—机械分离技术 (177)
    二、热洗技术 (182)
    三、超声波处理技术 (187)
   第四节 资源化利用处理技术 (192)
    一、制砖法 (192)
    二、调剖法 (193)
    三、其他技术 (194)
   第五节 无害化处理技术 (195)

一、萃取法 ……………………………………………………………………（195）

　　二、热解法 ……………………………………………………………………（197）

　　三、焚烧法 ……………………………………………………………………（205）

　　四、固化法 ……………………………………………………………………（207）

　　五、多梯度耦合处理技术 ……………………………………………………（212）

　第六节　含油土壤修复技术 …………………………………………………（213）

　　一、生物法 ……………………………………………………………………（213）

　　二、植物复垦法 ………………………………………………………………（225）

　参考文献 …………………………………………………………………………（226）

第十二章　数字化油田与油气计量 ………………………………………（228）

　第一节　数据采集 ……………………………………………………………（228）

　　一、井场 ………………………………………………………………………（228）

　　二、小型站场 …………………………………………………………………（232）

　　三、中型站场 …………………………………………………………………（232）

　　四、大型站场 …………………………………………………………………（241）

　　五、输油管道 …………………………………………………………………（260）

　　六、输气管道 …………………………………………………………………（263）

　第二节　自动控制 ……………………………………………………………（265）

　　一、检测与控制仪表 …………………………………………………………（265）

　　二、自控系统设计要求 ………………………………………………………（274）

　第三节　数据传输 ……………………………………………………………（290）

　　一、一般要求 …………………………………………………………………（290）

　　二、主用通信 …………………………………………………………………（291）

　　三、备用通信 …………………………………………………………………（291）

　　四、网络安全 …………………………………………………………………（291）

　第四节　管理应用 ……………………………………………………………（292）

　　一、数字化、自动化、信息化及智能化的含义与关系 ……………………（292）

　　二、油气田数字化管理的含义、架构及建设 ………………………………（294）

　　三、油气田数字化管理的应用 ………………………………………………（296）

　第五节　安防系统 ……………………………………………………………（297）

　　一、一般规定 …………………………………………………………………（297）

二、系统组成 …………………………………………………………………………… (297)

　第六节　油气计量 ……………………………………………………………………… (300)

　　一、计量基础知识 ……………………………………………………………………… (300)

　　二、油井计量 …………………………………………………………………………… (301)

　　三、原油输量计量 ……………………………………………………………………… (304)

　　四、轻烃计量 …………………………………………………………………………… (306)

　　五、油田气计量 ………………………………………………………………………… (307)

　　六、水计量 ……………………………………………………………………………… (308)

　　七、计量仪表检定原则及标准装置 …………………………………………………… (308)

　参考文献 …………………………………………………………………………………… (313)

第十三章　防腐与绝热 ……………………………………………………………………… (314)

　第一节　腐蚀概述 ……………………………………………………………………… (314)

　　一、腐蚀及其危害 ……………………………………………………………………… (314)

　　二、环境腐蚀性及分级标准 …………………………………………………………… (315)

　　三、各种防腐蚀措施综述 ……………………………………………………………… (316)

　第二节　涂层防护技术 ………………………………………………………………… (317)

　　一、油气田防腐蚀涂料概述 …………………………………………………………… (317)

　　二、外防腐涂层技术 …………………………………………………………………… (329)

　　三、内防腐涂层技术 …………………………………………………………………… (343)

　第三节　电化学保护技术 ……………………………………………………………… (349)

　　一、电化学保护概述 …………………………………………………………………… (349)

　　二、强制电流阴极保护 ………………………………………………………………… (351)

　　三、牺牲阳极阴极保护 ………………………………………………………………… (361)

　　四、典型阴极保护技术设计与应用 …………………………………………………… (366)

　　五、阴极保护系统测试及运行管理 …………………………………………………… (378)

　第四节　杂散电流缓解技术 …………………………………………………………… (380)

　　一、直流杂散电流腐蚀的防护 ………………………………………………………… (380)

　　二、交流杂散电流腐蚀的防护 ………………………………………………………… (385)

　第五节　酸性油气的腐蚀与防护 ……………………………………………………… (391)

　　一、硫化氢的腐蚀与防护 ……………………………………………………………… (392)

　　二、二氧化碳的腐蚀与防护 …………………………………………………………… (395)

第六节　绝热 …… (397)

一、绝热的一般规定 …… (397)

二、绝热层的选择原则 …… (397)

三、常用绝热材料的性质 …… (397)

四、绝热层厚度的计算方法 …… (400)

五、绝热层的外保护层设计 …… (405)

六、伴热管的绝热计算 …… (411)

七、伴热管外保护层所需面积 …… (417)

八、伴热管绝热材料所需体积 …… (417)

九、干挠伴热计算 …… (417)

参考文献 …… (427)

第十四章　辅助及公用工程 …… (428)

第一节　站场总图 …… (428)

一、站场分类 …… (428)

二、站址选择 …… (430)

三、站场总图设计 …… (436)

四、视觉形象 …… (447)

第二节　供配电 …… (449)

一、供配电系统概述 …… (449)

二、负荷计算 …… (451)

三、无功功率补偿 …… (453)

四、应急电源 …… (457)

五、变配电所 …… (462)

六、配电 …… (464)

七、雷电防护及电气设备过电压保护 …… (472)

八、接地及电气安全 …… (475)

九、110kV 及以下架空电力线路 …… (484)

第三节　给排水与消防 …… (487)

一、给水系统 …… (487)

二、循环冷却水系统 …… (491)

三、排水系统 …… (493)

四、消防系统 (496)

第四节　建筑与结构 (502)
　　一、建筑设计技术要求 (502)
　　二、主要生产、办公及辅助建筑 (506)
　　三、结构设计基础数据 (509)
　　四、建筑物结构设计 (510)
　　五、构筑物结构设计 (512)
　　六、地基基础设计与地基处理设计 (514)

第五节　供热、暖通空调 (515)
　　一、热工 (515)
　　二、暖通 (547)

第六节　道桥设计 (561)
　　一、道路设计要点 (561)
　　二、桥涵设计规定 (563)

参考文献 (564)

第十五章　设备与容器 (566)

第一节　原油集输与处理设备 (566)
　　一、原油泵输设备 (566)
　　二、静设备材料选择 (621)
　　三、压力容器通用设计 (622)
　　四、油气分离设备 (644)
　　五、原油脱水设备 (654)
　　六、原油稳定及轻烃回收设备 (661)
　　七、原油加热、换热设备 (666)
　　八、原油存储设备 (681)

第二节　伴生气处理设备 (695)
　　一、压缩机 (695)
　　二、膨胀机 (713)
　　三、分馏塔 (720)
　　四、冷换热器 (732)

第三节　注入设备 (732)
　　一、注水设备 (732)

二、注聚合物设备 …………………………………………………………（735）
第四节　采出水处理设备 …………………………………………………………（736）
一、除油罐类设备 …………………………………………………………（736）
二、气浮设备 ………………………………………………………………（737）
三、过滤设备 ………………………………………………………………（745）
四、加药设备 ………………………………………………………………（746）
第五节　特殊设备 …………………………………………………………………（747）
一、调油阀 …………………………………………………………………（747）
二、泵入口过滤器 …………………………………………………………（749）
参考文献 ……………………………………………………………………………（749）

第九章 采出水处理

采出水处理系统的主要功能是将油气生产系统分离出的地层产出水进行处理,是油田地面系统的重要组成部分。

我国油田采出水处理始于20世纪60年代初,从最初的设计标准仅仅满足高渗透油层较低的回注要求,发展到目前能满足不同类型油田回注要求,采出水的出路从单一的回注到其他方式的回用和达标外排。处理流程趋于完善,处理水平有了较大提高。

油田采出水处理是一项涉及石油地质、采油工程、油田化学、水化学及水微生物学、机械设备、仪表自动化等专业的一项综合技术,是一项复杂的系统工程。本章围绕采出水处理这一主题,主要介绍油田采出水的性质及特点、处理工艺、辅助生产设施等内容。

第一节 概 述

多年来油田生产实践表明,将采出水处理后回注地层是最经济最有效的开发措施之一,是采出水资源化利用,防止环境污染的有效途径。经处理合格的采出水能够有效地补充油层能量,保持地层压力,提高采油速度和采收率。

随着油田开发规模的扩大,采出水量越来越多。有关资料显示大庆油田采出水总量约 $6.0\times10^8\mathrm{m}^3/\mathrm{a}$,辽河油田约 $1.2\times10^7\mathrm{m}^3/\mathrm{a}$,胜利油田约 $2.8\times10^8\mathrm{m}^3/\mathrm{a}$,如此大量的采出水如果不加以处理,循环利用,而是任意排放,不仅浪费了大量宝贵的水资源,而且严重污染环境,影响油田生产安全,并且采出水中除各种复杂的污染物质外,还含有大量原油,通过及时处理,回收原油,产生经济效益,处理后合格水回注地下,变害为利,可以节约大量清水资源,具有巨大的经济效益和社会效益。

我国开发较早的油田多数已进入高含水后期,含水量逐年增加,低渗透层油藏开采难度越来越大,对采出水处理水质要求越来越高,直接影响油田的开发效益。采用先进高效的处理技术,坚持优化简化,提高水质质量,降低采出水系统工程投资,对油田开发建设具有十分重要的意义。

一、油田采出水的来源

油田采出水是油田开发过程中的天然伴生物,我国大部分油田采用注水开发方式,在油田开采过程中产生的含有原油的水,称为油田采出水,简称采出水,或称为含油污水。它是油田回收利用的重要水源,其主要来源如下:

(1)采油污水:即原油集输脱水站(联合站)分离出的地层水及站内各种原油储罐的罐底水。这类水水温较高,矿化度较高,常呈偏碱性,溶解氧较低,含有腐生菌和硫酸盐还原菌,油质及有机物含量高,并含有一定的破乳剂成分。

（2）洗井污水:即采油井作业洗井和注水井定期洗井产生的污水。水中主要含有石油类、表面活性剂及酸、碱等污染物。

（3）钻井污水与管线冲洗水:即钻井过程产生的污水或定期冲洗设备、注水管线的污水。水中主要含有石油类、钻井液处理剂、岩屑等污染物。

二、油田采出水的成分

油田采出水的成分比较复杂,它不仅含有烃类物质,在高温、高压的油层中还溶解了地层中的各种盐类和气体。在采油过程中,从地层里携带许多悬浮固体。在采油、油气集输、原油脱水过程中,还投加了各类化学药剂。采出水中含有大量有机物,有适宜微生物生长繁殖的环境。

采出水中杂质可分为无机物、有机物和微生物,根据分散在采出水中杂质的基本颗粒尺寸,可形成悬浮液、乳状液、微乳液、胶体溶液和真溶液五类。采出水的主要成分可分为以下几类:

（1）悬浮固体:颗粒直径主要为 $0.1\sim100\mu m$。主要包括:

① 泥沙:粒径 $0.05\sim4\mu m$ 的黏土、$4\sim60\mu m$ 的粉沙和大于 $60\mu m$ 的细沙。

② 腐蚀产物及垢:Fe_2O_3、CaO、MgO、FeS、$CaSO_4$、$CaCO_3$ 等。

③ 细菌:粒径 $5\sim10\mu m$ 的硫酸盐还原菌(SRB)、$10\sim30\mu m$ 的腐生菌(TGB)等。

④ 有机物:胶质、沥青质和石蜡等重质油类。

（2）胶体:粒径为 $0.001\sim0.1\mu m$ 的物质。主要由泥沙、腐蚀结垢产物和细菌有机物构成,物质组成与悬浮固体基本相似。

（3）溶解物:即在水中处于溶解状态的物质。主要有溶解气体,阴、阳无机离子及有机物,其粒径都在 $0.001\mu m$ 以下。溶解物质主要包括:

① 溶解在水中的无机盐类,基本上以阳离子和阴离子形式存在,其粒径都在 $0.001\mu m$ 以下。主要包括 Ca^{2+}、Mg^{2+}、K^+、Na^+、Fe^{2+}、Cl^-、HCO_3^-、SO_4^{2-} 等。

② 溶解的气体,如溶解氧、二氧化碳、硫化氢、烃类气体等,其粒径一般为 $(3\sim5)\times10^{-4}\mu m$。

③ 有机溶解物,如环烷酸类等。

（4）游离油及浮油:油珠粒径大于 $100\mu m$ 的油滴。此部分油很容易被去除,按斯托克斯公式计算,水中油珠粒径大于 $100\mu m$ 的油滴,上浮 $200mm$ 高度仅需要 $1.4min$。

（5）分散油:油珠粒径 $10\sim100\mu m$ 的油滴。污水中此部分油占总含油量的比例较大,一般为 $40\%\sim60\%$。污水中的分散油尚未形成水化膜,还有相互碰撞变大的可能,靠油、水相对密度差可以上浮去除。

（6）乳化油及老化油:乳化油为油珠粒径 $0.001\sim10\mu m$ 的油滴。污水中此部分油占总含油量的比例一般为 $10\%\sim70\%$,变化范围比较大,与油站投加破乳剂的量有关。这部分油的含量直接影响到除油设备的除油效率,仅仅靠自然沉降是不能完全去除的。

在油水处理过程中,由于在沉降分离设备中停留时间较长而产生的不容易油水分离、乳化程度较强的原油乳状液,称为老化油。这种物质在油水界面之间形成后,容易造成处理过程中的电脱水器跳闸,而进入事故罐在油水系统反复循环,影响正常生产。

(7)溶解油:油珠粒径小于 0.001μm,不再以油滴形式存在。污水中此部分油仅占总含油量的 1% 以下,它不作为污水处理的主要对象,在净化水中主要含此部分油。

三、油田采出水的特点

油田地质条件比较复杂,油层埋藏深度也不一样,油层温度、压力也不一致,油层地下水流经地层矿床各异,与矿床接触时间也不相同,主要离子含量差异较大,所以各油田的采出水的性质也不一样,或者同一油田开采层位不同,采出水的性质差异也很大。一般具有矿化度高、水温高、含有 H_2S、CO_2 等有害气体和大量成垢离子等特点。

(1)矿化度高。

油田采出水一般矿化度都较高。例如大庆油田在 4000mg/L 左右,胜利油田在 5000~70000mg/L,中原、江汉、新疆有些油区高达 200000mg/L 以上。高矿化度使水的电导率增大,大大加快了水对金属的腐蚀。溶解盐主要为氯化钠,氯离子体积小,活性很强,它对金属表面所形成的保护膜穿透力极强,不利于防止金属的腐蚀。

(2)水温高。

大庆油田采出水温度一般为 40℃,稠油热采的采出水温度可达到 70℃ 以上。国内有些油区采出水温度在 30℃ 以下,但也有高达 90℃ 左右的。

(3)含有一定量的悬浮固体。

悬浮固体主要包括:泥沙,如黏土、粉沙和细沙;垢,常见的垢为碳酸盐垢、硫酸盐垢(当水温、水压、pH 值发生变化,CO_2 气体失去平衡时,很容易产生碳酸盐垢,当 Sr^{2+}、Ba^{2+} 与 SO_4^{2-} 相结合时,立即产生硫酸盐垢,HCO_3^-、SO_4^{2-}、CO_3^{2-} 和 Ca^{2+}、Mg^{2+}、Sr^{2+}、Ba^{2+} 等离子的存在是造成采出水易腐蚀、易结垢的基本原因);细菌,如硫酸盐还原菌(SRB)、腐生菌(TGB)及铁细菌、硫细菌等;有机物,如胶质沥青质类和石蜡类等。

(4)含有原油。

以乳化油、分散油以及一定量的胶体物质,等形式存在。

(5)溶解有一定量的气体。

如溶解氧、CO_2、H_2S、烃类气体等。

(6)残存有化学药剂。

采油阶段加注的各类化学药剂都会残留在采出水中。

总之,准确地掌握采出水成分,对采出水水质进行详细的分析,是选择合理的水处理流程、适当的化学药剂及剂量、进行水处理工艺设计的重要基础资料。

四、采出水处理的主要内容

采出进水处理即是将油气集输系统的脱水站、放水站等分离出的含油污水、油田各种作业产生的含油污水进行收集输送,并选用技术可靠经济合理的工艺进行水质处理,质量合格后,通过加压输送至注水系统或下游用户,或者将处理后达到排放水质标准的含油污水排入合适的自然水体,在处理过程中回收的原油输送至上游油气集输系统,排除的油泥经过适当处理达到无害化或资源化利用。

采出水处理已形成一套从理论到实践较为完善的体系,其主要内容包括:

(1) 收集、输送。

将油气系统分离出的采出水统一收集,并加压通过管道输送至采出水处理站进行集中处理;对于油田各种作业产生的含油污水通常用池(少数用罐)收集后,均匀连续地加压管输至采出水处理站,或经过简单预处理后再输送。

(2) 油、泥、水分离处理。

油、泥、水分离处理是采出水处理系统的核心,主要在采出水处理站进行。利用混凝、沉淀、过滤及其他分离原理,采用物理、化学、生物等方法,通过各种除油设备、过滤设备、生化反应设备等使采出水中的油、泥、水得到有效分离,并辅以投加水处理化学药剂或其他方法来提高分离效果,使经过处理的采出水达到指标要求。

(3) 污油回收。

从采出水中分离出的污油,含水率通常在60%~80%,需要伴热保温并回收至油气系统进行再处理。一般通过泵加压管输至油气系统,以小流量连续均匀的运行方式为宜,并且污油不宜在采出水处理站储存时间过长,以免污油老化影响脱水设备正常运行。

(4) 污泥处理和处置。

从采出水分离出的污泥含水率在95%以上,并含有一定量的污油,也需要进行浓缩干化处理,对分离出的污水污油进行回收,浓缩后的污泥还应进行无害化或资源化处置。

(5) 净化水的外输和排放。

在去除污油、污泥等杂质后,采出水得到净化,通常在含油量、悬浮物含量、悬浮物颗粒中值(d_{50})等主要指标合格后即可加压管输至注水系统回注油层;当采出水需要外排自然水体时,还需要使化学需氧量(COD)、生化需氧量(BOD)、NH_3含量等指标合格后才能外排。

采出水处理站典型工艺如图9-1-1所示。

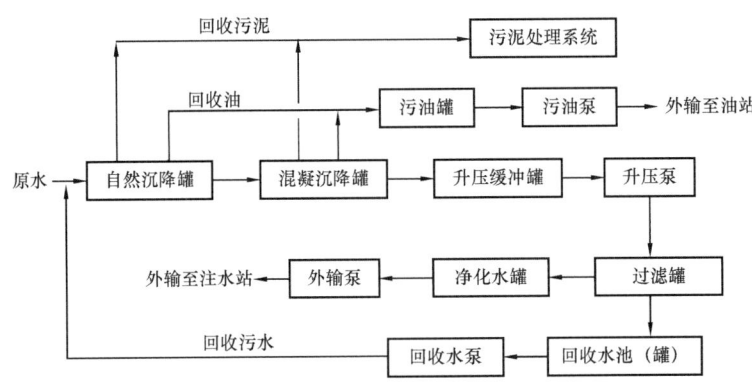

图9-1-1 采出水处理站典型工艺

第二节 水 质 指 标

一、原水水质

油田开采时,注入水、注入蒸汽凝结的水或原有地层存在的水又随着原油被开采出来,采出液经过油、水分离后,含油污水被送往采出水处理站进行后续的处理。采出水处理站的原水水质随着采出原油油品性质、油层地质条件、采油工艺、油气集输流程和原油脱水方式的不同而变化,形成各种不同性质的原水。例如,有的采出水矿化度高达 $30 \times 10^4 \text{mg/L}$,而有的仅为几百毫克/升;有的采出水中所含原油密度在 0.8g/cm^3 左右,而有的高达 0.98g/cm^3 以上。

采出水处理站原水最重要的水质指标为含油量,按现行 GB 50428《油田采出水处理设计规范》规定:聚合物驱采出水处理站的原水含油量不宜大于 3000mg/L;特稠油、超稠油的采出水处理站的原水含油量不宜大于 4000mg/L;其他采出水处理站的原水含油量不应大于 1000mg/L。

对于化学驱的采出水处理站,原水中的含聚合物浓度是选择工艺及确定设计参数的重要指标。目前,大庆油田的建设标准规定:当含聚合物浓度 <150mg/L 时,按照水驱参数及工艺设计;当 150mg/L≤含聚合物浓度≤450mg/L 时,宜按照普通聚合物驱参数及工艺设计;当含聚合物浓度 >450mg/L 时,宜按照高浓度聚合物驱参数及工艺设计。

二、回注水水质标准

油田目前仍然以注水开采为主要采油手段,大量的油田采出水经处理达标后被用于回注油田驱油。油田注水水质应根据本油田油层性质制定出可行的标准,没有条件制定本油田注水水质标准时,可采用 SY/T 5329—2012《碎屑岩油藏注水水质指标及分析方法》。

1. 注水水质基本要求

(1) 水质稳定,与油层水相混不产生明显沉淀。
(2) 水中不得携带大量悬浮物。
(3) 对注水设施腐蚀性小。

2. 推荐水质主要控制指标

推荐水质主要控制指标见表 9-2-1。

表 9-2-1 推荐水质主要控制指标

控制指标	注入层平均空气渗透率,D	≤0.01	>0.01~≤0.05	>0.05~≤0.5	>0.5~≤1.5	>1.5
	悬浮固体含量,mg/L	≤1.0	≤2.0	≤5.0	≤10.0	≤30.0
	悬浮物颗粒直径中值,μm	≤1.0	≤1.5	≤3.0	≤4.0	≤5.0
	含油量,mg/L	≤5.0	≤6.0	≤15	≤30	≤50

续表

	注入层平均空气渗透率,D	≤0.01	>0.01~≤0.05	>0.05~≤0.5	>0.5~≤1.5	>1.5
控制指标	平均腐蚀率,mm/a	≤0.076				
	硫酸盐还原菌(SRB)含量,个/mL	≤25	≤10	≤25	≤25	≤25
	铁细菌(IB)含量,个/mL	$N \times 10^2$	$N \times 10^2$	$N \times 10^3$	$N \times 10^4$	$N \times 10^4$
	腐生菌(TGB)含量,个/mL	$N \times 10^2$	$N \times 10^2$	$N \times 10^3$	$N \times 10^4$	$N \times 10^4$

注：(1) $1 < N < 10$。
(2) 清水水质指标中去掉含油量。

3. 注水水质辅助性检测项目及指标

水质的主要控制指标已达到注水要求,可以不考虑辅助性指标;如果达不到要求,为查其原因可进一步检测辅助性检测项目及指标。注水水质辅助性检测项目包括溶解氧、硫化氢、侵蚀性二氧化碳、铁、pH 值等。辅助性检测项目及指标见表 9-2-2。

表 9-2-2 推荐水质辅助性控制指标

辅助性检测项目	控制指标	
	清水	污水或油层采出水
溶解氧含量,mg/L	≤0.50	≤0.10
硫化氢含量,mg/L	0	≤2.0
侵蚀性二氧化碳含量 ρ_{CO_2},mg/L	$-1.0 \leq \rho_{CO_2} \leq 1.0$	

注：(1) 侵蚀性二氧化碳含量等于零时此水稳定;大于零时此水可溶解碳酸钙并对注水设施有腐蚀作用;小于零时有碳酸盐沉淀出现。
(2) 水中含亚铁时,由于铁细菌作用可将二价铁转化为三价铁而生成氢氧化铁沉淀。当水中含硫化物(S^{2-})时,可生成 FeS 沉淀,使水中悬浮物增加。

一些油田总结多年注水工程的实际情况,根据本油田油层特点还制定了本油田企业标准,如大庆油田制定《大庆油田水驱注水水质控制指标》《大庆油田含聚合物污水注水水质控制指标》;新疆油田制定了《克拉玛依油田注水水质标准》;胜利油田制定了《胜利油田注水水质标准暂行规定》。

三、排放污水水质标准

排放水质标准较多,除国家标准外,还有地方标准。在此摘要以下两种标准。

1. GB 8978—1996《污水综合排放标准》

该标准"1.1 主题内容:本标准按照污水排放去向,分年限规定了 69 种水污染物最高允许排放浓度及部分行业排水定额"。在 69 种水污染物中对油田采出水中仅有 11 项指标容易超标。

该标准在"1.2 适用范围"中指出"本标准适用于现有单位水污染物排放管理,以及建设项目的环境影响评价,建设项目环境保护设施设计,竣工验收及其投产后的排放管理。""按照国家综合排放标准与国家行业排放标准不交叉执行的原则……海洋石油开发工业执行《海洋石油开发工业含油污水排放标准》……"。

现将该标准"2 引用标准""3 定义""4 技术内容"的条文摘录如下。

2 引用标准

下列标准所包含的条文,通过在本标准中引用而构成为本标准的条文。

GB 3007—82 海水水质标准

GB 3838—88 地面水环境质量标准

GB 8703—88 辐射防护规定

3 定义

3.1 污水:指在生产与生活活动中排放的水的总称。

3.2 排水量:指在生产过程中直接用于工艺生产的水的排放量,不包括间接冷却水、厂区锅炉、电站排水。

3.3 一切排污单位:指本标准适用范围所包括的一切排污单位。

3.4 其他排污单位:指在某一控制项目中,除所列行业外的一切排污单位。

4 技术内容

4.1 标准分级

4.1.1 排入 GB 3838 Ⅲ类水域(划定的保护区和游泳区除外)和排入 GB 3097 中二类海域的污水,执行一级标准。

4.1.2 排入 GB 3838 中Ⅳ、Ⅴ类水域和排入 GB 3097 中三类海域的污水,执行二级标准。

4.1.3 排放设置二级污水处理厂的城镇排水系统的污水,执行三级标准。

4.1.4 排放未设置二级污水处理厂的城镇排水系统的污水,必须根据排水系统出水受纳水域的功能要求,分别执行 4.1.1 和 4.1.2 的规定。

4.1.5 GB 3838 中Ⅰ、Ⅱ类水域和Ⅲ类水域中划定的保护区,GB 3097 中一类海域,禁止新建排污口,现有排污口应按水体功能要求,实行污染物总量控制,以保证受纳水体水质符合规定用途的水质标准。

4.2 标准值

4.2.1 本标准将排放的污染物按其性质及控制方式分为两类。

4.2.1.1 第一类污染物,不分行业和污水排放方式,也不分受纳水体的功能类别,一律在车间或车间处理设施排放口采样,其最高允许排放浓度必须达到本标准要求(采矿行业的尾矿坝出水口不得视为车间排放口)。

4.2.1.2 第二类污染物,在排污单位排放口采样,其最高允许排放浓度必须达到本标准要求。

4.2.2 本标准按年限规定了第一类污染物和第二类污染物最高允许排放浓度及部分行业最高允许排水量,分别为:

4.2.2.1 1997 年 12 月 31 日之前建设(包括改、扩建)的单位,水污染物的排放必须同时执行表 1、表 2、表 3 的规定。

4.2.2.2 1998 年 1 月 1 日起建设(包括改、扩建)的单位,水污染物的排放必须同时执行表 1、表 4、表 5 的规定。

4.2.2.3 建设(包括改、扩建)单位的建设时间,以环境影响评价报告书(表)批准日期为准划分。

4.3 其他规定

4.3.1 同一排放口排放两种或两种以上不同类别的污水,且每种污水的排放标准又不同时,其混合污水的排放标准按附录 A 计算。

4.3.2 工业污水污染物的最高允许排放负荷量按附录 B 计算。

4.3.3 污染物最高允许年排放总量按附录 C 计算。

4.3.4 对于排放含有放射性物质的污水,除执行本标准外,还须符合 GB 8703—88《辐射防护规定》。

注:表2、表3省略。

表 1 第一类污染物最高允许排放浓度

序号	污染物	最高允许排放浓度,mg/L
1	总汞	0.05
2	烷基汞	不得检出
3	总镉	0.1
4	总铬	1.5
5	六价铬	0.5
6	总砷	0.5
7	总铅	1.0
8	总镍	1.0
9	苯并[a]芘	0.00003
10	总铍	0.005
11	总银	0.5
12	总α放射性	1①
13	总β放射性	10①

① 此单位为 Bq/L。

表 4 第二类污染物最高允许排放浓度(摘录)
(1998 年 1 月 1 日后建设的单位)

序号	污染物	适用范围	一级标准	二级标准	三级标准
1	pH 值	一切排污单位	6~9	6~9	6~9
2	色度(稀释倍数)	其他排污单位	50	80	
3	悬浮物(SS) mg/L	城镇二级污水处理厂	20	30	—
		其他排污单位	70	150	400
4	五日生化需氧量 (BOD_5),mg/L	城镇二级污水处理厂	20	30	—
		其他排污单位	20	30	300
5	化学需氧量(COD) mg/L	石油化工工业(包括石油炼制)	60	120	500
		城镇二级污水处理厂	60	120	—
		其他排污单位	100	150	500

续表

序号	污染物	适用范围	一级标准	二级标准	三级标准
6	石油类,mg/L	一切排污单位	5	10	20
7	挥发酚,mg/L	一切排污单位	0.5	0.5	2.0
8	总氰化合物,mg/L	其他排污单位	0.5	0.5	1.0
9	硫化物,mg/L	一切排污单位	1.0	1.0	1.0
10	氨氮,mg/L	医药原料药、当料、石油化工、工业	15	50	—
		其他排污单位	15	25	—
11	总有机碳(TOC),mg/L	其他排污单位	20	30	—

注:表4有删减,本书仅摘录了油田采出水中经常出现的污染物。

2. GB 18486—2001《污水海洋处置工程污染控制标准》

在海滨或附近油田采出水需外排,符合 GB 18486—2001 的适用范围时,即"适用于利用放流管和水下扩散器向海域或向排放点含盐度大于5‰的年概率大于10%的河口水域排放污水(不包括温排水)的一切污水海洋处置工程",应考虑油田采出水海洋处置,因为海洋辽阔,水体自净能力强,对水质总矿化度不作限制,对污染物控制指标值相对要高。现将 GB 18486—2001 技术内容中"4.1 标准值"摘录如下。

4.1 标准值

4.1.1 进入放流管的水污染物浓度日均值必须满足表1的规定。

4.1.2 表1中未列出的项目可参照《污水综合排放标准》GB 8978—1996 执行。

表1 污水海洋处置工程主要水污染物排放浓度限值

序号	污染物项目	标准值	序号	污染物项目	标准值
1	pH 值	6.0~9.0	15	总氮,mg/L	≤40
2	悬浮物(SS),mg/L	≤200	16	无机氮,mg/L	≤30
3	总α放射性,Bq/L	≤1	17	氨氮,mg/L	≤25
4	总β放射性,Bq/L	≤10	18	总磷,mg/L	≤8.0
5	大肠菌群,个/mL	≤100	19	总铜,mg/L	≤1.0
6	类大肠菌群,个/mL	≤20	20	总锌,mg/L	≤5.0
7	生化需氧量(BOD_5),mg/L	≤150	21	总汞,mg/L	≤0.05
8	化学需氧量(COD_{Cr}),mg/L	≤300	22	总镉,mg/L	≤0.1
9	石油类,mg/L	≤12	23	总铬,mg/L	≤1.5
10	动植物油类,mg/L	≤70	24	六价铬,mg/L	≤0.5
11	挥发性酚,mg/L	≤1.0	25	总砷,mg/L	≤0.5
12	总氰化物,mg/L	≤0.5	26	总铅,mg/L	≤1.0
13	硫化物,mg/L	≤1.0	27	总镍,mg/L	≤1.0
14	氟化物,mg/L	≤15	28	总铍,mg/L	≤0.005

续表

序号	污染物项目	标准值	序号	污染物项目	标准值
29	总银,mg/L	≤0.5	35	甲醛,mg/L	≤2.0
30	总硒,mg/L	≤1.0	36	苯胺类,mg/L	≤3.0
31	苯并[n]芘,μg/L	≤0.03	37	硝基苯类,mg/L	≤4.0
32	有机磷农药(以P计),mg/L	≤0.5	38	丙烯腈,mg/L	≤4.0
33	苯系物,mg/L	≤2.5	39	阴离子表面活性剂(LAS),mg/L	≤10
34	氯苯类,mg/L	≤2.0	40	总有机碳(TOC),mg/L	≤120

四、稠油热采注汽锅炉给水水质标准

当处理后的采出水用于稠油热采注汽锅炉给水时,其水质指标应执行 SY/T 0027—2014《稠油注汽系统设计规范》规定。

据标准,干度小于或等于80%的注汽锅炉的给水水质条件应符合表9-2-3的规定。当选用高干度或过热蒸汽注汽锅炉时,应满足所选用设备的给水水质要求。

表9-2-3 给水水质条件表

序号	项目	单位	数量	备注
1	溶解氧	mg/L	≤0.05	
2	总硬度	mg/L	≤0.1	以$CaCO_3$计
3	总铁	mg/L	≤0.05	
4	二氧化硅	mg/L	≤50①	
5	悬浮物	mg/L	≤2	
6	总碱度	mg/L	≤2000	以$CaCO_3$计
7	油和脂	mg/L	≤2	
8	可溶性固体	mg/L	≤7000	
9	pH值	—	7.5~11	

① 当碱度大于3倍二氧化硅含量时,在不存在结垢离子的情况下,二氧化硅的含量不大于150mg/L。

五、无效回注水水质标准

随着油田开发规模的扩大,采出液含水率不断上升,一些油田污水处理方法难以满足油田日益增加的大规模污水处理要求。有些油田还受到环境保护的制约,油田污水不能排放到保护区地表以内,因此产生大量污水无处排放,实施油田污水经简单处理后回注地层的工艺是一种行之有效的污水处理途径。

对含油污水无效回注水水质的基本要求是注入水不能堵塞地层和对注水管柱造成较快速度的腐蚀。目前国内没有对无效回注水水质标准有明确规定,有些油田参照 SY/T 5329《碎屑岩油藏注水水质指标及分析方法》中高渗透层回注水水质指标执行,或者采用更宽松的水质标准。

第三节 采出水回注常规处理

采出水常规处理主要是对油田采出水进行回收和处理,使出水达到注入中高渗透地层水质标准。其主要流程可分为除油段和过滤段。

一、采出水处理工艺流程

1. 工艺流程的分类

在采出水处理工程设计中,如何选择工艺流程是首要的问题,科学合理的工艺流程是保证水质达标的技术关键,也与处理站的安全可靠和经济运行紧密相关。因此,应根据原水水质和处理后水质要求,结合当地具体情况,经过技术经济的综合比较后确定采出水处理工艺流程。它实质上是各种技术和处理方法有选择性地互相配合使用,有机组合而成的,基本分为两大类:一类是国内油田经过多年来的试验研究和实际应用形成的基本流程,另一类是各油田根据自身的特点在基本流程基础上发展而形成的衍生流程。衍生流程种类较多,并且不具有普遍性,本书难以覆盖,下面就基本流程按主要工艺过程划分进行介绍。

1) 自然沉降—混凝沉降—过滤流程

该流程如图9-3-1所示,目前在国内各油田普遍采用。从脱水转油站送来的采出水原水经自然沉降后,投加混凝剂、破乳剂进行混凝沉降,再经过缓冲、提升、压力过滤或重力过滤(图9-3-1所示为压力过滤),滤后水再加杀菌剂,得到合格的净化水,外输用于回注。滤罐反冲洗排水用回收水泵均匀地加入原水中再进行处理。回收的污油送回原油集输系统或者用作燃料。

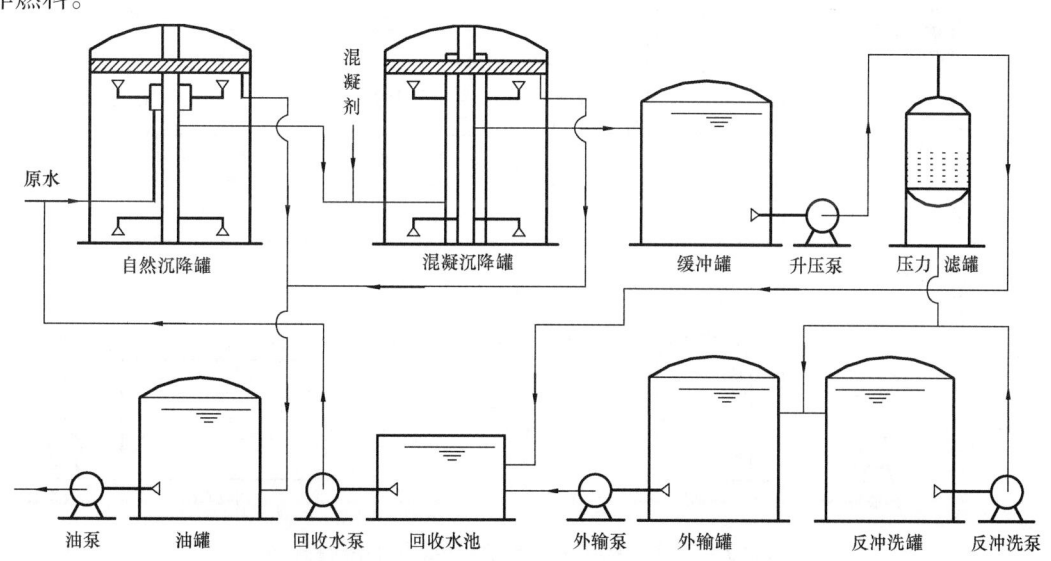

图9-3-1 自然沉降—混凝沉降—压力过滤流程

2）混凝沉降—过滤流程

该流程如图9-3-2所示,它是图9-3-1处理流程中的自然沉降取消,过滤采用重力式单阀滤罐或压力滤罐(图9-3-2所示为压力过滤)。

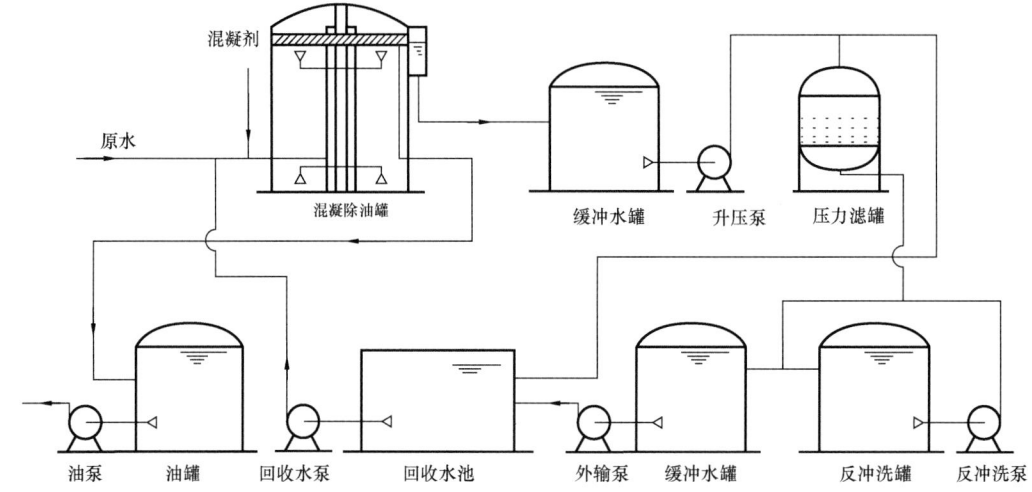

图9-3-2 混凝沉降—压力过滤流程

3）聚结—混凝沉降—重力过滤流程

该流程如图9-3-3所示,它是在图9-3-2流程基础上的改进流程,即在混凝沉降之前增加一级聚结,使油珠粒径变大,易于沉降分离。

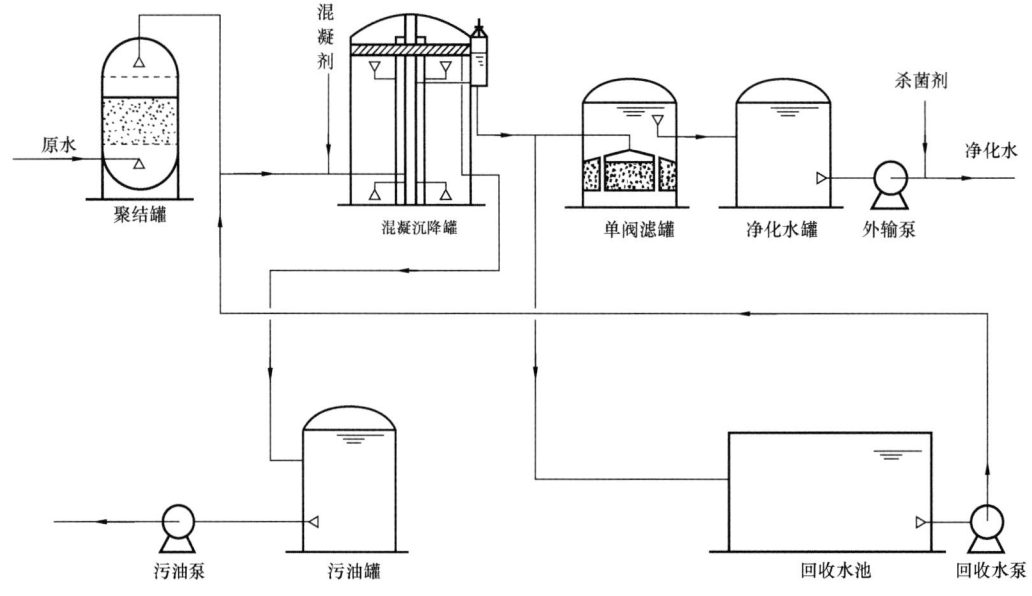

图9-3-3 聚结—混凝沉降—重力过滤流程

4）自然沉降—压力除油—压力过滤流程

该流程如图9-3-4所示,其中主要采用了自然沉降罐、压力沉降罐和压力滤罐。其余主要装置均为压力式。

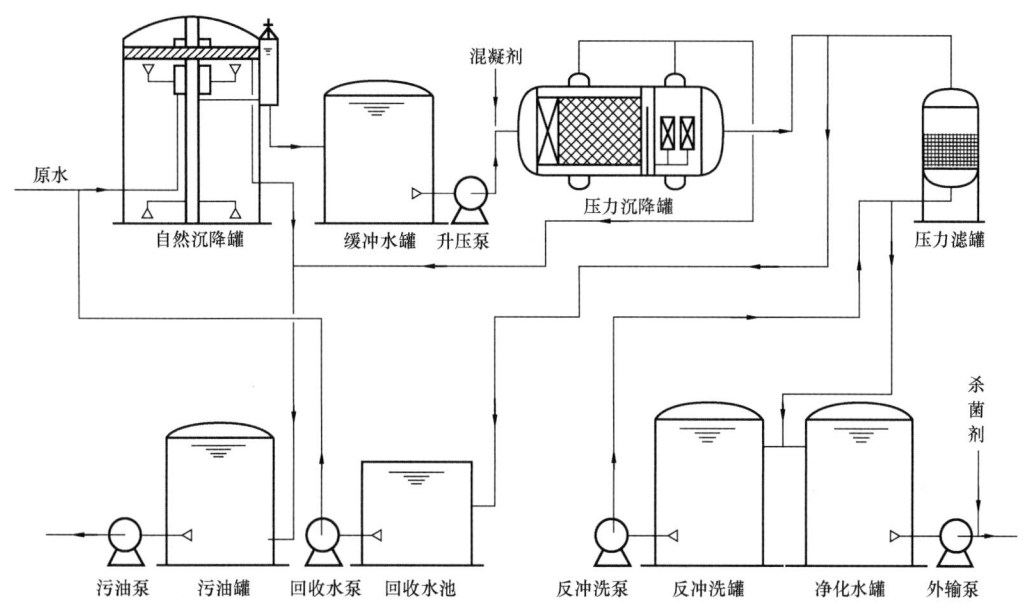

图9-3-4　自然沉降—压力沉降—压力过滤流程

5）沉降—气浮—压力过滤流程

该流程如图9-3-5所示。该流程主要是在沉降分离与过滤之间设置一级或两级气浮装置,以气浮代替混凝沉降。为满足气浮要求,流程中还要有加气、溶气、去除表面泡沫和加气浮剂等设施,气浮前必须设置沉降罐或缓冲罐等缓冲设施。

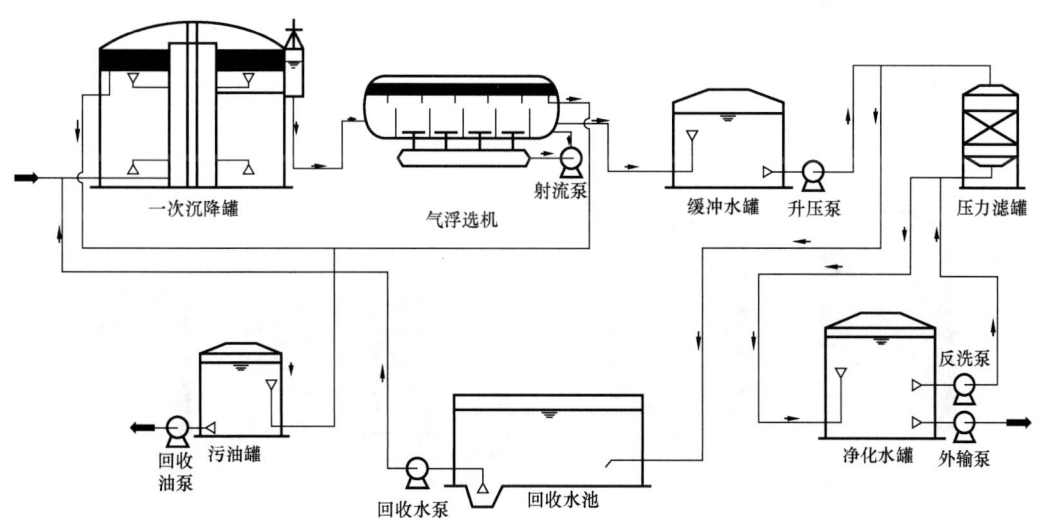

图9-3-5　沉降—气浮—过滤流程图

6）压力除油—压力过滤流程

该流程如图 9-3-6 所示。采用压力沉降罐（图 9-3-6 所示为横向流聚结除油器）和压力滤罐，其中压力沉降罐也可用水力旋流除油器代替，压力流程也可对重力流程设置密封设施而得到。

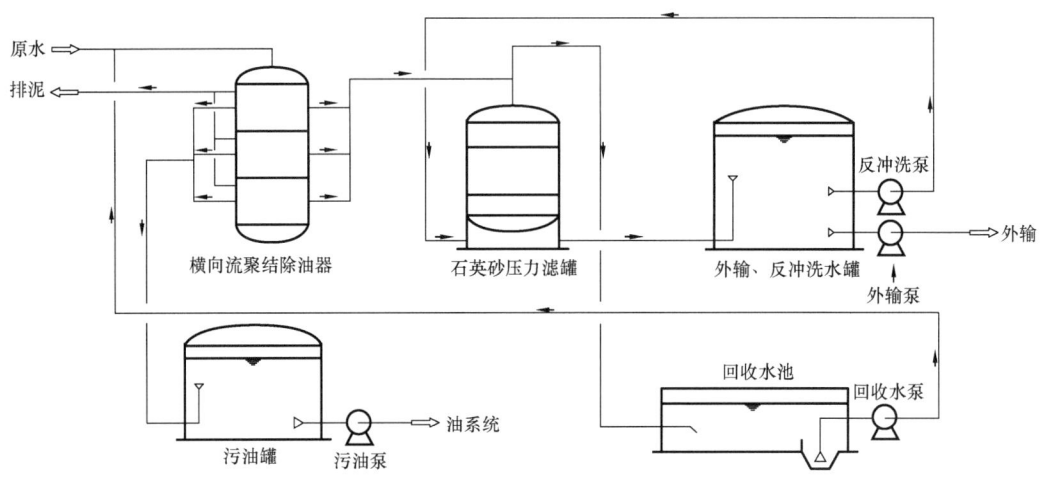

图 9-3-6　压力沉降—压力过滤流程图

7）序批沉降—压力过滤流程

该流程如图 9-3-7 所示。序批式沉降+半程曝气运行方式包括三个阶段：进水 6h、曝气 6h+静止沉降 6h、排水 6h。采用的沉降罐个数为 4（同一时间 1 个罐进水、1 个罐排水、2 个

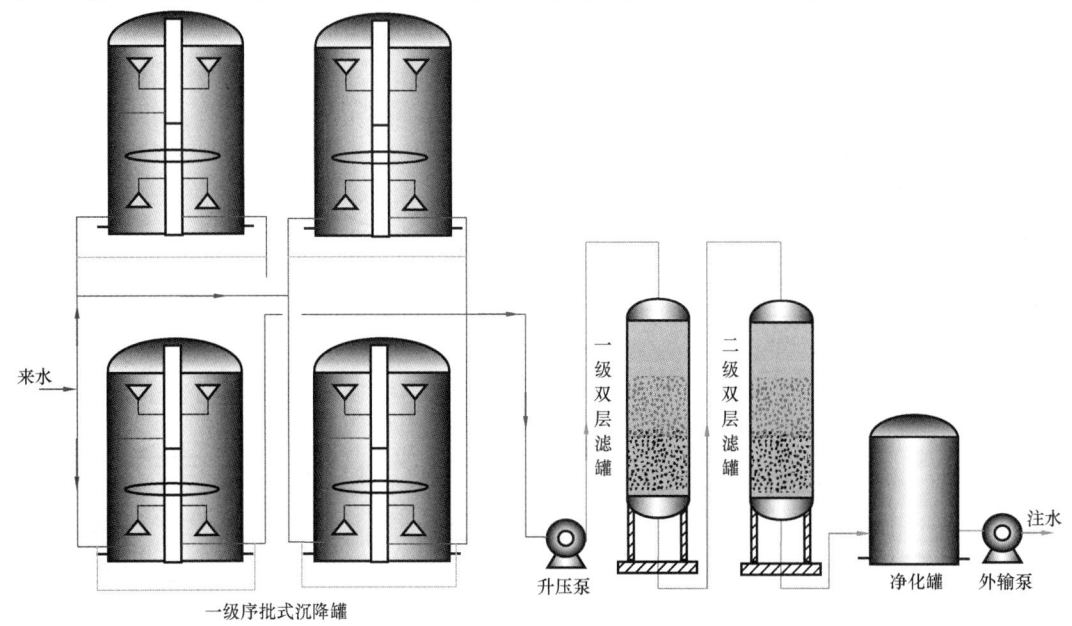

图 9-3-7　序批沉降—压力过滤流程图

罐静止曝气沉降），来水首先满负荷进入 4 个沉降罐中的 1 个，与此同时，另外 2 个沉降罐曝气 + 静止沉降，剩下 1 个沉降罐排水；当第 1 个沉降罐进满水后开始进行曝气 + 静止沉降，与此同时，原先进行曝气 + 静止沉降的 2 个沉降罐，其中 1 个沉降罐已经静止沉降 6h，开始排水，另外 1 个沉降罐继续曝气 + 静止沉降，剩下的 1 个沉降罐已排空，开始进水，而后依次循环来实现序批式曝气沉降。序批式沉降罐运行机制如图 9 - 3 - 8 所示。

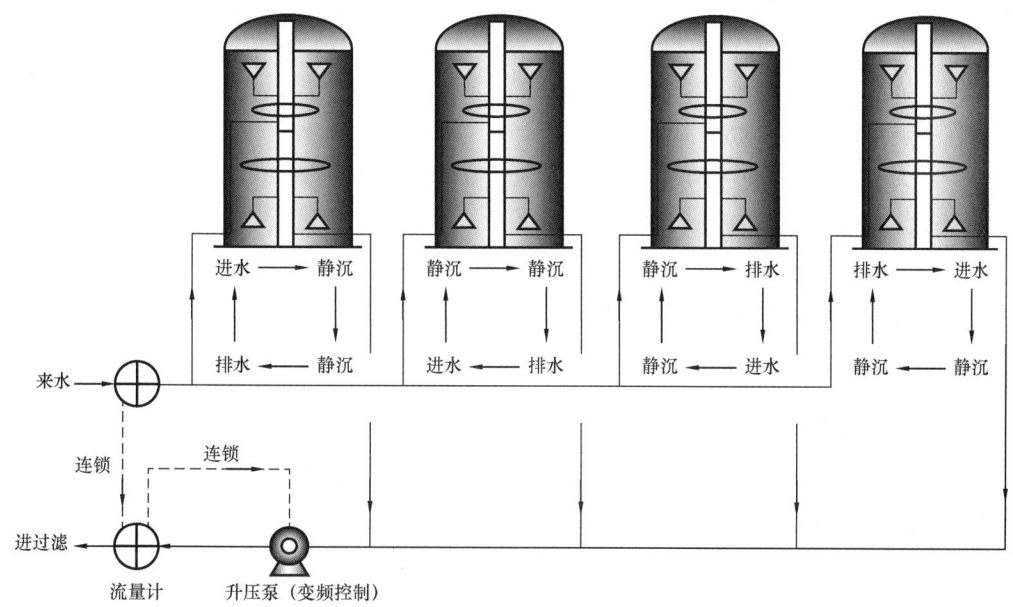

图 9 - 3 - 8　序批式沉降罐运行机制

上述工艺流程是按单元工艺划分的，有时还根据污水在装置、容器和构筑物中的液面与大气接触的情况，分为开式流程和密闭流程。密闭流程就是采用压力式构筑物组成的处理流程，或者是液面上有气封、油封或其他密封方式进行密闭，使水不与大气相接触的常压处理单元组成的工艺流程。反之，则为开式流程。

2. 各种工艺流程的特点和应用条件

1）自然沉降—混凝沉降—过滤流程

（1）特点。

该流程处理效果好，抗冲击性负荷能力较强。混凝剂加在自然沉降罐之后，自然沉降罐回收的油品性质好，而且由于浮油、粒径较大的分散油和较重的固体颗粒多在此分离出来，可减轻后续处理环节的负担，减少加药量。缺点是当规模较大时，沉降罐较大、压力过滤罐的数量较多，流程相对复杂些，若采用重力过滤罐相对要简单些，但是对于水中含聚合物时，水的黏度会增大，由于重力滤罐过滤水头低，聚合物易在滤料表面黏结，影响过滤效果，不宜采用。

（2）应用条件。

该流程对原水含油量变化适应性强，因此适用于水量变化大或者污水中含油量较高，特别是含浮油较多的情况；当用于含聚合物的采出水处理时，应适当调整设计参数。

2）混凝沉降—过滤流程

（1）特点。

该流程的特点是以化学混凝为前提,以过滤为最后把关的工艺,混凝沉降主要是去除水中的浮油和较大的悬浮物。过滤则是进一步去除水中较小的油粒和悬浮物,其流程较简单,只有两级,其中混凝沉降罐可起自然沉降和混凝沉降两种作用,当原水水质较好或者净化水质要求不高时,可不加混凝剂。水质要求严格时再加混凝剂。过滤罐若采用重力式单阀滤罐,可制成较大直径的罐,节省占地和投资,如果采出水中含有聚合物,则宜采用压力过滤。该流程的缺点是对原水水质变化适应性较差些,净化水质不如经图9-3-1的流程处理得好。

（2）应用条件。

该流程适用于设计水量较大的高渗透油层回注的采出水处理。

3）聚结—混凝沉降—重力过滤流程

（1）特点。

该流程的特点是在前述两步处理流程之前加一聚结过程。原水通过聚结装置由于油珠粒径变大,可大大减少混凝沉降过程的停留时间,基建投资比两步处理流程稍有节省。但当水中泥砂含量多时,易堵塞聚结罐。

（2）应用条件。

该流程主要用于污水中原油粒径较细小,水中含泥砂量较少时,而且在进入处理站的原水余压较高,可直接进入聚结罐的条件下,更为优越。

4）自然沉降—压力除油—压力过滤流程

（1）特点。

该流程的主要特点是对流程中的常压罐,如自然沉降罐和缓冲罐,设置了密闭设施,从而形成了密闭流程,密闭系统和压力沉降罐结构较为复杂。

（2）应用条件。

该流程适用于水量小、矿化度高、污水腐蚀性较大的采出水处理。

5）沉降—气浮—压力过滤流程

（1）特点。

该流程是在常规"沉降—过滤"流程中间增设气浮装置,同时增设加气、溶气,并设置了天然气密闭系统,流程比较复杂,增加动力消耗,维护管理较复杂,但除油效率较高,停留时间短。

（2）应用条件。

影响气浮装置处理采出水的效果因素较多,在流程中选用气浮装置时,应通过试验并进行技术经济比较之后才能确定。目前该种流程主要用于采出水中油珠粒径小、乳化严重或油水密度差小的稠油采出水处理。

6）压力除油—压力过滤流程

（1）特点。

该流程是以压力除油罐代替常规流程中的自然沉降罐和混凝沉降罐,并且利用压力除油罐的余压进行过滤,节省了占地和工程投资。该流程属于密闭流程,对进站水的压力要求较高,对水量变化的适应能力较差,并且压力沉降罐的结构较为复杂。

（2）应用条件。

作为密闭流程适用于矿化度高、腐蚀性强的油田采出水处理。

7）序批沉降—压力过滤流程

（1）特点。

序批式沉降的特点为选择4座相同的沉降罐,每座沉降罐个体为间歇式运行,但整体为连续运行,即连续进水、连续排水。沉降罐排水不经过滤前缓冲罐,直接用过滤提升泵加压进入一次过滤罐和二次过滤罐进行过滤处理,使最终出水水质达到注水水质指标。

（2）应用条件。

该流程适用于三元或二元复合驱的采出水处理。

8）开式流程

（1）特点。

开式流程是指处理装置、容器、池子的自由液面有暴露于大气者。其特点是装置简单,不需要复杂的密封设施,不需要压力容器。操作管理都比较简单。缺点是水中溶解氧会加速金属设备和管道的腐蚀。

（2）应用条件

开式流程主要应用于不含或少含二价铁离子的矿化度低、腐蚀性低的采出水处理。它不需要特殊的密封,而采用"浮油层"密封或者加入少量脱氧剂,即可满足注水要求。

9）密闭流程

（1）特点。

整个流程中所有装置、容器或池子的自由液面,均与大气不直接接触时,这种流程称之为密闭流程。流程中的压力式装置,可视为密闭,不需要采用密封措施;若流程中采用重力式装置时,则需对其开式部分加表面密封设施。有密封设施的流程比较复杂,对控制的要求很严格,设备和仪表较多,安全性要求高,管理也复杂,相对开式流程投资也大,但对水质的稳定有保证。

（2）应用条件。

密闭流程主要适用于矿化度高、腐蚀性强的采出水处理。

二、除油

在油田含油污水处理中,常用的除油工艺主要有:自然(重力)沉降、混凝沉降、气浮选、聚结压力及水力旋流除油工艺等。无论采用哪种方法的除油设备,其除油原理都是利用油、水、悬浮物的密度差而实现的。

1. 自然（重力）沉降及混凝沉降

1）原理

沉降罐是利用介质的密度差进行重力沉降分离的处理构筑物,以去除水中原油为主要目的。

油珠上浮过程符合斯托克斯公式:

$$u = \frac{g}{18\mu}(\rho_w - \rho_o)d_o^2 \qquad (9-3-1)$$

式中　u——油珠上浮速度，m/s；
　　　d_o——油珠直径，m；
　　　μ——污水动力黏滞系数，Pa·s；
　　　g——重力加速度，m/s^2；
　　　ρ_w——污水密度，kg/m^3；
　　　ρ_o——污油密度，kg/m^3。

沉降罐有立式和卧式两类,立式多为重力式,卧式多为压力式。

2）自然沉降罐

油田应用的除油罐常为立式,它是重力分离型除油、除悬浮固体构筑物,在三段重力处理工艺流程中处于第一段。自然沉降罐属于重力沉降除油设备,含油污水经进水管、配水管流入沉降区,水中粒径较大的油粒在油水相对密度差的作用下首先上浮至油层,粒径较小的油粒随水向下流动。在此过程中,一部分小油粒由于自身在静水中上浮速度不同及水流速度的推动,不断碰撞聚结成大油粒而上浮,无上浮能力的部分小油粒随水进入集水管,经出水系统排出。除油罐结构示意图如图9-3-9所示。

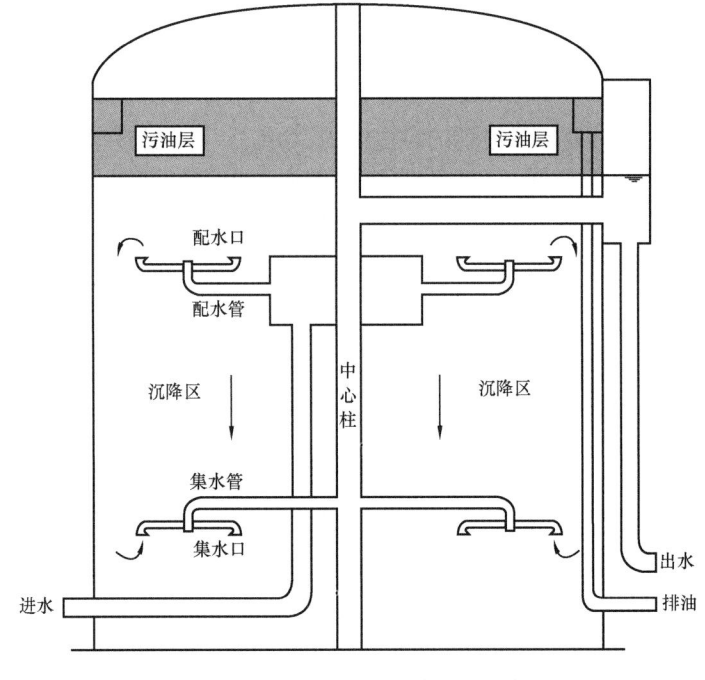

图9-3-9　自然沉降罐结构示意

3）混凝沉降罐

油田应用的混凝沉降罐,同自然沉降罐一样也是重力分离型除油、除悬浮固体构筑物,在三段重力处理工艺流程中处于第二段。通过投加混凝剂来提高与液体内不同物质的密度差值,增大油粒浮升速度和悬浮物下沉速度,减少沉降时间,从而提高除油效率。该设备与自然沉降罐的主要区别是在中心设置了混凝反应筒。

由自然沉降罐处理后的含油污水,进入下一级混凝沉降罐,同时在进罐前加入一定量的混凝剂,含有混凝剂的含油污水进入混凝沉降罐中的混凝反应中心筒进行混凝反应,从中心反应筒出来的含油污水,油水进行分离,分离后的污水在下部集水区流入集水管,汇集后的污水由中心柱管上部流出沉降罐,分离出的油珠颗粒上浮到水面,进入集油槽后由出油管排出到收油装置。沉降罐结构示意图如图9-3-10所示。

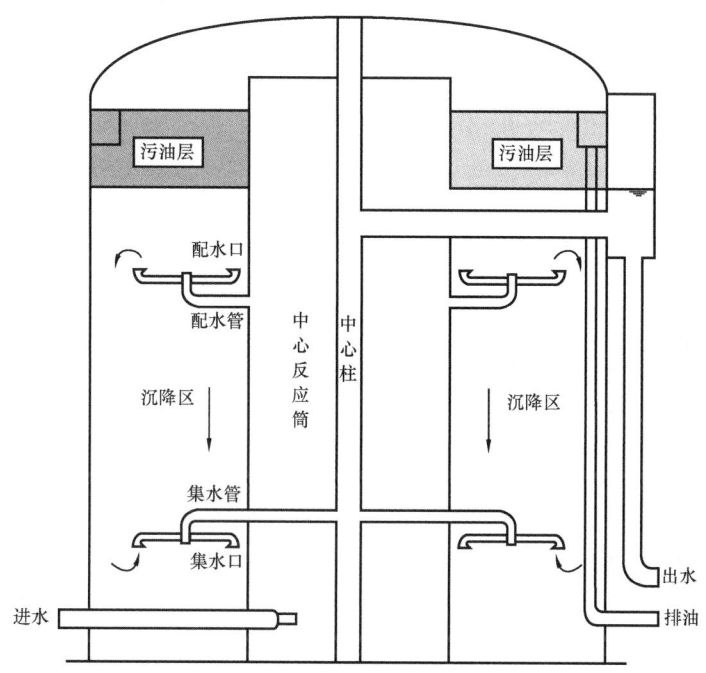

图9-3-10 混凝沉降罐结构示意图

4) 设计参数

除油罐及沉降罐的技术参数应通过试验确定,没有试验条件的情况下,可按表9-3-1、表9-3-2确定。

表9-3-1 水驱采出水除油罐及沉降罐技术参数

沉降罐/除油罐	污水有效停留时间,h	污水下降速度,mm/s
除油罐(自然沉降罐)	3~4	0.5~0.8
斜板除油罐	1.5~2	1.0~1.6
混凝沉降罐	2~3	1.0~1.6
混凝斜板沉降罐	1~1.5	2.0~3.2

表9-3-2 聚合物驱采出水除油罐及沉降罐技术参数

沉降罐/除油罐	污水有效停留时间,h	污水下降速度,mm/s
除油罐(自然沉降罐)	7~9	0.2~0.4
混凝沉降罐	3~5	0.4~0.8

表9-3-1、表9-3-2为常压立式沉降罐及除油罐的设计参数参考值。其中,水驱采出水技术参数是根据大庆、辽河、胜利等油田多年应用经验及效果而确定的,聚合物驱采出水技术参数是根据大庆油田采出水处理站应用经验及效果确定的。

5) 工艺选用需注意的问题

设计沉降装置时,应考虑下列因素:

(1) 罐的容积应能满足沉降停留时间和沉降速度的要求,故罐一般不少于2座。
(2) 内部结构有利于水、油、泥砂的分离和排出。
(3) 配水和集水、排油均匀连续。
(4) 根据采出水中泥砂含量应考虑采取有效的排泥措施。
(5) 作为混凝沉降罐,应具备混凝(混合、反应)的条件。
(6) 沉降除油工艺的设备、厂房等应按防爆设计。

2. 气浮选

1) 原理

气浮法处理污水技术就是在一定条件下,向污水中通入气体,产生微细气泡,利用气泡吸附、携带污水中的油珠和微细悬浮物上浮,使其与污水分离,以达到净化污水目的的一种水处理技术。

2) 气浮选分类

气浮有多种类型,主要区别在于加气、布气方式不同而导致结构、加气、布气系统各异,产生的气泡颗粒直径及均匀性有差别,能耗、管理及维护方便与否也不同。根据产生气泡方式的不同,可分为加压溶气气浮、叶轮气浮、射流气浮和电絮凝气浮等。其中被广泛应用的是加压溶气气浮法。按其溶气方式和加压方式的不同可分为全流溶气气浮工艺、分流溶气气浮工艺和回流溶气气浮工艺。因此,根据采出水的性质,选择何种类型的气浮机(池),应通过试验,经技术、经济比较而确定。

3) 气浮技术适用范围

气浮机(池)宜在下列情况采用:

(1) 水中原油粒径较小、乳化较严重。气浮机是利用向水中均匀加入微小气泡携带原油及悬浮固体细小颗粒加快上浮速度的原理,实现油、水和悬浮固体快速分离的设备,对原油及悬浮固体颗粒小、乳化程度高及油水密度差小的采出水处理较其他沉降分离构筑物具有明显的优势。

(2) 油水密度差小的稠油、特稠油和超稠油采出水。在乳化程度低及油水密度差大的采出水处理中也可应用。

4) 设计参数

采用部分回流加压溶气气浮时,气浮机(池)的主要设计参数见表9-3-3。

表9-3-3 采用部分回流加压溶气气浮的气浮机(池)主要设计参数

序号	参数	数值
1	分离段停留时间,min	10~30
2	矩形气浮池分离段水平流速,mm/s	≤6
3	溶气罐内的停留时间,min	1~3
4	回流比,%	30~50

5) 工艺选用需注意的问题

选择气浮方法和设计气浮装置时,应注意的主要问题是:

(1) 根据采出水的性质或类似工程的经验选择合适的气浮工艺,对于油珠粒径小、乳化严重的采出水或油水密度差小的稠油采出水宜优先采用;

(2) 气浮装置应采取减小气泡直径、提高气泡浓度和布气均匀等措施,合理确定供气强度、接触时间和布气系统,以利于提高气泡与油粒和固体物颗粒的接触效率和附着效率;

(3) 气浮工艺前宜设置调储罐或沉降罐,以提高对水量变化的适应能力;

(4) 确定适当的水处理药剂,并应设收油和排泥设施;

(5) 气浮工艺的设备、阀室等应按防爆设计。

3. 聚结压力除油

1) 原理

横向流含油污水除油器是在斜板除油器的基础上发展起来的,其原理符合"浅池理论",通过含油污水流动的速度及方向的变化,增加油珠间的碰撞聚结概率,使小分散油珠聚并成大油珠,小颗粒固体物质絮凝成大颗粒,达到油、悬浮物与水分离的目的。它由含油污水的聚结区和分离区两部分组成。含油污水首先经过交叉板型的聚结器,使小分散油珠聚并成大油珠,小颗粒固体物质絮凝成大颗粒,然后聚结长大的油珠和固体物质通过具有独特通道的分离板区,而从水中分离出来。在进行油水、固体物质分离的同时,还可以进行气体(天然气)的分离。

聚结板组采用以聚丙烯为主的复合材料,其形状由一系列正交的梯形板所组成。含油污水在其中发生碰撞、聚结,并以正弦波路流动。

分离板组与油田常用的斜板除油相似,但水流状态、除油方式、板型结构是完全不同的,它由三维六边形模块化的聚丙烯复合材料板组成,这些板"面对面"且与水平成一定角度粘接到一起,形成了一个特殊形式的空间立体通道。这个基本空间有大、中、小三个通道口,水流流速在其中不断地变化,致使经过聚结变大的油珠及固体物质颗粒,再次发生碰撞,聚并及分离,最后使油珠浮至上板的底面,沿通道导入除油器的顶部进入油箱中;污泥及固体物质落至下板的表面,沿通道下滑至板底部进入罐内泥漏斗中,处理后的水沿水平方向流动进入水箱。聚结压力除油器结构示意图如图9-3-11所示。

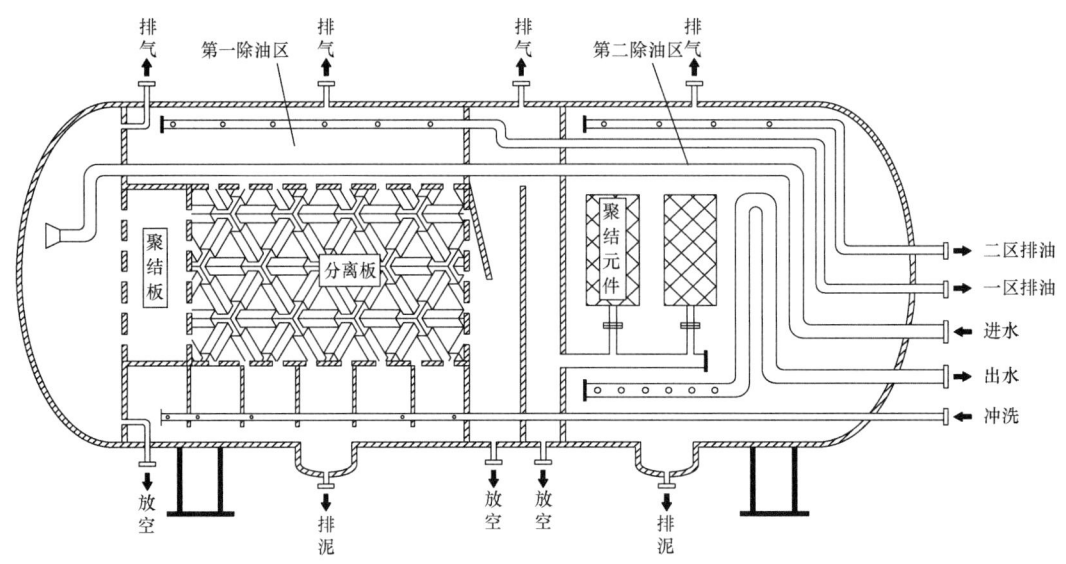

图 9－3－11 聚结压力除油器结构示意图

2）设计参数

应用于含油污水处理的聚结压力除油器主要设计参数见表 9－3－4。

表 9－3－4 聚结压力除油器主要设计参数

序号	参数	数值
1	有效停留时间,h	1.0～2.0
2	分离液面负荷,$m^3/(m^2 \cdot h)$	6.0～10.0
3	积油厚度,m	≤0.7
4	进、出水流速,m/s	1.2～1.6
5	来水含油量,mg/L	≤3000
6	出水含油量,mg/L	≤100

3）工艺选用需注意的问题

聚结主要是靠润湿聚结和碰撞聚结两个物理过程而使细小油粒变成较大油滴,从而加速油水分离。聚结设备设计的关键问题是:

(1) 选择合适的聚结材料,常用的聚结材料有聚丙烯材料、无烟煤、陶粒、蛇纹石等,以及其他规整填料,一般应是具有亲油性能的、有一定孔隙的粒状或纤维状的材料,还须具有足够的机械强度和耐油性;

(2) 确定装置的处理负荷;

(3) 确定适当的反冲洗再生强度,保证有足够的膨胀率,又不使聚结材料流失;

(4) 装置的布水和集水应均匀;

(5) 聚结工艺的设备、厂房等应按防爆设计。

4. 水力旋流除油技术

1）原理

从水力旋流器出现至今,随着其不断发展已逐步形成几种类型的产品。按照分离的介质类型可分为固—液、液—液、气—液、气—固、气—液—固水力旋流器等几种。

液—液型水力旋流分离技术是一种新型、高效的油水分离技术,利用油水不互溶介质间的密度差进行离心分离。在离心力的作用下,密度较小的油粒向设备中心运动,形成"油柱";另一部分密度大的污水则向着设备内壁运动及旋转,最终分别由不同出口排出设备外,达到油水分离的目的。液—液型水力旋流分离器示意图如图9-3-12所示。

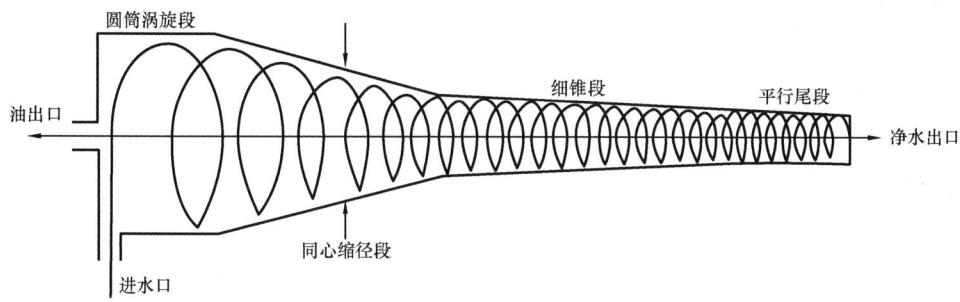

图9-3-12 液—液型水力旋流分离器示意图

在水力旋流分离器中,含油污水在一定压力下,通过一个切向进水口进入水力旋流管中,此时液流沿着管壁直接形成一个螺旋流,产生一定的离心力,而液流通过锥体部分时得到加速,形成了有效分离所需的离心力,该力作用在较重的水相时,使其迁移到细的锥管段的管壁附近,而较轻的油相被汇集在中心,形成一个低压的油芯;外层的水旋转通过一个较细的圆柱段面进入尾部的圆柱体中,并通过排水口排出。而中心的低压油芯,利用排水口的控制阀给油芯施加回压,而使油芯沿着水流相反的方向移动,并通过排油口排出。旋转的水流和油扩展到旋流管的柱形端,增加了停留时间,以便使较小的油珠向中心迁移,进一步地提高油水分离的效果。

2）设计参数

水力旋流器主要设计参数见表9-3-5。

表9-3-5 水力旋流器主要设计参数

序号	参数	数值
1	进口压力,MPa	≤0.6
2	出口压力,MPa	0.26
3	排油口压力,MPa	0.03
4	排泄比,%	6.77

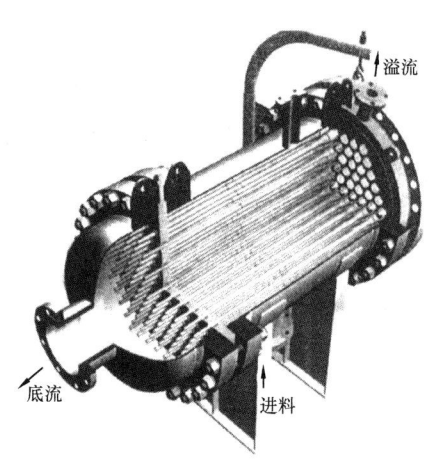

图9-3-13 用于油水分离的水力旋流器

3)适用范围

水力旋流器的功能是油水分离。水力旋流器在与气浮机(池)、沉降罐等配合使用时,水力旋流器应放在气浮机(池)、沉降罐前。单个的细而长管状水力旋流器处理量不大,为适应生产需要,可将多个水力旋流管放置在圆筒内,并卧式安装,如图9-3-13所示。水力旋流器使用条件应符合下列要求:

(1)油水密度差大于$0.05g/cm^3$。

(2)原水含油量高,且乳化程度较低。

(3)场区面积小,采用其他沉降分离构筑物难以布置。

(4)水力旋流器不宜单独使用。

三、过滤

1. 过滤机理

采用过滤方法去除液体中的杂质,其机理一般可分为以下4个方面。

1)吸附

过滤器的功能之一是把悬浮颗粒吸附到滤料颗粒表面。吸附力是滤料颗粒的尺寸以及吸附性质和抗剪强度的函数。影响吸附的物理因素包括滤池和悬浮液的性质,影响吸附的化学因素包括悬浮颗粒、悬浮液体水,以及滤料的化学性质,其中电化学性质和范德华力(颗粒间的分子内聚力)是两个重要的化学性质。

2)絮凝

为了得到水的最佳过滤性,有两种基本方法。一种是按取得最佳过滤性而不是产生最易沉淀的絮凝体来确定混凝剂的最初投药量;另一种是在沉淀后的水进入滤池时,向其投加作为助滤剂的二次混凝剂。

为了得到有效的过滤,有时会在过滤前投加一定量的混凝剂,使其产生小而致密的絮凝体,让水中的杂质能穿透表面而进入滤床。而絮凝体的形成大大地提高了杂质与滤料颗粒表面之间的接触机遇,并使絮体黏结在那里。

3)沉淀

小于颗粒间空隙的杂质去除,同一个布满着极大数目浅盘的水池中的沉淀作用是相类似的。以粒径为$5 \times 10^{-2}cm$的球状砂粒为例,$1.0m^3$体积中,所含有的空间为40%,有9.15×10^9个颗粒,其总表面积为$7.2 \times 10^3 m^2$。假定只有1/6的砂粒面积是水平的和面向上的,其中1/2又是同其他砂粒相接触的,而留下的1/3是受冲刷的,则相当一个沉淀池的有效面积为$400m^2$,或相当于每米深度中布置着400个浅盘。

4)截流

截流也可以说成是筛滤。它几乎全部发生在滤池的表面上,也就是水进入到滤床的空隙之处,开始时,筛滤只能去除比空隙大的那些物质。随着过滤的进行,筛滤出的物质贮积在滤池滤料表面形成的面膜上,此时水必先通过它方能达到过滤介质。杂质的去除也就是更限制在滤层的表面上了。

当被过滤的水含有许多有机物质时,只要那层面膜是被永久地遗留着,外来的生物——主要是腐生菌,将利用这些微生物作为能量的来源而繁育在这层面膜上。在此情况下,胶团性生物的繁殖将使这层面膜具有黏性,使筛滤过程的效率进一步增强。这样造成的效率的逐渐增长,称为滤池的成熟和突破。当过滤的阻力升高到一个过大的数值时,或表面膜有破裂的危险时,就必须把这层面膜和支撑它的滤料表面层加以去除。

过滤除杂质的过程是相当复杂的,对于不同的水质,可能是以其中一种机理为主,而以其他机理为辅,或者说去除机理包括一种或几种。

2. 过滤设备的类型和选用

最常用的粒料过滤器为压力滤罐(滤速 5m/h 以上),它的主要目的是去除水中的原油和悬浮固体,压力滤罐实际是快滤池在高于大气压力下操作的构造形式,其外壳为蝶形头盖的一个钢制圆柱体装置,可以立放或卧放,一般在 0.6~1.0MPa 压力下工作。

压力滤罐的种类较多,过滤油田采出水采用最多的有石英砂单层滤料过滤器、石英砂与磁铁矿组成的双层滤料过滤器及核桃壳过滤器等。

1) 滤罐的分类

过滤技术在水处理行业是非常重要的技术之一,也是油田水处理的重要技术之一。过滤设备也是多种多样的,按水流通过滤层的方向来分,可分为下向流过滤器、上向流过滤器、双向流过滤器、辐射流过滤器、水平流过滤器等;按水流性质来分,可分为压力过滤器和重力过滤器;根据滤料可分为:单滤料(石英砂、核桃壳、海绿石)滤器、双滤料(无烟煤、石英砂、磁铁矿)滤器、多滤料(无烟煤、石英砂、磁铁矿、石榴石等)滤器;根据滤料的均匀程度分为均粒滤料滤器和非均匀滤料滤器;根据滤速大小分为慢滤器、快滤器、高速过滤器和超速过滤器;根据过滤工作状态分为恒速过滤器和变速过滤器;根据过滤水头分为恒水头过滤器和变水头过滤器;根据滤池反冲洗配水情况分为大阻力过滤器、中阻力过滤器和小阻力过滤器。

2) 滤罐选择

在水处理过程中,过滤设备十分重要,影响过滤效果的因素很多,除了进水水质外,滤料和滤器的选择很重要。在设计过滤工艺时,应重点考虑下列条件:

(1) 滤料的选择与级配。滤料要有一定的相对密度、机械强度和化学稳定性;有合适的粒度和级配要求。滤料支承层(垫料)也与滤料有同样的要求。

(2) 滤速的确定。滤速应在设定的工作周期内,在充分发挥滤料容污能力的过滤性能前提下,不使截留物穿透滤层,确保滤后水质。

(3) 冲洗方式的选择和冲洗参数的确定。滤池反冲洗能否彻底,是滤池工作好坏、出水水质能否保证的关键。要求反冲洗配水应均匀;反冲洗强度应足够或者增设辅助反冲洗方式;反冲洗过程的控制条件要合理。

(4) 滤罐的内部的集配水结构应具有防止跑料和憋压的技术措施。

3) 滤料的选择

在过滤设备中用于分离杂质的材料称作过滤介质。过滤介质是多种多样的,油田上常用的过滤介质,就是我们熟悉的滤料。滤料的种类有很多,如石英砂、磁铁矿、无烟煤、石榴石、金刚砂、钛铁矿砂等。而用于承托滤料的垫料层一般用磁铁矿和河卵石,或者二者配合使用。

过滤设备运行得是否平稳、处理效果是否理想,其中很重要的一点就是滤料的选择。选择滤料应注意以下几个方面:

(1) 机械强度大。在滤料反冲洗过程中,机械强度低的滤料由于强烈的摩擦,滤料表面会脱落,甚至破碎。脱落和破碎的滤料细小颗粒,一部分会被水流带走而影响出水水质,另一部分会因水力分级而停留在滤料层的表面,增加了滤料层的阻力,增大了过滤设备的能量损耗。另外,滤料的磨损和破碎使正常滤料的颗粒直径变细,改变了滤料层的原始性能,最终会影响过滤设备的运行、配套系统的正常工作,以及处理后的水质。所以,滤料必须具有足够的机械强度。

(2) 化学性质稳定。在过滤过程中,滤料若与水发生化学反应则会影响水质。水是"万能溶剂",对一切物质都有一定的溶解作用,滤料也不例外。因此,选择滤料要考虑滤料的化学稳定性。

(3) 外形接近于球形,表面粗糙而有棱角。因为球状颗粒间的孔隙比较大,表面粗糙的颗粒其表面积比较大,而棱角处的吸附能力最强。

(4) 货源充足、价格合理。

4) 油田常用过滤器

① 核桃壳过滤器。

核桃壳滤料是野生山核桃壳,经过脱脂、研磨、表面纯化等处理,其各项指标均优于砂滤料,为亲水疏油的过滤介质,具有密度小(密度为 $1.266 \sim 1.4 g/cm^3$),强度和韧性高,吸附、截污能力强,且不黏块、反冲再生效果好和反冲洗水量小[反冲洗强度为 $6 \sim 7 L/(m^2 \cdot s)$]等优点。滤床深通常为 $1.0 \sim 1.6 m$,粒径为 $1.0 \sim 2.0 mm$,而且是上大下小。由于充分发挥了深床优势,滤速提高到 $15 \sim 40 m/h$。

核桃壳过滤器有搅拌式、搓洗式、USF 核桃壳等几种形式。

油田采出水处理中,核桃壳过滤器选用比例已达到 51%,改、扩建工程也将核桃壳过滤器作为首选设备。

② 多层滤料过滤器。

双层滤料过滤器壳体内装有两种密度、粒度不同的滤料。上层滤料密度较小,粒度较大;下层滤料密度较大,粒度较小。由于两种滤料的密度不同,反冲洗时在水中下沉的速度不同,密度较大的下沉快,密度较小的下沉慢。因此,周期性反冲洗后,仍能保持轻的滤料在上,重的滤料在下的分层,形成自上而下粒度由大到小,密度由轻到重的滤层,从而提高了滤层的截污能力。

多层滤料过滤器的滤床组成:双层一般为无烟煤和石英砂或石英砂和磁铁矿;三层为无烟煤、石英砂和磁铁矿(石榴石)。三种滤料的相对密度、粒径均不同:

(1) 相对密度:无烟煤 $1.4 \sim 1.6 g/cm^3$,石英砂 $2.55 \sim 2.65 g/cm^3$,磁铁矿 $4.70 g/cm^3$。

(2) 粒径:无烟煤 $1.0 \sim 2.0 mm$,石英砂 $0.5 \sim 0.8 mm$,磁铁矿 $0.25 \sim 0.50 mm$。

近年来的油田工程实践表明,无烟煤机械强度不高,易于破碎,不少油田已不采用无烟煤滤料。

多层滤料过滤器去除悬浮物效率较好,因此,可以串联在一级过滤罐后,作为深度处理设备。当来水中油含量不高时,作为一级过滤设备可除油和悬浮固体,比核桃壳过滤器更具有优势。在油田采出水处理中,约有35%的采出水处理站选用了该过滤器。

3. 滤料反冲洗技术

目前,油田过滤罐滤料反冲洗技术有:单一强度反冲洗、变强度反冲洗及气水反冲洗。但大量现场数据表明,单一强度反冲洗易造成滤料流失,跑料现象明显增加,且滤料再生质量不高。而变强度反冲洗和气水反冲洗可明显提高滤料再生质量、减少滤料流失、达到提高水质的目的。

1) 变强度反冲洗技术

随着水驱区块污水见聚合物、聚合物驱污水含聚合物浓度的升高,采出水水质成分、性质发生了变化,尤其是污水黏度变化,导致粒状滤料过滤器反冲洗时滤料膨胀高度和冲洗效果等均发生了变化,若反冲洗参数仍延用水驱设计参数,已经不能适应现场实际生产运行的需要。污水站现用的水反冲洗参数反冲洗效果变差,反冲洗时滤罐憋压、跑料,不能达到预定的反冲洗效果。

(1) 污水黏度对反冲洗强度的影响。

反冲洗强度计算公式如下:

$$u = 0.034 \frac{(\rho - \rho_0)^{0.8} d^{1.4}}{\mu^{0.6}} \cdot \frac{(m+e)^{2.4}}{(1-m)^{0.6}(1+e)^{1.8}} \qquad (9-3-2)$$

式中 u——反冲洗强度,L/(m²·s);
ρ——滤料的密度,kg/m³;
d——滤料的粒径,m;
ρ_0——污水的密度,kg/m³;
μ——污水的黏度,kg/(m·s)[1kg/(m·s)=1Pa·s];
m——滤料的静止孔隙度;
e——滤料的反冲洗膨胀率,%。

依据式(9-3-2),含油污水由于含有聚合物后黏度增加,维持滤料层反冲洗膨胀率(40%)不变,相应的反冲洗强度应该减小。

(2) 反冲洗机制的优化。

"水流剪切"和"颗粒碰撞"是使污染物由滤料表面脱落的两种作用,普遍认为碰撞高效区和剪切高效区的重叠部分是反冲洗高效区。经研究认为,在不同阶段应该以不同的作用为主,即先以"颗粒碰撞"为主进行污染物脱附,再以"水流剪切"为主进行清洗去除污染物。

含油污水含有聚合物后污水黏度增大,低温集输区块的含油污水由于水温低黏度增大,滤料层截留污染物的结合更加紧密。因此,按反冲洗机理,在反冲洗开始阶段,必须加强颗粒之间的碰撞摩擦,以利用碰撞机理为主,使污染物和滤料充分脱附。

第一阶段,根据碰撞机理,对于石英砂滤料一般认为最佳反冲洗强度在10~12L/(m²·s)(给水处理温度20℃),对于含油污水来说,认为滤层的反冲洗膨胀率在20%左右为宜[相应反冲洗强度在10L/(m²·s)左右,根据污水黏度数据调整],滤料进入流化状态,同时水头损失比较大、悬浮层比重比较大、速度梯度大,能够达到比较好的碰撞效果。

滤料层截留的污染物基本在表层的200~300mm之内。在第一阶段利用碰撞机理脱附的污染物需要清除出去。根据滤料的水力分级机理,可以采用停止冲洗1.0min的办法,使污染物和滤料分离,污染物由于密度原因在滤料层上方,不会压实。

第二阶段要将污染物清洗、去除出去,最有利的方法是利用连续流替换脱附物。主要应用水力剪切机理为主、碰撞机理为辅的办法,使用大反冲洗强度进行清洗。此阶段采用两个台阶,第一台阶反冲洗膨胀率在30%左右,第二台阶反冲洗膨胀率在40%左右。

2)气水反冲洗技术

大庆油田已经进入水驱和三次采油并存的开发阶段,随着油田聚合物驱和三元复合驱开采区块增多,聚合物驱、三元复合驱采出水处理工艺中存在颗粒滤料过滤器反冲洗再生效果差、过滤效果不好和反冲洗过程中的憋压、跑料等问题。针对该问题开发了气水反冲洗再生新技术,可以将聚合物驱、三元复合驱采出水处理工艺中其他反冲洗再生方法不能再生出来的污染颗粒滤料干净彻底再生出来,使滤料表面残余含油量达到0.04%。该技术在原工艺流程中接入供气设备就可以实现气水反冲洗再生,具有工艺和过滤器内部都不用改造的特点,工艺适用性强。

四、采出水处理站工艺计算

采出水处理站工艺计算就是按照所选择的采出水处理工艺流程中的各种处理构筑物和工艺设备及其确定的主要设计参数,依据相关的计算公式,计算出处理构筑物的结构、尺寸、规格和数量,优选出工艺设备的规格和数量,从而进一步确定处理构筑物、工艺设备、厂房等的平面尺寸和安装要求。它是采出水处理站平面布置设计、管网设计和安装设计的基础。

1. 设计规模和设计流量的计算

1)采出水处理站的设计规模

$$q = q_1 + q_2 \qquad (9-3-3)$$

式中 q——采出水处理站的设计规模,m^3/d;
q_1——原油脱水系统排出的水量,m^3/d;
q_2——送往采出水处理站的洗井废水等水量,m^3/d。

2)采出水处理站的设计流量

$$q_s = Kq_1 + q_2 + q_3 + q_4 \qquad (9-3-4)$$

式中 q_s——采出水处理站的设计流量,m^3/h;
K——时变化系数,$K=1.0~1.15$;
q_1——原油脱水系统排出的水量,m^3/h;
q_2——送往采出水处理站的洗井废水水量,m^3/h;
q_3——回收的过滤器反冲洗排水量,m^3/h;
q_4——站内其他排水量,m^3/h(主要指采出水处理站排泥水处理后回收的水量及其他零星排水量,当无法计算时可按q_1水量的2%~5%)。

3）采出水处理站构筑物的校核流量

主要处理构筑物及工艺管道按设计流量 q_s 进行设计,并应按其中一个(或一组)停产时继续运行的处理构筑物应通过的水量进行校核。校核流量按式(9-3-5)计算：

$$q_j = \frac{q_s}{n-1} \qquad (9-3-5)$$

式中　q_j——校核流量,m^3/h；
　　　q_s——设计流量,m^3/h；
　　　n——构筑物个数或组数,$n \geqslant 2$。

2. 立式沉降罐的计算

1）设计参数
（1）采出水的设计水量；
（2）立式沉降罐座数；
（3）沉降停留时间；
（4）校核停留时间；
（5）采出水的沉降速度；
（6）罐内油层的最大和最小积油厚度；
（7）配水管和集水管内的水流速度；
（8）配水和集水喇叭口服务面积。

2）工艺计算

立式沉降罐结构如图9-3-14所示。

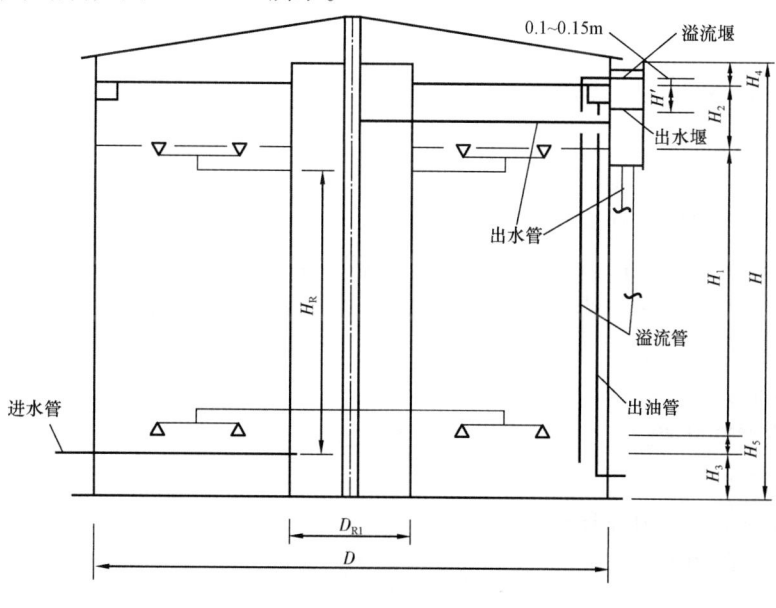

图9-3-14　立式沉降罐结构

(1) 沉降罐的直径。

自然沉降罐直径（无中心反应筒）：

$$D = \sqrt{\frac{4q_s}{\pi n v}} \qquad (9-3-6)$$

混凝沉降罐直径（有中心反应筒）：

$$D = \sqrt{D_{R1}^2 + \frac{4q_s}{\pi n v}} \qquad (9-3-7)$$

式中　D——沉降罐直径，m；
　　　q_s——总设计流量，m^3/s；
　　　n——罐数；
　　　v——罐内污水的沉降速度，mm/s；
　　　D_{R1}——中心反应筒的外径，m。

(2) 沉降罐的沉降高度：

$$H_1 = 3.6vt \qquad (9-3-8)$$

式中　H_1——沉降高度，m；
　　　v——沉降速度，mm/s；
　　　t——沉降时间，h。

(3) 有效沉降面积：

$$F_1 = \frac{\pi}{4}(D^2 - D_{R1}^2) \qquad (9-3-9)$$

式中　F_1——沉降罐的沉降面积，m^2；
　　　D——沉降罐直径，m；
　　　D_{R1}——中心反应筒外径，m。

(4) 混凝立式沉降罐中心反应筒的计算。

采出水处理混凝除油的反应，现多称作"絮凝"，即完成凝聚的胶体在一定的外力扰动下相互碰撞、聚集，以形成较大絮状颗粒的过程。常用旋流式中心反应筒。

① 设计参数。

a. 反应时间；

b. 进口或喷嘴流速；

c. 出口流速；

d. 圆柱体部分的上升流速；

e. 底部锥角的角度。

② 工艺计算。

a. 反应筒的有效容积：

$$V_R = \frac{q_s t}{60} \qquad (9-3-10)$$

式中 V_R——反应筒的有效容积,m^3;
q_s——每个反应筒的设计流量,m^3/h;
t——反应时间,min。

b. 反应筒的内径:

$$D_R = \sqrt{\frac{4(V_R - V_T)}{\pi H_R}} \qquad (9-3-11)$$

式中 D_R——反应筒的内径,m;
V_R——反应筒的有效容积,m^3;
V_T——反应筒内相应反应高度的中心柱和集、配水系统所占的容积,m^3;
H_R——反应筒的有效反应高度,m。

反应筒的内径,按计算结果取接近的整数或标准值,反应高度 H_R 按预选的沉降罐高度确定,一般可比沉降罐顶低 1.5~4m。

c. 反应筒内的平均速度梯度:

$$G = \sqrt{\frac{\gamma h}{60\mu t}} \qquad (9-3-12)$$

式中 G——平均速度梯度,s^{-1};
γ——采出水的密度,kg/m^3;
μ——采出水的动力黏度,$kg/(m \cdot s)$ [$1kg/(m \cdot s) = 1Pa \cdot s$];
t——反应时间,min;
h——反应筒总水头损失,m(一般可取 0.1~0.3m)。

(5)核算沉降速度和沉降时间。

① 沉降速度:

$$v = \frac{q_s'}{3.6F} \qquad (9-3-13)$$

式中 v——沉降速度,mm/s;
q_s'——单罐设计流量,m^3/h;
F——单罐沉降面积,m^2。

② 沉降时间:

$$t = \frac{H_1}{3.6v} \qquad (9-3-14)$$

式中 t——沉降时间,h;
H_1——沉降高度,m;

v——沉降速度,mm/s。

(6)沉降罐内油层厚度(堰槛出水时):

$$H_2 = \frac{1}{K}(\sum h_j - \sum h_s) - \frac{1}{K}\left[\left(\frac{q'_j}{mB}\right)^{2/3} - \left(\frac{q'_s}{mB}\right)^{2/3}\right] + 0.05 \quad (9-3-15)$$

$$K = \frac{\rho_\omega - \rho_o}{\rho_\omega}$$

式中　H_2——罐内油层厚度,m;
　　　K——系数;
　　　ρ_ω——污水的密度,kg/m³;
　　　ρ_o——油的密度,kg/m³;
　　　$\sum h_j$——校核流量时的集水管道系统总水头损失,m;
　　　$\sum h_s$——设计流量时的集水管道系统总水头损失,m;
　　　q'_j——单罐的校核流量,m³/s;
　　　q'_s——单罐的设计流量,m³/s;
　　　B——出水堰槛的宽度,m;
　　　m——出水堰的收缩系数,取 $m=1.86$。

(7)罐壁高度:

$$H = H_1 + H_2 + H_3 + H_4 + H_5 \quad (9-3-16)$$

式中　H——罐壁高度,m;
　　　H_1——沉降高度,m;
　　　H_2——油层厚度,m;
　　　H_3——积泥高度,m(一般取 1~1.2m);
　　　H_4——保护高度,m(一般取 0.5~0.8m);
　　　H_5——出水缓冲高度,m(一般取 0.5m)。

(8)出水堰槛下限高度:

$$H' = \sum h_s + \left(\frac{q'_s}{mB}\right)^{2/3} + KH_2 \quad (9-3-17)$$

式中　H'——出水堰槛至油面(集油槽顶)的最小距离(出水堰槛下限高度),m。
其余符号同式(9-3-15)。

(9)出水堰槛上限高度。
计算公式同式(9-3-17),其中 q'_s 取设计流量的10%。

(10)溢流堰槛高度。
溢流堰槛的高度,应比油槽顶高出0.1~0.3m。

(11)配水、集水系统。
配水、集水系统由喇叭口、支管、干管、出水干管、溢流堰等组成。配水、集水喇叭口应沿除油罐的横截面均匀分布。

喇叭口的控制面积：

$$f = \frac{F}{n_e} \quad (9-3-18)$$

式中　f——喇叭口的控制面积，m^2（一般为 2.5~7.5m^2）；

　　　F——除油罐的横断面积，m^2；

　　　n_e——喇叭口个数，宜选偶数，便于均匀布置，并应按配水、集水管流速为 0.4~0.6m/s 选定的支管数确定。

配水、集水系统的水力计算，应按管路布置和其设计流量进行逐项计算。

3. 斜板（管）除油罐的计算

斜板（管）除油罐的罐体工艺设计计算与普通立式沉降罐的计算方法相似。关于斜板（管）的计算，目前还没有完善的计算方法，下面介绍以矩形平行斜板为例。

1）设计参数

（1）设计流量；

（2）处理负荷和校核负荷；

（3）有效停留时间；

（4）污水的沉降速度；

（5）进入斜板除油罐的污水含油量；

（6）要求斜板除油罐出水含油量；

（7）污水水温；

（8）污水的动力黏度；

（9）污水和其中油的密度；

（10）选用的斜板厚度、间距和倾角。

2）斜板除油罐的计算公式

（1）分离最小粒径油珠的浮升速度：

$$u_o = \frac{\beta g (\rho_\omega - \rho_o) d_o^2}{18 \psi \mu} \quad (9-3-19)$$

式中　u_o——分离最小粒径油珠的浮升速度，m/s；

　　　d_o——分离的油珠粒径，m（可取 50μm = 0.00005m）；

　　　g——重力加速度，m/s^2（g = 9.81m/s^2）；

　　　β——污水中油珠浮升速度降低系数，一般取为 0.95；

　　　ψ——受水流不均匀紊流影响的修正系数，取 1.35~1.5；

　　　ρ_ω——污水的密度，kg/m^3；

　　　ρ_o——油的密度，kg/m^3；

　　　μ——污水的动力黏度，kg/(m·s)[1kg/(m·s) = 1Pa·s]。

(2) 斜板的面积。

斜板水平投影总面积：

$$A_f = \frac{q_s}{3.6u_o} \qquad (9-3-20)$$

实际需要的斜板总面积：

$$A = \frac{A_f}{\cos\theta} \qquad (9-3-21)$$

式中　A_f——斜板的水平投影总面积，m^2；
　　　A——实际需要的斜板总面积，m^2；
　　　q_s——设计流量，m^3/h；
　　　u_o——油珠的浮升速度，m/s；
　　　θ——斜板放置的水平倾角，(°)。

(3) 斜板片数：

$$n = \frac{A}{LB} \qquad (9-3-22)$$

式中　n——所需斜板的总片数；
　　　A——实际需要的斜板总面积，m^2；
　　　L——单片斜板的长度，m；
　　　B——单片斜板的宽度，m。

(4) 斜板组的斜板片数：

$$n_1 = \frac{h}{d \cdot \cos\theta} - 1 \qquad (9-3-23)$$

式中　n_1——每块斜板组需要的斜板片数；
　　　h——斜板组的高度，m；
　　　d——斜板组内斜板的间距，m；
　　　θ——斜板放置的水平倾角，(°)。

(5) 斜板组块数：

$$n_2 = \frac{n}{n_1} \qquad (9-3-24)$$

式中　n_2——斜板除油罐需要的斜板组块数；
　　　n——斜板除油罐需要的斜板总片数；
　　　n_1——每块斜板组需要的斜板片数。

4. 聚结压力除油罐的计算

1）设计参数

（1）聚结材料及其粒径；

（2）聚结材料填装高度；

（3）设计负荷和校核负荷；

（4）再生反冲洗强度；

（5）聚结压力除油罐工作最大水头损失。

2）工艺计算

（1）聚结压力除油罐的直径：

$$D_c = \sqrt{\frac{4q_s}{\pi n q}} \quad (9-3-25)$$

式中　D_c——聚结压力除油罐的直径，m；

　　　q_s——设计流量，m³/h；

　　　q——设计负荷，m³/(h·m²)；

　　　n——罐数。

（2）聚结压力除油罐的高度：

$$H_c = H_1 + H_2 + H_3 \quad (9-3-26)$$

式中　H_c——聚结压力除油罐的高度，m；

　　　H_1——填料的高度，m（一般为 1.3~1.5m）；

　　　H_2——格栅顶至罐底的高度，m（一般为 1.0m）；

　　　H_3——填料顶至罐顶的高度，m（一般为 1.5m）。

（3）进水压头：

$$H_j = h_1 + h_2 \quad (9-3-27)$$

式中　H_j——聚结压力除油罐要求的进水压头，m；

　　　h_1——聚结压力除油罐的最大水头损失，m；

　　　h_2——后续处理装置或构筑物（如立式沉降罐）的进水压头，m。

5. 气浮除油池的计算

1）设计参数

（1）设计水量；

（2）污水水质、含油量、水温、pH 值等；

（3）混凝条件与反应时间；

（4）溶气罐内停留时间；

（5）溶气压力；

（6）选定的释放器在不同压力下的流量；

(7) 接触区进入流速、上升流速和接触时间;
(8) 分离流速(分离室表面负荷);
(9) 气浮分离区停留时间;
(10) 回流比;
(11) 气浮室有效水深和单格宽度;
(12) 刮渣(沫)机的行车速度;
(13) 穿孔集水管的最大流速;
(14) 压力溶气器填料层高度、过水断面负荷。

2) 工艺计算

(1) 气浮所需的最大气量:

$$q_g = q_s R' A_c \psi \qquad (9-3-28)$$

式中 q_g——气浮所需要的最大气量,L/h;
q_s——气浮装置的设计流量,m³/h;
R'——试验条件下所需的回流比,以小数计;
A_c——试验条件下的释气量,L/m³;
ψ——水温校正系数,1.1~1.3。

(2) 所需空压机额定气量:

$$q'_g = \psi' \frac{q_g}{60 \times 1000} \qquad (9-3-29)$$

式中 q'_g——所需空压机额定气量,m³/min;
ψ'——安全与空压机效率系数,一般取 1.2~1.5;
q_g——气浮所需的最大气量,L/h。

(3) 需要加压溶气的水量:

$$q_p = \frac{q_g}{73.6 \eta p K_T} \qquad (9-3-30)$$

式中 q_p——加压回流溶气水量,m³/h;
q_g——气浮所需最大气量,L/h;
η——溶气效率,一般为 0.80~0.90,水温高时取高值;
p——设计中考虑采用的压力,MPa;
K_T——溶解度系数,与水温有关,可从有关资料中查得,如 40℃ 时为 1.79×10^{-2},50℃ 时为 1.59×10^{-2}。

(4) 接触室的平面面积:

$$A_c = \frac{q_s + q_p}{3600 v_c} \qquad (9-3-31)$$

式中 A_c——接触室的平面面积,m²;
　　q_s——气浮池的设计水量,m³/h;
　　q_p——加压回流溶气水量,m³/h;
　　v_c——选定的接触室水流平均速度,m/s。

（5）分离室平面面积:

$$A_s = \frac{q_s + q_p}{3600 v_s} \qquad (9-3-32)$$

式中 A_s——分离室的平面面积,m²;
　　v_s——选定的分离室水流平均速度,m/s;
　　q_s——气浮池的设计水量,m³/h;
　　q_p——加压回流溶气水量,m³/h。

（6）气浮池有效水深:

$$H = \frac{v_s t_s}{1000} \qquad (9-3-33)$$

式中 H——气浮池的有效水深,m;
　　v_s——气浮池分离室中水流平均速度,mm/s;
　　t_s——气浮池分离室中水流停留时间,s。

（7）集水管。

如集水管采用穿孔管时,计算如下:

① 每根集水管的集水量:

$$q = \frac{q_s + q_p}{N} \qquad (9-3-34)$$

式中 q——每根集水管的集水量,m³/h;
　　q_s——气浮池的设计水量,m³/h;
　　q_p——加压回流溶气水量,m³/h;
　　N——集水管的根数。

② 集水孔口流速:

$$v_o = \mu \sqrt{2gh} \qquad (9-3-35)$$

式中 v_o——集水孔口流速,m/s;
　　μ——孔口流速系数;
　　g——重力加速度,m/s²;
　　h——气浮池与后续构筑物的水位差,即允许集水管孔眼的水头损失,m。

③ 每根集水管上孔口总面积:

$$A_\omega = \frac{q}{3600\varepsilon v_o} \qquad (9-3-36)$$

式中 A_ω——每根集水管上孔口总面积，m^2；
q——每根管的集水量，m^3/h；
v_o——集水孔口流速，m/s；
ε——孔口收缩系数，取 0.64。

④ 每根集水管上的孔口数：

$$n = \frac{A_\omega}{A_o} \qquad (9-3-37)$$

式中 n——每根集水管上的孔口数；
A_ω——每根集水管上孔口的总面积，m^2；
A_o——每个孔口的面积，m^2。

⑤ 孔口中心距离：

$$l = \frac{L}{n} \qquad (9-3-38)$$

式中 l——孔口中心距离，m；
L——穿孔管的有效长度，m；
n——每根集水管上的孔口数。

(8) 释放器的选择。

根据溶气压力 p 和回流溶气水量 q_p，选定释放器型号，确定释放器的出流量 q'_p，则释放器的个数：

$$N = \frac{q_p}{q'_p} \qquad (9-3-39)$$

式中 N——释放器的个数；
q_p——回流溶气水量，m^3/h；
q'_p——在选定的溶气压力下每个释放器的释放流量，m^3/h。

6. 过滤罐的计算

滤罐的类型较多，一般计算方法，可参照《给水排水设计手册》第 3 册第 8 章有关部分。重力单阀滤罐一般用于高渗透油田，其配水系统为小阻力配水系统；而单层、多层滤料和核桃壳过滤器均为大阻力配水系统。这里分别介绍一下重力式小阻力配水系统单阀滤罐（图 9-3-15）和大阻力配水系统压力滤罐（图 9-3-16）的工艺设计计算。

1) 设计参数
(1) 设计流量；
(2) 滤速（设计正常工作滤速和校核滤速）；
(3) 反冲洗强度和反冲洗历时；

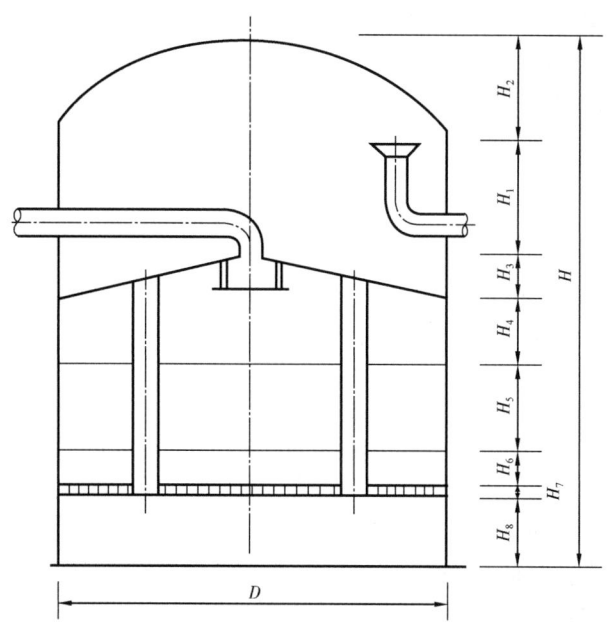

图 9-3-15 单阀滤罐结构

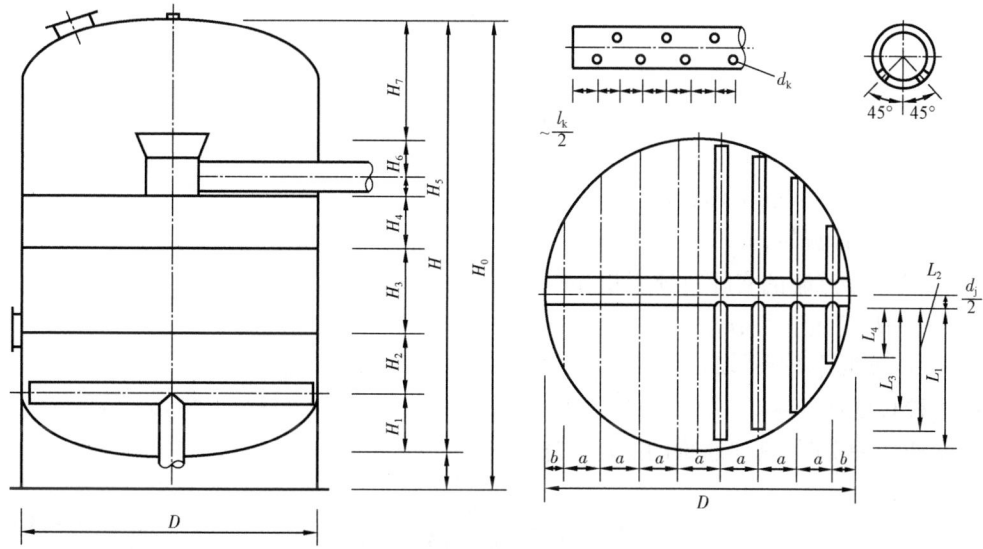

图 9-3-16 压力过滤器结构

(4) 工作周期;
(5) 进水含油量和浊度;
(6) 出水含油量和浊度;
(7) 滤层反冲洗时的最大膨胀率;
(8) 冲洗前(工作末期)滤层的允许最大水头损失;

(9)滤料和支承层的种类、级配和厚度。
2)单阀滤罐的工艺计算
(1)滤罐工作总面积：

$$A_T = \frac{q_s}{v} \qquad (9-3-40)$$

式中　A_T——滤罐工作总面积,m²；
　　　q_s——设计流量,m³/h；
　　　v——设计滤速,m/h(在缺乏资料时可按规范要求选取)。

(2)滤罐的直径：

$$D = \sqrt{\frac{4A_T}{\pi n}} \qquad (9-3-41)$$

式中　D——滤罐的直径,m；
　　　A_T——滤罐的工作总面积,m²；
　　　n——滤罐的个数。

(3)滤罐的实际工作滤速：

$$v = \frac{q_s}{nf} \qquad (9-3-42)$$

$$f = \frac{\pi}{4}D^2$$

式中　v——滤罐的实际工作滤速,m/h；
　　　q_s——设计流量,m³/h；
　　　f——单个滤罐的实际过滤面积,m²；
　　　D——取定的直径,m；
　　　n——滤罐个数,$n \geq 2$。

(4)校核滤速。
一个滤罐冲洗时,其他滤罐的工作滤速：

$$v_j = \frac{q_s}{(n-1)f} \qquad (9-3-43)$$

式中　v_j——校核滤速,m/h。
其他符号意义和单位同式(9-3-42)。

(5)滤罐冲洗水箱的高度：

$$H_1 = \frac{60fqt}{1000f'} \qquad (9-3-44)$$

式中　H_1——滤罐冲洗水箱的高度,m；

f——滤罐的过滤工作面积,m²;
q——平均反冲洗强度,L/(s·m²)(缺乏资料时可按规范要求选取);
t——反冲洗历时,min;
f'——滤池上部水箱的实际平面面积,m²。

（6）滤罐的总高度：

$$H = H_1 + H_2 + H_3 + H_4 + H_5 + H_6 + H_7 + H_8 \qquad (9-3-45)$$

式中　H——滤罐的总高度,m;
H_1——冲洗水箱高度,m;
H_2——保护高度,m;
H_3——伞形顶盖的高度,m;
H_4——考虑冲洗时滤料膨胀的上部净空高度,m;
H_5——滤料层的厚度,m;
H_6——承托层的厚度,m(在缺乏资料时可按规范要求确定);
H_7——配水滤板的高度,m;
H_8——底部集水区的高度,m。

（7）反冲洗流量：

$$q_\omega = \frac{qf}{1000} \qquad (9-3-46)$$

式中　q_ω——反冲洗流量,m³/s;
q——反冲洗强度,L/(m²·s);
f——滤罐的过滤工作面积,m²。

（8）滤罐反冲洗流量下的总水头损失：

$$h = h_g + h_p + h_z + h_1 \qquad (9-3-47)$$

式中　h——滤罐反冲洗流量下的总水头损失,m;
h_g——从冲洗水箱到污水回收池,管道系统的沿程和局部(包括进口、出口、弯头、三通、阀门等)水头损失之和,m;
h_p——滤板等小阻力配水系统的水头损失,m;
h_z——承托层的水头损失,m[按式(9-3-48)计算];
h_1——滤料层的水头损失,m[按式(9-3-49)计算]。

（9）支承层的水头损失。
砾石支承层按式(9-3-48)计算：

$$h_z = 0.022 h_6 q \qquad (9-3-48)$$

式中　h_z——承托层的水头损失,m;
h_6——承托层的厚度,m;

q——反冲洗强度,L/(s·m²)。

(10)滤料层的水头损失：

$$h_1 = \left(\frac{\rho_1}{\rho_\omega} - 1\right)(1 - m_o)H_5 \qquad (9-3-49)$$

式中 h_1——滤料层的水头损失,m;
ρ_1——滤料的密度,t/m³;
ρ_ω——污水的密度,t/m³;
m_o——滤料膨胀前的孔隙率,石英砂为 0.41;
H_5——滤料层膨胀前的厚度,m。

单阀滤罐的其他计算,参照有关资料进行。

3）压力滤罐的工艺计算

以石英砂滤料、大阻力管式配水系统的立式钢制压力滤罐为例(图 9-3-16),其他形式滤罐参照《给水排水设计手册》第 3 册有关章节进行计算。

(1)滤罐总过滤工作面积：

$$F = \frac{q_s}{v} \qquad (9-3-50)$$

式中 F——滤罐总过滤工作面积,m²;
q_s——设计流量,m³/h;
v——滤速,m/h(缺乏资料时可按规范要求选取)。

(2)单罐过滤面积：

$$f = \frac{\pi}{4}D^2 \qquad (9-3-51)$$

式中 f——单罐过滤面积,m²;
D——压力滤罐的直径,m(按标准封头尺寸确定)。

(3)滤罐个数：

$$n = \frac{F}{f} \qquad (9-3-52)$$

式中 n——所需压力滤罐的个数,取整数,一般不少于 2 个;
F——总过滤面积,m²;
f——单罐过滤面积,m²。

(4)滤罐设计滤速：

$$v = \frac{q_s}{(n-1)f} \qquad (9-3-53)$$

式中 v——滤罐设计滤速,m/h(缺乏资料时应满足按规范要求)。

其他符号意义和单位同式(9-3-50)、式(9-3-51)、式(9-3-52)。

(5) 滤罐罐体高度：

$$H = H_1 + H_2 + H_3 + H_4 + H_5 + H_6 + H_7 \quad (9-3-54)$$

式中　H——滤罐罐体高度，m；
　　　H_1——排水系统高度(配水干管中心至底部封头的距离)，m；
　　　H_2——承托层厚度，m(一般为0.5~0.7，缺乏资料时可按规范要求确定)；
　　　H_3——滤料层厚度，m(一般为0.7~1.0，缺乏资料时可按规范要求确定)；
　　　H_4——滤料反冲洗时的膨胀高度，m[按式(9-3-55)计算]；
　　　H_5——膨胀后的滤料面至出水管中心的距离，m；
　　　H_6——出水管中心至出水喇叭口顶面的距离(一般取弯管长度加喇叭口高)，m；
　　　H_7——喇叭口至罐顶高度(工作水深)，m(一般应大于0.5)。

(6) 滤料膨胀高度：

$$H_4 = eH_3 \quad (9-3-55)$$

式中　H_4——滤料膨胀高度，m；
　　　e——滤料反冲洗时的最大膨胀率，石英砂滤料为40%~50%；
　　　H_3——滤料层厚度，m。

(7) 配水系统计算。

① 配水干管流量：

$$q_1 = qf \quad (9-3-56)$$

式中　q_1——进入配水干管的冲洗水流量，L/s；
　　　q——反冲洗强度，L/(s·m^2)；
　　　f——滤罐过滤面积，m^2。

② 每个滤罐的配水支管数：

$$n_j = \frac{2D}{a} \quad (9-3-57)$$

式中　n_j——滤罐内干管两侧的支管总数；
　　　D——滤罐直径，m；
　　　a——支管间距，m。

③ 每根支管入口流量：

$$q_j = \frac{q_1}{n_j} \quad (9-3-58)$$

式中　q_j——每根支管入口流量，L/s；
　　　q_1——干管反冲洗时的流量，L/s；
　　　n_j——支管总数。

④ 配水管径。

按 q_1、q_j 及规定流速 v,确定配水干管和支管的管径,管内规定流速范围如下:

干管:$v = 1.0 \sim 1.5 \mathrm{m/s}$;

支管:$v = 1.4 \sim 1.8 \mathrm{m/s}$。

⑤ 干管两边单侧各支管长度。

如图 9 – 3 – 3 的布置时,按几何关系,单侧各支管长度:

$$L_i = \sqrt{2\left(\frac{D}{2} - \frac{d_j}{2}\right) - \left[\frac{a}{2} + (n_i - 1)a\right]^2} \qquad (9-3-59)$$

式中　L_i——每个支管长度,m;

　　　D——滤罐直径,m;

　　　d_j——干管直径,m;

　　　a——支管间距,m;

　　　n_i——从中心始向两侧的支管序号。

支管总长度为 $4\sum L_i$。

罐内干管水流总长度为滤罐直径,去掉两端死水区长度。

⑥ 孔眼数:

$$n_k = \frac{kf}{\frac{\pi}{4}d_k^2} \qquad (9-3-60)$$

式中　n_k——配水系统上的孔眼总数;

　　　k——配水孔眼总面积与滤罐过滤面积之比,%(一般为 20% ~ 28%);

　　　f——滤池过滤面积,m^2;

　　　d_k——配水孔眼直径,m(按孔口流速 5 ~ 6m/s 确定)。

⑦ 孔眼布置。

孔眼布置可按长度加权平均值分配:

$$n_{ki} = \frac{n_k L_i}{4\sum L_i} \qquad (9-3-61)$$

式中　n_{ki}——每个支管上的孔眼数;

　　　L_i——每个支管长度,m;

　　　$\sum L_i$——滤罐截面 1/4 面积上的支管总长度,m。

每根支管上的孔眼,按两排与垂直线成 45°交错布置,除两端外中间应均匀布置,孔距相同。

⑧ 孔眼水头损失:

$$h_k = \frac{1}{2g}\left(\frac{q}{10\mu k}\right)^2 \qquad (9-3-62)$$

式中 h_k——孔眼的平均水头损失，m；

q——反冲洗强度，L/(s·m²)；

k——孔眼总面积与滤罐过滤面积之比，%；

μ——流量系数，按孔眼直径与管壁厚比 $\left(\dfrac{d_k}{\delta}\right)$，查表 9-3-6。

表 9-3-6 流量系数表

孔眼直径与管壁厚比 $\left(\dfrac{d_k}{\delta}\right)$	1.25	1.5	2.0	3.0
流量系数 (μ)	0.76	0.71	0.67	0.62

（8）核算。

核算并调整设计参数，使之符合下列要求：

① 支管长与直径之比 $\left(\dfrac{L_i}{d_j}\right)$ 小于 60。

② 孔眼总面积与支管总横截面积之比 $\left(\dfrac{d_k^2 n_k}{d_j^2 \times \text{支管数}}\right)$ 大于 0.5。

③ 孔口流速 $\left(v = \dfrac{4q_k}{\pi d_k^2}\right)$ 在 3~6m/s 之间（其中 q_k 为每个孔口流量，$q_k = \dfrac{q}{n_k}$）。

④ 开孔比 k 在 0.20%~0.28% 之间。

⑤ 干管横截面积与支管总横截面积之比 $\left(\dfrac{d_g^2}{d_j^2 \times \text{支管数}}\right)$ 在 1.75~2.0 之间。

第四节 采出水回注深度处理

一、多级过滤

1. 工艺选择

采出水处理后主要用于回注，由于回注地层的渗透率不同，对回注水的水质要求不同，相应的采出水处理工艺也随之不同。

对于中高渗透率地层，通常采用"两级沉降+一级过滤"或"沉降+气浮+一级过滤"的工艺流程即可达到回注水质的要求。但对于低渗透率地层，采用上述工艺处理后水质无法满足要求，一般需要在上述工艺后串联一级或两级过滤工艺，出水水质方可达标。

用于深度处理多级过滤的过滤器与常规处理工艺并无显著区别，可能在过滤介质或滤速上会有所差异。应根据进出水水质等因素，通过试验确定。没有试验条件的情况下，可按相似条件下已有过滤器的运行经验确定。

各油田不同油藏的地质情况不同,对处理后水质的要求也不相同。从大庆油田的经验来看,对于水驱或含聚污水,采用"两级沉降 + 一级过滤"等常规处理工艺,通常出水可以达到"含油量≤20mg/L,悬浮固体含量≤10mg/L,粒径中值≤3μm"或"含油量≤20mg/L,悬浮固体含量≤20mg/L,粒径中值≤5μm"的出水指标,满足注入地层空气渗透率＞0.6D 的地质要求;采用"常规处理 + 两级过滤"的处理工艺通常出水可以达到"含油量≤8mg/L,悬浮固体含量≤3mg/L,粒径中值≤2μm"或"含油量≤5mg/L,悬浮固体含量≤5mg/L,粒径中值≤2μm"的出水指标,满足注入地层空气渗透率在 0.02～0.1D 或空气渗透率小于 0.1D 的地质要求;当注入地层对水质指标要求更为严格时,采用滤层过滤作为过滤器的多级过滤工艺已难以满足要求,需要采取超滤等表层过滤技术。

过滤工艺的具体介绍可参照本章第三节。

2. 油田采出水深度处理常用过滤设备

1)纤维球(束)及改性纤维球(束)过滤器

纤维球(束)过滤器是以耐磨、耐酸碱、无毒的涤纶纤维或其他纤维材料扎结的纤维球(束)为滤料,孔隙度大,柔软、可压缩。过滤时,由于水流压力的作用,使滤层孔隙率沿水流方向自上而下由大变小。形成了较理想的反粒度分布,从而增加了截污能力,也延长了工作周期。

纤维球(束)过滤器,其滤料是亲油型的,只要水中有油,油就会被纤维吸附。滤料污染变成油团,很难清洗,因此,这种滤料只能应用在清水过滤中。为适应过滤含油采出水需要,厂家与科研单位合作对纤维球(束)进行了改性。所谓改性即是将纤维球(束)经过新的化学配方作本质的改性处理后,纤维滤料即由亲油型变为亲水型。用于过滤含油采出水时,滤料不易污染且反洗再生方便。这种滤料过滤精度较高,故可作为深度过滤设备。

针对油田水量不均衡特点,为防止滤层不能充分压实,在过滤罐上部安装了压紧装置,为使滤料反洗更彻底,设有滤料搅拌机构。工作时,滤料压紧装置启动,压板下行至一定位置,将滤料压实,污水由上至下经过滤层。反洗时,滤料压紧装置压板上行,启动反洗泵,利用反洗水压力将滤层冲开并启动搅拌机,对滤料进行搅拌清洗。该过滤器与其他过滤器相比,不但滤速高(20～30m/h),而且处理量大。在相同处理量、相同来水水质情况下,改性纤维球(束)过滤罐设备投资可节约费用30%左右。

从目前油田的实际使用情况来看,纤维球过滤器对固体悬浮物的去除效果较好,但是在除油方面,即使是改性纤维球过滤器对进装置采出水中的含油量仍需严格控制,要在该设备前设置核桃壳滤料的过滤器,实际应用中将改性纤维球过滤器进水含油量控制在30mg/L 以下为宜。

对于原油中沥青和胶质含量较高的采出水,纤维球滤料容易出现污染及板结问题,常使过滤无法进行,使整个过滤工艺瘫痪。如新疆油田六九区、塔里木轮南油田、长庆油田的大多数改性纤维过滤器均出现了此类问题,因此,对于改性纤维球过滤器选择时应慎重。

2)双向流过滤器

双向流过滤器即原水从过滤器上下两个方向进入,中间出水。它把多层滤料正向过滤、反向过滤和反粒度过滤等几种过滤原理结合在一起,克服了单层滤料正向过滤和反向过滤表面过滤时滤料易产生"流化"的缺点,具有滤速高、纳污能力强、自耗水量小等特点。设备结构如图9-4-1所示。

采用双向过滤器的采出水处理站具有滤罐数量少、占地面积小、基建投资低等优点。缺点是工艺相对复杂,另外,为了保证上、下滤速比,需要配套建设自控系统。存在的问题如下:(1)滤速比控制存在滞后现象,滤速比很难控制在1.5∶1,导致电动执行机构经常动作,造成执行元件烧毁或损坏,日常维护费用增加;(2)由于采出水从上、下两个方向进入滤罐,过滤过程中,上、下水流的冲击和滤料的碰撞作用,使中部的出水筛管不断振荡,长期运行出现疲劳现象,造成出水筛管损坏,支撑变形,导致滤料流失,从而影响滤后水水质。

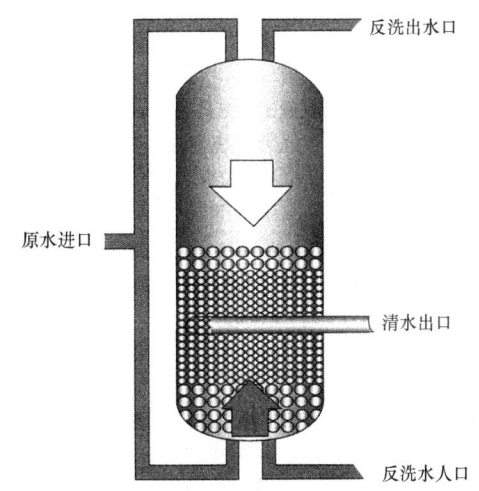

图9-4-1 双向流过滤器结构示意图

二、膜过滤

采用无机或有机高分子薄膜,以外界能量或化学位差作为推动力,对双组分或多组分的溶质和溶剂进行分离的方法,称为膜分离法。其中,以压力为推动力的膜分离技术又称为膜过滤技术。膜过滤为表面过滤。

在一定的压力下,当原液流过膜表面时,膜表面密布的许多细小的微孔只允许水及小分子物质通过而成为透过液,而原液中体积大于膜表面微孔径的物质则被截留在膜的进液侧,成为浓缩液,从而实现对原液分离的目的。

根据允许通过物质的大小及分子量将膜过滤分为微滤、超滤、纳滤及反渗透几种。

各种膜过滤法都有一定的分离范围,它们之间没有明显的分界线,从微滤至反渗透形成了一个连续的谱图。一般来说,反渗透膜主要用于分离离子态物质;超滤膜主要用于分离胶体态物质,包括大分子量有机物、细菌、病毒等;微滤主要用于分离悬浮态物质、细菌及部分病毒;纳滤介于反渗透和超滤之间,主要用于去除二价和多价离子、去除相对分子质量大于200的各类物质。

1. 技术特点

(1)膜过滤过程不发生相变,耗能较低。
(2)膜过滤过程可在常温下进行。
(3)膜过滤技术具有从离子到肉眼可见微粒的广泛分离范围。
(4)膜过滤过程仅以压力作为推动力。

2. 应用领域

膜过滤技术应用领域极为广泛,在电子、电力、医疗、化工、食品等各方面均有应用。

在油气田采出水处理领域,膜过滤技术也逐步得到应用。当前主要是超滤技术应用在深度处理工艺中,故本节主要介绍超滤工艺在水处理方面的应用。

3. 影响膜分离效果的因素

(1) 膜的选择:膜分离除油,关键在于膜的选择,而含油污水中油的存在状态是选择膜的首要依据。若水体中的油以浮油和分散油为主,则一般选择孔径在 10~100μm 之间的微滤膜。若水体中的油是稳定的乳化油和溶解油,则须采用亲水或亲油的超滤膜分离,一则是因为超滤膜孔径远小于 10μm,二则是超细的膜孔有利于破乳或有利于油滴聚结。

(2) 操作压差:在用膜分离技术处理含油污水的过程中存在一个临界操作压差,在达到临界操作压差之前,渗透通量随压差的增加而增加,超过临界操作压差后,渗透通量随压差的增加反而下降。这可能是由于油滴具有可压缩性,当压差增大到一定程度后,油滴被挤压变形进入膜孔,从而引起膜孔堵塞,造成膜通量降低。

(3) 操作时间:在膜分离过程中,随着运行时间的延长,膜通量逐渐下降,这可以用膜表面受到污染或膜表面出现浓缩溶液层或胶体层来解释。因此,为了保持较高的膜通量,必须定期对膜进行清洗。

(4) 料液浓度:当料液浓度较小时,膜面不易形成覆盖层,随浓度的增大,膜面阻力增大,膜的稳定通量显著降低;当料液浓度较大时,油滴粒径变大,在膜表面形成薄层覆盖层,阻挡了细小颗粒进入膜孔,减缓了膜阻塞,膜的稳定通量基本不变。

(5) 膜孔径:一般来讲,孔径分布窄的膜的过滤性能较好;孔径增加,膜通量会大幅提高;孔隙率越大,膜孔的曲折率越小,膜通量越大。但选用较大孔径时,由于孔径大的膜的内吸附大于孔径小的膜的内吸附,有更高污染速率,反而使渗透通量下降。

(6) 温度:对某些溶质和膜来说,溶质的截留率在很宽的温度范围内近似维持常数。有研究发现,温度上升,渗透液的黏度下降,扩散系数增加,减少了浓差极化的影响,有利于提高膜通量。但温度上升会使料液的某些性质改变,如会使料液中某些组分的溶解度下降,使吸附污染增加。此外,温度的改变也会影响膜面及膜孔与料液中可引起污染的成分的作用力,这些都会使膜的渗透通量下降。

(7) 膜面流速:膜面流速的影响与料液浓度及流体力学性质有关,一般认为增大流速可提高通量。这是因为膜面流速升高有利于减小凝胶极化的影响,使凝胶层变薄、阻力降低;但当流速过高时,通量反而降低,这可能是操作压差不均匀所致,也可能是料液在膜过滤器内停留时间过短所致。另外,由于流速增大,剪切力增大,造成油滴变形而被挤入膜孔,也可能引起通量的降低。因此选择膜面流速时,并不是膜面流速越大越好,当膜面流速超过临界值后,将不会对膜分离效果有明显改善。

(8) 料液流动状态:改变料液的流动状态有助于改善膜分离的效率,如能根据膜分离体系中进料液的具体状况,在考虑经济性的原则下适当地选择合适的进料液流动状态,将会非常有效地增强膜分离体系的抗浓差极化和抗污染性,提高整个膜分离过程的效率和膜的寿命。

4. 超滤

超滤是一种介于纳滤与微滤之间的膜过滤技术。膜的截留分子量范围为 50~500000Da,相应孔径大小的近似值为 0.005~0.1μm。

超滤分离过程以筛滤机理为主。在一定的压力下,它只允许水和小于膜孔径的溶质透过,而阻止水中的悬浮物、胶体、大分子有机物和细菌等大于膜孔径的溶质通过,以完成分离过程。

1) 材料

超滤膜的材料总体上可分为有机膜和无机膜两大类。常用的有机膜材料有聚砜、聚醚砜、聚酰胺、聚丙烯腈、纤维素酯、聚偏氟乙烯、聚氯乙烯等。常用的无机膜材料包括金属氧化物、陶瓷等。

2) 浓差极化

浓差极化是指在超滤过程中,水和小分子溶质在压力驱动下通过超滤膜,胶体和大分子溶质被膜阻拦并累积在膜的表面,使溶质在膜表面的浓度高于溶质在本体溶液中的浓度,从而在膜附近边界层内形成浓度差。在浓度差的作用下,溶质又会由膜面向本体溶液扩散,使流体阻力增加,导致透水量下降。

3) 装置

超滤装置为板框式、管式、卷式和中空纤维式等几种结构形式。

(1) 板框式:板框式超滤装置由数十张膜与支撑板一层一层叠加而成,其顶端和底部各有一块封板。膜支撑板的作用是支撑膜并输出滤后水。原水从底部封板的进口处送入装置,浓缩水从顶端封板的出口处排出,滤后水则从每一张膜支撑板的侧面引出。

(2) 管式:管式膜系由圆管形的膜及多孔性的支撑管构成。按膜的工作面在圆管的内壁或外壁分为内压式和外压式。

(3) 卷式:卷式膜元件是将片状多孔支撑体夹在两张膜中间(膜的致密层向外),三个边用黏合剂密封,成为袋状,散口一边连接到带有许多小孔的中心管上,每一个袋状膜称为一页,一个或数个这样的袋状膜,连同附在袋外的原水导流网一起卷绕在中心集水管上,成为圆筒状膜卷。

(4) 中空纤维式:中空纤维超滤膜组件是由直径为 0.5~6mm 的膜管构成的,具有一定的承压能力,因此不用支撑管。膜管一般平行排列并在端头用环氧树脂等材料封装起来。中空纤维式膜组件的运行方式有两种:原水流经管外,滤后水从管内流出和原水流经管内,滤后水从管外排走,分别称为外压式和内压式。

(5) 各种结构形式超滤装置特点比较:四种不同结构类型的超滤装置特点比较见表9-4-1。

表9-4-1 各种超滤装置结构类型的优缺点比较

序号	结构形式	优点	缺点
1	板框式	① 可更换膜片; ② 较易清洗; ③ 对来水水质要求较低	① 结构复杂; ② 膜充填密度低
2	卷式	膜充填密度较高	① 清洗较难; ② 结构较复杂; ③ 对进水水质要求较高

续表

序号	结构形式	优点	缺点
3	管式	① 湍流流动,流态较好; ② 较易清洗; ③ 对来水水质要求较低; ④ 结构简单	① 膜充填密度较低; ② 膜管的弯头及连接件多
4	中空纤维式	① 膜充填密度高; ② 较易清洗	① 结构较复杂; ② 对进水水质要求较高

4）膜通量及其影响因素

膜通量（或称透水量）是超滤的一个重要工艺参数,是指在单位时间内通过单位膜面积上的水量,一般以 $L/(m^2 \cdot h)$ 表示。

（1）压力的影响：一般情况下,在允许的操作压力范围内,超滤组件的透水量随着压力的升高而增加。

（2）温度的影响：一般情况下,在允许的操作温度范围内,超滤组件的透水量随着温度的升高而增加。

（3）料液浓度的影响：一般情况下,料液浓度越大,超滤组件的透水量越小。

（4）料液流速的影响：一般情况下,料液流速越大,超滤组件的透水量越大。但当流速过大时,超滤组件的透水量反而会减少。

5）过滤方式

过滤方式分为终端过滤和错流过滤。

终端过滤方式,水分子和小于膜孔径的溶质全部通过超滤膜,没有浓缩水流出。大于膜孔径的颗粒被截留,堆积在膜表面上。随着运行时间的增加,膜表面颗粒不断累积,从而造成过滤阻力增大,此时需要停止过滤进行清洗。当原水浓度低时,通常采用终端过滤。

错流过滤方式,原水有一部分通过超滤膜,另有一部分形成浓缩水从超滤膜的另一端流出,与终端过滤不同的是原水流经膜面时产生的剪切力把膜面上滞留的颗粒带走,从而使污染层保持在一个较薄的水平,提高了膜的透水性能。错流过滤通常适合于原水浓度较高时,用以降低浓差极化现象对膜通量的影响。

6）膜的清洗

超滤系统在运行的过程中,原水中所含物质会逐渐累积在膜的表面,从而使跨膜压差（TMP）值增大。膜的清洗能够有效去除膜表面的固体物质,使跨膜压差值恢复到前一个产水周期中的正常水平。膜的清洗分为物理清洗和化学清洗。

物理清洗可以有效去除膜的可逆污染（主要是浓差极化层污染）,但是对膜的不可逆污染没有去除效果,不可逆污染主要依靠化学清洗加以去除。

物理清洗法分为正向等压清洗、逆向等压清洗和反冲洗三种形式。

（1）正向等压清洗法：全部打开浓缩水出口阀门,关闭超滤水阀门,靠大流量高流速对膜进行清洗。

（2）逆向等压清洗法：关闭超滤水阀门,切换阀门使进水与出水调换方向,以大流量高流速对膜进行逆向清洗。

（3）反冲洗法：是将冲洗水从膜的背面向正面冲洗。可用两个并列组件的滤后水互相反冲洗；也可设反洗泵单独冲洗，但反冲洗水应是超滤后水。

（4）气—水混合清洗法：将净化后的气体与水一道送入超滤组件，在气体作用下，混合流体会在膜表面产生激烈的搅动作用，因而具有较好的清洗效果。

物理清洗的时间周期通常为 0.5~1h。

化学清洗主要通过化学药剂与污染物反应，分解、降解污染物和破坏污染层结构，降低污染物与污染物、污染物与膜之间的结合能，从而使污染物从膜上脱附且稳定分散在清洗液中。

化学清洗剂的选择应考虑超滤膜的污染机制和膜的特性。常用的化学清洗剂包括酸（盐酸、硝酸、柠檬酸等）、碱（氢氧化钠等）、氧化剂（次氯酸钠、过氧化氢等）等。

清洗时，可用药剂浸泡或者用泵打循环，视膜的污染程度而定。酸溶液清洗法对于去无机物污染效果明显。碱溶液清洗法对去除有机物污染效果明显。不同的超滤系统、不同的药剂有着不同的化学清洗周期，通常为 1 周至 3 个月。

需要注意的是，化学清洗法产生的废水需要进行酸碱中和等方式处理后方可进入排水系统。

7）超滤在采出水处理中的应用

在油气田采出水处理领域，一些低渗透地层对注入水质的要求较为严格，如大庆油田最严格时需要达到"含油量≤5mg/L，悬浮固体含量≤1mg/L，粒径中值≤1μm"水质标准。该标准采用常规的过滤装置出水难以满足，需要采用超滤工艺进行处理。但由于需要处理的原水水质各异，各生产厂家的超滤膜性能参数也不相同，目前并没有统一的设计参数，通常需要进行一些实验来确定。

下面通过两个工程实例，来介绍超滤技术在采出水处理中的应用。

（1）无机超滤膜的应用。

大庆油田杏十五 - 1 含油污水处理站，规模为 $1.6 \times 10^4 m^3/d$，原水为水驱含油污水。处理流程为横向流聚结除油器 + 核桃壳过滤器 + 超滤装置。

超滤装置进水水质为：含油量≤50mg/L；悬浮固体≤50mg/L。出水水质为：含油量≤5mg/L；悬浮固体≤1mg/L；粒径中值≤1μm。

膜的形式为多通道管式膜，材质为二氧化锆 + 二氧化钛。设计通量为 $200L/(m^2 \cdot h)$，循环比为 14.5。物理清洗周期为 1h，采用气洗 + 水洗模式。酸洗药剂为硝酸，清洗周期 53d。碱洗药剂为氢氧化钠和次氯酸钠，清洗周期 5d。综合药剂清洗周期为 21d。

（2）有机超滤膜的应用。

大庆油田东 16 含油污水处理站，规模为 $0.12 \times 10^4 m^3/d$，原水为水驱含油污水。处理流程为曝气罐 + 微纳气浮装置 + 两级流砂过滤器 + 超滤装置。

超滤装置进水水质为：含油量≤8mg/L；悬浮固体≤3mg/L；粒径中值≤2μm。出水水质为：含油量≤5mg/L；悬浮固体≤1mg/L；粒径中值≤1μm。

膜的形式为内压式中空纤维膜，材质为 PVC。设计通量为 $40L/(m^2 \cdot h)$。物理清洗周期为 15~20min。酸洗药剂为柠檬酸，清洗周期 25d。碱洗药剂为氢氧化钠和次氯酸钠，清洗周期 25d。

第五节 稠油采出水回用处理

一、水质特性

在稠油开采过程中,通常会产生大量的采出液,它是原油、砂和水的混合液。采出液中水与油的比例变化很大,取决于很多因素。在大多数情况下,采出液中水的体积是油的2~20倍,通常为4倍左右。从开采的含水稠油中分离出的含油污水常称为稠油污水,或稠油采出水。

稠油污水水质较复杂,不仅被原油所污染,而且在高温高压的油层中还溶解了地层中的各种盐类和气体;在采油过程中,从油层里携带了许多悬浮固体;在油气集输过程中还掺进了各类化学药剂;稠油污水中还含有大量的溶解性有机物。总之稠油污水是一种水质比较复杂的污水,不仅含有大量的阳离子(如 Ca^{2+}、Mg^{2+}、Fe^{2+} 等),大量的阴离子(如 Cl^-、SO_4^{2-}、CO_3^{2-}、HCO_3^- 等),还含有少量的如铬、铜、铅、汞等重金属化合物和 U238、Th232、Ra226 等微量的放射性化学物质,且具有油水密度差小、水温高、黏度大、乳化严重、处理难度大等特点。

二、工艺流程及特点

目前,国内外对稠油采出水的处置方法有三种:一是将其做深度处理,回用于稠油热采注汽锅炉;二是在除油工艺的基础上,增加生化处理,达标排放;三是将其处理后能满足油田注水水质指标,用于稀油区块地层回注。稠油采出水出路不同,要求达到的水质标准也不一样,处理流程、处理方法也不相同。稠油采出水成分虽然比较复杂,但是稳定性较好,经过处理后作为热采锅炉给水,具有很大的经济效益、社会效益和环境效益,因此可以对其进行循环再利用,做到资源化、合理化。回用于稠油热采注汽锅炉,只需去除采出水中的杂质(油和悬浮物、二氧化硅等),保持水质稳定就可以。该方法无论是从环境保护,还是从水资源和能源的充分利用等方面来看,都是最佳方案。目前,国内外稠油采出水回用热采注汽锅炉的前段净化处理工艺与回注处理基本相同,都是采用物化法等成熟处理工艺。

1. 调节—重力除油—浮选—过滤—离子交换软化流程

该流程如图9-5-1所示,稠油采出水首先重力进入调节水罐,在该罐内进行水质和水量调节,也可以在该罐进水管道上投加除油剂,使该罐侧重除油和水量调节。调节罐出水重力或压力进入重力除油单元。除油单元出水重力进入浮选单元,浮选单元出水重力进入过滤吸水池,通过过滤泵提升,依次进入过滤和离子交换软化单元,软化出水进入外输水罐,通过外输泵送往注汽站。

1)特点

根据原水水质的不同,该工艺可以采用开式流程也可以采用密闭流程。该流程去除的主要污染物为油、悬浮物、总铁和总硬度,溶解氧一般可在注汽站内去除。当原水水质和水量变化不大时,可以取消调节单元。如果高程布置允许,调节和重力除油单元可以合并为一个单元。

2）应用条件

该流程主要应用于原水的总碱度、总可溶性固体和二氧化硅水质指标满足油田热采湿蒸汽发生器给水指标要求,且总硬度小于300mg/L(以 $CaCO_3$ 计,下同)的稠油采出水。

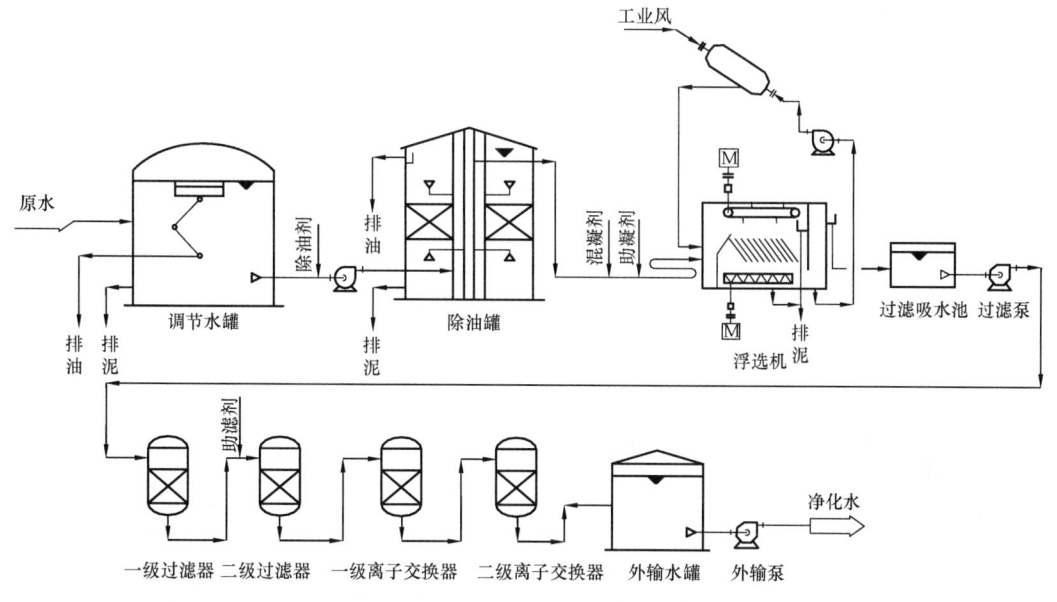

图9-5-1 调节—重力除油—浮选—过滤—离子交换软化流程示意图

2. 调节—重力除油—浮选—除硅—过滤—离子交换软化流程

该流程与图9-5-1所示流程不同之处,是在浮选和过滤单元之间设置除硅单元,即浮选出水重力流入除硅单元,除硅单元出水重力流入过滤吸水池,再进入下段,流程如图9-5-2所示。

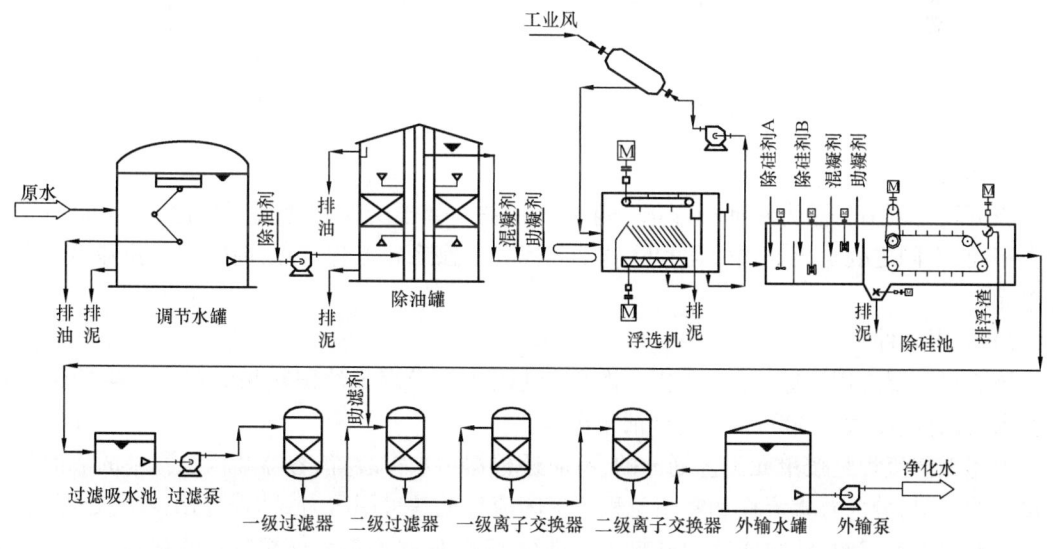

图9-5-2 调节—重力除油—浮选—除硅—过滤—离子交换软化流程示意图

1）特点

与调节—重力除油—浮选—过滤—离子交换软化流程相比,该流程增加了除硅工艺。该流程去除的主要污染物为油、悬浮物、总铁、总硬度和二氧化硅。

2）应用条件

该流程主要应用于原水的总碱度、总可溶性固体指标满足油田热采湿蒸汽发生器给水指标要求,且总硬度小于300mg/L的稠油采出水。

3. 调节—重力除油—浮选—药剂软化和除硅—过滤—离子交换软化流程

该流程与图9-5-1和图9-5-2所示流程不同之处,是在浮选和过滤单元之间设置药剂软化和除硅单元,即浮选出水重力流入药剂软化和除硅单元,该单元出水重力流入过滤吸水池,再进入下段流程。流程如图9-5-3所示。

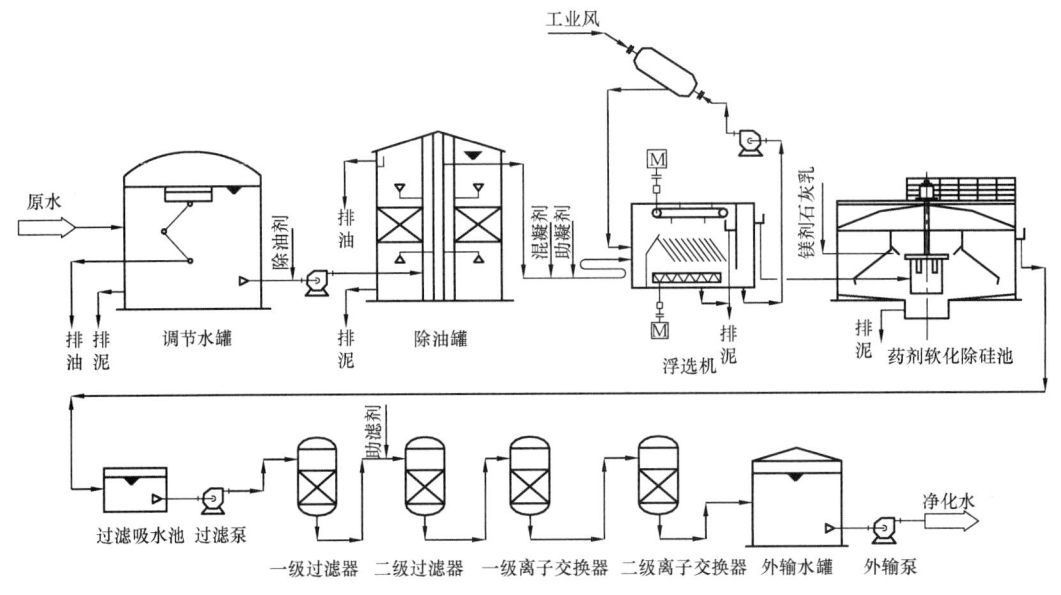

图9-5-3 调节—重力除油—浮选—药剂软化和除硅—过滤—离子交换软化流程示意图

1）特点

该流程与调节—重力除油—浮选—除硅—过滤—离子交换软化流程相比,去除的污染物种类相同,不同之处是药剂预软化和除硅工艺代替单独除硅工艺,且药剂软化和除硅为一个处理单元。

2）应用条件

该流程主要应用于原水的总碱度、总可溶性固体含量满足油田热采湿蒸汽发生器给水指标要求,且总硬度大于300mg/L的稠油采出水。

上述工艺流程是按单元工艺划分的,有时还根据污水在装置、容器和构筑物中的液面与大气接触的情况,分为开式流程和密闭流程。密闭流程就是采用压力式构筑物组成的处理流程,或者是液面上有气封、油封或其他密封方式进行密闭,使水不与大气相接触的常压处理单元组成的工艺流程。反之,则为开式流程。

稠油采出水处理工艺主要去除或降低水中原油、悬浮物、总硬度、总铁、溶解氧、二氧化硅等含量或指标,总碱度、总矿化度以及 pH 值一般不超标,不需处理。

三、除油

1. 调储缓冲

稠油采出水处理站原水组成复杂,一般包括:原油脱水、酸碱再生废水、污泥压滤水,以及注汽站高温废水。这些采出水具有水质复杂、间断排放、水量波动大等特点,为减小对水处理设施的冲击性负荷,保证水处理平稳运行,保证出水水质,需要对原水进行均质、均量调节。同时,调储设施还具有对来水中的浮油和大颗粒悬浮物进行初步分离的功能。

调储罐的有效容积应根据水量变化情况,经计算确定。调储罐数量一般为 2 座,罐内应设有收油及排泥设施,在寒冷地区还应设置加热设施及保温设施。

调节容量的计算可用图解法,首先应取得采出水流量在生产周期的变化曲线,如图 9-5-4。设周期为 24h,曲线下面在 T 时间内所包括的面积即等于采出水总量:

$$W = \sum_0^T qt \quad (9-5-1)$$

式中 q——在 t 时段内采出水的平均流量,m^3/h;

t——任一时段,h;

W——采出水总量,m^3。

在周期 T 内的平均采出水量 $Q(m^3/h)$ 为:

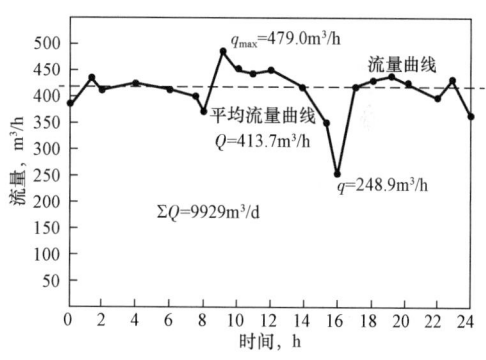

图 9-5-4 某站采出水量流量曲线

$$Q = \frac{W}{T} = \sum_0^T qt/T \quad (9-5-2)$$

在图 9-5-4 中,$T=24h$,$W=9929m^3$,$Q=413.7m^3/h$,采出水平均流量 Q 即图中的虚线。

根据流量曲线,给出一个周期内的进水累计水量曲线,如图 9-5-5 所示,累计水量曲线与 T 坐标的交点(A)读数为 W(本例为 $9929m^3$),连接原点与 A 点所得直线,其斜率为 $Q(413.7m^3/h)$。在图中平行 OA,对进水累计曲线作出两条切线,切点为 B 及 C,在 B 及 C 平行纵坐标作线,与出水累计曲线相交于 D 及 E,将线段 BD($441.2m^3$)及 CE($38.7m^3$)相加,即得出所需最小匀量容积($479.9m^3$)。

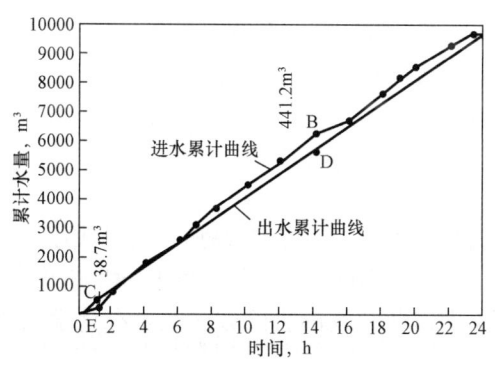

图 9-5-5 某站采出水量流量累计曲线

2. 混凝沉降

由于来水含油量较高,为保证后续气浮工艺的处理效果,需要进行初步除油、除悬浮物处理。稠油采出水处理中一般采用稀油采出水处理中使用的沉降罐来实现初步除油,但具体技术参数应根据试验确定,但没有试验条件情况下可参照 GB 50428《油田采出水处理设计规范》执行。除油罐及沉降罐的技术参数应通过试验确定,没有试验条件的情况下,稠油采出水除油罐及沉降罐技术参数可按表 9-5-1 确定,特超稠油采出水除油罐及沉降罐技术参数可按表 9-5-2 确定。

表 9-5-1 稠油采出水除油罐及沉降罐技术参数

沉降罐种类	污水有效停留时间,h	污水下降速度,mm/s
除油罐	3~8	0.2~0.8
斜板除油罐	1.5~4	0.5~1.7
混凝沉降罐	2~5	0.5~1.7
混凝斜板沉降罐	1~3	1.0~2.2

表 9-5-2 特超稠油采出水除油罐及沉降罐技术参数

沉降罐种类	污水有效停留时间,h	污水下降速度,mm/s
除油罐	8~12	0.15~0.3
混凝沉降罐	3~5	0.4~0.8

混凝沉降工艺技术其他相关内容详见本章第三节。

3. 溶气浮选

稠油采出水中所含油品密度大,油水密度差小,仅依靠自然沉降很难进行分离,需要载体降低原油的密度,增大油水密度差,实现油—水的高效分离。采用溶气气浮装置提供大量的微气泡作为载体,通过投加浮选剂,使其与含油采出水中密度接近于水的固体或液体微粒黏附,形成密度小于水的"油—悬浮物—药剂联合絮体",絮体与溶气气浮装置提供大量的微气泡充分混合、碰撞、黏附后在浮力的作用下,上浮至水面,进行固—液或液—液分离。

溶气浮选工艺技术及相关计算详见本章第三节。

四、吸附除硅

硅化合物在采出水中经常以离子或分子状态的胶体存在。在高温、高压下易形成铝、铁和钙的盐垢。在不存在其他结垢离子的情况下,SiO_2 含量为 150mg/L 时仍能防止 SiO_2 析出。但对超出指标的 SiO_2 一定要去除。目前,油田采出水中硅化合物的去除方法主要有化学混凝、离子交换、电凝聚和反渗透等。

在水处理工艺中,化学混凝法是应用比较广泛和普遍的,也是成本较低的一种处理方法。化学混凝法主要是可以去除水中的细分散固体颗粒、乳状有机胶体物质等。由于胶体硅的颗粒十分微小,表面常有负电的胶粒存在,其自然沉降速度十分缓慢,因而靠自然沉降除胶体硅是不可能的。因此,必须根据胶体硅物质的特性,在水中加入一种带正电胶体的高价离子,或利用增大水溶液中盐类浓度等方法,使其发生电中和,降低胶体硅的吸附层和水溶液间的电位差。加入的带正电荷的混凝剂与胶体硅异电相吸,聚凝成大颗粒,形成沉淀而除去。因此,化学混凝除硅是利用某些金属氧化物或氢氧化物与硅的吸附、凝聚或絮凝来达到脱硅的目的的一种物理化学方法。化学混凝除硅可将采出水中硅的质量浓度控制在几毫克/升的水平。常用的除硅混凝药剂有镁剂、铝剂和铁剂等。稠油采出水处理过程中,常用的除硅工艺为化学混凝中的镁剂除硅。

1. 镁剂除硅机理

含有氢氧化镁的粒子表面吸附硅酸化合物,形成难溶的硅酸镁。在某种程度上也发生了硅酸胶体的凝聚和硅酸钙的生成。镁剂与硅酸作用的一种解释是:氧化镁粒子在水中部分水化形成氧化镁、氢氧化镁的复杂分子结构,氢氧化镁分子部分解离进入溶液,由此形成了周围被 OH^- 离子包围的带正电荷的复杂胶体粒子。水中以不同形态存在的硅酸化合物可以与氢氧化镁胶体粒子进行离子交换,从而形成了难溶的硅酸镁化合物,然后加入絮凝剂,使悬浮的硅酸镁和少量胶体硅沉淀除去。其化学反应原理为:

$$SiO_2 + 2OH^- \longrightarrow H_2O + SiO_3^{2-}$$

$$Mg^{2+} + SiO_3^{2-} \longrightarrow MgSiO_3 \downarrow$$

$$HCO_3^- + OH^- \longrightarrow H_2O + CO_3^{2-}$$

$$Mg^{2+} + CO_3^{2-} \longrightarrow MgCO_3 \downarrow$$

$$Mg^{2+} + 2OH^- \longrightarrow Mg(OH)_2 \downarrow$$

2. 镁剂除硅加药量计算

1）影响除硅的因素

（1）pH 值:当投加软化药剂后,采出水中 pH 值宜控制在 9.5~10.3。若 pH 值过低会使加入的 MgO 与水中的 HCO_3^-、游离 CO_2 等反应消耗镁剂,其次是硅酸电离成 $HSiO_3^-$ 和 OH^- 的交换量下降,除硅效果就差。pH 值太高,会使更多的 OH^- 压缩到氢氧化镁胶粒的吸附层中,结果使胶粒的带电量减少,除硅效率降低,pH 值过高时甚至发生已被吸附的硅化合物重新溶解的现象。

（2）水温与接触时间:温度是保证除硅效果重要因素。最佳水温为 40℃,但当温度超过40℃,对除硅效果无大的影响,接触时间一般为 1.0h。

（3）原水水质:原水硬度高时,对镁剂除硅有利,因碳酸盐硬度高时,生成的沉淀物多,有利于沉淀过程;非碳酸盐硬度高时,水中残留的 CO_3^{2-} 量减少,且 $Mg(OH)_2$ 胶粒也能吸附 CO_3^{2-},由于 CO_3^{2-} 少,则 $HSiO_3^-$ 更易被吸附。原水中的有机物较多时,能阻碍沉淀物结晶,不利于除硅,可适当增加混凝剂投量,例如原水耗氧量大于 20mg/L 时,允许 $FeSO_4 \cdot 7H_2O$ 的剂量大于 0.5mol/L。pH 值控制在 9.5~10.3 范围为原则。

2）Mg 剂投加量计算

Mg 剂投量（g/m³）：处理每立方米水需加入的 100% MgO 克数为：

$$\text{Mg 剂投量} = P_{MgO} m_{SiO_3^{2-}} \quad (9-5-3)$$

式中 P_{MgO}——MgO 的单位剂量，mg/mg（即除去 1mg SiO_3^{2-} 所需 MgO 毫克数，一般取 10~15mg/mg）；

$m_{SiO_3^{2-}}$——被处理水中 SiO_3^{2-} 的含量，mg/L。

① 用菱苦土和石灰处理时，式（9-5-4）求得的菱苦土加药量（g/m³）应减去原水中的 MgO 含量。

$$\text{菱苦土加药量} = \frac{1}{C}(P_{MgO} m_{SiO_3^{2-}} - 20.16 H_{Mg}) \quad (9-5-4)$$

式中 H_{Mg}——原水中 MgO 的硬度，mol/L；

C——菱苦土中 MgO 的纯度，%。

② 采用白云灰和石灰时，白云灰的加入量 RO：

$$RO = \frac{1}{C'}(P_{MgO} m_{SiO_3^{2-}} - 20.16 H_{Mg}) \quad (9-5-5)$$

这时，石灰加药量应减去白云灰带入的 CaO 量：

$$\text{石灰加药量} = 28(H_Z + H_{Mg} + m_{CO_2} + m_{Fe} + K + \alpha) - RO \cdot C_{CaO} \quad (9-5-6)$$

式中 H_Z——原水中的碳酸盐的硬度，mol/L；

m_{CO_2}——原水中的游离二氧化碳含量，mol/L；

m_{Fe}——原水中的总含铁量，mol/L；

K——混凝剂投加量，mol/L；

α——石灰过剩加药量，mol/L（一般为 0.2~0.4mol/L）；

RO——白云灰的加药量，g/m³；

C'——白云灰中 MgO 的纯度，%；

C_{CaO}——白云灰中 CaO 的纯度，%。

③ 采用白云灰与菱苦土同时处理时，其加药量为：

$$\text{白云灰加药量} = \frac{28}{C_{CaO}}(H_Z + H_{Mg} + m_{CO_2} + m_{Fe} + K + \alpha) \quad (9-5-7)$$

$$\text{菱苦土加药量} = \frac{1}{C}(P_{MgO} m_{SiO_3^{2-}} - 20.16 H_{Mg} - RO \cdot C') \quad (9-5-8)$$

符号同前。

3）混凝剂的加药量

混凝剂的有效剂量应通过试验确定。一般 $FeSO_4 \cdot 7H_2O$ 的有效剂量采用 0.2~0.5mol/L，当水中耗氧量大于 20mg/L，菱苦土的剂量大于 350mg/L 时，加药量允许大于 0.5mol/L。

3. 镁剂除硅注意事项

常用镁剂有两种,菱苦土和白云灰。菱苦土的主要成分为 MgO,白云灰的主要成分为 MgO、CaO。当使用白云灰除硅时 MgO 往往不足,应搭配菱苦土混合使用。

使用镁剂时需注意下列事项:

(1) 菱苦土具有很强的吸湿性,应注意保存。

(2) 菱苦土具有较大的磨损性,选泵时应注意泵的材料和泵的转速。

(3) 菱苦土可以干法加药,也可以湿法加药,湿法加药应将菱苦土加水搅拌成乳状液,进行计量加药。

(4) 当水质变化不大时,石灰和菱苦土可以按加药比例在一个搅拌器内配制成乳状液同时加入;变化较大时,应分别加入,以便调节加药量。

(5) 可用水力或机械搅拌,水力搅拌时,循环泵的流量应保证在搅拌器的横断面保持一定的流速,菱苦土搅拌不小于 26m/h,石灰搅拌不小于 29m/h。

五、水质软化

水质软化处理,在净化处理后进行。水的硬度是水中 Ca^{2+}、Mg^{2+} 含量的一种专业表示法。经常把 Ca^{2+}、Mg^{2+} 的量折合成 $CaCO_3$ 表示硬度的量,单位以 mg/L 计。水中 Ca^{2+}、Mg^{2+} 极易沉淀,以碳酸盐形式沉淀的 Ca^{2+}、Mg^{2+} 量称暂时硬度,以非碳酸盐形式(主要是硫酸盐)沉淀的 Ca^{2+}、Mg^{2+} 的量称永久硬度,两者之和为总硬度。水中 OH^-、HCO_3^-、CO_3^{2-} 的总量称为总碱度。所谓水质软化,就是指用降低或去除水中的钙、镁离子,降低水中的硬度。

油田采出水回用时,根据采油工艺对水质的要求,决定是否需要进行水质的软化处理,例如向油层注入热水时(水温在 100℃ 左右),就需要进行水质软化。在稠油开采时,为了提高油温,降低稠油黏度,往往需要向稠油区块注入湿蒸汽。例如辽河油田要求注入压力为 17MPa,温度保持在 350℃,干度在 80% 以下的湿蒸汽,此时送往热采站湿蒸汽发生器的采出水水质要求总硬度等于或低于 0.1mg/L。油田开发的后期,很多区块进入注聚合物开采以提高采收率,为了保持不降低聚丙烯酰胺调配的稠化水的黏度,对水中降低黏度的离子进行限制,特别是金属离子如 Ca^{2+}、Mg^{2+}、Fe^{2+}、Al^{3+},这些离子的去除也是对水质的"软化"。

目前油田采出水软化方法很多,如药剂软化法、热力软化法、离子交换软化法、膜法等,根据软化处理方法介绍,每种方法都有长处与不足之处,需要有机地将各种方法组合成系统工程,达到最佳处理效果。

1. 药剂软化

向采出水中投加可溶性药剂,如 CaO、Na_2CO_3、$NaOH$,它们与原水中待去除的 Ca^{2+}、Mg^{2+} 化合成沉淀,直到其溶解度极限为止。这个反应常在各类澄清罐(池)中进行。

1) 药剂软化的主要方法

药剂软化采用的药剂通常为石灰、纯碱、苛性钠等。根据原水水质和处理后不同水质的要求,可以选择一种或几种药剂同时使用。如石灰法、石灰—苏打法等。

(1) 石灰软化法。

向采出水中投加熟石灰[$Ca(OH)_2$],迫使碳酸平衡中HCO_3^-向生成CO_3^{2-}的方向转移。既降低了原水碱度,同时除去了水中的游离二氧化碳和部分钙、镁,也降低了原水中的溶解固体浓度和硬度。但用石灰软化不能去除水中非碳酸盐硬度,因为镁的非碳酸盐硬度虽然和$Ca(OH)_2$作用生成$Mg(OH)_2$,但同时也生成了等当量钙的非碳酸盐硬度。因此石灰软化主要用来去除水中的碳酸盐硬度和碱度。其化学反应原理为:

$$Ca(OH)_2 + Ca(HCO_3)_2 \longrightarrow 2CaCO_3\downarrow + 2H_2O$$

$$2Ca(OH)_2 + Mg(HCO_3)_2 \longrightarrow 2CaCO_3\downarrow + Mg(OH)_2\downarrow + H_2O$$

碳酸镁是相对可溶,其溶解度约为70mg/L,过量石灰将引起如下反应:

$$Ca(OH)_2 + MgCO_3 \longrightarrow CaCO_3\downarrow + Mg(OH)_2\downarrow$$

石灰软化法是一项古老的软水工艺,工艺流程如图9-5-6所示。该工艺适用于软化水处理量较大,碳酸盐硬度和溶解固体含量较高的情况。石灰软化法可以投加苏打去除永旧硬度,投加氯化钙(或石膏)可去除水中的过剩碱度。但是该法需要较多的石灰储存和运输设备,产生的大量废渣也带来处置问题,此外,由于石灰易结垢、沉淀堵塞,在生产运行中会引起许多麻烦。

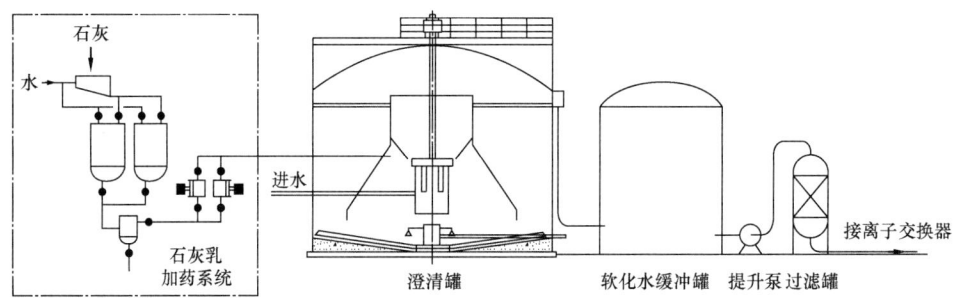

图9-5-6 石灰软化系统流程图

(2) 苏打软化法。

很少单独使用碳酸钠软化工艺去除采出水中永久硬度,常在石灰软化工艺中,当水中非碳酸盐硬度(永久硬度)含量较高时,可投加适量的苏打(Na_2CO_3),降低非碳酸盐硬度,其反应式:

$$CaSO_4 + Na_2CO_3 \longrightarrow Na_2SO_4 + CaCO_3\downarrow$$

$$CaCl_2 + Na_2CO_3 \longrightarrow 2NaCl + CaCO_3\downarrow$$

(3) 苛性钠软化法。

向采出水中投加苛性钠(NaOH),也是促进碳酸平衡中HCO_3^-向生成CO_3^{2-}的方向转移,同时从水中除去了钙、镁和游离的二氧化碳,并产生了Na_2CO_3,进一步与采出水中非碳酸盐硬度反应,将Ca^{2+}沉淀出来,可将总硬度降至20mg/L以下。工艺流程图如图9-5-7所示。

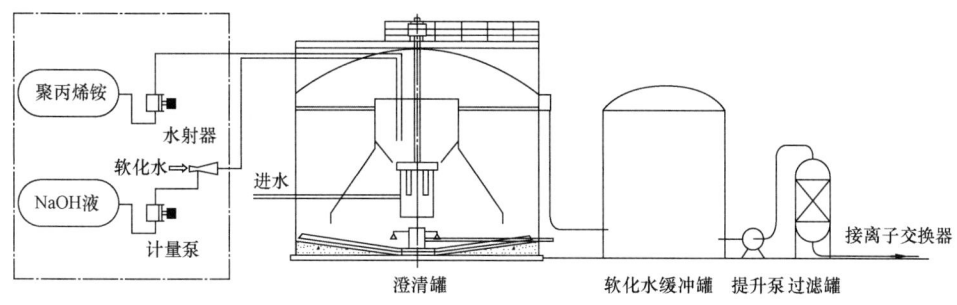

图 9-5-7 苛性钠软化系统流程图

目前国内外已严格控制二次污染,在采出水药剂软化中较多使用苛性钠(NaOH)替代石灰。首先,因为尽管苛性钠价格是石灰的 6 倍以上,然而苛性钠法产生的污泥量较石灰法少 5 倍。在污泥处置尚处在填埋方法时,采用苛性钠法是经济可行的。苛性钠法采用液态投加,其操作与计量都较石灰简便。其次是用苛性钠对弱酸树脂进行再生时,在药剂供应和储存上可以合二为一。最后,石灰废渣容易产生结垢和堵塞,苛性钠法生成的沉渣呈细绒状,不存在堵塞。

与石灰软化法一样,苛性钠软化法也可以根据原水的特性投加石灰,将原水中含有过多的 CO_3^{2-} 碱度,利用 $Ca(OH)_2$ 去除,当原水中 CO_3^{2-} 不足时补充 Na_2CO_3 去除水中硬度。

2) 加药量计算

药剂软化方法中,所采用药剂品种较多,这些药剂品种选用应该根据原水水质、要求处理后达到的水质指标、药剂价格(包括储存、运输)、投加工艺条件和产生泥渣量及处置等诸多因素综合比较后确定。常用药剂适用条件及投加药量计算见表 9-5-3。

表 9-5-3 常用处理方法及加药量计算

序号	处理方法	适用水质	加药量计算公式	备注
1	石灰软化	碳酸盐硬度高,非碳酸盐硬度低或必须降低碱度	当 $H_{Ca} \geq H_Z$ 时: $Ca:28(H_Z + H_{Mg} + CO_2 + Fe + K + \alpha)$ 当 $H_{Ca} < H_Z$ 时: $CaO:28(2H_Z - H_{Ca} + CO_2 + Fe + K + \alpha)$	
2	石灰、苏打软化	总硬度大于总碱度	$CaO:28(H_Z + H_{Mg} + CO_2 + Fe + K + \alpha)$ $Na_2CO_3:53(H_Y + K + \beta)$	
3	苛性钠软化	$2H_Z + CO_2 = H_{Ca} + K + \beta$	$NaOH:40(H_Z + H_{Mg} + CO_2 + Fe + K + Ac)$	1. 设备简单,处理时加热温度和处理效果与石灰、苏打法相同。 2. 利用反应生成的 Na_2CO_3 去除水中的非碳酸盐硬度

续表

序号	处理方法	适用水质	加药量计算公式	备注
4	石灰、苛性钠软化	$2H_Z + CO_2 > H_{Ca} + K + \beta$	CaO:$28(H_Z + H_{Mg} + CO_2 - H_Y - Ac + Fe + \alpha)$ NaOH:$40(H_Y + K + Ac)$	同石灰软化。原水中含有过多的 CO_3^{2-}，利用石灰去除碱度
5	苛性钠、苏打软化	$2H_Z + CO_2 < H_{Ca} + K + \beta$	NaOH:$40(H_Y + K + Ac)$ Na_2CO_3:$53(H_{Ca} - 2H_Z - CO_2 + \beta)$	同苛性钠软化，原水中 CO_3^{2-} 不足，补充 Na_2CO_3 去除水中硬度

注：H_{Ca}——原水中的钙含量，mol/L；

H_{Mg}——原水中的镁含量，mol/L；

H_Z——原水中的碳酸盐硬度，mol/L；

H_Y——原水中的非碳酸盐硬度，mol/L；

CO_2——原水中的游离二氧化碳含量，mol/L；

K——凝聚剂加药量，mol/L（0.1~0.5mol/L）；

α——石灰过剩加药量，mol/L（0.2~0.4mol/L）；

β——CO_3^{2-} 的过剩量，mol/L（1.0~1.4mol/L）；

A——原水中的总碱度，mol/L；

Ac——NaOH 的过剩碱度，mol/L（0.2~0.4mol/L）；

Fe——原水中的总含铁量，mol/L；

40——苛性钠的当量，mol；

53——Na_2CO_3 的当量，mol。

3）系统特点

从工艺角度看有以下特点：

（1）对原水水质条件的要求较其他软化方法要宽容得多。如对采出水中溶解固体含量、总硬度的含量都不作限制，对水质净化程度也要求不高。因为化学沉降也是水质净化的重要工艺，许多妨碍离子交换的水质指标，如悬浮固体含量、含油量都可在药剂软化过程中降低。

（2）药剂软化的沉淀方法较多，若采用热法水力循环澄清罐，可脱出原水中有害气体，如 CO_2、H_2S、O_2 等。

（3）处理总硬度很高的原水，去除单位硬度的价格较低。

（4）去除原水中 SiO_2 很有效。

但是药剂软化方法也存在自身的不足，主要表现在：

（1）投加化学药剂与水中的有害离子、物质（Ca^{2+}、Mg^{2+}、Fe^{2+}、SiO_2）结合生成不相溶的固体沉淀出来，其数量是有害离子若干倍，易造成二次污染，或增加泥渣处理建设费用和处理成本。

（2）仅靠药剂软化处理方法难以使水中硬度达到采出水回用水质的标准。因此，也可将药剂软化方法视为离子交换软化法的预处理。

4) 药剂选择

药剂软化首先根据原水水质特点选择药剂的品种和投加量,对药剂评价时,除了药剂本身价格和投加的难易程度外,还要评价产生的泥渣量,以及对泥渣排放、处理工艺进行技术经济比较。

某站根据原水水质,可以采用三种配方达到去除水中碳酸盐硬度和非碳酸盐硬度的目的。分别是苛性钠软化法、石灰—苏打软化法和石灰—苛性钠软化法。根据化学反应式可算出三种配方投加药量费用及产生出的污泥量,现将计算结果列入表9-5-4。

表9-5-4 三种配方投加药剂量及产生污泥量计算汇总

药剂软化法	药剂名称	投加浓度,g/m³	药剂纯度,%	工业投加量,t/d	单价元/d	药剂费用,元/d 单项	药剂费用,元/d 合计	产生污泥量,t/d
苛性钠软化法	NaOH	629.6	96	9.84	2850	28044	28044	11.7
石灰—苏打软化法	CaO	440.6	70	9.44	150	1416.3	11436.3	27.2
	Na_2CO_3	436.7	98	6.68	1500	10020		
石灰—苛性钠软化法	CaO	229.5	70	14.5	150	2176.5	16854.0	17.3
	NaOH	301.6	96	5.2	2850	14677.5		

注:(1) 每天处理量为 $1.5 \times 10^4 m^3$;
(2) 药剂浓度与单价对应,不是实际进货纯度;
(3) 不包括投加 $MgCl_2$ 而产生镁含量需另投加的软化药剂;
(4) 污泥量为干泥量。

在选择方案时,从减少投加药剂品种(特别是减少投加石灰所增加基建工程量与日常操作的工作量),从减少澄清过程中产生的污泥量出发,选用了苛性钠软化法。但是该法在药剂费上较其他两种方案贵1.45~0.66倍,污泥量分别减少1.23倍、0.48倍。其利和弊都很突出。

2. 热力软化

1) 基本原理

当油田采出水中含有相当多的重碳酸盐时,当水温在压力条件下使之加热至200℃,重碳酸盐将被分解并释放出 CO_2,此时pH值提高,析出钙、镁沉淀,硬度可降至1mg/L以下,由此产生的沉渣还可吸附水中的部分硅。热力软化反应方程式如下:

$$Ca(HCO_3)_2 = Ca^{2+} + CO_3^{2-} + CO_2 \uparrow + H_2O \qquad (反应式一)$$

$$Ca^{2+} + CO_3^{2-} = CaCO_3 \downarrow \qquad (反应式二)$$

$$CO_3^{2-} + H_2O = 2OH^- + CO_2 \uparrow \qquad (反应式三)$$

$$Mg(HCO_3)_2 = Mg^{2+} + CO_3^{2-} + CO_2 \uparrow + H_2O \qquad (反应式四)$$

$$Mg^{2+} + 2OH^- = Mg(OH)_2 \downarrow \qquad (反应式五)$$

$$Mg^{2+} + CO_3^{2-} + H_2O = Mg(OH)_2 \downarrow + CO_2 \uparrow \qquad \text{(反应式六)}$$

$$Ca^{2+} + SO_4^{2-} = CaSO_4 \downarrow \qquad \text{(反应式七)}$$

$$Ba^{2+} + SO_4^{2-} = BaSO_4 \downarrow \qquad \text{(反应式八)}$$

$$Mg^{2+} + HSiO_3^- + OH^- = H_2O + MgSiO_3 \downarrow \qquad \text{(反应式九)}$$

由于水温高,降低 $CaCO_3$、$Mg(OH)_2$ 的溶解性,有利于反应式二、五的反应,提高 $CaCO_3$、$Mg(OH)_2$ 的沉淀能力。在工艺中用汽提法连续去除水中分解出 CO_2 气体,降低 CO_2 分压,也有利于反应式一、三、四的反应,加速 HCO_3^- 分解,$Mg(OH)_2$ 沉淀生成,由于 CO_2 从水中去除,能将采出水的 pH 值提高到 10~11 的范围,降低采出水给水管与蒸汽发生器生成铁垢的可能,且由此产生的沉渣还可吸收水中的部分硅。

2) 工艺流程

图 9-5-8 为某工程采出水热力软化工艺系统流程图。

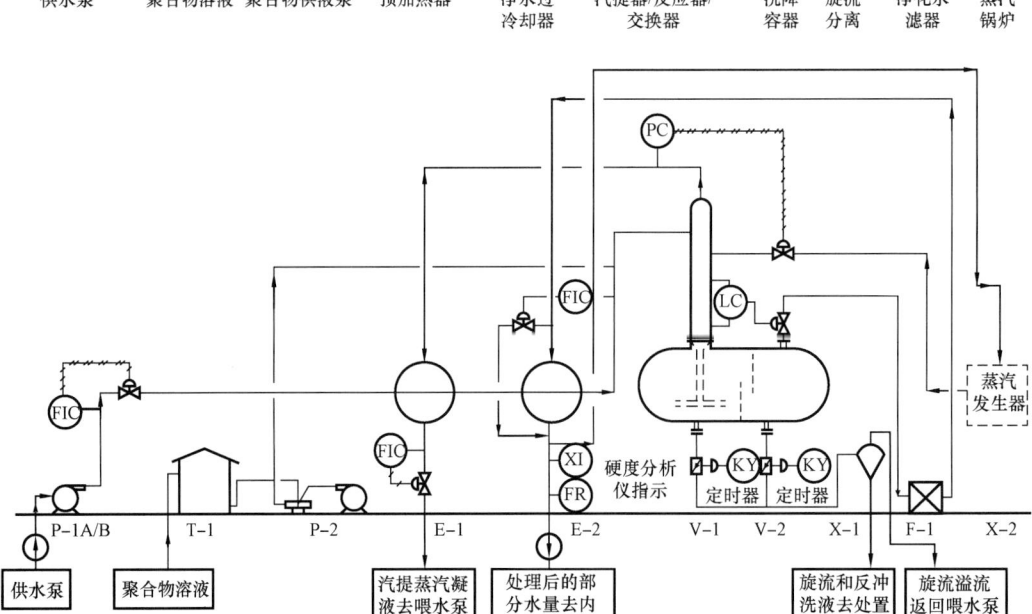

图 9-5-8 采出水热力软化工艺系统流程图

采出水经 2 台预热器(E-1)加热后再过冷却器(E-2)后泵输至汽提器/反应器/交换器(V-1),同时在汽提器/反应器/交换器的上游投加水软化剂和絮凝剂。

气动定位器接收采出水传感器的信号,自动调节聚合物供液泵(P-2),从聚合物溶液储罐(T-1)吸取药剂,其絮凝剂的投加量与采出水进水量成正比,投加絮凝剂有助于颗粒聚结。

采出水供水泵下游的流量控制器根据需要调节采出水进水量。加热的采出水与药剂混合后进入汽提器/反应器/交换器的上部,然后靠重力流通过(V-1),并与上流蒸汽呈逆向流接触。直流式注汽锅炉生产的中压蒸汽是热力软化工艺的一个组成部分,当与采出水接触后开始凝析。剩余的蒸汽则汽提采出水中的溶解气体和二氧化碳。

采出水进入汽提器/反应器/交换器后便即刻发生 $CaCO_3$ 和 $Mg(OH)_2$ 沉淀。凝析蒸汽沉淀固体和热力软化水连续不断地通过汽提器/反应器/交换器并进入沉降容器(V-2)。沉降容器内设两个悬浮颗粒分离室。第一分离室去除热水和固体液流中的大部分固体颗粒,第二分离室去除细小的固体。

经汽提器/反应器/交换器处理后,净水进过滤系统滤除残余的悬浮固体。过冷却器(E-2)对净化水进行过冷却。净化水的溢流水用于生产蒸汽和反冲洗的补充水。热力软化要求用蒸汽加热和汽提采出水。软化的反冲洗水储存在滤器反冲洗罐内。

汽提蒸汽从汽提器/反应器/交换器的顶部进入预加热器(E-1)冷凝,然后返回到采出水油罐内。从沉降容器(V-2)排除沉淀固体的操作由定时操作阀控制。定时器定时打开阀门,将沉淀物排入旋流分离器进行浓缩,浓缩物排放,溢流水再循环至采出水罐内。

3. 离子交换软化

钙、镁离子等与离子交换剂中的钠离子或氢离子进行交换,水中钙、镁离子被钠或氢离子取代,从而获得水质软化的效果。通常在采出水软化中离子交换是不可取代工艺。

1)钠离子交换软化法

(1)软化:其基本反应式如下:

$$2RNa + Ca\begin{Bmatrix}(HCO_3)_2 \\ Cl_2 \\ SO_4\end{Bmatrix} \longrightarrow R_2Ca + \begin{matrix}2Na\begin{Bmatrix}HCO_3 \\ Cl\end{Bmatrix} \\ Na_2SO_4\end{matrix}$$

$$2RNa + Mg\begin{Bmatrix}(HCO_3)_2 \\ Cl_2 \\ SO_4\end{Bmatrix} \longrightarrow R_2Mg + \begin{matrix}2Na\begin{Bmatrix}HCO_3 \\ Cl\end{Bmatrix} \\ Na_2SO_4\end{matrix}$$

由于把水里的钙、镁的盐类转化成钠盐,而钠盐的溶解度很大,不会沉淀出来,达到了软化的目的。

钠型树脂软化的结果有两个特点:① 水里的每一个 Ca^{2+} 或 Mg^{2+} 都换成 2 个 Na^+,软化后除了残余的 Ca^{2+} 或 Mg^{2+} 外,水里面的阳离子全是 Na^+,所以阳离子的总质量会有所变化;② 由于阴离子成分不发生变化,软化后水里的碱度不会发生变化。

(2)再生:须用 8%~10% 浓度的 NaCl 水溶液再生,使之恢复成钠型后继续使用。其反应式如下:

$$R_2Ca + 2NaCl \longrightarrow 2RNa + CaCl_2$$

$$R_2Mg + 2NaCl \longrightarrow 2RNa + MgCl_2$$

2)氢离子交换脱碱软化法

(1)反应式如下：

$$2RH + Ca\begin{Bmatrix}(HCO_3)_2\\Cl_2\\SO_4\end{Bmatrix} \longrightarrow R_2Ca + \begin{Bmatrix}2HCO_3\\2HCl\\H_2SO_4\end{Bmatrix}$$

$$2RH + Mg\begin{Bmatrix}(HCO_3)_2\\Cl_2\\SO_4\end{Bmatrix} \longrightarrow R_2Mg + \begin{Bmatrix}2HCO_3\\2HCl\\H_2SO_4\end{Bmatrix}$$

$$RH + Na(HCO_3)_2 \longrightarrow RNa + H_2O + CO_2\uparrow$$

$$RH + NaCl \longrightarrow RNa + HCl$$

(2)再生：树脂 RH 经交换后变成 R_2Ca、R_2Mg、RNa，树脂的再生则用硫酸或盐酸，反应式如下：

$$R_2Ca + \begin{Bmatrix}2HCl\\H_2SO_4\end{Bmatrix} \longrightarrow R_2H + \begin{Bmatrix}CaCl_2\\CaSO_4\end{Bmatrix}$$

$$R_2Mg + \begin{Bmatrix}2HCl\\H_2SO_4\end{Bmatrix} \longrightarrow R_2H + \begin{Bmatrix}MgCl_2\\MgSO_4\end{Bmatrix}$$

$$RNa + HCl \longrightarrow RH + NaCl$$

由氢离子树脂的交换反应可知，软化水实际是稀酸溶液，腐蚀性很大，不能直接使用，为中和水中的酸，提高水的碱度，有下列两种方法。

① 把氢型树脂的出水，经过中和及提高碱度的处理，一般情况是通过脱气塔去除水中的 H_2CO_3 或 $NaHCO_3$ 分解出的 CO_2，然后再中和脱气塔出水的强酸，并提高碱度，一般加 NaOH。

② 采用氢型树脂和钠型树脂并联起来软化水，称为氢钠并联系统。这种系统把原水分成两部分，分别由 RNa 和 RH 软化后，再把两者的出水混合，利用 RNa 软化水中的碱度中和 RH 软化水中的强酸后，再保留一定的碱度，产生的弱酸 H_2CO_3 仍然可由脱气塔来去除掉。氢型树脂 H 和钠型树脂 N 软化水在总流程量所占原水量的百分数的计算公式分别为：

$$H = \frac{100(A - A_m)}{A + S} \tag{9-5-9}$$

式中　H——RH 树脂软化水在总流量中所占百分数，%；
　　　A——原水的碱度，mol/L；
　　　A_m——混合后水碱度，mol/L；

S——原水中 SO_4^{2-} 和 Cl^- 等强酸根含量总和,mol/L。

$$N = 100 - H \tag{9-5-10}$$

式中 N——RNa 树脂软化水在总流量中所占百分数,%。

3) 弱酸树脂软化法

(1) 软化反应式如下:

$$2RCOOH + Ca(HCO_3)_2 \rightleftharpoons (RCOO)_2Ca + 2H_2CO_3$$

$$2RCOOH + Mg(HCO_3)_2 \rightleftharpoons (RCOO)_2Mg + 2H_2CO_3$$

反应产生的 H_2CO_3 是弱酸,容易分解为 CO_2 逸出,反应式如下:

$$2H_2CO_3 \longrightarrow CO_2\uparrow + 2H_2O$$

弱酸树脂对于水中非碳酸盐硬度($CaCl_2$、$MgCl_2$、$CaSO_4$、$MgSO_4$)交换出产物是强酸(HCl、H_2SO_4),所离解出的 H^+ 抑制了—COOH 的 H^+ 离解,反应不能进行下去,因此弱酸树脂软化不能去除水中非碳酸盐硬度。

羧基对 Ca^{2+} 的亲和力和对 Na^+ 的亲和力的差别要比磺酸基大得多,因此不能与 Na^+ 发生交换反应,故去除 $NaHCO_3$ 的能力很低。

弱酸树脂不仅去除碳酸盐硬度,也起到了去除碱度的作用,使反应后软化水的残余碱度为 0.2~0.4mol/L,腐蚀性也小,弱酸树脂结合的活性基因多,所以交换容量大,约比强酸高一倍以上。但由于弱酸树脂的电离能力弱,离子交换速度比较慢,所以当交换流速过大时,导致工作交换容量显著下降。

(2) 再生反应式如下:

$$(RCOO)_2Ca + 2HCl \longrightarrow 2RCOOH + CaCl_2$$

$$(RCOO)_2Mg + 2HCl \longrightarrow 2RCOOH + MgCl_2$$

由于—COOH 离解度小,强酸的抑制下基本不离解,再生的效率很高,即用 1.0 当量的酸再生,可得 0.9 当量以上工作交换容量,而强酸树脂再生则需 2~3 倍当量的酸。

再生液采用盐酸与硫酸相比,盐酸具有独特的优点。多数金属氯化物为水溶性,即使在更高的浓度状态下也可用盐酸再生。如果用硫酸再生,除非硫酸浓度保持在1%以下并保持高速流,否则,硫酸钙将沉淀在交换柱内。

4) 树脂再生法

(1) 再生方式。

在复床离子交换系统中,按再生中被处理水和再生液的流动方向。常用的有顺流、分流、逆流、串联四种方式。

① 顺流再生。

在原水矿化度较低的条件下,顺流再生可以得到较满意的技术经济效果。在弱酸树脂与强酸树脂串联运行的系统中,顺流再生式的床型更能显出操作方便,易实现自动化和弱酸树脂与强酸树脂再生剂比耗低的优点。

② 分流再生。

由上部进入的再生液顺流再生排液管以上的树脂层,同时顶压中排液管以下的树脂,由底部进入的再生液使中排液管以下树脂处于逆流再生的状态,因此这种方式兼有逆流再生效率高与顺流再生易操作的特点,可获得较好的再生效果。

③ 逆流再生。

逆流再生固定床、浮动床、双层床、双室双层浮动床都属于逆流再生的床型,都具有顺流再生的技术经济效果。

逆流再生技术的推广使用,扩大了离子交换对原水含盐量的适应范围,提高了出水水质,降低了再生剂比耗。

④ 串联式再生。

弱酸树脂与强酸树脂联合运行的系统中串联再生的技术经济效果,比两只强酸树脂交换柱串联再生的技术经济效果好,而两只强酸树脂交换柱串联再生所需的再生剂量比分别再生时少。

各种再生方式的示意图如图9-5-9所示。

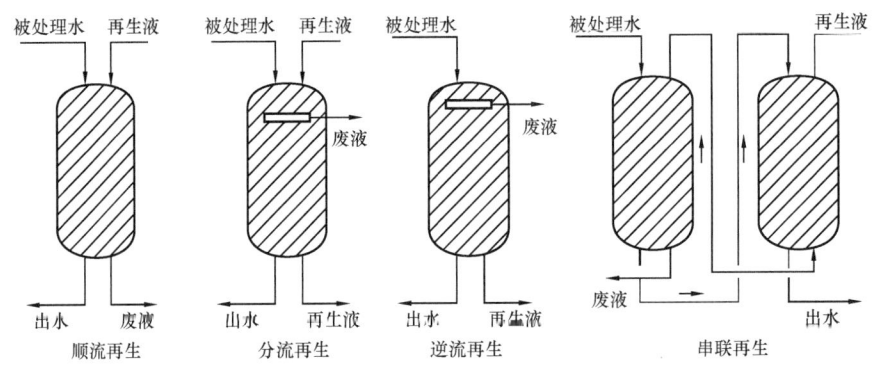

图9-5-9 离子交换再生方式示意图

除此外,为了防止再生液对离子交换器产生腐蚀,还可将树脂输送到做好防腐蚀设施的再生器内进行再生,称体外再生。由于交换器不承担树脂再生的任务,可以不考虑树脂膨胀高度,因此交换器可适当降低高度,并可以不使用耐腐蚀管配件,但需增加树脂输送流程,树脂破碎率有所增加。

(2) 再生剂品种与纯度。

再生剂品种直接影响再生效果与再生成本。以强酸阳离子交换树脂为例:盐酸的再生效果优于硫酸,盐酸的单价高于硫酸。如能妥善掌握硫酸再生时的操作条件(浓度、流速)也可以取得满意的再生效果及较低的再生成本,故设计时应按工况的具体条件选择。盐酸与硫酸作为再生剂的比较见表9-5-5。

再生剂的纯度(即再生剂中杂质含量的多少)对离子交换树脂的再生效果及再生后出水水质有较大的影响,再生液的纯度高、杂质含量少,树脂的再生度高,再生后树脂层出水水质好。在逆流再生方式中再生剂纯度对再生效果的影响更为显著,根据树脂选择系数可以估计再生剂纯度对离子交换的影响程度。

表 9-5-5 盐酸与硫酸再生剂比较

盐酸再生剂	硫酸再生剂
价格高； 再生效果好； 腐蚀性强，对防腐要求高； 具有挥发性，运输和贮存比较困难	价格便宜； 再生效果差，有生成 $CaSO_4$ 沉淀的可能，使用于逆流再生较为困难； 较易于采取防腐蚀措施； 不能清除树脂的铁污染，需定期用盐酸清洗树脂

（3）再生剂用量。

再生剂用量的大小直接影响再生后树脂的工作交换容量和水处理成本，一般情况下再生剂用量大，再生后树脂的工作交换容量大，树脂的再生度高，出水水质好。但再生剂用量增加到一定程度后再增加再生剂用量，树脂工作交换容量增加甚少，再生剂比耗却急剧增加。因此必须根据出水水质要求和水处理系统的具体情况，按照树脂的工艺性能或通过投产前的调试，选择合适的再生条件和再生剂用量。

再生剂用量与离子交换树脂的性质有关，一般强型树脂所需的再生剂用量高于弱型树脂，例如实际运行表明弱酸树脂的再生剂比耗小于1.2，再生剂用量与再生方式有直接关系，一般说要取得相同的工作交换容量顺流再生所需的再生剂用量大于逆流再生所需的再生剂用量。

（4）再生液浓度。

当再生剂用量一定时，再生液浓度（在一定范围内）愈大再生后树脂再生度也愈高。但过高的再生液浓度使再生液体积小，不易均匀接触树脂和维持足够的接触时间。再生液浓度与再生方式有关。一般顺流再生的固定床和混合床所用的再生液浓度，高于逆流再生固定床的再生液浓度。推荐的再生液浓度见表 9-5-6。

表 9-5-6 推荐的再生液浓度

再生方式	强酸阳离子交换树脂	
	钠型	氢型
再生剂品种	食盐	盐酸
顺流再生液浓度，%	5~10	3~4
逆流再生液浓度，%	3~5	1.5~3

再生液浓度还与再生剂品种及拟再生树脂的形态有关。当用硫酸作再生剂时推荐采用表 9-5-7 的三步再生法再生强酸阳离子交换树脂。

表 9-5-7 硫酸三步再生法再生液浓度

再生步骤	再生剂用量（占总量比例）	浓度，%	流速，m/h
1	1/3	1.0	8.0~10.0
2	1/3	2.0~4.0	5.0~7.0
3	1/3	4.0~6.0	4.0~6.0

(5) 再生液流速。

再生液流速影响再生剂与树脂接触的时间,影响树脂层中被再生出离子的排代速度和再生液的利用效率,因此再生效果与再生液流速有直接关系。实践表明,浸泡再生的再生效率低于动态再生。逆流再生的再生液流速(或置换水流速)应以不导致树脂层扰乱为前提。一般再生液流速为4~8m/h。

(6) 再生自用水率计算。

离子交换柱再生时的自用水率是水处理设计中的一个重要参数,直接影响设备与管道的正确选择。

离子交换柱再生自用水率可按式(9-5-11)计算:

$$N = \frac{E}{Eo} a y^b \qquad (9-5-11)$$

式中 N——再生自用水率,%;
E——标准的树脂工作交换容量,mol/L;
Eo——设计条件下的树脂工作交换容量,mol/L;
a,b——自用水率计算系数,按表9-5-8选用;
y——交换柱进水的离子含量,mol/L。

表9-5-8 一级钠离子交换软化水系统自用水率系数

床型	自用软水率系数		自用清水率系数	
	a	b	a	b
顺流再生固定床	0.15	1.0	1.16	0.85
逆流再生固定床	0.27	0.91	0.92	0.84

自用水率分为清水自用水率与软化水自用水率两部分,应分别进行计算。前者系指用前级水(或进水)进行清洗的自用水率,后者系指用本级出水进行清洗的自用水率,钠离子交换系指用合格软水的自用水率。每台交换柱的产水量为系统要求的单台设备产水量加上软化水自用水量,每台交换柱要求前级的总供水量为本级总产水量与清水自用水量之和。

六、相关设备

1. 药剂软化设备

沉淀设备的设计与药剂沉淀晶核作用有关,与化学反应温度有关。碳酸盐硬度沉淀在不存在晶核的情况下,原水由石灰所产生的反应是极其缓慢的;过去使用的静止沉淀池中,要几天的时间才能达到化学平衡,在不设泥渣接触装置的连续运转澄清池,反应沉淀时间仍达几小时。

反之,如果使水和石灰与足够量的已沉淀的 $CaCO_3$ 晶体接触,则反应可在几分钟内达到平衡点。由于在晶体上产生沉淀,晶体体积逐渐增大,受斯托克斯定律支配的沉淀速度也随之增加,而沉淀设备的尺寸就可减小。

1) 涡流反应器

(1) 涡流反应器的工作过程。

涡流反应器(也称螺旋反应器,如图9-5-10所示)能够同时进行混合与絮凝,并除去部分沉淀物,但仍有较多的悬浮物停留在被处理水中,需要进行进一步沉淀、过滤处理。涡流反应器的容积小,出水能力较高,适用于钙硬度大、镁硬度一般不超过总硬度的20%和悬浮物不大的水。这种反应器可以设计成重力式或压力式。原水和药剂都从锥底沿切线方向进入,两个进口方向要尽量使进水形成一个最大的力偶,使水和药剂混合后水流以螺旋式上升。涡流反应器开始使用时,为加速沉淀物的结晶,可在设备内装入一些粒径为0.1~0.5mm的石英砂或大理石块,作为絮凝生成物的结晶核心,进入正常运行后,即不需添加任何接触物料。沉淀在下层的大颗粒的碳酸钙应定期排出体外。

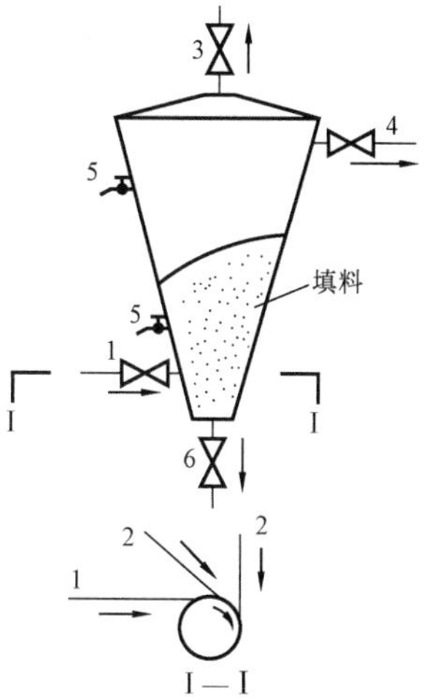

图9-5-10 涡流反应器
1—进水管;2—加药管;3—排气管;
4—出水管;5—取样管;6—排渣管

涡流反应器比起澄清罐有下列优点:① 软化基本上只产生颗粒状的碳酸钙沉渣,易于处理;② 由排渣损失的软化水很少;③ 不需加混凝剂也不需要过量石灰。其缺点为:① 不能以结晶形式去除镁硬度,镁的沉淀物都以分散的极细形式出现,必须进行过滤处理;② 当水的镁硬度超过0.8mol/L时,由于钙硬不能充分沉淀,很少用来去除钙的碳酸盐硬度;③ 流量必须精确控制以保持填料的悬浮状态。

(2) 涡流反应器的设计数据。

① 原水进口流速:3~5m/s;

② 锥角:15°~20°;

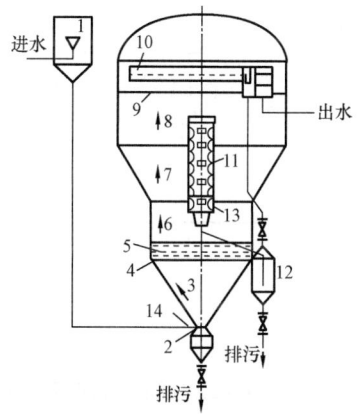

图9-5-11 悬浮澄清罐构造示意图
1—气体分离器;2—喷嘴;3—混合配水区;
4—水平隔板;5—垂直隔板;6—悬浮层;
7—锥形过渡区;8—上部出水区;9—水栅;
10—集水槽;11—排泥系统;12—排污系统;
13—活动调节罩;14—药剂管

③ 锥角处上升流速:3~5mm/s;

④ 出水管处的上升流速:4~6mm/s;

⑤ 涡流反应器的容积,按停留时间10~15min考虑;

⑥ 填料粒度:0.2~0.3mm;

⑦ 填料容积:20~40L/m³。

2) 悬浮澄清罐

悬浮澄清罐属于泥渣接触分离型澄清罐,投加药剂的原水,先经过气体分离器分离出采出水中CO_2气体,再通过底部配水管投加石灰等碱性药剂进入悬浮泥渣层,水中杂质脱稳,沉淀出$CaCO_3$、$Mg(OH)_2$并和罐内原有的泥渣进行接触反应、沉淀,使细小的絮粒相互聚合,或被泥渣层所吸附,清水向上分离,原水得到净化、脱硬,悬浮泥渣在吸附了水中悬浮颗粒后将不断增加,多余的泥渣便自动地经排泥系统进入浓缩室,浓缩到一定浓度后,由排泥管排走。其构造如图9-5-11所示。

(1) 设计要点及数据。

① 澄清罐不宜少于两座,单罐面积不宜超过 $150m^2$。

② 药剂品种(混凝剂、软化药剂)的选择、最佳投加量应通过试验确定。

③ 原水与混凝剂应在气体分离器前完成混合,软化药剂可直接加入澄清罐的底部。

④ 每罐设一个气体分离器,将进入澄清罐采出水中 CO_2 或空气释放掉,气体分离器如图9-5-12所示,设计数据为:

a. 停留时间不小于45s。

b. 进水管流速不大于 $0.75m/s$。

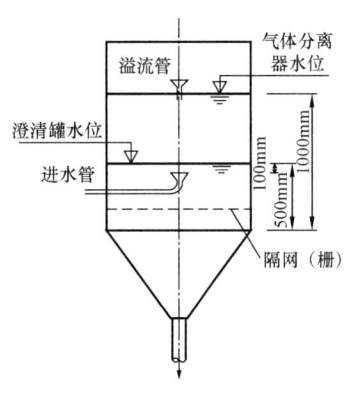

图 9-5-12 气体分离器示意图

c. 格网(栅)设在进水管出口下缘附近,网(栅)尺寸一般采用 $10mm \times 10 \sim 20mm \times 20mm$。

d. 分离器内水流向下流动,流速不大于 $0.05m/s$,出水管流速为 $0.4 \sim 0.6m/s$,底部呈平底或锥形。

e. 气体分离器水位高度,按配水管的水头损失确定,一般高出澄清罐水面 $0.5 \sim 0.6m$。

f. 水深不小于 $1.0m$,进水口上缘应低于澄清罐内水面 $0.1m$,气体分离器底位于澄清罐内水面下,不少于 $0.5m$。

⑤ 采用穿孔管配水,孔口流速为 $1.5 \sim 2.0m/s$,孔眼直径为 $20 \sim 25mm$,孔距不大于 $0.5m$,孔眼向下与水平成 $45°$ 交错排列。

⑥ 采用喷嘴旋流配水时,喷嘴出口流速一般取 $1.25m/s$。

⑦ 澄清罐内水上升流速按表9-5-9。

表 9-5-9 澄清罐内水上升流速

澄清罐的区域	水的上升流速,mm/s	
	$H_{Mg} \leq 0.25H_0$	$H_{Mg} \leq 0.5H_0$
出水部分	1.5	1.25
悬浮层部分	3.5	2.5

注:H_{Mg} 为原水镁硬度,H_0 为原水总硬度。

⑧ 悬浮层高度一般为 $2 \sim 3m$,出水部分高度一般为 $3m$ 左右。

⑨ 泥渣浓缩室强制出水管上升流速不大于 $0.5m/s$。

⑩ 集水方式一般采用淹没孔集水管(槽),孔口流速为 $0.6 \sim 0.7m/s$,澄清罐直径在4m以内用环形集水管(槽),大于4m时增加辐射管(槽)[当直径为6m时,用 $4 \sim 6$ 根辐射管(槽),直径为 $6 \sim 10m$ 时,用 $6 \sim 8$ 根辐射管(槽)],管(槽)流速为 $0.4 \sim 0.6m/s$,出水管流速在 $1.0m/s$ 左右。

⑪ 在清水区集水管(槽)顶上 $0.5m$ 左右设收油槽,沿罐壁设环形槽或架设于辐射管(槽)上的环形槽。

⑫ 澄清罐的工作区和泥渣区必须安装取样管,用来控制药剂投加量,监视悬浮泥渣层高

度及调整浓缩工况。

（2）计算公式。

悬浮澄清罐计算公式列于表9-5-10。

表9-5-10 悬浮澄清罐的计算公式一览表

序号	名称	计算公式	符号说明及设计参数
1	计算流量	$q_1 = q_2 + q_3$	q_1—计算流量，m^3/h； q_2—设计流量，m^3/h； q_3—沉渣排出流量，可取 q_2 的 2%~3%
2	出水部分	$D_1 = 1.13\sqrt{\dfrac{q_1 - q_4}{3.6 v_1}}$ $H_1 \approx 3m$	D_1—出水区直径，m； q_4—流入泥渣浓缩室的总水量，m^3/h（一般为 q_1 的 10%）； H_1—出水区高度，m（一般取3m左右）； v_1—出水部分上升流速，mm/s（查表9-5-9）
3	悬浮层部分	$D_2 = 1.13\sqrt{\dfrac{q_1}{3.6 v_2} + 0.5}$ $H_2 = 2 \sim 3m$	D_2—悬浮层直径，m； H_2—悬浮层高度，m（一般取 2~3m）； v_2—悬浮层部分上升流速，mm/s（查表9-5-9）
4	锥型过渡区高度	$h = \dfrac{D_1 - D_2}{2\tan\dfrac{\alpha}{2}}$	h—锥形过渡区高度，m； α—锥形角，(°)（一般取 40°~60°）
5	下部进水区高度	$h_1 = \dfrac{D_2 - d}{2\tan\dfrac{\alpha_1}{2}}$	h_1—下部进水区高度，m； d—锥形底部断面直径，m； α_1—锥形进水区锥角，(°)（一般取 60°~80°）
6	配水管嘴直径	$d' = 1.13\sqrt{\dfrac{q_1}{3.6 n v_3}}$	d'—配水管嘴直径，m； n—管嘴数目，一般取 2； v_3—管嘴出口断面流速，mm/s（水和药同时引入时，取 2000mm/s，分别引入时取 3000mm/s）
7	排泥筒直径	$D = 1.13\sqrt{\dfrac{q_4}{3.6 v_4}}$	D—排泥筒直径，m； v_4—筒内流速，mm/s（取 12mm/s）；
8	泥渣浓缩室直径	$d_a = 1.13\sqrt{\dfrac{q}{3.6 v_5}}$	d_a—泥渣浓缩室直径，m； v_5—通过流速，mm/s（取 $0.5 v_1$）； q—回流水量，m^3/h（$q = q_4 - q_3$）
9	浓缩室直筒高度	$h_0 = (1.1 \sim 1.25)d$	h_0—浓缩室直筒高度，m

3）叶轮循环澄清罐

（1）工作特点。

叶轮循环澄清罐属综合型澄清罐，其特点是利用机械搅拌的提升作用来完成原水和泥渣回流、接触絮凝。药剂、原水和泥渣进入导流筒，与十几倍于原水的循环泥渣液在导流筒中的叶片的搅拌下进行接触絮凝,然后经叶轮提升至第一絮凝室继续絮凝,以结成较大的絮粒,再流入二絮凝室悬浮层,经过二絮凝室的絮凝体"过滤"再进入分离室进行沉淀分离。这种澄清罐不仅适用于一般的采出水澄清,更适用于采出水药剂软化的澄清。

(2)设计要点及数据。

① 导流筒分为两段,一段为固定,一段随刮泥析架旋转,固定段与提升叶轮盘、旋转导流筒的间距控制在 20mm 左右。导流筒的流速一般为 0.40~0.5m/s,导流筒的直径还应参照选用的搅拌机直径确定。

② 导流筒、絮凝室计算流量(考虑回流因素在内)一般为出水量的 14~15 倍。

③ 一絮凝室上升流速一般为 0.06~0.07m/s,一絮凝室按计算流量的停留时间为 14~17s。

④ 二絮凝室絮凝伞形罩锥体与水平面夹角一般在 45°~60°。

⑤ 排泥斗的直径一般与导流筒直径相同,高度 $H = 1.0~1.3m$(但需与搅拌机安装尺寸相吻合)。

⑥ 伞形罩下设檐板,下檐板长度一般为 350mm 左右,与伞形罩夹角一般在 110°~120°。

⑦ 下檐板距罐壁底高一般为 700mm 左右。

⑧ 分离区上升流速 一般采用 0.8~1.5mm/s。

⑨ 采出水在池中的总停留时间一般为 1.5~2.0h。

⑩ 清水区高度为 1.5~2.0m。

集水方式可选用淹没孔集水槽,过孔流速为 0.6m/s 左右。罐径较小时,采用环形集水槽;罐径较大时,采用辐射穿孔管和环形集水槽。集水槽中流速 0.4~0.6m/s,出水管流速为 1.0m/s 左右。

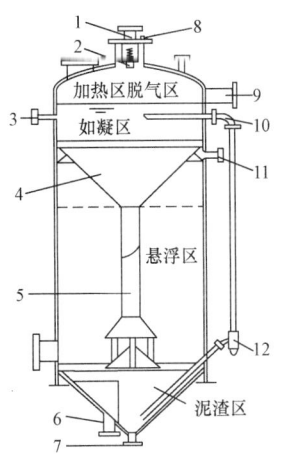

图 9-5-13 热法水力澄清罐
1—原水入口;2—喷嘴;3—药剂入口;
4—漏斗;5—中央管;6—排泥管;7—排空管;
8—不冷凝气体排放管;9—加热蒸气入口;
10—循环污泥;11—去滤池的冷凝水出口;
12—蒸汽喷射器

4)热法水力循环澄清罐

(1)工艺特点。

这种装置用石灰去除碳酸盐并用氧化镁去除二氧化硅,图示见图 9-5-13。

处理过程在低压下进行,其压力相当于选定温度下的蒸汽压力,而温度则根据需要选择在 102~115℃ 之间。这个温度可使絮凝快速进行且絮凝完全,泥渣循环对此也有促进作用。循环作用由位于装置外部的蒸汽乳化器产生,其运行易于控制。原水到达 1,由喷嘴 2 喷到充满装置上部的蒸汽中,原水立即被加热并落入大漏斗 4,在大漏斗中接受由管 3 引入的药剂,并与借助于蒸汽喷射器 12 通过管 10 循环的污泥相遇。然后水通过中央管 5 流向沉淀室的下部区,再上升进入沉淀室,沉淀物在其中分离出来,然后水经管 11 流入滤池。不冷凝的气体通过短管 8 排出。

辅助设备包括蒸汽调节器和水位调节器。加热用蒸汽由管 9 引入。沉下来的泥渣主要收集在底部的锥形部分,并从这里引出循环,多余泥渣沉积在浓缩池 6 内,然后排除。这个装置可包括一个除气区,在其顶部供应经过沉淀的水,加热用的蒸汽则在加热原水前先通过除气室。

(2) 热力循环澄清罐工艺计算。

① 原水设计流量:

$$q_1 = q_2 + q_3 \qquad (9-5-12)$$

式中 q_1——原水设计流量,m^3/h;
q_2——软化后设计流量,m^3/h;
q_3——沉渣排出量,m^3/h(q_3 可取 q_2 的 2% ~ 3%)。

② 污泥回流量:

$$q_4 = nq_1 \qquad (9-5-13)$$

式中 q_4——污泥回流量,m^3/h;
n——回流比,$n = 3 \sim 4$。

③ 热法澄清罐直径。

热法循环澄清罐的筒体直径由悬浮区的面积确定,悬浮区上升流速 v_1 为 1.5 ~ 1.25mm/s,当原水镁硬小于原水总硬度 25% 时宜取高值,大于原水总硬度 25% 时宜取低值。

$$D_1 = 1.13\sqrt{\frac{q_1}{3.6v_1} + \frac{q_1 + q_4}{3600v_2}} \qquad (9-5-14)$$

式中 D——热法澄清罐直径,m;
v_1——悬浮区上升流速,mm/s;
v_2——中央管流速,m/s(原法 $v_2 = 0.3$m/s;改进法 $v_2 = 0.15$m/s)。

④ 加热区和脱气区高度。

加热区和脱气区由蝶型头盖容积和筒体容积组成,筒体高度为

$$h_1 = (3 \sim 4)d \qquad (9-5-15)$$

式中 h_1——加热区和脱气区筒体高度,m;
d——加热蒸汽管管径,m。

⑤ 反应区高度。

反应区设在锥体以上筒体内,原法 $t_2 = 8 \sim 10$min,改进法 $t_2 = 15 \sim 20$min。

$$h_2 = \frac{q_1 t_2}{0.785 D_1^2} \times \frac{1}{60} \qquad (9-5-16)$$

式中 h_2——反应区高度,m;
t_2——反应时间,min。

⑥ 锥体与中央管。

原法锥角与斜边延长夹角为 80° ~ 90°,改进法锥角为 60° ~ 80°,锥角高度为

$$h_3 = \frac{D_2 - d}{2\tan\frac{a_1}{2}} \quad (9-5-17)$$

式中 D_2——锥体下口直径，m；
　　h_3——锥体高度，m；
　　d——中央管直径，m；
　　a_1——锥体两边斜线延长的夹角。

中央管直径（原法中央管流速取 $v_2 = 0.3\text{m/s}$，改进法流速取 $v_2 = 0.15\text{m/s}$）：

$$d = 1.13\sqrt{\frac{q_1 + q_4}{3.6 v_2}} \quad (9-5-18)$$

式中 d——中央管直径，m。

中央管全部长度（包括出水端的锥形挡板）为中央管接锥体至积泥锥体顶端的长度，也是悬浮分离区高度，一般取 4~5m。

⑦ 泥渣浓缩区。

泥渣浓缩区锥体两边斜线的夹角为 80°~90°。

2. 离子交换器装置

常用的离子交换设备称为离子交换器。用于软化的交换器称为离子交换软化器。交换器可根据运行方式的不同，分成下列各种类型：

$$\text{离子交换器}\begin{cases}\text{固定床}\begin{cases}\text{顺流再生固定床}\\\text{逆流再生固定床}\\\text{浮床}\end{cases}\\\text{连续交换床}\begin{cases}\text{移动床}\\\text{流动床}\end{cases}\end{cases}$$

1）应用条件

在使用离子交换器时，必须注意以下应用条件：

（1）离子交换器只有在有限浓度的液相中才能起作用，或获得较好技术经济效果。

（2）离子交换器是用以固着离子的，而非为了滤除悬浮、胶体或乳化物质。后面这些物质只会缩短交换剂本身的寿命。

（3）水中存在大量溶解气体会严重干扰交换剂的活性。

具体适用的进水水质范围与树脂性能相关，应通过技术经济比较确定。超过上述进水水质范围，可采用药剂软化等水处理技术，作为预软化的手段与离子交换组成联合工艺，以扩大适用范围。

2）离子交换器适用范围

根据处理水量、进水水质条件以及对出水水质要求，可采用逆流再生固定床、顺流再生固定床、浮床、双层床和移动床等不同床型。各种床型的正确选用对所组成的水软化系统的技术经济效益有重要的影响，通常应根据设计条件进行技术经济比较后选定。下列各点可供选择床型时参考。

(1) 顺流再生式固定床：当进水总硬度小于 200mg/L 时，单台设备产水量不受限制。当进水总硬度为 200~350mg/L 时，单组设备产水量应小于 30m³/h。

(2) 浮动床、移动床：适用于进水总硬度小于 450mg/L，以及单台设备产水量大于 30m³/h 场合。

(3) 逆流再生固定床：在进水总硬度为 350~500mg/L 的范围内，单台设备产水量不受限制。

3) 离子交换器的计算

计算公式见表 9-5-11。

表 9-5-11　离子交换器工艺计算公式一览表

序号	名称	公式	符号说明及设计参数
1	树脂高度	$h_k = \dfrac{Tv(C-C_1)}{E_0}$	h_k—树脂层高度，m（不小于 1.5~2.0m）； T—工作周期，h（一般不小于 8h）； v—运行速度，m/h；
2	交换器直径	$D = \sqrt{\dfrac{4F}{\pi}}$ $F = \dfrac{Q}{v}$ $Q = Q_0 + q_0$	C—进水 Ca^{2+}、Mg^{2+} 含量，mmol/L； C_1—出水残余 Ca^{2+}、Mg^{2+} 含量，mmol/L； E_0—交换容量，mmol/L 树脂； D—交换器直径，m； F—交换器面积，m²；
3	每台交换器树脂装载量	$V_R = Fh_k$ $G_R = V_R \gamma_R$	Q—每台交换器设计流量，m³/h； Q_0—系统要求每台交换器产水量，m³/h； q_0—自耗水量，m³/h；可取 10%Q；
4	每台交换器再生剂用量	$G = \dfrac{Q(C-C_1)NT}{1000}$ $= \dfrac{Q(C-C_1)RT}{1000}$	V_R—交换器树脂量，m³； G_R—相应湿树脂质量，kg； γ_R—树脂湿视密度，kg/m³； G——交换器再生剂用量； N—再生剂当量值，g/mol； n—再生剂比耗，mol/mol； R—再生剂耗量，g/mol

第六节　采出水达标外排处理

一、工艺选择

随着油田采出液含水不断增加，而又不能全部注入地层，直接外排又影响环境和生态，从 20 世纪 90 年代起，许多油田开展了采出水达标外排工作。随着环保要求的日趋严格，建成的达标外排站越来越多。对比 GB 8978—1996《污水综合排放标准》,油田采出水中主要超标污染物为 COD、BOD、石油类、硫化物、挥发酚、氨氮等,达标外排处理工艺的主要任务是去除水中的有机污染物。目前,国内含油污水达标外排基本采用生化处理工艺。

油田采出水达标外排处理站的工艺流程如图 9-6-1 所示。

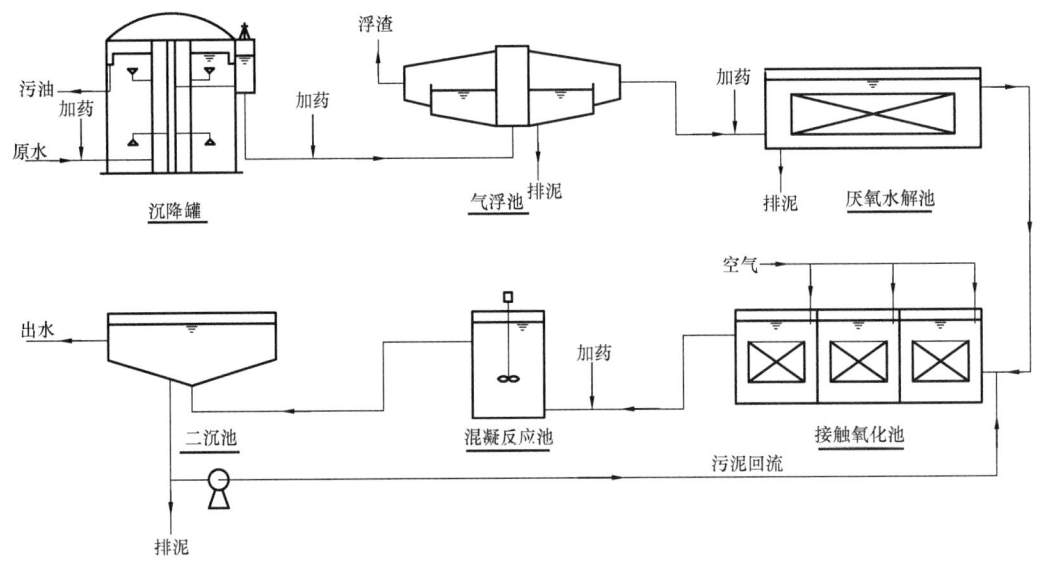

图 9-6-1 外排处理流程图

二、采出水预处理

其中除油工艺可参考本章第三节的除油工艺,常采用沉降、气浮、过滤等工艺,使得生化处理阶段进水石油类含量控制在 20mg/L 以下。

油田采出水的水温常常位于 40~80℃ 之间,微生物最适宜的温度范围一般在 15~30℃,因此,在生化处理前需要对采出水进行降温处理。油田采出水的降温与工业循环冷却水的降温相似,多采用湿式冷却塔进行冷却,在冷却塔中,热水从塔顶向下喷淋成水滴或水膜状,空气则由下向上或水平方向在塔内流动,在气水接触过程中,进行传热传质,使水温降低。

冷却塔的形式很多,根据空气进入塔内的情况分自然通风和机械通风两大类。自然通风常见的是风筒式冷却塔,在油田采出水降温上应用较少。机械通风型根据通风方式分抽风式和鼓风式两种,根据空气流动方向又可分为横流式和逆流式,最常采用的是抽风式逆流式冷却塔。

冷却塔可根据设计参数选用市场上的成品,目前较流行有玻璃钢冷却塔,其作用原理与机械通风冷却塔相似,所不同的是塔体外壳全部用玻璃钢(一种玻璃布与树脂组成的材料)预制成块状部件,运输到现场后再拼装而成。填料通常为聚氯乙烯材料压制成波纹板式或 T 波式,根据需要还可采用铝合金。玻璃钢冷却塔体积小,排列灵活,可以拆除,运输方便,造价相对来说也较低,目前已系列化生产,处理量在 8~500m³/h,降温幅度为 5~25℃。油田采出水可采用两级降温。

三、生化处理

1. 采出水的可生化性

在对油田采出水进行生化处理前,应考虑原水的可生化性,即采出水中有机污染物被生物降解的难易程度。BOD_5/COD_{Cr} 比值是最常用的一种评价污水可生化性的水质指标,一般认为,BOD_5/COD_{Cr} 体现了污水中可生物降解的有机物占总有机物量的比值。当 $BOD_5/COD_{Cr}<0.3$ 时,污水含有大量难生物降解的有机物;当 $BOD_5/COD_{Cr}>0.45$ 时,该污水易生物处理;当 BOD_5/COD_{Cr} 介于 0.3~0.45 之间时可生化处理。油田采出水的可生化性较差时,需要提高原水的可生化性,如按照一定比例引入 BOD_5 较高的生活污水,或单独必要的碳源。

2. 生物接触氧化法

1) 工作原理

生物接触氧化法是在池内设置填料,全部浸没在水中供微生物附着生长。采用曝气方法,提供微生物氧化有机物所需的氧量,并起搅拌混合作用,废水以一定的速度流经填料,使有机污染物与附着于载体上的微生物接触,生物接触氧化法又称"淹没式生物滤池"。废水中的有机污染物的降解,主要依靠载体上的生物膜,而池中尚存在一定浓度类似活性污泥的悬浮生物,对废水也有一定的净化能力。所以,生物接触氧化池是一种具有活性污泥法特点的生物膜法的处理构筑物。

生物接触氧化法一般由池体、载体和曝气系统等组成。生物接触氧化池的构造主要有鼓风曝气生物接触氧化池和表面曝气生物接触氧化池两种形式。

鼓风曝气生物接触氧化池结构如图 9-6-2 所示。此种形式的生物接触氧化池在填料下面装有鼓风曝气充氧装置。采用不同形式的充氧装置,会有不同的充氧效率。一般采用中微孔曝气装置为宜。它既可提高充氧效率,又因上升气流对填料冲击力小,可以延长填料使用寿命。目前的生物接触氧化池大部分是鼓风曝气型的。

2) 流程选择

生物接触氧化有很多种处理流程,由于一段法比二段法或多段法操作简单、管理方便,在含油污水处理中应用较多。但是为了适应不同负荷下的微生物的生长,提高总的处理效率,多采用推流式或多格的一段法,这样在高负荷和低负荷各格的填料密度和曝气强度等不一定相同,使装置的设计更加合理。

3) 设计参数与一般规定

(1) 生物接触氧化的进水温度不宜超过 45℃。

(2) 生物接触氧化池个数不宜小于两个,每

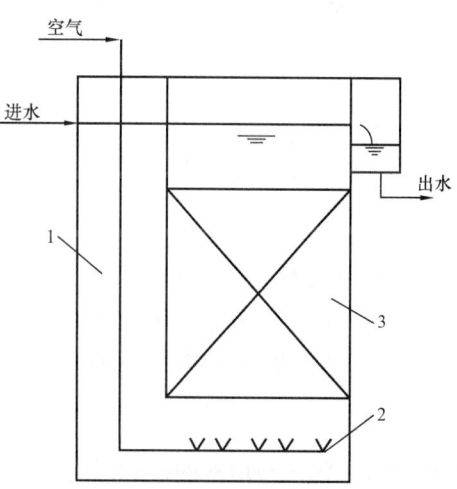

图 9-6-2 鼓风曝气生物接触氧化池
1—配水室;2—曝气器;3—填料

池分格数宜不少于两个,并按同时工作设计。

(3) 生物接触氧化池中溶解氧含量 C_L 一般维持在 2.5~3.5mg/L,气水比为 10:1~15:1。

(4) 污水在池内的有效接触时间越长越好,但所需池容和填料多,油田采出水接触停留时间可参考取 10~14h。

(5) 填料的容积负荷是生物接触氧化池主要设计参数,宜根据试验资料确定或参考已建相似站场。无资料时,油田采出水设计参考数值 COD_{Cr} 为 1.0~1.5kg/(m³·d),BOD_5 为 0.3~0.5kg/(m³·d)。

(6) 进水石油类含量控制在 20mg/L 以下,BOD_5 控制在 250mg/L 以下。

(7) 接触氧化池填料层高度一般取 3m。

(8) 油田采出水中的石油类及其降解产物易随气泡上浮,在生化池表面形成浮渣,必要时应考虑收渣设施。

(9) 沉淀区停留时间不宜小于 2h,池内表面负荷可采用 0.6~1m³/(m²·h),出水堰口负荷可采用 1.5~2.9L/(s·m)。

4) 设计计算

(1) 填料总体积:

$$W = Q(S_o - S_e)/(1000L_v) \qquad (9-6-1)$$

式中 W——填料总体积,m³;
Q——平均污水量,m³/d;
S_o——进水 BOD_5 值,mg/L;
S_e——出水 BOD_5 值,mg/L;
L_v——BOD_5 容积负荷,kg/(m³·d)。

(2) 接触氧化池总面积:

$$A = W/H \qquad (9-6-2)$$

式中 A——接触氧化池总面积,m²;
H——填料层高度,m(一般取 3m)。

(3) 接触氧化池座(格)数:

$$n = A/f \qquad (9-6-3)$$

式中 n——接触氧化池座(格)数,一般 $n \geq 2$;
f——每座(格)接触氧化池面积,m²(一般 $f \leq 25m^2$)。

(4) 污水与填料的接触时间:

$$t = nfH/Q \qquad (9-6-4)$$

式中 t——污水与填料的接触时间,h。

(5) 接触氧化池的总高度 H_o:

$$H_o = H + h_1 + h_2 + h_3 \qquad (9-6-5)$$

式中 H_0——接解氧化池的总高度,m;
H——填料层高度,m(一般取 3m);
h_1——保护高度,m(一般取 0.5~1.0m);
h_2——填料上部的稳定水层深,m(一般取 0.4~0.5m);
h_3——配水区高度,m(当考虑需要人内检修时,取 1.5m;当不需要人内检修时,取 0.5m)。

5) 填料选择

填料作为附着和保持系统中生物量的有效手段已在水处理领域得到广泛应用。填料是微生物赖以栖息的场所,是生物膜的载体,同时也有截流悬浮物的作用。因此,载体填料是接触氧化工艺的关键,直接影响生物接触氧化的效能。载体填料的要求是易于生物膜附着,比表面积大,空隙率大,水流阻力小,强度大,化学和生物稳定性好,经久耐用,截留悬浮物能力强,不溶出有害物质,不引起二次污染,价廉易得,运输和施工方便。填料约占生物接触氧化系统建设费用的 45%~55%,所以载体填料的选择直接关系到接触氧化法的经济效益。

生物接触氧化池的填料有三种类型可供选择使用。即蜂窝型硬性填料、塑料盘片型半软性填料和纤维型软性填料。近年来,弹性填料、浮漂填料等也在接触氧化工艺中得到应用。

3. 活性污泥法

最基本的活性污泥法生化操作系统由反应器、沉淀池,以及包括曝气、混合、回流、排出剩余有机体等辅助设备组成。

活性污泥法的主要优点表现在它能以相对合理的费用得到优良的出水水质,但其明显的缺点是可控制性较差,达到预期的水质往往需要复杂的操作技能。提高微生物对环境和水质变化的适应能力、降低生化操作及运转管理方面的复杂性,是革新活性污泥法的主要目的。目前,活性污泥法在大港油田南二联、羊三木及延长油田青化贬采油厂污水处理中得到应用,污水处理工艺流程为:隔油→活性污泥法处理→氧化塘处理,或隔油→活性污泥处理→膜过滤。

4. 氧化塘法

氧化塘又称稳定塘或生物塘,它是利用天然的或人工修造的池塘,使废水在塘内长时间停留,通过生物和微生物的作用而得到净化的过程。根据氧化塘内溶解氧的来源和塘内有机污染物降解的方式,氧化塘可分为好氧塘、厌氧塘、兼性塘和曝气塘四种,各塘都有其各自的功能。厌氧塘主要用于高浓度污水的预处理,一般处于系统前段;兼性塘和好氧塘主要用于低浓度污水的处理或在厌氧塘之后对有机物进一步降解;曝气塘用于去除病原体。

氧化塘的运行方式有单级和多级两种。单级为仅有一个氧化塘或几个氧化塘并联运行,多级为几个氧化塘串联运行。当采用多级串联氧化塘时,每级氧化塘的作用各不相同。如采用三级串联,在第一级以处理废水和繁殖藻类为主,第二级以培养吞食藻类的动物性的浮游生物和处理废水为主;而第三级由于废水已得到净化,水中溶解氧高于 4mg/L,可以进行养鱼,鱼以动物性浮游生物为饵。氧化塘可以用于处理各种污水,与活性污泥法相比,氧化塘法具有投资少、运行费用低、运行管理简单的优点。研究表明,氧化塘投资费用是活性污泥法的 1/2~1/3,运行费用是活性污泥法的 1/3~1/5。不足之处在于:它需要比活性污泥法更大的占地面积;处理效果受光线、温度和季节等因素影响较大,一般来说处理效果夏季高、冬季低,其效果可相差达 10 倍之多。因此不能保证全年都达到处理要求。由于我国北方冬季气温低,水面结冰,光合作用和水面充氧都受到阻碍,氧化塘很难运行,而且水温低于 10℃ 时不利于藻类生长,所以我国北方很少采用氧化塘技术。

某油田采用氧化塘法处理采油废水,处理效果见表 9-6-1,工艺流程为:隔油→气浮→厌氧塘→好氧塘→外排。

表 9-6-1 氧化塘法处理效果

项目	pH 值	石油类,mg/L	COD_{Cr},mg/L	BOD_5,mg/L	挥发酚,mg/L	硫化物,mg/L
进水口	7.56	10.6	166.7	56.6	1.20	5.92
出水口	7.90	3.2	127.9	12.8	未检出	未检出

由表 9-6-1 可以看出,利用氧化塘法处理北方某油田采油废水的处理效果较好,该装置对 COD_{Cr} 的去除率可达 23.2%,对石油类的去除率可达 69.8%,处理后的废水中各项指标均达到排放标准。目前该装置运行稳定。

1) 好氧塘

好氧氧化塘的水层较浅,一般只 0.2~0.4m,阳光可以透过水层,直接射入塘底,塘内生长有藻类,藻类通过光合作用可向水中供氧。在好氧氧化塘中,溶解氧的供给主要是依赖藻类,其次是水面大气供氧。好氧氧化塘所能承受的有机物负荷低,BOD 负荷为 10~20g/(m²·d),废水在塘内停留时间一般为 2~3 天,BOD 的去除率较高,可达 80%~95%,塘内几乎无污泥沉积,这种塘常用于废水的二级和三级处理。处理后废水带有大量藻类,可以通过混凝沉淀、气浮、微滤、砂滤等方法去除。另外,由于藻类的光合作用能利用水中的 N 和 P,因此氧化塘也具有脱氮和除磷的效果。

2) 厌氧塘

厌氧氧化塘水层较深,一般塘深为 2.4~3.0m,BOD 负荷高,可达 33~56g/(m²·d),仅在塘表面一层极薄的水层能从表面大气复氧中获得溶解氧,可以说整个塘都处于厌氧状态,塘内无藻类生长。废水在塘内停留时间长达 30~50 天,废水净化速度慢,BOD 去除率仅为 50%~70%。由于停留时间长,一些难降解的有机物在塘内也有一定的降解作用。其出水常呈黑色,并有臭气。一般用于处理水量较小的高浓度有机废水,通常厌氧氧化塘多作为预处理与好氧氧化塘组合处理。

3) 兼性塘

兼性氧化塘介于好氧氧化塘和厌氧氧化塘之间,并具有两者的特点。兼性氧化塘水深不大,一般为 0.6~1.5m,在塘的上部水层能接受阳光,生长藻类,进行光合作用,使上层水处于好氧状态。而在中部,尤其在下部,由于阳光透入深度的限制而处于厌氧状态。废水中的有机物主要在好氧层中被好氧微生物氧化分解,可沉固体及沉淀下来的藻类在厌氧水层中被厌氧微生物进行厌氧发酵分解。废水在塘内停留时间为 7~30 天,BOD 负荷为 2~10g/(m²·d),BOD 去除率可达 75%~90%。

4) 曝气塘

曝气氧化塘是为了解决氧化塘中溶解氧不足,而在塘面安装人工曝气设备的一种氧化塘。

曝气氧化塘可以在一定的水深范围内维持好氧状态,而不依赖藻类供氧。因此,曝气氧化塘更接近于活性污泥法的延时曝气,对废水水量、水质的变化有较大的适应性,污泥生成量少。曝气氧化塘的深度可达5m,一般在3m左右,停留时间为3~8天,BOD负荷为30~60g/(m²·d),BOD去除率可达90%。

5. 厌氧消化法

普通厌氧消化法借助于消化池内的厌氧活性污泥来降解有机污染物。作为处理对象的污泥或废水从池子上部或顶部投入池内,经与池中原有的厌氧活性污泥混合和接触后,通过厌氧微生物产生CH_4和CO_2为主的气态产物——生物气(习惯称沼气)。目前,该方法在辽河油田含油污水处理方面应用良好,处理效果见表9-6-2,工艺流程为:混凝→气浮→过滤→厌氧处理→沉淀吸附→外排。

表9-6-2 厌氧消化法处理效果

项目	pH值	石油类,mg/L	COD_{Cr},mg/L	BOD_5,mg/L	挥发酚,mg/L	硫化物,mg/L
进水口	8.21	33.46	615	167	0.25	0.294
出水口	7.26	9.82	78.3	48	0.01	0.291

四、设备选用

1. 生物接触氧化池填料

填料不仅影响处理效果,还影响建设投资。填料的比表面积、生物附着性、是否易于堵塞无疑是重要条件,而经济也是重要因素。由于填料在投资中占的比例较大,所以选择填料时,不宜单纯追求新技术、高性能,也需考虑性价比问题。为防止填料堵塞,可选用不易堵塞的半软性填料、纤维束软性填料,同时对填料定期反冲洗,定期加大气量反冲洗填料,每次反冲5~10min,这对于吹脱填料上衰老的生物膜,防止填料堵塞是有效的。如果选用蜂窝型填料时,可分层设置填料,每层填料厚度为0.8~1.0m,层间留有0.25~0.3m的空隙层,空隙有重新整流作用,以防止堵塞。

生物接触氧化池的填料有多种类型,常见的类型包括蜂窝型硬性填料、塑料盘片型半软性填料和纤维型软性填料。几种填料技术比较见表9-6-3。

表9-6-3 填料技术比较

填料类型	蜂窝型填料	半软性填料	纤维束软性填料
比表面积,m²/m³	88~210	85~100	2474
微生物挂膜性能	一般	一般	好
填料束是否易堵塞	容易	不易	不易
污染物去除效率	一般	一般	高

2. 曝气系统

曝气系统一般采用鼓风曝气,其设施包括风机、风机房、风管系统、曝气装置。风机可选择罗茨风机、离心风机等。曝气系统的选用应留有适当余地,增加运行上的灵活性。罗茨(定容式)鼓风机在中小型污水处理站中最常用,单机风量 $80m^3/min$ 以下,风压有 3.5m、5m、7m、9m、11m,而以 5m 者运行最稳定,采用最多。罗茨鼓风机噪声大,必须采取消音、隔音措施。离心式鼓风机噪声较小,一般可达 85dB,且效率较高,适用于中大型污水厂。风管系统包括风机出口至充氧装置(穿孔管、曝气头等)的管道。一般采用镀锌钢管。曝气装置种类繁多,大部分已经商品化,可根据设计需要选用。

第七节 辅助生产设施

油田上设置含油污水处理站的目的,就是要对含油污水通过处理构筑物进行净化,达到注水水质标准的要求,送到注水站作为注水的水源,同时回收水中的原油,从而实现污水、污油"两不放",使污水污油得到回收利用。本章所说的污水回收,主要是指在油田含油污水处理过程中,过滤构筑物排出的反冲洗废水的回收问题;所说的污油回收,是指含油污水中所含有的原油,在处理过程中如何收集并输送到一定地点的问题;所说的污泥排除,是指处理构筑物中沉积下来的泥沙等沉淀杂质如何排除的问题。污水、污油的回收和污泥的排除,是整个含油污水处理工艺的组成部分,有了这些部分,才能避免或减少再次污染,并且有效地利用油、水资源。

一、污油回收

油田含油污水的主要来源,是原油初处理过程中脱出的水。含油污水的主要污染物是原油,通常称为污油。含油污水处理站来水的含油量随原油脱水质量而异。如果一个含油量为 1000mg/L、处理量为 $3.0\times10^4m^3/d$ 的处理站,每天污水中的含油量就达 30t,每年近万吨。因此,回收污水中的原油,不仅有重要的环境效益,而且具有很大的经济效益。

1. 污油回收的流程

污油回收也是整个含油污水处理工艺流程的组成部分。概括地说,它包括油水分离收集、储存、输送三个部分。常用的流程如图 9-7-1 所示。

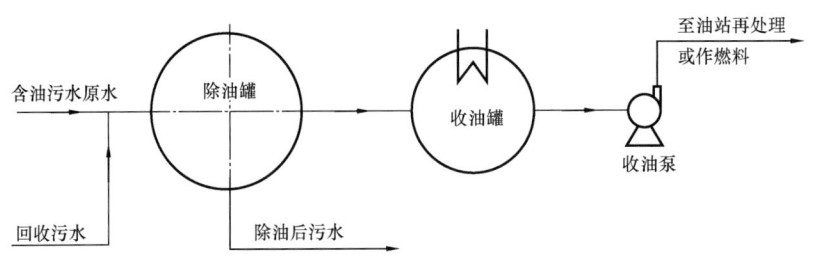

图 9-7-1 污油回收流程图

2. 污油回收的设备

1）收油设备

常用的油水分离和收油设备,有平流式隔油池、立式除油罐、斜板除油罐、粗粒化除油罐、浮选池、综合式除油装置等。

在平流式隔油池的两端油面上,设有转动集油管(槽),并在池内装有可以来回移动的刮油机。收集的污油自流到集油池内,然后用收油泵送到油站,再行脱水处理或者用作燃料。

在立式除油罐或者斜板除油罐中,浮升到表面的污油,溢流到罐上部的环形集油槽中,通过收油管道流入收油罐,再用收油泵抽送到油站,再行脱水处理或者作燃料。

在粗粒化罐或者组合式除油装置中,由于除油设备是压力式的,分离出的污油集中在设备的上部集油包,靠罐内的压力把油压送到油罐内。

2）储油设备

储油设备一般是一个油罐(池)。它是用来储存收回的污油,同时也作为污油外输前的初步沉降分离和缓冲吸油装置。采用平流隔油池时,它是在隔油池一端或旁侧的集油间;采用立式除油装置或压力式除油设备时,常常是单独设普通立式钢罐或者在除油设备内专设一个油箱,作为收油储油设备。

收油罐的容积,可按式(9-7-1)确定:

$$V_E = \frac{q_s(C_1 - C_2)t \times 24 \times 10^{-6}}{(1-\eta)\rho_o} \quad (9-7-1)$$

式中 V_E——污油罐(池)的有效容积,m^3;

q_s——污水设计流量,m^3/h;

C_1——处理前进站原污水中含油量,mg/L;

C_2——处理后出站净化水中含油量,mg/L;

t——罐内污油的存储时间,d(取2~5);

η——污油的含水率(一般按0.4~0.6计);

ρ_o——原油的密度,t/m^3。

回收的原油在收油罐内沉降一定时间,下部分离出的水,放到污水回收池。为了防止收油罐中的原油凝固,在油罐外壁做保温层,一般用玻璃棉毡等保温材料,外加镀锌铁皮或其他面层;在油罐内设加热保温盘管,其计算方法与污水回收池内的加热保温盘管计算相似,可参照有关手册或书籍选取计算参数。在收油罐内还应设高低液位信号报警设备,并应能传送到油泵房的值班室,以便及时地进行收油泵的启停操作,有条件时也可设计成自动控制。在油罐阀室装有罐底排水看窗,观察污水排放情况。按有关防火规范规定,容积大于$200m^3$的油罐,应设消防设施,例如罐上装泡沫产生器,罐周围设防火堤等。

3）输送设备

输送设备主要是指油泵和输油管道系统及有关计量仪表。油泵一般选用多级离心泵或齿轮油泵,电动机和泵房照明及仪表均应选用防爆型的。油泵一般选用2台,其中一台备用。其流量按式(9-7-2)确定:

$$q_b = \frac{V_E}{t_b} \tag{9-7-2}$$

式中 q_b——外输污油泵的流量,m³/h;

V_E——污油罐的有效容积,m³;

t_b——油泵连续运行的时间,h(每次运行时间可按6~12h计)。

油泵的扬程,按输送的管道长度及高程,根据系统的具体布置,进行水力计算确定。输油管道的直径,简便的方法是按输送流量和经济流速近似计算确定。

污油系统的管道,应作伴热保温,并进行防腐绝缘处理。由于收油是间断运行的,对吸油管道要有清管设施,防止积存在管道内的污油凝固,使油泵启动不致发生困难。

二、污水回收

过滤是含油污水处理常用的工艺。滤池运行到一定时间,对滤池要进行反冲洗,以实现滤料的再生。在反冲洗时,滤料截留的原油、悬浮物等杂质,随着反冲洗排水一起排出,这部分污水是水处理过程中不可避免的排污。为减少再次污染,并回收其中的原油,必须进行反冲洗排出水的回收。

1. 污水回收工艺流程

污水回收工艺流程是整个含油污水处理工艺流程的组成部分。

滤池的反冲洗废水自流或借助余压(当采用压力滤池时)进入回收水池,废水在回收水池中停留一定时间,较大的泥沙等颗粒沉入池底,然后用回收水泵将池中的污水抽送到除油罐,再进行沉降分离处理,从而达到回收的目的。池内的污油一般和污水一起被泵抽走,而池底的沉积物定期清理出去。

由于滤池反冲洗是间断进行的,只有在反冲洗时,才有污水排出来,所以回收系统的运行,一般也是间断的。但是其中的回收水泵也可以按连续运行考虑。

污水回收系统的主要设施是回收水池(罐)、回收水泵和相应的管道系统。

2. 回收水池的容积

回收水池是污水回收的主要构筑物,它既是滤池反冲洗排出水的储存池,又是回收水泵的吸水池。回收水池的容积,决定于滤池反冲洗水的排出量和同时进入回收水池的其他水量,如脱水器看窗排水、洗井回收水的数量等,并考虑回收水泵的工作情况,一般可按式(9-7-3)确定:

$$V_\omega = \frac{60qn}{1000} \cdot f \cdot t + q_2 t + V_3 \tag{9-7-3}$$

式中 V_ω——回收水池的有效容积,m³;

q——滤罐的反冲洗强度,L/(s·m²);

n——同时进行反冲洗的滤罐个数;

f——每个滤罐的过滤工作面积,m²;

t——滤罐反冲洗历时,min;

q_2——同时进入回收水池的其他水流量,m³/min;

V_3——考虑池内水流波动等因素的富余量,m³(取式中 V_3 之前两项之和的 20%~30%)。

回收水池的设计水深,一般取 2~3m,沉泥高为 0.5~1.0m,保护高度为 0.3~0.5m。为清理方便,应设两格。

油不多时,可不设单独的收油设施,而是回收水泵把油和水一起抽送到除油罐,进行回收;当含油量较多时,在池内水面应考虑设置刮油收油设施,如转动集油管等。为了防止池内污油凝固,增加其流动性,在池内设有加热保温盘管。在池盖上还设有水标尺或水位信号传递仪表,能自动地把最高水位和最低水位传送到值班室,以便在高水位时开启回收水泵、在低水位时停泵。回收水池的位置,在含油污水处理站平面布置时,应尽量靠近过滤间和回收水泵房,同时应考虑各构筑物之间有足够的防火安全距离的要求。构筑物之间的安全距离,按现行的有关防火规范的规定执行。回收水池的高程布置,应既考虑池内水位变化对反冲洗水头的影响,又要考虑池内最高水位时,反冲洗排水能否自流畅通入池,同时还要考虑工程地质和水文地质等因素来确定。例如地下水位高、有流沙时,尽可能用地面式或半地下式的回收水池,以减少施工和管理上的困难。

3. 回收水池的加热保温计算

为了使回收水池水中的污油不凝固,有较好的流动性,便于回收,应在池内加设加热盘管。盘管一般装在池内距池底 0.5m 左右的角钢支架上。池内水温较高,一般都在 40℃ 左右,盘管首先加热下部水层,再向上传给相邻水层,然后传到表面上所积的污油。

由于池内水温较高,计算加热盘管时,可不考虑水的升温和融化凝结的污油所需要的热量,只考虑池内保温需要的热量。这时,耗热量也就是池子向周围介质的散热量。

(1)对回收水池的保温加热所需要的耗热量,按式(9-7-4)计算:

$$Q = KF(T - T_o) \quad (9-7-4)$$

式中 Q——耗热量,W;

F——总散热面积,m²;

K——回收水池的总散热系数,W/(m²·℃)(半地下式池,取 1.4;地下式池,取 1.16;地面金属罐,取 1.74);

T——池内被加热污水的平均温度,℃;

T_o——池外周围介质的温度,℃(对于地下式或半地下式池,取池壁平均埋深处的最冷月平均地温;对于地面池或罐取年平均最低气温)。

(2)盘管加热器的加热面积按式(9-7-5)计算:

$$F_j = \frac{Q}{K_j \cdot \Delta T} \quad (9-7-5)$$

$$\Delta T = T' - T_{cp}$$

式中　F_j——盘管加热器需要的加热面积，m^2；

　　　Q——回收水池的耗热量，W；

　　　ΔT——温差，℃；

　　　T'——通过盘管的热媒的平均温度，℃；

　　　T_{cp}——回收水池内污水的平均温度，℃；

　　　K_j——盘管加热器向池内被加热物质的总传热系数，$W/(m^2 \cdot ℃)$（K_j值的选用应通过试验确定，若无试验数据，当热媒为热水时，加热原油 $K_j = 116.3 \sim 151.2$，加热渣油 $K_j = 58.15 \sim 81.4$；当热媒为蒸汽时，加热原油 $K_j = 174.5$，加热渣油 $K_j = 81.4 \sim 116.3$）。

（3）加热盘管的总长度计算。

求出需要的加热面积后，就可以根据选定的管径，计算出加热盘管的总长度，然后进行池内盘管的布置。

$$L = \frac{F_j}{f_0} = \frac{F_j}{\pi D_0} \quad (9-7-6)$$

$$f_0 = \pi D_0$$

式中　L——加热盘管的总长度，m；

　　　F_j——需要的盘管加热面积，m^2；

　　　f_0——每米长盘管的加热面积，m^2/m；

　　　D_0——选定的盘管的直径，m。

管道的长度，可通过改变管径来调整。

4. 回收水泵的选择

回收水泵的作用，就是用于把回收水池中的污水和污油及时地抽送到除油罐的进水管中，使污水污油在除油罐中再次进行油水分离。一般选两台泵，其中一台备用。回收水泵常选用单级离心式污水泵或螺杆泵。如果要求水泵连续运行，其流量按回收水池的有效容积和两次反冲洗时间间隔确定。

水泵的扬程，由需要抽升的几何高度和管道水头损失及一定的自由水头之和来确定。抽升的几何高度为回收水池的最低水位到除油罐的最高液面之高差。管道的水头损失，包括吸水管道的水头损失和出水管道的水头损失。由于含油污水处理站构筑物之间的防火距离要求，回收水池与回收泵房之间有一定的距离，这样，回收水泵的吸水管不会很短，再加上回收水池又多为半地下式的，因此，要保证回收水泵的吸水条件。所以，应详细计算回收水泵的安装高度，并应尽量选用吸程较高的水泵，采用强自吸泵或螺杆泵。若选用离心泵，为保证在任何条件下都能启动水泵，需要设置相应的真空泵，作为引水装置。

回收水泵的安装位置有两种情况。一种是装在主厂房的水泵间内，另一种是和收油泵一起单设一个收油收水泵房。在后一种情况下，收油泵和回收水系的电动机、泵房内的照明等，均应选用防爆型的。回收水泵的吸水管道、出水管道以及管道上的阀件、管件的选择和计算，与普通的管道计算相似。

(1) 水泵流量计算。

当滤罐个数较多时,水泵最好按连续运转计算流量,则:

$$q_b = \frac{V_\omega}{t} \qquad (9-7-7)$$

式中 q_b——回收水泵的流量,m^3/h;

V_ω——回收水池的有效容积,m^3;

t——回收水泵运行时间,h(间断运行时可取 12~20)。

(2) 水泵扬程计算:

$$H_b = H_1 + h_2 + h_3 + h_4 \qquad (9-7-8)$$

式中 H_b——回收水泵的扬程,m;

H_1——回收水池最低水位至除油罐最高液位的几何高差,m;

h_2——从回收水泵吸水管入口到除油罐进水管连接点之间的总水头损失,m;

h_3——除油罐进水设备的水头损失(即连接点处的回压),m;

h_4——自由水头,m(一般取 2m)。

除油罐进水设备的水头损失由三部分组成,分别是连接点至反应筒之间的水头损失、旋流反应筒的水头损失和配水管系的水头损失。

$$h_3 = h_j + h_x + h_p \qquad (9-7-9)$$

式中 h_3——除油罐进水设备的水头损失,m;

h_j——进水管段的水头损失,m(包括从连接点到反应筒的管道的沿程水头损失和局部水头损失);

h_x——反应筒内的水头损失,m[按式(9-7-10)计算];

h_p——除油罐内反应筒之后的配水系统的沿程和局部水头损失之和,m。

旋流反应圆筒的水头损失(包括进出口和池内的水头损失):

$$h_x = h_g + h_n + h_c \qquad (9-7-10)$$

$$h_n = 0.06 v_2^2 \qquad (9-7-11)$$

$$h_c = 0.5 \frac{v_c^2}{2g} \qquad (9-7-12)$$

式中 h_x——旋流反应筒内的水头损失,m;

h_g——反应筒进口喷嘴的出流水头损失,m;

v_2——进口喷嘴处的出口流速,m/s;

h_n——反应筒池内水头损失,m(一般取 0.1~0.2m);

h_c——反应筒出口管处的水头损失,m;

v_c——出口流速,m/s(一般取 0.3~0.4m/s);

g——重力加速度,m/s^2。

根据上述计算的 q_b 和 H_b，选择污水回收水泵，一般选两台，一台工作，一台备用。然后核算水泵的吸水扬程和确定水泵的安装高度。

三、药剂投加

采出水处理药剂从整体上分为除油、除悬物和水质稳定两大类。除油、除悬物固体类药剂包括：混凝剂、絮凝剂、助凝剂（包括 pH 值调整剂、氧化剂、聚沉剂等）、反相破乳剂等；水质稳定类药剂包括杀菌剂、缓蚀剂、阻垢剂和除氧剂等。

药剂的种类及特性详见本手册第二十章。

药剂投加技术方案的编制应遵守"一站一方案"的原则。药剂投加技术方案应由指定的权威机构和生产单位配合完成，并由油（气）田公司药剂技术主管部门审批后方可实施。

药剂投加技术方案包含以下内容：基本概况、室内药剂筛选及配伍性评价、室内初步配方确定、现场试验、药剂投加技术方案确定、药剂投加技术方案保障措施、健康安全环保要求等。

1. 加药装置选用计算

（1）每天投药量：

$$Q_y = 10^{-6} Q q t / 24 \qquad (9-7-13)$$

式中 Q_y——每天投药量，t；
Q——处理水量，m^3/d；
q——药剂最大投加量，mg/L；
t——药剂连续投加时间，h。

（2）每天投液量：

$$Q_t = 1000 Q_y / n \qquad (9-7-14)$$

式中 Q_t——每天投液量，L；
n——配制的药剂溶液浓度（即投药浓度），%。

（3）加药装置的溶药罐容积：

$$V = Q_t / N \qquad (9-7-15)$$

式中 V——加药装置的溶药罐有效容积，L；
N——每天配制药剂次数，次/d（一般不宜超过 3 次/d）。

（4）加药装置的计量泵排量：

$$Q_b = Q_t / (t N_b) \qquad (9-7-16)$$

式中 Q_b——加药装置的计量泵排量，L/h；
N_b——加药装置的计量泵台数。

计量泵的扬程应根据药剂投加点的最大工作压力确定，一般要比投加点的最大工作压力大 10m。

在得出加药装置的溶药罐容积和计量泵流量、扬程的计算结果后,可以据此选择加药装置的数量和规格,同时还应结合投药方式。

2. 药库计算

药剂的储备量应根据药剂的供应和运输条件确定,固体药剂宜按 15～20d 用量计算,液体药剂宜按 5～7d 用量计算,偏远地区应根据实际情况定。

四、杀菌工艺

1. 主要细菌类型及危害

油田采出水的温度一般在 25～65℃,含有大量的有机质,含氧低,为细菌特别是厌氧菌的繁殖生长提供了有利条件。在众多的细菌中,对油田生产造成危害的主要有硫酸盐还原菌(SRB)、腐生菌、铁细菌等。

1) 硫酸盐还原菌

硫酸盐还原菌(SRB)是指在缺氧条件下,将无机硫酸盐还原为二价硫的一类细菌。在微生物分类上属脱硫弧菌属和芽孢梭菌属。油田污水中常见的硫酸盐还原菌是脱硫弧菌属。

SRB 为厌氧菌,易生存于水流较慢的地方或死水区,例如流速低的管道、管道中的滞留区、储罐、过滤器,结垢沉积物下面或有机物残渣下面。SRB 的生长繁殖对油田造成的危害主要表现在引起设备腐蚀、堵塞地层及使油品加工性能变坏。

SRB 对铁的腐蚀机理是阴极去极化,它的基本反应式为:

$$SO_4^{2-} + 4H_2 \xrightarrow{SRB} S^{2-} + 4H_2O$$

腐蚀产物掩盖在管壁,与没有被覆盖的铁构成一个腐蚀电池,加速金属腐蚀;另外,这些掩盖层也为 SRB 的生长创造了良好的厌氧环境,造成了进一步腐蚀。SRB 的腐蚀产物 FeS 与油污黏附在一起,随注入水注入地下,堵塞地层。对于孔径小于 5μm 的低渗透油田,SRB 本身也会引起堵塞。

2) 腐生菌

在一定条件下,许多细菌都能产生荚膜黏液,它是形成注入水微生物黏液的主要成分;而没有荚膜的细菌细胞本身就是黏液,易引起堵塞。我们将这些细菌统称为"腐生菌"。因此"腐生菌"这个术语不表示单一的细菌。现场应用时,一般用总菌量来表示形成黏泥或堵塞的程度。

腐生菌是"厌氧型"的细菌,他们从代谢有机物的过程中得到能量。温度适宜和含有有机物的油田污水都有能满足腐生菌生长的环境条件和营养物质。虽然有的污水矿化度高或温度较高,但仍有嗜盐或嗜热微生物生长;有些腐生菌只能在好氧系统中生长,而有些只生长在厌氧系统中,还有许多兼性菌在两种环境中都能生长。在油田,腐生菌通常存在于水罐(池)中,漂浮的黏状物质附着在罐(池)壁上,它们颜色可能是白色、黄色、褐色或黑色,如果有藻类存在,也可看到绿色的黏状物。这些黏状物还存在于供水井中,吸附在管壁、含水油罐的油水界面处,严重时会引起过滤器、注水井堵塞,附着在管壁、设备上的黏液会产生浓差电池,造成设备腐蚀。另外,附着在管壁上的黏液为硫酸盐还原菌提高局部厌氧环境,引起腐蚀,并使杀菌剂难以杀死其中的细菌。

3) 铁细菌

铁细菌是一种分布比较广的细菌,通常存在于清水中,也可在咸水中生存。他们是好氧菌,但是也可在含氧量小于0.5mg/L的系统中生长。铁细菌能将水中的二价铁离子按下列反应式氧化成三价铁。

$$4FeCO_3 + O_2 + 6H_2O \longrightarrow 4Fe(OH)_3 + 4CO_2$$

铁细菌在代谢过程中,产生大量的高价铁,这种不溶性铁化合物排出菌体后就沉淀下来,并在细菌周围形成大量棕色黏泥,从而引起管道和油井堵塞。铁细菌产生的氢氧化铁可以在管壁上形成铁瘤,铁瘤与铁细菌代谢形成的黏液附着于管壁,形成浓差电池,引起腐蚀。与腐生菌一样,铁细菌也为SRB生长提供适宜的生长环境,并阻止杀菌剂与细菌的接触。

在油田生产上铁细菌经常造成过滤器和注水井的堵塞,分泌物黏附在管道和设备里,能够形成浓差电池,这种类型的腐蚀不同于硫酸盐还原菌那样和酶的活性有关,而是通过金属表面的污垢层产生,好氧系统中这种污垢层也能提供适应硫酸盐还原菌生长的局部厌氧区。

2. 杀菌技术

目前,适用于油田采出水处理的杀菌剂按其化学成分可分为无机杀菌剂和有机杀菌剂两大类。无机杀菌剂有氯、臭氧、次氯酸钠、二氧化氯等。有机杀菌剂有季铵盐、有机氯类、二硫氰基甲烷、戊二醛等。

除了上述化学药剂杀菌技术外,近年来出现了很多新技术,如电解盐水杀菌、二氧化氯杀菌、紫外法杀菌、变频法杀菌、微电流杀菌、多相催化氧化杀菌等技术。

1) 化学药剂杀菌技术

按照杀菌机理可分为氧化型杀菌剂和非氧化型杀菌剂。

杀菌的化学药剂种类及特性详见本手册第二十章。

2) 电解盐水杀菌技术

(1) 工艺原理。

该技术的杀菌原理是利用次氯酸钠发生装置,通过电解饱和盐水产生次氯酸钠溶液(NaClO),次氯酸钠不稳定,在水中产生了原子态氧,原子态氧是强氧化剂,能够氧化细菌,使细菌中的蛋白质变性,失去复制和生存能力,从而达到杀灭细菌的目的。

阳极反应: $2Cl^- \longrightarrow Cl_2 \uparrow + 2e$

阴极反应: $2H_2O + 2e \longrightarrow 2OH^- + H_2 \uparrow$

极间的化学反应: $Cl_2 + 2OH^- = ClO^- + Cl^- + H_2O$

$ClO^- = Cl^- + [O]$

总反应: $NaCl + H_2O \longrightarrow NaClO + H_2 \uparrow$

$NaClO \longrightarrow NaCl + [O]$

当含有3.0%~3.5%的盐水通过次氯酸钠发生装置的电解槽时,直流电会使它发生电解反应,从而产生次氯酸钠溶液,加入污水系统中,防止水中细菌的繁殖或生长。

(2) 工艺流程。

电解盐水发生装置工作的主要流程为:在盐水池与化盐罐中制成的饱和浓盐水按一定的比例经过配比器后,配成一定浓度(3%~5%)的稀盐水,进入稀盐水罐中,经过稀盐水泵加压后送入电解槽。稀盐水进入电解槽的下部,在电解槽中由下至上流过其中各个电解小室,直流电作用使溶液开始产生次氯酸钠,再由电解槽上部的出口流出,通过管道输送入次氯酸钠储藏罐内。次氯酸钠溶液随后再由加药泵加压后送至加药点,电解时产生的氢气经次氯酸钠储罐上部的排气口排至室外,钙、镁等沉淀沉积在储罐下部,由排污口定期排出。由于水中存在钙、镁离子,电解时会在电极板上产生沉淀,从而导致电解效率下降,因此必须定期对电解槽进行酸洗。配置盐水用的清水矿化度也不同,清洗周期也不同,一般酸洗周期约1次/周。具体流程如图9-7-2所示。

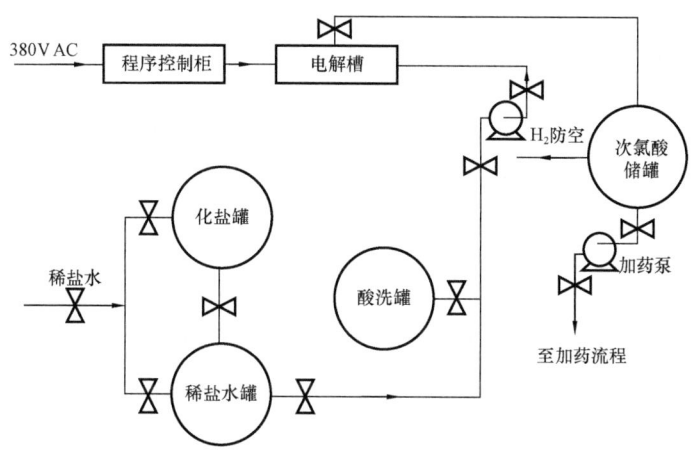

图9-7-2 电解盐水杀菌装置流程图

(3) 特点。

电解盐水杀菌技术不需投加任何药剂,只消耗电能和食盐,可连续密闭生产,自动化程度高,具有杀菌效果好、投资较少、运行成本低等特点;同时长期使用不会使细菌产生抗药性,还可以保持适当的余氯量,确保外输及注水等后续系统中不再滋生细菌。

该技术从作用原理上属于氧化性杀菌技术。因此,当污水中的 Fe^{2+}、S^{2-}、SO_3^{2-}、HS^- 等还原性离子或有机质含量较高时,对次氯酸根有较大的消耗,当然,当采用次氯酸钠作为除硫剂时,该技术具有一定的优势;同时次氯酸根呈弱酸性,当污水呈碱性,一般指pH高于8时,使药剂有效浓度有所下降,现场加药浓度需要提高,耗盐量相应增加。

由于盐中含有氯化钙、氯化镁等杂质,增加了电解电极的结垢速度,使电解槽因结垢而酸洗频繁。

(4) 适用范围。

适用于水中还原性离子少、净化后水有机质含量较低、pH值在6.5~7.5之间的污水处理站。

3) 二氧化氯杀菌技术

(1) 工艺原理。

二氧化氯是一种很强的氧化剂,可与多种有机物、无机物发生氧化—还原反应,对细菌的细胞壁有很强的吸附和穿透能力,可以快速地抑制微生物蛋白质的合成来破坏微生物,在 2~10min 即可杀灭各种细菌,而且不产生抗药性。二氧化氯的水溶液是由亚氯酸钠和盐酸两种原料通过二氧化氯发生装置现场制备。其反应式是:

$$2NaClO_2 + HOCl + HCl = 2ClO_2 + 2NaCl + H_2O$$

二氧化氯发生器由供料系统、反应系统、控制系统、吸收系统、安全系统组成。该发生器以氯酸钠和盐酸为原料,通过计量泵按一定比例输入反应器中,在一定温度和负压条件下进行充分反应,产出以二氧化氯(占70%)为主、氯气(占30%)为辅的消毒气体,经水射器吸收与水充分混合形成消毒液后,通入水体中。实现现场制备,现场投加。

过去由于二氧化氯储存、应用存在安全性能差、产率低等原因,一直未能广泛应用。近年来由于二氧化氯现场发生器的成功研制,使二氧化氯杀菌的现场应用变得更加安全、经济、有效,目前已分别在辽河、新疆、大港、大庆、胜利、中原等油田应用。

二氧化氯的氧化性是普通氯气的 2.6 倍,因此,二氧化氯杀菌技术杀菌效果明显优于电解盐杀菌技术,而且二氧化氯杀菌不受污水的 pH 值的限制。

(2)特点。

二氧化氯杀菌技术具有杀菌效果好、投资少、不受污水 pH 值限制等特点;同时长期使用不会使细菌产生抗药性,还可以保持适当的余氯量,确保外输及注水等后续系统中不再滋生细菌,同时具有井下解堵作用,但当污水中的 Fe^{2+}、S^{2-}、SO_3^{2-}、HS^- 等还原性离子或有机质含量较高时,对二氧化氯有较大的消耗。

(3)适用范围。

适用于水中还原性离子少、净化后水有机质含量较低的污水处理站的杀菌处理。

4)紫外线杀菌技术

(1)工艺原理。

紫外线是指波长小于 400nm 的肉眼不可见光,根据波长的长短又可将紫外线分为 A、B、C 三个波段,C 段(波长 280~200nm)主要用于消毒、杀菌使用。这是由于生物细胞(如细菌、病毒等)内的核酸 DNA 和 RNA 对紫外线有强烈的吸收,导致 DNA 和 RNA 的碱基形成二聚体,引起 DNA 的突变,阻止其复制和蛋白质的合成,直接导致细菌死亡。

紫外线 C 杀菌技术是在现代防疫学、医学、光学和动力学的基础上,利用特殊设计的高效率、高强度的 C 波段紫外线光发生器产生的 254nm 波长的紫外光照射污水,强烈破坏 DNA 和 RNA 的结构,从而达到杀菌的目的。

(2)特点。

紫外杀菌技术已是比较成熟的技术,不受污水的 pH 值、还原性物质含量的影响,但污水中的悬浮物、含油会对灯管外壁造成污染,使得杀菌效果受到了一定的影响。同时,紫外线杀菌对后续流程中滋生的细菌没有作用,一般要配合化学药剂进行杀菌处理。

(3)适用范围。

与化学药剂配合,适用于一般采出水、化学驱采出水的杀菌。紫外线杀菌技术配合药剂杀菌在大庆油田得到了比较广的应用。

5）变频杀菌技术

（1）工艺原理。

杀菌装置杀菌的原理是当变频杀菌器在运行时，周期性、有规律地产生各种频率（40~60kHz）的直流脉冲电磁场。在这种脉动电磁场作用下，水中产生一些极性离子，这种离子的微弱电能在反抗外加脉冲电场的过程中相互碰撞，从而得以消耗，各种离子的运动强度和运动方向被束缚。由于金属管壁接阴极，管内水体为阳极，水体中的各个质点与管壁形成一个脉冲电场。在这个脉冲电场作用下，水中各种离子分别组合成脉动的正负离子基团，使之产生电极反应，同时水的pH值、活性氧及OH^-等的含量也发生了变化。水在直流脉冲电场作用下，迅速发生微弱的氧化还原反应，在阳极区附近产生一定量的氧化性物质，这些氧化性物质与细菌及藻类作用，破坏其正常的生理功能，使细胞膜过氧化而死亡，达到杀菌灭藻的目的。

（2）特点。

变频杀菌技术杀菌效率比较高、操作简单、运行费用低，不受污水的pH值、还原性物质含量的影响，但杀菌效果比紫外线杀菌要差，对SRB菌杀菌率较低（一般在100个/mL以上）。

（3）适用范围。

尽管变频杀菌技术杀菌效果较差，但考虑到其杀菌成本低、对水质无特殊要求的特点，当需要控制采出水处理流程中某段构筑物的菌类的滋生时，建议采用变频杀菌技术。变频杀菌技术一般与紫外线杀菌技术、化学药剂杀菌等技术联合使用。

参 考 文 献

冯叔初,等,1992. 油田含油污水处理[M]. 北京:石油工业出版社.
冯永训,等,2005. 油田采出水处理设计手册[M]. 北京:石油石化出版社.
汤林,等,2014. 油气田地面工程关键技术[M]. 北京:石油工业出版社.
汤林,等,2017. 油田采出水处理及地面注水技术[M]. 北京:中国工业出版社.
中国市政工程西南设计研究院,2000. 给水排水设计手册[M]. 北京:中国建筑工业出版社.

第十章 配注系统

在油田开发的最初阶段,主要依靠地层的天然能量驱动,获得具有工业价值的油流,油层中推动油气流动的天然能量驱动方式包括边水压力驱动、溶解气驱、气顶膨胀力驱、弹性能量驱动及重力驱动等。按自然能量驱动原理不同,驱油效果相差显著,加上油层及其油气水的物理化学性质各异,使其最终采收率由10%~20%到50%~70%,其中水驱方式效果最好。在此阶段,地面工程成本最低,也是油田效益最好的阶段。

随着采油过程的不断深入,天然驱动油流的能量逐渐衰竭,同时也为了更好地开发油田,进一步提高采收率,我们不再仅靠天然能量进行驱油开采。因此,在确定油田开发方案时,必须考虑给油层补充能量,使之稳产高产,以获得最高的采收率。

第一节 概 述

在全国乃至全世界已开发的油田中,技术人员采用各种注入技术来提高油田采收率,根据油田地层特性、油品性质、油藏类型,以及采出程度等情况,目前我国常用的注入驱油技术有:水驱、化学剂驱(聚合物驱、二元复合驱、三元复合驱)、蒸汽驱、气驱等。

一、水驱

在以上几种注入技术中,采用注水驱油开发是最为普遍的开采方式,原因是:

(1) 水的来源方便,工艺流程简单,成本低,效果好。

利用人工注水开发油田,就将该油田的原有驱动方式改变为综合驱动,而且主要为水压驱动方式,将油田最终采收率一般提高到30%~50%。大庆油田通过采用注水驱油工艺,油田年产量维持在5000×10^4t长达27年之久。

(2) 人工注水开发油田,能保持或提高油层压力,使油井有充足的动力,维持长期的稳产高产。

对于高饱和压力的溶解气驱油层来说,使流动压力高于饱和压力下生产,这对节省油田能量,延长油井自喷期限,以及生产管理,具有重要作用。

(3) 随着采油及石油化工的发展,含油污水越来越多,使之注入地下,减少环境污染。

(4) 对那些胶结疏松的油层,在采出油气的同时,注入清水填充油层空隙以防止地层下沉。

二、化学剂驱

1. 聚合物驱

随着注水驱油时间的延长,油井产水率逐渐升高,最终达到一个经济极限值,继续注水将不经济。但是,即便达到如此高的产水率,在水波及区平均残余油饱和度仍可高达40%以上,此外,还存在水没有波及的原始油区,仍然有可采价值。通过科技人员的不断努力研究,提高注入水的黏度,可提高波及效率,从而进一步提高采收率。通过给水中加入聚合物,可以增加水的黏度,其黏度可增加几倍或几十倍。

经过20多年的发展,以大庆油田为代表,聚合物驱注入技术已经非常成熟,目前常用的工艺有配制注入合一和集中配制、分散注入两种。聚合物注入站场主要有聚合物配制站和注入站。

2. 二元复合驱

二元复合驱(表面活性剂 Surfactant + 聚合物 Polymer,简称 PS 体系)是在聚合物驱技术的基础上,在水中加入聚合物和表面活性剂,在提高水的黏度的同时,降低油水界面张力,从而提高驱油效率,以达到提高采收率的目的。

3. 三元复合驱

三元复合驱(碱 Alkali + 表面活性剂 Surfactant + 聚合物 Polymer,简称 ASP 体系)是三次采油中化学驱提高采油率的一个途径。ASP 驱油旨在于提高油层的波及效率及最终采出程度。

ASP 驱提高采收率是从两个方面同时发挥作用:即降低油水间的界面张力,同时也扩大波及体积,因而比单一组分具有更高的采收率。在这其中,表面活性剂所起的作用是降低油水界面张力,从而提高驱油效率,以达到提高采收率的目的。

按照采用的碱的性质,三元复合体系有强碱体系和弱碱体系。

强碱体系:目的液由氢氧化钠、烷基苯磺酸盐、聚合物按比例配成的混合液体。

弱碱体系:目的液由碳酸钠、石油磺酸盐、聚合物按比例配成的混合液体。

化学剂驱油技术地面工程站场主要由配制站、调配站、注入站组成,主要有集中配制、分散注入工艺和配注合一工艺。

三、蒸汽驱

注汽采油是指利用热能加热稠油油藏,降低稠油的黏度,将稠油从地下采出的一种提高采收率的采油技术。

所谓的注汽采油就是通过井筒将高温、高压的湿饱和蒸汽、高干度蒸汽或过热蒸汽注入油层,使油层的温度提高到200℃以上,稠油的黏度大幅度下降(由几百或几千毫帕秒下降到 $10\text{mPa} \cdot \text{s}$ 以下,即使是沥青也降到几十毫帕秒),改善稠油的流动性能,易于被开采出来。

四、气驱

目前国内气驱主要包括二氧化碳驱、空气火驱、空气泡沫驱和天然气驱。

1. 二氧化碳驱油技术

二氧化碳驱油技术是指以 CO_2 为驱油介质提高石油采收率的技术,在能达到混相的条件下,CO_2 具有极高的驱替效率,能大幅度提高油井的生产能力。CO_2 在驱油的同时还能实现温室气体 CO_2 的减排,具有显著的经济与社会双重效益。该技术适用油藏参数范围较宽,不仅适用于常规油藏,对低渗、低压、水敏性油藏可快速补充地层能量,显著提高单井日产量和采收率。

2. 空气火驱技术

空气火驱技术是通过注气井向油层连续注入空气并点燃油层,实现层内燃烧,从而将地层原油从注气井推向生产井的一种稠油热采技术。火驱过程伴随着复杂的传热、传质和物理化学变化,具有蒸汽驱、热水驱、烟道气驱等多种开采机理,驱油效率可高达85%以上,采收率可达70%左右。火驱技术对于稠油老区和新区、中浅层和深层/超深层稠油油藏、普通稠油和特(超)稠油油藏都具有广泛的适应性。

3. 空气泡沫驱油技术

空气泡沫驱油技术是将注空气驱和泡沫驱有机结合起来,用空气作为驱油剂,泡沫兼作调剖剂和驱油剂,具有调剖和驱油的双重作用,既能大规模注入提高地层压力,又能有效避免水窜和气窜问题,从而大幅度提高单井产油量和采收率。空气泡沫驱油技术对于高含水油藏,以及裂缝发育的低渗透油藏提高采收率具有较大的应用潜力。

4. 天然气驱油技术

天然气驱油技术是以天然气作为驱油介质,补充地层能量,提高驱油效率的一种提高采收率技术。选择天然气作为驱替介质,主要是因为它不与油层岩石发生作用,不伤害油层,注入的天然气可以循环利用,采出油气的分离技术成熟可靠等。但由于天然气的相对密度和黏度远低于地层中原油和水的相对密度和黏度,导致天然气在油层中易发生重力分异和黏性指进,因此,天然气驱油技术主要适用于地层倾角较大的构造油藏。

第二节 注 水

一、注水方式的选择

注水开发有两类注水方式,即边外注水和边内注水。边外注水适用于面积小,地层倾角大,油层连通好,油层均匀及边水活跃的油藏。

(1) 内部横切割注水(或行列注水):一般用于油层渗透率较均匀,油层分布面积大,断层少的长形油田。它的特点是:按注水井排分块地进行开发,两注水井排间为一独立的开发单元;注入水从注水井排向两侧生产井推进,水淹区比较集中,生产井排单方向有注水效果;切割区内注水井和生产井分期分批转注和投产,因而注水井排两侧的生产井采油速度较高,在开发过程中可根据油田动态变化调整注水系统,改变注水方式。

(2) 腰部注水:用于开发油藏边部油层渗透性变差,含油面积较大的穹窿背斜油田。

(3) 顶部注水:适用于油层面积大,油层边缘渗透率低的油田。

(4) 面积注水:适应性较广,目前世界各国普遍采用,特别是适用于油层形状不规则,呈零星分布,渗透性差及断层不规则的油田。布井形式有九点法、七点法、五点法、四点法、三点法等。

选用何种注水开发方式,由油田地质部门提出方案,经领导机关批准,设计单位即可按此方案进行全油田或是区域的注水系统规划。

二、注水压力的确定

注水压力的高低是注水系统的核心问题,注水压力低,满足不了油田开发的需要,必然造成油层压力降低;注水压力过高,浪费动力和钢材。因此确定合适的注水压力,是注水工程设计的核心环节。

按照一般设计程序,注水压力(一般指注水井口压力)应由油田地质部门提出,注水压力必须来源于可靠的资料,以免造成地面系统的扩建、改建等不合理现象。为提供设计参考,提出以下几点:

(1)对新开发油田,缺少地质资料时,开辟注水试验区,选取不同油层不同区域,特别是在渗透率及原油黏度变化大时,更应选取有代表性的井进行试注。如一口井包括多层段时,应分层试注,分别取得每一层段的注水压力,注水量及吸水指数变化情况的原始资料。试注时间的长短应达到上述参数的稳定为止。

(2)参考新开发区(或新油田)的试采资料。如酸化、压裂等,或者参考附近油田已注水区域的实际注水压力。

(3)上述材料缺乏时,一般可粗略计算,即注水压力(井口压力)等于1.0~1.5倍油层压力。

应用条件:油层渗透率100~500mD,地下原油黏度15~17mPa·s,井深1200m。

(4)注水压力应以开发层系中的最低渗透率层段能完成配注量为基础,并考虑是否注入其他介质,如增黏剂等。

三、注水水源

目前我国各油田注水水源主要有采出水(含油污水)、地面水、地下水等。

1. 采出水

采出水是我国各油田所用的主要注水水源,它是油层中采出的含水原油经过脱水后得到的。油田进入开发中后期,随着原油含水率不断上升,经脱水后的含油污水量也在不断增加。对采出水进行处理和回注,一方面可作为油田注水稳定的供水水源,节约清水,另一方面可以减少外排造成的环境污染。

2. 地面水

目前,我国陆上油田注水所用的地面水源主要有江河水、湖泊水、水库水等,如长江、黄河、辽河、松花江等江河湖泊都属于地面水源。它的特点是地面水源水量充足、矿化度低,但是水量随季节变化较大、含氧量高,携带大量各种微生物、悬浮物和泥沙杂质等。因此,要想达到注入水质标准,必须经过除氧、曝气、过滤、沉淀、除沙、杀菌等处理,处理工艺较复杂,需要建立大型地面水处理厂、距离较长的输水管道和加压泵站等设施,投资较大。

3. 地下水

地下水源是指地下浅层淡水,一般产于河流和洪水冲击层中,水量丰富。地下水经过地下沙层多级过滤,水质比较好,但矿化度略高于地面水,水中含铁、锰等金属离子,因此,需要进行除铁、除锰等处理。

四、注水量的确定

(1) 对一个油田或一个区域来说,注水量按式(10-2-1)计算:

$$V_{水} = A\left(Q\frac{R}{\gamma} + Q_{产水}\right) + V_{溢} + V_{洗} \qquad (10-2-1)$$

式中 $V_{水}$——注水量,m^3/d;
  A——采注比;
  Q——产油量,t/d;
  R——原油体积系数;
  γ——地面原油相对密度;
  $Q_{产水}$——油井产水量,m^3/d;
  $V_{溢}$——注水井溢水量,m^3/d;
  $V_{洗}$——洗井水量及修井作业用水量,m^3/d。

如有几个油层时,应分别计算出每一层的注水量。

当油气集输流程采用热水循环或热水洗井时,在供水条件不足的地区,可适当考虑这一部分用水量。

洗井及井下作业用水量,一般按注水井总数的1%~2%计算,如一个区域或一个注水站不足50口注水井时,则按一口注水井计算,洗井强度25~30m^3/h(此水量是在选用ϕ168mm套管、ϕ76mm油管的情况下的数值,在改变油套管直径的情况下,洗井水的上返速度应控制在8~10m/s)。

一个油田的注水量应分别算出开发初期及中期的注水量。开发初期油井产水量按40%计,开发中期按60%计。在确定注水规模时,以油井产水量40%时的注水量为施工图设计基础,以油井产水量60%时注水量为设计规模。

(2) 对于油田的一个区块,如果开发部门已经有明确的配注水量,设计注水量可按照式(10-2-2)计算:

$$Q = CQ_1 + Q_2 \qquad (10-2-2)$$

式中 Q——设计注水量,m^3/d;
  C——注水系数,可取1.1~1.2;
  Q_1——开发方案配注水量,m^3/d;
  Q_2——洗井水量,m^3/d(洗井周期按60~100d计。注水站管辖井不足100口时,可按每天洗一口井的水量计算,洗井强度和洗井历时,各油田应按实际情况确定;若采用活动式洗井车洗井,则不计此水量)。

五、注水工艺选择

注水工艺选择要符合以下要求：
(1) 满足油田开发对注水水质、压力、水量的要求。
(2) 管理方便、维修量小，容易实现自动化。
(3) 节省钢材及投资，效率高，运转平稳，寿命长。
(4) 能注清水也能注含油污水，能单注也能混注。

目前常用的注水工艺主要有以下两种：集中注水工艺和分散注水工艺。

1. 集中注水工艺

集中注水工艺就是将处理合格的注水用水集中在注水站升压后，由注水干线输送至各个配水间，在配水间完成计量后进注水井(图10-2-1)。

根据配水间建设形式，集中注水工艺从流程上分为多井配水流程和单井配水流程。

(1) 多井配水流程：水源来水经注水站加压，由注水干线输送至多井配水间，控制计量后进注水井。它的特点是便于注水井网调整，配水间可与油气计量站合并建设，有利于生产管理和实现集中控制。它适用于油田面积大、注水井多、注水量较大的面积注水开发方式。

(2) 单井配水流程：水源来水经注水站加压，由注水干线输送至单井配水间控制计量后进注水井。它适用于油田面积大、注水井多、注水量较大的行列注水开发方式。

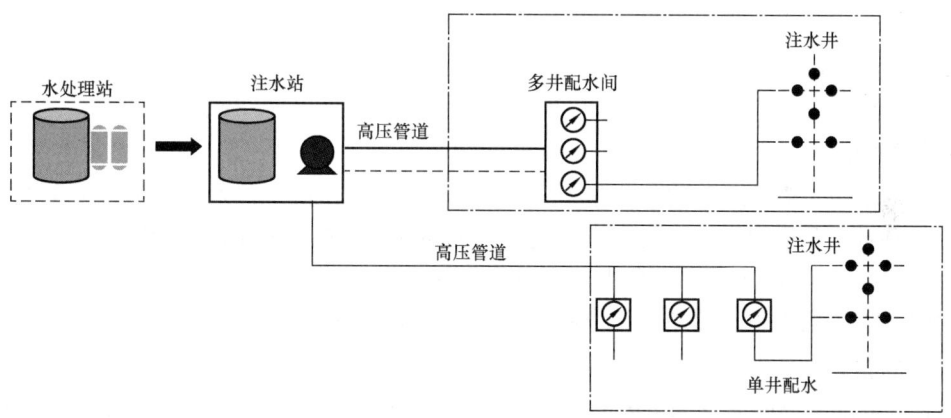

图 10-2-1 集中注水工艺原理流程图

2. 分散注水工艺

分散注水就是将注水用水在水处理站处理合格后，经过低压管道输送至各个注配间或小型增压站，升压，经过计量配水后进入注水井。在分散注水工艺中，也有采用低压供水至注水井口，井口增压后直接注入地层的方式。该工艺的特点是将注水干线变为低压供水管线，节省钢材及投资。该工艺适用于小油田或小区块，注水量小，注水压力较高，单泵排量小，管理上比较麻烦，在辽河油田、长庆油田、克拉玛依油田、大庆油田外围应用广泛。

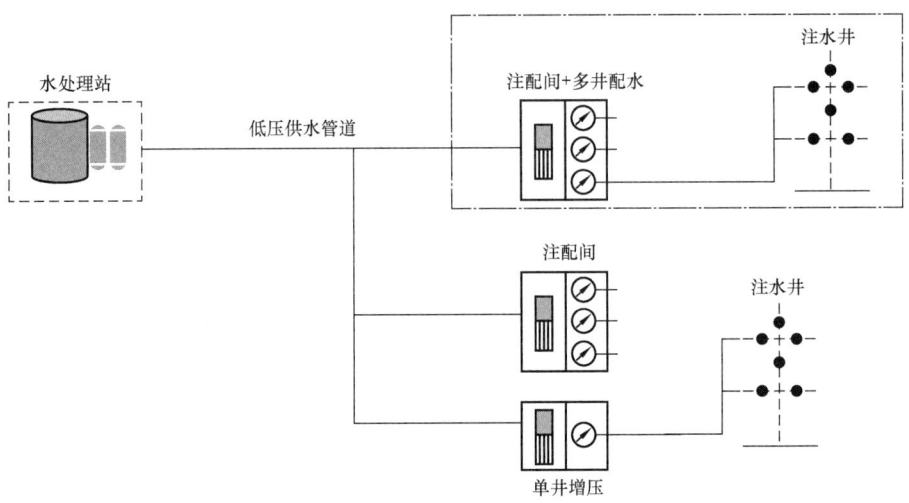

图 10－2－2 分散注水工艺原理流程图

3. 其他注水工艺

在实际注水开发过程中,以上两种注水工艺都有可能同时采用,其流程也可根据实际需要灵活采用;还有对于非常偏远的油田,供水条件不足时,也可采用就地取水、就地处理、就地升压注入的工艺。

六、系统布局

1. 系统构成

注水系统主要由注水站、注水管网、配水间(注配间或增压间)、注水井口组成。采用集中注水工艺时,在井区负荷中心建设注水站,通过注水管网按需分配到配水间,再到各个注水井口,或直接通过注水管网分配到各个注水井口;采用分散注水工艺时,在所辖注水井的负荷中心建设注配间(增压间),在配水间完成单井计量调节,通过注水管网按需分配到各个注水井口。

2. 站场布局

(1) 注水站布局应通过多方案对比,在满足油田开发前提下,经技术经济比较后确定。

(2) 注水站布局应根据总体规划,结合油气集输、供水、污水处理、供电,以及道路、通信等统一考虑,并尽量采用联合建站。

(3) 注水站应尽可能建在辖区的负荷中心,注配间、配水间应尽可能建在所辖注水井的负荷中心。

(4) 布局应尽可能利用有利地形及外部条件,全面考虑相关专业的要求。

七、注水站

1. 站址选择

选择注水站址除了符合泵站的布局要求外,尚应考虑:

(1) 站址宜选在地势较高或缓坡地区,宜避开河滩、沼泽、局部低洼地或可能遭受水淹地区,并应充分利用地形。

(2) 注水站宜设在所辖注水系统负荷中心和注水压力较高或有特定要求的地区。

(3) 位置开阔,有施工回旋余地,和站场扩建的可能。

(4) 站址应少占或不占耕地、林地,注重保护生态环境。

(5) 条件允许时,应使供水、注水、污水处理、变电所等联合建站。

(6) 在有两个以上的站址选择时,应作经济技术比较。

2. 注水站的平面布置及竖向布置

1) 平面布置

(1) 站内平面布置应紧凑合理,节约用地,宜留有可扩建余地。

(2) 站内平面布置应与供水、供电、道路、注水管线本站的方位结合,尽量少转弯,少用材料。

(3) 办公室、维修间设于站内,并单独建筑时,其位置应以不影响扩建、联系工作方便、向阳为宜。

(4) 站内道路应通向泵房大门及锅炉房维修间等,并有倒车场。

(5) 地下站或半地下站泵房大门两侧有停起重设备的位置。

(6) 多座水罐成排布置时,罐中心宜在一条直线上。

(7) 水罐至建筑物距离:金属罐不小于罐高1.5倍,非金属罐罐外壁护土坡脚至建筑物能通过卡车吊车。

(8) 站内道路只考虑单车通行。

(9) 泵站距居民点较近,或其他特殊情况下,应设置刺丝围墙。

离心泵注水站平面布置如图10-2-3所示。

2) 竖向布置

(1) 为避免注水泵的气蚀,水罐罐底标高宜较泵房地坪高0.5m以上,泵房地坪一般较最高地下水位高1m以上,并为自流排水创造条件。

(2) 配电间及值班室地坪较泵房地坪高0.1m。

(3) 地面站室地坪较室外地坪高0.3~0.4m,半地下站泵房窗户宜高出室外地坪0.5m以上。

(4) 土方平衡时挖填方不能相差太大,避免过远取土或余土过多。

(5) 按照地形,站内地坪以千分之一至千分之三的坡度向排水明沟。

3. 注水站流程

1) 主流程

(1) 采用集中注水工艺时,注水站集中布置,水处理站水进站后进入注水缓冲罐,升压后输至站外配水间,宜根据水源来水不同可分为单注和混注流程,单注流程是指单台注水泵只吸入清水、净化污水等单一水质,混注则是单台注水泵可同时吸入两种不同水质的混合水体,其流程除泵入口端采用双管水流汇合为一之外,其余部分与单注流程相同,注水流程如图10-2-4所示。

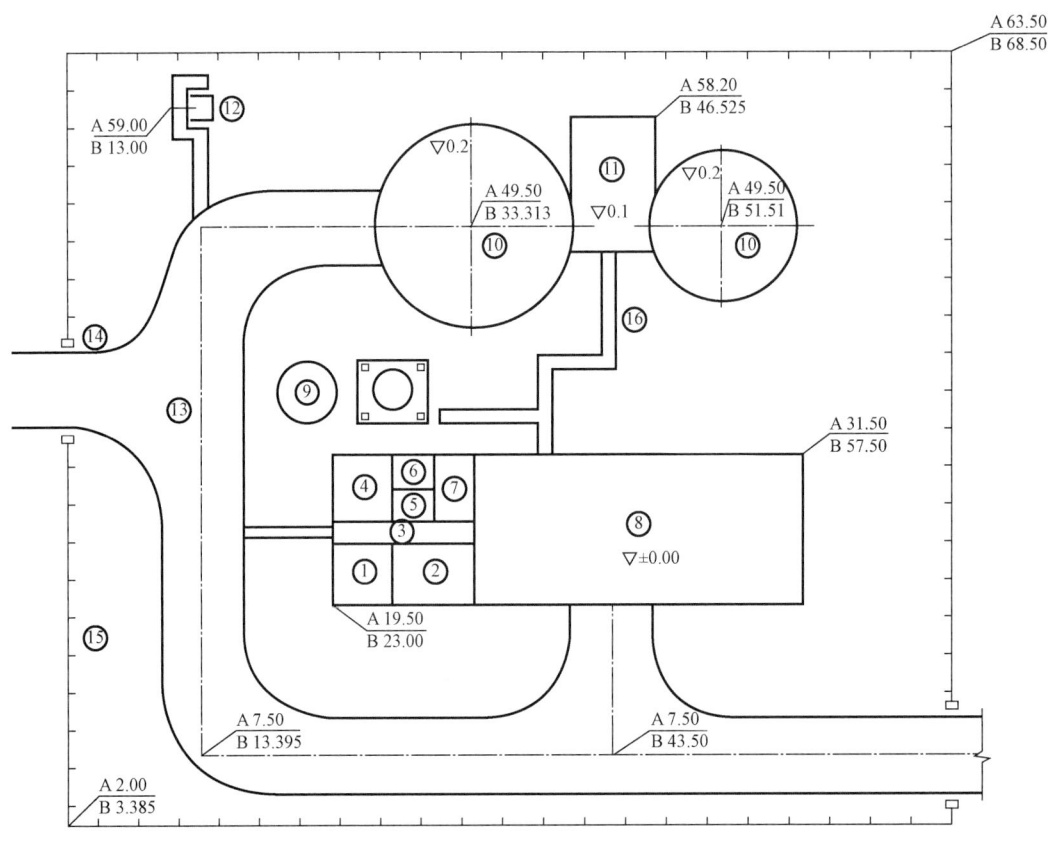

图 10-2-3 离心泵注水站平面布置图

① 维修间；② 配电值班室；③ 走廊；④ 维修间；⑤ 化验室；⑥ 更衣室；⑦ 油桶间；⑧ 注水泵房；⑨ 冷却水装置；⑩ 钢水罐；⑪ 罐间阀室；⑫ 厕所；⑬ 进站路；⑭ 大门；⑮ 钢板网围墙；⑯ 人行道

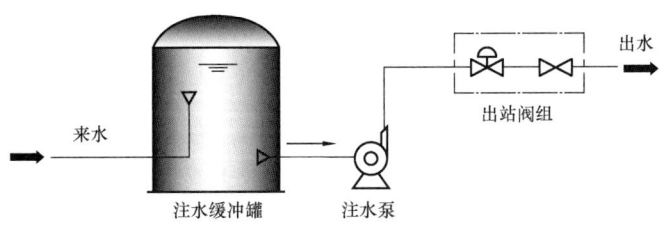

图 10-2-4 注水站原理流程图

（2）采用分散注水工艺时，经水处理站来水进入注配间升压，升压后在注配间升压调节，然后由单井管道注入井口，或者低压水直接输至井口，在井口增压后注入。

注配间是三低油田分散注水的一种形式，也是注水密闭短流程的一个重要环节。由于采用低压供水，注水泵置于井口附近，减少了高压注水管道的工程量，达到节省建设投资目的。

分散注水流程，对于低渗透低丰度低产量的油田，由于单井注水量小注入压力高，布井分散，则可采用流程灵活，设施简单的注配间系统流程，亦是在陆上油田已使用了 20 余年的小站密闭短流程。

对其描述应如下:来水经过滤,直接进入往复泵升压,再至高压配水阀组输至井口,该系统一般辖注水井 5~8 口,采用活动式洗井车洗井。

2) 辅助工艺流程

(1) 润滑油供给。

注水泵及注水电动机,当单机功率在 800kW 以上,其两端滑动轴承则采用强制稀油润滑形式,由稀油站供油。稀油站一般为一个橇装整体式。

该流程描述如下:油泵自油箱吸入润滑油,升压至需要的供油压力,经冷油器冷却,再通过润滑油管道配至各注水泵机组,然后经回油管自流到油箱。

为防止突然故障导致供油中断,在供油管路上设置高位密闭压力储油管或高位油箱,其容积应满足泵组 30s 供油。

(2) 冷却水供给。

对于单机功率 1000kW 以上的大中型注水电动机,大都采用上水冷式机型,另外,前述的润滑站的冷油器,这两部分均需要冷却水供给系统为其冷却,水冷系统又分为直流冷却和循环冷却两大类,选用哪一种,应根据使用条件确定。

① 直流冷却流程:当冷却水进入冷却单元换热后,一般不再回到吸水罐,而直接进入注水泵吸水管回注,或自流外排。在注重节约水资源的现在,已基本不再采用。

② 循环冷却流程:冷却泵自储罐吸水升压送至各冷却单元,完成冷却功能后,在剩余压头作用下回流进玻璃钢冷却塔,降温后靠高液位自流入储水罐,在高寒地区,冬季回水可不经冷却塔而直接回储水罐。

冷却水系统原理流程图如图 10-2-5 所示。

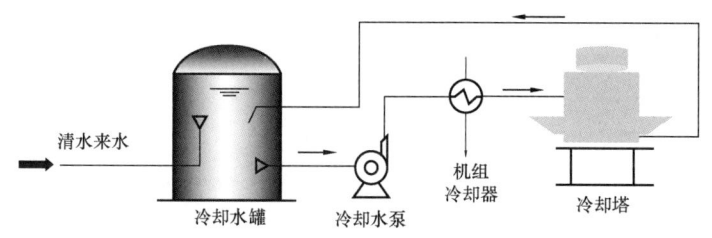

图 10-2-5　冷却水系统原理流程图

(3) 排水。

泵轴密封冷却水、化验用水、锅炉或加热炉排污水、水罐排污水,以及不能回收的排放水,均应进入站内自流或压力排水系统。排水应根据站内外条件确定自流外排还是压力外排。与污水站合建情况下,收油及其他污水排入含油污水处理站回收水池。

(4) 废水回收。

在排放量较大的注水站,可设回收水池或水罐回收排放水,由回收泵升压,进入污水处理系统处理利用。

4. 注水站工艺计算

1）机泵性能计算

（1）电动机功率计算。

电动机输入功率计算公式：

$$P_1 = \sqrt{3}IU\cos\varphi \qquad (10-2-3)$$

式中　P_1——电动机输入功率，kW；
　　　I——电动机线电流，A；
　　　U——电动机线电压，kV；
　　　$\cos\varphi$——电动机功率因数。

$$P_2 = P_1\eta_1 \qquad (10-2-4)$$

式中　P_2——电动机输出功率，kW；
　　　η_1——电动机效率，%。

（2）电动机效率计算公式：

$$\eta_1 = \frac{\sqrt{3}IU\cos\varphi - P_0 - 3I^2R - K_0\sqrt{3}IU\cos\varphi}{\sqrt{3}IU\cos\varphi} \times 100\% \qquad (10-2-5)$$

式中　P_0——电动机空载功率，kW；
　　　R——电动机定子直流电阻，Ω；
　　　K_0——损耗系数（随电动机杂散损耗、转子铜耗功率的增大而增大。常用的 1000~2250kW 电动机的 K_0 值为 0.009~0.011，一般可取 0.01）。

（3）水泵功率计算：

$$P_3 = \frac{\Delta p q_{vp}}{3.6\eta_2} \qquad (10-2-6)$$

$$\Delta p = p_2 - p_1$$

式中　P_3——注水泵轴功率，kW；
　　　q_{vp}——注水泵流量，m³/h；
　　　η_2——注水泵效率，%；
　　　p_1——注水泵进口压力，MPa；
　　　p_2——注水泵出口压力，MPa。

（4）水泵效率计算。

在可以取得水泵准确流量及泵轴功率的情况下，可采用式（10-2-6）；在不能取得准确流量及泵轴功率的情况下，离心式注水泵效率可用式（10-2-7）计算：

$$\eta_2 = \frac{\Delta p}{\Delta p + 4.1868(\Delta t - \Delta t_s)} \times 100\% \qquad (10-2-7)$$

$$\Delta t = t_2 - t_1$$

式中　t_1——泵进口水温,℃；

　　　t_2——泵出口水温,℃；

　　　Δt_s——等熵温升值,℃(在注水泵进口压力为 0.01~0.24MPa 的条件下,Δt_s 值见表 10-2-1);

　　　Δt——泵进水端与出水端的水温差,℃。

表 10-2-1　不同注水泵出口压力 p_2 下等熵温升值

t_1,℃	等熵温升值,℃							
	11MPa	12MPa	13MPa	14MPa	15MPa	16MPa	17MPa	18MPa
2	-0.02	-0.02	-0.02	-0.02	-0.02	-0.02	0.02	0.02
4	0.00	0.00	0.01	0.01	0.01	0.01	0.01	0.02
6	0.03	0.03	0.03	0.04	0.04	0.04	0.05	0.05
8	0.05	0.05	0.06	0.06	0.07	0.07	0.08	0.09
10	0.07	0.07	0.08	0.09	0.10	0.11	0.11	0.12
12	0.09	0.10	0.11	0.12	0.13	0.14	0.15	0.16
14	0.10	0.12	0.13	0.14	0.15	0.16	0.17	0.19
16	0.13	0.14	0.15	0.16	0.18	0.19	0.20	0.22
18	0.15	0.16	0.17	0.19	0.20	0.22	0.23	0.25
20	0.16	0.18	0.19	0.21	0.23	0.24	0.26	0.27
22	0.18	0.20	0.21	0.23	0.25	0.27	0.28	0.30
24	0.20	0.21	0.23	0.25	0.27	0.29	0.31	0.33
26	0.21	0.23	0.25	0.27	0.29	0.31	0.33	0.35
28	0.23	0.25	0.27	0.29	0.31	0.33	0.35	0.38
30	0.24	0.26	0.29	0.31	0.33	0.35	0.38	0.40
32	0.26	0.28	0.30	0.33	0.35	0.38	0.40	0.42
34	0.27	0.30	0.32	0.35	0.37	0.40	0.42	0.45
36	0.28	0.31	0.34	0.36	0.39	0.42	0.44	0.47
38	0.30	0.33	0.35	0.38	0.41	0.44	0.46	0.49
40	0.31	0.34	0.37	0.40	0.43	0.45	0.48	0.51
42	0.32	0.35	0.38	0.41	0.44	0.47	0.50	0.53
44	0.34	0.37	0.40	0.43	0.46	0.49	0.52	0.55
46	0.35	0.38	0.41	0.44	0.48	0.51	0.54	0.57

续表

t_1,℃	等熵温升值,℃							
	11MPa	12MPa	13MPa	14MPa	15MPa	16MPa	17MPa	18MPa
48	0.36	0.40	0.43	0.46	0.49	0.53	0.56	0.59
50	0.37	0.41	0.44	0.48	0.51	0.54	0.58	0.61
52	0.38	0.42	0.45	0.49	0.52	0.56	0.59	0.63
54	0.40	0.43	0.47	0.50	0.54	0.57	0.61	0.65
56	0.41	0.44	0.48	0.52	0.55	0.59	0.63	0.66
58	0.42	0.45	0.49	0.53	0.57	0.60	0.64	0.68
60	0.43	0.46	0.50	0.54	0.58	0.62	0.66	0.69

（5）水泵流量计算。

高压离心式水泵的流量可按式(10-2-8)计算：

$$q_{vp} = \frac{p_3}{0.27778\Delta p + 1.163(\Delta t - \Delta t_s)} \quad (10-2-8)$$

2）润滑系统计算

（1）润滑油量计算。

在注水站设计中，润滑油总量为各个需要强制润滑机组的润滑油量的总和。

总润滑油量为：

$$Q = Q_{润1} + Q_{润2} + Q_{润3} + \cdots + Q_{润n}$$

式中　Q——总润滑油量，L/s；

$Q_{润1}$——机组1润滑油量，L/s；

$Q_{润2}$——机组2润滑油量，L/s；

$Q_{润3}$——机组3润滑油量，L/s。

（2）润滑油管道水力计算。

主要计算回油管的水力坡降，一般采用式(10-2-9)：

$$i = \frac{41.533vQ}{d^4} \quad (10-2-9)$$

式中　v——润滑油运动黏度，cm^2/s（22号透平油v为20~23cm^2/s）；

Q——流量，L/s；

d——管道内径，cm。

润滑油管一般均为不充满流态，应先确定不充满度，再按表10-2-2计算出Q值。代入式(10-2-9)去求得水力坡降。

表 10-2-2 不充满度与流量关系表

$\dfrac{h}{d}$	0.2	0.3	0.4	0.5	0.6	0.7	0.8	0.9
$\dfrac{Q_1}{Q}$	0.047	0.101	0.191	0.304	0.461	0.657	0.974	1.144

注：表中 h、Q_1 为不充满油流高度及流量。

例：油流量 1.7L/s，油管为 ϕ89mm×4mm，22 号透平油，$\dfrac{h}{d}=0.4$，求 i 值。

从表 10-2-2 知：

$\dfrac{Q_1}{Q}=0.191$，当 $Q_1=1.7$L/s 时

$Q=\dfrac{1.7}{0.191}=8.9$L/s，代入式（10-2-9）：

$$i=\dfrac{41.533\times0.23\times8.9}{8.1^4}=0.02$$

在此坡度下的充满流量为 8.9L/s，充满度为 0.9 时的流量可达 10.18L/s。

3）冷却系统计算

（1）冷却水量计算。

总冷却水量为：

$$Q_冷 = Q_机 + Q_泵 + Q_油 \qquad (10-2-10)$$

式中　$Q_冷$——总冷却水量，m³/h；

　　　$Q_机$——电动机冷却水量，m³/h；

　　　$Q_泵$——注水泵冷却水量，m³/h；

　　　$Q_油$——稀油站冷却水量，m³/h。

（2）冷却水泵。

按计算的冷却水量的 1.25~1.5 倍选泵，扬程根据注水泵机组冷却器的进口压力要求而定，一般为 30~40m。

当 $Q_冷$ 不大于 100m³/h 时，选用运 1 备 1；当水量大于 100m³/h 时，选用运 2 备 1。且高效区的最小排量应满足多种工况条件下，最少运行泵台数的流量之和。

（3）玻璃钢冷却塔。

冷却塔的计算指根据当地气象参数、循环水进出水温、冷却水量，计算出冷却塔的热力特性，然后根据淋水填料的散热性能确定淋水填料的面积、高度，最终计算出冷却塔的数量。

逆流式冷却塔冷却任务的热力特性计算，宜采用焓差法，可按式（10-2-11）至式（10-2-13）计算：

$$\Omega = \frac{1}{K}\int_{t_2}^{t_1}\frac{C_w \mathrm{d}t}{h'' - h} \qquad (10-2-11)$$

$$K = 1 - \frac{C_w t_2}{r_{t2}} = 1 - \frac{t_2}{586 - 0.56(t_2 - 20)} \qquad (10-2-12)$$

$$h_2 = h_1 + \frac{C_w \Delta t}{K\lambda} \qquad (10-2-13)$$

$$\Delta t = t_1 - t_2$$

式中　Ω——冷却数,代表逆流式冷却塔冷却任务的特性数;
　　　K——蒸发水量带走热量系数,$K < 1.0$;
　　　h——湿空气的比焓,kJ/kg;
　　　h''——与水温 t 相对应的饱和空气比焓,kJ/kg;
　　　h_1——填料进气端(入口)的干空气比焓,kJ/kg;
　　　h_2——填料出气端(出口)的干空气比焓,kJ/kg;
　　　Δt——填料进水端与出水端的水温差,℃;
　　　λ——进填料(塔)的空气(以干空气计)与水的质量比;
　　　C_w——水的比热容,kJ/(kg·℃)[可取 4.1868kJ/(kg·℃)];
　　　t_1——填料进口水温,℃;
　　　t_2——填料出口水温,℃;
　　　r_{t2}——出口水温时水的汽化热,kJ/kg。

逆横流式机械抽风冷却塔冷却任务的热力特性——冷却数 Ω 的计算,宜采用焓差法,可按式(10-2-14)至式(10-2-16)计算:

$$\Omega = \frac{1}{K}\int_0^{z_d}\int_0^{x_d}\frac{-C_w \partial t/\partial z}{h'' - h}\mathrm{d}x\mathrm{d}z \qquad (10-2-14)$$

$$h_2 = h_1 + \frac{C_w \Delta t}{K\lambda} \qquad (10-2-15)$$

$$K = 1 - \frac{C_w t_2}{r_{t2}} = 1 - \frac{t_2}{586 - 0.56(t_2 - 20)} \qquad (10-2-16)$$

式中　z_d——从填料顶层向下算起的淋水填料高度,m;
　　　x_d——从进风口向塔内算起的淋水填料深度(进深),m;
　　　r_{t2}——出口水温时水的汽化热,kJ/kg。

4) 储水罐容积计算

一般根据 GB 50391《油田注水工程设计规范》要求站内储水罐总有效容积可按注水站规模的 4~6h 设计水量计算。

八、主要设备选择

1. 注水泵的选用

1）基本规定

（1）严格执行总体规划要求,来确定注水泵具体参数、数量及备用形式。
（2）应满足注水站设计工作压力,离心泵注水站内泵管压差按0.5MPa计入。
（3）单泵应运行可靠,泵效高,并长期在高效区运行。
（4）应方便管理,易于操作,便于维修。
（5）根据能源供给条件,选配合适的驱动机,匹配合理泵型。
（6）兼顾已用泵型和用泵习惯,利于区域管理。
（7）供货及时可靠,价格合理,售后服务满足施工与生产要求。

2）选泵步骤与方法

（1）整理设计基础数据表,包括设计注水量、设计工作压力、水质类型、水温及建站的水文地质气象条件。

（2）收集泵的全面资料,要求详细准确,了解泵的性能与特点。根据选泵依据和使用条件,选择合适泵型,应包括泵排量、出口压力、转数、配机功率、效率保证值、适用水质及温度、气蚀余量、泵特性曲线、泵安装地点的海拔高度（当高程在1000m以上时,对于驱动电动机有防电晕要求）。

（3）了解辅助系统（滑油及冷却水）设备情况；了解注水泵和电动机的安装条件,包括外形尺寸、地脚距离、质量、动静载荷和设备重心,有无底座配置,在条件相近情况下,应选择易于安装便于检修的泵组。

（4）泵性能条件的复核,在初步设计阶段确定泵型,到施工图设计阶段,应依据进一步明确站内设计条件、站外管网系统、井口压力、水量等再次复核所选泵型是否正确,配机功率是否合理。

（5）离心泵注水泵出口参数调节,应按总体规划要求,如:采取加减级、液力调速等节能技术。

（6）选用成熟可靠的高效大排量往复式注水泵替代中小型低效离心式注水泵。

（7）当往复式注水泵机组电动机配电为低压时,泵机组宜采用变频调速技术;配电为高压时,泵机组可采用其他成熟可靠的调速技术。

2. 注水泵电动机的选用

（1）根据用泵地点能源情况,若电源充足可靠,应优先采用电动机驱动;否则,应采用其他方式,当天然气供给充足,可采用燃气轮机驱动高速泵形式,在电源与气源均不能满足的条件下,则可采用柴油机驱动方式。

（2）注水电动机选用通用的YKO系列鼠笼型高速异步电动机,其结构简单,工作可靠,使用寿命长。根据现场使用经验看,此型号电动机有座式轴承与端盖轴承两种形式,从防止滑油侵入电动机定子内腔的要求来看,应优先选用座式轴承形式。

(3) 注水电动机技术参数及泵的形式尺寸一般在泵厂家提供的技术资料中已全面介绍,进行安装设计还要详细核对。

(4) 考虑电动机的过载系数,配用电动机功率为计算功率的 1.05~1.15 倍,并适当考虑满足流量上限要求,按国家标准功率档次选用。

(5) 电动机转速不低于泵转速值,旋转方向应与泵转向相一致。

(6) 应满足电动机安装海拔高度,以及冷却形式、环境温度、防尘要求和电压等级等。

3. 润滑油系统稀油站的选用

(1) 润滑油系统根据所需油量、压力、温度及工作环境等条件进行设计,系统中的稀油站一般采用橇装形式,也有分散安装方式。

(2) 在设计中,除油箱为一整体,中间加隔板分箱外,其他油泵、冷油器、过滤器等均为双套设置,一用一备,备用泵具有低油压自投入功能。

(3) 一般情况下宜配置压力式滤油机,可滤除油品中空气、微量的水和机械杂质,滤油机规格有 50L/min、100L/min 和 150L/min。注水站通常选用 100L/min 可满足生产需要,一般滤油机自带控制柜,如集中设置稀油站,电源宜靠近稀油站设置。当稀油站分散设置时,考虑滤油机所配电缆长度能够到达最远机组稀油站,并核实移动式滤油机通行过道宽度。

(4) 润滑油管路系统根据油量大小及距离远近合理选择管径,其管道及阀门材质宜选用不锈钢。

(5) 在压力供油管道起始端宜设置压力式高位充油管或高位油箱,管子充油管应保证注水泵组 30s 惰走时的供油量。

(6) 稀油站宜在标准化系列里选用,并符合技术规格书要求。

4. 冷却水系统设备选用

注水站冷却水系统主要是对润滑油稀油站的冷油器及注水泵轴及大中型水冷式注水电动机的冷却器进行冷却,冷却水系统由储水罐、冷却泵及冷却塔三部分组成。

1) 一般要求

(1) 冷却水系统设计通常采用敞开式流程。冷却水回水靠余压进入冷却塔冷却,冷却塔出水进入冷却水罐,补充水进入冷却水罐,循环水泵从冷却水罐吸水,升压后送到换热设备,换热后循环回水靠余压进入冷却塔,完成一个循环过程。

(2) 旁滤系统采用盘式过滤器,从压力循环水中接出 3% 的循环水量进行过滤,滤后水进入冷却水罐,反冲排水排入场区排水系统。旁滤是为了保证循环水水质,避免在循环过程中悬浮物含量升高,从循环回水接出 3% 的水量,进入盘式过滤器过滤,此装置为全自动运行,连续出水。在过滤器主套内,反洗过程轮流交替进行,工作、反洗状态之间,自动切换,可确保连续出水,系统压损小。

(3) 不应含油和肉眼可见泥砂杂质,对于潮湿高温地区宜考虑间歇投加杀菌剂和灭藻剂。

(4) 水质稳定药剂:防止循环水系统出现腐蚀或结垢,应在补充水中加入缓蚀阻垢剂,其投加量在运行后根据实际情况而定。

(5) 杀菌:为了防止循环水中藻类繁殖,宜在塔下水池中加入杀菌剂,投加量根据实际生产运行情况确定。

(6) 排污及补充水：水在循环使用过程中由于蒸发损失，循环水不断浓缩，为保证循环水的浓缩倍数不超过3.0，要向外排放一定量的循环水，并补充新鲜水。在循环过程中由于蒸发、风吹损失和系统排污，须向循环水中补充一定量的新鲜水。

2）冷却水泵的选用

(1) 应满足注水站机组冷却水量和压力要求。1套注水泵机组运行时，冷却水泵设置为运行1台，备用1台；2套注水泵机组及以上运行时，冷却水泵设置为运行2台，备用1台。

(2) 冷却水泵选用离心泵。

3）冷却塔的选用

(1) 玻璃冷却塔应置于离开泵房的单独塔架上，常用的冷却塔分为低逆流型和横流型两种，应根据冷却水进出口水温要求（暂定温差为5℃）、冷却水量、湿球温度及所在地域的气候条件，以及噪声限制等选用，一般以横流型塔为主。

(2) 对冬季月平均气温低于-10℃的寒冷地区，技术要求条件应提出在百叶围护栅设防结冰措施，并配置淋水导流环。

(3) 在玻璃钢冷却塔技术规格书数据表中选用。

九、注水管道

1. 管材选择

注水管网是注水系统工程的关键环节，注水管网是将注水站的高压水经注水干管、支干管输送至配水间，再由配水间配注至注水井口的过程，其工艺设计的好坏将直接影响注水的效果，从而影响产能生产。

注水管道从材质上分为金属管道和非金属管道两大类。注水干管、支干管宜采用无缝钢管。单井支管应根据介质、参数条件、运行维护要求和敷设条件经技术经济比选后确定选用金属或非金属管道。

根据以往经验及技术成熟度，注水管道选用金属管材居多，设计中应注意金属注水管道的壁厚计算，合理选择管道的钢材种类和设计壁厚。

2. 管道计算

1）应力计算

(1) 注水用高压金属管道的选用，应符合耐压强度计算的壁厚要求，并按耐压值列项，正确合理地确定管子的规格。

(2) 承受内压直管的厚度计算，应符合下列规定：

当直管计算厚度 t_s 小于管子外径 D_w 的1/6时，直管的计算壁厚不应小于式(10-2-17)的计算值。设计厚度应按式(10-2-18)计算。

$$t_s = \frac{pD_w}{2([\sigma]^t E_j + Py)} \qquad (10-2-17)$$

$$t_{sd} = t_s + C \qquad (10-2-18)$$

$$C = C_1 + C_2 \qquad (10-2-19)$$

$$C_1 = Et_s \qquad (10-2-20)$$

式中 t_s——直管计算厚度,mm;
  p——设计压力,MPa;
  D_w——管子外径,mm;
  $[\sigma]^t$——在设计温度下材料的许用压力,MPa(取值参见 GB 50391《油田注水工程设计规范》);
  E_j——焊接接头系数(无缝钢管取1);
  t_{sd}——直管设计厚度,mm;
  C——厚度附加量之和,mm;
  C_1——厚度或减薄附加量,包括加工、开槽和螺纹深度和材料厚度负偏差,mm;
  C_2——腐蚀或腐蚀附加量,mm(可取1);
  y——系数(取0.4);
  E——系数($t_s < D_w/6$ 时,系数 E 值应按表10-2-3选取)。

表 10-2-3 系数 E 值

材质	无缝钢管壁厚,mm	E 值,%
碳素钢或合金钢	≤20	15
	>20	12.5

本条中的公式适用公称压力小于或等于42MPa的注水金属管道的壁厚计算。

2) 管道的水力计算

(1) 一般要求。

注水管道的水力计算应从两个方面满足使用要求,在经济流速条件下,满足区块配注水量的通过能力,并且,从压力源头至任意一口注水井的管道水力摩阻总和在某一限定值范围内。

注水管道口径的确定应符合下列要求:

① 注水支管应在满足该井配注水量的情况下,流速宜控制在0.8~1.2m/s,该支管段压力降宜控制在0.4MPa以内;在固定洗井的情况下,口径不小于50mm,压降不宜大于7MPa。

② 注水干管、支干管应满足所辖井数所通过水量之和,并且在干管通过水量中应包括一口井的洗井水量,在此条件下,流速宜在1.0~1.6m/s,该管段压力降宜在0.5MPa以内。

(2) 管道水头损失。

包括沿程和局部水头损失,可用式(10-2-21)和式(10-2-22)表示:

$$h = iL + h_1 \qquad (10-2-21)$$

$$h_1 = \xi \frac{v^2}{2g} \qquad (10-2-22)$$

式中 h——水头损失,m;
i——水力坡降,m/1000m;
L——管道长度,m;
h_1——局部水头损失,m;
ξ——局部阻力系数;
v——平均局部流速,m/s;
g——重力加速度,m/s²(取 9.81m/s²)。

(3) 管道水力坡降计算。

当 $v \geqslant 1.2$m/s 时:

$$i = 1.07 \times 10^{-3} \frac{v^2}{d^{1.3}} \qquad (10-2-23)$$

当 $v < 1.2$m/s 时:

$$i = 0.912 \times 10^{-3} \frac{v^2}{d^{1.3}} \left(1 + \frac{0.867}{v}\right)^{0.3} \qquad (10-2-24)$$

式中 v——平均流速,m/s;
i——水力坡降,m/1000m;
d——管子内径,m。

在实际工作中,管道的水力坡降值已编绘成表,标上了各种管径,不同流量条件下的管子内介质的流速与水力坡降值,可以直接查取,使用起来十分方便。

(4) 管网的水力计算。

注水管网可分为枝状和环状两种,一般以枝状管网为主。管网的水力计算是以确定的管道长度和限定的水头损失或流速要求为依据计算管网中各管道的管径和起点的供给压力。

管网的水力计算可采用试算法,一般先设定各段管径与分段长度,然后利用钢管水力计算表进行计算。

在进行枝状管网水头损失计算时,应选择水头损失最大或可能最大的重要管段作为重点,这种管段通常是管段长、口径单一的干管或支干管,在试算的各管段的水头损失之和,应不大于限定的总水头损失。

管网起点的源头压力应等于末端井的井口注入压力,起终点间的地形高差值,再加上管道的全部水头损失之和,其表达式为

$$H = H_1 + (h_2 - h_1) + H_2 \qquad (10-2-25)$$

$$H_2 = \sum h_1 \qquad (10-2-26)$$

式中 H——起点总水头,m;
H_1——最远点井口注入压力,m;
H_2——总水头损失,m;

h_1——起点高程,m;
h_2——终点高程,m。

(5) 管道水力计算注意事项。

注水与洗井水合用一条管道计算支管或支干管口径时,除最远点的一口井外,通过水量应为注水量与洗井水量之和。

3. 管道敷设

1) 一般要求

(1) 管道敷设应首要注重安全设计,既要使管道不易被破坏损伤,又要防止因泄漏对周围环境造成的不利影响。

(2) 注水管道的布置及管材规格应符合油田(区块)总体规划的要求,做到与油、气、水、电相协调,经现场踏勘选线后确定。

(3) 管道应尽量少占或不占农林用地,避开工业及民用建(构)筑物,当傍建(构)筑物通过时,其净距不应小于5m,当实际难以满足时,应采取相应的安全措施。

(4) 注水管道一般采用埋地敷设。通过低洼地时,敷设方式应通过技术经济对比确定,位于沼泽、季节性积水地区,沙漠和戈壁荒原地区,以及山地丘陵和黄土高原沟壑地区等特殊地段的注水管道,可视具体情况采用埋地、管床、地面敷设或架空敷设。

(5) 管道敷设应注意合理布局,实用顺畅,同时有利于生产管理和维护,方便施工。

(6) 根据注水站、配水间及注水井的实际位置,合理细化选择管道的走向,选线可采用室内1:5000、1:2000、1:10000地形图图选和现场踏勘相结合的方法,通常应有不少于两个布线方案进行比较,择优选取。

2) 管道敷设方式

(1) 埋地敷设。

管道多采用埋地敷设,在充分考虑本地区地形地貌及冬季土壤冻层深度情况,一般应敷设在冻层以下。在非冻区或冻层较浅地区,敷设深度应不小于自然地面以下0.7m。可不设管堤,管道位置走向可由地面标志桩辨认。

高寒地面油田管道普遍埋设较深,挖填土方量浩大。从油田长期运行经验看,对于老油田已环通的干管、支干管,均可适当减少埋深。例如,大庆油田埋深已由原冰冻层的2.2m减少到1.6~1.8m。

(2) 架空敷设。

管道架空敷设主要是指跨越河渠、跨越山区沟谷,或穿过小面积的洼地、湖泡采取的一种敷设方式。

对于河渠或沟谷宽度小于10m,管径在150mm以上的注水干管可以直接跨越,对于口径100mm以下的注水支干管或支管,并且跨越宽度在10m以上应在专设的钢过桥上跨越敷设,管道直接跨越河渠时,两端均应设管支墩予以固定,且管底应高出有记录的最高水面0.5m以上。

而山区沟谷的跨越一般越过宽度应限制在几米范围内,DN150mm以上的管应不超过6m,DN100mm以下的管应不超过3m。我国西北地区湿陷性黄土地带,因土壤表层构造的不稳定性,前期可不设固定支墩,待数年稳定后再处理。对于小面积的洼地、湖泡,可采用栈桥敷设或做管床敷设,上述情况采用何种方式敷设,均应结合本地区具体情况,进行方案比较后予以确定。

3)穿越公路及铁路

(1)公路穿越。

① 管线穿越高速公路和一、二级公路时,应设有保护套管,套管顶距路面不应小于0.7m,套管两端伸出路基坡脚不宜小于2m,管线与公路之间的夹角不宜小于60°。

② 管线穿越三级及三级以下公路、砂石路及土路,可不设穿越套管。

(2)铁路穿越。

管道穿越铁路,应穿涵洞(或套管)而过,管道两侧所设截断阀应结合工艺要求,适当靠近穿越处,穿越并应符合铁路管理部门的规定。

4)管道截断阀的布置

(1)为了方便管道的管理维护,当采用行列布井时,在管辖6~10口井的注水干管管段上,或采用多井配水间,辖2~3座配水间的管段上,或干管长度在2km以上时,宜设置干线截断阀。

(2)在长度大于800m的支干管或处于人口稠密的居住小区、集中的商业繁华区的支管,在起始点均宜设置截断阀。

(3)干管截断阀宜设置在靠近分枝节点的上游,截断阀的侧翼设放空阀。

(4)截断阀宜布置在地势较高,周围开阔平坦,利于操作、维修的地方,地面安装式,露天设置。

5)管道标志桩

(1)注水干、支干管道覆土时宜埋设管道标志桩。

(2)金属管道宜在起点、终点、折点及直管段每500m设管道标志桩。

(3)非金属管道宜在起点、折点和终点及直管段每隔200m设管道标志桩。

第三节 注 蒸 汽

一、注蒸汽采油方式及工艺

1. 注蒸汽采油方式

目前注汽采油技术主要为蒸汽吞吐、蒸汽驱动、蒸汽辅助重力泄油(Steam Assisted Gravity Drainage,SAGD)三种。

1)蒸汽吞吐

蒸汽吞吐又叫周期性注蒸汽、蒸汽浸泡、蒸汽激产等,是依据油井注汽方案,向油井连续几天或几个星期注入一定量的蒸汽,使油层温度上升到200℃以上的某个温度时,停止注入蒸汽,关井一段时间,待蒸汽的热能向油层扩散后,再开井生产的一种开采稠油的增产方法。蒸汽吞吐作业的过程可分为三个阶段:注汽、焖井及回采。

2）蒸汽驱

蒸汽驱采油是稠油油藏经蒸汽吞吐采油之后，为进一步提高采收率而采取的一项热采方法。因为蒸汽吞吐采油只能采出各个油井附近油层中的原油，采收率一般为18%～26%，而在油井与油井之间还留有大量的死油区。蒸汽驱采油，就是由注入井连续不断地往油层中注入高干度的蒸汽，蒸汽不断地加热油层，从而大大降低了地层原油的黏度。注入的蒸汽在地层中变为热的流体，将原油驱赶到生产井的周围，并被采到地面上来。采用蒸汽驱开采可以扩大波及体积，从而提高驱油效率，达到提高最终采收率的目的。蒸汽驱的最终采收率一般可达50%～60%。

3）SAGD

SAGD是国际开发超稠油的一项前沿技术，是一种蒸汽驱开采方式，即向注汽井连续注入高温、高干度蒸汽（过热蒸汽），首先发育蒸汽腔，再加热油层并保持一定的油层压力（补充地层能量），将原油驱至周围生产井中，然后采出。

SAGD是一种直井（或水平井）注汽—水平井生产的开采方式。注入高干度蒸汽与冷油区接触，释放汽化潜热加热原油，被加热的原油降低黏度并和蒸汽冷凝水在重力作用下向下流动，从水平生产井中采出。蒸汽腔持续扩展，占据原油的体积。蒸汽腔上升阶段，产量随时间而增加，当蒸汽腔上升到油层的顶部时，产量达到高峰值；蒸汽腔横向扩展阶段，产量保持稳定；蒸汽腔到达边界阶段，当蒸汽腔扩展到油藏边界或井组的控制边界时，蒸汽腔沿边界下降，产量也随之降低。SAGD开采技术是一项不同于蒸汽吞吐和蒸汽驱的稠油开采技术。在原理、开采特点、采油工艺、开采效果上三者都有着很大的区别。

4）蒸汽吞吐、蒸汽驱、SAGD技术在原理上的异同点。

（1）三者都是以水为载体将热能带入油层，使稠油温度升高，原油黏度下降，从而采出地面。

（2）蒸汽吞吐与蒸汽驱加热油层是利用了湿饱和蒸汽的热焓值，（包括蒸汽的汽化潜热和水中的热焓）；SAGD技术仅利用了饱和蒸汽的汽化潜热，而未利用水中的热焓。

（3）蒸汽吞吐与蒸汽驱是依靠建立的油层压差驱动油水水平方向流动；SAGD技术是依靠油水自身的重力向下流动。

（4）蒸汽吞吐是周期性地注入蒸汽和周期性地采出油水的过程；SAGD技术与蒸汽驱则是连续注入蒸汽和连续采出油水的过程。

（5）蒸汽吞吐与蒸汽驱加热油层是以强迫热对流方式为主，热传导方式为辅；SAGD技术是以热传导方式为主，以自然热对流方式为辅。

2. 主体工艺流程

根据注汽锅炉生产的蒸汽干度、压力等的不同，主体工艺流程分为以下4种。

1）生产湿饱和蒸汽的注汽锅炉水汽流程

生产湿饱和蒸汽的注汽锅炉水汽流程如图10-3-1所示（以生产干度80%的湿饱和蒸汽注汽锅炉为例）。

符合注汽锅炉水质指标的软化水，经入口减振器（气囊式）进入柱塞泵，经泵升压后再经泵出口减振器（动力式），由节流孔板流量计计量其瞬时流量。计量后的锅炉给水进入换热器的外管升温后，与来自换热器旁路的锅炉给水汇集，共同进入对流段。在吸收烟气的对流热量后，使锅炉给水升温，再进入换热器的内管。换热器内、外管的水由于存在较大温差而进行热量交换,使对流段入口锅炉给水温度升高到烟气露点温度以上,再进入对流段继续吸收烟气的对流热而升温;而换热器内管的水温由于损失一部分热量而下降,然后再进入辐射段继续吸收其火焰的辐射热、烟气的对流热而汽化成干度达到70%~80%的湿饱和蒸汽。该蒸汽由注汽管路送入油井。

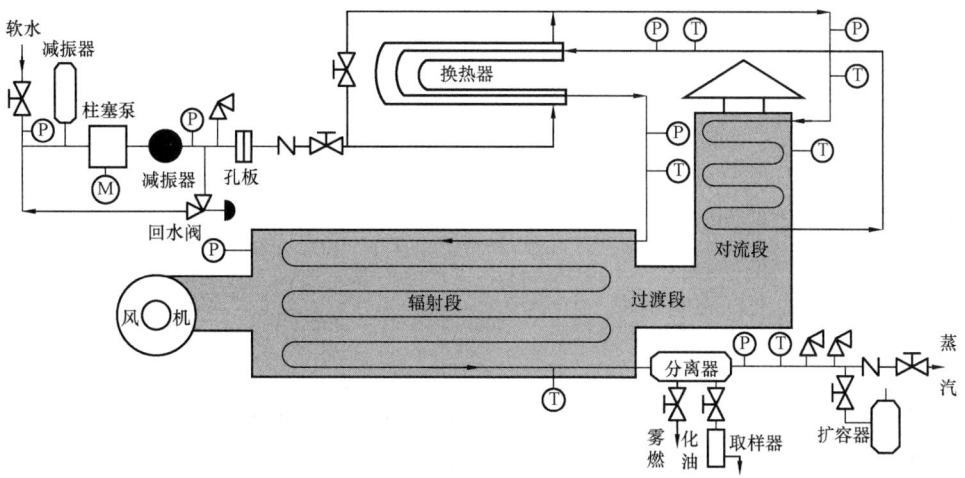

图10-3-1 生产湿饱和蒸汽的注汽锅炉水汽流程

2) 生产高干度蒸汽的注汽锅炉水汽流程

生产高干度(80%~100%)蒸汽的注汽锅炉水汽流程如图10-3-2所示。

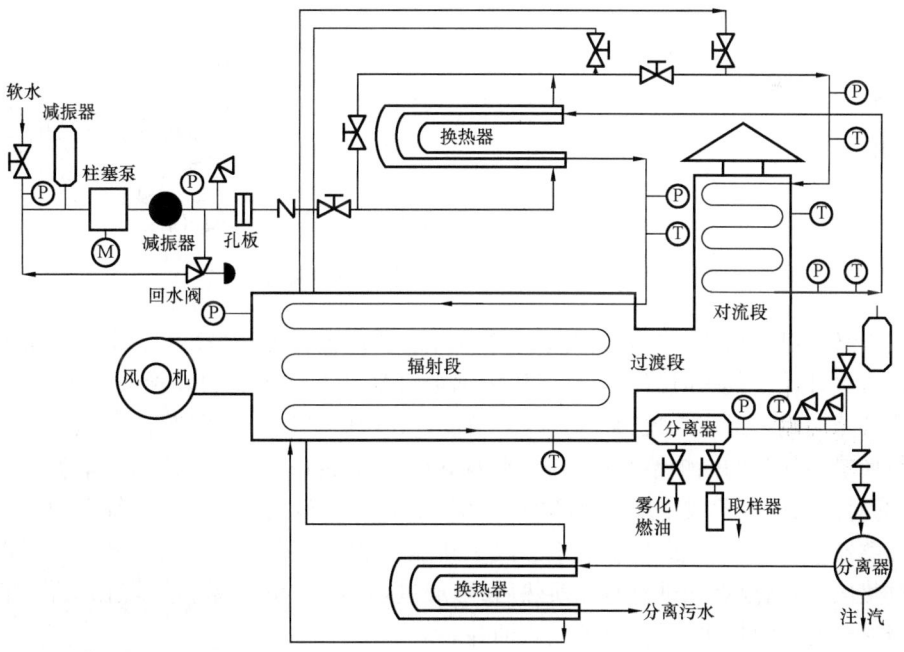

图10-3-2 生产高干度蒸汽的注汽锅炉水汽流程

符合注汽锅炉水质指标的软化水,经入口减振器(气囊式)进入柱塞泵,经泵升压后再经泵出口减振器(动力式),由节流孔板流量计计量其瞬时流量。给水进入锅护换热器的外管升温后,与来自被锅炉尾部"分离水换热器"加热升温的锅炉换热器的旁路给水汇集,共同进入对流段。在吸收烟气的对流热量后,使锅炉给水温度升高,再进入锅护换热器的内管。换热降温后,再进入辐射段继续吸收其火焰的辐射热、烟气的对流热而汽化成为合格的蒸汽。蒸汽再进入锅炉尾部的球形汽水分离器。在球形汽水分离器内将湿蒸汽分离成干蒸汽+高温炉水。分离后的干蒸汽由注汽管路送入注汽井;分离后的高温炉水进入"分离水换热器"的内管,用来加热其外管的来自锅炉换热器旁路的锅炉给水(由20℃升高到100℃左右),用以提高对流段入口的锅炉给水温度,从而提高锅炉整体热效率。被分离的炉水经由"分离水换热器"换热降温后,由排水系统排放回收。

3) 过热注汽锅炉水汽流程

过热注汽锅炉水汽流程如图10-3-3所示(以生产压力为17.5MPa过热蒸汽注汽锅炉为例)。

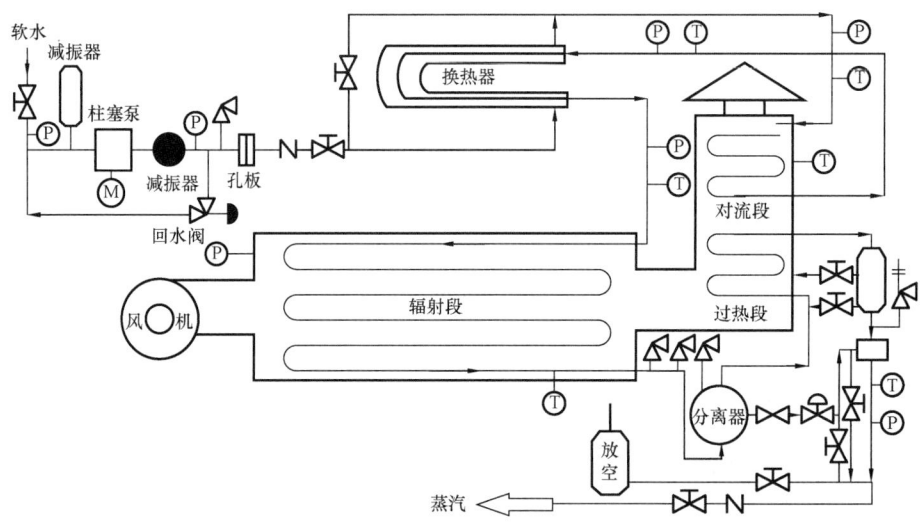

图10-3-3 过热注汽锅炉水汽流程

软化水经入口减振器(气囊式)进入柱塞泵,经泵升压后再经泵出口减振器(动力式),由节流孔板流量计计量其瞬时流量。计量后的锅炉给水进入换热器的外管被加热升温后,与来自换热器旁路的锅炉给水汇集,共同进入对流段。在吸收烟气的对流热量后,再进入换热器的内管。与换热器外管的锅炉给水换热后,水温下降,然后再进入辐射段继续吸收其火焰的辐射热、烟气的对流热而汽化成干度达到70%~80%的湿饱和蒸汽。该蒸汽由辐射段出口进入球形汽水分离器,进行汽水分离后变为干蒸汽+高温炉水。干蒸汽经过蒸汽流量计再进入注汽锅炉的过热段,与高温烟气进行对流换热后,形成过热蒸汽。过热蒸汽与经由液位调节阀、喷淋减温器喷出的高温炉水汇集,再被注入油井。

4）超临界注汽锅炉水汽流程

超临界注汽锅炉水汽流程如图 10-3-4 所示（以生产 26MPa 蒸汽的超临界注汽锅炉为例）。

软化水经入口减振器（气囊式）进入柱塞泵，经泵升压后再经泵出口减振器（动力式），由节流孔板流量计计量其瞬时流量。计量后的锅炉给水进入换热器的外管被加热升温后，与来自换热器旁路的锅炉给水汇集，共同进入对流段低温区。在这里吸收烟气的对流热量后，再进入辐射段低温区继续吸收火焰的辐射热、高温烟气的对流热而被加热。被加热后的炉水再进入换热器的内管并与换热器外管的锅炉给水进行热量交换，炉水由于损失一部分热量而降温后，再进入辐射段的高温区吸收其火焰的辐射热、烟气的对流热而被继续加热、蒸发、汽化成为湿蒸汽，湿蒸汽再进入对流段的高温区域被进一步汽化成为过热蒸汽。

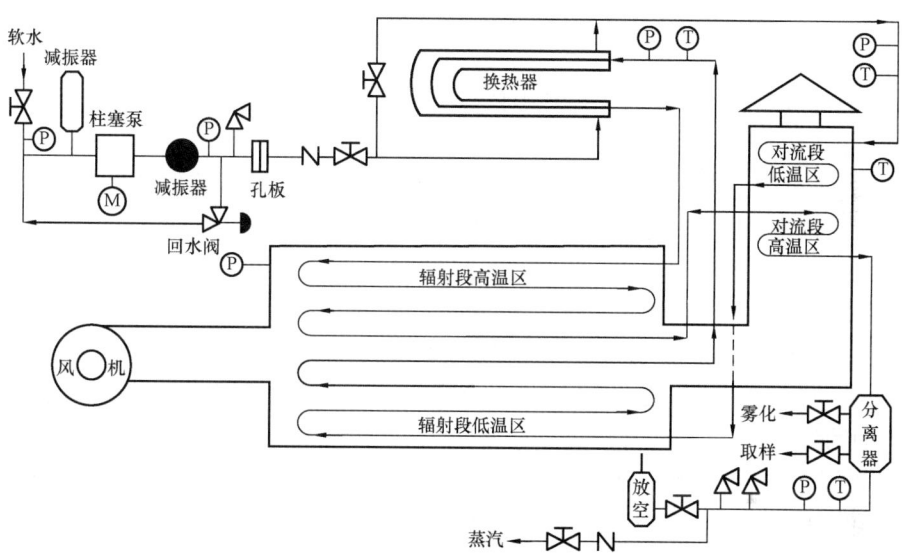

图 10-3-4 超临界注汽锅炉水汽流程

3. 辅助工艺

1）燃料系统

注汽锅炉的常用燃料为煤、重油和天然气。

（1）燃煤。

① 燃煤设施。

锅炉的燃烧设备应与所需要的煤种相适应。选用层式燃烧设备时，宜采用链条炉排；当采用结焦性强的煤种及碎焦时，其燃烧设备不应采用链条护排。

② 煤、灰渣的贮运。

煤场设计应贯彻节约用地的原则，贮煤量应根据煤源远近、供应的均衡性和交通运输方式等因素确定，并宜满足 5~10d 的注汽站最大计算耗煤量。煤场宜为露天设置。在经常性连续降雨的地区，宜将煤场的一部分设为干煤棚，其贮煤量宜为 3~5d 的注汽站最大计算耗煤量。距离居住区较近的燃煤注汽站，应在远离居住区一侧设置煤场，并宜在与居住区相邻处设隔尘设施。

除灰渣系统的选择,应根据灰渣量、灰渣特性、输送距离、地势、气象和运输等条件确定。灰渣场的储量宜为 3~5d 的注汽站最大计算灰渣量。

锅炉上煤系统宜采用皮带式上煤系统。锅炉除渣系统宜采用重型刮板式出渣系统。

(2) 燃油。

① 燃油设施。

a. 燃用重油的注汽站,当冷启动点火缺少蒸汽加热重油时,应采用重油电加热器或设置柴油、燃气的辅助燃料系统。

b. 固定式燃油注汽站采用电热式油加热器时,应限于启动点火或临时加热,不应作为经常加热燃油的设备。移动式燃油注汽站采用何种加热方式,应经技术经济比较确定。

c. 不带安全阀的容积式供油泵,在其出口的阀门前靠近油泵处的管段上,应装设安全阀。

d. 集中设置的供油泵选择:

供油泵的台数不应少于 2 台。当其中任何 1 台停止运行时,其余泵的总排量不应小于注汽站最大计算耗油量和回油量之和。

供油泵的排出压力应不小于以下 3 项和的 10% 富裕量:供油系统的沿程和局部阻力损失之和;供油系统的油位差;燃烧器前所需的油压。

e. 燃油注汽站点火用的液化石油气罐,应存放在注汽锅炉间外的专用房间内。气罐的总容积应小于 $1m^3$。

f. 燃用重油注汽锅炉的对流段翅片管宜设吹灰装置。清灰时应有控制灰尘扩散的措施。

g. 注汽锅炉的燃烧器宜成套供货,并应能够在 50%~100% 注汽锅炉负荷的范围内调整。

② 燃油的储存。

a. 燃油注汽站应设置专用储油罐,其数量不宜少于两个。储油罐的总容量应根据油品的运输方式和供油周期等因素确定,汽车油罐车运输时,按 3~6d 注汽站的最大计算耗油量;管道输油时,按 2~3d 注汽站的最大计算耗油量。

b. 燃料油罐内油的加热最高温度应低于当地大气压力下水的沸点 10℃,且应低于油的闪点 10℃,取两者中的较低值。

c. 卸油泵不应少于 2 台,其中最大 1 台停用时,其他卸油泵宜在 30min 内将单台油罐车运输的油输送到储油罐内。

(3) 燃气。

燃气注汽站的设计应对气体燃料的易爆性、毒性和腐蚀性等采取有效措施。注汽站应采用干气。当燃气压力过高或不稳定,不能适应燃烧器的要求时,应设置调压装置。

注汽锅炉的燃烧器宜成套供货,并应能够在 50%~100% 注汽锅炉负荷的范围内调整。

当燃气质量不符合燃烧要求时,应在调压装置前或在燃气母管的总关闭阀前设置除尘器、油水分离器和排水管。

2) 烟风、除尘脱硫

(1) 烟风系统。

① 注汽锅炉的鼓风机和引风机宜单炉配置。

② 风机应选用高效、节能和低噪声的产品。风机的风量和风压,应根据注汽锅炉额定负荷、燃料品种、燃烧方式和烟风系统的阻力计算确定,并计入当地大气压、空气和烟气的温度和密度对风机特性的修正。单炉配置风机时,风机风量的富裕量宜为10%,风压的富裕量宜为20%。风机在常年运行中应处于较高的效率范围。

③ 风、烟道宜平直布置且气密性好、附件少和阻力小。几台注汽锅炉共用一个烟囱或烟道时,宜使每台注汽锅炉的烟风阻力均衡。烟道宜采用地上方式,并应在其适当位置,设置清扫人孔。烟道和热风道设计时应分析热膨胀的影响。在适当位置应设置必要的热工测点。

④ 燃油、燃气注汽锅炉的烟道和烟囱应采用钢制或钢筋混凝土结构。

(2) 除尘脱硫系统。

注汽锅炉排放的大气污染物,应符合GB 13271《锅炉大气污染物排放标准》及所在地有关大气污染物排放标准的规定。除尘器的选择,应根据注汽锅炉在额定负荷下的出口烟尘浓度、燃料含硫量和除尘器对负荷的适应性等因素确定,并应采用高效、低阻、低钢耗和经济的产品。除尘器应具有防腐蚀和防磨损的措施,并设置可靠的密封排灰装置。除尘器排出的灰尘应设置运输和存放的设施。采用湿式除尘系统,应有可靠的防腐措施,且除尘系统应采用水循环系统,并设置灰、水分离装置;严寒、寒冷地区的灰、水处理系统应有防冻措施。燃煤注汽站宜采用除尘和脱硫功能一体化的除尘脱硫装置。

3) 注汽锅炉给水及水处理系统

注汽锅炉的给水主要来源是清水和稠油采出水处理后的净化水。主要处理方式为:软化和除氧。稠油采出水回用注汽锅炉水处理部分详见本手册第九章第五节。

(1) 水质要求。

① 注汽锅炉的给水水质。

根据SY/T 0027—2014《稠油注汽系统设计规范》规定,干度不大于80%的注汽锅炉的给水水质条件应符合表10-3-1规定。当选用高干度或过热蒸汽注汽锅炉时,应满足所选用设备的给水水质要求。

表10-3-1 给水水质条件表

序号	项目	单位	参数值	备注
1	溶解氧	mg/L	≤0.05	
2	总硬度	mg/L	≤0.1	以$CaCO_3$计
3	总铁	mg/L	≤0.05	
4	二氧化硅	mg/L	≤50①	
5	悬浮物	mg/L	≤2	
6	总碱度	mg/L	≤2000	以$CaCO_3$计
7	油和脂	mg/L	≤2	
8	可溶性固体	mg/L	≤7000	
9	pH值	—	7.5~11	

① 当碱度大于3倍二氧化硅含量时,在不存在结垢离子的情况下,二氧化硅的含量不大于150mg/L。

② 用于注汽锅炉的清水水质应满足 GB/T 50109—2014《工业用水软化除盐设计规范》针对不同软化装置进水水质要求,采用钠离子交换软化时设备进水的含铁量应小于 0.3mg/L。

(2) 给水的软化处理。

① 注汽锅炉给水及水处理装置采用成套设施或集中配置,应经过技术经济比较后确定。

② 水处理一般采用二级钠离子交换装置。水处理装置产生的废水宜回收和利用。

③ 当原水水质不符合所选水处理设备的要求时,应对原水进行预处理。

④ 注汽站宜设置专用的贮水罐。贮水罐的总容量应根据供水方式和水源可靠程度确定,宜为运行注汽锅炉在额定蒸发量时所需 3~6h 的平均耗水量。在寒冷地区,水罐应采取保温防冻措施。

⑤ 注汽锅炉给水的软化处理大多采用两组或三组二级钠离子交换系统,为确保出水硬度达标,每组软化系统的制水量按照一级罐内钠离子交换剂的量来计算。常用的其中一组两级软化水处理流程如图 10-3-5 所示。

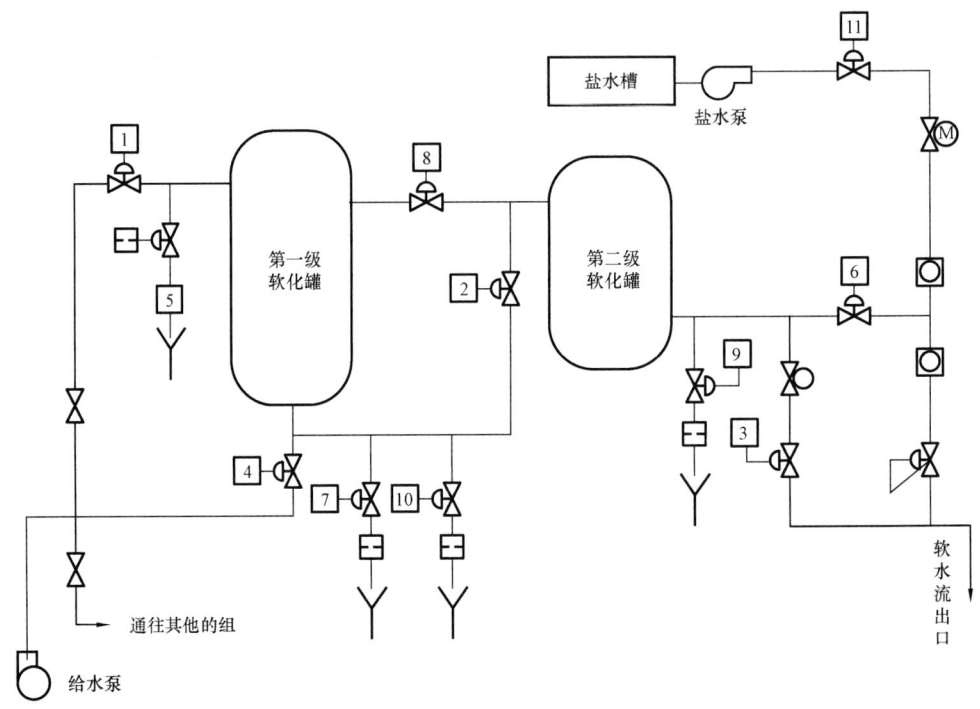

图 10-3-5 两级软化水处理流程图

(3) 给水除氧。

注汽锅炉给水除氧的途径主要有:物理方法、化学方法及电化学方法三种。各油田常用喷射(水力、蒸汽)抽真空除氧(高、低水箱)、加化学药剂除氧,使用效果都较好。

① 物理除氧。

采用物理方法除氧,是利用物理的方法将水中的氧气析出,常用的有热力除氧法、真空除氧法、膜真空除氧法和解析除氧法等。热力除氧是通过加温使水达到饱和态,真空除氧是通过减压使水达到饱和态,从而达到除氧的目的;而膜真空除氧则是利用一种特殊的疏水透气材料,解决了通常真空除氧器汽水处于同一压力空间的问题,使除氧的能耗大大降低;解析除氧器是利用加入一种其他惰性气体使氧气的分压力降低达到除氧的目的。

热力除氧按照除氧头不同结构形式可细分为喷雾式除氧器、淋水盘式除氧器及旋膜除氧器。真空除氧器主要有高位真空除氧器、低位真空除氧器、SLY 膜真空除氧器及 Z 型真空除氧器。

不同压力、温度下水的饱和含氧量见表 10-3-2。

表 10-3-2 不同压力、温度下水的饱和含氧量

水面压力,MPa	含氧量,mg/L										
	0℃	10℃	20℃	30℃	40℃	50℃	60℃	70℃	80℃	90℃	100℃
0.1	14	10.8	8.8	7.5	6.2	5.4	4.7	3.6	2.6	1.6	0
0.08	11	8.5	7.0	5.7	5.0	4.2	3.4	2.6	1.6	0.5	0
0.06	8.3	6.4	5.3	4.3	3.7	3.0	2.3	1.7	0.8	0	0
0.04	5.7	4.2	3.5	2.7	2.2	1.7	1.1	0.4	0	0	0
0.02	2.3	2.0	1.6	1.4	1.2	1.0	0.4	0	0	0	0
0.01	1.2	0.9	0.8	0.5	0.2	0	0	0	0	0	0

② 化学除氧。

采用化学方法除氧,主要是利用化学反应来除去水中含有的氧气,使水中的溶解氧在进入锅炉前就转变成稳定的金属或其他药剂的化合物,从而将其消除,常用的有还原铁粉过滤除氧法、树脂除氧法和药剂除氧法等。

常用的除氧反应剂有亚硫酸钠、联氨。此外,单宁系物质、亚硫酸氢钠、气体二氧化硫、亚硫酸、氢氧化亚铁等也可以用以除氧。

③ 电化学除氧。

锅炉给水除氧,除可以采用物理方法和化学方法之外,还可以采用电化学方法,电化学除氧就是应用电化学保护的原理,人为地在除氧器中使用一种易氧化的金属(常用铝)发生电化学腐蚀。电化学除氧器与外界电源相连接,其中电源的阴极与设备相连接,阳极与发生腐蚀的金属相连。水流过除氧器时,水中溶解氧在除氧器中人为造成的阳极上发生腐蚀并被消耗,从而达到除氧的效果,同时除氧器也得到保护。

此法与物理和化学除氧方法比较,设备简单、操作使用方便、运行费用低。电化学除氧效率与待除氧水含氧量大小无关,与流速、水温及电流大小有关。水温越高,流速越慢,电流越高均能提高除氧效率。电化学除氧法目前虽然尚无成熟的经验,但根据试制使用的情况看,其经济实用性比较明显。

二、注汽站

1. 基本规定

(1) 注汽系统应根据稠油开发方案统一规划设计。固定式注汽站的建设规模及注汽管道

敷设方式应根据稠油开发中、长期规划方案和环境条件确定,并与采、集、输工艺相结合,适应吞吐向汽驱或 SAGD 的转换,减少从吞吐转汽驱或 SAGD 的调整工作量。供汽半径及注汽锅炉台数应经技术经济比较确定。

（2）注汽站设计应取得燃料、水质、气象、地质、水文、电力和供水资料。

（3）注汽站的燃料结构应根据当地燃料供应条件,遵循国家能源和节能政策,经技术经济论证后确定。

（4）注汽站的形式应根据需要分为固定式和移动式两种,对连续供汽时间较长的稠油区块宜建设固定式注汽站;对供汽时间较短、供汽间隔时间较长的小断块稠油区块宜建设移动式注汽站。

（5）注汽站注汽锅炉的总容量应按该站所有热用户的下列耗热量确定：

① 注汽区块注汽高峰期年总用汽量。

② 用热设备和管道的散热损失。

③ 注汽站的自用耗热量。

④ 其他各类热用户的总耗热量。

（6）注汽锅炉的选择

① 注汽参数应满足开发方案提出的设计技术要求。当需要注高干度蒸汽或过热蒸汽时,宜选用相同参数的注汽锅炉;利用已有注汽锅炉时,当注汽锅炉额定的出口蒸汽干度不能满足注汽要求时,可设置汽水分离装置。

② 注汽站宜选用相同参数相同型号的注汽锅炉。注汽锅炉制造组装应符合 SY/T 0441《油田注汽锅炉制造安装技术规范》的规定。燃煤注汽锅炉热效率不应低于 80%,燃油、燃气注汽锅炉热效率不应低于 85%。

③ 燃煤注汽锅炉应有可靠的停电保护措施。

（7）注汽站不宜设备用注汽锅炉。固定式注汽锅炉工时利用率不宜低于 85%。

（8）注汽管道的工艺设计应保证技术先进、经济合理、安全可靠,并应符合下列原则：

① 应根据油田开发方案统一规划注汽管道系统,应满足吞吐向汽驱或 SAGD 的转换要求。

② 应按各不同注汽阶段的注汽参数分别进行注汽管道的水力计算,并按最不利条件下的设计参数进行管道的柔性计算或应力核算、强度计算和保温核算。

③ 注汽系统的分配、调节、计量应满足开发要求。

（9）注汽管道敷设方式的选择应根据稠油开发方案经技术经济比较后确定。当注汽站处于负荷中心时,注汽管线宜采用辐射状敷设方式;当注汽站距负荷中心较远时,注汽管线宜采用辐射状和枝状相结合的敷设方式。

（10）根据 SY/T 0027—2014《稠油注汽系统设计规范》第 3.0.9 规定,注汽管道使用年限应根据稠油开发方案确定,不宜超过 15 年。

（11）注汽系统生产过程中产生的废水、废气、废渣的排放和噪声控制应符合国家和当地政府对环境保护及劳动安全卫生的有关规定。

（12）注汽系统设计应考虑热能综合利用。注汽站生产、采暖及生活用热,宜优先利用余热。

2. 注汽站的站址选择

注汽站宜靠近热负荷中心,并宜根据燃料的供应和废水、废气、废渣的排放情况综合比较后确定。宜布置在城镇和居民区的全年最小频率风向的上风侧。在山区、丘陵地区建设站场,宜避开窝风地段。宜与油田内部站场合建。宜选择在公用工程依托条件、工程地质和地形条件好的区域。移动式注汽站宜依托已有站场建设。

3. 注汽站建(构)筑物和场地布置

(1)注汽站所用燃料的性质不同对站内总平面布置影响较大,注汽站内建(构)筑物的布置应根据使用的燃料品种及性质确定。

(2)燃油(气)注汽站内部的总平面布置防火间距应符合表10-3-3的规定。

表10-3-3 燃油(气)注汽站内部的总平面布置防火间距表　　　　单位:m

名称	注汽锅炉间	注汽锅炉油气辅助设施	生产辅助用房	燃油泵房	燃油储罐	卸油槽
注汽锅炉间						
注汽锅炉油气辅助设施	—					
生产辅助用房	10	10				
燃油泵房	15①	10①	12①			
燃油储罐	20①②③	10	15①	9①		
热水炉	—	—	—	10①	15①	15
卸油槽	15	—	7.5	8①		
露天调压装置	10	10	12	—	10①	10

注:(1)"—"为操作安装需要的距离。
　　(2)注汽锅炉油气辅助设施指油气分离器、燃气分液包、油气加热器、污油池。
　　(3)生产辅助用房:单独布置的办公室、值班间、配电间、采暖泵房等。
　① 防火间距为燃料油的火灾危险性为甲、乙类油品时的距离,当采用丙A类油品时,与油罐和油泵房的距离可减少25%;当采用丙B类油品时,油罐与注汽锅炉之间的距离应保持12m;其余可不受限制。
　② 生水罐与站内建(构)筑物和设施的距离只需满足安装要求。
　③ 单罐容积小于或等于200m³的燃料油储罐与注汽锅炉间间距可按本表减少5m。

(3)燃煤注汽站内部的总平面布置防火间距应符合表10-3-4的规定。

表10-3-4 燃煤注汽站内部的总平面布置防火间距表　　　　单位:m

名称	注汽锅炉间	生产辅助用房
注汽锅炉间	—	
生产辅助用房	10	
煤场(棚)	6	5

续表

名称	注汽锅炉间	生产辅助用房
渣场	5[①][②]	5[①][②]
热水炉	—	—

注:"—"为操作安装需要的距离。
① 生水罐与站内建(构)筑物和设施的距离只需满足安装要求。
② 渣场与站内建(构)筑物和设施的距离为注汽锅炉干式除渣的距离,湿式除渣时距离不限。

注汽站内宜设置满足设备检修的场地,并应方便与外部道路系统的连接。燃油注汽站内宜设置满足燃油卸车的道路或场地。煤场和渣场的地面宜采用水泥混凝土面层,并应满足装卸车要求。煤场和渣场宜位于站内常年最小频率风向的上风侧。站内建(构)筑物和场地的布置应充分利用地形,使填挖方量最小,排水良好。当采用汽车衡称重计量时,汽车衡应设在重车通行一侧,并宜在汽车衡两端设置一个车长的平坡直线段。

4. 注汽站的建筑形式

(1) 注汽站的建筑形式应根据油田开采期限,按照使用年限,分为活动式、固定式,在技术经济比较合理的情况下选择。

(2) 活动式注汽站各建筑物应该是可拆卸、组合型、轻型围护结构,便于搬运,工厂化制作,适合流动作业的。

(3) 固定式注汽站各建筑物使用年限较长,不能拆除搬运,可采用普通砖混结构或轻钢彩板结构。

(4) 固定式注汽站除设置注汽锅炉间外,根据需要可设置值班室、化验间、油泵间,配油间、维修间、库房、水处理间、水泵间、风机间等生产辅助间和卫生间、淋浴间、厨房等生活间。当就近有生活设施可利用时,可不设置。还可根据需要,将不同的生产房间合并设置。

(5) 移动式注汽站的辅助房间可以从简,但应能满足生产要求。

(6) 注汽站生产中产生较大噪声的设备宜集中布置在一个单独的房间内,并作隔声降噪处理。

(7) 生产中需经常操作的设备和值班室、化验间、厨房等宜远离噪声较大的设备布置。化验室应布置在采光较好、噪声和振动影响较小处,并使取样操作方便。

(8) 固定式注汽锅炉间的出入口不应少于两个,分别设在两侧;当炉前走道不大于12m,且面积不大于200m^2时,出入口可只设一个。

(9) 注汽锅炉间通向室外的门应向外开,与注汽锅炉间相邻的其他辅助间通向注汽锅炉间的门应向注汽锅炉间内开。

5. 注汽站规模

1) 注汽锅炉的选型

油田注汽锅炉是注蒸汽热采的关键设备,按照蒸汽品质可分为生产湿饱和蒸汽注汽锅炉、生产高干度蒸汽注汽锅炉、过热注汽锅炉、超临界注汽锅炉。按照燃料系统可分为燃油、燃气和燃煤注汽锅炉。

目前我国油田大量采用的注汽锅炉是燃油、燃气油田专用注汽锅炉,锅炉容量(出力)由 5t/h 到 100t/h;额定压力由 9.5~17MPa 到 26MPa、35MPa,即由高压锅炉到超临界锅炉;生产的蒸汽干度由湿饱和蒸汽到高干度蒸汽再到过热蒸汽;锅炉热效率由 80% 到 88%;自动化程度由自动控制到智能控制;综合性能方面,更安全高效、节能环保。

燃煤注汽锅炉按炉型主要为链条锅炉和循环流化床锅炉,链条炉常用出力为 23t/h 和 48t/h,压力为 14.2MPa 和 17.5MPa,蒸汽品质为湿饱和蒸汽和过热蒸汽;循环流化床锅炉常用出力 75t/h 和 130t/h,蒸汽品质为过热蒸汽。

对注汽锅炉的选型应满足开发方案所要求的注汽参数,且应具有热效率高、自动化程度高、安全可靠的注汽锅炉。当需要注高干度蒸汽或过热蒸汽时,选用相同参数的注汽锅炉;利用已有注汽锅炉时,当注汽锅炉额定的出口蒸汽干度不能满足注汽要求时,可设置汽水分离装置。

2)热负荷的确定

注汽负荷为吞吐井用汽热负荷或蒸汽驱(SAGD)注汽井热负荷(采用最大值),并包括集输系统的回掺蒸汽的热负荷、井口及计量站采暖用汽热负荷、注汽设备及管网的热损失及漏失热负荷、注汽站的自用热负荷。

3)注汽站规模的确定

注汽站内注汽锅炉一般不设备用。注汽锅炉年运行时间按 330d 计算,其工作压力按式(10-3-1)计算:

$$p_N \geqslant 1.2(p_d + p_j + p_m) \qquad (10-3-1)$$

式中 p_N——注汽锅炉工作压力,MPa;

p_d——注汽井地(油)层破裂压力,MPa;

p_j——注汽井井筒的沿程阻力,MPa;

p_m——注汽锅炉出口至注汽井井口最不利管段的沿程阻力,MPa;

1.2——富余系数。

注汽锅炉台数的确定应根据吞吐期和蒸汽驱期(SAGD)单井周期(或年)和注汽量进行计算。

吞吐期:

$$N_1 = \frac{\left[\dfrac{(n_1 + n_2) \times 330}{T} \times Q_1\right] + Q_3 + Q_4 + Q_5}{24 \times G \times 330 \times 0.85} \times 1.1 \qquad (10-3-2)$$

蒸汽驱期:

$$N_2 = \frac{(n_2 \times Q_2 \times 330) + Q_3 + Q_4 + Q_5}{24 \times G \times 330 \times 0.85} \times 1.1 \qquad (10-3-3)$$

式中 N_1——吞吐期注汽锅炉台数;

N_2——蒸汽驱期注汽锅炉台数;

Q_1——吞吐期单井每周期注汽量,t;
Q_2——蒸汽驱期注汽单井日注汽量,t;
T——吞吐期注汽周期,d;
330——油井、注汽井及锅炉年有效工作天数,d;
0.85——锅炉实际蒸发量与额定蒸发量之比;
1.1——富余系数;
n_1——需注汽区块(层)的采油井数;
n_2——需注汽区块(层)的注汽井数;
Q_3——注汽站自用热负荷,t/a;
Q_4——采油集输系统热负荷,t/a;
Q_5——注汽管网热损失及漏失量,t/a;
G——注汽锅炉单台额定蒸发量,t/h。

各油田注汽站规模大小的设置上有两种做法,即每站 1~2 台注汽锅炉分散设置和每站设置 3~8 台注汽锅炉的集中建站。一般情况下集中注汽投资省、管理集中、方便,但注汽管线长、热损失大。因此注汽站的规模大小要根据实际情况,经过技术、经济比较,满足生产要求来确定。目前,部分油田采用集中建水处理设施、分散设置注汽锅炉的注汽方式。

注汽站由于使用年限较短,各类建筑物都采用了单层布置,平面布局分散、占地大。设计时,在满足防火要求的前提下,尽量紧缩布置,减少占地,提高土地利用系数。

6. 注汽站工艺布置

(1) 设备布置时应保证设备安装、维修和运行监视方便;布置紧凑,工艺流程合理。

(2) 注汽锅炉操作地点和通道的净空高度不应小于 2m,并应满足起吊设备操作高度的要求。当不需操作和通行时,其净空高度可为 0.7m。

(3) 注汽锅炉与建筑物之间的净距,应满足操作、检修和布置辅助设施的需要,并应符合表 10-3-5 的规定。

表 10-3-5 注汽锅炉与建筑物的净距表

单台注汽锅炉容量,t/h	净距,m		
	炉前		锅炉两侧和后部通道
	燃煤锅炉	燃气(油)锅炉	
≤23	4.00	2.5	1.5
>23	5.00	3.5	1.8

(4) 水处理间主要操作通道的净距不应小于 1.5m,辅助设备操作通道的净距不宜小于 0.8m。

(5) 注汽锅炉半露天布置时,应符合下列要求:

① 注汽锅炉应选择适合半露天布置的产品,室外布置的测量控制仪表和管道阀门附件应有防雨、防风、防冻和防腐等措施。

② 注汽锅炉压力、温度等测量控制仪表应集中设置在操作室内。

③ 严寒、寒冷地区风机室外吸风时,宜有冷风加热的措施。

(6) 管道阀门的布置,应方便检查和操作,凡需经常操作维护的阀门而人员难以达到的场所,宜设置操作平台。

7. 注汽站汽水系统

1) 注汽站汽水管道

(1) 汽水管道设计应根据热力系统和注汽站工艺布置进行,应便于安装、操作和检修;管道布置宜短捷、整齐;管道宜沿墙和柱敷设;管道不应妨碍门、窗的启闭和室内采光;管道敷设在通道上方时,管道(包括保温层或支架)最低点与通道地面的净高不应小于2m。

(2) 在满足安全生产和方便检修条件时,管道宜采用同架布置。

(3) 管道宜与道路和建筑物平行布置。主要干管宜靠近建筑物和支管较多的一侧,管线之间或管线与道路之间,宜减少交叉,必要时宜采用直角交叉。

(4) 注汽锅炉本体、除氧器和减压装置上的放气管、安全阀的排汽管应接至室外,两个独立安全阀的排汽管不应相连。经排放管排出的扩散蒸汽流,不应危及工作人员和邻近设施。

(5) 汽水管道应考虑受热膨胀时的补偿措施,并充分利用管道的自然补偿。当自然补偿不能满足其要求时,应设置方形或其他可靠形式的补偿器。

(6) 汽水管道的支、吊架设计应符合 DL/T 5054《火力发电厂汽水管道设计规范》的有关规定。

(7) 汽水管道的低点和可能积水处,应装设疏、放水阀。放水阀的公称直径不应小于20mm,汽水管道的高点应装设放气阀,放气阀的公称直径可取 15~20mm。高压注汽管道放水、放气应采用双阀串联安装。

2) 注汽锅炉的启、停排放装置

(1) 注汽锅炉应设置启、停排放装置。排放水宜回收和利用。

(2) 启、停排放装置应安全可靠。排出的蒸汽和液体不得危及人员和设施。

(3) 注汽锅炉启动时,应连续排放30%额定蒸发量,直到蒸汽干度合格后停止局部排放。停炉(含紧急停炉)时,要进行全排放(100%)。排放高温高压汽水混合物时,为安全起见,必须进行减压排放,即汽液相经孔板(单、多级)或减压阀(单、串联)降压后直接排放,或降压后进入排放扩容器,然后均进入排放池。

3) 汽水分离装置

(1) 汽水分离装置分离水热量应回收利用,分离水宜回收利用。

分离水可以通过以下两个途径回收热量:一是加热锅炉给水,二是为注汽站内燃油加热、伴热及采暖提供热量。

汽水分离器分离水、二氧化硅及其他物质,满足注汽锅炉的给水水质条件,可将分离水回收至不带汽水分离器的注汽站或其他处利用。

(2) 汽水分离装置分离水出口宜设置2个安全阀,安全阀排出的蒸汽和液体不得危及人员和相邻设施。

8. 注汽站的噪声防治

注汽站的噪声控制应符合 GB 12348《工业企业厂界环境噪声排放标准》的规定。注汽锅炉间的操作地点和水处理间的操作地点应采取措施降低噪声;注汽站内的仪表控制室和化验室的噪声不应大于 70dB(A)。注汽站内的风机、空压机、柱塞泵、水泵,以及燃煤注汽站内煤的破碎、筛选装置等设备宜选用低噪声产品,同时宜采用隔声室或隔声罩以降低噪声。注汽站内的高噪声设备宜单独布置,且布置在隔声室内。注汽站内鼓风机的吸风口应设置消声器。注汽锅炉本体上的紧急放空设施和站内设备的紧急排放口,宜采用有效措施控制其噪声。

三、注汽管道

稠油油田开发有层间接替、区块接替等形式,其生产过程又分为吞吐阶段、汽驱阶段和 SAGD。因此,在开发过程中注汽管道的输送量、蒸汽压力、干度有所不同,管道的设计一定要考虑这些变化,根据油田开发方案统一规划,分区、分期地进行建设。对于井口注汽管道(井口至配汽点)还需根据吞吐、汽驱、SAGD 不同生产阶段对采油井和注汽井的不同要求进行设计,以减少从吞吐过渡到汽驱(SAGD)的调整工作量,提高管道的利用率。

1. 注汽管道设计原则

注汽管道的设计除遵循一般热力管道的设计原则外,还应遵守下列原则:

(1)当注汽站处于负荷中心时,管网布置形式宜采用辐射状,可以减小由于发生故障造成注汽井的相互影响。

(2)对于注汽站距负荷中心较远时,管网布置形式宜采用树枝状与辐射状相结合的布置形式,这样可以减少管道长度、热损失,提高蒸汽质量。

(3)处于同一区域内的注汽井,根据地质条件、不同的注汽压力、干度、注汽量,是否需要设置两套以上注汽管网,需经过技术经济比较、论证,以是否能满足生产需要来确定。

(4)注汽管道由于是高温、高压,不宜通过村镇及交通频繁地段,如需要通过时,必须设置可靠的安全措施。如埋地、加固支架等措施。

(5)注汽管道与井口连接处应设置止回阀。注采合一管道应在配汽装置前设置止回阀,以防止油井产液倒灌入注汽管道。

2. 管道材料选择和应力计算

(1)注汽管道材料的选择应符合下列要求:

① 注汽管道应采用无缝钢管,当工作压力大于 5.9MPa,技术标准应符合 GB 6479《高压化肥设备无缝钢管》或 GB 5310《高压锅炉用无缝钢管》的规定。管道材料宜采用 20G、16Mn、15MnV。

② 管道中的受压元件与紧固零件材料的选取应符合 GB 50316《工业金属管道设计规范》的规定。

③ 钢材的许用应力应按表 10-3-6 的规定。当采用型钢锻造时,可取材料的基本许用应力;当采用钢锭锻制时,可取材料的基本许用应力的 90%。

表 10-3-6 不同钢材、不同厚度的许用应力表

温度,℃	许用应力,MPa						
	20G		St45.8/Ⅲ	16Mn		15MnV	
	≤16mm	17~40mm		≤15mm	16~40mm	≤16mm	17~40mm
20	137	137	136	163	163	170	170
250	110	104	123	147	141	166	159
300	101	95	106	135	129	153	147
350	92	86	93	126	119	141	135
400	86	79	86	119	116	129	126
425	83	78	78	93	93	—	—

（2）注汽管道设计安装温度,当采用低碳钢管材时,对于采暖地区可按室外采暖计算温度选取,但不应低于 -20℃。对于非采暖地区可按最低环境温度选取。当采用低合金钢管材时,温度不应低于焊接最低允许环境温度。

（3）注汽管道的应力计算及验算方法应符合 DL/T 5366《发电厂汽水管道应力计算技术规程》的规定。

（4）注汽管道焊接接头的组对、坡口形式、热处理要求及焊接质量检验均应符合 GB 50235《工业金属管道工程施工规范》、GB 50184《工业金属管道工程施工质量验收规范》、GB 50236《现场设备、工业管道焊接工程施工规范》和 GB 50683《现场设备、工业管道焊接工程施工质量验收规范》的规定。

（5）注汽管道的试验压力应符合下列规定:

① 注汽管道安装完毕,应对管道进行强度试验和严密性试验。

② 强度试验应采用水压试验,试验压力应按式(10-3-4)计算:

$$p_T = 1.5p \frac{[\sigma]_T}{[\sigma]^t} \qquad (10-3-4)$$

式中　$[\sigma]_T$——钢材在试验温度下的许用应力,MPa;

$[\sigma]^t$——钢材在设计温度下的许用应力,MPa;

p_T——试验压力(表压),MPa;

p——设计压力(表压),MPa。

当 $[\sigma]_T/[\sigma]^t$ 大于 6.5 时,取 6.5。

当 p 在试验温度下,产生超过屈服强度的应力时,应将试验压力 p_T 降至不超过屈服强度的最大压力。

③ 严密性试验应采用水压试验,试验压力应为设计压力。

④ 当注汽管道与注汽锅炉一起试压时,注汽管道的试验压力也可以与注汽锅炉相同。

（6）注汽管道附件的允许工作压力与公称压力的关系见式(10-3-5):

$$[p] = \text{PN} \frac{[\sigma]^{\text{t}}}{[\sigma]_{\chi}} \qquad (10-3-5)$$

式中 $[\sigma]_{\chi}$——决定组成件厚度时采用的计算温度下材料的许用应力,MPa;
$[p]$——允许的工作压力,MPa;
PN——管道附件的公称压力,MPa。

碳素钢及合金钢管件的公称压力和最大工作压力见表10-3-7。

表10-3-7 碳素钢及合金钢制件的公称压力和最大工作压力

材料	介质工作温度,℃							
20,20G	至200	250	275	300	325	350	375	400
16Mn	至200	300	325	350	375	400	410	415
15MnV	至200	300	350	375	400	410	420	430
公称压力,MPa	最大工作压力,MPa							
1.0	1.0	0.92	0.86	0.81	0.75	0.71	0.67	0.64
1.6	1.6	1.5	1.4	1.3	1.2	1.1	1.05	1.0
2.5	2.5	2.3	2.1	2.0	1.9	1.8	1.7	1.6
4.0	4.0	3.7	3.4	3.2	3.0	2.8	2.7	2.5
6.4	6.4	5.9	5.5	5.2	4.9	4.6	4.4	4.1
10.0	10.0	9.2	8.6	8.1	7.6	7.2	6.8	6.4
16.0	16.0	14.7	13.7	13.0	12.1	11.5	10.5	10.2
20.0	20.0	18.4	17.2	16.2	15.2	14.4	13.6	12.8
25.0	25.0	23.0	21.5	20.2	19.0	18.0	17.0	16.0
32.0	32.0	29.4	27.5	25.9	24.3	23.0	21.7	20.5

3. 水力计算

(1) 沿程阻力计算方法一:

$$\Delta p_1 = 8.742 \times 10^9 \frac{D_i + 91.44}{D_i^6} \cdot G^2 \cdot L \cdot v_p \qquad (10-3-6)$$

式中 Δp_1——管道的沿程阻力,kPa;
G——介质的质量流量,kg/s;
D_i——管道内径,mm;
v_p——该管段内介质平均比容,m³/kg;
L——管道长度,m。

(2) 沿程阻力计算方法二:

$$\Delta p_1 = \psi \cdot \lambda \cdot \frac{L}{D_i} \cdot \frac{\rho \omega}{2000} \cdot v' \cdot \left[1 + x\left(\frac{v'}{v''} - 1\right)\right] \qquad (10-3-7)$$

$$\lambda = \frac{1}{[1.74 + 2\lg(D_i/2K)]^2} \qquad (10-3-8)$$

式中 $\rho\omega$——介质的质量流速,kg/(m²·s);
v'——水的平均比容,m³/kg;
v''——蒸汽的平均比容,m³/kg;
x——蒸汽的平均干度;
λ——摩擦阻力系数;
K——管道的绝对粗糙度,按表10-3-8选取;
ψ——修正系数。

表10-3-8 各种管壁的绝对粗糙度

表面性质	绝对粗糙度,mm
锅炉用碳钢管及珠光体合金钢管	0.08
锅炉用奥氏体钢管	0.01
干净的黄铜、铜及铝制管道	0.0015~0.01
精致的镀锌钢管	0.25
普通的镀锌钢管	0.39
普通的新铸铁管	0.25~0.42
在煤气管路上使用一年后的钢管	0.12
钢板制成的管道及整平的水泥管	0.33
涂柏油的钢管	0.12~0.21
旧的生锈钢管	0.60

当 $\rho\omega > 1500$ 时：

$$\psi = 1 + \frac{x(1-x)\left(\dfrac{1500}{\rho\omega} - 1\right)\rho'/\rho''}{1 + (1-x)\left(\dfrac{\rho'}{\rho''} - 1\right)} \qquad (10-3-9)$$

当 $\rho\omega < 1500$ 时：

$$\psi = 1 + \frac{x(1-x)\left(\dfrac{1500}{\rho\omega} - 1\right)\rho'/\rho''}{1 + x\left(\dfrac{\rho'}{\rho''} - 1\right)} \qquad (10-3-10)$$

式中 ρ''——蒸汽的平均密度,kg/m³;
ρ'——水的平均密度,kg/m³。

(3) 局部阻力计算：

$$\Delta p_2 = \Delta p_\omega \left(1 + \frac{B}{X} + \frac{1}{X^2}\right) \quad (10-3-11)$$

$$X = \left(\frac{x}{1-x}\right)^{0.9} \left(\frac{\rho'}{\rho''}\right)^{0.5} \left(\frac{\mu'}{\mu''}\right)^{0.1} \quad (10-3-12)$$

式中　Δp_2——局部阻力，kPa；
　　　Δp_ω——单独用液体单相流的局部阻力，kPa；
　　　X——马蒂内利系数；
　　　μ'——水的平均动力黏度，N·s/m^2；
　　　μ''——蒸汽的平均动力黏度，N·s/m^2；
　　　B——系数，按式(10-3-13)确定。

$$B = B_1 \left(\sqrt{\frac{\rho'}{\rho''}} + \sqrt{\frac{\rho''}{\rho'}}\right) \quad (10-3-13)$$

式中　B_1——系数，按下列不同结构确定。

① 弯头：

$$B_1 = 1 + 35 \frac{D_i}{\iota} \quad (10-3-14)$$

式中　ι——管子弯头部分长度，m[如果管道上游小于56倍直径处有挠动时，则按式(10-3-15)计算]。

$$B_1 = 1 + 25 \frac{D_i}{\iota} \quad (10-3-15)$$

② 三通：$B_1 = 1.75$。
③ 闸阀：$B_1 = 1.5$。
④ 球阀：$B_1 = 2.3$。
⑤ 控制阀：$B_1 = 1$。

(4) 管道内介质流速不应大于流体的冲蚀速度。流体的冲蚀速度按式(10-3-16)计算：

$$v_c = \frac{C}{\sqrt{\rho_m}} \quad (10-3-16)$$

式中　v_c——流体冲蚀速度，m/s；
　　　C——经验常数，间断工作取153，连续工作取122；
　　　ρ_m——在平均工作压力及温度条件下汽—液两相流的密度，kg/m^3。

(5) 管道压力降的校核应按式(10-3-17)计算：

$$\Delta p = \Delta p_1 + \Delta p_2 \quad (10-3-17)$$

式中 Δp——管道的压力降,kPa;
Δp_1——管道的沿程阻力,kPa;
Δp_2——管道的局部阻力,kPa。

(6) 流通能力的校核计算应按式(10-3-18)进行:

$$G = \frac{\pi}{4} \rho_m D_i^2 v \times 10^{-6} \quad (10-3-18)$$

式中 v——流体在管道内的速度,m/s;
D_i——管道内径,mm;
G——介质的质量流量,kg/s。

(7) 计算管道压降时,应分别对吞吐、汽驱或 SAGD 阶段进行校核计算。

4. 管道壁厚计算

(1) 管道壁厚应分别按吞吐期和汽驱或 SAGD 期的设计压力和腐蚀裕量进行计算,取较大壁厚者作为管道计算壁厚。

(2) 管道强度计算设计参数的选择应符合下列规定:
① 吞吐阶段设计压力应取吞吐期最大工作压力的 1.15 倍。
② 汽驱或 SAGD 阶段设计压力应取汽驱期工作压力的 1.15 倍。
③ 设计温度为设计压力下蒸汽的饱和温度或设计压力下过热蒸汽温度。

(3) 管道的取用壁厚不应小于管道的设计壁厚。管道的设计壁厚应按下列方法确定。
① 当直管计算厚度小于管道外径的 1/6 时,直管的计算厚度应按式(10-3-19)至式(10-3-22)计算:

$$t_s = \frac{p D_o}{2([\sigma]^t E_j + pY)} \quad (10-3-19)$$

$$Y = \frac{2C + D_i}{D_i + D_o + 2C} \quad (10-3-20)$$

$$C = C_1 + C_2 \quad (10-3-21)$$

$$C_1 = A_1 t_s \quad (10-3-22)$$

式中 p——设计压力,MPa;
t_s——直管计算厚度,mm;
D_o——管道外径,mm;
E_j——焊接接头系数(无缝钢管取 1);
C——厚度附加量之和,mm;
C_1——材料厚度负偏差,mm;
A_1——管道壁厚负偏差系数,根据钢管产品技术中规定的壁厚允许偏差按表 10-3-9 取用;

C_2——附加腐蚀裕量,mm(管道壁厚腐蚀裕量 C_2 应根据管道工作特点、使用年限和环境条件确定:根据管道腐蚀速度确定运行年限内的总腐蚀裕量;地上管道吞吐期腐蚀裕量,根据运行年限和运行状况取 0.5~1.5mm,连续注汽 10 年以上的管道腐蚀裕量不应小于2mm);

Y——系数。

Y 系数的确定,应符合下列规定:

当 $t_s < D_o/6$ 时,按表 10-3-10 选取;

当 $t_s \geq D_o/6$ 时,按式(10-3-20)计算。

表 10-3-9 管道壁厚负偏差系数表

管道壁厚负偏差,%	0	-5	-8	-9	-10	-11	-12.5	-15
A_1	0.050	0.105	0.141	0.154	0.167	0.180	0.200	0.235

注:(1)弯管弯曲半径不小于 4 倍的外径。

(2)表中已考虑弯管减薄量补偿的裕度5%。

表 10-3-10 不同材料、不同温度下系数 Y 值

材料	不同温度下的 Y 值					
	≤482℃	510℃	538℃	566℃	593℃	≥621℃
铁素体钢	0.4	0.5	0.7	0.7	0.7	0.7
奥氏体钢	0.4	0.4	0.4	0.4	0.5	0.7
其他韧性金属	0.4	0.4	0.4	0.4	0.4	0.4

注:介于列表的中间温度的 Y 值可用内插法计算。

② 当直管计算厚度大于或等于管道外径的 1/6 时,或设计压力与在设计温度下材料的许用应力和焊接接头系数之乘积之比 $\left(\dfrac{p}{[\sigma]^t E_j}\right)$ 大于 0.385 时,直管厚度的计算需按断裂理论、疲劳和热应力的因素予以分析确定。

③ 弯管在弯制成形后的最小厚度应不小于直管计算厚度 t_s,弯管的计算厚度(位于 $a/2$ 处,a 为弯管的转角)应按式(10-3-23)计算:

$$t_s = \frac{p \cdot D_o}{2([\sigma]^t E_j/I + p \cdot Y)} \quad (10-3-23)$$

式中 I——计算系数。

I 系数的确定应符合下列规定:

a. 当计算弯管的内侧厚度时:

$$I = \frac{4(R/D_o) - 1}{4(R/D_o) - 2} \quad (10-3-24)$$

b. 当计算弯管的外侧厚度时:

$$I = \frac{4(R/D_o) - 1}{4(R/D_o) + 2} \quad (10-3-25)$$

c. 当计算弯管中心线处厚度时：

$$I = 1.0 \quad (10-3-26)$$

式中 R——弯管在管子中心线处的弯曲半径，mm。

（4）管道计算壁厚按式(10-3-27)计算：

$$t_{sd} = t_s + C \quad (10-3-27)$$

式中 t_{sd}——直管计算厚度，mm。

5. 管道的布置与敷设

（1）注汽管道的敷设方式分为高支架、中支架、低支架（墩）和地下敷设，应根据地理位置、气象条件、施工方便，以及经济合理的不同确定敷设方式。

（2）注汽管道通过耕地时，管网应采用中支架架空敷设，保温层底面净空高度不应小于2.5m；当架空跨越不通航河流时，保温层底面与50年一遇最高水位垂直净距不应小于0.5m；当位于戈壁或干燥地区时，管网应采用低支架（墩）敷设，保温层底面净空高度不应小于最大积雪厚度。

（3）注汽时，除注汽管道发生热伸长外，井口也会产生热伸长。为保证安全，注汽管道与采油树连接处，应设置补偿器，减小热膨胀产生的推力和力矩。

（4）注汽站集中输汽时，宜在注汽井口集中处设置等干度分配计量装置。等干度分配计量装置宜靠近井场布置。配注多口油井时应采用球型分配器。汽驱或SAGD注汽管道在分支处宜采用T型等干度分配；吞吐注汽管道同时向分支支线注汽时，分支处宜采用T型等干度分配。

（5）注汽管道不宜通过村镇及交通繁忙地段，如必须通过时管托应有防滑落措施，并在管道上设警示标志，穿过村镇应采用中支架架空敷设。从公路下穿过应采用加套管或设涵洞的形式；从公路上跨越，应采用高支架架空敷设，一般矿区公路架空高度不得小于4.5m，跨越国家级公路架空高度不得小于6.0m。

（6）注汽管道从公路下穿越时，其交叉角不宜小于45°，管顶距公路路面不应小于0.7m，套管的两端伸出路肩不应小于2m；公路边缘有排水沟时，应延伸出排水沟1m。

（7）根据油田生产运行的实际情况，在注汽管道的适当处应设置阀门。主要是为了便于调汽并防止在调汽过程中，有的管段因介质不流动而发生冻裂现象。

（8）注汽管道宜设有坡度，其坡度不应小于2‰，连续运行的注汽管道可不设坡度。

（9）对注采合一流程，应在配汽装置前的注汽管道上设置止回阀。可保证在注汽结束后，为了防止由于没有及时关断井口注汽管道与分配器间的阀门，造成原油窜入注汽管道，损坏管道及相邻设备。

（10）注汽管道在架空输电线路下通过时，管道应采用绝缘保护层，保护层的边缘应超过导线最大风偏范围。

（11）注汽管道有垂直位移的部位，应设置弹簧支吊架。弹簧型号的选择计算应符合 DL/T 5054《火力发电厂汽水管道设计规范》的规定。

6. 管道附件

（1）注汽管道附件材料选择应满足使用条件，宜与所连接的管道材料一致。

（2）注汽管道中的管件，宜选用热压件或锻制件，其公称压力的选择应根据介质的压力、温度、管件材料与加工方法校核计算确定。

（3）注汽管道与管件的连接，应采用焊接方式。

（4）注汽管道与阀门的连接，宜采用焊接方式，阀门公称压力的选择应根据介质的压力、温度与阀体材料确定。

（5）注汽管道的放水，应在管道可能积水的低点处或支线的末端串联两个截止阀。如果管线不能发生冻结或采取其他措施的情况下，可不设放水阀。注汽管道放气，在管道高点处应串联两个截止阀。两个放水阀或放气阀之间的连接长度不宜小于 100mm。

（6）布置注汽管道时，宜利用管道的"L"形或"Z"形管段对热伸长作自然补偿，当自然补偿不能满足时，管道补偿应选用安全可靠、补偿能力大、力矩小的补偿器。

（7）当选用方形补偿器与自然补偿器时，计算方法应符合 DL/T 5366《发电厂汽水管道应力计算技术规程》的规定。管道弯管处不应采用冲压弯头，宜选用正偏差的整根直管段煨制，煨弯半径不小于 5 倍的外径。

（8）方形补偿器中的焊口应选择在其弯矩较小的部位。补偿器两侧 40 倍内径距离处，应装设导向支架，管道焊口与管支架的间距不得小于 100mm。

（9）方型补偿器应尽量布置在相邻固定支架的中点，没有条件时，较长一边的长度不应大于固定支架间距的 60%。

（10）注汽管道运行时产生较大的热伸长，为了减小管道运行中补偿器的弯曲应力，增大补偿能力，在采用方形补偿器时，应对管道进行预拉伸冷紧，冷紧比宜取 0.5，冷紧口宜选在管道弯矩较小且便于施工处。

（11）注汽管道支吊架间距，应按强度及刚度等条件确定，取最小值作为最大允许支吊架间距。

第四节　注 化 学 剂

一、注聚合物

1. 聚合物的配制

聚合物配制是聚合物溶液配制及注入工程系统的关键环节，是将固体粉状聚合物与水按比例混合成母液的过程，其工艺主要有分散、熟化、泵输、过滤等，在配制站配制成聚合物母液后输至各个注入站。其工艺设计的好坏将直接影响到聚合物母液的质量，以及该配制站所辖注入站的注入质量,因此应将设计工作做好做细。

聚合物溶液配制工程的基本要求是:在满足所要求聚合物溶液配制浓度(<±5%)、配制量及外输至下游各个注入站压力的基础上,最大限度地减少配制过程中聚合物溶液的黏度损失(<5%),尽量减少"鱼眼"等不溶物黏团的产生。

1) 影响聚合物溶液黏度的各种因素

影响聚合物溶液黏度的因素很多,就聚合物和配制用水而言主要有:

(1) 聚合物的分子量;

(2) 聚合物的水解度或阴离子含量;

(3) 聚合物溶液的浓度;

(4) 配制水的矿化度;

(5) 配制水的pH值;

(6) 配制水的温度。

就聚合物溶液的配制过程而言主要是降解的影响,这包括:机械降解;化学降解;生物降解等。

2) 聚合物配制工程的具体要求

(1) 保护聚合物溶液黏度的具体要求。

① 从水质讲,矿化度对聚合物溶液黏度的影响很大,要求尽量使用低矿化度水。从温度讲,聚合物热降解明显,要求温度在40℃以下。

② 从化学性质讲,聚合物对铁离子,尤其是二价铁离子的影响敏感,要求聚合物溶液的容器、管道,要尽量采用不锈钢或玻璃钢衬里的材料。从注入水讲,如果铁离子含量较高,则要加入螯合剂,以减少其影响。

③ 从微生物对聚合物的影响来讲,需要在注入和配制水中加入杀菌剂。

④ 从机械降解讲,聚合物溶液的外输过程均应采用容积式泵,以减少机械剪切的影响。

(2) 其他要求。

除了最大限度地保护聚合物溶液的黏度以外,聚合物配制工艺还有以下基本要求:

① 聚合物溶液的配制需严格按地质部门提供的方案进行,并留有调整的余地。

② 溶解质量要求。聚合物干粉中的不溶物及胶团不能溶解,堵塞地层后很难处理。所以,为了防止其堵塞地层,在聚合物母液熟化后外输时,外输泵进口应设泵前过滤器,外输泵出口设精、粗过滤器。

③ 采用自动化控制。由于聚合物的配注工艺过程衔接紧密,操作要求高,用人工操作不但工作量大,而且难以精确控制。所以,除料斗加料需人工操作吊车进行外,全部配制工艺均自动进行。包括开、停给水泵、输送泵、搅拌器、开关阀门、自动倒罐区及分散装置的自动启停等。

④ 设备选型可靠,能够长期连续运行,保证聚合物驱油过程的顺利进行。聚合物的配制工艺过程的设计应综合、全面、系统地考虑,既要考虑地面条件,又要考虑地下条件;既要考虑注入工艺本身,又要考虑外部条件,如保温、排污、工人维修操作的环境,以及聚合物配制的连续性。

3）聚合物配制工程设计的原则

(1) 满足地质部门提出的聚合物驱油方案对地面建设的要求。

(2) 最大限度地保护聚合物溶液的黏度,最大限度地发挥聚合物的效能,减少聚合物的用量。

(3) 尽可能节省地面建设投资。

(4) 方便生产运行和管理。

2. 聚合物的注入

聚合物注入是配制及注入工程系统的重要中间关键环节,是将配制站来的低压母液升压,与高压水,有效配比混合,其工艺设计的好坏将直接影响该站所辖区块注入生产的平稳与安全,直接影响原油的产量。

注入工艺的基本要求:

(1) 使母液与高压水混合充分,单井注入浓度及注入量的最大允许误差均应在 ±5% 以内。

(2) 最大限度地减少升压、配比混合过程中聚合物溶液的黏度损失。黏度损失要求如下:

① 注入泵前后聚合物溶液的黏度损失≤3%。

② 配比混合过程:

进出口压降≤1.0MPa 时,聚合物溶液的黏度损失≤1%;

进出口压降≤2.5MPa 时,聚合物溶液的黏度损失≤2%。

3. 系统布局

1）系统构成

聚合物驱地面工程站场主要由配制站、注入站、注水站、高压水管道、母液管道、注入管道、注入井口组成。采用集中配制、分散注入工艺即在井区负荷中心集中建设配制站和注水站,统一配制聚合物母液,将高压水和聚合物母液按需分配到井区内各个注入站,在注入站混配成高压目的液。采用配注合一工艺即配制站、注入站、注水站合建,在一个站场内完成聚合物母液的配制、水的升压、母液升压及目的液混合,然后输至注入井口。

2）站场布局

(1) 配制站、注水站、注入站布局通过多方案对比,在满足油田开发前提下,经技术经济比较后确定。

(2) 配制站、注水站、注入站布局根据总体规划,结合油气集输、供水、污水处理、供电、道路及通信等统一考虑。

(3) 配制站尽可能建在辖区的负荷中心,注入站尽可能建在所辖注入井的负荷中心。

(4) 布局应尽可能利用有利地形及外部条件,全面考虑相关专业的要求。

3）站址选择

(1) 站址选择应符合总体规划的选择范围,与有关单位及设计相关专业在现场实地协商解决。

(2) 站址的面积应保证工程建设和施工用地,并适当留有扩建余地。

(3) 尽可能少占或不占耕地、林地,避让低洼地。

(4) 站址应与周边相邻的建(构)筑物保持应有安全防火距离。

(5) 站址应与相关专业(如供水、排水、供电、道路、通信等)的系统关系做到协调一致,符合设计要求并方便施工。

(6) 站内工程地质条件应符合站内建(构)筑物土建工程设计的要求。

4) 平面布置

(1) 站场平面布置应与工艺流程相适应,做到场区内外物料流向合理、生产管理和维护方便。根据不同生产功能和特点相对集中布置,形成不同的生产区和辅助生产区。平面布置应结合其他专业全面考虑。

(2) 平面布置应紧凑合理,既要满足防火距离要求,又力求布置紧凑、节约用地,平面布置及土地利用系数应符合 SY/T 0048《石油天然气工程总图设计规范》的要求。

(3) 独立建设时,站场区域布置防火间距、站场内部防火间距执行 GB 50016《建筑设计防火规范》;与油气站场合建时,执行 GB 50183《石油天然气工程设计防火规范》,其未规定部分执行 GB 50016《建筑设计防火规范》。火灾危险性分类划分按 GB 50016《建筑设计防火规范》执行。

(4) 生产厂房及设施布置符合下列规定:

① 凡散发有害气体和易燃、易爆气体的生产设施,宜布置在人员集中场所及明火或散发火花地点的全年最小频率风向的上风侧。

② 厂房、辅助间设于本地主导风向的上风向,站内设有采暖用锅炉房时,锅炉房及燃气调压间宜设在站场边缘。

③ 厂房主体建筑宜朝阳以利采光,一般坐北朝南或坐西朝东。

④ 容器集中布置,同类厂房集中布置。水罐距厂房净距不小于最小防火间距的要求,多座罐组合成排时,罐中心宜在一条直线上。

⑤ 平面布置相关设备基础应避开站址内已废弃但地下设施未经处理的油、水井。

⑥ 既要保证正常生产,又要考虑处理事故场地大小,留有扩改建余地。

(5) 道路及围墙布置。

① 站内应合理布置行车道路和人行道,行车路与主要建(构)筑之间净距不宜小于 5m。配制站内行车道路转弯半径满足运输物料车辆转弯的要求,并在进料库前设有车辆停放、掉头、叉车运料的场地,进站路至场地间路段尽量少转弯。

② 配制站应设置围墙,进站路入口处宜设置电动大门。

③ 各单体室内室外地坪高差 0.3m,水罐罐底标高出室内地坪 0.1m。

④ 站内生活污水和生产废液分别单独设排污池,排污池设置应满足环保部门的要求。

(6) 配制站平面布置如图 10-4-1 所示,注入站平面布置如图 10-4-2 所示,配注合一站如图 10-4-3 所示。

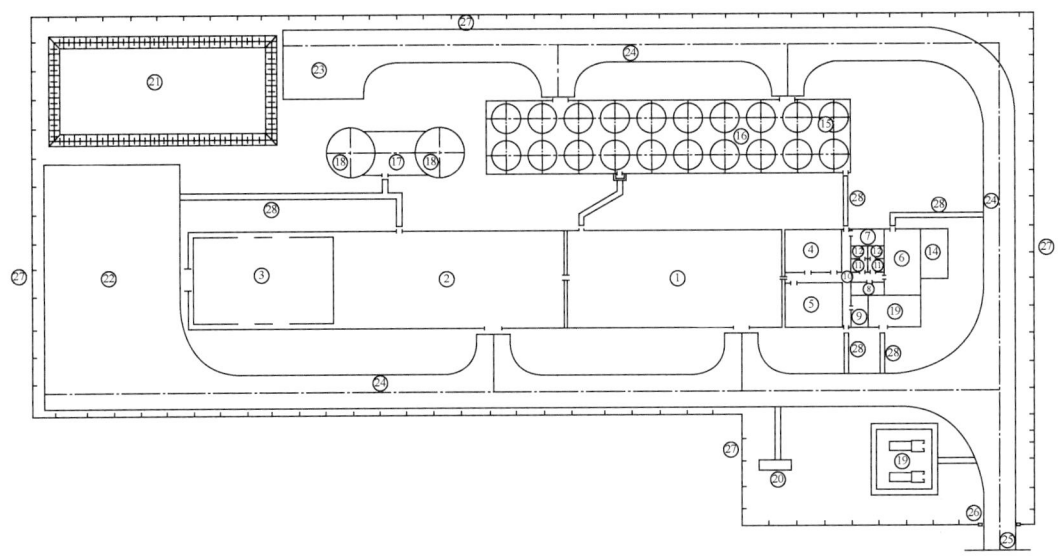

图 10-4-1 配制站平面布置图
① 外输泵房；② 配制间；③ 料库；④ 值班室；⑤ 化验室；⑥ 配电间；⑦ 维修间；⑧ 卫生间；⑨ 资料室；
⑩ 走廊；⑪ 更衣室；⑫ 浴室；⑬ 采暖泵房；⑭ 变压器区；⑮ 熟化罐；⑯ 熟化罐阀室；
⑰ 罐间阀室；⑱ 钢水罐；⑲ 加热炉区；⑳ 天然气阀组区；㉑ 排污池；㉒ 卸料场地；
㉓ 回车场地；㉔ 站内路；㉕ 进站路；㉖ 大门；㉗ 围墙；㉘ 人行道

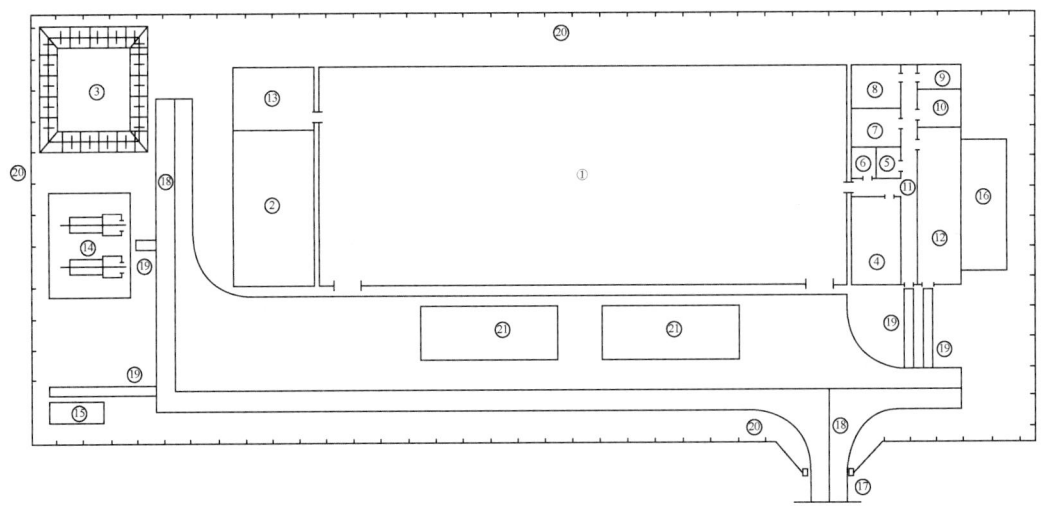

图 10-4-2 注入站平面布置图
① 注入泵房；② 母液槽间；③ 生产排污池；④ 值班控制室；⑤ 女更衣室；⑥ 男更衣室；⑦ 库房；⑧ 维修间；
⑨ 卫生间；⑩ 资料室；⑪ 走廊；⑫ 配电室；⑬ 采暖泵房；⑭ 加热炉区；⑮ 天然气调压装置区；
⑯ 变压器区；⑰ 大门；⑱ 站内道路；⑲ 人行路；⑳ 围墙；㉑ 调剖装置预留位置

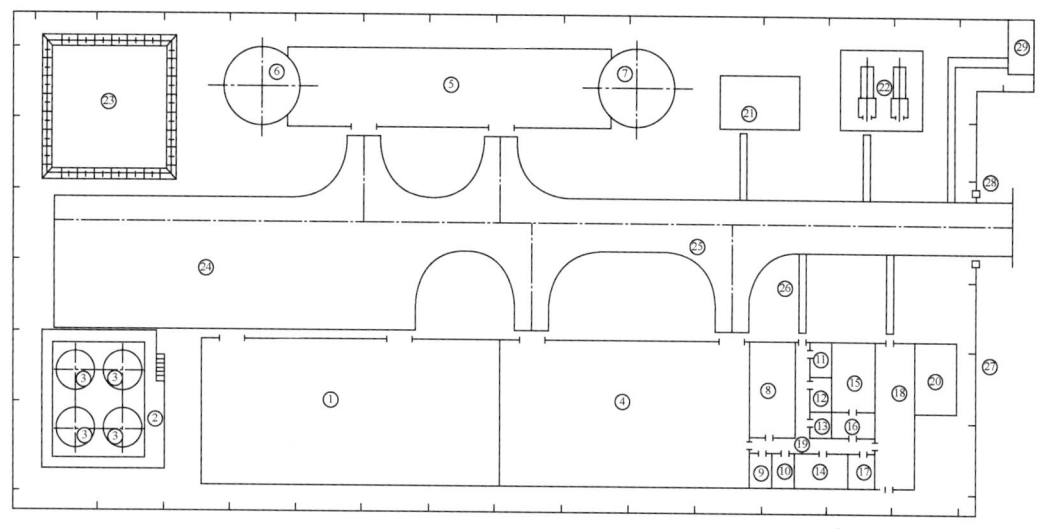

图 10-4-3 聚合物配注站平面布置图
① 配制泵房及料库;② 熟化罐平台及阀室;③ 熟化罐;④ 注入泵房;⑤ 注水曝氧泵房;⑥ 污水储罐;⑦ 曝氧污水储罐;
⑧ 控制值班室;⑨ 女更衣室;⑩ 男更衣室;⑪ 卫生间;⑫ 浴室;⑬ 资料室;⑭ 库房;⑮ 化验室;⑯ 工具间;⑰ 维修间;
⑱ 配电间;⑲ 走廊;⑳ 变压器区;㉑ 采暖泵房;㉒ 加热炉区;㉓ 污水池;㉔ 回车场;㉕ 站内路;
㉖ 人行道;㉗ 围墙;㉘ 大门;㉙ 天然气阀组区

4. 规模确定

1) 配制站规模确定

应按式(10-4-1)计算油田(区块)配制聚合物母液量:

$$Q_v = \frac{iX_2 q_v}{X_1} \quad (10-4-1)$$

式中 Q_v——配制聚合物母液量,m^3/d;
q_v——平均单井注入量,m^3/d;
i——注入井数;
X_1——配制母液的聚合物浓度,mg/L;
X_2——注入液的聚合物平均浓度,mg/L。

单个区块配制站的建站数量应根据该区块井位布置、井的分布确定,配制站规模之和就是该区块的聚合物配制总规模。

2) 注入站规模确定

(1) 满足油田开发方案的需要,符合总体规划的要求,做到近期与远期相结合,兼顾远期注水发展的可能。

(2) 与站外注水管网相结合,能全面满足注入(聚)井所需注水量和注水压力的要求。

(3) 注入站的注入规模,是由其所在注聚区块建设的产能和区块面积、注入井井数所决定的,根据注聚区块内注入井的井数和分布形式,在建站数量和站所辖井注聚管网总投资之间取得最优方案。在大中型油田,注入站规模一般在辖井 30～80 口之间。

5. 工艺选择

1）配注合一工艺

该工艺不但包括聚合物干粉的配制,而且还包括聚合物水溶液的注入;该工艺不但有低压水系统,而且还包括高压水系统。本工艺适用于大面积工业性试验,大庆的北一断西注聚合物试验站和喇南注聚合物试验站均采用此流程(图 10-4-4)。

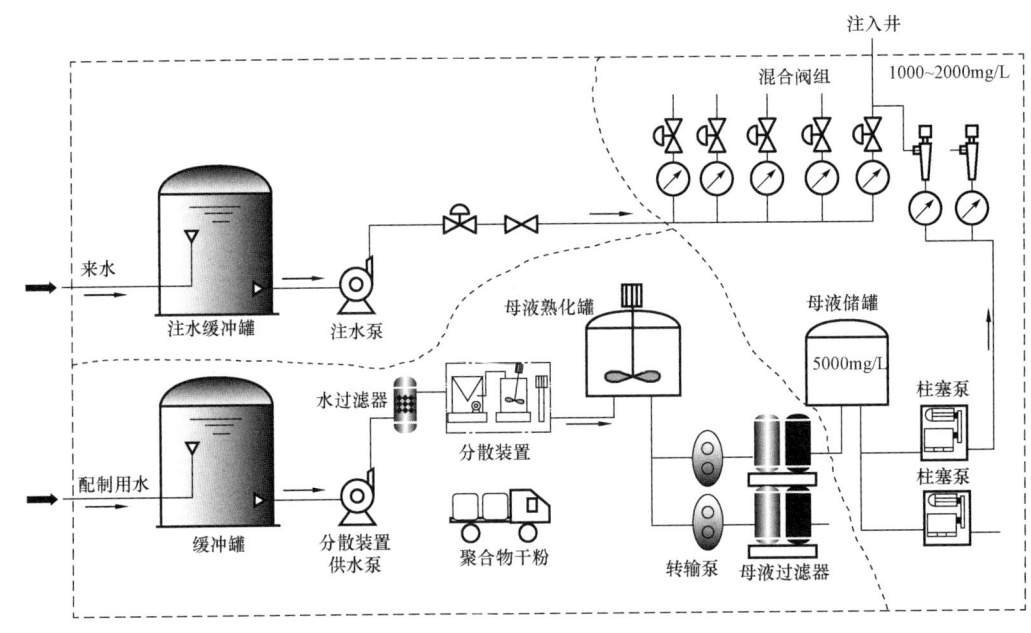

图 10-4-4 聚合物配注合一工艺原理流程图

2）集中配制、分散注入工艺

配制站寿命长,只要所在地区继续注入聚合物,配制站就可不停产,可工作几十年。注入站在一个注聚周期后(3～5年)即可完成任务,所以不能与配制站共建。一座配制站可供很多批注入站使用,注完一批,再换一批。

逐步采用了集中建设配制站,分散建设注入站(图 10-4-5),注水站可以利用已建水驱注水站。

6. 主体工艺流程

1）配制站

聚合物配制的基本流程是:固体粉状聚合物与水按比例进入分散装置,经分散装置充分混合后进入高架熟化、缓冲罐熟化储存,采取静压上供液方式经过泵前过滤器进外输泵,经过聚合物过滤器过滤后计量,然后将 5000mg/L 母液输至各个注入站。基本原理流程如图 10-4-6 所示。

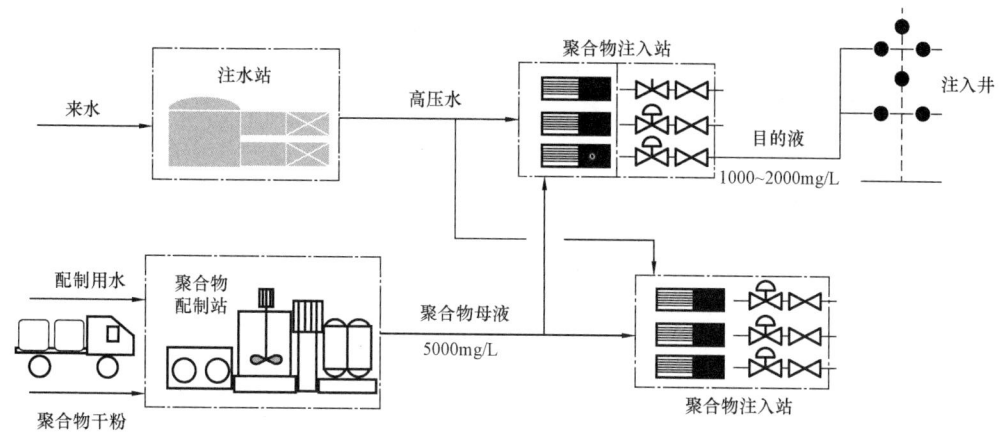

图 10-4-5 聚合物集中配制、分散注入工艺原理流程图

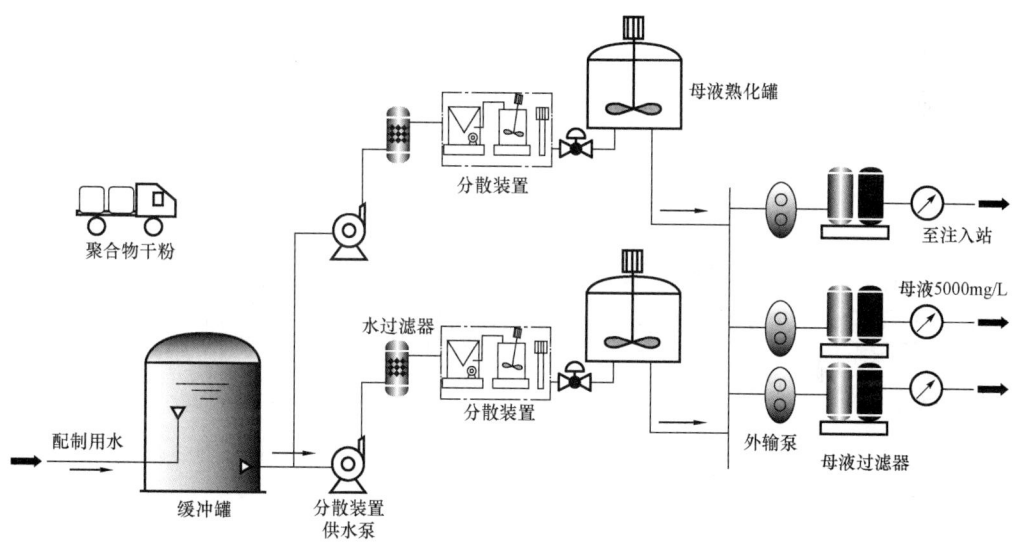

图 10-4-6 聚合物配制站工艺原理流程图

图 10-4-6 所示流程可适用于清水配制、污水配制及清水、污水混合配制,具体配制用水,需根据地质条件确定。

2）注入站

注入站工艺流程应满足母液(5000mg/L 聚合物母液或二元母液)缓存、升压、计量、与高压水混合的要求。基本流程是：配制站输来的母液进入高架母液储箱（槽）缓存,然后经软连接管,采取静压上供液方式经过滤器进注入泵。母液经注入泵增压、计量后,在静态混合器与注水站输来的高压水（清水、含油污水或高压二元液）混合配制成 1000mg/L（或其他地质所需要的浓度）的目的液,经管网至注入井。基本原理流程如图 10-4-7 和图 10-4-8 所示。

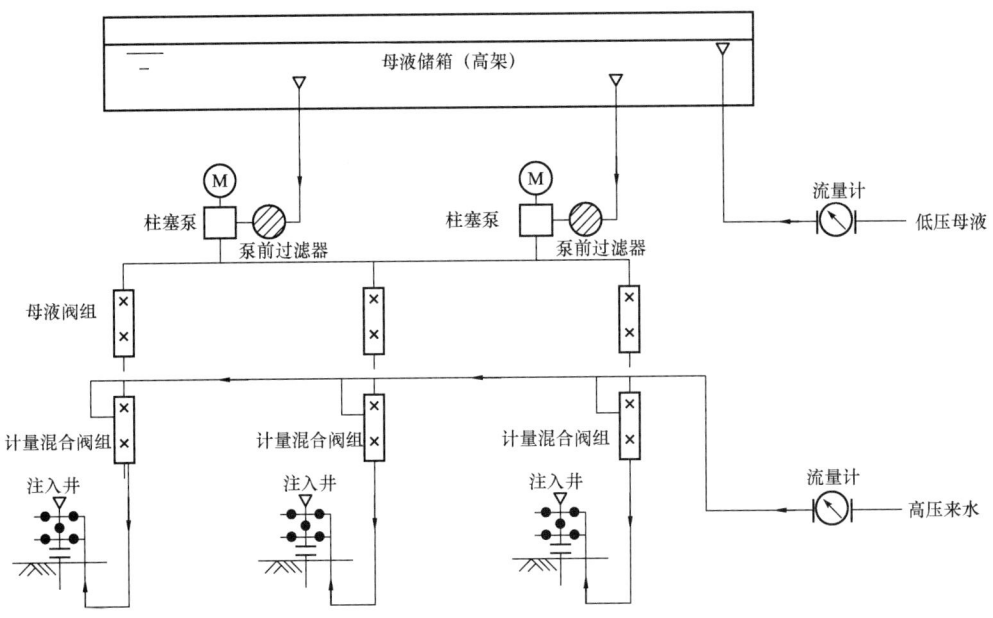

图 10-4-7 注入站一泵多井原理流程图

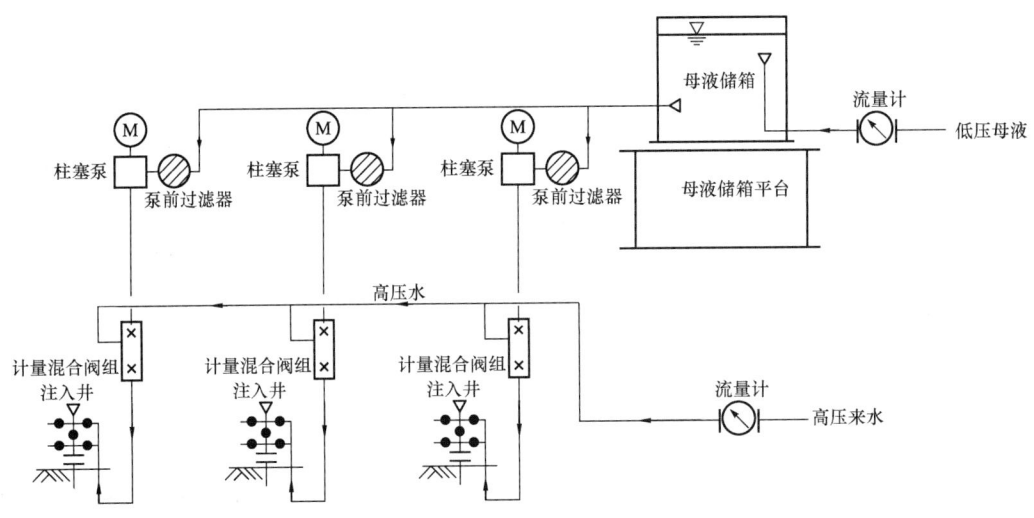

图 10-4-8 注入站单泵单井原理流程图

7. 辅助工艺流程

1）配制站

（1）排水在下列几处：① 螺杆外输泵漏液；② 外输泵泄压安全阀；③ 升压水泵漏水；④ 分散装置泄压安全阀；⑤ 聚合物母液过滤器清洗、检修时溢出的母液；⑥ 冲洗泵前排污沟的冲洗水。以上产生的废液均应进入泵房内压力排水系统，排放至环保型污水池。

（2）废液主要来自高架聚合物熟化罐和储水罐的溢流、排污，还有部分来自本站聚合物母液管的冲洗放空。废液一般采用高架自流排污方式,排放至环保型污水池。

2) 注入站

(1) 废液回收流程。

柱塞泵填料箱(静动密封面)漏液、冲洗泵前排污沟的冲洗水,自流进入泵房内母液回收装置,升压后排放至室外污水池。

高架母液罐的溢流液和放空液高架自流排放至室外污水池。

(2) 洗井流程。

该流程适用于固定式洗井注入区域的注入站。对于注入站,由于单井高压水流量范围一般在 $3m^3/h$ 以下,相比于洗井时 $25m^3/h$ 的流量过小,且在该管路上一般设有自动比例调节阀来精确控制水量,因此洗井水宜单独设立管路系统,以绕过水和聚合物母液混合的阀组,直接接到单井出站管上。

8. 主要设备选择

1) 聚合物分散装置

聚合物分散装置是注聚合物工艺中的核心设备。这套装置的性能将直接影响整套注聚合物系统的运行和驱油效果的优劣。因此,聚合物分散装置的选用要慎重考虑,制订出合理、可行的设计方案。

(1) 满足配制站设计规模的要求,考虑多种分子量的聚合物同时配制的可能,并按规定设置。

(2) 满足进入熟化罐的压力要求。

(3) 要求配备合理科学的自动控制方式和可调整的软件模块。

(4) 有足够的过流面积且变化幅度不大,以减少机械降解。

(5) 单台装置要求运行可靠,效率高。

(6) 方便管理,易于操作,便于维修。

(7) 供货及时可靠,价格合理,售后服务满足施工与生产要求。

(8) 在满足基本的设计参数及控制要求的条件下,尽可能选用价格经济合理的装置。

2) 聚合物母液外输泵

(1) 外输泵应优先选用单螺杆泵,在排量、压力无法满足的情况下,可考虑选用双螺杆泵,所选用的外输泵转速宜为 300r/min。

(2) 外输泵的排量、压力经计算而定。

(3) 根据各个注入站对母液的需求量,外输泵排量根据配制站规模选择,单个系统的外输泵排量应与配制规模匹配,外输泵工作压力应由计算确定。

(4) 选择泵型。收集泵的全面资料,要求详细准确地掌握泵的性能与特点。根据选泵依据和使用条件,选择合适泵型,应包括泵排量、扬程、转数及转向、配机功率、效率保证值、适用水质及温度、允许泵吸上真空度及灌入压头、泵特性曲线、泵安装地点的海拔高度(当高程在 1000m 以上时,对于驱动电动机有防电晕要求)。

(5) 泵性能条件的复核,在初步设计阶段应确定泵型,到施工图设计阶段,应依据进一步明确的站内设计条件,确定配机功率是否合理。

(6)泵的过流部件不应对聚合物造成降解、降黏等副作用。

3)聚合物过滤器

(1)为了防止生成二价铁离子对聚合物的机械降解,壳体一般采用不锈钢材质,在价格经济合理的情况下,也可以采用碳钢内涂可靠耐用的防腐层或其他材料。壳体部分一般包括罐体、上盖、进出口法兰、排气孔、排污口等。罐体应达到压力容器制造标准。

(2)过滤器的滤芯一般为聚丙烯纤维材质的滤袋和不锈钢材质网结构的金属滤袋,滤芯应有内层或外层起支撑、保护作用的保护钢网。滤芯应具有再生功能,且在使用过程中容易更换。

(3)过滤器的工作压力应与外输泵的出口额定压力相匹配;过滤器的进出口工作压差一般小于0.3MPa。

(4)精细过滤器的过滤精度应不小于25μm,即能滤掉聚合物母液中尺寸大于25μm的固体颗粒;粗过滤器的过滤精度不应小于100目,即能滤掉聚合物母液中尺寸大于100目的固体颗粒。

(5)根据整个配制站的生产规模,合理确定过滤器的数量,与外输泵排量一对一匹配,确定单台过滤器的过滤量。在满足站内过滤量的前提下,应优先选用体积小易于安装的聚合物过滤器。

(6)过滤器承压能力应不低于外输泵出口压力,常用压力等级为1.6MPa、2.0MPa、2.5MPa、3.2MPa等。

4)聚合物搅拌器

(1)为了加速聚合物在水中的溶解速度,熟化罐内应安装搅拌器。搅拌器与介质接触部分(叶片、轴、扶正器)应优先选用不锈钢材质。

(2)搅拌器应采用电动机驱动。

(3)在价格经济合理的前提下,应尽量选用适合于高黏度流体的搅拌器。

(4)工程设计中常用搅拌器有3种:普通推进式搅拌器Ⅰ型、Ⅱ型,适用于普通分子量的聚合物;选用双螺带搅拌器,适用于高分子抗盐聚合物。设计选用的搅拌器转速不应超过50r/min。

5)熟化罐

(1)熟化罐容积需根据配制工艺及熟化时间要求确定。

(2)因聚合物对铁离子(尤其是二价铁离子)的影响很敏感,因此熟化罐材质建议采用玻璃钢、不锈钢或具有可靠防腐涂层的材料。

(3)熟化罐的数量根据计算确定。

6)注入泵的选用

(1)运行可靠,泵效高,并长期在高效区运行。

(2)注入泵的过流部件为不锈钢或采用可靠的防腐,以减少化学降解。

(3)应选用低剪切高压往复泵,以减少机械降解。

(4)注入泵应易于放出泵腔内部所存空气。

(5)注入泵应采取调节排量的措施,宜采取变频调速控制。

（6）选择泵型，收集泵的全面资料，要求详细准确，了解泵的性能与特点。根据选泵依据和使用条件，选择合适泵型，应包括泵排量、扬程、转数及转向、配机功率、效率保证值、适用水质及温度、允许泵吸上真空度及灌入压头、泵特性曲线、泵安装地点的海拔高度（当高程在1000m以上时，对于驱动电机有防电晕要求），了解泵的柱塞数、柱塞直径、冲程、冲次等。在满足设计规模与压力条件下，应优先选用皮带传动的三柱塞式往复泵。

（7）泵性能条件的复核，在初步设计阶段确定泵型，到施工图设计阶段，应依据进一步明确的站内设计条件、站外管网系统、井口压力、水量等再次复核所选泵型是否正确，配机功率是否合理。

（8）兼顾已用泵型和用泵习惯，利于区域管理。

（9）方便管理，易于操作，便于维修。

（10）供货及时可靠，价格合理，售后服务满足施工与生产要求。

二、三元复合驱配制注入

近年来，三元复合驱配制注入工艺在大庆油田进行了大规模的推广应用，在国内外其他油田均处于试验阶段，还没有大规模推广，本部分内容主要在大庆油田发展的工艺基础上进行简单介绍。大庆油田的三元复合驱地面工程是在有效、充分利用了现有水驱、聚合物驱设施的基础上而向前发展，所以以下主要针对集中配制、分散注入工艺进行介绍。

1. 系统布局

1）系统构成

三元复合驱地面系统主要由配制站、调配站、注入站、注水站、母液管道、高压二元液管道、低压二元液管道、单井注入管道等组成，主要采用集中配制、分散注入工艺，即在井区负荷中心集中建设配制站、调配站，统一配制低压二元液和高压二元液，按需分配到井区内各个注入站，在注入站混配成高压三元复合体系。

2）站场布局

（1）调配站、配制站、注水站、注入站布局应通过多方案对比，在满足油田开发前提下，经技术经济比较后确定。

（2）调配站、配制站、注水站、注入站布局应根据总体规划，结合油气集输、供水、污水处理、供电、道路及通信等统一考虑。

（3）调配站应尽可能建在辖区的负荷中心，注入站应尽可能建在所辖注入井的负荷中心。

（4）布局应尽可能利用有利地形及外部条件，全面考虑相关专业的要求。

3）站址选择

（1）应符合 SY/T 0048《石油天然气工程总图设计规范》的有关规定。

（2）应满足工艺生产的需要，宜布置在辖区的中心，并兼顾油田未来发展。

（3）应考虑交通运输、供水、排水、供电、通信等公用设施和生活基地等依托条件。

（4）站址应选择在草地和荒地，不占或少占耕地，宜位于地势较高处，应避免选择在可能浸水的地区。站址的选择应考虑工程地质条件的因素。

（5）所选站址与附近的企业、住宅、公用建筑物等要保持应有的安全防火距离，应符合GB

50183《石油天然气工程设计防火规范》。

(6) 站址选择应合理使用土地,建设用地应符合国土资源部发布的《石油天然气工程项目用地控制指标》。

4) 调配站平面布置(图 10-4-9 和图 10-4-10)

(1) 站场平面布置应与工艺流程相适应,做到场区内外物料流向合理,生产管理和维护方便。根据不同生产功能和特点相对集中布置,形成不同的生产区和辅助生产区。平面布置应结合其他专业全面考虑。

(2) 平面布置应紧凑合理,既要满足防火距离要求,又力求布置紧凑,节约用地,平面布置及土地利用系数应符合 SY/T 0048《石油天然气工程总图设计规范》的要求。

(3) 调配站独立建设时,站场区域布置防火间距、站场内部防火间距执行 GB 50016《建筑设计防火规范》;调配站与油气站场合建时,执行 GB 50183《石油天然气工程设计防火规范》,其未规定部分执行 GB 50016《建筑设计防火规范》。火灾危险性分类划分按 GB 50016《建筑设计防火规范》执行。

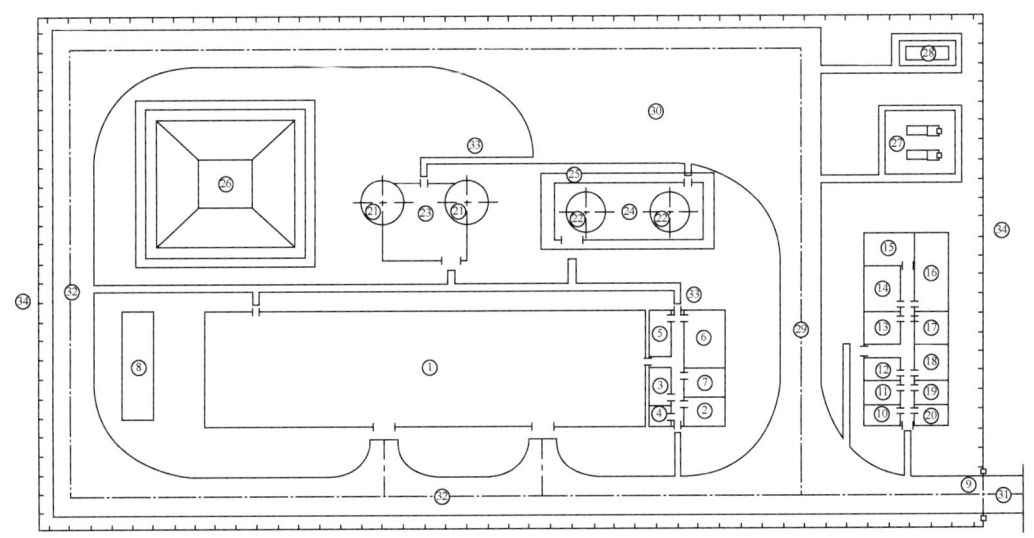

图 10-4-9 调配站平面布置图一

① 碱、表面活性剂泵房;② 值班控制室;③ 更衣室;④ 卫生间;⑤ 资料室;⑥ 采暖泵房;⑦ 维修间;⑧ 电控一体化橇;⑨ 铁艺大门;⑩ 门卫值班室;⑪ 更衣室;⑫ 资料室;⑬ 水质监测室;⑭ 质检室;⑮ 界面张力化验室;⑯ 浓度黏度分析室;⑰ 样品管理室;⑱ 配样室;⑲ 药剂接收室;⑳ 卫生间;㉑ 碱液储罐;㉒ 表面活性剂储罐;㉓ 碱液储罐间室;㉔ 表面活性剂罐下阀间室;㉕ 表面活性剂罐平台;㉖ 排污池;㉗ 加热炉区;㉘ 天然气阀组区;㉙ 电子汽车衡;㉚ 站内卸料及调车场地;㉛ 进站路;㉜ 站内路;㉝ 人行道;㉞ 围墙

(4) 生产厂房及设施布置应符合下列规定:

① 凡散发有害气体和易燃、易爆气体的生产设施,应布置在人员集中场所及明火或散发火花地点的全年最小频率风向的上风侧。

② 站内设有采暖用锅炉房时,锅炉房及燃气调压间应设在站场边缘。

③ 厂房主体建筑应朝阳以利采光,一般应坐北朝南或坐西朝东。

④ 容器集中布置,同类厂房集中布置,站内化验室应独栋设置。水罐距厂房净距不应小于最小防火间距的要求,多座罐组合成排时,罐中心应在一条直线上;调配罐平台距外输泵房间距宜为10m。

⑤ 平面布置相关设备基础应避开站址内已废弃但地下设施未经处理的油井、水井。

⑥ 站内生活污水和生产废液池堤高出场区地面1.0m,排污池应设在站内,并应满足环保部门的要求。

⑦ 表活剂储罐周围应设防火堤,强碱储罐设置围堰,高度及大小执行 GB 50183《石油天然气工程设计防火规范》。储罐防火堤的外坡脚线距消防车道的距离不宜小于3m。

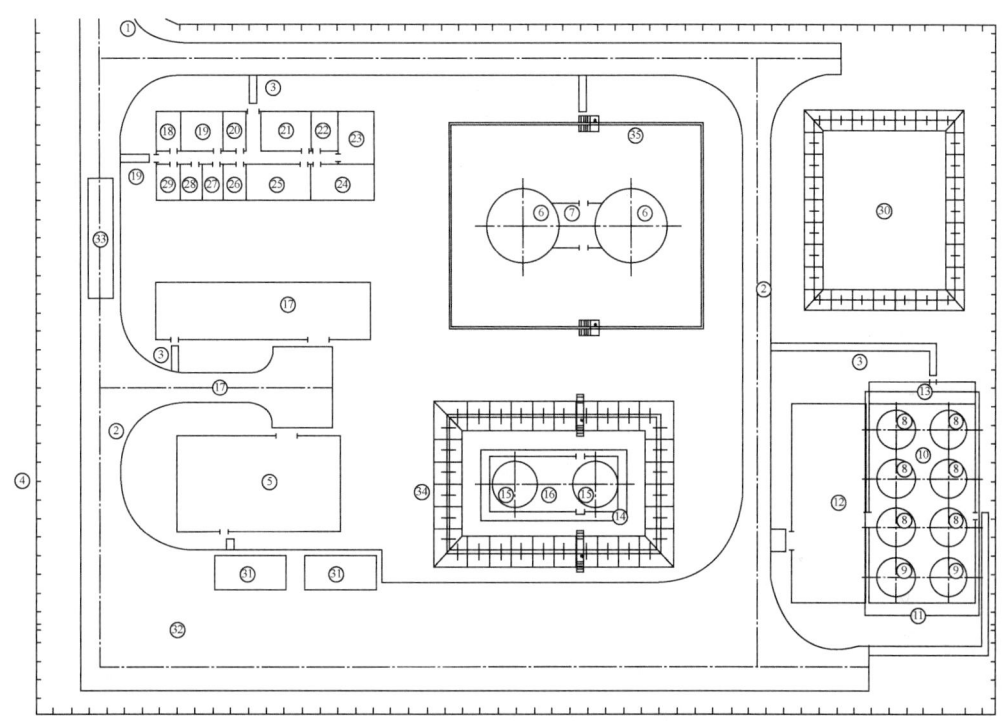

图10-4-10 调配站平面布置图二

① 大门;② 站内道路;③ 人行道;④ 围墙;⑤ 碱液泵房;⑥ 碱液储罐;⑦ 碱液储罐阀室;⑧ 分子量1二元调配罐;⑨ 分子量2二元调配罐;⑩ 调配罐下阀室;⑪ 二元调配平台;⑫ 外输泵房;⑬ 表面活性剂阀室;⑭ 表面活性剂平台;⑮ 表面活性剂储罐;⑯ 表面活性剂罐下阀室;⑰ 表面活性剂泵房;⑱ 称重值班室;⑲ 资料室;⑳ 更衣室;㉑ 聚合物化验室(一);㉒ 碱、表面活性剂化验室;㉓ 界面张力化验室;㉔ 聚合物化验室(二);㉕ 聚合物化验室(三);㉖ 化验仪器库房;㉗ 耗材库房;㉘ 药品管理室;㉙ 卫生间;㉚ 排污池;㉛ 碱液储槽;㉜ 回车场地;㉝ 电子汽车衡;㉞ 防火堤;㉟ 围堰。

(5) 道路及围墙布置。

① 站内应合理布置行车道路和人行道,行车道路与主要建(构)筑之间净距不应小于5m。站内行车道路转弯半径应满足运输物料车辆转弯的要求,并在进料库前设有车辆停放、掉头、叉车运料的场地,进站路至场地间路段应尽量少转弯。进站大门口处设原料待检场地。

② 新建站场应设置围墙,围墙应采用非燃烧材料建造,围墙高度不宜低于2.2m,进站路入口处宜设置电动大门。

③ 站(厂)场道路及竖向委托道路专业设计,各单体地坪标高应根据道路专业返回的竖向标高确定,各单体室内外地坪高差0.3m,水罐罐底标高出室内地坪0.1m。

④ 道路与围墙的间距宜为1.5m,生产建(构)筑物至围墙的间距不应小于5m。

(6) 表面活性剂储罐应与表面活性剂泵房相邻布置,减少场区表面活性剂自流管道的长度。

2. 规模确定

油田(区块)聚合物计算同聚合物配制注入。

油田(区块)表活剂、碱粉量应按式(10-4-2)计算:

$$Q_v = iX_1 q_v \qquad (10-4-2)$$

式中 Q_v——表面活性剂、碱粉量,t/d;

q_v——平均单井注入量,m³/d;

i——注入井数;

X_1——注入液的表面活性剂、碱粉平均浓度,mg/L。

3. 主体工艺流程

1) 配制站

同聚合物配制注入。

2) 调配站

目前调配站常采用的工艺有如下两种:

高压二元液、低压二元液工艺:表面活性剂、聚合物与水按一定比例混合成低压二元液,碱、表面活性剂与高压水按一定比例混合成高压二元液后外输至注入站。原理流程如图10-4-11所示。

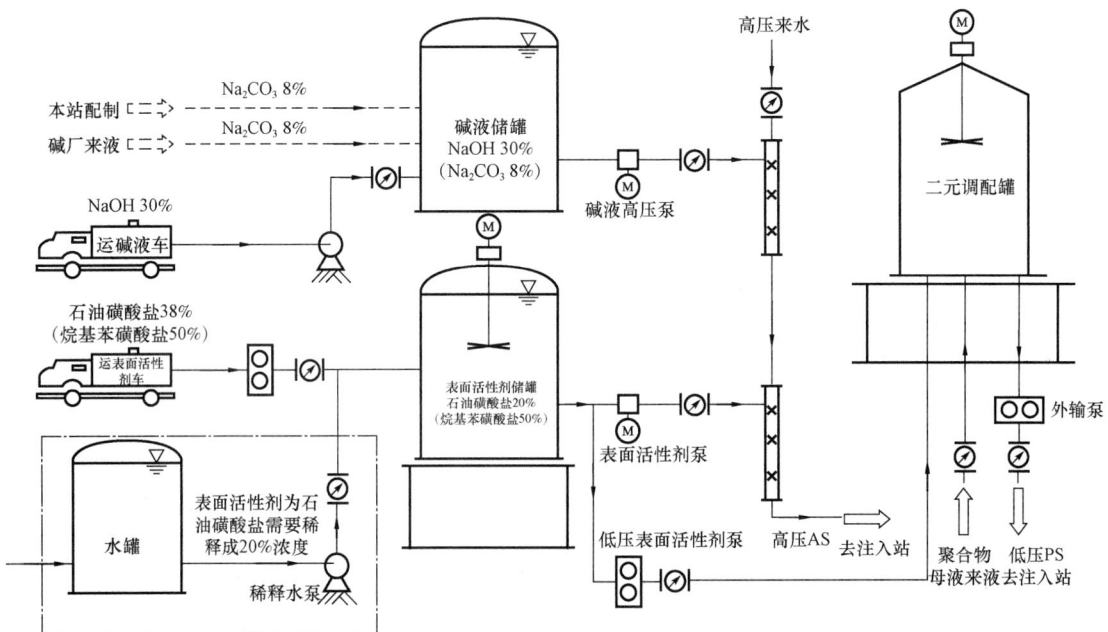

图10-4-11 高压二元液、低压二元液工艺原理流程图

高压二元液、低压一元液工艺:S 与水按一定比例混合成低压一元液,外输至配制站;A、S 与高压水按一定比例混合成高压二元液后外输至注入站。原理流程如图 10-4-12 所示。

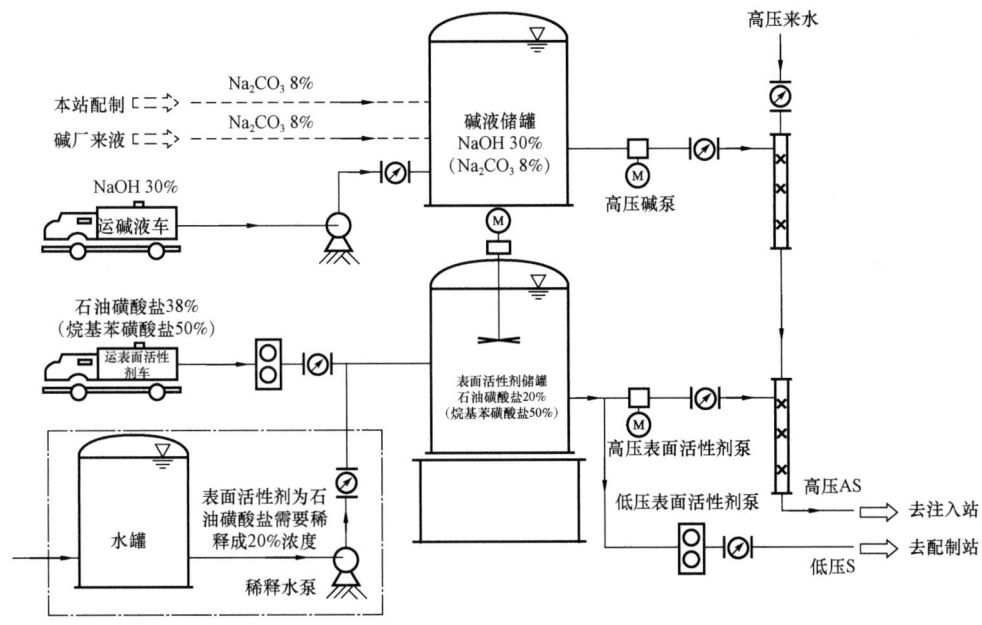

图 10-4-12 高压二元液、低压一元液工艺原理流程图

碱液在本站配制时,原理流程如图 10-4-13 所示。

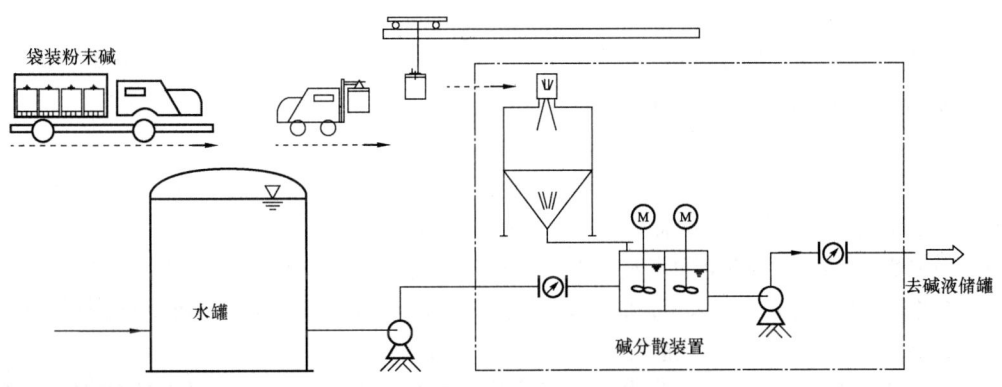

图 10-4-13 碱液配制工艺原理流程图

4. 辅助工艺流程

1）配制站

同聚合物配制注入。

2）调配站

(1) 生产排水:① 螺杆泵漏液;② 泵泄压安全阀;③ 泵漏水;④ 分散装置泄压安全阀;

⑤过滤器清洗、检修时溢出的液体;⑥冲洗泵前排污沟的冲洗水。以上产生的废液均应进入泵房内压力排水系统,排放至环保型污水池。

(2)生产废液主要来自高架调配罐和储水罐、碱罐、表面活性剂罐的溢流、排污,还有部分来自本站工艺管线的冲洗放空。废液一般采用高架自流排污方式,排放至环保型污水池。

3)注入站

同聚合物配制注入。

5. 主要设备选择

1)调配站

(1)碱分散装置的选用。

碱分散装置主要用在弱碱系统中把粉末碱配制成碱溶液的设备。这套装置的性能将直接影响调配系统的运行和碱在三元复合体系中的浓度。碱分散装置的选用要慎重考虑,根据计算结果合理选择。

① 满足调配站设计规模的要求,配制能力合理。

② 满足进入碱液储罐的压力要求。

③ 要求配备合理科学的自动控制方式和可调整的软件模块。

④ 单台装置要求运行可靠,效率高。

⑤ 方便管理,易于操作,便于维修。

⑥ 供货及时可靠,价格合理,售后服务满足施工与生产要求。

⑦ 在满足基本的设计参数及控制要求的条件下,尽可能选用价格经济合理的装置。

⑧ 与设备厂家及时沟通,并将详细的技术要求提供给设备厂家。

(2)外输泵的选用。

① 外输泵应优先选用单螺杆泵,在排量、压力无法满足的情况下,可考虑选用双螺杆泵,所选用的外输泵转速宜为300r/min。

② 外输泵的排量、压力经计算结果确定。

③ 根据各个注入站对母液的需求量,外输泵排量根据配制站规模选择,单个系统的外输泵排量应与配制规模匹配,外输泵工作压力应由计算确定。

④ 选择泵型:收集泵的全面资料,要求详细准确地掌握泵的性能与特点。根据选泵依据和使用条件,选择合适泵型,应包括泵排量、扬程、转数及转向、配机功率、效率保证值、适用水质及温度、允许泵吸上真空度及灌入压头、泵特性曲线。

⑤ 泵性能条件的复核,在初步设计阶段应确定泵型,到施工图设计阶段,应依据进一步明确的站内设计条件,确定配机功率是否合理。

⑥ 泵的过流部件不应对聚合物造成降解、降黏等副作用。

(3)表面活性剂泵的选用。

① 低压表面活性剂泵应选用螺杆泵,高压表面活性剂泵选用柱塞泵。

② 满足调配站设计规模的要求,能力合理。

③ 根据各个注入站对高压二元液需求量,高压表面活性剂泵排量根据注入站规模选择,单个系统的高压表面活性剂泵排量应与注入站规模匹配,每个系统应设备用泵,条件允许时各

系统设公共备用泵。

④ 表面活性剂泵排量、压力根据计算结果确定。

⑤ 低压表面活性剂泵定子材质应耐有机溶剂（正丁醇）的溶蚀。

(4) 碱泵的选用。

① 低压碱泵选用离心泵，高压碱泵选用柱塞泵。

② 满足调配站设计规模的要求，能力合理。

③ 根据各个注入站对高压二元液需求量，高压碱泵排量根据注入站规模选择，单个系统的高压碱泵排量应与注入站规模匹配，每个系统应设备用泵，条件允许时各系统设公共备用泵。

④ 碱泵排量、压力根据计算结果确定。

(5) 搅拌器的选用。

调配站内搅拌器在调配罐和表面活性剂（烷基苯磺酸盐）罐内使用，调配罐内搅拌器的选用与配制站熟化罐内搅拌器选用原则一致。表面活性剂罐内搅拌器选用原则如下：

① 为了避免表面活性剂中的溶剂沉淀而造成流动性变差而设置，调配罐内应安装搅拌器。搅拌器与介质接触部分（叶片、轴、扶正器）应优先选用不锈钢材质。

② 搅拌器采用电动机驱动。

③ 搅拌器选用普通推进式搅拌器。

④ 实际工程中选用搅拌器时，应将搅拌器使用条件在技术规格书中明确，如表面活性剂罐直径、高度、表面活性剂性质、运行状态、安装环境等。

(6) 调配罐的选用。

调配罐容积、数量根据计算结果确定。

(7) 密闭上料除尘装置选用。

其能力应满足 5~10min 加满碱分散装置的料斗。

2) 注入站

注入泵的选用：二元液（聚合物+表面活性剂）的表面活性剂为烷基苯磺酸盐时，其密封材料应耐正丁醇溶蚀。其余要求同聚合物配制注入。

三、注入管道

在化学剂驱注入系统中，主要有高压水管道、高压二元液（碱和表面活性剂）管道、低压二元液（聚合物和表面活性剂）管道、低压一元液（表面活性剂）管道、聚合物母液管道、单井注入管道。

1. 管材选择

高压水管道、高压二元液管道、单井注入管道选材同本章第二节。

聚合物母液管道、低压二元液管道常采用钢骨架塑料复合管、玻璃钢管等非金属管道，也可采用具有可靠防腐涂层的金属管道。

2. 管道计算

1) 应力计算

金属管道的应力计算同本章第二节。

非金属管道根据设计压力直接选用。

2）管道的水力计算

（1）高压水管道、高压二元液管道、低压一元液管道、单井注入管道的水力计算同本章第二节。

（2）低压二元液管道、聚合物母液外输管道流速不宜大于0.6m/s，目的液注入管道流速不宜大于1.0m/s。

管流阻力可按式（10-4-3）计算：

$$\Delta p = 4LK\left(\frac{3n+1}{4n}\right)^n \times \frac{(32q_v)^n}{\pi^n D^{3n+1}} \times 0.7 \qquad (10-4-3)$$

式中　Δp——水力坡降，Pa；

L——管线长度，m；

K——聚合物水溶液稠度系数，$Pa \cdot s^n$（应通过实验确定）；

n——流变行为指数，$n<1$（应通过实验确定）；

q——流量，m^3/s；

D——管道内径，m。

3）管道壁厚计算

（1）金属管道壁厚计算同本章第二节。

（2）非金属管道根据设计压力直接选用。

3. 管道敷设

管道敷设同本章第二节。

第五节　注　　气

一、系统布局

目前国内注气驱油技术主要包括二氧化碳驱油技术、空气火驱油技术、空气泡沫驱油技术和天然气驱油技术。注气系统总体布局应根据注入井和生产井分布、自然条件及已建地面系统依托情况，并统筹考虑采出液体处理、给排水及消防、供配电、通信、道路等公用工程，通过技术经济对比分析确定。二氧化碳驱和天然气驱注入系统总体布局还应考虑二氧化碳和天然气的来源和供给方式。油田注气系统通常包括注气站、配注阀组间、注入管道和注入井口。油田注气系统通常按下列三个原则进行布置：

（1）注气站尽可能布置在油田注入区块的中心位置，并应有方便的交通条件；天然气注入站通常毗邻天然气处理厂而建，注入的天然气和公用工程可依托天然气处理厂。

（2）根据油田注入区块的面积合理确定配注阀组间的建设位置，对于开发面积较大注入区块，配注阀组间宜与注气站分开建设，对于开发面积较小的注入区块，配注阀组间可以和注气站合并建设。

(3) 配注阀组间与注入井口间的注入管道呈辐射状布置,可使注入管道线路最短。

二、工艺流程

1. 二氧化碳驱工艺流程

1) 二氧化碳驱液态注入工艺流程

二氧化碳驱液态注入工艺流程主要根据二氧化碳来源、注入井分布,以及开发试验要求来确定。注入方式主要有:井场活动注入和集中注入。

(1) 井场活动注入方式。

井场活动注入适用于单井注入,其突出优点是灵活性强,移动方便,费用相对较低。井场活动注入工艺流程如图10-5-1所示。

在该工艺流程中液态二氧化碳由罐车拉至注入井场,经车载的喂液泵提压至2.5MPa左右,再通过注入泵增压至配注压力(根据开发资料确定)后注入地下。

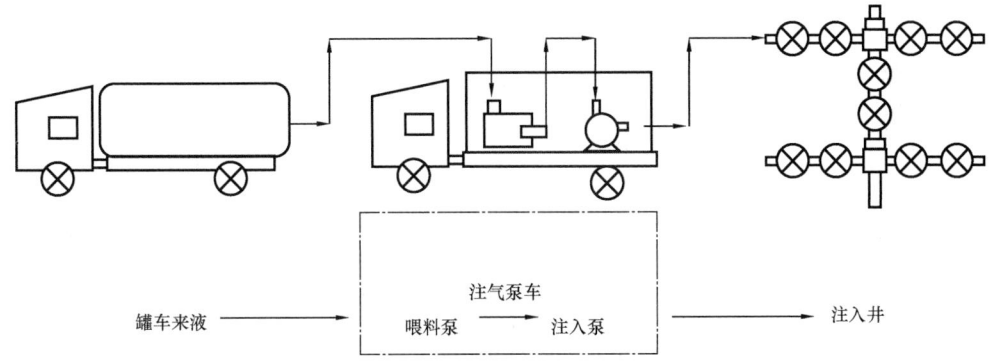

图10-5-1 井场活动注入工艺原理流程图

(2) 集中注入方式。

集中注入方式适用于较大规模的二氧化碳驱油区块,注入工艺有单泵对单井工艺和一泵对多井工艺。根据开发提出的注气井地质条件和注气压力等资料来选择合适的注入工艺。对于注气井的地质条件和注气压力差别较大的注入区块,通常选择单泵对单井注入工艺,工艺流程如图10-5-2所示;对于注气井的地质条件和注气压力相近的注入区块,通常选择一泵对多井注入工艺,工艺流程如图10-5-3所示。二氧化碳储罐中的液态二氧化碳经喂液泵提压至2.5MPa左右,再经注入泵增压至配注压力后(根据开发资料确定),管输至配气阀组间,经配气阀组配气计量后输送至各单井注入地下。

2) 二氧化碳驱超临界注入工艺流程

二氧化碳驱超临界注入工艺通常用于油田伴生气二氧化碳回收注入和二氧化碳气源充分区域的二氧化碳注入。二氧化碳驱油田生产初期,转油站分离出的油田伴生气中二氧化碳含量较低,伴生气可以直接作为转油站的燃料。当伴生气中的二氧化碳含量较高,伴生气不能作为燃料直接燃烧时,根据开发试验要求,通常利用二氧化碳超临界注入工艺对油田伴生气进行回收注入。

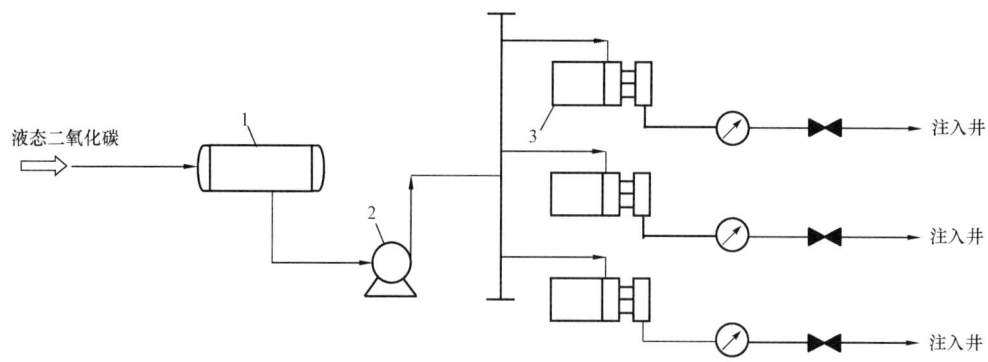

图 10-5-2 单泵对单井工艺原理流程图
1—二氧化碳储罐；2—喂液泵；3—注入泵

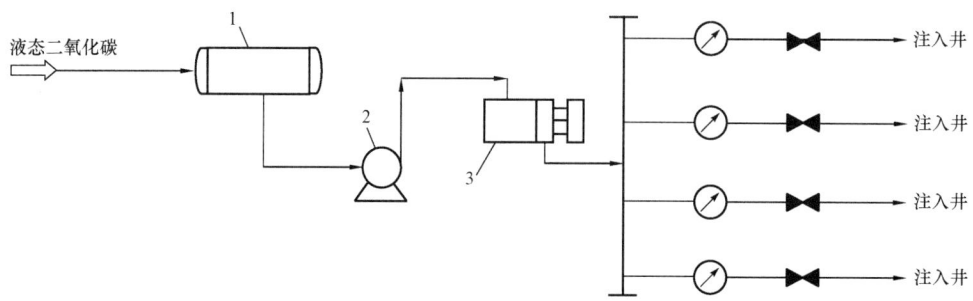

图 10-5-3 一泵对多井工艺原理流程图
1—二氧化碳储罐；2—喂液泵；3—注入泵

油田伴生气二氧化碳超临界注入工艺流程如图 10-5-4 所示，转油站输送来的油田伴生气（$20\sim40$℃，$0.2\sim0.4$MPa）进站后经过缓冲、压缩机增压至 $2\sim3$MPa，增压后的伴生气经预处理（除液、除颗粒）、干燥，再经分离装置对伴生气中的烃类和二氧化碳气体进行分离，富含二氧化碳气体经注气压缩机增压至配注压力（根据开发资料确定）后，管输至配气阀组间，经配气阀组配气计量后输送至各单井注入地下。

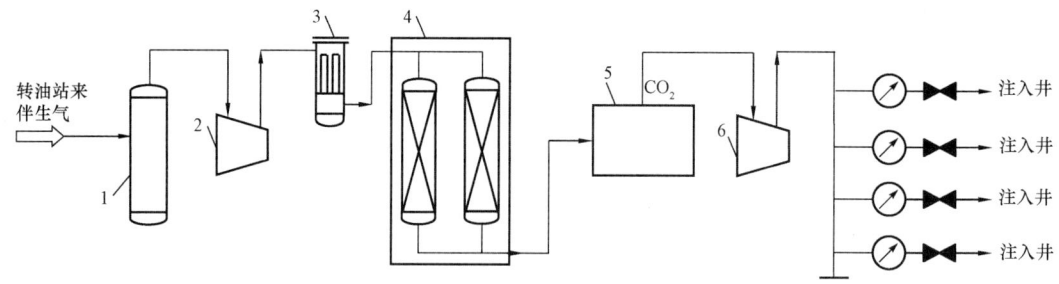

图 10-5-4 油田伴生气二氧化碳超临界注入工艺原理流程图
1—缓冲罐；2—原料气压缩机；3—过滤分离器；4—干燥装置；5—分离装置；6—超临界注入压缩机

天然气净化厂脱碳装置捕集的二氧化碳用于油田驱油,可以利用输气管道输送至注入站,直接经注气压缩机增压至配注压力(根据开发资料确定)后进行超临界注入,工艺流程如图 10-5-5 所示。

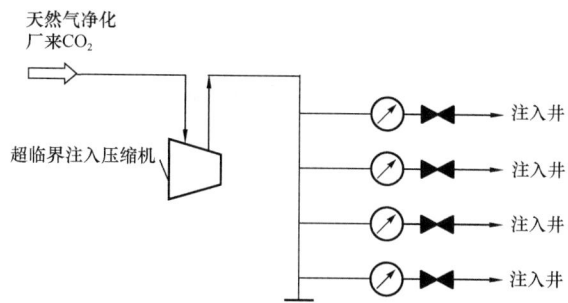

图 10-5-5　天然气净化厂二氧化碳尾气超临界注入工艺原理流程图

2. 空气火驱工艺流程

空气火驱注气原料为空气,通常采用螺杆压缩机+往复压缩机两段增压方式为空气增压。螺杆压缩机常压吸气,排气压力 1MPa 左右,往复压缩机根据注气压力选择合适的压缩级数。空气火驱的工艺流程如图 10-5-6 所示,空气经螺杆式压缩机增压至 1MPa 左右,进入空气缓冲罐,再经干燥装置去除空气中的水分后,由往复式压缩机增压至配注压力(根据开发资料确定),进入空气稳压罐,再管输至配气阀组间,经配气阀组配气计量后输送至各单井注入地下。

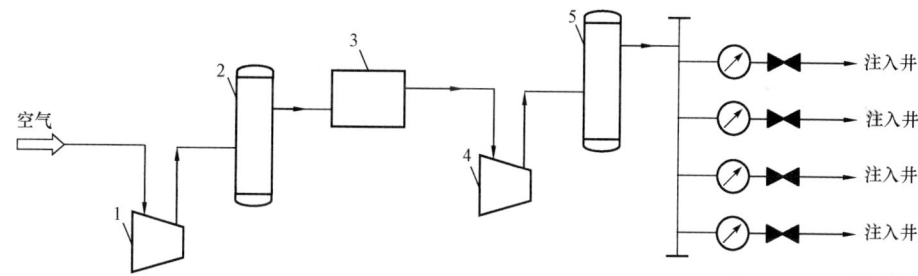

图 10-5-6　空气火驱工艺原理流程图
1—螺杆式压缩机;2—缓冲罐;3—干燥装置;4—往复压缩机;5—稳压罐

3. 空气泡沫驱工艺流程

空气泡沫驱注入工艺是通过在注入空气的过程中加入起泡剂,将空气驱油和泡沫驱油两种提高采收率的方式结合在一起,空气泡沫驱的工艺流程如图 10-5-7 所示,在注入站内,表面活性剂原液通过起泡剂卸车装置从罐车中卸入起泡剂原液稀释罐,储存罐中的起泡剂原液掺入一定量的低压污水,将起泡剂溶液配制成目标浓度泡沫液,然后经高压注入泵升压后与空气压缩机出来的高压空气分别计量后混合,混合后的泡沫液输送至各注入井注到地下。

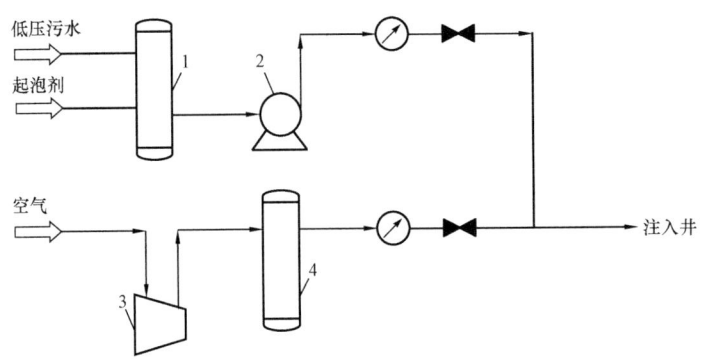

图 10-5-7 空气泡沫驱注入工艺原理流程图
1—稀释罐;2—注入泵;3—空气压缩机;4—空气稳压罐

4. 天然气驱工艺流程

天然气驱工艺流程如图 10-5-8 所示,输送至注气站的天然气进入分离器预处理(除液、除颗粒等),经注气压缩机增压至配注压力(根据开发资料确定),再管输至配注阀组,经配注阀组分配计量后输送至各单井注入地下。

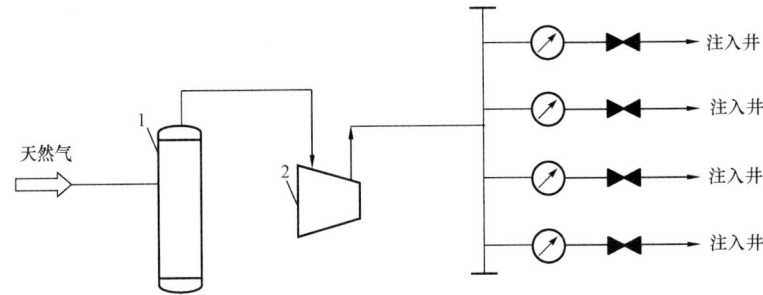

图 10-5-8 天然气驱工艺原理流程图
1—天然气分离器;2—注气压缩机

三、主要设备选择

1. 二氧化碳储罐

二氧化碳注入站设置的二氧化碳储罐实现对液化生产或外购拉运的液态二氧化碳的储存。根据注入站的设计规模,一般选择卧式储罐或球罐储存液态二氧化碳。通常储存能力低于 $200m^3$ 的储罐选择卧式储罐,$200m^3$ 以上的储罐选择球罐。

1)储罐总容量和个数

当注入站的设计规模已定时,二氧化碳储罐的总容量决定于储存天数,而储存天数主要取决于二氧化碳气源情况、运输方式。

参照 GB 50350—2015《油田油气集输设计规范》,液态二氧化碳的生产作业罐和储罐的容积应根据运输方式和距离,按设计产量或设计注入量计算,储存天数宜符合下列规定:

(1) 生产作业罐宜为 1d；
(2) 管道运输的储罐宜为 3d；
(3) 公路运输的产品储罐,当运输距离小于或等于 100km 时,储存天数宜为 3～5d,当运输距离大于 100km 时,储存天数宜为 5～7d。

储罐设计总容量按式(10－5－1)计算：

$$V = \frac{nkG}{\rho \Phi} \quad (10-5-1)$$

式中　V——储罐总容量,m^3；
　　　n——储存天数；
　　　k——月高峰系数,一般为 1.2～1.4；
　　　G——年平均日产量,t；
　　　Φ——最高温度下储罐最大装满系数,一般取 0.8～0.9；
　　　ρ——最高温度下液态二氧化碳的密度,t/m^3。

储罐个数的确定：

$$N = \frac{V}{V_i} \quad (10-5-2)$$

式中　V_i——储罐的单体容积,m^3；
　　　V——总储存容量,m^3；
　　　N——储罐个数,取整数,一般情况下储罐个数不宜少于 2 座。

2) 材料的选择

二氧化碳储罐储存的液态二氧化碳的温度低于 －20℃,材料的选取要考虑低温工况。二氧化碳储罐受压元件用钢必须选择镇静钢,常用的材料一般选取 16MnDr。

3) 结构设计

二氧化碳储罐的结构设计要求应有足够的柔性,需充分考虑以下问题：
(1) 结构尽量简单,减少约束；
(2) 避免产生过大的温度梯度；
(3) 应尽量避免结构形状的突然变化,以减少局部高应力；
(4) 储罐的支座或支腿需设置垫板,不得直接焊在壳体上。

4) 制造、检验

二氧化碳储罐的制造、检验除满足一般压力容器的相关要求外,还应满足 GB 150.1～150.4《压力容器》和 HG/T 20585《钢制低温压力容器技术规定》的要求。

2. 注入泵

二氧化碳驱注入井的注入压力比较高,而注入量又比较小,针对这一特点,液态二氧化碳注入泵通常选择柱塞泵。根据大庆油田、吉林油田和辽河油田二氧化碳驱注入站的使用情况,二氧化碳注入泵主要技术参数详见表 10－5－1。

表 10-5-1 二氧化碳注入泵主要技术参数

序号	主要性能参数	数值
1	进口压力,MPa	2~2.5
2	出口压力,MPa	16~31.5
3	理论排量,m³/h	1.98~13.5
4	电动机功率,kW	18.5~110

柱塞泵的选型:

(1) 运行可靠,泵效高,并长期在高效区运行。

(2) 泵的过流部件材质应满足耐低温、耐腐、抗磨要求;泵配套的阀门应选用耐低温材质。

(3) 泵出口应自带安全阀和耐振设施。

(4) 选择泵型:收集泵的全面资料,要求详细准确,了解泵的性能与特点。根据选泵依据和使用条件,选择合适泵型,应包括泵排量、进出口压力、转数及行程、电动机功率、效率保证值、适用介质及温度,了解泵的柱塞数、柱塞直径、冲程、冲次等。在满足设计规模与压力条件下,应优先选用柱塞式往复泵。

(5) 泵性能条件的复核,在初步设计阶段确定泵型,到施工图设计阶段,应依据进一步明确的站内设计条件、站外管网系统、井口压力等再次复核所选泵型是否正确,配机功率是否合理。

(6) 方便管理,易于操作,便于维修。

3. 空气压缩机和天然气注入压缩机

1) 空气压缩机

空气压缩机的种类很多,但目前常用的空气压缩机有离心式压缩机、螺杆式压缩机和往复式压缩机三大类。各类压缩机性能参数大致如下:

(1) 离心式压缩机排气量一般为 100~1000m³/min,排气压力范围一般为 0.3~50MPa。

(2) 螺杆式压缩机排气量一般为 1~120m³/min,排气压力范围一般为 0.3~2.5MPa。

(3) 往复式压缩机排气量一般为 1~500m³/min,排气压力范围一般为 0.5~100MPa。

由于空气火驱注入原料为空气,注入压力通常为 10~15MPa,注入量变化比较大,通常选择多台中小排气量压缩机满足注气需求。离心式压缩机组由于排气量较大,该机型不能满足空气火驱注气需求。在目前各油田均采用螺杆式压缩机+往复式压缩机组二段增压方式。螺杆式压缩机具有可靠性高、零部件少、易损件少、运转稳定、使用寿命长、大修间隔时间长的优势,但其排气压力一般不超过 2.5MPa,活塞式压缩机具有流量可调节范围大、排气压力高、效率高的优势,将它们串联就能充分利用螺杆式压缩机与活塞式压缩机的优点,不仅减小了往复式压缩机一级缸的体积,而且也减少了往复式压缩机的级数。

根据新疆油田和辽河油田火驱试验站空气压缩机的使用情况,螺杆式压缩机主要特性参数详见表 10-5-2,活塞式压缩机主要特性参数详见表 10-5-3。

表10-5-2 螺杆式压缩机主要特性参数

序号	项目	参数
1	排气量,$10^4 m^3/d$	3.6~20
2	工作压力,MPa	0.74~1.5
3	末端排气温度,℃	40
4	环境温度,℃	≤60
5	驱动方式	电动机
6	冷却方式	风冷

表10-5-3 活塞式压缩机主要特性参数

序号	项目	参数
1	排气量,$10^4 m^3/d$	3.6~20
2	入口压力,MPa	0.74~1.5
3	出口压力,MPa	10~15
4	压缩级数	3
5	末端排气温度,℃	40
6	环境温度,℃	≤60
7	驱动方式	电动机
8	冷却方式	风冷

2）天然气注入压缩机

天然气注入压缩机应根据天然气气源条件、注气量、注气压力等参数,结合技术经济对比分析进行选择。一般来讲,由于天然气注气压力较高,注气量在不同阶段存在较大变化,中、小规模天然气注气压缩机通常选用往复式压缩机。根据新疆塔里木油田天然气注气压缩机的使用情况,天然气注气压缩机主要特性参数详见表10-5-4。

表10-5-4 天然气注入压缩机主要特性参数

序号	项目	参数
1	排气量,$10^4 m^3/d$	20~150
2	入口压力,MPa	5~7
3	出口压力,MPa	40~52
4	压缩级数	3
5	末端排气温度,℃	50
6	环境温度,℃	≤60
7	驱动方式	电动机(燃气)
8	冷却方式	风冷

四、注气管道

1. 管材选择

(1) 注气管道所用钢管及管道附件的选材,应根据操作压力、温度、介质特性、使用地区等因素,经技术经济比较后确定。采用的钢管和管道附件应具有良好的韧性和焊接性能。

(2) 注气管道用钢管,应符合 GB/T 9711《石油天然气工业 管线输送系统用钢管》、GB/T 5310《高压锅炉用无缝钢管》、GB 6479《高压化肥设备用无缝钢管》的有关规定。

(3) 注入管道附件材料选择应满足使用条件,宜与所连接的管道材料一致。

(4) 注气管道所采用的钢管和管道附件,应根据强度等级、管径、壁厚、焊接方式及使用环境温度等因素对材料提出韧性要求。

2. 管道计算

1) 管道强度和稳定性计算

(1) 管道直段管壁厚应按式(10-5-3)计算:

$$\delta = \frac{pd}{2\sigma_s \varphi F t} + C \qquad (10-5-3)$$

式中 δ——钢管计算壁厚,mm;
p——设计压力,MPa;
d——钢管外径,mm;
σ_s——钢管标准规定的最小屈服强度,MPa;
φ——钢管焊缝系数(当选用无缝钢管时,取 $\varphi = 1.0$。当选用钢管符合 GB/T 9711《石油天然气工业 管线输送系统用钢管》的规定时,按该标准取值);
F——强度设计系数(应按 GB 50251—2015《输气管道工程设计规范》表 4.2.3 和表 4.2.4 选取);
t——温度折减系数(当温度小于 120℃时,t 值取 1.0);
C——管道腐蚀裕量,mm。

(2) 受约束的埋地直管段轴向应力计算和当量应力校核,应按式(10-5-4)和式(10-5-5)计算:

$$\sigma_L = \mu \sigma_h + E\alpha(t_1 - t_2) \qquad (10-5-4)$$

$$\sigma_h = \frac{pd}{2\delta_n} \qquad (10-5-5)$$

式中 σ_L——管道的轴向应力,MPa(拉应力为正,压应力为负);
μ——泊桑比,取 0.3;
σ_h——由内压产生的管道环向应力,MPa;
E——钢材弹性模量,MPa;
α——钢材线膨胀系数,℃$^{-1}$;

t_1——管道下沟回填时温度,℃;

t_2——管道的工作温度,℃;

p——管道设计内压力,MPa;

d——管子内径,mm;

δ_n——管子公称壁厚,mm。

受约束热胀直管段,应按最大剪应力强度理论计算当量应力,并应满足式(10-5-6)要求:

$$\sigma_e = \sigma_h - \sigma_L < 0.9\sigma_s \qquad (10-5-6)$$

式中 σ_e——当量应力,MPa;

σ_s——管材标准规定的最小屈服强度,MPa。

(3)管道径向稳定校核应按式(10-5-7)至式(10-5-10)进行计算,当管道埋设较深或外荷载较大时,应按无内压状态校核稳定性。

$$\Delta x \leqslant 0.03D \qquad (10-5-7)$$

$$\Delta x = \frac{ZKWD_m^3}{8EI + 0.061E_s D_m^3} \qquad (10-5-8)$$

$$W = W_1 + W_2 \qquad (10-5-9)$$

$$I = \delta_n^3/12 \qquad (10-5-10)$$

式中 Δx——钢管水平方向最大变形量,m;

D——钢管外径,m;

Z——钢管变形滞后系数,宜取1.5;

K——基床系数,宜按 GB 50251—2015《输气管道工程设计规范》附录 D 的规定选取;

W——作用在单位管长上的总竖向荷载,N/m;

D_m——钢管平均直径,m;

E——钢材弹性模量,N/m²;

I——单位管长截面惯性矩,m⁴/m;

E_s——土壤变形模量,N/m²(E_s 应采用现场实测数,当无实测资料时,可按 GB 50251—2015《输气管道工程设计规范》附录 D 的规定选取);

W_1——单位管长上的竖向永久荷载,N/m;

W_2——地面可变荷载传递到管道上的荷载,N/m;

δ_n——钢管公称壁厚,m。

2)管道水力计算

(1)当管道纵断面的相对高差 $\Delta h \leqslant 200m$ 且不考虑高差影响时,应按式(10-5-11)计算:

$$q_v = 1051 \left[\frac{(p_1^2 - p_2^2)d^5}{\lambda Z \Delta T L}\right]^{0.5} \qquad (10-5-11)$$

式中 q_v——气体的流量($p_0=0.101325$MPa,$T=293$K),m³/d;
　　　d——管道内径,cm;
　　　p_1——管道起点压力(绝),MPa;
　　　p_2——管道终点压力(绝),MPa;
　　　λ——水力摩阻系数;
　　　Z——气体的压缩因子;
　　　Δ——气体的相对密度(相对空气);
　　　T——气体的平均热力学温度,K;
　　　L——管道计算长度,km。

(2) 当考虑管道纵断面的相对高差影响时,应按式(10-5-12)和式(10-5-13)计算:

$$q_v = 1051\left\{\frac{[p_1^2 - p_2^2(1+\alpha\Delta h)]d^5}{\lambda Z\Delta TL\left[1+\frac{\alpha}{2L}\sum_{i=1}^{n}(h_i+h_{i-1})L_i\right]}\right\}^{0.5} \quad (10-5-12)$$

$$\alpha = \frac{2g\Delta}{ZR_aT} \quad (10-5-13)$$

式中 α——系数,m^{-1};
　　　Δh——管道计算段的终点对计算段起点的标高差,m;
　　　n——管道沿线计算的分管段数(计算分管段的划分是沿管道走向,从起点开始,当其中相对高差 $\Delta h \leqslant 200$m 时划作一个计算分管段);
　　　h_i——各计算分管段终点的标高,m;
　　　h_{i-1}——各计算分管段起点的标高,m;
　　　L_i——各计算分管段长度,m;
　　　g——重力加速度,m/s²($g=9.81$m/s²);
　　　R_a——空气的气体常数,m²/(s²·K)[在标准状况下($p_0=0.101325$MPa,$T=293$K),$R_a=287.1$m²/(s²·K)]。

(3) 水力摩阻系数宜按式(10-5-14)计算:

$$\frac{1}{\sqrt{\lambda}} = -2.01\lg\left(\frac{K}{3.71d} + \frac{2.51}{Re\sqrt{\lambda}}\right) \quad (10-5-14)$$

式中 K——钢管内壁绝对粗糙度,m;
　　　d——管道内径,m;
　　　Re——雷诺数。

3) 管道沿线任意点的温度计算

(1) 当不考虑节流效应时,应按式(10-5-15)和式(10-5-16)计算:

$$t_x = t_0 + (t_1 - t_0)e^{-\alpha x} \quad (10-5-15)$$

$$\alpha = \frac{225.256 \times 10^6 KD}{q_v \Delta c_p} \quad (10-5-16)$$

式中 t_x——管道沿线任意点的气体温度,℃;

t_0——管道埋设处的土壤温度,℃;

t_1——管道计算段起点的气体温度,℃;

e——自然对数底数,按 2.718 取值;

x——管道计算段起点至沿线任意点的长度,km;

K——管道中气体到土壤的总传热系数,$W/(m^2 \cdot K)$;

D——管道外径,m;

q_v——管道中气体的流量($p_0 = 0.101325 MPa, T = 293K$),$m^3/d$;

Δ——气体的相对密度;

c_p——气体的比定压热容,$J/(kg \cdot K)$。

(2) 当考虑节流效应时,应按式(10-5-17)计算:

$$t_x = t_0 + (t_1 - t_0)e^{-\alpha x} - \frac{J \Delta p_x}{\alpha x}(1 - e^{-\alpha x}) \quad (10-5-17)$$

式中 J——焦耳—汤姆逊效应系数,℃/MPa;

Δp_x——x 长度管段的压降,MPa。

3. 管道敷设

(1) 注气管道敷设应首要注重安全设计,既要使管道不易被破坏损伤,又要防止因泄漏对周围环境造成的不利影响。

(2) 注气管道的布置应符合油气田(区块)总体规划的要求,做到与油、水、电相协调,经现场踏勘选线后确定。

(3) 注气管道宜埋地敷设。位于低洼地、沼泽、季节性积水地区、沙漠和戈壁荒原地区,以及山地丘陵和黄土高原梁峁交错地区等特殊地段的注气管道敷设方式,应通过经济对比确定,也可采用管堤、地面敷设或架空敷设。

(4) 埋地管道的敷设深度,应根据沿线地形、地面荷载、热力条件及稳定性要求综合分析确定,宜在最大冻土层以下,最小覆土层厚度应符合 GB 50251《输气管道工程设计规范》的有关规定。

(5) 并行敷设的注气管道应符合 SY/T 7365《油气输送管道并行敷设技术规范》的有关规定。

(6) 注气管道应充分利用地形和管道转角减少管道温度应力,必要时可设置锚固墩及热力补偿器。

(7) 注气管道穿、跨越铁路、公路、河流等工程设计,应符合 GB 50423《油气输送管道穿越工程设计规范》、GB/T 50459《油气输送管道跨越工程设计标准》的有关规定。

(8) 注气管道的锚固及线路标志应符合 GB 50251《输气管道工程设计规范》的有关规定。

参 考 文 献

《石油和化工工程设计工作手册》编委会,2010.油气田与管道公用工程设计(下)[M].东营:中国石油大学出版社.

何江川,王元基,廖广志,2013.油田开发战略性接替技术[M].北京:石油工业出版社.

刘继和,刘品燕,郝博洋,2016.注汽锅炉[M].4版.北京:石油工业出版社.

武占,2008.油田注汽锅炉[M].上海:上海交通大学出版社.

第十一章 油田含油污泥处理

含油污泥处理一直以来是困扰各大油田的技术难题,目前处理工艺和技术层出不穷,本章对含油污泥的来源、性质、执行技术要求进行归纳总结,并对预处理工艺、减量化处理工艺、无害化处理技术、资源化利用处理技术、土壤修复技术的处理工艺进行分类阐述和归纳,说明各种技术的工艺流程、应用范围、影响因素、反应机理及应用实例等。

第一节 概 述

一、油田含油污泥来源

含油污泥是指在石油开采、运输、炼制及含油污水处理过程中产生的含油固体和泥状物质,主要来源于人类对石油的生产和消费活动中产生的油泥、油砂,且具有产生量大、含油量高、重质油组分高、综合利用方式少、处理难度大等特点。油田含油污泥来源广、种类多,根据含油污泥产生的情况不同,其来源一般可分为以下3类。

1. 集输及处理过程产生的含油污泥

原油集输、处理及采出水处理过程中产生的含油污泥,是油田含油污泥的主要来源。一是各类储罐、容器和水池等设施的底部沉降底泥,包括油罐底泥、三相分离器底泥、电脱水器底泥、除油罐底泥、污水罐底泥、回收水池底泥等。二是原油处理、采出水处理过程中投加的大量化学助剂和净水剂,与油品中的机械杂质、泥土、沙粒、重金属盐类形成了复杂的絮体沉淀物。三是设备及管道腐蚀产物和垢物、细菌(尸体)等。集输及处理过程产生的含油污泥一般油含量10%~30%,具有油含量高、黏度大、颗粒细、脱水困难等特点,它不仅影响外输原油的质量,还导致注水水质和外排污水难以达标。

2. 勘探开发过程产生的含油污泥

石油勘探开发过程中钻井、试油、试采、井下作业、洗井测试等过程产生的落地原油,其含油污泥,含油量不确定。特别是油井采油生产和井下作业施工过程中,部分原油放喷或被油管、抽油橇等其他井下工具携带至地面或井场,这些原油渗入地面土壤,形成含油污泥。

3. 基建施工等产生的含油污泥

基建施工、设备管道故障失效、穿孔跑冒滴漏及维抢修过程产生的落地油泥。这部分落地污油分散,产生量不确定,含油量也不确定。

落地污油区域范围小,油泥中含有大颗粒砂石及杂草等杂质,密度较大,油泥分布极不均匀,油泥中原油、泥沙组分比例变化较大,污泥含油量高。有的可以直接回收污油,但是更多的污油与污泥混合在一起,回收困难,少数污泥含油大于50%。

二、油田含油污泥特性

油田含油污泥的组分极其复杂,一般的含油污泥是由油包水(W/O)乳化液、水包油(O/W)乳化液及悬浮固体等组成的稳定悬浮乳状体系。另外,含油污泥来源不同,其性质和组成也会有比较大的区别(如油水分离性、脱水性、含水率、黏稠度等)。一般来说,含油污泥含油率为10%~50%,含水率为40%~90%,含砂土55%~65%,密度约为$1.6 \times 10^3 \text{kg/m}^3$,孔隙率约为40%。

1. 含油污泥中水的形态

含油污泥中的水一般有四种形态:间隙水、毛细结合水、表面吸附水和化学结合水。

间隙水即通常所说的自由水,是被污泥颗粒包围但不与其直接结合的水,容易分离,是污泥脱水的主要对象,约占污泥水分的70%,这部分水一般可通过重力或离心分离出来。

毛细结合水,指高度密集的细小污泥固体颗粒周围的水,约占污泥水分的20%,若将这部分水分离,只能通过施加更大的压力,使毛细孔变形才能达到分离的目的。这部分水的脱除常采用自然干化和机械脱水的方法。

表面吸附水,指黏附在污泥细小颗粒表面的水,约占污泥水分的5%,其附着力较强,常在胶体状颗粒、生物污泥等固体表面上出现,可通过生物分离或热力方法去除。

化学结合水,是污泥颗粒内部结合的水,如生物污泥中细胞水分、无机污泥中金属化合物所带的结晶水等,占污泥水分的5%,可通过生物分离或热力方法去除。

2. 含油污泥中油的形态

一般认为含油污泥中的原油有五种存在形态:

(1)悬浮油:悬浮油油珠颗粒较大,一般为15μm以上,大部分以连续相形式存在。

(2)分散油:分散油粒径大于1μm,通常分散于水相中,不稳定,可聚集成较大的油珠而转化为浮油,也可以在自然和机械作用下转化为乳化油。

(3)乳化油:由于表面活性剂的存在,油在水中形成水包油型乳化颗粒,因扩散双电层的存在,体系稳定,不易浮于水面。

(4)溶解油:油以分子状态或化学方式分散于水体中形成油/水均相体系,非常稳定,含量一般低于5~15mg/L,用常规方法难以分离。

(5)油/固体物:因油黏附在固体表面而形成。

3. 含油污泥的石油组分

含油污泥具有含油量高、黏度大、颗粒细、脱水难等特点,它不仅影响外输原油质量,还导致注水水质和外排污水难以达标。含油污泥的组分极其复杂,不仅含有大量的老化原油、蜡、沥青质、胶体、固体悬浮物、细菌、盐类、腐蚀产物等,还包括生产过程中投加的凝聚剂、缓蚀剂、阻垢剂和杀菌剂等水处理剂。另外,含油污泥中重金属离子的危害性也是不容忽视的。含油污泥中石油组分分析结果及性质见表11-1-1,各种含油污泥含油率见表11-1-2。

表 11-1-1　含油污泥中石油组分分析结果及性质(25℃)

化学物质	摩尔质量,g/mol	熔点,℃	沸点,℃	密度,g/cm³	溶解度,g/m³	蒸气压,Pa	lgK_{ow}
正戊烷	72.15	-129.7	36.1	0.614	38.5	68400	3.62
正辛烷	114.2	-56.2	125.7	0.7000	0.66	1880	5.18
正十六烷	226.4	18.2	286.6	0.773	—	0.133	—
环戊烷	70.14	-93.9	49.3	0.799	156	42400	3.00
甲基环己烷	98.19	-126.6	100.9	0.77	14	6180	2.82
苯	78.1	5.53	80	0.879	1780	12700	2.13
甲苯	92.1	-95	111	0.867	515	3800	2.69
三甲基苯	120.2	-44.7	164.7	0.865	48	325	3.58
萘	128.2	80.2	218	1.025	31.7	10.4	3.35
蒽	178.2	216.2	341.2	1.251	0.041	0.0008	4.63
菲	178.2	101	339	0.98	1.29	0.0161	4.57
苯并[a]芘	252.3	175	496	—	0.0038	7.3×10^{-7}	6.04

注:K_{ow}为正辛醇—水分配系数。

表 11-1-2　各种含油污泥含油率表

序号	油泥类型	含油率,%	含水率,%
1	罐底油泥	20~60	5~40
2	落地、管道油泥	5~10	5~20
3	油田废水处理站污泥	3~20	50~90
4	钻井岩屑、废弃钻井液	3~15	10~40
5	老化油泥	20~40	5~30
6	炼化"三泥"	5~20	70~95

三、含油污泥的危害

大量未经处理或处理不彻底的含油污泥已成为影响油田和炼厂生产的重要污染物。

含油污泥体积庞大,若不加以处理直接排放,不仅占用大量耕地,而且对周围土壤、水体、空气都将造成不同程度的污染。含油污泥中含有:大量的病原菌、寄生虫(卵);铜、锌、镉、汞等重金属;盐类以及多氯联苯;放射性元素等难降解的有毒有害物质。这些物质会造成严重的环境污染。

(1)含油污泥中的石油类物质,尤其是苯、多环芳香烃对环境造成危害,其中的挥发成分进入大气,使大气总烃浓度超标。

(2)含油污泥中的石油进入水体会造成地表水和地下水的污染,使水中化学需氧量(COD)、生化需氧量(BOD)和石油类含量严重超标,破坏水生态系统。

(3)含油污泥中的原油进入土壤会对微生物和土壤植物生态系统产生危害,生态环境受到影响。

更严重的是原油中的许多有害物质具有致突变和致癌性,通过直接或间接途径给人体健康带来严重损害。因而油田含油污泥已被列入危险固体废弃物,纳入危险废物管理行列。

此外,含油污泥还会给油田生产和发展带来多方面不利的影响,主要体现在以下两点:

(1) 含油污泥很难沉降,导致污水处理系统进入大量悬浮物和原油,并在系统内部造成恶性循环致使水处理系统状况恶化。为确保注水水质,防止悬浮物在系统中恶性循环,每天被迫外排大量的污水,既造成水资源浪费,又污染了环境。

(2) 由于大颗粒在沉降罐、净化污水罐、污水池中不断沉积,使清罐周期缩短,清出的大量污泥含水率高,无处堆放,污染环境,增加了成本投入。

四、设计技术要求

1. 国际标准

美国环保总署(USEPA)将油田含油污泥明确划入危险废物名录,并制定了较为完善的含油污泥处理法规,如《资源保护和回收法令》(Resource Conservation and Recovery Act)、《危险和固体废物修正案》(Hazardous and Solid Waste Amendment)以及《美国环保总署按指定的最佳示范可用技术的处理标准》(Best Demonstrated Available Technology,BDAT)。英国环境总署也在其颁布的《技术指南》(Technical Guidance WM2)中,将石油石化行业产生的罐底淤泥等列为"明显有害类"(Absolute hazardous entries)物质。加拿大和澳大利亚等国均针对油田含油污泥的环境管理出台了相应的政策法规。

表11-1-3为美国、法国和加拿大对含油污泥含油量处置标准。对于填埋的含油污泥,含油量≤2%,筑路的含油污泥,含油量≤5%。表11-1-4为欧盟及部分成员国农用污泥重金属浓度限值(干污泥)。

表11-1-3 国外对污泥含油量处置标准

国家	含油量,%	
	填埋处置	筑路
美国	≤2	≤5
法国	≤2	≤5
加拿大	≤2	≤5

表11-1-4 欧盟及部分成员国家农用污泥重金属浓度限值(干污泥)

欧盟及部分成员国	重金属浓度,mg/kg						
	Cd	Cr	Cu	Ni	Pb	Zn	Hg
欧盟	20~40		1000~1750	300~400	750~1200	2500~4000	16~25
欧盟(计划的)	10	1000	1000	300	750	2500	10
德国	10	900	800	200	900	2500	8

续表

欧盟及部分成员国	重金属浓度,mg/kg						
	Cd	Cr	Cu	Ni	Pb	Zn	Hg
法国	20	1000	1000	200	800	3000	10
英国	3		135	75	300	300	1
丹麦	0.5		40	15	40	100	0.5
荷兰	1.25	75	75	38	225	300	0.75

2. 国内标准

目前国内有关污泥处理的标准很多,但是没有针对含油污泥的污染控制标准。部分地区参照农用污泥和危险废物的焚烧填埋控制标准执行。

GB 18484《危险废物焚烧污染控制标准》、GB 18598《危险废物填埋污染控制标准》规定了危险废物处理过程中产生的残渣等仍属危险废物,缺少对残渣或灰渣危险性的判别规定,造成企业只能选择焚烧后再填埋的方法进行含油污泥的处理处置。

表 11-1-5 含油污泥处理相关标准、规定及主要指标

适用范围	标准、规定	主要指标
国家	GB 4284《农用污泥污染物控制标准》	矿物油最高允许含量不超过 3000mg/kg(干重)
	GB 18597《危险废物贮存污染控制标准》 GB 18484《危险废物焚烧污染控制标准》 GB 18598《危险废物填埋污染控制标准》	规定了危险废物在处理处置过程中产生的残渣或灰渣等仍属危险废物
	HJ 607《废矿物油回收利用污染控制技术规范》	原油和天然气开采产生的残油、废油、油基钻井液、含油垃圾、清罐油泥等应全部回收;含油率大于 5%的含油污泥、油泥沙应进行再生利用;油泥沙经油沙分离后含油率应小于 2%
行业	SY/T 7301《陆上石油天然气开采含油污泥资源化综合利用及污染控制技术要求》	含油污泥经处理后剩余固相中,石油烃总量≤2%,用于油田内部铺路
胜利油田	DB37/T 2670《油田含油污泥流化床焚烧处置工程技术规范(试行)》	焚烧产物按照 GB 5085.6《危险物鉴别标准 毒性物质含量鉴别》浸出毒性鉴别方法进行鉴别。属于危险废物按照危险废物进行处理,非危险废物进行综合利用
黑龙江	DB23/T 1413《油田含油污泥综合利用污染制标准》	处理后的油田含油污泥用于铺设油井场和通井路时石油类含量≤20000mg/kg,pH 值≥6,含水率≤40%,用于农田的需满足 GB 4284《农用污泥污染物控制标准》

续表

适用范围	标准、规定	主要指标
陕西	《含油污泥处置利用污染控制标准》(征求意见稿)	处理后的含油污泥用于铺设油田井场、高等级公路时含油量≤10000mg/kg,用作工业生产原料或燃料时含油量≤20000mg/kg
新疆	DB65/T 3998《油气田含油污泥综合利用污染控制要求》、DB65/T 3997《油气田钻井固体废物综合利用污染控制要求》	处理固相含油率≤2%,用于油田内部铺路

第二节 预处理工艺技术

一、含油污泥储存单元

含油污泥拉运至集中处理站,首先将油泥堆放至油泥储存台。油泥储存台应做防渗处理,设置四周封闭式罩棚,做到防晒、防雨、防风。当采用污泥储存池储存时,建议储存容积按3d处理规模考虑。

二、含油污泥搅拌单元

搅拌单元主要是将油泥调质均匀。油泥从储存单元输送至油泥搅拌池(罐),通过搅拌器搅拌作用,达到均质目的。搅拌器应均匀布置,确保油泥均质。

三、含油污泥加热单元

通过向油泥中加入高温热水,溶解油泥中的污油,使得表层及容易分离的污油漂浮于油泥表面,通过泵输方式收集浮油,进入收油系统。

四、含油污泥提升输送单元

油泥输送单元主要包括螺旋输送机、污泥提升泵等。通过油泥提升设备,油泥在各设备间传送。

五、含油污泥筛分单元

含油污泥筛分单元主要设备为振动筛,油泥首先通过振动筛筛分出砖头、树枝、废手套、大颗粒石子等大块废物,细颗粒油泥进入后续处理单元,降低后续单元的运行压力。

第三节 减量化处理工艺技术

一、调质—机械分离技术

1. 适用范围

适用于各类含油污泥,处理前油泥含油率不限,处理后油泥含量在2%左右。

对于含水率高、固体含量较低的含油污泥(如污水处理过程中产生的含油污泥等,含水量高达95%以上),经脱水处理可使含油污泥体积大大降低,实现含油污泥减量化处理。含油污泥的调质是通过一定手段调整固体粒子群的性状和排列状态,使之适合不同脱水条件的预处理操作,显著改善脱水效果,提高机械脱水性能。

含油污泥调质方法主要有物理法和化学法。物理法采用投加助剂或加热等手段实现对污泥的改性。化学法是通过添加合适的絮凝剂、助凝剂等化学药剂改变油泥中胶体表面电荷或立体结构,克服粒子间的斥力,并辅以搅拌外力使其相互碰撞,污泥颗粒絮凝成团而发生沉淀,达到去稳定化的效果,使得油、水、泥分离。在油泥调质过程中加入合适的药剂及确定调质运行参数是调质技术的关键。

目前,国内外广泛采用投加絮凝剂等药剂的化学调质方法,投加药剂后,其比阻降低,脱水性能改善。含油污泥调质处理过程中,温度、pH值、时间和药剂的加入都会对油泥调质效果产生不同程度的影响。

2. 影响因素

1)温度

在CaO加量1.0%、蒙脱石加量1.5%、转速为2000r/min、离心时间为10min的条件下,含油污泥滤饼含水率随着温度的升高呈现先降低后增加趋势。这是因为水的黏度与温度有关,温度升高,水的黏度下降,使得水中杂质颗粒布朗运动强度增大,碰撞机会增多,利于胶粒脱稳凝聚。温度低时,胶体颗粒水化作用增强,妨碍胶体凝聚,进而影响调质效果。但温度超过75℃后,滤饼含水率反而有所增加,所以温度控制在75℃左右。

2)pH值

在温度75℃、CaO加量1.0%、蒙脱石加量1.5%、转速2000r/min、离心时间10min的条件下,含油污泥滤饼含水率先降低后升高。由于在中性条件下的污泥絮体具有胶体稳定性和高结合水含量的特性,因此,含油污泥调质适宜pH值范围为7.0~8.0。

3)有机絮凝剂聚丙烯酰胺(PAM)的加量

含油污泥调质处理过程中,絮凝剂是最主要,也是最常用的药剂之一,比较常见的是无机絮凝剂和有机絮凝剂。无机絮凝剂主要是聚合氯化铝和聚合硫酸铁等。有机絮凝剂主要是高聚合的非离子、阳离子、阴离子聚丙烯酰胺等。高分子聚凝剂因其较强的亲水性能和对污泥胶体粒子表现出来的较强的黏合力,使它既可以溶于水相,又很容易被吸附到污泥胶体颗粒表面。实验用聚丙烯酰胺是一种性能优良的合成高分子絮凝剂。

在温度为75℃、CaO加量1%、蒙脱石加量为1.5%、转速为2000r/min、离心时间10min，1%有机阳离子絮凝剂聚丙烯酰胺PAM(相对分子质量为1200×10^4)的加量对油泥调质效果的影响结果如图11-3-1所示。

阳离子聚丙烯酰胺作为一种有机絮凝剂，对含油污泥颗粒之间起到吸附架桥作用，通过静电引力，将污泥颗粒搭桥联结为一个个絮凝体。从图11-3-1可以看出，1% PAM加量在0~0.40mL时，滤饼含水率随其加量的增加而下降；当加量为0.4mL时滤饼含水率降到最低点，为19.45%；当加量高于0.4mL以后，滤饼含水率随其加量的增加呈上升趋势。所以50g左右的泥样中投加1%的PAM 0.4mL左右调质效果最佳。

4) 蒙脱石加量

在75℃、CaO加量为1%、转速为2000r/min、离心时间10min条件下，蒙脱石加量对调质效果的影响结果如图11-3-2所示。

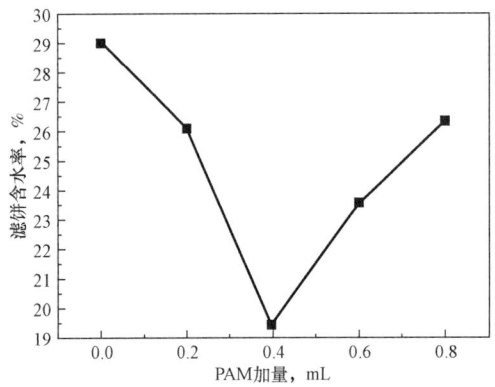

图11-3-1 PAM加量对调质效果的影响(50g泥样)

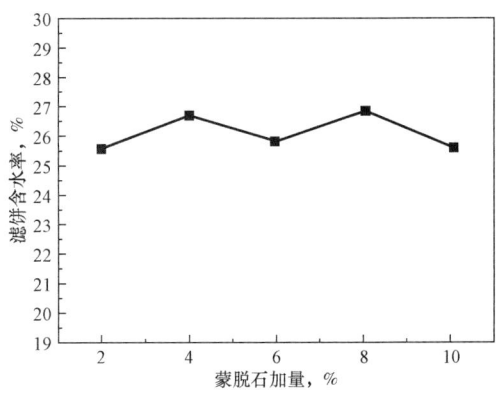

图11-3-2 蒙脱石加量对调质效果的影响

蒙脱石是一类具有天然纳米特性的无机超高相对分子质量硅(铝、镁)酸盐聚合物，分子式为$(Na,Ca)0.33(Al,Mg)_2[Si_4O_{10}](OH_2)$中$nH_2O$，由于蒙脱石独特的叠层状晶体结构，使其具有很好的吸水膨胀能力，因此可以作为含油污泥调质药剂来减少滤饼的含水率。但是从图11-3-2可知，蒙脱石加量对滤饼含水率影响不大。因此，为了降低后处理成本，将蒙脱石加量控制在1.0%左右。

5) CaO加量

在75℃、蒙脱石加量为1%、转速为2000r/min、离心时间10min条件下，CaO加量对含油污泥调质处理效果的影响如图11-3-3所示。

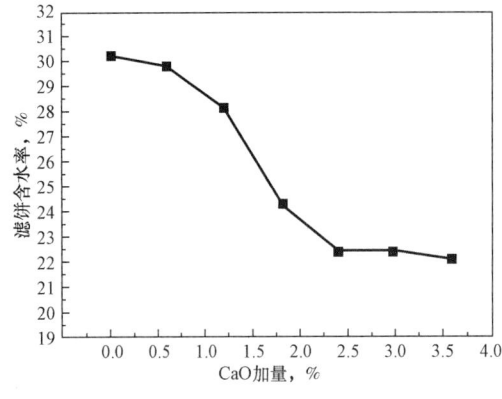

图11-3-3 CaO加量对调质效果的影响

目前，含油污泥的调质处理多使用絮凝剂

与其他药剂的联用,很少使用单一的絮凝剂对油泥进行调质。在调质过程中加入飞灰、煤粉等固体粉末作为调节剂,可使易变形的污泥粒子形成有刚性的污泥骨架,使滤饼呈毛细结构,从而提供更多的微细水流通道,同时这些固体粉末调节剂还能增加污泥粒子和水相的密度差,有利于机械脱水。已有研究表明,石灰作为含油污泥调质剂能够提高含油污泥脱水性能,增加石灰的含量,特性阻力降低明显,当石灰添加量超过6%时,特性阻力仍继续降低,但降低的幅度较小。

从图11-3-3的实验结果可以看出,CaO的加量在0~2.5%之间时,滤饼含水率随其加量的增加呈下降趋势,当加量超过2.5%时滤饼含水率下降趋势不明显,基本趋于稳定。考虑处理成本及最终污泥残渣量,将CaO的加量确定在2.5%。

6)离心转速

在温度75℃、PAM加量0.4mL/50g、蒙脱石及CaO加量为1%、离心时间为10min条件下,离心转速对滤饼含水率的影响如图11-3-4所示。

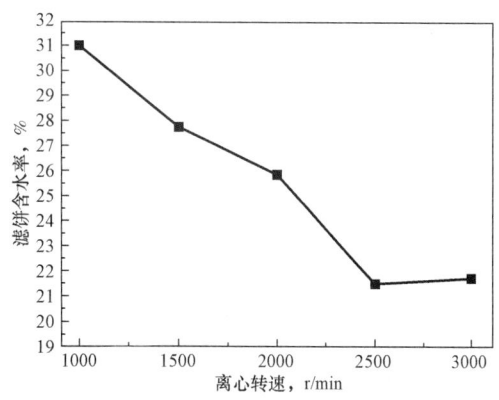

图11-3-4 离心转速对调质效果的影响

由图11-3-4可以看出,离心转速在1000~2500r/min时,滤饼含水率随离心转速的提高呈下降趋势;当离心转速达到2500r/min时,滤饼含水率降到最低点,因此最佳离心转速为2500r/min。

7)离心时间

随离心时间的延长,滤饼含水率呈先降低后趋于稳定的趋势。这是因为离心时间较短影响药剂的分散混合效果,随着时间的延长,药剂与油泥逐渐混合均匀,当离心时间达到15min以上时,滤饼含水率降到最低且基本保持不变。所以含油污泥调质处理过程中的离心分离时间以15min较佳。

综上所述,含油污泥调质处理的最佳条件为:处理温度75℃,1% PAM(相对分子质量为1200×10^4)加量0.4mL/50g,蒙脱石加量为1.0%,CaO加量确定在2.5%,离心转速为2500r/min,离心时间为15min,经调质后滤饼含水率低于30%。

3. 工艺流程

调制—机械分离工艺流程如图11-3-5所示。

4. 药剂选择

工程应用中,调质药剂主要有硫酸钠、聚合氯化铝、聚丙烯酰胺、十二烷基苯磺酸钠、硫酸铝、氯化铁、硫酸铁、聚硅酸钠、LSH-703(氯系复合杀生剂)等。单一药剂对油泥破乳效果较差,混合药剂效果更佳。

采用两种药剂复合处理后,含油污泥的调质混凝效果有所改善,但是滤饼中的含水率仍然偏高。应通过实验分析,选用两种及以上药剂,通过合适的配比方式,确保滤饼中含水率降低。

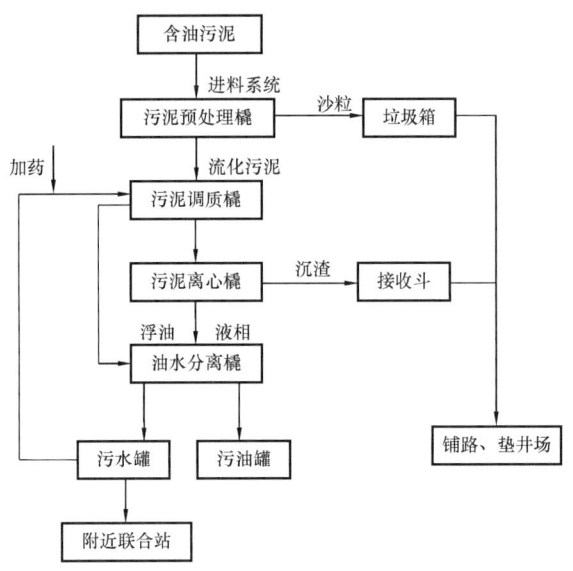

图 11-3-5 调制—机械分离工艺流程图

5. 设备选型

含油污泥处理装置主要包括进料系统、污泥预处理橇、污泥调质橇、污泥离心橇、油水分离橇五部分。

1) 进料系统

待处理的含油污泥来源于固定的含油污泥收集池,池内上部稀液采用泵将其直接送至调质罐和油水分离系统。对于池底剩余固体含量较高的油泥,采用挖掘机或其他方式送入螺旋输送自动加料系统,再将其送至预处理系统(图 11-3-6)。

图 11-3-6 预处理系统图

2) 污泥预处理橇

污泥预处理橇包括进料站、转鼓分离装置、曝气沉砂装置等设备(图 11-3-7)。污泥送至自动进料系统的集料斗内,由底部螺旋输送装置送至进料站,在进料站内上设有栅格,将大颗粒的固体等杂物截留下来,未被截留的油泥进入储料箱,由箱体下面的水平螺杆将油泥输送到转鼓分离装置,旋转过滤转鼓的转速可自由设置,并通过内外冲洗棒清理筛网,对较小的固体等杂物和油泥进行分离,分选出的杂物由无轴螺旋输送到垃圾箱。过滤液经筛网进入曝气沉砂装置,油泥中的沙粒沉积并由装置底部的水平螺杆和斜置螺杆输送到垃圾箱;流化油泥从曝气沉砂装置溢流至污泥缓冲罐,再由提升泵输送至污泥调质罐。

图 11-3-7　污泥预处理橇图

3）污泥调质橇

调质橇(图 11-3-8)具备对含油污泥加水、加药和调质的作用。污泥在罐内沉降一段时间后,调质后将有部分油从污泥表面剥离下来,并上浮到罐的顶部,在罐上方设计收油口,先期分离部分油送至油水分离装置,减轻后续离心机处理负荷;调质后的污泥从缓冲罐内由泵提升送至离心机。

图 11-3-8　移动污泥调质橇图

4）污泥离心橇

污泥离心橇（图11-3-9）应设有换热器，用于离心和清洗过程中循环升温，带有自清洗功能。离心装置采用两相卧螺式离心机。在离心力的作用下，进入转鼓内的污泥很快分成两层：较重的固相沉积在转鼓内壁上形成沉渣层，沉渣被螺旋推料器推送到出渣口甩出转鼓；离心机固相出口处设一移动式接收斗，用于接收离心机排出的固体。液相溢流至离心机下方的中间罐，用泵提升至油水分离橇。

图11-3-9 污泥离心橇图

6. 应用实例

2013年大庆油田第七采油厂新建了"含油污泥预处理+调质装置+离心机"处理工艺的含油污泥处理站1座。该工艺投产使用后年处理含油污泥9100m^3，处理后污泥平均含水率34.6%，污泥平均含油率1.65%，实现了含油污泥的有效处理。

2015年吐哈油田建成首座含油污泥处理装置，采用工艺为"预处理+调质装置+离心机"，处理后含油量≤2%。

二、热洗技术

热洗技术（热洗法），也叫热脱附法，是将含油污泥加水稀释后在加热和加入一定量化学药剂的条件下，使油从固相表面脱附或聚集分离，从而实现固液分离。分离出的油相经处理进入储油罐，清洗液可再循环利用，剩余的含油污泥则进行脱水处理后资源化利用。热洗技术处理含油污泥的优点是大规模生产工艺流程简单、投资低、工艺容易实现、可操作性强、安全性高，且清洗液可回收循环利用，不仅可回收大部分油品，且处理后油泥性质稳定，能够实现含油污泥的资源化、无害化和减量化处理的要求，是美国环保局处理含油污泥优先采用的技术。

1. 适用范围

适用于各类含油污泥，处理前油泥含油率不限，处理后油含量在2%以内。

2. 工艺流程

热洗工艺流程如图11-3-10所示，经热洗处理后，含油污泥中的水分、重质油及芳香烃等有机物被脱除,且处理后的污泥结构显著改变,颗粒形态致密,絮体团聚性增强,说明热洗技术有利于含油污泥脱水除油。

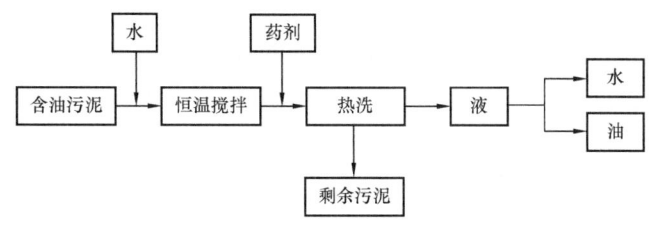

图 11-3-10　热洗工艺流程图

热洗技术处理含油污泥的缺点是原油回收不够彻底,难以处理乳化严重的污泥。早期热洗技术主要应用于含油土壤,而对污水处理过程中产生的胶质和沥青质含量较高、组成复杂、乳化严重的油泥,浮渣和剩余活性污泥等处理难度较大。

含油污泥热洗处理过程中,油泥清洗效率受含油污泥特性、药剂种类及加量、温度、搅拌强度、搅拌时间等因素的影响,尤其是化学药剂的筛选和使用是热洗工艺的关键。化学药剂种类较多,常用的有无机碱、无机盐、稀释剂、破乳剂和表面活性剂等,高效的药剂在清洗过程中要有较好的分散和乳化作用。一般认为,表面活性剂能有效降低油水界面张力,改善水对洗涤物表面的润湿性,使油容易从固体表面脱离;破乳剂破乳后易使油水分离,减小油与固体颗粒再次结合的概率;絮凝剂能加速固体颗粒聚结沉降,使颗粒与油较难再次接触,污泥产生量减少,提高洗涤效率。

3. 影响因素

含油污泥热洗效果除受药剂影响外,还受热洗温度、搅拌时间、固液比、pH 值、搅拌强度等热洗参数的影响。最佳的热洗工艺条件下,应以最低的能耗,实现油泥中原油最大限度地回收。

1)热洗温度

热洗温度对含油污泥清洗效果有很大的影响。在其他条件不变的情况下,温度低于 35℃时,原油回收随温度的升高而提高,当温度高于 35℃时,回收率基本趋于平缓(图 11-3-11)。

随着温度的升高,洗出油中的含砂率逐渐降低,清洗效率逐渐提高,但升高到一定值时,清洗效率基本趋于稳定。这是因为原油黏度随温度升高而降低,导致分子运动加剧,使相界面处油和水及油和泥形成界面膜的黏度下降,表面张力减弱,易于与泥砂分离;再者,升高温度可使油泥表层油更易脱离固体,从而增加分离效率,进而提高油回收率。但温度越高水分蒸发越快,水量损失越多会使能耗增加,增大运行成本,所以采用热洗法处理含油污泥应有一个最佳的热洗温度。

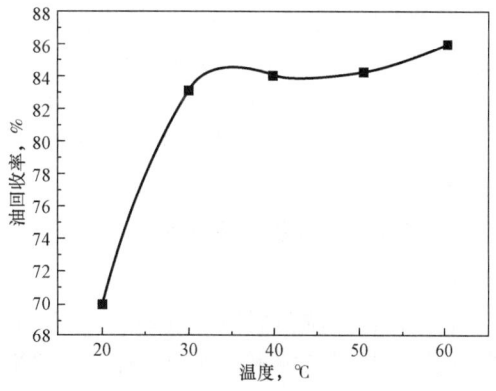

图 11-3-11　污泥温度对油回收率影响

2）搅拌时间

相对于温度来说,搅拌时间对清洗效果影响不是很大。在其他条件合适的情况下,油泥在较短的时间内就可以实现分离,达到较好的热洗效果。

开始时清洗效率随搅拌时间的延长而提高。搅拌时间过短,由于药剂和油泥分散不均,或作用时间不够等原因,导致油回收率较低。随时间的延长,搅拌逐步趋于均匀,油回收率呈上升趋势。但搅拌时间过长,会使油和水发生乳化现象,形成水包油乳化液,且乳化现象随搅拌时间的延长会愈加严重,不利于油泥的分离,反而使热洗油回收率下降。

3）固液比

洗油效率并不是随着洗液量的增加一直提高,而是存在一个最佳的固液比值。固液比较大时,由于泥砂量太多不能保证洗液与泥砂颗粒之间的充分接触,使得清洗效率较低。固液比太小则使洗出的沥青质成分不能有效地与搅拌作用产生的气泡相接触,进而上浮到洗液表面,最终使得洗出的原油量较少。因此只有在适当的固液比条件下,通过搅拌作用使得大量空气进入油砂和水相之中并与洗出的沥青质相结合,产生气浮现象,完成油、泥砂的分离。

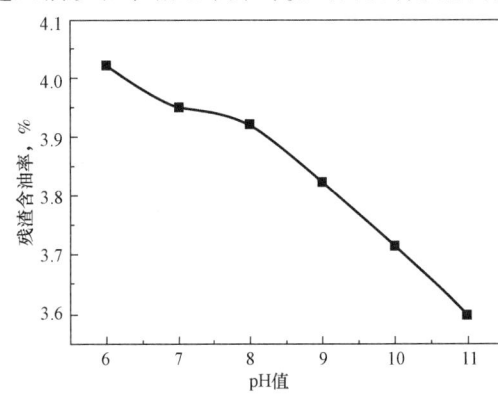

图 11-3-12　pH 值对油砂中含油率影响

4）pH 值

在搅拌温度 70℃、时间 1h、固液比 1:4、药剂加剂量 0.5% 时,溶液 pH 值对含油污泥处理后油砂中含油率影响如图 11-3-12 所示。可以看出,随着 pH 值的增大,泥砂中的含油率逐渐减小。在 pH 值为 8 处有一个明显的拐点,当 pH 值小于 8 时,下降趋势缓和,pH 值大于 8 时,下降趋势较为明显。这与文献报道的碱性条件有利于油泥清洗的结论相一致。但 pH 值较大时会增加最终循环水处理的难度,所以取 pH 值为 9 比较合适。

5）搅拌强度

合适的搅拌强度可以提高含油污泥的热洗效果。随着搅拌速度的增大,油泥中的油回收率先增加而后逐步减少。搅拌强度较小时,搅拌强度不足,药剂难以均匀迅速地扩散,导致油泥的脱油效率不高。随着搅拌强度增大,油泥和药剂混合越来越均匀,油泥原来的相界面表面张力减小,油分子逐步从泥相表面开始分离,油相的量逐步增多,脱油效率提高;当搅拌强度过大时,分离出的油容易乳化在水中形成水包油型乳化液,相界面模糊,不利于油水分层,反而使得油回收率下降。

4. 药剂的选择及作用机理

1）药剂选择

含油污泥热洗药剂种类很多,对于不同特性的含油污泥需优选合适的药剂,目前还缺乏合理的理论去指导高效率药剂的选择。一般来说,热洗药剂在其满足经济性与安全性的前提下,还应满足两个方面的要求:(1)在搅拌的条件下具有较好的油水乳化作用,利于将油从泥砂的表面剥离下来;(2)在静置的条件下具有较好的油水分离作用,能使清洗后的油、水、砂实现较好的分离。

试验表明,选用硅酸钠、十二烷基硫酸钠、脂肪醇聚氧乙烯醚、氢氧化钠、十二烷基醇醚硫酸钠,以及烷基酚聚氧乙烯醚作为清洗剂,在其他条件一定的情况下,单剂清洗效率依次为:脂肪醇聚氧乙烯醚>硅酸钠>氢氧化钠>十二烷基硫酸钠>烷基酚聚氧乙烯醚>十二烷基醇醚硫酸钠。目前,比较常用的热洗药剂为热碱水和表面活性剂等。

(1)热碱水。

热碱水清洗含油污泥过程中,常用的碱有 $NaOH$、Na_2SiO_3、Na_2CO_3 和 NH_3 等,通过碱水调节 pH 值,有助于油砂分离以及石油回收。

在室内严格研究 $NaOH$ 热水溶液清洗二连油田油砂时得出,在其他条件一定的情况下,油砂油的回收率随其用量的增大而提高。但当碱、水质量比大于 0.2% 后,油回收率缓慢减小,大于 0.5% 后迅速减小(图 11 - 3 - 13)。原因是油砂中黏土矿物质表面电荷随 pH 值的改变而改变,$NaOH$ 的加入使溶液中 Na^+ 和 OH^- 离子浓度增大,油砂油/水界面和固体/水界面负电荷量也随之升高,最大的电荷可能在 pH 值大于 12 时达到。当 $NaOH$ 加量不足时,难以使油砂油与油砂分离,但是加量过多则导致油

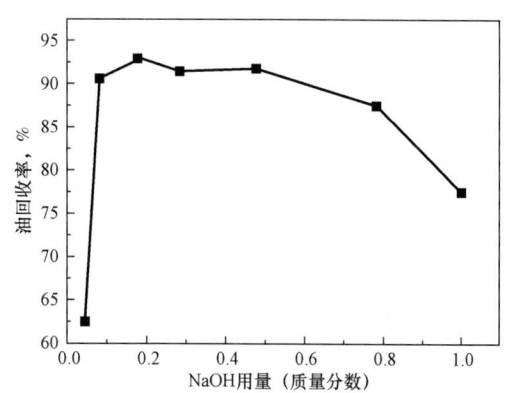

图 11 - 3 - 13 $NaOH$ 用量对油砂油回收率的影响

砂油滴趋于分散,与黏土成乳化状态,油与油砂难以分离。所以 $NaOH$ 的用量存在一个最佳值。另外,研究者还以 Na_2CO_3 代替 $NaOH$,分析了 Na_2CO_3 对油砂的洗油效果,在相同的实验条件下,Na_2CO_3 也具有一定的分离效果,但与 $NaOH$ 相比,油回收率稍低。

对罐底油泥热洗过程中发现,Na_2SiO_3 溶液对罐底泥的水洗效果较好。石油中胶质和沥青质等成分的分子中有极性部分也有非极性部分,因此当碱性物质作用于这些分子时,分子中的极性基团发生反应生成盐,使其水溶性显著增加而促进其进入水相。同时,这些进入水相的分子还具有一定的表面活性作用,可以进一步促进油泥的清洗分离。

关于热碱水清洗油泥的机理,已有报道认为是 $NaOH$ 或者 Na_2CO_3 与油泥砂中的有机酸成分发生反应生成一种羧酸盐表面活性剂,这种表面活性剂是一种阴离子表面活性剂,具有很强的洗涤能力。洗涤过程中其能在洗液与油砂之间形成独特的定向排列,形成非极性亲油基团为核心,内部包裹原油,以极性亲水基团为外层的分子有序组合体。这些集合体形成以后,内核为碳烃油微液,具有较强的溶油能力,使得整个溶液表现出既可溶于水又可溶于油的能力。吸附原油成分的聚集体在机械力的作用下与油泥砂分离,并悬浮在洗液的上部。但是由于洗出的烃质成分附带有少量的泥砂颗粒,因此不能上浮到洗液的表面。随着搅拌作用所携带的空气泡的进入与烃质成分的结合,最终烃质成分上浮,实现油、泥、砂的分离。

(2)表面活性剂。

热洗法处理含油污泥过程中,存在着油—水、油—泥、泥—水之间多个界面,通常使用表面活性剂降低油/沙的界面张力、改变油/水的乳化性能,促进石油从土壤中分离出来。表面活性

剂一般可分为阴离子型、阳离子型、非离子型和两性型等表面活性剂,使用较多的是阴离子型表面活性剂,之后是非离子型表面活性剂。

阴离子型表面活性剂十二烷基苯磺酸钠(SDBS)和十二烷基硫酸钠(SDS)、非离子表面活性剂吐温20和吐温80对含油污泥中的机油洗脱效果的影响如图11-3-14所示。实验结果表明不同的活性剂清洗污泥的效率差别较大,在这四种表面活性剂中,吐温80对油泥的洗脱效果最佳,当其浓度为100mg/L、pH值为6、洗脱时间为4h、温度为25℃时,含油污泥中油的洗脱率达到86.25%。

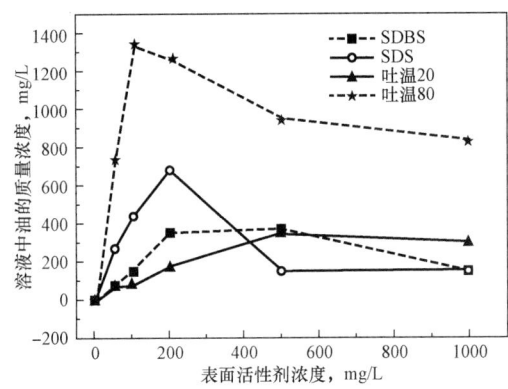

图11-3-14 表面活性剂对含油污泥洗脱效果的影响

随着对热洗处理技术研究的不断深入,越来越多的研究发现复配药剂的效果优于单剂。单用水、表面活性剂洗涤时,水相较清,洗出的浮油少,底部为泥相。上有一较厚油层,油、泥不分离;用强碱 NaOH 洗涤时,泥中油可基本洗出,但油在水相乳化严重,水相呈黑色,油、水不易分离,浮油少;用混合碱洗涤时,泥中油可基本洗出,油、水乳化小,易分离,浮油多且外观品质好,在混合碱浓度为10000mg/L、洗涤温度70℃、固液比1:2、洗涤时间20min 的条件下,可将30%含油量的土壤洗至残油量在0.8%左右。另外,此洗涤液可直接循环使用且对洗涤效果没有太大影响,不仅减少了用水量,还大大减少了废水的排放量,从而降低操作费用及废水处理费用。

2)含油污泥热洗药剂的作用机理

含油污泥热洗药剂的作用机理一般认为主要有以下三种:

(1)卷起。该机理与清洗表面润湿有关,即表面活性剂与清洗表面相互作用决定。当接触角大于90°时,通常污物容易脱落。

(2)乳化。要求在油污和表面活性剂溶液之间的界面张力比较低。这个机理包括表面活性剂与油的相互作用,与清洗表面的本质无关。

(3)溶解。油污被溶解,在原位形成微乳液。类似于乳化机理,要求油与表面活性剂溶液之间的界面张力很低。

另外,关于油砂沥青从油砂中抽提出来的机理,已有较多的研究,油砂表面沥青的分离和液滴形成示意图如图11-3-15所示。在一定温度下油砂中加入含有适量化学剂的水,在剪切力的作用下,大块油砂团的外层将会融解,其内部被暴露出来并不断融解,形成油砂沥青包裹砂粒的小颗粒。融解之后,油砂沥青

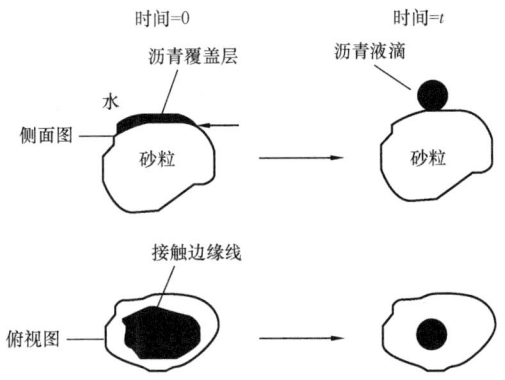

图11-3-15 油砂表面沥青的分离和液滴形成示意图

开始从砂粒表面剥离,剥离过程中油砂沥青层在某一点逐渐变薄,从而形成了针孔。针孔逐渐扩大,最终导致油砂沥青从砂粒表面剥离,直至油砂沥青、砂粒和水之间的接触达到平衡。在这个阶段,油砂沥青以液滴的形式存在于砂粒表面。这些液滴与空气泡碰撞、黏合,所产生的浮力和剪切作用最终导致油砂沥青空气泡从砂粒表面分离开来。温度不同,油砂沥青可能会以液滴形式与空气黏附在一起,也可能在空气泡表面展开将空气包裹在里面。

三、超声波处理技术

含油污泥超声波处理技术作为一种新兴技术,受到了广泛关注。超声波是指振动频率较高的物体在介质中产生的弹性波,频率一般在20kHz以上。超声波是一种弹性机械波,是一种能量形式,可以在固体、液体、气体中传播,也可以发生反射、折射和干涉现象,并具有如下特点:

(1) 频率高、波长短,可以集中向一个方向传播,具有很强的定向传播能力;
(2) 功率比一般声波功率大;
(3) 声压幅大,能引起空化作用;
(4) 可引起击碎、搅拌、去气、扩散、渗透、生热、凝聚、分离等效应。

正是由于超声波具有上述特殊的性能,在现代化生产中发挥着独特的作用,并且随着科技的发展,将得到更加广泛的应用。

含油污泥超声波处理技术是以超声波在介质传递过程中产生的特殊的物理化学环境,破坏含油污泥的结构,降低油泥中污油的黏度,减小污油与泥土的黏附作用,最终实现破乳,并促进油、水、泥三相分离,从而解决含油污泥含水率高、黏度大以及固液分离性能差的问题。由于该技术具有能耗低、效率高、反应时间短、设备简单、占地面积小等特点,逐渐成为含油污泥处理技术中的一个研究热点。

与传统的搅拌清洗含油污泥相比,超声波的空化作用不仅可以大幅度提高油泥砂的脱油率,而且可以大大缩短处理时间。超声波空化作用在对含油污泥洗脱过程中会产生湍流效应、微扰效应、聚能效应和界面效应四种效应。这四种效应不仅可以减少油泥界面膜的厚度,加速含油污泥洗脱过程中液固传质过程,而且可使油泥水混合液强烈湍动,增加搅拌作用。含油污泥表面的油在声压和液体微射流等作用下被撞击,发生内塌而迅速剥离、乳化,从而使油和泥砂得到分离。

超声波脱油技术具有以下优点:超声波作用效率高,速度快;清洗脱油作业的劳动强度可被显著降低;清洗物件表面的洁净度可大大提高;化学溶剂的用量减少,降低环境污染;便于清洗工艺的实施,有利于清洗自动化。

1. 作用机理

虽然超声波在介质中的传播及对液体媒介的作用和影响已有较多研究,但是关于超声波处理含油污泥的除油机理研究还相对较少。

超声波由一系列疏密相间的纵波构成,并通过液体介质向四周传播。当一定强度的超声波在媒质中传播时,会产生一系列力学、热学、光学、电学和化学等效应,这些效应主要表现为机械作用、空化作用及热作用。

1) 机械作用

超声波是机械能量的传播形式,与波动过程有关,会产生线性交变的振动作用。超声波在液体中传播时,质点位移振幅虽然小,但引起的质点加速度非常大,有时超过重力加速度的数万倍,例如频率为1kHz,声强为$2W/cm^2$的平面超声波在水中传播时,由声学原理可算出,水的质点振动位移、速度、加速度及声压幅值分别为$0.25\mu m$、$0.16m/s$、$106m/s^2$及$2.4\times10^5 Pa$,因此当超声波作用于液体时会产生激烈而强大的机械作用,甚至破坏介质。

含油污泥是一种相对较为稳定的固体乳化物,破乳是实现油污分离的前提。超声波处理含油污泥过程中,由于超声波的机械效应,降低水油界面的机械强度,打破了相界面的平衡,提高了处理过程的原油回收率。另外,机械振动作用使得原油在水相中分散均匀,增加其溶解度。

2) 空化作用

超声波在液体媒质中传播时,由于声波正负压的变化,液体中某些区域形成局部的暂时负压,产生气泡或空穴。在超声波强度足够高、压力为负半周时,由于液体受到很大的拉力,气泡核会迅速膨胀到原来尺寸的数倍。在超声波压为正半周时,气泡受压缩突然崩溃裂解成许多小气泡,进而构成新的空化核,并在正压下迅速崩溃、破灭,使得在微环境中产生瞬间的高温、高压环境,并伴有强烈冲击波和时速达400km的射流,以及H·、OH·等高活性自由基的产生,这为化学及石油化工过程提供了一种非常特殊的化学和物理环境,在液体中进行的超声波处理技术都与空化作用有关,因此空化效应是超声波工作的基本原理。

超声波对含油污泥的洗脱作用主要是利用其空化作用,空化作用在对含油污泥洗脱过程中产生界面效应、聚能效应、微扰效应和湍流效应四种附加效应。界面效应是由声流、油泥和水的介质界面处的微射流产生的机械效应,起到加速含油污泥表面油污剥离的作用;聚能效应和微扰效应能减弱油污对含油污泥表面的黏附应力;湍流效应加速被剥离油层的乳化过程。这四种效应一方面可以减少油/固体界面膜厚度,加速含油污泥洗脱过程中的液固传质过程;另一方面,由于超声波可以使油泥水混合液进行强烈湍动,增加搅拌作用,含油污泥表面的油在声压和液体微射流等作用下被撞击,发生内塌而迅速被剥离下来并乳化,从而使含油污泥中的油和泥砂分离开来。

3) 热作用

超声波在媒质中传播,其振动能量不断被媒质吸收转变为热能而使自身温度升高。吸收的能量可升高媒质中的整体温度、边界外的局部温度和空化形成激波时波前处的局部温度等,使处理对象温度发生变化。如用10W声功率辐照50mL水的绝热系统,辐照2min后可使水温升高5.7℃。与此同时,超声波还导致媒质产生某种效应,而且采用其他加热方法可获得同样的温升与反应,因此,产生该效应的机理是热学机理。

超声波处理污油,是通过其机械作用、空化作用及热作用降低油污黏度和油水界面膜的张力,同时增加油滴间的相对运动,促使其聚结、絮凝而破乳。超声波脱油处理设备结构简单,投资成本较低,并且超声波具有良好的传导特性,可作用于不同类型的乳状液,对污油有好的适应性。

2. 影响因素

超声波处理含油污泥实际应用过程中,为了保障油砂的清洗效果,需正确选择超声波声学参数。这是因为超声波对含油污泥的洗脱主要是利用其空化作用进行的,超声波的物理参数都可能影响其脱油效果,对不同的含油污泥要选取不同参数,否则容易引起二次乳化等问题。

1) 超声波声学参数的影响

(1) 超声波频率。

一般来说,在其他条件一定的情况下,原油回收率随着超声波频率的增大呈现先增大后减小的趋势。对于不同的含油污泥,在某一个超声波频率下,能使原油回收率达到最大值,说明超声波频率不是越大越好,而是存在一个最佳值,并且认为较低的超声波频率能提高含油污泥的处理效率。这是因为超声波频率和超声波空化阈值有关,空化阈值随着超声波频率的升高而升高,空化阈越高,需要的声强或声功率也越大。超声波频率过高,空穴的产生需要大量的能量,并且其中大部分能量转化为热能,引起热效应的增加,只有很少一部分能量被用于空穴的引发,所以,过高的超声波频率不利于空穴的发生。

国外,A Tielm 等分别以超声波频率为 41kHz、207kHz、360kHz、1068kHz 和 3217kHz 进行污泥的处理实验,发现污泥的处理程度随着超声波频率的增加而降低,且最佳频率为 41kHz。这不仅说明使用较低的超声波频率能提高污泥的破解程度,还说明污泥分解过程中水力剪切力的重要性。也有研究表明,超声波频率越低越有利于颗粒凝聚,当频率高于 40kHz 时,增大超声波频率则使空化过程难以进行,使得无机颗粒与污油的分离效果降低。

国内也有较多关于超声波频率对污泥脱油效果影响的研究。在超声波强度 500W、温度 50℃、相同超声波时间下,超声波频率对脱油率的影响结果如图 11-3-16 所示,由该图可知,超声波频率在 40kHz 时的脱油率明显大于 59kHz 时的脱油率,在超声波作用下不但能分离污油和固体颗粒,还能使污油聚集成大颗粒上浮。

(2) 超声波功率。

通常情况下,在超声波功率较小时,随着功率的逐渐增大,超声波空化作用逐渐增强,对油泥体系的剥离效果增强,脱油效率提高,但是当功率升高至一定程度后,脱油率反而有

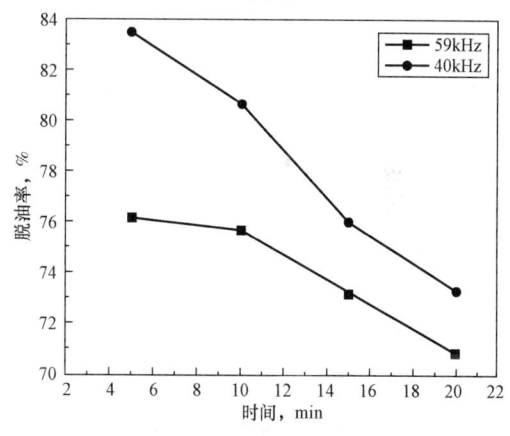

图 11-3-16 超声波频率对含油污泥脱油率的影响

下降的趋势。这是因为超声波功率过大,超声波输入体系的能量可能改变了污泥表面特性及内部结构,使其颗粒变得更加细小,增强了污泥对水相中已解吸原油的吸附能力,出现了反吸附的现象,阻碍了油水分离,从而使除油率有所降低。

(3) 声强、声能密度。

声强(W/cm^2)是声波传播的能流密度,是单位时间内通过垂直于传播方向上的单位面积

的声功。声能密度(W/L)是单位体积内的声功率。声强与声能密度是两种表述方式不同的描述超声波作用效果的物理量,也是影响含油污泥超声波处理效果的两个重要因素。

曹华英在超声波频率25kHz,作用温度30℃,作用时间为5min、15min和30min的条件下,研究了超声波声强对含油污泥洗脱效果的影响。从图11-3-17可以看出,含油污泥中油的去除率随着超声波声强的增加而逐渐提高,但声强超过0.197W/cm^{2}之后,污油去除率的提升幅度变缓。

含油污泥中油的去除率随着超声波声强的增加而提高,可能是因为随着声强的增加,单位面积超声波功率的作用增强,增大了空化作用。但当超声波声强增大到一定程度时,空化气泡生长过大以致气泡在正压相来不及崩溃,从而减弱空化效果,进而降低了对含油污泥的洗脱作用。

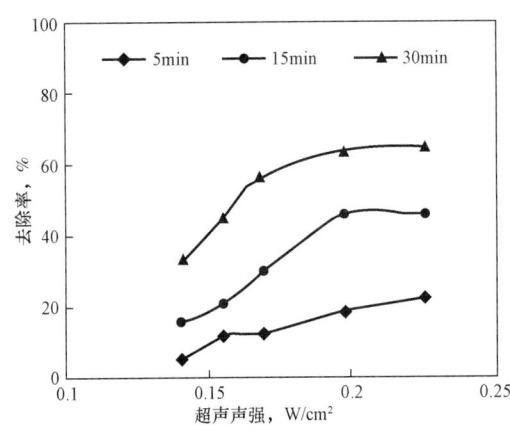

图11-3-17 超声波声强对含油污泥洗脱效果的影响

(4)超声波作用时间。

文献调研表明,一般情况下,在相同的超声波强度和频率下,含油污泥脱油效果随着超声波作用时间的增加而提高,达到一定时间后稳定不变,继续增加超声波作用时间,不仅降低清洗效率,反而可能会因乳化作用而降低清洗效果。这是因为随超声波作用时间的延长,超声波输入的能量和对油水界面的剪切应力也随之增加。超声波产生的振动效应改善了油水界面的黏附应力,促进水滴与水滴之间、水滴与固体颗粒之间的有效碰撞,从而加强了破乳剂对油泥的破乳作用。但超声波作用时间过长,已经破乳的油泥会再次乳化,导致油泥中含水率增加。此外,空穴作用会改变固体颗粒和水滴的结构,使粒径变小,固体颗粒对油、水的吸附作用增加,不利于油水分离。

另外,由于初始的乳化液中,油滴浓度相对较低,洗脱效果较好。但是,随着超声波作用时间的延长,乳化液中油滴浓度增加,泥砂重新吸附油滴。所以超声波作用时间延长到一定程度后,含油污泥的洗脱效果将不再提高,甚至会有所下降。

2)其他因素对含油污泥超声波处理效果的影响

(1)含油污泥含水率。

韩萍芳等研究了含油污泥含水率对其释放有机物的影响,结果表明在超声波处理时间相同的条件下,含水率越低,含油污泥滤液中的COD越低,即释放出的有机物越少,也就是说,含油污泥的含水率越低,越不利于超声波处理过程脱出其中的有机物。

(2)温度。

温度对超声波空化强度具有很大的影响,进而影响到含油污泥的洗脱除油效果。一般来说,温度较低时,油和固体颗粒之间的黏附力难以破坏,除油率较低;温度较高时,不仅可以增强超声波空化作用,还可以增加清洗介质的活性,从而提高油泥清洗的效率和效果。但是温度达到一定程度后,因气泡中的气体压力增加,引起冲击声压下降,反而降低空化强度,减缓油泥砂中固体颗粒与油的分离过程,反而不利于油的脱除。因此,超声波处理含油污泥时,应根据含油污泥来源、特性的差异筛选合适的超声波处理温度。

(3) pH 值。

pH 值对超声波破解污泥效果有较大的影响。采用 NaOH 溶液调节钻井液 pH 值,在超声波作用时间 5min 下,pH 值对油去除率的影响如图 11-3-18 所示。

油基钻井液最初 pH 值为 6,当调节 pH 值在 7~9 之间时,钻井液中的油去除率迅速升高,这是因为:① 受皂化效应的影响,使清洗液中的油组分迅速与碱反应而进入水体中;② 受超声波高速微射流和冲击波造成的剪切力的影响,使油土中的油组分更易从土壤颗粒表面解吸下来;③ 沥青中的极性成分与碱性试剂的声化学反应,形成了具有表面活性特征的分离剂,

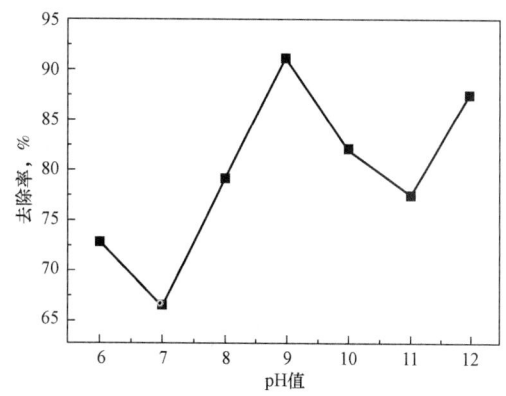

图 11-3-18 pH 值对超声波处理含油土壤中油的去除率的影响

使油土得以分离。但是,pH 值过高的情况下,表面活性组分的量因 OH⁻ 与高价金属离子的反应而减少,且高 pH 值利于乳化过程,导致油去除率有所下降,同时引起设备腐蚀,增大处理成本。

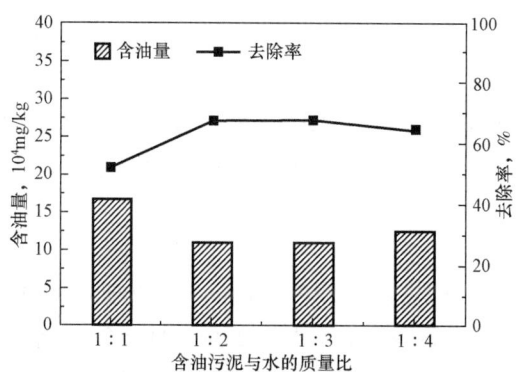

图 11-3-19 含油污泥与水的质量比对超声波处理含油污泥洗脱效果的影响

(4) 含油污泥与水的质量比。

在其他条件一定的情况下,按含油污泥与水的质量比分别为 1:1、1:2、1:3 和 1:4 将含油污泥与自来水混合均匀,对含油污泥进行超声波加搅拌洗脱,得到含油污泥与水的质量比对含油污泥洗脱效果的影响,如图 11-3-19 所示。

从图 11-3-19 可以看出,含油污泥中油的去除率随着水的比例的升高而升高,这可能是因为加入的水可以使含油污泥分散,减小分离的油与泥砂再次结合的机会。但当含油污泥与水的质量比超过 1:2 时,去除率变化不大,这可能是当含水量增加时,更多的能量消耗于污水中,单位含油污泥体积接收到的超声波能量减少,且加水量过多,也不利于后续水的处理。

第四节　资源化利用处理技术

一、制砖法

1. 适用范围

制砖技术适用范围较广,含油污泥、钻井液等处理后的固体废物均可作为制作免烧砖原材料。

2. 工艺流程

免烧砖制作工艺流程如图 11-4-1 所示。

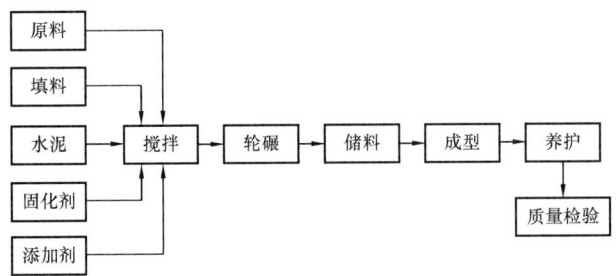

图 11-4-1　免烧砖制作工艺流程图

3. 添加剂的选择

1)水泥

采用普通硅酸盐水泥,硅酸盐水泥(GB 175《通用硅酸盐水泥》)和矿渣硅酸盐水泥(GB 1596《用于水泥和混凝土中的粉煤灰》),一般夏天生产时使用矿渣硅酸盐水泥。不宜用火山灰质硅酸盐水泥和粉煤灰硅酸盐水泥。

2)骨料填充料

常用骨料填充料为炉渣、粉煤灰、砂碎石或卵石(5mm<粒径<8mm)、工业废渣、轻集料(如黏土陶粒和火山渣等)。其技术要求如下:各废渣的烧失量不大于20%,$SO_3 \leqslant 2\%$,各废渣的砂化粒度为0.3~1.3mm,0.1mm以下微粉含量≤20%时可代砂使用;各废渣的碎石粒度为3~15mm,含泥量≤3%时可代替碎石使用。

3)固化剂

(1)固化剂分类。

① 按性质分为:

a. A类土壤固化剂,即土壤固化外加剂,不可直接用于土壤固化,需与水泥等胶凝材料配合使用。

b. B类土壤固化剂,可直接用于土壤固化,如水泥与粉体土壤固化剂混合料。

② 按形态分为：

a. 液体土壤固化剂；

b. 粉体土壤固化剂。

③ 按成分分为：

a. 石灰水泥类无机固化剂；

b. 矿渣类干粉土壤固化剂；

c. 高聚类离子土壤固化剂；

d. 有机酶蛋白土壤固化剂；

e. 有机无机结合的固化剂。

采用土壤固化剂可以替代大量的石灰、水泥、粉煤灰、碎石、砾石等传统筑路材料，节省资源、能源。

（2）固化剂特点。

① 抗压强度高；

② 水稳定性好；

③ 冻稳定性好；

④ 便于运输、储存。

4. 设备选型

根据滤饼量或者砖块接收量确定制砖机型号及规模。制砖机主要由主机系统（主机体、机架、激振器、送板床、接砖机、输送带）、电路控制系统、双叠板系统、液压系统、面料机、模具、自动上板系统、送料系统等组成。

目前制砖机技术比较成熟，模具的种类也日益增多，根据需求选择合适的制砖设备（图 11 - 4 - 2）。

图 11 - 4 - 2 制砖机设备图

二、调剖法

1. 适用范围

适用于处理含油污泥产量较小的油田，前期准备工作复杂，技术难度高，操作成本高。

2. 工艺流程

污泥调剖系统工艺流程如图 11-4-3 所示。

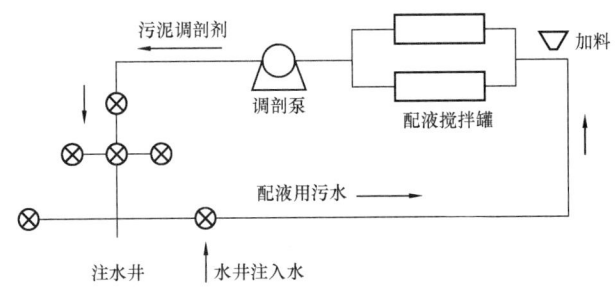

图 11-4-3　污泥调剖系统工艺流程图

3. 添加剂的选择

1）悬浮剂

油田常用的有羧甲基纤维素（CMC）、非离子聚丙烯酰胺（NPAM）和阴离子聚丙烯酰胺（APAM）3 种悬浮剂，通过综合比较，建议选用羧甲基纤维素（CMC）。

2）分散剂

常用的分散剂有纯碱（Na_2CO_3）和表面活性剂（油酸钠），通过性能比较，建议选用油酸钠作为分散剂。

3）固化剂

废弃钻井液固相和水泥，并按照不同质量比加入增强剂 CaO 后能够提高抗压强度。

4）缓凝剂

建议选用丙烯酰胺衍生物作为缓凝剂。

根据上述结果，确定废弃钻井液调剖体系的配方为钻井液固相 + 水泥 + 增强剂 CaO + 0.02% CMC（悬浮剂）+ 0.3% 油酸钠（分散剂）+ 0.2% 丙烯酰胺衍生物（缓凝剂），其中钻井液固相、水泥和增强剂 CaO 的质量比为 1∶2∶0.01。按此配方配制的废弃钻井液调剖体系的悬浮性能和分散性能良好，能够满足调剖要求。

4. 设备选型

专用钻井液注入泵 1 台。根据地层压力及钻井液注入量确定泵型号。

三、其他技术

1. 含油污泥制备橡胶填料技术

水质改性污水处理工艺产出的含油碳酸钙污泥，不仅产出量大，污泥颗粒细小，矿物组成基本以碳酸钙为主，同时含有一定的盐、石膏、石油及其他硅铝质杂质。针对这种水质改性污泥中碳酸钙含量高的特点，开展了很多污泥处理方法的研究。

由于碳酸钙填料剂已经成为橡胶填料剂的重要来源之一，而水质改性污泥残渣烘干后的主要成分为 $CaCO_3$，粉碎筛分后制作为橡胶填料。研究表明，利用油田污泥开发的橡胶填料剂填充效果与正在使用的普通碳酸钙填料剂相比没有明显的差别,而且在分散性、橡胶网状分子的交联性、磨耗、回弹性等方面,略优于普通碳酸钙填料剂。因此,该技术不但可以促进油田清洁生产,减少固废排放,而且能够实现油田此类污泥的无害化和资源化,具有较大的社会效益和环境效益,但这类橡胶填料市场用量较小,导致该技术至今没有被推广应用。

2. 含油污泥填充凝胶颗粒调驱技术

该技术主要是用含油污泥代替制备凝胶颗粒调驱剂。通过创新无序化耐温抗盐三维立体网状分子结构设计、合成工艺,解决絮凝含油污泥填充困难的问题,制成含油污泥填充比例达到50%,耐温抗盐,膨胀倍数、强度、粒径可调的含油污泥填充凝胶颗粒,实现资源再利用,调驱剂成本降低15%以上;并且通过双剂引发温和无釜合成工艺,室温条件即可进行交联聚合反应,实现联合站就地建厂,解决了含油污泥外运产生的安全环保隐患;通过上下锯齿分散盘式搅拌浆及可移除式聚合槽,形成连续化生产工艺流程,实现产品工业化生产。

第五节　无害化处理技术

一、萃取法

1. 适用范围

适用于各类含油污泥,处理后含油率可降至0.3%以内。

2. 工艺流程

多级逆流提取技术(图11-5-1)主要工艺原理为萃取原理,通过表面活性剂、萃取剂和特殊机械构造多重作用,根据含油污泥处理难易程度,设置三级或多级逆流提取装置,使得处理后固相干基含油率可保证低于0.3%。

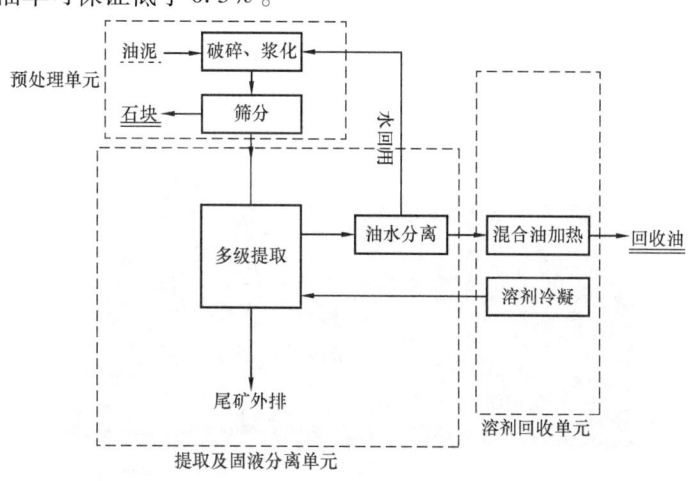

图11-5-1　逆流提取工艺流程图

3. 药剂选择

常用的超临界流萃取剂有甲烷、乙烯、乙烷、丙烷、二氧化碳等,这些物质的临界温度高、临界压力低,而且原料廉价易得,是良好的超临界萃取剂,且密度小,易于分离。萃取法的优点是处理含油污泥较彻底,能够将大部分石油类物质提取回收。

4. 回收系统

1) 污油回收系统

包括污油罐及污油泵。收集萃取分离后的污油。

2) 萃取剂回收系统

萃取剂萃取污油后,再进行加热油、药剂分离,在通过冷凝系统回收萃取剂。

5. 主要设备选型

预处理橇主要包括筛分装置、破碎装置,作用是筛除含油污泥中的石子、杂草等异物,并将油泥粒度控制在利于后端逆流提取的标准。

逆流提取橇(图11-5-2)核心设备为二级螺旋抽提装置,作用为实现含油污泥油、水、固的三相分离。

图11-5-2 逆流提取橇

溶剂回收橇(图11-5-3)主要包括三效蒸发器、蒸汽发生器、循环冷却系统三部分,主要作用为实现油分与溶剂的分离,溶剂进行回用,油分进入储油罐。

图11-5-3 溶剂回收橇

6. 应用实例

2017年4月至5月,在海南福山油田进行了为期一个半月的含油污泥现场试验,共处理油泥100t,采用工艺为三级逆流提取技术,处理量为0.3t/h,根据业主要求,处理后固相出料的含油率低于2%,达到了国内相关处理标准(SY/T 7301《陆上石油天然气开采含油污泥资源化综合利用及污染控制技术要求》)。

表 11-5-1 处理前样品指标表

样品	含水率,%	含油率,%	含固率,%
含油污泥	37.8	25.7	36.5

处理后含油污泥含油率 <2%。

二、热解法

1. 适用范围

适用于各类含油污泥,处理后滤饼含油率可降至0.3%。

2. 热解原理

含油污泥中含有大量碳氢化合物,包括烷烃、环烷烃、烯烃、芳香烃、沥青质和胶质等。在无氧条件下,油泥高温加热发生复杂的化学反应,这些反应主要分为两种:一种是裂解反应,属于吸热过程;另一种是缩合反应,属于放热过程。由于含油污泥热解影响因素的复杂性,目前对油泥热解转化机理还不是很清楚。一般认为,含油污泥热解过程需经过5个阶段:干燥脱气阶段(50~180℃),在此阶段水分等易挥发组分蒸发;轻质油挥发析出阶段(180~370℃),此时油泥的热解反应开始;重质油热解析出阶段(370~500℃),重质油一般在370℃左右开始裂解,同时缩合反应也加快;半焦炭化阶段(500~600℃);矿物质分解阶段(>600℃)。国外研究者采用流化床对清罐底泥的裂解研究得出:在裂解温度为460~650℃时,裂解油的回收率可达到70%~84%,并且,含油污泥若在600℃的条件下热解3h,气相产物主要包含 C_1 至 C_5 烃类物质,液相产物的成分比较复杂,组成和理化性质与含油污泥的性质和热解条件有关。

1) 烷烃

含油污泥热解过程中烷烃主要发生C—C键断裂和C—H键断裂反应。C—C键断裂后生成小分子烷烃和烯烃,C—H键断裂后生成碳原子数不变的烯烃,这些反应都属于吸热反应。断链和脱氢的难易程度与分子结构中键能的大小有关。

2) 环烷烃

热解过程中环烷烃主要发生环烷烃的断裂和烷基侧链断裂,环烷烃断裂生成较小分子的烯烃或二烯烃,烷基侧链断裂生成较小分子的烷烃或烯烃。不同环数的环烷烃发生热解反应的条件不同,单环烷烃需要600℃以上才能发生脱氢反应;双环烷烃对反应温度要求低,在500℃左右就能发生脱氢反应生成环烯烃。

3) 烯烃

烷烃和环烷烃热解反应过程会产生各种烯烃,因此烯烃发生的热解反应比较复杂,某些烯烃随着温度的升高不仅发生裂解反应,还可能与其他烃类发生反应。在低温环境下,烯烃裂解生成气体的反应比较慢,此时主要发生的是烯烃缩合成高分子聚合物的反应,但同时烯烃缩合生成的高分子聚合物也会发生裂解反应。因此在裂解和缩合反应同时进行的过程中,烯烃的热解产物有烷烃、环烷烃、烯烃和芳香烃等碳氢化合物。

4) 芳香烃

芳香烃比烷烃和烯烃更稳定,因此在较低温度下不会发生热裂解。在较高温度下,会发生脱氢缩合反应,最终生成焦炭。带烷基侧链的芳香烃发生的热解反应有脱烷基或侧链断裂两种。

5) 环烷芳香烃

环烷芳香烃在热解过程中主要发生如下三种反应:(1)环烷环脱氢生成萘的衍生物;(2)环烷环断裂生成苯的衍生物;(3)缩合生成高分子聚合物的多环芳香烃。

3. 热解工艺流程

含油污泥热解工艺是通过裂解工序,将含油污泥中的有机质和绝大多数有害物质分解,是污泥处理的关键过程。

热解工艺根据供热方式、产物状态、热解炉结构等方面的不同,可进行不同的分类。按供热方式的不同,分为直接供热和间接供热;按热解温度的不同,分为高温热解、中温热解和低温热解;按热解炉的结构不同,分为固定床、流化床、移动床和旋转炉等;按热解产物的聚集状态不同,可分为气化方式、液化方式和炭化方式;按热解与燃烧反应是否在同一设备中进行,热解又分为单塔式和双塔式。以下主要介绍按供热方式和热解温度进行分类。

1) 按供热方式分类

直接供热是指供给被热解物的热量是被热解物部分燃烧或者向热解反应器提供补充燃料时所产生的热,由于燃烧需提供氧气,因而会产生惰性气体混在热解可燃气中,稀释了可燃气,结果降低了热解产气的热值。

间接供热是将被热解的物料和直接供热介质在热解反应器中分开的一种方法。

直接供热的设备简单,可采用高温加热方式,其处理量和产气率也较高,但所产气的热值不高。间接供热的优点在于其产出气可当成燃气直接燃烧利用,但产气率低于直接供热,由于间接供热不可能采用高温加热方式,可减轻 NO_x 的产生。

2) 按热解温度分类

高温热解温度一般在1000℃以上,其加热方式几乎都是直接供热。

中温热解温度一般在600~700℃之间,主要用在比较单一的物料作能源和资源回收的工艺上。

低温热解温度一般在600℃以下。

目前含油污泥处理多采用低温热解,不仅用于有机污染土壤及含低挥发性油分的油泥(如油基钻屑)处理,对含有大分子难挥发油分的油田现场各类含油污泥处理效果均比较彻底,可控制含油率<0.3%。

通过加热促使物料加热到300~550℃,使污染物中的有机污染物或挥发性油分挥发,难挥发性油分及有机污染物发生热分解。不仅可以处理含轻质烃、芳烃(BTEX)和其他挥发性有机物、石油烃污染土壤、非氯化 VOC、SVOC、PAHs、PCB、杀虫剂、混合（放射性和危险）废物、合成橡胶废物、油漆废物等。而且能通过高温热解有机物，解决重质化合物，如含油污泥中的重质油、沥青、胶质、聚合物。

热解过程非常复杂，通常认为热解过程有两个步骤：（1）初步的热解，包括水分蒸发和有机物的挥发，不同的反应区域对应主要组分的热分解。（2）二次热解，包括固体物料的第二次分解。第一阶段主要是脱水、脱氢、脱羧和脱碳反应。第二阶段包括裂解（热解催化），重组分进一步裂解为气体，或通过与气化剂反应，如部分氧化、聚合和冷凝反应，炭转化为气体，如 CO、CO_2、CH_4 等热解通常运行温度远低于焚烧（虽然特定污染物需要更高的温度，但通常低于 500℃），污染物的处理主要是通过热物理分离和收集，少部分通过热解消除（通过氧化或化学分解）。热解工艺流程如图 11-5-4 所示。

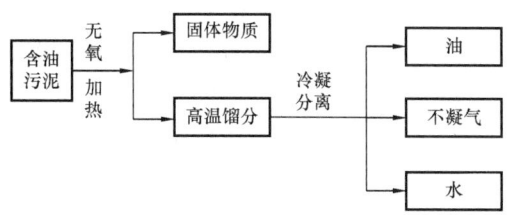

图 11-5-4 热解工艺流程图

4. 热解的影响因素

含油污泥热解过程和热解产物分布除了受含油污泥特性影响外，热解工艺条件也对其有重要的影响。文献报道的影响热解的主要因素有温度、反应时间、升温速率以及催化剂等，另外，废物的成分、反应器的类型等也会对热解反应过程产生影响。

1）温度

温度是热解过程中一个非常重要的控制参数。含油污泥热解的实质就是在一定温度下重油大分子热裂解成中小分子物质的过程，因此，反应温度必须达到一定要求才能发生反应热。

热解反应转化率和三相产物分布均与反应温度有密切的关系。一般来说，当温度小于 200℃ 时，热解反应基本不能发生；温度逐渐升高，大分子有机物开始裂解成较多的中小分子，产油率增多；但是当温度升高至一定程度后再继续升高时，大分子的裂解反应过程中就会伴随着许多中间产物的二次裂解，导致气体产物的产量会大幅度增长，同时焦油、炭渣的产量相对减少。

研究发现，在其他条件一定的情况下，在 460~490℃ 温度范围时，产油率和反应转化率均随着反应温度的升高而增加，但当温度高于 490℃ 时，反应转化率增长趋势减缓，液相产量有所下降。

2）反应时间

反应时间是指反应物完成反应在炉内的停留时间，它与物料颗粒大小、物料分子结构特性、反应器内的温度高低、热解方式等因素有关，同时它又会影响热解产物的成分和回收率。一般而言，物料颗粒越小，反应时间越短；物料分子结构越复杂，反应时间越长；反应温度越高，反应时间越短。热解方式对反应时间的影响更加明显,直接热解比间接热解需要的时间要短得多。

另外,在其他条件相同的情况下,热解液态和气态产物产量随反应时间的延长而增加。但当反应时间达到某一时间时,反应时间对液相收率和反应转化率的影响开始减弱。这是因为随着反应时间的延长,含油污泥中的油分逐渐减少,反应速率开始降低,进一步导致第一次反应的产物在热解反应器中的停留时间增加,加速了二次反应,裂解生成气相产物增加。

3)升温速率

升温速率对热解产物分布影响较大。一般来说,在较低和较高的升温速率下,热解产品气体含量高。随着升温速率的增加,产品中水分及有机物液体的含量逐渐减少。升温速率越高,达到同一温度的时间越短,油泥在此温度下反应时间就越短,反应不彻底,同时,含油污泥内部会产生热量分布不均的现象。低升温速率条件下,达到设定反应温度需要的时间会变长,相应地油泥热解反应的时间会变长,液相收率和反应转化率会增大。另外,升温速率的影响具有阶段性,一般只会在热解温度小于450℃下才会比较明显,较高的温度下,这种影响作用几乎可以忽略不计。通过热重法分析了升温速率对含油污泥热解特性的影响,发现不同升温速率下的 TG-DTA 曲线(热重—差热曲线)上的反应过程基本类似(图 11-5-5)。但随着升温速率从10℃/min 提高到30℃/min 时,热解反应时间缩短,失重速率显著增大,总失重率与挥发分转化率有所减少,而且升温速率越大,所产生的热滞后现象越严重,使得特征温度向高温方向偏移。

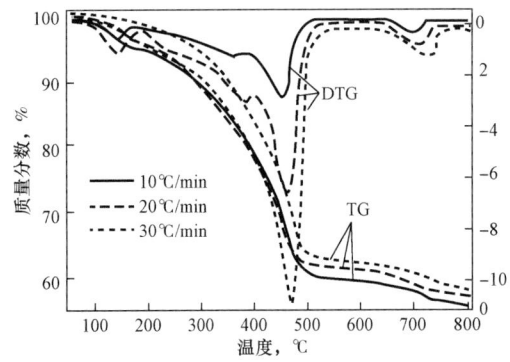

图 11-5-5 不同升温速率下含油污泥热解的 TG—DTA 曲线

4)催化剂

含油污泥热解过程中,是否加入催化剂以及催化剂的添加量也是一个重要的影响因素。在充分的反应条件下,添加有效的催化剂能够缩短热解时间、降低热解温度、减少固体剩余物的量和控制热解产品的分布范围。实际上,污泥本身含有的一些重金属,在污泥热解过程中就起着催化剂的作用,因此可以在污泥热解前去除其中的重金属,再对其进行热解,然后分析其中重金属对热解的影响效果,目前这方面的研究还比较少。催化剂之所以能够优化热解是因为在热和催化剂的作用下,能促进油泥中重质油发生裂化反应,转变为裂化气、汽油、煤油和柴油等。因此,在油泥热解过程中,选择合适的催化剂能有效降低热解温度,提高热解产油率。目前,用于污泥热解催化剂主要有以下几种:

(1)钠化合物和钾化合物。

到目前为止,研究最多的油泥热解催化剂是钠化合物和钾化合物,它们不仅价格低廉,且效果显著,但是由于受钠盐和钾盐种类的限制,开发新的高效污泥热解催化剂刻不容缓。国外,Shie 等将 $NaOH$、$NaCl$、Na_2CO_3、KOH、KCl 和 K_2CO_3 分别作为热解催化剂,对含油污泥的热解进行了实验研究,结果表明,催化剂不仅提高了热解效率,减少了固体残渣剩余量,而且改善了产出油的品质。

国内,喻健良和贺利民等分别考察了 Na_2CO_3 对污水厂污泥和炼油厂污泥热解的影响,前者发现当反应温度为 270℃、Na_2CO_3 用量为 4g/100g、热解 75min 时,产油率可达 18.4%。后者同样在 Na_2CO_3 添加量为 4g/100g 时发现热解温度越高,产油率越高,在 300℃ 时产油率高达 54.6%,且反应时长 60min 时热解反应接近平衡。

(2)矿物质。

白云石、黏土和镍基催化剂等矿物质在焦油裂解过程中起着重要的催化作用,但是污泥热解过程中加入矿物质作为催化剂的报道相对较少。周建军在大港油田含油污泥热解处理过程中,选用催化裂化催化剂、活性白土、高岭土、粉煤灰作为催化剂,考察其对液相回收率的影响,并结合经济因素考虑,确定最佳催化剂为活性白土(图 11-5-6),并且在其加量为 4%、反应时间 60min、反应温度 490℃、加热速率 4℃/min、氮气吹扫量 90mL/min 的条件下,液相产物收率可达 82.22%。直接使用天然矿物质就能促进污泥热解过程,且我国矿物质储量大、价格低廉,具备大规模工业化应用的可能。

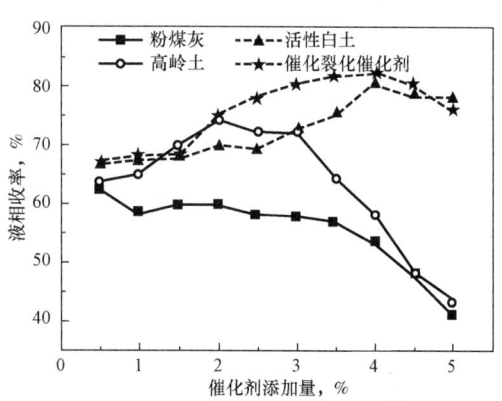

图 11-5-6 催化剂种类及添加量对液相收率的影响

王慧等首先对膨润土进行提纯,然后用于含油污泥热裂解过程中,在氮气流速 200mL/min、起始温度 30℃、升温速率 10℃/min、热解温度 500℃、反应时间 3h 的条件下,与不添加膨润土相比,在油回收率基本相同时,可使反应时间减少 2h,温度降低近 50℃,大幅度降低热解处理能耗。

(3)金属氧化物。

有关金属氧化物对污泥热解过程的影响主要集中在第四周期金属氧化物。马奔腾在页岩油泥热解过程中分别加入一定量 Al_2O_3 和 Fe_2O_3,当添加比例为 1:3 时,Al_2O_3 的催化效果较好,与无催化相比,产油率提高了 32.85%;当添加剂为 1:5 时,Fe_2O_3 的催化较好,并且在改善馏程方面表现突出,在 1:5 和 1:10 时,均使重油、柴油含量下降,汽油含量增加。

(4)其他催化剂。

除了上述讨论的热解催化剂外,还有一些物质也用于污泥热解过程中。将重金属硝酸盐应用到含油污泥热解过程中,油泥热解后得到的裂解油中汽油含量最高可达 20%、柴油 50% 左右,且热解所得的燃料气中 C_{6+} 组分的含量高达 40%。

5. 含油污泥热解产物

1)液态产物

含油污泥热解液态产物以常温燃油和水为主。热解条件对热解油的回收率、品质有较大影响。试验结果表明,热解油以柴油馏分(75%)为主,热值达 43MJ/kg 左右,可直接作为燃料油使用,但其杂原子和芳香烃含量较高,油品质量与成品还存在一定差距。

2) 气态产物

含油污泥中含有的大量矿物质会影响油的热转化反应,有利于含油污泥热解气体中氢气的生成。汤超在热解温度600℃、反应时间2h的条件下,热解压滤污泥和清罐油泥,发现热解后不凝气的主要成分是甲烷和乙烷,其中压滤污泥样品热解后的甲烷含量达50%以上。两种含油污泥热解样品不凝气中 C_1 至 C_3 烃类组分均接近90%,具有很好的利用价值。

3) 固态产物

含油污泥热解残渣为含油污泥热解结束后残留在反应器内的固体残留物,若处理不当,会造成二次污染。国内外对于含油污泥热解的研究,目前主要侧重于热解过程和热解产物分析,而对于热解残渣的资源化利用研究相对较少。

(1) 热解残渣的特点。

试验分析发现:① 热解残渣由碳和无机元素组成,碳含量高达36.92%;② 热解残渣孔径分布比较宽,过渡孔结构所占比例较大,平均孔径较大,比表面积达到了 $765.2m^2/g$;③ 热解残渣表面孔隙分布不均匀,孔径相对较大。因此,热解残渣具有优越的液相扩散性能,有利于大分子有机物的吸收。

(2) 热解残渣的应用。

由于含油污泥特性以及热解工艺的不同,热解残渣的处理也不尽相同,主要有以下几种:

① 作为水污染物吸附剂。

由于含油污泥热解残渣主要成分是活性炭和无机组分,因此可作为吸附剂用来脱除水中的有机物和金属离子,降低COD值。

② 作为气体污染物吸附剂。

活性污泥、含油污泥混合物热解后得到的热解残渣对潮湿空气中的 H_2S 脱除有明显影响。

③ 作为催化剂。

由于含油污泥热解残渣具有疏松的孔结构以及含有一定量的重金属,使得热解残渣具有一定的催化作用。

④ 作为絮凝剂。

残渣制备的絮凝剂具有良好的热稳定性和pH值稳定性,储存几个月,絮凝活性也能保持良好状态。该絮凝剂的主要成分为多糖类物质,利用扫描电镜观察其形态,发现结构密实,有利于絮体沉降。与此同时,何银花等对含铝污泥热解残渣制备聚合氯化铝进行了研究,对于高铝含量热解残渣制备聚合氯化铝,不仅有利于实现污水处理过程投加的铝盐絮凝药剂的回收与高效循环利用,还能减少污染物排放和资源消耗。

⑤ 作为建筑材料。

污泥中除了含有大量有机物外,还含有20%~30%的硅、铝、铁、钙等无机化合物,由于残渣的化学组成与建筑材料常用的原料组分接近,因此可以作为生产建筑材料的原料。

6. 主要设备选型

1) 进料装置

进料系统包括上料输送刮板机、定量输送装置等。刮板机的安装需紧凑,方便现场维修和操作。

2) 热解炉

热解炉作为核心设备(图11-5-7),该系统主要包括热解脱附反应器主体、无害化及热能供应装置、含氧量检测系统、防爆泄压阀。每天运行24h,热解脱附反应器将含油污泥在无氧的环境下加热到350~550℃,最长停留时间可以达到120min,从而实现含油污泥中油分及有机质的热解脱附。无害化及热能供应装置将实现热解气高温无害化的同时回收利用其热能。氧含量监测设备则用于时刻检测反应炉罐内氧含量,联锁氮气保护系统确保系统的安全运行。

图11-5-7 热解炉

3) 三相分离装置

热解脱附装置产生的热解脱附气主要有油蒸汽、水蒸气、挥发性有机烃类、热解气,以及粉尘组成。处理过程中通过三相分离装置进行分离(图11-5-8)。

热解脱附系统中产生的热解脱附气体从热解脱附反应炉罐中被抽出,进入一个冷凝喷淋塔,喷淋塔内设置喷淋水泵,通过喷淋水泵利用三相分离水箱中的处理水或碱液,将热解气中的油蒸汽、粉尘、水蒸气洗涤、冷凝后送入三相分离水箱,然后通过溢流直接进入初级水处理系统,处理过程回收油分则送入储油罐,水分回用于设备。

图11-5-8 三相分离器装置

4）不凝气回收装置

含油污泥热解脱附过程中产生的不凝气体经过不凝气体回收系统净化后,送至热解脱附系统作为辅助燃料。设备设有紧急放散装置,事故状态下的不凝气可通过放散装置进行安全放空,放空点建议在生产区外。

热解气中 CH_4、CO、H_2、有机烃类等可燃性气体,以及部分有机污染物无法凝结,形成不凝气体。这些气体通过引风机进行抽提,依次进入两级气液分离器,通过气液分离器脱出气体中的游离水,最后进入无害化及热能供应装置,在充分利用其热能的同时实现有机污染物的高温无害化。其次,为避免因为油泥热解气热值过高,超过无害化及热能回收设备负荷,在热解气管道设置放散阀,多量热解气可通过放散管道引入蒸汽锅炉等设备利用。

5）循环水处理装置

三相分离系统冷凝喷淋后的含油污水,通过循环水处理装置进行处理,装置使用"高效除油 + 絮凝沉淀 + 溶气气浮"工艺,处理后 SS≤100mg/kg,含油率 <0.02%。经冷却系统降温,设备回用。

多量的污水根据条件要求,可以经过深度水处理后进行外排,也可以对还原土进行喷淋加湿。

6）循环水冷却装置

解脱附系统运行中产生的热量,会使三相分离和循环水处理系统内的水温升高,会使设备各螺旋轴、外壳温度升高,同时为了使热解脱附固相产物温度降低,也要用冷却水进行间接换热。所有设备运行过程中产生的水温升高,均通过循环水冷却系统进行降温。

循环水冷却系统采用两组独立的循环水空冷器:一组冷却三相分离、循环水处理系统中的含油污水,一组冷却设备机冷水,后者仅进行换热,不参与设备内部水循环,为清水。

7）制氮装置

制氮装置主要用作热解脱附装置的保护气,设有常用氮及事故氮两种供气源,常用氮主要用作设备干气密封,事故氮则用于设备故障应急处理,主要包括箱式制氮机及氮气储罐,制氮机用于产生纯度 99.9% 的氮气。

7. 应用实例

(1) 中国石油吉林石化公司在吉林省吉林市,开展炼油厂含油污泥的无害化、资源化处理工程(一期),运行规模为 3600t/a,处理前含水率为 80%,含油率为 15%,采用热解工艺处理后含油污泥含油率 <0.3%,含水率 <1%(图 11 – 5 – 9 和图 11 – 5 – 10)。

图 11 – 5 – 9　中国石油吉林石化公司处理前含油污泥

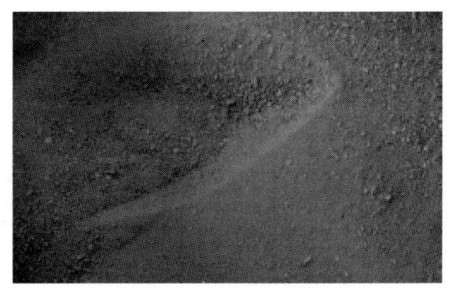
图 11 – 5 – 10　中国石油吉林石化公司处理后含油污泥

(2) 山西某环保有限公司在延长油田榆林市开展油田现场含油污泥建站式无害化处理工程,原始油泥含油率约为 20%,含水率约为 50%,经过调质离心后,固相含油率降至 5%,经过热解炉处理后,固渣含油率 <0.3%,含水率 <1%(图 11 - 5 - 11 和图 11 - 5 - 12)。

图 11 - 5 - 11　山西某环保有限公司处理前含油污泥

图 11 - 5 - 12　山西某环保有限公司处理后含油污泥

(3) 冀东油田油泥综合处理厂项目,利用 1 年的时间将暂存场的固体废物全部处理完毕,年处理量 3×10^4 t,采用转炉型热解析工艺,处理后含油率 <2%,处理费用为 430 元/t(不含运费,不含运行过程中所需水、电、气费用),每吨处理水、电、气成本 175.6 元,合计约为 605.6 元/t(不含运费),规模化处理、余渣掩埋。

三、焚烧法

1. 适用范围

适用于含油量 <10% 的油泥,高含油量油泥应回收污油。

2. 工艺流程

经离心机脱水后的泥渣用单螺杆泵送入焚烧炉。焚烧炉内,在 700 ~ 850℃ 的高温下达到完全燃烧,燃烧中所需的氧由风机提供。在燃烧过程中形成的烟气进入旋风分流器,将 30μm 以上的粉尘排出,烟气在进入空气预热器,通过"U"形管进入文丘里洗涤器和气水分离器进行洗涤和降温,净化烟气经过烟囱排放,洗涤水进入废水池,送入隔油池处理(图 11 - 5 - 13)。开工炉是烘炉或开工初期使用,用瓦斯和柴油作燃料,向焚烧炉供热风。

3. 尾气治理单元

烟气处理装置:经热解脱附及干化系统换热降温后的气体含有一定的粉尘及酸性物质,为了其达标排放,可采用"活性炭喷射 + 半干式除尘系统 + 喷淋洗涤工艺设备"进行烟气处理。最终经过处理后的烟气由总烟气排气风机送入烟囱达标排放。

4. 主要设备选型

污泥焚烧是指通过高温的方式,对污泥中的污染物进行燃烧,实现污泥的无害化处理,是目前为止污泥处理应用最为广泛的处理方法。主要的焚烧炉有回转窑和流化床两种。回转窑焚烧炉中,燃烧温度一般在 980～1200℃,停留时间为 30min;流化床焚烧过程一般在 730～850℃,停留时间为 1h。

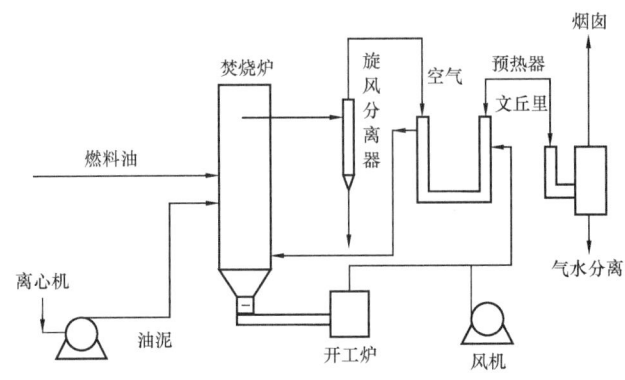

图 11-5-13　焚烧流程图

对于含油污泥来说,焚烧处理不仅可以产生能源为蒸汽涡轮机提供驱动力,而且还可以直接为整个废油处理工艺提供热源。此外,最重要的是焚烧处理可以最大程度上对含油污泥进行减量。虽然含油污泥的焚烧工业化处理过程已经在一些发达国家试验性地开展起来,但是还面临着一些限制性问题。其中主要集中在两个方面:一方面是含油污泥特性对焚烧效果的影响,含油污泥的高黏度特性影响焚烧过程中进料速率,进料情况直接影响焚烧温度的稳定程度;含油污泥高含水率直接影响焚烧效率,所以对于高含水率的含油污泥,焚烧过程中添加辅助燃料是必需的,以保持焚烧温度的稳定。针对这些问题,含油污泥焚烧的预处理就尤为关键,通过降低其黏度和含水率以提高含油污泥的燃料特性。另一方面,就是焚烧过程中污染物的排放问题,这也是几乎所有焚烧处理都要面临的一个重要问题。含油污泥焚烧过程中产生的多环芳烃,以及含油污泥中的有害物质在低温下不能完全被焚烧而变成的气态产物都会对大气环境造成污染和破坏。此外,焚烧后底灰的毒性监测,以及焚烧过程中产生的泥水和灰分都会对环境造成二次污染。总之,含油污泥的直接焚烧会存在环境污染的风险,而且焚烧的投资和运营成本颇高,吨处理费用一般为 1200 元左右。

1) 循环流化床

循环流化床焚烧技术是近 30 年才发展起来的一个新技术分支。它继承了一般流化床燃烧固有的对燃料适应性强的优点,同时提高了流化速度,增加了物料循环回路。大量的物料被烟气带到炉膛上部燃烧,经过内、外循环的多个途径再返回炉下部,提高了炉膛上部的燃烧放热比例,增强了炉膛上下部之间的物料交换,使整个炉膛处于均匀的高温燃烧状态,确保烟气在高温区的有效停留时间。能保证污泥中各组分的充分燃尽,使有毒有害物质的分解破坏更为彻底;也防止了局部超温的出现,对常量污染物(SO_2、NO_x 等)的控制更为有力。因此,循环流化床燃烧技术一出现就被能源环境界公认为是一种环境友好型的焚烧方式。

2) 回转窑炉

回转窑焚烧技术的主流程为:预脱水后的含油污泥→旋转窑焚烧炉→二燃室兼集尘器→

污水换热器→热交换器→喷淋洗涤塔→雾水分离器→烟囱→排放大气。旋转窑炉焚烧技术具有污泥减量化明显、处理彻底的特点,但是用旋转窑焚烧处理含油污泥时需要采用辅助燃料,处理成本较高,并且单位处理量受炉体限制,目前最大处理量较少,处理费用约为160元/t。

四、固化法

1. 适用范围

适用于各类含油污泥,处理后含油量小于2%。

2. 工艺流程

固化处理是通过物理化学法将含油污泥固化或包容在惰性固化基材中以便运输、利用或处置的一种无害化处理技术。固化处理的目的是使废物中的所有污染组分呈现化学惰性或被包容起来,以便运输、处理和利用。一般情况下,稳定化过程是选用某种适当的添加剂与废物混合,以降低废物的毒性和减少污染物自废物到生态圈的迁移率,因而它是一种将污染物质全部或部分地固定于黏结剂上的方法。

通过向搅拌器中投加含油污泥及固化剂,搅拌器均匀搅拌,均质,再通过晾晒,油泥与固化剂结为一体完成固化(图11-5-14)。

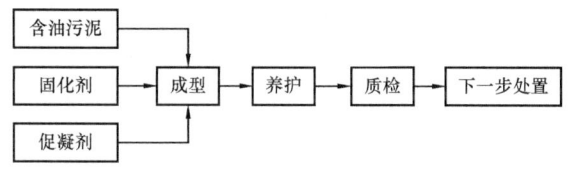

图11-5-14 固化处理流程图

固化过程中含油污泥中的重金属等污染物并未被去除,而是利用化学和物理方法被固定在固化体中,降低重金属等污染物的流动性,较大程度地减少含油污泥中有害离子、有机物等对土壤的侵蚀,从而减少对环境的危害和影响。固化方法是一种较为理想的有害物质无害化处理方法,由于这种方法是较回填技术更易为环境接受的方法,因此近年来受到了越来越多的重视,尤其是对于含油量较低的含油污泥,一般优先考虑采用固化技术处理。

固化方法在国外已被研究多年。20世纪50年代初期,美国就开始用水泥固化放射性化学污泥等,之后又相继研究出沥青固化、塑料固化、玻璃固化、陶瓷固化、合成岩固化等技术。目前,这些固化方法已被许多国家采用,积累了大量经验。一些专家认为,安全土地填埋场最好是接受经固化处理的有害废物,这样可以减少浸出液对环境的污染。

3. 固化处理控制指标

含油污泥经固化处理后,通常从固化后产物的强度和浸出液的环境安全性这两个方面考察固化效果,以判断固化是否达标。

1) 强度

污泥经固化处理后形成的固化体可以作为一种土工材料加以利用,是否具有足够的工程强度是污泥固化体作为土工材料资源化利用的前提条件之一,强度不够就会出现破碎和散裂,增加其暴露的表面积和污染环境的可能性。另外,由于固化体后续利用的场所不同,如以填埋为目的的固化稳定化,以填埋场上覆土材料为目的的固化稳定化,以改良酸性土壤、农用为目的的固化稳定化,以建材为目的的固化稳定化等,对其强度的要求均不同。一般来说,危险废弃物经固化处理后,对其抗压强度要求不高,在0.1~0.5MPa之间即可。同时,固化强度也不是越高越好,而是以略超过原地表抗压强度为最好,普遍认为平均地表抗压强度在0.1MPa左右,过大不利于耕作。

污泥中所含的重金属、可溶盐等会对固化体的工程强度产生不同程度的影响,给后续的资源化利用带来不利。含油污泥固化处理前,应对其成分进行分析,去除其中对固化体强度不利的物质,对于含有大量重金属的污泥,在进行固化操作时可适当提高污泥的用量,确保所得固化体能够满足资源化利用对其强度的要求。

2)浸出液的环境安全性

COD、重金属含量及含油量是反映浸出液环境安全性能的三个重要指标。

COD指的是水中有机物质被化学氧化剂氧化过程中所消耗的氧化剂的氧当量。COD值越高,表明水被污染越严重,使得水体缺氧。比如,绝大多数鱼类要求溶解氧含量为3~12mg/L,当水中溶解氧含量下降到1mg/L时,大部分鱼类会窒息死亡。

浸出液中的油含量是另外一个重要的环境评价指数:(1)它与COD有着密切的联系,含油越高,COD值越大;(2)原油中的芳香烃及多环芳香烃类,大多是致癌物质,这些毒性物质可被鱼类、贝类富集,通过食物链危害人体健康。如果水中含油过多,将会影响到水中生物的光照及水蒸气的循环。各国的环保部门都对这一指标进行了严格的规定,我国也有相应的处理标准。

固化后产物浸出液中如果有Cu、Pb、Cr、As、Zn、Ni等重金属,一旦通过食物进入人体,且难以排出体外,对身体大多有毒害作用。

因此,对于不同来源的含油污泥,选用固化技术进行处理,应满足以下几个基本条件:

(1)固化产物应具有良好的机械性能、抗浸透、抗浸出、抗干湿、抗冻、抗冻融性等特性,最好能作为资源化利用,如作建筑基础和路基材料等;

(2)固化过程中材料和能量消耗要低,增容比要低;

(3)固化工艺过程简单,便于操作;

(4)固化剂来源丰富,价廉易得;

(5)处理费用低。

4. 固化效果影响因素

固化处理过程中,固化体的强度和浸出液受固化条件,如含油污泥特性、固化剂、固化时间等因素的影响。含油污泥经洗脱处理后,通过试验,采用425普通硅酸盐水泥进行了固化研究,考察了含油率、水泥、污泥比和固化时间对抗压强度Ra的影响。结果表明:抗压强度随着水泥、污泥比例的降低而降低,当水泥、污泥比例为1:1时,抗压强度约为2.25MPa,达到了GB 50003《砌体结构设计规范》的要求(图11-5-15)。当固液比为11:9、水泥、污泥比为1:1、温度为25℃时,固化时间对固化强度的影响如图11-5-16所示。可知随着固化时间的延长,固化强度升高,9d后抗压强度趋于稳定,抗压强度达到2.44MPa。

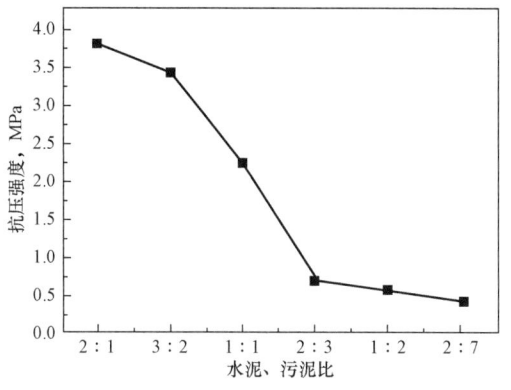
图 11-5-15 水泥、污泥比对抗压强度的影响图

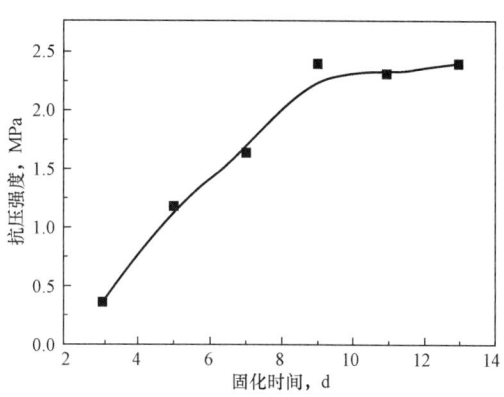
图 11-5-16 固化时间对抗压强度的影响图

在相同的条件下,含油率对抗压强度的影响如图 11-5-17 所示,随着油泥含油率的增加,抗压强度逐渐降低,当含油率小于 3.0% 时,抗压强度约为 2.2MPa。因此,要想达到较理想的固化效果,除了保障足够的固化时间外,可先对含油污泥进行预处理,使其含油率降到最低。

5. 固化剂的选择

固化剂的作用是将含油污泥中的有害物质,如污油、重金属离子等固定或封闭在惰性物质中,以降低有害物质的渗透性和溶出率。

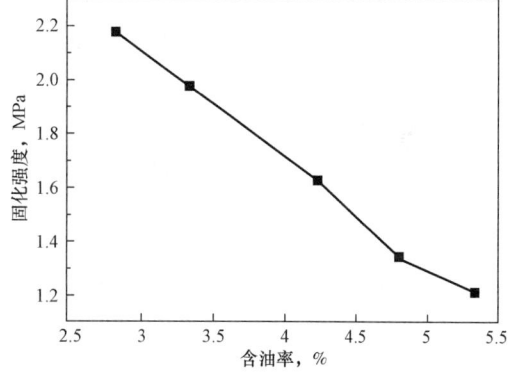
图 11-5-17 含油率对固化强度的影响图

一般来说,固化剂可分为有机固化剂和无机固化剂两大类。

1) 有机固化剂

有机固化剂一般指脲醛树脂、聚酯、丙烯酰胺凝胶体、聚丁二烯等。有机固化剂应用范围广,适用于多种类型废物的处理,但处理费用较高,实际规模化应用较少。

2) 无机固化剂

目前使用较多的是以水硬材料为主体的无机固化剂,如水泥、石灰、磷石膏、河沙等。无机固化剂不仅固化效果好,并且费用低、稳定周期长,尤其对高固相含量废物的处理效果好。

(1) 水泥固化。

从经济性和技术可行性考虑,水泥作为固化剂对含油污泥固化处理是最有应用前景的。水泥是一种无机胶结剂,经水化后形成坚硬的水泥块,从而将砂、石等牢固地凝结在一起,尤其适应于无机类型的废物和含有重金属污染废物的固化处理。这是因为水泥具有较高的 pH 值,能使含油污泥中的重金属在碱性条件下生成难溶的碳酸盐或氢氧化物,从而限制重金属的活动。同时,还有些重金属离子可以被固定在水泥基体的晶格中,有效防止其浸出。另外,对含水率较高的废物可以直接固化,操作在常温下即可进行。

水泥固化的缺点是固化后体积增加,一般处理后固化体的体积要比处理前的废物体积增加 0.5~1 倍。

水泥固化过程为水化过程,主要发生如下反应:

$$xCa(OH)_2 + SiO_2 + (n-1)H_2O \longrightarrow xCaO \cdot SiO_2 \cdot nH_2O$$

$$xCa(OH)_2 + Al_2O_3 + (n-1)H_2O \longrightarrow xCaO \cdot Al_2O_3 \cdot nH_2O$$

根据水硬材料凝结机理,水化初期水硬材料中的 C_3S、C_2S 水化成低硅钙比的水化硅酸钙(CSH),以凝聚网状结构为主,胶结能力较差;水化后期 CSH 不断增大,以晶体结构为主,并贯穿于整个浆体,分子间形成较强的化学键,水硬材料的强度由此产生。由于含油污泥中的重金属和许多有机物对水泥水合反应具有不利的作用,影响胶结材料的机械强度和浸出特性,因此在水泥作为固化剂固化处理含油污泥时,常需添加增强剂、交联剂等。

采用水泥为固化材料,固化油田污泥,发现固化强度随着水泥添加量的增大而增大;另外,在水泥固化金属液测试中,随着水泥用量的增大,固化物的 pH 值逐渐增大,COD 逐渐减小,悬浮物的含量逐渐增大,但是石油类含量随着水泥用量的增大没有明显的变化。

(2) 石灰固化。

石灰固化是以石灰作基础材料,以水泥窑灰、粉煤灰作添加剂,常作为处理含有硫酸盐或亚硫酸盐类钻井废液的一种方法。固化过程中,因水泥窑灰和粉煤灰中含有活性氧化铝和二氧化硅,故能与石灰在有水存在的条件下发生反应,生成对硫酸盐、亚硫酸盐等起凝结硬化作用的物质,并最终形成具有一定强度的固化体。为了提高固化体的强度,抑制污染物的浸出,固化时一般还需加入其他种类的固化剂。另外,石灰固化的主要固化剂为粉煤灰和水泥窑灰,二者均为工业废物,所以该方法即为废物再利用,以废治废。

生石灰和含油污泥中的水分发生水化反应,结合水分并产生热量致使水泥中的水分蒸发,反应如下:

$$CaO + H_2O \longrightarrow Ca(OH)_2$$

生成的 $Ca(OH)_2$ 可继续与油泥中的其他物质发生反应。其中,钙离子与土颗粒反应形成结晶,产生硬化,石灰与土中的碳酸和空气中的二氧化碳反应,生成固化碳酸钙,反应如下:

$$Ca(OH)_2 + CO_2 \longrightarrow CaCO_3 + H_2O$$

由于碳酸钙不溶于水,一旦碳酸钙形成,污泥就不再泥化。另外,由于含油污泥成分复杂,除上述主要反应外,氧化钙、氢氧化钙还可以与污泥中的二氧化硅、氧化铝等发生一系列反应,通过协同反应,使污泥处理后达到杀菌、脱水、钝化重金属离子,以及改性和污泥颗粒化的目的。

(3) 粉煤灰固化。

粉煤灰是燃煤电厂排出的固体废物。煤粉经燃烧,所含的黏土矿物质在高温下熔融,经表面张力作用形成液滴,而后排出锅炉时急速冷却,便形成了粒径为 $1\sim5\mu m$、密度为 $(1.9\sim2.4)\times10^3 kg/m^3$ 的微细球形颗粒。该球形颗粒的主要化学成分为铝硅玻璃体、少量的莫来石

($3Al_2O_3 \cdot SiO_2$)和石英（$\alpha - SO_2$）等结晶矿物及未燃尽的碳粒。各种成分中，铝硅玻璃体占70%以上，是粉煤灰活性物质的主要成分，粉煤灰的性能与铝硅玻璃体的形态、大小以及表面情况有密切关系。通过扫描电镜观测可看到球形玻璃体的结构常为空腔和蜂窝构造，这是因为煤粉在燃烧过程中由于产生某些挥发性物质并伴有某些矿物的分解而产生气体，产生的气体会使熔融的玻璃相形成空心的玻璃球，有的玻璃球在球壁上还有蜂窝状构造。此外，还有开口的大颗粒、空心颗粒中包裹着的鱼卵状的细小颗粒，以及在烟气中因互相碰撞、互相黏结而形成的组合粒子等。在温度低于1300℃燃烧所形成的玻璃体，表面较为粗糙，且含有微小未熔粒子，组合粒子形成堆聚状结构，具有大量与外部连通的孔隙，粉煤灰中未燃尽的碳粒粗大、多孔。据相关资料的数据表明，粉煤灰的表面积可达到$0.5m^2/g$，具有较强的吸附性。粉煤灰颗粒表面积较大，微孔多，对废弃钻井液和钻屑中的有机物和重金属离子有很强的吸附能力，再利用粉煤灰的火山灰性质，在硫酸盐或碱性物质等激发剂作用下发生水化硬化反应，阻止其从废弃钻井液中浸出。

(4) 黏土固化。

黏土也是一种常用的无机固化剂。将含重金属污泥与含4%燃煤、1%三氧化二铁的黏土混合制砖，并通过毒性浸出实验研究了不同配比砖块的浸出液中 As、Zn、Pb、Cd 含量与浸出时间的关系。结果表明，这几种重金属的浸出浓度在浸出初期均逐渐升高，然后 As 的浸出浓度趋于稳定，而 Zn 和 Cd 的浸出浓度则呈下降趋势；另外，As、Zn、Cd 的浸出浓度与污泥的添加量有关，As 的浸出浓度随着污泥添加量的增大而增大，Zn 和 Cd 的浸出浓度随着污泥添加量的增大而增大，然后趋于稳定，但污泥添加量对 Pb 的浸出浓度影响不大。总的来说，在制砖黏土中添加1%的三氧化二铁和12%的含重金属污泥时，As、Zn、Pb、Cd 的浸出浓度均低于规范要求，固化效果良好，安全可靠。

(5) 磷石膏固化。

磷石膏主要成分是二水硫酸钙，可与粉煤灰、水泥等混合配制成石膏复合胶凝材料，但磷石膏直接配制石膏复合胶凝材料有其局限性。

(6) 复合固化剂。

将有机固化剂和无机固化剂进行复配，得到一种新型污泥固化剂 FL，其配方为：2.0%改性脲醛树脂 +10%水泥 +8%粉煤灰 +0.5%烧碱，在此配方下，固化时间2d，室内固结体抗压强度大于 2.0MPa。将此固化剂应用于冀东油田污水处理产生的含油污泥，现场应用表明，施工2d后，固结体抗压强度大于 1.5MPa，且固结体浸泡 24h 后，浸出液的有害化学成分均低于排放标准，可直接进行处理或填土掩埋。

6. 应用实例

新疆油田准东采油厂火烧山作业区李晓华站蒸发池含油污泥及周边土壤修复项目（图 11 - 5 - 18 和图 11 - 5 - 19）。项目规模：$16000m^3$，污泥来源于罐底油泥，以及压裂、酸化、调堵废液、洗井废液、修井废液和火烧山联合站的排污。施工过程中划分为一般污染物和重污染物质两种，一般污染物主要来源于罐底油泥，处理量约为 $13000m^3$，重污染物质由液态形成，处理量为 $3000m^3$。施工周期54d，检测结果含油率3.57‰。

图 11-5-18 新疆油田准东采油厂火烧山作业区李晓华站蒸发池处理前含油污泥

图 11-5-19 新疆油田准东采油厂火烧山作业区李晓华站蒸发池处理后含油污泥

五、多梯度耦合处理技术

1. 主要技术

多梯度耦合油污泥处理技术是物理法技术,采用了电磁感应、分子震动、惯性离心等多种作用在空间和时间上的优化耦合,使具有不同密度、不同粒径及不同质量的成分相互分离,各组分再按照相同的物性而发生集聚,实现处理对象各成分的高效分离。

2. 工艺流程及主要技术特点

多梯度耦合处理技术工艺流程及原理分别如图 11-5-20 和图 11-5-21 所示。

主要技术特点:

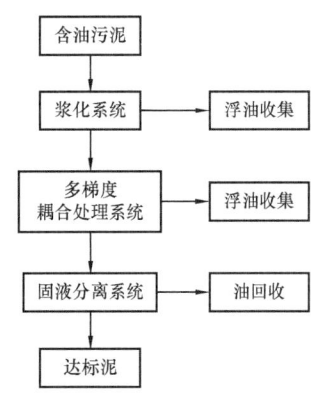

图 11-5-20 多梯度耦合处理技术工艺流程图

(1) 设备采用橇装,结构紧凑,节约空间;拆迁方便,便于流动,可避免盲目建厂,节约建设成本。

(2) 在生产过程中不添加任何化学药剂,无二次污染并且不产生增量。

(3) 可将原料含水率降至 30% 以下;质量减少 60% 以上。

(4) 处理后的油水回到企业污水处理系统。

(5) 实施该工艺后可降低企业税负成本、危险废物运输成本及处置成本。

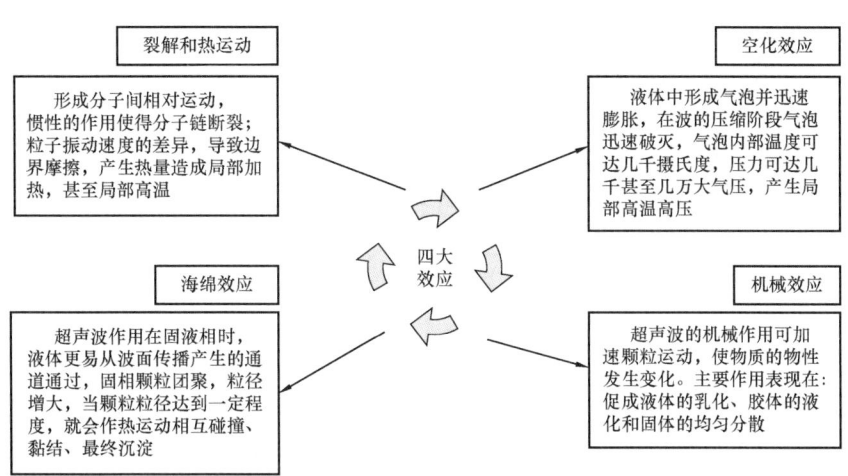

图 11-5-21　多梯度耦合处理技术原理图

第六节　含油土壤修复技术

一、生物法

1. 适用范围

适用于含油率小于5%的含油污泥。

2. 微生物的影响因素

1）温度

温度是影响微生物降解石油烃污染物的重要制约因素之一。温度对含油土壤生物修复效果的影响主要体现在：

（1）温度决定着石油烃的物理状态，并进一步影响微生物与石油烃分子之间的相互作用，改变生物降解的过程和速率。生物反应遵循一般化学反应速率的规则，即反应速率随温度升高而加快。另一方面，温度较低时，石油烃黏度会升高，有毒的短链烷烃挥发性下降；温度过高时，烃的毒性增大，也会对微生物产生抑制作用。因此，较佳的适宜温度为 30~40℃ 之间。

（2）温度是影响微生物存活的一个重要因素，微生物有各自存活的适宜温度，一般在 20~70℃ 之间。低温会抑制微生物的活性，温度过高会使微生物含有的酶变性。此外微生物活性需要有水存在，因此要求温度至少在水的凝固点以上。另外，许多微生物含有必需的酶，而这种酶在高于50℃的温度下会变性。因此，这个温度代表了一个保持微生物活性的温度上限。对于好氧菌来说，最佳的石油降解温度在 15~30℃ 之间。

因此，在石油污染土壤微生物修复研究中，应将微生物修复与当地的气候条件和环境因素紧密结合起来，目前国内石油修复的微生物主要集中在中温微生物。但是，全球超过80%的生物圈处于常年低于5℃的低温地区,如我国北方地区漫长的冬季,低温强烈地抑制了微生物对石油的降解效果。因此,低温环境对有机污染物的影响研究越来越受到环境微生物学者的重视。

目前,低温微生物按生长温度可分为嗜冷菌和耐冷菌。

① 嗜冷菌(Psychrophile):生活在低温条件下,在0℃下生长繁殖,一般在-15~20℃之间最适宜生长。

② 耐冷菌(Psychrotroph):低温条件下生长,在0℃进行细胞分裂,最适生长温度在15℃左右。

2) 营养物质

调整微生物的各种必需营养元素的数量、形式和比例,才能使降解过程得以顺利进行。微生物主要营养物质包括碳化物、氮化物、水、无机盐以及微量元素等。污染土壤中的石油烃含有大量碳和氢,并且土壤中存在各种无机盐,基本可以保证降解过程中石油细菌对碳、氢及各种微量元素的需求,但N、P相对缺乏,一般通过适时、适量施用氮、磷营养料来满足石油污染物降解过程中微生物营养的需求。另外,添加外源营养物并非越多越好,合适的N、P源的添加量和添加比例由具体情况来确定,一般认为$\omega(C):\omega(N):\omega(P) = 100:10:1$最适于烃类的生物降解。若$\omega(C):\omega(N):\omega(P)$达不到细菌代谢所需的比例,就会限制其代谢速率,进而制约有机污染物的降解。

3) 氧气

氧气对石油烃的降解也是非常需要的,尤其是在降解起始阶段,需在加氧酶和氧气同时存在下,形成一种含氧中间产物。据计算,每氧化3.5g石油需1g氧气。

在厌氧条件下,石油烃类的微生物也能降解,但是速率很低,比有氧时要低几个数量级。如有氧存在时烃类经14d可降解20%以上,厌氧条件下经223d降解率不到5%,以至于厌氧石油降解在自然界几乎微弱至可忽略不计,但有人认为其对底泥及渗水中石油烃类降解仍具有一定的意义。

4) 水分

石油烃在土壤中的降解与土壤中的含水量有一定的关系,微生物需要水来维持其新陈代谢过程,土壤干燥或湿度太大都会抑制降解速率。湿度太大,水分会填充土壤的空隙,妨碍空气的通透,妨碍氧的供应。湿度太低,微生物得不到充足的水分供应,细胞活性会受到抑制,新陈代谢速率降低。根据微生物活性所需要的条件,大量实践表明,土壤水分低于25%或高于90%时,对石油烃降解菌的活动均不利,土壤水分在70%~80%之间时可达到较好的降解效果。通过耕作不仅能使烃类均匀分布于土壤中,还可以使土壤通气,促进石油污染物的生物降解。

5) pH值

pH值的变化会引起微生物活性的变化,直接影响着生物的生理代谢过程,每一种微生物都有一个最适的pH值,由于绝大多数细菌生长的pH值范围在6~8之间,中性最为适宜,生物修复的研究和应用也集中在该范围内。

pH值的作用主要体现在两方面。

（1）对土壤营养状况的影响：pH 值过高或过低影响微生物体内蛋白酶的活性水平，不同微生物对 pH 值的适应存在着较大的差异。pH 值会影响 N 的转化，当 pH 值稍高于中性值时，对硝化作用及 N 的进一步转化较有利，而 P 的有效性在 pH 值为 6~8 时最高。

（2）间接影响生物对矿物质营养的利用：pH 值通过影响微生物的活动和矿物质养分的溶解度进而影响养分的有效性。在实际土壤环境中，偏酸性或偏碱性的情况并不少见，因此在注意防止 N、P 等元素流失的前提下，通过添加酸碱缓冲液或中性调节剂等调整土壤的 pH 值，可以明显提高生物降解速率。在酸性土壤治理中，通常加入价格低廉的石灰用于提高 pH 值。

3. 微生物修复机理

1）微生物去除重金属毒性机理

微生物能够通过氧化、还原、甲基化和去甲基化作用转化重金属。这些转化作用一方面与重金属的地球化学循环有关，另一方面也构成了某些微生物对重金属的抗性和解毒机理。

（1）甲基化作用。

微生物的甲基化作用是指在基质表面形成甲基化中间体，随后离开晶体点阵扩散到溶液本体中，这个过程可发生在均相水介质中，也可发生在多相介质中。在甲基化过程中，需要有一种甲基传递体存在，如甲基钴胺素，这是一种活泼的、能够使金属离子甲基化的物质，某些微生物能够把钴胺素转化为甲基钴胺素。在 ATP 及特定还原剂存在的条件下，甲基钴胺素作为甲基供体，使金属离子与甲基结合生成甲基汞、甲基砷、甲基铅等。假单胞菌属在金属离子的甲基化作用中具有重要作用，能够使许多金属或类金属离子发生甲基化反应，改变它们的毒性。但也有部分金属离子甲基化后的毒性反而增强，例如甲基汞的生物毒性比无机汞高 50~100 倍。

（2）氧化还原作用。

重金属离子的氧化还原处理原理是利用微生物对金属的氧化还原作用，改变重金属离子的价态，从而降低重金属在环境中的毒性。

（3）还原作用。

细菌产生的特殊酶能还原重金属，将高价金属离子还原成低价态，将有机态金属还原成单质，有些金属在这个过程中毒性会消失。自然界中存在着能够使有机汞或无机汞化合物还原为元素汞的微生物，因此它们对汞的抗性较强，如细菌 *Pseudomonas mesophilica* 和 *P. maltophilica* 能够将硒酸盐和亚硒酸盐还原为胶态的硒，能够将 Pb(Ⅱ)转化为胶态的铅[13,14]。胶态硒和胶态铅不具毒性，而且结构稳定。大肠杆菌能够还原 Cr(Ⅵ)，使之失去毒性。

（4）氧化作用。

Mn^{2+} 和 Sn^{3+} 的生物毒性分别比 Mn^{4+} 和 Sn^{4+} 大，有些微生物能够氧化 Mn^{2+} 和 Sn^{3+}，使之成为毒性较小的 Mn^{4+} 和 Sn^{4+}。

2）微生物对重金属离子的累积与吸附作用

细菌、真菌、酵母和藻类等一些微生物对重金属都有很强的吸附能力。微生物对重金属离子的吸附主要是通过其细胞表面所带电荷吸附或通过摄取重要的、必要的营养元素主动吸收重金属离子，将重金属离子吸附聚集在其细胞表面或内部。

通常所说的微生物吸附仅指失活微生物的吸附作用，而微生物活细胞去除重金属离子的作用一般称为微生物累积,因此微生物吸附过程不包括生物的新陈代谢作用和物质的主动运输过程。用微生物活细胞作吸附剂时,这些作用可能会同时发生。

(1) 微生物对重金属的累积。

微生物与重金属具有很强的亲和性,能富集很多重金属,聚集到细胞的不同部位或结合到胞外基质上,并通过微生物的新陈代谢作用,使得这些重金属离子或被沉淀,或形成络合物。一方面,细胞对重金属具有适应性;另一方面,微生物累积的毒性物质,能抑制生物的活性,甚至使其中毒死亡。由于生物的新陈代谢作用受温度、pH 值、能源等诸多因素的影响,因此,微生物累积在实际应用中受到很大限制。

(2) 微生物对重金属的吸附。

微生物本身及其代谢产物都能吸附和转化重金属。一般认为,微生物具有的吸附能力与其细胞壁结构、成分密切相关。微生物的表面既可能带正电荷,又可能带负电荷。大多数微生物所带的阴离子型基团,特别是羧基,在水溶液中呈负电性。不同的微生物因带电性不同,与重金属离子间的作用力及作用势能不同,对重金属的吸附作用有异。

微生物吸附主要是生物体细胞壁表面的一些具有金属络合、配位能力的基团起作用,如巯基、羧基、羟基等,这些基团通过与吸附的重金属离子形成配位键来吸附重金属离子。微生物对重金属的吸附研究主要集中于各种微生物对不同重金属的吸附特性和规律等方面。

研究表明,微生物吸附的机理主要有静电吸附、共价吸附、络合螯合、离子交换和无机物沉淀等。重金属的微生物吸附是以许多金属结合机理为基础的,在一定的条件与环境下,这些机理可以单独作用,也可以与其他机理共同作用。离子交换是细胞物质结合的重金属离子被另一些结合能力更强的金属离子代替的过程。有毒的重金属离子与细胞物质具有很强的结合能力。离子交换随不同的菌种和生长条件而变化,生长条件可影响细胞上磷酸根和羧基的比例,从而影响对不同金属的吸附能力,一般过渡金属被优先吸附,而碱金属、铵、镁、钙则不被吸附。络合作用是金属离子与几个配基以配位键相结合形成的复杂离子或分子的过程,螯合作用是一个配基上同时有两个以上的配位原子与金属结合而形成具有环状结构配合物的过程,络合作用和螯合作用都是金属离子与微生物吸附剂之间的主要作用方式。

3) 微生物降解石油烃机理

含油污泥的特征污染物是石油烃类。石油烃类的化学成分主要有饱和烃、芳香烃、氮硫氧化合物和沥青质等四类。在条件相同的情况下,一般微生物按生物降解由易到难的顺序依次为饱和烃、芳香烃、氮硫氧化合物和沥青质。因此,石油烃类的生物降解速度和程度因烃类的化学组分不同而有很大的差异,并且微生物对各类石油烃类化合物的代谢途径和机理也不同,同种类型烃类中相对分子质量越大降解越慢。

石油烃类污染物进入微生物细胞后,降解过程主要通过好氧呼吸、厌氧呼吸和发酵这三种作用共同完成,也就是说,微生物不仅在有氧条件下降解石油烃化合物,在缺氧情况下,一些厌氧和兼性厌氧微生物也可以降解石油烃类。微生物的厌氧降解是指利用硝酸盐、三价铁盐、硫酸盐和二氧化碳作为最终电子受体的各种生物降解过程,但是以好氧生物的降解作用为主。

石油类物质一般按照下列方式被降解:

石油类物质 + 微生物 + O_2 + 营养元素 —— CO_2 + H_2O + 副产品 + 微生物细胞生物

(1) 直链烷烃的降解。

通常认为,微生物作用下直链烷烃首先被氧化成醇,醇在醇脱氢酶的作用下被氧化为醛,醛再通过醛脱氢酶的作用氧化成脂肪酸,脂肪酸经氧化降解为乙酰辅酶A,然后乙酰辅酶A进入三羧酸循环,分解成 CO_2 和 H_2O,或进入其他生化过程。烷烃类物质的氧化在某些环境中会受到阻碍,这时就有可能发生氧化,特别是一些带支链的烷烃类物质,即在氧化受阻时,微生物在链烃的另一端的末端将甲基氧化。

一般的烷烃类物质按以下生物降解途径进行降解:

$$RCH_2CH_3 \longrightarrow RCH_2CH_2OH \longrightarrow RCH_2CHO \longrightarrow RCH_2C \cdot OH \longrightarrow 氧化$$

另外,链烷烃也可直接脱氢形成烯烃,烯烃再进一步氧化成醇、醛,最后形成脂肪酸,或氧化成为一种烷基过氧化氢,然后直接转化成脂肪酸。因此,可以认为直链烷烃的代谢机理是脱氧作用、羟化作用和过氧化作用。

(2) 环烷烃的降解。

环烷烃是石油烃中难以被微生物降解的烃类。环烷烃没有末端甲基,它的生物降解原理和链烷烃的亚末端氧化相似,经混合功能氧化酶氧化后产生环烷醇,然后脱氢形成酮,再进一步氧化得内酯,或直接开环成脂肪酸。

环烷烃在氧化降解过程中需要两种酶的共同作用。首先,一种氧化酶将环烷烃氧化为环醇,再脱氢形成环酮,另一种氧化酶再氧化环酮,使环断开后,再进行类似直链烃的氧化。在有氧条件下,细菌用单加氧酶和双加氧酶转化芳香烃,并通过一定途径形成二醇,随着邻苯二酚的形成,苯环断开,邻苯二酚被降解为三羧环的中间产物。

(3) 芳香烃的降解。

芳香烃类化合物由于难溶于水,并且芳香烃类具有毒性,所以最难被降解。

芳香族化合物受到微生物的作用,其降解有以下几个共同的步骤,也被称作微生物细胞与化学物质之间的相互作用过程:

① 污染物通过自由扩散,主要是通过消耗能量的被动形式,进入微生物细胞体内,消耗能量的主要形式是微生物细胞的主动吸收;

② 微生物产生合适的酶后,在细胞体内与芳香族化合物进行反应,生成一种中间物质,或生成苯环裂解的前体物;

③ 酶可以进一步对苯环裂解前体物作用,发生苯环裂解;

④ 裂解后的苯环被再次转化为其他中间产物;

⑤ 裂解后所产生的裂解中间产物,转化为能被微生物细胞所利用的物质,最终代谢为简单化合物,如 CO_2、H_2O 和 CH_4 等。

芳香族化合物的有氧代谢必须在氧分子的存在下进行,并且需要加氧酶的催化。双加氧酶和单加氧酶分别催化不同的反应途径,苯环打开后,形成容易被降解的直链烃。一般而言,真核细胞(真菌等)微生物是利用单加氧酶,将分子氧中的一个氧原子引入芳香烃中,而原核细胞生物(细菌)则通常利用双加氧酶,将分子氧中的两个氧原子化合反应至芳香化合物中。

单加氧酶将氧原子导入芳香化合物中,中间产物形成环氧化物,由中间产物通过水合作用后形成水合中间产物——反式—二羟基-1,2-二水合物,然后转化为反式—二羟基化合物。

双加氧酶通过催化作用将氧导入芳香烃中,它的初级代谢产物为顺式—二羟基二醇,这也是中间产物,最后转化成邻苯二酚。

单加氧酶和双加氧酶这两条不同的降解途径都是经过邻苯二酚这个环节来完成的。邻苯二酚再通过间位或邻位途径,形成三羧酸循环的中间产物,最后进入三羧酸循环,产生 CO_2 和 H_2O 等细胞物质。

4. 工艺流程

生物修复技术是指在微生物的参与下,在适宜营养源、含水率以及游离氧等条件下,将有机物降解,最终达到稳定的一种无害化处理方法。生物处理石油烃类的原理是微生物利用石油烃类为碳源,进行同化降解,转变为无害物质(H_2O 和 CO_2)的过程,该方法处理含油污泥具有可原位处理、环境影响小、费用省、可回收土资源的优点。

石油污染物进入降解微生物的细胞膜后,通过三种同化作用被降解:好氧呼吸、厌氧呼吸和发酵作用。一般情况下,生物降解石油污染物主要是通过好氧生物的降解作用,将石油污染物转化为细胞体和 CO_2、H_2O 来完成的。土壤修复作业流程如图 11-6-1 所示。

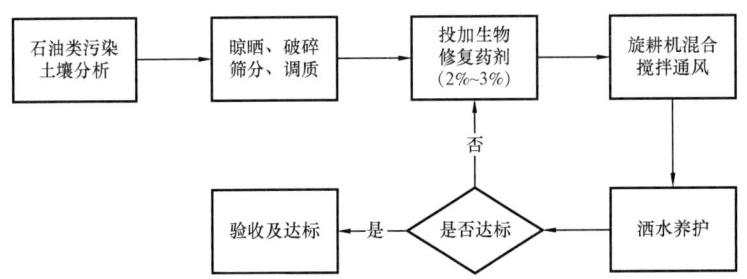

图 11-6-1 土壤修复作业流程图

先进行防渗基坑清挖,坑底铺设防渗膜及清洁土,再以 30m×10m×0.2m 的规格堆置含油污泥,并按 3% 比例投加营养盐修复药剂,每天用旋耕 2 次,充分将药剂与土壤混合,定期洒水养护,使土壤含水率在 30% 左右,修复期间环境温度为 18~32℃,过程中观察土质颜色变化,定期取样检测修复效果(图 11-6-2)。周期一般在 3 个月以上。

5. 生物修复技术分类

早期治理石油污染土壤的方法主要是传统的物理和化学方法,即热处理和化学浸出法。这些方法所需时间短、见效快,但存在二次污染、处理费用高等缺点。20 世纪 80 年代以后,污染土壤的生物修复技术逐渐成为人们研究的热点,尤其是美国阿拉斯加海域大面积石油污染成功进行了生物修复,被认为是生物修复发展的里程碑。

石油污染生物修复技术作为一种新兴的处理技术,目前还没有统一的分类方法,总体来说有以下几种:(1)以实施修复的主题不同可分为微生物修复技术、植物修复技术和微生—植物联合修复技术;(2)根据土壤污染的深度不同,分为表层污染土壤(土壤深度为 20~30cm)的生物修复技术和深层污染土壤(土壤深度为大于 30cm)的生物修复技术;(3)根据石油污染土壤在处理过程中是否发生迁移或者是否破坏其基本结构,将其分为原位生物修复技术、异位生物修复技术和原位异位生物修复技术。

(a) 试验场地防渗

(b) 油泥摊铺

(c) 待修复油泥

(d) 营养素掺拌

(e) 旋耕曝气

(f) 修复完成

图 11-6-2 土壤修复现场运行流程图

1) 按实施修复的主题分类

(1) 植物修复技术。

植物修复技术是利用植物能耐受重金属毒害、能超积累某种或某些重金属的特点来修复水体、土壤和底泥等介质中污染物的技术。实际上,植物修复技术是利用土壤—植物—(土著)微生物组成的复合体共同降解有机污染物,是一项利用太阳能动力的处理系统。植物修复技术与其他修复技术相比,具有成本低、对环境影响小、能使地表长期稳定,并且在清除土壤污染的同时消除污染土壤周围的大气和水体中的污染物有利于改善生态环境等优点。

石油烃类作为早期有机污染植物修复的研究对象,对其修复机理已有较清楚的认识。另外,植物修复过程中常伴随着土壤有机质的积累和土壤肥力的提高,净化后的土壤往往更适合作物生长。

植物修复石油污染土壤的机理主要有三种,即植物吸收、植物降解和根际降解。

植物吸收是植物直接吸收污染物并将其转运蓄积到该植株的地上可收割部分,是去除有机污染物的有效途径之一。

植物降解是植物本身通过体内的新陈代谢作用将污染物转化为毒性较弱或非植物毒性的代谢物。

根际降解是根际受植物根系活动影响的根系—土壤界面的一个微区,也是植物—土壤—微生物与其环境条件相互作用的场所。石油污染的根际土壤中微生物数量显著增加,石油降解菌能够选择性富集,其群落组成也会发生很大变化。

石油污染土壤中的重金属离子主要是依靠超富集植物吸收,再经过一系列的生理与生化反应将其转移至土壤上部,这个过程主要包括重金属离子在根系—土壤界面上的活化、细胞表面吸附与扩散(根部)、跨膜运输(根部)、经木质部和韧皮部的长途运输(茎部)、叶细胞卸载(跨叶细胞膜运输)、叶细胞内的再分配等。

(2)微生物—植物联合修复技术。

微生物—植物联合修复技术是污染土壤生物修复技术研究的新发展,兼具微生物修复和植物修复的优点。植物的存在,不仅可为微生物提供生存场所,还提供了氧气,同时,植物根际释放出碳水化合物、氨基酸等有效刺激了根系微生物的生长,强化了微生物—植物联合修复作用,进而促进土壤中有机污染物的降解去除。

通过微生物—植物联合修复技术,对降解石油污染土壤已经取得了较好的成效。王京秀等从石油污染土壤修复中筛选到高效石油降解菌,并结合种植能源草,进行了微生物—植物联合修复石油污染土壤室内实验,经过150d的降解,最高降解率达到73.47%。

现有研究表明,微生物—植物联合修复石油烃降解率为57.1%~71.3%的效果,高于单独使用微生物对土壤石油烃降解率的37.7%。微生物—植物联合修复效果优于单纯的植物修复,是因为植物和微生物存在着互惠关系,尤其是在植物根区部位。其他研究工作也表明,微生物—植物联合修复污染土壤的石油降解率均大于微生物单独修复污染土壤的石油降解率。

利用植物—根际微生物协同作用修复石油污染土壤,结果表明,种植扁豆裸土组的土壤石油污染降解率为44.18%,添加微生物裸土组的土壤石油污染降解率最大为70.57%,种植扁豆并添加微生物组的土壤石油污染降解率为83.05%,说明植物和微生物的协同作用能显著提高油污土壤的修复效果。

近几年,重金属污染土壤的微生物—植物联合修复也成为研究热点,采用联合修复方式,可以充分发挥各自的优势,提高污染环境的修复效果。一方面,微生物在其代谢过程中不仅可改变根际土壤重金属的生物有效性,有利于超积累植物对重金属的吸收和积累,其代谢产物还可改善土壤生态环境;同时,微生物还能够分泌植物激素类物质、铁载体等活性物质,促进植物的生长。另一方面,植物根系分泌的氨基酸、糖类、有机酸及可溶性有机质等可以被微生物代谢利用,促进微生物的生长,有利于提高微生物—植物联合修复的效率。在重金属联合修复过程中,微生物主要通过两种方式提高植物修复效率:(1)直接活化重金属,提高植物对重金属的吸收和转运;(2)通过间接作用提高植物对污染物的耐受及抗逆性,促进植物生长,增加植物对重金属的吸收和积累。

2)按处理过程中土壤是否发生迁移或是否破坏其基本结构分类

(1)原位生物修复技术。

原位生物修复技术也称为原地生物修复技术,即指受污染物不作搬运或输送而在污染原地进行的生物修复处理技术,其修复过程主要依赖于土著微生物或经过驯化和培养的微生物,以及商品化的适宜微生物菌剂的降解能力和合适的降解条件,尤其适用于因油而造成的大面积突发污染事故。

原位生物修复技术具有工艺路线和处理过程简单、处理设备简单、处理费用较低、处理油泥不需要搬运、对周围环境影响小,以及生态风险小等优点。但缺点是处理时间长,在一定的时间内难以有效地去除大多数多环芳香烃,另外,这种方法还受温度和土壤类型的影响。在长期的处理过程中,污染物可能会扩散到深层土壤和地下水中,因而该技术适用的最佳对象是污染时间较长且情况已经基本稳定的土壤或面积广阔的区域。

采用原位生物修复技术处理受石油污染土壤一般应具有以下几个前提条件:存在具有代谢活性的微生物;有较大的降解速率,并能将污染物浓度降低到符合环保标准;处理过程中生成的中间产物低毒或者没有毒性;污染场地不含对降解菌种有抑制作用的物质;污染物能够被微生物利用;污染场地的条件有利于微生物生长并保持活性,如适宜的温度、湿度等;技术费用尽可能低。

原位生物修复技术又包括投菌法、生物通风、生物强化技术和生物刺激等。

① 投菌法。

投菌法是直接向石油污染的土壤中接入外源的污染降解菌,同时提供这些微生物生长所需要的营养物质,包括常量和微量营养元素。

② 生物通风。

生物通风(BV)是通过供给氧气促进氧不饱和层中污染物生物降级的技术。通风主要有两个作用:一是供氧进行生物修复;二是通气去除挥发性有机物,可通过在污染场地打竖井并安装鼓风机和抽真空机为污染区域提供空气和氧气,此技术在修复汽油、煤油和柴油泄漏方面有很高的效率。国外对生物通风技术的室内研究和大规模应用均有报道。毛丽华等基于模拟实验考察了生物通风堆肥法修复吉林油田原油污染土壤的效果,结果表明:当油污土壤的含油量为 $7.00 \times 10^4 \text{mg/kg}$ 时,经过 40d 处理,原油的去除率达 45% 以上,最大生物降解速率常数达到了 0.0333d^{-1},半衰期仅为 20.82d。

③ 生物强化技术。

生物强化技术是通过投加具有降解能力的微生物到污染土壤中,进而加快土壤中污染物的降解。

④ 生物刺激。

生物刺激是采用一些可促进微生物繁殖与生长的手段,如投加石油烃降解菌生长所需要的氮、磷等营养元素,以及通气等,刺激微生物生长以增强土壤对石油污染物降解能力,达到加速降解污染物的目的。

（2）异位生物修复技术。

对污染严重的土壤或高含油污泥,有时只能采用异位生物修复技术进行处理。异位生物修复技术是将污染土壤转移到一个经过各种工程准备的场所堆放,并在此进行生物修复,可人为地创造有利于微生物生长的温度、湿度、水分、氧气等条件。

异位生物修复技术一般又包括土地耕作法、生物堆肥法、生物强化法、生物反应器法、预制床法等。

① 土地耕作法。

土地耕作法常用于处理油污土壤、含油污泥及含油钻屑,尤其适用于处理炼油厂污泥和落地油泥。土地耕作法主要是指利用土壤中的微生物群落或添加肥料、表面活性剂等物质降解和稳定石油烃类的污染废物,产生醇、酚、酯、醛、酮和脂肪酸等中间产物,最终转化为 CO_2、H_2O 及细胞物质等无害的土壤成分,同时增加土壤腐殖质含量的自然过程。

土地耕作法能通过天然过程将石油烃类等污染物转化成无害的土壤成分,处理费用低,但是净化过程缓慢,在短期内不能完全净化。另外,由于受温度、降雨等条件限制,不适合冬季较长的地区,如我国东北地区。

另外,影响土地耕作法的运行条件有以下两个要素:一是位置的选择和准备。为了防止污泥中的各种污染物的冲蚀和渗透,需谨慎选择用地。二是污泥施用速率及频率。污泥施用的速率和频率一般根据经验而定,当土壤表面的稳定性足以支撑耕作机械且肉眼看不到液态油时,即可再次施加含油污泥。

② 生物堆肥法。

原始的堆肥方式是将落叶、杂草、人畜粪尿等混合堆积在一起使其发酵并制取肥料,已有几个世纪的历史。生物堆肥法是一种将传统堆肥与生物处理相结合的含油污泥处理方法,是利用自然界中广泛存在的微生物,有控制地促进油泥中可降解有机物转化为稳定的腐殖质的生物化学过程,从而达到净化污泥的目的。堆肥过程主要包括有机物的氧化、细胞物质的合成、细胞物质的氧化和腐殖质的合成等生物化学反应。

堆肥处理过程中一般需加入一定量的调理剂,以调节物料含水率、调节堆体的自由空域、减少堆体臭气、改善堆肥养分等,达到好氧微生物对生长环境的要求。根据调理剂是否参与发酵过程,可以将调理剂分为活性调理剂和惰性调理剂:

a. 活性调理剂。活性调理剂本身含有易降解有机物,在堆肥过程中能被微生物分解而参与有机质降解过程。常用的活性调理剂有稻草、秸秆、树叶、木片和锯末等。

b. 惰性调理剂。惰性调理剂在堆肥过程中不能被微生物降解,主要起调节堆体的物理结构和改善堆肥品质的作用。常见的惰性调理剂有碎轮胎、粉煤灰、斜发沸石、铝土矿渣等。

与土地耕作法相比,生物堆肥法能保持微生物代谢过程中产生的热量,有利于石油烃类的生物降解,具有较快的分解速率,能够处理毒性大的化合物,且在处理过程中物料被密封,对环境安全。因此,生物堆肥法在实际应用中可以实现含油污泥的无害化、减量化、资源化处理,并且具有经济、实用、不需外加能源、不产生二次污染等优点。20 世纪 70 年代后,生物堆肥法引起世界各国的广泛重视。

按照堆肥过程中氧气的供应情况,又可将生物堆肥法分为好氧堆肥和厌氧堆肥两种:

a. 好氧堆肥是利用好氧菌和氧气,实际上就是油泥的微生物在适宜的条件下的发酵过程。有机质被微生物降解,消耗 O_2,产生 CO_2 和 NH_3,同时生成大量可被植物吸收利用的有效态氮、磷、钾化合物,将堆肥原料转化为能够供植物利用的腐殖质。

b. 厌氧堆肥是在无氧条件下,借助厌氧微生物(主要是厌氧菌)的作用分解油泥中的有机物,最终产物除了 H_2O 和 CO_2,通常还有 NH_3、H_2S、CH_4 和其他有机酸等。厌氧堆肥由于厌氧微生物繁殖较慢,有机物质分解的速度相应较慢,堆肥的周期一般较长。

③ 生物强化法。

生物强化法是一种为了提高系统的处理能力而向体系中投加高效降解石油烃的微生物的方法。微生物的来源可以是从本土微生物中筛选出来的,也可以是外源微生物。目前的研究工作主要集中在培养及驯化适应高浓度含油污泥的高效新菌种方面。

与其他含油污泥处理方式相比,通过微生物强化处理,可以有效节约处理成本,减少占地面积。

欧阳威等采用油泥、菌剂及其他添加物充分混合后堆放的方法,研究了3种条件下的微生物对含油污泥的强化分解过程。在菌剂和锯末的共同作用下,经过45d后,污泥含油量从24%下降到11%,去除率达到54%;菌剂单独作用下,含油量下降到16%,去除率为33%;没有菌剂作用下,含油量仍然保持在20%以上,说明外源微生物发挥了较好的降解效果,同时,添加的锯末起到了结构改良作用。微生物只能生活在水体中,生物修复的过程主要发生在油水接触面,锯末的主要作用是增强系统的保水能力,形成含水小颗粒,有利于增加微生物和含油颗粒的接触机会;另外,由于系统中石油大多为芳香族化合物,微生物难以分解,通过添加锯末,可以形成共降解,加速分解。虽然处理后的污泥含油量仍然在11%左右,但可以通过多次添加菌剂及培养土著菌种来增加微生物分解效果。

④ 生物反应器法。

生物反应器法适用于含油污泥、油污土壤及含油钻屑等,该法是将含油污泥或油污土壤稀释于营养介质中,使之成为泥浆状,通过人为调控充氧、温度和营养物质等提高处理效果。由于能人为地控制这些操作条件,烃类物质的生物降解速度比其他生物处理过程较快,加入驯化过的高效烃类氧化菌,可加快烃类的生物降解。但生物反应器法工艺复杂、成本较高,国内目前还处于实验室研究阶段,现场应用报道较少。

⑤ 预制床法。

预制床法是在不外泄的平台上铺以石子、沙子,将受污染土壤以 15~30cm 的厚度平铺其上,加入营养液和水分,必要时加入表面活性剂,定期翻动充氧以满足微生物生长之需,处理过程中流出的渗滤液回灌土层,以彻底清除污染物。预制床法由于能够将受污物污染的土壤彻底移出,在较大程度上削减污染土壤对附近未污染土壤,以及植被的贡献率,减少了污染的扩散,处理效果能够达到更理想的状态,在生产和实验中得到了广泛应用。

6. 微生物菌种选择

目前大部分降解原油的菌种都是从自然界,尤其是从油田污水、含油污泥和采油井附近的土壤中分离得到,经过不断分离优选得到性能较好、能降解不同油分的菌株。

对筛选的高效石油降解菌株进行形态特征和生化特征研究,实验结果见表11-6-1,根据《伯杰氏细菌鉴定手册》可知,YC1和YC2分别为微球菌和诺卡氏菌属,YC3和YC4均为假单胞属。

表11-6-1 石油降解菌的形态特征和生化特征

形态及生化特征	YC1	YC2	YC3	YC4
菌落形态	菌落呈圆形,表面光滑,质地柔软,黄色,易挑取	菌落表面粗糙,菌丝较多,呈棉絮状,黄白色不易挑取	菌体沿划线生长,表面粗糙,边缘锯齿状,黄白色,易挑取	菌落形状不规则,表面粗糙,有皱褶,干燥,边缘不规则,白色,易挑取
菌体大小	$1.0 \sim 2.0 \mu m$	$0.7 \sim 1.0 \mu m$	$0.5 \sim 0.8 \mu m$ $1.5 \sim 3.0 \mu m$	$0.7 \sim 0.9 \mu m$ $3.0 \sim 4.0 \mu m$
革兰氏染色	+	+	-	-
芽孢染色	-	-	-	-
鞭毛染色	-	-	+	+
荚膜有无	+	-	-	-
荧光色素	-	+	+	+
氮源利用	+	+	+	+
明胶液化	-	-	+	+
V.P.	+	+	+	+
甲基红	+	+	+	+
接触酶	+	+	+	+
淀粉水解	+	-	-	-
需氧性	好氧	好氧	好氧	好氧
结论	微球菌属	诺卡氏菌属	假单胞杆菌属	假单胞杆菌属

注:"+"表示呈阳性,"-"表示呈阴性。

另外,虽然YC3和YC4均属于假单胞杆菌属,但是表现出来的形态特征和生化特征却不完全一致:YC3的菌落形态是菌体表面粗糙、边缘呈锯齿状、黄白色、易挑取,YC4的菌落形态是菌落形状不规则、表面粗糙、有皱褶、干燥、白色、易挑取,同时,它们的菌体大小也不一致,说明YC3和YC4可能属于假单胞杆菌属中不同的类型。

经富集培养发现,混合石油烃降解菌中革兰阴性菌占优势,这与Prime R C 等的研究结果是一致的。他们曾研究了受石油污染海域的烃类降解菌的种类和分布状况,发现95%以上的烃类降解菌为革兰阴性菌,这可能与革兰阴性菌与阳性菌的细胞壁表面的结构不同有关,革兰阴性菌细胞壁外层含有脂多糖,可为细胞提供一个既亲水又亲油的两亲分子层,有利于石油烃进入细胞。陈碧娥等也认为海洋微生物的降油特性与其细胞壁表面的组成和结构直接相关。

经过观察对比,将优势菌株的特征记录于表 11-6-2。

表 11-6-2 优势菌株的特征记录表

编号	YC-1	YC-2	YC-3	YC-4
颜色	黄白色	黄白色	灰色	黄白色
干湿	湿润	干燥	干燥	干燥
形态	圆形	圆形	圆形	不规则
高度	隆起	凹下	扁平	扁平
透明度	不透明	半透明	不透明	不透明
边缘	整齐	整齐	锯齿状	锯齿状

二、植物复垦法

1. 适用范围

适用于各类含油污泥,处理后含油量小于 2%。

2. 修复剂

修复剂是由主要成分为石墨粉、氧化钙、氧化镁等几十种纯天然矿石配料加工合成。新型复合修复剂有催化型修复剂和聚合型修复剂。

催化型修复剂:其原理是基于半导体金属氧化物的催化氧化功能,实现缓释氧化型药剂优势,降低土壤氧化剂消耗量,同时可吸附分解和降解含油污染物,并耦合铁锰复合氧化物与氧化石墨的吸附功能,通过铁碳内电解的原电池作用形成水合铁矿物,实现对重金属的络合吸附。

聚合型修复剂:其是重金属固化稳定化的基础型药剂,采用强吸附性材料、水解络合材料、水合矿物材料等复合构成,通过还原沉淀生成碳酸钙、碳酸镁、磷酸铅等难溶性盐类和重金属氢氧化物,实现重金属的多重稳定化。

3. 作用机理及工艺流程

(1) 作用机理如图 11-6-3 所示。

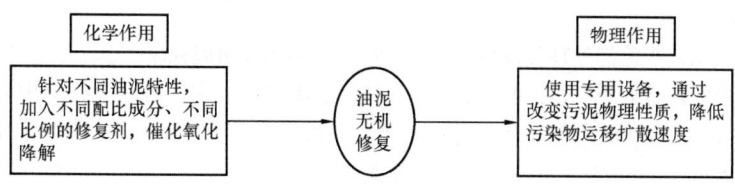

图 11-6-3 修复作业机理图

（2）工艺流程如图 11-6-4 所示。

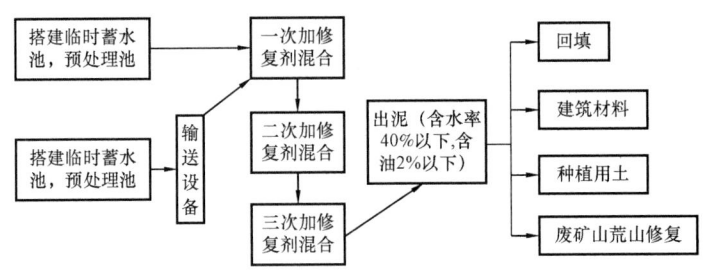

图 11-6-4　修复作业工艺流程图

土壤修复技术基于含油污泥中含有一定数量的固相,加入一定比例的修复剂,与之发生一系列复杂的化学—物理反应,将矿物油断链、分解,生成碳水化合物,并将含油污泥中的有害成分(如重金属)封闭在修复剂反应生成的产物中,从而降低其沥滤性及化学迁移作用,达到防止环境污染的目的。

参 考 文 献

曹华英,2009. 超声及表面活性剂油泥洗脱技术研究[D]. 南京:南京农业大学.
陈碧娥,刘祖同,2002. 海洋烃细菌的分离及其特性[J]. 石油学报(石油加工)(5):9-13.
韩萍芳,殷绚,吕效平,2003. 超声波处理石化厂剩余活性污泥[J]. 化工环保(3):133-137.
何银花,张明栋,王万福,等,2010. 污泥热解残渣制备聚合氯化铝的实验研究[J]. 油气田环境保护,76(2):14-17,60-61.
贺利民,2001. 炼油厂废水处理污泥热解制油技术研究[J]. 湘潭大学自然科学学报(2):74-76.
毛丽华,刘菲,马振民,等,2009. 生物通风堆肥法修复原油污染土壤的实验研究[J]. 环境科学学报,29(6):1263-1272.
欧阳威,刘红,于勇勇,等,2005. 生物强化处理油田含油污泥的试验研究[J]. 农业环境科学学报(2):349-352.
屈撑囤,等,2017. 油气田含油污泥处理技术[M]. 北京:石油工业出版社.
孙佰仲,马奔腾,2013. 页岩油泥催化热解研究[J]. 东北电力大学学报,113(5):6-9.
王丹. 油田含油污泥处理技术研究[D]. 大庆:东北石油大学,2011.
王慧,贾汉忠,汪立今,等,2015. 新疆膨润土对含油污泥处理影响的实验研究[J]. 非金属矿,231(4):16-18.
王京秀,张志勇,万云洋,等,2014. 植物—微生物联合修复石油污染土壤的实验研究[J]. 环境工程学报,8(8):3454-3460.
吴奇,等,2017. 油气田污水污泥处理关键技术[M]. 北京:石油工业出版社.
喻健良,邢英杰,2007. 污水处理厂污泥的低温催化热解制油研究[J]. 中国给水排水,199(11):21-23.
赵兴青,成艳,孙秀云,等,2018. 碳酸盐矿化菌固结重金属离子 Cu^{2+} 的研究[J]. 常州大学学报(自然科学版),118(1):15-21.
周杰,2013. 原油污染环境的微生物强化与共降解处理方法研究[D]. 西安:西安石油大学.
A Tiehm,K Nickel,M Zellhorn,et al,2001. Ultrasonic waste activated sludge disintegration for improving anaerobic stabilization[J]. Water Research,35(8).

Bartan L, David A, Sabatini, 1992. Transport and remediation of subsurface contaminants [J]. Washington D. C. American Chemical Society .

Prime R C, 1993. Labratorary studies of oil spill bioremediation [J]. Symposium onbiodegradation and bioprocessing presenting before the division of petroleum chemistry.

Shie J L, Lin J P, Chang C Y, et al, 2003. Pyrolysis of oil sludge with additives of sodium and potassium and potassium compounds [J]. Resour Conserv Recycl, 39(51).

第十二章　数字化油田与油气计量

随着物联网技术的发展和其他技术的逐渐成熟,全面启动油气田数字化建设,实施数字化管理是中国石油上游业务提高生产效率、加强安全环保、促进节能减排、改善工作条件、优化生产组织方式、控制生产用工的有效途径,是加快发展方式转变,提高油气田开发管理水平和综合效益的必然选择,在实现中国石油战略目标的过程中将发挥重要作用。

油气田地面工程数字化建设是以油气田开发生产管理的业务为主线,通过自动检测控制、通信网络、数据交换等技术手段,实现井场、站(厂)、管道等生产过程实时监控,为油气田数字化管理提供基础数据。

油气田地面工程数字化建设是油气田生产物联网系统建设的重要组成部分,为中国石油采油与地面生产运行管理系统、生产指挥管理系统等信息化系统提供实时生产运行数据,应符合中国石油信息化建设的基本原则和要求。油气田数字化建设的目标是实现生产运行数据自动采集、生产过程自动监控、生产场所智能防护、紧急状态自动保护,达到小型站场及规模较小、功能简单的中型站场无人定岗值守,大中型站场少人集中监控,油气田统一调度管理。

第一节　数 据 采 集

油气田各类生产场所、装置采集的生产运行数据主要包括:温度、压力、流量、液位、组分、电流、电压、功率、载荷、位移、冲程等。生产运行数据由人工采集数据和自动采集数据组成,人工化验和记录的数据应手工录入该系统(油气田生产物联网系统)。

区域生产管理中心所辖井场、站(厂)、管道等数据采集和监控应采用 SCADA 系统,系统由远程终端装置、站场监控系统、区域生产管理中心计算机系统构成。远程终端装置完成井场、阀室和小型站场的数据采集、处理和控制,并上传数据至所属站场监控系统,接收其控制指令;站场监控系统完成本站及其所辖井场、站(厂)、管道的数据采集和集中监控,并上传数据至区域生产管理中心;区域生产管理中心接收站场监控系统的数据,实现对区域所辖井场、站(厂)、管道的生产运行数据存储、集中监视和管理。

一、井场

1. 油井

油井包括自喷井、抽油机井、电泵井、螺杆泵井、气举井等,油井生产运行数据采集监控要求详见表12-1-1;偏远拉油井、低产井宜暂缓实施;油井单井计量应优先采用软件计量,并应定期标定,当软件量油不能满足要求时,可采用多通阀选井、两相计量等方式,稠油单井计量宜采用多通阀选井、称重式计量;含有毒气体的油井应根据需要设置井口安全截断系统。井场具有远程启停的转动设备,应就地设置带锁的停止开关。

表12-1-1 油井生产运行数据采集监控一览表

序号	单元/模块	测控对象	站场监控中心				区域生产管理中心		备注
			显示	报警	控制①	联锁	显示	报警	
1	自喷井	油压	√				√		
		套压	√				√		
2	气举井	回压	√	√		△	√	√	关井
		安全关断阀	√	√	√	√	√	√	
3	抽油机井	油压(回压)	√				√		
		套压	√				√		
		抽油机电流、电压	√				√		
		载荷、位移、冲程	√				√		
		远程启停			#				
		抽油机状态	√				√		
4	螺杆泵井	油压(回压)	√	√			√	√	
		套压	√				√		
		转速	√				√		
		泵电流	√				√		
		泵状态	√				√		
5	电泵井	油压(回压)	√	√			√	√	
		套压	√				√		
		泵电流	√				√		
		泵状态	√				√		
6	自动投球井场	投球数量	√				√		
		时间间隔	√				√		
7	设电加热装置井场	进口温度	√				√		
		出口温度	√	√	△		√	√	
8	丛式井场集油汇管	压力	√	√			√	√	
9	稠油井场	温度	√	△			√	△	

注:"√"表示应设置;"△"表示宜设置;"#"表示可选。
① 表示连续调节、两位式控制。

2. 注入井

注入井包括注水井(含气田水回注井)、注聚合物井、注汽井、注气井等,注入井生产运行数据采集监控要求详见表12-1-2;注入井数据采集宜设置在配注阀组(间),井场不应重复设置,对于无配注阀组(间)归属的注入井可在井场采集。

表12-1-2 注入井生产运行数据采集监控一览表

序号	单元/模块	测控对象	站场监控中心				区域生产管理中心		备注
			显示	报警	控制①	联锁	显示	报警	
1	注水井	注入压力(油压)	√				√		
		注入流量	√				√		
2	注聚合物井	注入压力(油压)	√				√		
		注入流量	√				√		
3	注汽井	注入压力(油压)	√				√		
		注入流量	√				√		
		注入温度	√				√		
4	注气井	注入压力(油压)	√				√		
		注入流量	√				√		

注:"√"表示应设置。

① 表示连续调节、两位式控制。

3. 水源井

水源井生产运行数据采集监控要求详见表12-1-3,偏远水源井宜实现潜水泵远程启停。

表12-1-3 水源井生产运行数据采集监控一览表

序号	单元/模块	测控对象	站场监控中心				区域生产管理中心		备注
			显示	报警	控制①	联锁	显示	报警	
1	水源井	泵出口压力	√	√			√	√	
		产水量	√				√		
		泵远程启停			#				
		泵状态	√				√		

注:"√"表示应设置,"#"表示可选。

① 表示连续调节、两位式控制。

4. 气井

气井包括常规气井、含H_2S气井、煤层气井和注采气井等,气井生产运行数据采集监控要求详见表12-1-4;高、中压气井应设置井口安全截断系统,常规低压气井宜设置井口安全截断系统;含H_2S气井应设置井口安全截断系统和有毒气体检测,并应实现远程关断;井场水套加热炉宜采集介质进加热炉前压力、温度及介质出加热炉后温度、壳程水位、水浴温度、排烟温度和燃料气压力等数据;注醇和注缓蚀剂气井应采集注醇量和注缓蚀剂量;煤层气水平井和丛式井应设置总采出水和总采出气计量。

表 12-1-4 气田井场生产运行数据采集监控一览表

序号	单元/模块	测控对象	站场监控中心 显示	站场监控中心 报警	站场监控中心 控制①	站场监控中心 联锁	区域生产管理中心 显示	区域生产管理中心 报警	备注
1	常规气井井场	油压	√	△			√		
		套压	√	△			√		
		井口天然气温度	△				△		
		节流前、后温度	△				△		
		节流前、后压力	√	√		√	√		联锁关井
		安全关断阀	√	√	√	√	√	√	
2	含 H_2S 气井井场	油压	√	△			√		
		套压	√	△			√		
		井口天然气温度	△				△		
		节流前、后温度	△				△		
		节流前、后压力	√	√		√	√		
		安全关断阀	√	√	√	√	√	√	联锁关井
		有毒气体检测	√	√			√	△	
		阴极保护管地电位	△	△			△		
		报警按钮	△				△		
		声光报警器	△	△			△		
3	煤层气井场（抽油机）	油压	√	△			√		
		套压	√	△			√		
		抽油机远程关停	√		√		√		
		抽油机状态	√				√		
4	煤层气井场（螺杆泵）	油压	√	√			√		
		套压	√	√			√		
		泵远程关停	√		√		√		
		泵状态	√				√		
5	注采气井	油压（一级节流前压力）	√				√		
		套压	√				√		
		井口天然气温度（一级节流前温度）	√				√		
		一级节流后温度	√	△			√	△	
		采气节流前压力	√	△			√	△	联锁关井
		采气节流后压力	√	√	√	√	√	√	联锁关井
		注气压力	√		√	√	√		
		注采天然气流量	√				√		
		远程开关井	√		√		√		
		安全关断阀状态	√	√	√	√	√	√	

注："√"表示应设置；"△"表示宜设置。
① 表示连续调节、两位式控制。

二、小型站场

计量站包括集油阀组、计量分离、掺水(稀油)阀组等单元,生产运行数据采集监控要求详见表12-1-5;配水(汽)阀组(间)生产运行数据采集监控要求详见表12-1-6。

表12-1-5 集油阀组间/计量站生产运行数据采集监控一览表

序号	单元/模块	测控对象	站场监控中心				区域生产管理中心		备注
			显示	报警	控制①	联锁	显示	报警	
1	集油阀组模块	集油汇管压力	√				√		
		集油汇管温度	√				√		
		回油温度	√	√			√	√	高凝点原油
		多通阀	√		√		√		
2	计量分离器模块	压力	√	√	√	√	√	√	联锁多通阀选井
		液位	√	√	√	√	√	√	
		单井/井组产液量	√				√		
		单井/井组产气量	#				#		
3	掺稀油阀组模块	掺稀油汇管压力	√				√		
		掺稀油温度	√				√		稠油
		单井/井组掺稀油量	#				#		
4	掺水阀组模块	掺水汇管压力	√				√		
		掺水汇管温度	√				√		
		单井/井组掺水量	#				#		

注:"√"表示应设置;"#"表示可选。
① 表示连续调节、两位式控制。

表12-1-6 配水(汽)阀组(间)生产运行数据采集监控一览表

序号	单元/模块	测控对象	站场监控中心				区域生产管理中心		备注
			显示	报警	控制①	联锁	显示	报警	
1	配水(汽)阀组(间)	干线压力	√				√		
		单井压力	√				√		
		单井流量	√				√		
		单井温度	√				√		配汽阀组

注:"√"表示应设置。
① 表示连续调节、两位式控制。

三、中型站场

接转站及原油脱水站,主要包括进站、加热、分离、燃料气、脱水、存储、外输、计量、收发球、组合装置、掺水(稀油)、加药等单元;生产运行数据采集监控要求详见表12-1-7;组合装置的生产运行数据采集监控要求参照具有相关功能的各设备的有关内容。

表 12-1-7 接转站、原油脱水站生产运行数据采集监控一览表

序号	单元/模块	测控对象	站场监控中心				区域生产管理中心		备注
			显示	报警	控制①	联锁	显示	报警	
1	进站单元	来液温度	√				√		
		来液压力	√				√		
		回油温度	√	√			√	√	高凝点原油
2	加热单元	被加热介质进口汇管温度	√				√		
		被加热介质出口温度	√	√			√	√	
		被加热介质进出口压力	#				#		火筒炉测
		运行状态	√				√		
		加热段液位		√					
		缓冲段液位	√				√		
		收油段液位	√						
		气相出口压力	√			√	√		
		炉体温度	√	√			√		
		火焰监视和熄火保护	√	√		√	√	√	加热装置自带控制系统采集的数据
		炉体水位	√	√			√		
		燃烧器工作状态	√	√		√	√		
		漏气保护(大于1000kW)		√		√			
		程序自动点火			√				
3	燃料气单元	燃料气流量	√				√		
		燃料气压力	√		#		√		
		燃料气温度	#				#		
		单台耗气量	#				#		测炉效
4	游离水脱除器	油水界面	√	√			√		
		出口压力	√	√	√		√		
5	三相分离器	油室液位	√	√			√		
		水室液位	√	√			√		只设一项调节
		油水界面	√				√		
		压力	√	√			√		
		油、水两相出口阀门	√		√		√		
		进出口温度	#				#		
		油、气、水计量	#				#		

续表

序号	单元/模块	测控对象	站场监控中心				区域生产管理中心		备注
			显示	报警	控制①	联锁	显示	报警	
6	热化学脱水器	进口温度	√				√		
		沉降段油水界面	√				√		
		油水室液位	√	√	√		√		
		压力	√	√	√		√		
7	电脱水器	油水界面	√		√		√		
		出口压力	√	√	√		√		
		进口温度	√				√		
		电流	√				√		55kW 以上
8	油气分离器	压力	√	√	√		√		
		液位	√	√	√		√		
9	天然气除油器	压力	√				√		
		液位	√	√	#		√		
10	缓冲罐	压力	√	√			√		
		液位	√	√	√	√	√		联锁停泵
11	脱水沉降罐（立式罐）	液位	√	√	√		√	√	
		油水界面	√			#			联锁污水泵
		温度	#				#		
12	卸油罐	液位	√	√	√	√	√		联锁停泵
		温度	#				#		
13	净化油储罐	液位	√	√		#	√	√	联锁停泵
		温度	√				√		
		进出口阀门	#		#		#		
14	主要工艺的油泵单元	进口压力	√	√		#	√		
		出口压力	√	√	△	#	√	√	
		泵状态	√				√		
		电流	√				√		55kW 以上
		定子温度	√	√			√		
		轴瓦温度	√	√			√		
		齿轮温度	√	√			√		
		紧急停泵			√				
		振动	√	√			√		
		螺杆泵出口温度	√				√		

续表

序号	单元/模块	测控对象	站场监控中心				区域生产管理中心		备注
			显示	报警	控制①	联锁	显示	报警	
15	外输单元	外输油/气流量	√				√		
		外输油/气压力	√	√			√	√	
		外输油/气温度	√				√		
		含水率	#				#		
		清管球指示	√				√		
16	掺水/油 热洗单元	掺水/油总流量	√				√		
		掺水/油压力	√	√			√	√	
		掺水/油温度	√				√		
		热洗水总流量	√				√		
		热洗水压力	√	√			√	√	
		热洗水温度	√				√		
17	来清水单元	外站供清水流量	√				√		
18	外来补气单元	输干气流量	√				√		
		输干气压力	√	√			√	√	
		输干气温度	√				√		
19	加药单元	加药罐(箱)液位	√				√		
		加药装置状态	√	√			√		

注："√"表示应设置;"△"表示宜设置;"#"表示可选。
① 表示连续调节、两位式控制。

采出水处理站主要包括进站来水、调储、除油、过滤、外输、辅助等单元;生产运行数据采集监控要求详见表12-1-8。

表12-1-8 采出水处理站生产运行数据采集监控一览表

序号	单元/模块		测控对象	站场监控中心				区域生产管理中心		备注
				显示	报警	控制①	联锁	显示	报警	
1	进站水单元		总来水流量	√				√		
2	调储单元		液位	#	#			#		
3	除油单元	沉降除油	液位	√	√			√		
		气浮除油	进水流量	√			√	√		联锁配气系统
			气浮装置自带控制系统采集的数据	√				√		
			气浮装置状态	√	△			√		
		压力除油	压力	√				√		
			油水界面	√				√		

续表

序号	单元/模块	测控对象	站场监控中心				区域生产管理中心		备注
			显示	报警	控制①	联锁	显示	报警	
4	缓冲升压单元	缓冲水罐液位	√	√		#	√		联锁停泵
		升压泵出口压力	△				△		
		升压泵状态	√				√		
5	过滤反冲洗单元	过滤进、出水压力	√			△	△		
		反冲洗流量	√		√		√		
		滤罐进出口阀门	√		√		√		
		反冲洗水罐液位	√	√			√		
		反冲洗泵状态	√				√		
6	外输单元	水罐液位	√	√			√		
		外输水流量	√				√		
		外输水压力	√				√		
		电流	√				√		55kW 以上
		外输泵状态	√				√		
7	污油/水回收单元	回收油流量	#				#		
		回收水流量	#				#		
		回收油罐/水罐(池)液位	√	√			√		
		回收油/水泵	√		#		√		
8	加药单元	加药罐(箱)液位	√	√			√		
		加药装置状态	√				√		

注："√"表示应设置；"△"表示宜设置；"#"表示可选。
① 表示连续调节、两位式控制。

地下水水质处理站主要包括来水、除铁、过滤、外输、辅助等单元；供水站主要包括储存、外输等单元；生产运行数据采集监控要求详见表 12-1-9。

表 12-1-9　地下水质站/供水站生产运行数据采集监控一览表

序号	单元/模块	测控对象	站场监控中心				区域生产管理中心		备注
			显示	报警	控制①	联锁	显示	报警	
1	进站来水单元	总来水流量	√				√		
		储罐液位	√	√			√		
2	除铁单元	进、出水压力	√				√		
3	精细过滤反冲洗单元	过滤进、出水压力	√			△	√		
		反冲洗流量	√		√		√		
		滤罐进出口阀门	√		√		√		

续表

序号	单元/模块	测控对象	站场监控中心				区域生产管理中心		备注
			显示	报警	控制①	联锁	显示	报警	
3	精细过滤反冲洗单元	反冲洗水罐液位	√	√			√		
		反冲洗泵状态	√		√		√		
4	回收水单元	回收水罐（池）液位	#	√			#		
5	加药单元	加药罐（箱）液位	√				√		
		加药装置状态	√	√			√		
6	外输单元	水罐液位	√	√		#	√		
		外输水流量	√				√		
		外输压力	√				√		
		外输泵状态	√				√		

注："√"表示应设置；"△"表示宜设置；"#"表示可选。
① 表示连续调节、两位式控制。

配制站主要包括供水、分散、熟化、外输等单元；生产运行数据采集监控要求详见表 12-1-10。

表 12-1-10 配制站生产运行数据采集监控一览表

序号	单元/模块	测控对象	站场监控中心				区域生产管理中心		备注
			显示	报警	控制①	联锁	显示	报警	
1	水罐单元	液位	√	√			√	√	
		来水流量	√				√		
2	供水泵单元	入口汇管压力	√				√		
		出口压力	√				√		
		供水泵状态	√				√		
3	分散装置单元	清水流量	√				√		设备自带控制系统采集
		干粉计量	√				√		
		出口流量	√				√		
		出口压力	√				√		
		分散装置状态	√		√		√		
4	PAM熟化罐单元	液位	√	√		√	√	√	
		进、出口控制阀	√		√	√	√		
		搅拌器状态	√				√		
5	PAM外输单元	泵入口压力	√	√			√		
		泵出口压力	√	√	√		√	√	变频闭环
		泵出口流量	√				√		
		泵状态	√				√		
		粗过滤器出口压力	√				√		

续表

序号	单元/模块	测控对象	站场监控中心				区域生产管理中心		备注
			显示	报警	控制①	联锁	显示	报警	
5	PAM外输单元	精细过滤器进出口压力	√				√		计算压差
		出站阀组压力	√				√		
		排污池液位			#			#	启停泵

注："√"表示应设置；"#"表示可选。
① 表示连续调节、两位式控制。

注入站包括注水站、注聚合物站、注气站等；生产运行数据采集监控要求详见表12-1-11。

表12-1-11 注入站生产运行数据采集监控一览表

序号	单元/模块	测控对象	站场监控中心				区域生产管理中心		备注
			显示	报警	控制①	联锁	显示	报警	
1	柱塞泵注水站	来水流量	√				√		
		储水罐液位	√	√			√	√	
		喂水泵进口压力	√				√		
		喂水泵状态	√				√		
		注水泵进口压力	√	√		√	√	√	
		注水泵出口压力	√				√		变频闭环
		注水泵状态	√				√		
		蒸汽干管压力、温度	√				√		
		排污池液位			#			#	
	离心泵注水站	来水流量	√				√		
		储水罐液位	√	√			√	√	
		注水泵进口流量	√				√		
		注水泵进口温度	#				#		测泵效
		注水泵出口温度	√			√	√		
		注水泵进口压力	√	√		√	√	√	
		注水泵状态	√				√		
		电动机定子、轴瓦温度	√	√		√	√		
		注水泵轴瓦温度	√	√		√	√		
		机组润滑油油压	√	√			√		
		冷却水泵进口水压	√				√		
		冷却水泵出口压力	√	√		√	√		
		冷却水泵状态	√				√		
		润滑油箱液位	△	√			△		
		排污池液位			#			#	

续表

序号	单元/模块	测控对象	站场监控中心				区域生产管理中心		备注
			显示	报警	控制①	联锁	显示	报警	
2	注聚合物站	配制站母液来液流量	√				√		
		PAM储液罐液位	√	√	√		√		
		注聚泵进口压力	√	√			√		
		注聚泵出口压力	√	√	√		√		变频闭环
		泵状态	√				√		
		高压来水压力	√				√		
		出站阀组压力	√				√		
		单井注水流量	√		√		√		比例控制
		单井聚合物母液流量	√		√		√		
		排污池液位		#			#		
3	注汽站	来水流量	√				√		
		储水罐液位	√	√			√		
		蒸汽干管流量	#				#		

注:"√"表示应设置;"△"表示宜设置;"#"表示可选。
① 表示连续调节、两位式控制。

集输站、增压站主要包括集气、加热、分离、增压、计量、清管、自用气、注醇、注缓蚀剂、放空等单元,生产运行数据采集监控要求详见表12-1-12;与油田联合站合建的伴生气增压站进出站不宜设置远程截断阀。

表12-1-12　集输站、增压站生产运行数据采集监控一览表

序号	单元/模块	测控对象	站场监控中心				区域生产管理中心		备注
			显示	报警	控制①	联锁	显示	报警	
1	进出站单元	压力	√	√	√	√	√	√	
		截断阀	√		√		√		
		温度	√	#			√	#	
2	加热单元	燃料气流量	△				△		
		漏气检测(1200kW以上)		√		√			
		火焰检测信号	√	√			√		
		水浴温度	√	√			√		
		水套炉液位	√				√		
		排烟温度	△				△		
		燃气压力报警	√	√			√		

续表

序号	单元/模块	测控对象	站场监控中心				区域生产管理中心		备注
			显示	报警	控制①	联锁	显示	报警	
2	加热单元	炉体风机状态	△				△		
		真空炉真空度	△				△		
		紧急停炉	√	√	√		√	△	
3	节流单元	节流前温度	#				#		
		节流后温度	#	#			#	#	
		节流后汇管温度	√	√			√		
		节流后压力	√	√			√	√	
4	分离单元	进口温度	△				△		
		压力	√	√			√		
		液位	√	√	√	√	√		
		产液量/单井气量	#				#		
5	压缩单元	进出口压力	√				√		
		进出口温度	√				√		
		自带控制系统采集的数据	√				√		表12-1-14
		燃料气总流量	#				#		
6	外输单元	流量	√				√		
		温度	√				√		
		压力	√	√		√	√	√	
		出站截断阀	√		√	√	√		
7	清管单元	清管通过指示	△				△		
8	自用气单元	流量	√				√		
		温度	√				√		
		压力	√	#			√		
9	注醇单元	注醇罐液位	√	√			√		
		注醇泵状态	√				√		
		注醇量	#				#		
		注醇压力	√	#			√		
10	放空单元	火焰状态	√				√		
		远程点火	#		#		#		
		放空分液罐液位	√	√			√		
		放空流量	#				#		

注:"√"表示应设置;"△"表示宜设置;"#"表示可选。
① 表示连续调节、两位式控制。

四、大型站场

1. 集中处理站

集中处理站主要包括原油集输、原油脱水、原油稳定、伴生气脱水、伴生气凝液回收、采出水处理及回注、消防、供热等系统。原油集输、原油脱水系统的生产运行数据监控要求详见表12-1-7。常用的原油稳定工艺包括微正压闪蒸、分馏闪蒸，工艺主要包括来油、进料、换热、稳定、加热、三相分离、外输等，生产运行数据采集监控要求详见表12-1-13。放空单元生产运行数据采集监控要求参照表12-1-12的有关内容。伴生气脱水工艺一般采用三甘醇脱水或分子筛脱水，生产运行数据采集监控要求参照表12-1-14中有关内容。常用的伴生气凝液回收工艺为冷凝分离法，包括浅冷分离和深（中）冷分离，浅冷分离温度一般在-35～-20℃，中冷分离温度一般在-60～-35℃，深冷分离温度一般在-100～-80℃，浅冷回收工艺包括原料气预处理、原料气增压、凝液回收、丙烷制冷、产品储运及外输等单元，生产运行数据采集监控要求详见表12-1-15"，深（中）冷回收工艺包括原料气预处理、原料气增压、凝液回收、丙烷+膨胀制冷、产品储运及外输等单元，详见表12-1-16，丙烷制冷、压缩机生产运行数据采集监控要求参照表12-1-15的有关内容。燃气锅炉房主要包括燃料气、锅炉、热力循环、补水、水处理等单元，生产运行数据采集监控要求详见表12-1-17。

表12-1-13 原油正压闪蒸稳定生产运行数据采集监控一览表

序号	单元/模块	测控对象	站场监控中心				区域生产管理中心		备注
			显示	报警	控制①	联锁	显示	报警	
1	来油单元	压力	√				√		
		温度	√				√		
		流量	√				√		
		截断阀	√		√		√		
		回油阀	√		√		√		
2	进料缓冲单元	液位	√	√	√	√	√	√	
		压力	√	√	√	√	√	√	
3	换热单元	稳前油进出口汇管压力	√				√		
		稳前油进出口汇管温度	√				√		
		稳后油进出口汇管压力	√				√		
		稳后油进出口汇管温度	√				√		
4	加热单元	加热炉	原油进口压力	#				#		
			原油进口温度	#				#		
			原油出口压力	#				#		
			原油出口温度	√	√	√	√	√	√	
			烟气温度	#				#		
			辐射段温度	√				√		

续表

序号	单元/模块		测控对象	站场监控中心				区域生产管理中心		备注
				显示	报警	控制①	联锁	显示	报警	
4	加热单元	加热炉	对流段温度	√				√		
			火焰监视和熄火保护	√	√		√	√	√	
			烟气含氧分析	√				√		
			风机状态	√				√		
			漏气检测(1200kW以上)		√		√			
			燃烧器自带控制系统采集的数据	√				√		
		加热器	加热介质进出口汇管压力	√				√		
			加热介质进出口汇管温度	√				√		
			原油出口汇管压力	√				√		
			原油出口温度	√	√	√		√		
5	燃料气单元		来气压力	√		√		√		
			分离器液位	√	√	√	√	√	√	
			燃料气流量	√				√		
			调压阀后压力	√	√	#		√	√	
6	原油稳定器	微正压稳定工艺	气相出口压力	√		√		√		
			气相出口温度	√				√		
			冷却器出口温度	√		√		√		
			冷却器状态	√				√		
			塔底液位	√	√	√	√	√	√	
			三相分离器压力	√		√		√		
			三相分离器轻烃液位	√	√	√		√	√	
			三相分离器烃水界面	√	√	√		√	√	
		分馏稳定工艺	塔顶压力	√				√		
			塔顶温度	√	√	√		√		
			塔底液位	√	√	√	√	√		
			回流罐液位	√				√		
			冷却器出口温度	√				√		
			冷却器状态	√				√		
			回流罐气相出口压力	√	√			√	√	
			塔顶回流量	#		#		#		
			回流泵	√		√		√		停泵
			回流泵电动机电流	√				√		
			回流泵热保护开关		√		√			停泵

续表

序号	单元/模块	测控对象	站场监控中心 显示	站场监控中心 报警	站场监控中心 控制①	站场监控中心 联锁	区域生产管理中心 显示	区域生产管理中心 报警	备注
7	原油污水泵	出口压力							
		泵状态	√				√		
		电流	√				√		55kW 以上
8	轻烃泵	泵状态	√				√		
		电流	√				√		55kW 以上
		泵热保护开关		√		√			停泵
9	外输油/轻烃/外输气	压力	√	√			√	√	
		温度	√				√		
		流量	√				√		

注:"√"表示应设置;"#"表示可选。
① 表示连续调节、两位式控制。

表 12－1－14 天然气处理厂生产运行数据采集监控一览表

序号	单元/模块	测控对象	站场监控中心 显示	站场监控中心 报警	站场监控中心 控制①	站场监控中心 联锁	区域生产管理中心 显示	区域生产管理中心 报警	备注
1	进厂单元	压力	√				√		
		温度	√				√		
		截断阀	√		√	√	√		
		放空阀	√		√		√		
2	集气分离单元	分离器出口截断阀	#		#		#		
		分离器压力	√	√			√		
		分离器液位	√	√			√		
		过滤分离器差压	#	#			#		
		流量计量	√		√	#	√		
		缓冲罐压力	√	√			√		
		缓冲罐液位	√	√			√		
		缓冲罐排液泵运行状态	√				√		
		缓冲罐排液泵远程启停	√		√		√		
		闪蒸分液罐压力	√	√			√		
		闪蒸分液罐油室液位	√	√			√		
		闪蒸分液罐水室液位	√	√			√		
		闪蒸分液罐混合室液位	√	√			√		
		分液罐水室排液泵运行状态	√				√		

续表

序号	单元/模块	测控对象	站场监控中心				区域生产管理中心		备注
			显示	报警	控制①	联锁	显示	报警	
2	集气分离单元	分液罐水室排液泵远程启停	√	√	√		√		
		分液罐油室排液泵运行状态	√	√			√		
		分液罐油室排液泵远程启停	√	√	√		√		
3	原料气增压								表12-1-16
4	脱硫、脱碳单元	原料气 $H_2S(CO_2)$ 含量	√				√		
		湿净化气温度	√				√		
		湿净化气分离器液位	√	√	√	√	√		
		湿净化气 $H_2S(CO_2)$ 含量	√	#			√		
		湿净化气压力	√	√	√	√	√		
		湿净化气放空截断阀	√		√		√		
		湿净化气放空压力调节	#		#	#	#		
		湿净化气出装置截断阀			#				
		MDEA 吸收塔差压	√	√			√		
		MDEA 吸收塔底液位	√	√			√		
		出塔富液截断阀	√		√		√		
		出塔富液液位调节阀	√				√		
		贫液流量	√	√		#	√		
		贫液截断阀	√		√		√		
		贫液流量调节阀	√				√		
		MDEA 循环泵状态	√				√		
		胺液置换泵状态	√				√		
		MDEA 闪蒸塔差压	√	√			√		
		MDEA 闪蒸塔压力	√	√	√		√		
		闪蒸气流量	√				√		
		MDEA 闪蒸塔压力控制阀	√		√		√		
		MDEA 闪蒸罐液位	√	√			√		
		MDEA 闪蒸罐液位控制阀	√		√	√	√		
		MDEA 预过滤器差压	√	√			√		
		MDEA 活性炭过滤器差压	√	√			√		
		MDEA 后过滤器差压	√	√			√		
		富液进板换前温度	√				√		
		MDEA 再生塔顶温度	√	√	√		√		
		MDEA 再生塔差压	√	√			√		

续表

序号	单元/模块	测控对象	站场监控中心				区域生产管理中心		备注
			显示	报警	控制①	联锁	显示	报警	
4	脱硫、脱碳单元	MDEA 再生塔底液位	√	√			√		
		再生塔重沸器进出口温度	√				√		
		凝结水分离器液位	√	√	√		√		
		MDEA 再生塔重沸器蒸汽流量	√	√	√		√		
		贫液管道过滤器差压	√	√			√		
		MDEA 贫液空冷器状态	√				√		
		贫液空冷器进口温度	√				√		
		贫液空冷器出口温度	√	√	√		√		
		MDEA 后冷器出口温度	√				√		
		酸气空冷器状态	√				√		
		酸气空冷器出口温度	√	√	√		√		
		酸气分离器液位	√	√	√		√		
		酸气分离器压力	√	√	√		√		
		酸水回流泵状态	√				√		
		酸水流量	√				√		
		酸水液位控制阀	√		√		√		
		MDEA 补充泵状态	√				√		
		MDEA 溶液配制罐液位	√	√			√		
		凝结水冷却器出入口温度	√				√		
5	TEG 脱水单元	TEG 吸收塔差压	√	√			√		
		产品气分离器液位	√	√			√		
		产品气 H_2O 含量	√	#			√		
		产品气压力	√	√	√		√		
		产品气火灾放空截断阀	√		√	√	√		
		产品气放空调节阀	#		#	#	#		
		产品气流量	√				√		
		TEG 吸收塔底液位	√	√	√		√		
		TEG 吸收塔底富液温度	√				√		
		TEG 吸收塔底富液切断阀	√		√		√		
		TEG 吸收塔底富液调节阀	√		√		√		
		TEG 富液闪蒸罐液位	√	√	√		√		
		TEG 富液闪蒸罐液位控制阀	√		√		√		

续表

序号	单元/模块	测控对象	站场监控中心				区域生产管理中心		备注
			显示	报警	控制①	联锁	显示	报警	
5	TEG脱水单元	闪蒸气压力	√	√	√		√		
		闪蒸气流量	√				√		
		TEG溶液过滤器橇块差压	√	√			√		
		TEG富液加热前后温度	√				√		
		TEG富液加热前后旁路调节	√		√		√		
		富液进TEG再生器温度	√				√		
		TEG再生器下部重沸器温度	√	√	√	√	√		
		TEG再生器顶温度	√	√			√		
		TEG再生器液位	√				√		
		TEG缓冲罐液位	√	√			√		
		贫液出贫富液换热器温度	√				√		
		汽提气压力	√		√		√		
		汽提气流量	√		√		√		
		燃料气压力	√				√		
		燃料气流量	√		√		√		
		燃料气截断阀	√			√	√		
		烟气温度	#				#		
		火焰检测	√	√		√	√		
		TEG补充泵状态	√				√		
		TEG补充罐液位	√	√			√		
		TEG循环量	√		√		√		
6	分子筛脱水单元	进装置压力	√				√		
		出装置压力	√	√	√		√	√	
		出装置温度	√				√		
		出装置流量	√				√		
		产品气含水量	√	√			√		
		出口切断阀	√		√		√		
		出口放空阀	√	√			√		
		原料气过滤分离器差压	√	√			√		
		原料气过滤分离器液位	√	√	#		√		
		再生气分离器液位	√	√	√		√		
		分子筛切换阀	√				√		
		分子筛塔进、出口温度	√				√		

续表

序号	单元/模块	测控对象	站场监控中心				区域生产管理中心		备注
			显示	报警	控制①	联锁	显示	报警	
6	分子筛脱水单元	再生气压缩机进、出口压力	√	√		√	√		
		再生气流量	√		√		√		
		再生气加热炉出口温度	√	√	√		√		
		燃料气切断阀	√			√	√		
		燃料气调节阀	√		√		√		
		加热炉炉膛温度	√	√		√	√		
		加热炉火焰状态	√	√		√	√		
		空冷器状态	√				√		
		空冷气出口温度	√				√		
7	硫黄回收与尾气处理单元	一级再热炉温度	√	√			√		
		一级再热炉火焰	√	√		√	√		
		一级再热炉点火控制盘信号	√				√		
		燃烧用风流量	√		√		√		
		燃烧用风截断阀	√		√	√	√		
		过程气出一级再热炉温度	√				√		
		二级反应器温度	√				√		
		过程气出二级反应器温度	√				√		
		二级硫黄冷凝冷却器液位	√	√	√	√	√		
		过程气出二级硫黄冷凝冷却器温度	√				√		
		二级再热炉温度	√	√			√		
		二级再热炉火焰	√	√		√	√		
		点火控制盘各类信号	√				√		
		过程气出二级再热炉温度	√				√		
		三通切换阀	√		√		√		
		二级反应器温度	√				√		
		过程气出二级反应器温度	√				√		
		三级硫黄冷凝冷却器液位	√	√	√	√	√		
		过程气出三级硫黄冷凝冷却器温度	√				√		
		三级反应器温度	√				√		
		过程气出三级反应器温度	√				√		
		四级硫黄冷凝冷却器液位	√	√	√	√	√		

续表

序号	单元/模块	测控对象	站场监控中心				区域生产管理中心		备注
			显示	报警	控制①	联锁	显示	报警	
7	硫黄回收与尾气处理单元	过程气出四级硫黄冷凝冷却器温度	√				√		
		过程气出液硫捕集器温度	√				√		
		尾气灼烧炉前 H_2S、SO_2 含量和 H_2S/SO_2 比率	√		√		√		
		尾气灼烧炉燃烧空气截断阀	√		√	√	√		
		尾气灼烧炉燃烧用空气温度	√				√		
		尾气灼烧炉燃烧用空气压力	√				√		
		尾气灼烧炉燃烧用空气流量	√		√		√		
		尾气灼烧炉膛温度	√				√		
		尾气灼烧炉火焰	√				√		
		尾气灼烧炉后 SO_2、O_2 含量	√	√			√		
		尾气排放温度	√	√			√		
		尾气排放流量	√				√		
		脱气用风流量	√				√		
		脱气用风截断阀	√				√		
		燃料气截断阀	√		√	√	√		
		燃料气温度	√				√		
		燃料气压力	√				√		
		燃料气流量	√		√		√		
		液硫池液位	√	√			√		
		液硫池温度	√	√			√		
		抽气用蒸汽流量	√				√		
		抽气用蒸汽切断阀	√				√		
		液流泵状态	√				√		
		低低压蒸汽进空冷器压力	√	√	√		√		
		蒸汽空冷器状态	√				√		
		蒸汽空冷器出口温度	√		√		√		
		凝结水罐压力	√				√		
		凝结水罐液位	√	√	√		√		
		补充锅炉给水流量调节	√		√		√		
		凝结水泵状态	√				√		
		凝结水液位控制阀	√		√		√		
		低压蒸汽出装置压力	√		√		√		
		低压蒸汽出装置流量	√				√		

续表

序号	单元/模块	测控对象	站场监控中心 显示	站场监控中心 报警	站场监控中心 控制①	站场监控中心 联锁	区域生产管理中心 显示	区域生产管理中心 报警	备注
8	硫黄成型单元	蒸汽压力	√				√		
		保温蒸汽流量	√				√		
		液硫储罐液位	√	√			√		
		液硫储罐温度	√	√			√		
		液硫泵状态	√				√		
		液硫泵出口压力	√				√		
		液硫回流阀状态	√		√		√		
		硫黄成型机控制盘信号	√				√		
		包装机控制盘信号	√				√		
9	CO_2液化储运	进装置CO_2气体温度	√				√		
		进装置CO_2气体压力	√				√		
		去储罐CO_2液体压力	#				#		
		CO_2气体增压	√				√		
		CO_2脱水（见分子筛脱水单元）							表12-1-14
		丙烷制冷							表12-1-15
		制冷压缩机运行状态	√	√	√	√	√		
		压缩机自带控制系统采集的数据	√				√		表12-1-15
		CO_2液体储罐温度	√				√		
		CO_2液体储罐压力	√				√		
		CO_2液体储罐液位	√	√			√		
		CO_2液体储罐进出口阀	√				√		
		装车CO_2液体温度	√				√		
		装车CO_2液体流量	√				√		
		装车CO_2液体密度	√				√		
		CO_2气体检测	√	√			√		
10	清管单元	清管通过指示	√				√		
11	计量外输单元	产品气流量	√		√	√	√		
		产品气温度	√				√		
		产品气压力	√		√		√	√	
		气体组分	√				√		在线
		截断阀	√		√		√	√	

续表

序号	单元/模块	测控对象	站场监控中心				区域生产管理中心		备注
			显示	报警	控制①	联锁	显示	报警	
12	燃料气单元	截断阀	√		√	√	√		
		来气压力	√		√		√		
		来气温度	√				√		
		燃料气流量	√				√		
13	放空单元	高低压放空总管流量	#				#		
		放空分液罐液位、压力	√	√			√		
		压力排污罐液位、压力	√	√			√		
		凝液泵状态	√				√		
		燃料气压力	√				√		
		燃料气流量	√				√		
		消烟蒸汽流量	√		√		√		
		高、低压火炬筒体压力	√	√			√		
		高、低压火炬点火	√		√		√		
		高、低压火炬火焰状态	√	√			√		
14	甲醇污水预处理单元	转水泵运行状态	√				√		
		提升泵运行状态	√				√		
		污水池、污泥池液位	√	√		#	√		
15	甲醇回收单元	聚结除垢过滤器进出口压差	√	√			√		
		甲醇进料流量	√		√		√		
		精馏塔塔底液位	√	√	√	√	√		
		精馏塔塔底温度	√		√		√		
		精馏塔回流量	√				√		
		精馏塔塔顶温度	√				√		
		精馏塔塔顶冷却后温度	√				√		
		回流罐液位	√	√	√		√		
		回收产品流量	√				√		
		精馏塔塔顶压力	√	√			√		
		精馏塔塔底压力	√				√		
		空冷器出口甲醇温度	√				√		
		原料泵运行状态	√				√		
		精馏塔塔底出水泵运行	√				√		
		精馏塔塔顶回流泵	√				√		
		反冲洗泵运行状态	√				√		

续表

序号	单元/模块	测控对象	站场监控中心				区域生产管理中心		备注
			显示	报警	控制①	联锁	显示	报警	
16	气田采出水处理及回注单元	气田水缓冲罐液位	√	√		#	√		
		升压泵出口压力	△				△		
		升压泵状态	√				√		
		压力除油罐压力	√				√		
		过滤器进、出水压力	△			△	△		
		反冲洗流量	√		√		√		
		滤罐进出口阀门	√		√		√		
		反冲洗水罐液位	√	√			√		
		反冲洗泵状态	√		√		√		
		滤后水罐液位	√	√			√		
		回注水流量	√				√		
		回注水压力	√				√		
		电流	√				√		55kW 以上
		注水泵状态	√				√		
17	储运设施单元	储罐液位	√	√			√		
		储罐压力	√		√		√		
		原料、产品流量	√				√		
		氮封总管末端压力	√	√	√		√		
		动设备运行状态	√				√		
		污水卸车池液位	√	√	√	√	√		
		污水提升井液位	√	√	√	√	√		
		采暖换热器出口热水温度	√	√	√		√		
		导热油炉运行状态	√				√		
18	供热系统	导热油炉燃烧状态	√						
		导热油炉熄火报警		√					
		导热油炉紧急停运	√						
19	空氮站	非净化风压力	√				√		
		非净化风流量	√		√		√		
		净化风压力	√	√	√		√		
		净化风流量	√				√		
		氮气压力	√	√			√		
		氮气流量	√				√		

注:"√"表示应设置;"△"表示宜设置;"#"表示可选。
① 表示连续调节、两位式控制。

表 12－1－15 原油伴生气浅冷回收生产运行数据采集监控一览表

序号	单元/模块	测控对象	站场监控中心				区域生产管理中心		备注
			显示	报警	控制①	联锁	显示	报警	
1	来气单元	压力	√				√		
		温度	√				√		
		流量	√				√		
		截断阀	√		√		√		三、四级站场
		放空阀	√		√		√		
2	入口分离器	液位	√	√	√	√	√	√	
		压力	√	√			√		
3	压缩机	进出口温度	√				√		
		进出口压力	√				√		
		电动机电流电压	√				√		55kW 以上
		压缩机状态	√	√	√	√	√	√	
		公共点报警		√		√		√	
		公共点停机		√		√		√	
		进出压缩机截断、放空阀	△	△	△	△	△	△	
		回流阀							
		入口及级间进气压力	√	√			√		
		入口及级间进气温度	√				√		
		末级出口压力	√	√			√		
		末级出口温度	√				√		
		级间冷却器及后冷器出口温度	√	√			√		
		润滑油过滤器差压							
		润滑油供油总管压力	√				√		
		润滑油供油温度	√				√		
		振动							
		压缩机轴承温度	√				√		
		电动机轴承温度	√				√		
4	原料气预冷器	进出口压力	√				√		
		进出口温度	√				√		
5	丙烷蒸发器	原料气出口压力	√				√		
		原料气出口温度	√	√			√	√	
		蒸发器液位	√	√	√		√		

续表

序号	单元/模块	测控对象	站场监控中心				区域生产管理中心		备注
			显示	报警	控制①	联锁	显示	报警	
6	制冷压缩机	压缩机状态	√	√		√	√		
		吸气压力	√	√			√		
		排气压力	√	√			√		
		滑阀位置及模式	√				√		
		排气、吸气温度	√	√			√		
		润滑油供油温度	√	√		√	√		
		润滑油供油压力	√	√		√	√		
		润滑油过滤器差压	√	√			√		
		电动机轴承温度	√	√		√	√		
7	三相分离器	气相出口压力	√	√	√		√		
		轻烃液位	√	√	√		√		
		烃水界面	√	√	√		√		
8	乙二醇再生塔	塔顶温度、压力	√				√		
		塔底液位	√	√	√		√	√	
		塔底温度	√	√	√		√	√	
9	轻烃/乙二醇泵	出口压力	#	√	√		√		
		泵状态	√		#		√		
		电流	√				√		55kW以上
10	外输轻烃/外输气	压力	√	√			√	√	
		温度	√				√		
		流量	√				√		

注:"√"表示应设置;"△"表示宜设置;"#"表示可选。
① 表示连续调节、两位式控制。

表12-1-16 原油伴生气深(中)冷回收生产运行数据采集监控一览表

序号	单元/模块	测控对象	站场监控中心				区域生产管理中心		备注
			显示	报警	控制①	联锁	显示	报警	
1	来气系统	压力	√				√		
		温度	√				√		
		流量	√				√		
		截断阀	√		√		√		三、四级站场
		放空阀	√		√		√		

续表

序号	单元/模块		测控对象	站场监控中心				区域生产管理中心		备注
				显示	报警	控制[①]	联锁	显示	报警	
2	入口分离器		液位	√	√	√	√	√	√	
			压力	√	√			√		
			液位	√	√	√		√	√	
3	原料气压缩单元	压缩机	进出口温度	√				√		
			进出口压力	√				√		
			自带控制系统采集的数据							表12-1-15
		出口过滤器	出口压力	√				√		
			出口温度	√	√		√	√		
			过滤段差压	△	√	√		△	√	
			过滤器液位	√	√			√		
4	脱水单元		分子筛脱水							表12-1-14
5	低温换热单元		介质出口温度	√				√		
			介质出口压力	√				√		
			冷箱压差	√	√			√	√	
			丙烷制冷							表12-1-15
6	膨胀/压缩机		膨胀端出口压力	√	√	√		√		自带控制系统采集的数据
			J-T阀	√		√	√	√		
			增压端出口压力	√				√		
			增压端冷却器出口温度	√		√		√		
			膨胀/压缩机状态	√	√			√	√	
			公共点联锁和报警		√				√	
			密封气流量	√						
			润滑油供油温度	√	√		√	√		
			润滑油供油压力	√	√		√	√		
			膨胀机转速	√	√			√		
			振动和轴位移	√	√		√	√		
7	重接触塔		进出口压力	√				√		
			进出口温度	√				√		
			填料段或塔板压降	√	√			√		
			液位	√	√			√		
8	脱甲烷塔		塔顶压力	√		√		√		
			塔底压力	√	√	√	√	√		
			塔顶、塔底温度	√				√		

续表

序号	单元/模块	测控对象	站场监控中心				区域生产管理中心		备注
			显示	报警	控制①	联锁	显示	报警	
8	脱甲烷塔	塔底重沸器和侧沸器进出口温度	√	√	√		√		
		塔底液位	√	√	√	√	√		
		填料段或塔板压降	√	√			√		
9	污水罐	液位	√	√			√		
10	污水泵	出口压力	△	√	√		√		
		泵状态	√				√		
		电流	√				√		55kW 以上
11	轻烃泵	出口压力	△	√	√		√		
		泵状态	√				√		
		电流	√				√		55kW 以上
		热保护开关		√		√			屏蔽泵
12	轻烃/外输气	压力	√	√			√	√	
		温度	√				√		
		流量	√				√		

注:"√"表示应设置;"△"表示宜设置。
① 表示连续调节、两位式控制。

表 12-1-17 燃气锅炉房生产数据采集监控一览表

序号	单元/模块	测控对象	站场监控中心				区域生产管理中心		备注
			显示	报警	控制①	联锁	显示	报警	
1	热水锅炉	热水锅炉进出水温度	√	√		√	√	√	
		热水锅炉出水压力	√				√		
		省煤器进出口水压	√				√		高温热水锅炉
		省煤器进出口水温	√	√	√		√	√	
		循环水泵状态	√	√		√	√		
		循环水量	√				√		
		补水泵出口流量	√				√		
		排烟温度	√				√		
2	蒸汽锅炉/高压注气锅炉	蒸汽压力	√	√			√	√	
		高压注汽蒸汽干度	√				√		
		蒸汽锅炉锅筒蒸汽压力	√	√		√	√		
		蒸汽锅炉锅筒水位	√	√		√	√		
		蒸汽锅炉锅筒进口给水压力	√				√		

续表

序号	单元/模块	测控对象	站场监控中心 显示	报警	控制①	联锁	区域生产管理中心 显示	报警	备注
2	蒸汽锅炉/高压注气锅炉	省煤器进出口水压	√				√		
		省煤器进出口水温	√	√	√		√	√	
		蒸汽锅炉给水泵状态	√	√		√	√	√	
		给水泵出口流量	√				√		
		注汽锅炉给水泵进口压力	√	√			√	√	
		注汽锅炉给水泵润滑油压力	√				√		
		汽水分离器液位	√				√		
		排烟温度	√				√		
3		进口热载体压力	√				√		
		出口热载体压力	√	√		√	√	√	
		进口热载体温度	√				√		
		出口热载体温度	√	√	√	√	√	√	联锁停炉
		储油罐液位	√	√			√		
		膨胀罐液位	√				√		
		热载体炉液位	√	√		√	√		
		循环泵状态	√	√			√		
		烟气温度	√				√		
4	燃气系统	燃气总流量	√				√		
		燃气干管压力	√	√		√	√	√	
		燃气干管上切断阀	√		√		√		
		燃烧器状态	√	√		√	√	√	
		锅炉间、调压间可燃气体浓度	√	√		√	√		
5	其他设施	热力除氧器的工作压力	√				√		
		热力除氧器蒸汽压力调节器前、后蒸汽压力	√				√		
		热力、真空除氧器水箱水位	√	√			√	√	
		热力、真空除氧器水箱水温	√				√		
		热力、真空除氧器进水温度	√				√		
		真空除氧器射水抽气器进口水压	√				√		
		解析除氧器喷射器进口水压	√				√		
		解析除氧器解析器水温	√				√		

续表

序号	单元/模块	测控对象	站场监控中心				区域生产管理中心		备注
			显示	报警	控制①	联锁	显示	报警	
5	其他设施	水处理装置的流量	√				√		
		分集水器温度压力	√				√		
		分汽缸压力	√				√		
		原水及软化水罐的液位	√	√			√	√	
		热交换器被加热介质和加热介质流量	√				√		
		热交换器被加热介质进出管的温度、压力	√				√		
		热交换器加热介质进出管的温度、压力	√				√		
		热交换器出水温度超高	√				√		

注：" √ "表示应设置。

① 表示连续调节、两位式控制。

2. 天然气处理厂

天然气处理厂主要包括集气、分离、脱水、增压、计量、外输、放空、空氮站、消防、供热等单元；含 H_2S 处理厂还包括脱硫、硫黄回收、尾气处理、硫黄成型单元；含 CO_2 处理厂还包括脱碳、CO_2 回收、储存等单元；含凝析油处理厂还包括、脱烃、轻烃回收、水合物抑制剂回收、储运等单元；天然气处理厂生产运行数据采集监控要求详见表12-1-14；丙烷制冷低温分离脱油脱水单元应实现超压紧急切断和远程放空，生产运行数据采集监控要求参照表12-1-15；高压凝析油气田处理厂生产运行数据采集监控要求详见表12-1-18；采出水处理及回注系统生产运行数据采集监控要求参加表12-1-8、表12-1-11；天然气进出厂管道应按 GB 50183《石油天然气工程设计防火规范》的要求设置远程截断阀和放空阀；外输计量单元流量计标定应实现不停气流程切换，净化产品气宜设置微量 H_2S、CO_2 和微量水分析仪。

表12-1-18 高压凝析油气田处理厂生产运行数据采集监控一览表

序号	单元/模块	测控对象	站场监控中心				区域生产管理中心		备注
			显示	报警	控制①	联锁	显示	报警	
1	进厂单元								表12-1-14
2	采气过滤分离								表12-1-14
3	注醇								表12-1-12
4	原料气预冷器	进出口压力	√						
		进出口温度	√						

续表

序号	单元/模块	测控对象	站场监控中心				区域生产管理中心		备注
			显示	报警	控制①	联锁	显示	报警	
5	J-T阀脱水脱烃	装置进口温度	√				√		
		装置进口压力	√	√			√		
		原料气预冷器原料气出温度	√				√		
		原料气预冷器贫液注入流量	√				√		
		J-T阀	√		√		√		
		低温分离器出口天然气温度	√	√			√		
		低温分离器出口天然气压力	√	√	√		√		
		低温分离器液位	√	√		√	√	√	
		装置出口温度	√				√		
		装置出口压力	√				√		
		装置出口产品气流量	√				√		
		装置出口放空调节阀	√		√		√		
		装置出口放空阀	√	√		√	√	√	
		可燃气体检测	√	√			√	√	
		火焰报警	√	√			√	√	
		火灾报警按钮	√	√			√	√	
6	分子筛脱水								表12-1-14
7	深(中)冷脱烃								表12-1-16
8	轻烃回收和稳定								表12-1-14
9	凝析油稳定	一级闪蒸分离器出口压力	√	√					
		二级闪蒸分离器进出口压力	√						
		闪蒸分离器油水室液位	√	√					
		凝析油进塔换热器出口凝析油温度	√				√		
		凝析油空冷器进口凝析油温度	√				√		
		凝析油空冷器出口凝析油温度	√				√		
		稳定塔底重沸器进稳定塔凝析油温度	√	√	√		√		
		稳定塔上部温度	√				√		
		稳定塔中部温度	√				√		

续表

序号	单元/模块	测控对象	站场监控中心				区域生产管理中心		备注
			显示	报警	控制①	联锁	显示	报警	
9	凝析油稳定	稳定塔下部温度	√				√		
		稳定塔中部压力	√				√		
		稳定塔液位	√	√	√		√		
		稳定塔闪蒸气压力	√	√	√		√		
		稳定塔闪蒸气流量	√				√		
		稳定塔底输送泵	√		√		√		
		稳定塔底输送泵出口流量	√	√			√		
		凝析油闪蒸罐压力	√	√	√		√		
		凝析油闪蒸罐水相液位	√	√	√	√	√	√	
		凝析油闪蒸罐油相液位	√	√	√		√		
		凝析油闪蒸罐闪蒸气流量	√				√		
		凝析油缓冲罐温度	√				√		
		凝析油缓冲罐压力	√	√	√		√		
		凝析油缓冲罐液位	√	√	√		√		
		凝析油、轻油事故油罐进口截断阀	√		√		√		
		凝析油、轻油事故油罐温度	√				√		
		凝析油、轻油事故油罐压力	√	√	√		√		
		凝析油、轻油事故油罐液位	√	√	√		√		
		凝析油空冷器	√		√		√		
		凝析油、轻油事故油泵	√		√		√		
		凝析油、轻油事故油泵出口截断阀	√		√		√		
		凝析油外输管道截断阀	√		√		√		
		产品气外输泵	√		√		√		
		产品外输泵出口压力	√	√			√		
		可燃气体检测	√	√			√	√	
		火焰报警	√	√			√	√	
		火灾报警按钮	√	√			√	√	
10	乙二醇再生								表12-1-15

注:"√"表示应设置。

3. 地下储气库集注站

地下储气库集注站主要包括注气、采气及配套系统。生产运行数据采集监控内容应根据具体工程参照表12-1-14、表12-1-18的有关内容确定。

五、输油管道

原油、成品油管道生产运行数据采集的内容见表12-1-19，表中，"就地"是指直接安装在管道或设备上的检测仪表；"站控制室"是指在工艺站场的控制室仪表盘活操作台上集中显示、控制的仪表，如果采用 SCADA 系统，则是指在工艺站场的控制室的操作员工作站上集中显示、监控的仪表，并可在控制室执行控制、连锁、调节等任务；"控制中心"是指在控制中心的显示终端上集中显示全线的工艺变量或状态等管道信息的仪表，可在控制中心执行控制、调节等任务，由调度人员进行全线监控。

表12-1-19 原油、成品油管道生产运行数据采集监控一览表

序号	设备或系统名称	工艺变量或状态量名称	就地		站控制室						控制中心						备注
			显示	累积	显示	记录	累积	信号	连锁	控制	调节	显示	记录	累积	信号	控制	调节	
1	首站油品进站及计量系统	来油压力	√		√	√		√				√	√					
		压力高、低报警	√		√			√				√			√			
		来油温度	√		√	√						√	√					
		油品来油体积流量	√		√	√	√					√	√	√				
		油品来油含水率			√	√						√	√					
		油品来油密度			√	√						√	√					
		油品来油质量流量			√	√	√					√	√	√				
		出站油品体积流量			#	#	#					#	#	#				
		标准计量装置状态	△		△	△		△				△	△					
		流量计出口油品压力	√		√	√						√	√					
		流量计出口油品温度	√		√	√						√	√					
		可燃气体浓度	#		√			√				√			√			
		火焰探测			√			△	△			√			△			
		清管指示器	√		√			√				√			√			
		过滤器的差压	√		√			√				√			√			
2	中间站油品进站系统	油品密度			√	√						√	√					
		油品含水率			√	√						√	√					
		油品压力	√		√			√			△	√			√		△	
		油品温度	√		√	√						√	√					
		可燃气体浓度	△		√			√				√			√			
		清管指示器	√		√			√				√			√			
		油品体积流量			△	△	△					#	#	#				

续表

序号	设备或系统名称	工艺变量或状态量名称	就地 显示	就地 累积	站控制室 显示	站控制室 记录	站控制室 累积	站控制室 信号	站控制室 连锁	站控制室 控制	站控制室 调节	控制中心 显示	控制中心 记录	控制中心 累积	控制中心 信号	控制中心 控制	控制中心 调节	备注
3	油品出站系统	油品压力	√		√	√		√	√		√	√	√		√		√	
		油品温度	√		√	√						√	√					
		可燃气体浓度	#		√	√		√				√	√		√			
		清管指示器	√		√	√		√				√	√					
		油品体积流量			△	△	△			△		△	△					
4	油罐	油罐液位	√		√	√						√	√					
		油罐油温	√		√	√						√	√					
		油水界面			△	△						△	△					
		可燃气体浓度	#		√	√		√				√	√		√			
		火焰探测			√	√		△	△			√	√		△			
		电动搅拌器状态	√		√	√				√		√	√			√		
5	给油泵机组	入口汇管油压	√		√	√						√	√					
		入口汇管油温	√		√	√						√	√					
		入口油压	√		√	√						√	√					
		出口油压	√		√	√						√	√					
		可燃气体浓度	#		√	√		√				√	√		√			
		泵机组状态	√		√	√			√			√	√			√		
6	输油泵机组	入口汇管油压	√		√	√		√		△		√	√			△		
		入口汇管油温	√		√	√						√	√					
		入口油压	√		√	√						√	√					
		出口油压	√		√	√						√	√					
		泵壳温度			√	√	√	√				△	△					*
		泵轴承温度			√	√	√	√				△	△					*
		泵轴密封泄漏			√	√						△	△					*
		电动机定子温度			√	√		√				△	△					*
		电动机轴承温度			√	√		√				△	△					*
		电动机电流	√															*
		泵机组振动量			√	△												*
		泵机组状态	√		√	√		√	√	√		√	√		√			*
		可燃气体浓度	#		√	√		√				√	√		√			
		火焰控测			√	√		△	△			√	√		△			

续表

序号	设备或系统名称	工艺变量或状态量名称	就地 显示	就地 累积	站控制室 显示	站控制室 记录	站控制室 累积	站控制室 信号	站控制室 连锁	站控制室 控制	站控制室 调节	控制中心 显示	控制中心 记录	控制中心 累积	控制中心 信号	控制中心 控制	控制中心 调节	备注
6	输油泵机组	转速			√	√		√	√	√	√	√			√	√	√	调整电动机、柴油机、燃气轮机
		轴承润滑油压	△		△	△						△	△					
		轴承润滑油温	△		△	△						△	△					
		泵房可燃气体浓度	#		√	√		√				√	√					
		喘振			√	√				√		√	√		√			柴油机、燃气轮机
7	油品分输系统	油品压力	√		√	√		√		√		√	√			√		交接计量
		油品温度	√		√	√						√	√					
		油品体积流量	√		√	√	√					√	√	√				
		油品含水率			△	△						△	△					
		油品密度			△	△						△	△					
		可燃气体浓度	#		√	√		√				√	√		√			
		油品质量流量			△	△						△	△					
8	末站油品进站及外输系统	进站油压	√		√	√				△		√	√			△		
		进站油温	√		√	√						√	√					
		油品体积流量	√		√	√	√					√	√					
		清管指示器	√		√	√		√				√	√					
		油品含水率			△	△						△	△					
		油品密度			△	△						△	△					
		油品质量流量			△	△	△					△	△	△				
		标准计量装置状态	△		△	△						△	△					
		可燃气体浓度	#		√	√		√				√	√		√			
		外输泵机组状态	√		√	√		√		√		√	√		√	√		
9	清管站	进站压力	√		√	√						√	√					
		进站温度	√		√	√						√	√					
		进站清管球通过指示	√		√	√						√	√					
		收球筒清管球通过指示	√		√	√						√	√					
		出站压力	√		√	√						√	√					
		出站温度	√		√	√						√	√					
		出站清管球通过指示	√		√	√						√	√					

续表

序号	设备或系统名称	工艺变量或状态量名称	就地		站控制室						控制中心						备注
			显示	累积	显示	记录	累积	信号	连锁	控制	调节	显示	记录	累积	信号	控制	调节	
10	计量交接站	进站压力	√		√	√						√	√					
		进站温度	√		√	√						√	√					
		地温	#		#	#						#	#					
		体积流量	△		√	√						√	√					
		密度	#		#	#						#	#					
		质量流量	△		√	√						√	√					
		标准计量装置状态	√		√	√						√	√					
		流量计出口压力	√		√	√						√	√					
		流量计出口温度	√		√	√						√	√					
		过滤器差压	√		√	√						√	√					
		可燃气体浓度	#		#	#						#	#					
		火焰探测	#		#	#						#	#					
10		清管球通过指示	√		√	√						√	√					
11	远控截断阀	压力	√		√	√						√	√					
		温度	√		√	√						√	√					
		地温	△		△	△						△	△					
		湿度	#		#	#						#	#					
		流量	△		△	△						△	△					
		清管球通过指示	△		△	△						△	△					
		行程开关到位	#		#	#						#	#					
		火焰探测	△		△	△						△	△					
		可燃气体浓度	#		#	#						#	#					
12	电液调节球阀	状态	√		√	√		√	√			√	√		√	√		
		阀位	√		√	√				√	√	√				√		
		差压	△		△	△		△	△			△				△		
13	电动	状态	√		√	√		√	△	√		√			√	√		

注:"√"表示"应设置";"△"表示"宜设置";"#"表示"可选";"*"表示大型输油泵组或按厂家要求可设置。

六、输气管道

输气管道生产运行数据采集的内容见表 12-1-20。表中"就地"指直接安装在管道或设备上的就地检测仪表。"站控制室"指安装在站控制室仪表盘或操作台上集中显示控制的仪表。如果采用工业控制计算机作为站控工作站,则指站控工作站的终端。站控工作站的显示终端显示站内工艺变量或状态等信息,并通过该工作站执行控制、联锁、调节等任务。

"调度管理/控制中心"是在中心的显示终端上集中显示全线的工艺变量或状态等管道信息,并可在中心执行控制、调节等任务,由调度人员进行全线监控。

表12-1-20 输气管道生产运行数据采集监控一览表

序号	设备或系统名称	工艺变量或状态量名称	就地		站控制室						控制中心						备注
			显示	累积	显示	记录	累积	信号	连锁	控制	调节	显示	记录	累积	信号	控制	调节	
1	首站	进出气压力	√		√	√		√			△	√	√					
		进出气温度	√		√	√						√	√					
		进气流量	△	△	△	△	△					△	△	△	△			
		过滤器的差压	√		√	√						√			√			
		过滤器的出口流量	#		#	#		#				#	#		#			
		清管指示器	√		√	√						√						
		可燃气体浓度			#			#				#			#			
		火焰探测			#	#		#	#			#	#		#			
		主要工艺阀门状态			#	#		#				#	#		#			
2	远控阀室	进出气压力	√		√	√		√	√			√	√		√			
		气体温度或管道表面温度	√		√	√						√	√					
		仪表间温度/湿度	√		√	√						√	√					
		可燃气体浓度			√			√				√			√			
		干线截断阀阀位检测	√		√	√		√				√	√		√			
3	末站	进出气压力	√		√	√		√			△	√	√					
		进出气温度	√		√	√						√	√					
		出口流量	√	√	√	√	√	√				√	√	√	√	√		
		出口压力	√		√	√		√				√	√			√		
		过滤器的差压	√		√	√						√						
		过滤器出口流量	#		#	#		△				△	△		△			
		清管指示器	√		√	√						√						
		可燃气体浓度			#	#		#				#	#		#			
		火焰探测			#	#		#	#			#	#		#			

注:"√"表示应设置;"△"表示宜设置;"#"表示可选。
① 表示连续调节、两位式控制。

第二节 自动控制

一、检测与控制仪表

1. 温度仪表

1）就地检测仪表的选型要求

（1）一般工业用温度计的精确度等级应选用 1.0 级或 1.5 级；精密测量用温度计的精确度等级应选用 0.25 级或 0.5 级。

（2）温度测量显示仪表的使用范围宜取仪表量程的 20%～90%；正常测量值宜在仪表量程的 50% 左右。

（3）压力式温度计测量值应在仪表范围的 50%～75%。

（4）测量介质温度为 -80～500℃ 的仪表宜选用双金属温度计。

（5）振动较小、读数方便的场合，可选用玻璃液体温度计，但不应使用玻璃水银温度计。

（6）有振动、无法近距离读数、测量精确度要求不高、-80℃ 以下的介质温度测量，宜选用压力式温度计。

2）集中（远传）检测仪表的选型要求

（1）当温度检测信号需要远传时，宜选用现场安装的温度变送器。信号为 4～20mA/HART，其他形式的信号可根据系统要求选择。

（2）测量介质温度为 -200～650℃ 时，宜选用热电阻；测量介质温度为 -200～1800℃ 时，宜选用热电偶。

（3）测量设备或管道的外壁温度，宜选用表面热电阻（偶）；测量流动的含固体硬质颗粒介质温度，应选用耐磨热电阻（偶）。

（4）检测元件有弯曲安装或要求快速响应以及其他必要的场合，可选用铠装热电阻（偶）。

（5）热电偶测量端形式应根据响应速度的要求选用露端式、绝缘式或接壳式。

（6）测量含氢量大于 5%（体积）的还原性气体，温度高于 870℃ 时，应选用含吹气式专用热电偶或钨铼热电偶。

（7）当一个测温点需要在两处同时显示温度时，可选双支热电阻（偶），在同一检测元件保护管中，要求多点测量时，宜选用多点热电阻（偶）。

（8）热电阻的接线宜选用三线制。精密测量用热电阻的接线应选用四线制。

2. 压力仪表

油气集输常用的压力仪表有就地压力仪表和远程压力仪表。就地压力仪表常用弹簧式压力表；远传压力仪表多选用压力变送器。一般测量用压力表的精确度等级应选用 1.0 级、1.6 级、2.5 级；精密测量用压力表的精确度等级应选用 0.1 级、0.16 级、0.25 级或 0.4 级。

测量稳定压力时,正常操作压力应为仪表测量量程的 1/3～2/3;测量脉动压力时,应为仪表测量量程的 1/3～1/2;测量压力不小于 4MPa 时,不应超过仪表测量量程的 1/2。

1）就地压力表选型要求

（1）测量腐蚀性介质时,应选用耐腐蚀压力表或不锈钢膜片压力表。测量强腐蚀性、含固体颗粒、黏稠液体等介质时,应选用膜片压力表或隔膜压力表。

（2）较强振动场合测量时,应选用抗振压力表或采取防振措施。

2）压力变送器选型要求

（1）测量结晶、易冻堵、黏稠、结疤及腐蚀性介质时,应选用法兰连接隔膜式变送器。

（2）测量精确度要求较高的压力或差压,宜选用智能型压力或差压变送器。

（3）与介质直接接触的材质,应符合介质特性要求或采取隔离措施。

（4）小于 500Pa 的微小压力测量时,可选用微差压变送器。

（5）测量真空压力宜选用绝对压力变送器。

3. 物位仪表

液面、界面和料面的物位测量,应根据被测介质的特性确定。仪表量程应根据工艺对象的实际变化范围确定。仪表精确度根据工艺要求选择。容积计量的物位仪表的精确度应至少达到 ±1mm。

1）压力式、差压式物位测量仪表选型要求

（1）水池、水井、水罐的液面连续测量,宜选用静压式仪表。

（2）液面和界面的连续测量,可选用差压仪表。

（3）黏稠性、结晶性、结胶性、沉淀性的液体,以及含悬浮物液体及易凝固液体的液位测量,宜选用插入式法兰差压仪表。

（4）物位差压仪表的正、负迁移和迁移量,应根据仪表的结构形式、安装位置、测量要求确定。

（5）用差压式仪表测量锅炉汽包液面时,应选用双室平衡容器进行补偿。

2）浮筒式液位仪表选型要求

（1）浮筒式液位仪表宜用于测量范围不大于 2m,相对密度介于 0.5～1.5 的清洁液体液面;或测量范围不大于 1.2m,相对密度差介于 0.5～1.5 的清洁液体液面。

（2）不宜停车的工艺设备或密闭容器内液面和界面的测控,宜选用外浮筒物位仪表;在操作温度下不结晶、不黏稠,但在环境温度下可能结晶或黏稠的液体对象,宜选用内浮筒式物位仪表。

（3）当测量精确度要求较高,信号远传时,宜选用力平衡式;当精确度要求不高,就地指示或调节时,可选用位移平衡型。

3）浮子式液位仪表选型要求

（1）大型储槽清洁液体的液面连续测量和容积计量,可选用伺服液位计、光导液位计、磁致伸缩液位计。精确度要求较高时可选用伺服液位计、磁致伸缩液位计,精确度要求不高时可选用钢带液位计。就地液位的测量也可选用多个色带式浮球液位计、磁翻转液位计重叠安装。

（2）卧式罐的液位就地测量,宜选用杠杆式、色带式浮球液位计或磁翻转式液位计。

（3）位式液位控制，宜选用浮球液位开关。

（4）浮子式仪表用于测量界面时，两种介质的密度应恒定，且相对密度差不应小于0.2。

（5）内浮式液位仪表液面测量，浮子漂移、浮子受液面扰动时，应采取预防措施。

4）射频导纳式液位仪表适用工况

（1）腐蚀性、黏稠性液体的液面连续测量和位式测量。

（2）易挂料的颗粒状、粉粒状料面连续测量和位式测量。

（3）用于界面测量时，两种液体的介电常数特性应符合产品的技术要求。

5）电容式物位测量仪表适用工况

（1）腐蚀性、沉淀性液体，以及其他工艺流体的液面连续测量和位式测量。用于界面测量时，两种液体的电学性能应符合产品要求。

（2）用于颗粒状、粉状物料的料面连续测量和位式测量。

（3）测量黏性导电介质的液位和界面时，电极表面应选择与被测液体亲和力小的材料；测量非导电介质的液位和界面时，可选用裸电极。

6）电阻式物位仪表适用工况

（1）水位的位式控制和报警。

（2）导电物料或导电性差，但含有一定水分能微弱导电的物料料面的位式测量。

7）音叉液位计适用工况

无振动或振动小的料仓、料斗内颗粒度不大于10mm的颗粒状料面的位式测量和液位测量，可选用音叉液位计。

8）超声波物位测量仪表适用工况

（1）用于高黏性、腐蚀性、有毒性的液位液面，以及液—液分界面、固—液分界面的连续测量和位式测量。

（2）颗粒度不大于5mm的粉粒装物料的料面位式测量，可选用声阻断式超声波物位计。

（3）液体温度、成分变化较大时，宜采取温度对声波传播速度变化影响的补偿措施。

9）雷达物位测量仪表适用工况

（1）用于高温、高压、腐蚀性、高黏度、易燃、易爆及有毒液体的大型立罐、球罐等存储容器的物位连续测量或计量。

（2）用于高温、高压、强腐蚀性、高黏度、易爆及有毒的块状、颗粒状、粉状的料面测量。

4. 流量仪表

流量测量仪表选型要求

（1）天然气和原油流量计量及其附属设备配置，应符合 GB 50350《油气集输设计规范》的有关规定。

（2）对于直线刻度仪表测量范围，最大流量不应超过仪表测量范围上限值的90%；正常流量应为仪表测量范围上限值的 50%～70%；最小流量不应小于仪表测量范围上限值的10%。

（3）对于方根刻度仪表测量范围，最大流量不应超过仪表测量范围上限值的95%；正常流量应为仪表测量范围上限值的 70%～80%；最小流量不应小于仪表测量范围上限值的30%。

流量计精确度应符合下列规定：
(1) 单井油气水日产量计量流量计的精确度不应低于2.0级。
(2) 原油输量计量流量计的精确度等级不应低于表12-2-1中的规定。
(3) 天然气输量计量流量计的精确度等级,不应低于表12-2-2中的规定。
(4) 油品交接计量的流量计的精确度不应低于0.2级。
(5) 液体烃交接计量的流量计的精确度不应低于0.2级。

原油输量计量流量计的精确度等级见表12-2-1。

表12-2-1 原油输量计量流量计的精确度等级

计量等级	仪表精确度等级	备注
一级计量	0.2	外输原油的贸易交接计量
二级计量	0.5	内部净化原油或稳定原油的生产计量
三级计量	1.0	内部含水原油的生产计量

天然气输量计量流量计的精确度等级见表12-2-2。

表12-2-2 天然气输量计量流量计的精确度等级

计量等级		仪表精确度等级	备注
一级计量	$Q_{nv} \leq 1000$	1.5	外输气的贸易交接计量
	$1000 < Q_{nv} \leq 10000$	1.2	
	$10000 < Q_{nv} \leq 100000$	0.7	
	$Q_{nv} > 100000$	0.7	
二级计量		1.2	内部集气过程的生产计量
三级计量		1.5	内部生活气计量

注：Q_{nv}为标准参比条件下的体积数量,m^3/h。

1) 差压式流量计选型要求
(1) 一般流体流量,应选用孔板、喷嘴和文丘里管标准节流装置,并应符合GB/T 2624《用安装在圆形截面管道中的差压装置测量满管流体流量》的有关规定。
(2) 当采用非标准节流装置时,低雷诺数宜采用1/4圆孔板,脏污介质宜采用圆缺孔板。
(3) 差压范围的选择应根据计算确定：
① 常用的低差压范围宜为:0~6kPa、0~10kPa；
② 常用的中差压范围宜为:0~16kPa、0~25kPa；
③ 常用的高差压范围宜为:0~40kPa、0~60kPa。
(4) 取压方式宜选用法兰取压。
(5) 特殊型差压式流量计的选型应根据介质的工况条件选择。

2) 可变面积式流量计(转子流量计)的选型要求
(1) 可变面积式流量计宜用于中、小、微流量的测量。

（2）低压、洁净透明、无毒、无燃烧和无爆炸危险且对玻璃无腐蚀物黏附的流体流量的就地指示，可选用玻璃管转子流量计。

（3）易燃、易爆介质的流量测量，宜选用普通型金属管转子流量计；易结晶、汽化介质的流量测量，可选用带夹套的金属管转子流量计。

（4）具有腐蚀性的介质的流量测量，可选用耐腐蚀型金属管转子流量计。

（5）要求就地显示，且用于洁净液体、气体和蒸汽的较大流量测量，可选用旁通转子流量计（分流式流量计）。

3）容积式流量计选型要求

（1）原油、重油、高黏度液体的流量测量，且要求测量精确度较高的，宜选用容积式流量计。

（2）含有颗粒杂质的脏污液体、稀浆流、悬浮流及含有砂、蜡、黏稠的原油的流量测量，宜选用弹性刮板流量计。

4）涡轮流量计适用工况

（1）洁净、单相流、黏度小的介质测量。

（2）液化气、轻烃的流量测量。

（3）易结垢的水流量测量，可选用拆卸式防垢涡轮流量计。

（4）高压流量的测量。

5）电磁流量计适用工况

（1）导电流体的流量测量（电导率大于 $5\mu s/cm$ 的介质的流量测量）。

（2）液固两相、脏污流介质的流量测量。

6）涡街流量计适用工况

（1）宜用于洁净的液体、气体、蒸汽、部分混相流体的流量测量。

（2）可用于高压介质流量的测量。

7）旋进旋涡流量计适用工况

（1）宜用于洁净、单相流、黏度不高的介质的测量。

（2）用于压力、温度波动较频繁的介质时，宜采取温压补偿措施来保证计量的精确度。

8）靶式流量计适用工况

（1）用于液体、气体、蒸汽的流量测量。

（2）用于含有杂质（微粒）的脏污流体、原油、污水、高温渣油、浆液、烧碱液、沥青等介质的流量测量。

9）超声流量计适用工况

（1）大口径管道气体以及液相流体的流量测量。

（2）高压、易爆、高黏度、强腐蚀、放射性恶劣条件的被测对象的流量测量。

（3）采用气体超声流量计测量天然气流量时，其流量计算应符合 GB/T 18604《用气体超声波流量计测量天然流量》的有关规定。

（4）精确度要求高、量程比大的流体测量。

10）科氏力质量流量计适用工况

科氏力质量流量计宜用于精确度测量流体的质量流量，且测量值不受流体密度、黏度等物性的影响。

11) 热式质量流量计适用工况

热式质量流量计宜用于干燥、洁净、不含水分和油质的气体介质的流量测量。

12) 皮带秤适用工况

皮带秤宜用于皮带传送的颗粒状、块状固体物料的流量测量。

13) 冲量式流量计适用工况

冲量式流量计宜用于自由落体的粒状、封闭传送的固体介质的流量测量。

14) 轨道衡适用工况

轨道衡宜用于车载介质的质量计量。

5. 过程分析仪表

常用的过程分析仪表的选择,应根据被测介质的背景组分、待测组分及含量、操作温度、压力及物料性质确定。

(1) 原油及成品油密度的测量宜选用振动式密度计。

(2) 原油含水率的测量宜选用电容法、微波法、差压法或辐射法原油含水率检测仪。

(3) 天然气组分的测量,应选用工业气相色谱仪。

(4) 天然气烃露点分析仪宜选用冷却镜面法烃露点分析仪。

(5) 天然气水露点分析仪宜选用冷却镜面法分析仪、光纤法分析仪、晶体振荡式水露点分析仪、氧化铝电容法水露点分析仪、激光湿度分析仪。

(6) 在线硫分析仪选型宜符合下列要求:

① 天然气中硫化氢含量的分析,宜选用紫外吸收光谱分析仪、醋酸铅纸带分析仪、电化学分析仪。

② 天然气或原油中无机硫和有机硫总含量的分析,宜选用总硫分析仪。

(7) 天然气热值的检测,可选用燃烧法气体热值分析仪、热值指数仪或色谱分析仪。

(8) 烟道气中氧含量分析仪选型宜符合下列要求:

① 工业锅炉烟道气或其他燃烧系统烟道气中氧含量的测量宜选用氧化锆氧分析仪或顺磁式氧分析仪。

② 含氧量为 $0\sim5\%$ 或 $0\sim10\%$ 的工业锅炉烟道气或其他燃烧系统烟道气,当响应时间要求短时,宜选用氧化锆氧分析仪。

(9) 燃煤锅炉烟道气中二氧化硫含量分析可选用抽取式二氧化硫在线分析仪。

(10) 水质分析可用在线分析仪表,选型应符合下列要求:

① 余氯浓度的检测,宜选用在线比色法余氯分析仪。

② 悬浮物含量的检测,宜选用在线浊度计,介质中存在水泡时,应采取消泡措施。

③ 原水化学需氧量检测,宜选用 COD_{Mn} 水质在线自动监测仪;污水化学需氧量的检测,宜选用 COD_{Cr} 水质在线自动监测仪。

④ 微量硅酸根离子的含量在 $0\sim100\mu g/L$ 时,含量检测可选用硅酸盐根分析仪。

⑤ 含盐量或电导率的检测宜选用电极式电导率仪、电磁感应式电导率仪。

⑥ 磷酸根离子含量的检测,可选用在线磷酸根分析仪表。水中总磷检测,可选用在线总

磷分析仪。

⑦ 溶解氧量分析,可选用水中溶解氧分析仪,仪表的测量范围宜为 0~20μg/L。

⑧ 硬度检测,可选用硬度分析仪。

⑨ 经阳离子交换树脂处理后的水中钠离子浓度的检测,可选用在线钠离子计。

⑩ pH 值的检测,宜选用玻璃电极式 pH 计、沉入清洗式发送器、流通清洗式变送器、压力流通式变送器、锑电极 pH 计。

6. 控制阀与执行机构

控制阀的选型应根据工艺变量、流体特性以及控制阀管道连接形式综合确定。高、低温工况应选用适合高、低温工况的结构和材质的控制阀。

(1) 直通单座控制阀宜用于下列工况:

① 泄漏量小、流量小或阀前后压差较小。

② 黏度不高且不含悬浮颗粒流体。

(2) 直通双座控制阀宜用于下列工况:

① 泄漏量要求不高、流量大、阀前后压差较大且调节精度不高。

② 黏度不高且不含悬浮颗粒流体。

(3) 套筒控制阀宜用于下列工况:

① 阀前后压差大、流体可能出现闪蒸或空化现象且要求低噪声。

② 洁净流体且不含固体颗粒。

(4) 球形控制阀宜用于下列工况:

① 高黏度、含有纤维、固体颗粒或污秽流体。

② "V"形球阀宜用于连续控制且要求流通能力大、可调范围宽的场合。

③ "O"形球阀宜用于两位式开关的工况。

(5) 角形控制阀宜用于下列工况:

① 高黏度、含有悬浮物或颗粒状物质流体。

② 气液混相或易闪蒸流体。

③ 管道要求直角配管。

④ 高静压、大压差。

(6) 偏心旋转控制阀宜用于下列工况:

① 阀门前后压差较大、介质黏度高。

② 要求流通能力大、泄漏量小或可调比宽。

(7) 蝶形控制阀宜用于下列工况:

① 大口径、大流量或低压差。

② 浓浊液及含悬浮颗粒流体。

(8) 工艺介质要求分流或分流时,宜选用三通控制阀,两流体合流的温差不应大于 150℃。

(9) 电磁阀宜用于差压小、小口径管道的两位和开关操作控制的工况。直通型电磁阀可用于双位控制和远程控制,根据程序控制的逻辑关系可选择电开式电关式。

（10）自力式控制阀宜用于工艺介质流量变化小、控制精度要求不高或无外动力源的场合。

（11）控制阀的选取应避免使阀工作时出现闪蒸、汽化等现象。

（12）控制阀在使用过程中产生的噪声不应大于85dB(A)。

（13）控制阀流量特性的选择应符合下列要求：

① 流量特性的选取应根据被调参数、干扰源、阀阻比 S 值、系统的特性、管道的配管、负荷变化综合确定。

② 直线特性的阀门宜用于下列工况：侧重阀门寿命时；阀压差及给定值变化小，工艺过程主要变量的变化小时；调节对象特性为线性的场合。

③ 等百分比特性的阀门宜用于下列工况：放大倍数随负荷干扰加大而趋小的对象；要求可调范围大，管道系统压力损失大，开度变化及阀上压差变化较大时；阀阻比 S 为 $0.3 \sim 0.6$ 时；系统负荷变化较大，阀常在小开度状态下运行时。

④ 直线特性或等百分比特性均可选用的阀门宜用于下列工况：阀阻比 S 为 $0.6 \sim 1.0$ 时；系统比较稳定，阀工作区域很窄时。

⑤ 快开特性的阀门宜用于下列工况：两位动作的场合；需要迅速通过介质获得控制阀最大流通能力的场合；控制器应设定在宽比例带时。

（14）控制阀流开、流闭的选择应符合下列要求：

① 公称直径不大于20mm、静压高、压差大或气蚀冲刷严重的高压阀，应选用流闭型；当公称直径大于20mm时，应以稳定性好为条件来决定流向。

② 角型阀用于高黏度、含固体颗粒介质的场合且要求自洁性能好时，应选用流闭型。

③ 单座阀、小流量调节阀宜选用流开型；当冲刷严重时，可选用流闭型。

④ 单密封套筒阀宜选用流开型；有自洁要求时，可选用流闭型。

⑤ 单座阀、角型阀、套筒阀或快开流量特性的两位式控制阀，应选用流闭型；当出现水击、喘振时，应选用流开型。

（15）执行机构的选择应符合下列要求：

① 执行机构的输出力矩、行程、响应速度应与控制阀相匹配。

② 自动调节和起切断作用的控制阀，宜选用气动执行机构。无气源时，可选用电动、液动、气液联动或电液联动执行机构。

③ 气动执行机构宜选用气动薄膜执行机构；要求执行机构输出力较大、响应速度较快时，宜选用气动活塞式执行机构或长行程执行机构。

④ 要求推力大、响应时间快或气源难以满足要求的控制阀，宜选用气—液联动、电—液联动执行机构。

7. 火灾和可燃气体及有毒气体仪表

1）火灾和可燃气体及有毒气体仪表选型要求

（1）仪表选用应根据可燃物质的分类、可燃气体及有毒气体泄漏的危险、火灾的不同阶段、探测器的探测原理选择。

（2）仪表应符合国家相关部门的强制认证的规定。

（3）仪表探测器种类应根据气体的物性、检测器的适应性、稳定性、环境特性及使用寿命确定。

2) 可燃气体及有毒气体检(探)测器选型要求

(1) 烃类可燃气体可选用催化燃烧型或红外气体检(探)测器。当使用场所的空气中含有能使催化燃烧型检测元件中毒的硫、磷、硅、铅、卤素化合物等介质时,应选用抗毒性催化燃烧型检(探)测器。

(2) 在缺氧或高腐蚀性场所,宜选用红外气体检(探)测器。

(3) 氢气检测可选用催化燃烧型、电化学型、热传导型或半导体型检(探)测器。

(4) 检测组分单一的可燃气体,宜选用热传导型检(探)测器。

(5) 硫化氢、氯气、氨气、丙烯腈气体、一氧化碳气体的检测可选用电化学型或半导体型检(探)测器。

3) 火灾探测器选型要求

(1) 对火灾初期有阴燃阶段,产生大量的烟和少量的热,很少或没有火焰辐射的场所,应选择感烟探测器。

(2) 对火灾发展迅速,产生大量热、烟和火焰辐射的场所,可选择感温探测器、感烟探测器、火焰探测器。

(3) 对火灾形成特征不可预料的场所,可根据模拟试验的结果选择探测器。

8. 调节和显示控制仪表

1) 调节仪表的选型要求

(1) 调节仪表宜选用全刻度指示型。

(2) 调节规律应根据对象特性、检测元件、变送器、执行器的各单元特性,干扰形式和部位,以及调节品质确定。

(3) 位式调节仪表的选用应符合下列规定:① 用于联锁和自动启、停车,调节品质要求低的开关式简单调节系统,宜选用位式调节器;② 要求改善调节品质时,宜选用具有时间比例、位式比例积分或比例积分微分调节规律的位式调节器。

(4) 复杂调节系统中的调节仪表,宜选用单元组合式调节仪表或可编程序调节器。

(5) 按时间程序给定的单变量调节系统,气动仪表可选用气动时间程序定值器;电动仪表可选用带程序给定装置的动平衡式仪表或其他程序给定装置。

(6) 采用手动远程操作改变调节系统的设定值或对执行机器直接操作的场合,可选用手动操作器(或遥控器)。

(7) 调节仪表附加功能的选择:① 只允许单向偏差存在或间歇工作的具有积分作用的调节器,应选用具有防积分饱和功能的调节器;② 根据安全、限制调节阀的开度等工艺过程的要求,需要限制调节器的输出信号的调节系统,应选用具有输出限幅功能的调节器;③ 调节仪表应具有手动—自动、内设定—外设定功能,应附有自动跟踪功能的无扰动切换装置。

2) 显示仪表选型要求

(1) 需要精确读数的变量显示,应选择数字显示仪表。

(2) 显示仪表的精确度不宜低于检测仪表的精确度,显示仪表的量程应与检测仪表的量程相匹配。

（3）控制室盘装显示仪表宜选用矩形表面的仪表,用于现场安装的仪表,可选用圆形表面仪表。

（4）同时显示的多个参数对工艺过程影响小、变化缓慢时,宜选用自动巡回检测仪表,检测点数可适当备用。

（5）重要参数的报警,宜将报警开关信号直接引入闪光信号报警仪表作声光报警。

（6）工艺过程中的重要变量需要记录时,宜选用记录仪。相关的多个变量需要记录时,可采用多通道记录仪。

二、自控系统设计要求

1. 一般要求

自控系统应满足生产运行操作和安全管理的需要,其控制水平应符合下列要求:井场、阀室、小型站场及规模较小、功能简单的中型站场应达到无人定岗值守、定期巡检,在所属站场监控中心集中远程监控;规模较大、功能复杂的中型站场和大型站场应达到在控制室少人集中监控。站场监控系统的选型应根据自然条件、站场规模、工艺流程的复杂程度、监控点数量、安全及管理要求等因素综合考虑,油气田典型站场监控系统宜参照表12-2-3选型。站场紧急停车(ESD)系统的设置应根据危险与可操作性分析(HAZOP)及安全完整性等级(SIL)确定,并符合GB/T 21109《过程工业领域安全仪表系统的功能安全》和GB/T 20438《电气/电子/可编程电子安全相关系统的安全功能》的有关规定。大型站场宜设置相对独立的紧急停车(ESD)系统和火气系统(FGS),FGS宜与视频监控系统联动。站场监控系统与站内第三方智能设备或自带控制系统橇装设备的通信宜采用RS485接口、Modbus RTU协议;与远程终端装置(RTU)及区域生产管理中心的通信应采用RJ45接口、TCP/IP协议。测量控制仪表的选型应根据相关标准规范的要求确定,并符合SY/T 0090有关规定要求。现场仪表的防爆类型应根据GB 50058《爆炸危险环境电力装置设计规范》的规定,按照场所的爆炸危险类别和范围,以及爆炸混合物的级别、组别确定,不应低于EXdIIBT4,还应满足安装位置的环境温度要求、机械防护要求。控制系统应采用工业级设备,软件版本应是最新的、成熟的正式版本,并及时进行版本升级。自控系统的供电、接地及防雷等应符合有关规范的要求。

表12-2-3 油气田典型站场监控系统选型推荐表

系统类型	典型站场	备注
RTU	油井、注入井、水源井、气井、监控阀室、集油阀组间、计量站、配水(汽)阀组(间)等	井场阀室及小型站场
PLC	接转站(增压点、转油站)、放水站、原油脱水站、配制站、注入站(注聚站、注水站、注汽站)、水处理站(采出水、地下水)、供水站、集气站、增压站、输气站、矿场油库、锅炉房等	中型站场
DCS或PLC	集中处理站(联合站)、原油稳定站、天然气处理厂(含H_2S、含CO、含凝析油)、地下储气库集注站、矿场储库等	大型站场

1）远程终端装置

井场、阀室及小型站场应设置 RTU 进行数据采集和监控，实现无人值守和远程监控。丛式井场应设置一套 RTU，单井井场与相邻井场距离较近时，RTU 宜共用设计；RTU 宜与通信、监控、供电设备共用安装杆。可燃（有毒）气体检测信号宜直接进入 RTU 独立设置的 I/O 卡件，上传至所属站场监控系统进行报警。小型站场 RTU 可根据生产管理需求设置就地操作的触摸屏或操作面板。RTU 应选择质量可靠、性价比高、技术成熟的工业产品，应采用模块化设计，具有较强的扩展性和通信能力，并根据要求具备数据采集、数学及流量计算、逻辑控制、数据时间标志、24h 的数据存储和历史数据回传等功能。

2）站场监控系统

站场监控系统的硬件基本配置要求见表 12-2-4。

表 12-2-4 站场监控系统的硬件基本配置要求

硬件配置	中型站场	大型站场		
	PLC	BPCS	ESD	FGS
控制器	不冗余或冗余	冗余	双重或三重冗余	冗余
备用 I/O	10%~30%	10%~30%	15%	15%
控制网络	不冗余或冗余	冗余	冗余	冗余
服务器	—	冗余	—	—
工程师站	—	1	1	1
操作员站	1~2 台	N 台	宜与 BPCS 共用	可与工程师站共用
打印机	1 台	2 台	与 BPCS 共用	与 BPCS 共用

注：可靠性、安全性要求较高的含硫等站场控制器及网络应冗余设置。

中型站场的监控系统宜采用可编程控制器（PLC）系统，操作员站的设置应符合下列规定：一般宜设 1 台操作员站（兼工程师站），注聚合物站等监控井数较多时可采用一机双屏操作员站；所辖井场采用软件单井量油的站场和 I/O 点数较多的原油脱水站、配制站等站场宜设置 2 台操作员站。大型站场的监控系统宜由功能相对独立并互相联系的基本过程控制系统（BPCS）、安全联锁紧急停车（ESD）系统与火气系统（FGS）组成。大型站场的 BPCS 一般采用 DCS 系统。

（1）BPCS 设置应符合下列规定：

系统宜由服务器、工程师站、操作员站、过程控制单元及网络设备等组成；系统宜采用 DCS 或 PLC，当生产单元较多且距中控室较远时，系统的控制单元应根据生产装置的平面布置确定采用由多个控制器组合和控制器 + 远程 I/O 模式；系统服务器、控制器 CPU、通信总线的负荷不应超过 50%；系统应建立包含 ESD、FGS 数据的数据库；工程师站宜独立设置，当系统 I/O 点较少时可与操作员站共用；操作员站数量应按生产单元进行设置，一般每个较重要的工艺生产单元设 1 台，工艺过程简单、I/O 点较少的生产单元可共用 1 台。

（2）ESD 系统设置应符合下列规定：

系统逻辑控制单元应具有相关权威部门认证；系统应为故障安全型，其终端执行器件在系统正常时应是励磁的;现场传感器、终端执行器件宜单独设置,且不应采用现场总线通信方式;工程师站应独立设置,操作员站宜与 BPCS 操作员站共用,且操作员站失效时 ESD 系统的功能不应受影响;应提供操作员易操作的辅助操作盘(按钮盘);ESD 系统与 BPCS 的通信故障不应影响 ESD 系统的正常运行;应上传紧急停车报警信号至区域生产管理中心。

(3) FGS 设置应符合下列规定:

火灾检测报警设备应具有相关消防部门的认证;系统应实现火灾和气体检测报警,火灾时能及时启动消防系统和触发 ESD 系统,与 ESD 系统应采用硬接线连接;工程师站宜独立设置,操作员站可与工程师站共用;宜设置直接操作消防泵等消防设施的按钮;应上传火灾报警信号至区域生产管理中心。

FGS 信号应该触发关断或非故障安全型,触发关断的输出信号应该是常开,每个常开回路带回路检测功能。

(4) 控制室应符合下列规定:

中小型站场控制室宜设一个房间,可隔断为机柜室和操作室,不单独设机柜室和操作室;大型站场应设 1 座中心控制室,按功能划分为操作室、机柜室、工程师室等房间,当生产装置测控参数较多,且距离中心控制室超过 500m 时,宜设就地机柜室。

区域生产管理中心的面积和布局应根据计算机监控系统和大屏幕显示系统的规模而定,宜设置监视操作室、服务器及工程师室等房间;设置大屏幕显示系统的监视操作室,大屏幕与操作台的间距不宜小于 3m,大屏幕显示系统背面宜预留 1.5~2m 维修空间;控制室自控系统和视频监控系统的工作站显示器尺寸、操作台等应统一。

控制室其他要求应符合 GB/T 50892《油气田及管道工程仪表控制系统设计规范》的有关规定。

控制室火灾自动报警系统设计应符合 GB 50116《火灾自动报警系统设计规范》的有关规定。

(5) 系统安全应符合下列规定:

对于 SCADA 系统的管理、维护和操作应设立登录密码和与之相适应的权限,应至少设置二级安全等级,即工程师级和操作员级。区域生产管理中心应配置防火墙系统以实现 SCADA 系统与外部管理网络连接的访问控制,同时在内部关键业务网段配备入侵检测系统,以防范来自内部的攻击及外部通过防火墙的攻击。管理网与 SCADA 系统网络应各自独立。区域生产管理中心 SCADA 系统宜配置安全评估系统,定期对系统网络进行扫描,主动发现安全漏洞,及时修补。宜采用全网统一的网络防病毒系统,保护网络中的各类服务器、工作站等不受病毒的干扰和对其文件的破坏,以保证系统的可用性。病毒库宜离线定期更新。SCADA 数据若采用公网传输时,应进行加密,保证传输过程中的信息安全。建立完善的网络安全管理制度,防止出现人为的安全隐患。

2. 控制系统设计

1) 功能设置

(1) 生产过程参数显示功能设置应符合下列要求:① 需要现场观察的参数应设置就地显示功能。② 需要实时监视的参数应设置远传显示功能。③ 影响生产安全、产品质量、生产稳定性的参数应设置就地和远传显示功能。

（2）记录和/或存储功能设置应符合下列要求：① 需要进行分析或影响产品质量的参数，应设置记录功能。② 用于经济分析或核算的参数应设置记录功能。③ 报警宜设置记录和存储功能。

（3）经济核算的流量参数应设置积算功能。

（4）对工艺过程生产运行影响较大的参数，应设置自动控制功能。

（5）频繁、多步、有规律操作的被控对象，宜设置顺序控制功能。

（6）影响生产安全的参数，应设置报警和/或安全联锁功能。

（7）经常操作的阀门、风门及其他设备，宜设置远程操作功能。

2）仪表控制回路

（1）连续控制系统设计应符合下列要求：① 被控变量、操纵变量及控制方式，应根据生产过程的变量性质及其相互关系、被控对象的特性和工艺要求确定。② 被控变量的动态特性和静态特性应满足生产过程的要求。③ 控制回路应是稳定的，被控变量输出应趋近于期望值。④ 控制回路应具有手动操作功能，能实现手动/自动切换。⑤ 当控制回路出现故障时应自动回到或保持在安全状态。

（2）连续控制方式选择应符合下列要求：① 单回路的流量、温度、压力、液位、成分控制，宜采用 PID 控制。② 被控变量受时间常数、干扰幅度、干扰频率的影响，采用单回路控制难以达到要求时，可采用串级控制。③ 两种或多种物料要求按一定比例混合时，宜采用比值控制。④ 一个设备的出料作为下一个设备的进料时，中间未设缓冲设备且前一设备操作量的变化会引起下一设备被控量较大波动时，宜采用均匀控制。⑤ 宜采用分程控制的场合：采用多个执行元件，扩大可调比的场合；不同生产负荷和启/停过程需要采取不同控制方式的场合；不同阶段需采取不同控制方式的场合。

（3）顺序控制系统设计应符合下列要求：① 每个被控对象应设置单独手动控制功能。② 每步的运行状态应显示，时间应可调。③ 每步的运行指令不能正确执行时，应进行故障提示、报警或联锁保护。④ 过程中出现保护动作指令时，应能中断自动程序并将控制输出置于预设状态。⑤ 自动程序中断后，应能选择任意一步程序恢复到自动状态。⑥ 在程序投入自动状态前，应能自动检查各设备的状态；不能满足要求时，程序应拒绝进入自动状态并报警提示。⑦ 应能实现手动/自动切换；手动状态时，应能实现手动单步运行操作。

3）信号报警系统

（1）信号报警系统设计应符合下列要求：① 信号报警、联锁及保护的设置、动作设定值及可调范围应满足工艺过程要求。② 信号报警系统应以声、光形式表示过程参数越限和/或设备异常状态。③ 信号报警应由发讯装置、逻辑单元、灯光显示单元、音响单元、按钮及电源装置等组成。④ 信号报警系统宜采用声光报警器、分散控制系统或可编程序控制器。⑤ 联锁保护应设置预报警和联锁报警。

（2）信号报警灯光显示单元的配置，应符合下列要求：① 具有首出报警点和一般报警点时，应分别显示。② 越限报警、首出报警及危急状态应采用红色灯光；预报警或非首出报警应采用黄色灯光；正常运行状态应采用绿色灯光。③ 报警顺序的不同状态应采用闪光、平光或熄灭表示。④ 灯光显示单元上应标注报警点名称和/或报警点位号。

（3）信号报警音响单元的配置，应符合下列要求：① 音响单元宜采用不同的声音或音调区分不同的报警系统或区域、报警功能及报警程度。② 重要场合可采用语音报警器。③ 音响报警器的音量应高于背景噪声 10dB(A)。

（4）信号报警按钮的配置，应符合下列要求：① 根据报警顺序需要可设置试验按钮、消音按钮、确认按钮、复位按钮和首出复位按钮。② 报警确认按钮应为黑色；试验按钮应为白色；其他按钮可视具体情况确定，但不应有相同颜色。

（5）信号报警辅助输出应符合下列要求：① 报警辅助输出可表示一个或一组报警点信息，并可用于远距离报警、记录或控制。② 当辅助输出接点连至顺序事件记录仪时，报警延迟时间不应改变事件的记录顺序。③ 当辅助输出接点用于控制时，触点动作应与灯光同步。

（6）计算机控制系统实现的信号报警应符合下列要求：① 显示器显示的报警信息应包括报警级别、报警参数当前值、报警设定值、文字描述。② 不同的报警功能或报警程度应以不同的声音或音调区分。③ 消音、确认、试验功能按钮可采用显示于屏幕的"软开关"，也可采用操作键盘上的专用按键。④ 重要报警点除采用显示器显示外，尚应设置独立的灯光显示单元。灯光显示单元可安装在辅助操作台上。

（7）报警顺序应符合下列要求：① 选择报警顺序应根据工艺、操作要求及报警信号级别确定。② 一般声光报警顺序应符合表 12-2-5 的规定。③ 区别首出信号的声光报警顺序应符合表 12-2-6 的规定。④ 区别瞬时信号的声光报警顺序应符合表 12-2-7 的规定。

表 12-2-5　一般声光报警顺序

过程状态	灯光显示	音响	备注
正常	不亮	不响	—
报警信号输入	闪光	响	—
按动确认按钮	平光	不响	—
报警信号消失	熄灭	不响	运行正常
试验按钮动作	闪光	响	试验、检查

表 12-2-6　区别首出信号的声光报警顺序

过程状态	首出灯光显示	其他灯光显示	音响	备注
正常	不亮	不亮	不响	—
首出信号输入	闪光	平光	响	其他信号输入
按动确认按钮	闪光	平光	不响	—
报警信号消失	熄灭	熄灭	不响	运行正常
试验按钮动作	亮	亮	响	试验、检查

表 12-2-7 区别瞬时信号的声光报警顺序

过程状态		灯光显示	音响	备注
正常		不亮	不响	—
报警信号输入		闪光	响	—
确认(消音)	瞬时信号	不亮	不响	—
	持续信号	平光	不响	—
报警信号消失		熄灭	不响	无报警信号输入
试验按钮动作		亮	响	试验、检查

4) 火气系统

(1) 站场消防控制系统应具有下列功能:① 控制消防设备的启停,并显示工作状态。② 消防泵的启停,除自动控制外还能在控制室手动直接控制。③ 接收火焰探测器、手报按钮及其他火灾探测设备的信号,显示火灾报警和故障报警的部位。④ 在报警、喷淋各阶段,具有相应的声、光报警信号,并能手动消音。⑤ 显示系统供电电源的状态。

(2) 站场建筑物火灾报警系统的设计应符合 GB 50116《火灾自动报警系统设计规范》和 GB 50016《建筑设计防火规范》的有关规定。

(3) 石油天然气生产装置采用计算机控制的控制室应设置火灾报警系统。

(4) 可燃/有毒气体报警系统应具有下列功能:① 可燃气体报警系统应能明确显示检测值;采用无测量值显示功能的报警器时,应将信号引入计算机控制系统或其他仪表设备进行显示。② 接收可燃气体和/或有毒气体检(探)测器及其他报警触发部件的报警信号,应发出声光报警,并予以保持。声光报警应能手动消除,再次有报警信号输入时应能发出报警。③ 同一区域可燃气体和有毒气体报警级别优先顺序的确定应按 GB 50493《石油化工可燃气体和有毒气体检测报警设计标准》中规定执行。④ 应具有报警开关量输出功能。应区分和识别报警位号和/或区域。⑤ 应具有故障报警功能,故障报警的声、光信号应与可燃气体或有毒气体浓度报警有明显区分。

(5) 可燃/有毒气体报警系统设计应符合下列要求:① 宜采用常规显示报警仪表或独立的工业程序控制器、可编程序控制器。② 可与火灾检测报警系统合并设置。与生产过程控制系统合并设置时,输入/输出卡件应独立设置。③ 报警系统应设置在有人值守的控制室或现场操作室;有毒气体还应在现场报警。

(6) 可燃气体和有毒气体报警设定值应符合下列规定:① 可燃气体的一级报警(高限)设定值不应大于 25% 爆炸下限,二级报警(高高限)设定值不应大于 50% 爆炸下限。② 有毒气体的报警设定值不宜大于 100% 最高容许浓度,当试验用标准气调制困难时,报警设定值可为 200% 最高容许浓度以下。

(7) 可燃和/或有毒气体检(探)测器的设置原则应按 GB 50493《石油化工可燃气体和有毒气体检测报警设计标准》中规定执行。

(8) 下列场合应设置火灾、可燃和/或有毒气体检测装置:① 天然气、液化石油气和天然气凝液生产装置区及厂房内宜设置火灾自动报警设施,并在装置区和巡检通道及厂房出入口设置手动报警按钮。② 浮顶油罐单罐容量不小于 50000m³ 时,应设置火灾自动报警设施。③ 天然气凝液和液化石油气罐区、天然气凝液和凝析油回收的工艺设备区内,以及其他有可燃气体存在且一旦泄漏可能超过爆炸下限的场所,应设置可燃气体检(探)测器,并宜在装置区、罐区四周设置手动报警按钮。④ 对输出功率大于 1200kW 的自动燃气燃烧装置,应设置漏气检测装置。⑤ 在有毒气体存在的场所,当有毒气体泄漏可能达到最高容许浓度时,应设置有毒气体检测报警装置。⑥ 集输含硫的酸性天然气的井场、集气站硫化氢泄漏检测仪的设置,应按 SY/T 6277《硫化氢环境人身防护规范》的有关规定执行。

3. 仪表盘/台的设计

1) 仪表盘/台的选型

(1) 仪表盘/台应根据仪表设备的选型、控制室布置及环境条件选择,主体材质应为金属,且宜采用标准规格、尺寸的产品。

(2) 仪表盘/台的设计选型应符合下列要求:① 控制室内安装的仪表盘宜选用柜式。② 环境较差的小型控制室和现场安装的仪表盘宜选用柜式仪表盘,当需要操作台时宜选用附接式。③ 大、中型控制室宜设置独立操作台。④ 当防爆仪表箱或仪表盘/台采用正压通风时,技术要求和方法应符合 GB 3836.5《爆炸性环境 第5部分:正压外壳"p"保护的设备》的有关规定,并应设置压力低限报警装置。⑤ 室外仪表盘/台应采取相应的防护措施,防护级别应符合 GB 4208《外壳防护等级(IP 代码)》的有关规定。

(3) 仪表盘内应分别设置工作接地和保护接地铜排和微动开关控制的照明灯,盘后门内侧宜设有资料栏。

(4) 集中安装的仪表盘/台颜色宜保持一致。盘与盘、台与台除宽度外的外形尺寸宜保持一致。

2) 仪表盘/台的盘面布置

(1) 在同一控制室里,仪表盘之间及每块盘/台上仪表的排列顺序宜按照工艺流程的顺序和操作岗位的要求从左至右排列。

(2) 仪表的排列及编号应与有关工艺设备的排列及编号相对应。

(3) 当采用较复杂的调节系统时,应按该系统的操作要求排列仪表。

(4) 经常操作的设备宜布置在台面的前方,相互关联的设备宜邻近布置。

(5) 仪表和电气设备在盘面上宜布置在距地面高度为 850~1900mm 区间。仪表顶部外缘到盘顶距离不应少于 140mm;侧部外缘到盘的侧边不应小于 80mm。

(6) 仪表盘盘面布置的仪表宜为三排。相同功能的仪表宜布置在同一排。同一排的仪表尺寸宜一致。

(7) 盘面上段宜布置指示仪表、闪光报警器和信号灯等监视仪表;中段宜布置需要经常监视和调节的仪表;下段宜布置记录类仪表或开关。

(8) 仪表盘/台面布置设计时,应注意仪表和相关电气设备相互位置的对应关系,仪表宜成排布置,仪表和电气设备的下方均应设置铭牌框;设备布置应满足安装、操作和检修的要求。

(9) 仪表盘/台上宜预留将来增加仪表的备用位置。

(10) 就地仪表盘/台上的电动仪表和电气设备不应与直接检测气、水、油或有爆炸性危险气体的仪表布置在同一盘/台上。

3）仪表盘/台内的设备布置

（1）安装在盘侧壁的设备与装在盘面的设备应留有适当的安装维修空间。

（2）电动仪表的架装表宜布置在盘后区中间偏上的地方；供电装置、继电器箱宜布置在盘后区的上部。

（3）盘内电源开关、熔断器的布置不宜高于1700mm；横向端子排布置高度不应低于300mm。

（4）附接式操作台上用电设备的电源开关宜布置在相对应的仪表盘内；独立式操作台用电设备的电源开关宜布置在该操作台内。

（5）工艺设备所带的仪表、保护装置宜布置在单独的盘上。

（6）仪表盘内端子排应根据信号类型分别布置。

4）仪表盘/台的配线配管

（1）仪表盘内配线宜采用暗配线。配线汇线槽的布置宜为环形，汇线槽内配线所占空间不应大于汇线槽横截面积的90%，小型仪表箱内可整齐捆扎明线配线。同一接线端子上的连接芯线不宜超过2根。

（2）软导线应通过接线片或管状端头与仪表及电器元件相接，导线与接线片的连接宜采用压接方式。仪表盘（箱、柜）内部配线不应存在中间接头。

（3）进、出仪表盘的电缆应做电缆头并加以固定，每根电缆应配有相应的电缆标识牌。

（4）现场电缆与仪表盘内仪表之间的接线应通过接线端子连接，但热电偶的补偿导线（缆）及特殊要求的仪表接线可直接接到仪表盘内的仪表上，并应用电缆绑扎带扎牢。

（5）电涌保护器、继电器和安全栅的接线端子不宜直接与现场电缆连接，宜通过盘内接线端子排接线。

（6）电源线与信号线应分开布线。电源线端子与信号线端子应分开，并应用标记端子加以区别。

（7）本质安全型仪表的安装和配线，应符合下列规定：① 本质安全型仪表的信号线与非本质安全型仪表的信号线（缆）应分开布线。② 本质安全型仪表信号线的接线端子与非本质安全型仪表信号线的接线端子应分开布置，其间距应不小于50mm。③ 安全栅、电流隔离器本质安全关联设备应安装在安全场所一侧，并应可靠接地。隔离式安全栅可不接地。④ 本质安全线路及其附件，应具有耐久性蓝色标记。

（8）仪表箱（柜）与外部气动管线应采用穿板接头连接。爆炸危险场所仪表箱（柜）的仪表管道及线路引入孔处应采用防爆结构。

5）仪表盘/台的安装

（1）仪表盘/台宜安装在钢制基座上。当采用屏式仪表盘时，盘后应用钢架支撑。

（2）仪表盘/台的安装与地面应垂直，其倾斜度不宜大于1.5mm/m。

（3）现场就地安装的柜式仪表盘和操作台，应做混凝土基础和钢基座，且应高出周围地面50~100mm。

（4）仪表盘/台与基础的固定不应采用焊接方式；室外安装的仪表盘/台应防止日晒、雨淋或风雪自然条件变化对设备造成的不利影响。

4. 控制室的设计

1）控制室的位置选择

（1）控制室的位置应选择在无爆炸、无火灾危险的区域内，宜接近主要工艺装置，但应远离有危险性的工艺设备场所；控制室与站场内各工艺装置的距离应符合 GB 50183《石油天然气工程设计防火规范》的有关规定。

（2）工艺设备区设置的控制室，当受条件限制不能满足 GB 50183《石油天然气工程设计防火规范》要求时，应采取正压通风的防护措施，保证室内压力不小于 25Pa。

（3）当工艺装置为阶梯式布置时，控制室不应设置在低洼处。

（4）对于易燃、易爆、有毒、粉尘或有腐蚀性介质的工艺装置，控制室应布置在本区域全年主导风向的上风侧。

（5）控制室应远离主干道、强磁场、噪声源及振动设备。

（6）控制室不宜与变压器间、鼓风机间、压缩机间、输油泵房、化学药品仓库相邻。

2）控制室的面积和平面布置

（1）控制室的面积应根据仪表盘或控制柜、操作台的数量和布置方式确定，并应满足监视、操作、维修的需要。

（2）控制室的平面布置应符合下列要求：① 仪表盘可按直线型、折线型、弧线型方式布置；操作台可按直线型、弧线型方式布置。② 盘前区设操作台时，操作台与仪表盘面距离宜为 1.5~2.5m，与墙面净距离宜为 2.0~2.5m。不设操作台时，盘面与盘前区墙面净距离不宜小于 3.5m。③ 盘后边缘与墙面净距离，宜为 0.9~1.2m。盘后区有辅助设备时，应再加上辅助设备的外形尺寸。盘后区无辅助设备，前开门的柜式仪表盘和通道式仪表盘可直接靠墙安装。④ 仪表盘(柜)、操作台侧面通道距墙的净距离不宜小于 0.8m；其周围 1m 范围内不应设置采暖设施。

3）控制室的建筑要求

（1）控制室的耐火等级不应低于 2 级。当控制室的长度超过 12m 或面积大于 100m^2 时，出入口不应少于 2 个。

（2）控制室净高宜为 3.0~3.6m，除采暖管线和仪表风管线外，不应有任何管道通过。控制室进线电缆沟内不应有高温管线通过。

（3）控制室朝向有爆炸危险的工艺装置区侧的墙面上不应设置门窗及洞口。

（4）大型集中控制室的地面应采用防静电活动地板，防静电活动地板距地面高度宜为 0.3m，防静电地板可承受的平均荷载不应小于 5000N/m^2。中、小型控制室的地面宜采用地面砖。控制室基础地面应高出室外地面 0.3m，当控制室位于爆炸危险场所，且可燃气体或可燃蒸汽相对密度大于 0.75 时，室内基础地面应高出室外地面 0.6m。

（5）控制室的门应按安装在室内设备的最大外形尺寸确定，并应向外侧开启。门、窗宜开向无爆炸、无火灾危险的场所；采用空调装置或正压通风的控制室，宜装气密性良好的固定窗或双层玻璃窗。

（6）控制室的采光和照明应符合下列要求：

① 控制室宜利用自然光、盘前单侧窗采光。采光面积不应小于地面面积的 1/5。
② 控制室采用自然光时,阳光不宜直接照射在仪表盘或操作台上,入射光不应刺眼和产生眩光,否则应采取遮阳措施。
③ 采用人工照明时,应使仪表盘盘面和操作台台面得到最大照度,且光线柔和、无眩光、无灯影。人工照明的照度值,仪表盘盘面和操作台台面处宜为 250~350lx,盘后区不应小于 200lx。控制室事故照明,盘前区不应小于 50lx,盘后区不应小于 30lx。
④ 照明灯具宜采用格栅结构的三基色荧光灯,其布置及安装应美观并应易于维护。
(7) 控制室的温度宜为 18~28℃,湿度宜为 40%~70%,并不应结露。控制室内的墙面应平整无反光,颜色与室内设备的颜色相协调。
(8) 控制室内不应引入有毒气体和可燃气体,当有可能出现有毒气体和可燃气体时应设置有毒气体和可燃气体报警装置。
(9) 控制室应设置消防和通信设施。
4) 控制室的进线方式和电缆管缆敷设
(1) 控制室宜采用地沟进线和架空进线方式;当电缆数量较少时,可采用穿管埋地进线方式。架空进线时,穿墙或穿楼板处应进行密封处理;地沟进线时,室内沟底标高应高于室外沟底标高 0.3m 以上,入口处应进行密封处理;穿管埋地进线时,穿线管宜倾斜设置,室内外高差不应小于 0.3m。
(2) 控制室内电缆、管缆应在电缆沟或防静电地板下基础地面上敷设,也可沿盘顶汇线槽敷设;当仪表盘或操作台间的电缆、电线数量较少时,也可穿管敷设。
(3) 电线电缆和管线管缆进出控制室处应密封,易燃、易爆场所应符合防火、防爆规定。

5. 仪表供电供气设计

1) 供电
(1) 仪表供电范围应包括控制室内的电子仪表、计算机控制系统、火气、安全仪表系统和现场仪表设备。
(2) 供电系统应按用电仪表的电源类型、电压等级设计。仪表供电负荷可分为特别重要负荷和普通负荷。特别重要负荷应采用不间断电源(UPS)。普通负荷可采用普通电源。
(3) 仪表电源质量指标应符合下列要求:① 交流电源电压:$(220±22)$V;频率:$(50±1)$Hz;波形失真率:小于 10%。② 直流电源电压:$(24±1)$V;纹波电压:小于 5%。③ 电源瞬断时间应小于用电设备的允许电源瞬断时间。④ 电压瞬间跌落应小于 20%。
(4) UPS 输出质量指标应符合下列要求:① 交流电源电压:$(220±11)$V;频率:$(50±0.5)$Hz;波形失真率:小于 5%。② 直流电源电压 24V:24~28V 可调;直流电源电压 48V:48~52V 可调;纹波电压:小于 0.2%。③ 电源瞬断时间不应大于 3ms。④ 电压瞬间跌落应小于 10%。
(5) 仪表供电电源的容量应符合下列规定:① 工作电源的容量宜按仪表及控制系统用电量总和的 1.2~1.5 倍确定。② UPS 的容量宜按需用 UPS 仪表用电量的 1.2~1.5 倍确定。③ UPS 电池后备时间在 UPS 额定负荷下不应少于 30min。
(6) 交流 UPS 应具有下列功能:① 故障报警及保护功能。② 变压稳压功能。③ 维护旁路功能。④ 宜设置通信功能。

(7) UPS 平均无故障工作时间(MTBF)应符合下列规定:① 1～5kVA 的 UPS 的 MTBF 不应小于 55000h,当带自动旁路时不应小于 150000h。② 5～20kVA 的 UPS 的 MTBF 不应小于 150000h。

(8) 直流稳压电源及直流不间断电源装置应具有下列功能:① 输出电压上下限报警及输出电流过电流报警功能。② 输出过电流或负载短路时的自动保护功能,当负载恢复正常后,能自动恢复。

(9) 供电系统设计应符合下列要求:① 同一控制系统应在同一交流工作电源下工作。双电源供电时,电源应互为备用。② 采用交流供电,在仪表系统启动时宜有防冲击保护措施。③ 仪表电源系统应有电气保护和接地。

(10) 并联运行的直流稳压电源的容量配置及冗余,应符合下列要求:① 采用并联叠加方式配置时,其总容量不应小于仪表系统直流电源的计算容量。② 应采用 $n+1$ 的冗余方式。

2) 供气

(1) 仪表供气系统的负荷应包括气动信号转换器、电气阀门定位器、气动执行器、吹气法测量用气、正压防爆通风用气、气动仪表调试检修用气和仪表吹扫用气。

(2) 仪表总耗气量可采用下列方式估算:① 每台气动阀耗气量为 $1～2m^3/h$ 计算。② 现场每台气动仪表耗气量为 $1m^3/h$。③ 正压通风防爆柜每小时换气次数大于 6 次。

(3) 仪表用气源宜采用洁净、干燥的压缩空气,氮气可作为临时性的备用气源。

(4) 供气系统气源操作压力下的露点,应比工作环境或历史上当地年(季)极端最低温度至少低 10℃。

(5) 仪表空气经过净化处理后,含尘粒径不应大于 $3\mu m$,含尘量应小于 $1mg/m^3$,油分含量应小于 $10mg/m^3$。

(6) 气源装置的输出压力范围宜为 500～1000kPa。

(7) 控制室内应设气源总管压力指示和压力低限报警。

(8) 压缩机停运时,贮气罐的容量应维持供气时间 15～30min;如设有备用气源,备用气源应能即刻启动投入工作。

(9) 仪表空气引入每个供气点前应设置气源球阀,并经空气过滤器减压阀净化和稳压处理。

(10) 集中过滤减压时,气源阀应安装在空气过滤器减压阀的下游侧支管上。

(11) 现场供气总管、干管、支管或气源分配器前的配管,宜采用镀锌钢管或不锈钢管。连接管件宜与管道材质一致。

(12) 气源球阀后及空气过滤器减压阀下游侧配管,宜采用带 PVC 护套的紫铜管或不锈钢管。

(13) 空气过滤器减压阀上游侧供气系统配管,在气源球阀前最小管径宜采用 15mm。空气分配器、气源球阀后及空气过滤器减压阀下游侧等短距离配管宜为 $\phi 6mm \times 1mm$、$\phi 8mm \times 1mm$ 或 $\phi 10mm \times 1mm$ 的紫铜管或不锈钢管。

(14) 用气设备集中的地方宜采用气源分配器集中供气,用气设备分散的地方宜采用单回路供气方式。

(15) 供气总管、干管或气源分配器上,应留有 10%~20% 备用供气点,且不少于 1 点。

(16) 供气管路宜架空敷设,敷设时应避开高温、易受机械损伤、腐蚀、强烈振动及工艺管路或设备物料排放口等。

(17) 供气管路应避免"U"形配管,区域的最低点及污物易积聚处应设排污阀。排污阀宜采用球阀或截止阀。

(18) 采用集中供气方式时,供气主管应有 1/1000~1/200 的坡度,并在下游最低点装设排污阀。

(19) 从气源干管或支干管向气动仪表配气的支管宜向上或水平向上倾斜引出。

(20) 镀锌管应采用螺纹连接,$\phi 6mm \times 1mm$、$\phi 8mm \times 1mm$ 或 $\phi 10mm \times 1mm$ 的紫铜管或不锈钢管宜采用卡套连接。

6. 电线电缆和仪表管道管缆

1) 电线电缆的选择

(1) 电线电缆的选择应根据传输信号类别、敷设方式、环境条件确定,并应符合下列要求:① 应选择铜芯电线电缆。② 重要检测、控制、安全功能回路的仪表线缆应选用阻燃型,消防系统的电线电缆宜选用耐火型,阻燃电线电缆的耐火等级应符合 GB/T 19666《阻燃和耐火电线电缆或光缆通则》的要求。③ 电线电缆在酷热、寒冷地区及高温、低温场所,不应超过其允许使用温度范围。④ 采用带盖板的电缆托盘或汇线槽敷设时,宜选择电缆;穿管敷设时,可选用电线或电缆;敷设在露天的电缆梯架内、地下和易受机械损伤的地方,宜选用铠装电缆。⑤ 仪表信号电缆宜选择对绞屏蔽电缆。⑥ 热电偶补偿导线的选型应与热电偶的分度号相匹配。

(2) 电线、电缆线芯截面的选择,应符合下列要求:① 表信号电线电缆的线芯截面应满足检测、控制回路对线路阻抗及施工机械强度的要求。一般电缆的线芯截面不宜小于 $1.0mm^2$,盘内导线的线芯截面不宜小于 $0.5mm^2$。② 热电阻、报警联锁信号的线芯截面不宜小于 $1.5mm^2$,电磁阀的线芯截面不宜小于 $2.5mm^2$,热电偶补偿导线的线芯截面宜为 $1.0~2.5mm^2$。当采用多芯电缆,在线路电阻满足要求的条件下,其线芯截面可适当缩小为 $0.75~1.5mm^2$。③ 电缆明设或在电缆沟内敷设时的最小线芯截面:防爆 1 区内不应小于 $2.5mm^2$;防爆 2 区内不应小于 $1.5mm^2$。

(3) 电缆的备用芯应符合下列要求:① 从现场仪表直接到控制室的单根电缆可不留备用芯。② 从仪表接线箱到控制室的多芯电缆应留有备用芯,备用量不宜少于工作芯数的 10%。③ 从接线箱到现场仪表的电缆不宜留备用芯。

2) 气动信号管道的选择

(1) 气动信号管道的规格宜选 $\phi 6mm \times 1mm$、$\phi 8mm \times 1mm$、$\phi 10mm \times 1mm$。

(2) 气动信号管道材质,可按表 12-2-8 选用。

表 12-2-8 气动信号管道的选择

使用场合	材质
一般场合	不锈钢管、紫铜单管、PVC 护套紫铜管及管缆、聚乙烯单管及管缆、尼龙单管及管缆
腐蚀性场合	不锈钢管、PVC 护套紫铜管及管缆
控制室	紫铜单管、PVC 护套紫铜管

（3）环境温度变化较大,高、低温设备附近或有火灾危险的场所,应选用紫铜管或不锈钢管。

（4）生产装置有防静电要求时,不应使用聚乙烯管或尼龙管。

（5）管道进出仪表盘或现场仪表保护箱和保温箱时,应选用穿板接头连接。

3）测量管道及配件的选择

（1）测量管道及配件的材质和规格,应根据被测介质的物理性质、操作条件和所处环境条件确定,测量管道管径及材质宜按表 12-2-9 选用。

表 12-2-9 测量管道管径及材质选用

工况压力,MPa	规格,mm×mm	材质(适用非腐蚀性场所)
PN≤6.3	$\phi12\times1.5$、$\phi14\times2$、$\phi18\times3$、$\phi22\times3$	碳钢、不锈钢
6.3<PN<16	$\phi12\times1.5$、$\phi14\times2$、$\phi18\times3$、$\phi22\times3$	碳钢、不锈钢
16<PN≤32	$\phi14\times4$、$\phi19\times5$	不锈钢

（2）测量管路材质,应选用与连接工艺管道、设备相同或性能更好的材质。

（3）测量管路、管件及阀门,宜选用同种材料。

（4）分析取样管路的材质,宜选用不锈钢。

（5）测量管道配件的密封件,当介质温度不小于 200℃ 时,不应采用聚四氟乙烯材料。

4）电线电缆和仪表管道管缆的敷设

（1）电线、电缆根据现场情况可采用架空、电缆沟或直埋等方式敷设,并应符合下列要求:① 电线、电缆应按较短途径集中敷设,避开潮湿、热源、振动、静电及磁场干扰,不应敷设在影响操作、妨碍设备维修的位置。② 现场检测、控制点较少或分散时,铠装电缆在室外可直埋敷设,非铠装电缆宜穿金属管直埋或架空敷设。现场检测、控制点较多且集中时,电线、电缆宜敷设在带盖板的汇线槽或电缆桥架内,电缆填充系数宜为 0.3~0.5,电缆出桥架或槽盒处应使用塑料或金属护口保护。罐区内电缆宜直埋敷设。③ 电线、电缆不宜平行敷设在高温工艺管道和设备的上方或有腐蚀性液体工艺管道和设备的下方;在爆炸和火灾危险场所沿工艺管架敷设时,其位置应在爆炸和火灾危险性较小的一侧。④ 汇线槽、电缆沟、保护管通过不同级别爆炸、火灾危险区域时,在分界处均应采取隔离密封措施;在有可能积聚易燃、易爆气体的电缆沟内,电缆敷设完毕,应填满砂子。⑤ 不同电压等级的信号,不宜共用一根电缆,也不宜共用一个接线箱。安全仪表系统、火气系统、过程仪表控制系统的信号,不可共用一根电缆,接线箱也宜分别设置。通信总线电缆宜独立设置。⑥ 本安电路的电线、电缆与非本安电路的电线、电缆应分开敷设,并应有蓝色标志;当在同一桥架内敷设时,宜用金属隔板隔开,并对金属隔板可靠接地。⑦不大于24V DC的仪表信号电缆与220V AC供电电缆应分隔敷设。仪表电线、电缆中间不应有接头,但可根据需要设置接线箱或接线柜。防爆现场仪表及接线箱的电缆进线口处,应采用相应防爆级别的电缆引入装置进行密封。⑧电缆沟坡度不应小于1/200,室内沟底坡度应坡向室外。在沟底的最低点应采取排水措施。电缆沟应避免与地下管道、动力电缆沟等交叉。当与动力电缆沟交叉时,应成直角跨越;在交叉部分的仪表电缆应穿保护管或用金属槽盒保护。⑨电缆穿管敷设时,电缆充填系数不宜大于40%,保护管内径不应小于电缆外径的1.5倍,单根保护管的直角弯头超过2个或直线长度超过30m时,应加穿线盒。室内穿管直埋敷设的电缆埋深距地面不宜小于300mm;室外直埋敷设的电缆埋深距地面不应小于700mm,在寒冷地区的电缆宜埋在冻土层以下,当无法满足时,应有防止电缆损坏的措施。直埋敷设的电缆、保护管与建筑物地下基础间的最小净距离不应小于600mm。直埋敷设的电缆不允许平行敷设在工艺管道的上方或下方,当沿工艺管道两侧平行敷设或交叉敷设时,最小净距离应符合下列规定:与易燃、易爆介质的管道平行时不应小于1000mm,交叉时不应小于500mm;与热力管道平行时不应小于2000mm,交叉时不应小于500mm,但电缆周围土壤温升超过10℃时,应采取隔热措施;与水管道或其他工艺管道平行或交叉时,均不应小于500mm。直埋敷设电缆,应有明显标识。当穿越道路时,应穿保护管保护,管顶距路面不应小于1000mm,延伸出公路两端长度宜为2000mm。架空或电缆沟敷设时,与工艺设备、管道或建筑物表面的净距离不应小于150mm。与热力管道平行敷设时,距离不应小于500mm;交叉敷设时,距外表面不应小于200mm;当无法满足时,应采取隔热措施。⑩架空或电缆沟敷设时,与工艺设备、管道或建筑物表面的净距离不应小于150mm。与热力管道平行敷设时,距离不应小于500mm;交叉敷设时,距外表面不应小于200mm;当无法满足时,应采取隔热措施。当仪表信号电缆(线)与动力电缆(线)交叉敷设时,宜成直角,平行敷设时,其相互间的最小允许距离应符合表12-2-10的规定。

表12-2-10 仪表信号电缆(线)与动力电缆(线)之间的最小允许距离

动力电缆电压,V	动力电缆工作电流,A	最小允许距离,m			
		相互平行敷设的长度<100m	相互平行敷设的长度<250m	相互平行敷设的长度<500m	相互平行敷设的长度≥500m
125	10	0.05	0.10	0.20	1.20
250	50	0.15	0.20	0.45	1.20
200~400	100	0.20	0.45	0.60	1.20
400~500	200	0.30	0.60	0.90	1.20
3000~1000	800	0.60	0.90	1.20	1.20

(2)测量管道应架空敷设,并应符合下列要求:①应避开高温、工艺介质排放口、有碍检修、易受机械损伤、腐蚀和振动及影响测量的场所。②测量管道长度不宜超过15m;水平敷设时应根据不同介质选择1/10~1/100之间的倾斜度,其倾斜方向应保证能排出冷凝液或气体。③测量管道的敷设应避免产生附加静压头、密度差和气泡;对可能产生气泡的液体或冷凝出

液体的气体测量管道,应安装排气阀或排液阀;易燃、易爆、有毒介质应排放到指定地点或密闭的排放系统,不应任意排放。④ 在操作条件或环境条件下易凝、易冻、易结晶、易液化的被测介质,测量管道应采取伴热或绝热措施。当采用汇线槽敷设时,槽内管缆充填系数不宜超过40%。⑤ 分析取样管道应架空敷设,穿越墙壁或楼板时应加保护管,保护管两端应密封,可燃气体自动分析器的排放口应安装阻火器。⑥ 介质温度不小于120℃时,测量管道可适当延长。对超过10MPa的压力测量管道,应设置拆卸仪表的安全泄压设施,并使排放口朝向安全侧。⑦ 当被测参数为较小的差压值时,导压管的倾斜度可适当加大,测量差压用的正压管和负压管应敷设在环境条件相同的地方。⑧ 仪表及仪表测量管道的保温应符合SH/T 3126《石油化工仪表及管道伴热和绝热设计规范》的有关规定。隔离、吹洗应符合SH/T 3021《石油化工仪表及管道隔离和吹洗设计规范》的有关规定。⑨ 引压管可采用焊接或卡套方式连接,采用卡套连接时,应保证具有良好的同心度。引压管道上的可拆卸接头不宜超过3处,可拆卸接头宜采用密封螺纹或卡套连接方式。

(3) 工艺装置区内的供气管路应架空敷设,且应避开高温、放射性辐射、腐蚀、强烈振动、易漏的工艺管道和物料排放口等不安全的环境。当不能避开时,应采取有效的防护措施。

7. 仪表及控制系统接地

1) 一般规定

(1) 仪表控制系统的工作接地、保护接地、防雷接地、防静电接地宜共用接地系统,除非设备有特殊要求,接地电阻应符合电气装置的接地要求,不宜大于4Ω。

(2) 仪表控制系统的交流电源应为TN-S接地形式,接地线不应使用中性线。

2) 工作接地

(1) 仪表信号回路接地、屏蔽接地和本质安全系统接地应接入仪表控制系统的工作接地。

(2) 现场仪表及仪表信号的回路接地,应根据仪表控制系统的要求及现场条件确定接地形式。

(3) 单层屏蔽电缆的屏蔽层或双层屏蔽电缆的内屏蔽层应单点接地,宜在控制室的一侧接地。

(4) 仪表控制系统每一回路的屏蔽层应保证可靠的电气连接。

3) 保护接地

(1) 在爆炸危险环境中的所有仪表设备的金属外壳、金属构架、仪表电缆槽体、电缆保护管应可靠接地。

(2) 在非爆炸危险环境36V及以下供电的现场仪表,不可做保护接地。

4) 防雷接地

(1) 仪表控制系统的防雷击电磁脉冲措施应与供配电系统的防雷措施协调配合,重要设备应根据雷电风险评估进行设计。

(2) 电涌保护器的设计应符合下列规定:① 220V AC电源宜选用组合型电涌保护器,电压保护水平不应大于1.5kV;同一线路上的电涌保护器应进行能量配合。② 仪表信号采用的电涌保护器应有较小电压保护水平值,标称放电电流不应小于5kA(8/20μs)。③ 电涌保护器应设置在被保护设备端,回路的接地连接线应遵循最短原则。④ 控制室内仪表信号的电涌保护器宜接入保护接地、220V AC 电源应接入保护接地。

（3）进出控制室和机柜间电缆的铠装金属层、金属保护管，以及金属桥架应做等电位连接，并应就近接入保护接地。

（4）现场仪表、接线箱的金属外壳应接地，可通过设备、操作平台的金属结构等电位连接后接地。控制室内的盘柜应就近接入保护接地。

（5）电缆的铠装金属层、外屏蔽层、金属保护管或电缆桥架（槽体）至少应在两端接入保护接地。

（6）非铠装单层屏蔽电缆穿过不同防雷区时，应敷设在金属管内、金属格栅内或电缆桥架（槽体）内。金属管、金属格栅或电缆桥架（槽体）应保持电气通路，至少应在两端接入共用接地系统。

5）防静电接地

（1）控制室和机柜间的防静电措施应符合 GB 50611《电子工程防静电设计规范》的有关规定。

（2）室内导电地面、活动地板、工作台的防静电接地应与保护接地合并，可共用接地连接线。

6）接地系统连接

（1）仪表控制系统的工作接地、保护接地应分别接入共用接地系统，接地系统示意图如图 12-2-1 所示，不同功能的等电位连接不应串联或混接后接地。

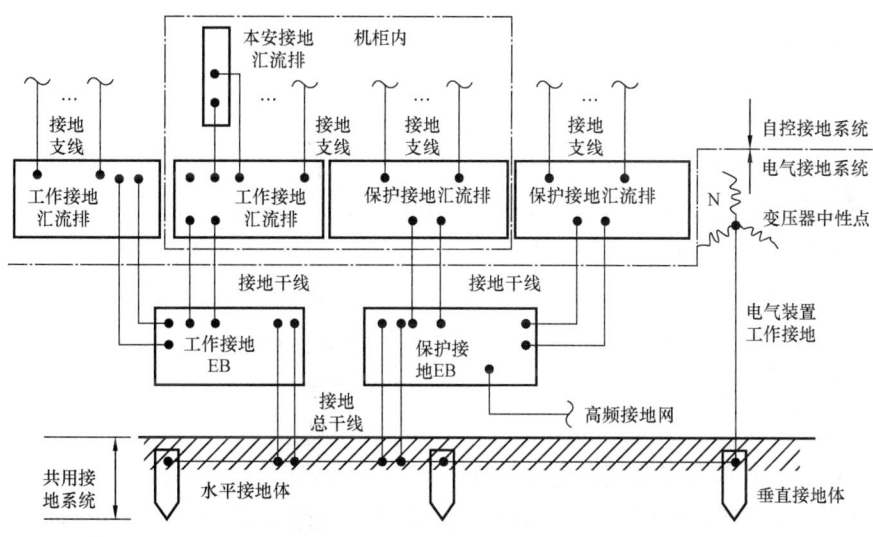

图 12-2-1　接地系统示意图

（2）仪表控制系统工作接地与共用接地系统的连接线总电阻不应大于 1Ω。

（3）仪表控制系统的接地汇流排宜采用截面积不小于 25mm×6mm 的铜排。接地线不小于 1.5mm^2，接地支线不小于 4mm^2，接地分干线不小于 6mm^2，接地干线不小于 16mm^2，接地总干线宜为 25~50mm^2。

（4）控制室、机柜间的保护接地与共用接地系统的连接不应少于 2 处,接地连接线应为不同路径走向。

（5）现场仪表的接地线应为截面积不宜小于 6mm^2 的绝缘铜导线。

（6）仪表信号的电涌保护器(SPD)接地线宜为截面积不小于 2.5mm^2 的绝缘铜导线。

（7）接地线宜根据接地功能性采用不同的标识颜色,工作接地宜为绿色,本安接地宜为蓝色,保护接地应为黄绿相间色。

第三节 数 据 传 输

一、一般要求

数据传输系统应以油气田规模、现有通信设施、生产业务需求为依据,充分利用现有石油专网和公网通信资源,以近期需求为主,兼顾远期通信业务的发展需要,选择经济适用的技术和网络结构。

数据传输系统所承载的业务数据包括:实时生产数据、控制命令数据、视频图像数据及语音数据。

1. 基本原则

油田较集中地区站场岗位间通信应以有线通信方式为主,无线通信方式为辅。油气集输站场间的直通电话宜选用直通专线、油田专用通信网或公用电信网的热线功能实现。

油田较分散及边远地区又相对独立的区块,站场间通信应以无线通信方式为主,有线通信方式为辅。重点井场及站场应以有线通信方式为主、无线通信方式为辅。有视频需求的井场及站库宜首选有线通信方式传输。无线通信方式宜依托油田现有专用通信网或当地其他通信运营商的无线网络。油田区块内的大型油气站场,根据所处的地理位置及通信需求情况应采用有线通信接入或无线通信接入,单用户站场宜采用无线通信方式接入。

油田应结合实际情况选择租用或自建有线链路,链路性能应满足油气生产物联网系统的最低数据传输需求。

2. 性能要求

有线传输网络的信号传输网络延时应低于 120ms。有线传输网络性能要求应根据各油气田井站数量、传输频率等进行估算。SDH 光传输系统设计应符合 YD 5095《同步数字体系(SDH)光纤传输系统工程设计规范》。以太网系统设计应符合 YD/T 1099《以太网交换机技术要求》、Q/SY 1335《局域网建设与运行维护规范》。

无线传输网络在传输实时生产数据时,应根据各油气田井场数量、数据采集频率、单井单次采集数据量等因素进行估算。根据各油气田自然环境、业务需求和已有无线网络情况,通过现场勘查和测量进行覆盖、带宽、频率、容量等方面的规划,综合考虑施工难度、建设投资的成本和效果,并结合各类无线传输技术特点,选用适合的无线通信技术进行组网。无线传输网络技术性能应符合 Q/SY 10722《油气生产物联网系统建设规范》。

传输的视频信号和视频显示图像不应低于 CIF 格式，传输单路 CIF 格式的图像所需要的视频信号网络带宽不应小于 128kbps，传输单路 4CIF 格式的图像所需要的视频信号网络带宽不应小于 512kbps。

二、主用通信

1. 通信方式

主用通信可采用有线通信和无线通信方式，其中，有线通信方式主要为光纤通信系统，无线通信方式是以电磁波为传输媒介的一种通信方式，由发送设备、接收设备、无线信道组成。无线通信方式主要分为卫星通信系统、无线网桥通信系统，以及 4G 移动通信系统等。

2. 系统组成

光纤通信系统是以光纤作为传输媒介的一种通信方式，由光缆和光传输设备组成。

油田光传输系统宜采用光纤同步数字(SDH)传输设备或工业以太网交换机设备组网，宜采用环型组网。采用 SDH 设备组网时，生产数据宜单独配置业务板卡，其他通信业务单独设置业务端口。

（1）传输干线：站场监控中心—区域生产管理中心—上级数据管理中心之间，宜选用 SDH 系统组网，并根据业务带宽需求，选择传输容量具有一定余量的传输设备；当采用工业以太网组网时，生产数据应单独配置以太网交换机，与其他通信业务物理隔离；租用链路时，生产数据应单独占用 1 条专用链路。

（2）传输支线：井场—站(厂)—站场监控中心之间，宜选用 SDH STM-1/4 系统、工业以太网交换机及无线通信系统组网；当采用工业以太网组网时，通过划分不同的 VLAN，井场—站(厂)之间的生产数据可与视频监控共用传输设备；站(厂)—站场监控中心之间的生产数据应单独配置以太网交换机组网。

（3）通信传输系统应采用 RJ45 接口、TCP/IP 传输协议。

三、备用通信

1. 备用通信方式

备用通信方式可采用与主用通信方式不同路由的有线通信方式或不同种类的无线通信方式。

2. 备用通信选择原则

重要站场(厂、变电所)和区域生产管理中心之间的 SCADA 数据传输宜设置备用通信信道。

具备光缆环网接入的站场宜利用光缆作为备用通信信道，其他站场宜采用无线通信作为备用通信信道，无线通信信道宜利用油气田现有资源。

四、网络安全

1. 数据传输安全原则

应遵循"技术先进，系统可靠，经济合理，安全运行"的建设原则。

光纤通信宜构建传输环网,在物理链路上提高通信系统的可靠性和安全性。

骨干光纤传输系统设备的关键部件应采用"1+1"热备份保护方式。

2. 安全域

应至少划分生产网和办公网两个基本安全域。生产网是以生产控制系统中产生的生产数据为主要流量的专用计算机网络,范围主要包括各油气田公司作业区及以下井场、站场(厂);办公网是由办公管理系统和语音、视频等系统组成的计算机网络,范围包含油气田公司、采油采气厂至作业区及部分重点井站。

3. 安全防护要求

应在生产网与办公网之间部署隔离网闸,保证油气生产物联网系统生产网的安全,隔离网闸是生产网与办公网数据交换的唯一通道。应在作业区生产网核心交换机前端部署防火墙设备,以保护作业区内部核心生产网络的安全,抵御来自无线传输网络的安全威胁。

第四节 管理应用

随着科学技术特别是电子信息技术的迅猛发展,以"化"作为后缀的"名词",诸如,"数字化""自动化""信息化""智能化"等被广泛使用,更加体现了当今时代的特征。

一、数字化、自动化、信息化及智能化的含义与关系

1. 数字化

"数字化"概念起源于信息高速公路崛起的20世纪90年代。所谓数字化是指利用计算机信息处理技术把声、光、电和磁等许多复杂多变的信息转变为可以度量的数字、数据,再以这些数字、数据建立起适当的数字化模型,把它们转变为一系列二进制代码,引入计算机内部,进行统一处理的一系列过程。与非数字信号相比,数字信号具有传输速度快,容量大,放大时不失真,抗干扰能力强,保密性好,便于计算机操作和处理等优点。

数字化是计算机技术、多媒体技术、软件技术、智能技术的基础,也是信息化技术的基础。可以说,没有数字化技术,就没有今天的计算机、互联网,也没有今天的信息化。

随着计算机与网络的普及,数字技术正在改变着人类赖以生存的社会环境,并因此使人类的生活和工作环境具备了更多的数字化特征,带来了人类生活和工作方式的巨大变化,这种由数字技术和数字化产品带来的全新的更丰富多彩和具有自由度的生活方式,被人们称之为"数字化生活",还有人把信息社会的经济说成是数字经济,这足以证明数字化对社会的影响有多重大。

2. 自动化

自动化技术是紧密围绕着生产、军事装备的控制,以及航空航天事业的需要形成和发展起来的,换句话说,社会的需要成为自动化技术的发展动力。

所谓自动化是指机器或装置在无人干预的情况下按规定的程序或指令自动进行操作或控

制的过程。采用自动化技术不仅可以把人从繁重的体力劳动、部分脑力劳动,以及恶劣、危险的工作环境中解放出来,而且能扩展人的器官功能,极大地提高劳动生产率,增强人类认识世界和改造世界的能力。"自动化"包含了设备、过程或系统的自动化。

3. 信息化

信息化的出现比"自动化"要晚一些,它是随着"信息"和"信息科学与技术"的发展而提出来的。控制论的奠基人 N. Wiener 曾经说过:"信息是人们在适应客观世界,并使这种适应被客观世界感受的过程中与客观世界进行交换的内容名称"。从具体领域说,信息是有用的消息。而信息技术是有关信息的产生、收集、处理、传递和存储等方面的技术。信息技术经历了五次变革:第一次是语言的产生和使用;第二次是符号和文字的创造;第三次是造纸术和印刷术的发明;第四次是电信技术的普及;第五次是电子计算机的应用及同现代通信技术的结合。每一次信息技术的进步都对人类社会的发展产生了巨大的推动力。现代意义上的信息技术,是在电信技术之后产生和发展起来的,由计算机技术、通信技术、信息处理技术和控制技术等构成的一门综合性新技术。

信息化是由工业社会向信息社会演变的动态发展过程。从 20 世纪 90 年代以来,伴随着信息技术,特别是网络技术的飞速发展,信息化成为各国普遍关注的一个焦点。信息资源是信息化的基础,开发利用信息资源是信息化的核心,随着社会、经济和科学技术的发展,社会信息资源量不仅急剧增长,而且成为现代社会发展的重要支柱和战略资源。

4. 智能化

智能化是自动化技术当前和今后的发展动向之一,它已经成为工业控制和自动化领域的各种新技术、新方法及新产品的发展趋势和标志,目前尚缺乏明确的、公认的、科学的定义。所谓智能化是智慧和能力的合称,从感觉到记忆再到思维这一过程称为"智慧",智慧的结果产生了行为和语言,将行为和语言的表达过程称为"能力"。智慧一般具有以下特点:一是具有感知能力,即具有能够感知外部世界、获取外部信息的能力,是产生智能活动的前提条件和必要条件;二是具有记忆和思维能力,即能够存储感知到的外部信息及由思维产生的知识,同时能够利用已有的知识对信息进行分析、计算、比较、判断、联想;三是具有学习和自适应能力,即通过与环境的相互作用,不断学习积累知识,使自己能够适应环境变化;四是具有行为决策能力,即对外界的刺激作出反应,形成决策并传达相应的信息。具有上述特点的系统则为智能系统或智能化系统。

智能化应具有两方面的含义。首先,采用"人工智能"的理论、方法和技术处理信息与问题;其次,具有"拟人智能"的特性或功能,例如自适应、自学习、自校正、自协调、自组织、自诊断及自修复等。

5. 自动化、信息化、数字化和智能化的关系

数字时代的自动化是更加高级的自动化。从发展历史来看,机械化时候就开始有自动化了,自动化的功能是以省力为目的,代替人的体力劳动。随着计算机和信息技术的发展,计算机和信息技术作为自动化技术的重要手段,自动化的功能目标不再仅仅是代替人的体力,而且可以代替人的部分脑力劳动。数字时代的自动化采用了许多信息科学的先进技术和成果,无

论从精确性、人性化,还是快速性、稳定性等都比以前的自动化要更加高级,是推动经济社会和工业发展的重要力量。

信息化是当今现代化的主要特征。作为现代化社会的发展目标,如果说,工业化是第一次现代化的重要特性,那么,信息化就是第二次现代化的主要特征。这是因为计算机技术、通信技术、网络技术、大规模集成电路技术等现代信息技术的广泛应用,使信息技术成为主导技术,其释放出的巨大能量,引发了全球范围的信息革命浪潮,并以惊人的速度迅速波及人类社会各个角落,使人类社会呈现出日益信息化的趋势。信息化对社会各领域产生强烈的冲击,深刻地影响和改变着人们的工作、生产、生活和思维方式及贸易方式,电子金融、电子商务、网上购物、移动办公、远程教育等已成为现代社会的鲜明特点。信息化其实质是在信息技术高速发展的基础上,实现社会的信息化和信息的社会化,从而建立一种新的人类社会文明——信息社会文明。因此,当今社会的现代化是以信息化为主要特征的。

数字化是智能化的技术基础,也是信息化的技术基础。智能化是信息化发展的必然趋势,其本质是基于物联网的深度信息化。信息化不仅是当今社会的主要标志,而且起着"增倍器"的作用。数字化是信息化的技术基础,智能化是信息化发展的必然趋势。在推进信息化的过程中,必须积极采用数字技术、智能技术,大力提高数字化、智能化程度,努力推进信息化向更高层次发展。因此,可以说没有信息化就没有当今的现代化,同样,没有数字化、智能化也没有当今时代真正意义的信息化。

二、油气田数字化管理的含义、架构及建设

1. 油气田数字化管理的含义

数字化管理是指利用计算机、通信、网络、人工智能等技术,量化管理对象与管理行为,实现计划、组织、协调、服务、创新等智能的管理活动和管理方法的总称。通俗地讲就是"让数字说话,听数字指挥",实现网络化、智能化管理。

所谓油气田数字化管理是指遵循油气田生产管理特点,充分考虑人、机之间的关系,紧密围绕生产过程,把油气田勘探、评价、开发、生产各个环节有机结合起来,实现信息化技术与传统油气田生产工业相融合。

油气田数字化管理是自动化和信息化相互结合的产物,三者间互为依托、相互促进。自动化运行于工控网中,自成体系;信息化运行于信息网中,互通性好,集成度高,但信息网与工控网基本处于隔离状态。数字化通过网关实现信息网和工控网在可控条件下单向或双向联通。在工控网一端,设备中的实时数据能够自动传输到信息系统中,实现生产状态在更大范围内实时监控;在信息网一端,信息系统能够将决策者和操作人员下达的操作指令发送到工控网中的指定装置,完成指定的动作,并反馈执行结果。

2. 油气田数字化管理的架构

围绕信息化与工业化相融合的现代化企业管理理念,立足油气田生产与经营管理实际,深入分析油气勘探、开发、生产的业务流程和管理流程,总结国内数字油气田发展实践,把握数字油气田发展趋势,借鉴国外发展经验,适应油气田新的发展要求,提出由"五大系统"和"三辅

助"组成的数字化管理架构。

前端以基本生产单元过程控制为核心,以站(增压站、集气站、转油站、联合站、净化厂/处理厂)为中心辐射到井,构成了基本生产单元。站控是前端基本生产单元的核心,通过数字化增压橇、注水橇、数字化智能抽油机、连续输油装置、自动投球装置等装置和设备的推广应用,使得数万口油气水井、上千座场站实现远程管理,把没有围墙的工厂变成"有围墙"的工厂。

中端以基本集输单元运行管理为核心,以联合站(净化厂/处理厂)为中心,辐射到站(转油站、集气站)和外输管线,构成基本集输单元。中端数字化管理涵盖生产指挥调度、安全环保监控、应急抢险等生产过程管理。利用前端采集的实时数据,构建油气集输、安全环保、重点作业现场监控、应急抢险一体化为核心的运行指挥系统,实现"让数字说话,听数字指挥"。

后端以油气藏研究为中心,辐射延伸到经营管理和决策支持,涵盖油气藏勘探、开发效益评价、开发方案部署、经营和决策的过程管理。重点是建成以油气藏精细描述为核心的经营管理决策支持系统,配套推进企业资源计划系统(ERP)、管理信息系统(MIS),实现一体化研究,多学科协同。

五大系统:一是前端生产管理系统;二是中端生产运行指挥和安全应急预警系统;三是后端油气藏经营管理决策支持系统;四是以人事、财务、物资管理为核心的企业资源计划系统(ERP);五是以标准化管理体系和企业内控为核心的管理信息系统(MIS)。

三辅助:通信网络基础设施、交互式高清视频系统、信息安全管理系统。

3. 油气田数字化管理的建设

前端数字化建设主要包括井场与站点组成的基本生产单元、联合站(净化厂/处理厂)及以下站点和管线组成的基本集输单元和电子值勤三个部分内容。即实时采集井场生产数据,实现油气井在线实时计量,油气井工况分析及显示、异常工况报警,井场电器设备运行工况判断、远程启停控制,注水流量、压力监测和注水量远程设定;自动采集和处理站内各生产关键路口的视频信号,实现自动判识预警、报警,实现电子值勤。

中端建设以基本集输单元运行管理为核心,以联合站(净化厂/处理厂)为中心,辐射到站(转油站、集气站)和外输管线,构成基本集输单元。涵盖生产指挥调度、安全环保监控、应急抢险等生产过程管理。主要由数字化生产运行指挥和安全应急预警两大系统组成,侧重于生产运行、安全环保、应急指挥抢险等管理。

后端建设主要包括油气藏经营管理决策支持系统、企业资源计划系统(ERP)和管理信息系统(MIS)的开发应用,充分利用网络资源,实现信息共享,多学科协同,提供企业管理效益和效率。

(1)油气藏经营管理决策支持系统以油气藏研究为主线,业务为主导,围绕数据链,建立"以精细油气藏描述为核心,多学科协同研究、一体化综合决策"的油气藏研究工作平台,实现不同领域多学科协同研究、不同层级科研机构异地协同工作,最终实现科研数据共享,为油气藏综合研究、油气勘探开发生产辅助决策提供支持。

(2)ERP是企业资源计划系统。它是基于企业现代化管理理念,将财务、采购、销售、生产、库存等业务功能集合成的信息系统,强调业务流程的规范、统一及管理的标准化,对于大型、综合型企业集团产生的管理效益日益显著,已经成为企业发展的重要管理手段,也是企业信息化水平的重要标志。

（3）MIS 是管理信息系统。它是以企业战略目标的实现和提高效益及效率为目的,以信息技术为基础,对企业信息进行搜集存储和加工处理,并编制成各种信息资料,为企业运行、管理和决策提供支持的系统。一般由战略计划、管理控制、运行控制、业务处理等四个模块构成。

数字化管理有利于控制生产运行成本,优化工艺流程、减少管理环节,有利于提供油气田企业管控和安全防范水平,数字化管理是企业最大的"民生工程"。

三、油气田数字化管理的应用

1. 数字油气田发展

近几年,国内各油气田企业结合实际,广泛地开展了数字化建设与应用的探索和实践,并取得一定成效。各油气田都不同程度地进行了数字化建设,但侧重点有所不同。

大庆油田数字化侧重应用系统建设,建立了较为完善的生产管理信息系统,在生产现场安全监控、实时操作等方面效果显著,其中钻井地质远程实时导向系统,已成功应用于水平井和大位移井的钻井过程监控;长庆油田以生产前端为重点,按照与"岗位相结合,与安全相结合,与劳动组织架构相结合",探索出了适合"三低"油气藏实现效益开发的"低成本"数字化管理模式;新疆油田通过异构系统的集成实现管控一体化,达到提高生产管理效率的目的;辽河、大港、华北等其他油田在数据采集、传输和自动控制等方面进行了积极探索与实践,并取得了一定成效。

2. 物联网助力数字化

在物联网不断深化应用的背景下,人们加大智能感知芯片、移动嵌入式系统、云计算等理念和技术的研究和应用,物联网适时孕育而生。物联网使我们跨越时空,实现对目标物体的远程控制,有效融合虚拟与物理两个数字世界。

物联网的英文名称为"The Internet of Things",是新一代信息技术的重要组成部分,是物物相连的互联网,其目的是实现物与物、物与人,所有的物品与网络的连接,方便识别、管理和控制。它是在环境感知的基础上深度融合计算、通信和控制能力的可控、可信、可扩展的网络化物理设备系统,并通过射频识别(RFID)系统、红外感应器、全球定位系统、激光扫描器等信息传感设备,按约定的协议把任何物体与互联网相连接,进行信息交换和通信以实现对物体的智能化识别、定位、跟踪、监控和管理的一种网络。

3. 未来油气田管理

未来的油气田管理将是基于物联网技术的智能油气田管理,是勘探、评价、开发和开采领域等主要价值循环过程的一个闭环系统。将油气田中所有事物(地上、地下)全部抽象为数字,数字转化为数据,数据转化为信息,信息转化为知识,知识转化为智慧。未来的油气田将是一个全面数字化的智能油气田。

利用智能油气田管理平台,实现地上地下一体化、油气藏三维可视化,对油气田地上、地下做完整的表征和直观的展示,为寻求油气资源、盘活油气藏储量和提高采收率提供服务。

第五节 安防系统

一、一般规定

安防系统宜包括视频监控系统、入侵报警系统、语音告警系统、可视对讲系统等。

系统兼容性应满足设备互换性要求,系统可扩展性应满足扩容和集成的要求。

监控主机应以计算机技术为核心,具有图像输入、处理、存储、显示、控制和远程传输的功能,并应达到工业级应用要求。

监控软件应具有成熟性、先进性、安全性、开放性、易扩容性。

软件应具有以下功能:

(1) 权限管理和安全管理;
(2) 流媒体的创建维护和销毁,并合理调度流媒体资源;
(3) 流媒体的存储;
(4) 图像实时监控、历史图像检索与回放;
(5) 软件智能环境分析报警与处置;
(6) Web 浏览。

系统中使用的设备必须符合国家法律、法规和现行强制性标准的要求,并经法定机构检验或认证合格。

安装于爆炸危险区内的安防设备必须符合相应的防爆要求。

室外安装的前端摄像机应置于接闪器有效保护范围之内。

电源、防雷、接地、安全性、可靠性、电磁兼容性及环境适应性应符合 GB 50348《安全防范工程技术标准》、GB 50395《视频安防监控系统工程设计规范》、GB 50115《工业电视系统工程设计标准》、GA/T 75《安全防范工程程序与要求》等的相关规定。

二、系统组成

1. 视频监控系统

1) 系统设置要求

(1) 应根据不同防范对象、防范区域对防范需求(包括风险等级和管理要求)进行确认;
(2) 系统的制式应与我国的电视制式一致;
(3) 应根据监视目标的环境条件和建筑格局分布确定视频探测设备选型及其设置位置;
(4) 应满足系统构成和视频切换、控制功能的要求;
(5) 应满足与其他安防子系统集成的要求;
(6) 应满足视频(音频)和控制信号传输的条件,以及对传输方式的要求。

2) 系统结构模式

系统结构模式见表 12-5-1。

表 12－5－1　系统结构模式

中小型站场	大型站场
① 简单对应模式(监视器和摄像机直接连接)； ② 数字视频网络虚拟交换/切换模式(模拟摄像机增加数字编码功能,即为网络型摄像机)	① 时序切换模式(视频输出中至少有一路可进行视频图像的时序切换)； ② 矩阵切换模式(可以通过任一控制键盘,将任意一路前端视频输入信号切换到任意一路输出的监视器上,并可编制各种时序切换程序)； ③ 数字视频网络虚拟交换/切换模式

3）系统功能和性能

应对需要进行监控的井场、站(厂)和建筑物内(外)的主要公共活动场所及通道、重要部位和区域等进行有效的视频监视,具有记录与回放的功能。

摄像机的最大视频(音频)探测范围应满足现场监视覆盖范围的要求,摄像机灵敏度应与环照度相适应,监视和记录图像效果应满足有效识别目标的要求,安装效果应与环境相协调。

前端摄像设备宜采用日夜两用低照度网络摄像机或夜视摄像机,摄像机光学变焦不低于 18 倍、数字变焦不低于 10 倍,整机的防护等级宜不低于 IP65,摄像机覆盖半径宜不小于 100m。

信号传输应保证图像质量、数据的安全性和控制信号的准确性。

系统控制功能应满足：

（1）应手动或自动操作,对摄像机、云台、镜头、防护罩等的各种功能进行遥控,控制效果平稳、可靠。

（2）应手动切换或编程自动切换,对视频输入信号在指定的监视器上进行固定或时序显示。

（3）应具有信息存储功能,在供电中断或关机后,所有编程信息和时间信息均应保持。

（4）应具有与其他系统联动的接口。当其他系统向视频监控系统给出联动信号时,能按照预定工作模式,切换出相应部位的图像至指定监视器上,并能启动视频记录设备,其联动响应时间不应大于 4s。

（5）辅助照明联动应与相应联动摄像机的图像显示协调同步。

（6）同时具有音频监控能力的系统应具有视频音频同步切换的能力。

（7）需要多级或异地控制的系统应支持分控的功能。

（8）摄像机对控制终端的控制响应和图像传输的实时性应满足安全管理要求。

监视图像信息和声音信息应具有原始完整性。

系统应保证对现场发生的图像、声音信息的及时响应,并满足安全管理要求。

系统记录的图像信息应包含图像编号/地址、记录时间和日期。对于重要固定区域的报警记录应提供报警前的图像记录。记录图像的回放效果应满足资料的原始完整性,回放的图像应清晰、稳定,视频存储容量和记录/回放带宽与检索能力应满足安全管理要求。视频监控系统本地存储时间宜为 30 天。系统应能记录现场的声音信息。

具有视频移动报警的系统,应能任意设置视频警戒区域和报警触发条件。

在正常工作照明条件下系统图像质量的性能指标应符合表12-5-2规定。

表12-5-2 系统图像质量的性能指标

模拟复合视频信号	数字视频信号
视频信号输出幅度:1Vp-p±3dB VBS; 实时显示水平清晰度:≥600TVL; 随机信噪比:≥36dB	单路画面像素数量:≥352×288(CIF); 单路显示基本帧率:≥25fps

4) 井场视频监控系统

位于重要敏感区域、对外部环境危害性较大、人文地理环境较复杂区域的油气井场应设置前端摄像设备。

5) 站场视频检测系统

宜采用两级监控模式,即站场级监控和中心级监控。站场级监控主机设在站场监控中心,中心级监控设在区域生产管理中心。

大中型站场应设置视频监控主机,安装视频监控软件,配置22in及以上液晶显示器;大型站应根据实际需要在监控中心配置1~2套42in及以上液晶显示屏。

站场泵房、压缩机房和重要装置区等宜设置摄像机。

视频监控系统宜与入侵报警系统、火气系统联动。当报警发生时,应能自动联动控制相关的摄像机按预先设置的参数位置,转向报警区域。

6) 区域生产管理中心视频监控系统

宜设置大屏幕显示系统,提供信息图像显示,对各路信号、网络资源和相关资讯进行实时监控、分析和智能化管理,屏幕大小应根据控制室面积及管理需要确定。

2. 入侵报警系统

1) 系统分类

可选择的入侵报警系统主要包括激光对射、微波、震动光(电)缆等系统。

2) 系统选型原则

大型站场、无人值守站场及变配电所宜设置入侵报警系统,并与视频监控系统联动,实现站场监控中心集中管理。

入侵报警系统设备应以适应环境、安全可靠、误报率少的产品为主,可选择激光对射、微波、震动光(电)缆等系统。

系统前端设备应沿站场围墙布设,报警主机与视频监控系统主机应设在站场监控中心。

3. 语音告警系统

1) 系统分类

一般与视频监控系统或入侵报警系统配合使用。由扬声器、麦克风及功能软件组成。

2) 系统设置原则

大型站场、无人值守站场及变配电所宜设置入侵报警系统,并与视频监控系统联动,实现站场监控中心集中管理。

入侵报警系统设备应以适应环境、安全可靠、误报率少的产品为主,站场围墙平直规则,宜选择激光对射、微波等对射类探测器,站场围墙高低起伏或蜿蜒曲折宜选择震动光(电)缆类的探测器。

系统前端设备应沿站场围墙布设,报警主机与视频监控系统主机应设在站场监控中心。

4. 可视对讲系统

1) 系统组成

可视对讲系统由室内可视主机、门口可视分机和传输线路组成。

2) 系统设置原则

处理厂、净化厂、油库、有人值守站场等安全要求较高的站场应设置可视对讲系统。

门口可视分机安装在站场大门附近墙上,室内可视主机安装在站场监控中心。

第六节 油 气 计 量

油田计量技术是油田生产管理和贸易的基础,没有现代化的计量技术,就不可能有现代化的生产和顺利的贸易交往。

本章主要叙述油田内油、气集输过程中,对原油、油田气、轻烃及水的流量计量方法、流量的计算、计量仪表和装置及其检定方法的选用,以及安装技术要求等。

一、计量基础知识

1. 计量方法及计量标准条件

1) 计量方法

液体的计量方法目前有两种,一种是质量法,另一种是体积法。中国、苏联和东欧一些国家一般采用质量法,销售和计量产量等都以吨(t)为单位。英国、美国、日本及西欧一些国家一般采用体积法,产量以桶、加仑等为单位。这两种方法相比较,体积法比较简单,只要使用一种仪表就能将体积计量出来。

气体的计量,世界各国均采用体积法。

2) 计量标准条件

液体和气体的体积都是随着温度和压力的变化而变化的,所以,各国都规定了销售和计量产量数量的标准条件,将实际条件下的体积换算到标准条件下的体积。在中国、苏联等一些国家,标准条件是指温度为20℃,压力为一个标准大气压(0.101325MPa);而英国、美国等国家,标准条件是指温度为15.6℃,压力也为一个标准大气压。本章所指计量条件,除单独注明者外,均为20℃,0.101325MPa时的标准条件。

2. 计量分类

由于各种原因,采出的原油中含有一定量的水,经油田处理后,大部分的水可以除掉,但出矿时仍含有一定的水分。按原油的不同性质,我国规定石蜡基原油含水0.5%,混合基原油含水1%,环烷基原油含水2%以内均算合格原油,但在计量纯油质量时,水还要被扣除。因此在原油计量中,还必须测得原油中含水百分数。

按流量的计算方式,可分为静态计量和动态计量两大类。

1)静态计量

它是用人工检尺或液位计测量罐的液位高低,求得原油的体积量,由人工取样,经化验室分析化验得到原油的密度和含水率,然后通过计算求得标准条件下液体的体积和质量。

在原油储运过程中,所使用的各种油罐(如立式圆筒形油罐、卧式油罐、球形罐等)均可用于计量,凡用于计量的罐的容积必需事先检定,合格并给出容积表示可使用。如果严格按金属罐计量油量的计算方法标准进行,计量不准确度为±0.25%。

2)动态计量

动态计量方法根据仪表的组合情况可分为两种:

原油的体积由流量计量,密度及含水率由人工取样、化验室分析化验求得,然后通过计算求得标准条件下的原油体积和质量。带有自动温度补偿装置的流量计,可直接显示出标准条件下的体积,不需要人工进行换算。

原油的体积、密度、含水率,以及相应的计算,全部采用仪表。原油的体积由流量计计量,密度由在线密度计测量,含水率由原油含水分析仪测量,有关计算由电子计算机完成。

二、油井计量

油井计量的主要目的是为了了解储油层的生产状况、分析储油层的变化动态,科学地制定出开发方案和调整改造方案,提高油田的采收率,以及实现油田管理科学化,提高油田生产的经济效益,提供准确可靠的测量数据。

油井计量就是要确定油井生产的油、气、水量。如果只考虑计量的准确性,每口油井可配套一套计量装置,进行连续计量,但这样会增加许多投资,提高油气产品成本,从经济效益考虑是不可行的,应使油井计量既准确可靠又经济合理,这就给油井计量带来相当大的难度。

从油井生产出来的产品是液(包括油和水)、气混合物,而且这种混合物又不是均匀的,所以油井采出液必须经过计量分离器后,方可进行油、气、水的计量。要求纯油测量综合误差在±10%以内,气的测量极限相对误差在±7%以内。

1. 油井计量简易方法

多年来,根据各油田的特点,油井计量方法很多,但应用最普遍的是分离器玻璃管量油和分离器翻斗量油。

1)分离器玻璃管量油

该方法结构简单,操作方便,投资少且直观。所以各油田应用比较广泛。但由于量油操作、玻璃管读数、取样、化验等都是人工进行,具有较多的人为因素。另外,从分离器的制造、标定等没有严格的规范,作为一种计量方法来说是比较粗糙的。

该方法适用于计量含水率低,且含水波动小、产量波动较小的油井。

2）分离器玻璃管电极量油

该方法的原理与玻璃管量油相同,不同之处是在玻璃管上、下液位处安装上、下电极,以控制分离器出油阀的开关,从而实现自动计量。该方法较之玻璃管量油,可以实现量油自动化,并提供了计量准确度,但由于取样、化验仍用人工,所以实际使用中还存在一些问题。

3）分离器翻斗量油

分离器翻斗量油由两相计量分离器、计量翻斗、液面控制机构及电信号计数器四部分组成。计量翻斗是一个纵剖面为等腰三角形的容器,中间用一隔板分为对称的两个计量斗。油井产出液经分离器分离后,经漏斗流入翻斗内,当斗内质量达到一定时,翻斗翻转排油,同时另一斗内进液;当斗内质量达到一定量,翻斗再翻转排液,如此反复进行可连续量油,翻斗每翻转一次,计数器记录一次。被翻斗记录过的液体积聚在分离器的底部,液体通过浮球阀控制排放。被分离出来的气体经分离器上方排出。

该方法设备简单,操作方便,可以实现自动连续计量,但也存在计量不够准确的缺点。影响翻斗计量准确度的主要原因有两个。一是翻斗再翻转过程中,漏失量是不可避免的;二是当油井产液含气量高时,由于分离不净,常有气带进分离器下部,而产生气冲现象,使翻斗乱翻,造成一些假数据。翻斗频繁的翻转及转动将加速磨损。

2. 油井计量装置

随着油田的开发,油井的含水率会越来越高,继续采用简易的计量方法已满足不了计量准确度的要求。如果采用两相三组分油井计量装置和三相油井计量装置,则可以大大提高油井计量准确度及计量技术水平。

1）两相三组分油井计量装置

该装置采用两相分离器,采用玻璃管电极量油,用密度计测量含水率,用气体流量计测气,用微机自动控制,从而实现油井两相三组分自动计量。

2）三相油井计量装置

三相油井计量装置由三相分离器与油、气、水三相计量仪表组成,可实现自动控制、数据采集。

根据油田的开采方式、原油的物性和单井生产能力的不同,可以选用不同的规格和组合的三相计量装置。但计量装置的系统构成大同小异,主要由四部分组成,即三相分离器、自动控制仪表,以及油、气、水计量仪表和微机等。

（1）三相油井计量装置的组成。

① 三相分离器。它是该计量装置的主要设备,分立式和卧式两种。立式分离器适用于油气比较少,产液量较低,油、水易于分离的油井。它的特点是油水界面允许波动范围大,易于控制,且占地面积小;缺点是油、气、水分离效率较低。卧式分离器能适应油气比较高,产液量较大,油、水分离较慢的油井,特点是油、气、水分离效率较高,缺点是占地面积较大。两种形式可根据实际情况选定。

三相分离器装置的自动控制仪表包括控制和执行两个部分。其中分离器油水高、低液位分别由两个防爆液位控制器发出液位控制信号,由控制系统进行控制。为了稳定三相分离器压力,使油、气、水三相分离在规定的压力下进行,在气计量管路的下游设有压力调节阀。一般分离器的工作压力应高于计量汇管压力 0.07MPa,在此压差的作用下保证油、水的正常计量。压差太大,可能使排量超过流量计量程,压差太小,会给分离器造成排油困难。

② 油、气、水计量仪表。三相分离器装置采用弹性刮板流量计量油、量水,仪表准确度为 ±1%。井液进入三相分离器后,由于油水相对密度差的存在,使直径大于 $100\mu m$ 的水滴在重力的作用下聚集沉降,进入油水界面。但油包水型乳化油中的水,由于直径太小,靠自然沉降不能除去,因此通过流量计的实际是含水的乳化油。含水率由电容含水分析仪检测,其准确度为 ±3%。当乳化油含水率大于 50% 时,对净油的计量误差将大于 5%,因此要求三相分离后油中含水率应不小于 50%,比较理想的含水率应为 30% 以下。

油田气计量采用气体罗茨流量计,准确度为 ±1%。流量计与温度、压力变送器配套使用,由积算仪进行数据处理,实现温度、压力对气体流量的自动补偿。

(2) 三相油井计量装置工作原理

油井产出液进入三相分离器内,实现油、气、水三相分离。气液分离后,气体进入分离器上部,液相在分离器的下部,并将继续分离为乳化油和游离水,游离水沉降到底部,乳化油浮在液相上部。当乳化油液位高于溢流管时,乳化油将流入油室。当油室内的液位上升到上液位继电器时,将发出信号,处理单元收到信号后,发出开阀的指令,排油气动阀打开,油室内的油排出,排出的油经含水分析仪和弹性刮板流量计。当油室液位降至下液位继电器时,继电器再发出信号,处理单元发出关阀指令,排油气动阀关闭,完成一次容积和含水率的测量。

气体流量计显示的累积读数即是工作条件下的累积产气量。在实际生产中,油、水、气的产量都应修正到标准条件下的产量,由控制系统完成,并打印出日报表。

3. 油井计量仪表

油井计量仪表的工况条件较差,经分离器分离沉降过的井液中仍含有部分砂及杂质,油中带有少量的气体,气中带油,油中带水,水中带油。油井产液量主要采用软件方式计量,抽油机井采用功图法计量,电泵井、自喷井采用压差法计量,螺杆泵井采用容积法计量。

油井计量仪表一般为非连续性工作,但又启动频繁,所以要求油井计量仪表具有坚固、耐用的特点,而且要结构简单,方便维修,对准确度的要求不太高,一般为 ±1% 即能满足要求。

油的计量可以选用弹性刮板流量计、腰轮流量计、椭圆齿轮流量计等。对杂质含量较多的可选用弹性刮板流量计,但这种流量计的压力降大,最大达 0.1MPa 左右。对杂质含量较少的可选用腰轮流量计或椭圆齿轮流量计。

井口油田气为湿气,不宜采用孔板流量计,宜选用容积式气体流量计,推荐选用气体腰轮流量计及旋叶式容积气体流量计。

游离水的计量不宜选用普通水表,普通水表的准确度在 ±2%,满足不了油井计量精度的要求。推荐选用电磁流量计、涡街流量计或弹性刮板流量计等容积式流量计。

油中含水量的测定可选用高含水分析仪,也可配在线自动取样器取样分析,也可以通过测密度的方法确定含水率。

井口掺水计量可采用涡街流量计、电磁流量计或容积式流量计。

三、原油输量计量

1. 计量分级与仪表配备原则

1）原油的输量计量分级

一级计量——油田外输原油的交接计量。

二级计量——油田内部净化原油或稳定原油的生产计量。

三级计算——油田内部含水原油的油量生产计量。

2）原油计量仪表的配备原则

（1）一级计量：原油的一级计量可采用仪表动态计量，也可采用大罐检尺静态计量。

（2）二级计量：采用流量计测量原油体积，可配密度计及含水分析仪，也可以由人工取样化验密度和含水率。

（3）三级计量：三级计量的计量介质为油、水混合物，对流量计准确度的要求可以低一些。流量计应能在线检定，可选用活动式标准体积管或标准流量计。

2. 原油动态计量仪表

1）腰轮流量计

腰轮流量计按其转子轴的方向分为立式和卧式两种；按转子对数又可分为单对腰轮转子和45°组合双转子两种；按腰轮的轴向形状不同，又可分为直腰轮和螺旋腰轮两种；按转子的断面形状又可分为圆包络形线与摆线两种。各种结构形式均有不同的特点，但无论如何分类，流量计的基本结构相似。

腰轮流量计由测量和传动计算两部分组成。腰轮轴的转动由石墨轴承支撑，立式腰轮流量计由端面止推轴承承受轴向力，并可用来调整轴向间隙。传动计算部分包括就地显示和远传发讯装置。温度、压力不高时，如采用大数码表头可用机械密封。

2）刮板流量计

刮板流量计亦称滑板流量计。按控制刮板在转子径向槽内滑动的曲线形式，可分为凸轮式和内凹线式两种。

凸轮式刮板流量计壳体内腔为圆筒形，腔内有一固定的凸轮和回转的转子，转子为空心圆筒，并开有4个（或6个）均布的径向槽，装两对（或三对）等长的刮板。当有液体介质流入时，在液流的作用下，刮板循着凸轮的形线旋转，并在转子的径向槽内滑动，转子每转1转，排出4个（或6个）计量室液体。

凹线式刮板流量计壳体内腔为曲线形，由大、小两圆弧及两条对称的凹线组成。转子是一个转动的实心圆筒，并开有4个均布的径向槽。刮板在弹簧力的作用下始终压向腔体内壁，当有液体介质流入时，在流体动能的作用下，刮板循着壳体内腔形线旋转，并在转子径向槽内滑动，转子每转1转，排出4个计量室的液体。

3）椭圆齿轮流量计

椭圆齿轮流量计壳体内，有一对椭圆齿轮，在进出口压差的作用下，交替互为驱动。椭圆齿轮每转1周，排出4个月牙形计量腔体积的液体。椭圆齿轮流量计按齿轮轴的安装方向分为立式和卧式两种；按壳体的结构形式又可分为单壳体和双壳体两种。

4）螺杆流量计

螺杆流量计属容积式流量计，用来计量液体液量。该流量计是我国最近引进的新技术。流量计主体由一对螺旋转子和壳体直接构成计量室，可以就地指示，也可以通过脉冲发讯器远传给二次表。当被测介质通过螺杆流量计时，螺杆转子在液体压力的作用下产生转动力矩，螺杆转子以匀速旋转。

5）涡轮流量计

涡轮流量计由能检测流体线速度的转子或叶片组成。运动的液体给转子以旋转速度，即切线速度，该速度与流量成正比例。转子的运动可用机械、电气或光学的方法进行检测，并记录在相应的读出装置上。

对于测量液体的涡轮流量计，当液体闪蒸时或有闪蒸气团或空气团混入管道时，会造成涡轮的超速旋转。随着叶片的磨损、轴承的摩擦及液体中含有少量空气等情况的发生，都会引起检定值的波动。

6）液体密度计

我国对原油的产量和销售量的计量都是以质量为单位，因此不仅要计量液体的体积，还必须测量其密度。使用在线液体密度计可以连续地、高准确地动态测量液体的密度值，并有利于提高流量质量计量的自动化水平。可应用力学、放射性、超声波及振动等原理制造出多种形式的液体密度计。目前在油田广泛采用的是振动式密度计，它的敏感元件即振子可以是某种形状的（例如管式、音叉式或薄板式）的弹性体。

（1）振动管式密度计根据振动原理，当某一物体材质、几何形状、尺寸及固定方式等因素确定后，其固有的振动频率就是一个常数。当不同密度的流体流过振动管时，振动管的固有振动频率发生变化，振动管的振动周期 T 与管内液体密度 ρ 之间有如下关系：

$$\rho = K_0 + K_1 T + K_2 T^3 \tag{13-6-1}$$

式中　ρ——液体密度，g/cm^3；

T——振动管的振动周期；

K_0, K_1, K_2——常数。

在使用密度计以前，必须事先测定振动管的振动周期 T。

（2）振动管式密度计按振动管的数目，可分为单管和双管两种。按密度计在管道中的安装方式，又分为旁通式和插入式两种。目前在国内广泛采用的是旁通式单管或双管密度计。

7）流量计的辅助设备

流量计的辅助设备是指那些保证流量计计量准确度、延长流量计使用寿命和辅助流量计完成某些特定任务的设备。它们包括过滤器、消气器、定量阀等，随着流量计使用范围的扩大，附属设备的种类还可能增加。

（1）过滤器。

过滤器是用来防止计量液体所携带的铁屑、焊渣、砂石等杂物进入流量计，以保证流量计的正常运行，延长流量计的寿命。过滤器应安装在靠近流量计入口侧。

过滤器的结构简单,主要由壳体、法兰盖、滤网等组成。按滤网的结构形式,过滤器可分为板式、斜插式(或称"Y"形)、提篮式(或称"U"形)三种。过滤器的滤网必须经常清洗,所以根据法兰拆卸的方便程度,其又可分为普通法兰型和快开法兰型两种。按其安装方式又分为夹装式和落地式两种。

(2)消气器。

原油沿管道流动,当有拐弯、爬高、节流等情况时,就会有溶解气跑出来变成自由气,另外,当出现负压时,还可能吸入一部分空气。这些气体在管道中占有一定的空间,如随着油流进入流量计,就会把气体当成油进行计量。这样,尽管流量计具有较高的计量准确度,也不可能准确地计量出原油的体积量,使流量计的计量准确度失去了它应有的意义。为确保流量计的计量准确度,必须将这部分气体在进入流量计之前从原油中排除掉,消气器就是完成这一任务的。它是原油高准确度计量中不可缺少的辅助设备。

消气器的结构必须首先使原油和气体分离开,然后将分离出来的气体排除掉。使原油和气体分离有两个措施:一是进入消气器的油流撞击斜挡板,使油流分散;二是改变油流方向,使原油中的自由气与部分溶解气从原油中跑出来。这些气体上升到消气器的顶部,逐渐形成一个气体空间,出现油、气界面。随着气体空间的扩大,油、气界面下降,当油、气界面下降到一定程度,安装在消气器内的浮球连杆机构动作。打开排气阀或给出开阀信号,使有关的控制阀打开,气体排出。随着气体的排出,油气界面上升,使气体空间缩小到一定程度。浮球阀动作,排气阀关闭,完成一次排气。

3. 原油静态计量

原油静态计量在国际上有两种方法:体积计量法和间接质量计量法。我国采用间接质量计量法,即通过油罐、船舶、油罐车(汽车、火车)计量体积,密度计测密度,实验室分析法测含水量,然后计算质量。

1)静态计量专业术语

检尺点:油罐顶部或靠近顶部的一个固定点或标记,即从该点起开始测量。液位高度为从检尺点到罐底的距离。

2)计量工具

所有的计量工具必须在有效周期内的检定合格证书。

4. 原油动态计量

原油动态计量国际上有两种方法,即体积计量法和间接质量计量法。我国采用间接质量计量法,即用流量计测量原油的体积,用密度计测量原油的密度,用原油含水分析仪或化验室人工分析化验测量原油中的含水量,然后计算出原油的质量。

间接质量计量法可分为三种:(1)在线液体密度计—流量计系数方式;(2)在线液体密度计—基本误差方式;(3)工作密度浮计方式。

四、轻烃计量

1. 轻烃计量与仪表配备原则

轻烃是从天然气(油田气、气田气、原油稳定脱出气)中提取,再经稳定处理后得到的液体石油产品,其蒸汽压越高,轻烃中所含的轻组分就越多,就越容易挥发,在 GB 9053《稳定轻烃》中规定对轻烃饱和蒸汽压的要求。

2. 轻烃计量仪表

轻烃流量计量可以选用双转子流量计或刮板流量计、涡轮流量计。由于轻烃的润滑性差,所以流量计磨损十分严重,其中使用情况较好的是双转子流量计,但使用寿命也只有3~4年。为保证流量计的准确计量,流量计前安装过滤器和消气器,但原油消气器不能用在轻烃计量,因为原油的密度与轻烃的密度相差较大。

五、油田气计量

1. 油田气计量分级与仪表配备原则

1)油田气输量计量分级

一级计量——油田外输干气的交接计量。

二级计量——油田内部干气的生产计量。

三级计量——油田内部湿气的生产计量。

2)油田气计量仪表的配备原则

(1)一级计量:油田外输干气为干气,排量大,推荐选用标准节流装置,在有条件的地方应选用高级孔板易换装置(也称高级孔板阀),可以带压更换孔板,所选孔板必须由不锈钢制造,并必须由检定单位按 JJG(石油)02《天然气流量测量用标准孔板》的要求检测,获合格证书后可安装使用。在直管段前安装过滤器。

(2)二级计量:二级计量的介质也为干气,选用孔板节流装置比较合适。高级孔板阀造价高,为保证检测方便推荐选用普通孔板阀或简易孔板阀。

二级计量也可选用气体腰轮流量计、涡街流量计或旋涡流量计等,流量计前应配过滤器,流量计一般离线检定。

(3)三级计量:三级计量的介质为湿气,不适合孔板计量,可选用气体腰轮流量计、涡街流量计等。一般为离线检定,应保证拆装方便,流量计前应配过滤器。

2. 油田气计量仪表

油田气具有湿度小、较清洁、流量大且流量相对较稳定的特点,油田干气可选用差压式节流装置、气体涡轮流量计、旋涡流量计、涡街流量计、气体罗茨流量计,以及旋叶容积式气体流量计等。

1)差压式节流装置

所有差压式流量计所依据的基本原理都是伯努利的流线能量守恒方程。当流体的通道逐渐或突然地被收缩,流体潜在的静压能降低而使动能增大。对于因气体在两个取压孔之间的膨胀而引起的密度差要求有一个膨胀系数。

在工业生产中,除了广泛地采用标准节流装置外,在某些情况下,由于条件的限制满足不了标准节流装置所要求的条件,需要采用一些非标准节流装置。它们的计算方法与标准式节流装置基本相同。

2）气体涡轮流量计

气体涡轮流量计是置于气体中的涡轮,其旋转的角速度与被测气体的瞬时流量成正比,涡轮的转动经过减速和磁性耦合系统驱动计数器,计数器直接显示被测气体的体积值。为提高流量计的可靠性,增长使用寿命,在转动系统中,装有油路润滑装置。

涡轮流量计应水平安装,且不能装在低凹处,以防积水。流量计前应安装过滤器。

3）旋涡流量计

旋涡流量计精度较高,无可动部件,不受被测介质的压力、黏度和成分等影响,而且体积小,便于安装和维修。

在旋涡流量计壳体的进口端装有螺旋导流架,使进入流量计的流体产生强有力的势涡,通过传感器进行检测,由电子系统把热敏电阻感应到的势涡进动频率加以滤波、放大、整形后,输出与流量成正比的脉冲信号。在壳体出口装有旋导流架,用以消除流量出口流体的旋转。

六、水计量

1. 水计量分级与仪表选型原则

1）水计量分级

一级计量——供水水源的计量。

二级计量——油田内各采油厂供水量计量。

三级计量——注水站、掺水站、污水处理站的计量。

2）水计量仪表的选型原则

（1）一级计量：一级计量为供水水源的计量,流量大,管线直径大,一般选用插入式流量计,计量准确度应不低于±2.5%。

（2）二级计量及三级计量：二级计量及三级计量可选用准确度不低于±2.5%的水平螺翼式水表、电磁流量计、涡街流量计等,对掺水计量要求选用耐高温水表。

水表为离线检定,所以要求仪表拆装方便。注水井、配水间的计量选用高压水表,计量准确度不低于±2%。

2. 水计量仪表

水计量仪表种类很多,可根据不同的需要选用不同类型的水计量仪表。如水源大,流量计量可以选用均速管流量计、插入式（涡轮或涡街）流量计。对较大流量的供水计量可选用水平螺翼式水表、电磁流量计、涡街流量计等。对油田注水计量可选用高压注水表。对掺水计量可选用热水表。对污水计量可选用电磁流量计、涡街流量计等。标准节流装置也可用于水的计量。

七、计量仪表检定原则及标准装置

1. 油气计量仪表检定原则

各种仪表在出厂前已经检定过,并给出了仪表的准确度。当仪表经过运输、安装以后,受振动等因素的影响,仪表的精确度可能有变化,为了保证使用精确度,在仪表正式投产使用以前应进行检定。使用中或修理后的流量计都必须定期检定。我国在 JJG(国家计量器具检定规程)中,规定了对各种计量仪表的检定方法及周期。

计量检定周期是依据计量检定规程的规定而定,不同的计量器具检定周期是不同的。例如,涡轮流量计按照 JJG 1037《涡轮流量计检定规程》规定:流量计的检定周期一般为 2 年,精确度等级不低于 0.5 级的检定周期为 1 年。腰轮流量计按照 JJG 633《气体容积式流量计检定规程》规定:准确度等级为 0.2 级或 0.5 级的流量计,检定周期为 2 年;其余等级的流量计检定周期为 3 年。超声波流量计进行实流检定后,若每年都能在现场进行使用中检验,可将超声波的实流检定周期由每 2 年检定一次延长至每 6 年实流检定一次。

2. 液体流量标准装置

1)液体流量标准装置简介

液体流量标准装置可分为容积法和质量法标准装置两种。

标准罐法、标准体积法、标准流量计法标准装置均属于容积法标准装置,标准罐法标准装置又分为开式标准罐法和密闭式标准罐法标准装置两种。按照检定系统的操作方式又可分为静态法和动态法标准装置两种,质量法标准装置也就是称重法标准装置。

(1)容积法标准装置:

① 静态容积法标准装置。该方法即是开式标准罐法。标准罐是一个两端为圆锥形,中间为圆柱形的容器,底部的圆锥有助于排泄,而顶部的圆锥防止容器内夹杂空气,计量罐的颈旁有一个观察的玻璃管和一个标有单位、体积的刻度尺,可读取罐中体积的标准值。该方法由于采用静态启停法检定流量计,所以不适用于检定差压流量计、涡街流量计及涡轮流量计等速度式流量计,这些流量计在每次启停时,都受到流速加快、减慢的影响,但可普遍应用于计量液烃产品的容积式流量计的离线检定。容积法限于使用低黏度的液体。容积式标准罐不是主基准,它必须经过检定,根据其大小,用小容积标准量器或直接用称重装置检定。

② 动态容积法标准装置。动态容积法标准装置由测量容器、储液罐、稳流器等组成。用泵将储液罐中的液体送入稳流器,再经被检流量计、控制阀进入测量容器。测量室自底面的液位检测元件到上部的液位检测元件之间的体积 V 是预先用标准量器标定好的。检定流量计时,液位达到上、下检测元件时发出信号,并记录时间 t,这时的流量 q_v 为:

$$q_v = \frac{V}{t} \tag{13-6-2}$$

③ 标准流量计法标准装置。检定流量计一个最简单、最经济的方法是将被检流量计与一台标准流量计相比较。标准流量计的准确度必须明显高于被检流量计的准确度,检定准确度为 ±0.07%。

(2)质量法(称重法)标准装置。

质量是一个最基本的计量单位,所以质量法的主要优点是传递国家基准更准确,更容易。但是质量法不如容积法适用,它不适合在现场使用,它只限于在实验室使用。

2)标准体积管

用标准体积管作为流量计检定装置是 20 世纪 50 年代由美国研制发展起来的,目前在世界各国已被普遍采用,并制定了国际标准。

标准体积管与其他流量计检定装置相比,具有如下优点:可对流量计进行现场实液检定,使检定条件与现场使用条件基本一致,克服了因工作条件不同而带来的检定误差;检定在密闭条件下进行,可减少因液体挥发而造成的误差;标准体积管的复现性好,优于±0.02%,可以检定高准确度的流量计;标准体积管的操作程序固定,自动化水平较高;标准体积管可对各种类型的流量计进行正确检定。

标准体积管分常规型和小型两种。在常规型中又分很多种,它们主要区别在于阀,有三球无阀式、一球无阀式单向、一球一阀式双向,按安装方式又分为固定式和车装式两种。

（1）常规型标准体积管。

标准体积管按安装方式可分为固定式和活动式两种,按液体流动方向可分为单向式和双向式两种。目前我国主要生产三球无阀式单向标准体积管,一球一阀式双向标准体积管多适用于活动式。

（2）小容积式标准体积管。

常规型标准体积管的缺点有体积大、质量大,在使用上对于有限的面积,这个缺点就显得十分突出。小型标准体积管可以克服上述缺点。小容积式标准体积管的优点:尺寸小、便于移动、可减少占地面积。检定速度快,可减少流量计检定所需时间。流量量程大,可达1000:1,能检定多种规格的流量计。置换器和旁通阀的密封,能连续动态监视。对于脏污的液体,可以立起来操作。当管线压力发生波动时,置换器能自动平衡,使其速度均匀。小体积管是采用脉冲插入技术和微机控制的流量计检定装置,所以准确高,而且自给能力强。

（3）流量计的示值检定。

在检定流量计时,将流量计与标准体积管串联,根据液体流动的连续性和不可压缩性,当体积管内的置换器通过进出口两检测开关时,检测开关发出信号,控制电子脉冲计数器,记录流量计发出的脉冲信号。然后将通过流量计的体积量同两个检测开关之间的标准容积进行对比,确定流量计系数或基本误差。

对复检的流量计至少在最大流量点、常用流量点和最小流量点进行检定,每点重复检定不少于3次,对新安装和外输口的流量计应适当加密检定点。

流量计检定时,应利用标准体积管的出口调节阀调节流量,使标准体积管出口端的压力始终保持高于检定液在工作温度下的饱和蒸汽压。

对流量计每个检定点的每次检定,当检定球在检测开关之间的基准管段中运行时,必须记录下体积管进出口、流量计进出口的温度压力值,以及在体积管行程时间内流量计的脉冲数。

3）水表校验装置

水表校验装置实质上也是容积法水流量标准装置。检定50mm以下的水表,可采用水表校验装置。

标准量器是用来测量流经水表的水量,根据所检水表的流量选用适当的流量计。

在校验过程中,按流量选用标准量器,一般公称流量以上用大标准量器;分界流用中标准量器;小流量及始动流量用中、小标准量器。

水表示值误差求解公式为:

$$\text{水表示值误差} = \frac{\text{水表示值} - \text{标准器示值}}{\text{标准量器示值}} \times 100\% \quad (12-6-3)$$

3. 气体流量标准装置

气体计量相对液体计量影响因素更多,所以解决气体流量计的检定问题就显得更加复杂。目前主要采用钟罩式气体流量标准装置、标准体积管、标准流量计法标准装置等进行气体流量计的检定。

1) 钟罩式气体流量标准装置

钟罩式气体流量标准装置可用来离线检定各种气体流量计,其特点是使用方便可靠,结构简单,成本较低。

钟罩式气体流量标准装置可采用动态容积法、静态容积法或称重法标准装置进行检定。

2) 气体标准体积管

气体标准体积管两个检测开关之间的容积为标准容积。检定流量计时,让经过流量计的气体全部通过气体标准体积管,推动置换器在气体标准体积管内沿气体流动方向向前运动。置换器到达第一检测开关时,检测开关发出信号,启动脉冲计数器,开始记录被检流量计发出的脉冲信号。当置换器到达第二个检测开关时,检测开关发出信号,使电子脉冲计数器停止计数。得到流量计这段时间的脉冲数。由于气体具有可压缩性,为保证测量的准确度,必须将置换器运行过程中压力波动及漏失量限制在最小的范围内,即可以认为任何截面内通过的气体量是相等的。所以可以将流量计测量的气体体积量与标准体积管的标准容积相比较,即可确定流量计系数或流量计的准确度。

3) 标准流量计法标准装置

将一台标准流量计与被测流量计串联。标准流量计的准确度应高于被检流量计2倍以上,比如检定准确度为 ±0.5% 的流量计,标准流量计的准确度应不低于 ±0.2%;检定准确度为 ±1% 的流量计,标准表的准确度应不低于 ±0.5%。

标准流量计现场应用比较方便,但对标准表的制造工艺严格,要求高。

4. 容器的容积检定

1) 立式金属油罐的检定

立式金属罐计量的准确度除了取决于罐本身的准确度外,还受量油尺、温度计、密度计、水分含量分析等计量器具的准确度,以及人的观测误差等多方面因素的影响。立式金属罐计量的综合计量误差为 ±0.35%。

立式金属罐本身的准确度取决于罐的容积检定。

立式金属罐的罐体是圆筒形的,分为若干层,自下而上称为第一圈板、第二圈板……若不考虑罐体变形,则每圈板的容量为 V_i:

$$V_i = \frac{1}{4}\pi d_i^2 h_i \quad (12-6-4)$$

式中 d_i ——第 i 圈板的内径;

h_i ——第 i 圈板的内高。

罐的总容量为：

$$V = \sum_{i=1}^{n} V_i \qquad (12-6-5)$$

在立式金属罐的检定中,任何不正确的测量和计算,其结果都会在罐容量表中产生误差。这种误差为系统误差,也就是经常作用在一个方向上,如果较长时间使用该表就会造成很大的计量误差,所以我国规定凡用于交接计量的油罐每三年检定一次。

按有关规定,油罐区内用电电压不允许超过 20V,这就限制了电测仪器在油罐检定中的应用。综合世界各国对立式金属罐容量的检定方法,目前主要有三种即:围尺法、光学法、液体检定法。

(1) 围尺法。

围尺法是使用标准钢卷尺,紧贴被测罐壁各圈板水平截面测取周长,计算出各截面的内径。围尺法又可分内围尺法和外围尺法。该方法只要尺子的准确度高,测量方法得当,可以得到很高的测量准确度。但这种方法劳动强度大,不安全。国内目前把该方法作为罐容量计量方法对比的基准,而不作为常规方法。

(2) 光学法。

光学法是使用光学仪器对油罐容量进行检定的一种现代方法。美国、英国的光学基准线法,日本的铅垂仪法、激光测距、测角仪法,法国的经纬仪法,苏联国家标准规定的方法,以及我国研制的导轨光学径向测量仪法全都是光学法。

(3) 液体检定法。

有时可用液体检定的方法进行全部或部分的大罐容积检定。特别是对确定浮顶罐的超浮临界区域、油罐的不规则部位,不稳定罐底(即底部偏差随罐内液面高度、静压力或地基水位的变化而变化),不均匀的倾斜油罐,以及外形不规则或不易测量的油罐均可采用液体检定法。

2) 油罐车的容积检定

油罐车的容积检定有三种方法:容量法、水称重法和外部围测法。其中,容量法为最准确的方法,当没有条件使用容量法时,可采用水称重法,而外部围测法仅仅适用于非压力型或非保温的油罐车。油罐车必须按有关规定进行定期检定。

(1) 容量法。

容量法计量装置由几个尺寸适宜的高架罐组成,分主要计量罐与 1 个尾数计量罐,尾数计量罐的直径小一些。水靠重力从计量罐输入到罐车内。必要时,计量罐可以安装适当的连接管,使水从底部流入。

(2) 水称重法。

首先要检查油罐内部,如有灰尘、铁锈等外来物质应将其除掉,然后,称空罐的质量,即皮重。将油罐装满水,然后静置 15min,以排除空气。接着再加水,将水位升到罐壳体顶部,称重,就是罐车总重。总重减去皮重即可得到净重,净重乘以温度修正系数得到标准温度 20℃下的净重。

(3)外部围测法。

该方法具体步骤参见 JJG140《铁路罐车容积检定规程》及 API/ASTMD 1409《油罐车的测量和标定方法》。

参 考 文 献

《油田油气集输设计技术手册》编写组,1995. 油田油气集输设计技术手册[M]. 北京:石油工业出版社.
孙叔平,等,2008. 工业自动化仪表与系统手册[M]. 北京:中国电力出版社.

第十三章 防腐与绝热

在油气田的开发生产中,从油井、水井到管道和储罐以及各种工艺设备都会遭受不同程度的腐蚀,严重的可能会造成巨大的经济损失。随着油气田开发建设的不断发展,石油天然气生产设施腐蚀控制技术也在不断完善和提高。为了总结油气田腐蚀与防护技术经验,提高生产效率和减少腐蚀造成的损失,本章从油气田常见的腐蚀成因及其危害出发,结合不同服役工况、腐蚀严重程度,分别对管道、储罐等设施提出了涂层、阴极保护、缓蚀剂等一系列腐蚀防护措施。

同时,为了减少设备、管道及其附件在运行中的散热损失和工艺过程中热介质的温降,防止或延迟介质凝结,减少冷介质设备、管道及其附件的吸热,保持管道输送及设备生产的能力与安全,节约能源、提高效益、保持正常工作环境温度,改善劳动条件、防止工作人员烫伤,必须对一些需保温(冷)的管道或设备进行绝热。本章提出了绝热技术的材料选择原则、材料特性、计算方法等内容。

第一节 腐 蚀 概 述

一、腐蚀及其危害

金属与环境间的物理—化学的相互作用造成金属性能的改变,导致金属、环境或由其构成的一部分技术体系功能的损坏称为腐蚀。在工业生产中,地下的输送油、气、水的各种钢质管道会受到腐蚀,各种钢质储油罐、储水罐的内壁、罐底会受到腐蚀。腐蚀现象是存在于各行各业各个领域中,是普遍现象,它给国民经济的各个部门造成了巨大的经济损失。腐蚀损失的实例在国内外都是很多的,几个主要工业大国年腐蚀损失统计数据见表13–1–1。

表13–1–1 主要工业大国年腐蚀损失统计数据

国家	腐蚀损失	占国民经济总产值,%	统计时间
中国	5000亿元	—	2003年
美国	1700亿美元	—	1992年
英国	13.65亿英镑	3.5	1969年
日本	92亿美元	1.8	1977年
苏联	163亿美元	2	1976年
加拿大	10亿美元	3	1970年

由于腐蚀是金属的常见病、多发病、慢性病,常常在不知不觉间造成金属的破坏,而防腐蚀工程又很难收到"立竿见影"的效果,因而防腐工作往往引不起人们足够的重视,腐蚀不但能造成油气的跑、冒、滴、漏,产生直接的经济损失,而且可以引起火灾、爆炸等恶性事故,或迫使工厂停产、污染环境、浪费资源等,造成的间接损失更大。因此,对腐蚀的危害绝对不能等闲视之。事实已经证明:针对腐蚀环境进行周密细致的调查,摸清腐蚀介质的腐蚀性,选择耐蚀钢材,合理地采用防腐覆盖层,确定合适的阴极保护系统及运行管理体制等后,做出一个完整的防腐蚀设计是很重要的。只要使这些技术和措施都能实现,就可以把腐蚀控制在最小范围内,从而可以大大延长管线和设备的使用寿命,确保油田长期安全生产。

二、环境腐蚀性及分级标准

在油田生产中,遇到最多最普遍的腐蚀环境是大气和土壤,在了解腐蚀情况时,首先应评价及测定大气、土壤的腐蚀性。

1. 大气腐蚀性

大气腐蚀性等级划分见表 13-1-2,当大气的年腐蚀速率难以获取时,应按 GB/T 19292.1《金属和合金的腐蚀 大气腐蚀性 第 1 部分:分类、测定和评估》有关规定划分大气腐蚀性等级。

表 13-1-2 大气腐蚀性分级

腐蚀级别	单位面积上质量和厚度损失(经第 1 年暴露后)		典型环境
	低碳钢		
	质量损失 Δm, g/m^2	厚度损失 δ, μm	
C1(很低)	$\Delta m \leqslant 10$	$\delta \leqslant 1.3$	
C2(低)	$10 < \Delta m \leqslant 200$	$1.3 < \delta \leqslant 25$	低污染的大气环境,大部分是乡村地区
C3(中)	$200 < \Delta m \leqslant 400$	$25 < \delta \leqslant 50$	城市和工业大气环境,中等的二氧化硫污染地区,低含盐量的沿海地区
C4(高)	$400 < \Delta m \leqslant 650$	$50 < \delta \leqslant 80$	工业区和中等含盐量的沿海地区
C5(很高)	$650 < \Delta m \leqslant 1500$	$80 < \delta \leqslant 200$	湿度高的工业区和含盐量较高的沿海地区

2. 土壤腐蚀性

土壤腐蚀性的测定可采用土壤电阻率,并按照表 13-1-3 的规定划分等级;也可采用试片失重法和腐蚀坑深法,按表 13-1-4 的规定划分等级;含细菌土壤的腐蚀等级,可按表 13-1-5 的规定划分等级。

表 13-1-3 按电阻率划分土壤腐蚀性等级

等级	弱	中	强
土壤电阻率,Ω·m	>50	20~50	<20

表 13－1－4　按腐蚀速率划分土壤腐蚀性等级

等级	弱	较弱	中	较强	强
平均腐蚀速率(试片失重法),g/(dm^2·a)	<1	1~3	3~5	5~7	>7
最大腐蚀速率(腐蚀坑深测试法),mm/a	<0.1	0.1~0.3	0.3~0.6	0.6~0.9	>0.9

表 13－1－5　按土壤细菌腐蚀划分等级

腐蚀级别	弱	中	较强	强
氧化还原电位,mV	≥400	200~400	100~200	<100

三、各种防腐蚀措施综述

在油田生产中腐蚀损失是客观存在的,但只要采取行之有效的防腐措施,由腐蚀所造成的经济损失在很大程度上是可以控制和减缓的。当前,在油田生产中获得了广泛应用的防腐蚀方法,归纳起来主要有以下几种。

1. 合理选材

(1) 在含有较强腐蚀介质的环境中,根据腐蚀介质的性质有针对性地选用耐蚀合金钢材,例如选用不锈钢阀门、法兰、管件等。

(2) 合理选用各类非金属材料,目前在油田上常用的非金属管道材质有 PVC 管、FRP 管等。

2. 表面保护技术

(1) 金属镀层。

金属镀层可分为阳极性镀层和阴极性镀层。锌、铝等镀层就是阳极性镀层,在电化学腐蚀过程中,它们的电位比较低,因此是腐蚀电池的阳极,受到腐蚀,而铁则是阴极,受到保护;锡、镍,铂等镀层是阴极性镀层,它们的电位比铁正,是腐蚀电池的阴极,这类镀层若存在空隙而露出小面积的铁时,则和大面积的镀层构成腐蚀电池,加速漏点的腐蚀甚至造成穿孔,因此要确保镀层的质量。

金属镀层的制造方法,主要有热镀、渗镀、电镀与喷镀等,例如华北油田曾在污水罐内壁,采用喷镀锌层或铝层,又在其表面刷涂环氧树脂的防腐技术,收到了良好的防腐效果。

(2) 非金属覆盖层。

非金属覆盖层可分为无机覆盖层和有机覆盖层,无机覆盖层包括化学转化覆盖层,如阳极氧化膜、铬酸盐处理膜、磷酸盐处理膜、混凝土覆盖层等。有机覆盖层主要包括橡胶、塑料、油漆、防锈油、石油沥青、环氧煤沥青等覆盖层。

3. 环境介质处理

这类处理主要包括两个方面,一方面是除去环境中的有害成分,如脱水、脱氧、脱盐处理,例如目前各油田普遍采用密闭流程可以降低损耗,大大减缓腐蚀,另一方面是针对各种不同性质的腐蚀介质选择不同类型的缓蚀剂,目前各油田的大型工艺场站或有些采油井口都设有加药装置。

4. 电化学保护技术

电化学保护分为阴极保护和阳极保护两种,油、气田的主要腐蚀环境是土壤,适用阴极保护,因此本手册着重介绍阴极保护。

第二节 涂层防护技术

一、油气田防腐蚀涂料概述

我国油气田分布较广,各油气田的腐蚀状况千差万别,因此对防腐涂料的要求也是各不相同的。总的来说,油气田的腐蚀状况要求防腐涂料一般应具有以下性能:

(1)涂层在腐蚀介质中具有良好的稳定性、持久的耐蚀性;
(2)涂层致密性好,对水、CO_2、H_2O 等有良好的抗渗透性;
(3)涂层的耐阴极剥离性强;
(4)对金属附着力良好,并且具备良好的机械性能,施工简便;
(5)某些管道内防腐涂料还要求具备耐热性及防结蜡性等;
(6)绝缘性能好,抗细菌腐蚀;
(7)暴露在大气中的管道外防腐涂料还应具有耐紫外线、耐大气老化等特点。

总之,由于各种油气田管道、储罐等设备所遭受的腐蚀状况不同,在选择防腐涂料时应根据各自的特点和要求进行筛选,才能获得较理想的防腐效果。

1. 油气田常用的防腐蚀涂料

管道、储罐防腐蚀涂料品种较多,性能也各不相同,使用时应根据腐蚀环境、输送介质、施工要求等条件加以选择,油气田管道、储罐等使用的主要防腐涂料品种如下所述。

1)环氧树脂涂料

以环氧树脂为成膜物的涂料称为环氧树脂涂料,是目前应用最广泛、品种最多的一种防腐涂料,环氧树脂涂料具有极强的附着力、良好的韧性、优良的耐化学性等特点。

按环氧树脂的组成形态,油气田常用的环氧树脂涂料包括:溶剂型环氧树脂涂料、无溶剂型环氧树脂涂料、环氧粉末涂料等。

环氧树脂用于内防腐涂层时,常见的无溶剂型及溶剂型的液体环氧防腐涂料的主要技术性能指标见表 13 – 2 – 1、表 13 – 2 – 2。

表 13 – 2 – 1 无溶剂环氧树脂涂料及涂层性能指标

序号	项目	指标	试验方法
1	容器中状态(组分 A,B)	搅拌后均匀无硬块	目测
2	细度(A,B 组分混合后),μm	≤100	GB/T 1724

续表

序号	项目		指标	试验方法
3	固体含量,%		≥98	SY/T 0457
4	干燥时间	表干时间,h	≤4	GB/T 1728
		实干时间,h	≤24	GB/T 1728
5	电气强度,MV/m		≥25	GB/T 1408.1
6	体积电阻率,$\Omega \cdot m$		$\geq 1 \times 10^{13}$	GB/T 1410
7	黏结力,MPa		≥10	SY/T 0319
8	耐盐雾性(3000h)		不起泡、不开裂、不脱层	GB/T 1771
9	耐化学介质性	10% H_2SO_4(常温,30d)	涂层完好	SY/T 0319
		10% NaOH(常温,30d)	涂层完好	SY/T 0319
		10% NaCl(60℃±2℃,30d)	涂层完好	SY/T 0319
10	耐汽油性(常温,30d)		涂层完好	SY/T 0319

表13-2-2 溶剂型环氧树脂涂料及涂层性能指标

序号	项目		指标	试验方法
1	容器中状态(组分A,B)		搅拌后均匀无硬块	目测
2	细度(A,B组分混合后),μm		≤100	GB/T 1724
3	不挥发物含量,%		≥80	GB/T 1725
4	干燥时间	表干时间,h	≤4	GB/T 1728
		实干时间,h	≤24	GB/T 1728
5	电气强度,MV/m		≥25	GB/T 1408.1
6	体积电阻率,$\Omega \cdot m$		$\geq 1 \times 10^{13}$	GB/T 1410
7	黏结力,MPa		≥8	SY/T 0319
8	耐盐雾性(2000h)		不起泡、不开裂、不脱层	GB/T 1771
9	耐化学介质性	10% H_2SO_4(常温,30d)	涂层完好	SY/T 0319
		10% NaOH(常温,30d)	涂层完好	SY/T 0319
		10% NaCl(60℃±2℃,30d)	涂层完好	SY/T 0319
10	耐汽油性(常温,30d)		涂层完好	SY/T 0319

2）聚氨酯涂料

聚氨酯涂料是以聚氨基甲酸酯树脂为基料的涂料,聚氨酯涂料具有涂膜坚硬、耐磨、光亮、附着力强、耐油、耐化学腐蚀等特点。聚氨酯涂料应依据涂敷环境选择合适的类型,当聚氨酯涂料用于大气环境时,可采用丙烯酸聚氨酯,其主要技术性能指标见表13-2-3。

聚氨酯涂料是反应型涂料,除一般涂料共同注意事项外,还需注意以下几点：

（1）双组分涂料必须准确称量,充分搅拌,并需熟化20min后方可施工;

（2）取料完毕应密封桶盖,以免涂料吸潮变质;

(3) 上道漆未干透前即涂敷下一道漆,使两层间结合紧密;
(4) 喷涂时宜采用无气喷涂,不仅效率高,而且不会带入压缩空气中的水、油等杂质。

表 13-2-3 丙烯酸聚氨酯涂料及涂层试件的性能指标

序号	项目		指标	试验方法
1	容器中状态(组分 A,B)		搅拌后均匀无硬块	目测
2	细度(A,B 组分混合后),μm		≤55	GB/T 1724
3	固体含量(组分 A),%(质量分数)		≥50	GB/T 1725
4	干燥时间	表干时间,h	≤2	GB/T 1728
		实干时间,h	≤24	
5	贮存稳定性(组分 A),50℃,30d	沉降程度,级	≥6	GB/T 6753.3
		黏度变化,级	≥6	
6	适用期(A,B),h		≥4h,25℃,黏度值最大增加100%,250g 样品	GB/T 1723
7	附着力,级		1	GB/T 1720
8	柔韧性,级		1	GB/T 1731
9	冲击性,cm		≥50	GB/T 1732
10	耐磨性,mg(500r/500g,CS-10)		≤25	GB/T 1768
11	电气强度,MV/m		≥25	GB/T 1408.1
12	体积电阻率,$\Omega \cdot m$		$\geq 1 \times 10^{12}$	GB/T 1410
13	5% H_2SO_4(常温,30d)		防腐层完好	GB/T 1763
14	5% NaOH(常温,30d)		防腐层完好	GB/T 1763
15	3% NaCl(60℃,30d)		防腐层完好	GB/T 1763
16	耐盐雾性(1000h)		不起泡、不开裂、不脱层	GB/T 1771
17	人工加速老化(1000h)		不起泡、不开裂、不脱层 允许1级变色、1级失光和1级粉化	GB/T 1865
18	冻融循环(5 个循环)		合格	SY/T 0320

3) 氟碳涂料

氟碳面漆是一种具有优异保光保色性能的双组分氟碳树脂面漆,具有超强的保光保色性能,有效阻挡紫外线对漆膜表面所造成的破坏,常在各种要求超长耐候的钢结构或混凝土结构表面作为面漆使用。

常规氟碳涂料的基本性能见表 13-2-4。

表 13-2-4 交联氟碳涂料及涂层试件的性能指标

序号	项目	指标	试验方法
1	容器中状态(组分 A,B)	搅拌后均匀无硬块	目测
2	细度(A,B 组分混合后),μm	≤30μm	GB/T 1724

续表

序号	项目		指标	试验方法
3	氟含量		≥18%	HG/T 3792
4	固体含量(组分A的质量分数),%		≥50%	GB/T 1725
5	干燥时间	表干时间,h	≤2	GB/T 1728
		实干时间,h	≤24	
6	贮存稳定性(组分A),50℃,30d	沉降程度,级	≥6	GB/T 6753.3
		黏度变化,级	≥6	
7	适用期(A,B),h		≥4h,25℃,黏度值最大增加100%,250g样品	GB/T 1723
8	附着力,级		1	GB/T 1720
9	柔韧性,级		1	GB/T 1731
10	冲击性,cm		≥50	GB/T 1732
11	耐磨性,mg(500r/500g,CS-10)		≤25	GB/T 1768
12	电气强度,MV/m		≥25	GB/T 1408.1
13	体积电阻率,Ω·m		$\geq 1 \times 10^{12}$	GB/T 1410
14	5% H_2SO_4(常温,30d)		防腐层完好	GB/T 1763
15	5% NaOH(常温,30d)		防腐层完好	GB/T 1763
16	3% NaCl(60℃,30d)		防腐层完好	GB/T 1763
17	耐盐雾性(1000h)		不起泡、不开裂、不脱层	GB/T 1771
18	人工加速老化(3000h)		不起泡、不开裂、不脱层允许1级变色、1级失光和1级粉化	GB/T 1865
19	冻融循环(5个循环)		合格	SY/T 0320

4）橡胶涂料

橡胶涂料是以天然橡胶衍生物或合成橡胶为主要成膜物的涂料,目前油气田适用的橡胶涂料主要有氯化橡胶、高氯化聚乙烯涂料等。高氯化聚乙烯(HCPE)是热塑性硬质脆性的高分子合成树脂,具有良好的耐候性、耐燃性、耐化学品性和耐油性,广泛适用于石油化工、海洋设施等行业。

按照技术性能,HCPE系列涂料可分为富锌底漆、带锈底漆、防锈底漆、中间漆、防腐面漆及防腐清漆,其物理性能见表13-2-5。

表13-2-5 高氯化聚乙烯系列防腐涂料及其涂层物理性能

序号	项目	富锌底漆 HC-01	带锈底漆 HC-02	防锈底漆 HC-03	中间漆 HC-04	防腐面漆 HC-05	防腐清漆 HC-06	试验方法
1	外观	锌灰	红褐色	铁红	红褐色	各色	淡黄色	目测
2	黏度(25℃),s	≥65	≥65	≥65	≥65	≥75	≥75	GB/T 1723

续表

序号	项目	富锌底漆 HC-01	带锈底漆 HC-02	防锈底漆 HC-03	中间漆 HC-04	防腐面漆 HC-05	防腐清漆 HC-06	试验方法
3	固体份含量,%	≥65	≥40	≥40	≥40	≥35	≥25	GB/T 1725
4	干燥时间,h	表干≤0.5,实干≤24					表干4,实干24	GB/T 1728
5	细度,μm	≤70	≤70	≤70	≤70	≤60		GB/T 1724
6	附着力,级	1	1	1	1	1	—	GB/T 1720
7	柔韧性,mm	1	1	1	1	1	1	GB/T 1731
8	抗冲击,cm	≥50	≥50	≥50	≥50	≥50	≥50	GB/T 1732

5）玻璃鳞片重防腐涂料

玻璃鳞片重防腐蚀涂料是以耐腐蚀树脂为主要成膜基料，薄片状的玻璃鳞片为填料，再掺和其他填料及助剂组成的一类新型防腐涂料。玻璃鳞片重防腐涂料具有优异的耐腐蚀性、抗渗透性、耐磨性能、良好的层间黏结性、耐热、耐冲击等特点，常用于管道、储罐及容器的内壁部位防腐。

常规玻璃鳞片重防腐涂料的基本性能见表13-2-6。

表13-2-6 环氧玻璃鳞片重涂料及涂层性能指标

序号	项目		指标	试验方法
1	容器中状态(组分A,B)		搅拌后均匀无硬块	目测
2	不挥发物含量,%		≥80	GB/T 1725
3	干燥时间	表干时间,h	≤4	GB/T 1728
		实干时间,h	≤24	GB/T 1728
4	电气强度,MV/m		≥25	GB/T 1408.1
5	体积电阻率,Ω·m		$≥1×10^{13}$	GB/T 1410
6	黏结力,MPa		≥10	SY/T 0319
7	耐盐雾性(3000h)		不起泡、不开裂、不脱层	GB/T 1771
8	耐化学介质性	10% H_2SO_4(常温,30d)	涂层完好	SY/T 0319
		10% NaOH(常温,30d)	涂层完好	SY/T 0319
		10% NaCl(60℃±2℃,30d)	涂层完好	SY/T 0319
9	耐汽油性(常温,30d)		涂层完好	SY/T 0319

6）富锌涂料

富锌涂料主要由基料、超细锌粉、化学助剂等组成，按基料的不同可分为无机富锌涂料和有机富锌涂料两大类，无机富锌涂料的涂层坚硬耐久，耐热性好，耐油、耐溶剂性好，导电性较好，锌粉可充分发挥电化学保护作用。但漆膜的物理机械性能较差，施工要求较高。有机富锌涂料一般以环氧树脂为基料，漆膜性能好，附着力强，对基材表面处理要求较低，但在导电性、耐热性、耐溶剂性等方面则不如无机富锌涂料。无机富锌与有机(环氧)富锌常用作复合涂层结构的底漆部分。

无机富锌涂料的技术指标见表13-2-7。

表13-2-7 无机富锌涂料及防腐层性能指标

序号	项目		指标	试验方法
1	容器中状态(组分A,B)		粉末:应呈微小的均匀粉末状态 液料和浆料:搅拌混合后应无硬块,呈均匀状态	目测
2	不挥发物中金属锌质量分数,%		≥80	HG/T 3668
3	干燥时间	表干时间,h	≤0.5	GB/T 1728
		实干时间,h	≤6	GB/T 1728
4	适用期(A,B),h		≥4(25℃,黏度值最大增加100%,250g样品)	GB/T 1723
5	附着力,MPa		≥3	GB/T 5210
6	3% NaCl(60℃,30d)		涂膜完好	GB/T 9274 甲法
7	耐盐雾性(1000h)		不起泡、不开裂、不脱层	GB/T 1771

有机(环氧)富锌涂料的技术指标见表13-2-8。

表13-2-8 环氧富锌涂料的性能要求

序号	项目		性能指标	试验方法
1	容器中状态(组分A,B)		粉末:应呈微小的、均匀的粉末状态; 液料和浆料:搅拌混合后应无硬块,呈均匀状态	目测
2	不挥发分(A,B组分混合后),%		≥70	GB/T 1725
3	不挥发分中金属锌质量分数,%		≥70	GB/T 3668
4	干燥时间	表干时间,h	≤1.5	GB/T 1728
		实干时间,h	≤24	
5	贮藏稳定性(组分A), 50℃,30d	沉降程度,级	≥6	GB/T 6753.3
		黏度变化,级	≥6	
6	适用期(A,B),h		≥2(25℃,黏度值最大增加100%,250g样品)	GB/T 1723
7	附着力,MPa		≥7	GB/T 5210
8	耐冲击性,cm		≥50	GB/T 1732
9	3% NaCl,60℃,30d		涂膜完好	GB/T 9274 甲法
10	耐盐雾性(1000h)		涂膜不起泡、不开裂、不脱层	GB/T 1771

7）导静电涂料

当储罐或容器内介质为可燃易爆且在操作过程中易产生静电荷积累，在没有导静电措施时，与介质接触部位的防腐蚀涂层应采用非碳系导静电型防腐涂料。该涂料能排除积累静电荷，对油品无污染，防腐性能好。

导静电涂料的技术性能见表13-2-9。

表13-2-9 导静电型防腐蚀涂料涂层性能指标

序号	项目		指标		试验方法
			溶剂型	水性	
1	容器中状态		搅拌后均匀无硬块		目测
2	不挥发物含量,%		≥80	≥55	GB/T 1725
3	干燥时间	表干时间,h	≤4		GB/T 1728
		实干时间,h	≤24		
4	表面电阻率,Ω·m		$10^8 \sim 10^{11}$		GH/T 1410
5	附着力,MPa		≥8		GB/T 5210
6	柔韧性,mm		1		GB/T 1731
7	耐冲击性,cm		50		GB/T 1732
8	耐热水性(90℃~100℃,48h)		不起泡、不生锈、不开裂、不脱落		GB/T 1733
9	耐汽油性(60℃±2℃,720h)		不起泡、不生锈、不开裂、不脱落		SY/T 0319
10	耐盐雾性(1000h)		不起泡、不生锈、不开裂、不脱落		GB/T 1771
11	耐化学介质性	5% H_2SO_4(常温,720h)	不起泡、不生锈、不开裂、不脱落		GB/T 9274 甲法
		5% NaOH(常温,720h)			
		5% NaCl 常温,720h)			

8）热反射隔热涂料

热反射隔热涂料是适应石油液化气贮罐、液体石油产品贮罐夏季降温需要而发展起来的新型防腐涂料。热反射隔热涂料由耐候性好的合成树脂、太阳能屏蔽剂、添加剂和溶剂组成，该涂料耐候性好，太阳光反射比高，半球发射率高，防腐性能好，施工方便。

热反射隔热涂料的技术性能见表13-2-10。

表13-2-10 热反射隔热涂料和涂层性能指标

序号	项目		指标	试验方法
1	不挥发物含量,%		≥50	GB/T 1725
2	干燥时间	表干时间,h	≤4	GB/T 1728
		实干时间,h	≤24	GB/T 1728
3	附着力,MPa		≥5	GB/T 5210
4	柔韧性,mm		1	GB/T 1731

续表

序号	项目		指标	试验方法
5	耐冲击性,cm		50	GB/T 1732
6	太阳光反射比	白色	≥0.80	JG/T 235
		其他色	≥0.60	
7	半球发射率		≥0.85	GB/T 2680
8	近红外光反射比		≥0.60	JB/T 235
9	耐盐雾性(720h)		不起泡、不生锈、不开裂、不脱落	GB/T 1771
10	人工加速老化(1000h)		不起泡、不开裂、不脱层、不粉化,允许2级变色和1级失光	GB/T 1865
11	耐化学介质性	5%H_2SO_4(常温,168h)	不起泡、不生锈、不开裂、不脱落	GB/T 9274 甲法
		5%NaOH(常温,168h)		

2. 油气田新兴的防腐蚀涂料

随着油气田的深度开发,各大油田在油气生产过程中均发现了一些新的腐蚀问题,例如保温层带来的腐蚀、钢结构表面处理不达标带来的腐蚀等。

保温层下腐蚀(Corrosion Under Insulation,CUI)是指发生在包裹保温材料的管道或设备外表面上的一种腐蚀现象,该类型腐蚀主要集中在200℃以下,仅仅石化行业每年因为保温层下钢结构的腐蚀造成的损失可达数十亿美元。研究表明,施加了保温结构的设备或管道,运行5年后发生保温层下腐蚀的概率将大幅上升,使用10年后的保温层60%都含有腐蚀性冷凝水,极大地提高了CUI发生的概率。

同时,在油气田生产设施的涂层维修过程中,对于异型钢构件,无法采用喷砂除锈工艺,只能采用动力工具除锈或手工除锈等方法。如采用常规的环氧涂料,可能因为钢结构表面处理不达标而引起涂层过早脱落等问题。因此,有必要针对现场实际情况根据可实现的除锈方式选择合适的涂层结构。

国际知名油漆厂商(例如 Jotun、PPG、IP 等)针对存在的腐蚀问题推出了一些新型的防腐蚀涂料,并取得了良好的应用效果。

1)环氧酚醛防腐涂料

耐高温漆 Jotatemp 250 是一种双组分酚醛环氧复合涂料,专门被设计用来抵御保温层下腐蚀,持续耐温达到250℃,也可用于维修结构,可以作为大气环境下的底漆、中间漆和面漆。该种油漆适用于适当处理的碳钢、镀锌钢、不锈钢等表面,常常用于高温下要求长效防腐的场合。耐高温环氧酚醛涂料的性能指标见表13-2-11。

表 13-2-11 耐高温环氧酚醛涂料的性能指标

序号	项目		指标	试验方法
1	容器中状态		搅拌后均匀无硬块	目测
2	细度，μm		≤80	GB/T 1724
3	固体含量（质量分数），%		≥70	GB/T 1725
4	干燥时间，(25℃)	表干时间，h	≤7	GB/T 1728
		实干时间，h	≤12	
5	贮存稳定性，(50℃,30d)	沉降程度，级	≥6	GB/T 6753.3
		黏度变化，级	≥6	
6	附着力，MPa		≥5	GB/T 5210
7	柔韧性，mm		2	GB/T 1731
8	耐冲击性，cm		≥50	GB/T 1732
9	耐热性（≥200℃,24h）		防腐层完好，可轻微变色	GB/T 1735
10	电气强度（MV/m）		≥25	GB/T 1408.1
11	体积电阻率，Ω·m		$\geq 1\times 10^{13}$	GB/T 1410
12	冻融循环（5个循环）		合格	SY/T 7036

2）聚硅氧烷涂料

HardtopPro 聚硅氧烷涂料是一种高固体份含量的高性能面漆，在对保光保色性有高要求的严酷腐蚀性的大气环境中表现良好。聚硅氧烷涂料不含异氰酸酯，体积固体份含量高，一次成膜范围广，VOC 含量很低，绿色环保。聚硅氧烷涂料的性能指标见表 13-2-12。

表 13-2-12 聚硅氧烷面漆及涂层性能指标

序号	项目		指标	试验方法
1	基料中硅氧键含量，%		≥15	HG/T 4755
2	不挥发分含量，%		≥75	GB/T 1725
3	干燥时间	表干时间，h	≤8	GB/T 1728
		实干时间，h	≤24	
4	附着力（拉开法），MPa		≥8	GB/T 5210
5	柔韧性，mm		1	GB/T 1731
6	耐冲击性，cm		≥50	GB/T 1732
7	耐化学介质（常温,240h）	5% H_2SO_4（常温,168h）	不起泡、不生锈、不开裂、不脱落	GB/T 9274
		5% NaOH（常温,168h）	不起泡、不生锈、不开裂、不脱落	
		5% NaCl（60℃±2℃,168h）	不起泡、不生锈、不开裂、不脱落	

续表

序号	项目	指标	试验方法
8	耐盐雾性(1000h)	不起泡、不生锈、不开裂、不脱落	GB/T 1771
9	人工加速老化(3000h)	不起泡、不生锈、不开裂、不脱落；变色、失光、粉化均≤1级	GB/T 1865
10	冻融循环(5个循环)	合格	SY/T 0320

3）低表面处理环氧树脂涂料

低表面处理环氧耐磨漆 Jotamastic 90GF 是一种双组分环氧涂料，具有较高的固体含量，可以接受手动或电动工具打磨处理至 St2 的表面，还适用于水喷射处理的表面。可以为现场由于场地、工具等原因难以进行喷砂处理的部位提供同样优异的长效防腐效果，非常适用于处于常温环境下的钢结构的涂层维修。

低表面处理环氧树脂涂料的性能指标见表13-2-13。

表13-2-13 低表面处理环氧树脂漆的性能指标

序号	项目		指标	试验方法
1	容器中状态		搅拌后均匀无硬块	目测
2	体积固体份,%		≥80	GB/T 9272
3	质量固体含量,%		≥85	GB/T 1725
4	密度,g/mL		≥1.5	GB/T 6750
5	干燥时间,23℃	表干时间,h	≤4	GB/T 1728
		实干时间,h	≤10	
6	适用期(25℃),h		≥1	GB/T 1723
7	附着力,MPa		≥5	GB/T 5210
8	柔韧性,mm		≤2	GB/T 1748
9	耐冲击性,cm		≥50	GB/T 1732
10	耐盐雾性(1000h)		不生锈、不起泡、不开裂、不脱层	GB/T 9274

4）黏弹体胶带

黏弹体防腐胶带是专门为埋地管道，以及其他异构管件诸如法兰、三通、阀门等所设计的一种新型防腐结构，在地下水位高的强腐蚀环境中性能十分优异，同时其对金属表面处理要求较低，达到 St3 级即可。该种胶带最早起源于荷兰斯托普（STOPAQ），随着各大油田的推广应用，黏弹体防腐胶带已国产化。

黏弹体防腐胶带的技术性能见表13-2-14。

表 13-2-14 黏弹体胶带性能要求

序号	项目			性能指标		试验方法
1	外观			边缘平直,表面平整、清洁		目测
2	颜色			非黑色		目测
3	最小厚度,mm			≥1.8		GB/T 6672
4	滴垂(最高设计温度 +15℃,且至少应≥80℃,48h)			无滴垂		SY/T 7036
5	绝缘电阻(23℃)	R_{S100},$\Omega \cdot m^2$		≥10^8		SY/T 7036
		R_{S100}/R_{S70}		≥0.8		
6	剥离强度,N/cm	对钢/防腐层	-45℃	50	胶层覆盖率≥95%	GB/T 23257
			23℃	≥2		
			最高设计温度	—		
		对背材	-45℃	50		
			23℃	≥2		
			最高设计温度	—		
7	热水浸泡后的剥离强度,N/cm(最高设计温度+20℃,100d)	对钢/防腐层	23℃	≥2	胶层覆盖率≥95%	GB/T 23257
			最高设计温度	—		
		对背材	23℃	≥2		
			最高设计温度	—		
8	干热老化后的剥离强度,N/cm(最高设计温度+20℃,100d)	对钢/防腐层	23℃	≥2	胶层覆盖率≥95%	GB/T 23257
			最高设计温度	—		
		对背材	23℃	≥2		
			最高设计温度	—		
9	搭接剪切强度,MPa		-45℃	≥1.0	胶层覆盖率≥95%	GB/T 7124
			23℃	≥0.02		
			最高设计温度	—		
10	体积电阻率,$\Omega \cdot m$			≥1×10^{12}		GB/T 1410
11	吸水率,%			≤0.03		SY/T 0414
12	耐化学介质浸泡(常温,90d)	10% NaOH		无鼓泡、无剥离		SY/T 0315
		3% NaCl		无鼓泡、无剥离		

3. 防腐涂料的施工

1)钢材的表面处理

要使涂层充分发挥其对金属的保护作用,就必须保证其与金属间的良好附着,减少引起腐蚀的因素。不同的表面处理方式,获得的质量和经济效益是不相同的。以同样的底漆、面漆配套,在相同的条件下制成试片,经过两年的天然曝晒试验,结果见表 13-2-15。

表13-2-15　钢材表面处理与涂层生锈关系

表面处理方法	不经除锈	手工除锈	酸洗除锈	喷砂磷化处理
涂层生锈腐蚀处理	60%	20%	15%	仅有个别锈点

2）涂装工艺

要想使涂料的性能得到充分发挥,正确的涂装工艺是非常重要的。油气田涂料的施工方法很多,每一种方法又各有其自身的特点和一定的使用范围。选择时应根据被涂结构的材质、形状和大小,所用涂料的性质,环境条件等因素综合考虑。常见的涂装工艺有以下几种。

(1) 刷涂。

这种施工方法的特点是设备简单,投资少,操作容易掌握,适应性强,对工件形状要求不严,节省涂料。缺点是手工劳动生产效率低,劳动强度大,涂层外观欠佳。

(2) 喷涂。

采用压缩空气及喷枪使涂料雾化的涂装方法称为喷涂。该法施工具有涂膜均匀、效率高等优点,但涂料浪费较大,有一部分蒸发损耗。同时由于溶剂大量蒸发,影响操作者的健康和污染环境。常用的喷涂方法有空气喷涂、高压无气喷涂、静电喷涂等,其中油气田常用的是空气喷涂及高压无气喷涂法。

3）常见涂膜病态和补救措施

(1) 流挂:涂料在垂直物面上涂装,在重力作用下部分涂料向下均匀流动,使涂膜厚薄不均,形成泪痕的现象称为流挂。产生流挂现象的主要原因是涂料黏度过低,涂漆蘸漆过厚等。补救方法是提高涂料的黏度,调整喷涂压力和喷距,刷子蘸漆不要太多,以减少和防止流挂。

(2) 咬底:面漆把底漆漆膜软化、膨胀,甚至咬起的现象称为咬底。产生这种现象的原因有:面漆溶解力太强,底、面漆配料不当,底漆未干急于施工等。防治方法为:选用合适的溶剂,注意底、面漆的配套性,涂装时控制适当的底、面漆施工时间等。

(3) 起泡:在涂膜干燥过程中或在高温高湿下表面出现大小不均的圆形不规则突起物的现象,称为起泡。其产生的主要原因有:底材处理不当,有潮气、水分或挥发性物质,施工环境湿气大,喷涂施工中稀释剂挥发速度太快等。解决办法为:结构表面应处理干净,避免在有水和潮气的结构表面上施工,选用挥发性较慢的稀释剂稀释等。

(4) 回粘:涂料施工干燥后经过一段时间仍有粘指的现象称为回粘(发粘)。产生的原因有:涂料质量差或已变质,工件表面有油污或其他化学物质,涂层太厚等。处理办法为:更换涂料,表面处理时应除尽油污及其他杂物,控制单道厚度。

(5) 针孔:涂膜上出现圆形小孔的现象称为针孔。其产生原因是溶剂挥发性太快;刷涂时用力太大、太快以致产生气泡、涂料施工黏度过大等。解决方法有:适当调整涂料的黏度,刷涂时用力不要太快、太大。

(6) 桔皮:涂膜表面在施工过程中出现许多半圆形突起,形似桔皮斑纹状的现象称为桔皮。产生原因为:涂料黏度过高,溶剂挥发性太强,喷嘴大小和喷距不适合等。解决方法为:调整涂料的黏度及溶剂,调整涂料施工工艺。

(7) 发白:涂膜表面在干燥后出现乳白色或云雾状的现象称为发白。其主要原因为:涂料中含有水分,施工温度高,溶剂挥发快。补救措施为:更换涂料,调整施工环境温度或添加少量防潮剂。

总之,在涂装过程中,只要积极采取相应的措施,严格按工艺进行施工,是可以减少或防止涂膜"病态"产生的。

二、外防腐涂层技术

1. 设备及工艺管道外防腐涂层技术

1) 涂层系统选择

防腐涂层的选择应根据大气和介质的性质、环境条件并结合工程中使用部位的重要性及涂料的性能、施工要求等综合选定(表13-2-16、表13-2-17、表13-2-18)。

表13-2-16 大气环境防腐层

设计寿命,a	防腐层结构	管道及设备运行温度 T,℃	环境腐蚀性	底漆干膜厚度,μm	中间漆干膜厚度,μm	面漆干膜厚度,μm	总干膜厚度,μm
5~15	环氧富锌底漆或高固体份环氧底漆;环氧云铁中间漆;丙烯酸聚氨酯涂料或交联氟碳涂料或热反射涂料	$-35 \leq T \leq 100$	C2	≥60		≥40	≥100
			C3	≥60		≥80	≥140
			C4	≥60	≥80	≥60	≥200
			C5	≥60	≥100	≥80	≥240
>15	环氧富锌底漆或高固体份环氧底漆;环氧云铁中间漆;丙烯酸聚氨酯涂料或交联氟碳涂料或热反射涂料	$-35 \leq T \leq 100$	C2	≥60		≥80	≥140
			C3	≥60	≥60	≥40	≥160
			C4	≥60	≥100	≥80	≥240
			C5	≥60	≥160	≥100	≥320
依据工况定	无机富锌底漆;有机硅高温涂料	$100 < T \leq 200$		50~75	25~50		75~125
		$200 < T \leq 400$		50~75	50~75		100~150
	有机硅高温涂料	$100 < T \leq 200$		40~60	40~60		80~120
		$200 < T \leq 400$		40~60	40~60		80~120

表13-2-17 绝热层下防腐层

防腐层	管道及设备运行温度 T,℃	底漆干膜厚度,μm	面漆干膜厚度,μm	总干膜厚度,μm
高固体份环氧底漆;环氧云铁中间漆	$-35 \leq T \leq 100$	≥100	≥100	≥200
耐高温环氧酚醛涂料底漆;耐高温环氧酚醛涂料面漆	$-35 \leq T \leq 200$	130~150	120~150	250~300
有机硅高温涂料	$200 \leq T \leq 400$	40~60	40~60	80~120

表 13－2－18 埋地工艺管道及设备防腐层

防腐层类型	等级及厚度,μm		最高适用温度,℃	管道及设备类别
三层结构聚乙烯防腐层	符合现行标准 GB/T 23257 的要求		80	埋地管道直管段
熔结环氧粉末防腐层	符合现行标准 SY/T 0315 的要求		80	埋地管道直管段
无溶剂环氧防腐层	普通级	≥400	80	埋地管道直管段、弯管、汇管、异地管件、埋地容器
	加强级	≥600		
无溶剂环氧煤沥青防腐层	普通级	≥400	80	
	加强级	≥600		
无溶剂环氧防腐层＋聚烯烃胶黏带防腐层	普通级	≥400（无溶剂环氧）＋≥1000（聚烯烃胶黏带）	70	埋地管道直管段、弯管、汇管、异型管件、低点排水口、埋地容器
	加强级	≥600（无溶剂环氧）＋≥1000（聚烯烃胶黏带）	70	
聚乙烯胶黏带防腐层	特加强级	≥1400	70	
无溶剂环氧玻璃钢防腐层	普通级	≥500（2 布 4 胶）	80	埋地容器
	加强级	≥700（3 布 5 胶）		
黏弹体胶带＋聚烯烃胶黏带防腐层		≥1500（黏弹体胶带）＋≥1000（聚烯烃胶黏带）	70	低点排水口、阀门
矿脂带防腐层		矿脂带底漆＋密封泥＋矿脂带（≥2 层）＋外保护带总厚度≥2200	30	阀门
无溶剂环氧防腐层＋聚烯烃胶黏带防腐层＋铝箔胶带防腐层		≥600（无溶剂环氧）＋≥1000（聚烯烃胶黏带）＋≥（铝箔胶带）	70	出入地面管段
无溶剂环氧防腐层＋铝箔胶带防腐层		≥600（无溶剂环氧）＋≥800（铝箔胶带）	70	
无溶剂环氧防腐层＋热熔胶型热收缩带防腐层		≥600（无溶剂环氧）＋热熔胶型热收缩带		

2）施工技术要求

（1）管道及设备表面处理应符合以下要求：

① 表面处理前应对不需涂装和易于被损坏的部位进行保护。

② 表面处理前应对管道及设备表面的锐角、毛刺、焊接残留物等进行清理,被涂敷表面应光滑平整,局部凹凸和焊缝高度均不宜超过 2mm。

③ 表面处理前应对管道及设备表面的浮锈、油脂、污物和积垢等进行清除。

④ 碳钢、低合金钢管道及设备表面应采用喷砂除锈,用于表面处理的磨料应能产生规定的锚纹深度,磨料在使用过程中应始终保持清洁、无油污、无污染并干燥。除锈等级应达到

GB/T 8923.1《涂敷涂料前钢材表面处理 表面清洁度的目视评定 第 1 部分:未涂敷过的钢材表面和全面清除原有涂层后的钢材表面的锈蚀等级和处理等级》规定的 Sa2.5 级;无法进行喷砂处理的局部边角位置可采用动力或手工工具进行表面处理,除锈等级应达到 St3 级。施工操作应执行 SY/T 0407《涂装前钢材表面处理规范》的相关要求。

⑤ 海运、海边堆放或涂敷施工现场位于盐碱地带的管道及设备表面的水溶性盐可采用湿法喷射清理或水喷射清理,绝热管道及设备表面的盐分不应高于 $30mg/m^2$。

⑥ 不锈钢表面应采用磨料进行轻度喷射处理,但不应采用含有铁、铜、氯等对不锈钢表面性能有影响的磨料。

⑦ 基材表面锚纹深度应符合涂料说明书的要求,当无规定时,碳钢、低合金钢表面锚纹深度宜为 $40 \sim 75 \mu m$,不锈钢表面锚纹深度宜为 $20 \sim 40 \mu m$。

⑧ 表面处理后,应采用干燥、洁净、无油污的压缩空气将表面吹扫干净,清洁度等级应达到 GB/T 18570.3《涂敷涂料前钢材表面处理 表面清洁度的评定试验 第 3 部分:涂敷涂料前钢材表面的灰尘评定(压敏粘带法)》规定的 3 级。

(2)管道及设备外表面涂装施工应符合以下要求:

① 在涂装施工开始前,应进行防腐层的涂敷工艺试验,确定防腐层施工工艺参数。

② 应根据涂料使用说明书进行涂料的混合、稀释。

③ 涂敷表面在喷涂前应清洁、干燥、无尘。应在被喷涂表面返锈或再次污染前进行底漆涂装。如果被涂敷表面被污染或返锈,应重新进行表面处理。

④ 根据确定的涂敷工艺进行涂装施工,涂敷应均匀,对不能采用喷涂施工的位置,可使用刷涂或辊涂。

⑤ 涂装施工过程中,应监测底漆、中间漆、面漆的厚度。

3)施工质量检验

① 表面处理前应对基材外观进行检验,应无锐角、毛刺、油污、积垢等;表面处理和防腐层涂敷过程中应监测并记录环境温度、相对湿度、露点、风速和基材表面温度等。

② 表面处理后,应对除锈等级、清洁度、锚纹深度、盐分进行检验。

③ 防腐层涂敷过程中应对底漆、中间漆、面漆的外观和厚度进行监测。

④ 涂敷完成后,应对防腐层进行外观检测、厚度检测、漏点检测、附着力检测,对检验不合格的防腐层,应根据检验结果分别进行修补、复涂或重涂。

其他施工及检验技术要求参见 SY/T 7036《石油天然气站场管道及设备外防腐层技术规范》。

2. 管道环氧煤沥青防腐层技术

环氧煤沥青涂料是一种将环氧树脂优良的物理化学性能与煤焦油沥青优良的耐水、抗微生物性能结合起来的一种涂料,它易于施工,能获得厚涂膜,在石油工业中获得了广泛的应用,主要用于埋地管道及罐底板下表面外防腐。

1)涂层结构及性能

环氧煤沥青防腐层分为普通级和加强级,加强级可在层间缠绕纤维增强材料进行增强,纤维增强材料可采用丙纶无纺布或玻璃布,防腐层结构及厚度见表 13 - 2 - 19。

表 13-2-19 环氧煤沥青防腐层结构及厚度

等级	结构		厚度,μm
	溶剂型	无溶剂型	
普通级	底漆+多层面漆	单层或多层	≥400
加强级	底漆+多层面漆	单层或多层	≥600
	底漆+多层面漆+纤维增强材料+多层面漆	多层涂料+纤维增强材料+单层或多层涂料	≥700

施工完成后的环氧煤沥青防腐涂层的技术指标应符合表 13-2-20 的规定。

表 13-2-20 环氧煤沥青防腐层技术指标

序号	项目		指标		试验方法
			无溶剂型	溶剂型	
1	黏结强度(拉开法),MPa		≥8	≥7	SY/T 6854
2	热水浸泡后的黏结强度,MPa (最高设计温度,且不超过80℃,28d)		≥5	≥5	SY/T 0447
3	阴极剥离,mm	1.5V,65℃,48h	≤8	≤10	SY/T 0315
		1.5V,23℃,28d	≤10	≤12	
4	工频电气强度,MV/m		≥20	≥20	GB/T 1408.1
5	体积电阻率,Ω·m		≥1×10^{10}	≥1×10^{10}	GB/T 1410
6	耐化学介质腐蚀	10% H_2SO_4 (23℃±2℃,7d)	防腐层完整、无起泡、无脱落	防腐层完整、无起泡、无脱落	GB/T 9274
		10% NaOH (23℃±2℃,7d)	防腐层完整、无起泡、无脱落	防腐层完整、无起泡、无脱落	
		3% NaCl (23℃±2℃,7d)	防腐层完整、无起泡、无脱落	防腐层完整、无起泡、无脱落	
7	耐沸水性(24h)		通过	通过	SY/T 0447
8	耐冲击(23℃±2℃,4.9J)		无漏点	无漏点	SY/T 0315
9	抗弯曲(23℃±2℃,1.5°)		无裂纹	无裂纹	SY/T 6854
10	吸水率(23℃±2℃,24h),%		≤0.4	≤0.4	SY/T 0447

2)施工工艺要求

(1)表面处理。

①表面处理前,应清除钢管表面污物,清除钢管表面的缺陷。

②钢管表面处理应采用喷(抛)射除锈,除锈等级应达到 Sa2.5 级。

③钢管表面经喷砂处理后,应用压缩空气将钢管吹扫干净,灰尘等级达到 2 级及以上。

④表面处理合格后的钢管应在 4h 内进行涂敷施工。表面处理后至喷涂前不应出现浮锈,如出现返锈或表面污染时,应重新进行表面处理。

(2)涂漆和缠绕纤维增强材料。

①采用无纤维增强材料的防腐层结构时,应按照确定的涂敷道数进行涂敷施工,每一道

的涂敷应均匀、无漏涂、无气泡;采用高压无气喷涂工艺涂敷时,喷枪应匀速行走,涂料应雾化良好。

② 采用有纤维增强材料的防腐层结构时,应按照如下步骤进行施工:

底漆涂敷→涂抹腻子→涂敷面漆→缠绕纤维增强材料→涂刷面漆。

③ 涂敷好的防腐层,宜静置自然固化,固化温度宜保持在10℃以上。当需要加温固化时,加热温度不宜超过80℃,并应缓慢平稳升温。

④ 钢管两端宜各留100~150mm不涂环氧煤沥青涂料。

3) 防腐层检验

(1) 防腐层质量检验应包括外观、厚度、漏点和黏结力。外观、厚度、漏点检验应在防腐层实干后进行,黏结力检验应在固化后进行。

(2) 防腐层的固化度应按照下列方法检查:

表干——手指轻触防腐层不粘手或虽发粘,但无漆粘在手指上;

实干——手指用力推防腐层不移动;

固化——手指甲用力刻防腐层不留痕迹。

环氧煤沥青防腐层的其他施工、补口、补伤及检验技术要求参见 SY/T 0447《埋地钢质管道环氧煤沥青防腐层技术标准》的规定。

3. 管道聚乙烯防腐层技术

聚乙烯防腐层是目前国内外埋地管道外防腐的主要结构之一。聚乙烯防腐层因其防腐性能好、吸水率低、机械强度高等性能,近几十年来在国内埋地输水、输气、输油管道上获得了越来越广泛的应用。

1) 聚乙烯防腐层结构及材料要求

聚乙烯防腐层分为两层结构和三层结构两种类型。两层结构的底层为胶黏剂,外层为聚乙烯;三层结构的底层为环氧涂料,中间层为胶黏剂,面层为聚乙烯。三层结构中的环氧涂料可以是液体环氧涂料,也可以是环氧粉末涂料。

采用聚乙烯层外防腐技术时,应根据不同的土壤腐蚀环境选用不同等级结构的防腐层。不同直径的钢管及不同等级结构的聚乙烯防腐层厚度见表13-2-21。

表13-2-21 聚乙烯防腐层的厚度

钢管公称直径 DN,mm	环氧粉末涂层,μm	胶黏剂层,μm	防腐层最小厚度,mm	
			普通级(G)	加强级(S)
DN≤100	≥120	≥170	1.8	2.5
100<DN≤250			2.0	2.7
250<DN<500			2.2	2.9
500≤DN<800	≥150		2.5	3.2
800≤DN≤1200			3.0	3.7
DN>1200			3.3	4.2

(1) 环氧粉末涂料。

环氧粉末涂料的性能指标符合标准 GB/T 23257《埋地钢质管道聚乙烯防腐层》的规定,熔结环氧涂层的性能应符合表 13-2-22 的规定。

表 13-2-22 熔结环氧涂层的性能指标

序号	项目	性能指标	试验方法
1	附着力,级	1	GB/T 23257
2	阴极剥离(65℃,48h),mm	≤5	GB/T 23257
3	阴极剥离(65℃,30d),mm	≤15	GB/T 23257
4	抗弯曲(-20℃,2.5°)	无裂纹	GB/T 23257

注:(1) 实验室喷涂试件的涂层厚度应为 300~400μm。
(2) 低温环氧粉末涂层应在 200℃以下喷涂,普通环氧粉末涂层可在 200℃以上喷涂。

(2) 胶黏剂。

两层结构和三层结构的聚乙烯防腐层所用的胶黏剂的性能要求见表 13-2-23。

表 13-2-23 胶黏剂的性能指标

序号	项目	性能指标	试验方法
1	密度,g/cm³	0.920~0.950	GB/T 4472
2	熔体流动速率(190℃,2.16kg),g/10min	≥0.7	GB/T 3682
3	维卡软化点(A50,9.8N),℃	≥90	GB/T 1633
4	脆化温度,℃	≤-50	GB/T 5470
5	氧化诱导期(200℃),min	≥10	GB/T 23257
6	含水率,%	≤0.1	HG/T 2751
7	拉伸强度①,MPa	≥17	GB/T 1040.2
8	断裂伸长率,%	≥600	GB/T 1040.2

① 拉伸速度为 50mm/min。

(3) 聚乙烯层。

两层结构和三层结构的聚乙烯层性能要求见表 13-2-24。

表 13-2-24 聚乙烯层的性能指标

序号	项目		性能指标	试验方法
1	拉伸强度	轴向,MPa	≥20	GB/T 1040.2
		周向,MPa	≥20	
		偏差①,%	≤15	
2	断裂标称应变,%		≥600	GB/T 1040.2
3	压痕硬度,mm	23℃	≤0.2	GB/T 23257
		50℃或80℃②	≤0.3	

续表

序号	项目	性能指标	试验方法
4	耐环境应力开裂(F50),h	≥1000	GB/T 1842
5	热稳定性│ΔMFR│,%	≤20	GB/T 3682

① 偏差为轴向和周向拉伸强度的差值与两者中较低者之比。
② 常温型试验条件:60℃,高温型试验条件:80℃。

(4) 聚乙烯防腐层。

涂敷完成后的聚乙烯防腐层指标要求见表 13-2-25。

表 13-2-25 聚乙烯防腐层的性能指标

序号	项目		性能指标	试验方法
1	剥离强度,N/cm	20℃±10℃	≥100(内聚破坏)	GB/T 23257
		50℃±5℃	≥70(内聚破坏)	GB/T 23257
2	阴极剥离(65℃,48h),mm		≤5	GB/T 23257
3	阴极剥离(50℃或70℃,30d)①,mm		≤15	GB/T 23257
4	环氧粉末固化度	固化百分率,%	≥95	GB/T 23257
		│ΔT$_g$│,℃	≤5	GB/T 23257
5	冲击强度,J/mm		≥8	GB/T 23257
6	抗弯曲(-30℃,2.5°)		聚乙烯无开裂	GB/T 23257

① 常温型试验条件:50℃,高温型试验条件:70℃。

2) 施工工艺及技术要求

(1) 施工工艺。

三层结构聚乙烯防腐涂层施工工艺流程如图 13-2-1。

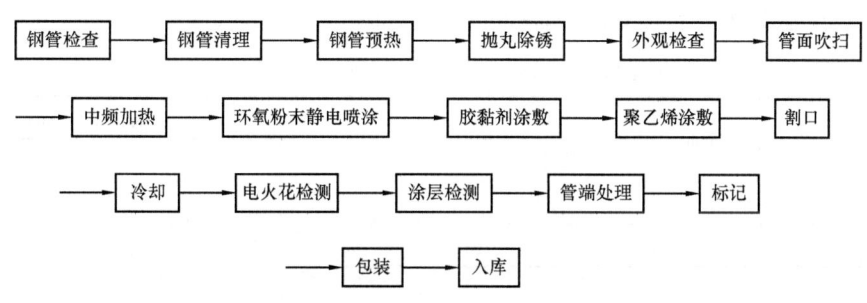

图 13-2-1 三层结构聚乙烯防腐工艺流程

(2) 施工技术要求。

① 防腐层涂敷前,先清除钢管表面的油脂和污垢等,然后进行抛(喷)射除锈,钢管表面处理质量应达到 GB/T 8923.1《涂敷涂料前钢材表面处理 表面清洁度的目视评定 第1部分:未涂敷过的钢材表面和全面清除原有涂层后的钢材表面的锈蚀等级和处理等级》中规定的 Sa2.5 级要求,锚纹深度达到 50~90μm。钢管表面的盐分不应超过 20mg/m²。

② 应用无污染的热源对钢管加热至确定的涂敷温度,最高加热温度应低于钢管加热温度限制。

③ 环氧粉末应均匀涂敷在钢管表面。

④ 胶黏剂涂敷应在环氧粉末胶化过程中进行。

⑤ 采用侧向缠绕工艺时,应确保搭接部分的聚乙烯及焊缝两侧的聚乙烯完全辊压密实无空洞,辊压时应避免损伤聚乙烯层表面。

⑥ 聚乙烯层包覆后应用水冷却至钢管温度不高于60℃,并确保熔结环氧涂层固化完全。

⑦ 防腐层涂敷完成后,应除去管端部位的防腐层。管端预留长度宜为100~150mm,并满足实际焊接和检验要求。聚乙烯层端面应形成不大于30°的倒角,聚乙烯层端部外宜保留10~30mm的环氧粉末涂层。

3)质量检验

(1)喷砂除锈后的钢管应逐根进行表面除锈等级检验,表面灰尘度评定,盐分含量测定。

(2)涂敷过程中应对钢管加热温度进行连续监测,钢管的加热温度等工艺参数应符合确定的参数。

(3)防腐层外观应逐根目测检查。聚乙烯层表面应平滑、无暗泡、无麻点、无皱折、无裂纹,色泽应均匀,防腐管端应无翘边。

(4)防腐层质量检验包括厚度、漏点、黏结力、阴极剥离、拉伸强度等。

聚乙烯防腐层的质量检验具体要求应符合现行标准 GB/T 23257《埋地钢质管道聚乙烯防腐层》的规定。

4)补口和补伤

(1)补口材料。

当埋地管道采用两层或三层结构聚乙烯防腐层时,常用辐射交联聚乙烯热收缩套(带)进行补口,该补口结构应具有感温颜色显示功能。辐射交联聚乙烯热收缩套(带)应按管径选用配套的规格,其厚度及性能见表13-2-26、表13-2-27。

表13-2-26 管道用热收缩带/套的厚度

序号	适用管径,mm	普通型,mm		高密度型,mm	
		基材	胶层	基材	胶层
1	≤400	≥1.2	≥1.0	≥1.0	≥1.5
2	>400	≥1.5			

表13-2-27 安装系统的性能指标

序号	项目		性能指标	试验方法
1	抗冲击强度,J		≥15	GB/T 23257
2	阴极剥离,mm	最高运行温度,48h	≤5	GB/T 23257
		最高运行温度,28d	≤15	

续表

序号	项目			性能指标	试验方法
3	剥离强度,N/cm	23℃±2℃	对底漆钢	≥50 内聚破坏	GB/T 23257
			对 PE	≥50 内聚破坏	
		最高运行温度	对底漆钢	≥5 内聚破坏	
			对 PE	≥5 内聚破坏	
4	耐热水浸泡(最高运行温度30d)后剥离强度保持率,%	23℃±2℃	对底漆钢	≥75	GB/T 23257
			对 PE	内聚破坏	
5	耐热水浸泡后(最高运行温度,120d)剥离强度保持率,%	外观		热收缩带无鼓泡、无剥离、膜下无水	GB/T 23257
		23℃±2℃	对底漆钢	≥60	
			对 PE	≥60	
6	耐热老化(最高运行温度+20℃,100d)剥离强度保持率(P100/P70,对底漆钢、对管体涂层),%			≥75	GB/T 23257

(2) 补口工艺。

补口前,必须对补口部位进行表面预处理,表面预处理质量宜达到 Sa2.5 级,焊缝处的焊渣、毛刺等应清除干净。

补口搭接部位的聚乙烯层应打磨至表面粗糙,然后用火焰加热器对补口部位进行预热。按热收缩套(带)产品说明书的要求控制预热温度并进行补口施工。

热收缩套(带)与聚乙烯层搭接宽度应不小于 50mm,采用热收缩带时,应用固定片固定,周向搭接宽度应不小于 80mm。

补口质量应检验外观、厚度、漏点及黏结力等。

另外,对于大口径长距离管道,手工安装热收缩带可能导致管口预热温度不足、烘烤不均匀、热收缩带回火不到位,带来热收缩带与管体及 PE 搭接不能实现全面有效黏结等问题,可选用机械化补口方式,其流程如图 13-2-2 所示。

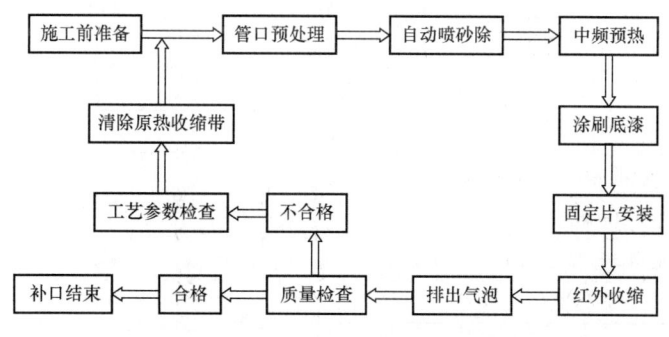

图 13-2-2 机械化补口工艺流程图

（3）补伤。

聚乙烯防腐层破损处应采用聚乙烯补伤片、补伤棒或热收缩带等材料进行补伤。

补伤质量应检查外观、漏点及黏结力等。

聚乙烯防腐层及补口、补伤的其他施工及检验技术要求参见 GB/T 23257《埋地钢质管道聚乙烯防腐层》的规定。

4. 管道聚烯烃胶黏带防腐层技术

胶黏带防腐层已有几十年的历史，它施工方便，所需装备简单，能在现场实现机械化施工，防腐性能较好，获得了广泛的应用。

1）防腐层结构与材料要求

常见的胶黏带有聚乙烯胶黏带、聚丙烯胶黏带等，聚乙烯胶黏带防腐层可由底漆、内带和外带组成，外带不应单独使用，也可由底漆和厚胶型胶黏带组成。聚丙烯胶黏带防腐层应由底漆和厚胶型聚丙烯胶黏带组成。

胶黏带防腐层分为普通级、加强级两个等级，其结构见表 13 -2 -28。

表 13 -2 -28 胶黏带防腐层等级和厚度

序号	防腐层等级	总厚度，mm
1	普通级	≥0.7
2	加强级	≥1.2
3	特加强级	≥2.0

聚乙烯胶黏带的性能见表 13 -2 -29。

表 13 -2 -29 聚乙烯胶黏带的性能指标

项目			性能指标	测试方法
厚度，mm			符合厂家规定，厚度偏差≤±5%	GB/T 6672
基膜拉伸强度，MPa			≥18	GB/T 1040.3
基膜断裂拉伸应变，%			≥200	GB/T 1040.3
剥离强度(180°)，N/cm	对底漆钢	薄胶型胶黏带	≥25	GB/T 2792
		厚胶型胶黏带	≥30	
	对背材	薄胶型胶黏带	≥5	
		厚胶型胶黏带	≥25	
基膜电气强度，kV/mm			≥30	GB/T 1408.1
体积电阻率，$\Omega \cdot m$			$\geq 1 \times 10^{12}$	GB/T 1410
耐热老化(最高运行温度 +20℃，2400h)，%			≥75	SY/T 0414
吸水率，%			≤0.20	SY/T 0414
水蒸气渗透率，mg/(24h·cm²)			≤0.25	GB/T 1037
耐紫外光老化(600h)，%			≥80	GB/T 23257

聚丙烯胶黏带的性能见表 13-2-30。

表 13-2-30 聚丙烯胶黏带的性能指标

项目		性能指标	测试方法
厚度,mm		符合厂家规定,厚度偏差≤±5%	GB/T 6672
基膜拉伸强度,MPa		≥60	GB/T 1040.3
剥离强度(180°),N/cm	对底漆钢	≥30	GB/T 2792
	对背材	≥25	GB/T 2792
电气强度,kV/mm		≥15	GB/T 1408.1
体积电阻率,$\Omega \cdot m$		$\geq 1 \times 10^{12}$	GB/T 1410
耐热老化(最高运行温度+20℃,2400h),%		≥75	SY/T 0414
吸水率,%		≤0.35	SY/T 0414
水蒸气渗透率,$mg/(24h \cdot cm^2)$		≤0.45	GB/T 1037
耐紫外光老化(600h),%		≥80	GB/T 23257

胶黏带防腐层的综合性能指标见表 13-2-31。

表 13-2-31 胶黏带防腐层的综合性能指标

项目名称		性能指标		测试方法
		聚乙烯胶黏带防腐层	聚丙烯胶黏带防腐层	
抗冲击(23℃),J/mm		≥3	≥3	SY/T 0414
阴极剥离(23℃,28d),mm		≤15	≤20	GB/T 23257
剥离强度(层间,23℃),N/cm	厚胶型胶黏带	≥20	≥20	GB/T 2792 (90°)
	薄胶型胶黏带	≥5	—	
剥高强度(对底漆钢,23℃),N/cm	厚胶型胶黏带	≥30	≥30	GB/T 2792 (90°)
	薄胶型胶黏带	≥25	—	
剥离强度(对底漆钢),N/cm	最高运行温度	≥3	≥3	GB/T 2792 (90°)
	最低运行温度	≥10	≥10	
剥离强度(层间),N/cm	最高运行温度	≥2	≥2	GB/T 2792 (90°)
	最低运行温度	≥5	≥5	

2) 施工机具及施工技术要求

(1) 钢管表面除锈前,应清除钢管表面的焊渣、毛刺、油脂及任何其他杂质。钢管表面除锈宜采用喷(抛)射除锈方式,除锈等级应达到 Sa2.5 级,采用电动工具除锈方法时,除锈等级达到 St3 级。

(2) 底漆应涂刷均匀,不得有漏涂、凝块和流挂等缺陷,待底漆表干后再缠绕胶黏带。

(3) 宜使用缠绕机进行缠绕施工,螺旋焊缝管缠绕胶黏带时,胶黏带缠绕方向应与焊缝方向一致。

(4)按照搭接要求缠绕胶黏带,胶黏带始末端搭接长度应不小于1/4管子周长,且不少于100mm。两次缠绕搭接缝应相互错开。搭接宽度遵照设计规定,但不应低于25mm。

(5)工厂预制胶黏带防腐层,管端应有150mm±10mm的焊接预留段。

根据工程实际情况,防腐胶带涂层设计、施工推荐用量见表13-2-32。

表13-2-32 防腐胶带用量推荐表

管道公称直径DN,mm	每延米管道外表面积,m²	建议胶带宽度,m	最低搭边,mm	防腐材料用量	
				单层胶带用量,m²	底漆用量,L
DN15	0.069	0.05	13	0.0934	0.0069
DN20	0.085	0.05	13	0.1146	0.0085
DN25	0.1068	0.05	13	0.1443	0.0106
DN40	0.1507	0.075~0.10	13	0.1733	0.0150
DN50	0.1885	0.075~0.10	13	0.2167	0.0188
DN80	0.2796	0.075~0.10	19	0.3452	0.0279
DN100	0.3581	0.075~0.10	19	0.4101	0.0358
DN150	0.5278	0.10~0.15	19	0.6043	0.0527
DN200	0.6880	0.15~0.20	25	0.7878	0.0688
DN250	0.8576	0.20~0.25	25	0.9477	0.0857
DN300	1.0210	0.20~0.30	25	1.1282	01021
DN350	1.1844	0.20~0.30	25	1.3087	0.1184
DN400	1.3383	0.20~0.30	25	1.4788	0.1338
DN500	1.6619	0.20~0.30	25	1.8993	0.1661
DN600	1.9792	0.20~0.30	25	2.2620	0.1979
DN700	2.2619	0.30	25	2.4676	0.2261
DN800	2.6515	0.30	25	2.8926	0.2651
DN1000	3.2798	0.30	25	3.5779	0.3279
DN1200	3.9207	0.30	25	4.2771	0.3920
DN1400	4.5616	0.30	25	4.9763	0.4561
DN1500	4.8757	0.30	25	5.3190	0.4875
DN1600	5.1899	0.30	25	5.6617	0.5190
DN1800	5.8308	0.30	25	6.3609	0.5831
DN2000	6.4591	0.30	25	7.0463	0.6459
DN2200	7.1000	0.30	25	7.9659	0.7100

3)质量检验

(1)预处理后的钢管表面应进行表面预处理质量检验。

(2)应对防腐层进行100%目测检查,防腐层表面应平整、搭接均匀、无永久性气泡、无皱褶和破损。

（3）防腐层质量检验包括厚度、漏点、剥离强度等。

聚烯烃胶黏带防腐层的其他施工及质量检验技术要求参见 SY/T 0414《钢质管道聚乙烯胶黏带防腐层技术标准》。

5. 管道熔结环氧粉末涂层技术

熔结环氧粉末涂层采用静电喷涂工艺涂敷，一次成膜，涂层具有抗冲击和抗弯曲性能好、耐温性高等优点，该涂层结构常用作管道的内、外防腐。

1）防腐层结构及材料要求

（1）涂层结构。

单层熔结环氧粉末外涂层为一次成膜的结构，双层环氧粉末外涂层由内、外两种环氧粉末涂料分别喷涂一次成膜构成。单层环氧粉末外涂层的最小厚度见表13-2-33，双层环氧粉末外涂层的最小厚度见表13-2-34。

表13-2-33 单层熔结环氧粉末外防腐层厚度

序号	涂层等级	最小厚度，μm
1	普通级	300
2	加强级	400

表13-2-34 双层熔结环氧粉末外防腐层厚度

序号	涂层等级	最小厚度，μm		
		内层	外层	总厚度
1	普通级	250	350	600
2	加强级	300	500	800

（2）材料要求。

熔结环氧粉末涂层的实验室涂敷试件的质量指标见表13-2-35。

表13-2-35 实验室涂敷试件的涂层质量指标

序号	项目		性能指标		试验方法
			单层涂层	双层涂层	
1	外观		平整、色泽均匀、无气泡、无开裂及缩孔，允许有轻度橘皮状花纹	平整、色泽均匀、无气泡、无开裂及缩孔，允许有轻度橘皮状花纹	SY/T 0315
2	热特性	$\|\Delta T_g\|$，℃	≤5	≤5（内层、外层）	SY/T 0315
		固化百分率，%	≥95	≥95（内层、外层）	
3	阴极剥离（65℃，48h），mm		≤6.5	≤6.5	SY/T 0315
4	阴极剥离（65℃，28h），mm		≤15	≤15	SY/T 0315

续表

序号	项目	性能指标		试验方法
		单层涂层	双层涂层	
5	抗弯曲(订货规定的最低实验温度±3℃)	3°弯曲,无裂纹	2°弯曲,无裂纹	SY/T 0315
6	抗冲击,J	1.5(-30℃),无漏点	10(23℃),无漏点	SY/T 0315
7	断面孔隙率,级	1~4	1~4	SY/T 0315
8	黏结面孔隙率,级	1~4	1~4	SY/T 0315
9	附着力(24kg),MPa	1~3	1~3	SY/T 0315
10	附着力(28kg),MPa	1~3	1~3	SY/T 0315
11	耐划伤(30kg),μm	—	≤350,无漏点	ST/Y 4113
12	耐磨性(落沙法),L/μm	≥3	—	SY/T 0315
13	电气强度,MV/m	≥30	≥30	GB/T 1408.1
14	体积电阻率,Ω·m	$\geq 1 \times 10^{13}$	$\geq 1 \times 10^{13}$	GB/T 1410
15	弯曲后涂层耐阴极剥离(28d)	2.5°,无裂纹	1.5°,无裂纹	SY/T 0315
16	耐化学腐蚀	合格	合格	SY/T 0315

2）涂敷工艺及技术要求

熔结环氧粉末涂层生产工艺流程如图13-2-3所示。

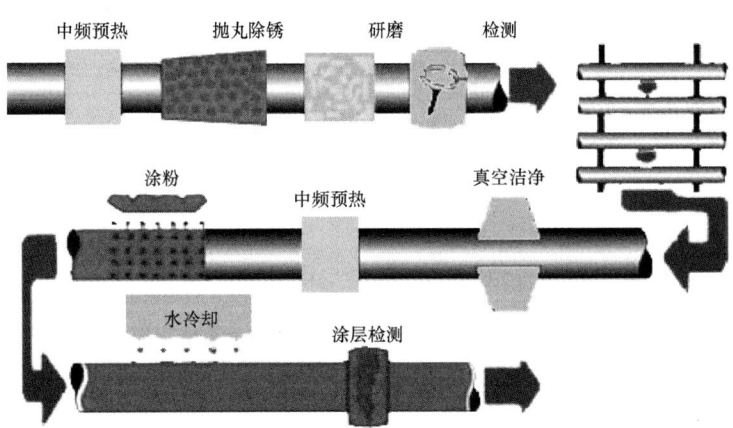

图13-2-3 熔接环氧粉末防腐工艺流程图

（1）钢管外表面涂敷之前,应采用适当的方法将附着在钢管外表面的油、油脂及其他杂质清除干净;钢管表面的盐分不超过20mg/m²时;钢管外表面喷(抛)射除锈等级应达到GB/T 8923.1《涂敷涂料前钢材表面处理 表面清洁度的目视评定 第1部分:未涂敷过的钢材表面和全面清除原有涂层后的钢材表面的锈蚀等级和处理等级》中规定的Sa2.5级。钢管外表面的灰尘度不应低于GB/T 18570.3《涂敷涂料前钢材表面处理 表面清洁度的目视评定 第1部分:

未涂敷过的钢材表面和全面清除原有涂层后的钢材表面的锈蚀等级和处理等级》规定的 2 级质量要求。

（2）涂敷及固化温度。

涂敷前钢管温度应控制在工艺试验确定的范围之内，固化时间应符合所用环氧粉末涂料的要求，双层环氧粉末涂敷时，外层涂敷应在内层胶化完成前进行，且应保证外层环氧粉末涂料所要求的固化温度。

3）质量检验

（1）应对每根钢管的表面缺陷、除锈质量、锚纹深度、灰尘度、盐分、涂敷温度等项目检测。

（2）应逐根监测涂敷前钢管外表面的加热温度，且应控制在工艺性试验确定的温度范围内。

（3）防腐层质量检验应包括外观、厚度、漏点和黏结力等指标，外观、厚度、漏点检验应在防腐层实干后进行，黏结力检验应在固化后进行。

熔结环氧粉末防腐层的其他施工及质量检验技术要求参见 SY/T 0315《钢质管道熔结环氧粉末外涂层技术规范》的规定。

三、内防腐涂层技术

1. 容器与储罐内防腐涂层技术

根据容器和储罐所储介质的品种、腐蚀性和介质的温度，合理地选择保护措施是做好防腐工作的关键。金属容器和储罐最常用的涂层是液体涂料，其次是采用玻璃钢等防腐材料。

1）液体涂料

（1）涂料选择及结构。

由于容器和储罐体积较大，一般应选择常温固化液体涂料，对于不同介质或不同腐蚀性推荐用如下涂料：

① 饮用水或工业清水，建议用经过工业卫生部门鉴定的饮水涂料，如饮水用环氧涂料。

② 油田污水或含水原油储罐，建议用液体环氧涂料、聚氨酯涂料、鳞片防腐涂料等。

③ 成品油或脱水原油罐，建议用导静电防腐涂料。

④ 温度较高的储罐如渣油罐、过热蒸汽容器等，建议采用环氧酚醛涂料或各类耐温防腐涂料。

推荐液体涂料防腐层的结构及厚度见表 13 – 2 – 36，具体的涂层结构还要根据各个涂层品种特性确定。

表 13 – 2 – 36　涂料防腐层的结构和厚度

防腐等级	涂层结构	涂层厚度，μm
普通	二道底漆，二道面漆	150～200
加强	二道底漆，三道面漆	200～300
特强	二道底漆，四道面漆	300～500

根据储罐所储介质的腐蚀性、温度及其部位的不同,在采用涂料防腐时,可参考表 13-2-37。

表 13-2-37　容器及储罐各部位涂料内防腐涂层保护等级

贮存介质	温度,℃	防腐部位	防腐等级
清水	常温	罐顶	普通
		罐壁	普通
		罐底	普通
回注污水	55~65	罐顶	特强
		罐壁	特强
		罐底	特强
含水原油	55~65	罐顶	特强
		罐壁	加强
		罐底及罐底以上1m的罐壁部分	特强
成品油	常温	罐顶	加强
		罐壁	普通
		罐底	加强

(2)液体涂料施工。

涂漆前对罐或容器内壁表面必须进行喷砂或喷丸除锈,彻底清除被涂表面上的铁锈、油污、氧化皮等,除锈后的金属表面应达到 Sa2.5 级的质量要求。

涂料涂刷时必须按设计要求的底、面漆配套品种施工。涂料在施工前,应先进行试涂,可根据施工的环境温度,对涂料的黏度、固化剂的加入量作适当的调整。

各种涂料可根据具体情况,分别采用刷涂、辊涂和高压无气喷涂的方法进行涂敷。在第一道涂料的涂膜未实干前不得涂第二道涂料,涂漆工程全部完工后,一般需自然干燥 7~10d 才允许投入使用。

(3)涂层质量检查。

施工期间各工序的检查要注意全面性和整体性,罐顶、罐壁、罐底及罐壁四周的上、中、下等部位都要进行检查。

外观检查,涂层表面应颜色一致、无皱纹、流挂现象,涂层表面应进行气泡检查。

附着力检查,按划格法进行漆膜与金属间的附着力检查。

厚度检查,涂层厚度必须符合设计要求,采用测厚仪进行检测。

涂层检漏应无漏点。

液体涂料防腐层的其他施工及质量检验技术要求参见 GB/T 50393《钢质石油储罐防腐蚀工程技术标准》的规定。

2)玻璃钢衬里技术

环氧玻璃钢内衬层由环氧树脂、固化剂、丙酮、无碱玻璃纤维无捻粗纱布组成。玻璃钢具有强度高,抗冲击性能好,吸水率低等特点,具有良好的抗腐蚀能力,常用作储存强腐蚀性介质的容器内涂层。

(1)玻璃钢等级及结构。

玻璃钢内衬层的防腐等级及结构如表13-2-38所示。

表13-2-38 玻璃钢内衬层防腐等级及结构

等级	结构	干膜厚度,mm
普通级	底漆—中间漆—玻璃布—中间漆—面漆—面漆	≥0.4
加强级	底漆—中间漆—玻璃布—中间漆—玻璃布—中间漆—面漆—面漆	≥0.6
特加强级	底漆—中间漆—玻璃布—中间漆—玻璃布—中间漆—玻璃布—中间漆—面漆—面漆	≥0.8

(2)衬里施工工艺。

应对钢表面进行喷砂除锈,除锈质量应达到Sa2.5级,局部喷砂达不到的地方,可采用手工除锈,其除锈质量不应低于St3级。

环氧玻璃钢内衬施工贴布方法可采用间断铺贴法和连续铺贴法。

间断铺贴法的施工程序:

金属表面喷砂除锈→(返锈前)涂刷底漆(自然固化24h)→刮腻子(自然固化24h)→涂刷第一遍中间漆后贴衬第一层玻璃布→(自然固化10~12h)修正缺陷→按第一层贴衬法贴衬至设计文件所规定的层数→涂刷面漆(固化7~10d)→质量检验。

连续铺贴法的施工程序:

金属表面喷砂除锈→(返锈前)涂刷底漆(自然固化24h)→涂刷第一遍中间漆后贴衬第一层玻璃布→涂刷第二遍中间漆后贴衬第二层玻璃布→按此方法贴衬至所需层数,再涂一遍中间漆(自然固化48h)→修正缺陷→涂刷面漆(固化7~10d)→质量检验。

(3)质量检验。

环氧玻璃钢内衬层养护完毕后应对其外观、固化度、厚度、针孔和黏结力进行检验,检验结果应做好记录。

玻璃钢防腐层的其他施工及检验技术要求参见SY/T 0326《钢质储罐内衬环氧玻璃钢技术标准》的规定。

2. 管道内防腐涂层技术

管道内壁腐蚀与输送介质的化学性质、温度、压力、流速等多种因素有关,介质中所含的酸、碱、盐和其他化学物质与管道内壁发生化学和电化学反应,直接腐蚀管道。油田污水中所含的油会加速涂层的破坏,温度升高会增加介质腐蚀性,降低内涂层的强度及黏结力,加速涂层老化。合理地选择涂层并有效涂敷是控制管道内腐蚀的重要手段之一。

1)内涂层技术要求

(1)一般要求。

钢管内表面除锈等级应达到规定的Sa2.5级。

喷涂涂料前钢管内表面采用压缩空气吹扫干净,管内无砂粒尘埃。

表面预处理后的钢管内表面,在其管端 40~100mm 范围内可刷涂两边硅酸锌或其他可焊涂料,干膜厚度 25~30μm,喷涂底漆、面漆时,管端应留出 50~80mm,以免焊接时烧坏涂层。

涂敷内涂层时,钢管的加热温度必须符合所用液体环氧或环氧粉末所要求的温度范围。

选择的液体涂料和粉末涂料应有出厂证明书,其性质符合设计要求。

(2)环氧涂料内涂层结构。

液体环氧涂料或环氧粉末的性能应符合相关规范要求。

涂层的等级及结构应符合设计要求,设计无规定时,可参考表 13-2-39 及表 13-2-40。

表 13-2-39　液体环氧涂料内防腐涂层等级及结构

防腐等级	结构	厚度,μm
普通级	底漆—底漆—面漆—面漆	≥200
加强级	底漆—底漆—面漆—面漆—面漆	≥300
特加强级	底漆—底漆—面漆—面漆—面漆—面漆	≥450

表 13-2-40　输送管道熔结环氧粉末内涂层的厚度

管道使用要求		内涂层厚度,μm
减阻型管道		≥50
防腐型管道	普通级	≥300
	加强级	≥500

2)喷涂工艺要求

(1)管道内防腐涂层质量控制。

涂敷前钢管内表面的清洁度和粗糙度直接影响附着力,因此,经表面处理后的钢管应尽快涂敷。磷化后的钢管应在 24h 内涂敷,喷砂后的钢管应在 6h 内涂敷。过期未涂的表面应重新进行处理。

涂敷前管道内表面必须清洁,无损伤、油污、手印等。若表面附有灰尘、油污等脏物时,可用压缩空气吹扫或用航空洗涤汽油清洗,在清洗时溶剂不应在钢管内表面上自行蒸发干,而需用洁净的抹布擦干,以免溶解在溶剂中的油污等脏物残留在钢管内表面上而影响清洗质量。

施工现场的湿度和温度条件,直接影响涂层质量,一般规定,温度在 10~35℃ 范围内,湿度不超过 80%。温度过低,溶剂挥发慢,涂敷施工时容易产生流淌;温度过高,相对湿度过大,涂层易出现发白、桔皮等现象。

(2)液体涂料内涂敷工艺。

液体涂料内涂敷方法主要包括:离心内涂法、空气喷涂法和无气喷涂法。

钢管液体涂料涂敷工艺流程如图 13-2-4 所示。

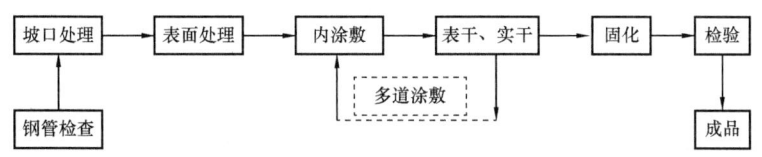

图 13-2-4 钢管液体涂料涂敷工艺流程图

(3) 熔结环氧粉末内涂层涂敷工艺。

涂敷方法主要包括：真空法、水平杆式喷枪喷涂法和静电喷涂法。熔结环氧粉末涂料静电喷涂工艺流程如图 13-2-5 所示。

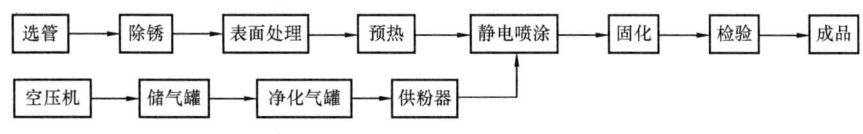

图 13-2-5 钢管熔结环氧粉末涂敷工艺流程图

(4) 管道内防腐整体风送挤涂（风送涂抹器法）工艺。

施工流程如下：

施工准备→管线整体检查→吹扫→通清管器→在线喷砂除锈、除尘→通清管器→风送挤涂→现场检验→补口工艺。

该工艺施工长度可达 5km，其最显著的特点是解决了内补口问题，保证了内涂层的完整性和一致性，并节省了大量补口费用。此法的关键是要有优良的涂装器、恰当的运行控制和正确的涂料投用量以求获得均一的内涂层。但该技术对钢管本身及内表面预处理的要求严格。施工管段中不得有三通、阀组。每一施工管段应由同管径、同壁厚的钢管组成。除锈应在管线整体检查、吹扫后通清管器，采用整体在线喷砂除锈、除尘。具体可执行 SY/T 4076《钢质管道液体涂料风送挤涂内涂层技术规范》的规定。

3）质量检验

(1) 液体涂料。

对钢管、涂料进行检查并对合格钢管进行坡口和表面及端部处理。

进行钢管内涂敷前，应进行试喷工作，根据设计要求、涂料固体含量、涂层结构、试喷的外观质量和涂层湿膜厚度等调整涂料供给量和喷涂移动速度。

钢管表面和端部处理后应立即进行第一道底漆的喷涂，时间间隔最多不超过 6h。

上一道漆表干后方可进行下一道漆的喷涂，在每道漆喷涂完毕后，应进行涂层湿膜厚度和涂层的外观检查。

钢管内涂层完全固化后，要对外观、厚度、漏点、附着力、硬度等多个指标进行检查。

(2) 熔结环氧粉末。

钢管表面预处理后，应在管端检查待涂敷表面的除锈质量和锚纹深度。

在钢管加热后涂敷粉末前，应采用温度指示笔、远红外测温仪或其他合适的方法监测钢管加热温度。

钢管环氧粉末内涂层的出厂检验包括外观质量、涂层厚度和漏点等。

钢管内涂层质量的形式检验包括冲击强度、附着力、弯曲和阴极剥离试验,并刮取粉末涂料样品进行差热分析(DSC)。

3. 管道内涂层补口技术

管道内涂层补口质量的好坏直接影响管线的使用寿命,为了保证内涂层补口质量,实施管道内补口时,应遵循以下技术要求:

(1)管道内涂层补口处的防腐层结构及所用补口材料应与钢管本体防腐层相同。

(2)管道内涂层补口处应进行表面处理,除锈等级宜达到 Sa2.5 级,并应使管内表面干燥、无焊瘤、焊渣和灰尘等。除锈时不应破坏补口区域外的管道内防腐层,如有破坏应进行补伤。

(3)进行内涂层补口时,应对补口区附近的钢管本体的防腐层进行清理,去除油污、泥土等杂物。内涂层补口防腐层与钢管本体防腐层的搭接长度不应小于 100mm。

(4)内涂层补口工作应在对口焊接后管体表面温度冷却到 50℃以下时进行。

1)补口施工

(1)当管道内防腐层采用液体环氧或熔结环氧粉末时,管道内补口可采用液体涂料补口机补口,其工艺流程如图 13 - 2 - 6 所示。

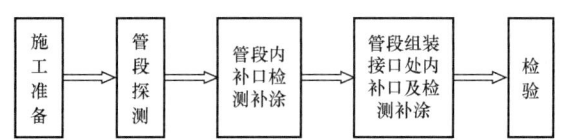

图 13 - 2 - 6 补口机补口施工工艺流程图

管道内补口的平面布置如图 13 - 2 - 7 所示。

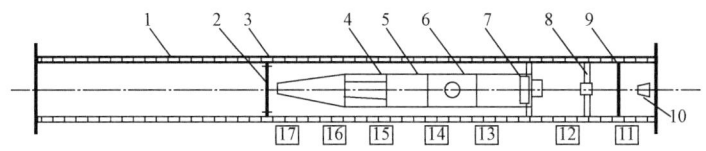

图 13 - 2 - 7 管段内补口平面布置示意图

1—钢质管段;2—操作盘;3—搭接板;4—电源;5—补口机;6—料仓;7—同位素传感器;8—除锈钢刷;9—挡盘;10—喷嘴;11—调整人员;12—同位素源;13—涂料加注器;14—搅拌器;15—充电机;16—操作人员;17—辅助人员

(2)施工工艺条件。

组对焊接后的钢质管段,其质量指标必须符合管道施工及验收规范的有关规定,每自然段的长度不得大于 1km(0.5km 为宜)。管段中任何一部分坡度不得大于 7°,转弯半径不得小于 100m。

组对焊接后的钢质管段,其内部不得有泥、水及其他杂物,并用盲板等封堵管段两端口,且补口前不宜下沟回填。

内补口施工环境温度应为 5~55℃,相对湿度不得大于 85%。

2）质量检验

（1）内补口涂层的性能指标应符合设计要求规定。

（2）涂层厚度、结构、硬度、附着力的检验方法：制作一短管，其材质和内表面质量与施工管段相同，长度为 350～500mm，并把它固定在施工管段末端。每遍内补口结束后，用补口机立即向该短管内表面进行喷涂。补口完成后，该短管内涂层应与补口层相同。用检查该短管的内涂层来代替检查施工管段内补口涂层。

液体涂料内补口工艺的其他施工及检验技术要求参见 SY/T 4078《钢质管道内涂层液体涂料补口机补口工艺》。

3）其他补口技术

除采用内补口机补口施工外，以下补口技术也可根据工程实际情况选择实施。

（1）记忆材料内补口技术。

（2）小口径内涂层管道机械压接技术。

（3）螺纹连接法。

（4）焊接连接法。

（5）机械压接法。

第三节　电化学保护技术

一、电化学保护概述

金属在自然环境和工业生产过程中的腐蚀损坏，大部分是由于电解质的作用而引起的电化学腐蚀。电化学保护就是利用外部电流使金属电位发生改变从而达到减缓或防止金属腐蚀的一种方法。电化学保护分为阴极保护和阳极保护两种，由于阳极保护作为防腐措施在油气田应用很少，本章只介绍阴极保护，阴极保护又分为强制电流阴极保护和牺牲阳极阴极保护两种。

1. 阴极保护基本原理

金属在电解质溶液中，由于表面电化学的不均匀而形成许多腐蚀原电池。原电池的阳极区发生腐蚀，不断输出电子，同时金属离子溶入电解质溶液中。阴极区发生阴极反应，电解质溶液中的氢离子、氧分子或其他能吸收电子的物质在其上进行阴极还原反应，如钢铁在海水中的阴极、阳极反应过程为：

阳极反应过程：$Fe - 2e \longrightarrow Fe^{2+}$

阴极反应过程：$O_2 + 2H_2O + 4e \longrightarrow 4OH^-$

可以把电解质中正在腐蚀的金属表面设想为简单的双电极腐蚀原电池，如果往金属上通以阴极电流，金属电位会向负的方向变化，金属的腐蚀速率就下降，当金属表面阴极极化到一定程度时，阴极、阳极达到等电位原电池的腐蚀就被迫停止，这就是阴极保护的基本原理。图 13－3－1 为阴极保护原理示意图。

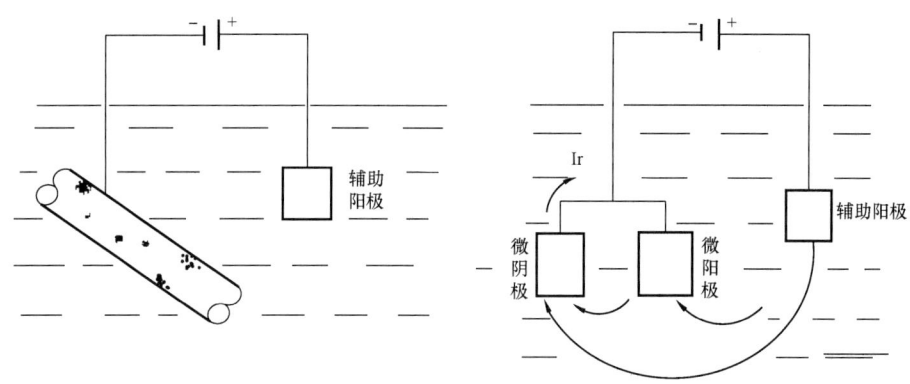

图 13-3-1　阴极保护原理示意图

2. 阴极保护方式的选择

1）基础资料的收集

（1）管道工艺资料。

① 输送介质成分、温度、压力以及重要性；

② 管径、壁厚、材质、长度、变径位置、分支位置等；

③ 埋深、回填有无特殊要求，穿跨越位置及长度，套管位置及长度；

④ 防腐涂层种类、厚度、涂层电阻。

（2）管道沿线土壤腐蚀性资料。

① 沿线土壤电阻率分布；

② 已知的金属腐蚀状况；

③ 水土分析资料、土壤含水率、地下水位高度；

④ 微生物种类及分布情况；

⑤ 交直流干扰源的情况。

（3）管道沿线环境资料。

① 邻近地下金属结构物、电缆等情况；

② 管道沿线电力供应资料。

2）阴极保护方式的选择原则

强制电流阴极保护和牺牲阳极保护都是防止地下油、气管道腐蚀行之有效的方法。在具体工程中应用何种方式为好，应根据基础资料提供的现况及经济指标来确定，基本遵循下列原则：

（1）有无经济方便的电源：有电源时可采用强制电流保护方式，没有经济方便的电源应考虑采用牺牲阳极保护方式。

（2）所需保护电流大小：需要的保护电流大时应采用强制电流保护方式，所需保护电流小时可考虑采用牺牲阳极保护方式。

（3）土壤电阻率高时牺牲阳极保护应用受到限制，应采用强制电流保护方式。

（4）管道周围金属构筑物较多且复杂，容易产生相互干扰时应采用牺牲阳极保护方式。

（5）在杂散电流对管地电位有显著波动影响的地区，不宜采用牺牲阳极保护方式。

（6）应考虑线路通过地带未来的发展以及管道系统未来的扩建。

（7）综合考虑施工费用、操作费用和维护费用，哪种方式经济合理。

3. 阴极保护标准

工程实践证明没有一项阴极保护评价标准能适用于所有条件，因此一个构筑物常用表 13-3-1 所列的任意一项或几项标准来评定。

表 13-3-1 常用阴极保护判定标准

金属或合金	环境条件	最小保护电位（无 IR 降），V	限制临界电位（无 IR 降），V
碳钢、低合金钢和铸铁	一般土壤和水环境	-0.85	管道防腐层的限制临界电位不应比 1.20V（CSE）更负，并应防止防腐层出现阴极剥离、起泡、管体氢脆现象
	40℃＜温度 T≤60℃ 的土壤和水环境	①	
	温度 T＞60℃ 的土壤和水环境	-0.95	
	温度 T≤40℃，100Ω·m＜电阻率 ρ≤1000Ω·m，含氧的土壤和水环境	-0.75	
	温度 T≤40℃，电阻率 ρ＞1000Ω·m，含氧的土壤和水环境	-0.65	
	存在硫酸盐还原菌（SRB）腐蚀风险的缺氧土壤和水环境	-0.95	

① 所有电位相对于铜/饱和硫酸铜参比电极（CSE）。温度为 40~60℃，最小保护电位值可在 40℃时的电位值与 60℃时的电位值之间通过线性插值法确定。

二、强制电流阴极保护

强制电流法阴极保护是利用外部电源对被保护金属结构物施加一定的负电流，使结构物的电极电位通过阴极极化达到规定的保护电位范围，从而抑制腐蚀获得保护。外加电流法阴极保护系统的 3 个主要组成部分：直流电源、辅助阳极、被保护金属结构物（阴极）。此外还有参比电极、检测桩、电缆和绝缘装置等。对于土壤应用的埋地钢质管道强制电流法阴极保护系统的构成如图 13-3-2 所示。

1. 常用阴极保护电源设备

强制电流法阴极保护系统中需要有一个稳定的直流电源，以对被保护金属结构物长期可靠地提供保护电流。一般情况下应优先考虑使用市电或各类场站的稳定可靠的交流电源。当使用农用电时，必须装有备用电源或不间断供电的专用设备。在有可靠的公用市电的情况下，应首先采用整流器或恒电位仪。在无市电的情况下，可根据条件选择太阳能电池、热电发生器（TEG）、密闭循环蒸汽发电机（CCVT）、风力发电机、直流发电机或蓄电池等。

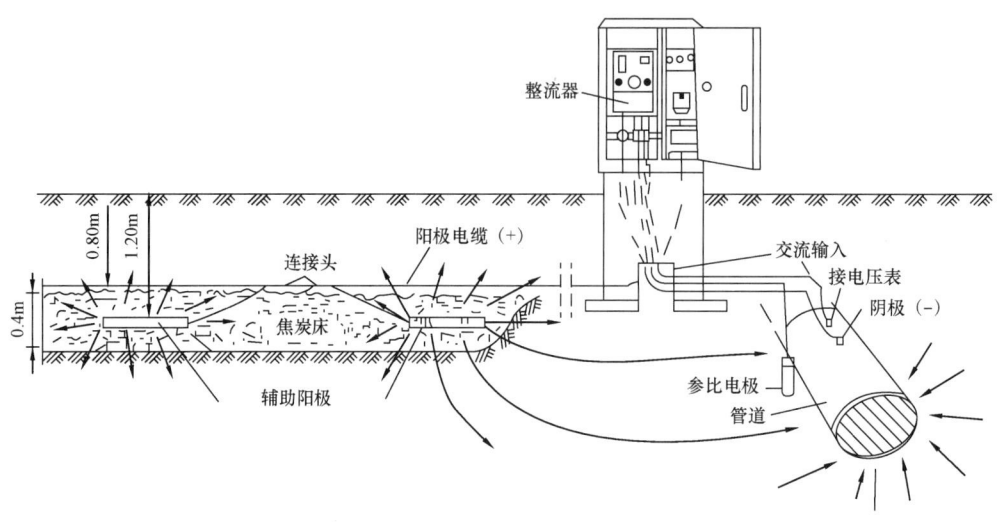

图 13-3-2 埋地钢质管道的强制电流阴极保护系统构成图

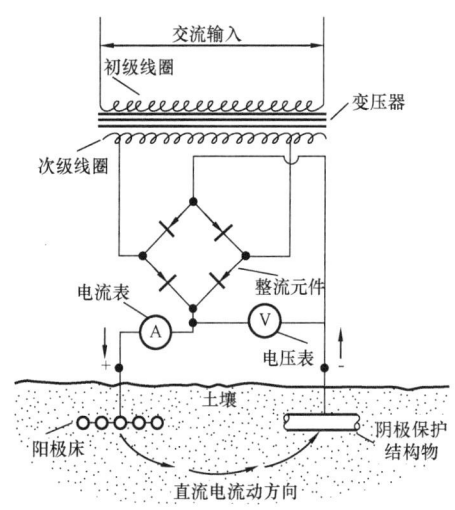

图 13-3-3 用于阴极保护系统的
整流器基本电路

1）整流器设备

整流器是一种将交流电转变为直流电的装置。它结构简单、易于安装、操作维护简便、工作稳定、适应性强。当采用开关电路,整流器的体积也大为缩小。整流线路一般为桥式全波整流。当输出电位较低时(如小于5V),可采用单相桥式整流电路,其整流效率为60%~75%;整流电流中带有48%的100Hz的交流纹波。当功率较大时(如大于2kW),则采用三相桥式全波整流更为经济,其整流效率可达80%~90%,整流电流中300Hz的纹波仅为不超过4%。用于阴极保护系统的整流器电路如图13-3-3所示。

一般认为,整流电流中的纹波(残余的交流脉动电流)可对阴极保护系统和被保护结构物产生如下影响:

（1）对于镀铅铁阳极,纹波电流会引起阳极材料强烈腐蚀和过早损坏;
（2）当阴极保护接入电缆不对称时,纹波电流会对讯号传送产生干扰;
（3）在对水管道实施阴极保护时,纹波电流会破坏感应流量计的工作。

2）恒电位仪

恒电位仪也是一种整流器,它是一种能自动地保持被保护结构物上某控制点电位恒定的电子仪器。为了实现恒电位的目的,恒电位电路设计必须满足两个基本条件:一是应具有一个基准电位(也称为给定电位),且可调节。对于阴极保护体系,这就是指定要控制的保护电位;

二是按照恒电位调节规律运行。当被控制点的电位发生变化时,例如由于电源电压变化或环境条件变化,或由于电化学反应的延续而引起电极电位变化,恒电位仪应具有自动调节的能力,以便被控制点的电位恒定并等于(无限接近于)给定电位。

恒电位仪种类很多,如晶体管恒电位仪、磁饱和恒电位仪、可控硅恒电位仪和高频恒电位仪等。当前我国阴极保护业界大量使用的是可控硅恒电位仪。典型的恒电位仪性能指标举述如下:

(1) 恒电位的控制调节范围(给定电位):$-0.5 \sim -3V$;

(2) 电位控制精度:不大于 $\pm 5mV$;

(3) 参比电极允许流过的阳极性电流不大于 $3\mu A$;

(4) 自动误差报警:保护电位偏离控制电位(给定电位)在 $30mV$ 以上时能自动发出报警信号;

(5) 限流特性:输出电流超过设定值,以至短路,仪表能自动限制输出电流于设定值上,并能发生报警;

(6) 抗交流干扰能力:当参比电极遭受 $24V$ 以下交流干扰时,仪器能正常工作;

(7) 抗雷击余波:阳极、阴极参比电极能承受 $20kV$、重复周期为 $1 \sim 5s$、脉冲宽度约为 $25\mu s$ 的脉冲波,时间为 $1min$,仪器能正常工作。

典型的恒电位仪阴极保护站的电气接线原理如图 13-3-4 所示。

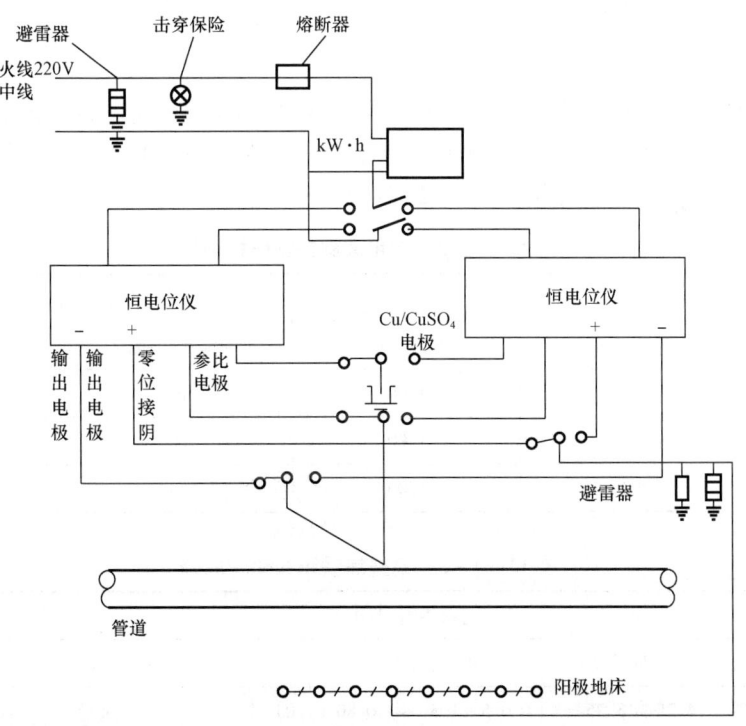

图 13-3-4 应用恒电位仪阴极保护站的电气接线原理图

3）其他形式的电源

阴极保护的金属结构物有时处于无公用电源的地区,尤其是管线,可能经过乡村、山区、高原等。对此可考虑采用其他形式的电源,例如太阳能电池、热电发生器、密闭循环蒸汽发电机、风力发电机、蓄电池等。

2. 辅助阳极

1）阳极材料

强制电流法阴极保护系统中的辅助阳极是构成完整电流回路的基本组件。外部电源的正极连接辅助阳极,电流经由环境介质流入连接外部电源负极的被保护结构物。辅助阳极的基本作用就是长寿命、可靠地承载电流及向被保护结构物供给电流。

辅助阳极的材料种类很多,强制电流阴极保护系统中常用的阳极类型有以下几种。

(1) 钢铁阳极。

钢铁为可溶性阳极材料,钢铁在环境介质中的耐蚀性比其他阳极材料差,消耗率大。对于一个10A的阴极保护站,至少要安装2t钢铁才能满足20年运行周期。一般只使用废旧钢铁作阳极材料,如废旧的钢梁、管道、钢轨、钢桩等。

在土壤环境中,钢铁的腐蚀产物会增大电阻极化,这时可在阳极周围填充焦炭以降低电阻极化。钢铁阳极在工作时电极上析出气体很少,因而不存在气阻问题。因不会析出氯气,废旧钢铁可作为埋地管线等阴极保护的辅助阳极,但近年已较少应用,但在高电阻率介质中仍是重要的辅助阳极材料。

(2) 高硅铸铁阳极。

高硅铸铁是一种常用的阳极材料,外形与铸铁相似,非常脆、硬。高硅铸铁阳极较适用于高土壤电阻率的场合,在含有大量氯离子的环境中,推荐使用含铬的高硅铸铁阳极。高硅铸铁阳极的常用规格及化学成分见表13-3-2、表13-3-3。

表13-3-2 常用高硅铸铁阳极规格

序号	阳极规格		阳极引出导线规格	
	直径,mm	长度,mm	截面积,mm^2	长度,mm
1	50	1500	10	≥1500
2	75	1500	10	≥1500
3	100	1500	10	≥1500

表13-3-3 高硅铸铁阳极化学成分

序号	类型	主要化学成分,%					杂质含量,%	
		Si	Mn	C	Cr	Fe	P	S
1	普通	14.25~15.25	0.5~1.5	0.80~1.05	—	余量	≤0.25	≤0.1
2	加铬	14.25~15.25	0.5~1.5	0.80~1.4	4~5	余量	≤0.25	≤0.1

（3）贵金属氧化物阳极。

贵金属氧化物阳极是在惰性金属（例如钛）上覆盖一层具有电催化活性的金属氧化物（钌、铱等金属的氧化物）而构成，氧化物涂层极化小且消耗率极低，通过调整氧化物的成分，可以使其适应不同的环境，如海水、淡水、土壤介质中。由于贵金属氧化物阳极具有其他阳极不具备的优点，它越来越被广泛地应用于强制电流阴极保护系统中。

管状的贵金属氧化物阳极适用于很多环境，如土壤、淡水、盐渍水和海水中，是目前管道浅埋阳极和深井阳极阴极保护中替代高硅铸铁阳极最有前途的产品，而且其质量小，使用寿命长，性价比高。

常见的管状阳极规格及设计寿命见表13-3-4。

表13-3-4　管状阳极规格及设计寿命

外径，mm	长度，mm	输出电流，A	期望寿命，a
19	1200	7.2	50
25	500	4	50
25	1000	8	50
25	1200	10	50
25	1500	12	50
32	1200	12	50

网状的贵金属氧化物阳极是以钛网带为基材，经过特殊工艺涂敷一层MMO（贵金属混合氧化物）。一般用于储罐底板外壁和混凝土结构阴极保护。MMO网带阳极与钛导电片交叉焊接而成网状平面结构辅助阳极地床。

常见的网状阳极性能指标见表13-3-5。

表13-3-5　网状阳极性能指标

序号	项目	参数
1	截面尺寸，mm×mm	6.35×0.635
2	标准长度，m	100或152
3	阳极质量，g/m	16.7
4	阳极电阻，Ω/m	0.1389
5	阳极面积，m^2/m	0.014
6	等量半径，mm	2.2
7	额定输出电流，mA/m	>20
8	使用寿命，a	50
9	电流效率，A·a/m^2	>72

（4）柔性阳极。

柔性阳极也称线性阳极，目前市面上包括两种类型，一种是导电聚合物型，另一种是混合金属氧化物型。导电聚合物型柔性阳极是用导电的、性能稳定的改性聚合物制成，石墨作为导电填充材料，铜质电缆芯用作电流导线。混合金属氧化物型柔性阳极是将表面涂有混合金属氧化物的钛丝以一定间距与铜导线连接,最后被封装在包覆层中,并用焦炭填料填充。

导电聚合物型柔性阳极的参数见表 13－3－6。

表 13－3－6 导电聚合物型柔性阳极参数

序号	项目	指标
1	导电聚合物型柔性阳极外径,mm	38±2
2	导电聚合物外径,mm	13.2±0.5
3	质量,kg/m	1.4~1.6
4	额定输出电流密度,mA/m	52
5	最低安装温度,℃	－18
6	最小弯曲半径,mm	150

混合金属氧化物型柔性阳极的参数见表 13－3－7。

表 13－3－7 混合金属氧化物型柔性阳极参数

序号	项目	指标
1	柔性阳极体外径,mm	38±2
2	MMO/Ti 阳极芯直径,mm	1.5、3.0
3	输出电流(最大),mA/m	52、160 等
4	设计寿命,a	≥40(可按用户要求设计)
5	电缆	1×10mm² XLPE/PVC
6	填充碳粉碳含量,%	≥99.5
7	MMO/Ti 丝与电缆的接触电阻,Ω	≤0.0009
8	阳极质量,kg/m	1.5
9	每卷阳极长度,m	500、1000

导电聚合物型柔性阳极的结构如图 13－3－5 所示,混合金属氧化物型柔性阳极的结构如图 13－3－6 所示。

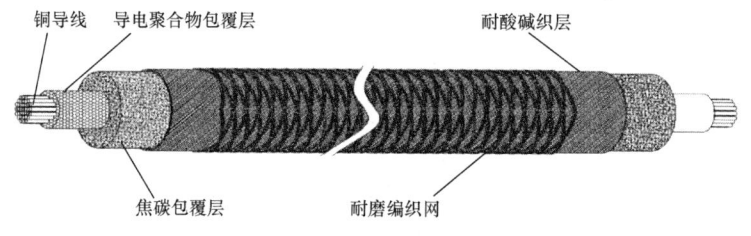

图 13－3－5 导电聚合物型柔性阳极结构图

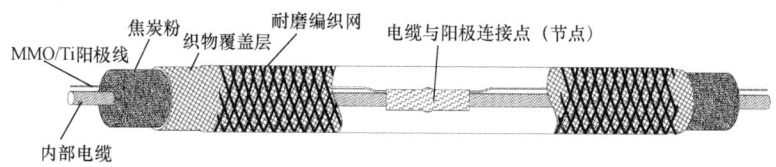

图 13－3－6 混合金属氧化物型柔性阳极结构图

柔性阳极的应用与常规的辅助阳极不同,是沿管道平行敷设(如同电缆一样)。这种阳极的特点是:长距离上电流均匀分布,在复杂管网区域内可避免屏蔽和干扰问题,用户可根据现场截成任意长度或拼接在一起。

柔性阳极配以小型整流器使用,可以成功地解决城市管网、站内管网、油田井口管网的保护。

(5) 其他阳极。

除上面介绍的几种阳极外,强制电流阴极保护常用的阳极还有石墨阳极、磁性氧化铁阳极等。

(6) 阳极回填料。

① 阳极填料的功能。

增大阳极与土壤的接触面,从而降低阳极的接地电阻。

将阳极电化学反应转移到填料与土壤之间进行,从而降低阳极本体的消耗,延长其使用寿命,增大阳极电流输出量。

填料可以消除气阻。在透气性差的土壤中,阳极反应生成的气体,会集聚在阳极表面,使阳极接地电阻增大,从而使阳极电流输出减少,这种现象叫气阻。而阳极四周有填料时,可消除气阻现象。

② 常用的回填料。

辅助阳极常用的回填料有冶金焦炭粒、石墨焦炭粒等,焦炭填充料的含碳量宜大于85%,最大粒径应不大于15mm,具体的填料粒径要求还要根据阳极埋设方式确定。

2) 阳极埋设

(1) 阳极位置选定。

在阴极保护站址选定的同时,应在站址处管道的两侧选择合适的辅助阳极安装位置。其位置尽量满足以下条件:

① 地下水位较高或潮湿低洼;

② 土层厚,无块石,便于施工;

③ 对邻近的地下金属构筑物干扰小;

④ 适应阳极附近地区的近期发展规划;

⑤ 阳极位置与管道垂直距离适当。

(2) 阳极埋设的结构形式。

辅助阳极地床有浅埋式和深井式两种,浅埋式又分为立式和水平式。通常因地理环境及施工机具所限,多用立式敷设。立式敷设虽有很多优点,但也有些场合不能使用,如在薄的岩石层结构和深层土壤电阻率较高的地方、砂质土壤的河滩地及地下水位较高不易开挖的地方和沼泽地带。在有些区域,由于地理环境、地表土壤电阻率的限制,不宜采用浅埋式地床,只得采用深井式地床。这种地床既可少占地,又可在某种程度上减轻对邻近其他金属构筑物的干扰影响。

浅埋立式阳极地床由一根或多根垂直埋入土中的阳极排列构成,阳极间用电缆并联连接,安装如图13-3-7所示。浅埋水平阳极地床由一根或多根阳极以水平状态埋入一定深度的地层中,阳极间用电缆并联连接,安装如图 13-3-8 所示。

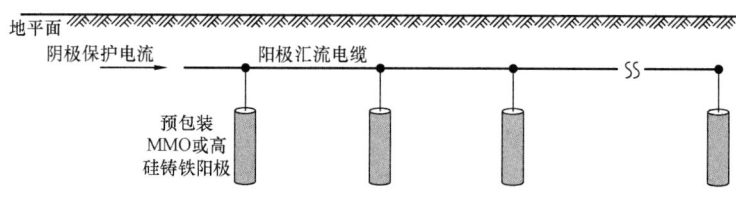

图 13-3-7 浅埋立式阳极地床

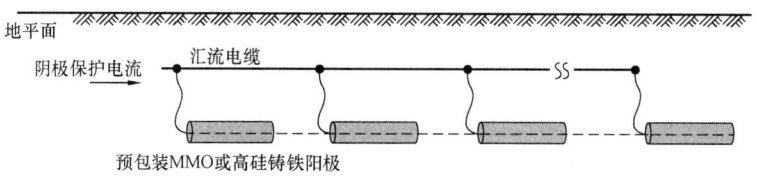

图 13-3-8 浅埋水平阳极地床

深井阳极地床的安装分为开孔式和闭孔式,开孔式阳极地床一般适用于地下水位较高的土壤环境,阳极处在含水电解质中,可设置多个阳极用于提供较大的阴极保护电流。闭孔式阳极地床采用碳质填料填充在阳极体周围,以降低阳极接地电阻,阳极安装分为预包装式安装和非预包装式安装,详细的阳极地床安装要求参考 SY/T 0096《强制电流深阳极地床技术规范》。开孔式深井阳极地床安装如图 13-3-9 所示,闭孔式深井阳极地床安装如图 13-3-10 所示。

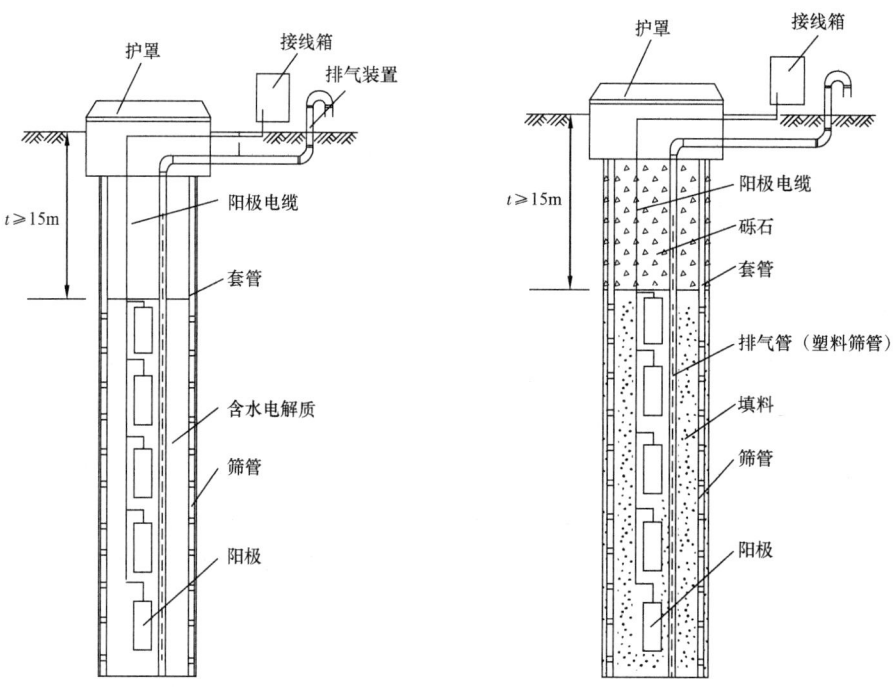

图 13-3-9 开孔式深井阳极地床图   图 13-3-10 闭孔式深井阳极地床图

浅埋阳极地床与深井阳极地床的各自优点对比见表13-3-8。

表13-3-8 浅埋阳极地床与深井阳极地床的优点对比

项目	浅埋阳极	深井阳极
1	容易施工	受地形限制少,不怕金属结构物密集屏蔽、干扰的影响
2	回填料易于压实,不易产生气阻,可减少阳极损耗	电流分布均匀,对临近金属构筑物干扰小
3	便于检查、维修和更换阳极	接地电阻小,不受季节变化影响

3. 其他配套设施

1）常用导线及连接

（1）电缆选型。

在阴极保护系统中,从直流电源到被保护结构物、辅助阳极、参比电极,以及各组成部分与检测站之间,都是通过电缆连接的。特别要注意的是电源与辅助阳极之间的连接电缆,这部分电缆很长,并与土壤等环境介质相接触,易遭受强烈的侵蚀作用。如果电缆断裂、接头损坏或阳极引出线电缆断开,都可能导致整个阴极保护系统失效。

阴极保护系统中电缆截面积选型取决于其上通过的电流大小和经济合理的电压降。

测试电缆的截面不宜小于$4mm^2$。采用多股连接导线时,每股导线的截面不宜小于$2.5mm^2$。

用于强制电流阴极保护的阴极电缆和阳极电缆截面不宜小于$16mm^2$,用于牺牲阳极阴极保护的铜芯电缆的截面不宜小于$4mm^2$。

（2）电缆敷设与连接。

电缆敷设时不要打圈或打结,电缆应埋在细粒土壤中,埋深至少0.7m并于冻土层以下。

电缆与被保护结构物的连接应有足够机械强度和良好的导电性,主要连接方式包括:铝热焊法、铜焊法、机械压接法等。

铝热焊法适用于多种电缆截面,价格较低,但一般用于12点钟方向的焊接位置;铜焊法价格稍高,但可适用于任何方向的焊接,质量更加牢固可靠;机械压接法可能带来连接点电阻过高问题。

2）检测站

检测站也称测试桩,是为了定期检测管道阴极保护参数而沿线设置的永久性设施,根据检测的结果,对阴极保护系统进行调整和维护。测试桩设置原则如下:

（1）汇流点及每千米处设一支电位测试桩;

（2）一般5~20km设一支电流测试桩;

（3）钢套管穿越处设一支电位测试桩;

（4）每一绝缘连接处设一支绝缘接头测试桩;

（5）与其他管道等构筑物相交处设一支交叉测试桩。

测试桩可兼作里程桩,测试桩安装如图13-3-11所示。

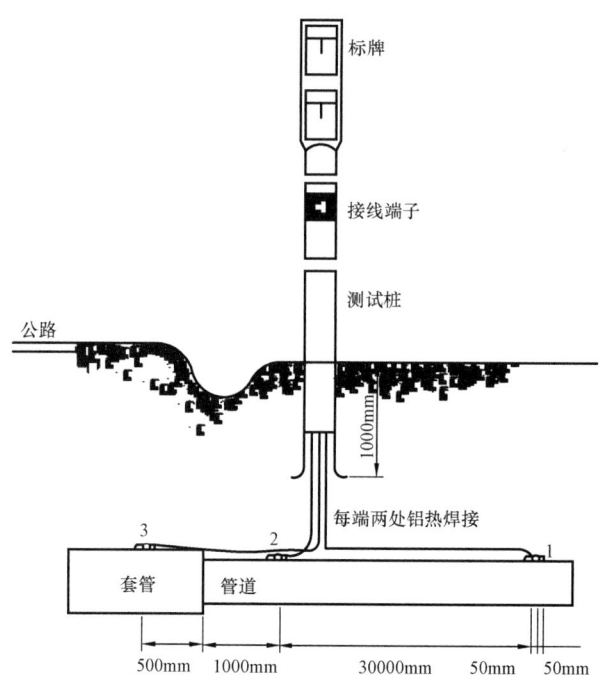

图 13-3-11 电位测试桩安装示意图
1,2—管线电流测试;2—管线电位测试;3—套管电位测试

3)参比电极

在外加电流阴极保护系统中,参比电极用来测量被保护体的电位,恒电位仪通过参比电极测得的电位信号来调节输出电流,使被保护体的电位处于给定范围。

(1)常用参比电极种类。

① 铜—饱和硫酸铜电极;

② 银—氯化银电极(用于水介质);

③ 锌合金电极。

除以上几种参比电极外,还可选用其他合金或结构作参比电极,但必须保证其电位稳定,不易极化,使用寿命长,有一定机械强度,并确定其相对于铜—饱和硫酸铜参比电极的电位值。

(2)参比电极的主要技术性能。

常用参比电极的主要技术性能见表 13-3-9。

表 13-3-9 参比电极主要技术性能

名称	电极结构	电位(25℃,相对于标准氢电极),V	适用的环境分类
饱和硫酸铜电极	Cu/饱和 $CuSO_4$	+0.316	淡水、土壤
饱和氯化银电极	Ag/AgCl	+0.250	海水、含氯污水
锌合金电极	Zn 合金	-0.784	海水、淡水、土壤

（3）埋设位置。

参比电极埋设位置应尽量贴近管道，以减轻土壤介质中的 IR 降影响，但对于热油管道要注意热力场对电极性能的不良影响。

4）电绝缘装置

（1）电绝缘装置安装位置。

为了确保阴极保护电流不流失到阴极保护系统外的结构物上，需要在特定位置设置绝缘装置，典型的安装位置如下：

① 被保护管道与工艺场站、分支管道的连接处；异种金属结合部位，防腐层绝缘性能差别较大的管道之间。

② 在使用金属套管的位置，管道与套管的环形空间内应安装绝缘支撑。

③ 管道与支撑的墩台、桥架等需电绝缘，故要在适当位置安装电绝缘装置。

（2）电绝缘装置类型与安装。

电绝缘装置一般包括：绝缘法兰、绝缘接头、绝缘短管、绝缘垫片等，选取时一般要考虑下列因素。

① 管道输送的介质：选用的绝缘装置必须耐输送介质腐蚀，且绝缘性能不受输送介质的影响。

② 运行、温度：选用的绝缘材料必须适应运行温度范围。

③ 额定运行压力：选用的绝缘装置必须适应运行压力要求。

④ 使用位置可以是埋地的、地上的或水中的，选用的型号应能适应其环境。

⑤ 与外部构筑物接触的绝缘要求：可根据具体情况，设计采用不同形式的绝缘支撑。

三、牺牲阳极阴极保护

1. 常用牺牲阳极材料

牺牲阳极保护法是最早应用的阴极保护方法。它简单易行，不需电源，不用专人管理，不干扰邻近设备和装置，仅消耗少量有色金属材料，就可使金属构筑物得到完全的阴极保护。常用的牺牲阳极材料有镁、锌、铝及其合金，牺牲阳极的种类选取参见表 13-3-10。

表 13-3-10 牺牲阳极种类的应用选择

序号	阳极种类	土壤电阻率，$\Omega \cdot m$
1	锌合金牺牲阳极	<50
2	镁合金牺牲阳极	50~100
3	铝合金牺牲阳极	海水、污水、污油环境

1）镁合金牺牲阳极

镁合金阳极的特点是开路电位高，电化当量低，阳极极化性能好，阳极效率低，消耗快。当土壤电阻率小于 $10\Omega \cdot m$，pH 值不大于 4 时不宜采用镁阳极。

（1）镁合金牺牲阳极的化学成分见表 13-3-11。

表 13-3-11　镁合金牺牲阳极的化学成分　　　单位:%(质量分数)

序号	化学成分	标准型	镁锰型
1	Al	5.3~6.7	≤0.010
2	Zn	2.5~3.5	—
3	Mn	0.15~0.60	0.50~1.30
4	Fe	≤0.005	≤0.03
5	Ni	≤0.003	≤0.001
6	Cu	≤0.020	≤0.020
7	Si	≤0.10	—
8	Mg	余量	余量

(2) 镁合金牺牲阳极的电化学性能见表 13-3-12。

表 13-3-12　镁合金牺牲阳极的电化学性能

性能	标准型	镁锰型	备注
密度,g/cm^3	1.77	1.74	—
开路电位,V	-1.55	-1.63	相对 CSE
理论电容量,A·h/kg	2210	2200	—
电流效率,%	≥50	≥40	
发生电容量,A·h/kg	1110	880	在土壤中,0.03mA/cm^2 条件下
消耗率,kg/(A·a)	≤7.92	≤10.0	

(3) 形状、规格及尺寸。

镁合金牺牲阳极的形状、规格及尺寸见 GB/T 17731《镁合金牺牲阳极》的规定。

2) 锌合金牺牲阳极

常用的锌阳极为 Zn—Al 系,在低电阻率的土壤中应用较好,具有长期稳定的开路电位,阳极输出电流能随着被保护金属构筑物的状态、环境的变化自动调节,电流效率高,能满足阴极保护要求。当环境温度高于 54℃ 时,严禁采用锌阳极,避免发生极性逆转。

(1) 锌牺牲阳极的化学成分见表 13-3-13。

表 13-3-13　锌牺牲阳极的化学成分　　　单位:%(质量分数)

序号	化学成分	锌合金	高纯锌
1	Al	0.1~0.5	≤0.005
2	Cd	0.025~0.07	≤0.003
3	Fe	≤0.005	≤0.0014
4	Pb	≤0.006	≤0.003

续表

序号	化学成分	锌合金	高纯锌
5	Cu	≤0.005	≤0.002
6	其他杂质	≤0.1	—
7	Zn	余量	余量

（2）锌牺牲阳极的电化学性能见表13-3-14、表13-3-15。

表13-3-14　带状高纯锌牺牲阳极的电化学性能

型号	开路电位,V		理论电容量 A·h/kg	实际电容量 A·h/kg	电流效率,%
	相对CSE	相对SCE			
高纯锌	≤-1.10	≤-1.03	820	≥740	≥90

表13-3-15　棒状锌合金牺牲阳极的电化学性能

性能	指标	备注
密度,g/cm³	7.14	—
开路电位,V	-1.10	相对CSE
理论电容量,A·h/kg	820	—
电流效率,%	≥95	在海水中, 3mA/cm² 条件下
发生电容量,A·h/kg	780	
消耗率,kg/(A·a)	≤11.88	
电流效率,%	≥65	在土壤中, 0.03mA/cm² 条件下
发生电容量,A·h/kg	530	
消耗率,kg/(A·a)	≤17.25	

（3）形状、规格及尺寸。

锌合金牺牲阳极的形状、规格及尺寸见GB/T 4950《锌合金牺牲阳极》的规定。

3）铝合金牺牲阳极

常用的铝阳极都是纯铝中加入合金元素的铝合金阳极，具有很高的理论电流输出，铝阳极主要用于海洋及油田污水系统。

（1）铝合金牺牲阳极的化学成分见表13-3-16。

表13-3-16　铝合金牺牲阳极的化学成分

化学成分	Zn	In	Cd	杂质			Al
				Si	Fe	Cu	
含量,%	2.5~4.5	0.018~0.050	0.005~0.020	≤0.10	≤0.15	≤0.01	余量

（2）铝合金牺牲阳极的电化学性能见表 13-3-17。

表 13-3-17 铝合金牺牲阳极的电化学性能

项目	性能	备注
开路电位,V	-1.18～-1.10	相对 SCE
工作电位,V	-1.12～-1.05	相对 SCE
实际电容量,A·h/kg	≥2400	介质为人造海水或天然海水
电流效率,%	≥85	
消耗率,kg/(A·a)	≤3.65	
溶解状况	产品容易脱落、表面溶解均匀	

（3）形状、规格及尺寸。

铝合金牺牲阳极的形状、规格及尺寸见 GB/T 4948《铝—锌—铟系合金牺牲阳极》的规定。

4）镁、锌、铝牺牲阳极的优缺点比较

镁、锌、铝牺牲阳极的优缺点比较见表 13-3-18。

表 13-3-18 镁、锌、铝牺牲阳极的优缺点比较

特点	镁阳极	锌阳极	铝阳极
优点	①驱动电压高; ②发生电量大; ③阳极极化率小,溶解比较均匀; ④能用于电阻率较高的土壤和水中	①性能稳定,自腐蚀小,寿命长; ②电流效率高,能自动调节输出电流; ③碰撞时没有诱发火花的危险; ④不用担心过保护	①发生电量大,单位输出成本低; ②有自动调节输出电流作用; ③在海水、污水环境中性能优良; ④材料容易获得,制造工艺简便
缺点	①电流效率低,自动调节电流能力小; ②自腐蚀大; ③材料来源和冶炼不易; ④若使用不当,会产生过保护; ⑤不能用于易燃、易爆场所	①有效电压低; ②单位面积发生电量少; ③不适宜高温淡水或土壤电阻率过高的环境	①在高电阻率环境中性能下降; ②溶解性较差; ③目前土壤环境中的性能不稳定

2. 牺牲阳极填包料

1）填包料作用

土壤中使用牺牲阳极,通常要在牺牲阳极周围包敷一层导电良好的物料,这种物料称填包料,其作用是:

（1）降低阳极接地电阻;

（2）阻止在阳极表面形成钝化层,增大发生电流;

（3）使阳极本身腐蚀均匀;

（4）使保护电流均匀分布。

2）填包料成分

填包料的成分主要有石膏、膨润土、硫酸镁、硫酸钠等,填包料配方见表13-3-19。

表13-3-19 牺牲阳极填包料配方

类型	阳极类型	质量分数,%			适用土壤电阻率,$\Omega \cdot m$
		石膏粉	膨润土	工业硫酸钠	
1	镁合金牺牲阳极	50	50	—	≤20
2	镁合金牺牲阳极	75	20	5	>20
3	锌合金牺牲阳极	50	45	5	≤20
4	锌合金牺牲阳极	75	20	5	>20

3. 牺牲阳极的施工

1）基本要求

(1) 阳极埋设有立式和卧式两种。埋设位置有轴向和径向,一般距管道外壁3~5m,最小不宜小于0.2m。埋设深度以阳极顶部距地面不小于1m为宜。阳极成组埋设时,相邻两支阳极间距以2~3m为宜。

(2) 寒冷地区阳极必须埋在冻土线以下,河流中阳极要埋设在安全部位,防止洪水冲刷或挖泥时损坏。地下水位低于3m的干燥地带,阳极应适当加深埋设。

(3) 牺牲阳极埋设处,应装设测试桩,以方便牺牲阳极保护参数的测定。

2）现场施工

(1) 严格按施工图纸要求的地点、深度,挖好阳极坑及电缆沟。

(2) 阳极埋设前要清除阳极坑内石块、杂物,检查阳极与电缆接头处导电是否良好。

(3) 将检查确认接头完好的袋装阳极按设计规定的数量、间距及形式放入阳极坑内,然后将阳极电缆沿电缆沟敷设至管道旁预定的位置。

(4) 电缆与管道连接应采用铝热焊接或其他方式,焊后必须将连接处重新进行防腐绝缘处理。

(5) 当确认各焊点质量合格,绝缘处理符合要求,即可开始回填,回填土中不得有石块、杂物。

(6) 填写牺牲阳极安装记录表(表13-3-20)。

表13-3-20 管道工程牺牲阳极埋设记录

序号	阳极编号	埋设日期	埋设位置描述	牺牲阳极				阳极埋深,m	填包料质量,kg	焊点质量及绝缘情况	备注
				型号	数量,支	单重,kg	总重,kg				

续表

序号	阳极编号	埋设日期	埋设位置描述	牺牲阳极				阳极埋深,m	填包料质量,kg	焊点质量及绝缘情况	备注
				型号	数量,支	单重,kg	总重,kg				

记录_____　　　　　　　　　　　　　　　　　　　　　　　　埋设_____

四、典型阴极保护技术设计与应用

1. 埋地钢质管道强制电流阴极保护

1）应用条件

（1）被保护管道必须具有良好的纵向导电连续性，对非焊接连接的管道接头应增设跨接电缆。

（2）为减少电流流失，在管道的特殊位置应装设绝缘法兰或埋地型绝缘接头。

2）设计原则

（1）在管道的强制电流阴极保护系统的设计中，对其保护长度的选取、设备额定输出等应根据工艺计算留有一定余量。

（2）辅助阳极的设计寿命应与被保护管道相匹配。

（3）当管道保护系统与附近外部金属构筑物之间产生干扰现象时，应采取相应的防护措施。

3）保护站的设置原则

油气管道阴极保护站的数量和站址的确定，需要考虑多种因素，通常的做法是：

（1）首先应满足工艺计算；

（2）阴极保护站尽量同沿线站场（泵站、清管站等）建在一起，以方便管理；

（3）根据管道防腐涂层质量好坏、维修周期、管道的使用寿命等因素来确定保护站的数目；

（4）保护站尽量选在被保护管段的中间，以充分发挥一座站的最大效能；

（5）站址附近容易获得稳定可靠的交流电源，并能选出符合要求的埋设阳极地床的区域，避免对邻近地下金属构筑物产生干扰。

4）主要工艺计算

（1）常规选用参数。

在强制电流法阴极保护设计之初,应先确定系统的一些工艺参数。对新建埋地管道可按下列常规参数选取。

① 阴极保护电位选取。

管道自然腐蚀电位：$-0.55V_{CSE}$。

最小保护电位：$-0.85V_{CSE}$。

最大保护电位：$-1.2V_{CSE}$。

② 防腐层面电阻率选取。

石油沥青、煤焦油沥青：$10000\Omega \cdot m^2$。

环氧煤沥青：$5000\Omega \cdot m^2$。

环氧粉末：$50000\Omega \cdot m^2$。

三层 PE 结构：$100000\Omega \cdot m^2$。

③ 钢管电阻率选取。

低碳钢：$0.135\Omega \cdot mm^2/m$。

16Mn 钢：$0.224\Omega \cdot mm^2/m$。

高强度钢：$0.166\Omega \cdot mm^2/m$。

④ 保护电流密度应根据防腐层面电阻率选取。

$5000 \sim 10000\Omega \cdot m^2$：取 $100 \sim 50\mu A/m^2$。

$10000 \sim 50000\Omega \cdot m^2$：取 $50 \sim 10\mu A/m^2$。

$50000 \sim 100000\Omega \cdot m^2$：取 $10\mu A/m^2$。

（2）管道保护长度计算。

$$2L_p = \sqrt{\frac{8\Delta V}{\pi D_p J_s R_s}} \qquad (13-3-1)$$

$$R_s = \frac{\rho_\tau}{\pi(1000D_p - \delta)\delta} \qquad (13-3-2)$$

式中　L_p——单侧保护管道长度,m；

ΔV——最大保护电位与保护电位之差,V；

D_p——管道外径,m；

J_s——保护电流密度,A/m^2；

R_s——管道线电阻,Ω/m；

ρ_τ——钢管电阻率,$\Omega \cdot mm^2/m$；

δ——管道壁厚,mm。

（3）保护电流计算。

$$2I_0 = 2\pi D_p J_s L_p \qquad (13-3-3)$$

式中 I_0——单侧管道保护电流,A;
D_p——管道外径,m;
J_s——保护电流密度,A/m²;
L_p——单侧保护管道长度,m。

(4)阳极地床接地电阻计算。

单支立式阳极地床:

$$R_{V1} = \frac{\rho}{2\pi L_a}\ln\left(\frac{2L_a}{D_a}\sqrt{\frac{4t+3L_a}{4t+L_a}}\right)(t \gg D_a, D_a \ll L_a) \tag{13-3-4}$$

单支水平阳极地床:

$$R_h = \frac{\rho}{2\pi L_a}\ln\left(\frac{L_a^2}{tD_a}\right)(t \gg D_a, D_a \ll L_a) \tag{13-3-5}$$

深井阳极地床:

$$R_{V2} = \frac{\rho}{2\pi L_a}\ln\left(\frac{2L_a}{D_a}\right)(t \gg L_a) \tag{13-3-6}$$

式中 R_{V1}——单支立式辅助阳极接地电阻,Ω;
R_{V2}——深埋式辅助阳极接地电阻,Ω;
R_h——单支水平式辅助阳极接地电阻,Ω;
ρ——土壤电阻率,Ω·m;
L_a——辅助阳极长度(含填料),m;
D_a——辅助阳极直径(含填料),m;
t——辅助阳极埋深(阳极体中间位置距地表面),m。

(5)阳极地床组的接地电阻计算。

$$R_Z = F\frac{R_a}{n} \tag{13-3-7}$$

$$F \approx 1 + \frac{\rho}{nsR_a}\ln(0.66n) \tag{13-3-8}$$

式中 R_Z——辅助阳极组接地电阻,Ω;
F——辅助阳极电阻修正系数,可查图13-3-12;
R_a——单支辅助阳极接地电阻,Ω;
n——阳极支数;
ρ——土壤电阻率,Ω·m;
s——辅助阳极间距,m。

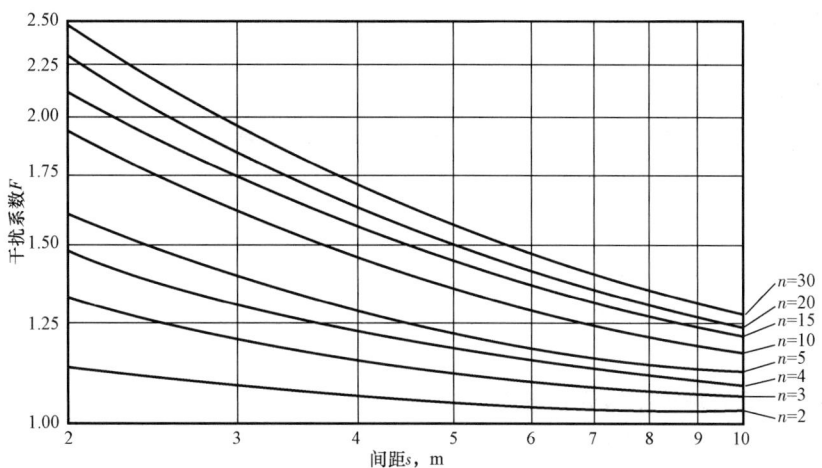

图 13-3-12　由 n 支阳极组成的阳极地床的干扰系数 F

（6）辅助阳极的质量计算。

$$W_a = \frac{T_a \omega_a I}{K} \quad (13-3-9)$$

式中　W_a——辅助阳极总质量，kg；
　　　T_a——辅助阳极设计寿命，a；
　　　ω_a——辅助阳极的消耗率，kg/(A·a)；
　　　I——保护电流，A；
　　　K——辅助阳极利用系数，取 0.7~0.85。

（7）电源设备功率计算。

$$P = \frac{IV}{\eta} \quad (13-3-10)$$

$$V = I(R_z + R_l + R_c) + V_r \quad (13-3-11)$$

$$R_c = \frac{\sqrt{R_t r_t}}{2\text{th}(\alpha L)} \quad (13-3-12)$$

$$\alpha = \sqrt{\frac{r_t}{R_t}} \quad (13-3-13)$$

$$I = 2I_0 \quad (13-3-14)$$

式中　P——电源设备功率，W；
　　　I——保护电流，A；
　　　V——电源设备输出电压，V；
　　　η——电源设备效率，一般取 0.7；

R_z——辅助阳极组接地电阻,Ω;

R_1——导线电阻,Ω;

R_c——阴极过渡电阻,Ω;

V_r——辅助阳极地床的反电动势,V(当采用焦炭填充时,取 $V_r = 2V$);

R_t——防腐层过渡电阻率,Ω·m;

r_t——管道线电阻,Ω/m;

α——管道衰减因数,m^{-1};

L——被保护管道长度,m;

I_0——单侧保护电流,A。

2. 埋地钢质管道牺牲阳极阴极保护

1)设计原则

管道牺牲阳极保护需要解决两个主要问题:一是阳极埋设间距,二是每组阳极的埋设支数。在实际管道工程设计中,在平原或土壤性质较为均一的环境中,牺牲阳极可等距分布埋设,在丘陵、山区则不能等距分布埋设。不论阳极是等距或不等距埋设,都要根据管径、涂层性能、土壤电阻率、土壤腐蚀性、地形、施工方便等条件的调查情况,综合确定选用牺牲阳极的种类和阳极埋设位置,并测定埋设位置的土壤电阻率,然后计算确定所需阳极数量。

2)主要工艺计算

(1)单支立式牺牲阳极接地电阻计算。

$$R_v = \frac{\rho}{2\pi l_g}(\ln\frac{2l_g}{D_g} + \frac{1}{2}\ln\frac{4t_g + l_g}{4t_g - l_g} + \frac{\rho_g}{\rho}\ln\frac{D_g}{d_g})(l_g \gg d_g, t_g \gg l_g/4) \quad (13-3-15)$$

式中 R_v——立式牺牲阳极接地电阻,Ω;

ρ——土壤电阻率,Ω·m;

l_g——裸牺牲阳极长度,m;

D_g——预包装牺牲阳极直径,m;

t_g——牺牲阳极中心至地面的距离,m;

ρ_g——填包料电阻率,Ω·m;

d_g——裸牺牲阳极等效直径($d_g = c/\pi$,c 为周长),m。

(2)单支水平牺牲阳极接地电阻计算。

$$R_h = \frac{\rho}{2\pi l_g}\left\{\ln\frac{2l_g}{D_g}\left[1 + \frac{l_g/4t_g}{\ln^2(l_g/D_g)}\right] + \frac{\rho_g}{\rho}\ln\frac{D_g}{d_g}\right\}(l_g \gg d_g, t_g \gg l_g/4) \quad (13-3-16)$$

式中 R_h——水平式牺牲阳极接地电阻,Ω;

ρ——土壤电阻率,Ω·m;

l_g——裸牺牲阳极长度,m;

D_g——预包装牺牲阳极直径,m;

t_g——牺牲阳极中心至地面的距离,m;

ρ_g——填包料电阻率,$\Omega \cdot m$;

d_g——裸牺牲阳极等效直径($d_g = c/\pi$,c 为周长),m。

(3)多支组合牺牲阳极接地电阻计算。

$$R_g = f \frac{R_0}{n} \qquad (13-3-17)$$

式中 R_g——多支组合牺牲阳极接地电阻,Ω;

f——牺牲阳极接地电阻修正系数,可查图 13-3-13;

R_0——单支牺牲阳极接地电阻,Ω;

n——阳极支数。

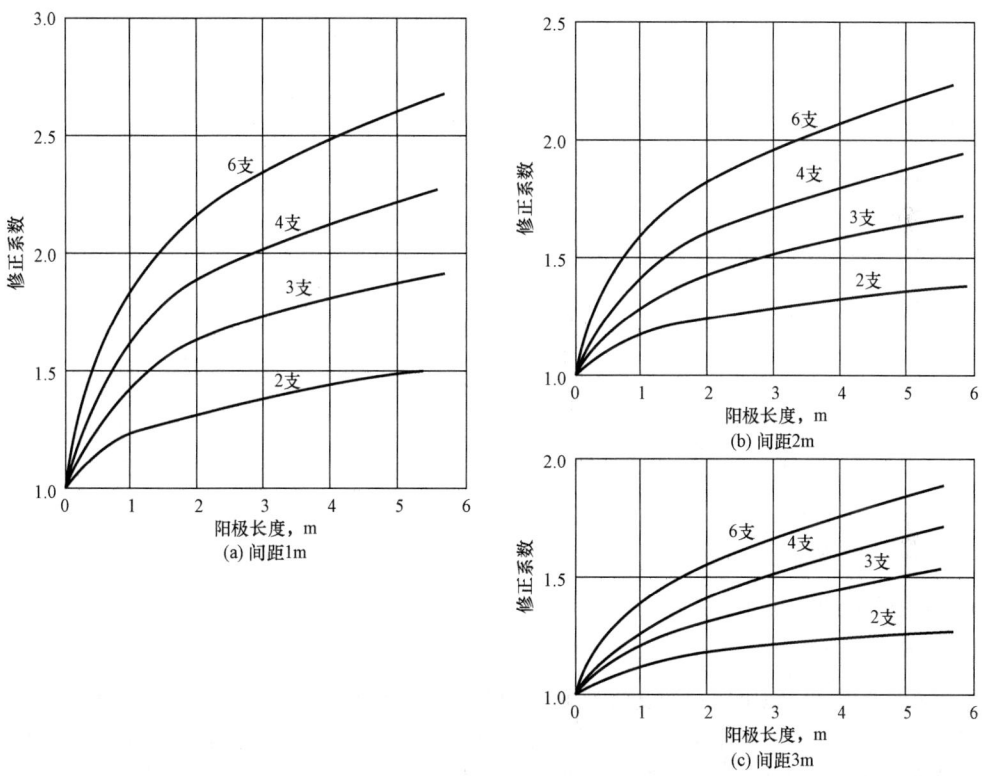

图 13-3-13 牺牲阳极接地电阻修正系数

(4)牺牲阳极输出电流计算。

$$I_g = \frac{e_c - e_a}{R} = \frac{(E_c - \Delta E_c) - (E_a + \Delta E_a)}{R_g + R_c + R_l} = \frac{\Delta E}{R} \qquad (13-3-18)$$

式中 I_g——牺牲阳极输出电流,A;

e_c——阴极极化电位,V;

e_a——阳极极化电位,V;

R——回路总电阻,Ω;
E_c——阴极开路电位,V;
ΔE_c——阴极极化电位,V;
E_a——阳极开路电位,V;
ΔE_a——阳极极化电位,V;
R_g——多支组合牺牲阳极接地电阻,Ω;
R_c——阴极过渡电阻,Ω;
R_l——导线电阻,Ω;
ΔE——牺牲阳极有效电位差,V。

(5) 所需牺牲阳极支数计算。

$$n = \frac{BI}{I_{g0}} \qquad (13-3-19)$$

式中 n——阳极支数;
B——备用系数,取 2~3;
I——保护电流,A;
I_{g0}——单支牺牲阳极输出电流,A。

(6) 牺牲阳极工作寿命计算。

$$T_g = 0.85 \frac{W_g}{\omega_g I} \qquad (13-3-20)$$

式中 T_g——牺牲阳极工作寿命,a;
W_g——牺牲阳极组净质量,kg;
ω_g——牺牲阳极消耗率,kg/(A·a);
I——保护电流,A。

3. 罐底外壁阴极保护

1) 保护方式的选择

对于底面积较小,施工质量有保证的罐,在周围土壤电阻率低时,可选用牺牲阳极保护。对于保护电流较大的罐底,采用强制电流阴极保护较为合适,其保护电流、电压可根据需要任意调节。服役多年的旧罐大多没有阴极保护,是否需要保护,一般要通过实际勘察之后才能确定。

为了有效地控制保护电流,与罐体相连的管道都应采用绝缘法兰或绝缘接头。如果罐底板基础下埋设绝缘防渗膜,可以不采用绝缘措施。

2) 阳极布置

旧罐的阴极保护无论是使用牺牲阳极法还是使用外加电流法,阳极一般都分布在罐的四周为宜。新建储罐的阳极可以埋设在罐底板下或罐周,以保证阳极工作稳定,且电流分布均匀。

当罐底面积较大时,辅助阳极的布置对底板中心部位的保护水平起决定作用,通常可选择罐周直立式(图 13-3-14)、罐旁深井式(图 13-3-15)、罐底斜角式(图 13-3-16)和罐底水平式(图 13-3-17)。当保护对象为几个罐时,可将几个罐作为一个联合体共同保护。

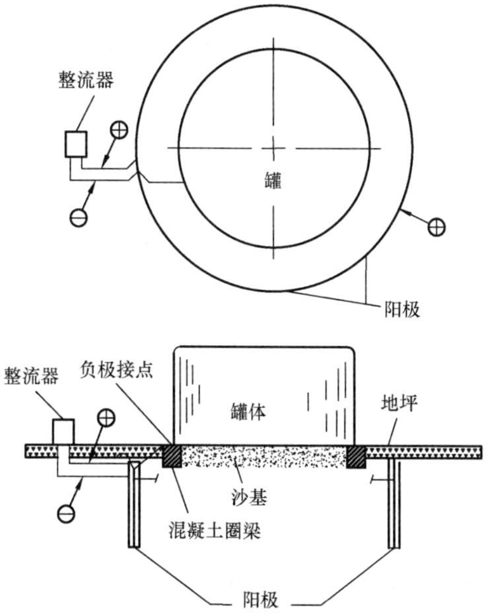

图 13-3-14　罐周直立式阳极图

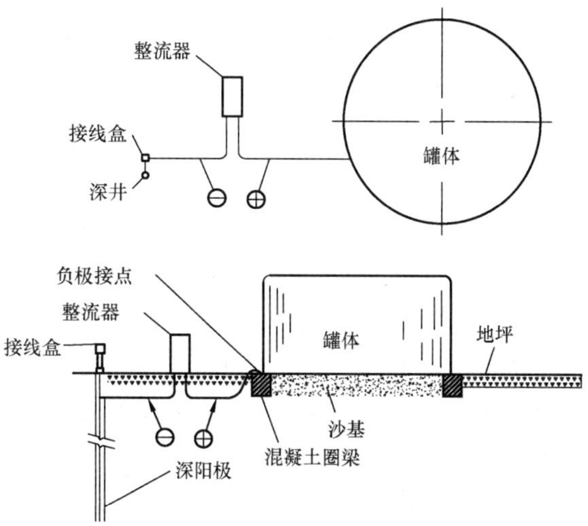

图 13-3-15　罐旁深井式阳极图

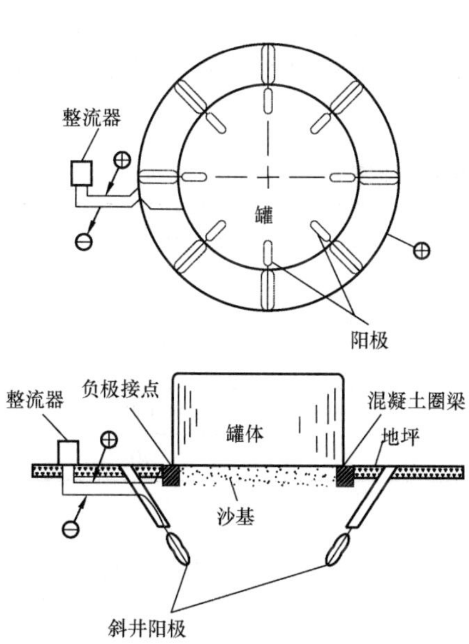

图 13-3-16　罐底斜角式阳极图

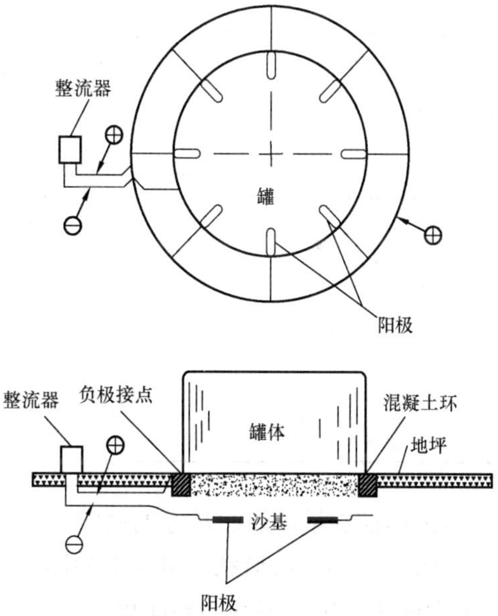

图 13-3-17　罐底水平式阳极

3）参比电极设计

新建储罐设计时，要在罐底适当位置埋设永久性参比电极，以便检查底部电位分布。亦可在罐底预埋带孔的塑料管，测量时将参比电极在管内滑动即可测出罐底的电位分布。

参比电极可选用长效硫酸铜参比电极、锌参比电极等。

4)保护电流密度

设计电流密度一般选为 $6\sim10\text{mA/m}^2$,新建罐运行初期,基础砂绝缘性能较好,电阻率可达 $200\Omega\cdot\text{m}$ 以上,随着时间推移,电阻率下降,接近下部土壤的电阻率会降至 $20\Omega\cdot\text{m}$ 左右,因此初期保护电流密度可选为 1mA/m^2,后期以 5mA/m^2 较为合适。

4. 罐内壁阴极保护

钢质储罐内壁的任何部位与水介质相接触,都有可能发生腐蚀。有必要在罐内壁使用覆盖层的同时,对内壁施加阴极保护措施。

罐内壁可采用强制电流阴极保护,也可以采用牺牲阳极阴极保护。对于大型钢罐,由于保护电流需要量较大,如果采用牺牲阳极保护,牺牲阳极用量会很大,这样安装和维护费用均较高,大量的牺牲阳极还会减小罐的容积,增大罐基础的负荷,因此,对于大型钢罐宜采用强制电流阴极保护,而不宜采用牺牲阳极阴极保护。对于小型钢罐,所需的牺牲阳极数量及质量较少,这样就能充分发挥牺牲阳极阴极保护运行和维护费用低的优点。

1)保护电流密度的确定

被保护金属所需保护电流密度的大小与其金属的种类、腐蚀介质的性质(成分、温度、速度等)、金属表面有无覆盖层及覆盖层质量等因素有关。这些因素可能使最小保护电流密度从每平方米几毫安变化至每平方米几百毫安。

裸钢在海水、淡水中所需保护电流密度见表13-3-21。有防腐层的钢质水罐内壁所需电流密度可按表13-3-21规定值的 10%~20% 选取,若使用过程中防腐层破损严重,电流密度还应相应增加。

表 13-3-21 钢铁的保护电流密度

介质	条件	保护电流密度,mA/m^2
海水	流动	150
淡水	流动	65
淡水	静止	55
高温淡水	氧饱和	180
高温淡水	脱气	40

2)所需阳极数量、形状、尺寸的确定

确定所需阳极数量、形状应考虑下列因素:

(1)裸露于水中的钢铁的表面积;
(2)所需电流密度;
(3)阳极预期的电流输出值;
(4)储罐或容器的结构;
(5)阴极保护系统的设计寿命。

3)阴极保护工艺计算

目前国内油气田的储罐、容器内大多采用牺牲阳极阴极保护,强制电流系统较少,因此本部分仅介绍牺牲阳极阴极保护系统。

（1）设计参数。

工艺计算前要考虑阴极保护系统的设计寿命、保护电流密度、保护电位、阳极电化学参数、介质电阻率、涂层破损情况等。

（2）保护电流需求量计算。

$$I = S_A j_s \qquad (13-3-21)$$

式中　I——保护电流需求量，A（在计算储罐内保护面积时，要考虑罐内油、水液位）；

　　　S_A——储罐或容器的保护面积，m^2；

　　　j_s——保护电流密度，A/m^2。

（3）阳极与介质间电阻计算。

$$R_A = \frac{\rho}{2\pi L}\left(\ln\frac{4L}{r} - 1\right) \qquad (13-3-22)$$

式中　R_A——阳极与介质间电阻，Ω；

　　　ρ——介质电阻率，$\Omega \cdot m$；

　　　L——阳极长度，m；

　　　r——阳极等效半径$\left(r = \dfrac{c}{2\pi}, c\text{ 为周长}\right)$，m。

（4）单个阳极输出电流计算。

$$I_A = \frac{U}{R_A} \qquad (13-3-23)$$

式中　I_A——单个阳极发生电流量，A；

　　　U——驱动电压，即阳极闭路电位与保护电位之差，V。

（5）基于单个阳极发生电流量的阳极数量计算。

$$N_1 = \frac{I}{I_A} \qquad (13-3-24)$$

式中　N_1——基于单个阳极发生电流量的阳极数量，支。

（6）基于设计寿命的阳极数量计算。

$$W = \frac{8760 YI}{Cu} \qquad (13-3-25)$$

$$N_L = \frac{W}{W_A} \qquad (13-3-26)$$

式中　N_L——基于设计寿命的阳极数量（在计算阳极数量时，分别通过单个阳极发生的电流量计算和通过设计寿命计算得到两个阳极数量，选取最大值，即为最终的阳极数量），支；

W——阳极需求总质量,kg;

W_A——单个阳极质量,kg;

Y——设计寿命,a;

C——阳极电容量,A·h/kg;

u——阳极利用系数,0.85。

4)阴极保护系统安装

(1)强制电流阴极保护。

① 恒电位仪的阴极、阳极、参比电极等接线正确无误,标记清楚;

② 对于垂直悬挂的辅助阳极系统,应设置检修孔或固定装置,则无需进入罐内便可维护阳极;

③ 应确保电缆绝缘层无破损,接头密封良好;

④ 辅助阳极、参比电极、连接电缆等安装牢固可靠;

⑤ 辅助阳极表面应避免在罐内施工时被污染。

(2)牺牲阳极阴极保护。

① 阳极、电缆等安装牢固可靠;

② 牺牲阳极距离罐壁不宜小于150mm,且阳极底面应涂敷绝缘层;

③ 与罐板焊缝间距不宜小于200mm,阳极钢芯及罐壁焊接处应采用防腐层保护;

④ 牺牲阳极表面应避免在罐内施工时被污染。

5. 区域性阴极保护与深井套管阴极保护

油田区域性阴极保护的主要对象是油水井套管和工艺场站内、外的埋地管道,由于油田管网复杂,绝缘情况差别较大,并且油、水井套管伸入地层数千米,牺牲阳极的应用受到了限制,这里仅介绍强制电流区域性阴极保护。

1)保护电流的确定

油田地下金属构筑物中消耗电流的主要对象是套管,所以设计中重点是确定套管所需保护电流。确定套管所需保护电流的常用方法有如下几种:

(1)现场馈电法。该方法是在现场油井边缘临时埋设一根接地极,采用直流电源通电,来确定套管获得保护所需的阴极保护电流。

(2)E—$\lg I$法。该方法是把套管看成一个电极,给套管提供保护电流,初始时保护电流不断增加但套管未完全极化,其电位上升缓慢。当保护电流增加到使套管完全极化时,其电位将随电流值的对数变化而变化。这两条线的交点所对应的电流值就可认为是该井套管所需的保护电流,如图13-3-18所示。

(3)室内试验法。选用与所保护套管相同的材料和该油田具有代表性的土壤,在室内测定稳

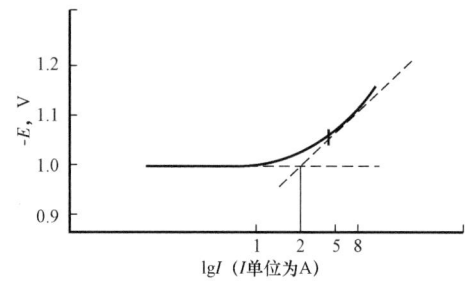

图13-3-18 典型油井套管E—$\lg I$曲线示意图

定的保护电流密度,然后计算出所需的保护电流。

(4)经验值法。根据推荐电流密度,按需保护的套管表面积计算。各类管道所需保护电流可按推荐数值选择计算,裸钢保护电流密度推荐值见表13-3-22。

表13-3-22 各类管道保护电流需要量

序号	环境	所需的保护电流密度,mA/m^2
1	无菌的中性土壤	4.3~16.1
2	充气良好的中性土壤	21.5~43
3	充气良好的干燥土壤	5.4~16.1
4	有硫酸盐还原菌的土壤	高达451.9
5	有热水排放管线的土壤	53.8~269
6	静止的淡水	53.8
7	流动的淡水	53.8~64.6
8	扰动及含溶解氧的淡水	53.8~161.4
9	海水	53.8~269

2)区域保护的布设形式

油田区域性阴极保护系统的布设形式一般有两种:

(1)以油、水井套管为中心,分井定量给套管提供保护电流,各井间电位的差异采用均压平衡。这种系统容易实现自动控制,缺点是控制系统比较复杂,容易产生电位不平衡现象而造成干扰。

(2)把所保护区域地下的金属构筑物当成一个阴极实体,整个区域是一个统一的保护系统。阴极通电点一般设在保护站就近的管道上,各类管道既是被保护对象,又起传递电流的作用,油井套管是保护系统的末端。这种保护系统的优点是避免了干扰的产生,简化了保护站的控制系统,因而节省了投资。缺点是保护电流不易分配均匀,对阳极的布置要求较严格。

3)阳极布置

区域性阴极保护的特点之一是保护电流需量大,因而要求阳极材料的消耗率较小,允许电流密度大,有比较稳定的阳极接地电阻,并且成本较低。因此高硅铸铁、贵金属氧化物是比较合适的阳极材料。辅助阳极的布置应注意以下几点:

(1)阳极地床与被保护埋地金属构筑物的距离应大于50m,最小不能小于30m。

(2)阳极应采用少量、多组、分散布置,可以一台直流电源带多组阳极。

(3)对站内密集管网应采用分布型阳极以减小屏蔽影响,使保护电流分布均匀,或者采用深埋阳极装置来改善电流的分布状况。

(4)连接阳极的电缆,一般不要在地下或水中设置接头,必须设置时应设计专用密封接线部件,以防潮气渗入损坏接头。

五、阴极保护系统测试及运行管理

1. 系统测试

1）测试设备

测试仪表应尽量选用数字式仪表以保证测试的准确性。测试仪表同时应具备显示速度快、坚固耐用、耗电量小等基本特性，具体操作应按设备说明书及有关规定进行。

2）测试内容

（1）电位测试。

管道、储罐对地电位：根据参比电极所放位置的不同，管地电位测试方法可分为地表参比法、近参比法和远参比法，罐地电位通过预埋在罐中心部位的永久性参比电极进行测试。

储罐对水电位：参比电极的放置有固定式和活动式两种，原则上放置应远离阳极并在形状复杂处增设，电位测量值可随容器内水位的变化而变化，测量时应特别注意参比电极的污染。

（2）电流测试。

牺牲阳极输出电流测试：测试方法中最常用的为标准电阻法。

管内电流测试：包括电压降法、补偿法。

（3）电阻或电阻率的测试。

绝缘法兰（接头）的绝缘性能测试：包括兆欧表法、电位法和电流电压法。

土壤电阻率的测试：按四极法进行。

管道外防腐涂层漏电阻的测试：其测试方法有外加电流法和间歇电流法两种。

其他测试项目及方法可参考 GB/T 21246《埋地钢质管道阴极保护参数测量方法》的要求执行。

2. 运行管理

1）投运

阴极保护系统安装完毕经有关部门按设计要求验收合格，并完成以下准备工作后，即可投运。

（1）原始资料的归档备用：包括电位、输电电流、接地电阻等。

（2）专人管理：管理人员须经专业培训合格后方可上岗。

2）监测与记录

（1）埋地管道阴极保护。

① 为保证通电点保护电位稳定，需定期测定管道保护电位；

② 每年定期测量一次沿线土壤电阻率、管道自然电位、各阴极保护站阳极接地电阻；

③ 将直流电源输出电压和电流及相对应的各检测点保护电位等参数统一制表，以供进一步分析、调整使用。

（2）容器内壁阴极保护。

① 阴极保护系统获得稳定保护之前，应定期监测保护电位和阳极输出电流；

② 当阴极保护系统不能通过电位测量来进行监测时，则可用安装已知电阻来测量阳极输

出电流；

③ 可用安装试片来监测保护效果。

（3）区域性及深井套管阴极保护。

① 应定期测保护电位，如达不到要求时应进行调节；

② 绝缘法兰（接头）的绝缘性能测试；

③ 阳极接地电阻测试；

④ 土壤电阻率测试；

⑤ 管道外防腐涂层漏电阻测试。

记录内容包括直流电源设备的输出电压、电流、控制电位（指恒电位仪）、各检测点的保护电位、绝缘法兰（接头）的绝缘电阻、阳极接地电阻和土壤电阻率等。其数据应定期向上级主管部门报告。

3）维护及注意事项

（1）阴极保护系统及抗干扰系统的维护工作应在专业人员的指导下进行。

（2）设备运转是否正常，外部交流电切断开关和任何有关的金属设备接地是否安全可靠，避雷器接地是否完好。

（3）阳极线路、阴极线路、绝缘法兰（接头）性能是否完好。

（4）在直流电源设备工作期间，严禁断开阳极导线并严禁带电操作，以防产生火花。

常见故障及其处理方法见表 13 – 3 – 23。

表 13 – 3 – 23　常见故障及其处理方法

序号	故障表现	可能原因	建议处理方法
1	测量参数异常	参比电极连线电阻大	更换连线
		参比电极与被测量金属太远	重新布置参比电极
		参比电极失效	更换参比电极
2	电源无直流输出电流、电压指示	查找交流、直流熔断器的熔丝是否烧断	若烧断更换新熔丝
3	整流工作中嗡嗡的发响，无直流输出	整流器半导体元件被击穿	更换同规格的半导体元件
4	正常工作时，直流电流突然无指示	直流输出熔断器或阳极导线断路	更换熔丝或检查维修阳极线路
5	直流输出电流慢慢下降，电压上升	辅助阳极腐蚀严重或回路电阻增加	更换或检修阳极，检修回路各接头使之接触良好，查看导线有否损坏
6	阴极保护电流短时间内增加较大，保护距离变短	管线上绝缘装置漏电或与非保护管道连接	修复或更换绝缘法兰，或排除保护管道漏电点
7	修理整机后送电管地电位反信号	直流电源输出正负极接反，正极与管道相连	立即停机，改正接线

第四节　杂散电流缓解技术

土壤中的杂散电流主要表现为直流杂散电流和交流杂散电流,它们各自具有不同的行为和特点。

直流杂散电流主要来源于直流电解的设备、电焊机、直流输电线路等,但以直流电气化铁路最具代表性,对埋地管道造成极大的干扰影响和危害。直流干扰腐蚀的机理是由于电解作用,处于腐蚀电池阳极区的金属体被腐蚀。杂散电流造成管道腐蚀穿孔的次数和速度都是十分惊人的。

交流杂散电流,主要来源于交流电气铁路、输配电线路及其系统,通过阻性、感性、容性耦合对相邻近的埋地管道或金属体造成干扰,使管道中产生流进、流出的交流杂散电流而导致腐蚀,称为交流腐蚀。一般情况下,不会超过直流干扰理论腐蚀量的1%,然而比土壤中的自然腐蚀要严重一些。交流干扰所引起的腐蚀虽然不太严重,但是由于交流干扰时被干扰体可能会产生较高的干扰电位,从而对接触被干扰体的作业人员及被干扰体有电联系的设备造成伤害和破坏。

一、直流杂散电流腐蚀的防护

1. 调查与测试

在调查与测试开始前,应明确调查测试的具体内容和实施测试的管道范围,选定测试点和测试时间。应通过调查与测试,确定干扰的原因、形态和范围,分析干扰的分布规律,评价干扰的严重程度。

被干扰管道的推荐调查与测试项目见表13-4-1,直流干扰源的推荐调查与测试项目见表13-4-2。

表13-4-1　被干扰管道的推荐调查与测试项目

调查、测试项目	测试分类		
	预备性测试	防护工程测试	防护效果评定测试
本地区管道的腐蚀实例及被干扰管道腐蚀的形貌特征	△	—	—
管地电位及其分布	○	○	○
管壁中流动的干扰电流	—	△	—
流入、流出管道的干扰电流大小与部位	—	△	—
管轨电压及其方向	—	√	—
管道外防腐层绝缘电阻率	—	√	—
管道外防腐层缺陷点	—	√	—

续表

调查、测试项目	测试分类		
	预备性测试	防护工程测试	防护效果评定测试
管道沿线土壤电阻率	√	○	√
地电位梯度与杂散电流方向	√	△	—
管道现有阴极保护和干扰防护系统的运行参数及运行状况	△	○	○
管道与其他相邻、交叉的管道和其他埋地金属构筑物间的电位差,以及其他相邻、交叉的管道和其他埋地金属构筑物的阴极保护和干扰防护系统的运行参数和运行状态	△	○	√
其他需要测试的内容	根据需要选择		

注:○表示应进行的项目;△表示宜进行的项目;√表示可进行的项目;—表示无需进行或不适用的项目。

表13-4-2 直流干扰源的推荐调查与测试项目

干扰源类别	调查、测试项目	测试分类		
		预备性测试	防护工程测试	防护效果评定测试
高压直流输电系统	高压直流输电系统建设时间、电压等级、额定容量和额定电流	—	○	—
	高压直流输电线路分布情况及其与管道的相互位置关系	—	○	—
	高压直流输电系统接地极的尺寸、形状及其与管道的相互位置关系	△	○	—
	单极大地回线运行方式的发生频次和持续时间	√	○	—
	高压直流输电系统接地极的额定电流、不平衡电流、最大过负荷电流和最大暂态电流	√	○	—
	其他需要测试的内容	根据需要选择		
直流牵引系统	直流牵引系统的建设时间、供电电压、馈电方式、馈电极性和牵引电流	—	○	—
	轨道线路分布情况及其与管道的相互位置关系	√	○	—
	直流供电所的分布情况及其与管道的相互位置关系	√	○	—
	电车运行状况	—	○	—
	轨地电位及其分布	—	√	—
	铁轨附近地电位梯度	—	√	—
	其他需要测试的内容	根据需要选择		
阴极保护系统	阴极保护系统类型、建设时间和保护对象	√	△	—
	阴极保护系统的辅助阳极地床与受干扰管道相互位置关系	√	○	—
	阴极保护系统的保护对象与受干扰管道相互位置关系	√	△	—
	阴极保护系统辅助阳极的材质、规格和安装方式	√	△	—
	阴极保护系统的控制电位、输出电压和输出电流	√	○	—

续表

干扰源类别	调查、测试项目	测试分类		
		预备性测试	防护工程测试	防护效果评定测试
阴极保护系统	阴极保护系统保护对象的防腐层类型及等级	√	√	—
	阴极保护系统保护对象的对地电位及其分布	√	√	—
	其他需要测试的内容	根据需要选择		
其他直流用电设施	直流用电设施用途、类型和建设时间	√	△	—
	直流用电设施特别是直流用电设施的接地装置与受干扰管道相互位置关系	√	○	—
	直流用电设施电压等级、工作电流和泄漏电流	√	○	—
	直流用电设施运行频次和时间	√	△	—
	其他需要测试的内容	根据需要选择		

注：○表示应进行的项目；△表示宜进行的项目；√表示可进行的项目；—表示无需进行或不适用的项目。

2. 直流干扰的识别和评价

（1）管道工程处于设计阶段时，可采用管道拟经路由两侧各20m范围内的地电位梯度判断土壤中杂散电流的强弱，当地电位梯度大于0.5mV/m时，应确认存在直流杂散电流；当地电位梯度不小于2.5mV/m时，应评估管道敷设后可能受到的直流干扰影响，并应根据评估结果预设干扰防护措施。

（2）没有实施阴极保护的管道，宜采用管地电位相对于自然电位的偏移值进行判断。当任意点上的管地电位相对于自然电位正向或负向偏移超过20mV，应确认存在直流干扰；当任意点上管地电位相对于自然电位正向偏移不小于100mV时，应及时采取干扰防护措施。

（3）已投运阴极保护的管道，当干扰导致管道不满足最小保护电位要求时，应及时采取干扰防护措施。

（4）具有如下腐蚀形貌特征的被干扰管道，可判定发生了直流杂散电流腐蚀：

① 腐蚀点呈孔蚀状，创面光滑，有时有金属光泽，边缘较整齐；

② 腐蚀产物呈炭黑色细粉状；

③ 有水分存在时，可明显观察到电解过程迹象。

3. 直流干扰防护具体措施

（1）应根据调查与测试的结果，选择排流保护、阴极保护、防腐层修复、等电位连接、绝缘装置跨接、绝缘隔离和屏蔽等干扰防护措施。常用的排流保护方式可分为接地排流、直接排流、极性排流和强制排流等，适用范围见表13-4-3。

（2）根据测试结果，应在被干扰管道上选取一点或多点作排流点，设置排流保护设施。排流点的选择应以获得最佳排流效果为准，宜通过现场模拟排流试验或数值模拟确定。

表 13-4-3 常用的排流保护方式

方式	接地排流	直接排流	极性排流	强制排流
原理示意图	干扰源，排流线，排流接地体，管道	干扰源负回归网络，排流线，管道	干扰源负回归网络或排流接地体，排流器，排流线，管道	干扰源负回归网络或排流接地体，排流器，排流线，管道
适用范围	适用于管道阳极区较稳定且不能直接向干扰源排流的场合	适用于管道阳极区较稳定且可以直接向干扰源排流的场合，此方式使用时须征得干扰源方同意	适用于管道阳极区不稳定的场合。如果向干扰源排流，被干扰管道需位于干扰源的负回归网络附近，且须征得干扰源方同意	适用于管道与干扰源电位差较小的场合，或者位于交变区的管道。如果向干扰源排流，被干扰管道需位于干扰源的负回归网络附近，且须征得干扰源方同意

(3) 排流的电流量(排流量)宜通过现场模拟排流试验或数值模拟确定,不具备条件时,可通过公式计算确定,并应符合下列规定:

① 干扰源为直流牵引系统时,直接向干扰源排流的排流量可按式(13-4-1)至(13-4-3)计算:

$$I = \frac{V_{PR}}{R_1 + R_2 + R_{PG} + R_{RG}} \quad (13-4-1)$$

$$R_{PG} = \sqrt{r_3 w_3} \quad (13-4-2)$$

$$R_{RG} = \sqrt{r_4 w_4} \quad (13-4-3)$$

式中 I——排流电流量,A;

V_{PR}——未排流时管轨电压,V;

R_1——排流线电阻,Ω;

R_2——排流器内阻,Ω;

R_{PG}——管道接地电阻,Ω;

r_3——管道钢管的纵向电阻,Ω;

w_3——管道防腐层漏泄电阻,Ω;

R_{RG}——铁轨接地电阻,Ω;

r_4——铁轨纵向电阻,Ω;

w_4——铁轨道床漏泄电阻,Ω。

② 通过排流接地体排流时,排流量可按式(13-4-4)至式(13-4-6)计算:

$$I = \frac{V_D}{R_1 + R_2 + R_{PG} + R_{DG}} \quad (13-4-4)$$

$$V_D = V_{PS} - V_{DG} \qquad (13-4-5)$$

$$R_{PG} = \sqrt{r_3 w_3} \qquad (13-4-6)$$

式中　I——排流电流量,A;

　　　V_D——排流驱动电压,V;

　　　V_{PS}——管地电位,V;

　　　V_{DG}——排流接地体对地电位,V;

　　　R_1——排流线电阻,Ω;

　　　R_2——排流器内阻,Ω;

　　　R_{PG}——管道接地电阻,Ω;

　　　r_3——管道钢管的纵向电阻,Ω;

　　　w_3——管道防腐层漏泄电阻,Ω;

　　　R_{DG}——排流接地体的接地电阻,Ω。

③ 排流接地体接地电阻可按 GB/T 21448《埋地钢质管道阴极保护技术规范》中牺牲阳极或辅助阳极接地电阻的规定进行计算。

（4）排流保护设施应符合下列规定:

① 接地排流和极性排流方式的排流接地体宜采用牺牲阳极材料,排流接地体的接地电阻宜小于对应位置管道的接地电阻;

② 排流接地体与管道的距离不宜小于 20m;

③ 排流接地体应埋设在对人、畜等不造成危害的场所,且应置于冻土层以下,埋深不宜小于 1m,埋设处宜设置明显的标志;

④ 排流器的电气参数应满足排流点的要求。

4. 直流干扰防护效果的评定

（1）直流干扰防护措施实施后,应进行干扰防护效果评定测试,应满足要求如下:

① 对于干扰防护系统中的管道及其他共同防护构筑物,管地电位应达到阴极保护电位标准或者达到或接近未受干扰时的状态;

② 对于干扰防护系统中的管道及其他共同防护构筑物,管地电位最大负值不宜超过管道所允许的最大保护电位;

③ 不宜对干扰防护系统以外的埋地管道或金属构筑物产生干扰。

（2）直流干扰防护效果评定指标见表 13-4-4。

表 13-4-4　干扰防护效果评定指标

干扰防护方式	干扰时管地电位,V	电位正向偏移平均值比 η_V,%
直接向干扰源排流的直接、极性和强制排流方式	> +10	>95
	+5 ~ +10	>90
	< +5	>85

续表

干扰防护方式	干扰时管地电位,V	电位正向偏移平均值比 η_v,%
通过排流接地体排流的接地、极性和强制排流方式,以及阴极保护等其他防护方式	> +10	>90
	+5 ~ +10	>85
	< +5	>80

5. 直流干扰防护的调整

当经过干扰防护效果评定未达到标准相关要求时,应进行干扰防护的调整。干扰防护的调整可综合采用改变排流点位置、改变接至干扰源的连接点位置、增设排流点及其设施、调整各排流点的排流量、通过等电位连接或绝缘连接电缆的电阻调节器件进行电流调节、调整阴极保护系统的控制电位或输出电流、改变排流接地体材质,以及降低排流接地体的接地电阻等措施。

干扰防护调整完成后,应重新进行测试和干扰防护效果评定。

6. 直流干扰防护系统的管理

(1) 直流干扰防护系统应定期进行测试及干扰环境调查。

(2) 当干扰环境发生较大改变时,应及时进行各项调查测试,并应根据调查测试结果进行干扰防护的调整。

(3) 当干扰防护系统主要元件进行维修或更换后,应进行干扰防护效果评定点的管地电位及排流保护装置排流电流测试。

二、交流杂散电流腐蚀的防护

交流干扰源主要有高压输电线路、交流电气化铁路等,当油气管道与高压输电线路、交流电气化铁路平行或接近敷设时,平行或接近的管段上就会产生感应电压,这种感应电压被称为交流干扰电压。在过高的交流干扰电压长期作用下,埋地金属管道会产生交流腐蚀,防腐层可能会剥离,管道金属也可能会出现破裂。对有阴极保护的管道,其保护度会有下降,严重时,使阴极保护设备不能正常工作甚至破坏。对管道牺牲阳极保护来讲,过高的交流电压会使阳极性能下降,从而加速管道腐蚀。

1. 基本规定

管道与高压交流输电线路、交流电气化铁路宜保持尽可能大的间距。在路径受限区域,相关建设单位在系统设计中应充分考虑管道可能受到的交流干扰,并对管道上可能产生的交流腐蚀和对腐蚀控制系统的影响程度进行分析和评估。当确认管道受交流干扰影响和危害时,必须采取与干扰程度相适应的防护措施。

当管道上的交流干扰电压不高于4V时,可不采取交流干扰防护措施;高于4V时,应采用交流电流密度进行评估,交流电流密度可按式(13-4-7)计算:

$$J_{AC} = \frac{8V}{\rho \pi d} \qquad (13-4-7)$$

式中 J_{AC}——评估的交流电流密度，A/m²；
　　V——交流干扰电压有效值的平均值，V；
　　ρ——土壤电阻率，$\Omega \cdot m$；
　　d——破损点直径，m（d 为 0.0113m）。

管道受交流干扰的程度可按表 13－4－5 所列的判断指标判定。

表 13－4－5　交流干扰程度的判断指标

交流干扰程度	弱	中	强
交流电流密度，A/m²	<30	30~100	>100

当交流干扰程度判定为"强"时，应采取交流干扰防护措施；判定为"中"时，宜采取交流干扰防护措施；判定为"弱"时，可不采取交流干扰防护措施。

在交流干扰区域的管道上宜安装腐蚀检查片，以测量交流电流密度，并对交流腐蚀及防护效果进行评价。

2. 调查与测试

当管道与高压交流输电线路、交流电气化铁路的间隔距离大于 1000m 时，不需要进行干扰调查测试；当管道与 110kV 及以上高压交流输电线路靠近时，是否需要进行干扰调查测试可按管道与高压交流输电线路的极限接近段长度与间距相对关系图确定（图 13－4－1）。

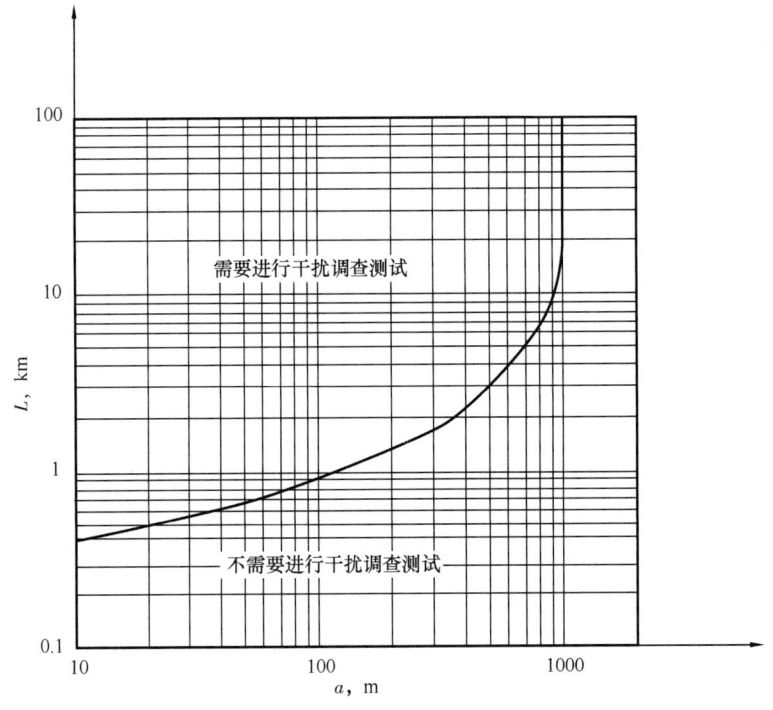

图 13－4－1　极限接近段长度（L）与间距（a）相对关系图

当管道与高压交流输电线路的相对位置关系处于需要进行干扰调查测试区时,对已建管道应进行管道交流干扰电压、交流电流密度和土壤电阻率的测量;对在设计阶段的新建管道可采用专业分析软件,对干扰源在正常和故障条件下管道可能受到的交流干扰进行计算。

1) 调查与测试的项目

一般情况下,调查与测试项目宜按表 13-4-6 的规定进行。

表 13-4-6 调查与测试项目

实施方面	调查、测试项目		测试分类		
			普查测试	详细测试	防护效果评定测试
干扰源侧	高压输电系统	① 管道与高压输电线路的相对位置关系	○	○	—
		② 塔型、相间距、相序排列方式、导线类型和平均对地高度	√	○	—
		③ 接地系统的类型(包括基础)及与管道的距离	○	○	—
		④ 额定电压、负载电流及三相负荷不平衡度	△	○	—
		⑤ 单相短路故障电流和持续时间	√	○	—
		⑥ 区域内发电厂(变电站)的设置情况	√	○	—
	电气化铁路	① 铁轨与管道的相对位置关系	○	○	—
		② 牵引变电站位置,铁路沿线高压杆塔的位置与分布	○	○	—
		③ 馈电网络及供电方式	○	○	—
		④ 供电臂短时电流、有效电流及运行状况(运行时刻表)	√	○	—
被干扰侧		① 本地区过去的腐蚀实例	△	△	—
		② 管道外径、壁厚、材质、敷设情况及地面设施(跨越、阀门、测试桩)等设计资料	√	○	—
		③ 管道与干扰源的相对位置关系	○	○	—
		④ 管道防腐层电阻率、防腐层类型和厚度	△	○	—
		⑤ 管道交流干扰电压及其分布	○	○	○
		⑥ 安装检查片处交流电流密度	—	√	△
		⑦ 管道沿线土壤电阻率	○	○	○
		⑧ 管道已有阴极保护防护设施的运行参数及运行状况	△	○	△
		⑨ 相邻管道或其他埋地金属构筑物干扰腐蚀与防护技术资料	△	△	—

注:○表示必须进行的项目;△表示应进行的项目;√表示宜进行的项目;—表示无需进行或不适用的项目。

2) 测试工作的要求

(1) 测试点应选在与干扰源接近的管段,间隔宜为 1km,应尽量利用现有测试桩。

(2) 对与高压交流输电线路接近的管段,各点测试时间不短于 5min;对与交流电气化铁路接近的管段,测试宜选择在列车运行的高峰时间段上进行。

(3) 应记录每次测量的时间和位置。

3) 防护效果评定测试遵循的原则

(1) 防护效果评定应在所有详细测试点进行,测定时长一般为 8h;

（2）接地点、检查片安装点、干扰缓解较大的点和较小的点，测定时长为24h；

（3）在安装检查片的测试点应进行交流电流密度的测量；

（4）在安装减轻干扰的接地点应测量接地线中的交流电流；

（5）应绘制实施干扰防护措施前、后，原干扰段的管地交流电位分布曲线和测试点的电压—时间曲线。

3. 交流干扰防护具体措施

1）一般规定

（1）对存在交流干扰的管道，在阴极保护系统设计中应给予更大的保护电流密度；在运行调试中应使管道保护电位（相对于CSE，消除IR降后）比阴极保护准则电位（在一般土壤环境中为-850mV，在厌氧菌或硫酸盐还原菌及其他有害菌土壤环境中为-950mV）更负。

（2）管道与输电线路杆塔、通信铁塔等及其接地装置间应尽可能地保证足够的安全距离。在路径受限地区难以满足安全距离时，应采取故障屏蔽、接地、隔离等防护措施；宜根据工程实际情况，在分析计算的基础上进行管道安全评估。

（3）埋地管道与高压交流输电线路的距离宜符合下列要求：在开阔地区，埋地管道与高压交流输电线路杆塔基脚间控制的最小距离宜不小于杆塔高度；在路径受限地区，埋地管道与交流输电系统的各种接地装置之间的最小水平距离一般情况下不宜小于表13-4-7的规定。在采取故障屏蔽、接地、隔离等防护措施后，表13-4-7规定的距离可适当减小。

表13-4-7　埋地管道与交流接地体的最小距离

电压等级，kV	≤220	330	500
铁塔或电杆接地	5.0m	6.0m	7.5m

（4）管道与110kV及以上高压交流输电线路的交叉角度不宜小于55°。在不能满足要求时，宜根据工程实际情况进行管道安全评估，结合防护措施，交叉角度可适当减小。

（5）阴极保护设备应配有雷电和电涌保护装置。

2）故障和雷电干扰的防护措施

（1）故障屏蔽。

在管道邻近架空输电线路杆塔、变电站或通信铁塔、大型建筑的接地体的局部位置处，可沿管道平行敷设一根或多根浅埋接地线作屏蔽体，减轻在电力故障或雷电情况下，强电冲击对管道防腐层或金属本体的影响。屏蔽线宜通过固态去耦合器与受影响的管道连接且连接点不少于两处。

（2）集中接地。

在进、出工艺站场、监控阀室的管道上或监视阀室安装有绝缘接头的放空管等位置处，宜设置集中接地，减轻在电力故障或雷电情况下，强电冲击对管道辅助设施、阴极保护设备和线路管道防腐层的影响。集中接地可利用就近的管道系统共用接地网接地。在需单独设置接地的位置，应根据现场环境条件接地体采用浅埋或深埋方式。接地体宜通过去耦隔直装置与受影响的管道连接。

(3) 接地垫。

在操作人员与管道辅助设施(如阀门、阴极保护检测装置)接触区域内可能存在危险的接触电压和跨步电压时,可采用接地垫,避免接触电压和跨步电压对操作人员的危害。接地垫面积应足够大,并尽量靠近地面安装。接地垫与受影响的构筑物连接点应不少于两处,可通过去耦隔直装置连接,以减轻阴极保护屏蔽、电偶腐蚀,以及对阴极保护同步瞬间断电测量的不利影响。接地垫上方宜铺一层干净的、排水良好的砾石层,砾石层的厚度不应小于8cm,砾石粒径不小于1.3cm。

(4) 固态去耦合器、极化电池、接地电池及其他装置。

在受强脉冲和过高感应交流电压影响的管道和适当的接地装置之间,可装设固态去耦合器、极化电池、接地电池或其他装置,以有效隔离阴极保护电流,将管道瞬间干扰电压降到容许值以下。当使用固态去耦合器、极化电池、接地电池以及其他装置时,应当正确选择其规格、位置、连接方式,并能安全承载最大冲击电流。

3) 持续干扰的防护措施

(1) 可采取在长距离干扰管段的适当部位设置绝缘接头的分段隔离措施,将与交流干扰源相邻的管段与其他管段电隔离,以简化防护措施。

(2) 在进行持续干扰防护措施的设计时,应根据调查与测试结果的分析,结合对阴极保护效果的影响等因素,选定适用的接地方式。持续干扰防护常用的接地方式的安装示意图、特点和适用范围见表13-4-8。

表13-4-8 持续干扰防护常用的接地方式

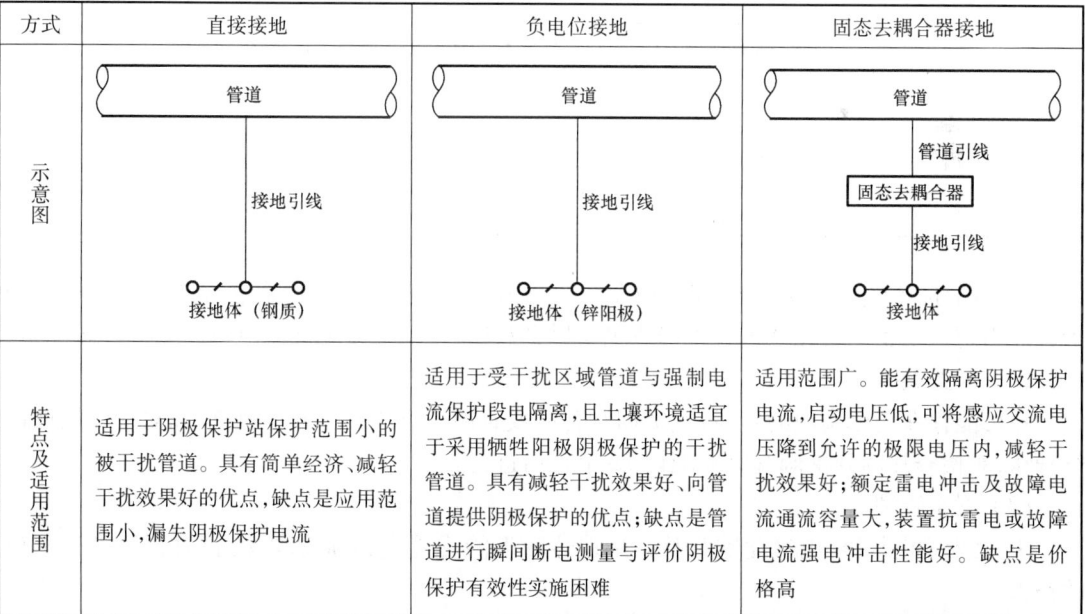

(3) 干扰防护设施中所有的连接点应安全可靠;所有电缆、连接件和装置部件等应能承受预期的最大冲击或故障电流。

(4) 在存在直流杂散电流影响的管段进行持续交流干扰防护时,宜采用去耦隔直装置。去耦隔直装置的直流反向启动电压必须高于管道可能出现的对地负向直流电压。

4. 交流干扰防护系统效果评价及运行管理

1) 效果评价

交流干扰防护系统安装完毕后,应立即投入试运行,并进行全面综合调整,使防护系统达到最佳效果,防护效果应达到如下要求:

(1) 在土壤电阻率≤25Ω·m 的地方,管道交流干扰电压低于4V;在土壤电阻率 >25Ω·m 的地方,交流电流密度小于 60A/m²。

(2) 在安装阴极保护电源设备、电位远传设备及测试桩位置处,管道上的持续干扰电压和瞬间干扰电压应低于相应设备所能承受的抗工频干扰电压和抗电强度指标,并满足安全接触电压的要求。

2) 运行与管理

(1) 检查与测量。

① 交流干扰防护系统的常规功能性检测内容及周期,按表13-4-9的规定进行,以确认防护系统是否运行正常,防护效果是否符合指标要求。

表 13-4-9 常规功能性检测内容及周期

设施	检测内容	周期
牺牲阳极防护设施	阳极交流排流量、阳极输出电流、阳极开路电位;管地交流电位和直流电位	每月一次
测试桩	管地交流电位(每月一次);通过检查片检测:管地断电电位、交流电流密度	至少每年一次
防护设备	防护设备的运行和状况;交流排流量、接地极接地电阻	根据运行条件,每一个月至三个月一次
防护系统全面维护	防护系统全面检查;各主要元件性能检测;失效元件的更换	每年一次

② 当干扰环境发生较大改变时,应及时进行各项调查,对防护设施进行调整或改进防护措施。当防护设备主要元件进行维修或更换后,应进行接地点管地交流电位的24h 连续测试。

(2) 开挖调查。

在可能存在交流腐蚀的管段,宜定期对管道或腐蚀检查片进行开挖调查,以对交流腐蚀进行确认,对检查片的开挖调查宜在埋设 12 个月后进行。

(3) 安全管理。

① 处于输电线路、电气化铁路及其接地体附近的管道应加强管理,防止对管道维护人员的伤害。

② 在管道检修期内或开挖管道、接触管道的各种作业时,应与电力或铁路部门加强联系,并指定有经验人员随时监护,避免发生电击危害。

③ 雷雨期间,不得进行交流干扰电参数测试或类似性质的工作。

5. 管道安装中的交流干扰防护

（1）在进行与交流干扰区域内管道接触的任何作业前，应进行管道交流干扰电压的测量。

（2）在交流干扰区域内进行管道施工时，应符合下列要求：

① 长度为300m与大地绝缘的管段两端应装设临时接地极；长度超过300m与大地绝缘的管段，应由一端开始，每隔300m装设单独的临时接地极。接地极接地电阻应小于30Ω。

② 临时接地极可以是接地棒、裸露的套管或其他适宜的金属接地体，但不得与邻近的输电线路接地极相连。

③ 临时接地极与管道的连接线应采用截面积不小于10mm² 多股铜芯导线，各连接点应具有良好的机械强度和导电性。

④ 所有临时接地极应保持到管道回填，如无特殊要求，回填时应予以拆除。

第五节　酸性油气的腐蚀与防护

湿的含 H_2S、CO_2 油气通常称为酸性油气，地层中的油气除了 H_2S、CO_2 外，一般均含有矿化水，在高温高压下，有时还含有多硫和单质硫类络合物，因此具有很强的腐蚀性。另外，在开采油气田的过程中，有时必须对低渗透地层进行酸化处理，残留于井下的无机酸，使产出液的pH 值很低；某些特定的部位，由于微生物活动，特别是硫酸盐还原菌，也会生成强腐蚀性的 H_2S；修井、添加化学药剂等作业均可能把氧带入井下，这些因素无疑会促进酸性油气的腐蚀过程。

酸性油气的常见腐蚀破坏通常可分为两种类型：一类为电化学反应过程阳极铁溶解导致的均匀腐蚀和局部腐蚀，表现为金属设施与日益剧增的点蚀穿孔等局部腐蚀破坏；另一类为电化学反应过程阴极析出的氢原子，进入钢中，导致金属两种不同类型的开裂，即硫化物应力开裂（SSC）和氢诱发裂纹（HIC），如图13-5-1所示。

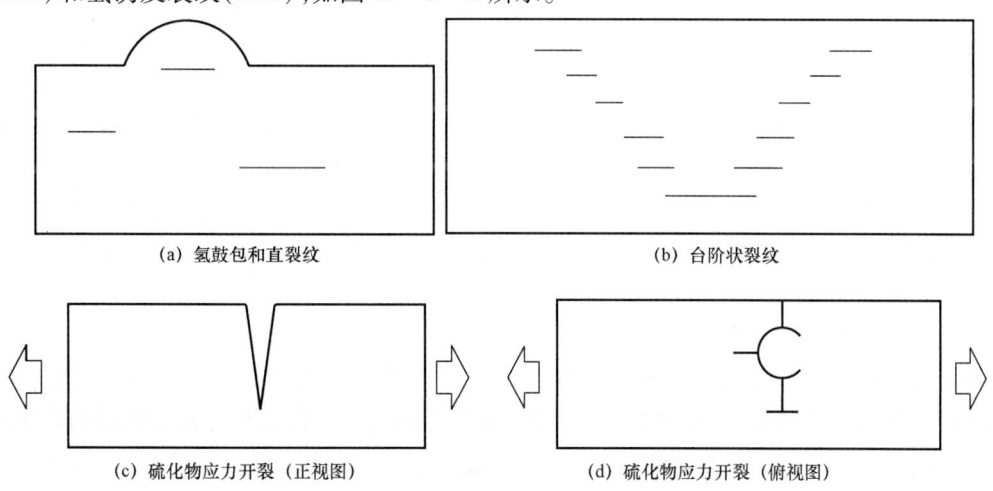

(a) 氢鼓包和直裂纹　　　　　　　　(b) 台阶状裂纹

(c) 硫化物应力开裂（正视图）　　　　(d) 硫化物应力开裂（俯视图）

图13-5-1　氢诱发裂纹与硫化物应力开裂示意图

近半个世纪来,随着含 H_2S、CO_2 酸性油气的大量开发,为确保酸性油气的正常生产,间接地促进了含 H_2S、CO_2 酸性油气的腐蚀与防护技术的发展。

一、硫化氢的腐蚀与防护

来自地层的油气中除了含 H_2S 外,通常还有水、CO_2、盐类、残酸,以及开采过程进入的氧等腐蚀性杂质,所以它比单一 H_2S 水溶液的腐蚀性要强得多。油气田设施因 H_2S 引起的腐蚀破坏主要表现有如下类型。

1. 均匀腐蚀或(和)点蚀

这类腐蚀破坏主要表现为局部壁厚减薄、蚀坑或/和穿孔,它是 H_2S 腐蚀过程阳极铁溶解的结果。

1)腐蚀破坏的特点

在 H_2S 腐蚀过程中,硫化铁产物膜的结构和性质将成为控制最终腐蚀速率与破坏形状的主要因素。硫化铁膜的生成、结构及其性质受 H_2S 浓度、pH 值、温度、流速、暴露时间、氯离子含量、CO_2 浓度,以及水的状态等因素的影响。对从井下到地面整个油气开采系统来说,这些因素都是变化着的,于是硫化铁膜的结构和性质及其反映出的保护性也就各异。因此,其腐蚀速率往往比预测的均匀腐蚀速率快数倍或数十倍,控制难度较大。

2)防护措施

(1)加注缓蚀剂。

实践证明添加缓蚀剂是防止含酸性腐蚀的一种有效方法。缓蚀剂应用条件的选择性要求很高,针对性很强。当操作条件(如温度、压力、浓度、流速等)改变时,所采用的缓蚀剂可能也需要改变。因此,为了能正确应用特定系统的缓蚀剂,不仅要考虑系统中介质的组成、运行参数及可能发生的腐蚀类型,还应按实际使用条件进行必要的缓蚀剂评价试验。

用于含 H_2S 酸性环境中的缓蚀剂,通常为含氮的有机缓蚀剂(成膜型),有胺类、咪唑啉、酰胺类和季铵盐,也包括含硫、磷的化合物。如中国石油西南油气田分公司天然气研究所研制的 CT2-1 和 CT2-4 油气井缓蚀剂及 CT2-2 输送管道缓蚀剂,在四川及其他含硫化氢油气田上均取得良好效果。

缓蚀剂的加注通常是采用连续式或间歇式两种方法,其中间歇式法比较普遍。注入器可采用重力式注入器,也可采用化学比例注射泵及文丘里喷嘴注入器。

为确定最佳的缓蚀剂添加方案,在油气开采系统中,必须有监控系统。通过监测腐蚀速率来调整添加方案,以确保腐蚀得到较好的控制。腐蚀监测采用的监测技术主要为挂片和电阻探头。

(2)选用覆盖层和衬里。

覆盖层和衬里为钢材与含 H_2S 酸性油气之间提供一个隔离层,从而起到防止腐蚀作用。覆盖层和衬里技术发展很快,品种繁多,通常应本着因地制宜、可靠、节省投资的原则来选用。由于覆盖层不易做到百分之百无孔,且生产或维修保养过程中易受损伤,加之焊接接头涂敷困难,质量不易保证,应添加适量的缓蚀剂。

(3) 使用耐蚀材料。

可根据设备、管道等运行的条件(温度、压力、介质的腐蚀性,要求的运行寿命等)经济合理地选用耐蚀材料。

随着非金属耐蚀材料的不断发展,近年来迅速地进入油气田强腐蚀性系统。尤其是随着玻璃纤维型热固性增强塑料管的耐温、耐压性能的提高,人们对它的兴趣也越浓。

耐蚀合金虽然价格昂贵,但使用寿命长。因此,从总的成本算并不显得昂贵,对腐蚀性强的高压高产油气井来说,可能是一种有效的经济的防护措施。

2. 硫化物应力开裂(SSC)

1) 腐蚀破坏的特点

在含 H_2S 酸性油气系统中,SSC 主要出现于高强度钢、高内应力构件及硬焊缝上。SSC 是由 H_2S 腐蚀阴极反应所析出的氢原子,在 H_2S 催化下进入钢中,在拉伸应力作用下,通过扩散,在冶金缺陷提供的三向拉伸应力区富集而导致的开裂,开裂垂直于拉伸应力方向。

SSC 破坏多为突发性,裂纹产生和扩展迅速。对 SSC 敏感的材料在含 H_2S 酸性油气中,经短暂暴露后,就会出现破裂,以数小时到 3 个月情况为多。

2) 控制 SSC 的措施

(1) 脱水是防止 SSC 的一种有效方法。对油气田现场而言,经脱水干燥的 H_2S 可视为无腐蚀。

(2) 脱硫是防 SSC 广泛应用的有效方法。脱除油气中的 H_2S,使之含量达到允许的水平,如 NACE MR 0175《油田设备用抗硫化物应力腐蚀断裂和应力腐蚀裂纹的金属材料》和 SY/T 0599《天然气地面设施抗硫化物应力开裂和抗应力腐蚀开裂的金属材料要求》的规定。

(3) 控制 pH 值。提高含 H_2S 油气环境的 pH 值,可有效地降低环境的 SSC 敏感性。

(4) 加注缓蚀剂。从理论上讲,缓蚀剂可通过防止氢的形成来阻止 SSC。但现场实践表明,要准确无误地控制缓蚀剂的添加,保证生产环境的腐蚀处于被控制的状态下,是十分困难的。因此,缓蚀剂不能单独用作防止 SSC,只能作为一种减缓腐蚀的措施。

(5) 选用抗 SSC 材料及工艺。对含 H_2S 气田选用的油气田常用金属材料有如下认识:碳钢和低合金钢的强度(硬度)越低,其抗 SSC 性能越好。NACE MR 0175《油田设备用抗硫化物应力腐蚀断裂和应力腐蚀裂纹的金属材料》也明确规定,抗 SSC 碳钢和低合金钢硬度必须不超过 HRC22。

3. 氢诱发裂纹(HIC)

1) HIC 的特点

在含有 H_2S 酸性油气田上,氢诱发裂纹(HIC)常见于具有抗 SSC 性能的,延性较好的低、中强度管线用钢和容器用钢上。

HIC 是一组平行于轧制面,沿着轧制向的裂纹。它可以在没有外加拉伸应力的情况下出现,也不受钢级的影响。HIC 在钢内可以是单个直裂纹,也可以是阶梯状裂纹,还包括钢表面的氢鼓泡。

2）控制 HIC 的措施

① 添加缓蚀剂,减缓金属表面腐蚀反应,从而降低可供钢材吸收的氢原子。

② 涂层可起到保护钢材表面不受腐蚀或少受腐蚀的作用,从而降低氢原子的来源,涂层还可起到阻止氢原子向钢中渗透的作用。

③ 提高热轧钢的抗 HIC 性能,对于 pH 值不小于 5 的环境,添加 Cu,可使钢材表面形成保护膜,从而抑制氢进入钢中。通过净化钢水,降低 S 含量和加 Ca 处理,可降低钢中非金属夹杂物的含量和控制其形态,对提高钢材 HIC 抗力非常有效;降低具有强烈偏析倾向的合金元素,如 C、Mn、P 等的含量,可避免偏析区生成对 HIC 敏感的硬显微组织;控制钢的轧制工艺,使显微组织均匀化。

4. 抗 SSC/SOHIC/SZC 碳钢和低合金钢的选择和评定

碳钢或低合金钢发生 SSC 的酸性环境的严重程度与 H_2S 分压和溶液的 pH 值有关,用图 13-5-2 进行评价。

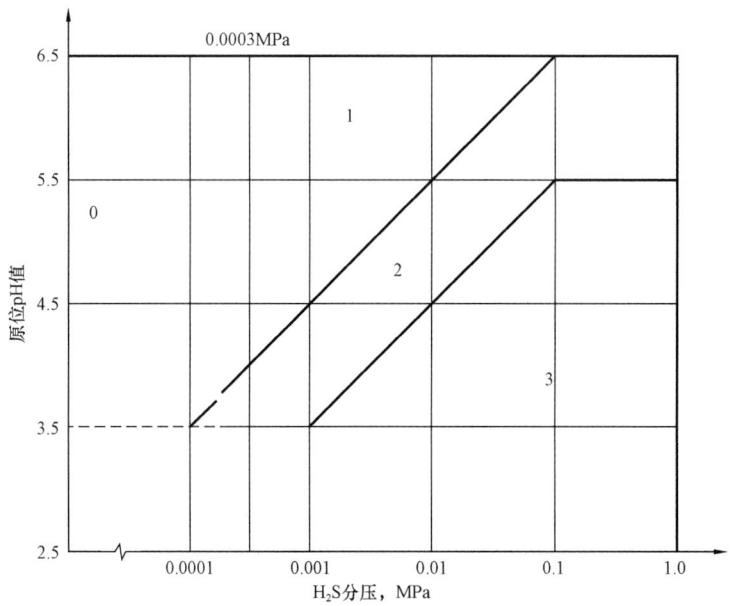

图 13-5-2 碳钢和低合金钢 SSC 的环境严重程度分区
0—0 区;1—1 区;2—2 区;3—3 区

酸性环境的严重程度:SSC 3 区 > SSC 2 区 > SSC 1 区 > 0 区。

(1)用于 0 区的钢:通常情况下,在 0 区这种条件下选择使用的钢材可以不考虑控制措施。但是,在此区域中应考虑以下这些能够影响钢材性能的因素:

① 对 SSC 和 HIC 高度敏感的钢材可能开裂。

② 钢材的物理和冶金性能影响它固有的抗 SSC 和 HIC 性能。

③ 在没有 H_2S 的液相环境中,强度非常高的钢材可能会发生 HIC。当屈服强度高于 965MPa 以上时,宜对钢材的化学成分和热处理提出要求,以保证在 0 区环境不出现 SSC

或 HIC。

④ 应力集中增加开裂的风险。

(2) 用于 SSC 1 区、2 区和 3 区的钢:可按照 NACE MR 0175《油田设备用抗硫化物应力腐蚀断裂和应力腐蚀裂纹的金属材料》/ISO 15156《石油天然气工业—油气开采中用于含 H_2S 环境的材料》按照分区选择。对于规范中没有可供选择的相应碳钢和低合金钢,可对它们进行特定的酸性使用环境下的试验和评定。

二、二氧化碳的腐蚀与防护

在油气田开发的过程中,CO_2 溶于水对钢铁具有腐蚀性,这早已被人们所认识。近十几年来,石油天然气工业中 CO_2 的腐蚀问题再一次受到重视。

1. CO_2 腐蚀机理及腐蚀破坏的特征

在含 CO_2 油气环境中,钢铁表面在腐蚀初期可视为裸露表面,随后将被碳酸盐腐蚀产物膜所覆盖。所以,CO_2 水溶液对钢铁腐蚀,除了受氢阴极去极化反应速度的控制,还与腐蚀产物是否在钢表面成膜,膜的结构和稳定性有着十分重要的关系。

在含 CO_2 油气田上观察到的腐蚀破坏,主要由腐蚀产物膜局部被损处的点蚀,引发环状腐蚀或台面腐蚀导致的蚀坑和蚀孔。这种局部腐蚀由于阳极面积小,则往往穿孔的速度很高。有研究表明在 $CO_2—H_2O$ 体系中,发现有应力腐蚀开裂(SCC)存在。

2. 影响 CO_2 腐蚀的因素

1) CO_2 分压

CO_2 分压是控制腐蚀危害的主要因素,Cron 和 Marsh 对此作了估计,其结果为:当 CO_2 分压低于 0.021MPa 时腐蚀可以忽略;当 CO_2 分压为 0.021MPa 时,通常表示腐蚀将要发生;当 CO_2 分压为 0.021 ~ 0.21MPa 时,腐蚀可能发生。

对于碳钢、低合金钢的裸钢,腐蚀速率可用 De. Waard 和 Millians 等的经验公式计算:

$$\lg v = 0.67 \lg p_{CO_2} + C \qquad (13-5-1)$$

式中　v——腐蚀速率,mm/a;

　　　p_{CO_2}——CO_2 分压,MPa;

　　　C——温度校正常数。

从式中可见,钢的腐蚀速率是随着 CO_2 分压增加而加速。

2) 温度

温度是影响 CO_2 腐蚀的重要因素,研究结果表明,温度在 60℃附近,CO_2 的腐蚀机制有质的变化。当温度低于 60℃时,由于不能形成保护型腐蚀产物膜,腐蚀速率是由 CO_2 水解生成碳酸的速度和 CO_2 至金属表面的速度共同决定,以均匀腐蚀为主;当温度高于 60℃时,金属表面有碳酸亚铁生成,腐蚀速率由穿过阻挡层传质过程决定,即垢的渗透率,垢本身固有的溶解度和流速的联合作用而定。当温度在 60 ~ 110℃范围内时,腐蚀产物厚而松,结晶粗大,不均匀,易破损,局部孔蚀严重。当温度在 110 ~ 150℃范围内时,均匀腐蚀速率高,局部腐蚀严重,腐蚀产物厚而松,当温度高于150℃时,腐蚀产物细致、紧密、附着力强,有一定的保护性,腐蚀速率下降。

3) 腐蚀产物膜

钢表面腐蚀产物膜的组成、结构、形态是受介质的组成、CO_2 分压、温度、流速等因素的影响。

钢被 CO_2 腐蚀,最终导致的破坏形式往往受碳酸盐腐蚀产物膜的控制。当钢表面生成的是无保护性的腐蚀产物膜时,将遵循 De. Waard 的关系式,以"最坏"的腐蚀速率被均匀腐蚀;当钢表面的腐蚀产物膜不完整或被损坏、脱落时,会诱发局部点蚀而导致严重穿孔破坏。当钢表面生成的是完整、致密、附着力强的稳定性腐蚀产物膜时,可降低均匀腐蚀速率。

当油气中有 H_2S 存在时,CO_2 与 H_2S 的分压之比大于 500:1 时,腐蚀产物膜才以碳酸铁为主要成分。在含 CO_2 系统中,有少量 H_2S 也会生成 FeS 膜,它虽然具有改善膜的防护性作用,但作为有效阴极的 FeS 会诱发局部点蚀。

4) 流速

高流速易破坏腐蚀产物膜或妨碍腐蚀产物膜的形成,使钢始终处于裸管初始的腐蚀状态下,于是腐蚀速率高。研究表明,在低流速时,腐蚀速率受扩散控制;而高流速时受电荷传递控制,流速为 0.32m/s,是一个转折点。当流速低于它时,腐蚀速率将随着流速的增大而加速。当流速超这一值时,腐蚀速率完全由电荷传递所控制,于是温度的影响远超过流速的影响。

5) Cl^- 含量

氯离子的存在不仅会破坏钢表面腐蚀产物膜或阻碍产物膜的形成,还会进一步促进产物膜下钢的点蚀。

3. CO_2 腐蚀的防护措施

1) 选用耐腐蚀钢

在含 CO_2 油气中,含 Cr 的不锈钢有较好的耐蚀性能。9Cr – 1Mo、13Cr 和高 Cr 的双相不锈钢等均已成功应用,但当油气中还含硫化氢和氢化物时,应注意这些含 Cr 钢对 SCC 和氯化物应力腐蚀的敏感性。

2) 其他措施

添加缓蚀剂或采用覆盖层及非金属材料是目前广泛采用的防止 CO_2 腐蚀的防护措施。它们相对各种耐 CO_2 腐蚀的含 Cr 钢,特别是高 Cr 双向不锈钢价格要低得多。虽然保护效果不如 Cr 钢好,但可以满足某些含 CO_2 油气系统的防护要求。

缓蚀剂、覆盖层及非金属材料目前在市场上的产品繁多,因此应根据油气中含腐蚀性杂质的组分及其可能发生的腐蚀破坏进行全面的评价选用。

第六节 绝 热

一、绝热的一般规定

(1) 必须保温的情况如下(GB/T 4272《设备及管道绝热技术通则》):
① 外表面温度高于323K(50℃)者;
② 工艺生产中需要减少介质的温度降或延迟介质凝结的部位;
③ 工艺生产中不保温的设备、管道及其附件,其外表面温度超过333K(60℃)并需要经常操作维护,而又无法采用其他措施防止引起烫伤的部位。
(2) 必须保冷的情况如下(GB/T 4272《设备及管道绝热技术通则》):
① 为减少冷介质及载冷介质在生产和输送过程中的冷损失者;
② 为防止或降低冷介质及载冷介质在生产和输送过程中温度升高者;
③ 为防止0℃以上常温以下的设备或管道外表面凝露者;
④ 与保冷设备或管道相连的仪表及其附件。
(3) 可以不绝热的情况如下(GB/T 4272《设备及管道绝热技术通则》):
① 工艺生产中不宜或不需绝热的部位;
② 施工中的临时设施。

二、绝热层的选择原则

(1) 绝热材料的导热系数小(在平均温度为25℃时热导率值不应大于0.08W/(m·K))(GB/T 4272《设备及管道绝热技术通则》),价格低。
(2) 绝热材料尽量就地取材、就近取材。
(3) 有足够的机械强度,在生产过程中不致在外力或自重的作用下脱落或损坏。
(4) 有良好的保护层(或防水层)保证绝热层在使用年限内的完整性,并不被水分浸泡或风化。
(5) 绝热材料应对设备、管道的材质和人体无害。
(6) 根据不同的条件及要求,选择不同的绝热材料、不同的结构。对振动大的设备及管道宜采用毡、绳、毯等物包扎。
(7) 在满足绝热要求的前提下,结构应尽量简单以节约投资、方便施工。
(8) 绝热结构外表应整齐美观。
(9) 对易燃易爆环境内的设备和管道,不应采用可燃绝热材料。

三、常用绝热材料的性质

常用绝热材料性质见表13-6-1。

表 13－6－1 常用绝热材料性质

序号	材料名称	使用密度 kg/m³	最高使用温度 ℃	推荐使用温度 T_2,℃	常用导热系数 λ_0（平均温度 $T_m=70℃$ 时） W/(m·K)	导热系数参考方程	抗压强度 MPa	要求
1	硅酸钙制品	170	650（Ⅰ型）	≤550	0.055	$\lambda = 0.0479 + 0.00010185 T_m +$ $9.65015 \times 10^{-11} T_m^3$ ($T_m < 800℃$)	≥0.5	应提供满足 GB/T 10699《硅酸钙绝热制品》最高使用温度要求的检测报告
			1000（Ⅱ型）	≤900				
		220	650（Ⅰ型）	≤550	0.062	$\lambda = 0.0564 + 0.00007786 T_m +$ $7.8571 \times 10^{-8} T_m^2$ ($T_m < 500℃$) $\lambda = 0.0937 + 1.67397 \times$ $10^{-10} T_m^3$ ($T_m = 500 \sim 800℃$)	≥0.6	
			1000（Ⅱ型）	≤900				
2	复合硅酸盐制品	涂料 180~200（干态）	600	≤500	≤0.065	$\lambda = \lambda_0 + 0.00017(T_m - 70)$	—	应提供不含石棉的检测报告
		毡 60~80	550	≤450	≤0.043	$\lambda = \lambda_0 + 0.00015(T_m - 70)$	—	
		毡 81~130	600	≤500	≤0.044		—	
		管壳 80~180	600	≤500	≤0.048	—	≥0.3	
3	岩棉制品	毡 60~100	500	≤400	≤0.044	$\lambda = 0.0337 + 0.000151 T_m$ ($-20℃ \leq T_m \leq 100℃$) $\lambda = 0.0395 + 4.71 \times 10^{-5} T_m + 5.03 \times 10^7 T_m^2$ ($100℃ < T_m \leq 600℃$)	—	（1）岩棉制品的酸度系数不应低于1.6；（2）岩棉制品的加热线收缩率（试验温度为最高使用温度，保温24h）不应超过4%；（3）应提供高于工况使用温度至少100℃的最高使用温度评估报告，且满足 GB/T 11835《绝热用岩棉、矿渣棉及其制品》要求；（4）缝毡、贴面制品的最高使用温度均指基材的最高使用温度
		缝毡 80~130	650	≤550	<0.043 <0.09 ($T_m = 350℃$)	$\lambda = 0.0337 + 0.000128 T_m$ ($-20℃ \leq T_m \leq 100℃$) $\lambda = 0.0407 + 2.52 \times 10^{-5} T_m + 3.34 \times 10^{-7} T_m^2$ ($100℃ < T_m \leq 600℃$)		
		板 60~100	500	≤400	<0.044	$\lambda = 0.0337 + 0.000151 T_m$ ($-20℃ < T_m \leq 100℃$) $\lambda = 0.0395 + 4.71 \times 10^{-5} T_m + 5.03 \times 10^{-7} T_m^2$ ($100℃ < T_m \leq 600℃$)		
		管壳 101~160	550	≤450	<0.043 <0.09 ($T_m = 350℃$)	$\lambda = 0.0337 + 0.000128 T_m$ ($-20℃ \leq T_m \leq 100℃$) $\lambda = 0.0407 + 2.52 \times 10^{-5} T_m + 3.34 \times 10^{-7} T_m^2$ ($100℃ < T_m \leq 600℃$)		
		管壳 100~150	450	≤350	<0.044 <0.10 ($T_m = 350℃$)	$\lambda = 0.0314 + 0.000174 T_m$ ($-20℃ \leq T_m \leq 100℃$) $\lambda = 0.0384 + 7.13 \times 10^{-5} T_m + 3.51 \times 10^{-7} T_m^2$ ($100℃ < T_m \leq 600℃$)		

第十三章　防腐与绝热

续表

序号	材料名称		使用密度 kg/m³	最高使用温度 ℃	推荐使用温度 T_2, ℃	常用导热系数 λ_0（平均温度 $T_m=70℃$ 时）W/(m·K)	导热系数参考方程	抗压强度 MPa	要求
4	矿渣棉制品	乙毡	80~100	400	≤300	≤0.044	$\lambda = 0.0337 + 0.000151T_m$ （$-20℃ \leq T_m \leq 100℃$） $\lambda = 0.0395 + 4.71 \times 10^{-5} T_m + 5.03 \times 10^{-7} T_m^2$ （$100℃ < T_m \leq 400℃$）	—	（1）矿渣棉制品的加热线收缩率（试验温度为最高使用温度，保温24h），不应超过4%；（2）应提供高于工况使用温度至少100℃的最高使用温度评估报告，且满足GB/T 11835《绝热用岩棉、矿渣棉及其制品》要求；（3）缝毡、贴面制品的最高使用温度均指基材的最高使用温度
			101~130	500	≤350	≤0.043	$\lambda = 0.0337 + 0.000128T_m$ （$-20℃ \leq T_m \leq 100℃$） $\lambda = 0.0407 + 2.52 \times 10^{-5} T_m + 3.34 \times 10^{-7} T_m^2$ （$100℃ < T_m \leq 500℃$）	—	
		B板	80~100	400	≤300	≤0.044	$\lambda = 0.0337 + 0.000151T_m$ （$-20℃ \leq T_m \leq 100℃$） $\lambda = 0.0395 + 2.52 \times 10^{-5} T_m + 3.34 \times 10^{-7} T_m^2$ （$100℃ < T_m \leq 500℃$）	—	
			101~130	450	≤350	≤0.043	$\lambda = 0.0337 + 0.000128T_m$ （$-20℃ \leq T_m \leq 100℃$） $\lambda = 0.0407 + 2.52 \times 10^{-5} T_m + 3.34 \times 10^{-7} T_m^2$ （$100℃ < T_m \leq 500℃$）	—	
		管壳	≥100	400	≤300	≤0.044	$\lambda = 0.0314 + 0.000174T_m$ （$-20℃ \leq T_m \leq 100℃$） $\lambda = 0.0384 + 7.14 \times 10^{-5} T_m + 3.51 \times 10^{-7} T_m^2$ （$100℃ < T_m \leq 500℃$）	—	
5	玻璃棉制品	毡	24~40	400	≤500	≤0.046	$\lambda = \lambda_0 + 0.00017(T_m - 70)$ （$-20℃ \leq T_m \leq 220℃$）	—	（1）应提供比工况使用温度至少100℃的最高使用温度评估报告，且满足GB/T 13350《绝热用玻璃棉及其制品》要求；（2）贴面制品的最高使用温度均指基材的最高使用温度
			41~120	450	≤350	≤0.041			
		板	24	400	≤300	≤0.047			
			32	400	≤300	≤0.044			
			40	450	≤350	≤0.042			
			48	450	≤350	≤0.041			
			64	450	≤350	≤0.040			
		毡	24	400	≤300	≤0.046			
			32	400	≤300	≤0.046			
			40	450	≤350	≤0.046			
			48	450	≤350	≤0.041			
		管壳	≥48	400	≤300	≤.0041			

续表

序号	材料名称		使用密度 kg/m³	最高使用温度 ℃	推荐使用温度 T_2,℃	常用导热系数 λ_0（平均温度 $T_m=70℃$ 时）W/(m·K)	导热系数参考方程	抗压强度 MPa	要求
6	硅酸铝棉及其制品	1#毡	96	1000	≤800	≤0.044	$\lambda = \lambda_0 + 0.0002(T_m - 70)$ ($T_m \leq 400℃$) $\lambda = \lambda_L + 0.00036(T_m - 400)$ ($T_m > 400℃$) (λ_L 取上式 $T_m=400℃$ 时的计算结果)	—	应提供产品500℃时的导热系数和加热永久线变化，且应满足GB/T 16400《绝热用硅酸铝棉及其制品》的有关规定
			128	1000	≤800				
		2#毡	96	1200	≤1000				
			128	1200	≤1000				
		1#毡	≤200	1000	≤800				
		2#毡	≤200	1200	≤1000				
		板,管壳	≤200	1100	≤1000				
		树脂结合毡	128	350		≤0.044	$\lambda = \lambda_0 + 0.0002(T_m - 70)$	—	含黏结剂的硅酸铝制品应提供高于工况使用温度至少100℃的最高使用温度评估报告
7	硅酸镁纤维毯		100±10, 130±10	900	≤700	≤0.040	$\lambda = 0.0397 - 2.741 \times 10^{-6} T_m + 4.526 \times 10^{-7} T_m^2$ ($70℃ \leq T_m \leq 500℃$)	—	应提供产品500℃时的导热系数和加热永久线变化，加热永久线变化（试验温度为最高使用温度，保温24h）不大于4%

四、绝热层厚度的计算方法

1. 绝热层厚度计算的原则

GB/T 4272《设备及管道绝热技术通则》规定绝热层厚度的计算原则如下。

（1）为减少绝热结构散热损失，绝热层厚度应按"经济厚度"的方法计算，且其散热损失不得超过表13-6-2和表13-6-3的数值。只有在用"经济厚度"的方法计算无法满足本条规定或无法使用"经济厚度"公式时，方可按允许最大散热损失计算。

表 13-6-2　季节运行工况允许最大散热损失

设备、管道及其附件面外表温度 K(℃)	323 (50)	373 (100)	423 (150)	473 (200)	523 (250)	573 (300)
允许最大散热损失，W/m²	104	147	183	220	251	272

表 13-6-3　常年运行工况允许最大散热损失

设备、管道及其附件外表面温度，K(℃)	323 (50)	373 (100)	423 (150)	473 (200)	523 (250)	573 (300)	623 (350)	693 (400)	723 (450)	773 (500)	823 (550)	873 (600)	923 (650)
允许最大散热损失 W/m²	52	84	104	126	147	167	188	204	220	236	251	266	283

（2）设备及管道内介质在允许或指定温度条件下输送时，绝热层厚度按热平衡方法计算。

（3）为延迟管道内介质冻结、凝固，绝热层厚度按热平衡方法计算。

（4）为防止烫伤，绝热层厚度按表面温度计算。绝热层外表面温度不得超过 333K（60℃）。

（5）加热伴热保温及保温保冷双重结构按各专业部门规定的方法计算。

（6）锅炉及工业炉窑的绝热按各专业部门规定的方法计算。

（7）具体计算方法应按 GB/T 8174《设备及管道绝热效果的测试与评价》的有关规定。

2. 经济厚度法计算

所谓"经济厚度"是指绝热后的年散热损失费用和投资年分摊费用之和为最小值时绝热层的计算厚度。不同的绝热材料和不同的价格，其经济厚度也不相同。绝热层厚度增大，投资增大，但能源费用减少。经济厚度是指在以上两种费用相加为最小值时的绝热层厚度。

如图 13-6-1，年投资费用为[A]，绝热后的年散热损失费用为[B]，两者之和为[C]，将曲线[C]微分并得零，则可求出[C]的最小值，从而求出与其对应的绝热层厚度 δ_0，即为经济厚度。埋地管道和地上管道计算经济厚度的公式是不同的，因为埋地管道的传热系数不但与绝热层有关，而且还和埋管深度及土壤导热系数有关。下面把平壁容器（储罐或直径大于 1m 的容器可以认为是平壁容器）、地上管道及地下管道的经济厚度计算公式分别列出。

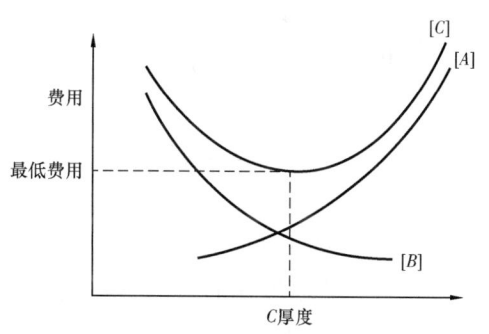

图 13-6-1　经济厚度法计算图解

（1）平壁容器绝热层的经济厚度：

$$\delta = 10^{-3} \sqrt{\frac{B\tau\bar{\lambda}\Delta t}{AN}} - \frac{\bar{\lambda}}{\alpha_2} \quad (13-6-1)$$

（2）地上管道绝热层的经济厚度。

地上管道绝热层外面有保护层（或防水层），在计算其绝热层经济厚度时，其保护层考虑与否,其结果是不同的(对平壁容器的经济厚度则与保护层无关),现分别介绍于下。

① 地上管道不考虑保护层时的绝热层经济厚度:

$$\frac{D}{2}\ln\frac{D}{d} = 10^{-3}\sqrt{\frac{B\tau\bar{\lambda}\Delta t}{AN}} - \frac{\bar{\lambda}}{\alpha_2} \qquad (13-6-2)$$

②地上管道考虑保护层时的绝热层经济厚度:

$$\frac{D}{2}\ln\frac{D}{d} = 10^{-3}\sqrt{\frac{B\tau\bar{\lambda}\Delta t}{\left(A+\frac{2C}{D}\right)N}} - \frac{\bar{\lambda}}{\alpha_2} \qquad (13-6-3)$$

③埋地管道绝热层的经济厚度也有考虑防水层与否的区别,但由于此防水层比较昂贵,且几乎所有埋地管的绝热层都有防水层,所以均考虑防水层的影响。

$$\frac{D}{2}\left(\frac{1}{\lambda}\ln\frac{D}{d} + \frac{1}{\bar{\lambda}'}\ln\frac{4h_0}{D}\right) = 10^{-3}\sqrt{\frac{\Delta tB\tau(\bar{\lambda}'-\bar{\lambda})}{N\left(A+\frac{2C}{D}\right)\bar{\lambda}\bar{\lambda}'}} \qquad (13-6-4)$$

$$\delta = \frac{D-d}{2}$$

式中 D——绝热层外径,m;
d——绝热层内径,m;
δ——所求绝热层经济厚度,m;
B——热价,元/(MW·h);
τ——年运行时间,h;
α_2——保护层外表面的放热系数,W/(m²·℃);
Δt——管内介质平均温度 t_c 和绝热层外环境平均最低温度 t_0 之差,℃;
A——绝热层单位造价,元/m³;
C——绝热层外保护层单位造价,元/m²;
N——绝热工程投资年分摊率,%;
$\bar{\lambda}$——绝热材料的平均导热系数,W/(m·℃);
$\bar{\lambda}'$——埋地管道土壤的平均导热系数,W/(m·℃)(砂土和亚黏土导热系数见表 13-6-4,表 13-6-5);
h_0——埋地管道中心埋深,m。

表 13-6-4 砂土导热系数与含水量的关系

含水量,%(质量分数)	0	5	10	15	20	25	30	35
含水后密度,kg/m³	1171.4	1233	1280	1340	1395	1455	1510	1570
导热系数,W/(m·℃)	0.219	0.435	0.98	1.058	1.28	1.314	1.512	1.57

对于地上管道,保温层外表面的放热系数可以近似为:

$$\alpha_2 = 11.63 + 6.98\sqrt{\bar{v}} \quad (13-6-5)$$

式中 $\bar{v}$——风速,m/s。

绝热工程投资年分摊率可由式(13-6-6)计算

$$N = P + \frac{1}{n} \quad (13-6-6)$$

式中 P——保温层的年折旧率与维修费用率($P=11\%$);

n——投资偿还年限,可取 $n=7\sim11$。

表 13-6-5 亚黏土导热系数与含水量的关系

含水量,%(质量分数)	5	10	15	20	25	30
含水后密度,kg/m³	1575	1650	1725	1800	1875	1950
导热系数,W/(m·℃)	0.523	0.987	1.256	1.43	1.465	1.617

表 13-6-5 中数据为干密度 1500kg/m³ 亚黏土加水后的导热系数。当干密度为 1000kg/m³ 时,其加水后的导热系数要乘 1.15 系数。

3. 允许最大散热损失计算法

当设备或管道绝热层经济厚度求出之后,还要计算其散失热量是否超过了表 13-6-2 和表 13-6-3 的规定(油气集输系统中的热管道一般不会超过),如果超过了表中规定数值,则尚需增大厚度。计算最大散热损失的公式如下。

(1)对于平壁设备:

$$q = 10^3 \sqrt{\frac{AN\bar{\lambda}\Delta t}{B\tau}} \quad (13-6-7)$$

(2)对于管道:

$$q_L = 10^3 \pi D \sqrt{\frac{AN\bar{\lambda}\Delta t}{B\tau}} \quad (13-6-8)$$

以上两式中,q 的单位为 W/(m²·℃),q_L 的单位为 W/(m·℃),其他参数含义及单位同前。

4. 允许或指定介质温度降条件下的绝热层厚度计算法

此法可用在距离比较长的输油管道上。通常情况下,可通过管径 d,距离 L,起点温度 t_1,终点温度 t_2,管道周围介质温度 t_0,绝热材料导热系数 λ,管中心埋深 h_0,流体介质流量 G,流体比热容 c 等数据,而求绝热层外径 D,一般是限制终点温度 t_2。现分地上和埋地两种情况,求绝热层外径 D,从而求出保温层厚度。

(1) 地上管道：

$$\frac{1}{2\lambda}\ln\frac{D}{d} + \frac{1}{\alpha_2 D} = \frac{\pi L}{Gc\ln\dfrac{t_1-t_0}{t_2-t_0}} \qquad (13-6-9)$$

α_2 由式(13-6-5)求得。

(2) 地下管道：

$$\frac{1}{2\lambda}\ln\frac{D}{d} + \frac{1}{2\bar{\lambda}'}\ln\frac{4h}{D} = \frac{\pi L}{Gc\ln\dfrac{t_1-t_0}{t_2-t_0}} \qquad (13-6-10)$$

式中　L——管长, m;
　　　G——管内介质流量, kg/s;
　　　c——比热容, J/(kg·℃);
　　　t_1——管内介质起点温度, ℃;
　　　t_2——管内介质终点温度, ℃。

其他参数含义及单位同前。

按以上两式求出 D 值，其绝热层厚度为：

$$\delta = \frac{D-d}{2}$$

5. 为防止烫伤其绝热层厚度计算

据医学资料，皮肤温度达到72℃，立刻坏死。接触不同温度的表面引起烫伤所需时间见表13-6-6。

表13-6-6　引起烫伤的接触时间与表面温度关系

引起烫伤的接触时间, s	表面温度, ℃	引起烫伤的接触时间, s	表面温度, ℃
60	53	5	60
15	56	2	65
10	58	1	70

GB/T 4272—2008《设备及管道绝热技术通则》规定工艺生产中不需保温的设备、管道及其附件，其外表面温度超过333K(60℃)，并需要经常操作维护，而又无法采用其他措施防止引起烫伤的部位必须绝热。

(1) 对于平壁设备防烫伤绝热层厚度：

$$\delta = \frac{\bar{\lambda}(t_a - t_2)}{\alpha_2(t_2 - t_0)} \qquad (13-6-11)$$

(2)对于管道防烫伤绝热层厚度:

$$\frac{D}{d}\ln\frac{D}{d} = \frac{2\overline{\lambda}}{d\alpha_2}\left(\frac{t_a - t_2}{t_2 - t_0}\right) \quad (13-6-12)$$

式中 t_a——介质平均温度,℃;
t_0——环境温度,℃;
t_2——绝热层外表面温度,℃。
其他参数含义及单位同前。

五、绝热层的外保护层设计

1. 外保护层的必要性

(1)对于软质或低强度的绝热材料外保护层可以增加其强度和刚度,以防止绝热层在运行中由于振动而脱落或压坏;
(2)可以美化绝热层;
(3)可以起防水、防潮、防风化和防日晒的作用,从而延长使用寿命;
(4)改善绝热效果。

选择外保护层时要注意其是否具有防水防潮性能好,化学稳定性能好,不易燃,机械强度高,施工简易,投资少,使用寿命长等基本条件。

2. 外保护层的分类

(1)抹面保护层其结构为:绝热层外用直径为 1.4 ~ 2mm 镀锌铁丝绑扎镀锌铁丝网。铁丝网为直径 1.2mm,20mm × 20mm,或直径为 1.2 ~ 1.4mm,25mm × 25mm,或直径为 1.2 ~ 1.4mm,30mm × 30mm 的活络菱形或拧六角形镀锌铁丝网。绑扎铁丝网的镀锌铁丝间距为 300 ~ 400mm。公称直径大于 600mm 的管道或设备的铁丝网表面用铁丝扎紧后,按 700 ~ 1000mm 的间距张拉直径 3.2 ~ 4mm 的镀锌铁丝。抹面要经粗抹和细抹两遍。抹面混合料干燥密度为 900kg/m³ 左右。石棉水泥配料比及厚度分别见表 13-6-7 和表 13-6-8。每 10m² 抹面用料见表 13-6-9。

表 13-6-7 石棉水泥配料比

名称	规格	配料比(质量分数),%	
		室内	室外
水泥	300 号以上	20	35
石棉绒	5~6 级	20	25
硅藻土粉	—	15	10
粉煤灰	—	27	27
硅藻土熟料	粒径 5mm 以下	15	—
麻刀	—	3	3

表 13－6－8　石棉水泥涂抹厚度

管道直径 DN,mm	DN≤100	100＜DN＜1000	DN≥1000 或平面
涂抹厚度,mm	10	15	20

表 13－6－9　每 $10m^2$ 石棉水泥抹面用料

厚度 mm	室内外	300号以上水泥 kg	5～6级石棉绒 kg	硅藻土粉 kg	粉煤灰 kg	硅藻土熟料 kg	麻刀 kg	直径1.4mm 镀锌铁丝 m^2	直径3.2mm 镀锌铁丝（DN＞600mm） m^2	直径1.2mm 镀锌铁纹网（20mm×20mm） m^2
10	室内	18	18	13.5	24.3	13.5	2.7	0.39	0.92	11.2
	室外	31.5	22.5	9.06	24.3	—	2.7	0.39	0.92	11.2
15	室内	27.18	27.18	20.4	36.7	20.39	4.1	0.4	0.93	11.22
	室外	47.57	33.98	13.59	36.7		4.1	0.4	0.93	11.22
20	室内	36.9	36.9	27.7	49.8	27.7	5.4	0.8	0.94	11.3
	室外	64.6	46.13	18.45	24.5	—	5.4	0.8	0.94	11.3

（2）铁皮（铝皮）保护层：绝热层外包一层铁皮。如果是镀锌铁皮或铝皮可以直接包；如果是黑铁皮，则内壁刷两层防锈漆，外壁刷两层防锈漆再刷两层银粉漆。铁皮和铁皮搭接边 20～30mm，对于垂直管道或容器是上边压下边；对于水平管道或容器，则搭接边尽量赶到侧面，亦是上边压下边，以免雨水进入绝热层。铁皮边缘处应用 M4×14 自攻螺钉或 M4 至 M6 抽心铆钉把紧，间距 150～200mm 以下。对于管道，宜用 0.5mm 厚的铁皮。对于公称直径不小于 1000mm 圆形容器，宜用 0.75mm 厚的铁皮。

在计算中常出现 $X\ln x$ 形式，为方便起见，列出了表 13－6－10。

表 13－6－11、表 13－6－12 列出了每 10m 长管道所需绝热材料的体积和防水层面积数量。

3. 绝热层及外保护层计算举例

[例1] 计算一条架空管道无保护层和有保护层的绝热层经济厚度。已知，管道外径 $d=0.108m$，管外皮温度 $t_s=200℃$，环境温度 $t_0=12℃$，平均风速 $\bar{v}=3m/s$，运转时数 $\tau=8000h/a$，热价 $B=15$ 元$/(10^6W·h)$，投资年限 $n=11$，绝热材料导热系数 $\lambda=0.048+0.0001t_m W/(m·℃)$，保温层投资费用 $A=328$ 元$/m^3$，保护层投资费用 $C=9$ 元$/m^2$。

解：（1）不考虑保护层投资，单算绝热层。

$\Delta t = t_s - t_0 = 200 - 12 = 188℃$；

$N = P + \dfrac{1}{n} = 0.11 + \dfrac{1}{11} = 0.2$；

$\alpha_2 = 11.63 + 6.98\sqrt{3} = 23.72 W/(m^2·℃)$；

$\bar{\lambda} = 0.048 + 0.0001 t_m = 0.048 + 0.0001 \dfrac{200+12}{2} = 0.0586 W/(m·℃)$；

第十三章 防腐与绝热

表 13-6-10 $X - X\ln x$ 函数表

X	Xlnx	X	Xlnx	X	Xlnx	X	Xlnx	X	Xlnx	X	Xlnx	X	Xlnx
1.005	0.005	1.105	0.11	1.205	0.2245	1.31	0.354	1.51	0.622	1.71	0.916	1.91	1.234	2.11	1.579	2.31	1.935	2.51	2.310
1.01	0.01005	1.11	0.1162	1.21	0.23	1.32	0.367	1.52	0.637	1.72	0.932	1.92	1.251	2.12	1.592	2.32	1.955	2.52	2.328
1.015	0.01515	1.115	0.121	1.215	0.236	1.33	0.38	1.53	0.65	1.73	0.949	1.93	1.270	2.13	1.610	2.33	1.970	2.53	2.344
1.02	0.0202	1.12	0.127	1.22	0.242	1.34	0.389	1.54	0.665	1.74	0.965	1.94	1.288	2.14	1.630	2.34	1.990	2.54	2.370
1.025	0.0253	1.125	0.1327	1.225	0.245	1.35	0.405	1.55	0.679	1.75	0.980	1.95	1.302	2.15	1.648	2.35	2.007	2.55	2.385
1.03	0.0304	1.13	0.138	1.23	0.2545	1.36	0.417	1.56	0.695	1.76	0.994	1.96	1.318	2.16	1.665	2.36	2.027	2.56	2.405
1.035	0.0356	1.135	0.143	1.235	0.261	1.37	0.432	1.57	0.708	1.77	1.011	1.97	1.339	2.17	1.681	2.37	2.042	2.57	2.425
1.04	0.0407	1.14	0.1492	1.24	0.266	1.38	0.445	1.58	0.722	1.78	1.029	1.98	1.351	2.18	1.699	2.38	2.062	2.58	2.444
1.045	0.046	1.145	0.1545	1.245	0.272	1.39	0.457	1.59	0.737	1.79	1.040	1.99	1.369	2.19	1.720	2.39	2.080	2.59	2.462
1.05	0.0512	1.15	0.1607	1.25	0.279	1.4	0.47	1.6	0.751	1.80	1.059	2.00	1.389	2.20	1.735	2.40	2.100	2.60	2.480
1.055	0.0565	1.155	0.1665	1.255	0.285	1.41	0.485	1.61	0.765	1.81	1.081	2.01	1.401	2.21	1.756	2.41	2.120	2.61	2.503
1.06	0.0617	1.16	0.1721	1.26	0.291	1.42	0.499	1.62	0.782	1.82	1.089	2.02	1.419	2.22	1.771	2.42	2.140	2.62	2.521
1.065	0.067	1.165	0.1772	1.265	0.298	1.43	0.512	1.63	0.799	1.83	1.108	2.03	1.439	2.23	1.791	2.43	2.160	2.63	2.540
1.07	0.0724	1.17	0.1846	1.27	0.304	1.44	0.526	1.64	0.815	1.84	1.121	2.04	1.455	2.24	1.805	2.44	2.180	2.64	2.560
1.075	0.0777	1.175	0.189	1.275	0.309	1.45	0.539	1.65	0.821	1.85	1.138	2.05	1.471	2.25	1.825	2.45	2.195	2.65	2.580
1.08	0.0831	1.18	0.195	1.28	0.316	1.46	0.552	1.66	0.842	1.86	1.152	2.06	1.488	2.26	1.841	2.46	2.217	2.66	2,600
1.085	0.0885	1.185	0.201	1.285	0.322	1.47	0.056	1.67	0.856	1.87	1.169	2.07	1.507	2.27	1.861	2.47	2.233	2.67	2.620
1.09	0.0946	1.19	0.207	1.29	0.328	1.48	0.58	1.68	0.872	1.88	1.185	2.08	1.520	2.28	1.880	2.48	2.255	2.68	2.64C
1.095	0.0994	1.195	0.231	1.295	0.334	1.49	0.594	1.69	0.889	1.89	1.205	2.09	1.542	2.29	1.899	2.49	2.270	2.69	2.660
110	0.1048	1.2	0.218	1.3	0.34	1.5	0.607	1.7	0.902	1.90	1.220	2.10	1.559	2.30	1.920	2.50	2.290	2.70	2.680

续表

X	XlnX	X	XlnX	X	XlnX	X	XlnX	X	XlnX	X	XlnX	X	XlnX	X	XlnX	X	XlnX
2.71	2.700	2.91	3.104	3.11	3.53	3.31	3.96	3.51	4.40	3.71	4.86	3.91	5.33	4.11	5.81	4.31	6.29
2.72	2.720	292	3.13	3.12	3.55	3.32	3.98	3.52	4.42	3.72	4.88	3.92	5.35	4.12	5.83	4.32	6.32
2.73	2.740	2.93	3.15	3.13	3.57	3.33	4.00	3.53	4.45	3.73	4.91	3.93	5.37	4.13	5.85	4.33	6.35
2.74	2.760	2.94	3.17	3.14	3.50	3.34	4.03	3.54	4.47	3.74	4.93	3.94	5.40	4.14	5.88	4.34	6.38
2.75	2.780	2.95	3.19	3.15	3.61	3.35	4.05	3.55	4.50	3.75	4.96	3.95	5.43	4.15	5.91	4.35	6.40
2.76	2.800	2.96	3.21	3.16	3.64	3.36	4.07	3.56	4.52	3.76	4.98	3.96	5.45	4.16	5.93	4.36	6.42
2.77	2.820	2.97	3.24	3.17	3.66	3.37	4.09	3.57	4.55	3.77	5.00	3.97	5.47	4.17	5.95	4.37	6.44
2.78	2.840	2.98	3.25	3.18	3.68	3.38	4.12	3.58	4.57	3.78	5.03	3.98	5.50	4.18	5.98	4.38	6.46
2.79	2.860	2.99	3.27	3.19	3.70	3.39	4.14	3.59	4.59	3.79	5.05	3.99	5.53	4.19	6.01	4.39	6.48
2.80	2.880	3.00	3.29	3.20	3.72	3.40	4.16	3.60	4.62	3.80	5.07	4.00	5.55	4.20	6.03	4.40	6.52
2.81	2.901	3.01	3.31	3.21	3.74	3.41	4.18	3.61	4.64	3.81	5.09	4.01	5.57	4.21	6.05	4.41	6.54
2.82	2.921	3.02	3.34	3.22	3.76	3.42	4.20	3.62	4.66	3.82	5.12	4.02	5.60	4.22	6.07	4.42	6.57
2.83	2.940	3.03	3.36	3.23	3.78	3.43	4.23	3.63	4.68	3.83	5.15	4.03	5.62	4.23	6.10	4.43	6.60
2.84	2.961	3.04	3.38	3.24	3.81	3.44	4.25	3.64	4.71	3.84	5.17	4.04	5.64	4.24	6.13	4.44	6.62
2.85	2.980	3.05	3.40	3.25	3.83	3.45	4.27	3.65	4.73	3.85	5.19	4.05	5.66	4.25	6.15	4.45	6.64
2.86	3.002	3.06	3.42	3.26	3.85	3.46	4.30	3.66	4.75	3.86	5.21	4.06	5.68	4.26	6.17	4.46	6.67
2.87	3.021	3.07	3.44	3.27	3.88	3.47	4.32	3.67	4.77	3.87	5.24	4.07	5.71	4.27	6.19	4.47	6.70
2.88	3.045	3.08	3.46	3.28	3.90	3.48	4.34	3.68	4.80	3.88	5.26	4.08	5.74	4.28	6.22	4.48	6.72
2.89	3.065	3.09	3.48	3.29	3.92	3.40	4.36	3.69	4.82	3.89	5.28	4.09	5.76	4.29	6.25	4.49	6.74
2.90	3.085	3.10	3.50	3.30	3.94	3.50	4.38	3.70	4.84	3.90	5.31	4.10	5.78	4.30	6.27	4.50	6.77

X	XlnX	X	XlnX
4.71	7.28	4.91	7.80
4.72	7.32	4.92	7.83
4.73	7.35	4.93	7.85
4.74	7.38	4.94	7.86
4.75	7.40	4.95	7.90
4.76	7.42	4.96	7.92
4.77	7.45	4.97	7.95
4.78	7.47	4.98	8.00
4.79	7.50	4.99	8.02
4.80	7.52	5.00	8.95
4.81	7.55		
4.82	7.58		
4.83	7.60		
4.84	7.63		
4.85	7.65		
4.86	7.68		
4.87	7.70		
4.88	7.73		
4.89	7.76		
4.90	7.78		

表 13-6-11 管道每 10m 长绝热层所需绝热材料用料体积（1%余量）

δ, mm	用料体积，m³														
	φ33mm	φ48mm	φ60mm	φ76mm	φ89mm	φ114mm	φ133mm	φ159mm	φ219mm	φ273mm	φ325mm	φ377mm	φ426mm	φ529mm	φ630mm	φ720mm
20	0.034	0.043	0.051	0.061	0.069	0.083	0.097	0.114	0.152	0.188	0.219	0.252	0.283	0.348	0.412	0.470
30	0.060	0.074	0.086	0.101	0.113	0.137	0.155	0.180	0.237	0.288	0.388	0.387	0.484	0.532	0.628	0.71
40	0.093	0.112	0.127	0.147	0.164	0.195	0.220	0.258	0.329	0.397	0.463	0.529	0.591	0.722	0.850	0.965
50	0.136	0.155	0.175	0.200	0.221	0.260	0.290	0.332	0.427	0.512	0.595	0.677	0.755	0.919	1.079	1.222
60	0.186	0.206	0.228	0.259	0.284	0.331	0.367	0.417	0.531	0.634	0.733	0.832	0.925	1.121	1.314	1.485
80	0.287	0.325	0.355	0.396	0.429	0.492	0.541	0.607	0.759	0.896	1.028	1.160	1.284	1.546	1.802	2.031
100	0.419	0.470	0.508	0.558	0.600	0.679	0.739	0.822	1.012	1.184	0.349	0.514	1.669	0.996	2.316	2.602

表 13-6-12 管道每 10m 长绝热层外防水层材料所用料面积（6%余量）

δ, mm	用料体积，m³														
	φ33mm	φ48mm	φ60mm	φ76mm	φ89mm	φ114mm	φ133mm	φ159mm	φ219mm	φ273mm	φ325mm	φ377mm	φ426mm	φ529mm	φ630mm	φ720mm
20	2.431	2.930	3.330	3.868	4.296	5.123	5.761	6.627	8.625	10.423	12.155	13.886	15.518	18.948	22.312	25.309
30	3.598	3.596	3.996	4.529	4.962	5.794	6.427	7.293	9.291	11.089	12.821	14.552	16.184	19.814	22.978	25.975
40	4.662	4.263	4.662	5.195	5.828	0.480	7.092	7.959	9.957	11.755	13.487	15.219	16.850	20.280	23.644	26.841
50	5.801	4.929	5.328	5.861	6.204	7.120	7.759	8.625	10.623	12.421	14.153	15.885	17.516	20.946	24.310	27.307
60	8.960	5.595	5.994	6.527	6.960	7.792	8.425	9.291	11.289	13.087	14.819	16.651	18.182	21.612	24.976	27.373
80	9.124	6.927	7.326	7.359	8.292	9.124	9.757	10.623	12.621	14.419	16.151	17.883	19.514	22.944	26.308	29.305
100	11.039	8.259	8.658	9.191	9.624	10.456	11.089	11.955	13.953	15.751	17.483	19.215	20.846	24.276	27.640	30.037

由式(13-6-2)可推导如下：

$$\frac{D}{2}\ln\frac{D}{d} = 10^{-3}\sqrt{\frac{B\tau\bar{\lambda}\Delta t}{AN}} - \frac{\bar{\lambda}}{\alpha_2}$$

即

$$\frac{d}{2}\cdot\frac{D}{d}\ln\frac{D}{d} = 10^{-3}\sqrt{\frac{B\tau\bar{\lambda}\Delta t}{AN}} - \frac{\bar{\lambda}}{\alpha_2}$$

即

$$\frac{D}{d}\ln\frac{D}{d} = \frac{2}{d}\left(10^{-3}\sqrt{\frac{B\tau\bar{\lambda}\Delta t}{AN}} - \frac{\bar{\lambda}}{\alpha_2}\right)$$

即

$$\frac{D}{d}\ln\frac{D}{d} = \frac{2}{0.108}\left(10^{-3}\sqrt{\frac{15\times 8000\times 0.0586\times 188}{0.2\times 328}} - \frac{0.0586}{23.72}\right) = 2.58314$$

由表13-6-10查得 $\frac{D}{d}\ln\frac{D}{d} = 2.58$ 时，$\frac{D}{d} = 2.65$。

则 $D = 2.65d = 2.65\times 0.108 = 0.286\text{m}$

注意：在计算中 $B = 15$ 元$/(10^6\text{W}\cdot\text{h})$ 中的 10^6 未出现，如果出现，则根号外的 10^{-3} 取消，因为他们的意义是相同的。所求厚度为

$$\delta = \frac{D-d}{2} = 0.089\text{m}$$

（2）考虑保护层的影响。

由式(13-6-3)：

$$\frac{D}{2}\ln\frac{D}{d} = 10^{-3}\sqrt{\frac{B\tau\bar{\lambda}\Delta t}{\left(A+\frac{2C}{D}\right)N}} - \frac{\bar{\lambda}}{\alpha_2}$$

把上步计算中的 A 换成 $\left(A+\frac{2C}{D}\right)$，因为 D 在式中不易被解出来。用微机解题比较容易，用计算器不好计算。先设 D 的数值进行试算，设 $D = 0.274\text{m}$，则

$$A + \frac{2C}{D} = 328 + \frac{2\times 9}{0.274} = 393.69$$

则

$$\frac{D}{d}\ln\frac{D}{d} = \frac{2}{d}\left(10^{-3}\sqrt{\frac{15\times 8000\times 0.0586\times 188}{0.2\times 393.69}} - \frac{0.0586}{23.72}\right)$$

$$\frac{D}{d}\ln\frac{D}{d} = \frac{2}{0.108}(0.129567 - 0.0024) = 2.3538$$

由表 13-6-10 查得 $\frac{D}{d} = 2.53$，则 $D = 2.53 \times 0.108 = 0.273 (m)$，和假设差 1mm，可以使用。

[**例2**] 上题管道埋于地下，$h_0 = 1.2m$，土壤温度 $t_0 = 5℃$，土壤导热系数 $\bar{\lambda}' = 1.08 W/(m·℃)$，求其绝热层的经济厚度。

由式(13-6-4)：

$$\frac{D}{2}\left(\frac{1}{\bar{\lambda}}\ln\frac{D}{d} + \frac{1}{\bar{\lambda}'}\ln\frac{4h_0}{D}\right) = 10^{-3}\sqrt{\frac{\Delta t B \tau (\bar{\lambda}' - \bar{\lambda})}{N\left(A + \frac{2C}{D}\right)\bar{\lambda}\bar{\lambda}'}}$$

利用试算法，设 $D = 0.25m$，则

$$\bar{\lambda} = 0.048 + 0.0001 \frac{200 + 5}{2} = 0.05825 W/(m·℃)$$

等号左边：$\frac{0.25}{2}\left(\frac{1}{0.05825}\ln\frac{0.25}{0.108} + \frac{1}{1.08}\ln\frac{4 \times 1.2}{0.25}\right) = 2.143$

等号右边：$10^{-3}\sqrt{\frac{(200-5) \times 15 \times 8000(1.08 - 0.05825)}{0.2\left(328 + \frac{2.9}{0.25}\right)0.05825 \times 1.08}} = 2.1796$

仍有误差，再设 $D = 0.252m$。

等号左边：$\frac{0.252}{2}\left(\frac{1}{0.0583}\ln\frac{0.252}{0.108} + \frac{1}{1.08}\ln\frac{4 \times 1.2}{0.252}\right) = 2.175$

等号右边：$10^{-3}\sqrt{\frac{(200-5) \times 15 \times 8000(1.08 - 0.05825)}{0.2\left(328 + \frac{2.9}{0.252}\right)0.05825 \times 1.08}} = 2.181$

比较接近，可认为 $D = 0.252m$。

$$\delta = \frac{D - d}{2} = \frac{0.252 - 0.108}{2} = 0.072m = 72mm$$

[**例3**] 条件和例1相同，证明其最大散热损失是否超过了表13-6-2的规定。

由式(13-6-7)：

$$q = 10^3 \sqrt{\frac{AN\bar{\lambda}\Delta t}{B\tau}} = 10^3 \sqrt{\frac{328 \times 0.2 \times 0.05825 \times 188}{15 \times 8000}} = 77.37 W/m^2$$

表 13-6-2 规定，当管道外表面温度为 200℃ 时允许散热为 220 W/m^2，所以未超过规定。

六、伴热管的绝热计算

伴热管绝热与单管绝热一致，其绝热材料和外保护层与单管一样，但其计算较复杂。

1. 双管伴随加热保温计算

双管伴热保温如图 13-6-2 所示。

（1）求热源管管径和热源管温度。

$$Q_{d2} + Q_H = K_{12} F_2 \Delta t \qquad (13-6-13)$$

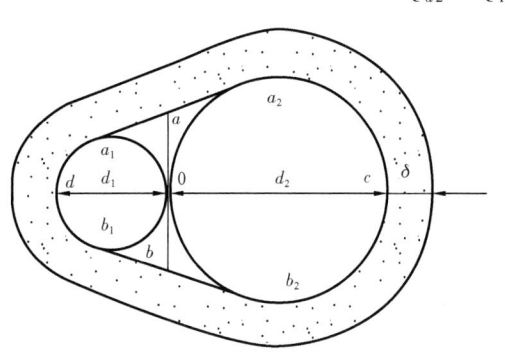

图 13-6-2 双管伴随保温图

式中 Q_{d2}——吸热管的总散热损失，W；

Q_H——吸热管内流体被升温所需要的热量，W；

K_{12}——两管间总传热系数，W/(m²·℃)[可取 $K_{12}=11.63$ W/(m²·℃)]；

F_2——管1、2间假设简化的传热面积，m²；

Δt——换热温差，℃。

① 求 Q_{d2}：

$$Q_{d2} = K_2 F_{md2}(t_{CP1} - t_0) \qquad (13-6-14)$$

$$t_{CP1} = \frac{1}{3} t_H + \frac{2}{3} t_K$$

式中 K_2——吸热管的总散热系数，W/(m²·℃)；

F_{md2}——吸热管的散热面积，m²[即为图 13-6-3 中的 $a'b'c'$ 面，经过简化后得 $F_{md2} \approx (2.57 d_2 + 1.57 \delta) L$，$\delta$ 为保温层厚度(m)，L 为保温管长(m)，d_2 为吸热管管径(m)]；

t_{CP1}——吸热管内介质平均温度，℃（t_{CP1} 也可由图 13-6-4 直接查得）；

t_H，t_K——被加热介质起终点温度，℃；

t_0——周围介质温度，℃。

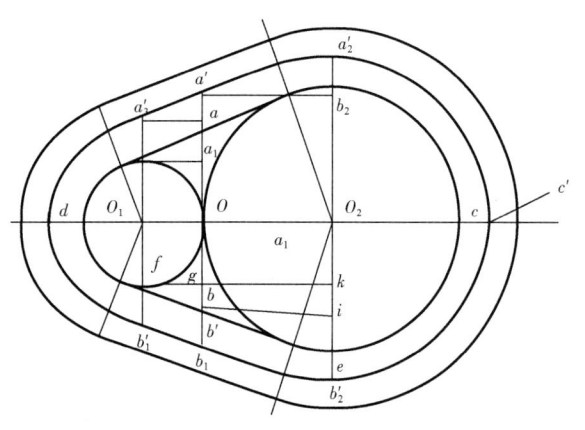

图 13-6-3 双管伴随简化图

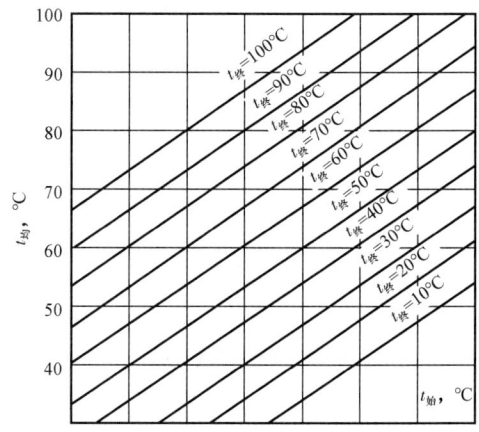

图 13-6-4 管线平均温度计算图

图 13-6-4 中,由 $t_{始}$ 向上作垂线与 $t_{终}$ 相交,再由交点作平行线查得 $t_{均}$。

$$t_{均} = \frac{t_{始} + 2t_{终}}{3} \quad (13-6-15)$$

式中　$t_{始}$——管道的起点温度,℃;
　　　$t_{终}$——管道的终点温度,℃。

② 求 Q_H:

$$Q_H = CG(t_c - t_{CP1}) \quad (13-6-16)$$

式中　C——被加热介质的比热容,J/(kg·℃);
　　　G——被加热介质的质量流量,kg/s。

对库(或站)内管道,一般不单独考虑 Q_H,即令 $Q_H=0$,将吸热管内介质是否被加热综合到计算 Q_{d2} 中的 t_{CP1} 考虑。

③ 求换热温差 Δt。

两种流体流动方向一致时:

$$\Delta t = \frac{(t'_1 - t'_2) - (t''_1 - t''_2)}{\ln \frac{t'_1 - t'_2}{t''_1 - t''_2}} \quad (13-6-17)$$

式中　t'_1, t'_2——两种流体的始点温度,℃;
　　　t''_1, t''_2——两种流体的终点温度,℃(Δt 可直接由图 13-6-5 查得)。

图 13-6-5 中由 Δt_a 与 Δt_b 相连可得 $\Delta t_{均}$。

$$\Delta t_{均} = \frac{\Delta t_a - \Delta t_b}{\ln \frac{\Delta t_a}{\Delta t_b}} \quad (13-6-18)$$

顺流时:

$$\Delta t_a = t_{热始} - t_{油始}$$
$$\Delta t_b = t_{热终} - t_{油终}$$

逆流时:

$$\Delta t_a = t_{热始} - t_{油终}$$
$$\Delta t_b = t_{热终} - t_{油始}$$

式中　$t_{热始}, t_{热终}$——伴热管起终点温度,℃;
　　　$t_{油始}, t_{油终}$——油管起终点温度,℃;
即

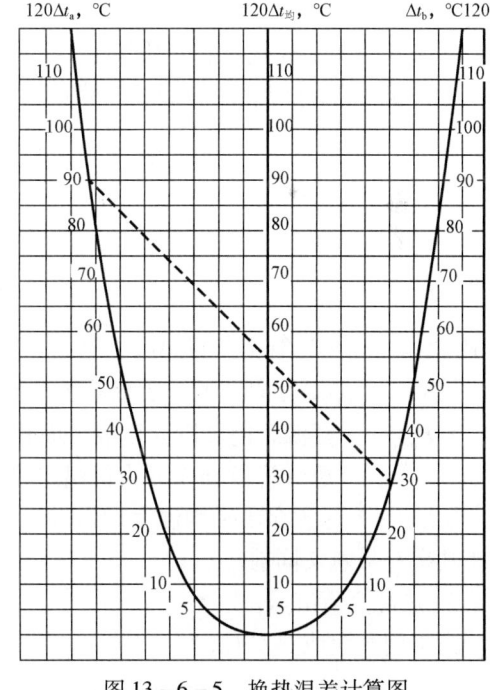

图 13-6-5　换热温差计算图

$$Q_{d2} = K_{12} d_1 \left(1 + \frac{d_2 - d_1}{d_1 + d_2}\right) \Delta t \quad (13-6-19)$$

④ 求传热面积 F_2。

两管伴随中,吸热管的吸热面为 $a_2 \cdot b_2$,热源管对吸热管的放热通过 $a_1 \cdot b_1$。假设两管通过中间的 $a \cdot b$ 面(图 13-6-2)进行热交换,并简化为式(13-6-19)、式(13-6-20):

$$F_2 \approx d_1\left(1 + \frac{d_2 - d_1}{d_1 + d_2}\right)L \quad (13-6-20)$$

$$\text{或} \quad F_2 \approx d_2\left(1 - \frac{d_2 - d_1}{d_1 + d_2}\right)L \quad (13-6-21)$$

式中 d_1, d_2——热源管和吸热管的直径,m;
L——伴热管长,m。

利用式:

$$Q_{d2} = K_{12}F_2\Delta t \quad (13-6-22)$$

在已知吸热管和管内介质状况和热源管内介质性质、温度的情况下,可以求出热源管直径;在已知两管直径和两管内介质性质的情况下,可以用试算的方法确定吸热管内介质的终点温度(起点温度已知)和热源管的起(或终)点温度。

油库中被保温的原油管道,设计起始温度取 $t_H = 40℃$ 或 $t_{CP} = 40℃$,热源介质为蒸汽时,始温按所用的蒸汽压力查表确定,回水应为 70~80℃;当为热水时,终点回水低于 70℃,始温不超过 120℃,应根据伴热管离供热锅炉的距离等因素选值。

(2) 求热源消耗热量和介质流量。

① 一般伴随保温热源管消耗的热量为:

$$Q_1 = Q_{d1} + K_{12}F_2\Delta t = Q_{d1} + Q_{d2} \quad (13-6-23)$$

$$Q_1 = K_1 F_{md1}(t_{CP1} - t_0)$$

$$t_{CP1} = \frac{1}{3}t_H + \frac{2}{3}t_K \, ℃$$

式中 Q_{d1}——热源管散热量,W;
K_1——热源管向周围介质总散热系数,W/(m²·℃);
F_{md1}——热源管向周围介质散热面积,m²,[可简化为 $F_{md1} \approx (2.57d_1 + 1.57\delta)L$,$d_1$ 为热源管管径(m),δ 为保温层厚(m)];
t_{CP1}——热源介质平均温度,℃。

其余符号意义同前。

② 热源介质流量。

当采用蒸汽或热水时,为

$$G = \frac{Q_1}{i_1 - i_2} \quad (13-6-24)$$

式中 G——热源介质流量,kg/s;

Q_1——热源管消耗总热量,W;
i_1——蒸汽(或热水)起始温度、压力下的热焓,J/kg;
i_2——蒸汽(或热水)终了温度、压力下的热焓,J/kg。

双管伴随保温之 $\dfrac{Q_{d1}}{L}$, $\dfrac{Q_{d2}}{L}$ 的数值可直接由图13-6-6和图13-6-7查得。

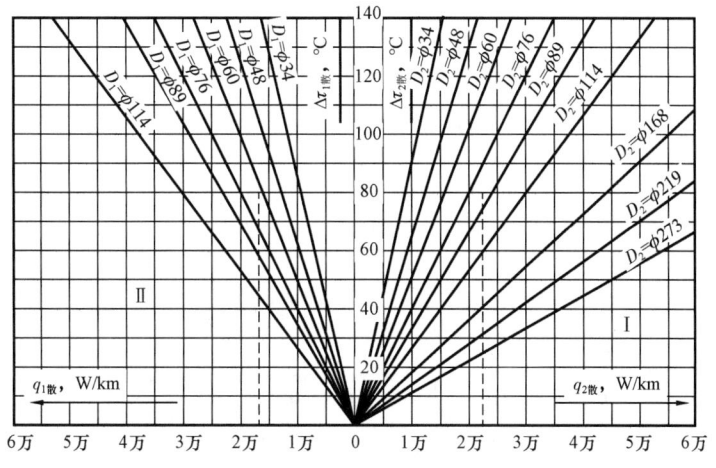

图13-6-6 双管伴随保温的散热量计算图

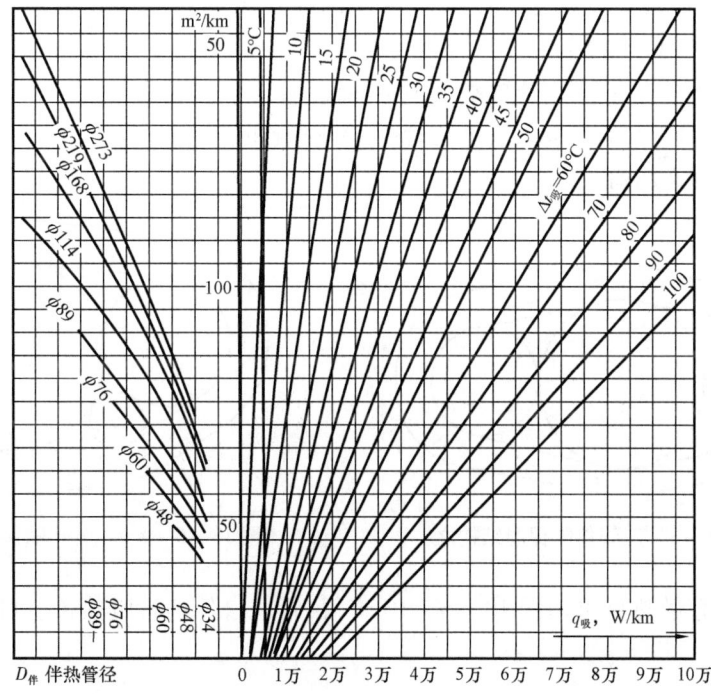

图13-6-7 油管自伴热管吸热的计算图

2. 三管及多管伴随加热保温计算

三管及多管伴随计算方法与双管伴随基本相同,也是依据热平衡。例如三管伴随保温(图 13-6-8 和图 13-6-9),管 1 为热源,管 2 和管 3 为吸热管,则有

$$Q_{d2} = K_{12}F_2\Delta t_{12} \tag{13-6-25}$$

$$Q_{d3} = K_{13}F_3\Delta t_{13} \tag{13-6-26}$$

$$Q_1 = Q_{d1} + Q_{d2} + Q_{d3} = Q_{d1} + K_{12}F_2\Delta t_{12} + K_{13}F_3\Delta t_{13} \tag{13-6-27}$$

$$F_{md1} \approx 2d_1 L$$

$$F_{md2} \approx (2.57d_2 + 1.57\delta)L$$

$$F_{md3} \approx (2.57d_3 + 1.57\delta)L$$

$$F_2 \approx d_2\left(1 + \frac{d_1 - d_2}{d_1 + d_2}\right)L \approx d_1\left(1 - \frac{d_1 - d_2}{d_1 + d_2}\right)L$$

$$F_3 \approx d_3\left(1 + \frac{d_1 - d_3}{d_1 + d_3}\right)L \approx d_1\left(1 - \frac{d_1 - d_3}{d_1 + d_3}\right)L$$

式中　Q_{d1},Q_{d2},Q_{d3}——管 1、管 2、管 3 的总散热量,W(计算方法同前);

　　　Q_1——热源管消耗的总热量,W;

　　　Δt_{12},Δt_{13}——管 1 与管 2 及管 1 与管 3 间换热温差,℃[计算方法同前,$K_{12} \approx K_{13} = 11.63\text{W}/(\text{m}^2 \cdot ℃)$];

　　　F_{md1},F_{md2},F_{md3}——管 1、管 2、管 3 的散热面积;

　　　F_2,F_3——管 1 与管 2 间及管 1 与管 3 间的简化的传热面积。

式中各符号意义同前。

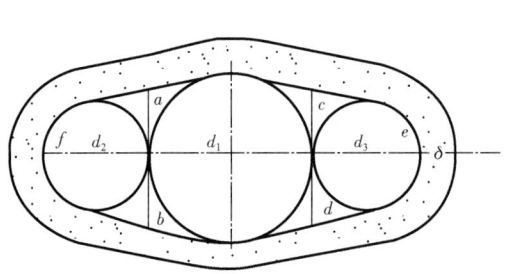 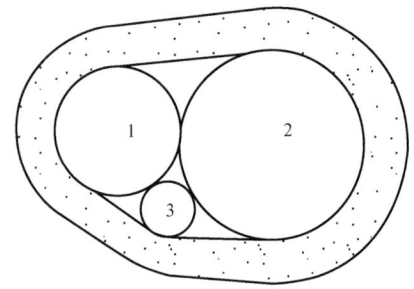

图 13-6-8　三管伴随保温结构之一　　　图 13-6-9　三管伴随保温结构之二

三管伴随各管散热量可由图 13-6-10 查得,管道自伴随管吸热量也可由图 13-6-7 查得。

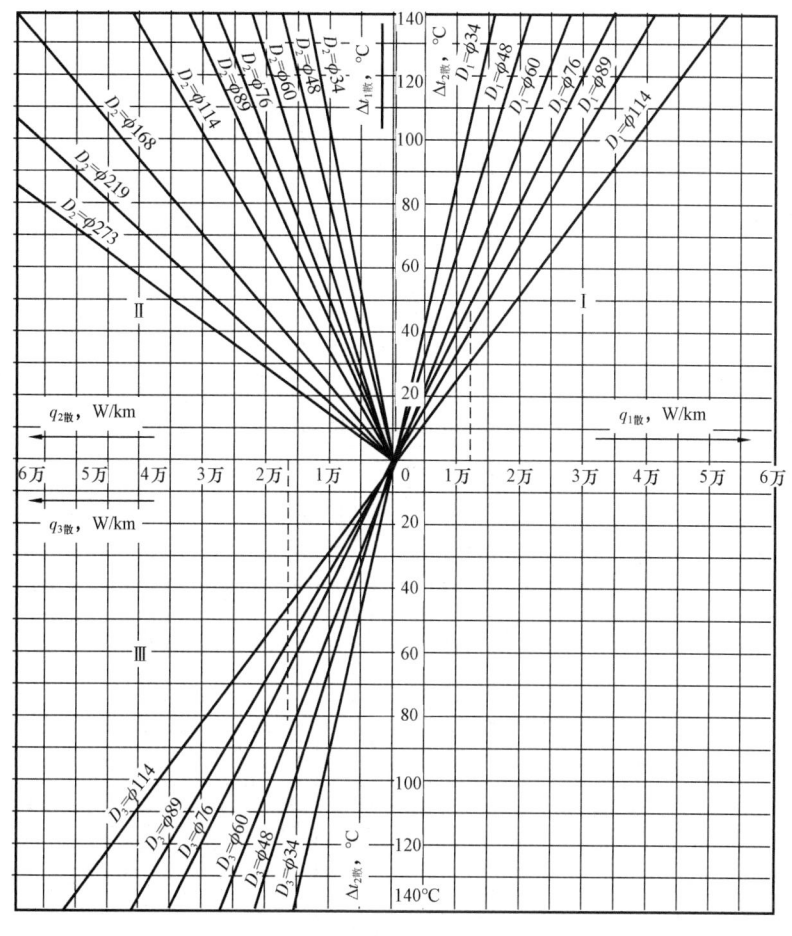

图 13-6-10 三管伴随保温各管散热量计算图

七、伴热管外保护层所需面积

当伴热管的外径、被伴热管的直径和绝热层的厚度均为已知,每 10m 长伴热管绝热层的最外表面积,见表 13-6-13。

八、伴热管绝热材料所需体积

当伴热管和被伴热管直径及绝热层厚度为已知,每 10m 长所需绝热材料的体积见表 13-6-14。

九、干挠伴热计算

在油气储运工作中,干挠伴热系指一根温度较高的输送管道和一根温度较低的输送管道平行敷设于地下,且不接触,使冷管获得热管的热量从而得以安全输送,如图 13-6-11 所示。

表 13-6-13 不同直径被伴热管下伴热管道每 10m 长绝热层外保护层所需材料面积（6%余量）

材料面积，m²

厚度 mm	伴热管直径 mm	φ33mm	φ48mm	φ60mm	φ76mm	φ89mm	φ114mm	φ133mm	φ159mm	φ219mm	φ273mm	φ325mm	φ377mm	φ426mm	φ529mm	φ630mm	φ720mm
20	φ33	3.131	3.554	3.908	4.393	4.795	5.581	6.186	7.021	8.967	10.733	12.441	14.153	15.770	19.176	22.521	25.505
30	φ33	4.220	4.220	4.574	5.059	5.461	6.247	6.852	7.687	9.633	11.399	13.107	14.819	16.436	19.842	23.187	26.171
40	φ33	5.240	4.886	5.240	5.725	6.127	6.913	7.518	8.353	10.299	12.065	13.773	15.185	17.102	20.508	23.853	26.837
50	φ33	6.392	5.552	5.906	6.392	6.793	7.579	8.184	9.019	10.965	12.731	14.439	16.151	17.768	21.174	24.519	27.503
60	φ33	7.459	6.218	6.572	7.058	7.459	8.245	8.850	9.685	11.631	13.397	15.105	16.817	18.434	21.840	25.185	28.169
80	φ33	9.577	7.550	7.904	8.390	8.791	9.577	10.182	11.017	12.963	14.729	16.437	18.149	19.766	23.172	26.517	29.501
100	φ33	11.514	8.882	9.236	9.722	10.124	10.909	11.514	12.349	14.295	16.061	17.769	19.481	21.098	24.504	27.849	30.833
20	φ48	3.554	3.948	4.282	4.745	5.131	5.891	6.480	7.297	9.211	10.956	12.048	14.348	15.955	19.343	22.675	25.050
30	φ48	4.614	4.614	4.948	5.411	5.797	6.557	7.146	7.963	9.877	11.622	13.314	15.014	16.621	20.009	23.341	26.316
40	φ48	5.614	5.280	5.614	6.077	6.463	7.223	7.812	8.629	10.543	12.288	13.980	15.680	17.287	20.675	24.007	26.982
50	φ48	6.743	5.946	6.280	6.743	7.129	7.889	8.478	9.295	11.209	12.954	14.646	16.346	17.953	21.341	24.673	27.648
60	φ48	7.795	6.612	6.946	7.409	7.795	8.555	9.144	9.961	11.875	13.620	15.312	17.012	18.619	22.007	25.339	28.313
80	φ48	9.887	7.944	8.278	8.741	9.127	9.887	10.476	11.293	13.207	14.952	16.644	18.344	19.951	23.839	25.671	29.646
100	φ48	11.808	9.276	9.610	10.073	10.459	11.219	11.808	12.625	14.539	16.284	17.976	19.676	21.283	24.671	29.003	30.373
20	φ60	3.908	4.282	4.602	5.048	5.422	6.163	6.740	7.541	9.430	11.157	12.835	14.524	16.122	19.495	22.845	25.785
30	φ60	4.948	4.948	5.268	5.714	6.088	6.829	7.406	8.207	10.096	11.823	13.501	15.190	16.788	20.164	23.482	26.449
40	φ60	5.934	5.614	5.934	6.380	6.754	7.495	8.072	8.873	10.762	12.489	14.167	15.856	17.454	20.327	24.148	27.115
50	φ60	7.046	6.280	6.600	7.046	7.420	8.161	8.738	9.539	11.428	13.155	14.833	16.522	18.120	24.493	24.814	27.731
60	φ60	8.086	6.946	7.266	7.712	8.086	8.827	9.404	10.205	12.094	13.321	15.499	17.188	18.786	22.159	25.480	28.441
80	φ60	10.159	8.278	8.598	9.044	9.418	10.159	10.736	11.537	13.426	15.153	16.831	18.520	20.118	23.491	26.812	29719
100	φ60	12.068	9.610	9.930	10.376	10.751	11.491	12.068	12.870	14.758	16.485	18.163	19.852	21.450	24.823	28.144	30.112
20	φ76	4.393	4.745	5.048	5.474	5.834	6.550	7.110	7.893	9.746	11.449	13.109	14.782	16.367	19.720	23.024	25.979
30	φ76	5.411	5.411	5.714	6.140	6.500	7.216	7.776	8.559	10.412	12.115	13.775	15.448	17.033	20.386	23.690	26.645
40	φ76	6.380	6.077	6.380	6.806	7.166	7.882	8.442	9.225	11.078	12.781	14.441	16.114	17.699	21.052	24.356	27.311
50	φ76	7.472	6.743	7.046	7.472	7.832	8.548	9.108	9.891	11.744	13.447	15.107	16.780	18.365	21.718	25.022	27.977

续表

厚度 mm	伴热管直径 mm	材料面积，m²													
		φ33mm	φ48mm	φ60mm	φ76mm	φ89mm	φ114mm	φ133mm	φ159mm	φ219mm	φ273mm	φ325mm	φ377mm	φ426mm	φ529mm	φ630mm	φ720mm
60	φ76	8.498	7.409	7.712	8.138	8.498	9.214	9.774	10.557	12.410	14.113	15.773	17.446	19.031	22.384	25.688	28.643
80	φ76	10.546	8.741	9.044	9.470	9.830	10.546	11.106	11.889	13.742	15.445	17.105	18.778	20.364	23.716	27.020	29.975
100	φ76	12.438	10.073	10.376	10.802	11.162	11.878	12.438	13.221	15.074	16.777	18.437	20.110	21.696	25.048	28.352	31.307
20	φ89	4.795	5.131	5.422	5.834	6.183	6.880	7.428	8.196	10.021	11.704	13.348	15.008	16.583	19.917	23.208	26.153
30	φ89	5.797	5.797	6.088	6.500	6.849	7.546	8.094	8.862	10.687	12.370	14.014	15.674	17.249	20.583	23.874	26.819
40	φ89	6.754	6.463	6.754	7.166	7.515	8.212	8.760	9.528	11.353	13.036	14.680	16.340	17.915	21.249	24.540	27.485
50	φ89	7.832	7.129	7.420	7.832	8.181	8.878	9.426	10.194	12.019	13.702	15.346	17.006	18.581	21.915	25.206	28.151
60	φ89	8.847	7.795	8.086	8.498	8.847	9.544	10.092	10.860	12.685	14.368	16.012	17.672	19.247	22.581	25.872	28.817
80	φ89	10.876	9.127	9.418	9.830	10.179	10.876	11.424	12.192	14.017	15700	17.344	19.004	20.579	23.913	27.204	30.149
100	φ89	12.756	10.459	10.751	11.162	11.511	12.208	12.756	13.524	15.349	17.032	18.676	20.336	21.911	25.245	28.536	31.481
20	φ114	5.581	5.891	6.163	6.550	6.880	7.545	8.071	8.811	10.583	12.229	13.844	15.478	17.032	20.331	23.593	26.517
30	φ114	6.557	6.557	6.829	7.216	7.546	8.211	8.737	9.477	11.249	12.895	14.510	16.144	17.689	20.997	24.259	27.183
40	φ114	7.495	7.223	7.495	7.882	8.212	8.877	9.403	10.143	11.915	13.561	15.176	16.810	18.364	21.663	24.925	27.849
50	φ114	8.548	7.889	8.161	8.548	8.878	9.543	10.069	10.809	12.581	14.227	15.842	17.476	19.030	22.329	25.591	28.515
60	φ114	9.544	8.555	8.827	9.214	9.544	10.209	10.735	11.475	13.247	14.893	16.508	18.142	19.694	22.995	26.257	29.18L1
80	φ114	11.541	9.887	10.159	10.546	10.876	11.541	12.067	12.807	14.580	16.225	17.840	19.474	21.029	24.327	27.589	30.513
100	φ114	13.399	11.219	11.491	11.878	12.208	12.873	13.399	14.139	15.912	17.557	19.172	20.806	22.361	25.659	28.921	31.845
20	φ159	7.021	7.297	7.541	7.893	8.196	8.811	9.301	9.998	11.683	13.265	14.826	16.415	17.931	21.163	24.373	27.257
30	φ159	7.963	7.963	8.207	8.559	8.862	9.477	9.967	10.664	12.349	13.931	15.492	17.081	18.597	21.820	25.039	27.923
40	φ159	8.873	8.629	8.873	9.225	9.528	10.143	10.633	11.130	13.015	14.597	16.138	17.747	19.263	22.495	25.705	28.599
50	φ159	9.891	9.295	9.539	9.891	10.194	10.809	11.299	11.996	13.681	15.263	16.824	18.413	19.920	23.161	26.371	29.255
60	φ159	10.860	9.961	10.205	10.557	10.860	11.475	11.966	12.662	14.347	15.929	17.490	19.079	20.595	23.827	27.037	20.921
80	φ159	12.807	11.293	11.537	11.889	12.192	12.807	13.298	13.994	15.679	17.261	18.822	20.411	21.928	25.159	28.369	31.253
100	φ159	14.630	12.625	12.870	13.221	13.524	14.139	14.630	15.326	17.011	18.593	20.154	21.743	23.260	26.491	29.701	32.585

表 13-6-14 伴热管道绝热层每 10m 长所需绝热材料体积（1% 余量）

材料体积，m³

厚度 mm	伴热管直径 mm	φ33mm	φ48mm	φ60mm	φ76mm	φ89mm	φ114mm	φ133mm	φ159mm	φ219mm	φ273mm	φ325mm	φ377mm	φ426mm	φ529mm	φ630mm	φ720mm
20	φ33	0.047	0.055	0.062	0.071	0.079	0.094	0.105	0.121	0.158	0.192	0.224	0.257	0.288	0.353	0.410	0.473
30	φ33	0.092	0.092	0.102	0.116	0.128	0.150	0.167	0.191	0.247	0.297	0.346	0.395	0.441	0.539	0.634	0.720
40	φ33	0.149	0.135	0.149	0.167	0.183	0.213	0.236	0.268	0.342	0.409	0.474	0.539	0.601	0.781	0.858	0.972
50	φ33	0.225	0.185	0.202	0.225	0.244	0.282	0.311	0.350	0.443	0.527	0.609	0.690	0.767	0.929	1.089	1.231
60	φ33	0.312	0.241	0.262	0.289	0.312	0.357	0.392	0.430	0.551	0.652	0.749	0.847	0.940	1.134	1.320	1.496
80	φ33	0.527	0.372	0.399	0.436	0.467	0.527	0.573	0.637	0.785	0.920	1.050	1.180	1.304	1.563	1.818	2.046
100	φ33	0.780	0.529	0.563	0.609	0.647	0.722	0.780	0.859	1.045	1.213	1.370	1.539	1.895	2.017	2.336	2.621
20	φ48	0.055	0.063	0.069	0.078	0.085	0.100	0.111	0.126	0.163	0.196	0.228	0.261	0.291	0.356	0.419	0.476
30	φ48	0.108	0.108	0.118	0.126	0.137	0.159	0.176	0.199	0.254	0.304	0.352	0.401	0.447	0.543	0.639	0.724
40	φ48	0.163	0.150	0.163	0.181	0.196	0.225	0.247	0.278	0.351	0.418	0.482	0.547	0.608	0.737	0.864	0.978
50	φ48	0.242	0.204	0.220	0.242	0.260	0.297	0.325	0.363	0.455	0.538	0.618	0.699	0.776	0.937	1.066	1.238
60	φ48	0.381	0.264	0.283	0.309	0.331	0.375	0.409	0.455	0.565	0.600	0.761	0.858	0.950	1.144	1.334	1.504
80	φ48	0.551	0.402	0.428	0.463	0.493	0.551	0.595	0.658	0.804	0.937	1.086	1.195	1.318	1.570	1.830	2.057
100	φ48	0.808	0.567	0.598	0.642	0.679	0.752	0.808	0.886	1.086	1.234	1.396	1.557	1.711	2.033	2.351	2.634
20	φ60	0.062	0.069	0.075	0.084	0.091	0.105	0.116	0.131	0.167	0.200	0.232	0.264	0.295	0.350	0.422	0.479
30	φ60	0.113	0.113	0.122	0.135	0.145	0.167	0.183	0.206	0.260	0.309	0.357	0.406	0.451	0.548	0.643	0.727
40	φ60	0.175	0.163	0.175	0.192	0.207	0.235	0.257	0.287	0.359	0.425	0.489	0.554	0.614	0.743	0.870	0.983
50	φ60	0.256	0.220	0.235	0.256	0.274	0.309	0.337	0.375	0.465	0.547	0.627	0.708	0.784	0.945	1.103	1.244
60	φ60	0.348	0.283	0.304	0.327	0.348	0.390	0.423	0.469	0.577	0.676	0.772	0.868	0.960	1.153	1.312	1.512
80	φ60	0.571	0.428	0.452	0.486	0.515	0.571	0.615	0.676	0.820	0.952	1.080	1.209	1.330	1.588	1.841	2.067
100	φ60	0.883	0.598	0.629	0.671	0.707	0.778	0.833	0.909	1.089	1.253	1.413	1.574	1.727	2.048	2.364	2.647
20	φ76	0.071	0.078	0.084	0.092	0.098	0.112	0.123	0.138	0.173	0.205	0.237	0.269	0.299	0.363	0.426	0.482
30	φ76	0.126	0.126	0.135	0.147	0.157	0.178	0.194	0.216	0.269	0.318	0.365	0.413	0.458	0.554	0.649	0.733
40	φ76	0.192	0.181	0.192	0.209	0.222	0.250	0.271	0.301	0.371	0.436	0.500	0.563	0.624	0.752	0.878	0.990
50	φ76	0.277	0.242	0.256	0.277	0.294	0.328	0.355	0.392	0.480	0.561	0.640	0.720	0.796	0.955	1.113	1.254

续表

厚度 mm	伴热管直径 mm	材料体积, m³																
		φ33mm	φ48mm	φ60mm	φ76mm	φ89mm	φ114mm	φ133mm	φ159mm	φ219mm	φ273mm	φ325mm	φ377mm	φ426mm	φ529mm	φ630mm	φ720mm
60	φ76	0.372	0.309	0.327	0.351	0.372	0.413	0.445	0.489	0.595	0.693	0.788	0.883	0.974	1.165	1.354	1.523
80	φ76	0.601	0.463	0.486	0.519	0.546	0.601	0.644	0.703	0.844	0.974	1.101	1.228	1.349	1.605	1.857	2.082
100	φ76	0.868	0.642	0.671	0.712	0.746	0.814	0.868	0.942	1.119	1.281	1.439	1.599	1.750	2.069	2.384	2.666
20	φ89	0.079	0.085	0.091	0.098	0.105	0.118	0.129	0.143	0.178	0.210	0.242	0.273	0.303	0.367	0.430	0.486
30	φ89	0.137	0.137	0.145	0.157	0.167	0.187	0.203	0.225	0.277	0.325	0.372	0.419	0.465	0.560	0.654	0.738
40	φ89	0.207	0.196	0.207	0.222	0.236	0.262	0.283	0.312	0.382	0.446	0.509	0.572	0.632	0.759	0.885	0.997
50	φ89	0.294	0.260	0.274	0.294	0.310	0.344	0.370	0.406	0.493	0.573	0.652	0.731	0.806	0.965	1.122	1.262
60	φ89	0.392	0.331	0.348	0.372	0.392	0.431	0.463	0.507	0.611	0.707	0.801	0.896	0.986	1.177	1.365	1.533
80	φ89	0.626	0.493	0.515	0.546	0.573	0.626	0.668	0.726	0.865	0.994	1.119	1.246	1.366	1.620	1.871	2.095
100	φ89	0.898	0.679	0.707	0.746	0.779	0.846	0.898	0.971	1.145	1.306	1.462	1.620	1.770	2.088	2.402	2.682
20	φ114	0.094	0.100	0.105	0.112	0.118	0.131	0.141	0.155	0.189	0.220	0.251	0.282	0.312	0.375	0.437	0.493
30	φ114	0.159	0.159	0.167	0.178	0.187	0.206	0.221	0.242	0.293	0.340	0.386	0.433	0.477	0.572	0.665	0.748
40	φ114	0.235	0.225	0.235	0.250	0.262	0.288	0.308	0.336	0.403	0.466	0.528	0.590	0.649	0.775	0.899	1.011
50	φ114	0.328	0.297	0.309	0.328	0.344	0.375	0.400	0.436	0.520	0.598	0.675	0.753	0.827	0.984	1.140	1.279
60	φ114	0.431	0.375	0.390	0.413	0.431	0.469	0.499	0.542	0.643	0.737	0.830	0.923	1.012	1.200	1.387	1.554
80	φ114	0.677	0.551	0.571	0.601	0.626	0.677	0.717	0.773	0.908	1.034	1.157	1.281	1.400	1.651	1.900	2.123
100	φ114	0.959	0.752	0.778	0.814	0.846	0.909	0.959	1.030	1.199	1.356	1.509	1.665	1.813	2.128	2.438	2.717
20	φ159	0.121	0.126	0.131	0.138	0.143	0.155	0.165	0.178	0.210	0.240	0.270	0.300	0.329	0.391	0.452	0.507
30	φ159	0.199	0.199	0.206	0.216	0.225	0.242	0.256	0.276	0.324	0.370	0.414	0.460	0.503	0.595	0.687	0.770
40	φ159	0.287	0.278	0.287	0.301	0.312	0.336	0.355	0.381	0.445	0.506	0.565	0.626	0.683	0.807	0.929	1.039
50	φ159	0.392	0.363	0.375	0.392	0.406	0.436	0.459	0.492	0.572	0.648	0.722	0.798	0.870	1.024	1.177	1.314
60	φ159	0.507	0.455	0.469	0.489	0.507	0.542	0.570	0.610	0.706	0.796	0.886	0.977	1.063	1.248	1.431	1.596
80	φ159	0.773	0.658	0.676	0.703	0.726	0.773	0.811	0.864	0.992	1.113	1.232	1.353	1.468	1.715	1.959	2.179
100	φ159	1.077	0.886	0.909	0.942	0.971	1.030	1.077	1.143	1.304	1.454	1.603	1.754	1.899	2.207	2.513	2.788

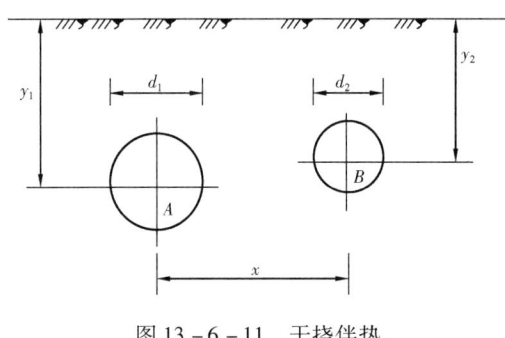

图 13-6-11 干挠伴热

干挠伴热,一般已知管道中心埋深 y_1、y_2,中心平面投影间距 x,管径 d_1、d_2,管长 l,冷流体质量流量 G_1,密度 ρ_1,黏度 ν_1,介质起点温度 t_1,土壤原始温度 t_0(和管中心同高度且在 5m 以外的土壤),土壤的导热系数 $\bar{\lambda}$,液体流向,热介质起点温度 t'_1。要计算热介质的流量 G_2,冷介质的终点温度 t_2,热介质的终点温度 t'_2,冷介质的吸热量。现在以水为热介质计算,其步骤如下。

1. 当两种介质流向相同时

(1)热水的体积流量设其流速为 1.5m/s,求其体积流量 Q_2:

$$Q_2 = 1.5 \times \frac{\pi}{4} d_2^2 \qquad (13-6-28)$$

式中 Q_2——热介质流量,m³/s;

  d_2——热管内径,m。

大致定出热介质的末点温度 t'_2,从而估算出热介质的平均温度 $t'_平$,由表 13-6-15 查出热介质(设为热水,对于油,则要专门测试)水的密度 ρ_2。

表 13-6-15 水在不同温度下的密度

温度,℃	密度,kg/m³	温度,℃	密度,kg/m³
50	988.07	85	968.65
55	985.73	90	965.34
60	983.24	95	961.92
65	980.59	100	958.38
70	970.81	110	948.93
75	974.8	120	939.82
80	971.83	130	929.97

水的密度也可由式(13-6-29)计算:

$$\rho_t = 1000.3 - 10.06t + 0.0037t^2 \qquad (13-6-29)$$

(2)水的黏度计算:

$$\nu_t = \frac{0.01775 \times 10^{-4}}{1 + 0.0337t + 0.000221t^2} \qquad (13-6-30)$$

式中 t——水的温度,℃。

按水力学计算其压力降 Δp,如果 Δp 过大,则再增大 d_2,如果 Δp 过小,则缩小 d_2。

(3) 计算冷管(油管)之终点温度 t_2 及热管(水)之终点温度 t'_2。

① 热阻计算。

a. 油管热阻 R_1。

总热阻为分热阻之和:$R_1 = R_{y1} + R_{y2}$。

R_{y1} 为油流至管内壁之间的热阻。

$$R_{y1} = \frac{1}{\alpha_1 \pi d_1} \qquad (13-6-31)$$

$$\alpha_1 = \frac{N\mu \cdot \lambda_y}{d_2} \qquad (13-6-32)$$

α_1 为管内壁向流体的放热系数,求 α_1 需先求雷诺数 Re:

$$Re = \frac{d_2 v}{\nu} \qquad (13-6-33)$$

式中 d_2——管内径,m;
v——油品在管内的流速,m/s;
ν——油品的运动黏度,m²/s。

当 $Re \leq 2200$,且 $Gr \cdot Pr > 500$ 时,按下列步骤求 α_1。

(a)求油品的导热系数 λ_y:

$$\lambda_y = \frac{0.11723}{\delta_{15}}(1 - 0.0005 t_y) \qquad (13-6-34)$$

式中 t_y——油品温度,℃;
δ_{15}——15℃油品相对4℃水的相对密度。

(b)查油品的体积膨胀系数 β。

现在把某油田某油井油品的 β 值列于表 13-6-16。

表 13-6-16 某油田某油井油品的 β 值

t,℃	20	25	30	35	40	45	50	55	60
$10^4 \beta$,1/℃	8.25	8.27	8.30	8.34	8.38	8.41	8.45	8.49	8.52
t,℃	65	70	75	80	85	90	100	110	120
$10^4 \beta$,1/℃	8.56	8.6	8.69	8.72	8.75	8.78	8.90	9.01	9.02

(c)求油品的格拉晓夫准数 Gr:

$$Gr = \frac{g\beta d_1^3 (t_y - t_1)}{\nu^2} \qquad (13-6-35)$$

式中 t_1——油管内壁温度,℃。

当不知 t_1 可设想其和油品温度相差 3~10℃。$(t_y - t_1)$ 大小,并不太影响计算结果。

(d)求油品的普朗特准数 Pr：

$$Pr = \frac{\rho c \nu}{\lambda} \quad (13-6-36)$$

式中 ρ——流体密度，kg/m^3；
c——流体比热容，$J/(kg \cdot ℃)$；
λ——流体的导热系数，$W/(m \cdot ℃)$。

(e)求努塞尔准数 Nu：

$$Nu = 0.15 Re^{0.33} Pr^{0.43} Gr^{0.1} \left(\frac{Pr_y}{Pr_B}\right)^{0.25} \quad (13-6-37)$$

式中 Pr_y——油管中心流体的普朗特准数；
Pr_B——油管内壁处流体的普朗特准数。

$\left(\dfrac{Pr_y}{Pr_B}\right)^{0.25}$ 十分接近于1，此项可以不计，则：

$$Nu = 0.15 Re^{0.33} Pr^{0.43} Gr^{0.1} \quad (13-6-38)$$

(f)将以上有关参数代入式(13-6-32)，则求出 α_1。
当 $2200 \leqslant Re \leqslant 10000$ 时，按下列步骤求 α_1。
(a)仍按上述方法求 λ_y, β, Pr 参数。
(b)按表13-6-17查出 K_0。

表13-6-17 K_0 值表

$10^{-3}Re$	2.2	2.3	2.5	3.0	3.5	4.0	5.0	6.0	7.0	8.0	9.0
K_0	1.9	3.2	4.0	6.8	9.5	11	16	19	24	27	30

(c)求 Nu：

$$Nu = K_0 \cdot Pr^{0.43} \quad (13-6-39)$$

(d)按式(13-6-32)求 α_1。
当 $Re > 1000$ 时，求 α_1 的步骤如下。
(a)按上述方法求 λ_y, β, Pr。
(b)求 Nu：

$$Nu = 0.023 Re^{0.8} Pr^{12} \quad (13-6-40)$$

(c)按式(13-6-32)求 α_1。
b. 热水管热阻 R_2。
由于热水管内壁的 α_1 值很大，其热阻可以忽略不计，所以：

$$R_2 = \frac{1}{2\pi\bar{\lambda}'}\ln\frac{4y_2}{d_2} \quad (13-6-41)$$

式中 $\bar{\lambda}$——土壤之平均导热系数,W/(m·℃)(见表 13-6-4 和表 13-6-5)。

c. 油管和热水管互相干挠之热阻:

$$R_{1-2} = \frac{1}{4\pi \cdot \bar{\lambda}'} \ln \frac{x^2 + (y_1 + y_2)^2}{x^2 + (y_1 - y_2)^2} \quad (13-6-42)$$

当同时敷设时,其管底标高相同,可以认为管中心标高也相同,$y_1 = y_2$,则:

$$R_{1-2} = \frac{1}{4\pi \cdot \bar{\lambda}'} \ln\left(1 + \frac{4y_1^2}{x^2}\right) \quad (13-6-43)$$

当两根重叠敷设时,$x = 0$,则:

$$R_{1-2} = \frac{1}{2\pi \cdot \bar{\lambda}'} \ln \frac{y_1 + y_2}{y_1 - y_2} \quad (13-6-44)$$

② 温度计算。

a. 求中间系数 K_1、K_2:

$$K_1 = -\frac{1}{2(R_1R_2 - R_{1-2}^2)} \left[\frac{-R_1}{G_2c_2} + \frac{R_2}{G_1c_1} - \sqrt{\left(\frac{R_1}{G_2\cdot c_2}\right)^2 + \left(\frac{R_2}{G_1c_1}\right)^2 + \frac{4R_{1-2}^2}{G_1c_1G_2c_2}} \right]$$

$$K_2 = -\frac{1}{2(R_1R_2 - R_{1-2}^2)} \left[\frac{-R_1}{G_2c_2} + \frac{R_2}{G_1c_1} + \sqrt{\left(\frac{R_1}{G_2c_2}\right)^2 + \left(\frac{R_2}{G_1c_1}\right)^2 + \frac{4R_{1-2}^2}{G_1c_1G_2c_2}} \right]$$

$$(13-6-45)$$

b. 计算温度。

油管末端温度 t_2:

$$t_2 = \frac{1}{(K_1 - K_2)G_2\cdot c_2(R_1R_2 - R_{1-2}^2)} (\{[R_1 + K_1G_2c_2(R_1R_2 - R_{1-2}^2)]e^{K_1l} -$$

$$[R_1 + K_2G_2c_2(R_1R_2 - R_{1-2}^2)]e^{K_2l}\}t_1 - \frac{1}{R_{1-2}}[R_1 + K_1G_2c_2(R_1R_2 - R_{1-2}^2)]$$

$$[R_1 + K_2G_2c_2(R_1R_2 - R_{1-2}^2)](e^{K_1l} - e^{K_2l})t'_1) \quad (13-6-46)$$

热介质管道末端温度 t'_2:

$$t'_2 = \frac{1}{(K_1 - K_2)G_2c_2(R_1R_2 - R_{1-2}^2)} (R_{1-2}(e^{K_1l} - e^{K_2l})t_1 -$$

$$\{[R_1 + K_2G_2c_2(R_1R_2 - R_{1-2}^2)]e^{K_1l} - [R_1 + K_1G_2c_2(R_1R_2 - R_{1-2}^2)]e^{K_2l}\}t_1^1)$$

$$(13-6-47)$$

c. 输油管道全线吸热量 $Q_{吸}$:

$$Q_{吸} = G_1 c_1 (t_2 - t_1) \qquad (13-6-48)$$

d. 热介质管道全线放热量 $Q_{放}$:

$$Q_{吸} = G_2 c_2 (t'_1 - t'_2) \qquad (13-6-49)$$

式中 Q_2——热介质(水)的体积流量,m^3/s;
  G_1——冷介质的质量流量,kg/s;
  G_2——热介质的质量流量,kg/s;
  d_1——冷介质油管道的直径(内外径都可以用,计算起来误差不大),m;
  d_2——热介质管道的直径,m;
  y_1——冷介质油管道中心埋深,m;
  y_2——热介质管道中心埋深,m;
  x——冷热管道平面投影中心间距,m;
  $\bar{\lambda}'$——土壤的平均导热系数,W/(m·℃);
  ν'——热介质的黏度,m^2/s;
  c_1,c_2——冷热介质的比热容,J/(kg·℃);
  R_{1-2}——冷热介质相互影响的热阻,m·℃/W;
  t_1,t_2——冷介质油管道的起止点油温,℃;
  t'_1,t'_2——热介质管道起止点温度,℃。

2. 当两介质流向相反时

两种介质流向相反时,计算方法与上述方法相同,公式大同小异,仅一些正负号不同。

(1) 求热介质体积流量 Q_2,黏度 ν_2,压降 Δp,油管热阻 R_1,热介质管道热阻 R_2,干挠热阻 R_{1-2}。

(2) 温度计算。

a. 求中间系数 K_1,K_2:

$$K_1 = \frac{1}{2(R_1 R_2 - R_{1-2}^2)} \left[\frac{R_1}{G_2 c_2} - \frac{R_2}{G_1 c_1} + \sqrt{\left(\frac{R_1}{G_2 c_2}\right)^2 + \left(\frac{R_2}{G_1 c_1}\right)^2 + \frac{4 R_{1-2}^2}{G_2 c_2 G_1 c_1}} \right]$$

$$(13-6-50)$$

$$K_2 = \frac{1}{2(R_1 R_2 - R_{1-2}^2)} \left[\frac{R_1}{G_2 c_2} - \frac{R_2}{G_1 c_1} - \sqrt{\left(\frac{R_1}{G_2 c_2}\right)^2 + \left(\frac{R_2}{G_1 c_1}\right)^2 + \frac{4 R_{1-2}^2}{G_2 c_2 G_1 c_1}} \right]$$

$$(13-6-51)$$

b. 温度计算。

油管线末点温度 t_2:

$$t_2 = \frac{1}{(K_2-K_1)G_2c_2(R_1R_2-R_{1-2}^2)}(\{[R_1-K_1G_2c_2(R_1R_2-R_{1-2}^2)]e^{K_1l} -$$

$$[R_1-K_2G_2c_2(R_1R_2-R_{1-2}^2)]e^{K_2l}\}t_1 + \frac{1}{R_{1-2}}[R_1-K_2G_2c_2(R_1R_2-R_{1-2}^2)]$$

$$[R_1-K_1G_2c_2(R_1R_2-R_{1-2}^2)](e^{K_2l}-e^{K_1l})t'_2) \qquad (13-6-52)$$

热介质起点温度 t'_1:

$$t'_1 = \frac{1}{(K_2-K_1)G_2c_2(R_1R_2-R_{1-2}^2)}(R_{1-2}[e^{K_1l}-e^{K_2l}]t_1 +$$

$$\{-[R_1-K_2G_2c_2(R_1R_2-R_{1-2}^2)]e^{K_1l} + [R_1-K_1G_2c_2(R_1R_2-R_{1-2}^2)]e^{K_2l}\}t'_2)$$

$$(13-6-53)$$

c. 求输油管线的吸热量 $Q_{吸}$,热介质放热量 $Q_{放}$ 方法和公式同前。

以上式中各参数含义及单位同前。

参 考 文 献

胡士信,1999. 阴极保护工程手册[M]. 北京:化学工业出版社.

李章亚,1999. 油气田腐蚀与防护技术手册[M]. 北京:石油工业出版社.

第十四章　辅助及公用工程

辅助及公用工程是指为油田地面工程配套的辅助专业和设施。辅助及公用工程的合理设计和配置直接关系到主体工程的安全、稳定、高效运行。本章主要包括站场总图、供配电、给排水与消防、建筑与结构、供热及暖通、道桥设计6个专业的内容。

第一节　站场总图

一、站场分类

油田油气集输系统所包含的站场,从其基本集输流程的生产功能着眼,可划分为井场、计量站、接转站、集中处理站(联合站)、矿场原油库等。但在油田开发建设的实践中,设计者常常根据具体情况组成多种形式的生产功能不同的联合体,常见的有计量接转站、脱水转油站、集气压气站、油气水电联合站、站库合一的综合处理站等。

1. 井场

井场是油田开采原油的基础单项工程。按其不同的采油方式分,一般有自喷井、抽油机井、电动潜油泵井、水力活塞泵井、喷射泵井、气举井、蒸汽吞吐热采井。采油井的重要生产设施是井口装置,过去曾叫圣诞树、采油树。

2. 计量站

计量站也叫分井计量站,过去曾叫选油站和集油站,它是油田内完成分井计量油、气、水单井日产量的单项工程。按加热保温方式或其他工艺要求的不同,生产井至计量站的流程分为单管、双管、三管流程。计量站的主要生产设施是计量用油气分离器和水套加热炉。

3. 接转站

接转站也曾叫转油站,它是在采油井口剩余压力不能满足设计流量下油气集输系统压力降要求时,为油水混合液增压输送的泵站。一般分为无事故油罐的密闭式接转站和有常压储油罐且具有一定储存能力的非密闭式接转站。在双管和三管集输流程中,接转站内还设有循环热水的升温和输送设施。

4. 集中处理站

该站是对油气井产物——油、气、水集中进行综合净化处理,从而获得合格原油、天然气、稳定轻烃、液化石油气和可回注的处理采出水的中心站,又称联合站。一般包括如下的生产功能:油气水分离、原油脱水、原油稳定、天然气脱水、轻油回收、原油储存及向矿场油库输送、采出水处理与回注、变配电、供热及消防等。联合站常以油田名定名,例如喇二联、曙一联。

5. 矿场原油库

担负油田所产原油的储存和外运的原油库。根据原油自矿场油库向用户输送的方式，矿物原油库一般可分为铁路装火车、水路装船、长输管道输送三种类型，实践中常将管输油库与集中处理站联合建设在一起，例如任丘油田的南大站和北大站。

按站场规模分类，见表14-1-1。

表14-1-1 按站场规模分类情况

站场类型	属性	站场名称及规格
井场	油田	包括单井和丛式采油井井场、水源井井场、注水（聚合物、汽、气）井井场等
小型站场	油田	计量站、阀组间、配水（汽、气）间、增压站、橇装注水站、拉油站、杆架式变电站等
中型站场	油田	接转站、放水站、注水站、三次采油配注站、供水站、清水处理站、注汽（气）站、掺水泵站、换热站、压裂返排液处置回用站等； $G<50\times10^4$ t/a 的脱水站； $G<30\times10^4$ t/a 的联合站； $G<1\times10^4$ m³/d 的稠油采出水锅炉回用处理站； $G<2\times10^4$ m³/d 的采出水处理站； $G<1\times10^4$ t/a 的聚合物配制站
	公用	独立的35kV变电站、消防站等
大型站场	油田	$G\geqslant50\times10^4$ t/a 的脱水站； 30×10^4 t/a $\leqslant G<100\times10^4$ t/a 的联合站； $G<300\times10^4$ t/a 的原油稳定站； $G\geqslant1\times10^4$ m³/d 的稠油采出水锅炉回用处理站； $G\geqslant2\times10^4$ m³/d 的采出水处理站； $G<60\times10^4$ m³ 的油库； $G\geqslant1\times10^4$ t/a 的聚合物配制站； $G<100\times10^4$ m³/d 的伴生气处理厂
	公用	110kV及以上的变电站
特大型站场	油田	$G\geqslant100\times10^4$ t/a 的联合站（集中处理站）； $G\geqslant300\times10^4$ t/a 的原油稳定站； $G\geqslant60\times10^4$ m³ 的油库； $G\geqslant100\times10^4$ m³/d 的伴生气处理厂

注：G 指设计能力。

按站场等级分类，见表14-1-2。

表14-1-2 按站场等级分类情况

等级	油品储存总容量 V_p, m³	液化石油气、天然气凝液储存总容量 V_1, m³
一级	$V_p \geqslant 100000$	$V_1 > 5000$
二级	$30000 \leqslant V_p < 100000$	$2500 < V_1 \leqslant 5000$

续表

等级	油品储存总容量 V_p, m³	液化石油气、天然气凝液储存总容量 V_1, m³
三级	$4000 < V_p \leq 30000$	$1000 < V_1 \leq 2500$
四级	$500 < V_p \leq 4000$	$200 < V_1 \leq 1000$
五级	$V_p \leq 500$	$V_1 \leq 200$

二、站址选择

1. 站址选择基本要求

油田内站场的位置均受油田开发井网和油气集输系统流程的制约。一般来讲,生产井网和井位是根据已探明的储油构造,在油藏工程设计中确定。站址选择应符合国家规范及相关标准。

（1）计量站的位置一般建在所辖一组生产井的中间,若这组生产井是丛式井组,计量站必然与该丛式井组建在一起。

（2）接转站建在需要增压接力输送的几个计量站至集中处理站之间,其位置一般靠近计量站,以便满足井口压力变化时对集输半径的限制。

（3）集中处理站一般建在集输系统压力允许的范围内,为不影响开发井网,以及油田中后期加密井网的布置与调整,应尽量建在油田构造的边部。

（4）矿场原油库的位置受油流外运方向和外运方式的制约,为缩短油田内部的输油干线,不宜距油田太远,也不宜建在油田的腹地。以管输为主的矿场原油库,常常和长输管道的首站联合建在一起;以铁路外运为主的矿场原油库,应建在就近火车站备用线的一侧,一般距车站1~2km为宜。

2. 站址选择基本程序

站址选择的准备工作→现场勘查调研→调研成果汇编→站址比选→站址确定。

3. 设计基础资料

1）平面测图

任何站场设计,首先必须有一张可供设计使用的平面地形图。为减少测量工作量,一般只测已确定的场址,其具体要求如下:

（1）测量范围。

为能给施工图设计留有足够的活动范围,站址的测量面积宜为实际使用面积的1.5~2倍,如果周边地物较复杂,应该按照与周边最大的防火距离进行测量。

（2）比例尺。

① 地理位置地形图:比例尺为1:25000~1:50000。

② 区域位置地形图:比例尺为1:10000~1:20000。

③ 站（厂）址地形图。比例尺为1:1000~1:2000,小型站（厂）址宜为1:500。

④ 站（厂）外铁路、道路、输水管线、污水管线、电力管线、原料、成品运输管线等经过地带

地形图,比例尺为 1:500~1:1000。

对取得的地形资料,在现场踏勘时,应与现场核对。并应特别注意地面建构筑物有无扩大,铁路公路位置有无变化,有无大规模的填挖方,是否增加新的输电线路、工业建筑以及农田水利工程等。

(3) 控制桩。

站址坐标网中至少应有相互通视的两个永久控制桩。永久控制桩应采用钢筋混凝土桩或石桩,并应妥善保护,不得移动或丢失。

(4) 坐标网。

各类站库址的位置测图均应采用大地坐标(2000 国家大地坐标系),与地区大三角网相连接,其图示法为 $x = 0.000/y = 0.000$,x 为纵坐标,y 为横坐标。当站(库)址占地面积较小时,位置测图与总图布置地形图常常合并为一张图。在站场总图和管网设计中常采用建筑坐标(也称相对坐标、假定坐标),所取坐标网格的原点常被定在一个永久控制桩上,坐标网格的间距根据地形复杂程度和比例尺的大小而定,常采用 10m、20m、50m,其图示法为 $A = 0.000/B = 0.000$,A 为纵坐标,B 为横坐标。

(5) 高程控制。

我国测量图均采用黄海高程系,通常也称为绝对高程。站库内一般应有两个以上的永久水准桩,以便控制全场区的竖向标高。在总图与管网的设计图纸中常采用相对标高,也称假定标高,不论 ±0.00 定在何处,都应标出水准桩顶的相对标高值。

2) 工程地质资料

对已确定的站址,应有能够指导建筑与安装设计时的工程地质资料。除计量站和接转站外,集中处理站(联合站)和集注站等大型站场,均应做必要的工程地质钻探工作。钻探孔的位置及其数量,以能控制所选场址的地质情况为准。钻孔间距一般为 50~100m;钻孔数量不得少于 3 个;钻孔深度一般为 7~12m。10000m³ 及以上的大型油罐、直径大于 1m 的大型塔、高度大于 30m 的烟囱、大型往复式压缩机组、燃气轮机等,应按其静载与动载的影响深度适当增加钻孔的深度。对钻孔所取原土样需要进行分析获得的主要资料数据应包括:

(1) 土壤类别及分层结构;
(2) 土壤颗粒分析;
(3) 土壤自然容重;
(4) 土壤天然含水量;
(5) 土壤天然安息角;
(6) 塑性或稠度;
(7) 地基承载力;
(8) 相对不沉陷系数;
(9) 地下水位深度、变化幅度及水侵蚀性;
(10) 土壤电阻率及腐蚀性;
(11) 如有冻土层应有最大冻土深度;
(12) 地质构造、地层岩层的形成原因及地质年代,土壤种类、性质及耐压力,冻结深度;

（13）地层的稳定性,如有无滑坡、土崩、塌陷、滚石、断层、流沙、暗河、岩溶、泥石流等情况;

（14）人为的地表破坏现象,如地道、地洞、地下古墓、人工边坡变形等;

（15）有无矿藏及开采评价;

（16）地震等级,历年地震情况及建筑物破坏程度;

（17）土层含水性最低、最高地下水位,含水层埋深、流向、流量的长期观察资料及地下水对基础的腐蚀性。

3）气象资料

站场开发建设时,应及时收集当地气象台站的有关气象资料,可供工艺和建筑、总图等专业设计时使用的气象统计资料数据至少应为10年以上,其应收集的主要项目内容如下。

（1）风向及风力。

冬夏季最多频率风向（盛行风向）、最小频率风向及风频玫瑰,历年统计冬夏月平均最大风速、极端最大风速;历年来的全年平均及最大风速;风的特殊情况,如风暴、大风雪情况及其原因,山区小气候风向频率变化情况;沙暴情况、雷暴情况。

（2）气温。

月平均最高气温、最低气温、极端最高气温、最低气温。

（3）地温。

土壤最大冻结深度、封冻时间及封冻期,深度为 0.6~1.6m 处的最低温度。

（4）气压。

当地海拔高度,冬夏季平均气压、最高气压和最低气压。

（5）降水量。

当地采用的暴雨强度计算公式;历年和逐月的平均、最大、最小降雨量;1 昼夜、1h、10min 最大降雨量;一次暴雨持续时间及其最大降雨量以及连续降雨天数;积雪时间、积雪密度及最大厚度。

（6）日照。

全年日照天数、冬季日照率。

（7）空气湿度。

最冷月月平均湿度、最热月月平均湿度。

（8）蒸发量。

逐年及逐月平均蒸发量。

4）水文资料。

站(库)的防洪排涝设计应与区域的防洪排涝统一考虑。江、河、湖、泽、泡的洪泛资料是最重要的设计依据,平时干涸雨季为河道的山洪道、泄洪道、古河道的水文资料对油田的井、站、库安全生产非常重要。

需要掌握的水文资料主要有:

（1）当靠近江河、水库时有关防洪措施涉及的基础资料。

（2）历年最高水位、100 年最高水位、50 年最高水位、25 年最高水位。

(3) 最高及最低流水水位。
(4) 春汛和夏汛洪水位。
(5) 海水最高及最低平稳水位。
(6) 最高最低检潮标。
(7) 河流冻结和开化日期。
(8) 多年有关径流量。
(9) 场址的汇水面积。

5) 油田内站场防洪设计的标准

(1) 油田防洪设计的洪水流量及相应的洪水水位应采用当地水文站的实测统计资料,按表 14-1-3 规定的防洪设计标准推算。

表 14-1-3 防洪设计资料选取标准(GB 50350《油田油气集输设计规范》)

站场类别	重现期,a
采油井、注气井	5~10
计量站、集油阀组间、接转站、放水站、集气站、增压站、配气站	10~25
脱水站、集中处理站、原油稳定站、矿场油库、天然气处理站、注气站	25~100

(2) 防洪设计标高应比按设计洪水频率计算的设计水位(包括壅水和风浪袭击高度)高出 0.5m 以上,在淤积严重地区,应计入淤积高度。

(3) 油田站场内排水及区域排涝,应尽量采用当地统一的设计标准,一般情况下采用 10 年一遇的暴雨频率。排水构筑物和设备的选择,可按三天降水、四天排除设计。

6) 交通运输

(1) 铁路。临近的铁路线、车站的特征及距离站场的距离;接受运输后是否将引起车站的改扩建;可能接引地点的坐标及标高。

(2) 公路。邻近的公路等级、路面宽度、路面形式、公路的发展及改建计划;公路能接入点的坐标及标高;公路施工材料来源;当地的运输能力及运价。

(3) 水运。通航河流系统、通航里程、航运条件、航运价格、航运时间及航运发展计划。

7) 施工条件

(1) 当地建筑材料的生产、供应情况、运输距离及材料价格。
(2) 地方施工能力、人员配备、建筑机械、预制构件的制作能力等。
(3) 施工运输、用水用电条件。

8) 社会调查资料

(1) 当地农业发展规划,现有水利条件及农业用水情况,土地性质。
(2) 当地工业企业情况及发展规划情况。
(3) 市、镇建设情况及规划。
(4) 有关居住点的位置及规模。

(5) 民俗民情,民族构成。

(6) 搬迁工程。建站范围内建构筑物类型与数量,高低压输电线路,通信线路,坟墓、渠道、国防光缆、果木、树木数量,拆除与搬迁条件,赔偿情况调查。

9) 环境保护

当地环保部门对站场的要求及对站场的意见;污染物的地区排放情况、邻近地区有何特殊要求,如风景区、经济作物、水产、对生态的影响等。

10) 人防

当地人防部门对站场的要求。

4. 站址方案技术经济论证

油田各类站(库)址选择除受上述油田本身固有条件的制约外,在允许活动的范围内尚应考虑以下几个方面:

1) 站址位置

油气站场的位置应选在乡镇和居民区最小频率风向的上风侧,并应避开窝风的地段。大型油气站场还应靠近公路、水源、电源,注意避开木材厂、弹药库等易燃易爆场所。

2) 周围环境

油气站场选址应符合现行环境保护法规的有关规定,防止产生的废气、含油污水对大气和水体的污染,产生高噪声的油气站场应远离居民区、医疗区和学校。无储油罐的计量站、接转站和其他独立的中小型油气站场,均按五级站场的划分要求进行布置,有水路装船外运方式的站场及距通航河道岸边小于200m的所有油气站场,均要设有严密可靠的阻油堤或导油沟,防止恶性漏油事故发生时原油流入河道。选择站址时,应注意与周围相邻企业和建构筑物的关系,其相邻的距离应符合相关规范规定。

3) 地形选择

占地面积较大的大型油气站场,不宜选在坡度小于0.2%平坦的场地上,宜选在易于排水具有明显坡度的高包上或斜坡上,也不应选在低凹易积水或背阳的山坡上,在周部高差较大的地段,地形坡度宜小于5.0%,应避开挖填土石方量过大的复杂地段,应合理利用地形自然条件,减少土地占用量。

4) 现场踏勘

对所有井、站、厂、库的场址都应进行实地踏勘,应实地调查了解如下资料:

(1) 井场所处地形相对高差和积水情况,钻井液池、土建隔油池的相对位置和占地面积;

(2) 地表土壤类别、耕植上深度、农作物生长情况、多年生植物生长情况及对环境的影响;

(3) 地下水位或当地水井水位变化情况,历史遭受洪涝灾害情况;

(4) 当地居民的居住条件及建筑种类,大型民用建筑或古建筑的寿命情况;

(5) 场址附近的人口密度。

一般认为,砂土和亚砂上的土质坚固,易于渗水排水且土壤的腐蚀性小,最适于建造大型油气站场(库);杂土层多数都是多孔隙性的,土质不稳定且腐蚀性较强,站址宜避开杂土层地段。

5) 隔离带

地处草原、竹林、苇田内的各类井站,选点建设时应考虑其周围至少能留出30m宽的空旷防火隔离带。

5. 站场选址报告

1）选址报告的主要内容

（1）站址选择的状况。

① 任务书依据。扼要叙述站址的依据，所采用的工艺流程及有关上级指示精神。

② 工作组织。参加选址人员的名字、职别及所属单位。

③ 工作经过。简要说明时间、地点及选址工作进行过程。

（2）站址方案的技术条件分析和比较。

① 区域特征。

② 交通运输。

③ 市政依托。

④ 地质条件依托。

⑤ 施工条件依托。

⑥ 环境保护。

（3）完成站址方案比选表，见表14-1-4。行政区划及当地政府部门对于该位置的土地的规划为指导性因素。

表14-1-4 站址方案比选表

序号	名称	站名		
		方案一	方案二	备注
1	地形地貌			备选站址场地的地形高差情况、地表情况，是否存在树木、庄稼等。
2	土地状况			备选站址的土地性质及行政区划（是否跨村、镇）。
3	工程地质			
4	水文地质			
5	社会依托条件			备选站址与周边市、镇的距离，是否有便利的交通情况到达所依托的县、市。
6	市政依托条件			是否有可靠的供水依托、供电依托、通信依托、"三废"排放条件。
7	站外道路依托条件			备选站址附近是否有等级公路或宽度满足车辆通行的混凝土道路。
8	施工条件依托			
9	其他			

（4）结论。

（5）存在问题。

2）附件

（1）选址报告所附图纸：地域位置规划图、站场平面布置示意图。

（2）当地领导部门同意在此建站的会议纪要及文件。

(3) 与有关单位的协议情况、纪要或协议条件(占地、用水、用电、供热、通信、接轨、公路、管线出线和进线、环保等)。

(4) 基础资料。

三、站场总图设计

1. 总平面布置

1) 总平面布置的原则和要求

(1) 站场总平面布置的原则及要求

站场总平面布置涉及的范围很大,影响总平面布置的因素很多,见表14-1-5。

表14-1-5 影响站场总平面布置的因素

方针政策	① 节约用地;② 保护环境;③ 降低能耗;④ 综合利用
站场的生产使用功能	① 生产工艺流程和使用功能要求;② 站场预留发展和扩改建;③ 生产管理和生活方便的要求;④ 安全及卫生要求;⑤ 建筑艺术要求;⑥ 环境质量要求
建设场地的条件	① 地形、地质、水文、气象等自然条件;② 交通运输条件;③ 动力供应和给水排水的条件;④ 施工建设条件;⑤ 城镇或油气田区域和居住区规划条件;⑥ 厂际协作条件

站场的总平面布置各不相同,千变万化。在进行总平面布置时,都必须遵循总平面布置的基本原则。

① 了解规划要求,使总平面布置与其相适应。

站场的总平面设计,一定要了解该地区的总体规划,摸清其工业区、居住区、交通运输、电力系统、给排水系统及福利设施等规划用地意图,以便使我们要建的站场有成熟的内、外部条件,使总平面布置与其相适应,既保证站场本身有机组成合理,有利生产,方便生活,又使站场与整个区域布置构成一个整体,让各项系统工程及协作工程完善合理。

② 满足生产要求,工艺流程合理。

总平面布置的好坏,主要标准就是看其是否给站场创造了较好的生产条件,使站场生产在良好的环境和顺畅工艺流程中合理地运行。为此,首先要求设计者应熟悉生产,了解生产工艺,这是进行总平面布置的基础。

③ 充分利用地形、地质条件,因地制地的进行布置。

建站场的地区,其地形、地质条件,对总平面布置影响很大,尤其是复杂的地形、地质条件,影响则更大。所以在进行总平面布置时,应当做好以下工作:第一,熟悉地形和地质条件;第二,需要合理利用地形、地质条件,因地制宜地进行总平面布置;第三,结合适宜建站场的场地范围、形状及外部交通条件,合理选择决定总平面布置形式;第四,结合地形、生产要求,运输联系及大多数建筑物相对朝向、日照、通风的要求,确定站场场区的方位;第五,选择合理的竖向布置形式,一般来说,场地自然坡度小,站场区可用平坡式竖向设计,当场地自然坡度大时,可选用阶梯式竖向布置形式;第六,根据工程地质和水文地质确定站场区重大建(构)筑物的位置,由于不同的建(构)筑物及设备对地基承载力的要求不同,在进行总平面布置时,应将荷载较大的建(构)筑物及设备布置在地质条件好、地基承载力较大的地段,要避免布置在土质不均、地基承载力相差悬殊的地段,以免造成不均匀沉降。

④ 风向、朝向应有利于减少环境污染。

风向条件是总平面布置中一个十分重要的因素。主要是为了利用风向条件,合理地确定站场建(构)筑物的位置关系。特别是防火对油气设施与明火及散发火花方面的要求,冷却循环用水设施对防雾防潮建(构)筑物的要求,生产过程中产生散发有害烟气及尘埃的建(构)筑对环境清洁的要求等等,都与风的方向、频率、速度及有无旋风、窝风情况有直接关系,必须首先了解建站(厂)场地区风象资料,并综合分析它的变化特点,然后在总平面布置中各建(构)筑物定位时,与当地风象条件协调,削弱灾害和污染因素。

除了大气候形成的风向外,总平面布置还应分析由于地理位置和地形地貌条件所形成的局部地方风对建(构)筑物位置的影响:如山谷风、水陆风、周围群山封闭的盆地产生的高频率静风等。对不同的风向条件,采取不同的布置措施,是总平面布置的重大任务之一。

总平面布置时,要尽量使大多数建筑物有良好的朝向,特别是对日照、采光和自然通风要求高的建筑物,更应如此。

建筑物的朝向,与站场所处的地理位置、气象条件,以及生产性质、方位及建筑物使用要求等有关。在总平面布置时,应综合考虑这些因素,突出主要的要求,全面分析确定。由于我国大部分地区处于北温带,从自然采光、日照及自然通风的角度出发,一般大多数建筑物宜按南向、南东向或南西向布置。大的原则是在炎热地区应避免西晒,在寒冷地区应避免寒风袭击。

⑤ 防火、防爆、防振、防噪声。

a. 防火要求。

应以 GB 50016《建筑设计防火规范》和 GB 50183《石油天然气工程设计防火规范》为依据,区分生产火灾危险性类别和建筑物的耐火等级。合理确定各建(构)筑物的防火间距及相关要求,按风象及其他条件做好相关位置的确定及消防设施的布置。

b. 防爆要求。

主要是对有爆炸危险的甲、乙类生产厂房(场区),存放甲、乙类爆炸危险的物品仓库及炸药库而言。严格区别爆炸场所及其类别,在总平面布置中贯彻相关规范关于方位、风向、通道、结构措施及防护间距方面的要求等。确保站场防爆安全。

c. 防振要求。

在油气站场特别是为油气生产服务的企业厂队,在生产过程中,有些设备在运行操作时要产生振动,如空气压缩机、天然气压缩机、油泵、发电机等,还有火车、重型汽车的运输行走也会产生振动。当这些振动超过一定范围时,对精密机床、精密仪器、电子计算机控制设备都将产生影响。一般说来,站场中的中心实验室、检验室、计量室、电脑计算控制室等,都有一定的防振要求。总平面布置时要考虑防振问题,为忌振设备的生产创造良好条件。主要有:

a)合理地确定振源位置。将有较强振动设备的建(构)筑物,尽量合理集中布置。最好位于常年最小风频风向的上风侧和地势较低处。选择道路路面时,要在忌振设备防振范围内,采用柔性路面。

b)振源与忌振设备之间应满足防振间距要求。影响防振间距的因素较多,如振源设备振动强度、振源控制的振幅、土壤对振动波的能量吸收情况、忌振设备对振动的灵敏度、忌振设备的允许振幅等。总平面布置时,要全面具体了解,综合分析、合理考虑确定防振间距。防振的有关计算可参考 GB 50187《工业企业总平面设计规范》。

　　d. 防噪声要求

　　对于噪声的要求,应按照 GB 12348《工业企业厂界环境噪声排放标准》的规定执行。为消除噪声,创造良好的生产和生活环境,总平面布置时应着重做好以下几点工作:第一,尽量减少噪声源;第二,将噪声源布置在远离环境要求安静的建筑物的地方,以减少噪声对这类建筑物内生产、工作、休息和生活的干扰;第三,产生高噪声的建(构)筑物宜集中布置,并使其位于站场常年最小风频风向上风侧及地势低的地段,以减少噪声的影响范围;第四,对高噪声和忌噪声建(构)筑物周围进行防噪声绿化,种植枝叶繁茂的绿树,以形成隔声带,减小噪声级;第五,建(构)筑物噪声防护间距应满足 GB 12348《工业企业厂界环境噪声排放标准》的要求;第六,确定建(构)筑物之间的噪声防护距离及采取噪声隔障措施。

　　⑥ 适应内外运输,线路短捷顺直。

　　只有首先了解站场外部运输方式,才能确定与其相适应的内部运输方式。其次确定外部接轨点或码头位置,才能使站场内铁路或其他运输线路布置方位及走向合理,生产、仓储设施的布置恰到好处。

　　站场内管道与道路布置,是总平面布置的重要内容。当采用管道运送原料、成品时,要考虑运输管道输送物料的性质、管径大小、管材及敷设方式,以及其与有关厂房的连接位置;当布置站场道路时,要考虑道路平面位置安排,转弯夹角及半径的大小,横、竖向坡度与建(构)筑物连接方式(引道式、回车场及广场式等)。

　　运输线路短捷顺直是缩短工艺流程,节约占地,节省投资,节省常年运营能耗的保证。在总平面布置中,要把主体运输设备的位置和运输线路路径突出加以重视。

　　⑦ 重视节约用地,布置紧凑合理。

　　节约用地是我国的一个基本国策,在站场设计中,在确定生产和安全的前提下,尽量合理地节约用地,少占或不占良田。

　　⑧ 全面统一考虑远近期建设关系。

　　实践证明,站场的建设是发展变化的,是随着时间延长而有所增补的。故此站场确实存在着近远期建设发展的关系,是需要在总平面布置时加以处理的问题。总平面布置时,应综合具体情况,实事求是,因地制宜地进行预留。

　　⑨ 建筑群体组合,注意艺术效果。

　　站场的建筑群体,包括各种建(构)筑物、工程管线、运输线路、绿化及建筑小品等。对这些建筑群体的组合,除了满足生产使用要求、明确功能分区、减少环境污染、运输线路便捷、合理综合管网铺设等要求外,还应注意组合的艺术处理,考虑最佳艺术效果。

　　⑩ 总平面布置应考虑施工问题。

　　总平面布置既是站场设计的重要环节,也是施工的重要依据。故此,必须考虑施工问题,为施工创造良好的条件。因此,设计中的永久工程和施工中的临时工程凡能结合使用的应尽量结合使用,以减少不必要的基建工程和拆迁工程。如仓库、办公用房等,可作施工用房。在结合使用永久和施工工程时,应考虑施工使用时特殊要求和永久工程的道路工程,结合使用时,应保证施工中的重型车辆不致破坏道路工程结构。提供充分的施工机具活动范围和备料堆场及施工的场地面积。简化坐标的计算、换算,保留施工放线的通视条件。

(2)油气田总体布置的原则及要求。

① 油气田总体布局必须在满足油气开发、处理、加工的同时,做好水土保持、防洪排涝、绿化和环境保护。

② 油气田总体布局必须根据批准的开发方案进行设计,在此基础上结合地方总体规划要求和自然地形条件统一规划,布置地面工艺设施和配套工程的各类站场。

③ 油气田各类站场位置应符合油气集输、注水、采出水处理及配套工程的总流程、产品流向和节能的要求,并应方便生产管理。工艺设施和配套工程同等级的站场宜联合布置。

④ 油气田总体布局应以油气集输和油气处理为主体工程,综合考虑供配电、注水、污水处理、供排水、消防、通信、道路、生活设施等系统工程和辅助生产设施的建设。

⑤ 各种管线、电力线、电缆等应沿油区道路布置成管廊带或线路走廊,减少占地面积,方便维修。

⑥ 各类站场按工艺流程要求和火灾危险性进行布局的同时,应考虑方便生产、管理和维检修;较大型站场应集中布置在油气田边缘,且交通、供电、供排水、通信等公用工程条件优越;中型同类性质站场应集中布置;小型站场可分散布置。

⑦ 供水、供电、供热、供气等公用工程设施靠宜近相应负荷中心。

⑧ 在油气田生产、集输、计量、处理过程中的小型站场,如计量站、配气站、接转站、集气站、采油采气注水井场,以及长输管道的中间站等按五级站的标准布置。其他大中型各类站场、库按 GB 50183《石油天然气工程设计防火规范》规定的一至四级站场布置。

⑨ 油气、水等井场的布置除满足相关防火规范要求外,还应考虑相关作业场地。

⑩ 各生产、加工、集输等功能的装置区与油罐区严格分开,且位于油罐区的年最小风频下风侧;装置区尽可能布置在火源常年最小风频上风侧;加热炉宜布置在站场边缘,并应位于散发油气的设备、容器、储油罐等常年最小风频下风侧。

(3)湿陷性黄土地区总平面布置的原则及要求。

① 具有排水通畅的地形条件。

② 避开滑坡、崩塌、泥石流、冲沟、黄土、岩溶等不良地质现象发育的地段。

③ 避开地下洼穴集中之地段。

④ 主要建筑物应尽量避免布置在湿陷性等级高的新近堆积黄土地基上。

⑤ 同一建筑物内的地基土层具有变化不大的压缩性和湿陷性。

⑥ 尽量避开新建人工湖(包括水库)可能引起地下水位上升影响的地段。

⑦ 总平面布置时,水池类构筑物或管道与建筑物间的距离应不小于防护距离的规定。如不能符合该规定时,则应采取相应的防水措施。建筑物与新建水渠之间的防护距离,在非自重湿陷黄土地区采用 2.5m。防护距离是防止建筑物受水池类构筑物或管道渗漏影响的最小距离。防护距离界限以内的区域称为防护范围。计算防护距离时,一般建筑物或管道支架以其基础边缘为准,水池类构筑物以其边缘(喷水池类等以其回水坡边缘)为准,管道以其外壁为

准,明沟以其外缘为准。

⑧ 湿陷性黄土层内有碎石类土,砂类土、黏土夹层或有裂隙存在时,各种防护距离应参照勘察资料,根据具体情况决定。

⑨ 湿陷性黄土地区建筑物分类参见 GB 50025《湿陷性黄土地区建筑标准》。

2) 工艺装置区布置

油田站场级别和防火间距按 GB 50183《石油天然气工程设计防火规范》规定的标准执行。布置要注意以下事项:

(1) 按生产规模和工艺特点集中布置在一个区内,组成装置或联合装置区,以有利于它们之间的联系,并减少无关人员和车辆的往来,进而提高其安全程度。

(2) 装置尽可能布置在火源的年最小风频风向的上风侧,远离人员集中的场所。在山坡时不宜位于火源或人员集中场所的上坡处。

(3) 装置布置应与油罐区严格分开,且位于油罐区油品装卸区的年最小风频风向的下风侧。

(4) 装置应尽量露天布置以减少火灾爆炸的可能性,且又方便检修。

(5) 装置不应靠近站场内的铁路布置。

(6) 经常使用汽车运送原油、天然气凝液、液化石油气和硫黄的装卸场及仓库,应布置在站场的边缘部位,并宜设单独的出入口。

(7) 火炬及可燃气体放空管,宜布置在站场外地势较高处,并位于站场区和生活区全年最小风频风向的上风侧。

(8) 加热炉宜布置在站场的边部,并应位于散发油气的设备、容器、储油罐的常年最小风频风向的下风侧。

(9) 中心控制室在总平面布置中,应靠近主要油气生产工艺装置的操作区,并应满足现行有关爆炸危险场所划分标准和防火规范的要求;位于最小频率风向的下风侧,且其周围不应有对地面产生 0.1mm 振幅、频率为 25Hz 以上的连续性振源。

(10) 站场的行政管理、机械维修、中心仓库、消防车库及生活设施等与生产油气无直接关系的建(构)筑物,宜与油气生产、储存、装卸作业区分开。

3) 油罐区布置

(1) 原油及成品油罐区的布置。

油罐区的布置应执行 GB 50183《石油天然气工程设计防火规范》中关于火灾的危险性分类、站场级别划分和防火距离要求。

① 储罐组四周应设置严密封闭的、耐燃烧高温的、经受静压力和地震力等组合荷载作用的防火堤,罐组内隔堤的设置应符合国家现行防火堤设计规范的规定。具体要求如下:

a. 防火堤应为土筑,在困难情况下,可用砖、石砌筑或钢筋混凝土浇筑,其内侧宜培土或涂抹可靠的防火涂料。

b. 防火堤堤高。防火堤顶面应比计算液面高出 0.2m。立式油罐组防火堤内侧高度不应小于 1.0m,且外侧高度不应大于 2.2m;卧式油罐组防火堤内、外高度均不应小于 0.5m。

c. 相邻两罐组防火堤基脚线间,应有不小于 7m 的消防空地,立式储罐壁至防火提内侧基脚线的距离不应小于罐壁高度的一半,卧式罐则不应小于 3m。消防道路路边至防火堤外侧基脚线的距离不应小于 3m。

d. 油罐组防火堤内的有效容量,对于固定顶油罐,不应小于组内一个最大储罐的容量;对于浮顶油罐,则不应小于组内一个最大储罐容量的 1/2;当固定顶储罐与浮顶储罐同组布置时,应取上述两者中的较大值。

e. 防火堤及防火隔堤上均应设人行通达的踏步,主堤上的踏步不应少于两处,且应设在不同周边上;隔堤是每堤必须设一处踏步。

f. 严禁在防火堤上开洞。经比较必须穿堤的管线,应事先预设套管。套管与堤身可刚性连接,套管与穿越管线之间必须用耐火材料进行柔性连接,所有的连接处都必须严密封堵无渗漏。

② 油罐区往往储量大或罐数多,占地面积比率高,又散发易燃、可燃、易爆的气体物质,故在布置上应力求远离火源,并远离道路运输频繁地段和人员经常往来的地区。

③ 油罐区应尽可能布置在站场场区的某一边沿,既有利于安全,又有利于扩建发展。

④ 油罐区应布置在有明火或散发火花的设施和场所常年风频最小的风向上风侧,在山坡时,不宜布置在火源的上坡段。

⑤ 大型油罐区应布置在站场地势较低处,若必须布置在高位处时,应设置可靠的围堤导流沟、挡油墙或做沉降式罐组区等,以防止事故时,油品漫流而威胁生产装置区。

(2) 液化石油气罐区的布置。

液化石油气储罐或罐区与建筑物和堆场的防火间距,应符合 GB 50016《建筑设计防火规范》和 GB 50183《石油天然气工程设计防火规范》的相关规定。

① 液化石油气储罐之间的防火间距,不宜小于相邻较大罐的直径(与天然气凝液储罐同组布置时也一样),数个储罐的总容积超过 3000m³ 时,应分组布置。组内储罐应单排布置。组与组之间的防火间距不宜小于 20m。

② 总容积不超过 3000m³,且单罐容积不超过 3000m³ 的液化石油气储罐组,可采取双排布置。

③ 不同储存方式的液化石油气储罐不得布置在同一储罐组内。

④ 液化石油气储罐区宜布置在站场全年最小频率风向的上风侧,并选择通风良好的地点单独设置。

⑤ 液化石油气储罐区应尽可能远离油气生产装置区和人员集中的场所,且应在站场的边缘处。布置压力卧罐时,应使其纵轴不朝向重要建筑物和重要设施。

⑥ 液化石油气罐区与消防喷淋泵房之间应有较好的通视条件。罐区周围应设置高度为 1m 的非燃烧(材料的)实体防护墙。

⑦ 为了循环使用喷淋水,罐区内地面应做不漏水地面,罐区内雨水排除应设集水和水封井等设施,以保证液化气不泄流出罐区。

⑧ 液化石油气站生产区(含罐区)应以不低于 2m 的非燃烧材料建筑的实体围墙与非生产区隔开。

⑨ 液化石油气罐区附近,灌装车间内、空实瓶库及装卸场地等的地面,应以不发火花材料

铺砌建造。

（3）可燃气体、助燃气体储罐的布置。

按照 GB 50016《建筑设计防火规范》，对可燃、助燃气体储罐的布置和防火间距作如下规定：

① 湿式可燃气体储罐区建筑物、储罐、堆场的防火间距应不小于 GB 50016《建筑设计防火规范》的规定。

② 氧气储罐之间的防火间距，不应小于相邻较大罐的半径。氧气储罐与可燃气体储罐之间的防火间距不应小于相邻较大罐的直径。

③ 液氧储罐与其泵房之间的间距不宜小于 3m。放在一、二级耐火等级库房内，且容积不超过 $3m^3$ 的液氧储罐，与所属使用建筑的防火间距不应小于 10m。$1m^3$ 液氧可按折合 $800m^3$ 标准状态气氧计算。

④ 液氧储罐周围 5m 的范围不应有可燃物和设置沥青路面。

⑤ 液氢储罐与建筑物、储罐、堆场的防火间距可按液化石油气同等对待，但取相应储量的液化石油气储罐防火间距的 75%。

4）装卸设施布置

（1）火车装卸油品。

① 油品装卸场所是火灾危险区，应独立成区布置在站场区的边沿，宜在站场其他建（构）筑物常年风频最小风向的上风侧，装卸区应避免火车、汽车、人员穿行和来往。

② 装卸油品的铁路专用线应与站内其他铁路线以及站场外铁路保持一定的距离，一般不应小于 20m。装卸油品的铁路专用线与装卸泵房的间距不应小于 8m。

③ 设有装卸油台的铁路线应为平坡的直线段；在尽头式装卸铁路线的尽端，应比计算的长度再加 20m。

④ 铁路装卸油作业线与铁路行走线接轨时，在进站场前应设置钢轨绝缘接头；油品装卸台段的铁路轨枕应为非燃烧材料的轨枕。

⑤ 在铁路装卸油品作业线（栈台）至少一侧应设有消防道路，消防道路宜与栈台平行，其路边距栈台边缘距离不应大于 80m，也不应小于 15m。铁路装卸油品作业线与站场内其他道路的距离（路边至铁路中心线），主道不小于 15m，次道不小于 10m。

⑥ 对液化石油气装卸车，通常单独设置专用铁路股道，并布置在所有装卸油品股道的最外一侧，其操作区周围应设高 1.8m 的空格围墙，并至少设有两个通路出口。

（2）汽车槽车装卸油品。

① 汽车槽车装油区和卸油区是火灾危险的场所，总平面布置时，往往将其单独成区置于边沿一侧，在明火、生产建（构）筑、人员集中场所等常年最小频率风向的上风侧。

② 汽车槽车的卸油场地应设法做成与零位罐区有适宜高差，以便重力卸油；场地还应做一定的倾斜面，以便槽车内的油能完全卸尽，冲洗场地排水顺畅。

③ 受油口与零位油罐之间不应采用明沟（槽），零位罐不应采用敞口容器。

④ 汽车装卸油鹤管与其泵房的防火间距不应小于 8m；甲、乙类生产厂房及密闭工艺设备的防火间距不应小于 15m；与液化石油气、天然气生产厂房及密闭工艺设备的防火间距不应小于 25m；与丙类生产厂房及密闭工艺设备的防火间距不应小于 10m。

⑤ 汽车槽车装卸油场所宜设置环行消防道路,严禁各种无关的管线穿过该场所。无关的车辆及行人都应杜绝出入。

⑥ 汽车槽车装卸油场地较低处应设含油污水承接井(池),使含油污水排入站场污水处理系统。

(3) 液化石油气的灌装。

① 灌装点内液化石油气厂房与配电间、仪表控制间的防火间距不宜小于 15m。若毗邻布置时,应符合 GB 50016《建筑设计防火规范》中关于毗邻建筑的规定。

② 液化石油气缓冲罐与灌瓶间的距离不小于 10m。

③ 灌瓶间及气瓶装卸场的地面应铺设防止碰撞引起火花的面层。

④ 装有液化石油气的气瓶(实瓶)不准露天堆放;气瓶库房的液化石油气总容量不宜超过 $10m^3$;液化石油气的残液必须指定地点密闭回收。

5) 道路、场地及对外出入口

(1) 站内道路宜采用城市型混凝土道路。消防道路宽度一级站场内不宜小于 6m,二、三、四、五级站场不宜小于 4m。道路内侧转弯半径五级站为 9m,一、二、三、四级站场为 12m。

(2) 站内道路宜采用环形布置,尽头式道路长度超过 60m 时,应设置可供回车的场地,其回车场大小不宜小于 15m×15m,"T"形回车场每端长度不宜小于 12m,尽头式道路总长度不应超过 100m。站内 4m 宽道路长度超过 120m 时,应在道路中间设置错车道。

(3) 一、二、三级油气站场,至少应有两个通向外部道路的出入口。

6) 围墙及大门

(1) (辅助)生产区四周采用实体围墙,办公区可根据工程所处地域外部环境的要求采用铁艺围墙或实体围墙,办公区和(辅助)生产区之间宜采用镂空铁艺围墙,围墙高度宜为 2.4m。

(2) 人员 16 人及以上的站场宜设置单独的门卫用房,站场主大门净宽 6m,宜采用 1.5m 高不锈钢电动伸缩门;无需单独设置门卫用房的站场、阀室围墙大门净宽 4.0m,宜采用铁艺平开大门;其他围墙大门宜采用钢板平开门。

(3) 35kV 及以上变电所应设置铁艺围墙。

2. 竖向设计

(1) 站场的竖向设计应与总平面布置同时进行,并应与场区外周围地形标高、道路及防洪排水条件相协调。

(2) 站场分期建设时,应统一考虑竖向设计,确保近远期工程协调衔接;站场扩建、改建时的竖向设计,应与已建部分相协调。

(3) 平坡式竖向设计。

① 自然地形坡度不大于 2.0% 的地区或自然地形坡度为 2.1% ~ 3.0%,且宽度不大于 500m 的地区适合采用平坡式竖向设计;

② 设计整平后的场地坡度宜为 0.5% ~ 2.0%;在大面积地形平坦的地区,不应小于 0.2%;在局部高差较大的地段,不应大于 3%。

③ 场地设计地面排水径流速度大于土壤的允许流速时,地面应采取铺砌等加固措施或种

植草皮,以防冲刷。

(4) 台阶式竖向设计。

① 自然地形坡度大于 5.0% 的地区,应采用阶梯式竖向设计。

② 应根据自然地形及总平面布置划分台阶。联系紧密的生产设施及建(构)筑物宜布置在同一台阶或相邻台阶上。

③ 台阶的长边宜平行自然地形等高线布置。

④ 台阶高度应按照生产要求、工程地质条件,结合生产流程、运输联系、消防及土石方平衡等因素综合考虑。台阶数量不宜过多,一般为 2~3 个,台阶高差宜为 1~4m,不宜大于 6m。在台阶边沿处应有防止油品或雨水从高台面漫流到低台面的阻流措施。

⑤ 在台阶高度大于 2.0m,且有人员活动的台阶边缘处,应采取防护措施。

⑥ 相邻台阶之间可采用自然放坡、护坡或挡土墙等连接方式。

⑦ 台阶式布置的人行道纵向坡度大于 8% 或跨越台阶时,应设人行踏步。人行踏步每级高度为 0.15~0.2m,宽度不应小于 0.26m。当人行踏步连续数量大于 18 级时,应设休息平台和栏杆。

(5) 建筑物室内设计地坪标高,宜高出室外场地设计整平标高 0.2m 以上。在有可能沉陷的软土地段和有特殊要求的建筑物,应加大室内外高差。

(6) 膨胀土地区及湿陷性黄土地区建(构)筑物周围 6m 范围内的排水坡度宜为 3%~5%,6m 范围外不宜小于 0.5%。

(7) 站场内场区地面设计应符合下列要求:

① 露天布置的工艺设备区设计边界线内,检修和露天操作场地宜铺砌,且宜高于边界线外场地。

② 人行道应高于其附近场区地面 0.05~0.1m。

③ 人行道最小宽度为 1.0m,以 0.5m 的倍数增加宽度。

(8) 场区内消防道路纵坡应与场地竖向坡度相协调,主要出入口的道路路面标高宜高于场区外部路面标高。

(9) 雨(污)水收集、处理、排放系统宜布置在地势较低处。

(10) 站场围墙内场地标高不应完全低于围墙外周边场地标高。

3. 交通运输及出入口设计

(1) 站场道路设计应符合总平面布置的要求,道路的布置应与竖向设计及管线布置相结合,并能与场外道路方便连接,应满足生产、运输、安装、检修、消防安全和施工的要求。

(2) 一、二、三级站场,至少应有两个通向外部道路的出入口。

(3) 场区内的道路交叉时,宜采用正交,斜交时,交叉角不应小于 45°。

(4) 消防车道净宽度不应小于 4m,一、二、三级站场内不宜小于 6m;消防车道净空高度不应小于 5m;一、二、三级站场消防车道转弯半径不应小于 12m,纵向坡度不宜大于 8%。

(5) 甲、乙类液体厂房及油气密闭工艺设备距消防车道的间距不宜小于 5m。

(6) 储罐组消防车道宜环形布置。四、五级站场和受地形等条件限制的一、二、三级站场内的储罐组,可设有回车场的尽头式消防车道,回车场的面积因按当地所配消防车车型确定,面积不宜小于 15m×15m。供重型消防车使用时,不宜小于 18m×18m。

（7）储罐组之间应设置消防车道，任何储罐中心与最近的消防车道之间的距离不应大于80m，储罐组消防车道与防火堤的外坡脚线之间的距离不应小于3m。

（8）道路高出附近地面2.5m以上，且在距道路边缘15m范围内有工艺装置或可燃气体、可燃液体储罐及管道时，应在该段道路边缘设置护墩、矮墙等防护设施。

（9）一、二、三级站场四周，宜设不低于2.2m高非燃烧材料围墙或围栏。生产区与管理区之间宜设置围墙、围栏、绿篱等加以分隔。

4. 绿化设计

站场内的绿化，应符合下列规定：

（1）生产区不应种植含油脂多的树木，宜选择含水分较多的树种。

（2）工艺装置区或甲、乙类油品储罐组与其周围的消防车道之间，不应种植树木。

（3）液化石油气罐组防火堤或防护墙内严禁绿化。

（4）站场内的绿化不应妨碍消防操作。

（5）站场的绿化率不宜小于12%。

5. 管网综合设计

管线综合布置应与总平面布置、竖向布置和绿化布置相结合，统一规划。各类管线的线路力求短捷，并应使管线之间、管线与建（构）筑物之间在平面及竖向上相互协调，节约用地。

（1）管线的敷设方式应根据管线内的介质、工艺和材质要求、生产安全、交通运输、施工检修和站场条件等因素，结合工程的具体情况经方案比较后合理确定，并应符合下列规定：

① 有可燃性、爆炸危险性、毒性及腐蚀性介质的管道，宜采用地上敷设。

② 在散发比空气重的可燃、有毒气体的场所，不宜采用管沟敷设。当采用管沟敷设时，需采取防止可燃、有毒气体在管沟内积聚的措施。

（2）管线综合布置时，干管应布置在用户较多的一侧。管线综合布置宜按下列顺序，自建筑物或装置向道路方向布置：

① 电信自控电缆；

② 电力电缆；

③ 热力管道；

④ 油气工艺管道；

⑤ 生产及生活给水管道；

⑥ 工业废水管道；

⑦ 生活污水管道；

⑧ 消防污水管道；

⑨ 雨水排水管道；

⑩ 照明及电线杆柱。

（3）地下管线综合布置时，应符合下列规定：

① 压力管应让自流管；

② 管径小的让管径大的；

③ 宜弯曲的让不宜弯曲的；
④ 临时性的让永久性的；
⑤ 工程量小的让工程量大的；
⑥ 新建的让已建的；
⑦ 施工方便的让施工不方便的；
⑧ 检修次数少的让检修次数多的。

（4）地下管线交叉布置时，应符合下列规定：
① 给水管线应在排水管线上面；
② 可燃气体管道在除热力管道之外的其他管道上面；
③ 电力电缆在热力管道下面、其他管道上面；
④ 氧气管道在可燃气体管道的下面、其他管道的上面；
⑤ 有腐蚀性介质的管道及有酸性、碱性介质的排水管道在其他管道上面；
⑥ 热力管道在可燃气体管道及给水管道的上面。

（5）管线共沟敷设应符合下列规定：
① 热力管道不应与电力、电信电缆共沟。
② 排水管道应布置在沟底。当沟内有腐蚀性介质管道时，排水管道应位于有腐蚀性介质管道的上面。
③ 腐蚀性介质管道的标高应低于沟内其他管线。
④ 可燃气体、可燃液体、毒性气体、毒性液体、腐蚀性介质管道不应与消防水管道共沟敷设，毒性气体、毒性液体、腐蚀性介质管道不应与给水管道共沟敷设。
⑤ 电力电缆、控制与电信电缆或光缆不应与可燃液体、可燃气体管道共沟敷设。

（6）管架的布置应符合下列规定：
① 当电力电缆、控制电缆、电信电缆或光缆采用架空敷设时，不宜与可燃液体、可燃气体等输送可燃物质的管道同层敷设。
② 管架的净空高度及基础位置不得影响交通运输、消防及检修。
③ 不应妨碍建（构）筑物的自然采光与通风。
④ 应有利于站场美观。

6. 防洪设计

站场防洪排涝应与所在区域的防洪排涝统筹考虑。当区域无防洪排涝设施时，站场场区地面设计标高应比按防洪设计重现期计算的设计水位高 0.5m。

采油井、采气井、注气井设计重现期为 5～10 年；计量站、集气站、配气站设计重现期为 10～25 年；集中处理厂、原油稳定站、原油脱水站、注气站、天然气处理厂、天然气净化厂设计重现期为 25～50 年。

7. 防渗设计

1）防止地下水污染范围

油品易泄漏的部位，主要包括储罐区、污水（油）管道、油气回收装置，以及漏油及事故污水收集池,采取相应的防渗措施,防止和减少泄漏的污染物渗透进入地下水体。

2)防止地下水污染原则

(1)分区防治原则:根据工艺、设备、管线设计方案及操作工况、所涉及的物料及其可能泄漏的途径等,进行地下水污染分区划分,不同分区采取与之相适应的防止地下水污染的设计。

(2)"可视化"原则:储存、输送有毒有害可能污染地下水物质的设备、管线尽量布置在地上,便于物质泄漏情况下的"早发现、早处理"。

(3)全过程控制原则:针对工程可能发生的地下水污染,地下水污染防治按照"源头控制、末端防治、污染监控、应急响应",从污染物的产生、入渗、扩散、应急响应全阶段进行控制。

(4)可实施性原则:采用可靠的防止地下水污染材料、技术和实施手段,满足项目建设整体的进度、费用要求,对项目运行、检修无明显不利影响。

四、视觉形象

统一站场视觉形象与安全目视化设计,是明确油气田站场生产区域设备设施和建(构)筑物的涂色与标识、安全风险标识等内容,进一步规范油气田建设标准,加强生产区域的安全风险提示,展现安全生产、绿色环保和以人为本的管理理念要求。

1. 井场目视化设计

(1)井场的征地边界宜采用土堤、植物、沟槽等方式界定。

(2)油田井场不宜设围栏。当井场位于人口稠密地区时,宜设置防翻越围栏,大门宜采用基本型防翻越围栏门。

(3)气田井场宜设围栏。当井场位于人口稠密地区时,应设置防翻越围栏;当井场位于人口稀少地区时,宜设置普通围栏,大门宜采用普通围栏门。

(4)有围栏的井场应在井场围栏门上设置井场名称牌与 HSE 标识牌;无围栏的井场宜在征地边缘道路入口处设置带标识杆的井场名称牌与 HSE 标识牌。

(5)井场内场地不宜铺装,井口、设备周边区域可采用水泥预制块或碎石适当铺砌,铺砌材料宜保持原色。

(6)井场可设巡检便道,宜采用水泥现浇或预制块铺砌。

(7)视域范围内的抽油机宜朝向一致。

2. 小型站场目视化设计

(1)小型站场位于人口稠密地区或特殊环境中时宜设围墙;无人值守的小型站场围墙宜采用防翻越围栏,大门宜采用防翻越围栏门,根据需要可选择基本型、带实体门柱型或折叠型;有人值守的小型站场围墙宜采用普通围栏,大门宜采用普通围栏门。

(2)有围墙的小型站场应在左侧大门或立柱上设置站场名称牌;无围墙的小型站场应在面向道路的主要建筑物外墙上设置站场名称牌。

(3)站内装置区可采用预制块或碎石铺砌,铺装范围不宜超过工艺安装平面投影外 1m,铺装材料宜保持原色。其他场地宜采用素土夯实或适当绿化。

(4)站内道路宜采用混凝土路面。巡检便道宜采用水泥现浇或预制块铺砌。

3. 中型站场目视化设计

（1）位于人口稠密地区的中型站场宜采用防翻越围栏；位于人口稀少地区的中型站场宜采用普通围栏；独立的室外变电站等有特殊需要的中型站场应采用实体围墙。中型站场的大门宜采用带立柱的铁艺平开门。

（2）中型站场主大门左侧立柱上应设置站场名称牌。

（3）主大门外道路一侧应设置进站须知牌，主大门内道路一侧应设置站场简介牌。

（4）站内装置区可采用水泥预制块或碎石适当铺砌，铺装范围不宜超过工艺装置平面投影外1m，铺装材料宜保持原色。其他场地宜采用素土夯实或适当绿化。

（5）站内道路宜采用混凝土路面。巡检便道宜采用水泥现浇或预制块铺砌。

（6）站内主要储罐及塔器上宜设置公司标识，并标识设备名称与编号，其他储罐或容器上应标识设备名称与编号。

4. 大型站场目视化设计

（1）大型站场宜采用带混凝土（砖）立柱的铁艺围墙；独立的室外变电站、油库等有特殊要求的大型站场应采用实体围墙；大型站场主大门宜设门卫与人行小门的铁艺推拉门，次要大门应采用铁艺平开门；酸性天然气处理厂应设安全教育室。

（2）大型站场主大门处应设置站场名称牌。

（3）主大门外道路一侧应设置进站须知牌，主大门内道路一侧应设置站场简介牌。

（4）站内装置区可采用水泥预制块或碎石适当铺砌，铺装范围不宜超过工艺装置平面投影外1m，铺装材料宜保持原色。其他场地宜采用素土夯实或适当绿化。

（5）站内道路宜采用混凝土路面。巡检便道宜采用水泥现浇或预制块铺砌。

（6）站内标志性储罐及塔器上应设置公司标识，并标识设备名称与编号，其他储罐或容器类设备上应标识设备名称与编号。

5. 特大型站场目视化设计

（1）特大型站场宜采用带混凝土（砖）立柱的铁艺围墙；独立室外变电站、油库等有特殊需要的站场应采用实体围墙；特大型站场主大门宜设门卫与人行小门的电动伸缩门，次要大门应采用铁艺平开门。

（2）特大型站场主大门处应设置站场名称牌。

（3）主大门外道路一侧应设置进站须知牌，主大门内道路一侧应设置站场简介牌。

（4）站内装置区可采用预制块或碎石适当铺砌，铺装范围不宜超过工艺装置平面投影外1m，铺装材料宜保持原色。其他场地宜采用素土夯实或适当绿化。

（5）站内道路宜采用混凝土路面；巡检便道宜采用水泥现浇或预制块铺砌。

（6）站内标志性储罐及塔器应设置宝石花标识，并标识设备名称与编号；其他储罐或容器类设备上应标识设备名称与编号。

6. 其他说明

县级以上政府对安全、环保、防恐等方面规定与目视化内容相关时，应满足其相关要求。具体可参考公司《油气田站场目视化设计规定》。

第二节 供 配 电

一、供配电系统概述

1. 负荷分级

（1）处理能力不小于 $30\times10^4\text{t/a}$ 的油气集中处理站、矿场油库（管输）等宜为一级负荷。

（2）处理能力小于 $30\times10^4\text{t/a}$ 的油气集中处理站、矿场油库（铁路外运）、原油稳定站（轻烃回收站）、接转站、放水站、污水处理站、配制站、调配站、原油脱水站、增压集气站、注气站、注汽站、机械采油井排、滩海陆采油田井口槽等宜为二级负荷。

（3）处理天然气凝液的站场，当设计能力不小于 $50\times10^4\text{m}^3/\text{d}$ 时，宜为二级负荷。

（4）增压站设计能力不小于 $50\times10^4\text{m}^3/\text{d}$ 时，压缩机的原动机为电动机，或当原动机采用燃气发动机，机组的润滑和冷却设备及仪表用电由外电源供电时，宜为二级负荷。

（5）自喷油井、边远、零散的机械采油井、注入站、配水间、配汽间、计量站、集油阀组间等宜为三级负荷。

（6）一级负荷中，紧急截断阀、自控系统、通信系统等负荷应为一级负荷中特别重要的负荷。二、三级负荷中，紧急截断阀、自控系统、通信系统等负荷，应为重要负荷。

（7）油田各类站场消防系统用电设备的负荷等级划分，应按照 GB 50183《石油天然气工程设计防火规范》的有关规定执行。

（8）油田各类站场内主要用电设备负荷分级按照 SY/T 0033《油气田变配电设计规范》的规定执行。

2. 供电要求

（1）一级负荷应采用双重电源供电。两个电源宜引自不同的变电所或发电厂，当两个电源由同一变电所不同母线段分别引出，作为电源的变电所应具备至少 2 个电源进线、2 台主变压器，并分列运行。

（2）对于一级负荷中特别重要的负荷，除应由双重电源供电外，尚应增设应急电源，不应将其他负荷接入应急供电系统。设备的供电电源的切换时间，应满足设备允许中断供电的要求。其中仪表、自控、通信等重要负荷，宜采用冗余不间断电源供电。

（3）二级负荷宜采用两回线路供电。在负荷较小、地区供电条件困难时，可由 1 回 6kV 及以上专用线路供电；或采用 1 回公网 T 接线路供电，站内设自备发电机组作为备用电源。

（4）二、三级负荷站场中的重要负荷应配置应急电源，其中仪表、自控、通信等重要负荷，宜采用不间断电源供电。

3. 电源及供电系统

（1）供配电系统应结合油气田总体开发方案，按照负荷性质、用电容量、工程特点和地区供电条件确定，电源宜从系统电源取得。

(2)除了一级负荷中特别重要负荷外,不应考虑电源系统检修或故障的同时,另一电源又发生故障。

(3)对于以工业汽轮机、柴油机或燃气轮机拖动为主要动力的站场,其辅助设施可由外部电源供电。无系统电地区宜采用可靠的燃气或柴油发电机供电。

(4)油田内35~110kV供电系统,宜采用环形供电。在油田开发初期,也可采用双回路供电,并考虑油田电耗不断增加和开采面积逐渐扩大的特点,设计上考虑发展成环形供电的条件。

(5)10(6)kV配电线路接线规定如下:

① 成排机械采油井排,根据井口布局,供电干线宜采用双回路或环形供电;

② 滩海陆采油田电潜泵宜采用放射式接线。

(6)消防用电设备应采用专用的供电回路,当生产、生活用电被切断时,应仍能保证消防用电。备用消防电源的供电时间和容量,应满足该火灾延续时间内各消防用电设备的要求。

(7)消防用电设备当采用一级负荷或二级负荷双回路供电时,应在最末一级配电装置或配电箱处实现自动切换。

(8)按一、二级负荷供电的消防设备,其配电箱应独立设置;按三级负荷供电的消防设备,其配电箱宜独立设置。消防配电设备应设置明显标志。

4. 电压选择

(1)供电电压应根据电源条件、用电负荷的分布情况、输电线路长度等因素综合比较确定。当油田内部采用集中供电或分片集中供电时,宜以负荷相对集中的站场为中心设置中心变配电所,以35kV、10kV电压等级馈线供电,并应在各用电负荷点设置恰当的变配电所。

(2)油田配电线路电压宜采用10kV,技术经济比较合理时,也可采用35kV电压等级。

5. 电能质量

1)供电电压偏差限值

供电电压偏差限值见表14-2-1。

表14-2-1 供电电压偏差限值

系统标称电压	供电电压偏差限值
≥35kV(线电压)	正、负偏差绝对值之和≤10%
≤20kV(线电压)	±7%
0.22kV单相(相电压)	+7%、-10%

2)用电设备端子电压偏差

用电设备端子电压偏差允许值见表14-2-2。

表 14-2-2 用电设备端子电压偏差允许值

名称	电压偏差允许值
电动机	正常情况下：±5% 特殊情况下：-10% ~ +5%（并应满足启动要求）
其他用电设备（当无特殊规定时）	±5%
照明	一般工作场所：5% 控制中心等对视觉要求高的场所：-2.5% ~ +5% 远离变电站的小面积一般工作场所：-10% ~ +5% 应急照明、道路照明和事故照明：-10% ~ +5% 用安全特低电压供电的照明：-10% ~ +5%

3）改善电压偏差的主要措施

（1）正确选择变压器的变压比和电压分接头；

（2）采用有载调压变压器；

（3）降低系统阻抗；

（4）采取补偿无功功率措施；

（5）宜使三相负荷平衡；

（6）改变配电系统运行方式。

4）谐波

变流设备应采取抑制谐波的措施，以满足 GB/T 14549《电能质量 公用电网谐波》的规定。

6. 油田电网经济运行

油田电网应在保证安全生产和技术经济允许的条件下，通过无功补偿、变压器与负载的合理匹配、运行方式的优化等技术措施，使油田电网在低损耗状态下运行。油田电网及变压器、线路的经济运行的要求及评价指标见 SY/T 6373《油气田电网经济运行规范》的规定。

二、负荷计算

1. 负荷计算法的选择

（1）油田装置（单元）的用电负荷宜采用轴功率逐台计算法或需要系数法计算。

（2）高压机泵等单元的用电负荷宜采用轴功率逐台计算法计算，轴功率为额定转速下的设备轴功率。

（3）低压机泵、机械采油、机修、仪修、电修、化验室、办公室等单元的用电负荷宜采用需要系数法计算。

（4）可研、初步设计阶段各类建筑用电负荷可采用单位面积功率法进行估算。

（5）油田负荷计算应按照 SY/T 0033《油气田变配电设计规范》的规定进行。

2. 用电设备容量的确定

（1）连续工作制电动机的设备容量等于铭牌额定容量。

(2）短时或周期工作制电动机的设备容量应分类按负载持续率归算：

① 起重机用电动机的设备容量归算到负载持续率为 25% 的额定有功功率。

② 电焊机及电焊装置的变压器设备容量归算到负载持续率为 100% 的额定有功功率。

（3）照明设备容量的确定应符合下列规定：

① 白炽灯、低压卤素灯、自镇流荧光灯和 LED 灯的设备容量等于灯泡额定容量。

② 荧光灯、高压钠灯、无极灯和金卤灯的设备容量尚应考虑镇流器中的功率损耗。采用节能型电感镇流器时，荧光灯的设备容量按灯管额定容量的 1.15 倍计算，采用电子镇流器时按灯管额定容量的 1.1 倍计算；高压钠灯、无极灯和金卤灯的设备容量按灯泡额定容量的 1.1 倍计算。

（4）空调设备容量按其铭牌额定容量。

3. 油田常用电气设备需要系数

油田常用电气设备需要系数及功率因数推荐取值见表 14-2-3。

表 14-2-3　油田常用电气设备需要系数及功率因数推荐取值

序号	名称	需要系数	功率因数
1	抽油机 7.5~75kW（补偿前）	0.3~0.4	0.3~0.4
2	抽油机 7.5~75kW（节能措施）	0.3~0.4	0.7~0.75
3	抽油机 7.5~75kW（补偿后）	0.3~0.4	0.7~0.75
4	潜油电泵	0.6~0.8	0.7~0.8
5	螺杆泵	0.6~0.8	0.7~0.8
6	油井辅助用电设备	0.5	0.6~1
7	压缩机	0.8~0.9	0.85 或铭牌值
8	工艺泵（连续运行）	0.75~0.85	0.8 或铭牌值
9	年运行时间低于 1000h 的泵	0.3~0.6	0.8 或铭牌值
10	年运行时间低于 100h 的泵	0.1	0.8 或铭牌值
11	空压机	0.7	0.85 或铭牌值
12	电加热器	0.8~0.9	0.85
13	防冻用电伴热或加热器	0.5~0.8	1
14	冷却塔风机、循环水泵	0.75	0.8 或铭牌值
15	空冷器	0.9	0.8 或铭牌值
16	给水、排水泵	0.8	0.85 或铭牌值
17	生产用通风机	0.75~0.85	0.8 或铭牌值
18	6kV 及以上机泵类（非标电动机）	0.95~1	铭牌值
19	6kV 及以上机泵类	0.8~0.9	0.9 或铭牌值
20	电动截断阀	0.1~0.2	0.75
21	电动调节阀	0.3~0.6	0.8

续表

序号	名称	需要系数	功率因数
22	行吊、电动葫芦等维修用电设备	0.1~0.3	0.5~0.75
23	生产用照明	0.6~0.8	0.9
24	化验设备	0.1~0.3	0.8
25	辅助生产用电(空调、电采暖、库房等)	0.5~0.7	0.75

注：(1) 抽油机、潜油电泵、螺杆泵的推荐值用于连片井排线路的计算负荷或计算总负荷。
(2) 空调系数不适用于楼宇集中空调系统。

4. 年电能消耗量的计算

$$W_y = \alpha_{av} p_c T_n \quad (14-2-1)$$

式中 W_y——年有功电能消耗量，kW·h；
α_{av}——年平均有功负荷系数（一般取为 0.7~0.8）；
p_c——计算有功功率，kW；
T_n——年实际工作小时数。

三、无功功率补偿

1. 无功功率补偿形式

无功功率补偿装置包括串联补偿装置、同步调相机、同步电动机、并联电抗补偿装置、并联电容器补偿装置、静止无功补偿装置(SVC)和静止无功发生器(SVG)等，油田电力系统常用的无功补偿装置为并联电容器补偿装置、静止无功补偿装置(SVC)和静态无功发生器(SVG)等。

1) 并联电容器补偿装置

并联电容器补偿方式简单、灵活、方便，目前在我国是主要的补偿方式。优点是有功损耗小，运行、安装维护方便；个别电容器组损坏，不影响整个电容器运行。缺点是它只能进行有级调节，不能进行平滑调节；无功、电压特性不好，对短路稳定性差，切除后有残余电荷；负荷变化比较频繁，切换开关因频繁动作而大大降低使用寿命。

2) 静止无功补偿装置(SVC)

静止无功补偿装置(SVC)是由静止元件构成的并联可控无功功率补偿装置，通过改变其容性或(和)感性等效阻抗来调节输出，以维持或控制电力系统的特定参数(典型参数是电压、无功功率)。SVC 具有价格适中、性能可靠等特点。

SVC 主要类型有晶闸管控制电抗器(TCR)型、晶闸管投切电容器(TSC)型、晶闸管投切电抗器(TSR)型、晶闸管控制高阻抗变压器(TCT)型、磁控电抗器(MCR)型、自饱和电抗器(SR)型等。上述 6 种 SVC 既可单独使用，也可根据需要组合使用。

由于 SVC 晶闸管控制对电抗器、电容器的投切过程中会产生高次谐波，为此需加装专门的滤波电容器(FC)，FC 由电容器和电抗器适当组合而成，兼有无功补偿、滤波和调压功能。

输电系统 SVC 应连接在主变压器(或)专用变压器二次侧或三次侧，并且宜用专用母线的接线方式;配电系统 SVC 宜与被补偿负荷并联连接。

TCR(TSR)、TSC 的接线方式如图 14-2-1、图 14-2-2,FC 的接线方式如图 14-2-3 所示。

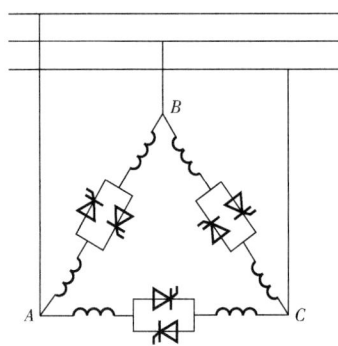

图 14-2-1　TCR(TSR)的接线方式

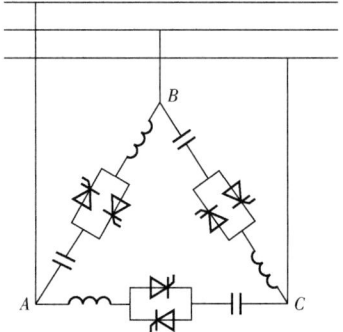

图 14-2-2　TSC 的接线方式

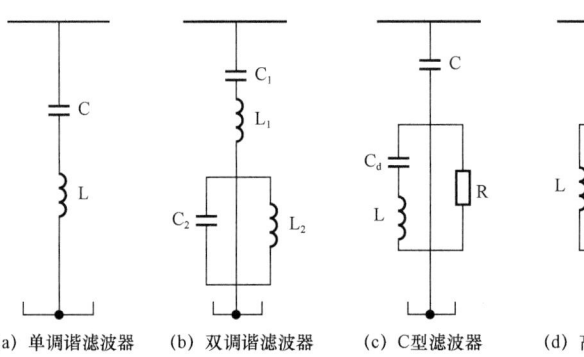

(a) 单调谐滤波器　　(b) 双调谐滤波器　　(c) C 型滤波器　　(d) 高通滤波器

图 14-2-3　FC 的接线方式

3) 静止无功发生器(SVG)

静止无功发生器(SVG)是基于电压源换流器或电流源换流器的动态无功补偿装置。

静止无功发生器(SVG)的基本原理是利用可关断、大功率、高频率电力电子器件(如 IGBT)组成自换相桥式电路,经过电抗器、变压器或者直接并联在电网上,实时调节桥式电路交流侧输出电压的幅值和相位,或直接控制其交流侧电流,使桥式电路吸收或者发出满足要求的无功电流,实现动态无功补偿、电压动态控制的目的。SVG 可以灵活地改变其运行工况,使其处于容性、感性或零负荷状态,双向调节,既可以发出无功,又可以吸收无功。

根据直流侧储能元件的不同,SVG 换流器分为电压型桥式电路和电流型桥式电路两种类型,其电路基本结构如图 14-2-4 和图 14-2-5 所示,分别采用电容和电感两种不同的储能元件。对电压型桥式电路,还需再串联上连接电抗器才能并入电网;对电流型桥式电路,还需在交流侧并联上吸收换相过电压的电容器。实际上,由于运行效率的原因,迄今为止投入使用的 SVG 大多采用电压型桥式电路,因此,SVG 往往专指采用自换相电压型桥式电路作动态无功补偿的装置。

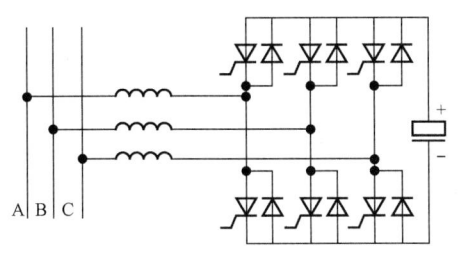

图 14-2-4 SVG 电路基本结构(电压源型)

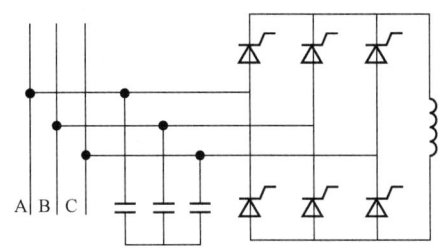

图 14-2-5 SVG 电路基本结构(电流源型)

SVG 主要由并网开关(断路器)、连接变压器(可选)、连接电抗器、电压源换流器、进线避雷器、冷却系统、控制与监测系统及其他设备组成,基本电路图如图 14-2-6 所示。

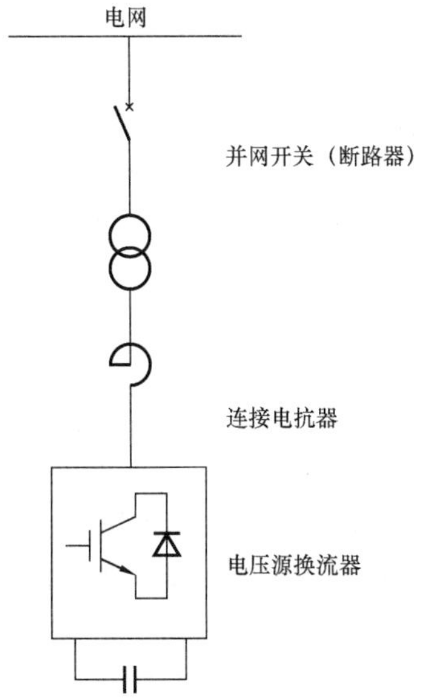

SVG 具有可任意组合的连续补偿范围,动态响应速度快、效率高、占地面积小、损耗小,补偿能力强等优点,性能好于 SVC。与 SVC 相比,缺点是控制方法和控制系统比传统 SVC 复杂,要使用数量较多的大容量自关断器件,价格比 SVC 高等。

2. 无功功率补偿设计原则

(1) 35~110kV 变电所功率因数应达到 0.9 以上,具体数值根据当地供电部门要求确定。

(2) 设计中应正确选用供配电设备和用电设备容量,提高自然功率因数。

(3) 无功补偿装置宜就地平衡补偿。

图 14-2-6 SVG 基本电路图

3. 无功功率补偿方式和安装地点

(1) 应根据电网情况以及主要工艺设备运行情况确定无功补偿的方式。

(2) 容量为 7.5kW 及以上抽油机电动机,宜采用就地安装低压电容器,进行分散无功功率补偿。也可在高压侧进行补偿,补偿后线路功率因数不宜低于 0.9。

(3) 35~110kV 变(配)电所,宜在 10(6)kV 侧装设集中补偿。当采用并联电容器补偿装置时,工频运行的高压电动机数量少于 5 台宜采用单机就地补偿方式,电容器随电动机的投切而同时动作,当电动机采用软启动方式时,无功补偿装置应在启动完成后自动投入。

(4) 低压系统宜采用并联电容器补偿装置集中自动补偿。

4. 无功自动补偿的调节方式

(1) 以节能为主进行补偿时,宜采用无功功率参数调节;当三相负荷平衡时,亦可采用功率因数参数调节。

(2) 提供维持电网电压水平所必要的无功功率及以减少电压偏差为主进行补偿时,应按电压参数调节,但已采用变压器自动调压者除外。

(3) 无功功率随时间稳定变化时,宜按时间参数调节。

(4) 对三相不平衡负荷,可采用分相控制。

5. 无功补偿容量的确定

1) 变(配)电所

(1) 10kV 及以下变(配)电所以配电变压器低压侧集中补偿为主,以高压补偿为辅。配电变压器的无功补偿装置容量可按变压器最大负载率为 75%,负荷自然功率因数为 0.85 考虑,补偿到变压器最大负荷时其高压侧功率因数不低于 0.95。

(2) 35~110kV 变电所的容性无功补偿装置以补偿变压器无功损耗为主,并适当兼顾负荷侧的无功补偿。容性无功补偿容量可按主变压器额定容量的 15%~30% 配置,并满足主变压器最大负荷时,其高压侧功率因数不低于 0.95。对于直接供电的 35~110kV 末端变电所,安装的最大容性无功补偿容量应等于所在母线上的负荷按提高功率因数所需的最大容性无功量 Q_{c1} 与主变压器所需补偿的最大容性无功量 Q_{c2} 之和。

(3) 负荷无功补偿容量。

$$Q_{c1} = P_c(\tan\phi_1 - \tan\phi_2) \qquad (14-2-2)$$

式中 Q_{c1}——负荷无功补偿容量,kvar;
P_c——用电设备的计算有功功率,kW;
$\tan\phi_1$——补偿前功率因数角正切值;
$\tan\phi_2$——要求达到的功率因数角正切值。

(4) 主变压器所需补偿的最大容性无功量。

$$Q_{c2} = \left(\frac{U_k I_m^2}{100 I_e^2} + \frac{I_0}{100}\right) S_e \qquad (14-2-3)$$

式中 Q_{c2}——主变压器所需补偿的最大容性无功容量,kvar;
U_k——需要进行补偿的变压器一侧阻抗电压占额定电压的百分数,%;
I_m——母线装设补偿装置后,通过变压器需要补偿一侧的最大负荷电流值,A;
I_e——变压器需要补偿一侧的额定电流值,A;
I_0——变压器空载电流占额定电流的百分数,%;
S_e——变压器需要补偿一侧的额定容量,kVA。

2) 单机就地无功补偿容量

单机就地无功补偿容量按照式(14-2-4)计算:

$$Q_c = P_1(\tan\phi_1 - \tan\phi_2) \qquad (14-2-4)$$

$$P_1 = P_e\beta/\eta \qquad (14-2-5)$$

式中 Q_c——单机就地无功补偿容量,kvar;
P_1——电动机的输入功率,kW;
$\tan\phi_1$——补偿前电动机功率因数的正切值;

$\tan\phi_2$——补偿后电动机功率因数的正切值;
P_e——电动机额定功率,kW;
β——电动机负载率(输出功率与额定功率之比值);
η——电动机效率。

6. 成套并联电容器装置设计

成套并联电容器装置的设计应按照 GB 50227《并联电容器装置设计规范》的要求执行。

四、应急电源

1. 应急电源种类

(1) 独立于正常电源的发电机组,包括应急柴油发电机组、应急燃气发电机组等;
(2) 供电网络中独立于正常电源的专用的馈电线路;
(3) 蓄电池;
(4) 不间断电源装置(UPS);
(5) 应急电源装置(EPS)。

2. 应急电源的选用

(1) 选用原则。

① 应急电源类型的选择,应根据特别重要负荷的容量、允许中断供电的时间,以及要求的电源为交流或直流等条件来进行。

② 应急电源的供电时间,应按生产技术上要求的允许停车过程时间确定。

③ 蓄电池装置供电稳定、可靠、无切换时间、投资较少,凡允许停电时间为毫秒级,且容量不大的重要负荷,可采用直流电源供电的重要负荷,应采用蓄电池装置作为应急电源。

④ 重要负荷要求交流电源供电,允许停电时间为毫秒级,且容量不大,可采用不间断电源装置(UPS)作为应急电源。

⑤ 重要负荷要求交流电源供电,允许停电时间为 0.25s 以上,有需要驱动的电动机负荷,且负荷不大,可以采用应急电源装置(EPS)作为应急电源。

⑥ 负荷较大,允许停电时间为 15s 以上的重要负荷可采用快速启动的发电机组供电。

⑦ 有自动投入装置的有效地独立于正常电源的专用馈电线路,适用于允许中断供电时间大于电源切换时间的供电。

(2) 油气田工程常用的应急电源包括不间断电源装置(UPS)、应急电源装置(EPS)、蓄电池、应急发电机组等,根据负荷性质及允许中断供电时间,采用一种或几种组合使用。站场仪表、自控、通信等不能间断供电的重要负荷,通常采用 UPS 供电;应急照明一般采用灯具自带蓄电池或 EPS 供电;发电机组一般作为站场备用电源使用,但当重要负荷容量较大且允许中断一定供电时间时也可采用应急发电机组作为应急电源。

3. 应急电源系统

(1) 严禁将其他负荷接入应急供电系统。
(2) 应急电源与正常电源之间,应采取防止并列运行的措施。当有特殊要求,应急电源向正常电源转换需短暂并列运行时,应采取安全运行的措施。

4. 柴油发电机组

柴油发电机组具有热效率较高、启动迅速、结构紧凑,辅助设备较为简单,燃料存储方便、占地面积小、工程量小、维护操作简单等特点,是工程项目中作为备用电源或应急电源首选的设备。整套机组一般由柴油机、发电机、控制屏等部件组成。

1) 应急柴油发电机组功能要求

柴油发电机组的自动化等级分为三级,详见表14-2-4。

表14-2-4 柴油发电机组自动化等级

自动化等级	自动化等级特征
1	维持准备运行状态等的自动控制、保护和指示
2	1级的特征,燃油、机油、冷却介质的自动补给及并联运行等的自动控制
3	1级的特征,以及远程计算机通信控制功能的自动控制; 2级的特征,以及远程计算机通信控制功能的自动控制、集中监控和故障自诊断

应急电源应选用2级及以上自动化柴油发电机组。

柴油发电机组性能等级见表14-2-5。

表14-2-5 柴油发电机组性能等级

性能等级	定义	用途
G1级	用于只需规定其电压和频率的基本参数的连接负载	一般用途(照明和其他简单的电气负载)
G2级	用于对电压特性与公用电力系统有相同要求的负载。当其负载变化时,可有暂时的然而是允许的电压和频率偏差	照明系统、泵和风机
G3级	用于对频率、电压和波形特性有严格要求的连接设备(整流器和晶闸管整流器控制的负载对发电机电压波形影响需要特殊考虑的)	无线电通信和晶闸管整流器控制的负载
G4级	用于对频率、电压和波形特性有特别严格要求的负载	数据处理设备或计算机系统

2) 柴油发电机组容量选择

(1) 按稳定负荷计算发电机容量。

$$S_{C1} = \alpha \frac{P_\Sigma}{\eta_\Sigma \cos\phi} \qquad (14-2-6)$$

即

$$S_{C1} = \alpha \left(\frac{P_1}{\eta_1} + \frac{P_2}{\eta_2} + \cdots + \frac{P_n}{\eta_n} \right) \frac{1}{\cos\phi} = \frac{\alpha}{\cos\phi} \sum_{k=1}^{n} \frac{P_k}{\eta_k} \qquad (14-2-7)$$

式中 S_{C1}——按稳定负电荷计算的发电机容量,kV·A;

P_Σ——总负荷,kW;

P_k——每个或每组负荷额定容量,kW;

η_k——每个或每组负荷的效率;

η_Σ——总负荷的计算效率(一般取 0.82~0.88);

α——负荷率(一般取 0.7~0.9);

$\cos\phi$——发电机额定功率因数(可取 0.8)。

(2) 按最大的单台电动机或成组电动机启动的需要,计算发电机容量。

$$S_{C2} = \left(\frac{P_\Sigma - P_m}{\eta_\Sigma} + P_m KC\cos\phi_m\right)\frac{1}{\cos\phi} \qquad (14-2-8)$$

式中 S_{C2}——按最大的单台电动机或成组电动机启动计算发电机的容量,kV·A;

P_m——启动容量最大的电动机或成组电动机的额定容量,kW;

$\cos\phi_m$——电动机的启动功率因数(一般取 0.4);

K——电动机的启动倍数;

C——按电动机启动方式确定的系数(全压启动:$C=1.0$;星—三角启动:$C=0.33$;自耦变压器启动:50%抽头 $C=0.25$;65%抽头 $C=0.42$;80%抽头 $C=0.64$);

$P_\Sigma, \eta_\Sigma, \cos\phi$——意义同式(14-2-6)、式(14-2-7)。

(3) 按启动电动机时母线容许电压降计算发电机容量。

$$S_{C3} = P_n KCX''_d \left(\frac{1}{\Delta E} - 1\right) \qquad (14-2-9)$$

式中 S_{C3}——按启动电动机时母线容许电压降计算发电机容量,kV·A;

P_n——电动机总容量,kW;

X''_d——发电机的暂态电抗(一般取 0.25);

ΔE——应急负荷中心母线允许的瞬时电压降[一般 ΔE 取 0.25~0.3(有电梯时取 0.2)];

K, C——意义同式(14-2-8)。

式(14-2-9)适用于柴油发电机与应急负荷中心距离很近的情况。

5. 燃气发电机组

参见柴油发电机组。

6. 不间断电源设备(UPS)

1) UPS 的类型

根据使用环境选择可以分为工业级 UPS 和商业级 UPS,工业级 UPS 适应于环境比较恶劣的地方,商业级 UPS 对环境的要求比较高。

UPS 通常分为工频机和高频机两种。两类 UPS 主机的最大区别在于整流器元件及升压环节的处理。采用可控硅 SCR 整流器,通过逆变器输出变压器进行交流升压的 UPS 称为工频机;采用 IGBT 高频整流器,通过高频直流斩波升压的 UPS 称为高频机。

2) UPS 的配置

UPS 按工作方式分为在线式、互动式和后备式。油田工程中一般选用工业级在线式 UPS,

根据负荷的重要程度,可选择单机型、并联冗余型配置。

并联冗余 UPS 系统构成的基本条件是:

(1)组成并联冗余 UPS 的各单机 UPS 一般应为同容量、同厂家、同型号的产品。

(2)这些单机 UPS 必须同步运行才能并联。即各单机 UPS 的逆变器的输出频率、相位必须相同,而且输出电压也必须相同。

(3)各单机 UPS 之间均分负载。各单机 UPS 之间无环流。

(4)各单机 UPS 出现故障时,应能自动脱离负载母线,即具有选择性单机 UPS 跳机性能。

3) UPS 的容量选择

(1) UPS 给电子计算机供电时,单台 UPS 额定输出功率应大于电子计算机各设备额定功率总和的 1.2 倍。对其他用电设备供电时,其额定输出功率应大于最大计算负荷的 1.3 倍。

(2)负荷的最大冲击电流不应大于 UPS 的额定电流的 150%。

(3) UPS 应能在额定条件下,在海拔 1000m 及以下的高度正常运行。当海拔超过 1000m 时,应降额使用,降额系数见表 14-2-6。

表 14-2-6 在海拔 1000m 以上使用的降额系数

海拔,m	降额系数
1000	1.0
1500	0.95
2000	0.91
2500	0.86
3000	0.82
3500	0.78
4000	0.74
4500	0.7
5000	0.67

7. 逆变应急电源(EPS)

1) EPS 工作原理

EPS 是由充电器、蓄电池(组)、逆变器、控制器、转换开关、保护装置等组合而成的一种电源设备,其工作原理为:在交流输入电源正常时,交流输入电源通过转换开关直接输出,交流输入电源同时通过充电器对蓄电池(组)进行充电。当控制器检测到主电源中断或输入电压低于规定值时,转换开关转换,逆变器工作,EPS 处于逆变应急方式向负载提供所需要的交流电能。当主电源恢复正常供电时,转换开关接通主电源为负载正常供电,此时逆变器关闭,其工作原理如图 14-2-7 所示。

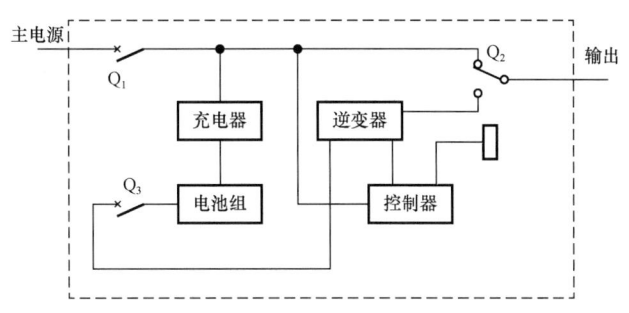

图 14-2-7 EPS 工作原理

2) EPS 的类别

EPS 的安装适用场所一般包括以下两类环境：

（1）1 类环境：包括住宅区、商业区和轻工业区，无中间变压器，直接连接至公用低压供电系统；

（2）2 类环境：除直接连接至公用低压供电系统的住宅建筑物外，还包括所有商业区、轻工业区和工业区。

按照 EPS 的适用环境，可分为如下四类：

（1）C1 类 EPS：该类 EPS 适用于 1 类环境，无任何限制。该类 EPS 适用于住宅设施。C1 类 EPS 应满足该类相应的发射限值和耐受抗扰度要求。

（2）C2 类 EPS：该类 EPS 输出电流不超过 16A，适用于 2 类环境（即除直接连接至公用低压电网供电的住宅建筑物外，包括所有商业区、轻工业区和工业区），无任何限制。C2 类 EPS 应满足该类相应的发射限值和耐受抗扰度要求。

（3）C3 类 EPS：该类 EPS 输出电流超过 16A，适用于 2 类环境（即除直接连接至公用低压电网供电的住宅建筑物外，包括所有商业区、轻工业区和工业区）。该类 EPS 适用于与 1 类环境的其他建筑物至少距离 30m 的商业和工业设施。C3 类 EPS 应满足该类相应的发射限值和耐受抗扰度要求。

（4）C4 类 EPS：该类 EPS 适用于复合环境，其发射限值和耐受抗扰度要求应由购买者与供货者/供应商协商确定。C4 类 EPS 对电流额定值无限制要求。

3) EPS 的类别与适用环境的关系

（1）若环境条件确定为 1 类环境，宜选用 C1 或 C2 类 EPS；

（2）若环境条件确定为 2 类环境，宜选用 C2 或 C3 类 EPS；

（3）若环境条件不仅仅属于 1 类环境或 2 类环境，宜选用 C4 类 EPS。

4) EPS 容量选择

（1）负载中最大的单台直接启动的电动机容量，只占 EPS 容量的 1/7 以下。

（2）EPS 容量应是所供负载中同时工作容量总和的 1.1 倍以上。

（3）直接启动风机、水泵时，EPS 的容量应为同时工作的风机、水泵容量的 5 倍以上。

（4）若风机、水泵为变频启动时，则 EPS 的容量应为同时工作的电动机总容量的 1.1 倍。

（5）若风机、水泵采用星—三角降压启动，则 EPS 的容量应为同时工作的电动机总容量的 3 倍以上。

（6）安装场地的海拔超过 1000m 时，应急电源设备应降额使用，降额系数见表 14-2-6。

五、变配电所

1. 变配电所设置原则

新建 35～110kV 变电站的规模宜按照 5～10 年的负荷预测确定，做到远、近期结合，以近期为主，适当考虑扩建的可能。当工程分期建设时，应考虑电源容量的预留问题，变（配）电系统的供电能力应与预留容量相适应。

2. 站址选择

（1）35～110kV 变配电所的所址应在油田总体开发规划中统一考虑，宜与站场联合建设，变配电所的所址、布置应符合下列要求：

① 在符合防火、防爆安全距离的情况下，应靠近负荷中心；
② 按统一规划走廊带进出线，各级电压进出线方便，便于架空和电缆线路的引入和引出；
③ 宜位于散发可燃性气体装置或单元的全年最小风频风向的下风侧；
④ 交通运输方便；
⑤ 变配电所宜留有扩建余地；
⑥ 变配电所内的建（构）筑物布置应紧凑合理，节约占地；
⑦ 所址标高宜在 50 年一遇高水位之上。

（2）10(6)kV 变配电所一般设置在负荷较大的装置或单元，以及负荷较集中的地点，并应符合下列要求：

① 在符合防火、防爆安全要求的情况下，宜接近负荷中心；
② 宜避开剧烈震动和低洼场所，对于有人值班的变配电所，宜避开噪声较高的场所；
③ 进出线方便，设备搬运方便；
④ 考虑扩建的可能；
⑤ 满足用电设备对供电质量的要求。

3. 变压器选择

（1）变压器的台数和容量应根据电源情况、站场负荷性质及分类、用电容量的大小、运行方式、年运行费和基本电费收取方式等因素综合确定；

（2）有两个电源时，宜选用两台变压器，装有两台及以上主变压器的变配电所，当断开一台时，其余主变压器的容量不应小于 60% 的全部负荷，并应保证用户的一、二级负荷；

（3）仅有一个电源时，宜选用一台变压器，变压器容量应满足全部计算负荷，变压器负荷率不宜大于 80%；

（4）确定变压器容量时，尚应校验启动及自启动容量；

（5）电力潮流变化大和电压偏移大的变电所，如经计算普通变压器不能满足电力系统和用户对电压质量的要求时，应采用有载调压变压器；

（6）在滩海陆采油气田和有腐蚀性气体或多尘等环境中，宜选用油浸式全密封型变压器；

(7）配电变压器应采用节能型变压器。采油井场（或井排）变压器宜采用柱上安装或其他安装方式，变压器的平均负荷率不宜低于30%。

4. 电气主接线

（1）变配电所的主接线应根据其负荷水平、负荷性质、出线回路、设备特点等条件确定，并应满足运行可靠、简单灵活、操作方便和节约投资等要求；

（2）单电源进线和单台变压器的变配电所，宜采用线路—变压器组的单元接线；

（3）35～110kV终端变配电所当有两回电源进线和两台主变压器时，变配电所高压和低压侧宜采用单母线分段接线。

5. 配电装置

（1）变配电所的配电装置设计应符合GB 50060《3～110kV高压配电装置设计规范》、DL/T 5352《高压配电装置设计规范》和DL/T 5222《导体和电器选择设计规程》的有关规定。

（2）配电装置的布置应满足正常运行、检修和操作的要求，每段母线可根据需要预留备用柜（盘）及备用柜空位，宜留有扩建条件。

（3）系统中性点接地方式应符合GB/T 50064《交流电气装置的过电压保护和绝缘配合设计规范》的有关规定。

（4）污秽分级执行GB/T 26218《污秽条件下使用的高压绝缘子的选择和尺寸确定》。

6. 二次系统

（1）保护配置应符合GB/T 50062《电力装置的继电保护和自动装置设计规范》、GB/T 14285《继电保护和安全自动装置技术规程》、国家电网公司18项电网重大反事故措施及供电部门的相关规定。

（2）二次接线应符合DL/T 5136《火力发电厂、变电所二次接线设计技术规程》的有关规定。

（3）变配电所应采用综合自动化系统并按照无人值班标准设计，无人值班变电站应符合DL/T 5103《35～220kV无人值班变电站设计规程》的规定。综合自动化系统应采用分层分布式结构，户内布置的配电装置宜采用分散布置方式，其他单元的保护、测量、监控宜在控制室集中组屏。系统设有良好的人机界面，能实现就地和遥控的转换。

（4）变配电所调度自动化的设计应符合DL/T 5003《电力系统调度自动化设计技术规程》和DL/T 5002《地区电网调度自动化设计技术规程》的有关规定。

（5）变配电所远动装置及监测数据应满足供电部门的要求。

（6）变配电所电能量计量与测量系统的设计应符合GB/T 50063《电力装置电测量仪表装置设计规范》和DL/T 5202《电能量计量系统设计技术规程》及供电部门的有关规定。电能计量根据所处电网要求及外供电线路情况进行设置，若收费计量点在上级变电所，变配电所电源进线处宜设置参考计量。变配电所根据当地供电部门要求设置电能量远方终端用于采集站内电度表信息，上传至上级调度。

（7）35～110kV变配电所有两台及以上的主变压器时，装设两台容量可以互为备用的站用变压器,每台变压器的容量按照全站计算负荷选择。两台站用变压器可分别接自主变压器最低电压侧的不同母线段;如有可靠的 6～35kV 电源联络线,也可一台接于电源联络线断路器外侧;若采用直流控制电源时,可在主变压器最低电压侧引接一台站用变压器。

(8) 35～110kV 变配电所设有 0.4kV 配电变压器时,宜设置一台站用变压器;站用变压器宜设置在 35kV 或 10(6)kV 侧。

(9) 单电源的 35kV 变电站,设一台站用变压器。若采用站用电作为交流控制电源时,宜接在 35kV 电源进线断路器之前。

(10) 变配电所一般采用直流装置作为操作电源,直流系统的设计应符合 DL/T 5044《电力工程直流系统设计技术规程》的有关规定。变配电所的直流母线,宜采用单母线或单母线分段的接线,控制母线和合闸母线应分开设置。变配电所若采用交流电源供电时,交流系统的设计应符合 DL/T 5491《电力工程交流不间断电源系统设计技术规程》的有关规定。

(11) 变电站二次系统安全防护设计应符合国家电网公司现行有关规范的规定,满足调度数据网要求。

7. 变配电所土建、采暖、通风、给排水、消防

变配电所土建、采暖、通风、给排水、消防的设计应符合 GB 50059《35kV～110kV 变电站设计规范》、DL/T 5495《35kV～110kV 户内变电站设计规程》、GB 50053《20kV 及以下变电所设计规范》、GB 50229《火力发电厂与变电站设计防火标准》的有关规定。

8. 其他

变配电所的设计可参考中国电力出版社出版的《电力工程电气设计手册 变电站设计》分册和《工业与民用供配电设计手册(第四版)》等设计手册。

六、配电

1. 爆炸危险环境的电力装置

1) 爆炸危险区域划分

爆炸危险区域划分应符合 SY/T 6671《石油设施电气设备场所Ⅰ级 0 区、1 区和 2 区的分类推荐作法》的要求。

2) 爆炸危险场所的配电设备的选择

爆炸危险场所的配电设备的选择应严格执行 GB 50058《爆炸危险环境电力装置设计规范》的规定。

3) 特殊场所的配电设计

(1) 炉前操作间、燃气锅炉房、化验室、燃气发电机房等特殊场所的照明、风机按防爆设计。

(2) 油区加药间电气设备应按防爆设计。

(3) 蓄电池室应根据蓄电池的种类、蓄电池房间的封闭、通风条件综合考虑爆炸危险区域划分和配电设计,应符合 GB 50058《爆炸危险环境电力装置设计规范》的规定。

2. 低压配电线路的保护

1）保护设置

低压配电线路应装设过负荷保护、短路保护和接地故障（间接接触防护），用以分断故障电流或发出故障报警信号。爆炸危险区域 1 区内单相网络中的相线及中性线均应装设短路保护，并采取适当开关同时断开相线和中性线。

低压配电线路上下级保护电器的动作宜具有选择性，各级之间应能协调配合，要求在故障时，靠近配电线路上下级保护电器的动作应具有选择性，各级之间应能协调配合，要求在故障时，靠近故障点的保护电器动作，断开故障电路，使停电范围最小，但对于非重要负荷，允许无选择性切断。

2）断路器的选择

断路器可参考中国电力出版社出版的《工业与民用供配电设计手册（第四版）》进行选择。

3）TN 系统的接地故障保护

采用断路器瞬时脱扣器作接地故障保护时，应进行灵敏性校验。当配电线路较长，接地故障电流较小，断路器瞬时脱扣器难以满足接地故障保护灵敏性的要求时，可采取以下几种措施。

（1）提高接地故障电流值。可采用选用 Dyn11 配电变压器、加大相导体、保护接地导体截面积和改变线路结构（裸干线改用紧凑型封闭母线、架空线改电缆）等措施。

（2）采用带短延时过电流脱扣器的断路器。

（3）采用接地故障保护的断路器。接地故障保护又分为两种方式，即三相不平衡电流保护和剩余电流保护。

（4）采用带接地故障保护的微机线路保护监控装置进行保护。接地故障保护同样分为两种方式，即三相不平衡电流保护和剩余电流保护。

4）TT 系统的接地故障保护

TT 系统应采用剩余电流保护电器进行接地故障保护。

3. 电动机的保护

1）保护设置

低压交流电动机应装设短路保护和接地故障保护，并应根据具体情况分别装设过载保护、断相保护和低电压保护，同步电动机尚应装设失步保护。

中压异步电动机应装设定子绕组相间短路、定子绕组单相接地、定子绕组过负荷、定子绕组低电压保护。除上述保护外还可根据实际情况设置过热保护、负序电流保护（不平衡、断相、反相）、启动时间过长保护、堵转保护和电动机本体保护（如轴承及绕组温度、振动等）。

中压同步电动机应装设定子绕组相间短路、定子绕组单相接地、定子绕组过负荷、定子绕组低电压、失步、失磁、出线非同步冲击电流和相电流不平衡及断相保护。

2）低压断路器、热继电器和过载脱扣器的选择

低压断路器、热继电器和过载脱扣器的选择宜按中国电力出版社出版的《工业与民用供

配电设计手册(第四版)》的规定选择。当电动机的短路保护器件满足接地故障的保护要求时,采用短路保护器件兼作接地故障的保护,当短路保护器件不能兼做接地故障保护时,需要采取专用接地故障保护。

4. 电动机启动方式和校验

1)电动机启动的基本要求

电动机启动时,其端子电压应能保证所拖动的机械要求的启动转矩,且在配电系统中引起的电压波动不应妨碍其他用电设备的工作。为此,交流电动机启动时,配电母线上的电压应负荷下列规定:

(1)配电母线上接有照明或其他对电压波动较敏感的负荷,电动机频繁启动时,不宜低于额定电压的90%;电动机不频繁启动时,不宜低于额定电压的85%。

(2)配电母线上未接照明或其他对电压波动较敏感的负荷,不应低于额定电压的80%。

(3)配电母线上未接其他用电设备时,可按保证电动机启动转矩的条件决定;对于低压电动机,尚应保证接触器线圈的电压不低于释放电压。

2)电动机启动方式的选择

(1)一般规定。

笼型异步电动机和同步电动机的启动方式一般有全压启动、降压启动和变频启动三种。

① 当符合下列条件时,电动机应全压启动:

电动机启动时,配电母线上的电压符合上述母线电压的规定;

机械能承受电动机全压启动时的冲击转矩;

制造厂对电动机的启动方式无特殊要求。

② 当不符合全压启动的条件时,电动机宜降压启动,或选用变频启动方式。

③ 当机械有调速要求时,电动机的启动方式应与调速方式相配合。

④ 消防水泵应工频直接启动,当功率较大无法直接启动时宜采用星—三角或自耦降压变压器启动,不宜采用有源器件启动。

(2)笼型电动机的常用降压启动方式。

降压启动目的是限制启动电流,从而减小母线电压降。限制启动力矩,减少对设备的机械冲击。

低压笼型电动机常用的降压启动方式有:星—三角启动、电阻降压启动、自耦变压器降压启动、软启动器降压启动等。其中低压电动机一般采用星—三角、自耦变压器启动及软启动。高压电动机一般采用软启动器启动,当不能同时满足降低启动电流和保证启动转矩的要求时,则采用自耦变压器启动。大型高压电动机尚需考虑电动机的结构和允许温升。

设计中应计算电动机启动时配电系统中的电压,以便正确选择启动方式和供配电系统,并根据启动电流或容量校验供配电和启动电器的过负荷能力。

目前电动机降压启动常采用电子软启动器。电子软启动器是一种采用晶闸管的无触点强电电路,其控制系统的硬件部分是以单片机为核心,扩以同步检测电路、模数转换电路和可编程计算器等电路,通过光电隔离后输出。为提高系统的抗干扰能力,采用数字量模拟键盘串行接口,并以数字显示方式监控系统的运行工作状态。

(3)变频启动方式。

当无法全压启动或降压启动时可采用静止变频装置实现平滑启动,其特点是:

① 启动平稳,对电网冲击小。

② 由于启动电流冲击小,不必考虑对被启动电动机的加强设计。

③ 如无变频调速要求,仅作为启动时,变频装置功率一般按被启动电动机功率的 1/3~1/2 选择即可(视启动时间、飞轮矩和静阻转矩)。

④ 几台电动机可共用一套启动装置,较为经济。

5. 电动机控制设备的设置

(1)控制电器的装设应符合下列规定:

① 每台电动机应分别装设控制电器,但当工艺需要时,一组电动机可共用一套控制电器。

② 控制电器宜采用接触器、启动器或其他电动机专用的控制开关。启动次数少的电动机,其控制电器可采用低压断路器或与电动机类别相适应的隔离开关。电动机的控制电器不得采用开启式开关。

③ 控制电器应能接通和断开电动机堵转电流,其使用类别和操作频率应符合电动机的类型和机械的工作制。

④ 控制电器宜装设在便于操作和维修的地点。过载保护电器的装设宜靠近控制电器或为其组成部分。

(2)电动机的控制按钮或控制开关宜装设在电动机附近便于操作和观察的地点。当需在不能观察电动机或机械的地点进行控制时,应在控制点装设指示电动机工作状态的灯光信号或仪表。

(3)自动控制或连锁控制的电动机应有手动控制和解除自动控制或连锁控制的措施;远方控制的电动机应有就地控制和解除远方控制的措施;当突然启动可能危及周围人员安全时,应在机械旁装设启动预告信号和应急断电控制开关、自锁式停止按钮或检修转换开关。

(4)当反转会引起危险时,反接制动的电动机应采取防止制动终了时反转的措施。

(5)电动机旋转方向的错误将危及人员和设备安全时,应采取防止电动机倒相造成旋转方向错误的措施。

(6)当就地控制按钮设远方(控制室)/就地转换开关时,开关的状态宜上传至远方(控制室)。

(7)事故通风的通风机应分别在室内及靠近外门的外墙上设置电气开关。

(8)容量在 37kW 及以上或运行中需要监视电流的电动机,机旁应装设电流表。

(9)当采用变频器进行调速时宜采用电压源型变频器。

6. 油田特有设备配电

1)原油脱水器的配电

原油脱水器的供电方式,应优先采用交直流双重电场,亦可采用直流电场或交流电场或高频脉冲电场。

电脱水器的供电装置一般由调压、变压和整流三部分组成。

（1）调压部分宜采用具有电流闭环调节系统的可控硅自动调压装置,亦可采用恒流源供电装置。

（2）变压部分可采用单相50kVA或100kVA的升压变压器,阻抗电压为10%~20%,一次电压380V,二次电压的选择应根据选用的电场强度和电极的布置统一考虑。

（3）整流部分的高压整流硅堆设计应具有足够的电压储备系数和电流储备系数。

（4）变压部分和整流部分宜采用一体化防爆结构。

电脱水器区及脱水操作间属于爆炸危险场所,在脱水器上安装的变压器整流装置应采用防爆结构,变压整流器的输出端与脱水器绝缘棒之间的连接部分应采用充油结构,应符合 GB 3836.2《爆炸性环境 第2部分:由隔爆外壳"d"保护的设备》及 GB 3836.6《爆炸性环境 第6部分:由液浸型o保护的设备》的规定。在该场所内安装的照明及仪表设施应符合 GB 50058《爆炸危险环境电力装置设计规范》的规定。充油防爆系统的设计压力不应小于电脱水器的设计压力。

2）抽油机的供电

（1）抽油机在油田上分布较为分散,供电方式一半采用10(6)kV架空线路敷设至油井附近(满足安全距离要求),单井单柱上变压器台供电。

（2）平台井、丛式井可根据电动机功率采用多井单柱上变压器台供电。

（3）单井单变压器容量应根据电动机额定功率选择,并按电动机启动压降及启动转矩校验。

（4）多井单变压器容量应根据电动机额定功率之和选择,并按多台电动机分别启动,最后启动功率最大的电动机的启动压降及启动转矩进行校验。

（5）抽油机电动机机旁设电控箱,箱内装设电动机保护器,实现断相、过载、欠压、短路等保护,电控箱一般为厂家配套。电控箱上级保护开关装设在柱上变压器台低压侧配电箱内。

7. 导体选择

（1）导体的类型应按敷设方式及环境条件选择。绝缘导体除满足上述条件外,尚应符合工作电压的要求。

（2）选择导体截面,应符合下列规定:

① 按敷设方式及环境条件确定的导体载流量,不应小于计算电流;敷设方式和环境条件的校正系数宜按 GB 50217《电力工程电缆设计标准》的相关规定确定。

② 导体应满足线路保护的要求。

③ 导体应满足动稳定与热稳定的要求。

④ 线路电压损失应满足用电设备正常工作及启动时端电压的要求。

⑤ 导体最小截面应满足机械强度的要求。

⑥ 用于负荷长期稳定的电缆,经技术经济比较确认合理时,宜按经济电流密度选择导体截面。

⑦ 除了本质安全系统的电路外,爆炸性环境1区、20区和21区应采用铜芯2.5mm² 及以上截面的电缆;爆炸性环境2区和22区应采用铜芯1.5mm² 及以上截面的电缆。

⑧ 爆炸性环境内,绝缘导线和电缆截面的选择除应满足上述要求外,还应符合下列规定:

引向电压为 1000V 以下鼠笼型感应电动机的长期允许载流量不应小于电动机额定电流的 1.25 倍。

导体允许载流量不应小于熔断器熔体额定电流的 1.25 倍及断路器长延时过电流脱扣器整定电流的 1.25 倍。

⑨ 选择耐火电缆应注意,因着火时导体温度急剧升高导致电压降增大,应按着火条件核算电压降,以保证设备连续运行。目前市场上优质耐火电缆,燃烧试验测得的导体温度大约 500℃,导体电阻大约增至 3 倍,只要将按正常情况选择的电线、电缆截面适当放大,原来选择 50mm^2 及以下截面时,放大一级截面;70mm^2 及以上截面时放大两级截面,通常就可以满足着火条件下的电压偏差条件。

8. 配电线路敷设

1) 敷设方式

油田站场电缆线路一般采用直埋地敷设、保护管敷设、电缆沟敷设和电缆桥架内敷设等方式。站场室外电缆桥架内敷设时如与工艺管线相同路由,电缆桥架可与工艺管线同管架安装。站场室外电缆沟内敷设时如与通信仪表电缆相同路由,电缆沟可采用"山"字形电缆沟,电气电缆与通信仪表电缆敷设在不同的电缆沟内。直埋地敷设时埋深不应小于 0.8m,过路处埋深不应小于 1.0m,电缆与其他管线交叉跨越、进出建筑物及穿水泥硬化区、过路处、引出地面时均需穿镀锌焊接钢管保护,每个回路宜单独穿管。

消防配电线路宜与其他配电线路分开敷设在不同的电缆井、沟内;确有困难需敷设在同一电缆井、沟内时,应分别布置在电缆井、沟的两侧,且消防配电线路应采用矿物绝缘类不燃性电缆。敷设在同一电气竖井内的高压、低压和应急电源的电气线路,相互之间的间距不应小于 300mm 或采取隔离措施,并且高压线路应设有明显标志。

2) 防火封堵

电缆敷设的防火封堵,应符合下列规定:

(1) 布线系统通过底板、墙壁、屋顶、天花板、隔墙等建筑构件时,其孔隙应按等同建筑构件耐火等级的规定封堵。

(2) 电缆敷设采用的导管和槽盒材料,应符合 GB/T 19215.1《电气安装用电栏槽管系统 第 1 部分:通用要求》、GB/T 19215.2《电气安装用电缆槽管系统 第 2 部分:特殊要求 第 1 节:用于安装在墙上或天花板上的电缆槽管系统》和 GB/T 20041.1《电缆管理用导管系统 第 1 部分:通用要求》规定的耐燃试验要求,当导管和槽盒内部截面积不小于 710mm^2 时,应从内部封堵。

(3) 电缆防火封堵的材料,应按耐火等级要求,采用防火胶泥、耐火隔板、填料阻火包或防火帽。

(4) 电缆防火封堵的结构,应满足按等效工程条件下标准试验的耐火极限。

3) 防爆封堵

(1) 电缆配线时应做好隔离密封,并应符合下列规定:

① 两区域交接电缆沟内应采取分段充砂、填阻火堵料或加防火隔墙等措施。

② 电缆通过与相邻区域共有的隔墙、楼板、地坪及易受机械损伤处,均应加以保护;留下

的孔洞应严密堵塞。

③ 电缆在区域界面(隔墙、楼板、地坪)有保护管的,须在保护管两端用阻火堵料严密堵塞,填塞深度不得小于管子直径,且不得小于40mm。

(2) 钢管配线时应做好隔离密封,并应符合下列规定:

① 在正常运行时,所有点燃源外壳的450mm范围内应做隔离密封。

② 直径50mm以上钢管距引入的接线箱450mm以内处应做隔离密封。

③ 相邻的爆炸性环境之间,以及爆炸性环境与相邻的其他危险环境或非危险环境之间应进行隔离密封。进行密封时,密封内部应用纤维作填充层的底层或隔层,填充层的有效厚度不应小于铜管的内径,且不得小于16mm。

④ 供隔离密封用的连接部件,不应作为导线的连接或分线用。

9. 照明设计

1) 正常照明

室内、室外正常照明照度要求按照GB 50034《建筑照明设计标准》、GB 50582《室外作业场地照明设计标准》执行。

2) 应急照明

应急照明是因正常照明的电源失效而启用的照明,包括疏散照明、疏散指示,安全照明、备用照明。油田中疏散照明、疏散指示和备用照明应用情况较为普遍。

消防控制室、消防水泵房、自备发电机房、配电室、防排烟机房,以及发生火灾时仍需正常工作的消防设备房应设置备用照明,其作业面的最低照度不应低于正常照明的照度。上述房间发生火灾时仍需工作、值守的区域设置备用照明的同时还应设置疏散照明和疏散指示标志。

公共建筑、高层厂房(库房)和甲、乙、丙类单、多层厂房,应在安全出口、人员密集的场所的疏散门、疏散走道及转角处设置灯光疏散指示标志。

3) 照明灯具的选择与布置

(1) 光源选择。

① 室内灯具安装高度较低的房间宜采用细管直管形三基色荧光灯或LED光源。

② 室内灯具安装高度较高的场所宜采用金属卤化物灯、高压钠灯或LED光源。

③ 应急照明灯具应选用能快速点亮的光源。

④ 室外灯具光源宜采用金属卤化物灯、高压钠灯或LED光源。

(2) 照明灯具布置的一般原则。

① 工作面上的照度不应低于规定的最低照度值,且照度均匀。

② 生产厂房内照明灯具一般采用均匀布置,当厂房内有架空管道、风帽、电缆桥架等时,应与有关专业密切配合,合理布置照明灯具,避免碰撞或挡光。

③ 装有行车的场所,照明灯具的沿口不得低于屋架、桁架或梁的下弦而影响行车活动。

④ 变(配)电所得母线上方,水(油)池上方等处不应装设照明灯具,有裸露母线的高压配电室的操作和维护走道中装设的照明灯具一般应为不宜摆动的吊管灯或壁灯。

(3) 场区照明。

① 场区照明一般采用高杆灯、中杆投光灯或路灯进行照明。

② 高杆灯杆高一般宜为 20~35m,高杆灯宜采用电动/手动升降方式。

③ 中杆投光灯杆高一般宜为 10~15m。

④ 道路照明采用路灯时,一般为单侧布灯,当路面宽度为 9m 及以上时,采用双侧交叉或相对布灯。道路灯具宜为 30~40m,灯高宜为 8~10m,灯杆一般树立在道路外 0.5~1m 处。

⑤ 当需要操作的户外场所照度达不到规范要求时可增加局部照明。

⑥ 如通信专业有视频监控要求时,摄像机可与高杆灯、中杆投光灯和路灯同杆架设。

10. 消防联动控制设计

1) 集中型消防应急照明和疏散指示系统的联动控制

系统自动应急启动的设计应符合下列规定:

(1) 应由火灾报警控制器或火灾报警控制器(联动型)的火灾报警输出信号作为系统自动应急启动的触发信号;

(2) 应急照明控制器接收到火灾报警控制器的火灾报警输出信号后,应自动执行以下控制操作:

① 控制系统所有非持续型照明灯的光源应急点亮,持续型灯具的光源由节电点亮模式转入应急点亮模式。

② 控制 B 型集中电源转入蓄电池电源输出、B 型应急照明配电箱切断主电源输出;A 型集中电源应保持主电源输出,待接收到其主电源断电信号后,自动转入蓄电池电源输出;A 型应急照明配电箱应保持主电源输出,待接收到其主电源断电信号后,自动切断主电源输出。

2) 非集中型消防应急照明和疏散指示系统的联动控制

(1) 火灾确认后,应能手动控制系统的应急启动;设置区域火灾报警系统的场所,尚应能自动控制系统的应急启动。系统手动应急启动的设计应符合下列规定:

① 灯具采用集中电源供电时,应能手动操作集中电源,控制集中电源转入蓄电池电源输出,同时控制其配接的所有非持续型照明灯的光源应急点亮,持续型灯具的光源由节电点亮模式转入应急点亮模式。

② 灯具采用自带蓄电池供电时,应能手动操作切断应急照明配电箱的主电源输出,同时控制其配接的所有非持续型照明灯的光源应急点亮,持续型灯具的光源由节电点亮模式转入应急点亮模式。

(2) 在设置区域火灾报警系统的场所,非集中控制型系统的自动应急启动设计应符合下列规定:

① 灯具采用集中电源供电时,集中电源接收到火灾报警控制器的火灾报警输出信号后,应自动转入蓄电池电源输出,并控制其配接的所有非持续型照明灯的光源应急点亮,持续型灯具的光源由节电点亮模式转入应急点亮模式。

② 灯具采用自带蓄电池供电时,应急照明配电箱接收到火灾报警控制器的火灾报警输出信号后,应自动切断主电源输出,并控制其配接的所有非持续型照明灯的光源应急点亮,持续型灯具的光源应由节电点亮模式转入应急点亮模式。

3) 非消防电源联动控制

(1) 消防联动控制器应具有切断火灾区域及相关区域的非消防电源的功能,当需要切断正常照明时,宜在自动喷淋系统、消火栓系统动作前切断。

(2)消防联动控制器应具有自动打开涉及疏散的电动栅杆等的功能,宜开启相关区域安全技术防范系统的摄像机监视火灾现场。

(3)消防联动控制器应具有打开疏散通道上由门禁系统控制的门和庭院电动大门的功能,并应具有打开停车场出入口挡杆的功能。

七、雷电防护及电气设备过电压保护

1. 建(构)筑物雷电防护

(1)油田建筑物、构筑物的防雷分类及防雷措施应按照 GB 50057《建筑物防雷设计规范》的有关规定执行。

(2)炉前操作间、锅炉房、发电机房等建筑物,若年预计雷击次数未达到防雷分类等级,宜按第二类防雷建筑物采取防雷措施。

(3)10kV 及以下变配电所、消防泵房、控制室等设有仪表、通信等电子信息设备的建筑物,若年预计雷击次数未达到防雷分类等级,宜按第三类防雷建筑物来采取防雷措施。

(4)油田建(构)筑物接闪器的保护范围采用滚球法计算。

2. 油气生产设施雷电防护

1)固定设备

(1)工艺装置内露天布置的钢制塔、容器等固定设备,当顶板厚度不小于 4mm 时,可不另设接闪器,但应设防雷接地。接地点不应少于两处,接地点应沿设备外围均匀布置,其间距不应大于 18m。

(2)事故放空金属立管可不设接闪器,但应作防雷接地。就地放空的管线无防止回火的措施时,应设接闪器保护。

(3)金属烟囱、金属火炬筒体应作为接闪器和引下线。

(4)接地装置以宜围绕塔、容器、烟囱、火炬等敷设成环形。每根防雷引下线的接地电阻不应大于 10Ω。

2)储罐

(1)钢制储罐应做防雷接地,接地点不应少于 2 处。接地点沿储罐周长的间距,不宜大于 30m,接地电阻不宜大于 10Ω。储罐接地体距罐壁的距离应大于 3m,与接地装置连接的接地线,应采用热镀锌扁钢时,规格应不小于 40mm×4mm。储罐引下线宜在距地面 0.3~1.0m 之间装设断接卡,用两个型号为 M12 的不锈钢螺栓加防松垫片连接。

(2)可燃气体、油品、液化石油气、天然气凝液的钢制储罐的防雷设计,应符合下列规定:

① 设有阻火措施的甲 B、乙类油品地上固定顶罐,当顶板厚度不小于 4mm 时,不应装设接闪器,但应设防雷接地。铝顶储罐和顶板厚度小于 4mm 的钢制储罐,应装设接闪器。接闪器的保护范围应包括整个储罐。接闪器的接地电阻,不应大于 10Ω。

② 压力储罐、丙类油品钢制储罐不应装设接闪器,但应设防雷接地。

③ 外浮顶储罐或内浮顶储罐不应装设接闪器,但应采用两根导线将浮顶与罐体做电气连

接。外浮顶储罐的连接导线应选用截面积不小于50mm²的扁平镀锡软铜复绞线或绝缘阻燃护套软铜复绞线;内浮顶储罐的连接导线应选用直径不小于5mm的不锈钢钢丝绳。

④ 外浮顶储罐应利用浮顶排水管将罐体与浮顶做电气连接,每条排水管的跨接导线应采用一根横截面不小于50mm²扁平镀锡软铜复绞线。

⑤ 外浮顶储罐的转动浮梯两侧,应分别与罐体和浮顶各做两处电气连接。

⑥ 钢制储罐的阻火器、呼吸阀、量油孔、人孔、切水管、透光孔等金属附件应与罐体或浮顶做等电位连接,连接导线应选用横截面不小于10mm²镀锡软铜复绞线。

⑦ 装于地上钢制储罐上的仪及控制系统的配线电缆应采用屏蔽电缆,并应穿镀锌钢管保护管,保护管两端应与罐体做电气连接。储罐上安装的信号远传仪表,其金属外壳应与储罐体做电气连接。

（3）储存可燃液体的非金属储罐的防雷设计,应符合下列规定:

① 非金属储罐应装设独立接闪器,使被保护储罐和突出罐顶的呼吸阀等均处于接闪器的保护范围之内,接闪器的保护范围应符合 GB 50057《建筑物防雷设计规范》的规定。

② 储罐的防护护栏、上罐梯、阻火器、呼吸阀、量油孔、人孔、透光孔、法兰等金属附件应接地,并应在防直击雷装置的保护范围内。

3）装卸易燃液体的鹤管和液体装卸栈桥（站台）

（1）露天装卸作业场所,可不装设接闪器,但应将金属构架接地。

（2）棚内装卸作业场所,应在棚顶装设接闪器。

（3）进入装卸区的易燃液体输送管道在进入点应接地,接地电阻不应大于10Ω。

4）工艺管道

（1）平行敷设于地上或非充沙管沟内的金属管道,其净距小于100mm时,应用金属线跨接,跨接点的间距不应大于20m。管道交叉点净距小于100mm时,其交叉点应用金属线跨接。

（2）管道的阀门、法兰盘等连接处的过渡电阻大于0.03Ω时,连接处应用金属线跨接。对有不少于5根螺栓连接的法兰盘,在非腐蚀环境下,可不跨接。采用软导线跨接时,导线两端应采用接线端子。

（3）地上或非充沙管沟敷设的工艺管道的始端、末端、分支处,以及直线段每隔200~300m处,应设置防感应雷的接地装置。

3. 防雷装置

（1）防雷装置用于减少闪击于建（构）筑物上或建（构）筑物附近造成的物质性损害和人身伤亡,由外部防雷装置和内部防雷装置组成。外部防雷装置由接闪器、引下线和接地装置组成。内部防雷装置由防雷等电位连接和与外部防雷装置的间隔距离组成。

（2）接闪器、引下线、接地装置的材料、结构和最小截面应符合 GB 50057《建筑物防雷设计规范》的规定。

（3）防雷等电位连接各连接部件的最小截面、连接单台或多台Ⅰ级分类试验或D1类电涌保护器的单根导体的最小截面应符合 GB 50057《建筑物防雷设计规范》的规定。

4. 防雷击电磁脉冲

1）雷电防护区划分

雷电防护区的划分是将需要保护和控制雷击电磁脉冲环境的建筑物，从外部到内部划分为不同的雷电防护区（LPZ）。

直击雷非防护区（LPZ0_A）：电磁场没有衰减，各类物体都可能遭到直接雷击，属完全暴露的不设防区。

直击雷防护区（LPZ0_B）：电磁场没有衰减，各类物体很少遭受直接雷击，属充分暴露的直击雷防护区。

第一防护区（LPZ1）：由于建筑物的屏蔽措施，流经各类导体的雷电流比直击雷防护区（LPZ0_B）减小，电磁场得到了初步的衰减，各类物体不可能遭受直接雷击。

第二防护区（LPZ2）：进一步减小所导引的雷电流或电磁场而引入的后续防护区。

后续防护区（LPZn）：需要进一步减小雷电电磁脉冲，以保护敏感度水平高的设备的后续防护区。

2）建筑物电子信息系统雷电防护等级划分

（1）建筑物电子信息系统的雷电防护等级根据 GB 50343《建筑物电子信息系统防雷技术规范》规定，按照防雷装置的拦截效率或电子信息系统的重要性、使用性质和价值确定雷电防护等级，划分为 A、B、C、D 四级。

（2）油田建筑物电子信息系统的雷电防护等级一般按防雷装置的拦截效率 E 确定：

① 当 E 大于 0.98 时，定为 A 级；

② 当 E 大于 0.90，不大于 0.98 时，定为 B 级；

③ 当 E 大于 0.80，不大于 0.90 时，定为 C 级；

④ 当 E 小于或等于 0.80 时，定为 D 级。

3）建筑物电子信息系统雷电电磁脉冲防护措施

建筑物电子信息系统雷电电磁脉冲防护措施的设计应符合 GB 50057《建筑物防雷设计规范》、GB 50343《建筑物电子信息系统防雷技术规范》的规定，根据需要保护的设备数量、类型、重要性、耐冲击电压额定值及所要求的电磁场环境等情况选择下列雷电电磁脉冲的防护措施：

（1）等电位连接和接地；

（2）电磁屏蔽；

（3）合理布线；

（4）能量配合的电涌保护器防护。

4）电涌保护器参数选择

建筑物低压电源线路引入的总配电箱、配电柜处应设置Ⅰ类试验的电涌保护器作为第一级保护；在配电线路分配电箱、电子设备机房配电箱等后续防护区交界处，可设置Ⅱ类或Ⅲ类试验的电涌保护器作为后级保护；特殊重要的电子信息设备电源端口可安装Ⅱ类或Ⅲ类试验的电涌保护器作为精细保护。使用直流电源的信息设备，视其工作电压要求，宜安装适配的直流电源线路电涌保护器。电源线路电涌保护器冲击电流和标称放电电流参数推荐值见表 14-2-7。

表 14-2-7　电源线路电涌保护器冲击电流和标称放电电流参数推荐值

雷电防护等级	总配电箱		分配电箱		升级房配电箱和需要特殊保护的电子信息设备端口处	
	LPZ0 与 LPZ1 区边界		LPZ1 与 LPZ2 区边界		后续防护区的边界	
	10/350μs I 类试验		8/20μs II 类试验		8/20μs II 类试验	1.2/50μs 和 8/20μs 复合波 III 类试验
	I_{imp}, kA		I_n, kA		I_n, kA	U_{oc}/I_{sc}, kV/kA
A	≥20		≥40		≥5	≥10/≥5
B	≥15		≥30		≥5	≥10/≥5
C	≥12.5		≥20		≥3	≥6/≥3
D	≥12.5		≥10		≥3	≥6/≥3

注：I_{imp} 为冲击电流，I_n 为标称放电电流，I_{sc} 为短路电流，U_{oc} 为开路电压。

5. 交流电气装置的过电压保护

交流电气装置的过电压保护和绝缘配合按照 GB/T 50064《交流电气装置的过电压保护和绝缘配合设计规范》进行设计。

35kV 及以上变配电所应采取防直击雷措施，可采用接闪杆和接闪线。接闪杆和接闪线的保护范围应按照折线法计算。35kV 及以上变配电所中不在接闪杆和接闪线保护范围内的控制室和配电装置室等按第二类防雷建筑物来采取防雷措施。

八、接地及电气安全

1. 接地分类

1）功能接地

出于电气安全之外的目的，将系统、装置或设备的一点或多点接地。如（电力）系统接地、信号电路接地。

2）保护接地

为了电气安全需要，将系统、装置或设备的一点或多点接地。如电气装置保护接地、作业接地、雷电防护接地、防静电接地、阴极保护接地。

3）功能和保护兼有的接地

功能和保护兼有的接地，如电磁兼容性接地。

2. 高压电气装置的接地

（1）高压电气装置的接地按照 GB/T 50065《交流电气装置的接地设计规范》的规定执行。

（2）有效接地系统和低电阻接地系统，接地网的接地电阻宜符合式（14-2-10）的要求：

$$R \leqslant 2000/I_G \qquad (14-2-10)$$

式中　R——采用季节变化的最大接地电阻，Ω；

　　　I_G——计算用经接地网入地的最大接地故障不对称电流有效值，A。

（3）不接地、谐振接地和高电阻接地系统，接地网的接地电阻应符合式（14-2-11）的要

求,但不应大于4Ω:

$$R \leqslant \frac{120}{I_g} \qquad (14-2-11)$$

式中　R——采用季节变化的最大接地电阻,Ω;

　　　I_g——计算用的接地网入地对称电流,A。

3. 低压电气装置的接地

1)低压电气装置的接地

低压电气装置的接地按照 GB/T 50065《交流电气装置的接地设计规范》的规定执行。

2)低压系统接地的形式

低压系统接地的形式可分为 TN、TT 和 IT 3 种,TN 系统又分为 TN – C 系统、TN – S 系统和 TN – C – S系统。油田站场低压配电系统接地形式应采用 TN – S 系统,道路照明可采用 TT 系统。

3)保护接地导体(PE)

保护接地导体(PE)的选择应符合 GB 50054《低压配电设计规范》的规定。

4. 爆炸性环境接地设计

(1)交流 1000V/直流 1500V 以下的电源系统的接地应符合下列规定:

① 当采用 TN 系统时,应采用 TN – S 型;

② 当采用 TT 系统时,应采用剩余电流动作的保护电器;

③ 当 IT 系统时,应设置绝缘监测装置。

(2)爆炸性环境内设备的保护接地应符合下列规定:

① 按照 GB/T 50065《交流电气装置的接地设计规范》的有关规定,下列不需要接地的部分,在爆炸性环境内仍应进行接地:

在不良导电地面处,交流额定电压为 1000V 以下和直流额定电压为 1500V 及以下的电气设备正常不带电的金属外壳。

在干燥环境,交流额定电压为 127V 及以下直流电压为 110V 及以下的设备正常不带电的金属外壳。

爆炸危险环境内安装在已接地的金属结构上的电气设备。

② 在爆炸危险环境内,设备的外露可导电部分应可靠接地。爆炸性环境 1 区、20 区、21 区内的所有设备,以及爆炸性环境 2 区、22 区内除照明灯具以外的其他设备应采用专用的接地线。该接地线若与相线敷设在同一保护管内时,应具有与相线相等的绝缘。爆炸性环境 2 区、22 区内的照明灯具,可利用有可靠电气连接的金属管线系统作为接地线,但不得利用输送可燃物质的管道。

③ 在爆炸危险区域不同方向,接地干线应不少于两处与接地体连接。

5. 等电位联结

1)总等电位联结

在保护等电位联结中,将总保护导体、总接地导体或总接地端子、建筑物内的金属管道和可利用的建筑物金属结构等可导电部分连接到一起,称为总等电位联结。

每个建筑物中的下列可导电部分,应做总等电位联结:

(1) 总保护导体(保护导体、保护接地中性导体);

(2) 电气装置总接地导体或总接地端子排;

(3) 建筑物内的水管、燃气管、采暖和空调管道等各种金属干管;

(4) 可接用的建筑物金属结构部分。

从建筑物外进入的上述可导电部分,应在建筑物内距离引入点最近的地方做总等电位联结。

通信电缆的金属外护层在做等电位联结时,应征得相关部门的同意。

2) 辅助等电位联结

辅助等电位联结是将伸臂范围内能同时触及的两个可导电部分之间用导线直接连通,使其电位相等或接近,而实施的保护等电位联结。

3) 局部等电位联结

局部等电位联结是在一局部范围内将各导电部分连通而实施的保护等电位联结。

4) 总等电位联结、辅助等电位联结、局部等电位联结用保护联结导体的截面积选择

总等电位联结、辅助等电位联结、局部等电位联结用保护联结导体的截面积选择应符合 GB 50054《低压配电设计规范》的规定。

6. 接地装置

接地装置即接地体和接地线的总和,用于传导雷电流并将其流散入大地。

1) 接地体

埋入土壤中或混凝土基础中作散流用的导体,称为接地体。接地体分为自然接地体和人工接地体。

(1) 接地体分类。

① 自然接地体。

接地宜利用直接埋入地中或水中的自然接地体,如建(构)筑物的钢筋混凝基础(外部包有塑料或橡胶类防水层的除外)中的钢筋、埋设在地下的金属管道(可燃液体、气体管道除外)、电缆金属外皮、深井金属管壁等。当自然接地体不满足接地电阻要求时,应补打人工接地体。

变电站接地网除应利用自然接地体外,还应敷设人工接地体。但对于 3~20kV 变配电所,当采用建筑物基础作自然接地体且接地电阻又满足规定值时,可不设人工接地体。

自然接地体应满足热稳定的要求。

当利用自然接地体和外引接地体时,应采用不少于两根导体在不同地点与接地网相连接。

② 人工接地体。

人工接地体的设计应符合 GB 50057《建筑防雷设计规范》的规定。

(2) 常用接地体材料。

① 镀锌钢质接地体。

由镀锌角钢作为垂直接地体、镀锌扁钢作为水平接地体组成。镀锌钢质接地系统普遍存

在寿命较短,接地电阻上升快,维护费用比较高的缺点,但价格便宜、施工简单,在国内应用最广泛。

② 铜质接地体。

由铜包钢或纯铜棒垂直接地体及裸铜绞线水平接地线组成。铜的电导率是钢的8倍,导电性能好,与土壤的接触电阻低,泄流速度快,在土壤中不易被腐蚀,使用寿命较长,基本不需要维护和改造。铜质接地体是国际工程应用最普遍接地材料。

③ 锌包钢接地体。

由锌包钢垂直接地极和水平接地线组成。锌包钢接地极是将高纯锌加热处理压覆到低碳钢上,形成双金属复合材料,其综合了锌带阳极和传统镀锌钢的优点,既有钢的高强度,较高的热稳定性,又具有阴极保护功能,主要用于要求接地系统配合阴极保护技术保护钢质设施减小腐蚀的场所。

④ 非金属接地体(接地模块)。

采用经防腐处理的金属电极芯,以高导电石墨粉和含电解质导电物的硅酸盐为主要原料,经高压压制成型,再经陈化处理。电学性能好,抗大电流冲击能力强,耐腐蚀,其稳定性、环境适应性和使用寿命都是现有接地材料中较好的。但非金属接地体的机械强度偏弱,运输、施工中易造成损坏。目前,非金属接地体正在各工程领域逐步推广应用。

⑤ 离子接地体。

采用防腐性好的金属(大部分采用中空铜质垂直接地极),内填充电解物质及其载体组分的内填料,接地极内填料向周围的土壤释放导电离子,进一步降低土壤电阻率。但内填料会使接地极周边土壤造成污染,且地面需预留检查井并定期检查,添加填充电解物质。由于离子接地系统一次性投资较高,目前国内未被广泛应用。

2)接地线

从引下线断接卡或换线处至接地体的连接导体;或从接地端子、等电位连接带至接地体的连接导体。

3)接地对阴极保护系统的影响

按照金属标准电极电位理论和电化学腐蚀原理,活泼金属容易失去电子,当活泼金属与相对非活泼金属连接并在同一电介质中时,构成原电池反应,会加速活泼金属的腐蚀,即电化学腐蚀。常用接地材料的自然电位序列见表14-2-8。

表14-2-8 金属标准电极电位表(25℃)

金属名称	铜(Cu)	铁(Fe)	锌(Zn)	铝(Al)	镁(Mg)
电极电位,V	+0.35	-0.44	-0.76	-1.67	-2.34

当正于碳钢材质的接地材料如铜,与碳钢材质的埋地管道、储罐连接,当储罐、管道没有阴极保护时,储罐、管道会发生电化学腐蚀,储罐、管道有阴极保护时,这些材料又会消耗大量阴极保护电流。因此,埋地管道、储罐的接地体宜为锌棒、锌带等材料,不得使用与罐体相同或电极电位较正的铜质材料。

但采用锌接地体,锌接地体与管道、储罐构成原电池反应,会加速接地装置的腐蚀,缩短使用寿命,将对电气安全造成不利影响,因此需要在实际运行中加强接地系统的检测,及时发现问题,防患于未然。

4) 连接方式

固定设备与接地线或连接线宜采用螺栓连接,连接端子可设置在设备的侧面、设备联合金属支座的侧面或端部位置;

有振动、位移的物体,应采用挠性线连接;

移动式设备及工具,应采用电瓶夹头、鳄式夹钳、专用连接夹头或磁力连接器等器具连接,不应采用接地线与被接地体相缠绕的方法。

5) 接地端子

(1) 在固定设备、储罐、管道等的适当位置应设置接地连接端子,接地端子可采用设备、管道外壳(包括设备支座、耳座)上预留出的裸露金属表面、金属螺栓连接部位、专用金属接地板或接地螺栓。

(2) 专用金属接地板制作与安装应符合以下要求:

① 金属接地板应焊接于设备容器和管道的金属外壳或支座上。

② 金属接地板的截面积不应小于 50mm×5mm,最小有效长度针对小型设备宜为 60mm,针对大型设备不应小于 110mm,当设备有保温层时,该板应伸出保温层外。

③ 金属接地板与接地线之间应使用螺栓紧固连接。接地螺栓应镀锌处理,规格应符合 GB 50149《电气装置安装工程 母线装置施工及验收规范》的规定。

(3) 当选用钢筋混凝土基础或构架作防静电接地体时,应选用适当部位预埋 200mm×200mm×6mm 钢板,预埋钢板的锚筋应与基础或构架主钢筋焊接,接地螺栓可焊于预埋钢板上。

7. 接地电阻值要求

接地体或自然接地体的对地电阻和接地线电阻的总和,称为接地装置的接地电阻。

按通过接地体流入地中工频电流求得的电阻,称为工频接地电阻。

站场内防雷接地、防静电接地、电气设备的工作接地、保护接地,以及通信、仪表及控制系统的接地等共用接地网,共用接地网的接地电阻,不应大于各要求值中的最小值。各类接地的接地电阻按相关规范的要求执行。设有阴极保护时,共用接地网的接地材料不应使用腐蚀电位比钢材正的材料。

路灯、投光灯、高杆灯、工业电视监控杆、卫星天线、放空管等宜设置独立的接地装置,接地电阻不大于 10Ω。

8. 仪表及控制系统接地

1) 接地类别

仪表及控制系统一般有下列几种接地:

(1) 工作接地;

(2) 保护接地;

(3) 本质安全系统接地;

（4）屏蔽接地；

（5）防静电接地；

（6）防雷接地。

2）接地系统结构

仪表及控制系统的接地系统可采用分支集中结构、网型结构或两者的组合结构。设计过程中，电气专业根据仪表专业选择的接地系统结构，为其提供总接地板（网型接地排），并将总接地板（网型接地排）可靠接地，仪表专业负责仪表及控制系统接地至总接地板（网型接地排）。

每台需要接地的仪表、设备均应采用单独的接地线接到接地汇流排，不应采用任何形式的串联连接方式。每台机柜均应采用单独的接地干线接到网型接地排或接地汇总板，不应采用任何形式的串联连接方式。

仪表及控制系统接地与电气系统接地共用接地装置。

接地系统的导线应采用多股绞合铜芯绝缘电线或电缆。

分支集中结构的总接地板应采用两条或多条接地干线经不同路径的连接方式接到室外接地装置。网型结构的室内接地网应采用至少4条的接地干线经不同路径、不同方向的连接方式接到室外。

机柜内的接地汇流排宜采用截面尺寸不小于25mm×6mm（宽×厚）的铜条制作。

接地汇总板和总接地板采用铜板制作，厚度不小于6mm，长、宽尺寸按需要确定。

工作接地汇流排、工作接地汇总板应采用绝缘支架固定。

油田站场通信系统机柜与仪表及控制系统一般安装在同一房间内，接地系统做法宜与仪表及控制系统保持一致。

（1）分支集中结构。

典型的分支集中接地结构应符合图14-2-8所示的接地连接结构，宜设置接地汇流排、接地汇总板、总接地板等用于多台仪表及设备的接地。

对于保护接地线比较少的场合可将保护接地汇总板与总接地板合并；对于工作接地线比较少的场合可将工作接地汇总板与总接地板合并；对于保护接地线和工作接地线都比较少的场合可只设总接地板，将保护接地线和工作接地线都接到总接地板。

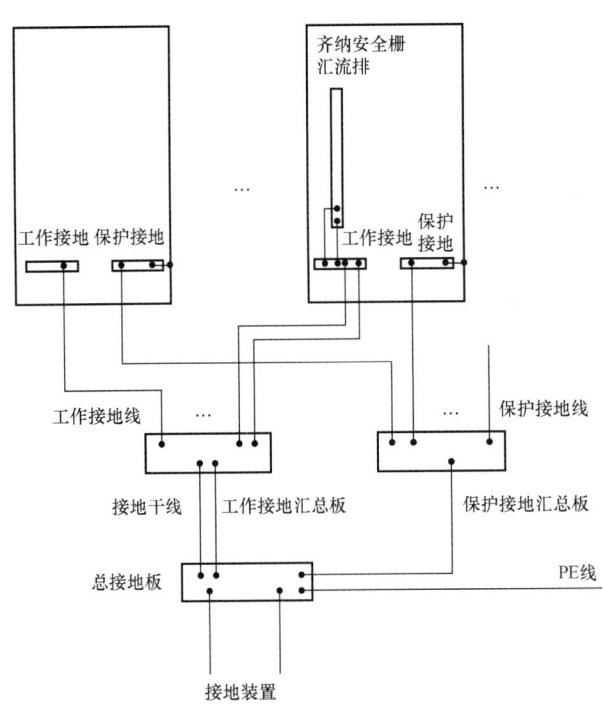

图14-2-8 仪表及控制系统接地连接原理图

(2)网型结构。

网型结构采用多根接地排连接成网格的方式,网格应根据仪表机柜的排列在下方成行设置,两排及以上机柜的接地网格至少应在两端及中间连接;网型结构不设置接地汇总板和总接地板。典型的网型结构应符合如图 14-2-9 所示的网型结构原理图。

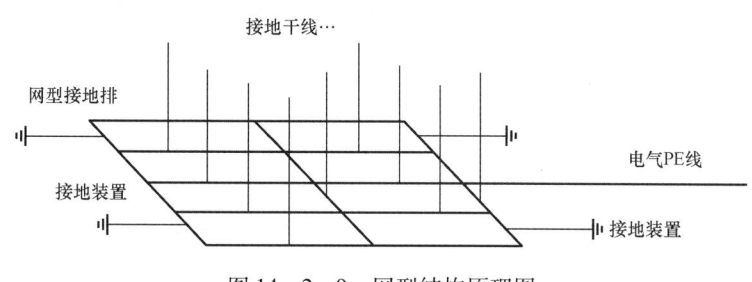

图 14-2-9 网型结构原理图

仪表及控制系统的工作接地和保护接地均应就近直接接到网型接地排。网型接地结构宜在机柜底部的支撑上安装接地排,应采用截面尺寸为 40mm×4mm(宽×厚)的铜材或热镀锌扁钢制作接地排。

(3)组合结构。

组合结构由分支集中部分和网型部分组合而成,典型的组合结构应符合图 14-2-10 所示的组合结构原理图。

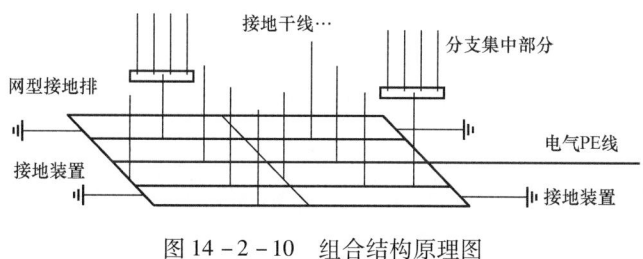

图 14-2-10 组合结构原理图

9. 防静电接地

1)固定设备

(1)固定设备的外壳,应进行静电接地。覆土设备一般可不做静电接地。

(2)直径不小于 2.5m 及容积不小于 $50m^3$ 的设备,其接地点不应少于两处,接地点应沿设备外围均匀布置,其间距不应大于 30m。

(3)塔、容器内部的金属浮体应与罐体相连,与地绝缘的金属部件应接地。

(4)一体化集成装置和橇装模块化单元的内部应接地,并与橇体接地系统共用接地装置。一体化集成装置和橇装模块化单元应设置明显的接地标志。

(5)有振动性能的固定设备,振动部件不应采用单股线接地。

(6)固定设备防静电接地端子可设置在设备的侧面、设备联合金属支座的侧面或端部位置。

2）储罐

（1）储存甲、乙和丙 A 类液体的钢制储罐，应采取防静电措施。

（2）外浮顶储罐应按下列规定采取防静电措施：

① 外浮顶储罐的自动通气阀、呼吸阀、阻火器和浮顶量油口应与浮顶做电气连接。

② 外浮顶储罐采用钢滑板式机械密封时，钢滑板与浮顶之间应做电气连接，沿圆周的间距不宜大于 3m。

③ 二次密封采用 I 型橡胶刮板时，每个导电片均应与浮顶做电气连接。

④ 电气连接的导线应选用横截面不小于 $10mm^2$ 镀锡软铜复绞线。

⑤ 外浮顶储罐浮顶上取样口的两侧 1.5m 之外应各设一组消除人体静电的装置，并应与罐体做电气连接。该消除人体静电的装置可兼作人工检尺时取样绳索、检测尺等工具的电气连接体。

（3）非金属储罐的接地应采用可靠的措施满足静电接地的要求：

① 所有导电部件（如金属外框及舱盖）应连接并接地。

② 用于盛装不导电液体的容器其接地外罩能够抗击外部的静电放电，这个外罩可以是埋于储罐外壁的金属导线网，如果它接地，外罩应完全地包围所有外部表面。

③ 用于存储不导电液体处，储罐底部应有一个不小于 $0.05cm^2/m^3$ 的金属接线端子，此接线端子可在液体与地之间提供一个电荷泄放的电气路径。

④ 在导电液体存储处，应使接地的输入管线延伸到储罐的底部或是使用接地线缆从内部将罐体的顶部与底部连接并接地。

3）铁路栈台与罐车

（1）铁路罐车装卸栈桥的首、末端及中间处，应与钢轨、工艺管道、鹤管等相互做电气连接并接地。

（2）站场专用铁路线与电气化铁路接轨时，电气化铁路高压电接触网不宜进入站场装卸区。

（3）当专用铁路线与电气化铁路接轨，铁路高压接触网不进入站场内专用铁路线时，应符合下列规定：

① 在站场专用铁路线上，应设置 2 组绝缘轨缝。第一组应设在专用铁路线起始点 15m 以内，第二组应设在进入装卸区前。2 组绝缘轨缝的距离，应大于取送车列的总长度。

② 在每组绝缘轨缝的电气化铁路侧，应设 1 组向电气化铁路所在方向延伸的接地装置，接地电阻不应大于 10Ω。

③ 铁路罐车装卸设施的钢轨、工艺管道、鹤管、钢栈桥等应做等电位跨接并接地，两组跨接点间距不应大于 20m，每组接地电阻不应大于 10Ω。

（4）当专用铁路与电气化铁路接轨，且铁路高压接触网进入站场专用铁路线时，应符合下列规定：

① 进入站场的专用电气化铁路线高压电接触网应设 2 组隔离开关。第一组应设在与专用铁路线起始点 15m 以内，第二组应设在专用铁路线进入铁路罐车装卸线前，且与第一个鹤管的距离不应小于 30m。隔离开关的入站端应装设避雷器保护。专用线的高压接触网终端距

第一个装卸油鹤管,不应小于15m。

② 在站场专用铁路线上,应设置2组绝缘轨缝及相应的回流开关装置。第一组应设在专用铁路线起始点15m以内,第二组应设在进入铁路罐车装卸线前。

③ 在每组绝缘轨缝的电气化铁路侧,应设1组向电气化铁路所在方向延伸的接地装置,接地电阻不应大于10Ω。

④ 专用电气化铁路线第二组隔离开关后的高压接触网,应设置供搭接的接地装置。

⑤ 铁路罐车装卸设施的钢轨、工艺管道、鹤管、钢栈桥等应做等电位跨接并接地,两组跨接点的间距不应大于20m,每组接地电阻不应大于10Ω。

(5) 每个鹤位平台处应设置接地端子,接地端子宜用接地线与接地干线直接相连。罐车及储罐用带有接地夹的软金属线与接地端子连接。

(6) 金属注液管与固定管道、钢架等应进行等电位连接并接地,其静电接地电阻应小于10^6Ω。

(7) 非金属注液软管宜采用防静电材料制作。

(8) 罐车的罐体、车体应与注液管系统,以及栈台钢架等电位连接。在装卸作业前,应用专用接地线与平台接地端子连接,装卸完毕将顶盖盖好后方可拆除。

4) 汽车站台与罐车或灌桶设施

(1) 甲、乙和丙A类液体的汽车罐车或灌桶设施,应设置与罐车或桶跨接的防静电接地装置。

(2) 消除人体静电装置应与注入口距离大于1.5m。

(3) 储罐汽车在装卸作业前,应采用专用接地线及接地夹将汽车、储罐与装卸设备等电位连接。作业完毕封闭储罐盖后方可拆除。接地设备宜与装卸泵联锁。

(4) 金属注液管与固定管道、钢架等应进行等电位连接并接地,其静电接地电阻应小于10^6Ω。

(5) 非金属注液软管宜采用防静电材料制作。

5) 装卸码头

(1) 码头区内的金属管道、设备、构架,包括码头引桥、栈桥的金属构件、基础钢筋等应进行等电位连接并接地。装卸栈台或船位陆上部分应设接地装置。

(2) 易燃和可燃液体装卸码头,应设与船舶跨接的防静电接地装置。此接地装置应与码头上的液体装卸设备的静电接地装置合用。

(3) 为防止杂散电流,应采取以下措施:

① 输液臂或输液管上,使用绝缘法兰或一段不导电软管,其电阻值在$2.5 \times 10^4 \sim 2.5 \times 10^6$Ω之间。

② 岸与船的人行通路不能全金属连接。

③ 码头护舷设施与靠泊轮船之间应绝缘。

④ 岸上一侧的金属物只能与码头岸上的接地装置相连。

6) 工艺管道

(1) 埋地金属管道可不做防静电接地。

（2）地上或非充沙管沟内管道防静电接地应符合下列要求：

① 管道在进出装置区或生产厂房处、有爆炸危险的分界处、分支处应做防静电接地,长距离无分支管道应每隔100m接地一次。

② 平行管道净距小于100mm时,应每隔20m跨接,当管道交叉净距小于100mm,应做跨接。

（3）阀门、法兰盘等连接处的过渡电阻大于0.03Ω时,连接处应用金属线跨接。当不少于5根螺栓连接时,在非腐蚀环境下可不跨接。采用软导线跨接时,导线两端应采用接线端子。

（4）室内金属管道及附件通过工艺设备作防静电接地,用金属螺栓连接的附件可不另作跨接。

（5）非导电管道上的所有金属件均应做防静电接地。

（6）接地点宜设在固定管墩(架)处。

7）消除人体静电装置

下列甲、乙和丙A类液体作业场所应设本安型消除人体静电装置：

（1）泵房的门外；

（2）储罐的上罐扶梯入口处、量油口、采样口处；

（3）装卸作业区内操作平台的扶梯入口处；

（4）工艺装置区入口处；

（5）码头上下船的出入口处；

（6）防火堤入口处。

8）防静电接地装置

（1）防雷接地装置可兼做防静电接地装置。

（2）用于易燃和可燃液体装卸场所跨接的防静电接地装置,宜采用能检测接地状况的防静电接地仪器。

（3）移动式的接地连接线,宜采用带绝缘护套的软导线。

（4）防静电接地电阻检测断接接头、消除人体静电装置,以及汽车罐车装卸场地的固定接地装置,不得设在爆炸危险1区。

（5）防静电接地装置的接地电阻,不宜大于100Ω。

9）防静电地板

防静电地板下应设置接地网格,导静电地网应采用铜箔铺设,铜箔厚度不宜小于0.1mm,宽度不小于25mm,网格交叉节点应两面镀锡,网格尺寸不宜大于1000mm×1000mm,也不宜小于200mm×200mm。

10）静电接地材料

静电接地干线与接地体、接地支线与连接线的材质、规格应符合SY/T 0060《油气田防静电接地设计规范》的规定。

九、110kV及以下架空电力线路

1. 路径选择

路径选择的目的,就是要在线路的起讫点间选出一个全面符合国家建设各项方针的线路

路径。路径选择时应遵循并满足下列基本原则和一般技术要求:

(1) 路径选择宜先进行图上选线,以便从若干路径方案中经过比较后选出较好的路径方案。

(2) 应认真进行调查研究,综合考虑运行、施工、交通条件和路径长度等因素,统筹兼顾,全面安排,并应进行多方案比较,做到经济合理、安全适用。

(3) 应避开洼地、冲刷地带、不良地质地区、原始森林区,以及影响线路安全运行的其他地区。

(4) 不宜通过林区,当确需经过林区时应结合林区道路和林区具体条件选择线路路径,并应尽量减少树木砍伐。当线路通过果林、经济作物林,以及城市绿化灌木林时,不宜砍伐通道。

(5) 宜靠近现有国道、省道、县道,以及乡镇公路或油田内部道路,充分使用现有的交通条件,方便施工和运行。

(6) 应尽量减少与其他设施交叉,对交通和机耕不会造成困难。

(7) 采取有效措施防止对邻弱电线路的影响。

(8) 架空电力线路不应跨越储存易燃、易爆危险品的仓库区域。架空电力线路与周围建(构)筑物、设施的最小防火间距应符合表 14-2-9 的规定。

表 14-2-9　架空电力线路与周围建(构)筑物、设施的最小防火间距

名称		最小防火间距	
		35kV 及以上架空电力线路	35kV 及以下架空电力线路
油品站场、天然气站场	一级	1.5 倍杆高且不小于 30m	1.5 倍杆高
	二级		
	三级		
	四级		
	五级	1.5 倍杆高	
液化石油气和天然气凝液站场	一级	40m	1.5 倍杆高
	二级		
	三级		
	四级	1.5 倍杆高且不小于 30m	
	五级	1.5 倍杆高	
可能携带可燃液体的火炬		80m	80m
甲类厂房、甲类仓库、可燃材料堆垛,甲、乙类液体储罐,液化石油气储罐,可燃、助燃气体储罐		1.5 倍杆高	1.5 倍杆高
丙类液体储罐		1.2 倍杆高	1.2 倍杆高
自喷油井、气井、注气井		1.5 倍杆高	1.5 倍杆高
机械采油机		1.5 倍杆高	1.5 倍杆高

2. 杆塔定位、对地距离和交叉跨越

(1) 110kV 架空电力线路轻、中、重冰区的耐张段长度分别不宜大于 10km、5km 和 3km,且单导线线路不宜大于 5km;35kV 架空电力线路的耐张段长度,不宜大于 5km;10kV 及以下

架空电力线路不宜大于2km。

(2) 杆塔定位应考虑杆塔和基础的稳定性,并应便于施工和运行维护。不宜在下述地点设置杆塔:

① 可能发生滑坡或山洪冲刷的地点;

② 容易被车辆碰撞的地点;

③ 可能变为河道的不稳定河流变迁地区;

④ 局部不良地质地点;

⑤ 地下管线的井孔附近和影响安全运行的地点。

(3) 架空电力线路严禁跨越爆炸危险及火灾危险场所,与油、气管道交叉时,应避开管道的检查井或检查孔。高压架空电力线路不应跨屋顶为易燃材料做成的建筑物,对耐火屋顶的建筑物,应尽量不跨越,如必须跨越,应与相关主管部门协商确定。

(4) 配电线路终端杆距离油气场所需保持1.5倍杆高以上的安全距离。

3. 导线、地线、绝缘子和金具

(1) 架空电力线路的导线可采用钢芯铝绞线、铝绞线或架空绝缘导线,地线可采用镀锌钢绞线或OPGW。油田架空电力线路导线通常选用钢芯铝绞线,当线路处于山区、林区或城市内时,可选用架空绝缘导线。

(2) 35kV及以上架空电力线路的导线截面,一般根据经济电流密度选择。大跨越的导线一般按允许载流量选择,并宜通过技术经济指标确定。导体经济电流密度计算可参照DL/T 5222《导体和电器选择设计规程》。10kV及以下架空电力线路的导线截面积一般按允许电压降校验,同时应校验允许载流量。

(3) 导、地线在弧垂最低点的设计安全系数不应小于2.5,悬挂点的设计安全系数不应小于2.25,地线的设计安全系数不应小于导线的设计安全系数。

(4) 油田架空电力线路主要选用铁横担,架空绝缘线路可选用绝缘横担。

4. 电杆、拉线

(1) 电杆主要包括钢筋混凝土电杆及钢纤维杆。钢筋混凝土电杆按照制作方式分为预应力电杆和非预应力电杆,按照形状分为锥形电杆和等径电杆。油田10kV及以下电压等级架空线路通常选用锥形非预应力钢筋混凝土电杆,当征地受限无处设置拉线时可选用钢纤维杆。

(2) 油田35kV及以上电压等级架空线路通常选用铁塔,当征地受限时可选用钢管杆。拉线应采用镀锌钢绞线,其截面积应按受力情况计算确定。

(3) 拉线应根据电杆的受力情况装设。拉线与电杆的夹角宜采用45°,地形受限区域可适当减少,但不应小于30°。

(4) 空旷地区10kV及以下配电线路连续直线杆超过10基时,宜装设防风拉线。

(5) 0.4kV以上线路路线需装设拉紧绝缘子。

5. 单井变压器台和开关设备

(1) 单井变压器一般采用柱上安装方式,容量不大于400kVA。变压器容量100kVA及以上需设置无功补偿装置,补偿容量一般为变压器容量的30%。

（2）柱上变台距地面高度不应小于2.5m，一次侧熔断器的装设高度不应小于4.5m，二次侧熔断器的装设高度不应小于3.5m。油田柱上变台安装通常选用双电杆安装的形式。

（3）下列电杆不宜装设变压器台：

① 转角、分支杆。

② 设有高压接户线或高压电缆的电杆。

③ 设有线路开关设备的电杆。

④ 交叉路口的电杆。

（4）位于农田、城市内的变压器台宜装设围栏。

（5）变压器一次侧宜采用避雷器和跌落式熔断器的保护组合，在变压器分支线路T接处可加装跌落式熔断器或断路器，降低变压器台停电对整体架空线路的影响。

（6）变压器接地。

① 总容量为100kVA及以上的变压器，其接地装置的接地电阻不应大于4Ω，每个重复接地装置的接地电阻不应大于10Ω。

② 总容量为100kVA以下的变压器，其接地装置的接地电阻不应大于10Ω，每个重复接地装置的接地电阻不应大于30Ω。

6. 其他

① 杆塔对地及交叉跨越物的距离要求、绝缘子和金具的安装、气象条件选择、导线力学计算、导线在杆塔上的排列、杆塔形式、杆塔荷载、基础设计、杆塔防雷与接地等应符合GB 50061《66kV及以下架空电力线路设计规范》，以及GB 50545《110kV～750kV架空输电线路设计规范》的规定。

② 油田架空电力线路的设计可参考中国电力出版社出版的《电力工程设计手册 架空输电线路设计》分册。

第三节 给排水与消防

一、给水系统

一般在油气田地面建设工程中的联合站、油水处理站、注水站、计量站等站场工程中均需用到给水系统，具体的供水系统、用水量、用水水质等情况，要根据具体站场的规模、功能、用水需求等情况来确定。下面主要从给水系统选择、给水定额、水质、给水计算、给水处理、设备选型及管道布置等几个方面进行介绍。

1. 给水系统选择

给水系统的选择，一般要根据站场规模、生活、生产、消防、绿化等各项用水对水量、水质、水压和水温的要求，结合当地外部给水系统及水文地质条件等因素，经综合分析、技术经济比较后确定。常用的给水系统类别如下。

1) 市政供水系统直接供水

该系统为优先选用的给水类别,无需新建泵房等给水构筑物,采用市政直接供水安全可靠。其流程如下:

市政来水→水表→各用水点。

2) 市政供水系统增压供水

该系统一般用于市政供水压力较低,不能满足用水点压力要求的情况。为了保证市政水质不受污染,可采用无负压供水装置,利用管网余压,直接增压供水;市政管网如距离站场用水点较远,需要中间设置加压泵站,经增压后供至站内。流程如下:

市政来水→水表→无负压供水装置(增压泵站)→各用水点。

3) 储存及增压供水系统

该供水系统一般用在给水需要依托乡村给水管网,由于乡村供水管网多为定时供水,供水不连续,需要在站内设置调储水箱和增压给水装置,来水经储存和增压后,再供站内各用水点。

乡村来水→水表→水箱→供水装置→消毒装置→各用水点。

4) 水源井供水系统

当无供水管网可利用时,在允许打水源井的地区,可考虑打水源井,取用地下水,但必须取得当地水务部门的打井许可协议。流程如下:

水源井→水表→除砂→给水处理装置→水箱→供水装置→消毒装置→各用水点。

5) 江河湖海供水系统

当站场所处位置,无市政供水管网依托,同时便于取用江河湖海水源时,可考虑在江河湖海设置取水构筑物,然后经处理后,再经泵站增压供站内用水。由于使用江河湖海水,一般给水处理费用较高,因此一般只用于消防用水。流程如下:

江河湖海→取水构筑物→增压泵房→消防补水。

2. 给水定额及水压

油田站场的给水一般可分为生活给水、生产给水、消防补水、绿化用水等。

生活给水主要是站内工作人员的饮用水、卫生器具冲洗用水及洗浴用水等。用水量一般要根据站场的定员人数、建筑物内卫生器具等的设置情况来确定。站内住宿人员及倒班人员生活日用水定额、卫生器具给水的额定流量和最低工作压力按照 GB 50015《建筑给水排水设计标准》的相关要求确定,一般宿舍设有独立卫生间住宿人员的用水定额为 150~200L/(人·d),办公及值班人员的用水定额为 30~50L/(人·d)。

生产给水一般包括锅炉补水及储罐冲洗用水,有时也会用到循环水及除盐水补水等。生产用水定额、水压及用水条件,要根据委托专业的要求确定。锅炉和水套炉补给水量一般按循环水量的 1%~3% 确定,具体水量及水质要根据热工专业的要求确定。储罐冲洗用水、地面冲洗用水定额可按照 SY/T 0089《油气厂、站、库给水排水设计规范》的相关要求确定。

消防给水主要考虑站场消防水池(罐)的补水,消防水量需要消防专业根据站场的消防对象经计算确定,补水时间一般要根据 GB 50183《石油天然气工程设计防火规范》和 GB 50974《消防给水及消火栓系统技术规范》确定,一般采用自动程序控制的站场补水时间为 48h。

绿化用水根据站场绿化面积及绿化定额确定,绿化定额见 SY/T 0089《油气厂、站、库给水排水设计规范》,绿化面积由总图专业提供。随着环保要求日益严格及水资源的缺乏,如今很多站场的绿化水采用处理达标后的中水。

除了上述用水之外,站场的用水量还包括未预见用水量,未预见用水量主要为管网漏失水量,可按最高日用水量的10%~15%确定。

3. 水质和防止水质污染

1)水质

生活用水的水质应符合 GB 5749《生活饮用水卫生标准》的要求。

生产用水的水质,根据委托专业要求确定。

油田注水水质应符合本油田制定的注水水质标准。当本油田尚未知道注水水质标准时,可参照 SY/T 5329《碎屑岩油藏注水水质指标及分析方法》的有关条文执行。

绿化用水水质一般符合 GB/T 18920《城市污水再生利用 城市杂用水水质》或 GB 5084《农田灌溉水质标准》即可。

2)防止水质污染措施

(1)生活饮用水管道不应与非饮用水的管道直接连接。

(2)严禁生活饮用水管道与大便器直接连接。

(3)生活饮用水水池(箱)宜与其他用水水池(箱)分开设置。

(4)生活饮用水水池(箱)的贮水,48h 内不能得到更新时,应有消毒措施。

(5)在非饮用水管道上接出水嘴或取水短管时,应采取误饮误用的措施。

(6)生活饮用水水池(水箱)的配管应符合下列规定:

① 人孔、通气管口端、溢流管出口应安装有防止昆虫爬入水池(箱)的措施。

② 进水管口应在水池(箱)的溢流水位之上,进水管口底标高应高于溢流管管顶,且最小不应小于25mm,最大不大于150mm。

③ 溢流管与系统连接应考虑防止异味进入的措施。

4. 水力计算

给水系统水力计算中涉及的参数包括给水流量、管径、流速和压力,具体计算情况如下。

1)用水流量

生产用水的最大小时流量和设计秒流量,按委托专业要求确定。

生活用水的最大小时流量根据使用时间和小时变化系数计算确定。设计秒流量根据卫生器具当量和同时使用百分数计算确定。

消防用水流量根据补水时间计算确定。

2)管径

给水管的管径,应根据设计秒流量及流速综合确定,一般工业用水给水管水流速度宜采用 1.2~2.0m/s,消防水管流速宜采用 1.5~3.0m/s。

3)压力

给水系统设计压力要保证最不利点用水要求,给水系统所需的压力应为最不利点用水压力、管线沿程损失、局部阻力损失、高程差及给水系统中水表等设备压力损失之和,一般用水点压力确定如下：
（1）生产用水点的压力由委托专业确定。
（2）水池（水箱）的进水压力，不应小于水罐（水箱）的最高水位加50kPa富裕水压。
（3）生活用水点压力，应满足最不利配水点所需最低工作压力，不宜小于GB 50015《建筑给水排水设计标准》的规定，并不宜大于400kPa。

气压罐、补水泵等的计算可详见GB 50015《建筑给水排水设计标准》。

5. 给水处理

给水处理方案和工艺流程的选择，应根据原水水质及设计生产能力等因素经技术经济比较后综合确定。由于水源不同，水质各异，饮水水处理系统的组成和工艺流程有多种多样，下面介绍几种在站场给水处理中比较常用的处理工艺。

1）除铁除锰处理工艺

目前发展适用较多的设备为铁锰过滤罐，该设备综合了自然氧化和锰砂活性滤膜的技术，地下水经泵提升后，经过自然氧化和曝气，水中铁（锰）离子开始氧化，当水流经锰砂滤层时，在滤层中发生接触氧化反应及滤料表面生物化学作用和物理截留吸附作用，使水中铁（锰）离子形成沉淀，利用多介质滤料的截留、滤除作用，然后将形成沉淀的大粒径的杂质颗粒、胶体和悬浮物去除。因此如果水源中铁锰超标，一般采用除铁除锰过滤罐。

2）除氟工艺

一般除氟的工艺有吸附法、膜法、絮凝沉淀和离子交换法。在选用除氟工艺时应根据水质中其他超标情况综合确定。当水质中只有氟超标，同时处理水量较大时，一般采用活性氧化铝吸附法；离子交换一般需要树脂的再生，树脂再生时，有可能对水质造成污染，因此一般在生活饮用水处理上不采用。如水质中除了氟之外，还伴随其他离子超标，采用一般过滤方法不能去除时，需要采用反渗透膜的处理工艺。

3）除盐、重金属工艺

地下水盐类或重金属超标，常用的给水处理工艺是反渗透、电渗析和离子交换。通过分析，反渗透更为适用于站场盐类或重金属超标的给水处理工艺，目前该种处理工艺设备一般为橇装化设备，安装、运行维护均较为简单，可根据地下水水质情况调整相应的反渗透处理级数。由于反渗透处理设备投资比较高，因此选用反渗透处理设备时，可不按供水设备的供水规模选取，一般选用处理量较小的，考虑24h连续运行，将处理后的水储存在水箱内，保证24h处理的水量能满足一般用水量的需求即可。

6. 设备选型

1）井用潜水泵

一般选用深井用多级潜水泵，泵的扬程根据水源井动水位及下泵深度确定，一般为动水位以下15~25m。

2）供水装置

考虑施工方便、美观、采购方便等因素，建议选用组合式整体橇装全自动变频供水装置，包含供水泵、气压罐、水箱及消毒装置等。

7. 管道选用及敷设

常用的金属管材包括焊接钢管和无缝钢管。在与设备连接时,为了方便连接,一般均选用金属管道;站外供水管线,如果埋深较深,考虑到承压和腐蚀检修问题,一般选用球墨铸铁。

非金属管常用的有 PE 管、PP－R 管、钢骨架塑料管。PP－R 管一般用于建筑物室内,不用于室外。PE 管属于柔性管,小口径的可采用盘管供应,运输、敷设、连接较为方便,因此站场的室外供水管多选用 PE 管。钢骨架塑料管强度和耐压性较好,室外管径较大时(DN≥150mm)一般选用钢骨架塑料管。

供水管线需要考虑防冻问题,因此需要埋地敷设,敷设深度不小于冰冻线以下 0.15m,同时在道路下的敷设深度不小于 0.7m。当采用架空敷设时,管线需要采用伴热及保温措施。室内管线均需暗装。

二、循环冷却水系统

在油田站场中当工艺设备需要采用水冷时,需要设置循环冷却水系统。循环冷却水系统主要分为开式循环冷却水系统和闭式循环冷却水系统。开式循环冷却水系统是利用开式冷却塔连接设备进行介质冷却的,闭式冷却塔与设备连接就是闭式循环冷却水系统。因此开式和闭式循环冷却水系统主要根据选用开式冷却塔还是闭式冷却塔来定义。开式冷却塔是通过将循环水以喷淋的方式,喷淋到冷却塔填料上,通过水与空气的接触,达到换热,再由风机带动塔内气流循环,将与水换热后的热气流带出,从而达到冷却,冷却介质多为水,因与空气接触,蒸发浪费比较大。闭式冷却塔是利用水和盘管接触,通过盘管外壁热传递换热带走盘管内冷却介质的热量来达到冷却目的,管道里的水为软化水。

开式循环冷却水系统一般用于对水质要求不高,当地水资源丰富,用水费用较低,同时循环水量较大的工艺。闭式循环冷却水系统的一次性投资较高,但是闭式循环冷却水系统可以保证循环水系统的水质,用于对水质要求严格的工艺,同时闭式冷却循环水系统耗水量小,适用于水资源缺乏的地区。具体选用开式循环冷却水系统还是闭式循环冷却水系统,根据循环水量及对水质、水量的要求经技术和经济对比后确定。下面对开式和闭式循环冷却水两种系统进行分别介绍。

1. 开式循环冷却水系统

1)基础资料

(1)水质。

首先需要确定原水水质。了解原水水质后,才能根据需要的循环水水质确定给水处理工艺。

(2)气象资料。

在进行冷却塔计算及选型时,需要用到大气湿球温度、大气干球温度、最热月的最高平均温度、相对温度、大气压及风向风速等资料。

(3)冷却塔计算基础资料。

① 冷却水量 $Q(m^3/h)$;

② 冷却水进水温度 t_1（℃）；

③ 冷却水出水温度 t_2（℃）。

以上 Q、t_1、t_2 通常根据工艺专业委托要求确定。

2）水量

循环冷却水量应包括两个部分：工艺设备所需的冷却水量和循环冷却水处理过程中应补充水量。补充水量应满足 GB/T 50050《工业循环冷却水处理设计规范》的相关要求，选塔应增加冷却水量的 10%～15% 作为富余水量。

3）水质

敞开式系统循环冷却水的水质标准应根据换热设备的结构形式、材质、工况条件、污垢热阻值、腐蚀率及所采用的水处理配方等因素综合确定，主要处理方法如下：

(1) 加药处理。

① 投加阻垢剂，包括磷酸盐、有机磷酸盐和聚羧酸类聚合物等，主要对水垢进行控制。

② 投加缓蚀剂，包括聚磷酸盐、聚羧酸盐类聚合物等，主要使金属表面形成一层薄膜，防止腐蚀。

③ 投加杀菌剂，包括氧化、非氧化和表面活性剂等杀菌剂，主要制止微生物生长和防止污垢产生。

(2) 水垢的控制。

控制水垢的方法有化学方法和物理方法，物理方法有静电处理，化学方法通常采用除去部分成垢离子，采用离子交换法、石灰软化法。

在实践中，一般是待循环冷却水厂运行一段时间后，再确定具体处理方法。

(3) 旁滤处理。

旁滤处理就是取部分循环水量进行处理后，再返回系统。它可除去水中悬浮物，溶解固体和藻类等微生物。旁滤水流量可按循环水量的 5% 计算。

敞开式系统循环冷却水采用过滤处理其悬浮物时，通常选用重力式无阀滤池，随着科学技术的发展，过滤器种类越来越多，现在常用的有自动清洗过滤器、盘式过滤器、锈水过滤器等，各种过滤器各有其优缺点，视工程具体情况而定。

4）水压

管道的总压力损失与设备压力损失、用水点压力需求之和即为循环水泵的扬程。

管道的总压力损失为最不利环路直管的沿程摩擦压力损失与局部的摩擦压力损失（含工艺换热设备冷侧系统压力损失），并计入适当的裕度。其裕度系数一般为 1.05～1.1。

2. 闭式循环冷却水系统

1）基础资料

闭式循环冷却水系统所需基础资料同开式循环冷却水系统。

2）水量

闭式循环冷却水系统的循环水量同开式循环冷却水系统，包括工艺设备所需的冷却水量和循环冷却水处理过程中应补充水量。闭式循环冷却水系统的补水量不宜大于循环水量的 0.1%，设计流量宜为循环水量的 0.5%～1%。

3）水质

闭式循环冷却水系统的水质需根据工艺专业的要求确定，一般需满足 GB 50109《工业用水软化除盐设计规范》的要求。

冷却水除盐一般选用超滤预处理＋二级反渗透工艺，具体处理工艺如下：

（1）预处理。

来水进入除盐水装置的原水水箱，原水经泵提升后进入后续超滤装置去除悬浮物、胶体，经过滤后的水储存在中间水箱，然后经泵提升进入保安过滤器。

（2）反渗透。

经预处理后的水经高压泵增压先进入保安过滤器，去除颗粒型物质，防止颗粒物质对超滤膜造成损伤，然后进入反渗透装置，主要用于去除水中大部分的阴、阳离子及有机物等，反渗透是一种借助选择透过（半透过）性膜的功能，以压力为推动力的膜分离技术，本装置是除盐水系统的关键，经反渗透处理后的出水，去除了绝大部分无机盐和几乎所有的有机物等，确保了本系统产水的高质量、高品质。

4）水压

闭式循环冷却水系统的水压计算同开式循环冷却水系统。

3. 冷却塔组成和选用

1）选用冷却塔时应考虑的因素

（1）冷却塔的水量、水温、水质及其运行方式（全年运行或间断运行）。

（2）所在地区的气象、工程地质及水文地质条件。

（3）建筑场地或可供布置冷却构筑物的场地大小。

（4）设备材料的供应情况和施工条件。

（5）技术经济指标。

（6）周围环境（通风、热源、噪声、水雾）等。

2）冷却塔的选用原则

目前冷却塔大多数已作为产品供应，选用时应考虑：热力性能满足使用要求；塔体结构应稳定；配水均匀，运行噪声低，电耗低，造价低，维护方便，进水水温在 45℃ 以下，若高于此温度应对产品提出要求。

三、排水系统

1. 排水系统划分

油田站的排水，一般包括生活污水、生产污水、清洁废水、消防事故水及雨水。生活污水主要为卫生器具冲洗、淋浴及洗涤排水；生产污水通常包括锅炉排水、大罐排底水、油罐检修冲洗排水等；清洁废水主要为消防水罐溢流排污等，为无污染清洁废水；消防事故水为发生消防事故时产生的污水，一般可分为被污染消防事故水和未被污染消防事故水；雨水可分为罐区或外浮顶储罐浮盘的初期雨水和站内清洁雨水。根据污水的水质，按清污分流的原则排水系统划分如下。

1）生活污水系统

卫生器具冲洗、淋浴及洗涤排水等。

2）含油污水系统

包括大罐排底水、油罐检修冲洗排水、被污染的消防事故水、罐区或外浮顶储罐浮盘的初期雨水。

3）清洁废水和雨水系统

消防水罐溢流排污、锅炉排水、未被污染的消防水和站内清洁雨水等。

2. 排水量

1）生活污水量

生活污水量可按生活给水定额的80~90%确定，卫生器具的排水流量、当量见GB 50015《建筑给水排水设计标准》。

2）生产污水量

（1）锅炉排水量。

锅炉排水量、排水温度及排水压力根据热工专业委托确定。

（2）大罐排底水。

油罐总切水量可按原油年平均周转量的0.3%计算，具体数量和切水频率由工艺专业委托确定。

（3）油罐检修冲洗排水。

油罐检修冲洗排水同检修冲洗给水定额。

（4）消防事故水量。

按发生最大一次火灾时的消防冷却水量计算。

（5）罐区及外浮顶储罐浮盘初期雨水。

一般情况下罐区初期含油雨水可按前15min（或地面20mm）降雨量进行计算，外浮顶储罐浮盘初期雨水厚度可按浮盘全面积上30mm进行计算。

3）雨水

暴雨强度公式可参考中国建筑工业出版社出版的《给水排水设计手册 常用资料》，降雨历时、设计重现期等按照GB 50014《室外排水设计标准》执行，设计重现期建议不小于2年。

3. 排水系统设计及计算

1）一般规定

（1）站内排水应采用清污分流、污污分流的原则，站场排水应满足项目《环境影响评价报告》及其批复的相关要求，还要满足当地环保部门的要求。

（2）排水管渠系统应根据站场总体规划统一布置，分期建设。排水管渠断面尺寸应按远期最大设计流量设计。

（3）含油污水管线出防火堤后应设水封井和截断阀。

（4）罐区防火堤内应考虑截油排水设施。

（5）排水管材质。比较常用的是钢筋混凝土管、混凝土管和金属管（铸铁管与钢管）。设计时应考虑就地取材,并根据排水水质、冰冻情况、地下水位、地下水侵蚀性、内外所受压力、现场条件及施工方法等因素进行选择。

(6) 排水管系统的设计,应以重力流为主,不设或少设提升泵站。

(7) 污水管道和附属构筑物应保证其密实性,防止污水外渗和地下水渗入。

(8) 不同管径的排水管道在检查井内连接,一般采用管顶平接或水面平接;但进水管管底不得低于出水管管底。

(9) 压力排水管道接入排水明渠时应设消能设施。

2) 污水管道设计及一般要求

(1) 最大允许流速、最大设计充满度、最小设计流速、最小设计坡度应满足 GB 50014《室外排水设计标准》的相关规定。

(2) 污水管道在站内的最小管径为 200mm。

(3) 最小覆土厚度在行车道下不小于 0.70m。

3) 雨水管线设计要求

(1) 重力流管道按满流计算,并应考虑排放水体水位顶托的影响。

(2) 雨水管道最小管径为 300mm,最小坡度为 3‰,雨水口与检查井(暗井)连接管管径不宜小于 200mm,坡度不小于 1%。

(3) 雨水口一般置于交叉路口低洼处,雨水口道路上布置间距为 25~60m。

(4) 管道满流时最小设计流速一般不小于 0.75m/s,如起始管段地形非常平坦,最小设计流速一般不小于 0.60m/s,最大允许流速同污水管道。

(5) 雨水管道最小覆土厚度参照污水管道的规定执行。

4) 排水系统计算

排水系统一般为重力自流排水系统,排水计算可参考 GB 50014《室外排水设计标准》。

4. 污水处理

1) 生活污水处理系统

油田站场附近有生活污水系统可依托时,应首先考虑依托市政生活污水处理系统,站内设置化粪池和生活污水处理装置,生活污水排至化粪池,经化粪池预处理后排至生活污水处理装置,经装置处理后的水达到 GB/T 31962《污水排入城镇下水道水质标准》后,才可排至市政生活污水系统。排至市政生活污水系统时,生活污水处理一般采用接触氧化及沉淀即可满足排水水质要求。

油田站场附近没有生活污水系统可依托时,站场生活污水可经处理达到 GB/T 18920《城市污水再生利用 城市杂用水水质》或 GB 5084《农田灌溉水质标准》,用于站内绿化。使污水循环利用,节省水资源。由于该水质指标要求较为严格,一般的生化反应不能达标,需要增加 MBR 膜,水质才可达标。

2) 含油污水处理系统

站场的含油污水应单独收集,初期含油雨水可与含油污水合用含油污水管道。当站内或站场附近有油田采出水污水处理系统可依托时,站内可不设含油污水处理装置,将含油污水排至油田采出水污水系统进行一同处理。当没有可依托的油田采出水污水处理系统时,站内可自建含油污水处理装置,根据处理后污水的最终去向选取合适的污水处理流程。

含油污水处理装置一般采用橇装,基本的污水处理流程为气浮+过滤,当排水水质要求严格时,还需要考虑增加生化等处理工艺。

3)事故污水处理系统

事故污水可根据是否被污染情况,排至清洁雨水系统或含油污水系统,但是事故污水的收集需要满足 Q/SY 1190《事故状态下水体污染的预防与控制技术要求》的相关要求,罐区防火堤内容积可作为事故缓冲设施的有效容积。

当罐区防火堤内容积能全部容纳事故时的消防水量、事故泄漏物料量和事故时可能进入的雨水量之和时,考虑到排水的缓冲和收集初期雨水等,防火堤外也应设置一座漏油及事故污水收集池,一级站场的收集池容积建议不小于1000m^3,二级站场不小于750m^3,三级站场不小于500m^3,同时收集池容积应不小于站内最大一次初期雨水量。

4)清洁废水及雨水处理系统

站内清洁废水及雨水的排放,要经站场周围排水系统依托情况确定,当有市政雨水系统可依托时,应首先考虑排至市政雨水系统,在雨水出站前设置水封井及截断阀,防止泄漏物料污染外部系统。如站外无雨水系统可依托,可根据站外排水沟渠等情况,根据《环境影响评价报告》及其批复的相关要求进行排放。

5. 附属构筑物选用

排水系统的附属构筑物有检查井、跌水井、雨水口、连接暗井、水封井等。其设置条件及要求参见 GB 50014《室外排水设计标准》。

6. 管道布置及敷设

1)管材选用

自流排水管宜选用排水塑料管、承插式混凝土管或钢筋混凝土管;输送腐蚀性污水的管道宜采用塑料管;环境温度可能出现0℃以下的场所、排水温度大于40℃的排水管道,应采用金属排水管或耐热塑料管;含油或其他可燃物污水的管道应选用金属管道。

2)管道连接

各种排水管道的连接,应符合下列规定:

(1)埋地敷设的钢管,应采用焊接;地上敷设的钢管,视具体情况可采用焊接、法兰连接或螺纹连接。

(2)排水铸铁管和混凝土管,宜采用承插连接或对接。接口形式根据具体情况确定,一般宜采用石棉水泥、石棉沥青卷材、水泥砂浆抹带、沥青麻布、沥青砂带接口。

(3)玻璃钢管和塑料管宜采用连接、承插连接或法兰连接。

(4)输送含油污水的管道接口,不应采用不耐油的橡胶圈和沥青玛蹄脂作为填塞材料。

四、消防系统

1. 消防站

1)设置原则

在进行油气田及长输管道规划设计时,必须同时考虑消防站设计。

消防站应根据区域规划,并结合油气站场火灾风险大小、邻近消防协作条件和所处地理环境设置,其灭火力量应按扑救消防责任区主要保护对象一次火灾所需力量计算;消防站的撤并应执行国家有关规定。

2)建设规模

站场是否需要设置消防站或消防车站场要根据 GB 50183《石油天然气工程设计防火规范》,外部消防协作力量如果能在规定时间内达到,则可以作为站场的消防协作力量依托,站内不用设置消防车或消防站,如果不能在规定的时间达到,则需要根据要求设置消防站或消防车。

消防站的建设规模、定员及车辆配置均按照 GB 50183《石油天然气工程设计防火规范》SY/T 6670《油气田消防站建设规范》的相关要求执行。

3)其他要求

设置消防站时,总平面布置、训练塔及训练场、装备和器材应满足 SY/T 6670《油气田消防站建设规范》和 GB 50183《石油天然气工程设计防火规范》的相关要求。

2. 消防方式

确定站场的消防方式时,首先要明确站场的消防对象、站场等级及站内建(构)筑物的性质及相关参数。

1)消防给水方式

消防给水方式包括固定式临时高压消防给水系统、半固定式临时高压消防给水系统和移动式消防给水系统。

罐区及工艺区的消防给水方式按照 GB 50183《石油天然气工程设计防火规范》执行。站场内建筑物的消防给水方式按照 GB 50016《建筑设计防火规范》的要求执行。

如站场为五级站场,同时站场内的建构筑物均为本站场服务时,该五级站可不设消防给水系统。如站场与维抢修队合建或与行政管理中心合建时,站场内的建筑物的消防设计需要按照 GB 50016《建筑设计防火规范》的要求执行。

2)泡沫灭火方式

泡沫灭火方式包括固定式泡沫灭火系统、半固定式泡沫灭火系统和移动式泡沫灭火系统。

采用何种泡沫灭火方式需要按照 GB 50183《石油天然气工程设计防火规范》执行。泡沫灭火系统的具体设置要求按照 GB 50151《泡沫灭火系统技术标准》执行。

3)干粉灭火方式

天然气凝液、液化石油气罐区应采用移动式干粉设施灭火。

4)烟雾灭火方式

主要用于甲、乙、丙类液体固定顶和内浮顶储罐的自动灭火技术。在偏远缺水处总容量不大于 $4000m^3$ 且储罐直径不大于 12m 的原油罐区(凝析油罐区除外)可设置烟雾灭火系统,且可不设消防冷却水系统。

3. 消防系统组成

1）罐区泡沫灭火系统

（1）泡沫灭火系统分类。

① 固定式泡沫泡沫系统。

固定式泡沫灭火系统包括消防水罐（池）、泡沫供水泵、泡沫比例混合装置、泡沫混合液管道、罐上泡沫产生器。其比例混合装置分为如下几种：

a. 平衡压力式比例混合泡沫灭火工艺流程。该流程中泡沫液泵可采用电动泵、柴油机泵或水力驱动泵。高背压泡沫产生器（液下喷射）只能用于固定顶油罐。

b. 压力式比例混合泡沫灭火的工艺流程。目前常用的压力罐为胶囊型，泡沫液储存在胶囊内，当油罐发生火灾时，压力水注入罐内壁与胶囊外壁之间，靠压力水挤压胶囊内的泡沫液，然后在比例混合器内将水与泡沫按比例混合，剩余的泡沫液由于不与水接触，还可以继续使用。

c. 机械泵入式混合泡沫灭火工艺流程。该流程目前在国内很少应用，但随着规范的更新，该流程为日后主要发展趋势。

② 半固定式泡沫灭火系统。

常用半固定式泡沫灭火系统是由储罐上设置的固定的泡沫产生装置、消防水管道、混合液管道和消火栓组成。发生火灾时，由泡沫消防车或机动泵、车载水龙带和消火栓连接组成灭火系统。

③ 移动式泡沫灭火系统。

由泡沫消防车、车载水龙带和泡沫产生装置临时组成的灭火系统。

（2）灭火系统计算。

储罐泡沫灭火系统的计算分为拱顶罐计算和浮顶罐计算两种类型。其中钢制单盘式、双盘式和敞口隔舱式内浮顶储罐按照浮顶罐进行计算，其他内浮顶储罐按照拱顶罐进行计算。泡沫灭火系统的计算应满足 GB 50151《泡沫灭火系统技术标准》的相关要求。

2）罐区消防冷却水系统

（1）冷却水系统分类。

储罐消防冷却水系统分为固定式消防冷却水系统、半固定式消防冷却水系统和移动式消防冷却水系统。

① 固定式消防冷却水系统。

包括消防水罐（池）、消防泵、消防供水管道、储罐上固定消防喷淋装置。

当固定顶油罐无抗风圈或加强圈时，可在油罐罐壁顶部设一道冷却水环管；大型浮顶罐设有的几道抗风圈或加强圈，如果无导流设施时，应在每道抗风圈或加强圈下部设置冷却水管及喷头，并应在第一道抗风圈上部设一道冷却水喷淋环管。

冷却水上罐立管一般设置两条或四条，这样做一是供水安全可靠，二是对相邻罐只冷却朝着火罐一侧的半周（即相邻罐只冷却罐壁的一半），另外一侧不冷却，可以节约水量，两条或四条冷却水上罐立管应是独立的。为使每个喷头喷水均匀、压力一致，一般应在管道的适当位置上设置减压孔板。

② 半固定式消防冷却系统。

在防火堤外设消火栓,储罐上不设固定喷淋装置,着火时利用消火栓给水储罐冷却。

③ 移动式消防冷却水系统。

着火时利用消防车给储罐冷却,站内不设消防系统。

(2)冷却水计算。

储罐冷却水的计算同泡沫计算一样,主要分为拱顶罐和浮顶罐。内浮顶储罐浮盘用易熔材料制作的按照拱顶罐进行计算,浮盘用不易熔材料制作的(如碳钢浮盘)按照浮顶罐进行计算。

储罐固定消防冷却水的计算按照 GB 50183《石油天然气工程设计防火规范》执行,室外消火栓给水量按照 GB 50974《消防给水及消火栓系统技术规范》的要求执行。

3)站场内建(构)筑物消防系统

(1)室外消火栓给水系统。

(2)室内消火栓给水系统。

(3)自动喷水灭火系统。

上述系统的设置均需满足 GB 50016《建筑设计防火规范》和 GB 50974《消防给水及消火栓系统技术规范》。

4)工艺装置区消防系统

(1)消防水量的确定。

石油天然气生产装置区的消防用水量应根据油气、站场设计规模和火灾危险类别及固定式消防设施的设置情况等综合考虑确定。水量按照 GB 50183《石油天然气工程设计防火规范》执行,火灾延续时间按 3h 计算。

(2)一般规定。

装置区宜采取临时高压方式供水。

装置区内的高大塔架及其设备群应设置固定水炮,水炮距保护对象的距离不宜小于 15m,供水量不宜小于 30L/s。

无高大塔架及其设备群的装置区应设置消火栓及水龙带箱供水,其位置距保护对象不应小于 15m。

5)火车和汽车油品装卸栈台消防系统

栈台消防水量按照 GB 50183《石油天然气工程设计防火规范》执行。

火车和一、二、三、四级站场的汽车油品装卸站台,附近有消防车的,宜设置半固定式消防系统,供水压力不应小于 0.15MPa,消火栓间距不应大于 60m。

火车和一、二、三、四级站场的汽车油品装卸站台,附近有固定消防设施可利用的,宜设置消防给水及泡沫灭火设施,消火栓及泡沫栓的间距不应大于 60m,消防冷却水连续供给时间不应小于 1h,泡沫混合液量连续供给时间不应小于 30min。

6)火车和汽车装卸液化石油气栈台消防系统

火车和汽车装卸液化石油气栈台宜设置消防给水系统和干粉灭火设施,水量按照 GB 50183《石油天然气工程设计防火规范》执行。

7) 液体硫黄储罐固定式蒸汽灭火

固定式蒸汽灭火系统简单易行,灭火效果较好。液体硫黄储罐应设置固定式蒸汽灭火系统;灭火蒸汽应从饱和蒸汽主管顶部引出,蒸汽压力宜为 0.4~1.0MPa,灭火蒸汽用量按储罐容量和灭火蒸汽供给强度计算确定,供给强度为 0.0015kg/(m³·s),灭火蒸汽控制阀应设在围堰外。

4. 消防水源

消防水源的选择及要求应符合 GB 50974《消防给水及消火栓系统技术规范》的相关规定。

5. 消防设施

1) 消防泵房

(1) 一般要求。

① 消防泵房宜与生活、生产给水泵房合建,其耐火等级不应低于二级。

② 消防水泵应采用自灌式饮水系统。

③ 自吸式消防水泵每台泵应设独立的吸水管。

④ 自灌式消防水泵 2 台以上成组布置时,至少应有 2 条吸水管,当其中 1 条发生事故或检修时其余的吸水管应能通过全部的消防用水量,做到分组冗余,轮换检修,不间断运行。

⑤ 成组布置的消防水泵至少应有 2 条出水管直接与环状消防给水管网连接,当 1 条发生事故或检修时,其余的出水管应能通过全部的消防用水量。

⑥ 消防水泵应设有平时运转打回流的措施。自动启泵的消防系统应设自动回流设施。

⑦ 除满足上述条件外,还应满足 GB 50183《石油天然气设计防火规范》、GB 50974《消防给水及消火栓系统技术规范》及 50151《泡沫灭火系统技术标准》的相关要求。

(2) 消防泵动力要求。

石油天然气工程一、二、三级站场的电源当满足一级负荷供电要求时,消防主泵和备用泵可均采用电动机驱动的消防泵。当只能采用二级负荷供电时,应设柴油机或其他内燃机直接驱动的备用消防泵。当不满足二级负荷供电时,也可全部采用柴油机或其他内燃机直接驱动的消防泵。

当油气站场设置有室内消防给水时,消防泵的动力还应满足 GB 50974《消防给水及消火栓系统技术规范》的相关要求。

对于需要执行 GB 50160《石油化工企业设计防火标准》的项目,消防泵的动力还应满足其要求。

(3) 消防泵扬程选择。

① 油罐区泡沫消防泵的扬程:

$$H = h_1 + h_2 + h_3 + h_4 + h_5 + \Delta h \quad (14-3-1)$$

式中 H——泡沫消防泵扬程,m;

h_1——最低吸水水位与泵轴的几何高度,m;

h_2——泵轴与泡沫产生器的几何高差,m;

h_3——管道总水头损失,m;

h_4——泡沫比例混合装置的水头损失,m;

h_5——泡沫产生器入口工作压力,m(应根据产品性能决定);

Δh——局部水头损失,m。

应注意的是当采用泡沫栓作为辅助灭火时,应核算最远一个泡沫栓的出口压力。

② 油罐区和石油液化气、轻烃储罐区冷却水泵扬程:

$$H' = h_1' + h_2' + h_3' + h_4' + \Delta h' \qquad (14-3-2)$$

式中 H'——冷却水泵扬程,m;

h_1'——最低吸水水位至泵轴的几何高度,m;

h_2'——泵轴至喷头的几何高度,m;

h_3'——管道总水头损失,m;

h_4'——喷头工作压力,m;

$\Delta h'$——局部水头损失,m。

应注意的是当采用消火栓(或水枪)作为移动式冷却时,应核算最远一处消火栓(或水枪)的出口压力。对于石油液化气、轻烃储罐区还应考虑消防水炮的使用压力。

2) 消防水罐(池)

(1) 消防水罐(池)设置的一般要求。

① 消防水罐(池)与生产、生活水罐合并时,应有消防用水不作他用的技术措施。

② 消防水罐(池)的有效容积应满足最大一次消防用水量。

③ 消防水罐(池)的具体设置要求应满足 GB 50974《消防给水及消火栓系统技术规范》的相关要求。

④ 消防水罐(池)补水时间不应超过96h,当采用自动化程序控制的站场或消防水罐(池)容积小于2000m³ 时,补水时间不应超过48h。

⑤ 寒冷地区消防水罐(池)应有防冻措施。

⑥ 供消防车取水的消防水池应设置取水口或取水井,且吸水高度不应大于6.0m。

⑦ 水罐(池)内应设有报警装置。水罐(池)内应设高低液位报警装置。

⑧ 水罐(池)应设有液位显示装置。

⑨ 与生活合用的消防水系统应采取有效防止水质污染的措施。

(2) 消防水罐(池)安装的一般要求。

① 水罐(池)的进水管(或回流管)应与出水管对称布置。

② 水罐(池)内应设有溢流管,水罐(池)应放空管。

③ 与生活、生产合用的消防水罐(池),应设有消防用水不作他用的技术措施。

④ 两座及两座以上的消防水罐(池)应设连通管道并设阀门控制。

⑤ 消防水罐(池)的设置要求还应满足 GB 50974《消防给水及消火栓系统技术规范》的相关规定。

6. 管道布置及敷设

1）储罐固定式消防管道设置

(1) 储罐容积小于 400m³ 时，消防冷却水竖管可采用 1 条。

(2) 储罐容积不小于 400m³ 时，消防冷却水竖管应采用 2 条，并对称布置。

(3) 储罐上的冷却水喷头，应根据所选用的喷头性能计算决定，并均匀布置。喷洒无表面空白。

(4) 储罐的支撑点、阀门、液位计、安全阀等均应设辅助喷头保护。

2）储罐区消防管道设计

(1) 储罐区消防冷却水管道应为环状管网，环网的布置应设在靠储罐区消防公路的一侧。

(2) 消防泵房向环状管网输水的进水管不应少于 2 条，当其中 1 条进水管发生事故时其余的进水管应能供给全部用水量。

(3) 储罐冷却水控制阀应设在距罐壁 15m 以外的地方。

(4) 控制阀至储罐的冷却水管道宜采用热镀锌无缝钢管，并设置过滤器。

(5) 消防水炮的位置应满足服务半径和操作距离的要求。

(6) 消火栓应设水龙带箱，箱内设置 DN65mm 水带 4 条（每条长 25m）及 19mm 水枪 1 支。

3）其他要求

管道的布置和敷设还应满足 GB 50183《石油天然气工程设计防火规范》、GB 50974《消防给水及消火栓系统技术规范》及 GB 50151《泡沫灭火系统技术标准》的相关要求。

第四节 建筑与结构

一、建筑设计技术要求

1. 一般要求

(1) 本节内容适用于油气田集输与处理系统所包含的站场内生产建筑及辅助生产建筑的设计。

(2) 进行建筑设计时，应满足生产工艺、建筑设计、经济、建筑节能、卫生、安全等方面的要求。

(3) 建筑设计使用年限应符合表 14-4-1 的规定。

表 14-4-1 设计使用年限分类

类别	设计使用时间，a	示例
1	5	临时性建筑
2	25	易于替换结构构件的建筑
3	50	普通建筑和构筑物

2. 厂房及辅助建筑的平剖面设计

1）建筑模数、定位轴线及标高

厂房的柱网、高度和定位轴线,应遵守 GB/T 50002《建筑模数协调标准》、GB/T 50006《厂房建筑模数协调标准》的有关规定。建筑体型应简洁,跨度、高度、开间等尺寸应尽可能统一。

2）厂房的平剖面设计

（1）厂房的平面设计。

① 设计原则:在满足生产工艺的基础上,应使厂房平面形式规整、合理、简洁,以便尽量减少占地面积,节能,简化构造处理,选择符合模数和经济合理的柱网使厂房具有较大的通用性,正确地解决采光、通风、防振、防尘等问题;妥善处理安全疏散及防火防爆措施。

② 几个单体建筑在可能的情况下宜合并为一个单体建筑,提高能源和土地的使用率。

③ 在寒冷地区,厂房的长轴宜平行于冬季主导风向;在炎热地区,最好采用矩形平面,并使厂房长轴与夏季主导风向垂直或大于45°。

（2）厂房的剖面设计。

① 建筑高度的确定。确定建筑的高度应根据生产工艺要求以及建筑统一化的要求,同时还应考虑空间的合理利用。

② 室内外高差的确定。厂房一般情况下取 150～300mm,爆炸危险区配电室取600mm,独立的辅助建筑可取 300～600mm。

3. 建筑装修

1）外墙面

（1）一般工业厂房外墙面采用抹面刷外墙涂料。

（2）办公及辅助建筑外墙面可采用抹面刷外墙涂料、贴面砖等;有外墙外保温系统的外墙面宜采用外墙涂料。

2）内墙面及顶棚

（1）一般工业厂房内墙面及顶棚采用抹面刷内墙涂料。

（2）办公及辅助建筑内墙面及顶棚可采用抹面刷内墙涂料,有功能要求的顶棚做吊顶。

（3）有油污物污染的房间、卫生间及淋浴间等,内墙面可采用普通釉面砖。

（4）有腐蚀性生产介质、防腐蚀要求的房间内墙面及顶棚应做防腐处理。

（5）内装修工程的设计、施工应执行 GB 50222《建筑内部装修设计防火规范》。

3）楼地面

（1）一般工业厂房楼地面采用水泥楼地面,有防尘、洁净要求的房间采用面砖楼地面。

（2）办公及辅助建筑楼地面可采用水泥楼地面、面砖楼地面,有功能要求的(如计算机房)可采用防静电地板。

（3）有腐蚀性生产介质、防腐蚀要求的房间楼地面应做防腐处理。

（4）楼层地面经常受机油直接作用的地段,应采用防油渗混凝土面层;受机油较少作用的地段,可采用涂有防油渗涂料的水泥类整体面层。

（5）散发较空气重的可燃气体、可燃蒸气的甲、乙类厂房,应采用不发生火花的地面。采用绝缘材料作地面面层时,应采取防静电措施。

（6）受较大荷载或有冲击力作用的地面,可采用垫层为混凝土整体浇注的水泥砂浆面层、细石混凝土面层等地面做法。

（7）楼地面工程的设计、施工应执行 GB 50037《建筑地面设计规范》。

4. 建筑采光与节能

1）建筑采光

（1）建筑采光应充分利用天然光源,一般以侧窗为主。利用天然光源时,应考虑眩光的不利影响。

（2）严寒、寒冷和多风沙地区,建筑采光应与建筑节能及抵御风沙侵袭相结合,合理利用天然光源；炎热地区,在满足采光要求的前提下,也应注意遮阳降温的措施。

（3）主要建筑物的采光等级和窗地面积比见 SY/T 0021《石油天然气工程建筑设计规范》。

2）建筑节能

（1）建筑总平面的布置和设计,宜利用冬季日照并避开冬季主导风向,利用夏季自然通风；建筑物朝向宜采用南北向或接近南北向。

（2）建筑物的体形设计宜减少外表面积,其平面、立面的凹凸面不宜过多。

（3）建筑物各部分围护结构传热系数、热阻限制等应满足有关国家、行业及地方标准要求。

（4）宿舍建筑的节能设计应执行 JGJ 26《严寒和寒冷地区居住建筑节能设计标准》及有关地方标准。

（5）公共建筑的节能设计应执行 GB 50189《公共建筑节能设计标准》及有关地方标准。

（6）工业建筑节能设计应执行 GB 51245《工业建筑节能设计统一标准》及有关地方标准。

5. 建筑防火与疏散

1）建筑的防火设计基本要求

建筑构件耐火极限应满足建筑耐火等级要求,建筑耐火等级应满足功能要求,建筑防火设计应严格执行 GB 50016《建筑设计防火规范》的要求。

2）火灾危险性分类

（1）生产的火灾危险性应根据生产中使用或产生的物质性质及其数量等因素。

（2）同一座厂房或厂房的任一防火分区内有不同火灾危险性生产时,该厂房或防火分区内的生产火灾危险性分类应按火灾危险性较大的部分确定。

（3）当火灾危险性较大的生产部分占本层或本防火分区面积的比例小于5%且发生火灾事故时不足以蔓延到其他部位,或火灾危险性较大的生产部分采取了有效的防火措施,火灾危险性按较小的来确定。

3）建筑的耐火等级及构件耐火等级

各类建筑物及其构件的耐火等级及构件的要求见 GB 50016《建筑设计防火规范》。

4) 建筑的安全疏散

(1) 建筑的安全出口应分散布置。

(2) 建筑的每个防火分区、一个防火分区内的每个楼层,其安全出口的数量应经计算确定,且不应少于2个;设置1个安全出口或1部疏散楼梯的建筑应符合 GB 50016《建筑设计防火规范》的要求。

(3) 建筑内的疏散楼梯、走道、门的各自总净宽度,应满足 GB 50016《建筑设计防火规范》的要求。

6. 建筑防爆

(1) 有爆炸危险的甲、乙类厂房宜独立设置,并宜采用敞开式或半敞开式。其承重结构宜采用钢筋混凝土或钢框架、排架结构。

(2) 有爆炸危险的厂房或厂房内有爆炸危险的部位应设置泄压设施。

(3) 厂房的泄压面积宜按 GB 50016《建筑设计防火规范》的要求进行计算。

7. 噪声控制

1) 工业企业噪声控制设计标准

工业企业厂区内各类地点噪声标准见表 14-4-2。

表 14-4-2 工业企业厂区内各类地点噪声标准

序号	工作场所	噪声限制值,dB(A)
1	生产车间	85
2	车间内值班室、观察室、休息室、办公室、实验室、设计室	70
3	正常工作状态下精密装配线、精密加工车间、计算机房	70
4	主控制室、集中控制室、通信室、电话总机室、消防值班室、一般办公室、会议室、设计室、实验室(室内背景噪声级)	60
5	医务室、教室、工人值班宿舍	55

2) 噪声控制的途径

分清噪声控制的部位,根据不同部位分别采用不同的方法和措施。

8. 建筑构造

1) 屋面

屋面工程应根据建筑的类别、性质、重要程度、使用功能及防水层合理使用年限,结合工程特点、地区自然条件等,按不同等级进行设防。屋面工程应符合 GB 50345《屋面工程技术规范》的规定。

2) 门窗

(1) 门。

① 车间大门门洞口净宽度和净高度应大于运输工具、产品、设备宽度 600~1000mm,高度 400~600mm。

② 建筑的疏散门应采用向疏散方向开启的平开门。

(2) 窗。

① 一般生产建筑的窗,宜采用塑钢窗。

② 侧窗的设计应满足采光通风及立面的要求。有腐蚀性气体时,不宜采用钢窗。

3) 梯、栏杆及平台

(1) 楼梯、平台梯、爬梯。

楼梯的数量、位置、宽度和楼梯间形式应满足使用方便和安全疏散的要求。平台梯、爬梯的设置应满足 GB 50016《建筑设计防火规范》的要求。

(2) 栏杆。

① 阳台、外廊、上人屋面及室外楼梯等侧面临空处应设置防护栏杆。

② 室内外台阶、操作平台等高度超过 0.70m 并侧面临空时,应设置防护栏杆。

(3) 平台。

① 当工艺生产需设操作平台时,其平台宽度不应小于 0.9m。

② 平台应考虑设备检修所需要的位置。

9. 绿色建筑

1) 绿色建筑基本规定

绿色设计应综合建筑全寿命周期的技术与经济特性,采用有利于促进建筑与环境可持续发展的场地、建筑形式、技术、设备和材料。在设计过程中,规划、建筑、结构、给水排水、暖通空调、燃气、电气与智能化、室内设计、景观、经济等各专业应紧密结合。

民用建筑应进行绿色设计。方案和初步设计阶段的设计文件应有绿色设计专篇,施工图阶段的设计文件应注明对绿色建筑施工与建筑运营管理的技术要求。

2) 绿色建筑等级划分

绿色建筑评价指标体系应由安全耐久、健康舒适、生活便利、资源节约、环境宜居 5 类指标组成。且每类指标均包括控制项和评分项,评价指标体系还统一设置加分项。

绿色建筑等级划分见表 14－4－3。

表 14－4－3　绿色建筑评价标准等级划分

等级	控制项	评分项单项得分	总得分
基本级			≥40 分
一星级	★	均需满足控制项要求	≥60 分
二星级	★★	每类指标的评分项得分不应小于其评分项满分值的30%	≥70 分
三星级	★★★		≥85 分

二、主要生产、办公及辅助建筑

1. 主要生产建筑及辅助建筑特征

主要生产建筑及辅助建筑特征详见表 14－4－4。

表 14-4-4 主要生产建筑及辅助建筑特征

类别	名称		火灾危险性分类	耐火等级（下限）	防爆要求	防腐要求	隔(吸)声要求	清洁要求	附注
装置及油品系统	液化石油气压缩机房		甲	二	有		有		考虑隔噪声
	天然气压缩机房		甲	二	有		有		考虑隔噪声
	氢气压缩机房		甲	二	有		有		考虑隔噪声
	氨压缩机房		乙	二	有		有		考虑隔噪声
	空气压缩机房	有油	丁	二			有		考虑隔噪声
		无油	戊						
	惰性气体压缩机房（氮气、氩气等）		戊	二			有		考虑隔噪声
	氧气压缩机房		乙	二			有		考虑隔噪声
	一氧化碳压缩机房		甲	二	有		有		考虑隔噪声
	合成气压缩机房		甲	二	有		有		考虑隔噪声
	水煤气压缩机房		甲	二	有		有		考虑隔噪声
	乙烯、丙烯压缩、制冷机房		甲	二	有		有		考虑隔噪声
	二氧化碳压缩机房		戊	二			有		考虑隔噪声
	液化石油气泵房		甲A	二	有				
	二硫化碳泵房		甲B	二	有	有			
	原油、汽油、苯、甲苯对二甲苯及丙酮泵房		甲B	二	有				
	热油泵房、溶剂油泵房		丙B	二					
	硫黄仓库、硫黄成型机房	颗粒度<2mm	乙	二	有				
		颗粒度≥2mm	丙						
	柴油泵房	轻柴油	乙B	二	有				
		重柴油	丙A						
	石蜡、润滑油、燃料油泵房		丙B	二					
	石蜡成型、氧化、沥青氧化石蜡、沥青仓库		丙	二					
	酸碱泵房		戊	二		有			
其他	中心化验室		丙、丁、戊	二	有	有		有	
	控制室、机柜间		丁、戊	二			有	有	
	消防站		丁、戊	二					
	危险品库、化学品库			二					①
	汽车库、仓库		丁、戊	三					
	空分站		乙	二	有				

续表

类别	名称	火灾危险性分类	耐火等级（下限）	防爆要求	防腐要求	隔(吸)声要求	清洁要求	附注
维修	机修厂房、电修厂房、建修厂房	丁、戊	三					②
	仪修厂房	丁、戊	三				有	
供热系统	锅炉房、凝结水站、换热站	丁、戊	一、二		有			每小时蒸发量不超过4t的燃煤锅炉房耐火等级可采用三级
	化学水处理站	戊	三		有			
	排渣泵房	丁、戊	三					
供电	主厂房(汽机房、除氧间、集控楼、煤仓间)	丁	二					
	变压器室	丙、丁	一、二					
	电容器室	丙、丁	二					
	电抗器室	丙、丁	二					
	高低压配电室 单台设备油量60kg以上	丙	二					防潮、防虫及小动物
	高低压配电室 单台设备油量60kg以下	丁	二					
	高低压配电室 无含油电气设备	戊	二					
	电缆夹层 用A类阻燃电缆	丁	二					
	电缆夹层 用一般电缆	丙						
	柴油发电机房	丙	二					
给排水	污水提升泵房	乙	二		有			
	循环水泵房、加药间	戊	二		有			仅加药间有防腐要求
	消防泵站	戊	二					
	消防站	丁、戊	二					

注：表中未列出的生产建筑及辅助建筑的特征可参考表中同类建筑确定。
① 危险品库、化学品库根据所储存的化学品介质情况及相关的国家标准来确定火灾危险性、耐火等级、防爆、防腐等要求。
② 维修厂房根据厂房内所使用的介质情况及相关的国家标准来确定火灾危险性分类。

2. 主要生产建筑

1) 压缩机厂房

（1）压缩机厂房宜采用敞开或半敞开的建筑形式。

（2）当生产或维护要求压缩机厂房必须采用封闭式建筑时，其泄压设计应符合 GB 50016

《建筑设计防火规范》的要求。

2）控制室

（1）控制室宜单独设置，应远离振源、噪声源和有电磁干扰等场所。当与变配电室、化验室等组成综合建筑物时，宜设在一层，且不宜与高压配电室、变压器间相临近。

（2）有抗爆要求的控制室应符合 GB 50779《石油化工控制室抗爆设计规范》的有关要求。

3）泵房

（1）泵房的设计应满足生产工艺的要求。

（2）甲、乙类泵房宜独立设置，并应采用敞开式或半敞开式，当采用封闭式建筑时，应按防爆厂房的要求来设计。

（3）甲、乙A类泵房不应采用地下或半地下的建筑形式。

3. 办公及辅助生产建筑

1）办公建筑

（1）办公建筑应根据使用性质、建设规模与标准的不同，确定各类用房。

（2）办公建筑由办公室用房、公共用房、服务用房、设备用房等组成。

（3）办公建筑应根据使用要求、用地条件、结构选型等情况按建筑模数选择开间和进深，合理确定建筑平面，提高使用面积系数，并宜留有发展余地。

（4）办公建筑的体型设计不宜有过多的凹凸与错落，外围护结构的热工设计应符合 GB 50189《公共建筑节能设计标准》中有关节能的要求。

2）宿舍建筑

（1）宿舍建筑可采用通廊式和单元式平面布置形式。

（2）宿舍应满足自然采光、通风要求。宿舍半数及半数以上的居室应有良好朝向。

（3）每栋宿舍应设管理室、公共活动室和晾晒衣物的空间。居室不应布置在地下室。

三、结构设计基础数据

1. 自然条件

1）气象条件

基本风压和基本雪压应按 GB 50009《建筑结构荷载规范》取值。温度、湿度、降雨量从气象台站收集的资料获得。

2）水文条件资料

地下水的埋深、水位变化幅度、水质分析，以及水层的分布状态，由工程地质勘查部门提供。

3）工程地质条件

地形地貌、地质构造、土层物理力学特征、不良地质现象、地基土的冻深和冻胀性，由工程地质勘查部门提供。

4）地震作用条件

拟建场地抗震设防烈度、地震分组、设计基本地震加速度、建筑场地类别、地震液化判别、岩土地震稳定性评价,场地有利、不利和危险地段评价,由工程地质勘查部门提供。

2. 荷载

(1) 建筑结构应按 GB 50009《建筑结构荷载规范》的规定对承载能力极限状态和正常使用极限状态分别进行荷载效应组合,并应取各自的最不利的效应组合进行设计。

(2) 对水位非急剧变化的水压力按永久荷载考虑;对水位急剧变化的水压力按可变荷载考虑。一般建筑应取设计工作年限内可能产生的最大水压和最高水位。

四、建筑物结构设计

1. 一般规定

1) 设计深度

(1) 油气田地面建设工程的建筑物结构设计深度,除符合国家住房和城乡建设部发布的《建筑工程设计文件编制深度规定》标准外,尚应符合有关行业标准及企业标准的规定。

(2) 结构设计文件的编制应做到内容完整、方便施工、比例适当、尺寸齐全、整洁美观。

(3) 设计文件应以图形表示为主,并辅以必要的文字说明,语句应简洁扼要、通顺准确。

2) 结构设计的计量单位

(1) 建筑物结构设计文件中,应符合国家法定计量单位的规定。

(2) 图样上的尺寸单位,标高及总平面以米(m)为单位,其他以毫米(mm)为单位。

(3) 角度宜优先以度(°)为单位。

3) 结构设计基本准则

建筑物的结构设计,应按承载能力极限状态和正常使用极限状态进行设计,其设计原则应遵守 GB 50068《建筑结构可靠性设计统一标准》的要求。

4) 结构设计工作年限

(1) 结构设计文件中应注明设计工作年限,并确保结构在规定的设计工作年限内具有足够的可靠度。

(2) 结构设计工作年限的确定应符合 GB 50068《建筑结构可靠性设计统一标准》的要求。

5) 结构安全等级

(1) 结构设计文件中,应注明结构的安全等级。

(2) 结构安全等级的确定,应符合 GB 50068《建筑结构可靠性设计统一标准》的要求。

6) 极限状态设计表达式

(1) 结构构件按承载能力极限状态设计时,应按荷载效应的基本组合进行组合。

(2) 结构构件按正常使用极限状态设计时,应按荷载效应的标准组合、频遇组合和准永久组合进行组合。

7) 建筑物荷载

(1) 建筑物设计文件中应注明主要建筑物的活荷载的标准值。

(2) 永久荷载和可变荷载应按 GB 50009《建筑结构荷载规范》及相关行业标准的规定取值。

（3）可根据业主的要求确定建筑物的活荷载标准值，但不得低于 GB 50009《建筑结构荷载规范》及相关行业标准规定的最小荷载。设计时宜考虑使用期间设备更新的可能，适当增大活荷载标准值。

8）地基基础设计等级

地基基础设计时，应根据地基复杂程度、建筑规模和功能特性将地基基础设计分为三个设计等级，具体分类符合 GB 50007《建筑地基基础设计规范》的有关规定。

9）抗震设防类别

（1）抗震设防区的所有建筑物设计，其设计文件中应注明其抗震设防类别。

（2）抗震设计的抗震设防类别和相应的抗震设防标准的确定，应符合 GB 50223《建筑工程抗震设防分类标准》的有关规定。

10）抗震设防烈度

（1）抗震设防区的所有建筑物设计，其设计文件中应注明其抗震设防烈度。

（2）抗震设防烈度和设计地震动参数应按国家规定的权限审批颁发的文件或图件确定，并按批准文件采用，对有地震安全性评价报告的区域，尚应符合地震安全性评价报告的内容。

2. 结构选型

（1）建筑物结构应注重概念设计，重视结构的选型和平面、立面布置的规则性，结构方案应选择具有受力明确、传力简捷及整体性较好的结构体系。

（2）建筑物结构布置、选型和构造处理等，应充分考虑生产工艺和设备安装、检修的要求。

（3）结构体系应根据建筑的抗震设防类别、抗震设防烈度、建（构）筑物高度、场地条件、地基、结构材料和施工等因素，经技术、经济和使用条件综合比较确定。

（4）建筑物结构选型应根据下列条件综合分析确定。

① 生产特点，如易燃、易爆、腐蚀、毒害、振动、高温、低温、粉尘、潮湿等。

② 工程地质条件、气象条件、抗震设防烈度。

③ 房屋的跨度、高度、柱距、有无起重机及起重机吨位。

④ 施工技术条件和材料供应情况。

⑤ 技术经济指标。

3. 结构计算

1）结构计算总体原则

（1）计算模型的建立、必要的简化计算与处理，应符合结构的实际工作状况，所有计算机计算结果，应经分析判断确认其合理、有效后方可用于工程设计。

（2）结构计算所采用的计算程序，应在设计文件中注明程序名称及相应的版本号，并对结构不同部位所采用的程序模块分别注明。

（3）结构计算中所采用的重要参数，应在设计文件中注明。

2）钢筋混凝土结构计算

（1）钢筋混凝土结构应采用以概率理论为基础的极限状态设计法，以可靠指标度量结构构件的可靠度，采用分项系数的设计表达式进行设计。

(2)钢筋混凝土结构应按承载能力极限状态和正常使用极限状态进行设计。

3）钢结构计算

(1)除疲劳计算和抗震设计外,应采用以概率理论为基础的极限状态设计方法,用分项系数的设计表达式进行计算。

(2)按承载能力极限状态设计钢结构时,应考虑荷载效应的基本组合,必要时还应考虑荷载效应的偶然组合。按正常使用极限状态设计钢结构时,应考虑荷载效应的标准组合。

(3)计算结构或构件的强度、稳定性,以及连接的强度时,应采用荷载设计值;计算疲劳时,应采用荷载标准值。

4）砌体结构计算

(1)砌体结构应按承载能力极限状态设计,并满足正常使用极限状态的要求。

(2)房屋的静力计算,根据房屋的空间工作性能分为刚性方案、刚弹性方案和弹性方案。

4. 构造措施

1）钢筋混凝土结构构造措施

(1)最低混凝土强度等级应符合 GB 50010《混凝土结构设计规范》的规定。

(2)纵向受力的普通钢筋及预应力钢筋,其混凝土保护层厚度不应小于钢筋的公称直径,且应符合 GB 50010《混凝土结构设计规范》中有关保护层厚度的规定。

(3)钢筋混凝土结构伸缩缝的最大间距宜符合 GB 50010《混凝土结构设计规范》的规定。

(4)钢筋混凝土结构构件中纵向受力钢筋的配筋百分率应满足 GB 50010《混凝土结构设计规范》的规定。

(5)抗震设计中,钢筋混凝土框架梁、柱及抗震墙的钢筋配置应符合 GB 50010《建筑抗震设计规范》的规定。

2）钢结构构造措施

(1)焊接连接节点应符合 GB 50661《钢结构焊接规范》的规定。

(2)高强度螺栓连接节点符合 JGJ82《钢结构高强度螺栓连接技术规程》的规定。

3）砌体结构构造措施

(1)砌体结构应按 GB 50003《砌体结构设计规范》的规定在砌体墙中设置现浇混凝土圈梁。有抗震要求的砌体房屋应按 GB 50011《建筑抗震设计规范》的要求设置圈梁和构造柱。

(2)砌体结构应根据 GB 50003《砌体结构设计规范》的规定采取防止或减轻墙体开裂的措施。

五、构筑物结构设计

1. 一般规定

1）设计深度

(1)油气田地面建设工程的构筑物结构设计深度,除符合国家住房和城乡建设部《建筑工程设计文件编制深度规定》标准外,尚应符合有关行业标准及企业标准的规定。

(2)结构设计文件的编制应做到内容完整、方便施工、此例适当、尺寸齐全、整洁美观。

（3）设计文件应以图形表示为主,并辅以必要的文字说明,语句应简洁扼要、通顺准确。

2）结构设计计量单位

（1）构筑物结构设计文件中,应符合国家法定计量单位的规定。

（2）图样上的尺寸单位、标高及总平面以米(m)为单位,其他以毫米(mm)为单位。

（3）角度宜优先以度(°)为单位。

3）结构设计基本准则

构筑物的结构设计,应按承载能力极限状态和正常使用极限状态进行设计,其设计原则应遵守 GB 50068《建筑结构可靠性设计统一标准》的要求。

4）结构设计工作年限

（1）结构设计文件中应注明设计工作年限,并确保结构在规定的设计工作年限内具有足够的可靠度。

（2）结构设计工作年限的确定应符合 GB 50068《建筑结构可靠性设计统一标准》的要求。

5）结构安全等级

（1）结构设计文件中,应注明结构的安全等级。

（2）结构安全等级的确定,应符合 GB 50068《建筑结构可靠性设计统一标准》的要求。

6）极限状态设计表达式

（1）结构构件按承载能力极限状态设计时,应按荷载效应的基本组合进行组合。

（2）结构构件按正常使用极限状态设计时,应按荷载效应的标准组合、频遇组合和准永久组合进行组合。

7）构筑物荷载

（1）构筑物设计文件中应注明主要构筑物的活荷载的标准值。

（2）永久荷载和可变荷载应按 GB 50009《建筑结构荷载规范》及相关行业标准的规定取值。

（3）可根据业主的要求确定构筑物的活荷载标准值,但不得低于 GB 50009《建筑结构荷载规范》及相关行业标准规定的最小荷载。设计时宜考虑使用期间设备更新的可能,适当增大活荷载标准值。

8）地基基础设计等级

地基基础设计时,应根据地基复杂程度、建筑规模和功能特性将地基基础设计分为 3 个设计等级,具体分类符合 GB 50007《建筑地基基础设计规范》的有关规定。

9）抗震设防类别

（1）抗震设防区的所有构筑物设计,其设计文件中应注明其抗震设防类别。

（2）抗震设计的抗震设防类别和相应的抗震设防标准的确定,应符合 GB 50223《建筑工程抗震设防分类标准》的有关规定。

10）抗震设防烈度

（1）抗震设防区的所有构筑物设计,其设计文件中应注明其抗震设防烈度。

（2）抗震设防烈度和设计地震动参数应按国家规定的权限审批颁发的文件或图件确定,并按批准文件采用,对有地震安全性评价报告的区域,尚应符合地震安全性评价报告的内容。

2. 设备基础

1）静设备基础

静设备基础主要包括冷换设备和容器基础。冷换设备基础包含冷凝器基础、冷却器基础和换热器基础。容器基础包括卧式容器基础和小型立式容器基础。

（1）一般设备基础的结构内力分析和地基承载力的计算，可参照 GB 50007《建筑地基基础设计规范》的有关规定执行。

（2）圆筒式、圆柱式及环形支架式立式容器基础的结构内力分析和地基承载力的计算，可参照 SH 3030《石油化工塔型设备基础设计规范》的有关规定执行。

2）动设备基础

动设备基础主要包括往复式压缩机基础和离心式压缩机基础。压缩机基础的结构内力分析和地基承载力的计算，可按照 GB 50040《动力机器基础设计标准》和 SH/T 3091《石油化工压缩机基础设计规范》的有关规定执行。

3. 管架

1）结构计算

（1）独立式管架内力应分别按下列要求进行平面内、平面外计算。

① 管架柱按双向偏心受压构件设计，"T"形管架柱还应进行抗扭计算。

② 管架梁应按双向受弯兼受扭计算，计算受扭时，两端按固定考虑。

（2）独立式活动管架宜采用刚性管架。

（3）纵梁式管架结构应以一个温度区段作为一个计算单元，管架横梁承受管道的竖向荷载和水平推力。

（4）管架应按 GB 50191《构筑物抗震设计规范》的规定进行地震作用验算。

2）构造措施

（1）混凝土管架梁断面不宜小于 200mm×250mm；柱断面不宜小于 250mm×250mm。

（2）纵梁式管架柱间支撑应满足下列要求：

① 柱间支撑宜各层连续设置，下柱支撑应确保水平力能直接传给基础。

② 交叉支撑在交叉点宜设节点板。

③ 柱间支撑节点板的厚度不宜小于 8mm。

六、地基基础设计与地基处理设计

1. 地基基础设计

1）基础设计要求

（1）上部结构竖向分布的荷载传递特征及地下室使用功能的要求。

（2）地基承载力应满足基底附加应力的要求。

（3）地基土持力层其下卧层的稳定性（尤其是地震作用时）。

（4）基础总沉降量和差异沉降量的控制。

（5）地下水位及其防水要求。

(6) 基础施工中可能对周边现有建筑物带来的不利影响。

(7) 基础的工程造价、施工难度、工期等因素对综合经济效益的影响。

(8) 上部结构的形式、刚度特点及使用要求。

(9) 场地周围既有建筑和设备管线的要求。

2) 基础设计要点

(1) 基础设计包括基础形式的选择、基础埋置深度特力层的选择、基础底面积及强度的计算等,若结构有地下室,基础设计还应包括地下室的计算。

(2) 建(构)筑物基础对场地和地基条件的要求应符合 GB 50007《建筑地基基础设计规范》、GB 50191《建筑抗震设计规范》、SH 3076《石油化工建筑物结构设计规范》和 SH 3147《石油化工构筑物抗震设计规范》的规定。

2. 地基处理设计

(1) 经处理后的地基,当按地基承载力确定基础底面积及埋深而需要对地基承载力特征值进行修正时,应符合下列规定:

① 基础宽度的地基承载力修正系数应取 0。

② 基础埋深的地基承载力修正系数应取 1.0。

③ 经处理后的地基,当在受力层范围内仍存在软弱下卧层时,尚应验算下卧层的地基承载力。对水泥土类桩复合地基尚应根据修正后的复合地基承载力特征值,进行桩身强度验算。

(2) 按地基变形设计或应做变形验算且需进行地基处理的建筑物或构筑物,应对处理后的地基进行变形验算。

(3) 受较大水平荷载或位于斜坡上的建(构)筑物,当建造在处理后的地基上时,应进行地基稳定性验算。

(4) 复合地基载荷试验应符合 JGJ 79《建筑地基处理技术规范》的规定。

(5) 地基处设计法应按 JGJ 79《建筑地基处理技术规范》和各地区标准规定执行。

第五节 供热、暖通空调

一、热工

油田油气集输工程的供热一般可以采用导热油加热炉供热系统、蒸汽锅炉供热系统、热水锅炉供热系统、热泵机组供热系统形式,应根据工艺生产及生活需要,选择技术经济比较合理的供热方式。

1. 导热油加热炉供热系统

导热油供热系统一般分为液相供热系统和气相供热系统,液相供热系统中加热的导热油以液态通过导热油循环泵输送到用热单元,在用热单元释放出显热后,再流回导热油炉,是一个封闭循环体系;气相供热系统中加热的导热油以气态输送到用热单元,在用热单元释放出潜热,冷凝后的导热油通过回流泵循环至导热油炉。油田油气集输工程中用热单元的加热温度一般350℃以下,液相导热油供热系统能够满足油田地面工程建设需求,本手册涉及的导热油供热系统仅指液相导热油供热系统。

1) 导热油

导热油于1931年由美国道氏化学公司研究并试制生产,是一种有机热载体,多呈淡黄色或褐色油状液体,大多是无毒无味的,少数是具有一定程度的毒性和刺鼻臭味,导热油的沸点高,可以在很低的饱和压力下被加热到较高的工作温度,达到液相340℃或气相400℃,并具有较好的稳定性。一般不腐蚀金属设备,黏度不大,输送性能好。适合作为热传导介质被广泛应用。

(1) 分类。

导热油按其生产方法可分为矿物型和合成型两大类。国产导热油按照产品类型、使用状态和适用的系统类型划分类别,并且按照最高允许使用温度确定产品代号,详见 GB 23971《有机热载体》。进口导热油一般以生产商各自的命名方法确定产品代号。

① 矿物型导热油。以石油的高沸点馏出组分作为基础油(即原料油),经过深度加工,加入清净分散剂和抗氧剂等添加剂调配精制而成,包括链烷烃、芳香烃、环烷烃三大类。

矿物型导热油原料来源比较丰富,价格便宜,制造工艺简单,无毒无味,常温下不易氧化,液相使用温度可达250℃,热稳定性差,低温下黏度大,冬季气候寒冷时,需特别注意循环泵的启动。

② 合成型导热油。以石油化工或化工产品为原料,基础油为一种以上,经有机合成工艺制得,主要成分为烷基苯。包括合成芳香烃、醇、醚、酯、硅油等。

合成型导热油加工复杂,成本高,使用温度较高,一般可达400℃,热稳定性也较好。

(2) 导热油的质量及性能指标。

导热油的质量直接关系到供热系统运行的稳定,良好的导热油应具有酸值低、黏度小、比热容大、热传导率高、热稳定性好等优点。其性能指标主要包括以下内容。

① 酸值。酸值是导热油含有的有机酸总和。新导热油的酸值不超过 0.02mg KOH/g。导热油的酸值会在使用过程中不断增大;同时,酸值是用来考核腐蚀性的一项重要指标。如果酸值超过 0.5mg KOH/g 时,这种导热油就不能再继续使用了。

② 黏度。黏度是反映导热油在一定温度下稀稠程度和流动性能的一项重要指标。黏度越大,导热油的流动性能越差。导热油经长期运行后黏度会增加,说明导热油的分子聚合或发生结构变化而生成胶质,将影响导热油的使用寿命。所以,新导热油的黏度一般为 $19 \sim 33 \text{mm}^2/\text{s}$(50℃)。

③ 残炭。残炭是指导热油在空气不足的情况下受强热而使其中的胶质、沥青及多环芳香烃分解、缩合而形成的结焦物。残炭是衡量导热油质量的重要指标,其值一般在 0.02% 以下。当残炭值超过 1.5% 时,必须对导热油进行处理,否则将会在设备与管道中沉积大量的胶质和炭渣,导致结焦和堵塞管道,引发事故。

④ 最高使用温度。最高使用温度是指不同型号的导热油在其使用时的温度限制,是导热油最主要的一个指标。它表示导热油在这一温度及以下使用时,能保持导热油的热稳定性。

一般说，导热油的最高使用温度是根据导热油的型号来确定的。国产导热油的最高使用温度为250～350℃。

⑤闪点。闪点是导热油蒸气与周围空气混合遇到火焰而发生闪烁光（短促闪燃）的最低温度。当温度继续升高时，可达到燃点，再升高而自燃。导热油的闪点低，其安全性相对差。闪点是导热油安全性的标志，一般在190～200℃，自燃点为500℃以上。

⑥倾点（凝固点）。倾点是指导热油在常压下由液态凝固成固态的温度，指在规定的试验条件下，将试管内的导热油冷却并倾斜角度45°，经过1min后，油面不能移动时的最高温度。在低于倾点时，导热油呈固态，这对供热系统的正常使用会产生影响，需对其进行预热，使其变成液态，而这样会增加设备的复杂性和运行成本。国产导热油的倾点一般在10℃以下。

⑦沸点。导热油是一种有机混合物，各种有机物具有不同的沸点，因此导热油的沸点温度是一个范围，而不是一个定值温度。一般要求导热油的初沸点要高于导热油最高安全使用温度，以确保导热油在低压液相状态下可安全使用。初沸点是导热油中最轻馏分的沸腾温度。导热油的馏出温度范围不宜过宽，以其范围较窄为好。

⑧燃点。可燃物质在空气或其他助燃物质接触的情况下，达到某一温度时，遇火源即会发生持续的着火燃烧，发生这种持续燃烧所需要的最低温度叫作燃点。所有物质的燃点都高于闪点。

⑨自燃点。可燃物质在空气或其他助燃物质接触的情况下，被加热到某一温度时，在没有外来火源的条件下即会自行起火燃烧。发生这种持续燃烧所需要的最低温度就是可燃物质的自燃点。可燃物质的自燃点都高于其燃点，因此导热油在高温使用时一般不会自燃着火，但要防止高温导热油从系统中渗透出来，因为接触空气并形成一定浓度时会引起自燃。

⑩蒸气压力。当导热油在密闭容器中工作时，液相导热油的蒸发气化率和气相导热油蒸气凝结液化率处于动态平衡，所形成的蒸气压力称为导热油在工作温度下的饱和蒸气压力，一般不超过1.0MPa，且多数在0.1MPa以下。

⑪膜温。导热油流过受热面时，会在受热面表面吸附一层很薄的油膜。油膜层的厚度同导热油流速和黏度特性有关。油膜层的温度与导热油主流体温度始终存在一个温差值，而且油膜层温度往往高于主流体温度10～40℃。避免油膜超温是防止导热油过热的关键。膜温可以通过有关方法计算或测定。

⑫密度。导热油的密度大多都小于$1000kg/m^3$，导热油的密度小，有利于传热和管道输送。

⑬水分。水分是导热油中的有害成分，其含量必须尽可能低，且在使用前必须对导热油进行脱水处理，应防止在工作系统中掺水。若导热油中混进水分，加热至100℃会汽化，造成急剧膨胀，操作不平稳，因此应严格控制导热油的水分。

⑭膨胀系数。膨胀系数也叫膨胀率。它是物质受热后胀大程度的表征参数。导热油从常温被加热到某一工作温度时，体积会增加许多，一般温升每增加100℃，近似膨胀8%～10%。

⑮ 热力性能参数。导热油的热力性能参数是热工计算时所需的重要参数,包括热导率、比热容和运动黏度,是计算总传热系数时的重要物性参数。

⑯ 热稳定性。导热油的热稳定性是当其处于高温条件下,其化学组分抵抗高温作用能力的表现。为了评定热稳定性,需要测定导热油在规定条件下加热后产生的气相分解产物、低沸物、高沸物及不能蒸发的产物含量,并将这些产物的含量之和以变质率表示。变质率越小,产品的热稳定性就越好。

（3）导热油的选择。

① 选择基准。

液相导热油的工作温度应低于其沸点,同时考虑其自身固有的特性。导热油的物理特性和选择基准见表14-5-1。

表14-5-1　导热油的物理性质及选择基准

物理性质	选择基准
导热系数	一般在温度300℃时,为0.08~0.10kcal/(m³·h·℃),选择其值大的导热油
热容量	一般在温度300℃时,为450~500kcal/(m³·℃),选择其值大的导热油
黏度	低温区黏度低的导热油对选择循环泵有利
闪点	闪点高,着火的可能性小,危险度也相应小
自燃点	自燃点高则不易发生自燃起火,对导热油使用设备的防爆系统的规格选择有利
爆炸界限	范围狭窄,发生爆炸的危险性小
倾点	倾点低,凝固的可能性小,流动性能好
沸点	一般要求导热油的初沸点高于导热油最高使用温度,以确保导热油在低压液态状态下方便安全使用
热稳定性	热稳定性高的导热油不易发生高温裂解,在工作温度下使用寿命长
抗氧化性	导热油和空气接触后发生氧化裂化,缩短其寿命
对金属的腐蚀性	含有氯成分的导热油,其分解物有一定的腐蚀性
聚合物的发生率	矿物型导热油,易因分解聚合反应出现混浊沉淀,积累在加热管内;即使耐热性好的合成型导热油也会随着劣化的进展,产生沉淀,选择不易产生沉淀,且沉淀物可以被溶解的导热油(烷基萘型、二苯甲基甲苯型)
分解物的发生率	长期高温使用,导热油发生热分解,产生低沸点物质,易造成导热油循环泵的空蚀。选择分解物发生少,所生成的分解物对整个设备的影响小的导热油
低毒性	原则上选择对生物体毒性低的导热油
油膜温度	油膜温度高于主流体温度20~40℃,油膜温度控制不超温是防止导热油过热的关键
异味大小	联苯、二苯醚型导热油,有特殊异味

② 选择顺序。

在实际讨论选择导热油时,可按照下面列出的程序步骤,从头到尾逐步考虑,最后确定所选用的导热油,导热油选择的程序步骤如图 14-5-1 所示。

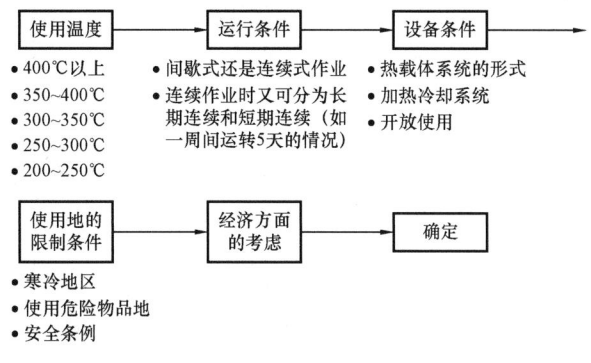

图 14-5-1　导热油选择程序步骤图

③ 使用条件。

a. 导热油最重要的使用条件是使用温度,应选择在使用温度下,有良好热稳定性及经济性能的导热油。

b. 寒冷地区及间歇式运行的系统,选用低温性能好,易于循环泵启动的导热油;连续运行的系统,选用热稳定性高的导热油,同时需要考虑倾点较高的导热油在设备停止期间,设置加热装置以维持一定的温度。

c. 选择年度需用经费最少的导热油,年度经费的计算见式(14-5-1)。

$$年度经费 = \frac{导热油购买价值 - 导热油残值}{导热油的使用年数} + 导热油使用期的补充费$$

(14-5-1)

(4) 使用寿命。

首先取决于导热油的种类和使用温度,另外也受加热炉的设计条件、运行条件及设备自身的规格等因素影响,导热油长期在高温条件下使用,由于各种复杂原因,如导热油和空气接触后的氧化劣化、加热炉传热壁面温度,导热油的循环流量及流速,连续运行和间歇运行操作上的差异等。其品质会缓慢地发生变化。特别在超温条件下使用时,会随温度的升高而加快,其酸值、残炭、闪点和黏度指标会发生变化,从而影响导热油的使用效果和使用寿命。判定导热油失效的质量指标按照 GB 24747《有机热载体安全技术条件》的规定执行。

2) 系统组成和工艺流程

(1) 系统组成。

导热油供热系统包括:导热油加热系统、导热油循环系统、导热油注卸系统、膨胀罐及储油罐、吹灰系统、氮气覆盖及氮气灭火系统、导热油换热系统、自动控制系统等。

① 导热油加热系统包括:加热炉、空气预热器、烟囱、燃烧器及燃料油(气)系统、风机及风管道系统。燃烧器及燃料油(气)系统与加热炉一起成橇,可实现燃料油的过滤、泵送、加热、

调节、计量、控制(燃料气的过滤、调压、计量、控制)等功能。风机为燃烧器提供助燃预热空气,并在点炉时对炉膛进行程序吹扫。

② 导热油循环系统由循环泵、管道、阀门等组成。一般采用强制注入式导热油循环系统,循环泵采用离心式热油泵。

③ 导热油注卸系统由齿轮泵、管道、阀门等组成,可以装在储油罐橇座上,也可以自成橇座。通过此系统可将导热油注入系统并在检修时将导热油反抽回储油罐。

④ 膨胀罐及储油罐一般均为橇装卧式罐。膨胀罐是导热油加热炉系统中最重要的安全装置,防止导热油受热膨胀而引起系统超压。导热油供热系统检修时,储油罐需要储存系统中最大隔离空间的导热油。

⑤ 当燃料为液体燃料时设置吹灰系统,其中包括风冷式空气压缩机、立式空气储罐、气动旋转式吹灰器。吹灰器发出脉冲气流对空气预热器实现在线吹灰。

⑥ 氮气覆盖及氮气灭火系统由氮气瓶组、阀组、仪表及管路组成。对膨胀罐及储油罐进行氮气覆盖使导热油与大气隔离。氮气灭火管路连至加热炉以保证事故时对炉膛灭火。

⑦ 导热油换热器系统由换热器、阀组、仪表及管路等组成,换热器宜采用结构简单、维修清洗方便、不易泄漏的管壳式换热器。被加热介质宜走壳程,导热油宜走管程。

⑧ 自动控制系统:导热油加热炉采用PLC控制并自成系统,且允许纳入所属油田地面工程的总控制系统。

(2) 工艺流程。

在加热炉中,加热的导热油通过管道输送至用热单元,在用热单元释放出显热后,经导热油循环泵加压后输送回导热油加热炉,形成一个封闭的循环系统。这是一个主循环管路,在正常供热时,导热油沿着这样一个环形循环管路,不断循环流动,将热能从加热炉送到用热单元,其他部分如膨胀槽、储油槽、注卸油泵等都是不可缺少的辅助设备,正常供热时,它们都不参与导热油的循环流动,但是它们对整个供热系统起着重要作用,是不可缺少的。导热油炉供热系统原理如图14-5-2所示。

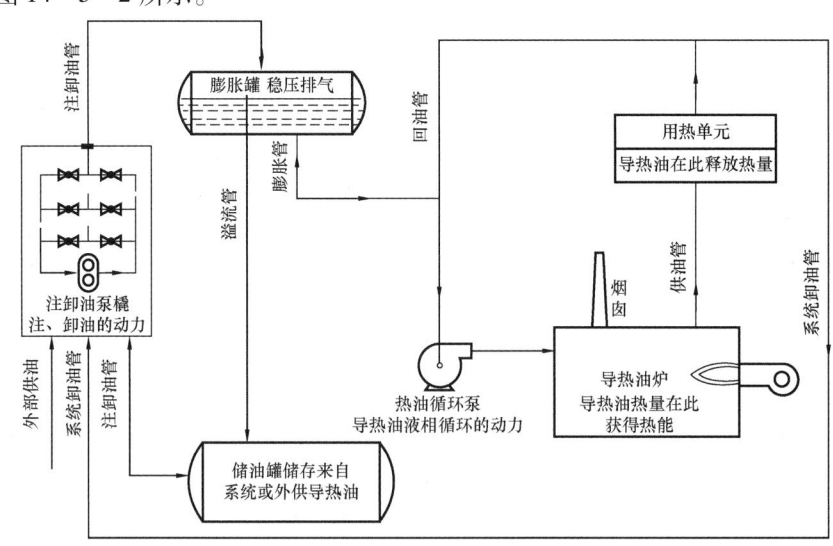

图14-5-2 液相导热油供热系统原理图

① 典型单温位导热油供热系统工艺流程

典型单温位导热油供热系统工艺流程是仅有一组供、回油温度参数的导热油供热系统，加热炉的出口温度和用热单元的温度直接对应，可根据用热单元的需求设定加热炉的出口温度，供热系统的流程相对简单，如图 14-5-3 所示。

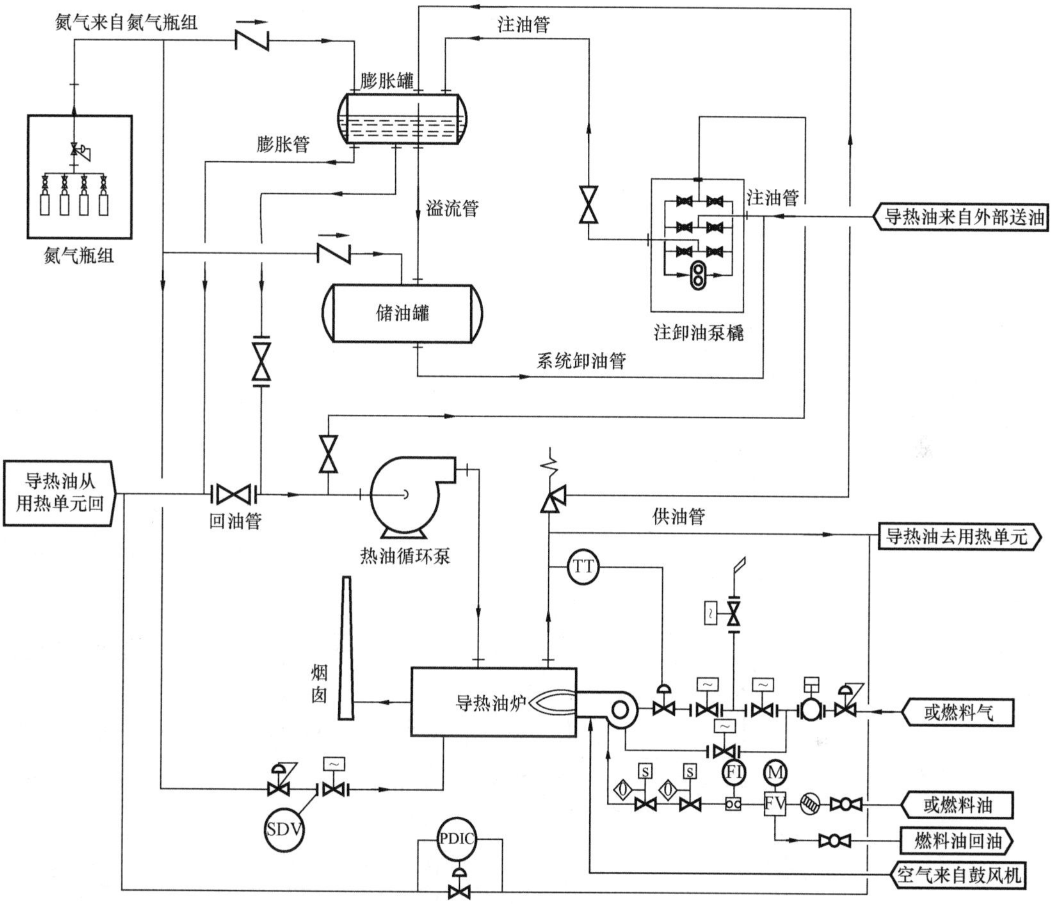

图 14-5-3 典型单温位导热油供热系统工艺流程图

② 典型双温位液相导热油供热系统工艺流程

当用热单元对导热油供回油温度有不同要求时，宜采用双温位或多温位导热油供热系统。每个低温位系统应单独设置辅助热油循环泵。低温位系统辅助热油循环泵前应设流量调节阀并与低温位系统供油温度连锁，通过调节冷热油的掺混比例，实现低温位供油温度的自动控制。工艺流程如图 14-5-4 所示。

3) 主要设备、管道及计算

(1) 导热油加热炉。

① 型号。

为区别各类导热油加热炉，按 GB/T 17410《有机热载体炉》的规定，从加热炉类型、燃烧设

备、炉体安置形式、燃用燃料、额定功率大小等方面进行命名,导热油加热炉型号按以下式样表示:

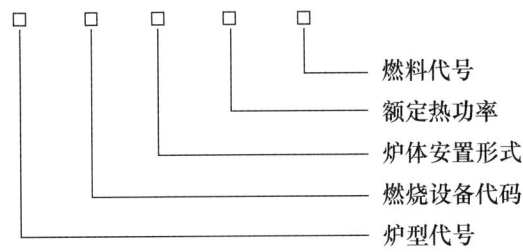

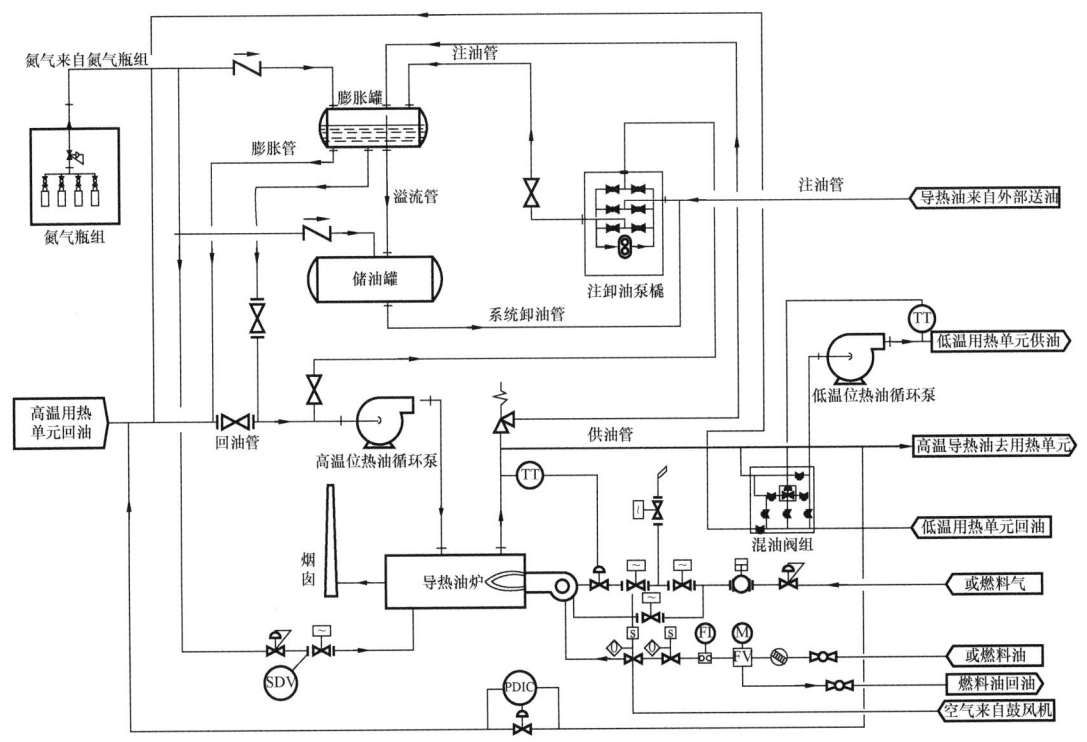

图14-5-4 典型双温位导热油供热系统工艺流程图

② 分类。

在油田中应用的导热油炉主要是以油气作为燃料的加热炉,根据其结构外形、辐射盘管形式和燃烧器的布置可分为以下4种炉型:密集螺旋管卧式圆筒炉(端墙侧烧)、密集螺旋管立式圆筒炉(顶烧或底烧)、水平管卧式圆筒炉(端墙侧烧)、水平管八角箱形炉(端墙侧烧);随着环保要求的不断提高,油田站场中电加热导热油炉逐渐得到应用。

③ 设计计算。

在设计导热油加热炉时应考虑供热的余量,一般为超过额定供热负荷的10%~15%。而通常选择导热油的额定热负荷时,应保证导热油供热站在较高、较低热负荷运行工况下能安全稳定运行,并应使导热油加热炉台数、额定热负荷和其他运行性能均能有效地适应用热单元热负荷变化,且应考虑用热单元全年热负荷低峰期导热油加热炉的运行工况。按照设备的使用经验,一般取导热油炉的额定供热负荷的 0.9 倍与用热单元所需的供热量相等为宜。

a. 流量的确定。在确定了导热油的结构形式后,首先根据用户的实际需要计算导热油炉的热功率 Q,根据工艺、供暖小时最大耗热量,并计入各项热损失、余热利用量,同时结合用热单元的用热规律确定,并留有一定的余量。

根据用热单元的要求选择合适的导热油,并确定合理的供油温度 t_2 和回油温度 t_1。根据导热油的比热容计算出导热油总循环量,其计算见式(14-5-2):

$$G = \frac{Q}{C_2 t_2 - C_1 t_1} \tag{14-5-2}$$

式中　Q——导热油炉的热功率,kW;
　　　G——导热油的循环量,kg/s;
　　　t_1——导热油的回油温度,℃;
　　　t_2——导热油的供油温度,℃;
　　　C_1——导热油在回油温度 t_1 下的比热容,kJ/(kg·℃);
　　　C_2——导热油在供油温度 t_2 下的比热容,kJ/(kg·℃)。

必须严格控制导热油炉的总循环量,即严格控制导热油在炉管内的流速,才能确保导热油的性能和盘管的使用安全和寿命。一般应根据用热单元所需热负荷的变化,采用旁路调节,保证炉管内为定流量系统。

b. 盘管内导热油流速的确定。为了防止液相炉中导热油过热分解与积碳,必须保证受热面管中的导热油的流速,SY/T 0524《导热油加热炉系统规范》中规定:辐射受热面不低于 2m/s,对流受热面不低于 1.5m/s。至于盘管中流速的实际取值,应根据炉型、设计的实际情况和经验进行调整。

导热油在受热面管内流动会形成边界层,其厚度会影响边界层的介质温度。边界层越厚,该处介质温度与主流温度之差越大,将使边界超温,导致导热油分解、聚合成胶质,形成残炭沉积于管壁,进一步恶化传热,加速导热油变质、失效。

边界层厚薄与流体在管内流动状态有关,流体力学理论认为,雷诺数 $Re \leqslant 2320$ 时,管内呈层流;$Re > 10000$ 时,管内呈紊流。形成紊流才能获得较薄的边界层。用雷诺数判断流体流动状态的标准见表 14-5-2。

表 14-5-2　雷诺数判断流体流动状态的标准

Re	<2320	2320~10000	>10000
流体流动类型	层流	过渡流	紊流

雷诺数的计算见式(14-5-3):

$$Re = \frac{\rho \omega l}{\mu} \tag{14-5-3}$$

式中 Re——雷诺数;

ρ——流体的密度,kg/m^3;

ω——流体的速度,m/s;

μ——流体的黏度,Pa·s;

l——流体通道中某截面的当量直径,m。

c. 导热油炉盘管管圈数(导程数)的确定。根据确定的导热油的流量,为了满足盘管内导热油一定的流速要求,避免炉内盘管中导热油流动阻力过大,可根据需要选择单管圈(单管程)、双管圈(两导程)、多管圈(多导程),具体是几个管圈(导程),应由计算数据综合考虑确定。

（2）导热油循环泵。

循环泵对导热油的循环如同人体血液系统的心脏,起着非常重要的作用。循环泵的选择不合理,可以导致加热管内传热系数下降,管壁温度上升,加速导热油的劣化。下面就导热油循环泵的选型和流量、扬程的计算分别进行叙述。

① 选型。

导热油循环泵的类型选择时,需特别注意导热油的高温性和渗透性。

循环泵应采用风冷式导热油卧式专用离心泵,机械密封、空冷型,轴封由两个径向环型密封组成,其中一个可以防止热油渗出,另一个可以防止外界灰尘与空气进入。轴封前有一个狭长通道和一道填料函,这样可以确保当轴封失效时热油不突然释放,保证安全;同时阻止了热油与轴承、轴封之间的热交换。使用温度可达到350℃,完全能够满足导热油系统的要求。空冷型循环泵的安全性比水冷型泵可靠,假如采用水冷型泵,当密封失效时,冷水将可能渗入泵内被高温热油急剧加热、汽化而产生高压,毁坏泵和配管系统。

特别注意,2017年9月1日,中国石油天然气集团公司《关于进一步加强近期安全生产工作的紧急通知》中要求所有热油泵由单端面密封改为双端面密封。

② 计算。

a. 流量。

热油循环量的计算同导热油炉中导热油总循环量的计算,见式(14-5-2)。循环泵的流量不应低于导热油加热炉额定流量的1.1倍,并应有一定的富裕量,以确保供给导热油加热炉的导热油流量不低于其额定流量。当设置精细过滤旁路时,为确保导热油循环泵也能提供这部分额外的流量,还应再计入流经精细过滤旁路的导热油流量,过滤流量宜取工作流量的10%~15%。

b. 扬程。

扬程不应小于所在循环环路中下列各项压力降之和:

a) 导热油供热站内设备及管道的压力降;

b) 场区导热油管道的压力降;

c) 最不利的用热单元内部系统的压力降;

d) 上述3项之和的10%~20%富余量。

c. 功率。

泵的功率是根据流量和扬程来确定的。泵的轴功率计算见式(14-5-4):

$$N = K\frac{\rho QH}{102\eta} \qquad (14-5-4)$$

式中 N——泵的轴功率,kW;
　　　ρ——输送液体的密度,kg/m³;
　　　Q——泵的流量,m³/s;
　　　H——泵的扬程,m;
　　　K——系数(一般离心泵取 $K=1.2$,其他泵取 $K=1.0$);
　　　η——泵的效率,%。

③ 性能参数。
国产导热油泵型号按以下式样表示:

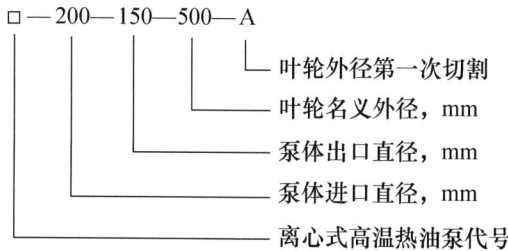

以某国产导热油泵为例,其具体性能参数见表14-5-3和表14-5-4。

(3) 膨胀罐。

导热油系统冷态启动时,在系统循环升温过程中膨胀罐内的介质温度达到110~120℃的条件下,需要对导热油进行脱水和脱低沸物操作。膨胀罐是系统中唯一能够对导热油进行气液分离并可以向外排汽(气)的出口,因此膨胀罐及其管路设计要有利于系统中的气体汇集和排出。

膨胀罐的调节容积不应小于炉管内和管网系统中导热油在工作温度下因热膨胀所增加容积的1.3倍。

导热油的体积膨胀量的计算见式(14-5-5):

$$\Delta V = \beta \cdot V_0 (T_2 - T_1) \qquad (14-5-5)$$

式中 ΔV——导热油炉受热后的体积膨胀量,m³;
　　　β——导热油的体积膨胀系数,℃⁻¹;
　　　V_0——导热油受热前的体积,m³;
　　　T_2——导热油加热后的温度,℃;
　　　T_1——导热油加热前的温度,℃。

(4) 储油罐。

储油罐最重要的功能是在系统发生泄漏时,能将系统中可能泄漏的导热油最大量收纳到储油罐里,储油罐的另一个功能是储备系统操作中所需的补充用导热油,储油罐的最小容积应是这两项功能所需容积之和。

表 14－5－3　性能参数(配二极转速电动机)

型号	流量 m³/h	扬程 m	转速 r/min	功率,kW 轴功率	功率,kW 配用功率	效率 %	电动机(Y型) 机座号	汽蚀余量 NPSH m
65－50－160	20	32	2900	3.17	4.0	55	112M	2.5
65－40－200	25	54		7.07	7.5	52	132S	2.5
	30	50		7.23		56		2.6
65－40－200A	25	37		4.84	5.5	52	132S	2.6
65－40－250	25	80		11.8	15	46	160M	3.0
65－40－250A	20	51		6.3	7.5	44	132S	3.0
65－40－315	25	125		22.4	30	38	200L	3.0
65－40－315A	23	100		17	22	36	180M	3.0
80－50－200	40	52		9.3	15	61	160M	2.9
	50	50		10.8		63		3.0
	60	46		11.9				3.1
80－50－200A	45	42		8.57	11	60	160M	3.2
80－50－200B	40	35		6.57	7.5	58	132S	3.3
80－50－250	50	80		19.1	22	57	180M	3.0
	60	72		19.9		59		3.2
80－50－250A	43	60		12.8	15	55	160M	3.1
80－50－315	50	125		33.4	45	51	225M	3.0
80－50－315A	45	100		24.5	30	50	200L	3.2
100－65－200	80	59		18.5	22	69	180M	4.0
	100	55		20.9		71.5		4.1
100－65－200A	94	44		16.1	22	70	180M	4.1
100－65－200B	87	38		13.2	15	68	160M	4.2
100－65－250	80	88		29.9	37	64	200L	4.2
	100	83		33.7		67		4.3
100－65－250A	95	72		28.6		65		4.3
100－65－250B	90	68		26.4	30	63	200L	4.3
100－65－315	80	149		55.1	75	59	280S	4.0
	100	145		64.7		61		4.1
100－65－315A	95	113		49.5	55	59	250M	4.3
100－65－315B	90	100		43		57		4.0
100－65－315C	82	84		33.5	45	56	225M	4.1
100－80－160	100	32		12	15	73	160M	4.3
125－80－160	160	32		18.3	22	76	180M	5.6
125－80－200	160	50		28.7	37	76	200L	5.2
	180	46		30.1		75		5.3
125－80－250	160	80		47.7	55	73	250M	5.2

表 14-5-4 性能参数表（配四极转速电机）

型号	流量 m³/h	扬程 m	转速 r/min	功率,kW 轴功率	功率,kW 配用功率	效率 %	电动机（Y型）机座号	汽蚀余量 NPSH m
100-65-250	50	20	1450	4.34	5.5	62.8	132S	5.5
100-65-315	50	34		8.22	11	56.3	160M	5.5
100-50-400	41	48		12.6	15	42.5	160L	5.0
100-80-400	85	46		17.84	22	59.7	180L	5.0
125-100-250	100	21		8.05	11	71	160M	5.5
125-100-315	130	32		16.18	18.5	70	180M	5.6
125-100-400	200	50		36.31	45	75	225M	5.5
125-100-400A	160	55		32.38	37	74	225S	5.5
150-125-315	200	31		21.65	30	78	200L	5.4
150-125-400	300	50		53.39	55	76.5	250M	5.4
	250	56		49.83				
150-125-400A	230	50		41.21	45	76	225M	5.4
150-150-500*	300	77		89.23	110	70.5	315S	5.4
150-150-500A*	180	75		57.44	75	64	280S	5.4
150-150-560*	335	104		135.54	160	70	315L	5.4
150-150-560A*	300	100		120.14	132	68	315M	5.4
200-150-315	380	31		40.10	45	81	225M	4.0
200-150-400*	400	50		71.19	75	76.5	280S	4.0
200-150-400A*	350	53		66.03		76		4.0
200-150-400B*	380	45		61.68		75		4.0
200-150-560*	400	112		174.29	200	70	315L	4.0
200-200-500*	495	84	1480	148.99	160	76	315L	5.0
200-200-560*	540	105		207.26	250	74	355M	5.0
200-200-560A*	500	100		183.51	200	75	315L	5.0
200-200-630*	580	132		293.65	355	71	400	5.0
200-200-630A*	550	125		256.47	280	74	355L	5.0
250-200-400*	600	54		116.10	132	76	315M	4.5
	500	60		108.93	132	75	315M	4.5
	550	52		98.58	110	79	315S	4.5
250-200-400A*	450	55		85.31	90	79	280M	4.5
250-200-500*	500	80		142.40	160	76	315L	5.5
	600	80		172.20	200	74		5.5
	700	70		180.30		79		5.5
250-200-500A*	400	65		89.62	110	79	315S	5.5
250-250-500*	800	82		222.20	250	80.4	355M	5
250-250-560*	860	106		314.25	350	79	355L	6
	750	110		289.90	315	77.5	450	6

续表

型号	流量 m³/h	扬程 m	转速 r/min	功率,kW 轴功率	功率,kW 配用功率	效率 %	电动机(Y型) 机座号	汽蚀余量 NPSH m
250－250－630*	855	128	1480	387.05	450	77	450	6
300－250－500*	800	80		229	250	76	355M	
	1000	80		287	315	76	355L₂	
	1200	70		310	355	74	450M₂	
300－300－400*	1050	48		171.56	200	80	315L	5
300－300－500*	1240	78		315.07	355	83.6	450	6
300－300－560*	1280	104		422.25	500	84	450	6.2
400－400－500*	2000	70		448.52	500	85	450	6.5
400－400－500A*	1500	65		316.50	355	85	450	

注：表中带*的型号为中心支撑。

储油罐尽可能低位安装,有利于保证系统中的导热油顺利回收,储油罐安装高度较低,且内部导热油一般为静置状态,导热油中的杂质容易汇集并沉积于此,需设置必要的排污口。

储油罐内冷油静置时,过低的环境温度可能造成导热油流动性下降,难以泵送。设计方根据储油罐安装地点的环境条件和所使用的导热油的物性,确定是否给储油罐设置加热装置。

(5) 注卸油泵。

注卸油泵应采用齿轮泵,齿轮泵具有自吸能力,用于抽取桶装导热油较为合适。为了保护齿轮泵不受机械杂质损坏,泵入口处装设30目过滤器。注卸油泵抽取的导热油温度低,黏度大,选择较大的滤网有效过滤面积有助于减小吸入阻力。

注卸油泵的流量一般为3~5m³/h,扬程一般为30m,功率约4kW。

(6) 导热油管道。

导热油在工作温度下的黏度和密度都较低,管道比摩阻与热水管道较为接近,流速取1~2m/s,一般可以保证干线比摩阻适中。但管径最终还需设计方根据水力计算和经济性对比结果确定。

导热油管道水力计算主要包括：

① 根据导热油流量,在允许流速下确定所需要的管径。

② 在确定的管径、流量下,求该段管道的压力降,或在确定的管径、允许的压力降下求出可能通过的导热油流量。

导热油管道的管径计算见式(14－5－6)：

$$DN = 18.8\sqrt{\frac{Gv}{w}} \qquad (14-5-6)$$

式中　G——导热油的质量流量,kg/h;

v——导热油的比容,m³/kg;

w——导热油的流速,m/s;

DN——管道内径,mm。

4）整体设计与布置

(1) 遵循的主要规范。

① TSG 11《锅炉安全技术规程》。

② TSG 21《固定式压力容器安全技术监察规程》。

③ GB 13271《锅炉大气污染物排放标准》。

④ GB/T 17410《有机热载体炉》。

⑤ GB 50273《锅炉安装工程施工及验收标准》。

⑥ SY/T 0524《导热油加热炉系统规范》。

⑦ SY/T 7405《导热油供热站设计规范》。

(2) 设计的基础资料。

设计的基础资料是设计导热油供热站不可缺少的重要资料,设计之前需搜集有关的基础资料。包括以下几方面内容。

① 热负荷资料:工艺生产用热负荷、供暖通风用热负荷及可利用余热负荷的最大、最小和平均负荷。

② 燃料油、气资料:燃料价格、运输或输送距离、物性及组分、高低位热值等。

③ 导热油资料:导热油价格、物性及组分、导热油膨胀系数、最高允许使用温度、最高工作温度及最高允许液膜温度等。

④ 气象资料:海拔、气温(极端最低气温、最冷月最低平均气温等)、主导风向、大气压及最大冻土深度等。

⑤ 地质资料:地下水位、湿陷性黄土等级、地耐力及地震等级等。

⑥ 其他有关资料:交通情况、供电及供水情况、环境卫生要求等。

(3) 导热油供热站位置的选择。

导热油供热站位置在总平面上的位置极为重要,选择不当会直接影响正常的生产,应根据下列因素分析后确定。

① 导热油供热站位置的选择要考虑靠近热负荷中心,这样可使场区导热油管道布置短捷,在技术、经济上比较合理。

② 保证相关车辆的通行条件可使运行管理更加便利和安全。对于燃油导热油供热站,使燃料运输的物流和所在站场的主要人流分开是保证安全的措施之一。

③ 根据 GB 50183《石油天然气工程设计防火规范》,导热油供热站归于有明火和散发火花的地点,遇有泄漏的可燃气体会引起爆炸和火灾事故,为减少事故的可能性,将其布置在油气站场或油气生产区的边部。

④ 导热油供热站设备多为露天安装,从电气防爆方面考虑,将导热油供热站布置在非防爆区更为安全。同时由于导热油加热炉燃烧器是非防爆产品,就地控制柜和烟气采样监测仪器通常也是非防爆产品,因此推荐导热油加热炉及其烟囱位于非防爆区内。

⑤ 根据 GB 50183《石油天然气工程设计防火规范》,导热油供热站归于有明火和散发火花的地点,为防止事故情况下,所在油气站场泄漏的可燃气体扩散至导热油供热站引起爆燃,故规定导热油供热站宜布置在可能散发可燃气体的场所和设施的全年最小频率风向的下

风侧。

(4) 导热油供热站的布置。

导热油供热站的布置基于工艺设计,保障工艺生产的正常运行。同时又要考虑其位于油气站场内,保证安全特别重要,安全间距应满足相关的规范要求。

① 区域布置。

导热油供热站作为油气地面工程的配套设施,不单独进行站场等级划分,在确定防火间距时,按照所在油气站场的等级执行。在确定油气站场等级时,按照 GB 50183《石油天然气工程设计防火规范》的规定执行,即油品储存总容量包括油品储罐、不稳定原油作业罐和原油事故罐的容量,不包括零位罐、污油罐、自用油罐以及污水沉降罐的容量。导热油膨胀罐和储油罐作为自用油罐,不计入总容量。

导热油加热炉、导热油膨胀罐和储油罐同属于一套装置,按照 GB 50183《石油天然气工程设计防火规范》确定导热油加热炉与导热油膨胀罐和储油罐之间的间距时,执行装置内部的防火间距要求较为合理,导热油加热炉归属于"明火或散发火花的设备或场所",导热油膨胀罐和储油罐归属于丙类"中间储罐",防火间距为9m。

燃油储罐(区)、燃气调压间火灾危险性大,其发生火灾事故后影响大,为了减少影响导热油供热站生产的不安全因素,要求布置在导热油供热站的边缘。另外汽车运输油品行车过程中可能因摩擦产生静电或因排烟喷出火花,穿行生产区是不安全的,燃油卸车场也是外来人员和运油车辆进入的区域,为有利于安全管理,限制外来人员的活动范围,将燃油卸车场布置在导热油供热站边缘是必要的。

导热油供热站各系统设备设施、建(构)筑物之间的间距,应符合 GB 50183《石油天然气工程设计防火规范》的规定,并应满足安装、运行和检修的要求。

② 工艺布置。

由于导热油本身具有一定的火灾危险性,导热油工艺设备采用露天或半露天布置是最为安全的做法,建议导热油供热站采用露天或半露天布置。但要设置抵御雨雪风寒等不利环境的措施;同时应考虑露天或半露天安装带来的噪声问题,采取设置隔声罩等有效的降噪措施。

导热油加热炉的布置需要考虑安装、更换、检修等需要的空间,同时考虑导热油加热炉防爆门开启方向一般向上或斜上方,在工艺设备、阀门及其操作平台布置时,考虑防爆门的开启方向,避免设备损坏或造成操作人员伤害。

储油罐和膨胀罐的火灾危险性类别相同,邻近上下布置有利于减少占地;膨胀罐的安全阀泄放管线和紧急泄油管线均连接至储油罐,两者邻近布置可使管线短捷且阻力小。

导热油循环泵一般成橇供货,为避免给循环泵的橇装供货造成困难,对橇装供货的导热油循环泵的橇内检修空间不作强制要求,但橇座两侧宜留有不小于循环泵宽度加 0.5m 的检修空间。

管壳式换热器检修时需抽出管束,与换热器本体连接的管道阀门较多,设备较为笨重,所以布置换热器时,充分考虑检修和操作条件。

导热油供热站的各种管线包括输送导热油、风、烟、氮气、压缩空气、燃油、燃气、水等介质的管线,对这些管线应能合理、紧凑布置,不能影响操作地点和通道。

2. 蒸汽锅炉供热系统

蒸汽锅炉系统多用于储罐维温、工艺介质加热、建筑单体供暖等用途。油田用蒸汽锅炉为工业锅炉,一般为低压锅炉,蒸汽压力不大于 2.45MPa。燃料为燃油或燃气。

1)系统组成和工艺流程

(1)系统组成。

蒸汽锅炉供热系统包括:蒸汽锅炉系统、锅炉给水系统、除氧系统、软化水处理系统、排污系统及自动控制系统。

① 蒸汽锅炉系统包括锅炉本体、省煤器、烟囱、燃烧器及燃料油(气)系统、风机及风管道系统。燃烧器及燃料油(气)系统与锅炉一起成橇,可实现燃料油的过滤、泵送、加热、调节、计量、控制(燃料气的过滤、调压、计量、控制)等功能。风机为燃烧器提供助燃预热空气,并在点炉时对炉膛进行程序吹扫。

② 锅炉给水系统:由锅炉给水泵、管道、阀门等组成。给水泵采用多级离心泵。

③ 软化水系统包括软化水箱和软化水装置。原水经钠离子交换器等软化水设备,去除原水中的钙镁离子,防止锅炉大面积产生水垢。

④ 除氧系统包括除氧水泵、除氧器。除氧系统去除水中的溶解氧,避免管道氧腐蚀。

⑤ 排污系统由连续排污扩容器和定期排污扩容器组成。为保证锅炉炉水水质满足规程的要求,锅炉必须进行排污。排污方式分为连续排污和定期排污两种。

⑥ 自动控制系统:采用 PLC 控制并自成系统,且允许纳入所属油田地面工程的总控制系统。

(2)工艺流程。

蒸汽锅炉将除氧水(或软化水)加热成蒸汽输送各用热单元,在用热单元中释放出潜热,冷凝后的凝结水回流至凝结水箱,除氧水泵将凝结水及补充的软化水输送至除氧器,经锅炉给水泵输送至蒸汽锅炉(图 14-5-5)。

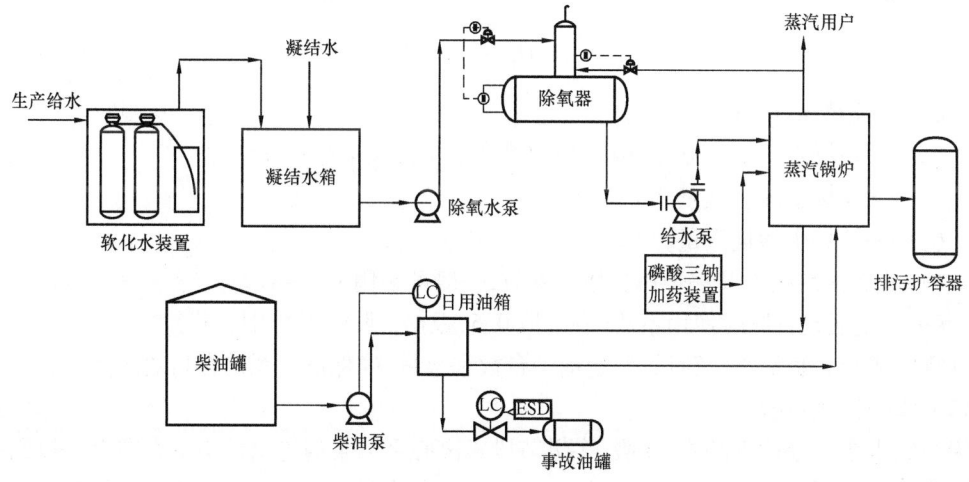

图 14-5-5 蒸汽供热系统原理图

2) 主要设备、管道与计算

（1）蒸汽锅炉。

① 型号。

按 NB/T 47034《工业锅炉技术条件》的规定，从锅炉本体形式、燃烧设备形式、锅炉容量、介质参数、燃料种类等方面进行命名，蒸汽锅炉型号按以下式样表示：

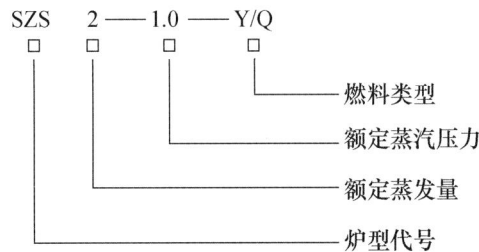

油田油气集输工程常用的炉型为 WNS 和 SZS，具体内容见表 14-5-5。

表 14-5-5　锅炉本体形式及燃烧设备形式

锅炉本体形式			
锅壳锅炉		水管锅炉	
WN	卧式内燃	SZ	双锅筒纵置式
燃烧设备形式或燃烧方式			
S		室燃炉	

② 负荷计算。

根据站场生产、供暖、通风和生活耗汽量，计算出锅炉房的最大计算耗汽量、最小耗汽量，作为选择锅炉类型、台数，确定锅炉房规模的依据。

热负荷计算见式（14-5-7）：

$$Q = K(Q_1 + Q_2 + kQ_3) \qquad (14-5-7)$$

式中　Q——耗汽量，t/h；

　　　Q_1——站场生产耗汽量（同时运行的生产设备耗气量），t/h；

　　　Q_2——站场供暖耗汽量，t/h；

　　　Q_3——站场生活耗汽量，t/h；

　　　K——管网热损失及锅炉房自用汽系数，一般可采用 1.1~1.2；

　　　k——生活设备同时使用系数（一般取 0.5，根据实际情况分别计算）。

计算完成最大和最小负荷后，确定锅炉台数和容量，确保锅炉系统在高效区运行。

（2）锅炉给水系统。

锅炉给水泵一般选用卧式、单吸、多级节段式离心泵。泵的进出口均垂直向上。拉紧螺栓将泵的吸入段、中段、排出段联结成一体。泵转子由装在轴上的叶轮、平衡盘等零件组成。轴封采用填料密封或机械密封。在轴的两端设有密封函，内装软填料或机械密封。在轴封处装有可更换的轴套以保护泵轴。泵通过弹性联轴器由电动机直接驱动,从电动机端看,泵为顺时针方向旋转。

(3) 水处理系统。

原水水质资料是确定适宜水处理方案的重要基础数据,因此设计前应取得建设单位提供的原水水质资料并根据锅炉、工艺设备等用水水质要求选择合理的水处理流程,采用适当的化学药剂,以及进行水处理设备计算。低压蒸汽锅炉主要水质指标应符合 GB/T 1576《工业锅炉水质》的规定。

(4) 除氧系统。

根据除氧原理的不同,分为热力除氧、真空除氧、解析除氧等。其中大气式热力除氧广泛应用于中压、低压参数的锅炉、余热锅炉等。大气式热力除氧器工作压力为 0.02MPa,略高于大气压力,以保证逸出的气体自动排出。

(5) 汽水管道计算。

根据选定的允许介质流速,单相流体的管径计算见式(14 – 5 – 8)。

$$DN = 18.8\sqrt{\frac{Q}{v}} \quad (14-5-8)$$

式中 DN——管道内径,mm;
Q——介质体积流量,m^3/h;
v——介质流速,m/s。

介质流速一般按照表 14 – 5 – 6 选取。

表 14 – 5 – 6 管道流速表

介质类别	管道名称	推荐流速,m/s
过热蒸汽	公称直径 DN > 200mm 的管道	40 ~ 60
	公称直径 DN = 100 ~ 200mm 的管道	30 ~ 50
	公称直径 DN < 100mm 的管道	20 ~ 40
饱和蒸汽	公称直径 DN > 200mm 的管道	30 ~ 40
	公称直径 DN = 100 ~ 200mm 的管道	25 ~ 35
	公称直径 DN < 100mm 的管道	15 ~ 30
锅炉给水	水泵吸入管	0.5 ~ 1
	离心泵出口管	2 ~ 3
凝结水	凝结水泵出口侧管道	1 ~ 2
	凝结水泵入口侧管道	0.5 ~ 1.0
生水	上水管、冲洗水管、软化水管	1.5 ~ 3
	自流、溢流等无压排水管道	<1

3) 整体设计与布置

(1) 遵循的主要规范。

① TSG 11《锅炉安全技术规程》。

② GB/T 1576《工业锅炉水质》。

③ GB 13271《锅炉大气污染物排放标准》。

④ GB 50041《锅炉房设计标准》。

⑤ GB 50273《锅炉安装工程施工及验收标准》。

(2) 设计基础资料。

设计的基础资料是设计锅炉房不可缺少的重要资料,设计之前需搜集有关的基础资料,主要包括热负荷、燃料物性、水质、气象、地质等资料,除水质资料外,其他具体内容见导热油加热炉供热系统中的设计基础资料。

原水水质资料包括悬浮物、溶解固形物、总硬度、pH 值、含氧量等。

(3) 整体设计与布置。

锅炉房整体设计遵循 GB 50041《锅炉房设计标准》和中国工业出版社出版的《工业锅炉房设计手册》或机械工业出版社出版的《锅炉房实用设计手册》。

锅炉房一般位于辅助生产区,应尽量靠近负荷大和负荷集中的地区。在进行锅炉房(或热电站)设计时,除应反复核实当前的热负荷资料外,还必须考虑已批准建设项目的用热量和发展的自然增长速度,测算预计热负荷和远期规划热负荷,并以此决定锅炉房分期建设的规模和最终规模。

锅炉房的布置应设锅炉间、水泵间、水处理间、配电室、值班室等,规模较小的锅炉房水泵间和水处理间可合建。

蒸汽管道流速选取应注意的问题:各类手册中流速取值仅限于在锅炉房内部,对于外送介质长距离管道,还应考虑输送蒸汽的温降和压降满足要求。

3. 热水锅炉供热系统

1) 系统组成和工艺流程

(1) 系统组成。

热水锅炉供热系统包括:热水锅炉系统、热水循环系统、补水定压系统、除氧系统(根据水质确定)、软化水处理系统、排污系统及自动控制系统。

① 热水锅炉系统包括锅炉本体、省煤器(根据要求设置)、烟囱、燃烧器及燃料油(气)系统、风机及风管道系统。燃烧器及燃料油(气)系统与锅炉一起成橇,可实现燃料油的过滤、泵送、加热、调节、计量、控制(燃料气的过滤、调压、计量、控制)等功能。风机为燃烧器提供助燃预热空气,并在点炉时对炉膛进行程序吹扫。

② 热水循环系统,由循环水泵、管道、阀门等组成。承压锅炉采用强制注入式循环系统,无压锅炉采用抽吸式循环系统。

③ 补水定压系统,由补水泵或氮气定压补水罐、管道、阀门、补水定压控制器等组成,补水定压点设置在循环水泵进口。

④ 软化水处理系统包括软化水箱和软化水装置。原水经钠离子交换器等软化水设备,去

除原水中的钙镁离子,防止锅炉大面积产生水垢。

⑤ 除氧系统根据水质确定,一般包括除氧水泵、除氧器。除氧系统去除水中的溶解氧,避免管道氧腐蚀。

⑥ 排污系统保证锅炉炉水水质满足规程的要求。排污方式一般为定期排污。

⑦ 加药系统根据水质确定,油田站场用热水锅炉一般不加药。

⑧ 自动控制系统:采用 PLC 控制并自成系统,且允许纳入所属油田地面工程的总控制系统。

(2) 工艺流程。

热水锅炉分为常压系统和承压系统。

常压锅炉系统中,软化水在锅炉内加热,再由循环水泵输送至各用热单元,系统由膨胀水箱补水(图 14 - 5 - 6)。

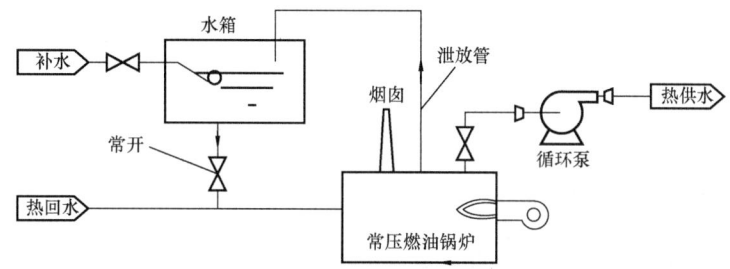

图 14 - 5 - 6 常压锅炉供热系统原理图

承压锅炉系统中,循环水泵将热回水输送至锅炉加热,吸收热量后至各用热单元,释放热量后的热回水,回流至循环水泵。系统补水由补水泵供给,补水泵根据循环水泵进口压力进行控制(图 14 - 5 - 7)。

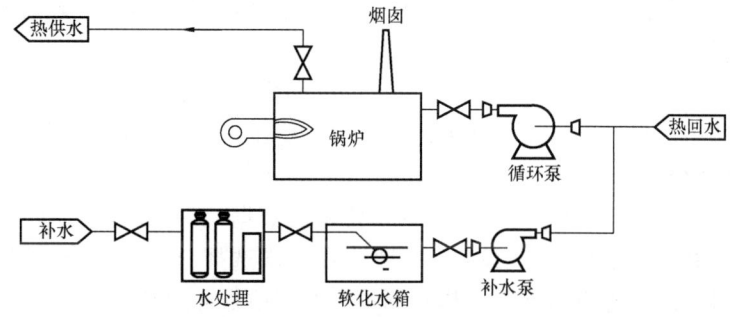

图 14 - 5 - 7 承压锅炉供热系统原理图

2) 主要设备、管道与计算

(1) 热水锅炉。

① 型号。

按 NB/T 47034《工业锅炉技术条件》的规定,从锅炉本体形式、燃烧设备形式、锅炉容量、介质参数、燃料种类等方面进行命名,锅炉型号按以下式样表示:

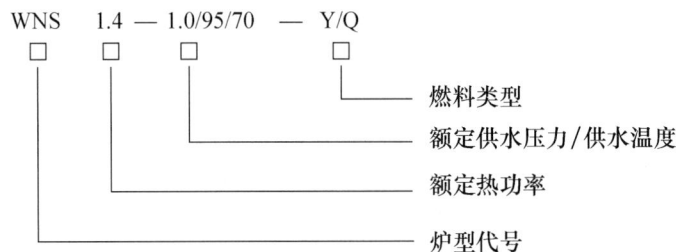

油田油气集输工程常用的炉型为 WNS 和 SZS,具体内容见表 14-5-5。

② 负荷计算。

根据站场生产、供暖、通风和生活热负荷,计算出锅炉房的最大热负荷、最小热负荷,作为选择锅炉类型、台数,确定锅炉房规模的依据。

热负荷按式(14-5-9)计算:

$$Q = K(Q_1 + Q_2 + kQ_3) \quad (14-5-9)$$

式中　Q——用热功率,MW;

　　　Q_1——站场生产热负荷(同时运行的生产设备所需热负荷),MW;

　　　Q_2——站场供暖热负荷,MW;

　　　Q_3——站场生活热负荷,MW;

　　　K——管网热损失及锅炉房自用系数(一般可采用 1.1~1.2);

　　　k——生活设备同时使用系数(一般取 0.5,根据实际情况分别计算)。

计算完成最大和最小负荷后,确定锅炉台数和容量,确保锅炉系统在高效区运行。

(2)循环水系统。

循环水系统的主要设备是循环水泵,循环水泵一般采用单级离心泵。循环水泵的流量在稳定工作条件下,泵的流量变化比较小,扬程较低,只是用来克服循环系统的压力降,可采用低扬程泵。

(3)补水定压系统。

补水定压系统的定压方式分为补水泵变频定压和稳压膨胀罐定压,补水泵一般选用单级离心泵,配置变频电动机控制水泵的转数进行定压。稳压膨胀罐一般采用氮气定压。

(4)水处理系统。

原水水质资料是确定适宜水处理方案的重要基础数据,因此设计前应取得建设单位提供的原水水质资料,并根据锅炉、工艺设备等用水水质要求选择合理的水处理流程,采用适当的化学药剂,以及进行水处理设备计算。热水锅炉主要水质指标应符合 GB/T 1576《工业锅炉水质》的规定。

(5)除氧系统。

油田站场根据水质确定除氧设备,一般采用铁屑除氧。

(6)管道计算。

根据选定的允许介质流速,热水管道管径计算见式(14-5-8)。

介质流速一般按照表 14-5-7 选取。

表 14-5-7 管道流速表

介质类别	管道名称	推荐流速,m/s
循环水	水泵吸入管	0.5~1
	离心泵出口管	1.5~3
生水	上水管、冲洗水管、软化水管	1.5~3
	自流、溢流等无压排水管道	<1

3) 整体设计与布置

(1) 遵循的主要规范。

① TSG 11《锅炉安全技术规程》。

② TSG 21《固定式压力容器安全技术监察规程》。

③ GB/T 1576《工业锅炉水质》。

④ GB 13271《锅炉大气污染物排放标准》。

⑤ GB 50041《锅炉房设计标准》。

⑥ GB 50273《锅炉安装工程施工及验收标准》。

(2) 设计基础资料。

设计的基础资料是设计锅炉房不可缺少的重要资料,设计之前需搜集有关的基础资料。主要包括热负荷、燃料物性、水质、气象、地质等资料,除水质资料外,其他具体内容见导热油供热系统中的设计基础资料。

原水水质资料包括悬浮物、溶解固形物、总硬度、pH 值、含氧量等。

(3) 整体设计与布置。

锅炉房整体设计遵循 GB 50041《锅炉房设计标准》和中国工业出版社出版的《工业锅炉房设计手册》或机械工业出版社出版的《锅炉房实用设计手册》。

锅炉房一般位于辅助生产区,应尽量靠近负荷大和负荷集中的地区。

锅炉房的布置应设锅炉间、水泵间、水处理间、配电室、值班室等,规模较小的锅炉房水泵间和水处理间可合建。

4. 热泵机组供热系统

在多年的油气开发过程中,伴随采油过程会从地下抽出大量的采出水,油田采出水伴生余热资源巨大。同时考虑油田环保节能的要求,采用热泵供热系统为油田生产、站场建筑单体供热是目前油田采出水余热利用的一种趋势。

1) 系统组成和工艺流程

(1) 系统组成。

油田采出水余热利用热泵系统包括热泵机组、中间换热系统、循环供热系统、补水定压系统、软化水处理系统。

① 热泵机组:压缩式热泵机组包括压缩机、蒸发器、冷凝器、阀组、仪表及管路,可实现热负荷自动调节等功能。吸收式热泵机组包括吸收器、发生器、蒸发器、冷凝器、阀组、仪表及管路等组成。

② 中间换热系统包括换热器、中介水循环泵、过滤器、阀组、仪表及管路,换热器宜采用结构简单、维修清洗方便的板式换热器。

③ 循环供热系统包括循环水泵、除污器、用热单元、仪表及管路。循环水泵选用普通清水离心泵。

④ 补水定压系统包括补水泵(高架水箱)、阀组、仪表及管路,补水泵宜采用变频调速电动机。

⑤ 软化水处理系统包括软化水箱和软化水装置。原水经钠离子交换器等软化水设备,去除原水中的钙镁离子,防止大面积产生水垢。

(2) 工艺流程。

油田采出水经板式换热器与循环中介水换热降温后输送回采出水管道,进入下一步流程。换热后的高温循环中介水输送至热泵放出热量后,经中介水循环泵输送至板式换热器升温。低温热回水通过供热循环泵输送至热泵,在热泵中吸收热量后升温为高温热供水,高温热供水输送至用热单元,在用热单元释放出显热降温为低温热回水。中介水、热供回水管路各自形成一个封闭的循环系统。其他辅助设备如补水定压系统、水处理装置等均根据水质、水压等具体工程条件进行设置。热泵机组供热系统如图14-5-8所示。

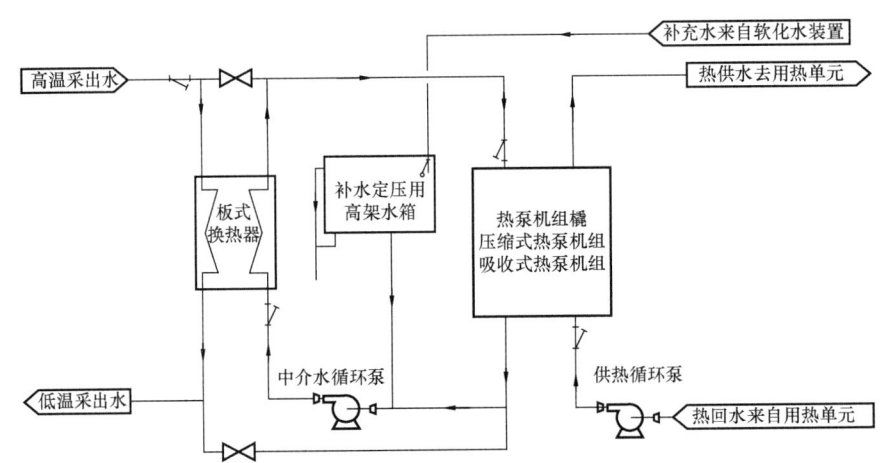

图14-5-8 热泵机组供热系统原理图

① 压缩式热泵机组流程(图14-5-9)。

热泵系统中的工作介质(工质)在蒸发器中与中介水(油田采出水)进行热交换,吸收热量后蒸发汽化,被压缩机抽吸压缩成高压高温的气态工质,进入冷凝器,在冷凝器中与低温热回水进行热交换,低温热回水吸收大量的汽化潜热,温度升高后供给用热单元。冷凝器中的工质液化后经电子膨胀阀(节流阀)降压后进入蒸发器吸热,开始下一个循环。

② 吸收式热泵机组流程。

a. 第一类吸收式热泵(图14-5-10)。

吸收式热泵系统中的稀溶液(工质对)在发生器中与高品质热能(高温烟气、蒸汽、水)进行热交换,吸收热量蒸发汽化后浓缩成浓溶液,经溶液热交换器换热后进入吸收器;蒸发的制冷剂蒸汽进入冷凝器与来自吸收器的中温热回水进行换热,中温热回水吸收大量的汽化潜热,温度升高后供给用热单元;冷凝器中液化的制冷剂进入蒸发器,与中介水(油田采出水)进行热交换,吸收热量后蒸发汽化,同时未汽化的制冷剂经冷剂泵加压后进入蒸发器继续汽化,汽化后的冷剂蒸汽进入吸收器;在吸收器中被浓溶液吸收放出热量,加热低温热回水,加热成中温热回水进入冷凝器进一步吸收热量,稀释后的稀溶液经溶液热交换器后进入发生器,开始下一个循环。

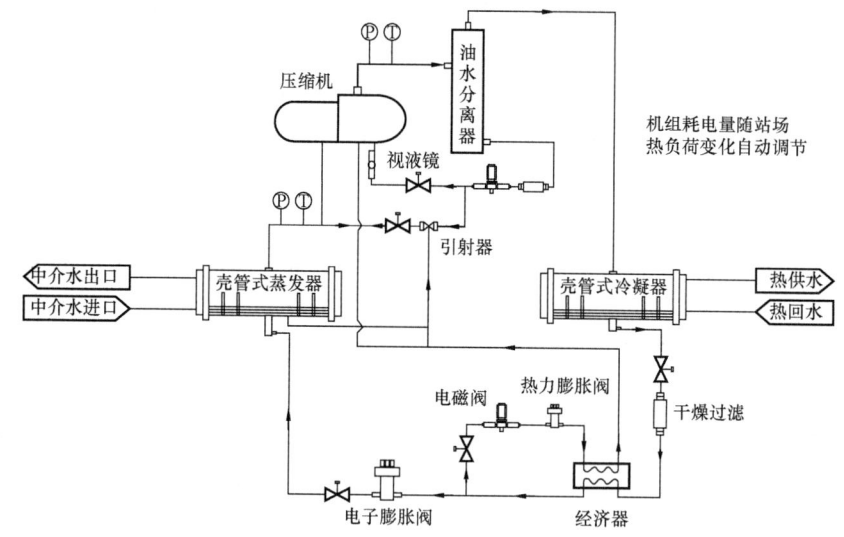

图 14-5-9 压缩式热泵机组原理图

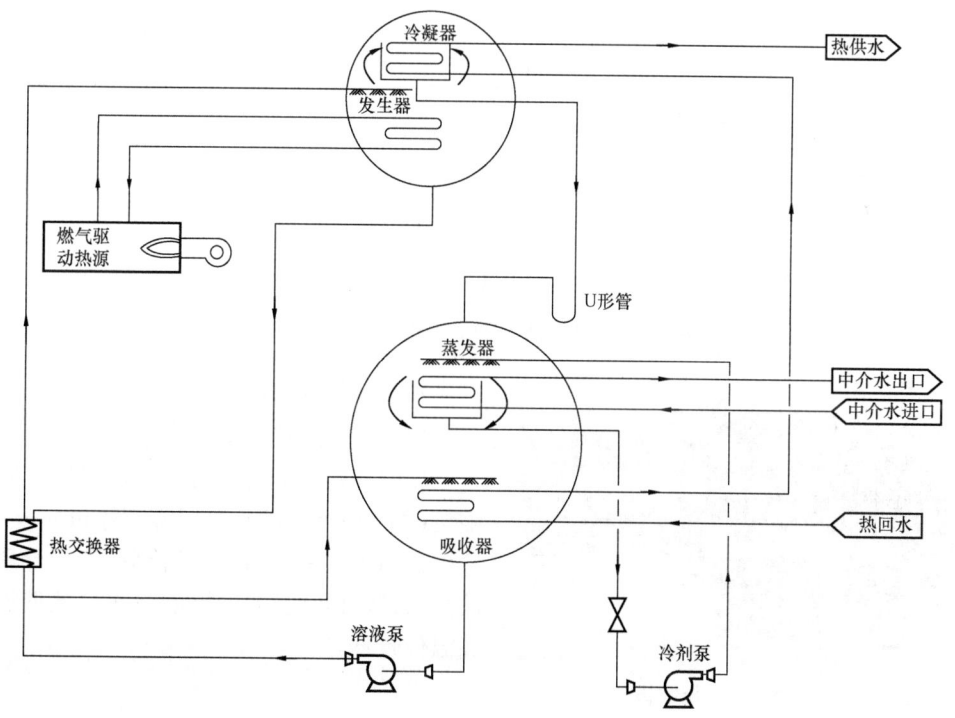

图 14-5-10 第一类吸收式热泵机组原理图

b. 第二类吸收式热泵(图14-5-11)。

吸收式热泵系统中的稀溶液(工质对)在发生器中与来自蒸发器的中介水(油田采出水)进行热交换,吸收热量蒸发汽化后浓缩成浓溶液,经溶液热交换器换热后进入吸收器;蒸发的制冷剂蒸汽进入冷凝器与来自冷却塔的冷却水进行换热,冷却水吸收大量的汽化潜热后进入冷却塔冷却后循环使用;冷凝器中液化的制冷剂经冷剂泵加压后进入蒸发器,与中介水(油田采出水)进行热交换,吸收热量后蒸发汽化,汽化后的冷剂蒸汽进入吸收器;在吸收器中被浓溶液稀释放出热量,加热低温热回水,低温热回水吸收大量的热量,温度升高后供给用热单元,稀释后的稀溶液经溶液热交换器后进入发生器,开始下一个循环。

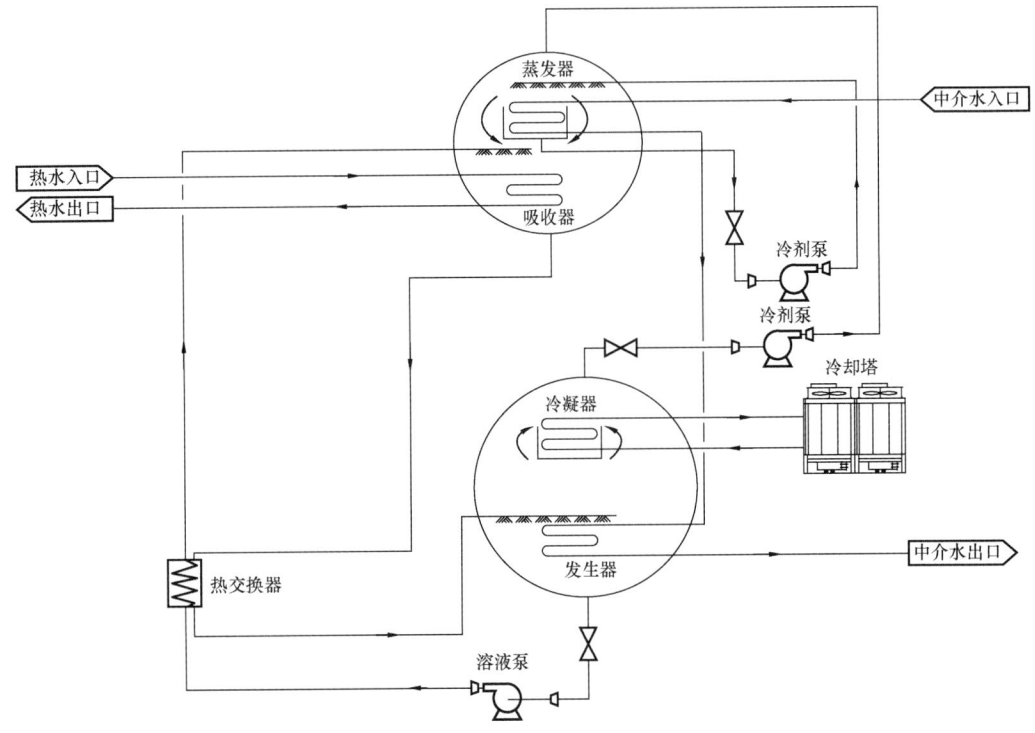

图14-5-11 第二类吸收式热泵机组原理图

2）主要设备、管道与计算

（1）压缩式热泵机组。

压缩式热泵机组以电能作为驱动,通过压缩机(图14-5-12)、蒸发器(图14-5-13)、冷凝器(图14-5-14)、节流阀,利用介质压缩放热、膨胀吸热的物理特性,将热量从低温位向高温位转移。

图14-5-12 压缩机

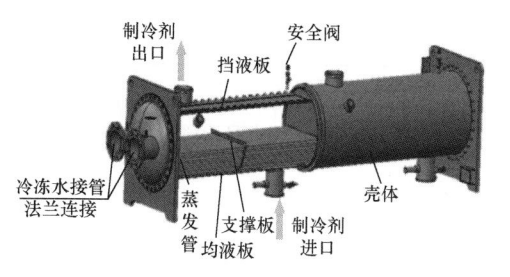

图 14-5-13 蒸发器　　　　　　图 14-5-14 冷凝器

① 分类。

压缩式热泵机组的核心设备是压缩机,压缩机分为螺杆式压缩机和离心式压缩机,其制热范围见表 14-5-8。

表 14-5-8　压缩式热泵的制热量范围

单机名义工况制热量,kW	热泵机组压缩机类型
<1900	螺杆式
1900~3600	螺杆式或离心式
≥3600	离心式

② 制热性能系数(COP)的计算及选取。

对消耗机械功的压缩式热泵,其制热性能系数即为制热功率与输入功率的比值。根据能量守恒定律,不考虑压缩机的散热,则热泵制热功率等于从低位热源吸收的热量与输入功率 P 之和,可见 COP 值恒大于 1。热泵制热性能系数计算见式(14-5-10):

$$\text{COP} = (P + Q_\text{C})/P = 1 + Q_\text{C}/P \qquad (14-5-10)$$

式中　COP——热泵的制热性能系数;
　　　P——输入功率,kW;
　　　Q_C——低位热源吸收的热量,kW。

影响热泵机组本体 COP 的因素有:热源水的进水温度、回水温度、进回水温差,以及制取的供热水温度、回水温度、供回水温差。其中起到决定性影响作用的是热源水的回水温度和制取热水的供水温度。不同热源水温度和供热水温度条件下的 COP 推荐值见表 14-5-9。

表 14-5-9　不同热源水温度和制取的供热水温度条件下压缩式热泵 COP 推荐值

热源水进水温度,℃	热源水回水温度,℃	COP 推荐值									
		55℃	60℃	65℃	70℃	75℃	80℃	85℃	90℃	95℃	100℃	105℃
25	15	3.85	3.5	3.2	2.9							
	20	4.35	4	3.6	3.25	2.55						
30	20	4.35	4	3.6	3.25	2.55						
	25	4.9	4.5	4.05	3.65	2.9	2.65					

续表

热源水进水温度,℃	热源水回水温度,℃	COP 推荐值									
		55℃	60℃	65℃	70℃	75℃	80℃	85℃	90℃	95℃	100℃	105℃
35	25	4.9	4.5	4.05	3.65	2.9	2.65					
	30	5.5	5.05	4.55	4.1	3.25	3.0	2.7				
40	30	5.5	5.05	4.55	4.1	3.25	3.0	2.7	2.5			
	35	6.25	5.75	5.15	4.65	3.65	3.3	3	2.8			
45	35		5.75	5.15	4.65	3.65	3.3	3	2.8			
	40			5.85	5.25	4.1	3.7	3.35	3.15			
50	40			5.85	5.25	4.1	3.7	3.35	3.15			
	45				5.75	4.6	4.15	3.8	3.5	2.75	2.5	
55	45					4.6	4.15	3.8	3.5	2.75	2.5	
	50					5.05	4.6	4.15	3.85	3.1	2.8	2.5

注:空格为不能制取该温度的供热水。

站场拟需要的75℃热水,热负荷为1000kW,进入热泵机组的热源水温度45℃,回水温度40℃时,压缩式热泵 COP = 4.1,则该机组的电机输入功率约为:1000/4.1 = 243.9kW。

③ 性能参数。

影响热泵机组性能的因素较多,包括压缩机的效率、热源水的温度、制取热水的温度等,一般没有定型产品,螺杆式压缩机热泵和离心式压缩机热泵常用的技术参数见表14-5-10和表14-5-11。

表 14-5-10 螺杆式压缩机热泵机组技术参数

机型			SM(G)-1500	SM(G)-2500	SM(G)-5000	SM(G)-10000
制热量,kW			1536	2450	4920	9840
输入功率,kW			374	595	1170	2340
半封闭双螺杆式压缩机	形式		国际名牌半封闭螺杆式压缩机			
	数量		1	2	2	4
	转速,r/min		2950			
	制冷剂		见 GB/T 7778《制冷剂编号方法和安全性分类》			
	容量调节范围,%		25—50—75—100 四级能量调节或 25—100 连续调速			
电器参数	电源		三相四线 380V 三相三线 3000~10000V 50Hz			
	安全保护		高低压、过载、绕组过载、缺相、零序、水流开关、防冻开关、油温加热器			
蒸发器	形式		高效壳管换热器			
	压力降,kPa		55			
	污垢系数,m²·℃/kW		0.086			
	热源水流量,m³/h		200	319	645	1290

续表

机型		SM(G)-1500	SM(G)-2500	SM(G)-5000	SM(G)-10000
冷凝器	形式	高效壳管式换热器			
	压力降,kPa	55			
	污垢系数,m²·℃/kW	0.086			
	热水流量,m³/h	264	421	846	1692
外形尺寸 mm	长	4250	6000	6500	13000
	宽	2500	2500	2800	2800
	高	3200	3400	3400	3400
	机组质量,kg	7600	11000	148000	29000

注：使用工况为热源水进水温度50℃，出水温度45℃，热水回水温度80℃，供水温度85℃。

表14-5-11 离心式压缩机热泵机组技术参数

机型		RTGF300	RTGF400	RTGF500	RTGF600
	制热量,kW	3000	4000	5000	6000
	输入功率,kW	769	1023	1272	1538
半封闭离心式压缩机	形式	国际名牌半封闭离心式压缩机			
	数量	1	1	1	1
	转速,r/min	7000			
	容量调节范围,%	20~100 连续调速			
电器参数	电源	三相四线 3000~10000V 50Hz			
	安全保护	高低压、过载、绕组过载、缺相、零序、水流开关、防冻开关、油温加热器			
蒸发器	形式	高效壳管换热器			
	压力降,kPa	90			
	污垢系数,m²·℃/kW	0.018			
	热源水流量,m³/h	192	256	321	384
冷凝器	形式	高效壳管式换热器			
	压力降,kPa	90			
	污垢系数,m²·℃/kW	0.044			
	热水流量,m³/h	344	430	430	516
外形尺寸 mm	长	5100	5280	5280	5280
	宽	3280	3780	3780	4130
	高	3240	3460	3460	3610
	机组质量,kg	25000	33000	35000	37000

(2) 吸收式热泵。

吸收式热泵以高品位热能作为驱动，利用工质对浓缩吸热、稀释放热的特性，将热量从低温位向高温位转移。热泵由发生器、冷凝器、蒸发器、吸收器和热交换器等主要部件及抽气装置,以及屏蔽泵(溶液泵和冷剂泵)等辅助部分组成。

① 分类。

吸收式热泵机组分为第一类吸收式热泵和第二类吸收式热泵。

第一类吸收式热泵也称增热型热泵,是利用少量的高温热源热能,产生大量的中温有用热能。即利用高温热能驱动,把低温热源的热能提高到中温,从而提高热能的利用效率(图14-5-15)。

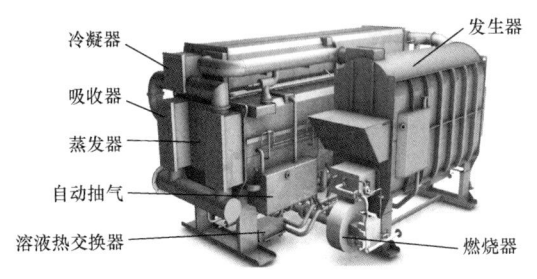

图14-5-15 第一类吸收式热泵图

第二类吸收式热泵也称升温型热泵,是利用大量的中温热源热能产生少量的高温有用热能。即利用中温热能驱动,利用中温热源和低温热源的热势差,制取热量少但温度高于中温热源的热量,将中低温位热能转移到更高温位上,从而提高了热能的利用品位(图14-5-16)。

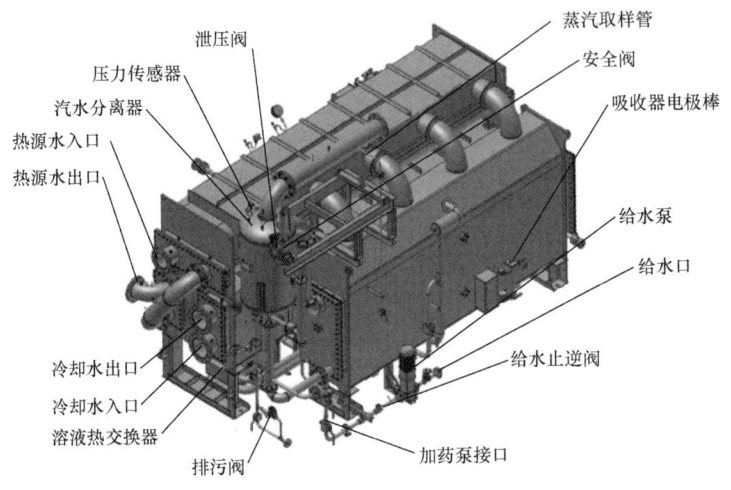

图14-5-16 第二类吸收式热泵

② COP 的计算及选取。

第一类吸收式热泵分为单效型吸收式热泵和双效型吸收式热泵,其性能系数是制热量与驱动热量的比值,性能系数大于1,一般为1.5~2.5。在制取热水条件和驱动热源条件相同时,热源水温度越低,则机组 COP 越低。同理,利用相同的热源条件和驱动热源条件,要制取热水的温度越高,则机组 COP 越低。热泵制热性能系数计算见式(14-5-11):

$$COP = Q/Q_入 \tag{14-5-11}$$

式中　COP——热泵的制热性能系数;

Q——制热热量,kW;

$Q_入$——输入的驱动热量,kW。

单效型吸收式热泵和双效型吸收式热泵 COP 推荐值见表 14-5-12。

表 14-5-12　第一类吸收式热泵 COP 推荐值

单效型吸收式热泵	制热量,MW		1~60			
	驱动热源种类		蒸汽、天然气	蒸汽、天然气	蒸汽、高温热水	蒸汽、高温热水
	热水	进水温度,℃	60	60	60	60
		出水温度,℃	90	90	90	90
	热源水	进水温度,℃	40	45	50	55
		出水温度,℃	25	30	40	45
	COP 范围		1.60~1.65	1.65~1.70	1.70~1.75	1.75~1.80
双效型吸收式热泵	制热量,MW		1~10			
	驱动热源种类		天然气、蒸汽			
	热水	进水温度,℃	40	40	40	
		出水温度,℃	60	60	60	
	热源水	进水温度,℃	25	30	40	
		出水温度,℃	15	20	30	
	COP 范围		2.20~2.30	2.30~2.35	2.35~2.40	

第二类吸收式热泵:其性能系数是制热量与低温位热源热量的比值,性能系数总是小于 1。当低温位热源热量条件不变时,制取的热媒品质越高,机组的 COP 越低。热泵制热性能系数计算见式(14-5-12):

$$COP = Q/Q_\text{入} \qquad (14-5-12)$$

式中　COP——热泵的制热性能系数;
　　　Q——制热热量,kW;
　　　$Q_\text{入}$——输入的低温位热源热量,kW。

第二类吸收式热泵 COP 推荐值一般为 0.3~0.5。

③ 性能参数。

a. 第一类吸收式热泵。

油田站场的余热资源为油田采出水的热量,且伴生气资源比较丰富,直燃型吸收式热泵机组得到广泛应用。

直燃型吸收式热泵机组常用的技术参数见表 14-5-13。

表 14-5-13　直燃型吸收式热泵机组参数

	型号	RHP052D	RHP025D	RHP012D
供热热水	流量,t/h	298	86	100
	入口温度,℃	70	42	70
	出口温度,℃	85	67	80
	供热量,MW	5.2	2.5	1.16

续表

型号		RHP052D	RHP025D	RHP012D
热源水	流量,t/h	234	49	50
	入口温度,℃	48	32	39
	出口温度,℃	40	14	31
	回收热,MW	2.2	1.03	0.47
天然气	燃气热值,MJ/m³	35.2	35.2	35.2
	耗量,m³/h	336.2	162.5	77.2
	热量,MW	3.28	1.61	0.76

b. 第二类吸收式热泵。

第二类吸收式热泵通过吸收温度在80℃以上的余热热源的热量,油田站场中缺乏80℃以上的余热资源,第二类吸收式热泵机组不常选用。

（3）换热器。

换热器的种类繁多,适用于热泵机组供热系统的中间换热器一般选用板式换热器,板式换热器的换热面积计算见式（14-5-13）。

$$F = \frac{Q}{K\Delta T_m} \quad (14-5-13)$$

$$\Delta T_m = \frac{(t_1 - T_2) - (t_2 - T_1)}{\ln\frac{t_1 - T_2}{t_2 - T_1}}$$

式中　F——换热面积,m²；

　　　K——冷热流体之间的总传热系数,W/(m²·℃)；

　　　Q——总的热负荷,kW；

　　　ΔT_m——对数平均温差,℃；

　　　t_1,t_2——热流体进、出换热器的温度,℃；

　　　T_1,T_2——冷流体进、出换热器的温度,℃。

（4）中介水循环泵。

中介水循环泵宜设置在板式换热器进口侧,可使循环泵在较低水温下工作。运行循环泵的台数宜与热泵机组台数相同,另应有1台备用泵。

热泵中间循环系统管路较短,循环泵的扬程考虑换热器、热泵机组蒸发器、中间循环管路的阻力损失之和。运行循环泵的总流量不应小于热泵机组在额定负荷下的热源水需要量的1.1倍。

（5）补水定压系统。

热泵中间循环系统最高点一般是热泵机组的蒸发器,高度较低,采用高架水箱、阀门及管路即可满足补水定压的要求。

（6）循环供热系统、软化水处理系统和热水管道的技术内容见本节热水锅炉供热系统的相关内容。

3）整体设计与布置

（1）遵循的主要规范。

① GB 50183《石油天然气工程设计防火规范》。

② GB 50316《工业金属管道设计规范》。

③ GB/T 19409《水（地）源热泵机组》。

④ GB/T 21362《商业或工业用及类似用途的热泵热水机》。

⑤ NB/T 10275《油田采出水余热利用工程技术规范》。

（2）设计基础资料。

设计的基础资料是不可缺少的重要资料，设计之前需搜集有关的基础资料。具体内容包括以下几方面内容。

① 热负荷资料：工艺生产用热负荷、供暖通风用热负荷及可利用余热的最大、最小和平均负荷。

② 油田采出水资料：组分、可用流量、温度等。

③ 气象资料：海拔、气温（极端最低气温、最冷月最低平均气温等）、主导风向、大气压及最大冻土深度等。

④ 地质资料：地下水位、湿陷性黄土等级、地耐力及地震等级等。

⑤ 其他有关资料：交通情况、供电及供水情况、环境卫生要求等。

（3）热泵机组供热站布置。

热泵机组供热站的位置一般在原有油气集输站场总平面上确定，当原有油气站场中布置热泵机组供热站不能满足安全间距的要求时，建议与油气集输站场毗邻建设，其总体布置应根据下列因素分析后确定。

① 供热站位置宜靠近负荷中心，选择时还需考虑油田区域总体规划、采出水取水、回水位置、环境及管理等因素。

② 位于油气站场内的供热站，从电气防爆方面考虑，将供热站布置在非防爆区。燃气热泵机组与站场内其他设施的安全间距符合 GB 50183《石油天然气工程设计防火规范》的要求。

③ 位于油气站场外的供热站，除燃气热泵机房属于丁类生产厂房，其他建筑单体可按戊类生产厂房考虑。安全间距符合 GB 50016《建筑设计防火规范》的要求。

④ 供热站宜与其他建筑物分开独立设置；当布置在建筑物内时，不应设置在临近人员密集的场所。

⑤ 供热站工艺布置应确保设备安装、操作运行、维护检修的安全和方便，并应使各种管线流程短、布置紧凑，使场地和空间使用合理。

二、暖通

油田油气集输工程的暖通主要包括输油泵房、计量间、污水处理间等生产工艺房间和倒班公寓、办公楼等生活房间的供暖、通风和空调系统，应选择科学合理的供暖通风空调方式，采用可靠成熟的技术，满足各个单体的要求。

1. 基础数据资料

在项目工程建设前期,需要充分了解当地气象环境状况,常见的供暖通风空调形式等。具体内容如下。

1)气象资料

对于普通地区,气象资料可以通过 GB 50019《工业建筑供暖通风与空气调节设计规范》中各地区的气象数据查询使用。对于偏远、无气象台站资料地区,则应该根据规范中要求采集的气象资料通过当地气象部门购买原始资料,而后通过规范规定的计算方法得出需要的数据。通过气象部门购买的原始资料主要包括以下内容:

① 累年最冷月平均温度。
② 累年最低日平均温度。
③ 累年最热月平均温度。
④ 累年极端最高温度。
⑤ 累年最热月平均相对湿度。
⑥ 累年最冷 3 个月室外平均风速、风向及频率。

山区的室外气象参数应根据就地的调查、实测并与地理和气候条件相似的邻近台站气象资料比较后确定。

2)供暖、空调及通风设计数据

油田油气集输地面工程各建筑单体房间的室内设计计算参数见表 14 – 5 – 14 和表 14 – 5 – 15。

表 14 – 5 – 14 室内设计计算参数

序号	房间名称	冬季室内计算参数		夏季室内计算参数	
		温度,℃	相对湿度,%	温度,℃	相对湿度,%
1	输油泵房、原油泵房、污油泵房、油阀组间	14~16	—	—	—
2	电脱水器及游离水脱除器操作间	16	—	—	—
3	计量间	16	—	—	—
4	加药间、化药间、污水处理间	14~16	—	—	—
5	化验间	18~20	—	26	—
6	注水泵房	8~14	—	—	—
7	氮气调压间	14	—	—	—
8	污油污水回收泵房	10	—	—	—
9	配电间(无人值守)	5	—	<40	—
10	配电间(有人值守)	16~18	—	26~28	—
11	控制室、机柜间	22	30~70(或根据相关专业委托)	24	30~70(或根据相关专业委托)

续表

序号	房间名称	冬季室内计算参数		夏季室内计算参数	
		温度,℃	相对湿度,%	温度,℃	相对湿度,%
12	蓄电池室、UPS室、变频器间	5~10	—	≤30	—
13	高压开关室、电容器室	—	—	<40	—
14	变压器间	—	—	<40	—
15	锅炉间(经常有人操作)	12	—	—	—
16	锅炉间(无人操作)	5	—	—	—
17	给水泵房、深井泵房、消防泵房	5	—	—	—
18	空压机房、风机房	5~10	—	—	—
19	维修车间	14~16	—	—	—
20	车库(带检修坑)	14~16	—	—	—
21	车库(不带检修坑)	5	—	—	—
22	消防车库	8	—	—	—
23	办公楼、值班室、宿舍	18~20	—	26	—
24	会议室、活动室	18~20	—	26	—
25	走廊、卫生间、门厅	14~16	—	—	—
26	浴室、更衣室	25	—	—	—

表14-5-15 房间通风换气次数

序号	房间名称	正常通风次,h	事故通风次,h	通风设备要求
1	原油泵房、污油泵房、原油计量操作间	6~10(含硫12~15)	12	防爆;根据散热量核算
2	电脱水器及游离水脱除器操作间	6	12	防爆
3	输油泵房	6	12	防爆
4	加药间、化药间	8~10	—	
5	化验间(无可燃油、气房间)	6	—	
6	注水泵房	6	—	根据散热量核算
7	氮气调压间	8~10	—	必要时设置事故通风
8	污油污水回收泵房	6	12	防爆
9	配电间	8~10	—	考虑灾后通风
10	蓄电池室(防酸隔爆式)	6	—	
11	蓄电池室(免维护式)	3	12	防爆
12	变压器室、电容器室	10~12	—	考虑灾后通风
13	SF$_6$电气设备室	2	12	
14	锅炉间(燃气、燃油)	6	12	防爆

续表

序号	房间名称	正常通风次,h	事故通风次,h	通风设备要求
15	消防泵房	6	—	
16	空压机房、风机房	6	—	根据散热量核算
17	卫生间	6~10	—	
18	燃气调压间、油气阀室	8	12	防爆
19	天然气压缩机房	10	10（正常）+8（事故）	防爆
20	电缆夹层	6	—	

2. 供暖

1）供暖系统形式

油田地面工程供暖系统主要采用集中式热水供暖和分散式电供暖（分体空调供暖、电热供暖）两种形式。

对于建筑单体数量较多的严寒及寒冷地区，应考虑设置集中热源的热水供暖系统。对于建筑单体很少、设置集中热源不经济时，可考虑分散式电供暖或者分体空调供暖。

一般情况下，热水供暖系统宜采用散热器热水供暖，对于有倒班公寓等人员办公居住的建筑单体，可考虑采用地板辐射供暖系统。

当站场建筑由于工艺生产有特殊要求，不允许采用散热器供暖，或者由于防火防爆等要求需要采用全新风等特殊要求，可采用热风供暖。

对于输油泵房、原油泵房、天然气压缩厂房等甲乙类厂房，根据 GB 50016《建筑设计防火规范》要求，不允许使用明火、电暖器供暖，在工程项目中应特别注意。

油田地面建设中各个单体的供暖形式不同，供暖系统形式也各异，油田地面建筑单体进行散热器热水供暖的主要形式见表 14-5-16。

表 14-5-16　油田地面各建筑单体供暖系统形式

序号	单体名称	供暖系统	备注
1	办公楼	下供下回系统、上供上回系统、上供中回系统（多层建筑）	供回水管路可明装、暗装
2	辅助用房	上供上回系统	供回水管路建议明装
3	化验室、消防车库及宿舍	下供下回系统或上供上回系统	供回水管路建议明装
4	消防泵房	上供上回系统	供回水管路建议明装
5	各类油泵房	下供下回系统或上供上回系统	供回水管路建议明装
6	含油污水处理间	水平串联系统或下供下回系统、上供上回系统	供回水管路建议明装
7	值班室、门卫	水平串联系统、上供上回系统	供回水管路可明装、暗装
8	材料及设备库	下供下回系统或上供上回系统	供回水管路建议明装
9	变配电室	尽量避免散热器热水供暖，若采用，变配电室室内管线及散热器均需要焊接，不允许有阀门、管件等	建议采用电暖器、空调供暖，电暖器应选用安全型

2）供暖设备

（1）散热器。

散热器普遍用于办公楼、化验室、原油泵房、污水处理间等建筑单体。常用的散热器种类包括铸铁散热器（内腔无砂型）、钢制散热器（钢制柱式散热器和钢制板式散热器）、复合型散热器（铜铝复合散热器、钢铝复合散热器、不锈钢铝复合散热器）、铝制散热器（高压铸铝散热器和铝型材焊接散热器）。

（2）暖风机。

暖风机主要用于高大维修厂房、原油泵房等场所。暖风机是由通风机、电动机及空气加热器组合而成的联合机组。当空气中不含灰尘和易燃或易爆性的气体时，可作为循环空气供暖用。暖风机可独立作为供暖用，一般用以补充散热器的不足部分或者利用散热器作为值班供暖，其余热负荷由暖风机承担。

根据热媒性质，暖风机一般分为蒸汽型暖风机和热水型暖风机。在原油泵房等甲乙类火灾危险厂房，室内不允许循环风，暖风机可选择直流型全新风蒸汽暖风机，防止由于室外空气温度过低冻结循环水。但由于直流型全新风暖风机运行费用高，国内应用很少。

（3）电暖器。

常用的电暖器主要分为油汀式电暖器、对流式电暖器和蓄热式电暖器。选购时均应选择带有安全保护装置的产品，避免长时间运行发生电气火灾事故。

供暖系统常用设备及应用场所见表14-5-17。

表14-5-17 供暖系统常用设备及应用场所

序号	设备名称	设备图片	应用场所	备注
1	普通散热器		办公楼、辅助用房、泵房、水处理间等	散热器材质不同，适用的水质不同，详见GB/T 29044《采暖空调系统水质》；非供暖季节钢制散热器应满水保养，散热器安装参考国家建筑设计标准图集17K408《散热器选用与管道安装》
2	卫浴散热器		宿舍淋浴间	

续表

序号	设备名称	设备图片	应用场所	备注
3	地板辐射供暖设施		宿舍、办公楼等场所	适用于低温热水供暖系统
4	暖风机		维修厂房	适用于设置普通散热器进行值班供暖，短时间内快速制热的场所
5	热空气幕		办公楼、宿舍等人员经常出入的外门	阻止外部空气进入室内，有效降低室内负荷
6	电暖器		无集中热水供暖的场所，包括配电室、水泵房等	不能用于甲乙类的输油泵房、含油污水处理间、阀组间等场所

3）供暖系统常用管材

室内散热器供暖管道常用的管材包括热镀锌钢管和铝塑复合管、PPR 高温热水管、PPR 塑铝稳态复合管等。对于明装管道，建议采用热镀锌钢管，埋地（墙）的暗装管道建议采用铝塑复合管、PPR 高温热水管、PPR 塑铝稳态复合管等塑料材质管道。

地板辐射供暖管道一般选用 PE—RT 管，标准要求高的场所可选用 PB 管。

供暖系统常用管材及应用场所见表 14-5-18。

表 14-5-18 供暖系统常用管材及应用场所

序号	管材名称	管材介绍	应用场所	连接方式
1	热镀锌钢管	热镀锌钢管是使熔融金属与铁基体反应而产生合金层,从而使基体和镀层两者相结合	室内散热器管道明装场所	螺纹连接或法兰连接
2	PPR 管	三型聚丙烯管或无规共聚聚丙烯管(PPR管),具有节能节材、环保、轻质高强、耐腐蚀、内壁光滑不结垢、施工和维修简便	埋地暗装敷设管道,高温散热器热水管道不宜选用	热熔连接
3	PPR 塑铝稳态复合管	PPR 塑铝稳态管具备 PPR 管的卫生性、密封性和金属管的刚性,具有线性膨胀系数小、不渗氧、抗紫外线、高强度、高耐温性等极佳的物理性能	室内散热器热水管路暗装敷设、埋地敷设	热熔连接
4	PE—RT 管	PE—RT 管俗称耐热聚乙烯管,PE—RT 管是采用中密度聚乙烯与辛烯聚合而成,耐高温抗冻性	地板辐射供暖管路	铺设过程中不允许有接头
5	PB 管	聚丁烯管,具有耐寒、耐热、耐压、不生锈、不腐蚀、不结垢、寿命长(可达 50~100 年),且有能长期耐老化特点	地板辐射供暖管路	铺设过程中不允许有接头

3. 通风

1)通风系统

油田油气集输工程中常见的通风方式包括自然通风、机械通风及自然与机械联合通风三种形式。

(1)自然通风。

油田建筑的办公楼、公寓楼等场所一般采用可开启外窗的无组织自然通风形式。无外电的阀室则采用设置无动力屋顶通风器,以及外墙开百叶风口的有组织自然通风形式。

(2)机械通风。

变配电所、消防泵房等场所为了保证室内余热及有害气体及时有效地排出室外,均采用机械通风形式。在突然散发大量有害、有毒气体的油泵房、天然气压缩机厂房等需要事故通风的场所也均采用机械通风形式。

(3)自然与机械联合通风。

为保证节能、节省投资的目的,当自然通风难以保证卫生要求时,可采用机械通风和自然通风的联合方式。例如正常工况下通过门窗自然通风,达不到要求时开启风机进行机械通风。

2)通风设备

油田油气集输工程中常用的风机,根据工作原理可分为离心式、轴流式和贯流式三种。工程中常用的混流风机、斜流风机均可认为由上述三种风机派生而来。

工程中常用的通风设备包括轴流风机、斜流风机、离心风机、通风柜、无动力屋顶通风器等。并根据使用场所采用防爆型风机、防腐型风机、防腐防爆型风机等。

(1) 轴流风机。

油气集输工程中最常用的一种风机形式,分为方形风机和圆形风机。可直接外墙安装或设置在风机箱内(噪声较大,一般不推荐),外墙安装的轴流风机在室外应设置防雨防虫百叶风口或设置风管弯头(加防虫网),也可做成屋顶式轴流风机安装在屋面。

(2) 斜流风机。

斜流风机较轴流风机风压大,广泛适用于连接通风管道的场所,如化验室局部通风,为保证局部通风效果,应优先选择斜流风机。

(3) 离心风机。

主要用于压缩机厂房送风系统、化验室集中排风系统等场所。具有通风量大、风压高的特点。可以做成风机箱或者屋顶离心风机形式。

(4) 通风柜。

通风柜用于化验室等需要局部通风的场所,油田油气集输工程中化验室常用的通风柜均配有操作台,主要尺寸宽度为1200mm、1500mm、1800mm,深度为800mm,高度为2350mm。

通风柜本体不设置通风风机,工程中需要配套相应的风机使用。根据化验室通风系统的形式,可以在通风柜排风管路设置独立风机排风,或者多个通风柜共用一套通风系统集中排风。

(5) 无动力屋顶通风器。

无动力屋顶通风器主要用于没有外电的阀室、需要自然通风的高大厂房等场所。属于有组织自然通风设施。通风系统常用设备及应用场所见表14－5－19。

表14－5－19 通风系统常用设备及应用场所

序号	设备名称	设备图片	应用场所	备注
1	轴流风机		消防泵房、化验室、配电室、小型压缩机房、空压机间等	外墙安装,施工便捷,不占用其他空间,风压低,不能接风管
2	斜流风机		化验室通风柜通风管道	风压较轴流风机大,可连接风管

续表

序号	设备名称	设备图片	应用场所	备注
3	离心风机		压缩机厂房、化验室集中通风系统	主要用于压缩机厂房、化验室多个房间集中排风等大通风量、需要风压大的场所
4	屋顶风机		压缩机厂房、输油泵房，变配电所、变压器室	适用于通风量大，外墙安装轴流风机困难场所
5	通风柜		化验室	化验室局部通风
6	无动力屋顶通风器		阀室	适用于有组织自然通风，阀室无外电场所

4. 空气调节

油田油气集输地面工程的建筑面积普遍偏小，功能较为单一，一般情况下采用分体空调可满足使用要求。对于办公场所等室内装修及舒适度要求较高的场所也经常采用多联机空调系统、空气源热泵空调系统等。

油田建筑单体中常见的空调形式见表14-5-20。

表14-5-20 空调系统常用设备及应用场所

序号	设备名称	设备示意图	应用场所	备注
1	分体空调器		办公室、宿舍等各类房间	安装灵活,控制方便,独立性强,便于维护检修
2	多联机空调		办公楼、会议室等装修较高场所	室内机布置灵活,可接风管风口,对室内装修适应性强
3	恒温恒湿空调机组		控制室、机柜间等	为机房专用空调,环境适应性强,运行可靠
4	空气源热泵+风机盘管空调系统		办公楼、宿舍等	严寒地区冬季供暖用热泵应采用超低温型空气源热泵

5. 技术方案

1) 技术方案前期准备内容

在整个油田油气集输工程建设过程中,由于暖通专业的性质,在项目建设初期甚至施工图阶段,供暖、通风及空调形式经常会被包括建设方、咨询公司、设计公司负责人等忽略,但由于供暖、空调技术发展的多样性,每个人对供暖方式、空调方式的理解及运行使用体验均存在很大的不同,从而会导致整体方案达不到建设方、使用方预期,造成项目后期返工,故在项目初期建设方、使用方、设计等各相关部门及时有效地沟通,明确各方需求,进而有针对地进行供暖、通风、空调方案的优化对比,从而能够针对具体项目做出最合理的方案。

技术方案主要包含以下内容:

(1)负荷计算。

① 供暖热负荷。

供暖热负荷的构成主要包括如下部分:

a. 围护结构的传热耗热量(包括外墙、外窗、屋面、地面、外门等)。

b. 加热由外门、外窗缝隙渗入室内的冷空气耗热量(冷风渗透)。

c. 加热由外门开启时经外门进入室内的冷空气耗热量(冷风侵入)。

d. 通风耗热量(工业建筑,持续通风场所)。

e. 其他途径散失或获得的热量(比如室内大型设备散热获得的热量)。

围护结构的传热耗热量由基本耗热量和附加耗热量构成。围护结构的附加耗热量按其占基本耗热量的百分率确定。

其中围护结构的基本耗热量计算见式(14-5-14):

$$Q = \alpha FK(t_n - t_{wn}) \tag{14-5-14}$$

式中　Q——围护结构的基本耗热量,W;

α——围护结构温差修正系数;

F——围护结构的面积,m^2;

K——围护结构的传热系数,$W/(m^2 \cdot \text{℃})$;

t_n——供暖室内计算温度,℃;

t_{wn}——供暖室外计算温度或邻室计算温度,℃。

围护结构的传热耗热量计算见式(14-5-15):

$$Q_1 = (1 + \alpha_1 + \alpha_2 + \alpha_3)(1 + \alpha_4)Q \tag{14-5-15}$$

式中　Q——围护结构基本耗热量,W;

Q_1——围护结构传热耗热量,W;

α_1——朝向修正率;

α_2——风力附加率;

α_3——外门附加率;

α_4——高度附加率,附加于基本耗热量和其他附加耗热量之和。

生产厂房、仓库、公用辅助用房等建筑物,加热由外门、外窗缝隙渗入室内的冷空气耗热量(冷风渗透)可按围护结构总耗热量的百分比计算确定,见表14-5-21。

冷风侵入耗热量为开启大门冲入室内冷风耗热。其耗热量附加在大门的基本耗热量上,附加率根据实际情况确定。

表 14-5-21　不同玻璃窗层数冷风渗透耗热量占围护结构总耗热量的百分比

建筑物高度,m		<4.5	4.5~10	>10
冷风渗透耗热量占围护结构总耗热量的百分比,%	单层	25	35	40
	单层、双层均有	20	30	35
	双层	15	25	30

一般建筑单体均为连续供暖,若采用间歇供暖,且间歇供暖时间较长,为保证间歇供暖时室内能快速达到温度要求,应对房间供暖热负荷进行附加,仅白天使用的房间间歇附加率不宜小于20%,不经常使用的房间间歇附加率不宜小于30%。

供暖热负荷计算一般采用专业计算软件,如鸿业暖通负荷计算软件、天正暖通负荷计算软件、斯维尔暖通负荷计算等。也可通过 Excel 表格将涉及的公式、参数制作成计算模板,进行热负荷计算。

② 空调冷负荷计算。

建筑单体空调区域的冷负荷计算主要考虑如下内容:

a. 通过围护结构传入的热量。

b. 通过围护结构透明部分进入的太阳辐射热量。

c. 人体散热量。

d. 照明散热量。

e. 设备、器具、管道及其他内部热源的散热量。

f. 食品或物料的散热量。

g. 室外渗透空气带入的热量。

h. 建筑单体内散湿过程产生的潜热量。

i. 非空调区域或其他空调区域转移来的热量。

空调负荷采用非稳态方法计算,宜采用专业冷负荷计算软件,如鸿业暖通负荷计算软件、天正暖通负荷计算软件、斯维尔暖通负荷计算等。

空调系统的冷负荷应包括空调区域的计算冷负荷、新风冷负荷、再热负荷及其他各项有关的附加冷负荷。

(2) 冷热源的选择。

① 应优先采用油田采出水废热(水源热泵系统或者吸收式热泵系统)。

② 了解工程所在地是否有集中供热管网可以接入,并了解集中供热管网的温度、压力、管径等详细参数,以及相应的接口费用等。

③ 考虑空气源热泵系统、燃气热泵空调系统等。

(3) 室内末端供暖、空调系统的选择。

室内供暖形式多样,在项目初期最好明确,如散热器热水供暖、地板辐射供暖等,散热器热水供暖应明确管路在室内敷设方式:明装敷设(供回水干管在吊顶或者顶棚敷设)、室内暗装敷设(供回水干管在地面垫层内敷设)。

空调选用:分体空调或者集中空调(如冷媒管路系统的多联机空调、供回水管路系统的风机盘管空调等)等。

各单体、房间推荐的供暖、通风方案见表 14-5-22。

(4) 对相关设备用房室内环境温度要求。

① 变压器室、变频器室、高低压配电室等功能房间的温湿度要求、散热量数据。

② 机柜间、控制室的温湿度要求、散热量数据。

③ 工艺设备用房可燃、有毒、有害气体类型、密度、设备用房火灾危险等级、设备散热量、有无供暖需求。

④ 化验室化验设备通风要求、有害气体性质及排放标准。

2) 暖通常用设计技术方案

针对油田地面工程建筑房间功能特点及供暖通风方案进行了总结,并列出表格进行汇总,见表 14-5-22。

表 14-5-22　各建筑单体供暖通风方案

序号	单体名称	房间特点	供暖形式选择	通风形式选择
一			原油集输设施	
(1)	输油泵房	输油泵设备及管道散热量大,有油气挥发	散热器热水供暖	全面通风,事故通风;防爆轴流风机外墙排风,自然补风或机械补风
(2)	脱水间	有油气挥发,无散热	散热器供暖	全面通风,事故通风;防爆轴流风机外墙排风,自然补风或机械补风
(3)	计量间	有油气挥发,无散热	散热器供暖	全面通风,事故通风;防爆轴流风机外墙排风,自然补风或机械补风
(4)	加药间、化验室	有粉尘及气味产生	散热器供暖	全面通风(轴流风机外墙排风,自然补风或机械补风);局部通风(通风柜排风)
二			注水设施	
(1)	注水泵房	注水泵散热由冷却水或冷却空气消除	散热器供暖	全面通风(轴流风机外墙排风,自然补风或机械补风)
(2)	氮气调压间	有氮气散发	散热器供暖或电加热供暖	全面通风,必要时事故通风
(3)	加药间、化验室	有粉尘及气味产生	散热器供暖	全面通风,局部通风(通风柜通风)
三			含油污水处理设施	
(1)	主厂房	主要为泵房、加药间、化验室及变配电间	散热器供暖及电供暖	全面通风(轴流风机外墙排风,自然补风或机械补风)

续表

序号	单体名称	房间特点	供暖形式选择	通风形式选择
(2)	污油污水回收泵房	有油气挥发	散热器供暖	全面通风,事故通风,防爆轴流风机外墙排风,自然补风或机械补风
(3)	阀组间	少量油气挥发	散热器供暖	全面通风,事故通风(防爆无动力屋顶通风器通风或防爆轴流风机排风)
四			工业控制机房	
(1)	控制室	仪表机柜设备对环境温度湿度要求高	空调供暖	空调通风(对温湿度要求严格的控制室采用恒温恒湿空调机组+新风过滤机组)
五			变配电间	
(1)	变压器间	设备散热	无	自然通风或机械通风
(2)	配电间	配电柜及配套设施,散热	电供暖	全面通风(轴流风机外墙排风,自然补风或机械补风)
六			辅助厂房	
(1)	辅助用房	油田配套厂房,根据具体房间功能考虑供暖通风	散热器供暖	全面通风(轴流风机外墙排风,自然补风或机械补风)
七			天然气压缩机厂房	
(1)	压缩机房	有设备散热及有害气体挥发	不供暖或散热器供暖	全面通风,事故通风(防爆屋顶风机排风,防爆送风箱补风或防爆百叶窗补风)
八			民用建筑	
(1)	倒班公寓	住宿	散热器供暖或地板辐射供暖	自然通风
(2)	办公楼	办公场所	散热器供暖或地板辐射供暖	自然通风
(3)	厨房		散热器供暖	燃料为燃气,全面通风、事故通风,防爆轴流风机外墙排风,自然补风或机械补风。燃料为电,全面通风,轴流风机外墙排风,自然补风或机械补风

第六节 道桥设计

一、道路设计要点

1. 道路选线

（1）站（库）外道路路线设计,应符合站（库）总体规划或总平面布置的要求,并应根据道路性质和使用要求,合理利用地形,正确运用技术指标。

（2）站（库）外道路路线设计,应综合考虑平、纵、横三个方面情况,做到平面顺适、纵坡均衡、横面合理。

（3）路线设计,不得损坏重要历史文物,并应少拆房屋,避开地震台站及其他重要地物标志。

（4）经常行驶对路面破坏性大的车辆的路段,宜设置辅道或采取其他措施。

（5）站（库）外道路,宜绕避地质不良地段、地下活动采空区,不压或少压地下矿藏资源、农田,并不宜穿越无安全措施的爆破危险地段。

（6）山区道路设计,应根据山区地形、地质、标高合理布设路线,当地形或地质复杂时,应采取纸上定线后（大比例地形图）,再到现场核实、校正。

2. 道路分级

站（库）外道路等级的采用,宜符合下列规定：

（1）具有重要意义的国家重点油库、油田的对外道路,需供汽车分道行驶,并部分控制出入,年平均日双向汽车交通量在5000辆以上时,宜采用一级站外道路。

（2）大型油田、油库等主要对外道路,其各种车辆折合成载重汽车的年平均日双向交通量在2000～5000辆时,宜采用二级站外道路。

（3）中型油库、一、二级站场的对外道路,其各种车辆折合成载重汽车的年平均日双向交通量在200～2000辆时,宜采用三级站外道路。

（4）三、四、五级站场、单井的对外道路,其各种车辆折合成载重汽车的年平均日双向交通量在200辆以下时,宜采用四级站外道路。

3. 道路平面设计

位于城市道路网规划范围内的站外道路设计,应按照现行的有关城市道路的设计规范执行,位于公路网规划范围内的站外道路设计,应按照现行的有关公路的设计规范执行。

位于上述规划范围外的站外道路应符合表14-6-1所示。

4. 道路纵断面设计

站（库）外道路的横断面设计应遵循表14-6-1规定。

表 14-6-1 站外道路等级表

站外道路等级	一		二		三		四	
地形	平原微丘	山岭重丘	平原微丘	山岭重丘	平原微丘	山岭重丘	平原微丘	山岭重丘
计算设计速度,km/h	100	60	80	40	60	30	40	20
路面宽度,m	2(双车道)×7.5	2(双车道)×7	9(7)	7	7	6	3.5	3.5
路基宽度,m	23	19	12(10)	8.5	8.5	7.5	4.5(7.0)	
极限最小圆曲线半径,m	400	125	250	60	125	30	60	15
一般最小圆曲线半径,m	700	200	400	100	200	65	100	30
不设超高最小圆曲线半径,m	4000	1500	2500	600	1500	350	600	150
停车视距,m	160	75	110	40	75	30	40	15
会车视距,m			220	80	150	60	80	40
最大纵坡,m	4	6	5	7	6	8	6	9

在工程艰巨的山岭、重丘区,四级站外道路最大纵坡可增加2%。

站(库)外道路纵坡连续大于5%时,应不大于表14-6-2所规定的长度设置缓和段,缓和段的纵坡不应大于3%,长度不应小于100m。三四级路缓和段长度不应小于80m和50m。

表 14-6-2 站外道路纵坡限制坡长表

纵坡,%	限制坡长,m
>5~6	800
>6~7	500
>7~8	300
>8~9	200
>9~10	150
>10~11	100

5. 道路横断面设计

站(库)外道路的横断面应遵循表14-6-1规定。

站(库)外道路采用单车道时每隔300~600m设置错车道一处。设置错车道的路基宽度不应小于6.5m,有效长度不应小于20m。

6. 道路路面设计

一般规定应根据厂矿道路性质、使用要求、交通量及其组成、自然条件、材料供应、施工能力、养护条件等,结合路基对路面进行综合设计;并应参考条件类似的厂矿道路的使用经验和当地经验,提出技术先进、经济合理的设计。

根据厂矿企业不同时期的使用要求、交通量发展变化、基本建设计划及投资等,按一次建成或分期修建进行路面设计。

设计的路面,应具有足够的强度和良好的稳定性,其表面应平整、密实,以及粗糙度适当。

路面等级及其所属的面层类型见表 14-6-3。

表 14-6-3　路面等级及其所属的面层类型

路面等级	路面类型
一级站外道路	水泥路面、沥青路面
二级站外道路	水泥路面、沥青路面
三级站外道路	水泥路面、沥青路面
四级站外道路	水泥路面、沥青路面、级配碎(砾)石

7. 道路标识及沿线设施

站外道路在急弯、陡坡、视线不良等路段,应根据需要设置柱式(墙式)护栏、分道墙(桩)、分道行驶路面标纹、反光镜等安全设施;在桥头引道、高路堤、地形险峻等路段,应设置标志和护栏;在道路交叉口,应根据需要设置标志、栏杆;在严重积雪路段、漫水桥、过水路面,应设置标杆。

柱式护栏外侧至路肩边缘的距离,可采用 25～50cm。

墙式护栏,应建在挡土墙顶、岩石或坚实基础上。

二、桥涵设计规定

1. 桥涵位置选择

大、中桥桥位的选择,宜服从路线总方向,综合考虑路、桥两方面,并宜符合下列规定:

(1) 宜选择在河道顺直稳定、滩地较窄较高,且河槽能通过大部分设计流量的地段;宜避免选择在河汊、岛屿、沙洲、故河道、急湾、汇合口及易形成流冰、流木阻塞的地段。

(2) 宜选择在河床地质良好、地基土的承载力较高的地段;宜避免选择在岩溶、滑坡、泥沼、盐渍土及其他地质不良地段。

(3) 宜使桥梁纵轴线与洪水主流方向正交。当需要斜交时,洪水主流方向的法线与桥梁纵轴线的交角,不宜大于 45°。通航河流上的桥梁纵轴线的法线与通航水位主流方向的交角,不宜大于 5°。选择桥位时,还应根据河流特性和桥址具体情况作全面分析比较。特殊地区选择桥位时。应综合考虑各种因素。

(4) 小桥涵位置的选择,应服从路线布设。

① 每跨越一道河流,宜修建一座桥涵。

② 站(库)外道路大、中、小桥和涵洞上的线形及其与道路的衔接,应符合路线设计的要求。桥头两端引道线形,宜与桥上线形相配合。大、中桥上的线形,宜采用直线。

③ 当桥位受两岸地形条件限制时,可采用弯桥、坡桥、斜桥。

④ 大、中桥桥面纵坡,不宜大于 4%;桥头引道纵坡,不宜大于 5%。在混合交通繁忙处,桥面纵坡和桥头引道纵坡,均不得大于 3%。

2. 桥涵选型

（1）桥涵应根据站（库）外道路性质、使用要求和将来的需要，按适用、经济、安全和美观的要求设计；必要时应进行方案比较，确定合理的方案。桥涵形式的采用，应根据地形、地质、水文等情况，并符合因地制宜、就地取材、便于施工和养护的原则。

（2）桥涵设计，应适当考虑农田排灌的需要。对靠近村镇、城市、铁路、公路和水利设施的桥梁，应结合各有关方面的要求，适当考虑综合利用。

（3）桥涵宜设计为永久性的。当道路服务年限较短时，桥涵可设计为非永久性的。标准设计或新建桥涵，当单孔跨径在60m以下时，应采用标准跨径。

桥涵标准跨径规定为：0.75m、1m、1.25m、1.5m、2m、2.5m、3m、4m、5m、6m、8m、10m、13m、16m、20m、25m、30m、35m、40m、45m、50m、60m。

标准跨径：梁式桥涵、板式桥涵，以两桥（涵）墩中线间的距离或桥（涵）墩中线与台背前缘间的距离为准；圆管涵、盖板涵，以净跨径为准。

桥梁和涵洞单孔跨径或多孔跨径划分见表14-6-4。

表14-6-4 桥梁和涵洞单孔跨径或多孔跨径划分

桥涵分类	多孔跨径总长 L,m	单孔跨径 L_k,m
大桥	$100 \leqslant L < 500$	$40 \leqslant L_k < 100$
中桥	$30 < L < 100$	$20 \leqslant L_k < 40$
小桥	$8 \leqslant L \leqslant 30$	$5 \leqslant L_k < 20$
涵洞	—	$L_k < 5$

3. 桥涵跨径确定

（1）桥涵孔径的设计应考虑桥位上下游已建或拟建桥涵和水工建筑物的状态及其对河床演变的影响。桥涵孔径设计应注意河床地形，不宜过分压缩河道，改变水流的天然状态。

（2）桥、涵洞的孔径，应根据设计洪水流量、河床地质、河床和锥坡加固形式等条件确定，并应符合下列规定：

① 当缺少水文资料时，可根据现场调查的多年洪水痕迹、泛滥范围和既有桥涵来验算小桥、涵洞的孔径；

② 当小桥、涵洞的上游条件许可积水时，依暴雨径流量计算的流量可考虑减少，但减少的流量不宜大于总流量的1/4。

（3）中桥的孔径布置应按照设计洪水流量和桥位河段的特征进行设计计算，并对孔径大小、结构形式、墩台基础埋置深度、桥头引道及涵台构造物的布置等进行综合比较。

参 考 文 献

《石油和化工工程设计工作手册》编委会，2010. 石油和化工工程设计工作手册（第七册）：油气田与管道公用工程设计. 东营：中国石油大学出版社.

东北电力设计院,2002. 电力工程高压送电线路设计手册[M]. 2版. 北京:中国电力出版社.
林宗虎,徐通模,等,2009. 实用锅炉手册[M]. 北京:化学工业出版社.
陆耀庆,等,2008. 实用供热空调设计手册[M]. 北京:中国建筑工业出版社.
孟宪杰,常宏岗,颜廷昭,等,2016. 天然气处理与加工手册[M]. 北京:石油工业出版社.
日本综研化学株式会社《载热体手册》编委会,1996. 载热体手册[M]. 北京:中国科学技术出版社.
王大志,2013. 电力系统无功补偿原理与应用[M]. 北京:电子工业出版社.
西北电力设计院,1989. 电力工程电气设计手册(电气二次部分)[M]. 北京:水利电力出版社.
西北电力设计院,1989. 电力工程电气设计手册(电气一次部分)[M]. 北京:水利电力出版社.
中国航空规划设计研究总院有限公司组,2016. 工业与民用供配电设计手册第四版[M]. 北京:中国电力出版社.

第十五章 设备与容器

设备与容器的合理设计是主体工程的安全保障,是稳定、高效运行的保障。本章主要介绍了原油集输、伴生气处理、注入系统和采出水处理等工艺中所用设备与容器的种类、结构、选型、计算等知识,包括特殊设备介绍,可以用来指导设计工作。

第一节 原油集输与处理设备

一、原油泵输设备

1. 油田输油泵选用基础

1) 油田输油特点

(1) 输液量变化大,有些输油站的最大输量比最小输量高出两倍多,使得输油泵与输油管线经常不能协调工作。因此,按管线输液量的变化合理匹配输油泵和调节工况是选用输油泵时需要特别注意的问题。

(2) 输送介质的黏度变化大。例如在50℃时,轻质原油运动黏度在$10mm^2/s$左右,而稠油运动黏度高达数千二次方毫米每秒以上。选泵时必须按照原油黏度范围确定泵的类型。

(3) 油田集输的原油,在进行稳定之前,一般是处于气饱和状态,有的原油中还夹带一些自由气体(泡)。在确定泵的类型和几何安装高度时,应注意输送介质的这一特点。

(4) 油田采出的原油,一般都含有泥砂和机械杂质,特别是稠油油田和油田开发后期,原油中含砂较多。当选用容积泵输油时,应注意原油含砂对泵运行寿命的影响。

(5) 原油和轻烃都是易燃易爆介质,一旦泄漏,具有较大的危险性。除应配备防爆电动机外,对泵的轴封及材质要求严格。

(6) 油田属于常年连续生产的企业,原油集输系统是长期不间断运行。所选输油泵应运行可靠,并具有较长的使用寿命。

2) 油田输油系统概况

在选择输油泵时,不仅要知道油田输油总的特点,还必须对具体的泵输系统进行分析,掌握所设计泵输系统的特点,在此基础上才能选择出适用的输油泵。

油田输油系统,按照所输介质和工作压力的不同,可分为一般原油输送、稠油输送、水力活塞泵动力液输送和轻油输送四个方面,每个方面包括若干个泵输系统。下面介绍一些泵输系统概况,供选泵时参考。

(1) 一般原油输送。表15-1-1是输送一般原油的10个泵输系统概况,一个油田的原油集输工艺流程通常仅包括其中某几个泵输系统。一般原油输送通常采用离心泵。

进泵侧容器的操作压力大致如下：

① 负压稳定塔的操作压力为 0.05~0.1MPa(绝)；

② 分馏稳定塔的操作压力为 0.15~0.4MPa(绝)；

③ 承压原油缓冲罐和分离缓冲罐的操作压力为 0.1~0.5MPa(绝)；

④ 立式储油罐的操作压力为 0.1MPa(绝)。

表 15-1-1 一般原油输送的泵输系统

泵输系统名称	功能	泵输介质特性	系统所需压头，MPa
井口计量分离器排油系统	原油从计量分离器到集油管线	原油含水、含砂、处于气饱和状态或夹带气体，油温 30~80℃	0.5~1.2
接转站输油系统	原油从接转站的分离缓冲罐输到脱水站	原油含水、含砂、处于气饱和状态或夹带气体，油温 30~80℃	0.6~1.2
原油脱水供油系统	原油从脱水站含水油缓冲罐输送到净化油缓冲罐	原油含水、处于气饱和状态，油温 30~80℃	0.5~0.8
净化油输送系统	净化油从缓冲罐输到原油稳定装置原料油罐	原油含水不大于 0.5%，处于气饱和状态，油温 40~80℃	管输 0.6~6.4；装车(船)0.4~0.8
稳定原油外输系统	稳定原油从储油罐(缓冲罐)经管线外输或装车(船)外运	原油含水不大于 0.5%，处于气饱和状态，油温 40~80℃	管输 0.6~6.4；装车 0.4~0.8
原油负压稳定装置供油系统	净化原油从原料油缓冲罐输到负压稳定塔	原油含水不大于 0.5%，处于气饱和状态，油温 40~80℃	0.4~0.6
原油负压稳定装置稳后油输送系统	稳定原油从负压稳定塔到稳定油储罐或缓冲罐	原油含水不大于 0.5%，油温 40~80℃	0.4~0.6
原油分馏稳定装置供油系统	净化原油从分馏稳定塔经换热升温，到分馏稳定塔	净化原油含水不大于 0.5%，处于气饱和状态，油温 40~80℃	1.0~3.0
原油分馏稳定装置稳后油输送系统	稳定原油从分馏稳定塔经换热降温，到稳定原油储罐	稳定原油含水不大于 0.5%，油温 100~250℃	1.0~3.0
原油分馏稳定装置重沸器供油系统	分馏塔塔底原油经重沸器循环加热	原油含水不大于 0.5%，油温 100~250℃	0.5~1.0

(2) 稠油输送的特点。稠油黏度高，输油温度较高，原油中容易含砂和夹带自由气体。稠油输送通常采用容积泵，所掺稀油的输送泵多采用离心泵。稠油集输的泵输系统概况见表 15-1-2。

表 15-1-2 稠油集输的泵输系统

泵输系统名称	功能	泵输介质特性	系统所需压头，MPa
计量分离器排油系统	稠油从计量分离器输到集油管线	原油黏度高，含水，含砂，处于气饱和状态或夹带气体	0.5~1.2
接转站输油系统	稠油从接转站的分离缓冲罐输到脱水站	原油黏度高，含水，处于气饱和状态和夹带气体	1.0~2.5
稠油脱水供油系统	稠油从常压沉降罐或缓冲罐输到净化油罐或净化油缓冲罐	原油黏度高，含水不大于 3%	0.6~0.8

续表

泵输系统名称	功能	泵输介质特性	系统所需压头,MPa
净化稠油外输系统	净化稠油从储油罐经管线外输或装车(船)	黏度较低的净化原油或稳定原油	管输 1.0~6.4； 装车(船)0.5~1.0
掺稀油供油系统	稀油从储油罐输到井口并掺入稠油中	黏度较低的净化原油或稳定原油	1.0~2.5

进泵侧容器的操作压力:压力缓冲罐为 0.1~0.5MPa(绝);立式储油罐为 0.1MPa(绝)。

(3)水力活塞泵动力液输送。水力活塞泵动力液输送系统的功能是把动力液从油罐输到水力活塞泵采油井口,并压入井筒,驱动井下水力活塞泵工作。动力液选择根据油品性质决定,对于高凝、高黏稠油井可采用原油动力液,对于油品性质较好的油井可使用水基动力液。动力液温度一般要求高于地层液凝固点 20℃ 以上,原油动力液黏度 <300mPa·s,含水 <10%(体积比),含砂 <0.01%,含机械杂质 <0.01mg/L。整个动力液输送系统可划分为高压泵系统和供液泵系统。

高压泵系统把动力液由高压泵站输往水力活塞泵采油井口,并保证足够的剩余压力,以满足水力活塞泵采油的需要。高压泵系统的工作压力一般在 20MPa 左右,通常采用柱塞泵。

供液泵系统的功能是把动力液从供液站输到高压泵站。设置供液泵系统,一方面可以满足高压泵进口压力的要求,同时使这部分供液管网的工作压力降低,可以节省整个水力活塞泵系统的钢材和投资。供液泵系统的压力一般不大于 1.5MPa,通常采用离心泵。

(4)轻油输送。轻油输送包括轻油生产过程中的输送和轻油储运过程中的输送。

轻油生产过程中的输送作业主要有:

① 原油负压稳定装置真空罐的凝液分离;

② 轻烃分离器和轻油缓冲罐的轻油回收;

③ 轻油稳定塔的塔顶回流;

④ 轻油稳定塔的进料和出料。

轻油储运过程中的泵输作业主要有:

① 轻烃生产装置的产品输送,即轻油从生产装置输到储库或中转库,输送距离从几千米到几十千米;

② 轻油的中转和外输,即由储库到储库、储库到用户的远距离输送,输送距离可达几千米;

③ 轻油的装车、装船和装罐。

轻油输送系统进泵端容器的操作压力,最低 0.05MPa(原油负压稳定的闪蒸罐),最高 3MPa(深冷轻油储罐),浅冷的混合轻油和液化石油气储罐压力一般为 1.6~2.2MPa。

轻油输送系统所需压头:最低 0.3MPa(站内流程泵),最高 2.4MPa(外输泵)。

输送介质的最低温度:深冷轻烃 -100~-90℃,浅冷轻烃 -40~-25℃。

输送介质的最高温度:不超过 50℃。

3)油田油气集输用离心泵

(1)离心泵的工作原理及结构。

① 离心泵的工作原理。

离心泵依靠旋转叶轮对液体的作用把原动机的机械能传递给液体。液体在从叶轮进口流向叶轮出口的过程中,受到离心力和泵壳流道挤压的作用,速度能和压力能都得到增加,被叶轮排出的液体经过压出室,大部分速度能转换成压力能,然后沿排出管线输送出去。这时,叶轮进口处则因液体的排出而形成低压或真空,吸入罐中的液体被压入叶轮进口。于是,旋转着的叶轮就连续不断地吸入和排出液体。

② 离心泵的典型结构。

离心泵的主要部件有叶轮、转轴、吸入室、蜗壳、轴承箱和密封装置等,如图15-1-1所示。

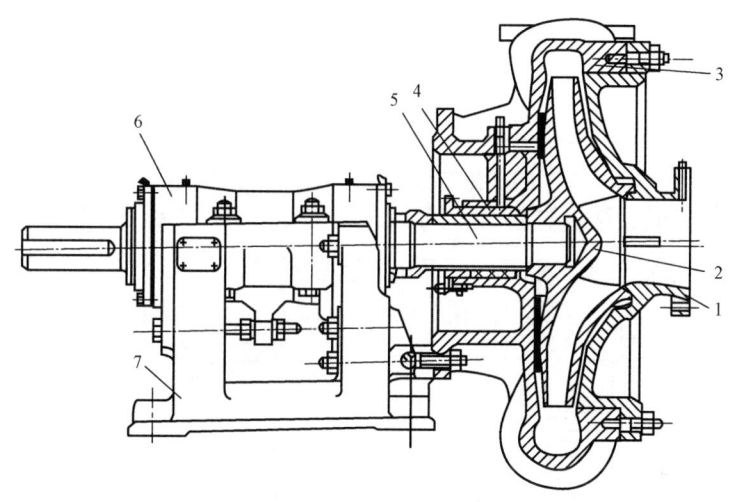

图15-1-1 离心泵基本构件
1—吸入室(泵盖);2—叶轮;3—蜗壳(泵体);4—密封装置;5—轴;6—轴承箱;7—托架

离心泵的过流部件是吸入室、叶轮和蜗壳,它们的作用如下:

a. 吸入室:位于叶轮进口前,它把液体从吸入管吸入叶轮。要求液体经过吸入室的流动损失较小,液体流入叶轮时速度分布均匀。

b. 叶轮:旋转叶轮吸入液体转换能量,使液体获得压力能和动能。要求叶轮在流动损失最小的情况下使液体获得较多的能量。

c. 蜗壳:也称压出室,位于叶轮之后,它把从叶轮流出的液体收集起来以便送入排出管。由于流出叶轮的液体速度往往较大,为减少后面的管路损失,要求液体在蜗壳中减速增压,同时尽量减少流动损失。

(2)离心泵的分类及命名。

① 离心泵的分类。

离心泵的类型很多,可按使用目的、介质种类、结构形式等进行分类。这里主要介绍按结构形式的分类。

a. 按流体吸入叶轮的方式分类。

单吸式泵,如图 15-1-1 所示。

双吸式泵,液体由两侧进入叶轮,其流量较单吸式增加一倍,轴上承受的轴向推力基本平衡。

b. 按级数分类。

单级泵,如图 15-1-1 所示。

多级泵,如图 15-1-2 所示,共八级,轴上装有八个叶轮,扬程较高。泵体采用双层结构,外壳用以保证高压下的强度和密封,内壳由垂直分段的导轮和前盖板组成。末级后装有平衡盘。第一级前装有诱导轮以提高吸入性能。为防止泵体在高温下热胀变形,还要设置冷却装置,通常采用风冷,不适用时才选择水冷。

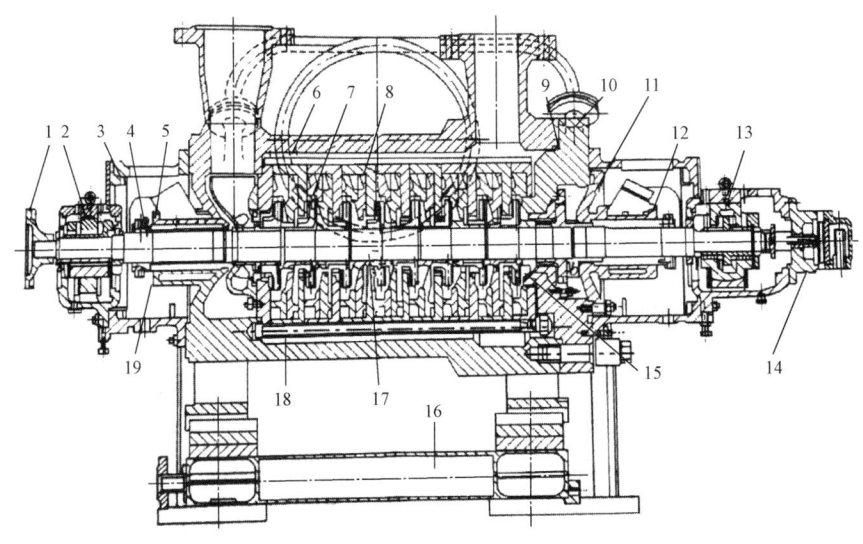

图 15-1-2 节段式多级离心泵

1—联轴器;2—前径向轴承;3—填料箱的带法兰冷却室;4—泵轴;5,19—前填料函;6—泵外壳;7—叶轮;8—导轮;9—圆垫片;10—排出端盖;11—后填料箱体;12—后填料函;13—止推轴承;14—润滑油泵;15—排油入轴向力平衡系统;16—泵支架;17—转子;18—泵内壳

c. 按泵体形式分类。

蜗壳泵:壳体呈螺旋形状,它又有单蜗壳和双蜗壳之分。

筒形泵:壳体呈筒形结构,能承受高压,如图 15-1-2 所示。

还有按主轴安放情况分为卧式泵、立式泵、斜式泵。

液下式泵:立式泵的一种,泵本体被吊装在液面之下的结构。

地坑筒式泵:立式泵的一种,为了增加有效汽蚀余量而利用地坑作为泵体的一部分。

d. 按壳体形式分类。

径向剖分式泵:以垂直于泵轴的平面剖分壳体的结构。

节段式泵:径向剖分式泵的一种,其中每一极具有剖分面。

侧盖式泵：径向剖分式泵的一种，壳体一侧或两侧具有泵盖。

轴向剖分式泵：通过泵轴线的平面剖分泵体的结构，如果该平面为水平面，则称水平中开式。

此外还有其他结构形式，这里介绍一种调整部分叶轮内流体流量的泵的结构，如图15-1-3所示。它由泵壳、叶轮和扩压管等组成。泵轴立式安放，叶轮为开式，叶片为径向直叶片，当叶轮旋转至扩压管时才有部分液体流出，泵的吸入管与排出管布置在同一水平线上，轴封多采用机械密封。该泵的转速高达25000r/min，单级扬程高达1760m，但效率较低。

② 离心泵的命名。

离心泵按如下方式命名：

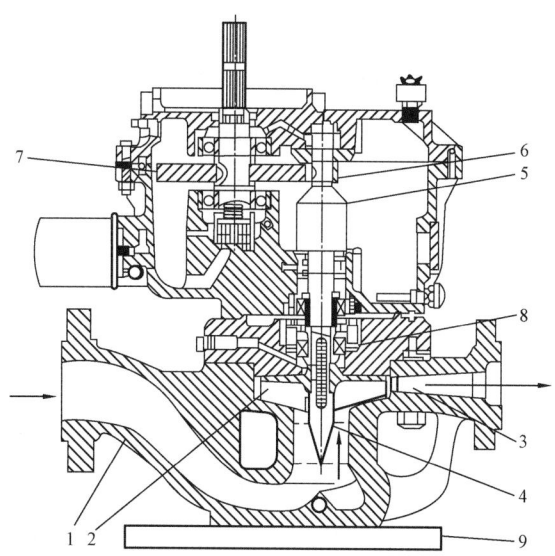

图 15-1-3 调整部分叶轮内流体流量泵结构图
1—泵壳吸入室；2—叶轮；3—扩压管；4—诱导轮；5—高速轴；
6—从动齿轮；7—主动齿轮；8—机械密封；9—底座

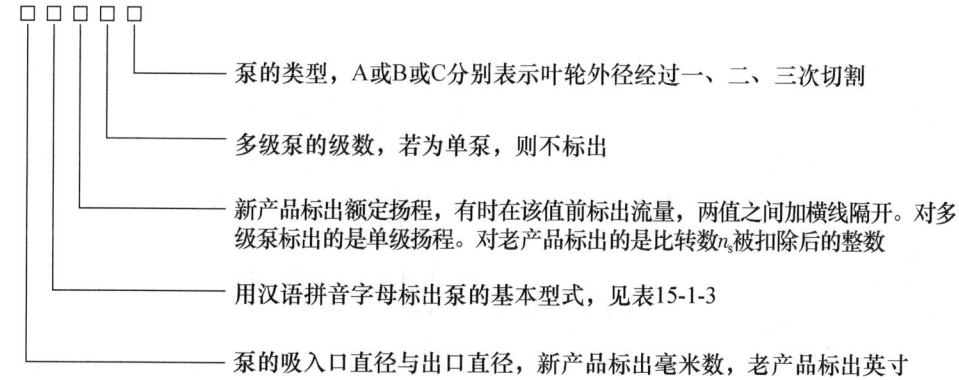

- 泵的类型，A或B或C分别表示叶轮外径经过一、二、三次切割
- 多级泵的级数，若为单泵，则不标出
- 新产品标出额定扬程，有时在该值前标出流量，两值之间加横线隔开。对多级泵标出的是单级扬程。对老产品标出的是比转数n_s被扣除后的整数
- 用汉语拼音字母标出泵的基本型式，见表15-1-3
- 泵的吸入口直径与出口直径，新产品标出毫米数，老产品标出英寸

根据 GB/T 3215—2019《石油、石化和天然气工业用离心泵》，离心泵的基本形式及特征见表 15-1-3。

表 15-1-3 离心泵的基本形式及特征

离心泵形式		方向	型号
悬臂式	弹性联接	卧式	地脚安装	OH1
			中心线支承	OH2
		带轴承架立式管道式	—	OH3
	刚性联接	立式管道式	—	OH4
	共轴联接	立式管道式	—	OH5
		高速一体齿轮传动式	—	OH6

续表

离心泵形式		方向		型号
两端支承式	单级和两级	轴向剖分式	—	BB1
		径向剖分式	—	BB2
	多级	轴向剖分式	—	BB3
		径向剖分式	单壳体	BB4
			双壳体	BB5
立式悬吊式	单壳体	通过悬吊管排出式	导流壳	VS1
			蜗壳	VS2
			轴流	VS3
		单独排出式	长轴式	VS4
			悬臂式	VS5
	多壳体	导流壳式	—	VS6
		蜗壳式	—	VS7

4）油田油气集输用容积泵

容积泵是依靠包容液体的密封空间容积的周期性变化，吸入和压出液体，把能量周期性地传递给液体，将液体增压后强行排出。

容积泵按工作元件的运动特征分为往复泵和旋转泵。往复泵包括活塞泵、柱塞泵和隔膜泵。旋转泵包括叶片泵、旋转活塞泵、螺杆泵、凸轮泵、齿轮泵等多种类型。油田输油用的容积泵主要有三种类型，即凸轮泵、螺杆泵和柱塞泵。旋转活塞泵和螺杆泵主要用于稠油输送，柱塞泵作为水力活塞泵的动力液地面高压泵。

（1）凸轮泵。

① 凸轮泵的工作原理。

凸轮泵又称凸轮转子泵。不同类型的凸轮泵，其转子形状有些差别，但作用原理基本相同，如图15-1-4与图15-1-5所示。在同步齿轮传动下，转子做低速旋转运动，吸入口压力降低，液体进泵。转子继续转动，把液体封闭起来并压送到排出口。转子对液体的封闭和压送，其作用相当于活塞泵的活塞往复运动。

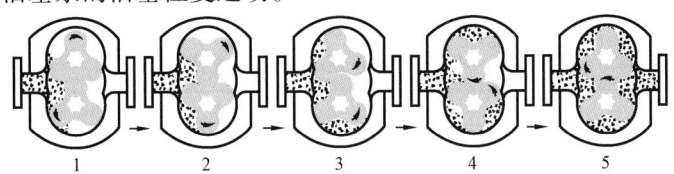

图15-1-4 凸轮双转子泵工作原理（三叶）

② 凸轮泵的主要特点。

a. 没有吸入阀和排出阀，转速低，吸入性能良好，输送高黏度液体时仍具有自吸能力。

b. 凸轮之间、凸轮与泵体之间保持一定间隙，摩擦系数小，适用于输送高黏度的液体，同时可以输送含少量微小颗粒的流体。

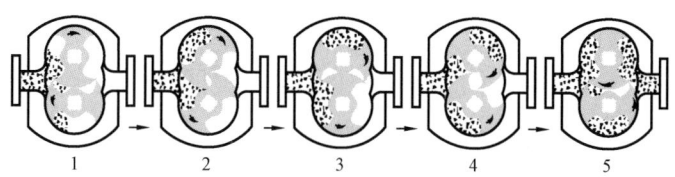

图 15-1-5 凸轮双转子泵工作原理(双叶)

c. 适于输送黏度较高的稠油及其含水乳状液。这种泵不能输水,也不输送含大量游离水的原油。

d. 效率较高,一般在 65% 左右。

(2) 螺杆泵。

螺杆泵是容积式转子泵。它有单螺杆、双螺杆、三螺杆和五螺杆 4 种类型。双螺杆泵、三螺杆泵和五螺杆泵统称为多螺杆泵。多螺杆泵有一根螺柱是主动螺杆,呈有旋凸螺杆,其余为从动螺杆,呈右旋凹螺杆。

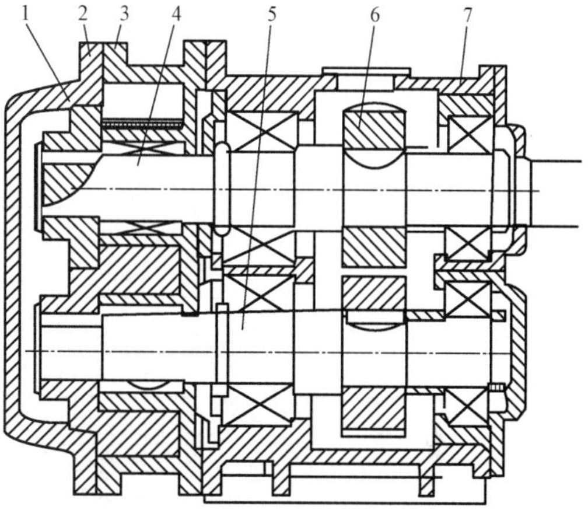

单螺杆泵、三螺杆泵也称为密封型螺杆泵,即为螺杆螺旋段在螺杆衬套的孔内相互啮合时其啮合线构成的螺旋槽空间(此空间称为密封腔),在理论上能把泵的吸入腔和排出腔完全隔开。

图 15-1-6 凸轮泵结构图
1—转子;2—前盖;3—泵体;4—主动轴;
5—从动袖;6—齿轮;7—箱体

大多数的双螺杆泵和五螺杆泵也称为非密封型螺杆泵,即为上述的密封腔在理论上不能把泵的吸入腔和排出腔完全隔开,泵在运行时,介质能从排出腔通过密封腔的无啮合线处,部分地回流到吸入腔。

在油田油气集输中,螺杆泵主要用于输送稠油和其他黏度较高含气量较多的原油。常见的是三螺杆泵和双螺杆泵。螺杆泵输液原理如图 15-1-7 所示。三螺杆泵是利用螺杆的回转来吸排液体的。中间螺杆为主动螺杆,由原动机带动回转,两边的螺杆为从动螺杆,随主动螺杆作反向旋转。各螺杆相互啮合,螺杆与衬筒内壁紧密配合,在泵的吸入口和排出口之间,就会被分隔成一个或多个密封空间。随着螺杆的转动和啮合,这些密封空间在泵的吸入端不断形成,将吸入室中的液体封入其中,并自吸入室沿螺杆轴向连续地推移至排出端,将封闭在各空间中的液体不断排出。

双螺杆泵是利用主动轴、从动轴上相互啮合的螺旋套和泵体或衬套之间形成一个容积恒定的密封腔室,液体随螺杆轴的转动分别被送到泵体中间,两者汇合在一起,最终压到泵的出口,从而实现泵输送的目的。螺杆泵的工作有下列特点:

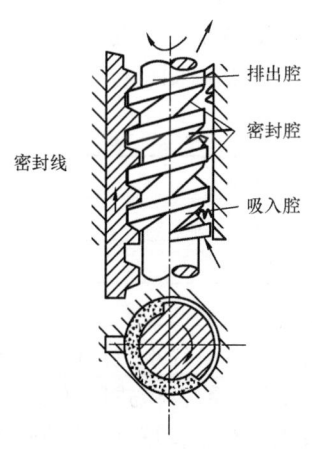

图 15-1-7 螺杆泵输液原理

① 螺杆泵的流量均匀稳定。当螺杆旋转时,密封腔连续向前推进,瞬间排出的流量相同。因此,它的流量比往复泵要均匀。

② 转速可以在较高同样排量下,螺杆泵的体积、质量均比往复泵小。

③ 运转平稳、噪声小,被输送液体不受搅拌作用。螺杆凹槽空间较大,即使有少量杂质颗粒,也不妨碍工作。

④ 具有良好的自吸能力。因螺杆密封性能好,所输液体中允许含一定量的气体。

⑤ 图 15-1-8 是双螺杆泵的结构简图。这种泵采用双吸式结构,螺杆的两端处于同一压力腔中,螺杆轴向力可以自行平衡。两端轴承采用外装式,单独采用润滑油(脂)润滑,因而不受输送介质的影响。

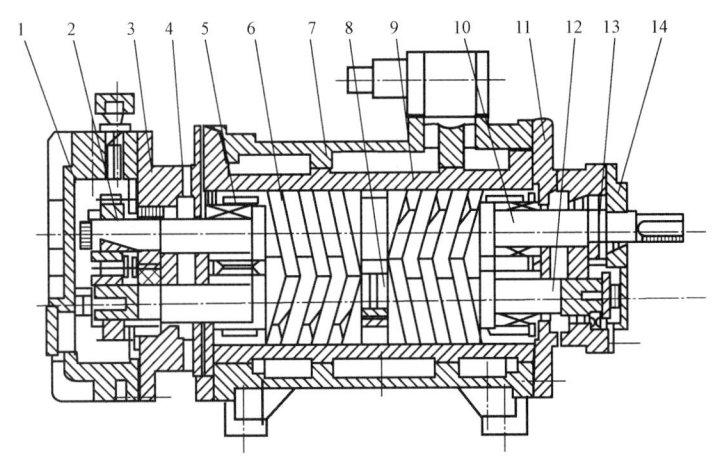

图 15-1-8 双螺杆泵结构
1—齿轮箱盖;2—齿轮;3—滚动轴承;4—后支架;5—机械密封;6—螺套;7—泵体;8—调节螺栓;
9—衬套;10—主动轴;11—前支架;12—从动轴;13—滚动轴承;14—压盖

这种泵的两螺杆间用一对同步齿轮驱动,其齿面之间并不接触,而留有一微小间隙,介质中的机械杂质并不能对螺杆产生直接的磨损(除冲刷外)。因此,这种泵允许输送含有固体小颗粒的介质(一般颗粒直径应小于 0.12~0.2mm,含砂量 <500g/m³)。双螺杆泵具有优良的抗汽蚀性能。这种泵的吸入真空高度大于 5.5m。介质黏度对其性能影响较大,常按表 15-1-4 选择转速,使泵能在较高效率下工作,同时含气率对泵效率和运行寿命影响很大,在额定工况下,油气混输泵正常能达到表 15-1-5 所列效率,且可以在含气率超过 80% 情况下,短时间运行。

表 15-1-4 黏度与转速匹配表

介质黏度,mm²/s	转速,r/min
<400	1500
400~1200	1000
1200~3600	750

螺杆泵适用于输送稠油及含一定量气体的其他原油,但应注意,当油中含水量高时,由于这时油水混合物的表观黏度已很小,泵的性能会变差。同时,螺杆泵是一种容积式回转泵,当出口端受阻后,压力会逐渐升高,以至于超过预定的压力值,此时电机负荷急剧增加,传动机械相关零件的负载也会超出设计值,严重时会发生电动机烧毁、传动零件断裂。为了避免螺杆泵

损坏,一般会在螺杆泵出口处安装旁通溢流阀,用以稳定出口压力,保持泵的正常运转。

表 15 – 1 – 5　油气混输双螺杆泵效率表

含气率,%	0	20 ± 5	40 ± 5	60 ± 5	80 ± 5	100
泵效率,%	≥65	≥60	≥55	≥50	≥30	≥10

(3) 往复泵。

工作原理与类型:往复泵的工作过程包括交替进行的吸入和排出两个过程。由于活塞(柱塞)作往复运动,使泵缸内的工作容积和压力间歇变化,泵阀控制液体单向吸入和排出,形成工作循环,使液体能量增加,实现液体输送。

往复泵通常由液力端和动力端两个基本部分组成。液力端是实现机械能转换为压力能并直接输送液体的部分;动力端是动力或传动部分。

往复泵按工作原理及液力端结构分为:

活塞泵——工作腔内做直线往复位移的元件上有密封件的泵,活塞泵结构原理如图 15 – 1 – 9 所示。

柱塞泵——工作腔内做直线往复位移的元件上无密封件,而在不动件上有密封件的泵。

单作用泵——工作腔内的位移元件(活塞、柱塞等)每往复运动一次,吸入和排出液体各一次的泵。

双作用泵——工作腔内的位移元件(活塞、柱塞等)每往复一次,吸入和排出液体各两次的泵。

单缸泵——只有一个或相当于一个工作腔的泵。

双缸泵——有两个或相当于两个工作腔,且工作腔内位移元件(活塞、柱塞等)行程容积相等,相位角相错 180°(或 90°),两工作腔的进口或出口后分别设有共同的分流器或集流器的泵。

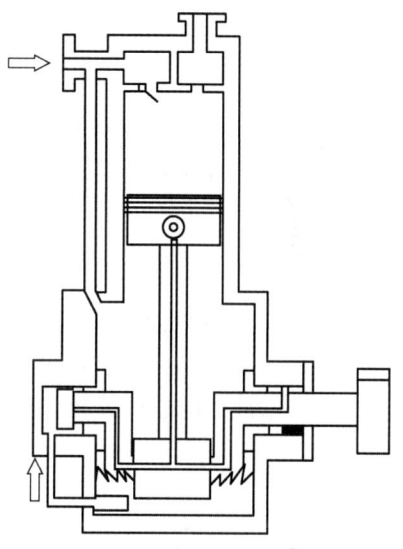

图 15 – 1 – 9　活塞泵结构图

三缸泵——有三个或相当于三个工作腔,且工作腔内位移元件(活塞、柱塞等)行程容积相等,相位角相错 120°,三个工作腔的进口前和出口后分别设有共同的分流器和集流器的泵,三缸柱塞泵结构如图 15 – 1 – 10 所示。

多缸泵——有四个及以上或相当于四个及以上工作腔,工作腔内位移元件(活塞、柱塞等)行程容积相等,相位角相错为圆周角除以缸数的商,各工作腔的进口前和出口分别设有共同的分流器和集流器的泵。

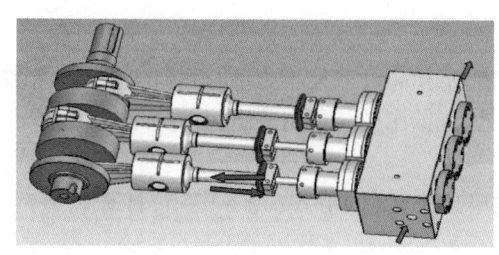

图 15 – 1 – 10　三缸柱塞泵结构图

一般活塞泵做成双作用结构,柱塞泵做成单作用结构。活塞泵只有单缸和双缸,而柱塞泵有单缸及多缸结构,目前,在油田输油过程中经常使用三缸或五缸单作用柱塞泵,如水力活塞泵动力液输送系统的动力液高压泵,以及一些稠油、超稠油油田增压输送的稠油泵。

2. 离心泵的基本性能及换算

1）基本性能参数和性能曲线

（1）流量。

泵的流量是指单位时间内泵排出口所输出的液体量。用 Q_v 表示容积流量，单位是 m^3/s，用 Q_m 表示质量流量，单位是 kg/s。

$$Q_m = \rho Q_v \tag{15-1-1}$$

式中　ρ——液体的密度，kg/m^3（常温下清水密度为 $1000kg/m^3$）。

泵样本和铭牌上所给出的流量是体积流量 Q（m^3/h 或 L/s）。泵的流量由制造厂按 GB 3214《水泵流量的测定法》实际测定。

（2）扬程。

泵的扬程 H 是指单位质量液体通过泵时（进口至出口）所获得的能量增值，也就是 1N 液体通过泵获得的有效能量，其单位是 m。泵输送液体的液柱高度，也称有效能量头。根据定义，泵的扬程 H 可写为

$$H = E_{out} - E_{in} \tag{15-1-2}$$

式中　E_{out}——泵出口处单位质量液体的能量，m；

　　　E_{in}——泵进口处单位质量液体的能量，m。

单位质量液体的总机械能 E 由压力能、动能和位能三部分组成，即

$$E = \frac{p}{g\rho} + \frac{c^2}{2g} + Z \tag{15-1-3}$$

式中　g——重力加速度，m/s^2；

　　　Z——液体所在位置至任选的水平基准面之间的距离，m。

因此：

$$H = \frac{p_2 - p_1}{\rho g} + \frac{c_2^2 - c_1^2}{2g} + (Z_2 - Z_1) \tag{15-1-4}$$

式中　p_1, p_2——泵进口和出口压力，Pa；

　　　c_1, c_2——泵进口和出口速度，m/s；

　　　Z_1, Z_2——泵进口和出口位置高度，m。

由式（15-1-4）可知，由于泵进出口截面上的动能差和高度差均不大，而液体的密度为常数，所以扬程主要体现的是液体压力的提高。泵样本或铭牌上给出的扬程由泵厂用水实际测定。

（3）功率和效率。

泵在单位时间内对液体所做的功，称为泵的输出功率，其值由式（15-1-5）计算确定：

$$P_h = \frac{QH\rho g}{1000 \times 3600} \tag{15-1-5}$$

式中 P_h——泵的输出功率,kW;
Q——泵的流量,m^3/h;
H——泵在相应流量下的扬程,m;
ρ——泵输温度下的液体密度,kg/m^3;
g——重力加速度,m/s^2。

电动机传给泵轴的功率称为轴功率 P_m。泵的轴功率由泵制造厂实际测定。

泵的效率是指泵的输出功率 P_h 与泵的轴功率 P_m 之比。泵样本上给出泵输清水时的轴功率和效率。

$$\eta = \frac{P_h}{P_m} \times 100\% \qquad (15-1-6)$$

式中 P_h——泵的输出功率,kW;
P_m——泵的轴功率,kW;
η——泵的效率。

按照国家标准规定了单级离心泵、多级离心泵、石油化工离心泵效率的技术标准,离心泵的效率,以清水(0~40℃)为介质测试的效率,应符合下列要求:

① 单级单吸和单级双吸离心泵、多级离心泵、石油化工离心泵最高(或设计点)效率点效率应不低于对应图 15-1-11 中曲线 A 和表 15-1-6 中 A 值的规定。

② 单级单吸和单级双吸离心泵、多级离心泵、石油化工离心泵在容许工作流量范围下的效率应不低于对应图 15-1-11 中曲线 B 和表 15-1-6 中 B 值的规定。

③ 对于比转数 n_s 的值不在 120~210 范围内的离心油泵的效率值由图 15-1-12、图 15-1-13 及表 15-1-7、表 15-1-8 修正,所得数中减去 $\Delta\eta$。

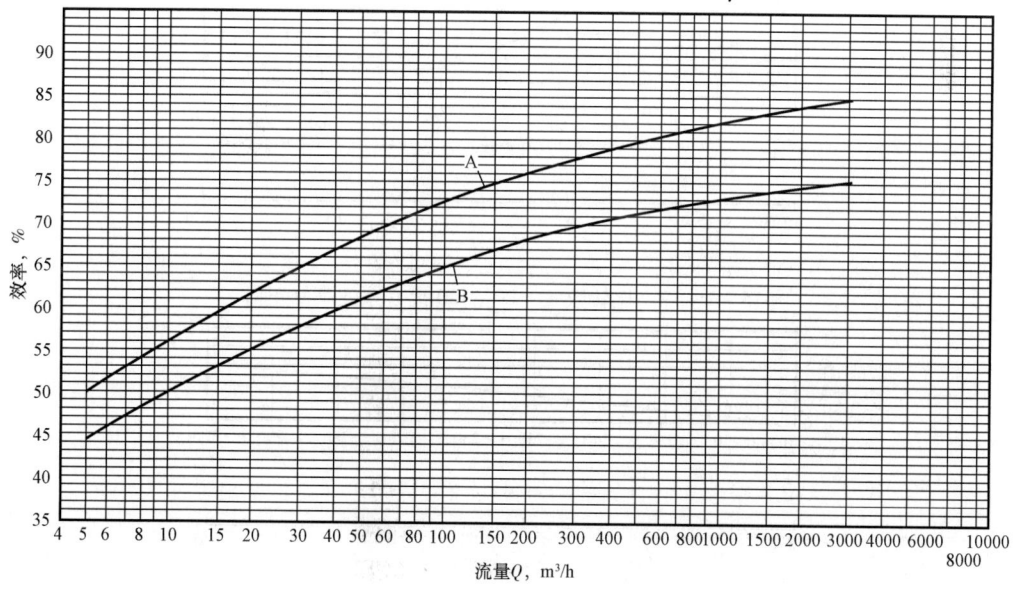

图 15-1-11 比转数 n_s = 120~210 时石油化工离心泵效率

表 15－1－6　石油化工离心泵效率

Q,m³/h		5	10	15	20	25	30	40	50	60	70	80
η,%	A	50.0	56.1	59.5	61.9	63.8	65.0	67.1	68.8	70.0	71.0	71.8
	B	44.5	50.1	53.1	55 1	56.8	58.0	59.9	61.2	62.5	63.3	64.2
Q,m³/h		90	100	150	200	300	400	500	600	700	800	900
η,%	A	72.5	73.0	75.0	76.4	78.2	79.4	80.2	80.9	81.4	81.9	82.2
	B	64.9	65.3	67.2	68.4	70.0	71.0	71.8	72.2	72.6	72.9	73.1
Q,m³/h		1000	1500	2000	3000							
η,%	A	82.5	83.6	84.2	85.0							
	B	73.3	74.1	74.8	75.0							

注：表中的效率值是 $n_s = 120 \sim 210$ 时的数值。

图 15－1－11 至图 15－1－13 只列举了石油化工离心泵的图表,其中单级单吸和单级双吸离心泵、多级离心泵参照 GB/T 13007《离心泵 效率》中对离心泵效率的规定。

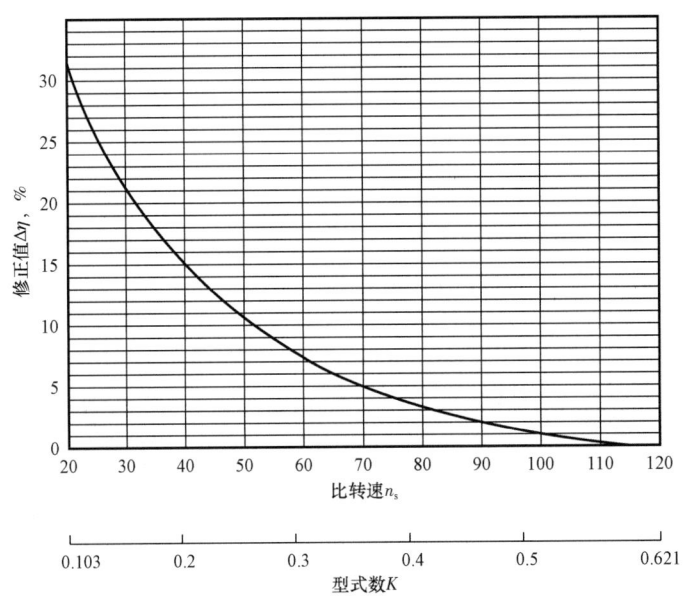

图 15－1－12　比转数 $n_s = 20 \sim 120$ 离心泵效率修正值

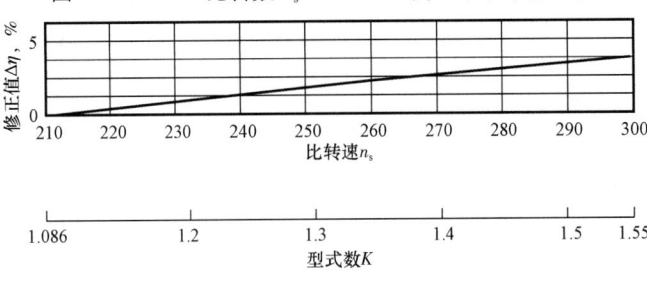

图 15－1－13　比转数 $n_s = 210 \sim 300$ 离心泵效率修正值

表 15-1-7　$n_s = 20 \sim 120$ 离心泵效率修正值

n_s	20	25	30	35	40	45	50	55	60	65
$\Delta\eta$,%	32	25.5	20.6	17.3	14.7	12.5	10.5	9.0	7.5	6.0
n_s	70	75	80	85	90	95	100	110	120	
$\Delta\eta$,%	5.0	4.0	3.2	2.5	2.0	1.5	1.0	0.5	0	

表 15-1-8　$n_s = 210 \sim 300$ 离心泵效率修正值

n_s	210	220	230	240	250	260	270	280	290	300
$\Delta\eta$,%	0	0.3	0.7	1.0	1.3	1.7	1.9	2.2	2.7	3.0

比转数 n_s 是指泵在最佳效率点的转速、叶轮入口的流量(单吸泵取总流量、双吸泵取二分之一流量)和最大叶轮直径时,在单级扬程时表示的特征量。

n_s 用式(15-1-7)计算:

$$n_s = \frac{3.65 n Q^{1/2}}{H^{3/4}} \quad (15-1-7)$$

式中　n_s——比转数;
　　　n——泵转速,r/min;
　　　Q——流量(双吸泵取 1/2 流量),m^3/s;
　　　H——扬程(多级泵取单级扬程),m。

(4)汽蚀余量和吸上真空高度。

① 汽蚀发生的机理及严重后果

汽蚀发生的机理:离心泵运转时,液体在泵内压力变化如图 15-1-14 所示。流体的压力从泵入口到叶轮入口逐渐下降,在叶片入口附近的 K 点上,液体压力 p_K 最低。此后,由于叶轮对液体做功,压力很快上升。当叶轮叶片入口附近的压力 $p_K < p_v$(液体输送温度下饱和蒸气压)时,液体就会汽化。同时,还可能有溶解在液体内的气体逸出,它们形成许多气泡,如图 15-1-15 所示。当气泡随液体流到叶道内压力较高处时,外面的液体压力高于气泡内的汽化压力,则气泡会凝结溃灭形成空穴。瞬间周围的液体以极高的速度向空穴冲来,造成液体互相撞击,使局部的压力骤然剧增(有时可达数百大气压)。这不仅阻碍液体的正常流动,更为严重的是,如果这些气泡在叶轮壁面附近溃灭,则液体就像无数小弹头一样,连续

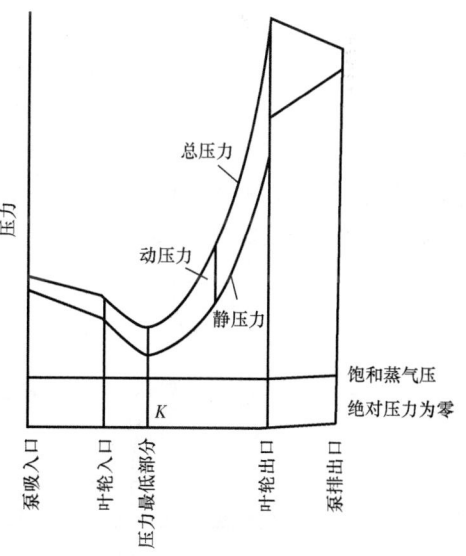

图 15-1-14　离心泵内的压力变化

地打击金属表面,其撞击率很高(有的可达 2000~3000Hz),金属表面会因冲击疲劳而剥裂。如若气泡内夹杂某些活性气体(如氧气等),它们借助气泡凝结时放出的热量(局部温度可达 200~300℃),还会形成热电偶并产生电解,对金属起到电化学腐蚀作用,更加速了金属剥蚀的破坏速度。上述这种液体汽化、凝结、冲击,形成高压、高温、高频冲击载荷,造成金属材料的机械剥裂与电化学腐蚀破坏的综合现象称为汽蚀。

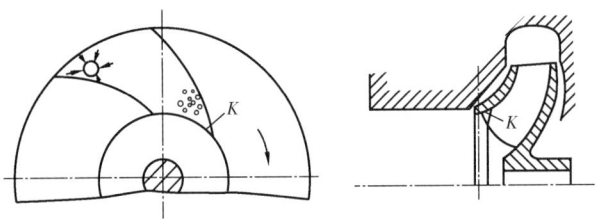

图 15-1-15 气泡的产生与溃灭

汽蚀涉及许多复杂的物理、化学现象,是一个尚需深入研究的问题。当前多数人认为汽蚀对流道表面材料的破坏,主要是机械剥蚀造成的,而化学腐蚀则进一步加剧了材料的破坏。

② 汽蚀的严重后果。

汽蚀是水力机械的特有现象,它带来许多严重的后果。

a. 汽蚀使过流部件被剥蚀破坏。

通常离心泵受汽蚀破坏的部位,先在叶片入口附近,继而延至叶轮出口。起初是金属表面出现麻点,继而表面呈现槽沟状、蜂窝状、鱼鳞状的裂痕,严重时造成叶片或叶轮前后盖板穿孔,甚至叶轮破裂,造成事故,严重影响到泵的安全运行和使用寿命。

b. 汽蚀使泵的性能下降。

汽蚀使叶轮和流体之间的能量转换遭到严重的干扰,使泵的性能下降,如图 15-1-16 的虚线所示,严重时会使液流中断无法工作。应当指出,泵在汽蚀初始阶段性能曲线尚无明显的变化,当性能曲线明显下降时,汽蚀已发展到一定程度了,该图还表示了混流泵、轴流泵汽蚀后的性能曲线。离心泵的叶道窄而长,一旦发生汽蚀,气泡易充满整个流道,因而性能曲线呈突然下降的形式。混流泵、轴流泵的叶道宽而短,气泡从初生发展到充满整个叶道需要一个过程,因而性能曲线是缓慢下降的。

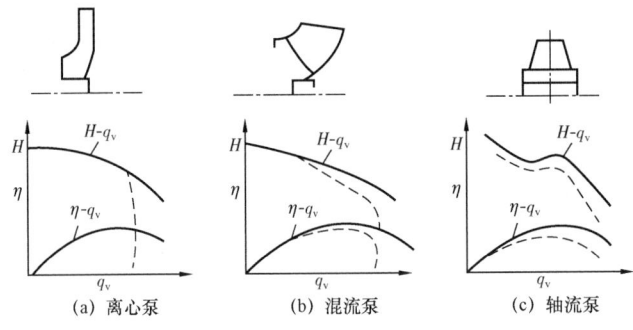

(a) 离心泵　　(b) 混流泵　　(c) 轴流泵

图 15-1-16 因汽蚀泵性能曲线下降

c. 汽蚀使泵产生噪声和振动。

气泡溃灭时,液体互相撞击并撞击壁面,会产生各种频率的噪声。严重时可听到泵内有"噼啪"的爆炸声,同时引起机组的振动。而机组振动又进一步促使更多的气泡产生与溃灭,如此互相激励,导致强烈的汽蚀共振,致使机组不得不停机,否则会遭到破坏。

③ 汽蚀余量及汽蚀判别式。

一台泵在运行中发生汽蚀,但在相同条件下,换上另一台泵就不发生汽蚀;同一台泵用某一吸入装置时会发生汽蚀,但改变吸入装置及位置,则泵不发生汽蚀。由此可见,泵是否发生汽蚀是由泵本身和吸入装置两方面决定的。因此,研究泵的汽蚀条件,防止泵发生汽蚀,应从这两方面同时加以考虑。泵和吸入装置以泵吸入口法兰截面 $S—S$ 为分界,如图 15-1-17 所示,泵内最低压力点通常位于叶轮进口稍后的 K 点附近。当 $p_K \leq p_v$(液体输送温度下饱和蒸气压)时,则泵发生汽蚀,故 $p_K = p_v$ 是泵发生汽蚀的界限。

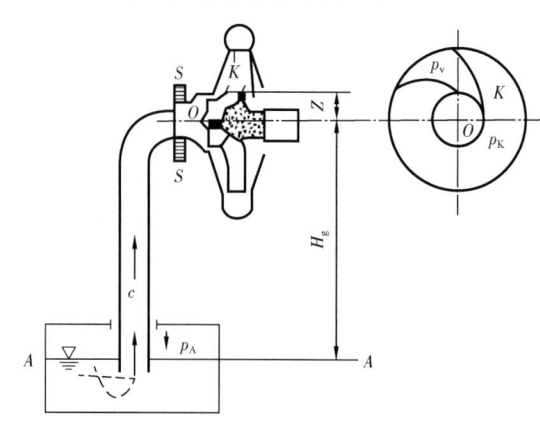

图 15-1-17 泵吸入装置简图

④ 有效汽蚀余量。

有效汽蚀余量是指液流自吸罐(池)经吸入管路到达泵吸入口后,高出汽化压力 P_v 所富余的那部分能量头,用 $NPSH_a$ 表示,即

$$NPSH_a = \frac{p_S}{\rho g} + \frac{c_S^2}{2g} - \frac{p_v}{\rho g} \qquad (15-1-8)$$

式中 p_S——液流在泵入口处的压力,Pa;

c_S——液流在泵入口处的速度,m/s。

显然,这个富余量 $NPSH_a$ 越大,泵越不会发生汽蚀。

由伯努利方程:

$$\frac{p_S}{\rho g} + \frac{c_S^2}{2g} = \frac{p_A}{\rho g} + \frac{c_A^2}{2g} - (Z_S - Z_A) - \Delta H_{A-S} = \frac{p_A}{\rho g} - H_g - \Delta H_{A-S} \qquad (15-1-9)$$

可认为式中 $c_A \approx 0$,$H_g = Z_S - Z_A$ 即为泵的安装高度;ΔH_{A-S} 为吸入管内的流动损失。将式(15-1-8)代入式(15-1-9),则

$$NPSH_a = \frac{p_A}{\rho g} - \frac{p_v}{\rho g} - H_g - \Delta H_{A-S} \qquad (15-1-10)$$

由式(15-1-10)可知,有效汽蚀余量数值的大小与泵吸入装置的条件,如吸液罐表面的压力、吸入管路的几何安装高度、阻力损失、液体的性质和温度等有关,而与泵本身的结构尺寸等无关,故又称其为吸入装置的有效汽蚀余量。

⑤ 泵必需的汽蚀余量。

泵必需的汽蚀余量是用泵入口到叶轮内最低压力点 K 处静压能量头降低值 $\mathrm{NPSH_r}$ 表示,即

$$\mathrm{NPSH_r} = \lambda_1 \frac{c_0^2}{2g} + \lambda_2 \frac{\omega_0^2}{2g} \tag{15-1-11}$$

式中 c_0,ω_0——叶片进口稍前的 O 截面(图 15-1-17)上的液体绝对流速和相对流速。

λ_1 为绝对流速及流动损失引起的压降能头系数,一般 $\lambda_1 = 1.05 \sim 1.3$,其中流体由叶轮进口至叶片进口转变较缓或流速变化较小者取较小值,反之则取较大值。

液体以相对速度绕流叶片的压降能头系数,一般在无冲击流入叶片时取 $\lambda_2 = 0.2 \sim 0.4$,其中叶片较薄且头部修圆光滑者取较小值,而叶片较厚且头部钝粗糙者取较大值,显然,从 S 点 p_S 到 K 点的 p_K 值降低越少,$\mathrm{NPSH_r}$ 值越小,则泵越不易发生汽蚀。

用泵发生汽蚀时 $p_\mathrm{K} = p_\mathrm{V}$ 的条件,将 $\mathrm{NPSH_a}$ 和 $\mathrm{NPSH_r}$ 联成一式,则有

$$\frac{p_\mathrm{S}}{\rho g} + \frac{c_\mathrm{S}^2}{2g} - \frac{p_\mathrm{V}}{\rho g} = \lambda_1 \frac{c_0^2}{2g} + \lambda_2 \frac{\omega_0^2}{2g} \tag{15-1-12}$$

式(15-1-12)即为离心泵发生汽蚀的判别式,也称为汽蚀基本方程式。这样离心泵发生汽蚀的判别式也可归纳为

$$\begin{cases} \mathrm{NPSH_a} > \mathrm{NPSH_r}, \text{泵不发生汽蚀} \\ \mathrm{NPSH_a} = \mathrm{NPSH_r}, \text{泵开始发生汽蚀} \\ \mathrm{NPSH_a} < \mathrm{NPSH_r}, \text{泵严重汽蚀} \end{cases} \tag{15-1-13}$$

⑥ 临界汽蚀余量。

汽蚀余量,又称为净正吸头,用 NPSH 表示,单位是 m,指泵进口处液体能头超出汽化压力能头的数值。在离心油泵产品样本上一般给出泵输常温清水时的必需汽蚀余量 $\mathrm{NPSH_r}$。泵的必需汽蚀余量是指对于给定的泵在给定转速和流量下必需的 $\mathrm{NPSH_r}$ 值。确定必需汽蚀余量的基础是泵的临界汽蚀余量 $\mathrm{NPSH_c}$。

临界汽蚀余量 $\mathrm{NPSH_c}$ 是在给定流量下,在泵第一级内引起扬程或效率下降 $(2+k/2)\%$ 时的 $\mathrm{NPSH_c}$ 值;或者在给定的扬程下,在第一级内引起流量或效率下降 $(2+k/2)\%$ 时的 $\mathrm{NPSH_c}$ 值;其中的 k 为泵的型式数,一般离心泵的 $k = 0.26 \sim 1.55$。临界汽蚀余量 $\mathrm{NPSH_c}$ 由泵制造厂家用常温清水试验确定。我国机械行业的标准中规定,临界汽蚀余量 $\mathrm{NPSH_c}$ 应不超过泵样本上给出的必需汽蚀余量 $\mathrm{NPSH_r}$。

有时采用吸上真空高度 H 表示泵的吸入性能。吸上真空高度是指泵进口处液体压力小于大气压的数值。临界吸上真空高度 H_sc 是指在第一级内引起扬程或流量性能下降时,泵进口处液体压力小于大气压力的数值。临界吸上真空高度由泵制造厂试验确定。

允许吸上真空高度 H_s 是将试验得出的临界吸上真空高度 H_sc 减 0.5m 的安全余量。泵样本上给出的 H_s 值系以大气压力为 760mmHg 柱,20℃清水的标准状态为基准的数值。

当泵样本上给出允许吸上真空高度时,可用式(15-1-14)近似换算为必需汽蚀余量。

$$\mathrm{NPSH_r} = 10 - \frac{c_s^2}{2g} - H_s \qquad (15-1-14)$$

式中 $\mathrm{NPSH_r}$——泵的必需汽蚀余量,m;

H_s——泵样本上给出的允许吸上真空高度,m;

c_s——液体在泵进口处的流速,m/s;

g——重力加速度,m/s²。

(5)性能曲线和性能表。

① 泵的特性曲线。

离心泵的性能曲线是反映泵在额定转速下流量与扬程(Q—H)、流量与轴功率(Q—P_h)、流量与效率(Q—η)、流量与必需汽蚀余量 $\mathrm{NPSH_r}$ 或流量与允许吸上真空高度(Q—H_s)关系的曲线。

如同压缩机一样,泵也有运行工况改变的特性曲线,有时泵的特性曲线图还绘出必需的汽蚀余量特性曲线,如图 15-1-18 所示。泵在恒定转速下工作时,对应于泵的每一个流量 Q,必相应的有一个确定的扬程 H、效率 η、功率 P_h 和必需的汽蚀余量 $\mathrm{NPSH_r}$。泵的每条特性曲线都有它各自的用途,这里分别说明如下:

a. Q—H 曲线是选择和使用泵的主要依据。这种曲线有陡降、平坦和驼峰状之分。平坦状曲线反映的特点是,在流量 Q 变化较大时,扬程 H 变化不大;陡降状曲线

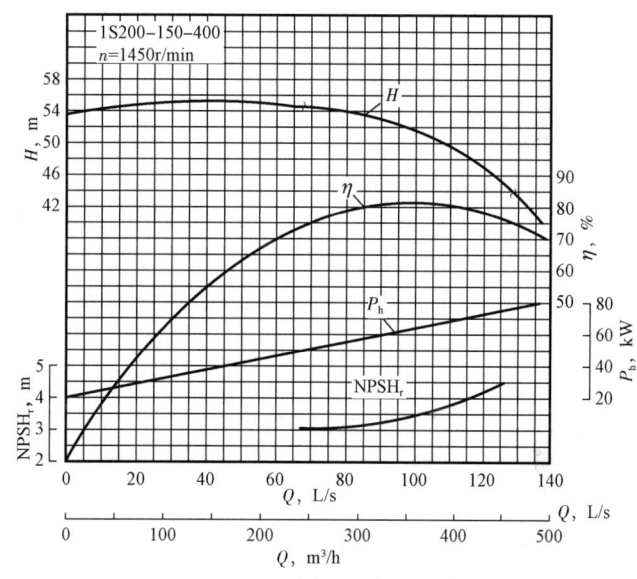

图 15-1-18 离心泵的性能曲线

反映的特点是,在扬程变化较大时,流量变化不大;而驼峰状曲线容易发生不稳定现象。在陡降、平坦以及驼峰状的右分支曲线上,随着流量的增加,扬程均降低,反之亦然。

b. P_h—Q 曲线是合理选择电动机功率和操作启动泵的依据。通常应按所需流量变化范围中的最大功率再加上一定的安全余量,选择电动机的功率大小。泵启动应选在耗功最小的工况下进行,以减小启动电流,保护电机。一般离心泵在流量 $Q=0$ 的工况下功率最小,故启动离心泵时应关闭排出管路上的阀门。

c. η—Q 曲线是检查泵工作经济性的依据。泵应尽可能在高效率区工作,通常效率最高点为额定点,该点一般也是设计工况点。目前取最高效率以下 7% 范围内所对应的工况为高效工作区。有的泵在样本上只给出高效工作区段的性能曲线。

d. NPSH$_r$—Q 曲线是检查泵工作是否发生汽蚀的依据。通常是按最大流量下的 NPSH$_r$，考虑安全余量及吸入装置有关参数来确定泵的安装设计。在运行中应注意监控泵吸入口处的真空压力计读数，使其不要超过允许的吸入真空度，以防止发生汽蚀。

泵样本上的性能曲线是由水泵厂通过试验得出的。若无特殊要求，试验用常温清水进行。根据 GB 3216《回转动力泵 水力性能验收试验 1 级、2 级和 3 级》，常温清水的性能应符合表 15－1－9 的要求。

表 15－1－9 常温清水的特性

特性	最大值
温度，℃	40
运动黏度，m²/s	1.75×10^{-6}
密度，kg/m³	1050
不吸水的游离固体含量，kg/m³	2.5
溶解于水的固体含量，kg/m³	50

水中溶解气体和游离气体的总含量（容积），不应大于对应盛水容器温度和压力下的气体饱和容积。

性能曲线所代表的数值是泵在额定转速下，大气压力 760mmHg 和水温为 20℃的标准状态下的数值。如果泵实际运行状态的参数例如：液体的密度、黏度、组成、温度、泵转速等与标准状态不符，应进行性能换算，计算实际运行状态下的性能参数（流量 Q、扬程 H、效率 η、轴功率 P_h、必需汽蚀余量 NPSH$_r$ 或允许吸上真空高度 H_s）。

② 泵的性能表。

在离心泵样本中通常还提供性能表。性能表以准确的数字规定泵的允许工作范围和设计点、小流量点、大流量点的性能参数。泵的允许工作范围是指泵以所装叶轮在规定的转速、工作温度、工作压力和液体密度下产生的，受到汽蚀、发热、振动、噪声、轴的挠度和其他条件限制的流量范围。

同性能曲线一样，性能表中所列的性能参数也是泵在额定转速下，大气压力 760mmHg 柱和水温为 20℃的标准状态下的数值，当泵实际运行状态的参数与标准状态不符时，也需要对性能表进行换算。

2）离心泵的性能换算

（1）改变转速时的性能换算。

同一台泵输送同一种液体时，如果泵的运行转速与规定转速不一致，其运行转速下的性能可用下列公式确定。

① 运行泵的流量和扬程。当运行转速 n_1 与规定转速 n_2 的差值（差值可用 $\dfrac{n_1-n_2}{n_2} \times 100\%$）在 －50% ～ ＋20% 之内时，可分别用式（15－1－15）与式（151－1－16）换算：

$$Q_1 = Q_2 \left(\frac{n_1}{n_2} \right) \qquad (15-1-15)$$

$$H_1 = H_2 \left(\frac{n_1}{n_2}\right)^2 \quad (15-1-16)$$

式中　Q_1, Q_2——泵在运行转速和规定转速下的流量，m^3/h；

H_1, H_2——泵在运行转速和规定转速下的扬程，m。

② 运行泵的轴功率和效率。运行转速 n_1 与规定转速 n_2 的差值在 ±20% 之内时，可分别用式（15-1-17）与式（15-1-18）换算：

$$P_1 = P_2 \left(\frac{n_1}{n_2}\right)^3 \quad (15-1-17)$$

$$\eta_1 \approx \eta_2 \quad (15-1-18)$$

式中　P_1, P_2——泵在运行转速和规定转速下的轴功率，kW；

η_1, η_2——泵在运行转速和规定转速下的效率，%。

③ 运行转速下的汽蚀余量，当流量在最高效率点流量的 0.5~1.2 范围内，运行转速 n_1 与规定转速 n_2 差值在 ±20% 之内时，可用式（15-1-19）换算：

$$\text{NPSH}_{r1} = \text{NPSH}_{r2} \left(\frac{n_1}{n_2}\right)^2 \quad (15-1-19)$$

式中　NPSH_{r1} 和 NPSH_{r2}——泵在运行转速和规定转速下的必需汽蚀余量，m。

当运行转速与规定转速的差值超过上述范围时，仍用上述公式误差较大，特别是效率相差较大时，应通过试验或查相应泵的特性曲线与转速关系图确定。图 15-1-19 所示为一种泵的特性曲线与转速关系图。

（2）叶轮外径改变时的性能换算。

为了改变泵的工作性能，常采用切割叶轮外径 D_2 的方法。当叶轮切割量较小时，可认为切割前后叶片的出口安置角和流通面积基本不变，泵效率近似相等。按照切割定律，叶轮切割后泵的性能可由式（15-1-20）至式（15-1-22）计算：

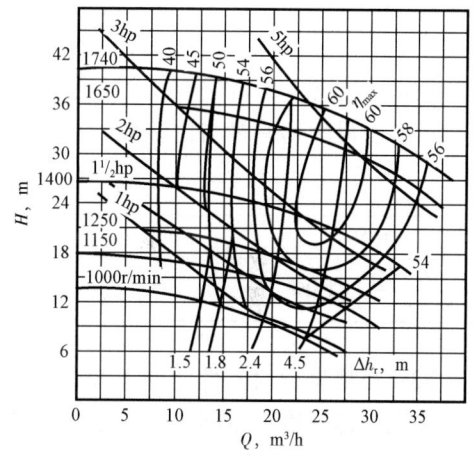

图 15-1-19　一种泵的特性曲线与转速关系图

$$Q' = Q\left(\frac{D'_2}{D_2}\right) \quad (15-1-20)$$

$$H' = H\left(\frac{D'_2}{D_2}\right)^2 \quad (15-1-21)$$

$$P'_m = P_m \left(\frac{D'_2}{D_2}\right)^3 \quad (15-1-22)$$

式中 D_2——规定的叶轮外径,mm;
D'_2——切割后的叶轮外径,mm;
Q,Q'——叶轮切割前、后泵的流量,m³/h;
H,H'——叶轮切割前、后泵的扬程,m;
P_m,P'_m——叶轮切割前、后泵的轴功率,kW。

有的资料认为,通常 $D_2<250$mm 的离心泵,当切割量在5%以内时,切割后的性能可按式(15-1-20)至式(15-1-22)计算,否则需通过试验确定。

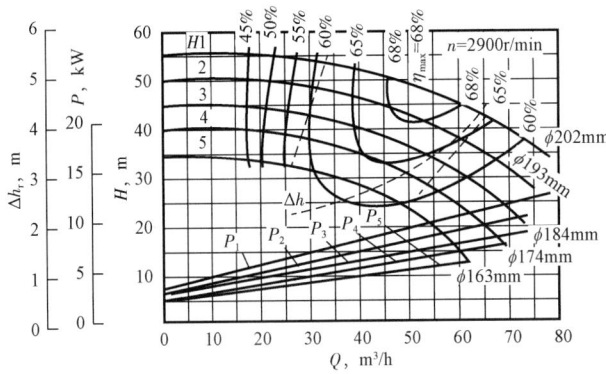

图 15-1-20 叶轮外径切割后泵性能变化曲线图

在泵样本上,有些型号的泵有叶轮经切割后的性能参数,这些性能参数是由试验确定的,除了流量、扬程和轴功率,还列有效率和必需汽蚀余量。另外,有些泵厂还通过试验绘制叶轮外径切割后泵性能变化曲线图,如图 15-1-20 所示。如果叶轮外径切割量较大,在确定泵性能参数时应首先利用试验确定的实测资料,在得不到这些资料的情况下才使用式(15-1-20)至式(15-1-12)计算。

利用切割叶轮的方法改变离心泵的特性时,叶轮外圆的切割量不能太大,否则会引起泵效降低过多。最大切割量与比转数 n_s 有关, n_s 越大,允许的切割量越小,见表 15-1-10。

表 15-1-10 叶轮外圆最大切割量

比转数 n_s	60	120	200	300	350
$\left(\dfrac{D_2-D'_2}{D_2}\right)\times 100\%$	20	15	11	9	7

(3)流体密度对泵性能的影响。

输送液体密度与常温清水的密度不同时,泵的扬程、流量和效率不变,而泵的轴功率随输送介质的密度变化,用式(15-1-23)计算:

$$\left(\frac{P_{m1}}{P_{m2}}\right)=\frac{\rho_1}{\rho_2} \qquad (15-1-23)$$

(4)液体黏度对离心泵性能的影响。

离心泵输送黏性液体时,流量、扬程和效率均比输水时下降,轴功率和必需汽蚀余量比输水时增加,对性能影响的程度与液体黏度的大小有关。许多试验证明,离心泵输送黏度小于 20mm²/s 的液体时,黏度对泵的性能影响不大,可以不进行性能换算。如果输送液体的黏度超过 20mm²/s 时,泵的效率开始下降,此时 $Q—H$ 特性和 $Q—NPSH_r$ 特性仍变化很小;当黏度大于 60mm²/s 时,各项特性均需换算。

目前,我国常用的换算方法有两个,即苏联国家石油机械研究设计院的方法和美国水力协会的方法。

① 苏联国家石油机械研究设计院的方法。当已知某离心泵输送常温清水的性能曲线后,利用式(15-1-24)至式(15-1-27)换算成输送黏性液体的性能曲线:

$$H_v = HK_H \tag{15-1-24}$$

$$Q_v = QK_Q \tag{15-1-25}$$

$$\eta_v = \eta K_\eta \tag{15-1-26}$$

$$NPSH_{rv} = NPSH_r K_c \tag{15-1-27}$$

式中 $H_v, Q_v, \eta_v, NPSH_{rv}$——输送黏性液体时的扬程、流量、效率和必需汽蚀余量;
$H, Q, \eta, NPSH_r$——输送20℃清水时的扬程、流量、效率和必需汽蚀余量;
K_H, K_Q, K_η, K_c——扬程、流量和必需汽蚀余量换算系数。

输送黏液时的轴功率可由式(15-1-28)计算:

$$P_{mv} = \frac{\rho_v H_v Q_v g}{3600 \times 1000 \eta_v} \tag{15-1-28}$$

式中 P_{mv}——泵输黏液时的轴功率,kW;
ρ_v——泵输黏液的密度,kg/m³;
H_v——泵输黏液时的扬程,m;
Q_v——泵输黏液时的流量,m³/h。
η_v——泵输黏液时的效率,%。

图15-1-21是苏联国家石油机械研究设计院特性换算用计算图。已知黏性液体运动黏度v,叶轮外径D_2,叶轮出口宽度b_2和泵输清水时的额定流量Q,按照图中所规定的使用方法,即可查出换算系数K_H、K_Q、K_η、K_c。

图15-1-21中的换算系数K_H、K_Q、K_η与修正雷诺数Re关系曲线,是根据$n_s = 50 \sim 130$的离心泵输送黏液的大量实验数据经过整理得到的;必需汽蚀余量换算系数K_c与Re关系曲线,是根据$n_s = 50 \sim 100$的几种离心泵,在温度为75~150℃下输送运动黏度$v = 11 \sim 118 mm^2/s$的黏性液体所测得的实测数据,经过整理得到的。

这种换算方法所给的换算系数比较全面,不仅有K_H、K_Q、K_η还有K_c。在换算中,假定$Q = (0.8 \sim 1.2)Q_0$(额定流量)范围内各工况点的换算系数大致相等,还认为$Q = 0$时的扬程不随液体的黏度而改变,这就可以得到较为完整的Q_v—H_v曲线。这种换算方法适用于离心式蜗壳泵,在液体黏度低于300mm²/s,误差不超过±5%,特别是用于大型离心泵特性换算时比较准确。

这种换算方法的缺点是在非额定下所能换算的范围较窄,又因假定不同流量时K_Q不变,所以扬程换算的准确性稍差。另外,求换算系数时还必须知道泵的主要结构尺寸(D_2、b_2),而b_2(叶轮总宽度)在泵样本上一般又不提供,所以这种方法的应用不大方便。

[例] 已知某离心泵叶轮尺寸 $D_2 = 210\text{mm}$,$b_2 = 12\text{mm}$,泵工作转速 $n = 2950\text{r/min}$。并知泵输送 20℃清水时的性能曲线,如图 15-1-22 所示。现拟用该泵输送运动黏度 $v = 150\text{mm}^2/\text{s}$,密度 $\rho_v = 900\text{kg/m}^3$ 的油品,试绘出输油时的性能曲线,并确定其轴功率。

解:从该泵输水性能曲线中查出其最高效率点的各参数:$H = 49.5\text{m}$,$Q = 24\text{L/s}$,$\eta = 77\%$。

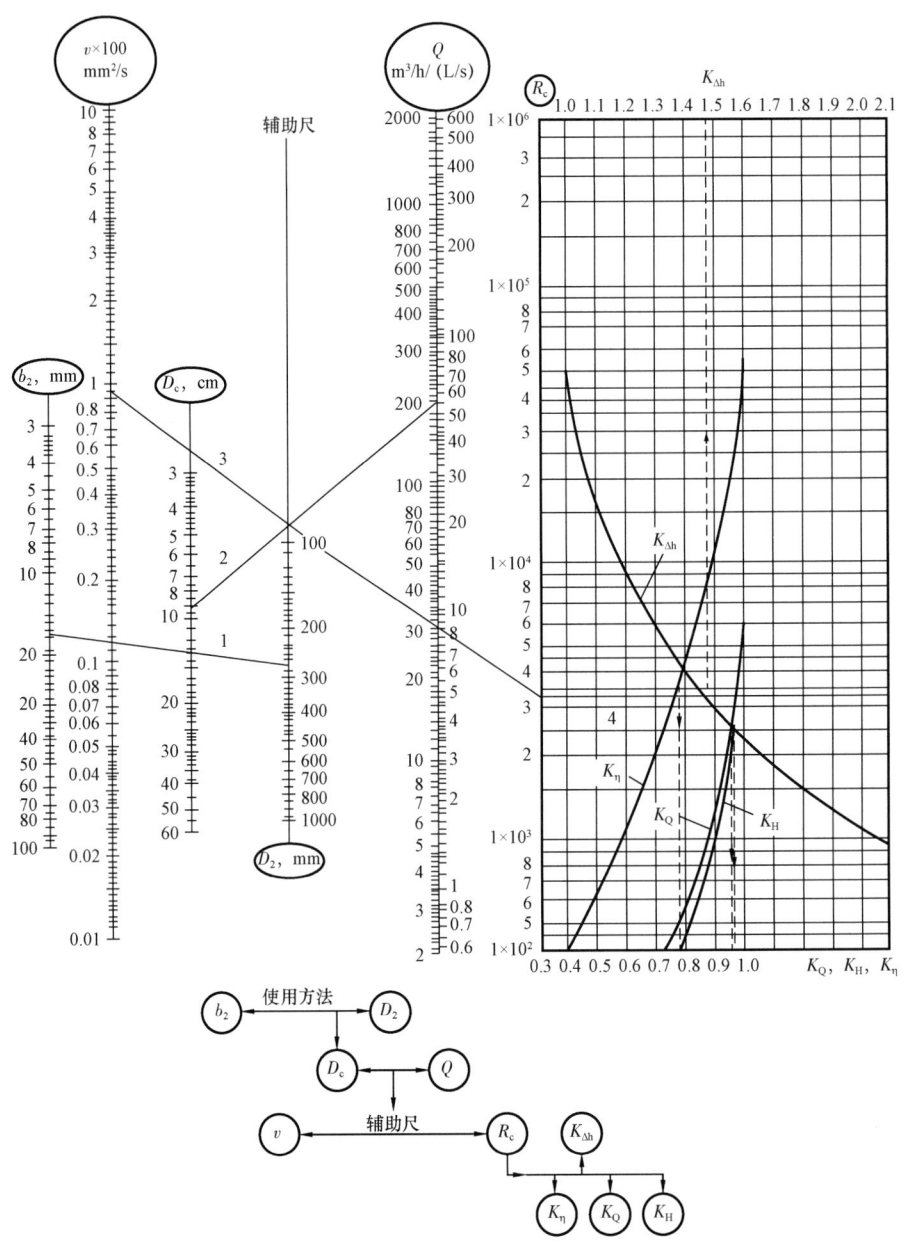

图 15-1-21 苏联国家石油机械研究设计院特性换算用计算图

注:① 图中 D_2 尺与辅助尺用同一条线;② 图中 Q 应是泵输水时的额定流量,即最高效率点的流量 Q_{opt};对于双吸式离心泵,计算查图时应取叶轮总宽度 b_2 和总流量 Q_{opt}

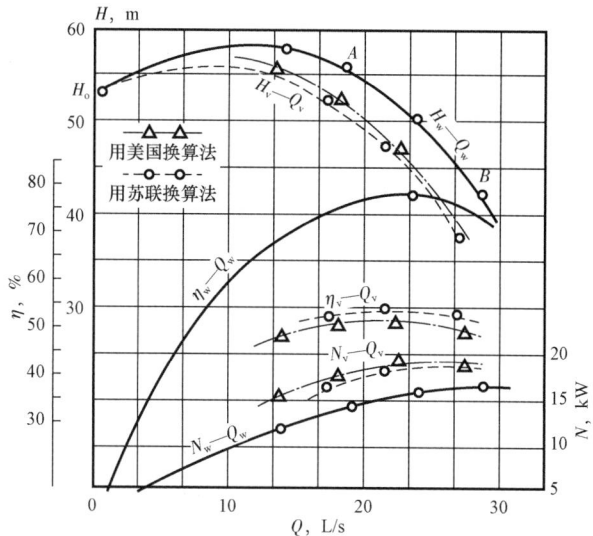

图 15-1-22　离心泵性能曲线换算例题图（输水性能曲线及黏液性能曲线）

由已知 D_2、b_2、Q 和黏液的运动黏度 v，从图 15-1-22 上查出流量、扬程和效率换算系数分别为 $K_Q=0.92$、$K_H=0.94$、$K_e=0.68$。由此算出对应于输送黏性液体时的最高效率工况下各参数：

$$Q_v = QK_Q = 24·0.92 = 22\text{L/s}$$
$$H_v = HK_H = 49.5 \times 0.94 = 46.53\text{m}$$
$$\eta_v = \eta K_\eta = 0.77 \times 0.68 = 0.524$$

则 $$P_{mv} = \frac{\rho g Q_v H_v}{1000\eta} = \frac{900 \times 9.81 \times 0.022 \times 46.53}{1000 \times 0.524} = 17.25\text{kW}$$

在 $Q=(0.8\sim1.2)Q_0$ 的范围内再取几点，假设 $Q=0.8Q_0$ 和 $Q=1.2Q_0$ 的 A、B 两点，在图 15-1-22 的 H_w—Q_w、η_w—Q_w 曲线中查出对应的各参数，并根据在此范围内换算系数不变的假定，可以算出输送黏液时各对应点计算数值，结果列于表 15-1-11。

表 15-1-11　例题的计算结果

参数	$0.8Q_0$	$1.0Q_0$	$1.2Q_0$
输水流量 Q_w，L/s	19.2	24	28.8
输水扬程 H_w，m	55	49.5	41
输水效率 η_w，%	75	77	74
输油流量 Q_v，L/s	17.66	22	26.5
输油扬程 H_v，m	51.7	46.53	38.54
输油效率 η_v，%	51	52.4	50.3

把上面换算后得到的 H_v、Q_v、η_v 各三个点绘到图 15-1-22 中，用光滑曲线连接，并使 Q_v—H_v 曲线通过 $Q=0$、$H_v=H_0$ 点。这样便得到换算后的 H_v—Q_v、η_v—Q_v 性能曲线，先用式（15-1-28）计算得到三个流量下对应的轴功率 P_{mv} 为 15.81kW、17.25kW、17.93kW，然后将

这三点绘在图 15-1-22 上,再连成光滑曲线即为 P_{mv}—Q_v 性能曲线。

② 美国水力协会的换算方法。美国水力协会的换算方法是在已知输送黏性液体的运动黏度 ν 和泵输水额定工况下的流量 Q_0、单级扬程 H 时,使用美国水力协会性能换算用计算图(图 15-1-23)查得换算系数 K_H[在 $Q = (0.6-1.2)Q_0$ 范围内有不同的 K_H 值]、K_Q 和 K_η,然后用式(15-1-24)、式(15-1-25)、式(15-1-26)、式(15-1-28)计算得到泵输黏性液体时的扬程、流量、效率和轴功率。

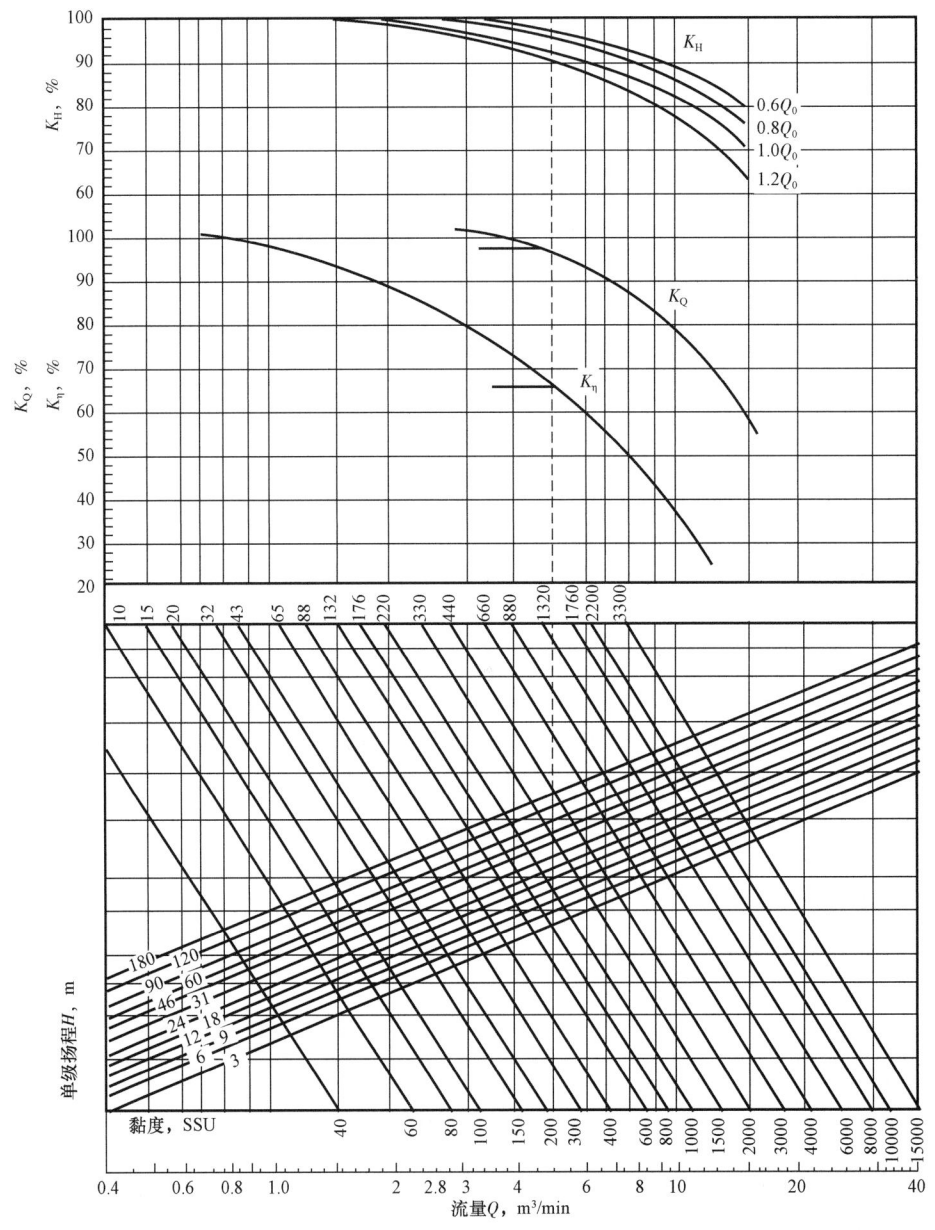

图 15-1-23 美国水力协会的性能换算用计算图
图中黏度 SSU 为美国采用 Saboty 黏度计测定的数值,称赛氏黏度

美国水力协会性能换算用计算图是根据吸入管径为 50～200mm 的单级离心泵的大量试验数据,利用修正雷诺数进行整理,而得到与换算系数 K_H、K_Q、K_η 的关系曲线。

$$Re = \frac{g^{1/4} Q_0^{1/2} H^{1/4}}{\nu}$$

美国水力协会换算系数图的使用方法:从 $Q=Q_0$(输水时的额定流量)点处向上作垂线,与 $H=H_0$(多级泵应取单级叶轮的扬程)的斜线相交;然后自交点作水平线,与所输黏液的运动黏度 ν 的斜线相交;自交点再作垂线与各换算系数曲线相交;最后由这些交点作水平线,便可查出各换算系数(无汽蚀余量换算系数)。由图 15-1-23 看出,K_Q、K_η 曲线各有一条,而 K_H 曲线有 4 条,在 $(0.6～1.2)Q_0$ 范围内,K_H 值随工况不同而不同。

利用图 15-1-23 求换算系数可以不必知道离心泵叶轮的尺寸,只要知道输送黏性液体的运动黏度 ν 和输水时的额定工况下的 Q_0、H_0 即可,故此法求换算系数较为方便,同时换算范围较广,并且不同的流量有不同的 K_H 值。在液体运动黏度低于 865mm²/s 时换算误差不超过 ±5%,特别是在液体运动黏度低于 400mm²/s 时尤为精确。

应用美国水力协会换算方法时应当注意:

a. 此法仅适用于一般结构的离心泵,不适于轴流泵、混流泵和旋涡泵;
b. 只适于泵未发生汽蚀的情况;
c. 只适用于均质液体,不适用于非均质液体;
d. 使用该图换算时超出该图范围不能用外推法。

(5) 输送轻烃类液体时泵的汽蚀余量。

输送轻烃类离心泵的必需汽蚀余量 $NPSH'_r$,通常是在正常室温(或接近于 20℃ 的标准状态)条件下,在输送清水的基础上确定的。现场的运行经验和试验室的试验都说明,输送轻烃类液体的泵,比在输送清水时所需要的必需汽蚀余量 $NPSH_r$ 低时就能令人满意地工作。在泵输轻烃类液体时,泵的必需汽蚀余量可以用式(15-1-29)确定。

$$NPSH'_r = NPSH_r - \Delta NPSH_t \qquad (15-1-29)$$

式中　$NPSH'_r$——泵输轻烃时所需要的汽蚀余量,m;
　　　$NPSH_r$——样本上给出的必需汽蚀余量(泵输清水时),m;
　　　$\Delta NPSH_t$——泵所需要汽蚀余量的热力学修正值,m。

图 15-1-24 是泵输送高温水和某些液态烃时汽蚀余量修正综合图,在使用图 15-1-24 应遵守下列限制:

① 由于现在还缺乏表明汽蚀余量降低值大于 3m 的数据资料,所以图 15-1-24 仅限于此范围内,并且也不推荐在超过此范围时用外推法。

② 修正值 $\Delta NPSH_t$ 不应超过输送冷水时必需汽蚀余量 $NPSH_r$ 的 50%,从图上查得的修正值必须与其比较,并取其中的较小值。例如,所选轻烃泵样本上给出的必需汽蚀余量为 4.88m,现在用这台泵输送 12.8℃ 的丙烷(汽化压力为 0.69MPa,绝对压力),由图 15-1-26 查得汽蚀余量降低值为 2.9m,此值大于泵输冷水时必需汽蚀余量的一半。在这种情况下,只

能取汽蚀余量修正值为2.44m,即泵输清水时必需汽蚀余量的一半。

③ 当液体中含有或溶解有空气或其他不可凝结的气体,而且存在使溶解气体析出的可能性时,宜取 $\Delta NPSH_t \leq 0$,以避免运转不良。

④ 如果吸入系统中的绝对压力和温度易出现瞬态变化,就应适当增加装置的汽蚀余量。

⑤ 对于烃类混合物,其汽化压力可能随温度变化而有很大变化,具体的汽化压力值应根据实际的泵送温度而定。

⑥ 烃类和高温水以外的液体,除非在试验的基础上认为图15-1-24是可以接受的,否则不推荐将该图用于这些液体。

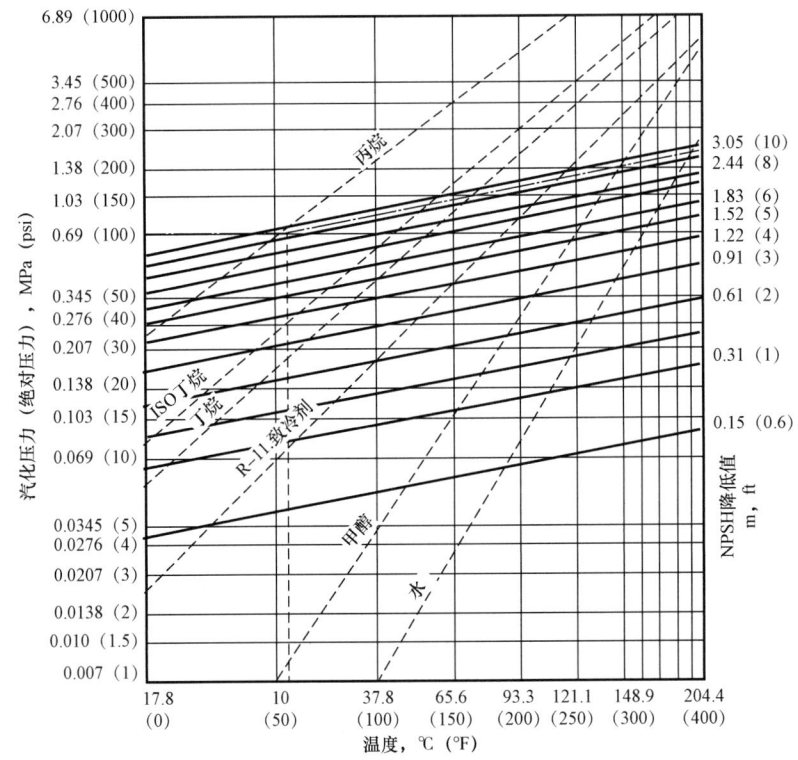

图15-1-24 输送轻烃和高温水时汽蚀余量修正综合图

此图根据图示这几种液体的试验资料绘制出,对于其他液体的适用性需视具体情况确定

(6) 离心泵输送原油时的汽蚀余量。

原油是含有溶解气的烃类混合物,黏度又较高,物理性质与水和单一轻烃类液体有明显差别,所以影响原油泵吸入过程的因素比较复杂,主要表现在以下几个方面:

① 原油黏度的影响。

原油的黏度比水高,增加了泵吸入口到叶轮进口的水力损失和机械损失,所以泵的必需汽蚀余量随原油黏度的增加有上升趋势;另一方面,原油黏度的增加使汽蚀区里气泡的增长和破灭速度都缓慢下来,又有使汽蚀强度得以缓和的趋势。

原油黏度的表示方法很多,各国有所不同。我国主要采用动力黏度、运动黏度和恩氏黏度,英美国家大多采用赛氏黏度和雷氏黏度,德国和西欧各国多采用恩氏黏度和运动黏度,国际标准化组织(ISO)规定统一采用运动黏度,现各国均在逐步改进,目前各种黏度表示方法并存。

a. 动力黏度。

原油的动力黏度是评价原油流动性的指标,黏度 u 是流体抵抗剪切作用能力的一种量度,其单位为 $N \cdot s/m^2$,SI 制单位为 $Pa \cdot s$(帕秒)、$mPa \cdot s$(毫帕秒),过去常用的单位为 P(泊)或 cP(厘泊),它们之间的换算关系为:

$$1Pa \cdot s = 10^3 mPa \cdot s = 10P = 10^3 cP$$

b. 运动黏度。

原油的运动黏度是动力黏度与同温、同压下原油密度的比值,即 $\nu = \mu/\rho$,运动黏度的 SI 制单位为 m^2/s、mm^2/s,过去常用的单位为 cSt(厘沱),它们之间的换算关系为:

$$1m^2/s = 10^6 mm^2/s = 10^6 cSt$$

c. 原油黏度的测定方法。

测定原油黏度的方法有细管法、旋转法和落球法三种。具体测定方法见 GB/T 30515—2014《透明和不透明液体石油产品运动黏度测定法及动力黏度计算法》。

② 原油饱和蒸气压的影响。

原油是多种烃类的混合物,其饱和蒸气压不仅决定于温度,还随原油的组成及气油比而不同。在确定原油泵的汽蚀余量时,涉及原油真实蒸气压和雷德蒸气压的概念。

在一定温度下,液体同其表面上方蒸气呈平衡状态时蒸气所产生的压力称为饱和蒸气压,简称蒸气压。蒸气压的高低表明液体中分子气化或蒸发的能力,同一湿度下蒸气压高的液体比蒸气压低的液体更容易气化。纯烃的蒸气压是温度的单值函数,原油由于组成较为复杂,其蒸气压在压力不太高时,不仅是温度的函数,而且与汽化率有关。

原油的真实蒸气压,即泡点压力,是对应一定温度下汽化分率为零的时候测定的,简称 TVP。真实蒸气压是工艺相平衡计算中经常采用的压力。我们在谈到真实蒸气压时一定要标注对应的温度值。对于气饱和原油,其真实蒸气压等于油气分离器(或分离缓冲罐)的工作压力。

原油的雷德蒸气压是在气相和液相体积比为 4:1 的特定容器中恒温 37.8℃测得的,简称 RVP。

测试的详细要求见 GB/T 8017《石油产品蒸气压的测定 雷德法》,其中规定了 4 种测定蒸气压的方法,A、B 法用于雷德蒸气压低于 180kPa 石油产品的测定,C 法用于雷德蒸气压高于 180kPa 石油产品的测定,D 法用于雷德法蒸气压约为 50kPa 航空汽油的测定。其测定方法是将蒸气压测定仪的液体室充入冷却的试样,并与在浴中已经加热到 37.8℃的气体室相连。将安装好的测定仪浸入 37.8℃浴中,直到观测到恒定压力。此读数经适当校正后,即报告为雷德法蒸气压。

所有四种方法采用相同容积的液体室和气体室。B 法利用半自动测定仪,浸于水平浴中,并在旋转中达到平衡。B 法也可使用波登弹簧压力计或压力传感器,C 法采用双开口液体室。

D法对液体室和气体室容积之比有更苛刻的限制。A法和B法的改进步骤针对添加含氧化合物汽油样品的测定,测定过程中应保证气体室、液体室和样品转移连接装置的内部干燥无水。

通常情况下真实蒸气压比雷德蒸气压高,因为在测试过程中有部分轻组分蒸发,液相密度上升,蒸气压下降,所以原油的雷德蒸气压会明显低于37.8℃时的原油真实蒸气压。图15-1-25是原油雷德蒸气压与真实蒸气压的换算图,将原油的雷德蒸气压与温度连一直线,与左边真实蒸气压的轴线相交处,即为该温度下的真实蒸气压。在轻质油品的质量标准中,其蒸气压指标一般采用雷德蒸气压。

当原油泵叶轮进口处的油蒸气与液体的体积比达到某一数值时,才能发生影响泵特性的汽蚀。这时的气液相体积比称为临界气液比,这时的原油蒸气压称为临界蒸气压。泵输原油的临界蒸气压低于同温度下的真实蒸气压。对于压力密闭输送装置,在考虑泵吸入问题时如果以真实蒸气压代替临界蒸气压,则偏于保守。

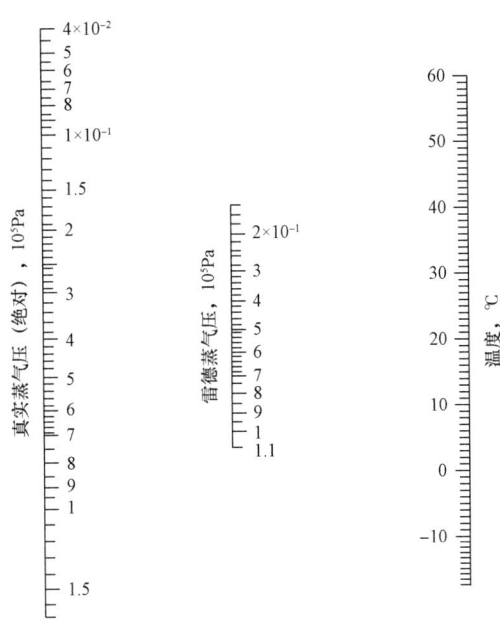

图15-1-25 原油雷德蒸气压与真实蒸气压换算图

我国压力密闭输送装置的运行实践亦说明,对于泵输温度下真实蒸气压大于0.1MPa的原油,在泵输装置的有效汽蚀余量低于泵的必需汽蚀余量时,泵仍能正常工作。

(7)原油夹带气体对泵性能的影响。

离心泵输送夹气原油的工况与汽蚀条件下形成气相的工况是两种性质不同的过程,其差异主要表现在以下几个方面:

① 汽蚀区形成的蒸气泡会在压力较高处较快地破灭,而夹带气体一般是受压缩后被带出泵外,或者随压力的升高而逐渐破灭。

② 汽蚀气泡较快破灭会造成液体对叶片的撞击,而夹带气体受压后体积逐步减小的过程不会引起液体对叶片的撞击。

③ 汽蚀气泡一般仅出现在首级叶轮入口附近的局部区域,当汽蚀区有比较高的气液相体积比时(一般大于0.4),泵的性能才出现明显变化。夹带气体存在于从泵吸入口到排出口的广大区域里,即使气液相体积比较小,也会降低离心泵的扬程、流量和效率。随着转速、比转数、泵的尺寸和结构,以及夹带气体组成的不同,原油中夹带一定量的气体对于泵的性能的恶化程度也不同。选泵时,一般要求离心泵进口处气液相体积比不大于5%。

油田原油密闭输送装置上的输油泵,可能同时受夹带气体和汽蚀两种因素的影响,一方面在吸入管路内可能就是气液两相混合物,同时又存在着气液互相转化的相平衡关系。含气量随着吸入过程的压力降低而不断增加,又随着泵内压力的不断升高而迅速减小,某些夹带气体可能以气泡形式随液体排出泵外。改善油田输油泵的吸入状况,往往要从减轻汽蚀和减少夹带气体影响两方面采取措施。

（8）提高离心泵抗汽蚀性能的措施。

提高离心泵抗汽蚀性能有两种措施，一种是改进泵本身的结构参数或结构形式使泵具有尽可能小的必需汽蚀余量 $NPSH_r$；另一种是合理地设计泵前装置及其他装置位置，使泵入口处具有足够大的有效汽蚀余量 $NPSH_a$，以防止发生汽蚀。

① 提高离心泵本身抗汽蚀的性能。

a. 改进泵的吸入口至叶轮叶片入口附近的结构设计，使 c_o、ω_o、λ_1 和 λ_2 尽量减小，如图 15-1-26 所示，适当加大叶轮吸入口处的直径 D_0，减小叶轮直径 d_h 和加大叶片入口的宽度 b_1，以增大叶轮进口和叶片进口的过流面积，可使叶轮进口处的平均流速 c_o 和叶片处液流的相对速度 ω_o 减小。适当加大叶轮前盖板进口段的曲率半径 R_u，让液流缓慢转弯，可以减小由于液流急剧加速而引起的压降，适当减小叶片进口的厚度，并将叶片进口修圆使其接近流线型，也可以减小阻力损失。这些措施均可使绝对流速变化及流动损失引起的阻力系数 λ_1 和液流绕流叶片头部引起的阻力系数 λ_2 有所减小。另外，将叶片进口向叶轮进口延伸，如图 15-1-26 所示，使液流提前接受叶片做功以提高压力，也是有效的措施。

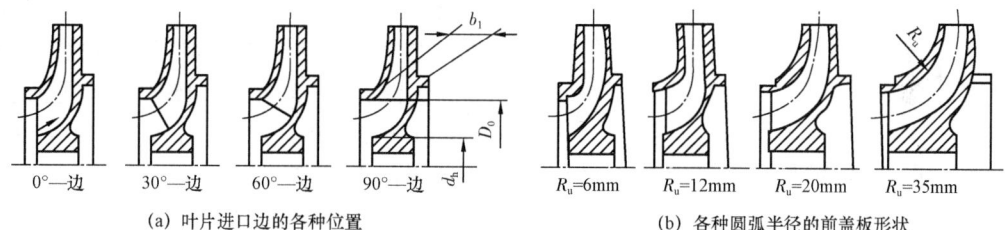

(a) 叶片进口边的各种位置　　　(b) 各种圆弧半径的前盖板形状

图 15-1-26　叶轮结构改进图

b. 采用前置诱导轮，如图 15-1-27 所示，使液流在前置诱导轮中提前接受诱导叶片做功，以提高液流的压力。

c. 采用双吸式叶轮，让液流从叶轮两侧同时进入叶轮，则进口截面增加一倍，进口流速可减小一半。

d. 设计工况采用大的正冲角（$i = \beta_{iA} - \beta_1$），以增大叶片进口角 β_{iA}，减小叶片进口处的弯曲，以减小叶片阻塞，从而增大叶片进口面积，另外，还能改

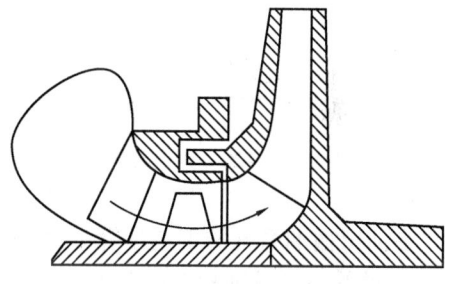

图 15-1-27　前置诱导轮

善在大流量下的工作条件，以减小流动损失。但正冲角不宜过大，否则影响效率。

e. 采用抗汽蚀的材料。如受使用条件所限不可能完全避免汽蚀时，应选用抗汽蚀性能强的材料制造叶轮，以延长使用寿命。常用的材料有铝铁青铜 9-4、不锈钢 2Cr13、稀土合金铸铁和高镍铬合金等。实践证明，材料强度、厚度、韧性越高，化学稳定性越好，抗汽蚀的性能越强。

② 提高进液装置汽蚀余量的措施。

a. 增加泵前储液罐中液面上的压力 p_A 来提高 $NPSH_a$，如图 15-1-28(a) 所示。如为储

液池,则液面上的压力为大气压 p_a,即 $p_A = p_a$,如图 15-1-28(b)所示,这样 p_A 就无法加以调整了。

b. 减小泵前吸上装置的安装高度 H_g,可显著提高 $NSPH_a$。如储液池液面上的压力为 p_A,则:

$$NPSH_a = \frac{p_A}{\rho g} - \frac{p_v}{\rho g} - H_g - \Delta H_{A-S} \qquad (15-1-30)$$

为使泵不发生汽蚀,要求允许吸上真空度 H_s,即留有安全余量。也可使用吸上真空高度,并规定留有 0.5m 液柱高的余量来防止发生汽蚀。

$$H_s = \frac{c_s^2}{2g} + H_g + \Delta H_{A-S} \qquad (15-1-31)$$

由该式可以看出,减小泵前吸上装置的安装高度 H_g 等,可减小吸上真空度,故减小 H_g 是防止泵发生汽蚀的重要措施。

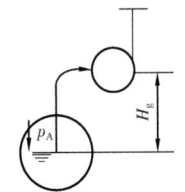
(a) 吸上装置,p_A 为任意压力

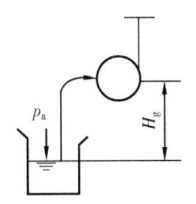
(b) 吸上装置,p_A 为大气压力

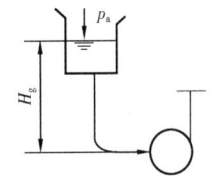
(c) 倒灌装置,p_A 为大气压力

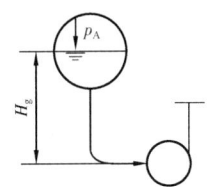
(d) 倒灌装置,p_A 为任意压力

图 15-1-28 泵前装置示意图

c. 将吸上装置改为倒灌装置,如图 15-1-28(c)所示,并增加倒灌装置的安装高度。从式(15-1-34)可以看出,H_g 值变负为正,则可显著提高 $NPSH_a$。若再改为储液罐并提高液面压力 p_A,如图 15-1-28(d)所示,则还可提高 $NPSH_a$。

d. 减小泵前管路上的流动损失 ΔH_{A-S},也可提高 $NPSH_a$。例如缩短管路、减小管路中的流速、尽量减小弯管或阀门、尽量加大阀门开度等,可减小管路中的沿程阻力损失和局部阻力损失,这些均可减小 ΔH_{A-S},从而提高 $NPSH_a$。

3)离心泵输油系统的特性

(1)管路特性与工作点。

在油田输油系统的工艺计算中,泵的扬程用来克服:
① 两端容器液面标高的位差;
② 两端容器液面上的压力差;
③ 泵吸入和排出管线及设备和管件的阻力损失;
④ 两端液体出口和进口的速度头差(通常此值很小,可忽略不计)。

图 15-1-29 为油田原油输送系统静压头示意图,则此输油系统所需的总水头可以由式(15-1-32)确定:

$$h = \frac{(p_{td} - p_{ts}) \times 10^3}{\rho g} + H_{gd} + H_{gs} + h_{ld} + h_{ls} + \frac{c_d^2 - c_s^2}{2g} \qquad (15-1-32)$$

式中 h——输油系统所需的总水头,m;

p_{td},p_{ts}——排出侧、吸入侧容器液面上的压力(绝),MPa;

H_{gd}——排出侧容器最高液面至泵基准面的几何高度,m(液面高于泵基准面时为正值,反之为负值);

H_{gs}——吸入侧容器最低液面至泵基准面的几何高度,m(吸上时为正值,灌注时为负值);

h_{ld},h_{ls}——排出侧、吸入侧管系阻力,m;

c_d,c_s——排出侧、吸入侧管内液体流速,m/s。

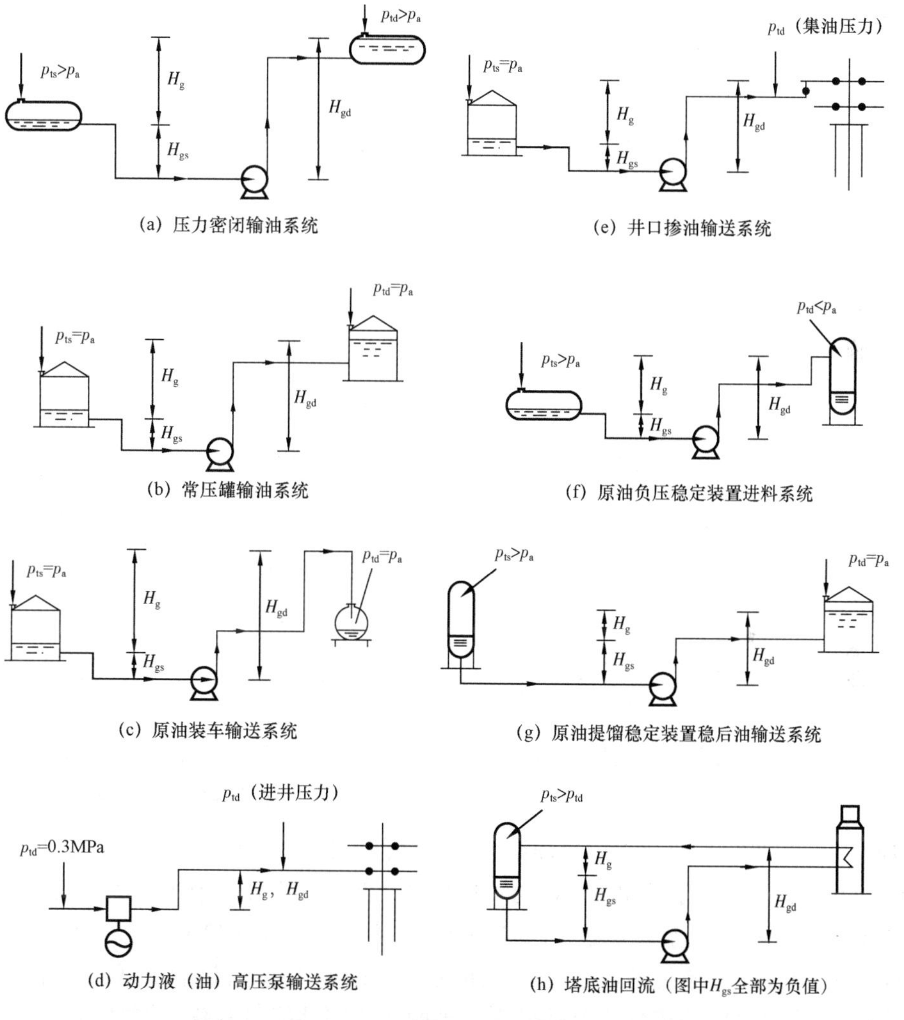

图 15-1-29 油田原油泵输系统静压头示意图

管路系统的阻力损失与流量的关系通常呈抛物线形式,该曲线的原点在纵坐标轴上,随排出侧和吸入侧液面的压力差和几何高度差而变化。该曲线的陡度决定于陡度系数 K(包括设备、控制仪表、阀门、管线和管件等综合的阻力系数)。这条反映管路系统所需总水头与管路流量关系的曲线称作 h—Q 曲线。单根管路的特性曲线示意图如图 15-1-30 所示。

离心泵在管路中工作时,泵提供的能量与管路所需的能量值应相等,泵所排出的流量与管路内输送的流量相等,这种泵输系统处于稳定工作状态。将泵的扬程性能曲线与管路特性曲线画在一张图上,叫作泵输系统特性曲线。这两条曲线的交点 A 即为泵的工作点。简单泵输系统(由单根管路和单台泵组成的泵输系统)的特性曲线如图 15-1-30 所示。

(2) 并联、串联泵输油系统特性。

① 泵并联的输油系统特性。

由于油田生产产液量变化大,为了适应不同生产阶段输液量的变化,输油泵站通常配置 2~3 台泵并联工作(低输量时单泵运行)。

几台泵并联工作时,在相同扬程下将每台泵的流量相加,即得到输油系统并联泵机组的 $H—Q$ 特性。

图 15-1-31 所示为两台同性能泵并联工作的输油系统特性曲线,M 为泵并联运行时的工作点,M_1 为单泵运行时的工作点。并联后扬程比单泵工作时高,而流量小于单泵运行时流量的两倍。由图 15-1-31 可以看出,两台泵并联工作时,管路特性越平坦,则并联后的流量 $Q_{Ⅰ+Ⅱ}$ 就越接近单独运行时的两倍,达到增加流量的目的。油田的原油脱水和装车泵输系统,由于系统所需压头较小,管路特性较平缓,常采用低扬程泵并联运行方式。

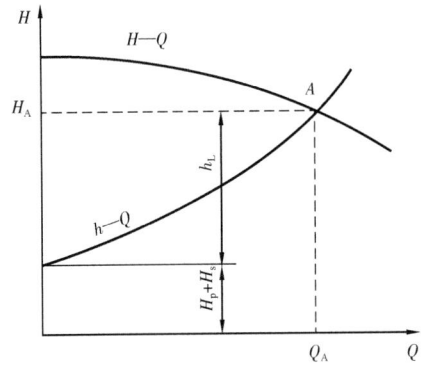

图 15-1-30 简单泵输系统的特性曲线

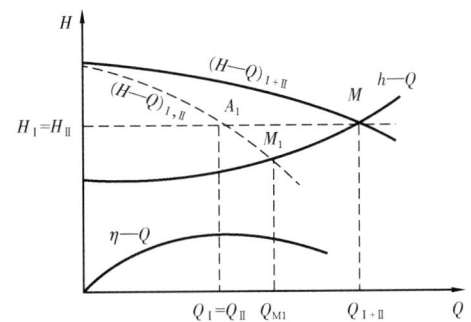

图 15-1-31 相同性能泵并联工作的输油系统特性曲线

图 15-1-32 所示为两台不同性能泵并联工作的输油系统特性曲线。并联后的总性能曲线为 $(H—Q)_{Ⅰ+Ⅱ}$。M 是泵并联运行时的工作点。两台不同性能的泵并联后的总流量为 $Q_{Ⅰ+Ⅱ}$,小泵流量是 $Q_Ⅰ$,大泵流量是 $Q_Ⅱ$,$Q_Ⅰ<Q_Ⅱ$。由图 15-1-32 还可以看出,小泵流量与大泵流量之比 $(Q_Ⅰ/Q_Ⅱ)$ 随泵扬程差的扩大而减小,随并联后总流量的降低而减小。而 $Q_Ⅰ/Q_Ⅱ$ 的比值越小,大小泵之间的流量相差越悬殊。当两台不同性能泵并联工作时,应保证小泵流量不低于允许使用的最低流量,以防小泵在低流量下运行时遭受损害。因此,并联工作泵的扬程相差不能太大,并联后的流量也不能太小。

② 泵串联的输油系统特性。

在泵输系统需要较高的压头时,可以按实际情况,考虑采用串联的工作方式。几台泵串联的运行方式便于根据输油量来改变泵装置的扬程,采用大排量串联泵还可以提高泵的效率。串联方式多用于需要高压头、大输量的泵输系统。

图 15-1-33 所示为两台相同性能泵串联工作的系统特性曲线。两台泵串联工作时,在相同流量下将两台泵的扬程相加,即为泵输系统串联泵机组的 $H—Q$ 特性,见$(H—Q)_{Ⅰ+Ⅱ}$。

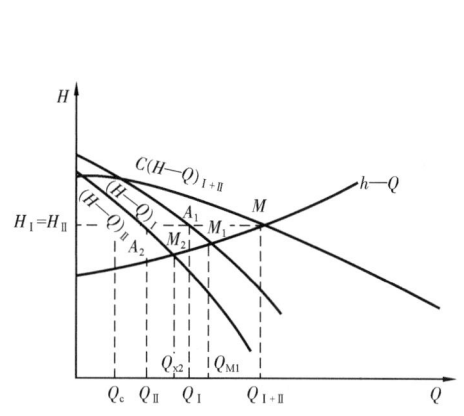

图 15-1-32 不同性能泵并联工作的
输油系统特性曲线

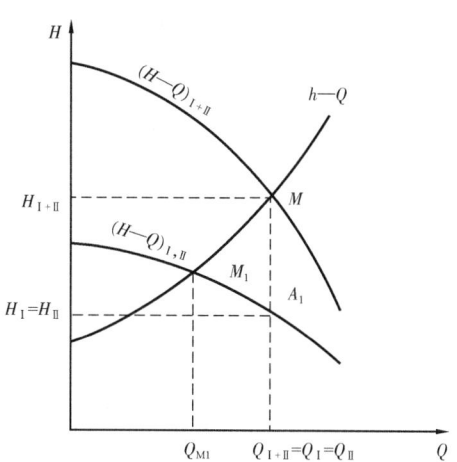

图 15-1-33 相同性能泵串联工作的
输油系统特性曲线

从图 15-1-33 可以看出,两台相同性能泵串联的工作点为 M,每台泵的工作点为 A_1,此时 $H_{Ⅰ+Ⅱ}=2H_Ⅰ=2H_Ⅱ$。若管路系统特性不变,则单台泵运行的工作点为 M_1。串联后流量比单泵工作时大,而扬程小于单泵运行时扬程的两倍。

在两台泵串联工作时,应注意第二台泵的泵体强度、轴封的密封性能和其他部件是否满足要求,在泵开停时应注意配合问题,串联工作泵应有可靠的自动控制和保护装置。

按水力原理,多级泵也是串联泵,与几台单独的泵串联比较,多级泵具有结构紧凑、安装和运行方便等优点,因而在油田被广泛采用。但多级泵的扬程和流量调节不如单独的串联泵灵活,又需要并联以适应输油量的变化。实际上,油田的不少泵输系统是采用既串联又并联的综合配置方式。

(3) 交汇和分支管路输油系统特性。

① 交汇管路输油系统特性:油田中各集输站的原油收集和输送过程经常采用交汇管路输油系统。两座泵站的输油泵Ⅰ、Ⅱ从 A、B 两个油罐吸入油品,并经过两条相当长的管路1、2把油品输到汇合点 O,然后经一条管路 3 把油品送到末点站的油罐 C,即构成交汇管路输油管路,如图 15-1-34(a) 所示。

交汇管路输油系统特性如图 15-1-34(b)所示。$(H—Q)_Ⅰ$、$(H—Q)_Ⅱ$ 分别为泵Ⅰ、Ⅱ的性能曲线,$(h—Q)_1$、$(h—Q)_2$ 分别为1、2 的特性。曲线Ⅰ、Ⅱ是泵Ⅰ、Ⅱ输送油品到 O 点后剩余的扬程曲线,它们是从泵Ⅰ、Ⅱ的特性 $(H—Q)_Ⅰ$、$(H—Q)_Ⅱ$ 分别减去管路1、2 的特性 $(h—Q)_Ⅰ$、$(h—Q)_Ⅱ$ 得到的。将曲线Ⅰ、Ⅱ并联相加,得到曲线Ⅲ。作管路 3 的特性 $(h—Q)_3$ 与曲线Ⅲ相交于 M 点,则 M 点为工作点。Q_1、Q_2、Q_M 分别为管路1、2、3 的流量,M_1、M_2 点的纵坐标分别为泵Ⅰ、Ⅱ的工作扬程。

② 分支管路输油系统特性：为了调节油田输油管网的油量，有时要求某些输油站同时向两个接收站供油，构成分支管路输油系统。图15-1-35所示为一比较典型的分支管路输油系统，泵Ⅰ从油罐A吸入油品，先经一条较长的管线1把油品送到分输点O，然后经相当长的管线2、3把油品分别输到油罐B和C。

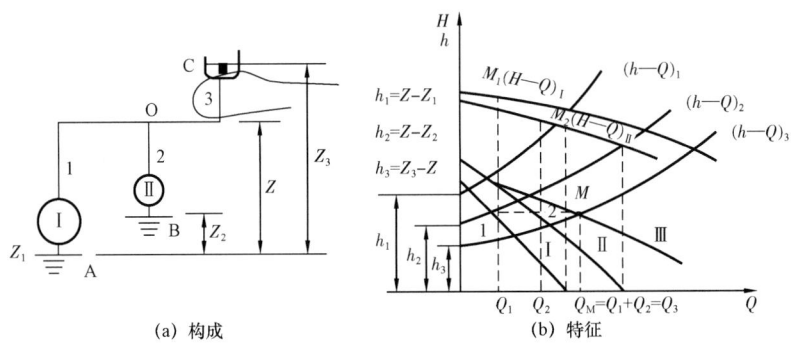

图15-1-34 交汇管路输油系统构成及特性曲线

确定分支管路输油系统特性可以采用两种方法，分别如图15-1-36和图15-1-37所示。

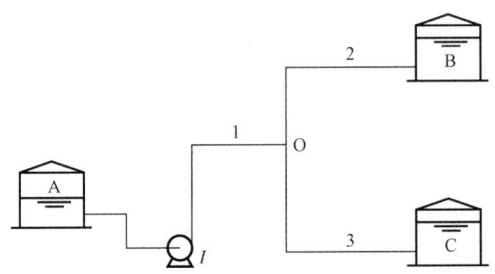

图15-1-35 分支管路输油系统

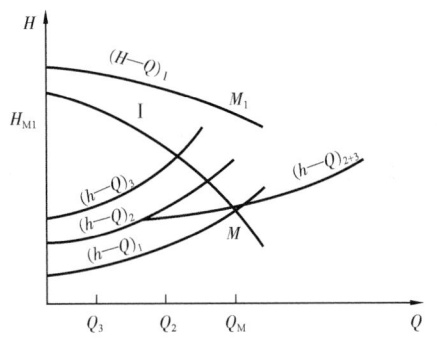

图15-1-36 分支管路输油系统
特性曲线（Ⅰ）

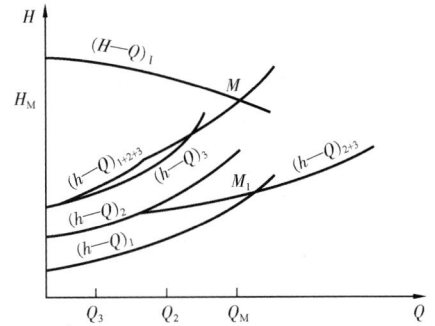

图15-1-37 分支管路输油系统
特性曲线（Ⅱ）

在图 15-1-36 中，$(H—Q)_1$ 为泵 I 的性能曲线，$(h—Q)_1$、$(h—Q)_2$ 和 $(h—Q)_3$ 分别为管路 1、2、3 的特性曲线。曲线 I 是泵 I 输送油品到 O 点后剩余的扬程曲线，它是从泵 I 的性能曲线 $(H—Q)_1$ 减去管路 1 的特性 $(h—Q)_1$ 得到的。将管路 2、3 的特性 $(h—Q)_2$、$(h—Q)_3$ 并联相加，得到 $(h—Q)_{2+3}$。曲线 I 和曲线 $(h—Q)_{2+3}$ 相交于 M 点，由 M 点作垂直线与曲线 $(H—Q)_1$ 相交于 M_1，M_1 为工作点，泵 I 的工作扬程为 H_{M1}，输油系统的输油量为 Q_M，管路 2、3 的流量分别为 Q_2、Q_3。

在图 15-1-36 中，$(H—Q)_1$、$(h—Q)_1$、$(h—Q)_2$、$(h—Q)_3$ 和 $(h—Q)_{2+3}$ 与图 15-1-37 相同，而 $(h—Q)_1$ 和 $(h—Q)_{2+3}$ 串联相加得到整个管路系统的总特性 $(h—Q)_{1+2+3}$，然后曲线 $(H—Q)_1$ 和曲线 $(h—Q)_{1+2+3}$ 相交于 M 点，M 点为工作点。M 点的纵坐标 H_M 为泵 1 的工作扬程，Q_M、Q_2、Q_3 分别为管路 1、2、3 的流量。

图 15-1-36 和图 15-1-37 相比较可以看出，这两种方法的结果相同。

(4) 离心泵输油系统工况的调节。

改变输油系统的工作点称为工况调节。工作点是泵性能和管路特性的交点，其中任意一条曲线发生变化，工作点随之改变。因此，输油系统工况调节有改变管路系统特性和改变泵特性两种途径。

① 改变管路特性。

a. 管路节流调节。在泵的排出管路上安装调节阀是改变管路特性最简单和最常用的方法。图 15-1-38 是单管单泵输油系统采用管路节流调节工况的示意图。当泵排出管路上调节阀全开时，设管路特性为 1，与泵 $H—Q$ 性能曲线交点为 M 对应的流量为 Q。随着阀门开度逐渐减小，管路特性系数 K 逐渐变大，管路特性 2、3 相应地变陡，工作点变为 M'、M''，流量逐渐减少为 Q'、Q''。流量由 Q 降到 Q' 时，阀门节流损失能量为 $(K'-K)Q'^2$。

由图 15-1-38 看出，用关小出口阀的方法减少输油量时，泵的轴功率会有所减小，输油系统的总耗能下降。但随着输油量的降低，出口阀门节流损失的能量越来越大，泵提供的能量的有效利用程度下降，使整个输油系统的输送效率降低，输油单耗上升，长期这样调节是不经济的。特别是对具有陡降扬程性能曲线的离心泵，采用这种方法调节就更不经济。但由于此方法调节装置简单，且操作方便，故仍被广泛地用于离心泵输油系统的工况调节。

图 15-1-39 是两台同性能泵并联输油时，用出口阀调节输油系统工况的示意图。

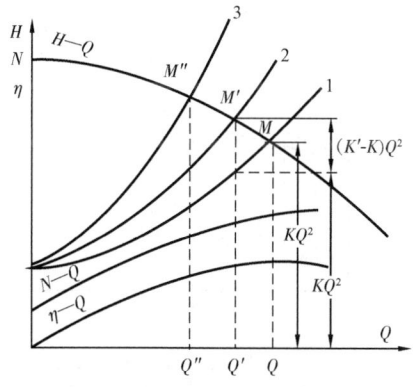
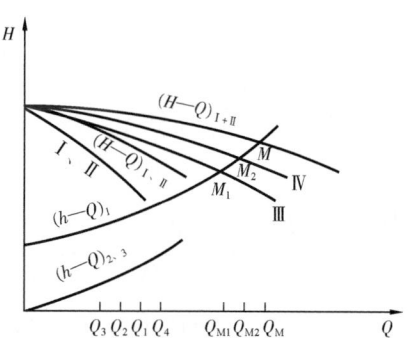

图 15-1-38 泵出口阀节流调节　　图 15-1-39 同性能并联泵出口阀节流调节

$(H—Q)_{I、II}$是泵 I、II 的扬程性能曲线,$(H—Q)_{I+II}$是两台泵并联相加的性能曲线,$(h—Q)_1$是泵出口阀全开时的管路特性,这时输油系统的工作点为 M,总输量为 Q_M,每台泵的流量都等于 Q_1。当两台泵出口阀同步节流(即开度相同)时,节流阀的阻力损失特性如$(h—Q)_{2,3}$所示,曲线 I、II 表示泵 I 和 II 在节流阀后剩余的扬程曲线,将曲线 I、II 并联相加得到曲线 III,点 M_1 则为这一工况的工作点,Q_{M1} 为输油系统的总流量,Q_2 为每台泵的流量,$Q_{M1} < Q_M$、$Q_2 < Q_1$。当其中 1 台泵出口阀节流,另 1 台泵出口阀仍全开时,将曲线 I(II)同曲线 $(H—Q)_{I、II}$ 并联相加得到曲线 IV,M_2 则为这一工况的工作点。Q_{M2} 为输油系统的总流量,Q_3 为出口阀节流泵的流量,Q_4 为出口阀末节流泵的流量,Q_{M2} 大于 Q_{M1} 而小于 Q_M,Q_3 小于 Q_1 和 Q_2,Q_4 大于 Q_1 和 Q_2,两台泵出现偏流。所以,同性能泵并联运行时,出口阀的节流程度应基本一致,以防止泵偏流。

两台不同性能泵并联工作时,一般用其中较大泵的出口阀节流调节工况,其输油系统工况变化如图 15-1-40 所示。图中$(H—Q)_I$、$(H—Q)_{II}$ 分别为小泵和大泵的扬程性能曲线,$(h—Q)_1$ 是所有泵出口阀全开时的管路特性,$(h—Q)_2$ 是大泵出口阀节流的阻力损失特性。M 点为泵出口阀全开时输油系统的工作点,Q_M、Q_1、Q_2 分别为该工况下的总输量、小泵流量和大泵流量。M_1 为大泵出口阀节流时输油系统工作点,Q_{M1}、Q_3、Q_4 分别为该工况下总输量、小泵流量和大泵流量。由图 15-1-40 看出,$Q_{M1} < Q_M$,$Q_2 > Q_4$ 和 $Q_3 > Q_1$,即由于大泵出口阀节流,系统总输量有所降低,大泵流量下降,而小泵流量有所上升。

b. 旁路调节。旁路调节是在泵出口设旁路与吸液罐相连通,用旁路上的阀门调节输油系统工况。图 15-1-41 所示为单主管单泵输油系统采用旁路调节的工况变化图。离心泵在旁路调节输油系统中工作就像在分支管路中一样,若$(h—Q)_1$是主管路的管路特性,$(h—Q)_2$是旁路的管路特性,则并联后的管路特性为$(h—Q)_{1+2}$。当旁路调节阀完全关闭时,泵的性能曲线$(H—Q)$与主管路特性$(h—Q)_1$ 的交点为 M_1;旁路阀打开时,$H—Q$ 曲线与$(h—Q)_{1+2}$的交点为 M。过 M 点作水平线交$(h—Q)_1$于点 1,交$(h—Q)_2$于点 2,则通过主管的流量为 Q_1,旁路中流量为 Q_2。

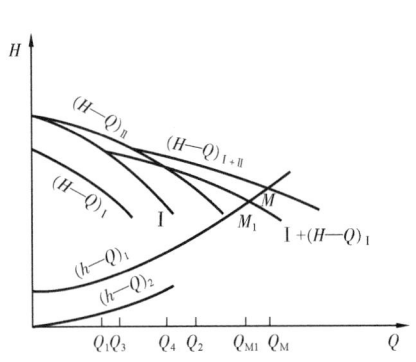

图 15-1-40 不同性能并联泵出口阀节流调节

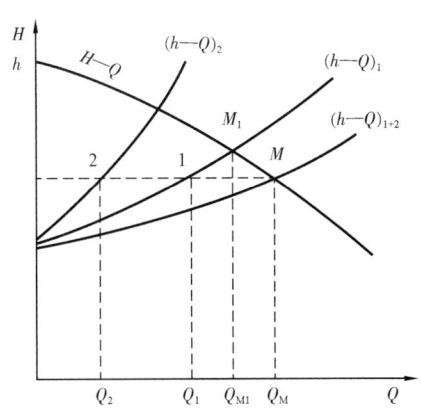

图 15-1-41 旁路调节

从图15-1-41可以看出,旁路阀打开时,主管中的流量减小,使输油系统工况得到调节,但泵的流量反而增大。由于一般离心泵的轴功率随流量的变大而增加,采用旁路调节减少输油主管流量时,泵的轴功率却要增加,输油系统的总能耗和单耗都上升,长期这样调节是很不经济的,所以一般只在排出管路短、流量调节范围大时才采用旁路调节。

② 改变泵特性。

离心泵输油系统的工况调节,改变泵特性的调节方法既包括改变单泵特性,又包括改变泵并联和串联的综合特性。在油田输油系统工况调节中,改变泵特性的调节方法主要有以下5种。

a. 改变泵的运行台数。这种方法就是根据管线输量的变化调整运行泵台数,从而改变泵的并联特性,调节输油系统的工况。

图15-1-42所示为3台同性能泵并联输油系统改变运行泵台数的工况调节。$(H—Q)_{Ⅰ,Ⅱ,Ⅲ}$为泵Ⅰ、Ⅱ、Ⅲ的性能曲线。$(H—Q)_{Ⅰ+Ⅱ}$为泵Ⅰ、Ⅱ并联的性能曲线。$(H—Q)_{Ⅰ+Ⅱ+Ⅲ}$为泵Ⅰ、Ⅱ、Ⅲ并联的性能曲线,$h—Q$为管路特性,交点M为工作点,此时的管路流量为Q_M,单泵流量为Q_1,泵的工作扬程为H_M。当管线流量由Q_M下降到Q_{M1}时,如果仍运行3台泵,则工作点变为M_1,单泵流量降低到Q_2,泵的工作扬程增加到H_{M1},而管路所需的水头

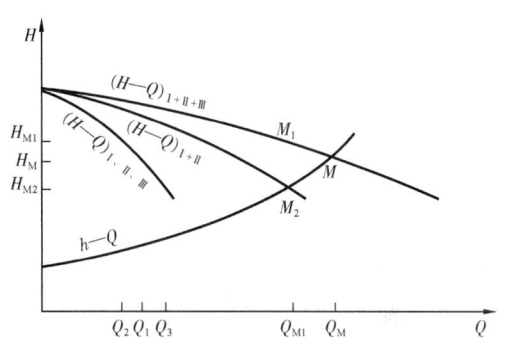

图15-1-42 改变运行泵台数调节工况

降低到H_{M2},H_{M1}与H_{M2}的差值消耗在泵出口阀节流上;如果这时调整为2台泵运行,工作点变为M_2,泵的流量由Q_1增加到Q_3,泵的工作扬程降低到H_{M2},泵出口阀基本上不节流,泵的工作扬程被有效利用。

由上述可以看出,3台同规格泵并联输油系统,当管输油量下降到低于2台泵允许最大流量时,采用2台泵大流量运行消耗的能量低于3台泵小流量运行消耗的能量。所以,对于多泵并联输油系统,工况调节应在满足管线输油量要求和泵流量允许的条件下,尽量减少运行泵台数,增大单泵的运行流量。

b. 改变叶轮直径。图15-1-43所示为单管单泵输油系统改变叶轮直径时的工况调节。叶轮直径由D_2减小到D_2'、D_2''时,工作点由M变为M'、M'',流量从Q减少到Q'、Q'',泵的工作扬程也相应降低。这种调节方法没有附加的能量损失,附加费用也较少。但实现这种调节需更换叶轮和拆装泵,适于在较长时间内改变输油量时使用。由于叶轮直径不能切割得太多,调节能力较小。

c. 改变叶轮级数。对于输油管线较长、管路特性很陡、输油量变化大的输油系统,多级泵拆级是经常使用的工况调节方法。图15-1-44所示为泵拆级时的输油系统工况调节,该系统为两台6级泵并联,M点为工作点,输油量为Q_M,泵工作扬程为H_M,单泵流量为Q_1。当管输油量由Q_M减少到Q_{M1}时,改为1台6级泵运行,泵的工作扬程可由H_M降至H_{M1},但由于这时管路所需水头已降到H_2,仍有水头$H_{M1}-H_2$消耗于泵出口阀节流。这时,6级泵拆除两级叶轮后仍能满足管输要求,且可以减少30%的能量消耗。

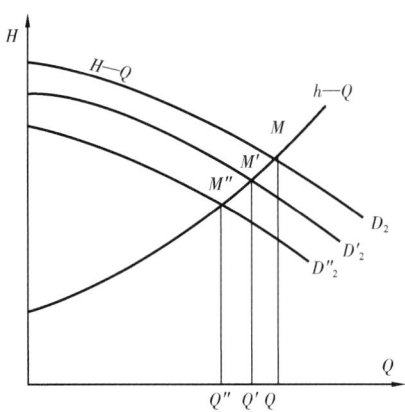
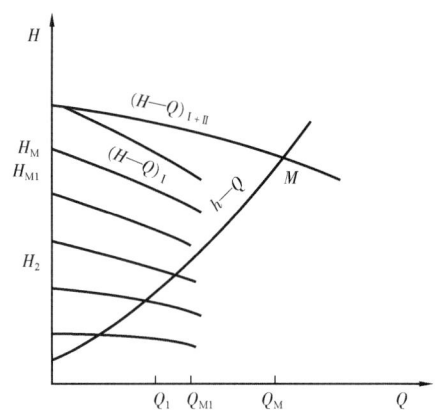

图 15-1-43　拆除叶轮时的调节　　　　图 15-1-44　拆除叶轮时的工况调节

这种调节方法没有附加的能量损失。如果在拆级时并对导叶作适当改造，泵效没有明显下降，实施工况调节的改造费用也较少。但实现这种调节需拆、装泵，适于管线在较长时间改变输油量时使用。同时，由于泵的首级和末级叶轮不能拆除，所以这种调节方法适用于 3 级以上的泵。

d. 改变泵的转速。图 15-1-45 为单泵单管路输油系统改变泵转速时的工况调节。当泵转速由额定转速 n 降为 n_1 时，H—Q 性能曲线向左下方移动，当管路特性不变时，就可以得到不同的工作点 M、M_1，流量从 Q 下降到 Q_1，泵的工作扬程从 H_M 下降到 H_{M1}。一般来说，泵转速下降不超过额定转速 20% 时，最佳点向左平移，但泵效率基本不变；转速降低大于 20% 以后，泵效降低；转速降低超过 50% 时，效率明显下降，所以调速时转速降低不宜大于 50%。

图 15-1-46 所示为两台同性能泵并联，其中 1 台泵进行调速时的扬程流量图。$(H$—$Q)_{Ⅰ、Ⅱ}$ 是泵Ⅰ、Ⅱ在额定转速的扬程特性，$(H$—$Q)_{Ⅰ+Ⅱ}$ 是泵Ⅰ、Ⅱ并联的特性，h—Q 是管路特性，M 是工作点。曲线Ⅰ为调速泵转速降低的扬程特性，曲线Ⅱ为恒速泵和降转速泵并联的特性，M_1 是工作点。由图 15-1-47 可以看出，同性能并联泵其中 1 台转速降低时，输油系统总流量由 Q_M 下降到 Q_{M1}，调速泵流量由 Q_1 降低到 Q_2，而恒速泵流量却由 Q_1 增加到 Q_3。所以，调速泵与恒速泵并联运行时，其工况变化比单泵调速时复杂得多，调速幅度也有更多的限制。

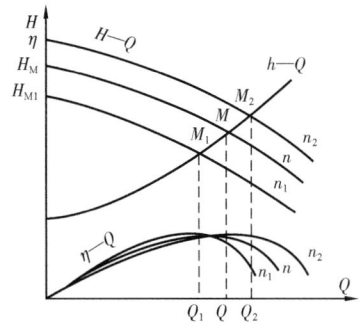
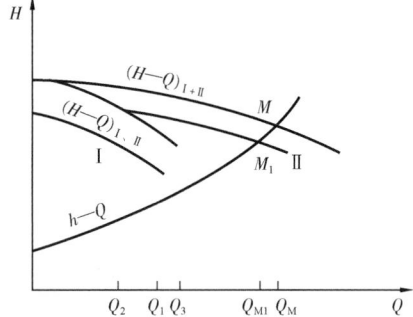

图 15-1-45　单泵运行改变转速时的　　　图 15-1-46　同性能并联泵单泵调速时的
　　　　　　　工况调节　　　　　　　　　　　　　　　　工况调节

图 15-1-47 所示为两台不同性能并联泵大泵作为调速泵的工况调节，$(H—Q)_\mathrm{I}$ 为调速泵在额定转速时的特性，$(H—Q)_\mathrm{II}$ 是恒速泵的特性，曲线Ⅲ是不调速时两泵并联的特性，工作点为 M，总流量、调速泵流量、恒速泵流量分别为 Q_M、Q_1、Q_2。曲线Ⅰ、Ⅱ是调速泵第一次和第二次降低转速后的性能，它们同恒速泵特性并联分别得到曲线Ⅳ、Ⅴ，工作点分别为 M_1、M_2，总流量、调速泵流量、恒速泵流量分别为 Q_M1、M_2；Q_1'、Q_1''；Q_2'、Q_2''。由图 15-1-47 可以看出，大泵作为调速泵时，转速变化范围可以比较大，具有较强的工况调节能力。

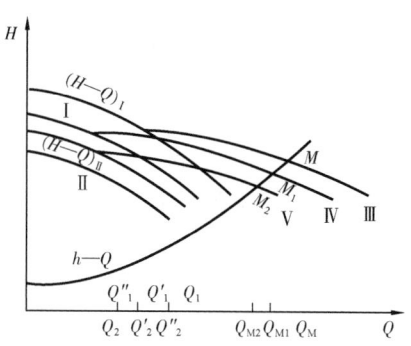

图 15-1-47　不同性能并联泵大泵调速时的工况调节

变速调节方法节能效果比较明显，调节方便，可调范围也较大，但这种方法需要可调转速的拖动装置，实现调节的附加费用较高。

e. 改变前置导叶叶片角度的调节。在叶轮前安装可调节叶片角度的前置导叶，即可改变叶轮进口前的液体绝对速度，使液流正旋或负旋流入流道，以此改变扬程和流量。

f. 改变半开式叶轮叶片端部间隙的调节。间隙增大，则泵的流量减小，且由于叶片压力面和吸力面压差减小，泵的扬程降低，泵的轴功率和效率也相应降低。值得说明的是间隙调节比闸阀调节耗能少。

g. 换泵。当不同时期的输油量有较大变化时，可以分阶段配置不同规格的泵，以调节输油系统工况。一般是按照大型号泵确定泵房、泵基础和配管尺寸，根据输油量变化更换不同型号的泵。这种工况调节的节能效果显著，但实现调节的附加费用较高，泵的更换也较费事。所以，这种方法适用于管路特性较陡，输油量变化大，泵又不能拆级的情况。

(5) 泵装置的几何安装高度 H_gs。

泵装置的几何安装高度 H_gs，即吸入侧容器内液位至泵基准面的垂直高度，以单位 m 计，在吸上时为正值，灌注时为负值。油田输油为满足自流灌泵要求，通常为灌注式。此处容器内液位，对立式常压原油储罐、轻油储罐指正常运行的最低液位，对卧式油气分离缓冲罐或原油缓冲罐一般指液位调节范围的下液位。

泵输系统的几何安装高度 H_gs 应满足下列要求。

① 对于稳定原油常压罐输送系统：

$$H_\mathrm{gs} \leqslant \frac{10^3 \times (p_\mathrm{a} - p_\mathrm{v})}{\rho g} - h_\mathrm{ls} - \mathrm{NPSH}_\mathrm{rv} - 0.5 \qquad (15-1-33)$$

②对于轻烃类液体输送系统：

$$H_\mathrm{gs} \leqslant -(h_\mathrm{ls} + \mathrm{NPSH}_\mathrm{r}') - 0.5 \qquad (15-1-34)$$

③对于未稳定原油压力密闭输送系统：

$$\frac{\mathrm{d}h_\mathrm{ls}}{\mathrm{d}Q_\mathrm{v}} < \frac{\mathrm{d}H}{\mathrm{d}Q_\mathrm{v}} \qquad (15-1-35)$$

式中 H_{gs}——泵输系统的几何安装高度，m；
p_a——大气压力(绝压)，MPa；
p_v——原油在泵输温度下的饱和蒸气压，MPa；
h_{ls}——吸入侧管路系统的水头损失，m；
ρ——液体在泵输温度下的密度，t/m³；
g——重力加速度，m/s²(g取9.81m/s²)；
$NPSH_{rv}$——稳定原油输送泵经黏度修正后的必需汽蚀余量，m；
$NPSH_r'$——轻烃类液体输送泵经热力学修正后的必需汽蚀余量，m。

为改善泵输系统的吸入状况，防止或减弱汽蚀的影响，可根据具体情况采取下列措施：

① 减少泵的几何安装高度。若是吸上操作，应使吸入高度小一些；若是灌注操作，应使灌注高度大一些。这是改善泵输系统吸入状况的有效措施。

② 适当放大吸入管径，以减少吸入管路系统的阻力损失。

③ 选用双吸式泵或选用转速低一些的泵，可以减少泵的必需汽蚀余量。

④ 叶轮采用抗汽蚀性能好的材料，以减弱汽蚀对叶轮的影响。

(6) 泵在不稳定工况下工作。

有些低比转速的泵特性曲线可能是驼峰型的，如图15-1-48所示。

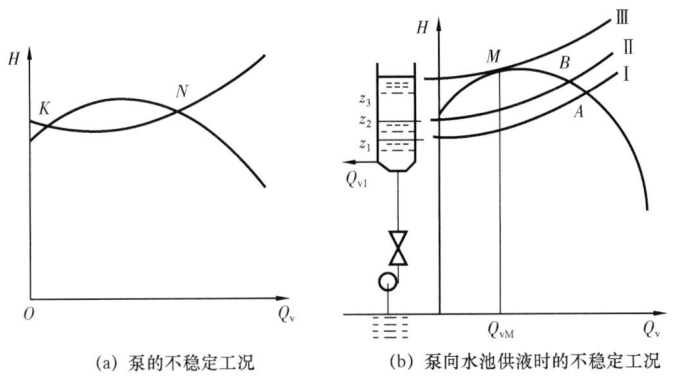

(a) 泵的不稳定工况　　(b) 泵向水池供液时的不稳定工况

图 15-1-48　驼峰型特性曲线与不稳定工况

这种泵特性曲线有可能和管路特性曲线相交于K点和N点。其中N点为稳定工况，而K点为不稳定工况。当泵在K点工作时，会因某种扰动因素而离开K点。当向大流量方向偏离时，则泵扬程大于管路所需水头，管路中流速加大，流量增加，工况点沿泵特性曲线继续向大流量方向移动直至N点为止。当工况点由K点向小液量方向偏离时，则泵扬程小于管路所需水头，管路中流速减小，流量减小，工况点继续向小流量方向移动直至流量等于零为止。若管路上无底阀或止回阀，液体将倒流，并可能出现喘振现象。由此可见，工况点在K点是暂时的，不能保持平衡，一旦离开K点便不能再回到K点，故称K点为不稳定工况点。

工况点的稳定与不稳定可用下式判别：

$$\begin{cases} \dfrac{\mathrm{d}h_{1s}}{\mathrm{d}Q_v} > \dfrac{\mathrm{d}H}{\mathrm{d}Q_v}, 稳定 \\ \dfrac{\mathrm{d}h_{1s}}{\mathrm{d}Q_v} < \dfrac{\mathrm{d}H}{\mathrm{d}Q_v}, 不稳定 \end{cases}$$

式中 h_{1s}——吸入侧管路系统的水头损失,m。

这里以图 15-1-48(b)为例,说明具有驼峰状特性曲线的泵在不稳定区工作的变化情况。泵向排水池送水,而排水池又向用户供水。如泵的流量 Q_v 大于用户用水量 Q_{v1},则水池中水面升高。水泵开始运转时水池中的水面高度为 Z_1,装置特性曲线为 Ⅰ,在水面升高的同时,管路特性曲线也向上移动。当水面上升到时 Z_3 时,装置特性曲线为Ⅲ,此时装置特性曲线与管路特性曲线相切于 M 点,如果水泵流量 Q_{vM} 仍比 Q_{v1} 大,则水池中水面继续上升,装置特性曲线和水泵特性曲线相脱离,止回阀自动关闭水泵,流量立即自 Q_{vM} 急变到零。这时水中的水面就开始下降,装置特性曲线重新与泵特性曲线相交于两点。但因泵的流量等于零,泵的扬程低于装置的扬程,故泵仍不能将水送入排水池,直到水池中水面降到 Z_2 时,泵才重新开始进水。此时装置特性曲线为Ⅱ,流量为 Q_{vB},以后水池中水面上升,又重复上述过程,这就是泵的不稳定现象。由上述可见,造成泵不稳定工作需要两个条件,其一是泵具有驼峰状的性能曲线,其二是水池中有能自由升降的液面或其他能储存和释放能量的部分。泵不稳定运行会使泵和管路系统受到水击、噪声和振动,故一般不希望泵在不稳定工况下运行。为此,应尽可能选用性能曲线无驼峰状的泵。但是,只要不产生严重的水击、振动和倒流现象,泵是可以允许在不稳定工况下工作的。这与压缩机只允许在稳定工况区工作的情况,否则将出现喘振使其可能遭到破坏是有所不同的。

4)离心泵的启动与运行

(1)启动前的准备工作。

① 启动前的检查。

泵启动前要进行全面认真地检查,检查的内容有:

a. 润滑油的名称、型号,主要性能和加注数量是否符合技术文件规定的要求;

b. 轴承润滑系统、密封系统和冷却系统是否完好,轴承的油路、水路是否畅通;

c. 使盘动泵的转子转动 1~2 转,检查转子是否有摩擦或卡住现象;

d. 联轴器附近或皮带防护装置等处是否有妨碍转动的杂物;

e. 泵、轴承座、电动机的基础地脚螺栓是否松动;

f. 泵工作系统的阀门或附属装置均应处于泵运转时负荷最小的位置,应关闭出口调节阀;

g. 启动泵,看其叶轮转向是否与设计转向一致,若不一致,必须使叶轮完全停止转动后,调整电动机接线,方可再启动。

② 充水。

水泵在启动以前,泵壳吸水管内必须先充满水,这是因为有空气存在的情况下,泵吸入口真空无法形成和保持。

③ 暖泵。

输送高温液体的泵,在启动前必须先暖泵。因为油泵在启动时,高温液体流过泵内,使泵体温度从常温很快升高到 80~120℃,这会引起泵内外和各部件之间的温差,若没有足够长的传热时间和适当控制温升的措施,会使泵各处膨胀不均,造成泵体各部分变形、磨损、振动和轴承抱轴事故。泵输高凝原油、稠油时,也应采取防止管线油品冻凝和暖泵措施。对机泵采取保温加热时,应注意升温速度不宜过快。

(2)启动程序。

a. 离心泵泵腔和吸水管内全部充满水并无空气,出口阀关闭。油泵暖泵完毕。

b. 对于强制润滑的泵,启动油泵向各轴承供油。

c. 启动冷却水泵或打开冷却水阀。

d. 合闸启动,启动后泵空转时间不允许超过 2~4min,使转速达到额定值后,逐渐打开离心泵的出口阀,增加流量,并达到要求的负荷。

(3)运行中的注意事项。

泵制造厂对轴承的温度有规定,轴承温度不能超过一定范围,否则就说明滚动轴承内部出现问题,应停机检查。如果继续运行,可能引起事故。对于滑动轴承的温度规定,应参阅有关泵的技术文件,处理方法与滚动轴承一样。泵转子的不平衡、结构刚度或旋转轴的同心度差,都会引起泵产生振动。因此在泵运转时,用测振器在轴承上检查振幅是否符合规定。

为了保证泵的正常运转,叶轮的径向跳动和端面跳动不能超过规定的数值,否则会影响转子的平衡,产生振动。

3. 容积泵的基本性能及换算

1)容积泵的基本性能参数

(1)流量。

容积泵的流量 Q 为单位时间内通过排出管排出的液体量(单位为 m^3/h 或 L/min)。泵的流量由制造厂按照有关标准实际测定。在泵性能曲线图中给出不同压力点(包括零压力点和规定压力点)的流量。在泵性能表中如果只给出一个流量值,它表示泵在规定压力点的流量。

容积泵的零压点流量表示排出压力接近于零时的流量,其数值接近于泵的理论流量。在容积泵性能换算时经常需要零压点流量,而有些样本上只给出规定点流量,没有零压点流量。这时,可用泵的理论流量代替零压点流量。几种泵的理论流量可用下列公式计算。

① 往复泵。

单作用泵:

$$Q_t = 60iFsn \tag{15-1-36}$$

双作用泵:

$$Q_t = 60i(2F-f)sn \tag{15-1-37}$$

式中　Q_t——泵的理论流量,m^3/h;

　　　i——缸数;

　　　F——活塞或柱塞作用面积,m^2;

f——活塞杆断面积,m^2;

s——活塞或柱塞行程,m;

n——往复次数,min^{-1}。

② 旋转式泵。

$$Q_t = \frac{\pi}{4}(d_a^2 - d_i^2)bn \times 60 \quad (15-1-38)$$

式中 Q_t——泵的理论流量,m^3/h;

d_a——泵叶外径,m;

d_i——泵叶内径,m;

b——泵叶轴向宽度,m;

n——泵转速,r/min。

③ 螺杆泵(近似计算式)。

$$Q_t = 60(F - f)tn \quad (15-1-39)$$

式中 Q_t——泵的理论流量,m^3/h;

F——泵缸的横断面积,m^2;

f——螺杆的横断面积,m^2;

t——螺距,m^2;

n——泵轴转数,r/min。

(2) 压力(排出压力)。

容积泵的压力又称全压力或进、出口压差,即是指液体通过泵时所获得的压力增值。当容积泵的进口压力为常压时,有时用泵的排出压力(即出口压力)代表泵的全压力。

容积泵的排出压力仅取决于泵体强度、密封性能和驱动机功率,通常由制造厂在样本中给出。

(3) 轴功率和效率。

容积泵的轴功率可用式(15-1-40)计算:

$$P_m = \frac{(p_d - p_s)Q}{3.67\eta} \quad (15-1-40)$$

式中 P_m——泵的轴功率,kW;

p_d——泵出口压力,MPa;

p_s——泵入口压力,MPa;

Q——泵的流量,m^3/h;

η——泵的效率。

容积泵的效率一般可从样本查得,如查不到,对于电动往复泵,一般可取 $\eta = 0.65 \sim 0.85$;对于螺杆泵,一般可取 $\eta = 0.50 \sim 0.8$;对于旋转式泵,一般可取 $\eta = 0.55 \sim 0.70$。

容积泵的性能换算有时要用泵的容积效率 η_v,它表示泵的理论流量与实际流量之比。泵样本上一般不直接提供容积效率。但已知理论流量(或零压点流量)和规定点流量时,就可以计算出泵的容积效率 η_v。当不能通过计算得到容积效率时,对于螺杆泵一般可取 $\eta = 0.7 \sim 0.95$。

(4) 允许吸上真空高度。

容积式泵的吸上真空高度由泵样本给出。如果使用条件与制造厂的试验条件不同时,应进行校正。

(5) 容积泵的性能试验和性能曲线。

各类容积泵的性能试验按照相应的试验方法标准进行。按照我国的螺杆泵、往复泵试验方法标准,试验介质可采用常温清洁淡水,不含固体颗粒的矿物油,或用户与制造厂商定的其他介质。实际上,输油容积泵一般用矿物油作试验介质。

容积泵的性能曲线一般由制造厂试验得出,在泵样本上给出 P_m—Q、P_m—p,P_m—η 特性曲线。如果泵样本上已给出 P_m—Q、P_m—p 特性曲线,可以通过计算确定 P_m—η 特性曲线。容积泵样本上的性能表示泵在额定转速和规定黏度下的性能。

图 15-1-49 所示为容积泵的特性曲线。由示意图可以看出:

① 随排出压力 p 的增高,容积泵的内漏损增加,所以泵的实际流量 Q 略有下降。

② 容积泵的轴功率 P_m 随着排出压力 p 的提高而增大。

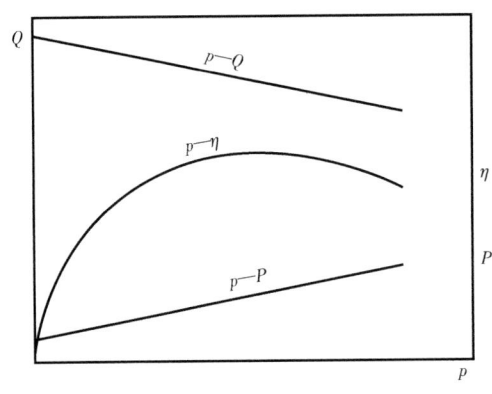

图 15-1-49 容积泵特性曲线

③ 容积式泵的效率 η 随着排出压力 p 的提高而增大。但压力超过某一压力值之后,由于漏损增大,泵的效率下降。

2) 容积泵的性能换算

(1) 旋转式泵流量和轴功率的换算。

① 流量:

$$Q_2 = \left[Q_1 + \left(\frac{\mu_2 - \mu_1}{\mu_2} \right) (Q_0 - Q_1) \right] \frac{n_2}{n_1} \qquad (15-1-41)$$

式中 Q_2——泵在工作介质和工作转速下压力为 p 时的流量,m^3/h;

Q_1——泵在额定介质黏度和额定转速下压力为 p 时的流量,m^3/h;

Q_0——泵出口阀全开时的试验实测流量,m^3/h;

μ_1——试验额定介质黏度,$Pa \cdot s$;

μ_2——工作介质黏度,$Pa \cdot s$;

n_1——泵试验额定转速,r/min;

n_2——泵工作转速,r/min。

② 轴功率：

$$P_2 = \left[P_1 + \left(\frac{\mu_2 - \mu_1}{\mu_2}\right)P_0\right]\frac{n_2}{n_1} \qquad (15-1-42)$$

式中　P_2——泵在工作介质和工作转速下压力为 p 时的轴功率，kW；
　　　P_1——泵在额定介质黏度和额定转速下压力为 p 时的轴功率，kW；
　　　P_0——泵出口阀门全开时试验实测的轴功率，kW。

其他符号与式(15-1-41)相同。

(2) 螺杆泵流量和轴功率的换算。

当泵排出压力不变时，其流量和轴功率随转速和介质黏度不同而改变。当螺杆泵说明书中列有不同转速和不同介质黏度的性能时，或列有性能换算方法时，应采用说明书的数据和换算方法；当说明书中未提供时，可用下列公式进行性能换算。

① 螺杆泵试验方法推荐的换算公式。

a. 流量：

$$Q_2 = \left[Q_0 - (Q_0 - Q_1)\left(\frac{\nu_1}{\nu_2}\right)^{0.5}\right]\frac{n_2}{n_1} \qquad (15-1-43)$$

式中　Q_2——泵在换算状态压力为 p 时的流量，m³/h；
　　　Q_0——泵在规定状态零压时的流量，m³/h；
　　　Q_1——泵在规定状态压力为 p 时的流量，m³/h；
　　　ν_1——试验规定的介质运动黏度，mm²/s；
　　　ν_2——换算介质运动黏度，mm²/s；
　　　n_1——泵试验规定转速，r/min；
　　　n_2——换算转速，r/min。

公式中 ν_1/ν_2 的指数有 0.5 和 0.25 两个数值，但黏度变化范围较大时，指数取 0.5 为宜。

b. 轴功率：

$$P_2 = \left[(P_1 - P_0) + P_0\left(\frac{\nu_2}{\nu_1}\right)^{0.5}\right]\frac{n_2}{n_1} \qquad (15-1-44)$$

式中　P_2——泵在换算状态压力为 p 时的轴功率，kW；
　　　P_1——泵在规定状态压力为 p 时的轴功率，kW；
　　　P_0——泵在规定状态零压时的轴功率，kW。

其他符号与式(15-1-43)相同。

② 稠油集输设计技术规定推荐的换算公式。

a. 当泵的转速和排出压力不变，液体黏度由 ν_1 增至 ν_2，其流量可近似地按式(15-1-45)换算：

$$Q_2 = \frac{Q_1}{\eta_v}\left[1 - (1 - \eta_v)\frac{\nu_1}{\nu_2}\right] \qquad (15-1-45)$$

式中 η_v——介质黏度为 ν_1，排出压力为 p 时的容积效率，螺杆泵一般为 $0.7 \sim 0.95$。

其他符号与式(15-1-43)相同。

b. 当泵的转速、排出压力不变，液体黏度由 ν_1 增至 ν_2 时，其轴功率可近似地按式(15-1-46)计算：

$$P_2 = P_1 \frac{\eta}{\eta_v}\left[1 + \left(\frac{\eta_v - \eta}{\eta}\right)\sqrt{\frac{\nu_2}{\nu_1}}\right] \qquad (15-1-46)$$

式中 η——介质黏度为 ν_1，排出压力为 p 时的总效率。其值一般可以从样本上查得，如查不到，可根据具体情况选用经验数值，三螺杆泵一般 $\eta = 0.55 \sim 0.8$。

其他符号与式(15-1-47)相同。

③ 夹带和溶解气体对螺杆泵流量的影响。

在大气温度、压力下，因液体中夹带或溶解气体对螺杆泵流量的影响，可从图 15-1-50 和图 15-1-51 查出校正值，然后计算其实际流量。同时，也可以按式(15-1-47)直接计算其实际流量。

$$Q = Q'(1 - E_n) / \left[(1 - E_n) + E_n\left(\frac{p_a}{p_s}\right)\right] \qquad (15-1-47)$$

式中 E_n——常压下液体夹带气体体积百分数；
p_a——大气压力，MPa(绝)；
p_s——泵入口压力，MPa(绝)；
Q'——无气体夹带时的流量，m^3/h；
Q——实际流量，m^3/h。

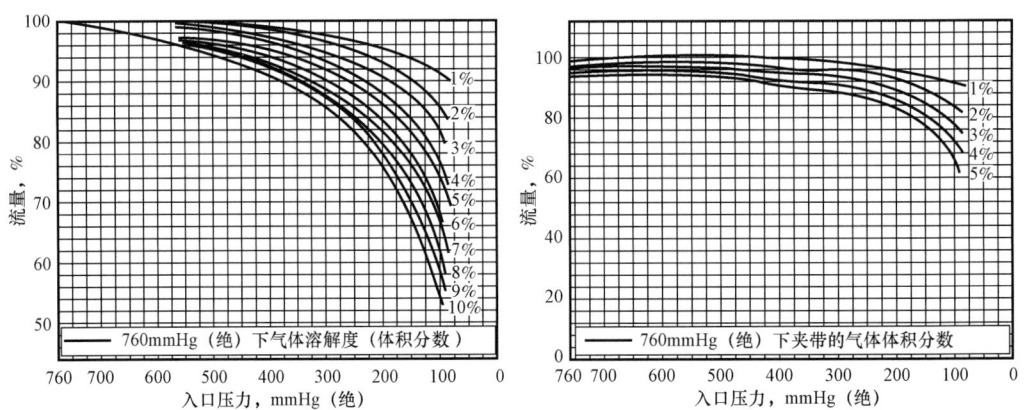

图 15-1-50 饱和液体中溶解气体对螺杆泵流量的影响

图 15-1-51 饱和液体中溶解气体对螺杆泵流量的影响

(3) 往复泵流量和轴功率的换算。

往复泵的活塞速度随介质黏度的增大而降低，从而使泵的排量减少，图 15-1-52 为黏度变化时往复泵速度的修正曲线，可按此图对泵的活塞速度进行修正，泵流量和轴功率可用式

(15-1-48)和式(15-1-49)换算:

$$Q_2 = Q_1 \cdot \frac{n_2}{n_1} \quad (15-1-48)$$

$$P_2 = P_1 \cdot \frac{n_2}{n_1} \quad (15-1-49)$$

式中 Q_2——换算状态排出压力为 p 时的流量,m^3/h;
Q_1——规定状态排出压力为 p 时的流量,m^3/h;
P_2——换算状态排出压力为 p 时的轴功率,kW;
P_1——规定状态排出压力为 p 时的轴功率,kW;
n_1——黏度为 ν_1 时活塞速度,次/min;
n_2——黏度为 ν_2 时活塞速度,次/min。

当介质黏度等于规定黏度,而泵的往复次数改变时,则往复泵的流量和轴功率与往复次数近似地正比变化。

3) 容积泵装置性能。

(1) 容积泵装置的流量调节。

容积泵一般采用下列方法调节流量。

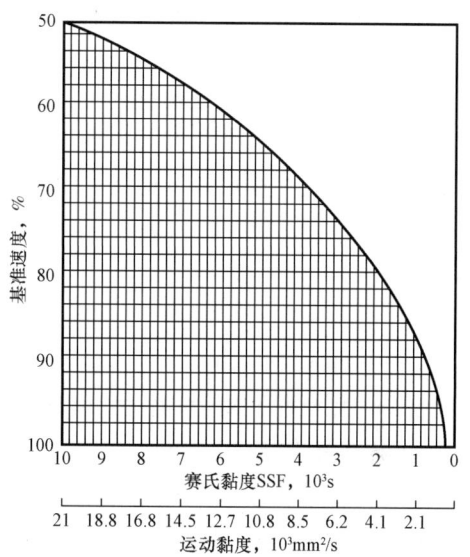

图 15-1-52 输送不同黏度液体时往复泵活塞速度的修正曲线图

① 改变泵的运行台数。改变泵的运行台数是经常使用的泵装置流量调节方法,这种方法比较灵活。另外,由于容积泵泵效率与单泵流量的关系曲线较为平缓,适当增加泵的台数,减少单泵流量,泵效下降幅度较小,所以采用多泵并联,通过改变泵的运行台数调节装置流量,也是比较经济的。

② 旁路调节。将多余液体从泵出口经过旁路管返回吸入容器或吸入管路,改变旁路阀的开度大小,即可调节进入输油管的流量。由于这种方法灵活方便,应用比较广泛,经常用于压力较低的泵的流量调节。但这种方法会产生较大的附加能量损失,从能耗角度看是不经济的,特别是高压泵,旁路调节会浪费大量的能量。

③ 改变泵的转速。对于目前广泛使用的电动容积泵,改变泵转速有两种方法:改变电动机的转速;对于有变速箱的泵机组,可通过调整变速比改变泵的转速,这种方法仅在需要长期改变流量时采用。

(2) 容积泵的几何安装高度。

旋转式泵和螺杆泵的几何安装高度计算与离心泵相同。往复泵的几何安装高度与离心泵不同,往复泵的流量不均匀,产生惯性损失,在计算其安装高度时,必须考虑这部分损失。

① 对于不装吸入空气罐的往复泵,允许几何安装高度可按式(15-1-50)计算:

$$H_{gs}' = \frac{10^3(p_{ts} - p_v)}{\rho g} - (10 - H_s)h_{Ls} - h_{Li} \qquad (15-1-50)$$

式中　H_{gs}'——泵的允许几何安装高度(吸上时为正值,灌注时为负值),m;
　　　p_{ts}——吸入侧容器液面压力,MPa(绝);
　　　p_v——输送温度下液体饱和蒸气压,MPa(绝);
　　　H_s——样本给出在标准状态下泵的允许吸上真空高度,m;
　　　h_{Ls}——吸入管路系统阻力,m;
　　　h_{Li}——吸入管路系统惯性损失,m。

泵的实际几何安装高度 H_{gs},应小于泵的允许几何安装高度 H_{gs}'。

吸入管路系统惯性损失可根据下面经验公式确定:

$$h_{Li} = \frac{L_s v_s nc}{Kg} \qquad (15-1-51)$$

式中　L_s——吸入管长,m;
　　　v_s——吸入侧管内液体流速,m/s;
　　　n——往复次数,次/min;
　　　g——重力加速度,m/s²(g取9.81m/s²);
　　　K——经验系数(对于原油 $K=2.5$);
　　　c——系数(与泵的结构形式有关:对于双缸单作用泵,$c=0.200$;对于双缸双作用泵 $c=0.115$;对于三缸双作用或单作用泵,$c=0.066$;对于五缸双作用或单作用泵,$c=0.04$;对于七缸双作用或单作用泵,$c=0.028$)。

② 对于装设吸入空气罐的往复泵,计算允许几何安装高度时,式(15-1-51)中的吸入管长度 L_s 应为吸入空气罐到泵吸入管的长度。

4. 输油泵的选用

输油泵的选用是根据用户的使用要求,从现有的泵系列产品中选择出一种能够满足使用要求、运行安全可靠、经济性好且便于操作和维修保养的泵,而尽量不再进行重新设计和制造。因此,在选择泵时,应综合考虑、精心筹划、准确判断,以使所选泵的形式、规格与使用要求相一致。对于有特殊要求的泵,则应根据用户的要求进行专门的设计和制造。

1) 选用原则

泵的选用包括选用泵的形式及其相配的传动部件、原动机等,正确选择泵是使用这类泵的关键。如果选择的不合适,就不能达到使用要求,或者造成设备、资金和能源的浪费,或者给运行及所属系统带来不利的影响。

如果所选泵与原动机的转速不相适应,也会带来严重的后果。当转速超过泵的规定转速时,便可能使泵的叶轮破坏。当然,泵的选择与正确使用,还与管路系统的布置有关,因此,在选择泵时,一定要全面考虑,做较细致的工作,以便使所选的泵能满足所需要的流量和扬程,并在管路系统中处于最佳工况。

在选择泵时,一般应遵循下列原则:

(1) 根据所输送的流体性质(如清水、黏性液体、含杂质的流体等)选择不同用途、不同类型的泵。

(2) 流量、扬程必须满足工作中所需要的最大负荷。额定流量一般直接采用工作中的最大流量,如缺少最大流量时,常取正常流量的 1.1~1.15 倍。额定扬程一般取装置所需扬程的 1.05~1.1 倍。因为余量过大会使工作点偏离高效工作区,余量过小满足不了工作要求。

(3) 从节能观点选泵,一方面要尽可能选用效率高的泵,另一方面必须使泵的运动工作点长期位于高效工作区之内。如泵选用不当,虽然流量、扬程能满足用户的要求,但其工作点偏离高效工作区,则会造成不应有的过多的能耗,使生产成本增加。

(4) 为防止发生汽蚀,要求泵的必需汽蚀余量 $NPSH_r$ 小于装置汽蚀余量 $NPSH_a$。如不合乎此要求,需设法增大 $NPSH_a$,如降低泵的安装高度等,或要求制造泵的厂家降低泵的 $NPSH_r$ 值,或双方同时采取措施,达到要求。

(5) 按输送工作介质的特殊要求选泵,如工作介质易燃、易爆、有毒,腐蚀性强,含有气体、低温液化气、高温热油、药液等,它们有的对防泄的密封有特殊要求,有的要采用冷却措施、消毒措施等,因此,选用的泵型各有特殊要求。

(6) 所选择的泵具有结构简单、易于操作与维修、体积小、质量小、设备投资少等特点。

(7) 当符合用户要求的泵有两种以上的规格时,应以综合指标高者为最终选定的泵型号,如再比较效率、可靠性,以及价格等参数。

(8) 各种泵的适用范围。图 15-1-53 为各种泵的适用范围。由图 15-1-53 可见,离心泵适用的压力和流量范围是最大的,因而应用是最广的。

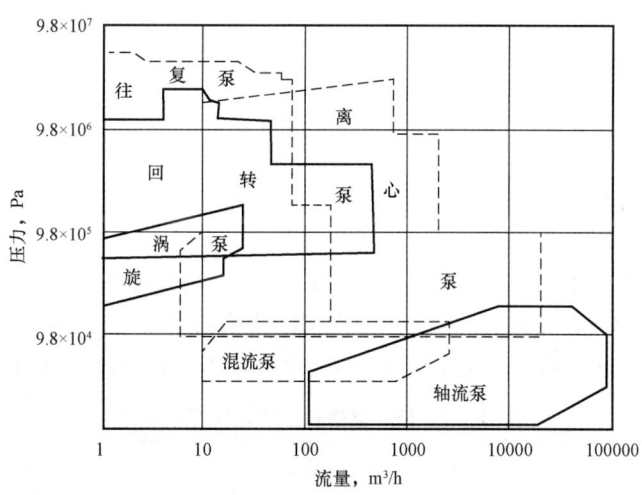

图 15-1-53 各种泵的适用范围

2）选用分类

（1）适用范围选用。

在泵的运行过程中,扬程变化大的,选用扬程曲线倾斜大的混流泵、轴流泵较适宜;而对运行中流量变化大的宜选用扬程曲线平缓、压力变化小的离心泵。如果考虑自吸性能,则在流量相同、转速相同的条件下,双吸泵较为优越。选用立式泵,并把叶轮部位置于水下面,对防止汽蚀是有利的。

（2）工作介质选用。

根据所输送的液体性质、化学性质(如黏性液体、易燃易爆流体、腐蚀性强的液体、含杂质的流体、高温液体及清洁流体)选择不同用途、不同类型的泵。例如,当输送介质腐蚀性较强时,则应从耐腐蚀的系列产品中选取;当输送石油产品时,则应选各种油泵。

① 黏性介质的输送。

对于离心泵,随着液体黏度增大,其流量、扬程下降,功耗增加。对于容积式泵,随着液体黏度增大,一般泄漏量降低,容积效率增加,泵的流量增加,但泵的总效率下降,泵的功耗增加。不同类型泵的适用黏度范围见表 15 – 1 – 12。

表 15 – 1 – 12　不同类型泵的适用黏度范围

类型		适用黏度范围 mm^2/s	效率 %	备注
离心泵		<150	70～85	① 对 $NPSH_r$ 远小于 $NPSH_a$ 的离心泵,可用于输送黏度 500～650mm^2/s(不含 500mm^2/s)的介质,当黏度 >650mm^2/s 以上,离心泵的性能下降很大,一般不宜再用离心泵,但由于离心泵输液无脉动,不需安全阀且流量调节简单,因此在化工生产中也常可见到离心泵用于黏度达 1000mm^2/s 的场合; ② 旋涡泵适用最大黏度一般不超过 115mm^2/s; ③ 当黏度大于此值时,可选用特殊设计的高黏度泵,如 GN 型计量泵、螺杆泵
容积式泵	往复泵	<850	65～90	
	计量泵	<800	—	
	旋转活塞泵	200～100000	75～90	
	单螺杆泵	10～560000	—	
	双螺杆泵	0.6～100000	—	
	三螺杆泵	21～600	55～80	
	凸轮泵	<2200	60～75	

如用清水泵输送黏度较大的介质,其离心泵的性能需要进行换算。

② 含气液体的输送。

输送含气液体时,泵的流量、扬程、效率均有所下降,含气量越大,下降越快。随着含气量的增加,泵容易出现噪声和振动,严重时会加剧腐蚀或出现断流、断轴现象。其中表 15 – 1 – 13 列出了双螺杆油气混输泵的在额定工况下,不同含气量下应符合的泵效率。

表 15 – 1 – 13　双螺杆油气混输泵的效率

含气率,%	0	20±5	40±5	60±5	80±5	100
泵效率,%	≥65	≥60	≥55	≥50	≥30	≥10

③ 低温液化气的输送。

低温液化气包括液态烃、液化天然气,以及液态氧、液态氮等。这些介质的温度通常为 $-196 \sim -30℃$,输送这些介质的多为低温泵或深冷泵。多数液化气具有腐蚀性和危险性,因此不允许泄漏到外界,由于液化气的气体吸热极易造成密封部位的结冰,因此输送液化气的低温泵对密封的要求很严。目前大多采用机械密封,形式有单端面、双端面和串联式机械密封。泵常用的低温材料为奥氏体不锈钢,如 0Cr18Ni9、0Cr28Ni12M2 等。

④ 不允许泄漏液体的输送。

在化工、石油化工等行业,输送易燃、易爆、易挥发、有毒、有腐蚀以及贵重流体时,要求泵只能微漏甚至不漏。离心泵按有无轴封,可分为有轴封泵和无轴封泵。有轴封泵的密封形式有填料密封和机械密封等。机械密封的选型应根据输送介质的性质、介质中的气体含量、填料函内介质的压力,并考虑机泵制造厂家的需要进行选择。对于液化烃、有毒或腐蚀性极强的介质应采用双端面平衡型机械密封,对于润滑性能差、低沸点易汽化介质及高速工况应选用平衡型机械密封。其中容积泵中的旋转式泵宜选用机械密封,往复泵宜选用软填料密封。填料密封泄漏量一般为 $3 \sim 80 mL/h$,制造良好的机械密封仅有微量泄漏,其泄量为 $0.01 \sim 3 mL/h$。磁力驱动泵和屏蔽泵属于无轴封结构泵,结构上只有静密封而无动密封,用于输送液体时能保证一滴不漏。

⑤ 其他介质的输送。

泵输送介质的腐蚀性各不相同,同一介质对不同材料的腐蚀性也不尽相同。因此,根据介质的性质、使用温度,选用合适的金属、非金属材料,关系到泵的耐腐蚀特性和使用寿命。输送酸、碱等腐蚀性介质的宜选用合金钢,输送可燃、有毒等危险性介质时,泵的材质应选用铸钢;输送洁净度要求高的介质时,泵的材质最好选用不锈钢。

3) 基本参数的确定

(1) 流量。油气集输工艺设计给出的泵流量一般包括正常、最小、最大三种流量,已考虑了必要的富余能力和与其他设备能力的协调平衡,所以选泵时通常可直接采用最大流量。

有些输送系统,例如原油装车系统,工艺设计给出由列车载质量和净装油时间计算的泵流量,由于在净装油时间中考虑了富余量,选泵时可直接采用计算所得的流量。

(2) 扬程。考虑到工艺设计中管路系统(包括设备)压力降计算比较复杂,影响因素比较多,所以泵的扬程需要留有适当的余地,依具体情况可为工艺设计计算输油系统总水头的 $1.05 \sim 1.1$ 倍。

4) 泵及泵驱动设备形式的确定

(1) 泵的形式。油田输油泵大多数选用离心泵,扬程高(如动力液泵)或黏度大(如稠油输送)时采用容积泵。图 15-1-54 和图 15-1-55 是泵选型用的大致范围图。可供初选时参考。也可以按离心泵在输送油品及其他介质时的效率换算系数划分选用泵型。效率换算系数不小于 0.7 时,宜选用离心泵;效率换算系数小于 0.45 时,宜选用容积式泵;效率换算系数在 0.45 至 0.7 之间,可根据情况选用离心泵或容积式泵。

(2) 驱动设备形式。正常操作泵一般选用电动机驱动,在某些特定条件下,可以采用其他驱动方式,例如:

① 当输油站电源可靠性较差时,用柴油机驱动备用泵。
② 为利用热电、热动力联供的余热,用蒸汽轮机驱动大型输油泵。

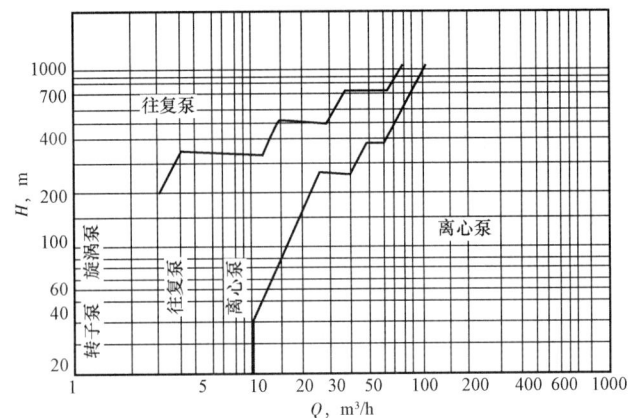

图 15-1-54 各种泵大致工作范围图

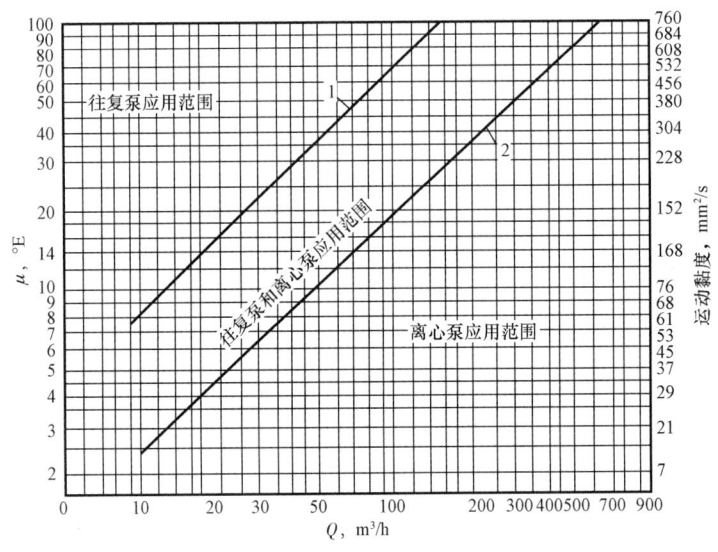

图 15-1-55 离心泵和往复泵的黏性介质大致范围图
1—采用离心泵的最大允许限界($\eta_0 = 0.45\eta_w$);2—采用离心泵的适宜限界($\eta_0 = 0.75\eta_w$)
(η_0、η_w 分别为泵输油和输水时的泵效)

5) 泵台数的确定

(1) 连续运转的离心泵一般选 2~3 台,不应超过 4 台,其中备用泵 1 台。

(2) 不连续运转离心泵(如火车、汽车装油泵)的台数应根据输油量大小和变化幅度、设备备用率以及其他要求综合考虑确定。

(3) 容积泵的台数根据输油量大小和变化幅度、单泵流量等具体情况确定。当运行泵为 3 台及 3 台以下时可备用 1 台;运行泵为 4 台及 4 台以上时,可备用 2 台。

6）泵轴封的选用

（1）轴封类型。油田输油泵常见的轴封有机械密封和软填料密封。两种密封的比较见表15-1-14。对于液化烃、有毒或腐蚀性极强的介质应采用双端面平衡型机械密封,对于润滑性能差、低沸点易汽化介质及高速工况应选用平衡型机械密封。其中旋转式泵宜选用机械密封,往复式泵宜选用软填料密封。

表15-1-14 机械密封和软填料密封对比

对比项目	机械密封	软填料密封
适用泵类型	旋转式	往复式
适用介质	原油、轻烃	原油
密封性能	好	较差
使用寿命	长	较短
结构	复杂	简单
价格	高	低
摩擦功率消耗	小	大
轴(轴套)的磨损	无磨损	有磨损

（2）机械密封的基本结构形式。随泵输介质及操作条件的不同,机械密封的结构形式多种多样,但基本结构形式见表15-1-15。

表15-1-15 机械密封的基本结构形式

结构形式	主要特点	使用范围
单端面式	仅有一对动静环	一般原油泵
双端面式	有两对动静环联合使用	轻烃泵
平衡式	动环左右侧介质作用力自动抵消	高压油泵
非平衡式	一动环左右侧介质作用力没有抵消	低压油泵
单弹簧式	动环上只有一只大弹簧	多数泵
多弹簧式	动环圆周上均匀多只小弹簧	密封要求严格的泵
内装式	弹簧置于泵腔介质之内	多数泵
外装式	弹簧置于泵腔介质之外	输送腐蚀性介质的泵
旋转式	弹簧随轴旋转	多数泵
静止式	弹簧不随轴旋转	高速泵

（3）机械密封的封油系统。选用双端面机械密封时需注入封油,选用单端面机械密封时,视具体情况有时也注入封油。封油的主要作用有：

① 将动环与静环工作时产生的摩擦热带走,以降低密封元件的温度,延长其寿命。
② 在负压下防止空气或冲洗水泄入泵内。
③ 防止含有固体颗粒的介质泄入填料函内,磨损密封面。

④ 防止易汽化的介质泄入填料函汽化,造成干磨擦。

通常由泵出口端或高压端将输送的干净介质直接引入密封腔,冲洗、冷却密封端面。如果介质中含有颗粒或杂质,必须采取过滤等措施,把干净的常温冲洗液输入密封腔内。

7) 泵的冷却

泵的冷却方式首选风扇冷却,在风扇冷却不适用时,选冷却液冷却类型,轴承箱冷却水进口的最低温度宜高于环境空气温度。有夹套形式对泵进行冷却要布置清洗接口,以便使整个通道能够用机械方式进行清理、冲洗和排气排液功能,要能防止流程液体泄漏进入夹套,所以夹套通道不能开孔到壳体结合面。

输油泵需要冷却水系统,其作用主要有:

(1) 降低轴承的温度。

(2) 带走轴封渗漏出来的少量液体,并传导出摩擦热。

(3) 降低填料函的温度,改善机械密封的工作条件,延长其使用寿命。

(4) 冷却泵轴封冲洗液。

(5) 冷却泵支座(对高温介质泵),以防止因热膨胀而引起泵与电动机同心度的偏移。

当泵输介质温度低于80℃时,可以不对轴封进行水冷,或者只对静环背部进行水冷。当介质温度在80~200℃时,除对静环背部冷却外,通常在密封腔外加一冷却水套进行冷却。

油田用输油泵的相关材料、密封及冷却等选用要求还需满足GB/T 3215《石油、石化和天然气工业用离心泵》规定的石油、石化和天然气工业用离心泵最低限度要求。

8) 泵的选用方法及步骤

(1) 泵的选用方法。

利用"泵型谱"选择。将所需要的流量 Q_v 和扬程 H 画到该形式的系列型谱图上,看其交点 M 落在哪个切割工作区四边形中,即可读出该四边形内所标注的离心泵型号。如果交点 M 不是恰好落在四边形的边线上,则选用该泵后,可应用切割叶轮直径或降低工作转速的方法改变泵的性能曲线,使其通过 M 点,并从泵样本或系列性能表中查出该泵的泵性能曲线,以便换算。如果交点 M 并不落在任意一个工作区的四边形中,这说明没有一台泵能满足工作要求。在这种情况下,可用"泵性能表"选择。

根据初步确定的泵的类型,在这种类型的泵性能表中查找与所需要的流量和扬程相一致或接近的一种或几种型号泵。若有两种或两种以上都能满足基本要求,需对其进行比较,权衡利弊,最后选定一种。如果在这种形式泵系列中找不到合适的型号,则可换一种系列或暂选一种比较接近要求的型号,通过改变叶轮直径或改变转速等措施,使其满足适用要求。

(2) 泵的选用原则。

① 搜集原始数据:针对选型要求,搜集生产过程中所输送介质、流量和所需的扬程参数,以及泵前泵后设备的有关参数。

② 泵参数的选择及计算:根据原始数据和实际需要,留出合理的余量,合理确定运行参数,作为选择泵的计算依据。

③ 选型:按照工作要求和运行参数,采用合理的选择方法,选出均能满足适用要求的几种形式,然后进行全面的比较,最后确定一种形式。

④ 校核:形式选定后,进行有关校核计算,验证所选的泵是否满足使用要求。如所要求的工况点是否落在高效工作区、$NPSH_a$ 是否大于 $NPSH_r$ 等。

(3) 泵的选用步骤。

① 列出基础数据。

a. 介质的物性:介质名称、输送条件下的密度、黏度、蒸气压、腐蚀性等。

b. 介质中所含固体颗粒、颗粒直径、含量。

c. 介质中气体含量(体积分数)。

d. 操作条件:温度、压力(进口侧设备压力,排出侧设备压力)、流量(正常、最大及最小)。

e. 泵所在场所情况:环境温度、海拔高度、泵进口侧、排出侧容器液面与泵基准面的高差。

② 确定泵的流量和扬程。

③ 确定泵的类型及型号。

根据介质的物性及已确定的流量和扬程,确定泵的类型。再从泵样本中选出泵的型号,列出以水或矿物油(对容积泵)为准的性能参数(Q、H 或 Δp、η),以及 $NPSH_r$。

④ 校核泵的性能。

离心泵按本节离心泵的基本性能及换算的有关公式及图表进行换算;容积泵按本节容积泵的基本性能及换算的有关公式及图表进行换算。列出换算后的性能参数,如符合工艺要求,则所选泵是可用的。必要时,可绘制校核后的泵性能曲线及管路特性曲线,以确定泵的工作点。

⑤ 当泵输系统的输油量变化较大时,应提出泵工况调节的具体措施。

二、静设备材料选择

静设备(主要包括压力容器、大型储罐)选择用钢材必须考虑设备的操作条件(如压力、温度、介质特性和操作特点等)、材料的焊接性能、冷热加工性能、热处理以及容器的结构等,同时还应考虑经济合理性,一般情况可按下列原则选用。

1. 压力容器选材

(1) 压力容器选择受压元件用钢材时,必须选用 GB 150.2《压力容器 第 2 部分:材料》中规范性引用文件的标准内的钢材。当选用 GB 150.2《压力容器 第 2 部分:材料》未列入的钢材时,除奥氏体型钢材外均应符合 GB 150.2《压力容器 第 2 部分:材料》的规定。允许采用已列入国家标准中的奥氏体型钢材,但其技术要求(如磷、硫含量,强度指标)不应低于 GB 150.2《压力容器 第 2 部分:材料》所列入相应钢材标准中化学成分相近钢号的规定。

(2) 压力容器用钢材应符合 TSG 21《固定式压力容器安全技术监察规程》的规定。

(3) 低温压力容器受压元件采用的钢材,必须是镇静钢。应按 GB/T 150《压力容器》的规定进行低温夏比(V 型缺口)冲击试验。低温压力容器受压元件用材料标准、使用状态及冲击试验温度按有关钢材标准及 GB/T 150《压力容器》执行。直接与受压元件焊接的非受压元件用钢,当承受较大载荷需做强度计算时,应具有与受压元件相当的韧性和良好的焊接性能。

(4) 钢材在 NaOH 溶液、湿 H_2S 应力腐蚀环境、氢腐蚀环境、液氨应力腐蚀环境中使用时,材料的选择还应满足 SY/T 0599《天然气地面设施抗硫化物应力开裂和应力腐蚀开裂金属材料技术规范》的规定,对材料的 S、P 含量和 C 含量或碳当量等应进行特殊要求。

(5) 用作设备法兰、管法兰、管件、人手孔、液面计等设备标准零部件的钢材,应符合有关零部件的国家标准、行业标准对钢材的技术要求。

2. 大型储罐的材料选择

(1) 储罐用材的选择应根据储罐的设计温度(最低和最高设计温度)、物料的特性(腐蚀性、毒性、易爆性等)、钢材的性能和使用限制,在保证储罐各部位安全、可靠的基础上节省投资的原则。

(2) 对于仅考虑钢板性能的储罐,可按以下原则进行选材:

① 储罐罐壁,尤其是底圈壁板、第二层圈壁板和罐底的边缘板对选材来说是主要的,也是最重要的。它们之间的连接焊缝受力较大,且较复杂,也往往容易出现事故。对于储罐罐壁,对于大型储罐($10 \times 10^4 m^3$ 及以上),由于罐壁钢板厚度的使用限制,底层及由强度确定厚度的壁板一般采用高强钢。由刚度决定厚度的部分采用 Q235B,中间由 Q345R 过渡。对于中小型储罐,强度确定厚度的壁板采用 Q345R,由刚度决定厚度的部分采用 Q235B。

② 罐底边缘板与底圈壁板材料相同。罐底中幅板可选用 Q235B 牌号钢材。

③ 罐顶板、肋板、抗风圈、加强圈、梯子平台等一般可选用 Q235B 牌号钢材。

(3) 对于受温度影响的储罐选材。

① 对于设计温度不大于 -20℃ 的储罐,应考虑低温对材料性能结构形式方便的影响。储罐最低设计温度是指储罐最低金属温度。对于无加热无保温的储罐,最低设计温度不高于建罐地区的最低日平均温度再加上 13℃。

② 对于 -40 ~ -20℃ 之间,可使用 16MnDR 钢板。

(4) 对于腐蚀性物料及碳钢对物料有污染的储罐选材。

① 当碳钢对物料有污染,或物料对碳钢有腐蚀时,应考虑不锈钢储罐。

② 不锈钢储罐材质的选择,主要是根据物料的性能要求进行确定,一般选择 S30408 及 S31603,当物料有特殊要求时可选择其他不锈钢牌号。

三、压力容器通用设计

压力容器的工艺尺寸,一般需根据工艺要求,通过工艺计算及生产经验决定。工艺尺寸初步确定以后,就可进行结构设计。

1. 压力容器的结构设计

1) 筒体

筒体或夹套通常采用钢板卷焊制成,公称直径以内径为准,公称直径应符合 GB/T 9019《压力容器公称直径》标准规定。对小直径容器一般亦可采用无缝钢管作壳体(公称直径小于 400mm),其公称直径以外径为准,无缝钢管制作筒体的公称直径有:159mm、219mm、273mm、325mm、377mm、426mm。

设计温度下圆筒的计算厚度按照式(15-1-52)和式(15-1-53)计算:

按内径算:

$$\delta = \frac{p_c D_i}{2[\sigma]^t \phi - p_c} \quad (15-1-52)$$

按外径算:

$$\delta = \frac{p_c D_o}{2[\sigma]^t \phi + p_c} \quad (15-1-53)$$

式中 δ——圆筒或球壳的计算厚度,mm;

p_c——计算压力,MPa;

D_i——圆筒或球壳的内直径,mm;

D_o——圆筒或球壳的外直径,mm;

$[\sigma]^t$——设计温度下圆筒或球壳材料的许用应力(GB 150.2《压力容器 第2部分:材料》),MPa;

ϕ——焊接接头系数。

式(15-1-52)和式(15-1-53)适用范围为 $p_c \leq 0.4[\sigma]^t \phi$。

2)封头

压力容器封头应优先采用椭圆形封头,按 GB/T 25198《压力容器封头》选用。无折边球形封头只可用作两独立受压空间的中间封头或压力≤0.6MPa 的压力容器封头,并应按 GB/T 150《压力容器》设计。受压容器为满足生产工艺要求采用锥形封头时,无折边锥形封头应按 GB/T 150《压力容器》设计,仅适用于锥体半锥角 α 不大于30°的状态。当 $\alpha > 30°$ 时,大端必须用过渡折边;当 $45° < \alpha \leq 60°$ 时,小端必须采用过渡段的折边结构。

(1)球冠形封头、无折边锥形封头与筒体或法兰的连接角焊缝应采用全焊透结构。

(2)以外径为基准的标准椭圆形封头、蝶形封头与标准法兰管连接时,宜采用带颈对焊型管法兰,封头厚度应与法兰颈端部壁厚相适宜。

(3)以内径为基准的标准椭圆形封头、折边锥形封头、平底形封头与碟形封头与标准管法兰连接时,封头的直边高度应符合法兰连接的要求,不能满足时应增设筒体短节。

(4)封头与筒体的连接结构按照 GB/T 150.3《压力容器 第3部分:设计》附录 D 的 D.2.2条执行;平封头与受压元件的连接结构按照 GB/T 150.3《压力容器 第3部分:设计》执行;凸型封头与筒体的搭架连接结构按照 GB/T 150.3《压力容器 第3部分:设计》执行;封头与裙座的连接按照 GB/T 150.3《压力容器 第3部分:设计》执行。

3)容器法兰

压力容器法兰应按照 NB/T 47020～NB/T 47027《压力容器法兰、垫片、紧固件》标准选用。DN426mm 及以下采用 HG/T 20592～20635《钢制管法兰、垫片、紧固件》标准的管法兰。选用容器法兰的压力等级,应不低于法兰材料在工作温度下的允许工作压力。

采用凹凸面或榫槽面法兰时,立式容器法兰的槽面或凹面应位于筒体上,安装时以免垫片掉落。真空容器选用标准的容器法兰或管法兰时(不含按真空法兰标准选用),真空容器的真空度小于600mmHg 时,法兰的公称压力应不低于1MPa。

压力容器法兰用垫片优先选用 NB/T 47024《非金属软垫片》、NB/T 47025《缠绕垫片》、NB/T 47026《金属包垫片》标准。低压及中温宜选用非金属垫片;高温(≥350°)、高压(≥6.4MPa)宜选用回弹性良好或具有一定自紧作用的垫片。

压力容器法兰用等长双头螺柱按 NB/T 47027《压力容器法兰用紧固件》选用,用于奥氏体合金钢法兰的链接螺栓(柱)、螺母材料,当工作温度 $t ≤ 100℃$ 时,一般允许采用碳素钢制造。当 $100℃ < t < 300℃$ 时,法兰连接螺栓(柱)、螺母必须采用与法兰线膨胀系数相近的材料。

4)管口结构形式、尺寸

(1)容器接管一般应采用无缝钢管,当接管的公称直径大于300mm时可以采用板卷管。

(2)如使用 GB/T 8163《输送流体用无缝钢管》中 10 号、20 号钢管和 Q345D 钢管作接管的,其规定如下:

① 设计压力不大于 4.0MPa;
② 10 号、20 号和 Q345D 钢管的使用温度下限相应为 -10℃、0℃、-20℃;
③ 钢管壁厚不大于 10mm;
④ 不得用于毒性程度为极度或高度危害的介质。

5)接管的伸出长度

(1)对于轴线垂直于容器壳壁的接管,其接管的法兰密封面伸出容器外壁的长度 L 一般不小于 100mm,保温层厚度增加或接管直径较大的外伸长度随之增大。

(2)用于排气和排液的排净口,以及接管插入容器内壁影响内部构件的布置或装卸时,应采用内壁平齐式结构,将接管端部设计成与容器内部齐平,如图 15 - 1 - 56 所示。

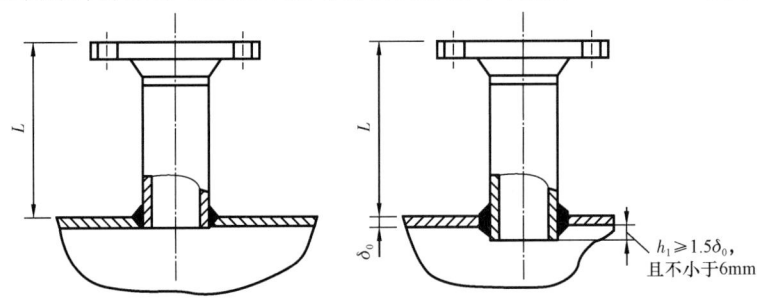

图 15 - 1 - 56 接管与壳体连接内部结构

6)接管的加固

对于 $DN ≤ 25mm$,伸出长度 $L ≥ 150mm$,以及 $DN = 32 ~ 50mm$,伸出长度 $L ≥ 200mm$ 的任意方向接管,均应设置筋板予以支撑,其位置按图 15 - 1 - 57 要求。

2. 卧式容器的设计计算

卧式容器的设计计算应符合 NB/T 47042《卧式容器》要求。其中属于压力容器的卧式容器受压元件及其开孔补强应按照 GB/T 150.3《压力容器 第 3 部分:设计》有关规定进行强度计算,按照 NB/T 4704《卧式容器》的有关规定进行强度及稳定性校核;属于常压容器的卧式容器元件及其开孔补强应按 NB/T 47003.1《钢制焊接常压容器》有关规定进行强度计算,按照 NB/T 47042《卧式容器》的有关规定进行强度及稳定性校核。

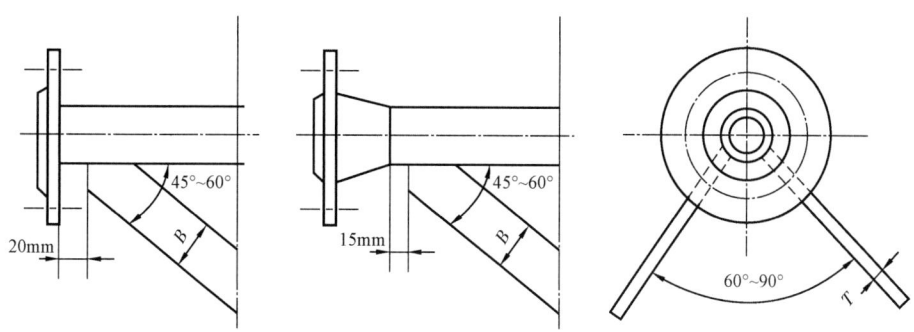

图 15-1-57 筋板支撑图

1) 载荷分析和内力分析

取容器总重(自重,物料或充水重)为 $mg = 2F$,则每个支座的反力 $F = \dfrac{mg}{2}$。取凸形封头(半球形、椭圆形或碟形)的折算长度为 $\dfrac{2}{3}h_i$。对带凸形封头的容器总长 $L' = L + \dfrac{4}{3}h_i$;对带平封头的容器总长 $L' = L$。

其中,L 为两封头切线间的距离(并非焊缝间的距离);h_i 为封头曲面深度。

把卧式容器视为外伸筒支梁,其所受均布载荷(单位长度上的载荷)如下:

带凸形封头时:

$$q = \frac{2F}{E'} = \frac{2F}{E + \dfrac{4}{3}h_i} \quad (15-1-54)$$

带平封头时:

$$q = \frac{2F}{E'} = \frac{2F}{E} \quad (15-1-55)$$

式中 q——分布载荷集度。

2) 两支座中间处截面上的弯矩 M_1

M_1 可按受均布载荷 q 的外伸筒支梁计算,见图 15-1-58 的左半部分,取凸形封头重心到封头切线间的距离为 $\dfrac{3}{8}h_i$,则

(1) 封头和外伸圆筒对该截面的弯矩为 $\dfrac{2}{3}h_i q\left(\dfrac{3}{8}h_i + \dfrac{L}{2}\right) + Aq\left(\dfrac{L}{2} - \dfrac{A}{2}\right)$(逆时针方向)。

(2) 液体静压力作用于封头上的合力偏离圆筒轴线而对该截面所引起的弯矩,设取两端为平封头时,弯矩为 $qR_m \dfrac{R_m}{4}$(顺时针方向),其中,R_m 为圆筒的平均半径;qR_m 为液体静压作用于平封头上的合力;$\dfrac{R_m}{4}$ 为合力偏离于圆筒轴线的距离,可用液体静压力对圆形平板的积分

求得。

显然,当为球形封头时,由于液体静压力的方向都通过球心而不存在这部分弯矩,当为椭圆或碟形封头时,则可通过积分而求得,即为 $\dfrac{qR_m^2}{4}\left(1-\dfrac{h_i^2}{R_m^2}\right)$。标准则略去这些差别,对于各种封头,均取 $\dfrac{qR_m^2}{4}$。

(3) 支座反力 F 对该截面所构成的弯矩为 $F\left(\dfrac{L}{2}-A\right)$（顺时针方向）。

(4) 支座以内的圆筒对该截面的弯矩为 $q\left(\dfrac{L}{2}-A\right)\dfrac{1}{2}\left(\dfrac{L}{2}-A\right)$（逆时针方向）。

(5) 两支座中间处截面的总弯矩为上述四项弯矩的代数和,因此可得:

$$M_1 = \dfrac{1+\dfrac{2(R_m^2-h_i^2)}{L^2}}{1+\dfrac{4h_i}{3L}} - \dfrac{4A}{L} \qquad (15-1-56)$$

3) 支座截面的弯距 M_2

弯矩 M_2,包括以下三项:

(1) 封头对支座处截面的弯矩为 $\dfrac{2}{3}h_i q\left(\dfrac{3}{2}h_i+A\right)$（逆时针方向）。

(2) 外伸圆筒对支座截面的弯矩为 $Aq\dfrac{A}{2}$（逆时针方向）。

(3) 液体静压力作用于封头上的合力偏离圆筒轴线时所引起的弯矩为 $qR_m\dfrac{R_m}{4}$（顺时针方向）。

(4) 支座处截面上的总弯矩为上述三项弯矩的代数和,即

$$M_2 = -FA\left(1-\dfrac{1-\dfrac{A}{L}+\dfrac{R_m^2-h_i^2}{2AL}}{1+\dfrac{4L_i}{3L}}\right) \qquad (15-1-57)$$

各个截面上的弯矩图如图 15-1-58 所示。

4) 剪力分析

剪力分析和外伸筒支梁的情况相同,在两支座中间处截面上的剪力为零。

对支座处截面上的剪力,区分为支座远离封头或支座靠近封头等两种情况分别进行讨论。

当支座远离封头,即 $A>0.5R_m$ 时,应计算外伸圆筒和封头重量的影响。故

$$V = F - q\left(A+\dfrac{2}{3}h_i\right) = F\dfrac{L-2A}{L+\dfrac{4h_i}{3}} \qquad (15-1-58)$$

式中 V——分布载荷集度。

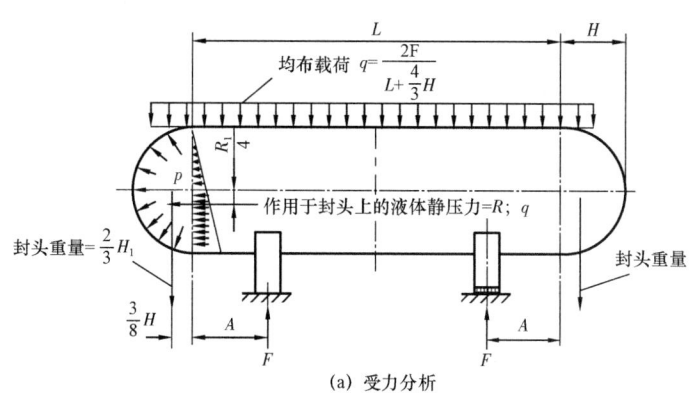

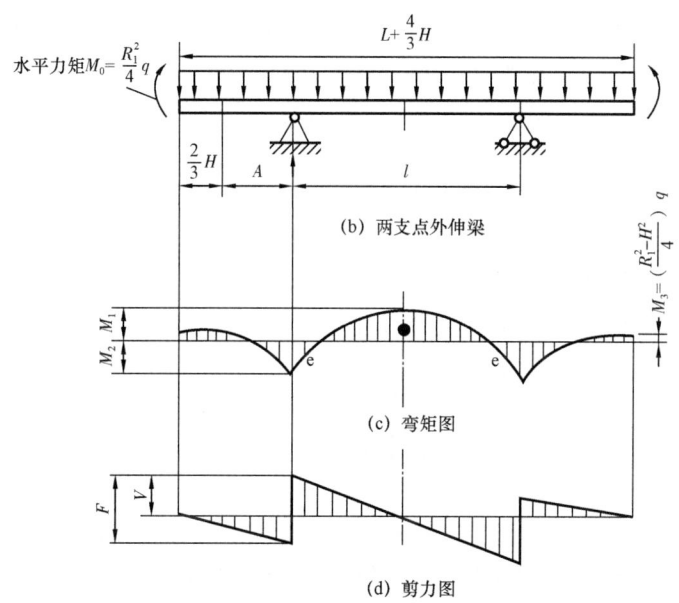

图 15-1-58 双鞍座卧式容器的载荷分布

由图 15-1-58 可知,当 $A>0.2525L$ 时,最大横剪力将取决于靠近封头一侧的值。式(15-1-58)系表示靠近圆筒一侧的横剪力,故仅适用于 $A\leqslant 0.25L$。

当支座靠近封头,即 $A\leqslant 0.5R_m$ 时,则在计算横剪力时可略去外伸圆筒和封头部分重量的影响,故:

$$V = F \qquad (15-1-59)$$

各个截面上的剪力图如图 15-1-58 所示。

5) 各处应力计算及强度校核

现以内压容器为例进行讨论,当为真空容器时,可仿此原理而仅将操作压力引起的应力改变方向。

介质压力对圆筒会引起周向和轴向应力;由自重(包括物料或水)引起的轴向弯矩和横剪力会在圆筒上引起各种应力。圆筒的初定厚度总是由介质压力对圆筒引起的周向应力确定。一般情况下,对轴向应力因仅为周向应力之半,但在卧式容器中,则必须计算自重所引起的各项应力,必要时将由自重引起的轴向应力叠加在由介质压力引起的轴向应力之上,以轴向总应力进行校核。

圆筒上的轴向应力由两部分引起。一为由介质压力引起的应力,其值为 $\frac{pR_m}{2\delta_e}$。此应力在圆筒各截面上都相同;二为由轴向弯矩 M_1、M_2 引起的轴向应力,由于 M_1、M_2 值不尽相同,且在某些支承条件下两处圆筒截面能够承受弯矩的抗弯断面模量不尽相同,故所引起的轴向(弯曲)应力也不相同而应予分别计算。

(1) 计算圆筒轴向应力 $\sigma_{1\sim4}$。

圆筒的轴向应力由两部分叠加,即由压力产生的轴向应力和轴向弯矩产生的轴向应力叠加;在验算轴向应力时,应根据容器的不同工作条件进行组合,求出最大拉应力和最大压应力。

最大拉应力作用位置可能出现在圆筒跨中截面的最低点处,或鞍座处圆筒横截面最高点处(如圆筒未被加强时,则位于靠近中心线处);最大压应力作用位置可能出现在圆筒中间截面的最高点处,或鞍座处圆筒横截面最低点处。

就内压容器而言,最大拉应力系由内压产生的轴向拉应力与轴向弯矩产生的拉应力两者之和,而最大压应力则仅由轴向弯矩产生。

对外压容器,最大拉应力系由轴向弯矩作用所产生,而最大压应力则为压力产生的压应力和轴向弯矩产生的压应力两者之和。

计算所得的轴向最大拉应力不得大于设计温度下圆筒材料的许用应力 $[\sigma]^t$;而最大压应力不得大于设计温度下圆筒材料的轴向许用压缩应力 $[\sigma]$。

(2) 计算切向剪应力 τ、τ_h。

由于容器载荷所引起的最大竖直剪力出现在鞍座截面处,因而需校核在鞍座截面处圆筒的切向剪应力 τ,剪应力的大小与封头是否对圆筒起加强作用,以及在鞍座处是否设有加强圈等因素有关。

当封头靠近鞍座对圆筒起加强作用时(即 $A \leq 0.5R_m$),在这种情况下,封头加强了鞍座区域的圆筒,使得大部分的切向剪力经鞍座被传到封头,因而此时需计算封头的最大剪应力 τ_h。

圆筒切向剪应力 τ 应不大于设计温度下圆筒材料许用应力 $[\sigma]^t$ 的 0.8 倍;而封头切向剪应力 τ_h 与压力在封头中所引起的应力之和不应超过设计温度下封头材料许用应力 $[\sigma]^t$ 的 1.25 倍。

(3) 计算圆筒周向应力 σ_5、σ_6、σ_7、σ_8。

卧式容器在均布载荷和鞍座反力的作用下,鞍座处的圆筒将发生周向压缩和弯曲,其最大周向应力将发生在鞍座处圆筒截面最低点或鞍座边角处。

对一般低压容器,特别是低压大直径薄壁容器。当未设置起加强作用的垫板时,鞍座边角处的圆筒周向应力通常是卧式容器计算中起控制作用的应力。但当容器鞍座设有起加强作用的垫板,即加强板,则最大周向应力转移至鞍座加强板边缘处(图 15-1-59)。

对未设置加强圈的卧式容器,应计算在鞍座横截面最低点处周向应力 σ_5 及鞍座边角处的周向应力 σ_6;当鞍座上设有加强板时,则在计算上述两项周向应力时,应计入加强板所起的作用。但同时,应校核鞍座加强板边缘处圆筒中的周向应力 σ_6。

当卧式容器在鞍座平面上设有加强圈时,则应计算鞍座边角处圆筒周向应力 σ_7,以及鞍座边角处加强圈内缘表面的周向应力 σ_8。

当加强圈设置在靠近鞍座处时,则应计算在横截面上靠近水平中心线处的圆筒周向应力 σ_7 和加强圈不与筒壁相接触边缘处的周向应力 σ_8。另外,还需计算鞍座横截面最低点处周向应力 σ_5 和鞍座边角处圆筒的周向应力 σ_6;此时,如设有加强板,则在计算该两项应力时,应计入加强板所起的作用。

计算所得的鞍座横截面最低点处圆筒周向应力不得超过设计温度下圆筒材料的许用应力 $[\sigma]^t$,而其他各项周向应力不得超过设计温度下相应材料许用应力 $[\sigma]^t$ 的 1.25 倍。

(4) 计算鞍座有效断面的平均应力 σ_9。

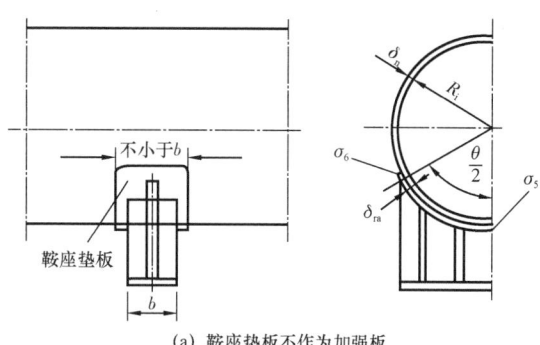

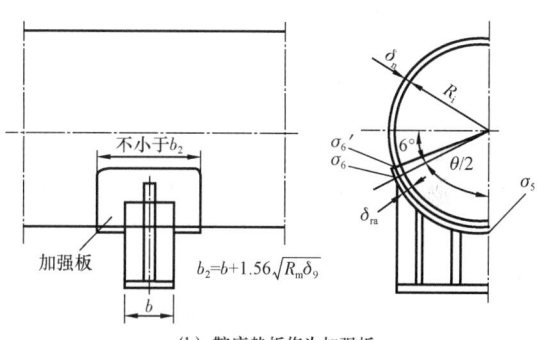

图 15-1-59 圆筒周向应力的位置

鞍座有效断面取下列两者中的较小值:鞍座实际高度的腹板截面积,或 $R_m/3$ 高度的腹板截面积(R_m 为圆筒的平均半径)。

计算所得的平均应力不应超过鞍座材料许用应力 $[\sigma]$ 的 2/3。

上述关于容器质量、反力以及轴向弯矩的计算可适用于采用非鞍式支座支承的双支座卧式容器。

圈座一般用于由容器质量引起过大变形的薄壁容器。对于须设置两个以上支座的容器,采用圈座比采用鞍座更好。

3. 立式容器及塔器的通用设计计算

1) 立式容器

对于油田用立式气液分离器、旋风分离器等,对容器结构而言,这些立式设备指由腿式支座支承、耳式支座支承、环型梁支承、支承式支座支承的直立容器。这些立式容器,在承受压力、温度和重力作用的同时,也承受风载荷与地震载荷作用。工程设计中,采用何种支座形式应根据工艺操作、设备的布置、结构、质量、承受的载荷以及检维修等要求来确定。

对于直径不大、高度低的立式容器,因载荷小(如风载荷大小主要由直径和高度决定)、力臂短、各计算截面处的弯矩相对较小,设计时,其壁厚并不取决于侧向载荷,主要取决于压力载荷或者容器最小壁厚的要求,所以设计时,通常不进行壳体承受弯矩的计算。

容器本体还要承受由支座附件传递过来的载荷,为保证容器安全,在设计时必须计算局部应力。局部应力的计算通常有两种方法:即采用有限元的数值计算法和基于壳体理论并经修正的近似算法。在常规设计中一般采用近似算法。

(1) 支腿支承立式容器。

支腿支承立式容器一般适用于直径较小、高度较低、质量较小的小型设备,支腿由于其结构简单、轻巧,便于制造、安装,容器下面留有较大开放空间便于操作维修等诸多优点得到了广泛的使用。例如底部封头有搅拌装置时,为了便于操作维修,封头底部需要留有较充裕的空间,多采用支腿支承。在石油化工装置中,处理或储存毒性的介质时,腿式支承较于裙式支承具有便于通风等特性,使其成为设计者的优先选择。但是腿式支座不适用于通过管线直接与产生脉动载荷的机器设备刚性连接的容器。

支腿支承立式容器计算模型简化为一倒摆,假定壳壁与支承连接处,壳壁没有变形,支腿考虑弯曲和剪切变形。其校核的重要部位为支腿、筒壁底部和地脚螺栓等。支腿计算主要包括:支腿的稳定与强度计算、底板弯曲强度计算、基础压缩强度计算、焊缝强度计算、地脚螺栓计算等。

(2) 耳座支承立式容器。

采用耳座支承的立式容器安装固定在框架上,它们的侧向载荷计算方法与一般的裙座支承立式容器相比,要复杂得多。求解自振周期为静不定问题,所以必须按照弹性力学方法,分别对筒体、支耳固定螺栓建立在任意水平力作用下的平衡方程、物理方程及变形协调方程,以求得各部分的位移和刚度,进而求出自振周期。

为了简化模型,做了一些假设:① 只考虑水平方向的地震作用。② 以支耳筋板中心为基准,把容器的质量分为上半部和下半部,两部分的质量分别集中于各自的质心。③ 支耳以螺栓固定在基础上,作为弹簧支承。④ 支耳在径向可以滑动,不承受径向载荷。⑤ 支耳在基础座上为简支,可以承受周向载荷,允许以固定螺栓为中心转动。根据这些假设条件,可将设备看作中间部分为弹簧支承的双质点体系的振动模型。其自振周期由式(15-1-60)计算:

$$T_1 = 2\pi \sqrt{\lambda_1} \qquad (15-1-60)$$

式中 T_1——自振周期,s;

λ_1——振动体系的特征值,s^2。

支座本体计算通常包括支座实际承受载荷计算、支耳许用载荷计算、焊缝计算、底板支承面积校核、地脚螺栓计算等。

(3) 带刚性环耳座支承立式容器。

对于直径较大、薄壁的立式容器,在外载荷(包括质量、风载荷、地震载荷等)较大的条件下,当采用普通的耳式支座使支座处壳体局部应力较大、变形较大,甚至可能会失稳时,可考虑采用环型梁支承。但当温度较高时,由于圆环与容器之间的热膨胀差,在直接靠近圆环的壳体部位可能引起较大的变形不连续性,从而产生较大的应力。所以刚性环支承适用于容器的设计温度在低于400℃或500℃的情况。

带刚性环耳式支座可直接承受由支座反力造成的力矩,能大大降低支座处壳体的局部应力。

计算方法是对容器在支座处的受力作了适当简化后推导的。主要有以下几个方面:

① 把外力和外力矩向支座处转移。外力和外力矩包括有设备质量、风载荷、地震载荷等。首先,将外力和外力矩转移到支座处,求出支座反力;其次,将支座反力转移到刚性环上,求出刚性环上的作用力。

② 把刚性环和刚性环两侧有效加强范围内的壳体作为一个联合加强件,即看作一个当量厚圆环,求出该联合截面的惯性轴位置等。

③ 把联合截面看成为一个刚性环,按受径向集中载荷的圆环公式来求出环上的应力。

(4) 支承式支座立式容器。

支承式支座一般用于高度不大,且离基础地面或楼面又较低的立式容器。支承式支座相对于腿式支座可承受较大的载荷,其制造及结构亦较简单,不需要专门的框架、钢梁来支承设备,可直接把设备载荷传到较低的基础上,在立式容器上广泛采用。根据容器重力载荷等情况,必要时需核算封头受支承式支座支承的载荷,不得大于椭圆形封头允许的垂直载荷。由于支承式支座对设备封头产生的局部应力相对较大,故在采用这种支座时,一般均增设垫板。板式支座的刚性比钢管、角钢制支座要好,较适用于附有动力装置的设备或较大直径设备。

(5) 立式容器设计分析。

① 支腿形式的选择。

在立式容器中,可以用任何数量的支腿沿周向,等间距布置。最常见支腿数量为 3 个、4 个、6 个、8 个、12 个、16 个或 20 个。NB/T 47065.2《容器支座 第 2 部分:腿式支座》中给出的支腿数量为 3 个或 4 个。

支腿可采用角钢、圆管、槽钢、矩形截面管,或工字型钢和圆钢等制造。在截面积一定的情况下,能够提供更大惯性矩的支腿,将具有更好的抗外载荷的能力。

支腿的型钢与壳体的焊接形式通常有如图 15-1-60 两种形式:图 15-1-60(b) 所示的连接形式与图 15-1-60(a) 所示的连接形式相比,支腿具有更大的抗外载荷的惯性矩,但图 15-1-60(a) 中的支腿容易适应壳体的曲率,与容器圆筒相吻合,并便于焊接安装,是工程中较常用的。

为了减少所需支腿的数量或尺寸,可以在支腿间增加支承。通常有竖向加撑和交叉加撑,竖向支承为拉伸元件,只能在拉紧的情况下工作,交叉加撑是拉伸和压缩元件。加撑承担水平负荷,从而减少了由压缩或挠曲决定的支腿尺寸。支腿加撑时应检查交叉支承是否妨碍底部封头上管线的安装。

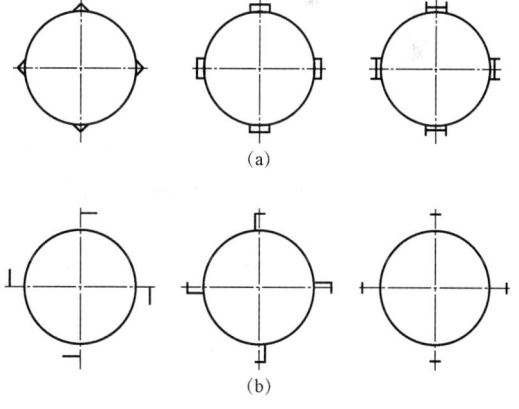

图 15-1-60 支腿与筒体的焊接布置图

在直径较小时,为制造安装方便,可采用 3 条支腿共用一整块底板的结构。

② 支腿底部水平反力。

支腿底部水平反力为平衡侧向载荷（地震或风载荷较大者）所必须。与其他支柱的刚性相比较，任意一个给定支柱上的水平反力 R_i 与垂直于所施加力的那个支柱的刚性成正比。支柱的刚性越大，其上所承受的水平反力就越大。考虑支腿在水平力 F_H 最不利方向作用时，并根据各支腿的水平反力 F_H，依照垂直于作用方向的轴线的惯性矩进行分配，即有：

$$\begin{cases} R_i = F_H I_i \Big/ \sum I \\ \sum R_i = F_H \end{cases} \qquad (15-1-61)$$

式中　I_i——一根支腿横截面对垂直于风载或地震力方向的轴线的惯性矩；

　　　$\sum I$——所有支腿横截面对垂直于风载或地震力方向的轴线的惯性矩之和。

③ 弯矩引起的支腿上垂直反力。

a. 支腿布置方位不同对计算的影响。

由水平力引起的弯矩作用平面与支腿间方位不同时，支腿上所承受的支反力不同。

a）当弯矩作用面与支腿的对角线位置一致时［图 15-1-61(a)］，由弯矩作用下支腿的最大反力 $F_L = \dfrac{4M}{Nd}$；若 4 个支腿，则 $F_L = \dfrac{4M}{Nd} = \dfrac{M}{d}$。

b）当弯矩作用面不在支腿的对角线位置时［图 15-1-61(b)］，由弯矩作用下支腿的最大反力 $F_L = \dfrac{M}{2d_i}$；若 4 个支腿，则 $F_L = \dfrac{M}{2d_i} = \dfrac{M}{\sqrt{2}d}$。

b. 每个支腿上所承受垂直反力。

$$F_{Li} = F_L \cos\phi_i$$

式中　ϕ_i——支腿与水平力弯矩作用方向的夹角，如图 15-1-61 所示。

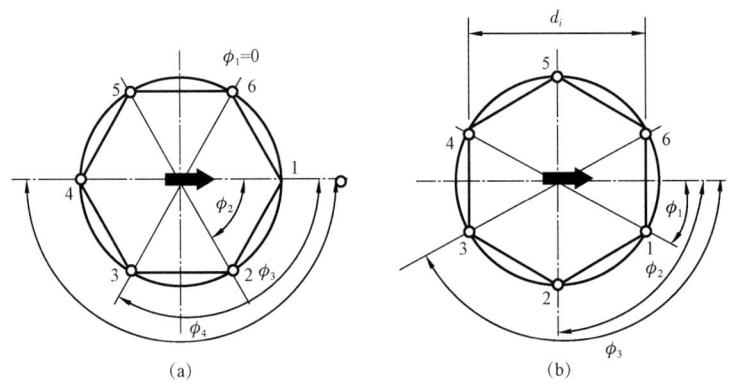

图 15-1-61　支腿布置图

实践证明，腿式支座的破坏往往是由于支腿失去稳定性，因此，各支腿中产生的最大压应力值是导致腿式支座破坏的控制数值。而在实际工程中，无法判别容器所承受的最大水平力的方向(风载荷或地震载荷),在 NB/T 47065.2《容器支座 第 2 部分:腿式支座》中,支腿个数为 3 个或 4 个。随着支座个数的增加,图 15-1-61(b)将比图 15-1-61(a)引起更大的支腿所受垂直载荷。

④ 支耳形式的选择。

工程上,通常多使用 2 个或 4 个支耳;但随着容器直径的增大,也可采用 6 个、8 个或更多个支耳,但在安装时不易保证各支座在同一平面上,也就不易保证各支座受力均匀。对于大型薄壁容器或支耳上载荷较大时,通常采用带有上下环板的支耳,即带有刚性环的耳座,既改善了容器局部受载过大,又可避免各支耳受力不均。考虑基础不平度造成的各个支座承载不均对支座的影响,在计算中考虑不均匀系数,安装 3 个支座时,$k=1$,安装 3 个以上支座时,$k=0.83$。

支耳有多种形式,可分为有无盖板,带有一个或两个筋板,底板与壳体连接或不连接几种组合形式。每一种组合形式会在壳体上引起不同的应力分布(图 15-1-62)。从图中可以看出:在筒体上产生的局部应力大小不同、分布不同。实践证明,耳座的破坏往往是竖向筋板失去稳定。因此在耳座形式的选择设计中,壳体上局部应力的大小和耳座的筋板稳定性为重要的考虑因素。

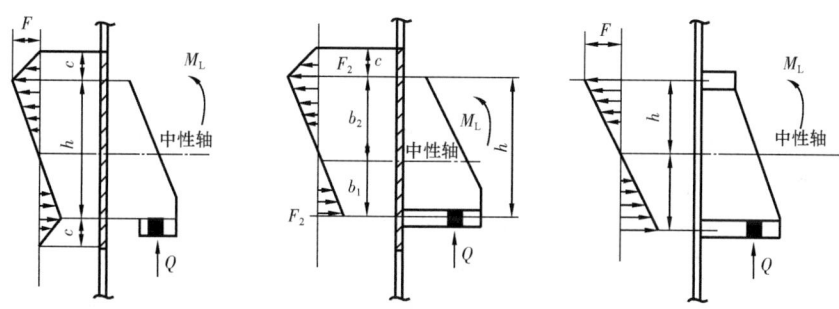

图 15-1-62 不同耳座在壳体上引起的应力图

具有上盖板且底板与壳体相焊的耳座,设计时通常将筋板看作竖直柱一样的受压元件,在计算时忽略壳体对筋板所产生的加强作用。此类型耳座有利于增强轴向刚性及改善壳体由支座集中载荷所产生的应力状态。通常支座上盖板和下底板与壳体间均须采用连续焊缝,因为它们分别具有最大压应力和拉应力。设计时可将下底板看作受均布载荷的矩形板:两边由肋简支、一边与壳体固结、一边为自由边。

无上盖板,且底板未与壳体相焊的耳座,设计时通常将筋板看作一端连接在底板上,另一端支承在壳体壁上受压构件。此类型耳座的筋板受压长度大,轴向压缩载荷加大,设计厚度较大,同时在筋板上端的筒体上产生较大局部压应力。设计时可将下底板看作受均布载荷的矩形板:两边由肋简支、其余两边为自由边。

对于其他组合形式的耳座,其计算模型和受力状态与上述两种组合相似。其中,双筋板较单筋板将大大改善筋板和底板的承载能力。

耳座通常使用垫板,以减小在壳体上引起的局部应力。

当耳式支承容器坐落在弹簧支座上时,通常没有设置地脚螺栓,此时应注意校核外载在支座底板引起的倾覆可能性,以便采取相应措施。

⑤ 支座与壳体连接处的局部应力。

在立式容器中,采用裙式支座时,连接点的局部应力最小,且沿整个周向均匀分布。耳式支座、支承式支座、腿式支座均焊在容器的壳体上,仅仅是连接部位的壳体承受附加载荷和弯矩,产生局部应力。

耳式支座是偏心支承,它们会在容器筒体壁上产生压缩、拉伸和剪切力及弯矩。由于偏心矩而导致的这些载荷可以引起很高的局部应力,并与由内压或外压引起的应力相叠加。当壳体上的应力过大时,可采取如下措施来减少应力:增加更多的耳座;增加更多的筋板;增大筋板间的夹角;增大耳座的高度;在耳座与壳体间增加加强垫板;增大与支耳连接壳体段的厚度;对耳座增加盖板和底板,或加大盖板与底板的宽度;在耳座的顶部和底部增加环向环形加强件,即环形梁支座等。

环形梁支座往往是解决耳式支座在薄壁容器或大载荷容器上造成较大局部应力问题的有效途径。

支承式支座对封头产生较大局部应力,应避免封头由于支座垂直反作用力可能引起的失效。通常采用在支承式支座与封头间设置加强垫板或增加封头的厚度来减小封头上的应力。

在高振动、高冲击或循环载荷应用的环境下,由于在连接点处产生高的局部应力,因而不应用支腿来支承容器。

2)塔式容器

对于原油稳定塔、分馏稳定塔等油田常见塔器设备在设计计算上有很多共性。

(1)塔器的强度与稳定校核。

自支承式塔器不仅承受压力载荷、各种质量载荷及偏心载荷等静力载荷的作用,同时又承受地震载荷、风载荷等动力载荷的作用。而且在安装、试压、操作、检修四种工况下,所受载荷并不相同。为了保证塔设备的安全运行,须取其四种工况中最不利的工况进行轴向强度与稳定性校核。

轴向强度与稳定性校核的基本步骤是:

首先,根据设计条件,按计算压力,初步确定塔体壁厚和有关尺寸。

接着,计算塔器(包括裙座)所有危险截面的载荷,包括质量载荷、偏心载荷、地震载荷、风载荷等。

然后,进行危险截面的轴向强度和稳定性校核;不合格时,需重新设定有效厚度,直至满足全部校核条件。

最后,完成其他设计计算:裙座基础环、地脚螺栓等。

① 塔的自振周期。

在动力载荷作用下,塔器各截面的变形及内力均与塔器的自由振动周期(即自振周期)及振型有关。因而,自振周期及振型的确定是塔器动力载荷计算必不可少的条件。在进行塔器的地震载荷或风载荷计算前,应首先求出塔器的自振周期和振型。

塔器标准中的自振周期计算式,系基于以下考虑而推出的:首先,将塔器简化为下端固定,上端自由,作平面弯曲振动的悬臂梁。而后,根据是否变径或变壁厚将其计算模型分为弹性连续体(或称无限自由度)和多自由度体系两种。其中弹性连续体采用解析解,可求出各阶自振周期和振型;而多自由度体系则利用质量折算法求得近似解。质量折算法原理是将一个多自由度体系,利用一个折算的集中质量来代替,从而把一个多自由度体系简化成一个单自由度体系,再求其解。此法只能求出基本振型的自振周期。至于高振型的自振周期则可采用 NB/T 47041《塔式容器》的方法或其他方法求出。

在塔器的自振周期计算,乃至地震载荷与风载荷计算中,均要求将塔体及裙座分成若干计算段。分段时应遵循下列原则:每个计算段内不可存在直径或壁厚的变化;圆锥形壳体应单独分为一段或几段;存在集中质量的塔器,应使集中质量的作用点位于该计算段的质量集中点,避免在同一计算段内形成两个质点。

自振周期计算中的塔体、裙座分段数,可与地震载荷、风载荷计算中的塔体、裙座分段数相同或不同。一般而言,计算自振周期时,要求分段数偏多,要求其计算结果的精度也较高,尤其计算高振型的自振周期更是如此。对于手工计算,适当选择分段数可以减少计算工作量,又不影响计算结果的精度。

分段后将每段的分布质量进行集中称之为质点。塔器则简化成一个由无质弹性杆连接,具有多个质点的模型,如图15-1-63所示。

标准提出的等直径、等壁厚塔器基本自振周期计算式为:

$$T_1 = 90.33H\sqrt{\frac{m_0 H}{E^t \delta_e D_i^3}} \times 10^{-3} \quad (15-1-62)$$

式中　H——塔器高度,mm;
　　　m_0——塔器操作质量,kg;
　　　E^t——设计温度下材料的弹性模量,MPa;
　　　δ_e——圆筒或锥壳的有效厚度,mm;
　　　D_i——塔壳内直径,mm。

不等直径或不等厚度塔器基本自振周期计算式为:

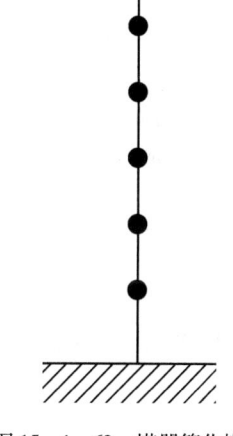

图15-1-63　塔器简化模型

$$T_1 = 114.8\sqrt{\sum_{i=1}^{n} m_i \left(\frac{h_i}{H}\right)^3 \left(\sum_{i=1}^{n} \frac{H_i^3}{E_i^t I_i} - \sum_{i=1}^{n} \frac{H_i^3}{E_{i-1}^t I_{i-1}}\right)} \times 10^{-3} \quad (15-1-63)$$

圆筒段:

$$I_i = \frac{\pi}{8}(D_i + \delta_{ei})^3 \delta_{ei} \quad (15-1-64)$$

圆锥段:

$$I_i = \frac{\pi D_{ie}^2 D_{if}^2 \delta_{ei}}{4(D_{ie} + D_{if})} \quad (15-1-65)$$

式中　m_i——塔器第i计算段的操作质量,kg;
　　　h_i——塔器第i段集中质量距地面的高度,mm;
　　　H——塔器高度,mm;

H_i——塔器顶部至第 i 段底截面的距离,mm;

E_i^t, E_{i-1}^t——第 i 段、第 $i-1$ 段的材料在设计温度下的弹性模量,MPa;

I_i, I_{i-1}——第 i 段、第 $i-1$ 段的截面惯性矩,mm^4;

δ_{ei}——各计算截面设定的圆筒有效厚度,mm;

D_{ie}——锥壳大端内直径,mm;

D_{if}——锥壳小端内直径,mm;

δ_{ei}——各计算截面设定的锥壳有效厚度,mm。

由式(15-1-62)和式(15-1-63)可见塔器自振周期随质量、高度的增加而增大;随直径、壁厚的增加而减小。

等直径、等厚度塔器的第二振型与第三振型自振周期可分别近似取 $T_2 = \frac{1}{6}T_1$ 与 $T_3 = \frac{1}{18}T_1$。

直径、厚度或材料沿高度变化的塔器,其高振型自振周期可按照 NB/T 47041《塔式容器》计算。

② 塔的载荷分析。

a. 质量载荷。

塔器的操作质量:

$$m_0 = m_{01} + m_{02} + m_{03} + m_{04} + m_{05} + m_a + m_e \tag{15-1-66}$$

塔器的最大质量:

$$m_{\max} = m_{01} + m_{02} + m_{03} + m_{04} + m_{05} + m_a + m_w + m_e \tag{15-1-67}$$

塔器的最小质量:

$$m_{\min} = m_{01} + 0.2m_{02} + m_{03} + m_{04} + m_a + m_e \tag{15-1-68}$$

式中 m_{01}——塔体和裙座质量,kg;

m_{02}——内件质量,kg;

m_{03}——保温材料质量,kg;

m_{04}——平台扶梯质量,kg;

m_{05}——操作时塔内介质质量,kg;

m_a——人孔、接管、法兰等附属件质量,kg;

m_e——偏心质量,kg;

m_w——液压试验时塔器内充液质量,kg。

在计算塔器的最小质量时,内件质量一项仅计入了焊在塔体上的内件(如塔盘支承圈、降液板等)质量。而是否计入保温材料质量、平台与扶梯质量,应视吊装时的具体情况确定。

b. 偏心载荷。

塔器的偏心质量主要指再沸器等附属设备或偏心安装的塔顶冷凝器,对支承在塔体上的大尺寸管道,尤其是液体管道,非对称于塔体轴线的平台、扶梯等如有必要也可按偏心质量考虑。这些偏心质量载荷引起偏心弯矩 M_e。

$$M_e = m_e g L_e \qquad (15-1-69)$$

式中 m_e——偏心质量,kg;
g——重力加速度,m/s²(g 取 9.81m/s²);
L_e——偏心距(偏心质量重心至塔器中心线的距离),mm;
M_e——偏心弯矩,N·mm。

c. 地震载荷。

地震起源于地壳深处。地震时产生的地震波,通过地下的岩石或土壤传播至地面,引起地面的骤然运动——一种复杂的空间运动。可以将其分解为三个平动分量和三个转动分量。由于转动分量实际危害较小,实测数据很少,地震载荷计算时一般予以忽略。垂直方向的平动分量影响亦相对较小,故只有建于设防烈度为 7 度或 9 度区的塔器方予考虑。而地面沿水平方向的运动会造成设备基础相对于塔器重心的突然错移,构成了作用于塔器的水平地震力和地震弯矩。水平地震力使塔器产生水平方向的振动,地震弯矩则使塔壁和裙座壳壁在地震方向的前后侧分别产生明显的拉应力和压应力,危害较大。在地震载荷计算中须重点考虑。

既然水平地震力是地震时地面作用于塔器的力,对于底部刚性固定在基础上的塔器,如将其简化为单质点的弹性体系(图 15-1-64),则水平地震力即为该塔质量相对于地面运动时的惯性力。

任意高度 h_k 处的集中质量 m_k 引起的基本振型水平地震力按式(15-1-70)计算。

$$F_{1k} = \alpha_1 \eta_{1k} m_k g \qquad (15-1-70)$$

式中 F_{1k}——集中质量 m_k 引起的基本振型水平地震力,N;
m_k——距地面 h_k 处的集中质量(图 15-1-65),kg;
α_1——对应于塔器基本自振周期 T_1 的地震影响系数;
α——地震影响系数(查图 15-1-66 确定);
$\alpha_{\max}$——地震影响系数的最大值(表 15-1-16);
T_g——各类场地土的特征周期(表 15-1-17),s。

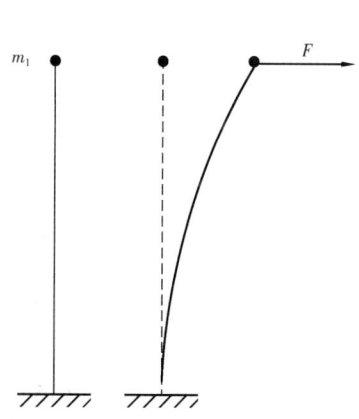

图 15-1-64 单质点体系的地震力

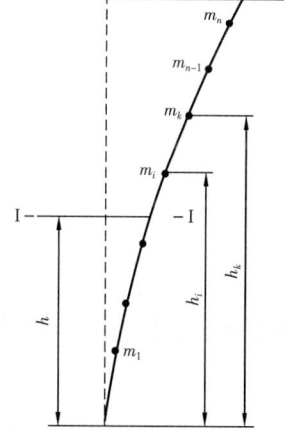

图 15-1-65 多质点体系的基本振型示意图

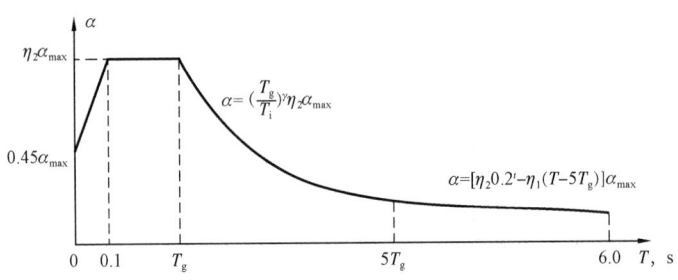

图 15-1-66 地震影响系数曲线

表 15-1-16　对应于设防烈度的地震影响系数的最大值 α_{max}

设防烈度	7		8		9
设计基本地震加速度	0.1g	0.15g	0.2g	0.3g	0.4g
地震影响系数最大值 α_{max}	0.08	0.12	0.16	0.24	0.32

表 15-1-17　各类场地土的特征周期值 T_g

设计地震分组	T_g			
	Ⅰ	Ⅱ	Ⅲ	Ⅳ
第一组	0.25	0.35	0.45	0.65
第二组	0.30	0.40	0.55	0.75
第三组	0.35	0.45	0.65	0.90

表中Ⅰ、Ⅱ、Ⅲ、Ⅳ类场地土分别指坚硬场地土、中硬场地土、中软场地土和软弱场地土。

阻尼比应根据实测值确定。无实测数据时,取一阶振型阻尼比 $\zeta_i = 0.01$,取高阶振型阻尼比 $\zeta_i = 0.01 \sim 0.03$。

曲线下降段的衰减指数 γ,根据塔器的阻尼比按式(15-1-71)确定:

$$\gamma = 0.9 + \frac{0.05 - \zeta_i}{0.5 + 5\zeta_i} \quad (15-1-71)$$

直线下降段下降斜率的调整系数 η_1,按式(15-1-72)计算:

$$\eta_1 = 0.02 + \frac{0.05\zeta_i}{8} \quad (15-1-72)$$

阻尼调整系数 η_2,按式(15-1-73)计算:

$$\eta_2 = 1 + \frac{0.05 - \zeta_i}{0.06 + 1.7\zeta_i} \quad (15-1-73)$$

基本振型参与系数 η_{1k},按式(15-1-74)计算:

$$\eta_{1k} = \frac{h_k^{1.5}\sum_{i=1}^{n}m_ih_i^{1.5}}{\sum_{i=1}^{n}m_ih_i^3} \qquad (15-1-74)$$

对一多自由度体系,地震时各震型均有其反应。而体系表现出的总反应则是各个反应的叠加。不过,一般而言,除第一、二、三震型外,其他震型的影响愈来愈小。为简化计算,规定仅计第一、二、三震型。而 η_{1k} 即反映了第一震型在总反应中所占的比例。

设防烈度为 8 度或 9 度地区的塔器应考虑上、下两个方向垂直地震力的作用(图 15 – 1 – 67)。当校核截面的轴向拉应力时,取垂直地震力向上方向;校核截面的轴向压应力时,取垂直地震力向下方向。

塔器底截面处的垂直地震力为:

$$F_v^{0-0} = \alpha_{vmax}m_{eq}g$$

式中 α_{vmax}——垂直地震影响系数最大值,取 $\alpha_{vmax} = 0.65\alpha_{max}$;
m_{eq}——垂直地震力时,塔器的当量质量,kg(取 $m_{eq} = 0.75m$)。

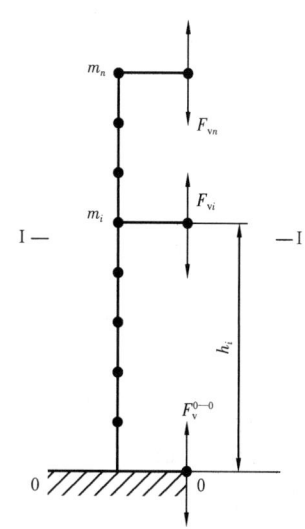

图 15 – 1 – 67 垂直地震力作用示意图

任意质量 i 处所分配的垂直地震力沿塔高按倒三角形分布重新分配为:

$$F_{vi} = \frac{m_ih_i}{\sum_{i=1}^{n}m_kh_k}F_v^{0-0} \quad (i=1,2,\cdots,n) \qquad (15-1-75)$$

任意计算截面 I — I 处的垂直地震力为:

$$F_v^{I-I} = \sum_{k=1}^{n}F_{vk} \quad (i=1,2,\cdots,n) \qquad (15-1-76)$$

塔器任意计算截面 I — I 的基本振型地震弯矩按式(15 – 1 – 77)计算:

$$M_{E1}^{I-I} = \sum_{k=1}^{n}F_{1k}(h_k - h) \qquad (15-1-77)$$

式中 M_{E1}^{I-I}——任意计算截面 I — I 处的基本振型地震弯矩,N·mm;
h_k,h——如图 15 – 1 – 65 所示。

对于等直径、等壁厚塔器的任意截面 I — I 和底截面 0—0 的基本振型地震弯矩分别按式(15 – 1 – 78)和式(15 – 1 – 79)计算:

$$M_{E1}^{I-I} = \frac{8\alpha_1 m_0 g}{175 H^{2.5}}(10H^{3.5} - 14H^{2.5}h + 4h^{3.5}) \tag{15-1-78}$$

$$M_{E1}^{0-0} = \frac{16}{35}\alpha_1 m_0 gH \tag{15-1-79}$$

以上计算只考虑了基本振型(第一振型)的影响。当塔器 $H/D > 15$ 且高度不小于 20m 时,还须考虑高振型的合成影响,即须考虑第一、二、三振型的合成影响。此时,前三个振型的地震弯矩应进行组合。

d. 风载荷。

室外安装的塔器将受到风力的作用。风力不仅使塔体、裙座产生应力和变形,还可能使塔器产生顺风向的振动(纵向振动)和垂直于风向的诱导振动(横向振动)。过大的塔体、裙座应力会造成其强度或稳定失效。而过大的塔体挠度则会导致塔盘上的流体分布不均,分离效率下降。

风载荷是一种非周期性载荷。对于顺风向的水平风力,可视为由两部分组成,其一是平均风力,又称稳定风力,对结构的影响相当于静力作用;其二是脉动风力,又称随机风力,对结构的影响为动力作用,会引起塔器的振动。

在计算中,塔器各计算段的平均风力值按静载荷考虑,等于平均风压和迎风面投影面积的乘积。而脉动风力通过脉动增大系数 ξ、脉动影响系数 v_i、振型系数 φ_{zi} 折算为静载荷,再折合为平均风力值。然后,以风振系数 K_{2i} 列入算式。

计入了平均风力和脉动风力的各计算段顺风向水平风力为:

$$p_i = K_1 K_{2i} q_o f_i l_i D_{ei} \times 10^{-6} \tag{15-1-80}$$

K_{2i} 为各计算段的风振系数。当塔高 $H \leqslant 20$m 时,取 $K_{2i} = 1.7$,当 $H > 20$m 时,则:

$$K_{2i} = 1 + \frac{\xi v_i \varphi_{zi}}{f_i} \tag{15-1-81}$$

将式(15-1-81)代入式(15-1-80)可得:

$$p_i = K_1 q_o f_i l_i D_{ei} + K_1 q_o \xi v_i \varphi_{zi} l_i D_{ei} \tag{15-1-82}$$

式(15-1-82)中第一项即为平均风压在某计算段产生的水平风力,第二项则是脉动风压在某计算段产生的水平风力。

塔器任意截面 I—I 处的风弯矩按式(15-1-83)计算:

$$M_w^{I-I} = p_i \frac{l_i}{2} + p_{i+1}\left(l_i + \frac{l_{i+1}}{2}\right) + p_{i+2}\left(l_i + l_{i+1} + \frac{l_{i+2}}{2}\right) + \cdots \tag{15-1-83}$$

风弯矩计算简图如图 15-1-68 所示。

塔器底截面 0—0 处的风弯矩按式(15-1-84)计算:

$$M_w^{0-0} = p_1 \frac{l_1}{2} + p_2\left(l_2 + \frac{l_2}{2}\right) + p_3\left(l_1 + l_2 + \frac{l_3}{2}\right) + \cdots \tag{15-1-84}$$

在风弯矩的作用下,迎风侧的塔壁和裙座壳壁产生拉应力;背风侧的塔壁和裙座壳壁则产生压应力。

当 $H/D > 15$ 且 $H > 30\text{m}$ 时,须按 NB/T 47041《塔式容器》进行横风向风振计算。此时的风弯矩应为顺风向与横风向的组合弯矩。

(2) 最大弯矩。

确定最大弯矩时,偏于安全地假设地震弯矩 M_E^{I-I}、风弯矩 M_W^{I-I} 和偏心弯矩 Me 出现在塔器的同一方向。

在操作、检修工况下,塔器任意计算截面 I—I 处和底截面 0—0 处的最大弯矩分别为:

$$M_{max}^{I-I} = \begin{cases} M_W^{I-I} + M_g \\ M_E^{I-I} + 0.25 M_W^{I-I} + M_o \end{cases} \text{取其中较大值}$$
(15 - 1 - 85)

$$M_{max}^{I-I} = \begin{cases} M_W^{I-I} + M_g \\ M_E^{I-I} + 0.25 M_W^{I-I} + M_o \end{cases} \text{取其中较大值}$$
(15 - 1 - 86)

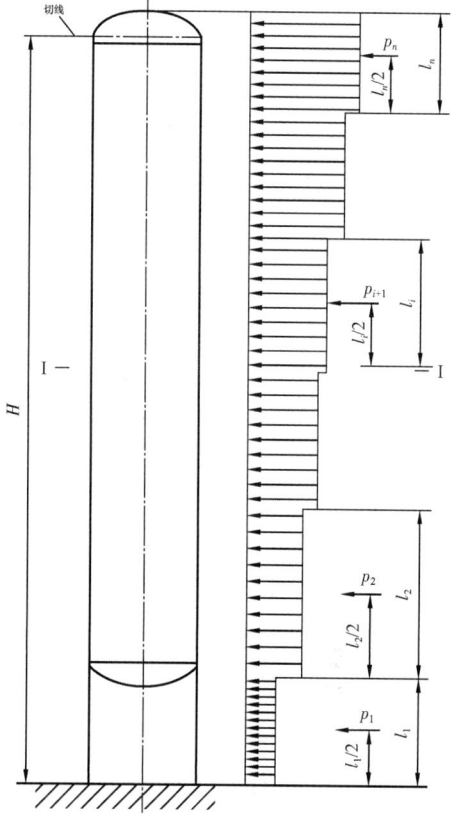

图 15 - 1 - 68 风弯矩计算简图

在遭遇重现期为 50 年的平均风速极值时,发生规定设防烈度的地震,概率甚小。故不考虑地震的影响。遭遇规定设防烈度的地震时,出现重现期为 50 年的平均风速极值,概率亦甚小,不过,出现小风的可能性不小。故取 0.25 倍风弯矩与地震弯矩等叠加。

在试压工况下,塔器任意计算截断面 I—I 处和底截面 0—0 处的最大弯矩分别为:

$$M_{max}^{I-I} = 0.3 M_W^{I-I} + M_g \quad (15 - 1 - 87)$$

$$M_{max}^{0-0} = 0.3 M_W^{0-0} + M_g \quad (15 - 1 - 88)$$

由于压力试验日期可以选择且持续时间较短,所以仅考虑了 0.3 倍风弯矩,未考虑地震载荷。

(3) 塔体的强度与稳定校核。

按操作条件初步确定塔体厚度之后,应针对安装、试压、操作、检修等四种工况的不同特点,分别计算其相应的内压或外压引起的筒体轴向应力,重力及垂直地震力引起的筒体轴向应力,以及最大弯矩引起的筒体轴向应力。再根据不同工况下,拉应力和压应力的不同组合求出最大组合拉应力与最大组合压应力。继而,进行强度和稳定校核。应当注意,不同工况下拉应力、压应力的许用值不尽相同。如果校核结果不满足要求,则需调整筒体厚度,重新进行应力校核,直至满足应力校核的全部条件。

① 筒体轴向应力。

筒体任意计算截面Ⅰ—Ⅰ处的轴向应力分别按式(15-1-89)、式(15-1-90)和式(15-1-91)计算。

由内压或外压引起的轴向应力:

$$\sigma_1 = \frac{p_c D_i}{4\delta_{e1}} \qquad (15-1-89)$$

式中 p_c——计算压力(取绝对值),MPa;
D_i——塔壳内直径,mm;
δ_{e1}——圆筒或锥壳的有效厚度,mm。

在操作工况下,采用内压设计条件计算,得到筒体轴向拉应力;采用外压设计条件计算,得到筒体轴向压应力。

在试压工况下,以试验压力 p_T 和液柱静压力计算,得到筒体轴向拉应力。

重力及垂直地震力引起的轴向应力:

$$\sigma_2 = \frac{m_0^{I-I} g \pm F_V^{I-I}}{\pi D_i^2 \delta_{e1}} \qquad (15-1-90)$$

式中 m_0^{I-I}——任意计算截面Ⅰ—Ⅰ以上塔器的操作质量,kg;
F_V^{I-I}——任意计算截面Ⅰ—Ⅰ处的垂直地震力,N。

各种工况均存在重力载荷,应注意区别不同工况选用不同的重力载荷。重力载荷引起筒体的轴向压应力。

只有在设防烈度为8度和9度地区,且最大弯矩为地震弯矩参与组合时,才计入垂直地震力的作用。垂直地震力引起塔壳内轴向拉应力和轴向压应力。

最大弯矩引起的轴向应力:

$$\sigma_3 = \frac{m_{max}^{I-I}}{w_1} = \frac{4 m_{max}^{I-I}}{\pi D_i^2 \delta_{e1}} \qquad (15-1-91)$$

在最大弯矩的作用下,塔体的一侧产生轴向拉应力,同时,另一侧产生轴向压应力。

② 轴向应力校核条件。

由于最大弯矩在塔体中引起的轴向应力沿环向是不断变化的,与沿环向均布的轴向应力相比,对塔器强度和稳定失效的危害偏小。为此,在塔体应力校核时,对许用拉应力和许用压应力引入载荷组合系数 K,并取 $K=1.2$。

在操作和检修工况下,轴向拉应力用 $K[\sigma]^t$ 限制。其中 $[\sigma]^t$ 为筒体材料在相应温度下的许用应力。轴向拉应力用 $K[\sigma]^t$ 与 KB 中的较小值限制。其中,B 为许用轴向压应力。

在试压工况下,轴向拉应力用 $0.9 ReL$(液压试验时)或 $0.8 ReL$(气压试验时)限制。其中,ReL 为筒体材料下屈服强度。轴向压应力用 $0.9 ReL$ 和 KB 中的较小值限制。

塔体变径段锥壳的轴向应力校核按 NB/T 47041《塔式容器》进行。

③ 裙座的强度与稳定校核。

a. 裙座筒体。

裙座筒体承受各种重力和各种弯矩的作用,但不承受内、外压力。重力和弯矩在裙座底部截面处最大,因而裙座底部截面是危险截面。此外,裙座上的人孔或检查孔以及管线引出孔有承载削弱作用,各孔中心横截面处亦为裙座筒体的危险截面。

由于裙座筒体不承受压力的作用,轴向组合拉应力总是小于轴向组合压应力。因此,只需校核危险截面的最大轴向压应力。

b. 裙座基础环。

裙座基础环的结构分为无筋板的结构(图 15 – 1 – 69)和有筋板的结构(图 15 – 1 – 70)两类。

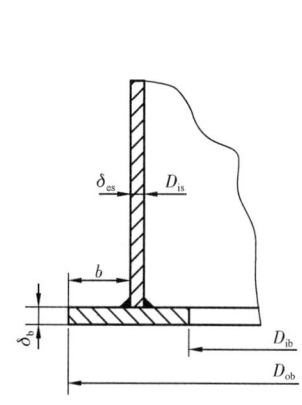

图 15 – 1 – 69　无筋板基础环

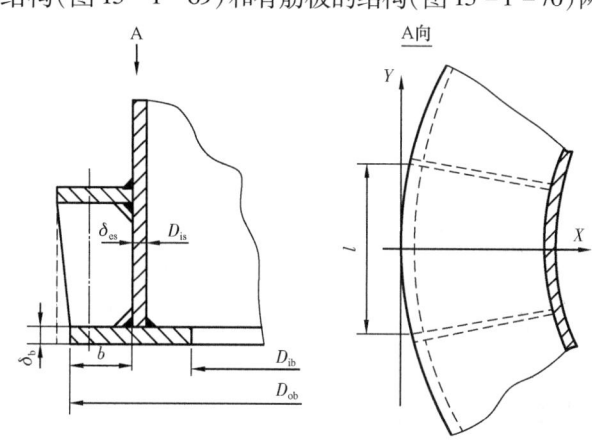

图 15 – 1 – 70　有筋板基础环

塔器的重量以及由地震载荷、风载荷、偏心载荷引起的弯矩通过裙座筒体作用在基础环上,而基础环安放在混凝土基础上。在基础环与混凝土基础的接触面上,重量引起均布压缩应力和弯矩引起弯曲应力,压缩应力始终大于拉伸应力,最大压缩应力为 σ_{max},应力分布如图 15 – 1 – 71 所示。基础环板应有足够厚度以承受这些应力。

c. 地脚螺栓。

地脚螺栓的作用是使高耸的塔器固定在混凝土基础上,以防风弯矩或地震弯矩造成其倾倒。

在重力和弯矩作用下(图 15 – 1 – 71),如迎风侧地脚螺栓承受的最大拉应力 $\sigma_B \leq 0$,则表示塔设备自身稳定而不会倾倒,理论上可不设地脚螺栓。但为固定塔器位置,实际上还应设置一定数量的地脚螺栓;如果 $\sigma_B > 0$ 则必须安装地脚螺栓,并按 NB/T 47041《塔式容器》计算其螺纹小径。

d. 裙座与塔体的连接焊缝。

裙座与塔体的连接焊缝有搭接和对接两种形式。

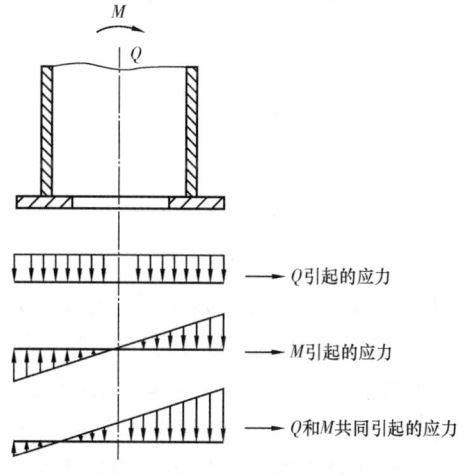

图 15 – 1 – 71　基础环应力分布

搭接焊缝是裙座焊在塔体外侧的结构。主要应校核焊缝承受的由重力和弯矩产生的剪应力。此类结构受力情况较差,但装配方便,可用于小型塔器。

对接焊缝主要校核在弯矩和重力作用下迎风侧焊缝的拉应力。

具体搭接焊缝的剪应力校核与对接焊缝的拉应力校核应按 NB/T 47041《塔式容器》的规定进行。

③ 塔体法兰当量设计压力的计算。

塔体采用分段结构并以法兰连接时,法兰承受与塔体相同的内压、重力和弯矩的联合作用。法兰设计中,一般将重力和弯矩转换为当量内压,即法兰的重力当量应力和法兰的弯矩当量应力,再加上设备计算内压,作为法兰的当量设计压力 p_e,其计算式为:

$$p_e = \frac{4F}{\pi D_c^2} + \frac{16M}{\pi D_c^3} + p_c \qquad (15-1-92)$$

式中 F——轴向外载荷(当折算法兰当量压力时,拉伸时计入,压缩时不计入),N;

D_c——垫片压紧力作用中心圆直径,mm;

p_c——计算压力,MPa;

M——外力矩(应计入法兰截面处的最大力矩 M_{max}^{I-I}),N·mm。

设计选用标准法兰时,其压力等级必须不小于按式(15-1-92)算出的法兰当量设计压力。

四、油气分离设备

分离设备是油气集输工艺过程中完成油、气、水分离不可缺少的设备。

1. 分离器的主要分类

分离器通常可按结构形式、气液分离要求、使用场所及用途进行分类。

(1)按结构形式可分为立式分离器、卧式分离器和球形分离器。

(2)按气液分离要求可分为两相分离器和三相分离器。

(3)按使用场所及用途可分为计量分离器、生产分离器、除油器(涤气器)等。

将上述分类组合,可产生不同结构形式和不同分离要求的分离器,如立式两相分离器、卧式三相分离器等。

2. 分离器的结构设计

1)立式两相分离器

立式两相分离器的基本结构如图 15-1-72 所示,位于靠近入口接管的区域是分离器的初级分离区。初级分离区有各种不同构造,常用的为一个折流箱。这种装置把入口气液流分为流向相反的两路,并使之冲击在分离器内壁上,流体被分布成一个薄膜,同时沿容器内壁成环形螺旋路径运动。这种运动使流体动量降低,从而使气体较容易从油膜中逸出。气液流经过初级分离区后,气体与液体大体上已经分离,液体向下流入分离器底部集液区。

从液流中逸出的气体立即进入分离器的二级分离区,此时气体中夹带有大量液滴,其粒径大小不等。借助重力的作用,较大粒径的液滴将以不同的速度沉降下来,汇集到集液区。

气体经过沉降区后,较大粒径的液滴均可沉降下来,但仍然会有一些极小粒径(一般在 100μm 以下)的雾状液滴被气体夹带而沉降不下来,因此,在气体出口前一段设有捕雾区。捕雾区组件有多种形式(例如丝网填料),利用碰撞、聚结等原理使细小的液珠合并成较大的液滴,落入分离器底部集液区。被脱除液滴的气体由气体出口进入油田气管线。

集液区的液位由液位控制器自动控制。当液位达到一定高度后,液位控制阀自动打开排出液体。当液位达到规定的最低液位时,液位控制阀自动关闭,保证最低液面,防止气体从液体出口排出。集液区内,液体出口之前通常设有防止产生涡流的构件。立式分离器的底部最低点设有排污阀,固体杂质和污水均可由此排出分离器。

2)卧式两相分离器

卧式两相分离器的基本结构如图 15-1-73 所示。位于卧式分离器入口处的初级分离区的作用和立式分离器一样,能使大部分气液分离,并部分消耗进入分离器的气液流的动量,从而使进入二级分离区的气体流动减缓,保证进入集液区的液体流动平稳。

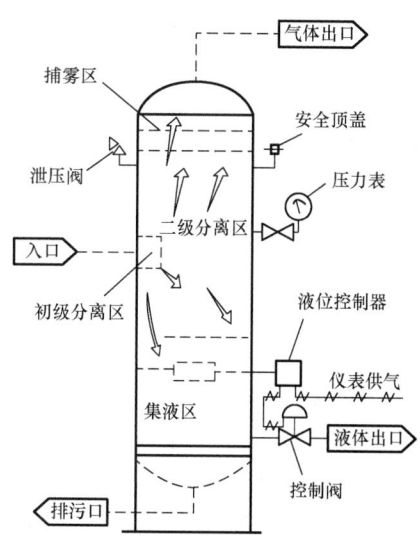

图 15-1-72 立式两相分离器

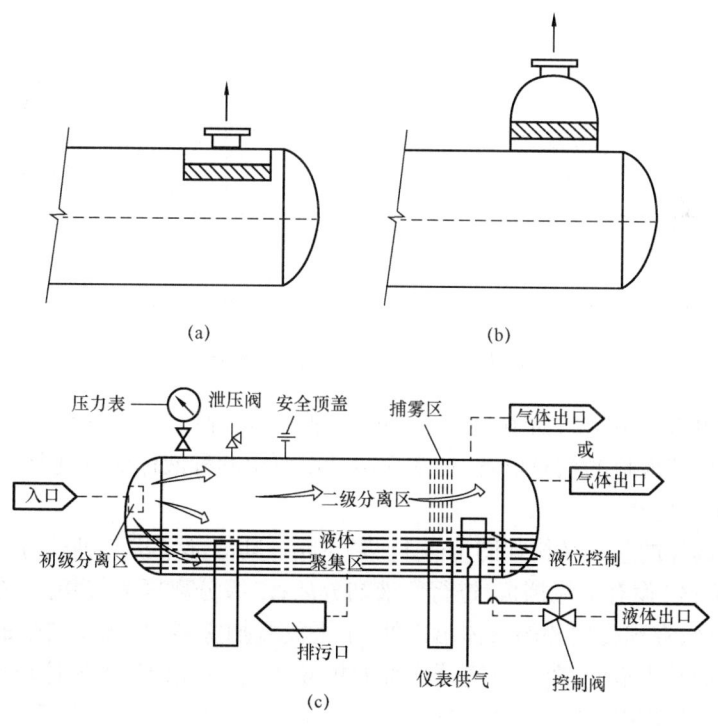

图 15-1-73 卧式两相分离器

卧式分离器的气液流向相同。在二级分离区，液滴沉降方向与气流方向垂直，因此，气液流速对液滴沉降有很大影响。此外，它与立式分离器不同，卧式分离器有一个较大的气液界面，这不仅对液滴沉降极为有利，而且有利于液体中游离的气体逸出。有些卧式分离器的二级分离区装有导流装置，以防止气流扰动。集油区装有防涡流挡板，能使液体沿着流向产生一个平稳区，这些都有利于气液分离。

卧式分离器的捕雾网填料一般有如下安装方式：

（1）如图15-1-73(a)所示，捕雾网填料水平安装在一个箱内，该箱固定在气体出口的下方。

（2）如图15-1-73(b)所示，捕雾网填料安装在分离器顶部的一个圆形分气包内。

（3）如图15-1-73(c)所示，捕雾网填料安装在分离器的横截面上，与气流方向垂直。

3）卧式三相分离器

卧式三相分离器的基本结构如图15-1-74所示。它与卧式两相分离器的主要区别是采用了隔开油和水的舱室结构。常用的结构形式有固定堰板（溢流板）和油槽—可调堰板两种，分别叙述如下：

（1）固定堰板结构如图15-1-74(a)所示，堰板左侧上层为油，下层为水，当油表面超过堰板时，油溢过堰板进入集油区。油位达到一定高度经油位控制器将油排出，直至达到最低油位；左侧油水界面由水位控制器将水排出，直至达到最低水位。

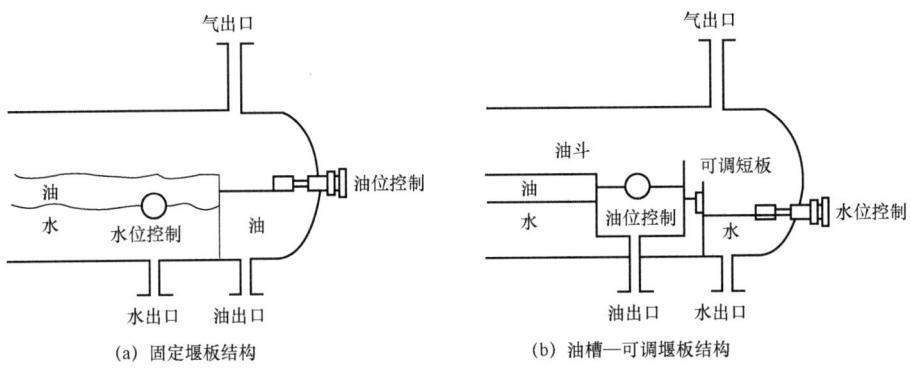

图15-1-74 卧式三相分离器

（2）油槽—可调堰板结构如图15-1-74(b)所示，这种形式的三相分离器的油水界面位置取决于油槽和可调堰板的相对位置，油水界面高度可由两种液体的密度及液位差算出。

4）球形两相分离器

球形两相分离器的基本结构如图15-1-75所示，其内部结构与卧式分离器相似。在气液入口（初级分离区）设有折流挡板，进行气液初分离；二级分离区为气相区，在该区内较大的液滴沉降到集液区；在球壳内侧的气体出口处，水平放置捕雾器，被气体夹带的大量雾状液珠在捕雾器中聚结成较大液滴，落入分离器底部的集液区；在球壳内侧的液体出口处设有涡流破碎器。

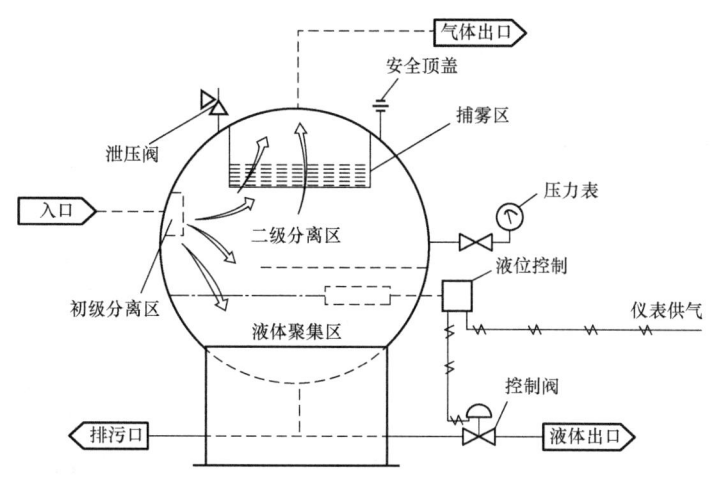

图 15-1-75 球形两相分离器

5）分离元件及其应用

（1）入口区（初级分离区）分离元件。

精心设计和使用得当入口初分离装置能使气体达到初分离的最佳效果。常用的入口装置有动能吸收型和旋流式两种。

① 动能吸收型入口装置适合安装在大型分离器的初级分离区。由于气液入口速度很大，使气液流与入口装置碰撞，能有效地破油包水或水包油的液滴外膜，因此，对三相分离的油、水分离非常有效。

图 15-1-76（a）所示是一种碟形冲击头和挡板装置，用于低、中气油比场合，特别适用于大容积的原油分离器。使用这种装置要把冲击头倾斜一定角度，并且在正常液位以上安装挡板，防止碟形面淌下的液体冲击液面，导致飞溅以及液滴再夹带进入气相，保持液面稳定，同时也有利于气泡浮升。

图 15-1-76（b）所示是带有鲍尔环箱的碟形冲击装置，这种结构避免了流体直接冲击鲍尔环箱。由于具有较大的表面积，这种装置能很好地进行初级分离。它适用于特大型分离器，但造价昂贵，只有在容器尺寸特大，工艺上要求时才采用。该种冲击装置当液流含砂时应经常清洗鲍尔环。

图 15-1-76（c）所示是一种"捕鼠器"式的入口装置，它能使入口气液流得到良好碰撞。

图 15-1-76（d）所示是一种分离头式入口装置，这种入口装置使进入分离器的气液流扩展并分布成 A—A 剖视图形状，有利于气体迅速从液体中逸出。这种入口装置的另一个优点是消除了高速流体对分离器壁的冲击，从而减小了扰动。

② 旋流式入口装置如图 15-1-77 所示，其入口装置靠近容器中部，靠离心力作用使气液分开，夹带液体的气体在容器上部通过沉降分离进入捕雾器，分出的液体沿器壁旋下，进入集油区。

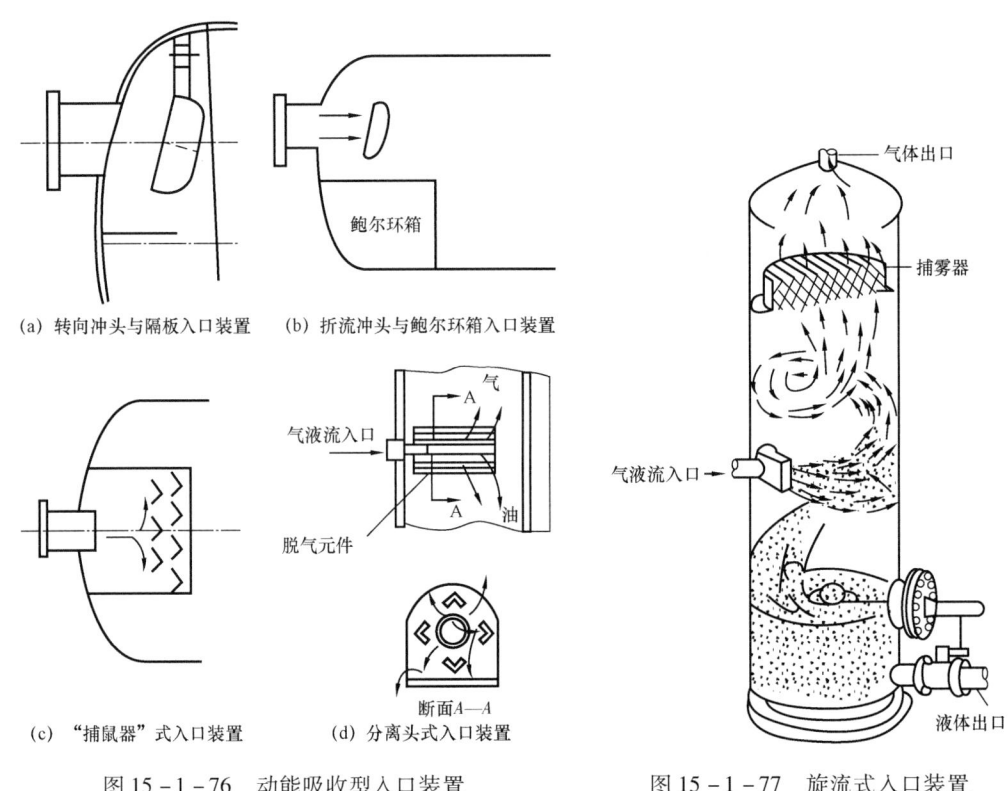

图 15-1-76　动能吸收型入口装置

图 15-1-77　旋流式入口装置

由于旋流式入口装置具有良好的初级分离效果,除了在立式分离器中较多采用外,在卧式分离器中也有应用,特别对高气油比的油气分离器,采用旋流式入口极为有利,如图 15-1-78 所示。

(2) 二级分离区(气相区)分离元件。

介质经过入口装置实现了气液初级分离,但经过初级分离的气体仍然带有许多粒径不等的液滴,呈紊流状态进入沉降区。一个良好有效的分离器设计中,气相区的设计是最重要的,应该在此区有效控制气体滞留,充分利用重力分离和碰撞原理使粒径 100μm 以上的液滴能全部分离出来,并使粒径 10μm 以上的液滴也尽可能多地得到分离。为了提高分离效果,在该区应设置聚结或整流元件。

① 分隔薄板式气相整流元件如图 15-1-79 所示,气流的急剧扰动会使本可以沉降的液滴夹带在气体涡流中,流体的扰动程度可用流体的雷诺数 Re_f 来度量。雷诺数与水力半径成正比,水力半径为横截面积除以湿润周长。因此,如果其他因子不变,则雷诺数 Re_f 随水力半径的降低而减小,图 15-1-80 给出了雷诺数变化后的对比。可以看出,在沉降区内插入分隔薄板,可使雷诺数降低,从而使沉降区内流动气体的扰动减小到最低程度。

在沉降区某一长度范围内设置一系列适当间距的平行薄板,充满控制液面以上的整个器截面,板面与液面垂直,与容器轴线平行,气流通过其狭窄的平行间隙作层流流动,扰动程度被大大减弱,促进了气相中液滴的重力沉降。这种元件对气相负荷高、气速较大的场合十分适用。

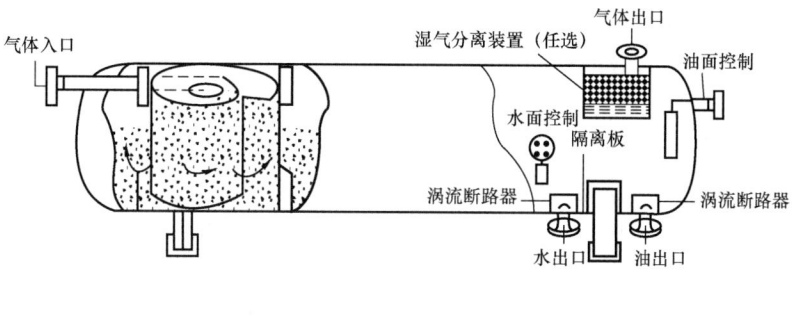

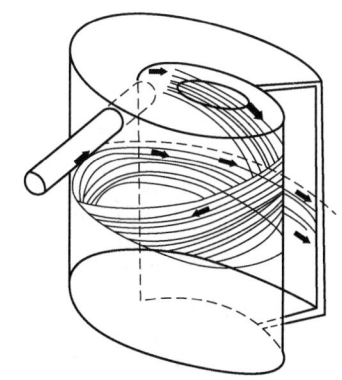
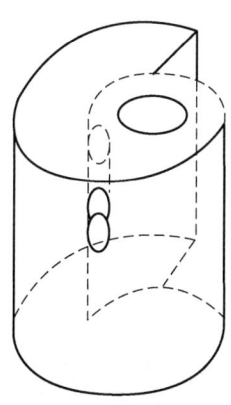

图 15-1-78 内旋式入口装置

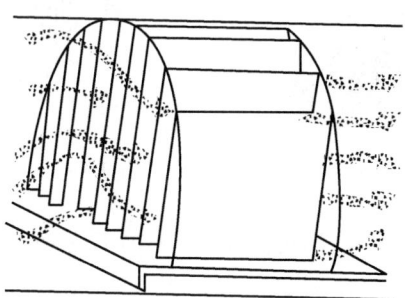

图 15-1-79 分隔薄板式气相整流元件

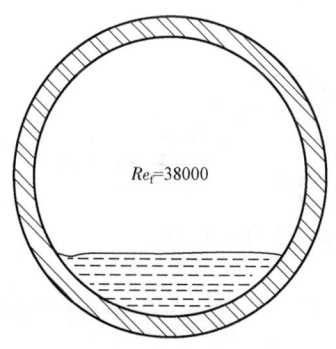
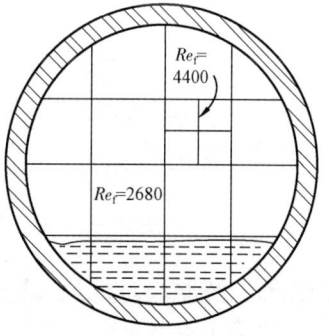

图 15-1-80 细分槽截面控制气流扰动

② 蜂窝折流板聚结元件如图 15-1-81 所示,该聚结元件是用波纹板错列粘接成蜂窝折流板,在沉降区中应用能有效地聚结气相中的液滴,并能起到良好的消泡作用。

(3) 捕雾区捕雾元件。

捕雾区的捕雾元件是气相在分离器中进行气、液分离的最后一道工序所经过的元件。常用的捕雾元件有蛇形叶片捕雾器和丝网捕雾器两种。

① 蛇形叶片捕雾器如图 15-1-82 所示,蛇形叶片捕雾器由一系列固定间距的蛇形波纹板叠置而成,相邻两波纹板间用套管衬垫定位,相邻两波纹板间形成一曲折、变面流道,其倾斜流道截面积约比平直部分小 29.3%。当夹带小液滴的气体通过时,运动速度和方向不断改变,在碰撞、离心力和涡流机理作用下,小液滴被湿润的波纹表面吸附,并呈液膜状流入分离器底部的集液区。

图 15-1-81　蜂窝折流板

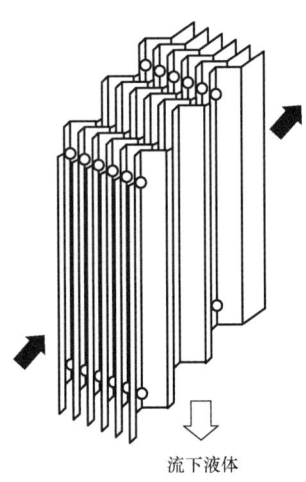

图 15-1-82　蛇形叶片捕雾器

图 15-1-83 为蛇形叶片捕雾器的俯视图,气体在反复改变截面的流道中流动,且不断改变。当气体在斜向流道中流动时,因截面积减小 29.3%,流速会增加 41.4%;当气体在平直段流动时,速度减慢并将湿润表面的液体带到涡流区,积聚成较大液滴,受重力作用流入集液区。

蛇形叶片板一般用聚氯乙烯、聚丙烯或不锈钢制作。

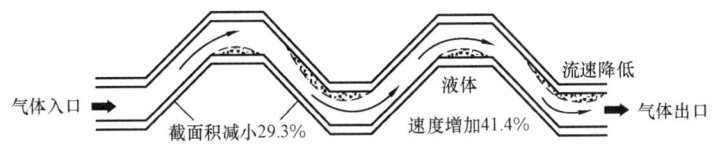

图 15-1-83　蛇形叶片捕雾器的俯视图

蛇形叶片捕雾器安装形式如图 15-1-84 及图 15-1-85 所示。蛇形叶片捕雾器与入口区分离元件最小距离等于容器直径。

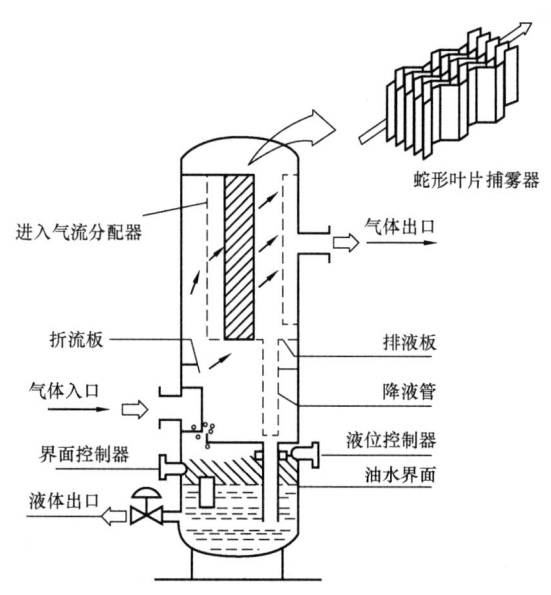

图 15-1-84 立式分离器蛇形叶片安装图

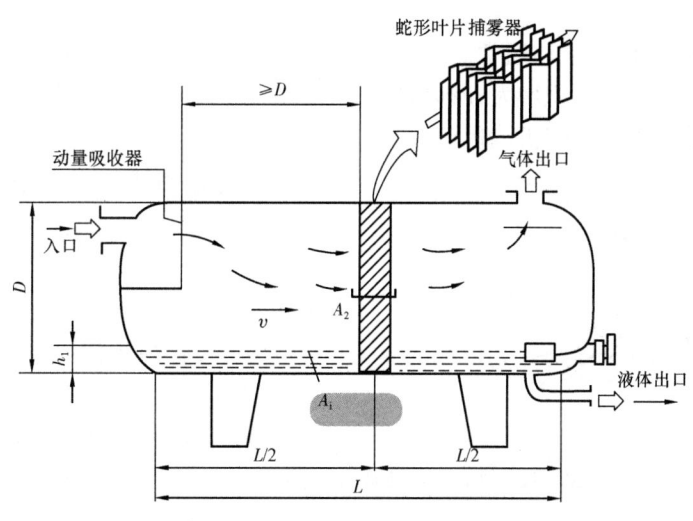

图 15-1-85 卧式分离器蛇形叶片安装图

② 丝网捕雾器是靠碰撞分离原理,逐渐聚结小液滴,增大液滴粒径,靠重力沉降至集液区。

丝网捕雾器适用于高气油比的气体净化,其除液效率可达 98% 以上。但丝网易聚集石蜡、水化物、砂和其他固体颗粒,从而引起堵塞,因此,不推荐用于井口初级分离。

丝网捕雾器的丝网厚度一般为 100~150mm。

丝网捕雾器可用于垂直向上气流,也可用于水平气流。在立式分离器内,丝网安装在上方气体出口处;在卧式分离器中,丝网既可水平安装,也可直立安装,如图 15-1-86 所示。

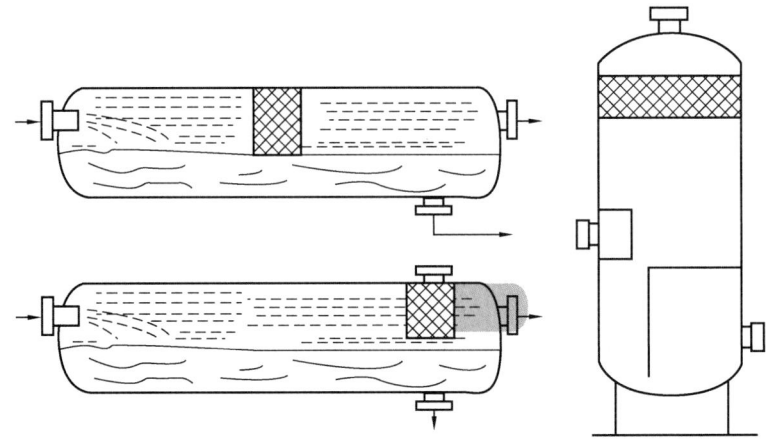

图 15-1-86 丝网捕雾器布置图

（4）集液区分离元件。

在集液区要避免液体过分扰动，使液体中的游离气体从液体中分离出来。处理泡沫原油时在集液区的液体表面还存在大量泡沫需要消除，对于三相分离器还要在该区内进行油、水分离。

为达到上述分离要求，液体通常需要有足够的滞留时间，即控制液体在分离器内的流速。但这样往往会导致分离器体积增大，所以，通常采用增设附加内件的措施来解决这一问题。常用的附加内件有消泡板和蜂窝折流板。

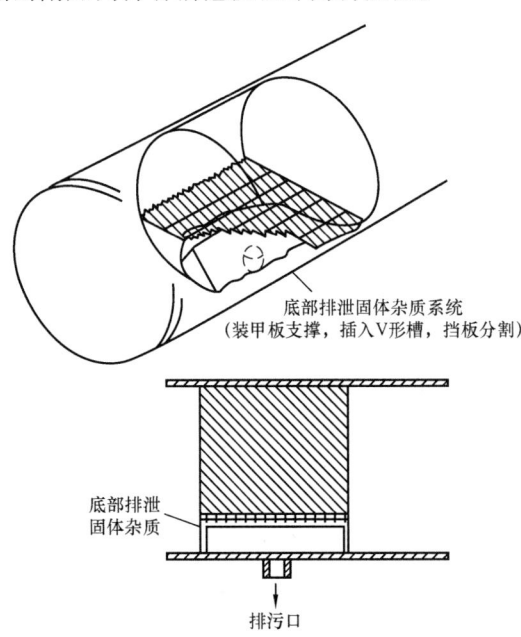

图 15-1-87 排砂系统上蜂窝折流板的安装

① 消泡板是一块钻有均布圆孔的长条钢板，两端与壳体相焊。一般安装在入口端集液区全长的 1/3 处，上端一般高出液面 100mm。消泡板能使液流沿着流向产生一个平稳区，有利于游离气体的上浮和油、水的分离；同时，也能阻挡泡沫沿液体流向进入其他区域，且泡沫滞留时间增大，有利于消泡。

② 蜂窝折流板作为分散型水包油和油包水乳状液的聚结元件，具有优良的性能，在集液区是一种较好的分离元件。

为了增强分离效果，可在卧式分离器的消泡板后布置 1、2 或 3 组蜂窝折流板，并填满容器整个截面。对于含砂介质，应将其板架抬高至离开底部，下部设置排砂系统，如图 15-1-87 所示。蜂窝折流板与消泡板的距离一般等于容器直径。

蜂窝折流板的常用材料有聚氯乙烯、聚丙烯和不锈钢等。

（5）出口区元件。

出口区元件主要是消除涡流的元件,常用的是涡流破碎器,如图 15-1-88 所示。

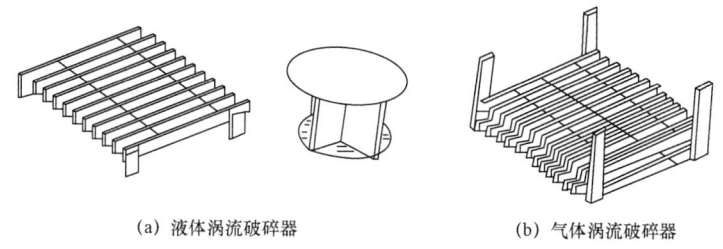

图 15-1-88 涡流破碎器

3. 典型分离器系列尺寸

（1）如图 15-1-89 和图 15-1-90 所示为国外带蛇形叶片捕雾器的两相分离器。

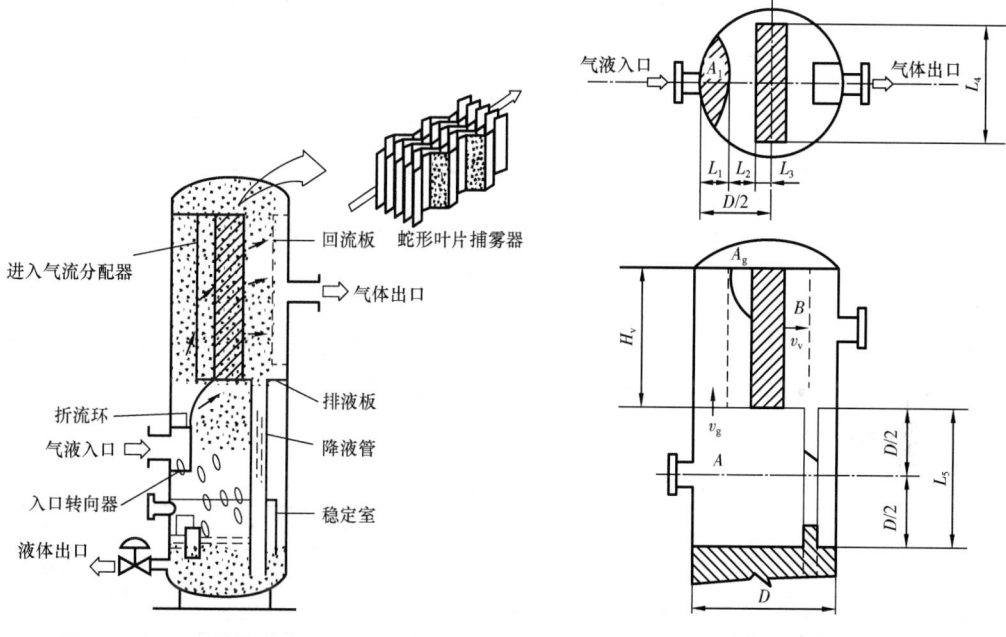

图 15-1-89 带蛇形叶片捕雾器的两相立式分离器

图 15-1-90 带蛇形叶片捕雾器的两相立式分离器主要结构尺寸

该分离器的操作条件为：

① 介质密度 0.776kg/m³ 的油田气,处理量 84×10⁵m³/d(30MMSCF/d)。

② 介质密度 750kg/m³ 含杂质的凝析液,处理量 2839×10⁻⁸m³/m³(50bbl/MMSCF)。操作压力 1.004MPa(140psi)。

③ 操作温度 37.78℃(100℉)。

结构尺寸见表 15-1-18。

表 15-1-18 卧式三相分离器结构尺寸

D, mm(in)	L_1, mm(in)	L_2, mm(in)	L_3, mm(in)	L_4, mm(in)	L_5, mm(in)
716.3 (28.2)	197.4 (7.77)	50.8 (2)	101.6 (4)	660.4 (26)	716.3 (28.2)
H, mm(in)	H_1, mm(in)	H_v, mm(in)	v_v, m/s(ft/s)	v_g, m/s(ft/s)	A_g, m²(ft²)
2768.6 (109)	533.4 (21)	1291.2 (48)	1.38 (4.54)	2.46 (8.07)	0.717 (7.72)

注:(1) H 值为焊缝到焊缝的尺寸;
(2) 实际选用标准尺寸为 $D=762$mm(30in), $H=3048$mm(10ft);
(3) H_1 为液体高度。

(2) 图 15-1-91 所示为带蜂窝折流板的三相分离器。

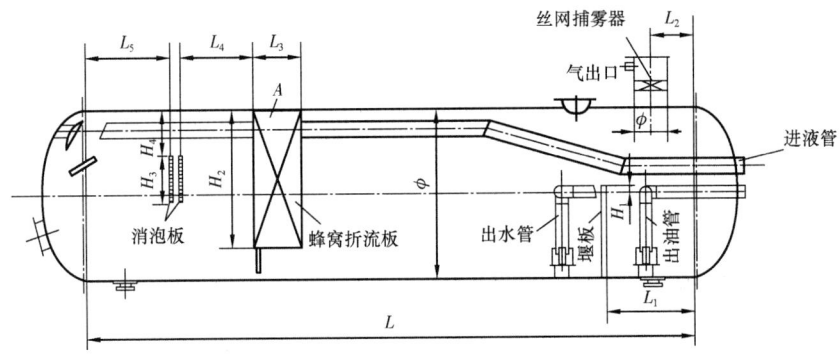

图 15-1-91 带蜂窝折流板的三相分离器

该分离器的操作条件是:介质为原油、天然气和水,液体处理量为 3480m³/d,气体处理量为 696m³/d,设计压力为 0.65MPa,设计温度为 50℃,油中含水 70%。

结构尺寸见表 15-1-19。

表 15-1-19 卧式三相分离器结构尺寸

L, mm	ϕ, mm	ϕ_1, mm	L_1, mm	L_2, mm	L_3, mm	L_4, mm
12400	3000	630	1600	750	900	2000
L_5, mm	H_1, mm	H_2, mm	H_3, mm	H_4, mm	A, mm²	
1500	100	2490	900	800	5.7	

五、原油脱水设备

在油田原油生产过程中,需要利用原油脱水设备脱除原油中的游离水和乳状液中的乳化水,在工艺流程中一般分为一段脱水和二段脱水。一段脱水主要脱除油中的游离水,使油中含水低于 30%;二段脱水是脱除油中的乳化水,使原油含水率在 0.5% 以下,达到原油外输标准。

1. 脱水器的主要分类

按脱水方法分,常用的脱水设备有电脱水器、热化学脱水器、填料聚结脱水器等。

按工艺脱水段数分,可分为一段脱水器和二段脱水器。常用的一段脱水器有游离水脱除器;常用的二段脱水器有电脱水器、热化学脱水器等。

1)电脱水器

电脱水器常作为原油乳状液脱除工艺的最后环节,在油田得到广泛应用。

(1)电脱水原理。

原油电脱水是将原油乳状液置于高压电场中,利用电场对含水液珠的作用,使油包水或水包油的液珠外相界面膜变薄,削弱了外相膜的机械强度,同时促进水珠碰撞,使水珠聚结成较大的水滴而沉降下来。

水珠在电场中的聚结方式有三种:

① 电泳聚结。将原油乳状液置于通电的两个平行电极中,水珠将向与自身所带电极性相反的电极运动,这种现象称为电泳。在电泳过程中,水珠受电场的作用而运动,在运动中由于受外相原油的阻力作用而变形拉长,促使外相界面膜变薄,削弱了外相膜的机械强度。同时,因水珠大小不一,所带电量不同,因此,水珠的运动速度也不一样,使水珠碰撞机会增多,造成水珠外膜破坏,水珠聚结成较大的水滴沉降下来。

② 偶极聚结。在高压电场中,原油乳状液中的水珠受电场的极化和静电感应,使水珠两端带上不同极性的电荷,即形成诱导偶极。水珠在电场作用下拉长变形,使外相界面膜变薄,减弱了外相膜的机械强度。此外,水珠沿电力线方向排列成"水链",使水珠碰撞聚结成大水滴,从油中沉降下来。

③ 振荡聚结。在交流电场中,电场方向每秒改变多次(工频50),水珠在电场中不断地做周期性往复运动,水珠外相界面膜不断地受到冲击,使外相界面膜破裂,水珠聚结变大后沉降。

(2)电脱水方法。

电脱水按供电方式,分为交流电脱水、直流电脱水、交直流复合电脱水、脉冲电脱水四种。

① 交流电脱水。在交流电场中,原油乳状液的脱水以偶极聚结和振荡聚结为主,适于处理含水率较高的原油乳状液。脱水后水中含油低,电路简单,无需整流设备。但脱水后净化油含水率较高,是直流电脱水的3~5倍,单位耗电量约为直流电脱水的1.4倍。

② 直流电脱水。直流电场的破乳聚结,主要在电极附近的有限区域内进行,故直流电场以电泳聚结为主,偶极聚结为辅,适于处理含水较低的原油乳状液。处理后的原油油中含水低,单位耗电量少,处理量大。

③ 交直流复合电脱水。综合交流和直流电脱水的利弊,使两者在同一电脱水器内进行,即在电脱水器下部建立交流电场用于处理较高含水原油,在上部建立直流电场用于处理较低含水原油,使脱水后油、水质量优于单独的交流或直流电脱水器。

④ 脉冲电脱水。单向脉冲电压可分解为交流电压与直流电压的叠加,即原油中水珠既受到直流电场的偶极聚结作用,又受到交流电场的振荡聚结作用,因而有利于油包水乳状液的水相聚结。同时,脉冲电脱水供电设备采用间歇供电方式,可通过选择适当的脉宽及电压,达到破乳效果。由于时间较短,不会产生击穿放电现象,这样既达到了脱水效果,又保证了电脱水

器的平稳运行,同时也提高了电脱水器对来液含水率的适应能力,脉冲电脱水的供电设备相对复杂,适用于交直流复合电脱水不能满足脱水要求的场合。

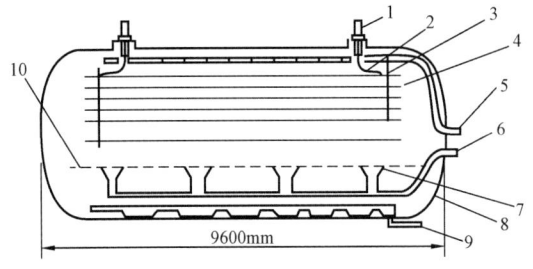

图15-1-92 交直流复合平挂电极电脱水器结构图
1—进线绝缘棒;2—悬挂绝缘;3—电极吊杆;4—电极;
5—净化油出口;6—含水油出口;7—进油分配器;
8—壳体;9—排污水口;10—油水界面

(3)电脱水器形式。

电脱水器按电极悬挂方式不同,分为平挂电极电脱水器、竖挂电极电脱水器和组合电极电脱水器三种。

① 平挂电极电脱水器。目前平挂电极电脱水器在油田生产中应用普遍,下面主要介绍交直流复合平挂电极电脱水器。

如图15-1-92为交直流复合平挂电极电脱水器的结构图。可以看出,其主要构件安装在卧式容器的壳体内,收油管安装在上部,电极安装在收油管的下边,进油分配器安装在电极的下部,最下部是收水槽(收水管),净化油经过收油管排出,水从下部排出。

② 竖挂电极电脱水器。如图15-1-93所示,电脱水器内的脱水电场呈水平方向分布,处于极间电场内的原油乳状液所受的电场力方向与重力方向垂直,加大了原油中乳化水珠的聚结机会。此外,在同一电压下运行时,平均电场强度竖挂板状电极是平挂网状电极的1.5倍以上,因此,在同一最高场强下运行的原油电脱水器,采用竖挂板状电极会增加原油中乳化水在电场内的破乳能力,使竖挂板状电极比平挂网状电极更适合于含聚原油乳化液的处理。但是,竖挂电极电脱水器的板状电极与油水界面形成的预处理电场太弱,达不到预处理作用,使进入竖挂电脱水器极板间的乳状液含水较高,导致脱水电场运行不平稳。

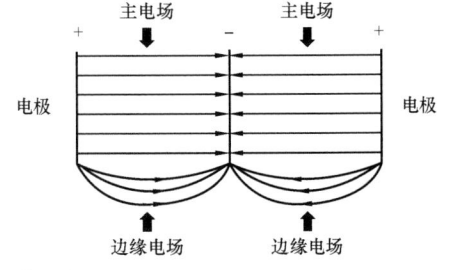

图15-1-93 竖挂电极电脱水器电场示意图

③ 组合电极电脱水器。如图15-1-94所示,组合电极电脱水器采用竖挂电极板相间布置,长—短、短—短极板间形成强电场,长—长极板(下部)间形成次强电场,其电场强度从下至上逐步增强。乳化液的预处理空间较大,处理后原油的含水率由下至上逐步减少,保证了脱水电场的平稳运行。同时,可减少泥状沉积物在电极板上的附着,适用于处理三元采出液。

电脱水器主要元件有进线绝缘棒、悬挂绝缘子、电极吊杆、电极(水平吊挂式和垂直吊挂式)、进油分配器及测水电极等。

绝缘棒、绝缘子均采用聚四氟乙烯制造;电极吊杆采用圆钢制造,其外部套有聚四氟乙烯绝缘管;平挂电极的框架一般采用$\phi 27mm \times 3mm$无缝钢管制造,电极框架上面焊上工业钢板网后即成为电极;竖挂电极一般采用3mm厚钢板制造。进油分配器完成进油的均匀分配,其结构如图15-1-94(a)所示,也有采用两侧分配箱的结构。

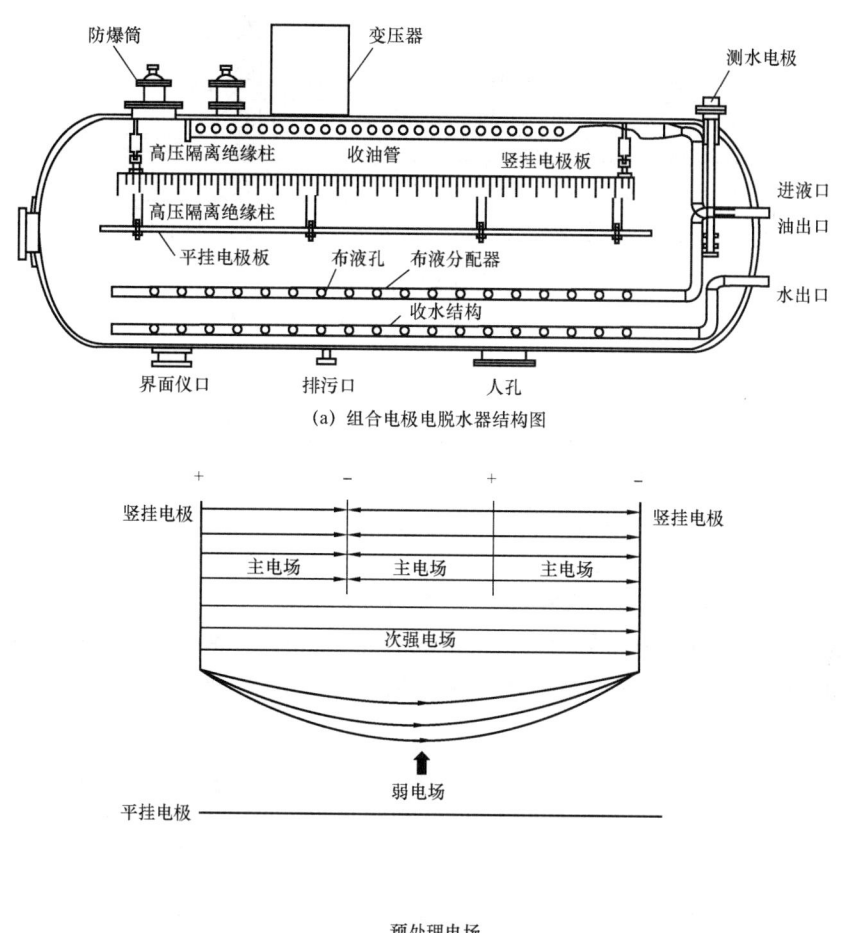

图 15-1-94 组合电极电脱水器示意图

2）游离水脱除器

油井产出的气液经两相分离器处理后,分离出来的液体进入游离水脱除器进行聚结、沉降和分离,脱除游离水,使油中含水低于30%。

游离水脱除器一般为卧式容器,结构比较简单,如图15-1-95所示。游离水脱除器主要由初分离装置、斜波纹板分离元件及壳体组成。

游离水脱除器的主要元件如图15-1-95所示,常用的元件有初分离装置和斜波纹板分离元件。初分离装置的结构和安装形式与上述分离设备的分离元件相同。斜波纹板分离元件中的波纹板安装一般倾斜60°,波纹板间有一定间距。

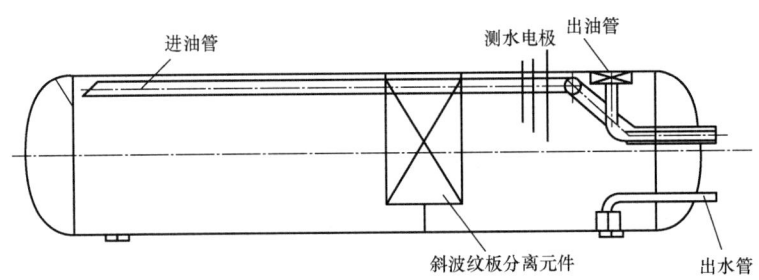

图 15-1-95　游离水脱除器结构图

3) 热化学脱水器

原油脱水是原油预处理的关键环节,热化学脱水是原油脱水的方法之一。根据原油物理性质和含水状态,在某种条件下,将原油加热到一定温度并按一定比例投放脱水化学药剂,使原油中的水分离出来,达到脱水的目的。这种工艺流程中使用的分离器称为热化学脱水器。

热化学脱水器一般为卧式容器,分离脱水元件与三相分离器基本相同。如图 15-1-96 所示,加热、加药后的含水原油进入脱水器,经初分离后,再经分离填料,使油、气、水得到进一步分离,分离出的水由底部液位界面调节口进入水腔,油经油腔堰板由上部进入油腔,气由出气口排出。集于水腔和油腔的水和油,分别由水出口和油出口排出容器。

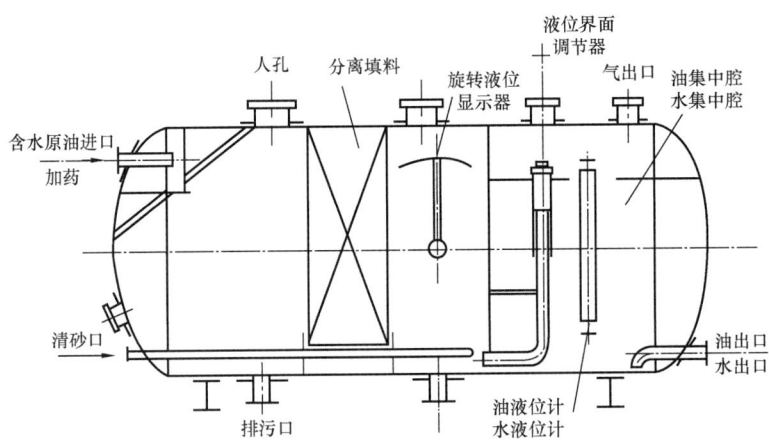

图 15-1-96　热化学脱水器结构图

根据实际需要,可设清砂构件及清砂口。在脱水器的分离填料后面,可以设旋转液位显示器,以便观察液位高度。在水腔中设有液位界面调节装置,使分离后的水进入水腔,并保证油水界面稳定在一定的区间内,确保油水分离效果。油腔和水腔分别设有液位计,以测量和显示油、水实际液位。此外还应设置必要的检查孔。

2. 脱水器的结构设计

1) 交直流复合电脱水器

交直流复合电脱水器如图 15-1-97 所示。

该电脱水器的操作条件为:原油处理量1500t/d,油中含水30%~40%,工作温度50℃,设计压力0.44MPa。

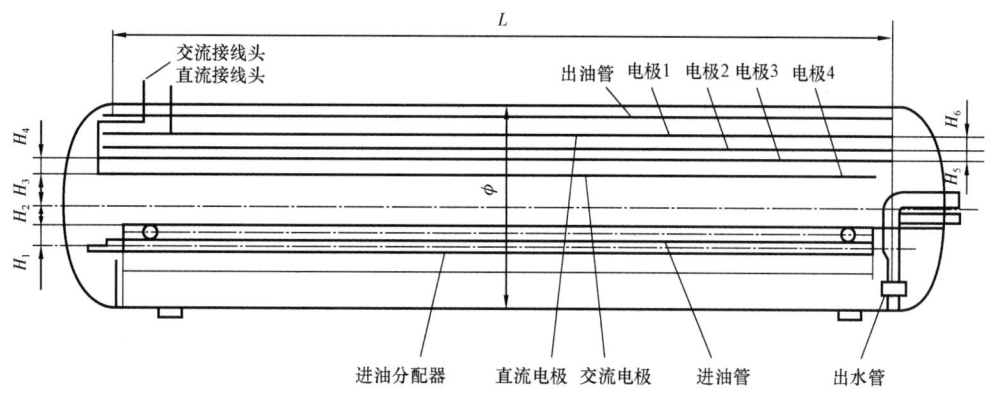

图15-1-97 交直流复合电脱水器结构尺寸图

其结构尺寸见表15-1-20。

表15-1-20 交直流复合电脱水器结构尺寸

L,mm	ϕ,mm	H_1,mm	H_2,mm	H_3,mm	H_4,mm	H_5,mm	H_6,mm
14200	4000	250	240	560	320	140	120

电极1,mm×mm	电极2,mm×mm	电极3,mm×mm	电极4,mm×mm
13800×2500	13800×2600	13800×2800	13800×2800

2）游离水脱除器

游离水脱除器如图15-1-98所示。

该游离水脱除器的操作条件为:液体处理量15000m³/d,油中含水70%~80%,工作温度50℃,设计压力0.44MPa。

其结构尺寸见表15-1-21。

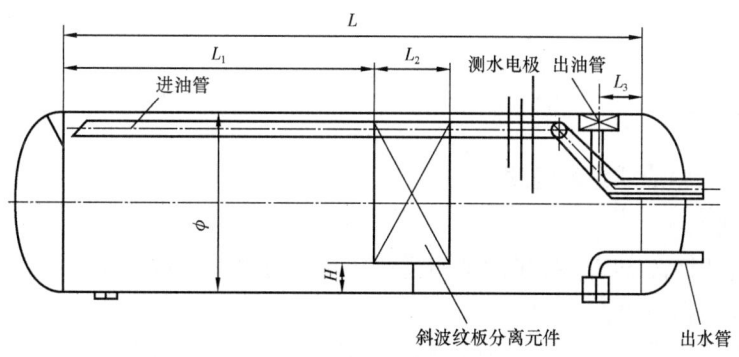

图15-1-98 游离水脱除器结构尺寸图

表 15-1-21 游离水脱除器结构尺寸

L, mm	ϕ, mm	L_1, mm	L_2, mm	L_3, mm	L, mm
14000	4000	7450	1460	1000	600

常用游离水脱除器处理能力见表 15-1-22，常用复合电脱水器处理能力见表 15-1-23。

表 15-1-22 常用游离水脱除器处理能力

序号	规格, m×m	最大处理量, t/d		沉降时间, min	
		水驱	聚驱	水驱	聚驱
1	$\phi3 \times 15$	6500	4900	15	20
2	$\phi3.6 \times 16$	10000	7500	7000	15	20	30
3	$\phi4 \times 16$	12000	9000	9000	15	20	30
4	$\phi4 \times 18$	13500	10000	10000	15	20	30
5	$\phi4 \times 20$	17000	12800	11500	15	20	30
6	$\phi4 \times 22$	20000	15000		15	20	
7	$\phi4 \times 24$	24000	18000	14000	15	20	30
8	$\phi2.2 \times 7$		1000				30
9	$\phi3 \times 9.6$		3000				30
10	$\phi4 \times 14$		7500				30
11	$\phi4 \times 28$		17000				30
12	$\phi4 \times 30$	27670	20700		15	20	

表 15-1-23 常用复合电脱水器处理能力

序号	规格, m×m	聚驱竖挂电极, t/d	聚驱平挂电极, t/d	柱状电极, t/d	水驱平挂电极, t/d
1	$\phi3 \times 9.6$	750	500		1000
2	$\phi3 \times 15.3$	1000	750	800	1200
3	$\phi3.6 \times 16$	1500	1000	1000	1700
4	$\phi4 \times 16$	1900	1500	1200	2150

3. 脱水器设计中应注意的问题

1）电脱水器设计

（1）电极应严格按照工艺提供的结构尺寸和电极材料要求进行设计。为避免尖端放电，电极不允许有尖角和毛刺。

（2）电极安装形式及定位尺寸，应严格按工艺要求设计。上、下层电极间应保证平行，并处于水平状态。因此，电极吊杆应设计成可调式结构。

（3）电极接线应严格按工艺要求的尺寸布置，并作好绝缘。

（4）电脱水器上部的出油管,应按电极纵向均匀排出净化油。

（5）进油分配器应沿电极纵向均匀分配进入电脱水器的含水原油,并使分配器的喷嘴始终浸没在底部水中。

（6）出水口应设计防涡流挡板。

（7）各油田的油品性质不同,原油电导率也不一样,要求的电场强度应有差异。因此,需要的电极层数和极板间距也不完全一样。为此,在进行电脱水器设计时,不宜全部套用其他油田的电脱水器数据,否则将导致脱后的油、水质量不合格。

2）游离水脱除器设计

（1）含水原油在游离水脱除器中应有足够的滞留时间,保证游离水的自然沉降。一般滞留时间不超过 30min。

（2）准确选择斜波纹板分离元件的流通截面积,使水滴能更好地聚结沉降。

（3）出水口应设置防涡流挡板。

六、原油稳定及轻烃回收设备

在原油外输之前应进行原油稳定处理,拔出原油中烃类的轻组分(C_1 至 C_5),使稳定后的原油在最高储运温度下的饱和蒸气压不超过当地大气压,从而减少蒸发损耗,达到原油稳定的目的。拔出的气态烃经过进一步加工后,成为重要的化工原料。

原油稳定和轻烃回收装置中常用的主要设备有:原油稳定塔、加热炉、轻烃、水、气三相分离器、轻烃储罐、换热器。

这里主要介绍塔设备的设计,其他设备见本节相关内容。

1. 塔设备的主要分类

塔设备按其内件结构,分为板式塔和填料塔两大类。根据目前国内外实际使用情况,板式塔的主要塔型是浮阀塔、筛板塔及泡罩塔。填料塔以填料作为气液接触元件,气液两相在填料层中逆向连续接触。

2. 塔设备的结构设计

在板式塔中,塔内装有一定数量的塔盘,气体以鼓泡或喷射的形式穿过塔盘上的液层使两相密切接触进行传质。两相的组分浓度沿塔高呈阶梯式变化,如图 15 - 1 - 99(a)所示。

在填料塔中,塔内装填一定段数和一定高度的填料层,液体沿填料表面呈膜状向下流动,作为连续相的气体自下而上流动,与液体逆流传质。两相的组分浓度沿塔高呈连续变化,如图 15 - 1 - 99(b)所示。

塔设备的构件,除了种类繁多的各种内件外,其余构件大致相同,分别介绍如下。

1）塔体

塔体是塔设备的外壳。常见的塔体是由等直径、等壁厚的圆筒和作为头盖和底盖的椭圆封头组成。随着化工装置的大型化,逐渐有采用不等直径、不等壁厚的塔体。

塔体除满足工艺条件(如温度、压力、塔径和高度等)下的强度、刚度要求外,还应考虑风载荷、地震载荷、偏心载荷所引起的强度和刚度问题,以及吊装、运输、开停工等的影响。对于板式塔来说,塔体的不垂直度和弯曲度,将直接影响塔盘的水平度(这一指标对板式塔效率的影响是非常明显的)。为此,在塔体的设计、制造、检验、运输和吊装等各个环节中,都应严格保证达到有关要求。

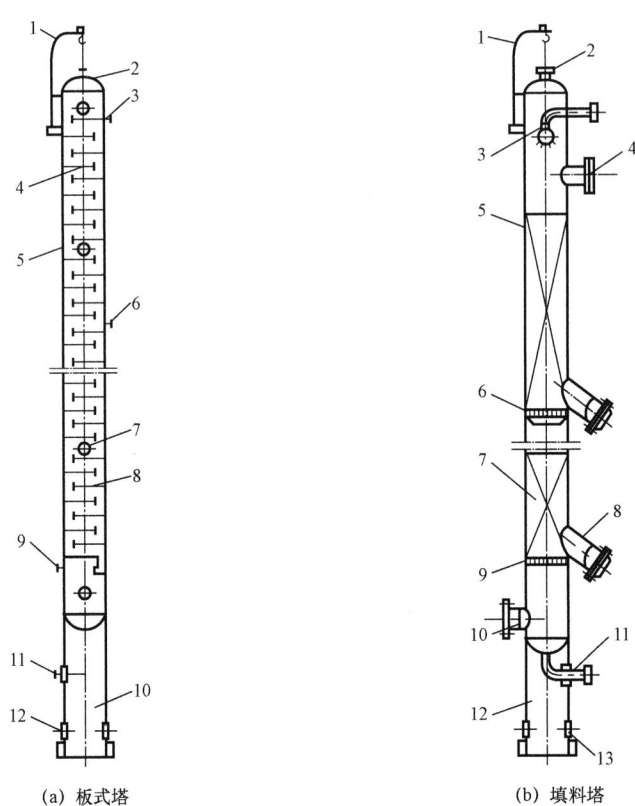

(a) 板式塔

(b) 填料塔

1—吊柱;2—气体出口;3—回流液入口;4—精馏段塔盘;
5—壳体;6—料进液口;7—人孔;8—提馏塔塔盘;
9—气体入口;10—裙座;11—釜液出口;12—检查孔

1—吊柱;2—气体出口;3—喷淋装置;4—人孔;5—壳体;
6—液体再分配器;7—填料;8—卸填料人孔;9—填料装置;
10—气体入口;11—液体出口;12—裙座;13—检查孔

图 15-1-99 塔结构简图

2) 塔体支座

塔体支座是塔体安放到基础上的连接部分,它必须保证塔体坐落在确定的位置上进行正常工作。为此,它应具有足够的强度和刚度,能承受各种操作情况下的全塔重力载荷,以及风力、地震等引起的载荷,最常用的塔体支座是裙式支座(简称"裙座")。

3) 除沫器

除沫器用于捕集夹带在气流中的液滴。使用高效的除沫器,对回收贵重物料,提高分离效率,改善后续设备的操作状况,以及减少对环境的污染等,都是非常必要的。

4) 接管

塔设备的接管用以连接工艺管线,将塔设备与相关设备连成系统。按用途可将接管分为进液管、出液管、进气管、出气管、回流管、侧线抽出管和仪表接管等。

5) 人孔和(或)手孔

人孔和(或)手孔一般都是为了安装、检修和装填填料的需要而设置的。在板式塔和填料塔中,各有不同的设置要求。

6) 吊耳

塔设备的运输和安装,特别是在设备大型化以后,是一项不容忽视的重要环节。为起吊方便,应在塔设备上焊制吊耳。

7) 吊柱

在塔顶设置吊柱是为了在安装和检修时,方便塔内件的运送。

8) 塔盘元件及丝网除沫器

塔盘由气液接触元件(如浮阀、筛孔、泡罩等)、塔盘板、受液盘、溢流堰、降液管(或降液板)、塔盘支撑件和紧固件等元件组成,如图 15-1-100 和图 15-1-101 所示。

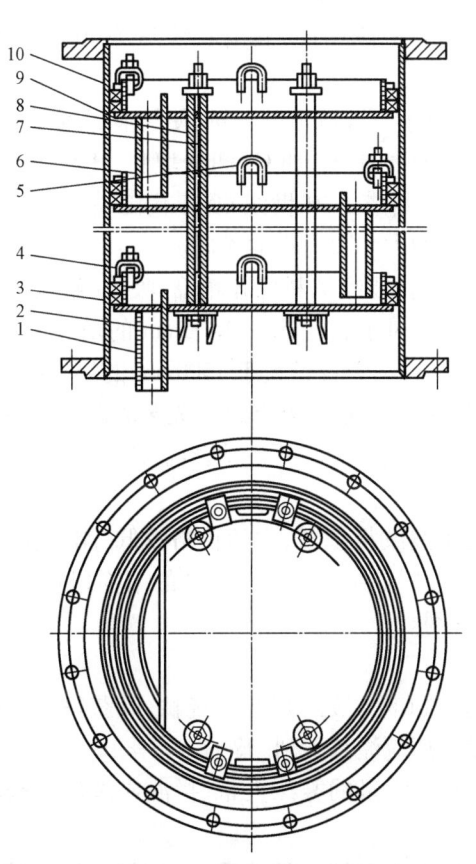

图 15-1-100 定距管式塔盘结构
1—降液管;2—支座;3—密封填料;
4—压紧装置;5—吊耳;6—塔盘圈;
7—拉杆;8—定距管;9—塔盘板;
10—压圈图

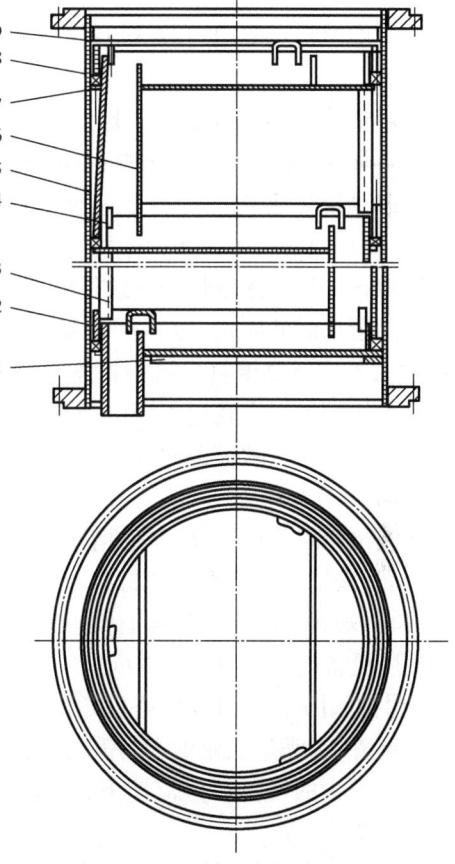

图 15-1-101 重叠式塔盘结构
1—支撑圈;2—压圈;3—角钢;
4—吊耳;5—弓形降液管;
6—降液管侧板;7—塔盘板;
8—密封填料;9—压紧环

(1)溢流堰。

溢流堰具有保持塔盘板上一定的液层高度和促使液流均匀分布的作用。

常用溢流堰有平堰和齿形堰两种,最常用的是平堰,在液流量低时用齿形堰。在用圆作降液管的小塔中,将伸出塔盘板的溢流管上端用作溢流周边。

(2)丝网除沫器。

丝网除沫器具有比表面积大、质量轻、孔隙率大以及使用方便等优点,尤其是它具有除沫效率高、压力降小的特点,使其成为一种广泛使用的除沫装置。

丝网除沫器适用于洁净的气体,不宜用于液滴中含有或易析出固体物质的场合(如碱液、碳酸氢铵溶液等),以免液体蒸发后留下固体堵塞丝网。当雾沫中有少量悬浮物时,应经常冲洗。

9)填料

填料塔采用的填料大致可划分为两大类,即散堆填料和规整填料。

(1)散堆填料。常用的散堆填料有拉西环、鲍尔环、阶梯环、弧鞍填料、矩鞍填料、金属矩鞍环填料等。

(2)规整填料。规整填料的类型很多,有的侧重于气液流道的安排,使气液尽可能均匀分布,如 Stedman 填料、Spragpak 填料;有的侧重于接触面的扩大,如 Goodloe 填料、Hyperfil 填料;有的则考虑尽量降低阻力,出现了各种平行板膜式填料塔。20 世纪 60 年代随着波纹填料的出现,较为满意地解决了流体分布均匀、有效传质面积大和阻力小的矛盾。

波纹填料分为波网填料和波纹板填料两种。目前,波纹填料已在精馏、吸收、解吸等单元操作中得到了广泛的应用,取得了较好的经济效益。对于直径 50~1500mm 的塔(直径小于 50mm 的塔,不用波纹填料),可用整体的波网填料盘。对于直径大于 1500mm 的塔,应采用分块填料。分块填料由人孔运入塔中,并在塔内组装成盘。在塔内组装时,先装填两侧的弓形部分,装填中间一块时,须借助两片金属板导入。应当注意,最下一层的填料盘,网片的方向应垂直于支承栅条。

由于波网填料价格较高,又易堵塞,因此发展了波纹板填料,它的价格较低,刚度较大,且可以用金属、陶瓷及塑料等多种材料制成。波纹板填料的结构与波网填料的结构相同,只是用金属波纹板、塑料波纹板或陶瓷波纹板代替波纹丝网。

10)塔设备设计中应注意的问题

作为主要用于传质过程的塔设备,首先必须使气(汽)液两相充分接触,以获得较高的传质效率。此外,为满足工业生产的需要,塔设备设计还应注意下列问题:

(1)在较大的气(汽)液流速下,仍能保证不发生大量的雾沫夹带、拦液或液泛等破坏正常操作的现象。

(2)当塔设备的气(液)负荷量有较大波动时,仍能在较高的传质效率下进行稳定操作,并且应保证能长期连续操作。

(3)流体通过塔设备的压力降应尽量小。这将大大节省生产中的动力消耗,以降低操作费用。对于减压蒸馏操作,较大的压力降还将使系统无法维持必要的真空度。

(4)结构简单、材料耗用量小、制造和安装容易,以减少基建过程中的投资费用。

（5）耐腐蚀和不易堵塞，方便操作、调节和检修。

3. 典型塔的系列尺寸

油田常用的典型塔器有：原油稳定塔、脱乙烷塔、脱甲烷塔。原油稳定塔用于原油稳定装置中，回收原油中的轻烃组分；脱乙烷塔用于浅冷分离液化石油气产品的装置中，脱除甲烷、乙烷，满足液化石油气产品的质量要求；脱甲烷塔用于深冷装置中，脱除深冷产品中的甲烷，为乙烯化工的生产提供原料。从塔的结构和工作原理上看，脱乙烷塔和脱甲烷塔基本相同，都属于精馏塔，只是操作温度和操作压力有所不同。

如图 15-1-102 所示是脱乙烷塔简图，该塔的工作压力为 3.7MPa，工作湿度为 200℃，介质为不凝气。

如图 15-1-103 所示是原油稳定塔简图，该塔的工作压力为 0.55MPa，工作温度 240℃，介质为原油。

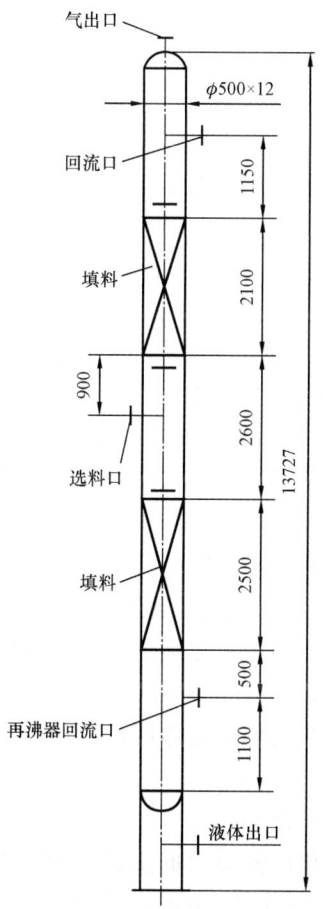

图 15-1-102 脱乙烷塔（单位：mm）

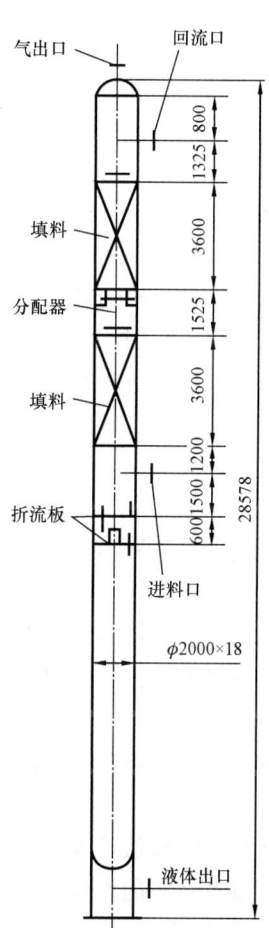

图 15-1-103 原油稳定塔（单位：mm）

七、原油加热、换热设备

1. 加热炉

油田油气集输工程常用的加热设备主要有脱水加热炉、原油外输炉和含油污水加热炉。加热炉根据结构的不同,可分为火筒炉和管式炉。具体分类见表 15-1-24。

表 15-1-24　常用加热炉分类表

序号	加热炉类型			
1	火筒式加热炉	火筒式直接加热炉		
		火筒式间接加热炉	水套炉	
			相变加热炉	真空加热炉
				承压相变加热炉
2	管式加热炉			

1)火筒式加热炉

火筒加热炉包括用于直接加热的火筒炉,以及用于间接加热的水套炉、真空加热炉。

(1)直接式火筒炉。

直接式火筒炉是在密闭容器内布置上称之为火筒的筒形受热面,被加热的工质充满容器,由火筒内的火焰和烟气加热。火筒式加热炉采用"U"形火筒,对于大负荷的火筒式加热炉,采用一根火管和几根烟管组成的火筒。设计时亦可采用其他形式的火筒。当火筒式加热炉采用几组火筒时,微正压燃烧炉每组火筒应有单独的燃烧系统和烟囱,负压燃烧炉每组火筒应有单独的燃烧系统并可共用一个烟囱。"U"形或类似结构形式的火筒有可靠的固定结构,以保证火筒不产生非轴向位移,且不应限制火筒轴向的自由膨胀。火筒是可拆装的,检查和清扫方便,不必拆装加热炉的进、出口油管。

火筒式加热炉在火筒下部设置介质分配器,在壳体上部设置介质出口。

燃料在淹没于被加热液体中的"U"形筒内燃烧,释放出的热量经火筒壁迅速地传给液体。被加热的液体通过入口分配管进入加热炉,这个分配管沿整个加热炉的长度方向均匀地分配液体,并装设在火筒的下方。由于热对流液体向上运动,并被火筒加热。恒温器控制供给燃烧器的燃气量,使液体的温度保持在所需要的整定值。被加热的液体通过靠近火筒末端的壳体顶上的接管流出加热炉。

火筒式加热炉的最低安全液位应高于火筒最高点 175mm。

壳体上开设有必要的人孔、手孔、检查孔,其数量和位置应根据安装、检查、检修和清扫的要求确定。人孔直径不应小于 450mm;手口直径不应小于 100mm;洗炉孔直径不应小于 50mm。火筒式加热炉设置有看火孔,其位置能看到整个火焰燃烧情况。微正压燃烧炉的看火孔应密闭。

火筒式加热炉宜采用双鞍式支座,其中有一个支座为滑动支座。

在烟囱顶部宜装设防风装置。

当操作部位较高时,应根据具体情况装设平台、扶梯和防护栏杆等设施。

火筒炉加热炉结构示意图如图 15-1-104 所示。

(2) 水套炉。

水套炉是在火筒式直接加热炉上部安装有盘管换热器,壳内装满水,被加热工质在盘管内流动,通过壳内的中间介质水对盘管内的被加热工质加热。它的安全性相对较高。缺点是水浴传热系数较小,使换热器体积较大,钢耗较大;考虑运输因素,单台容量较小。

水套炉宜采用蛇形加热盘管,其公称直径不宜大于100mm。根据工艺要求,水套炉设计可采用单组或多组加热盘管,各组盘管应依据各自设计参数进行设计。盘管宜设计成可抽出式结构。火筒式加热炉壳体最低处装设有排污口,其内径不小于40mm。

水套炉加热盘管可采用单管程或多管程,在多管程盘管设计中应使各管程的压力降相等。

常压水套炉壳体顶部设置有加水口和膨胀罐,膨胀罐的容积大于壳体内的水由于升温产生的膨胀量。膨胀罐与壳体接管之间不应装设阀门,寒冷地区应有必要的防冻措施。

水套炉结构示意图如图 15-1-105 所示。

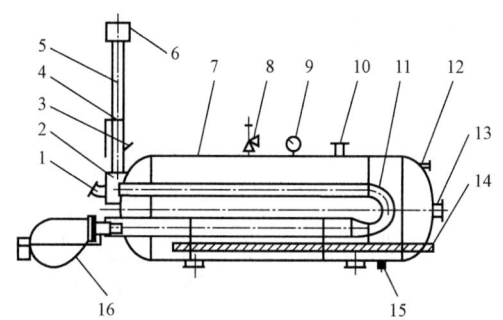

图 15-1-104　火筒炉结构示意图
1—防爆门;2—烟箱;3—烟气取样口;
4—烟囱挡板;5—烟囱;6—烟囱附件;
7—壳体;8—安全阀;9—压力表;
10—液面计口;11—火筒;12—介质出口;
13—检查孔;14—介质进口;
15—排污口;16—燃烧器

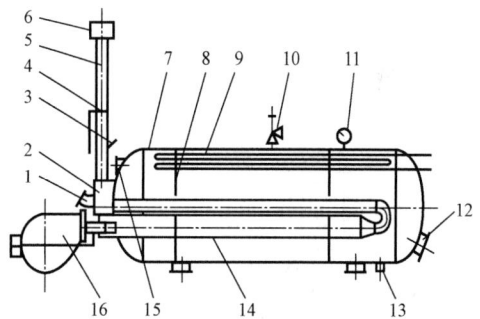

图 15-1-105　水套炉结构示意图
1—防爆门;2—烟箱;3—烟气取样口;
4—烟囱挡板;5—烟囱;6—烟囱附件;
7—壳体;8—花板;9—盘管;
10—安全阀;11—压力表;12—检查孔;
13—排污口;14—火筒;
15—液面计;16—燃烧器

(3) 相变炉。

相变炉是利用不同的压力下水的沸点不同这一特性来工作的,中间介质水在不同压力下沸腾,并在炉体上方盘管外壁冷凝,进行相变换热。按炉内压力大小,相变炉可以分为承压相变炉和负压(真空)相变炉。

筒内形成负压的方法有两种,一种是利用负压泵抽真空技术,另外一种是利用控制措施实现负压:先往负压蒸汽加热炉内加入一定量的水,关闭所有阀门,启动燃烧器加热,此时盘管内介质停运,待筒内压力达到 0.03MPa 时,打开负压炉排气阀,排出筒内的空气,待筒内空气排尽,压力接近 0.01MPa 时,关闭所有阀门,此时开通盘管内介质,饱和蒸汽遇冷后冷凝降温,将

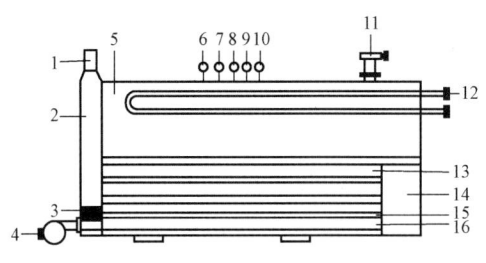

图 15-1-106 相变炉结构示意图

1—烟囱；2—前烟箱；3—炉口砖；4—燃烧器；
5—水蒸气空间；6—温度计；7—温度传感器；
8—液位计；9—液位传感器；10—真空压力表；
11—真空阀；12—加热盘管；13—烟管；
14—后烟箱；15—水空间；16—火筒

炉内温度降低在95℃左右，这个过程相当于一个定容放热过程，根据水蒸气的热物理性质，必然引起炉内压力的降低。采用这种方法可以让炉内压力维持在 -0.03~0.01MPa 之间。炉内负压一是增加了炉体安全；二是压力越低，水越容易汽化，可以提高相变炉的效率。

相变炉结构示意图如图 15-1-106 所示。

2）管式加热炉

管式加热炉的受热面全部由管子构成，被加热的工作介质从管内流过，由管外的火焰和烟气加热。管式炉具有单台容量大、升温快的优点，但容易结焦，需定期清理。根据结构形式一般分为三类：卧式圆筒管式加热炉（图 15-1-107）、立式圆筒管式加热炉（图 15-1-108）、卧式异形管式加热炉（图 15-1-109）。

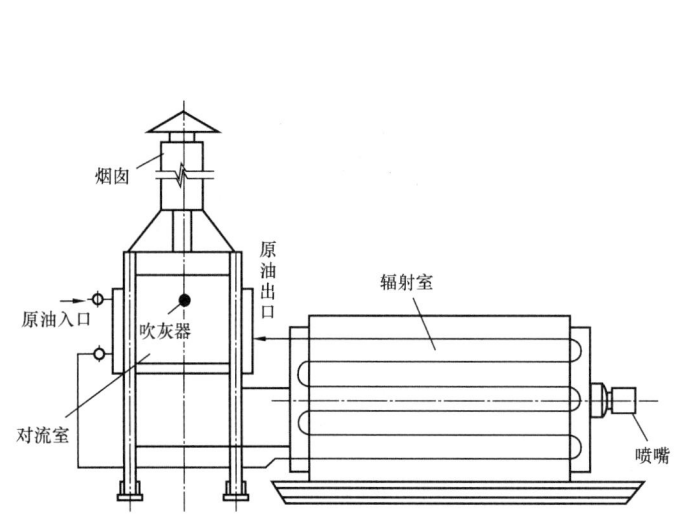

图 15-1-107 卧式圆筒管式炉结构示意图

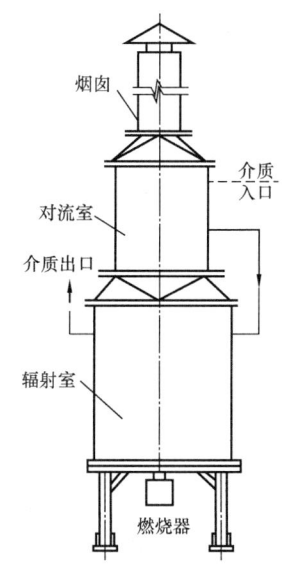

图 15-1-108 立式圆筒管式炉结构示意图

管式加热炉一般由辐射室、对流室、余热回收系统、燃烧器以及通风系统五部分组成。

（1）辐射室（炉膛）。

管式炉的炉膛又称辐射室，它是燃料进行燃烧的地方，也是布置在炉膛壁面的炉管吸收火焰辐射传热空间。辐射室直接受到火焰冲刷，温度最高，必须充分考虑所用材料的强度、耐热性等。这个部分是热交换的主要场所，直接决定全炉热负荷。

（2）对流室。

对流室是靠由辐射室出来的烟气进行对流换热的部分，但实际上它也有一部分辐射热交换,而且有时辐射换热还占有较大的比例。所谓对流室不过是指"对流传热起支配作用"的部位。

从火焰和烟气流动方向看,对流室位于辐射室的后面。对流室内也排列着炉管,这些炉管称为对流管。燃料燃烧所产生的热气经过隔墙流到对流室。其携带的热量以对流的方式传给对流管,对流管将热量再传递给管中介质。

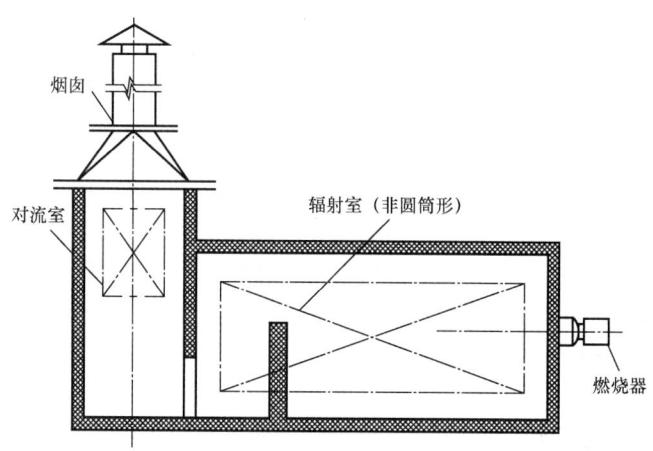

图 15 - 1 - 109　卧式异形管式炉结构示意图

对流室内密布多排炉管,烟气以较大速度冲刷这些管子,进行有效的对流换热。对流室一般担负全炉热负荷的 20%~30%。对流室吸热量的比例越大,全炉的热效率越高,但究竟占多少比例合适,应根据管内流体同烟气的温度差和烟气通过对流管排的压力损失等,选择最经济合理的比值。对流室一般都布置在辐射室之后,与辐射室分开。

（3）炉管。

排列在辐射和对流室中的炉管是吸热介质(原油)的载体,也是换热的媒介。原油在炉管内流动,并吸收火焰的辐射热量和烟气的对流换热量,炉管受火焰的直接辐射或与高温烟气直接接触,在高温高压下进行工作,稍有破裂,里面的原油将喷射出来引起火灾,严重时烧毁整个加热炉。因此炉管的工作条件是十分苛刻的。由于炉管直接受热,所以一般选用优质钢管作炉管。

炉管按其部位可分为辐射管和对流管。按其作用又可分为加热原油管、热水管、燃料油管、空气预热管等。引起加热炉炉管损坏的原因较多,除选材不当,受腐蚀、冲蚀作用外,大部是由于局部过热引起的。当炉型和燃烧器选择不合理,辐射管强度过高,操作不当使火焰舔炉管等都能造成炉管局部过热。

辐射管有两个以上管程时,由于某些因素而引起偏流,当炉管内的流量小到一定值时,炉管得不到应有的冷却作用而升温,使其内部的原油发生结焦,增加流动阻力,进一步减少流量,同时结焦部位的管壁温度进一步上升,如不能及时发现这种恶性循环将引起炉管超温破裂。管内结焦可从以下几个方面加以识别：

① 管表面有发红过热现象或有鼓包等变形现象时；

② 出口原油温差过大；

③ 两管程压力损失发生明显变化；

④ 原油发生了汽化。

（4）余热回收系统。

余热回收方法有三种：一是靠预热燃烧用空气来回收热量，这些热量再次返回炉中；二是预热待燃烧的燃料油，除了提高燃料油温度之外还降低燃料油的黏度，提高燃料油雾化效果，从而达到提高热效率的目的；三是在对流室和烟道间设置热水余热回收装置，热水供站内管道伴热、油罐加热和生活取暖。

3）加热炉的工艺计算

加热炉工艺计算主要包括燃烧计算、热平衡计算、传热计算与阻力计算等。计算的一般步骤是：首先收集整理原始资料，确定基本炉型结构；其次进行燃烧计算及热平衡等辅助计算；随后进行火筒、烟管、盘管（辐射段、对流段）等的热力计算；最后进行阻力计算。火筒式加热炉计算与锅炉计算类似，较为常规，一般采用校核的方式，估取各阶段烟气温度，计算烟气放热量与受热面由于辐射和对流产生的传热量，两者误差满足设计要求时，取最终合适的烟气温度，本书不再详细描述。

管式加热炉燃烧计算、热平衡计算与锅炉类似，传热及阻力计算采用不同的计算方法。

（1）辐射段的热力计算。

① 一般规定。

辐射段的传热计算采用罗伯—伊万斯（Lobo – Evans）的图解计算方法。

辐射段计算时，应首先假设一些数据，具体包括以下内容：

a. 辐射段炉膛平均烟气温度 T_g，K；

b. 辐射段热负荷 Q_R（按照加热炉热负荷的 65% ~ 75% 估算），kW；

c. 辐射炉管管壁平均温度 T_w（按辐射炉管内介质平均温度加 30 ~ 60℃ 考虑，炉管内介质平均温度为炉管内介质进出口温度之和的一半），K；

d. 辐射炉管平均表面热流密度、炉管内介质质量流速、管径等按 SY/T 0538《管式加热炉规范》有关要求选取。

② 辐射段热平衡的计算。

辐射段传热速率方程式见式（15 – 1 – 93）：

$$Q_R = [4.93 \times 10^{-8} F_a A_{cp} F(T_g^4 - T_w^4) + C_1 F_a A_{cp} F(T_g - T_w)] \times 1.163 \times 10^{-3}$$

(15 – 1 – 93)

式中 Q_R——辐射段热负荷，kW；

F_a——有效吸收因数[单排管单面辐射时，取如下数值：当辐射炉管管心距 $S = 2D$（D 为辐射炉管外径，m）时，取 $F_a = 0.88$；当辐射炉管管心距 $S = 1.82D$ 时，取 $F_a = 0.91$]；

A_{cp}——当量平面（按 SY/T 0538《管式加热炉规范》的公式计算），m²；

F——气体交换因数（按 SY/T 0538《管式加热炉规范》的公式计算）；

T_g——辐射段炉膛平均烟气温度,K;

T_w——辐射炉管管壁平均温度,K;

C_1——系数(辐射段为圆筒形时,$C_1 = 40.60$;辐射段为箱形时,$C_1 = 34.20$)。

辐射段热平衡方程式见式(15-1-94):

$$Q_R = \frac{B}{3.6}(Q_e + Q_a + Q_f + Q_s)(1 - q_R - q_g) \times 10^{-3} \quad (15-1-94)$$

式中 Q_R——辐射段热负荷,kW;

B——燃料用量,m³/h 或 kg/h;

Q_e——燃料的低热值,kJ/kg(燃料油)或 kJ/m³(燃料气);

Q_a——空气进炉显热(空气不预热时可不计),kJ/kg 或 kJ/m³;

Q_f——燃料进炉显热,kJ/kg(燃料油)或 kJ/m³(燃料气);

Q_s——蒸汽进炉显热,kJ/kg;

q_R——辐射段表面散热损失(取 1%~1.5%);

q_g——离开辐射段的烟气(T_g)带走的热量损失,%。

采用试算法,按假设的各种炉膛温度 T_g 代入计算,直至两式计算的 Q_R 近似相等,此时的 T_g 和 Q_R 即为最终计算结果。

(2)对流段的热力计算。

① 对流段总传热系数的计算见式(15-1-95)和式(15-1-96)。

$$k_c = \frac{h_i^* h_o^*}{h_i^* + h_o^*} \times 10^{-3} \quad (15-1-95)$$

$$h_i^* = \frac{1}{\frac{1}{h_i} + M_i} \quad (15-1-96)$$

式中 k_c——对流段总传热系数,kW/(m²·K);

h_i^*——包括结垢热阻在内的管内膜传热系数,kW/(m²·K);

h_o^*——包括结垢热阻在内的管外膜传热系数,kW/(m²·K);

h_i——管内膜传热系数,kW/(m²·K);

M_i——管内膜结垢热阻,kW/(m²·K)。

② 对流段平均温度差的计算见式(15-1-97)和式(15-1-98)。

$$\Delta t = \frac{(t_g - t'_1) - (t_s - t_1)}{\ln \frac{t_g - t'_1}{t_s - t_1}} \quad (15-1-97)$$

$$t'_1 = t_2 - (t_2 - t_1)\frac{Q_R}{Q} \quad (15-1-98)$$

式中 Δt——对流平均温度差,℃;

t_g——对流段烟气进口温度(即辐射段炉膛烟气平均温度),℃;
t'_1——对流段被加热介质的出口温度(即辐射段被加热介质的进口温度),℃;
t_s——对流段烟气出口温度,℃;
t_1——对流段被加热介质的进口温度,℃;
t_2——被加热介质的出炉温度,℃。

③ 管内膜传热系数。

管内膜传热系数应按对流管内介质的不同流动状态分别计算。

a. 管内介质流动状态为紊流(雷诺数 $Re > 10^4$)。

管内介质为液体时:

$$h_i = \frac{0.0267}{d_i} Re^{0.8} \cdot \lambda \cdot Pr^{\frac{1}{3}} \left(\frac{\mu}{\mu'}\right)^{0.14} \qquad (15-1-99)$$

管内介质为水时:

$$h_i = [3600(1+0.015t)W^{0.8}/(100d_i)^{0.2}] \times 1.163 \qquad (15-1-100)$$

管内介质为气体时:

$$h_i = 0.0244 \frac{\lambda}{d_i} \cdot Re^{0.8} \cdot Pr^{0.4} \left(\frac{T}{T_w}\right)^{0.5} \qquad (15-1-101)$$

式中 h_i——管内膜传热系数,kW/(m²·K);
d_i——炉管内径,m;
Re——雷诺数;
λ——管内介质在平均温度下的热导率,W/(m·K);
Pr——普朗特数;
μ——管内介质在平均温度下的动力黏度,Pa·s;
μ'——管内介质在管壁温度下的动力黏度,Pa·s;
t——管内介质的平均温度,℃;
W——管内介质流速,m/s;
T——管内介质的平均温度(对流段介质进出口温度和的一半),K;
T_w——对流炉管管壁温度(管内介质平均温度加30℃),K。

b. 管内介质流动状态处于紊流水力光滑区(雷诺数 $Re = 2200 \sim 10000$)。

管内介质为液体时:

$$h_i = \frac{0.135}{d_i}(Re^{0.667} - 125)\lambda \cdot Pr^{0.33}\left[1 + \left(\frac{d_i^{0.667}}{L}\right)\right]\left(\frac{\mu}{\mu'}\right)^{0.14} \qquad (15-1-102)$$

管内介质为气体时:

$$h_i = \frac{0.025}{d_i}(Re^{0.8} - 100)\lambda \cdot Pr^{0.4}\left[1 + \left(\frac{d_i}{L}\right)^{0.667}\right]\left(\frac{T}{T_w}\right)^{0.5} \qquad (15-1-103)$$

式中　L——炉管程炉管长度，m。

　　c. 管内介质流动状态为层流（雷诺数 $Re<2200$）。

$$h_i = \frac{2.163}{d_i}\lambda \cdot Re^{0.33} \cdot Pr^{0.33}\left(\frac{d_i}{L}\right)^{0.33}\left(\frac{\mu}{\mu'}\right)^{0.45} \qquad (15-1-104)$$

④ 对流段采用光管时管外膜传热系数。

　　a. 烟气对流传热系数：

$$h_{oc} = 10.98\frac{G_g^{0.667}T_s^{0.3}}{d_c^{0.333}} \qquad (15-1-105)$$

式中　h_{oc}——光管的对流传热系数，kW/(m²·K)；
　　　G_g——对流段烟气质量流速，kg/(m²·s)；
　　　T_s——对流段烟气平均温度，K；
　　　d_c——对流炉管外径，mm。

　　b. 烟气辐射传热系数：

$$h_{or} = \frac{5.675 \times 10^{-8}\left(\frac{1+\varepsilon_f}{2}\right)\left(\varepsilon_g T_A^4 - \varepsilon_f T_w^4\right)}{(T_A - T_w)} \qquad (15-1-106)$$

式中　h_{or}——烟气辐射传热系数，kW/(m²·K)；
　　　T_A——平均气体温度（管内介质平均温度 T 加对数平均温差 Δt），K。

　　c. 管外膜传热系数：

$$h_o = 1.1(h_{oc} + h_{or}) \qquad (15-1-107)$$

　　d. 包括结垢热阻在内的管外膜传热系数：

$$h_o^* = \frac{1}{\frac{1}{h_o} + M_o} \qquad (15-1-108)$$

式中　M_o——管外膜结垢热阻，m²·K/W。

⑤ 对流段采用钉头管时管外膜传热系数。

$$h_s = 10.98\frac{G_g^{0.667}T_s^{0.3}}{d_c^{0.333}} \qquad (15-1-109)$$

$$h_s^* = \frac{1}{\frac{1}{h_s} + 0.0043} \qquad (15-1-110)$$

$$\Omega = \frac{\text{th}(mb)}{mb} \qquad (15-1-111)$$

$$m = \left(\frac{h_s l_s}{0.86 \lambda_s a_x}\right)^{\frac{1}{2}} \tag{15-1-112}$$

$$h_{oc}^* = \frac{1}{\dfrac{1}{h_{oc}} + 0.0043} \tag{15-1-113}$$

$$h_o^* = 1.163 \frac{h_s^* \Omega a_s + h_{oc}^* a_b}{a_o} \tag{15-1-114}$$

式中　h_s——钉头表面传热系数,W/($m^2 \cdot$ K);
　　　h_s^*——包括结垢热阻在内的钉头表面传热系数,W/($m^2 \cdot$ K);
　　　Ω——钉头效率;
　　　b——钉头高,m;
　　　l_s——钉头周边长,m;
　　　d_c——钉头直径,m;
　　　λ_s——管材热导率,W/(m·K);
　　　a_x——钉头断面面积,m^2;
　　　th——双曲正切;
　　　G_g——烟气通过钉头管束时的质量流速,kg/($m^2 \cdot$ s);
　　　h_{oc}^*——包括结垢热阻在内的钉头管的光管部分管外对流传热系数,W/($m^2 \cdot$ K);
　　　m——系数;
　　　h_o^*——包括结垢热阻在内的钉头管管外膜传热系数,kW/($m^2 \cdot$ K);
　　　a_s——每米钉头管的钉头部分外表面积,m^2;
　　　a_b——每米钉头管光管部分的外表面积,m^2;
　　　a_o——每米钉头管的光管的外表面积,m^2。

⑥ 对流段采用环向翅片管时管外膜传热系数。

a. 翅片效率:

$$\Omega_f = \frac{\text{th}\left(x\sqrt{\dfrac{2h_{oc}^*}{\lambda y}}\right)}{x\sqrt{\dfrac{2h_{oc}^*}{\lambda y}}} \tag{15-1-115}$$

式中　Ω_f——翅片效率;
　　　x——翅片高度,m;
　　　y——翅片厚度,m。

b. 包括结垢热阻在内的翅片管管外膜传热系数:

$$h_o^* = h_{oc}^* \frac{\Omega_f a_f + a_o}{a_o} \tag{15-1-116}$$

式中 h_o^*——包括结垢热阻在内的翅片管管外膜传热系数,kW/(m²·K);
a_f——每米翅片管的翅片表面积,m²;
a_o——每米翅片管的光管部分表面积,m²。

⑦ 对流炉管的表面积和管排数的计算见式(15-1-117)和式(15-1-118)。

$$A_c = \frac{Q_c}{K_c \Delta t} \quad (15-1-117)$$

$$N_c = \frac{A_c}{n_w L_c d_e \pi} \quad (15-1-118)$$

式中 Q_c——对流段热负荷,kW;
A_c——对流炉管表面积,m²;
N_c——对流炉管管排数;
n_w——每排对流炉管的根数;
L_c——每根对流炉管的有效长度。

(3) 炉管阻力计算。

加热炉炉管总压力降等于辐射段炉管压力降、对流段炉管压力降、被加热介质进口与工艺管线间高度差造成的压力降三部分之和。对于辐射段和对流段,当液体介质无变化,炉管压力降的计算见式(15-1-119)和式(15-1-120):

$$\Delta p = 2f \frac{L_e}{d_i} u^2 \rho \times 10^{-6} \quad (15-1-119)$$

$$L_e = nL + (n-1)\varphi d_i \quad (15-1-120)$$

式中 Δp——介质通过辐射炉管或对流炉管的压力降,MPa;
L_e——每程辐射炉管或每程对流炉管的当量长度,m;
n——每程辐射炉管或每程对流炉管的根数;
u——辐射段或对流段管内介质的流速,m/s;
ρ——炉管介质在操作条件下的密度,kg/m³;
L——每根炉管的长度,m;
φ——炉管连接形式系数(采用180°急弯弯头时,$\varphi=45$);
f——水力摩擦系数;
d_i——炉管内径,m。

2. 导热油炉

油田油气集输工程中应用的导热油炉主要以油气作为燃料,根据其结构外形、辐射盘管形式和燃烧器的布置可分为以下4种炉型:密集螺旋管卧式圆筒炉(端墙侧烧)、密集螺旋管立式圆筒炉(顶烧或底烧)、水平管卧式圆筒炉(端墙侧烧)、水平管八角箱形炉(端墙侧烧);随着环保要求的不断提高,油田站场中电加热导热油炉逐渐得到应用,下面就这几种炉型进行介绍。

1)密集螺旋管卧式圆筒炉(端墙侧烧)

密集螺旋管卧式圆筒炉中导热油沿炉身的盘管流动,炉身的中心部为燃烧器,其位置设置在炉身前端。整个炉体为圆筒状,结构示意图如图15-1-110所示。

加热管是由多根密集蛇管沿炉身盘卷而成,各管的长度不一,为保证整个系统的稳定运行,加热后各盘管的出口处导热油的温度差必须尽量小。盘管数与导热油的循环回路相关,最低2回路,最高8回路,可根据导热油的循环量、加热管口径和压力损失等确定,循环回路少,流速加快,载热体的油膜传热系数加大,导热油的管壁温度可控制得较低,压力损失加大;循环回路多,情况相反。一般在辐射段管内流速不低于2m/s,对流段管内流速不低于1.5m/s,压力损失 $0.1 \sim 0.2 MPa$ 条件下考虑导热油管壁温度来确定循环回路数目。

燃料经燃烧器形成火炬,在燃烧室产生的高温燃烧气体(1000~1100℃)通过炉胆壁传递辐射热;作为燃烧室的设计条件,首先火焰不能燃及加热管,且能产生最合适的热强度(单位面积的传热量 kW/m^2),热强度对加热管的管壁温度影响很大,过大会缩短导热油寿命。燃烧产生的高温烟气在回燃室汇聚,以无固定流向在内、外盘管的间隙中流动,通过对流换热放出热量;烟气温度逐渐降低进入前烟箱,转向光管管束,进入后烟箱经烟囱排入大气。

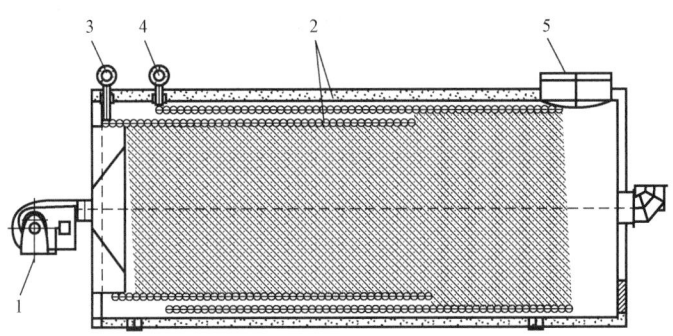

图15-1-110 密集螺旋管卧式圆筒炉(端墙侧烧)结构示意图
1—燃烧器;2—盘管;3—冷油进口;4—热油出口;5—烟气出口

2)密集螺旋管立式圆筒炉(顶烧或底烧)

立式圆筒炉一般用于10MW以上的大型导热油加热炉,辐射部加热管由多根密集蛇管沿炉身盘卷而成,加热管吊挂固定在辐射部的顶端;对流部加热管按错位排列固定在管板上,也是由多根密集蛇管沿炉身盘卷而成,加热管的循环回路数的确定因素与密集螺旋管卧式圆筒炉相同。为提高供热效果,在对流部的加热管上装有散热片,散热片间容易沉积烟尘,一般配有在线吹灰系统。

在炉床上同时设有多个向上(向下)的燃烧喷火嘴,燃料经底部或顶部的燃烧器燃烧形成高温燃烧气体,在燃烧室形成辐射传热面,通过炉身上部(下部)对流部后,燃烧废气通过烟囱排出,同时导热油由对流部的管接头进入,经多组加热管流到对流部,再经管束流入辐射部,该炉型辐射部的热通量较小,设计上对导热油的要求不太苛刻。

结构示意图如图15-1-111所示。

3）水平管卧式圆筒炉（端墙侧烧）

水平管卧式圆筒炉中的导热油沿炉身的水平管流动，炉身的中心部为燃烧器，其位置设置在炉身前端。整个炉体为圆筒状。

加热管是由水平管沿炉身敷设而成，各管的长度不一，为保证整个系统的稳定运行，加热后各盘管的出口处导热油的温度差必须尽量小。盘管数可根据导热油的循环量、加热管口径和压力损失等确定。

4）水平管八角箱形炉（端墙侧烧）

水平管八角箱形炉中的导热油沿炉身的水平管流动，炉身的中心部为燃烧器，其位置设置在炉身前端。整个炉体为八角状。

加热管是由盘卷直径相异的水平管沿炉身敷设而成，各管的长度不一，为保证整个系统的稳定运行，加热后各盘管的出口处导热油的温度差必须尽量小。盘管数可根据导热油的循环量、加热管口径和压力损失等确定。

5）电加热导热油炉

电加热导热油炉是以电能作为热源的导热油炉。炉体结构简单，电加热管插入罐体内，浸没在工质中。电加热管的只数和保护管的材料，需根据工艺所需的温度、热流密度、散热损失等计算确定。

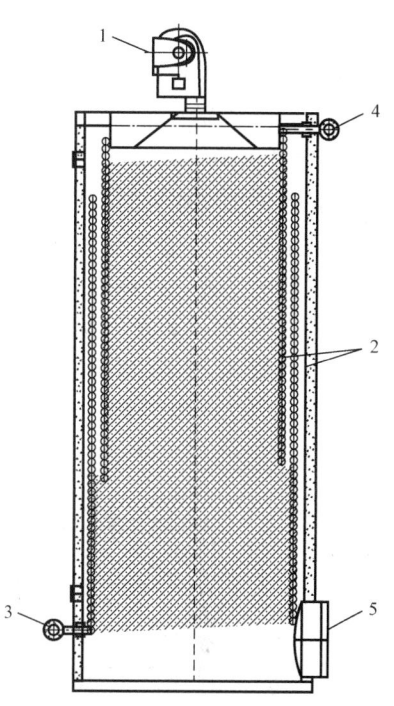

图 15-1-111　密集螺旋管立式圆筒炉（顶烧或底烧）结构示意图
1—燃烧器；2—盘管；3—冷油进口；
4—热油出口；5—烟气出口

小型炉温度控制采用单纯的电源开关即可。大型炉温度控制可考虑将加热管分区，使用局部控制开关进行控制。

电加热导热油炉结构如图 15-1-112 所示。

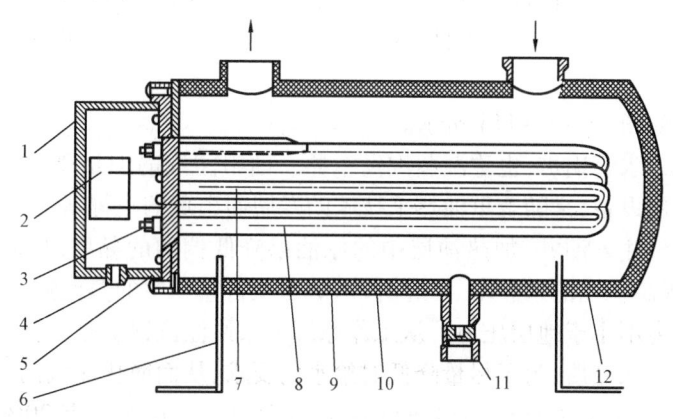

图 15-1-112　电加热导热油炉结构示意图
1—密封盖；2—温控器、过热保护器；3—接线板；4—引线圈；5—法兰盖；6—底座；
7—温控管；8—电加热管；9—外壳；10—保温层；11—排污口；12—内胆

3. 锅炉

油田用锅炉一般为工业锅炉,用于站场生产及采暖,多为热水锅炉及蒸汽锅炉。锅炉按结构分为锅壳锅炉及水管锅炉两种。

1) 锅壳锅炉

锅壳锅炉烟气在火筒(俗称炉胆)和烟管中流动,以辐射和对流的方式将热量传递给工质。容纳水和蒸汽,兼作锅炉外壳的筒形受压容器被称为锅壳。燃烧装置布置在火筒中,并以火筒为炉膛的燃烧方式称为内燃;反之,燃烧器装置布置在锅壳之外的称为外燃。站场通常采用的卧式内燃锅炉,容量可达20t/h。燃油燃气锅炉炉膛微正压燃烧器,无引风机,达到了结构和布置上的紧凑、快装,运行上的高效、清洁、安全可靠和自动化。

锅壳锅炉结构如图15-1-113所示。

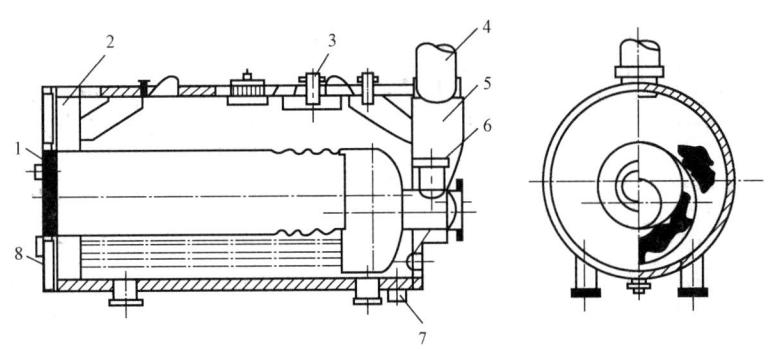

图15-1-113 锅壳锅炉结构示意图
1—火筒;2—前烟箱;3—蒸汽出口;4—烟囱;5—后烟箱;6—防爆门;7—排污管;8—热风道

站场用常压热水锅炉多为锅壳锅炉,锅壳内介质与大气联通,介质压力为常压。

2) 水管锅炉

水管锅炉的特点是汽水在管内流动,烟气在管外冲刷流动。水管锅炉在结构上的优势,为增大容量和提高蒸汽参数创造了条件,站场通常采用的是双锅筒纵置式水管锅炉,型号为SZS。

水管锅炉结构如图15-1-114所示。

注汽锅炉可算为水管锅炉,也称湿蒸汽发生器。油田注汽锅炉是20世纪80年代从外国引进的油田开发专用设备,是随着重油热采技术的发展而出现的一种新型工业锅炉,利用所产生的高温高压湿蒸汽注入油井,加热油层中的原油以降低稠油的黏度,从而增加稠油的流动性,能够大幅度地提高稠油的采收率。因注汽锅炉必须将它产生的蒸汽强制送入地下油层,所以它的设计工作压力不小于地层压力。从工作原理上来讲注汽锅炉是一种高压直流锅炉。直流锅炉要求很高的给水品质,为了尽量降低对给水的要求,从而简化注汽锅炉配套的水处理设备,注气锅炉一般生产干度为80%的湿饱和蒸汽,在蒸汽出口中至少有20%的炉水可溶解成各种残余盐分。这样既能最大限度地提高送入地下的每千克蒸汽的热量,又最大限度地在廉价的水处理设备基础上保证锅炉的正常运行。

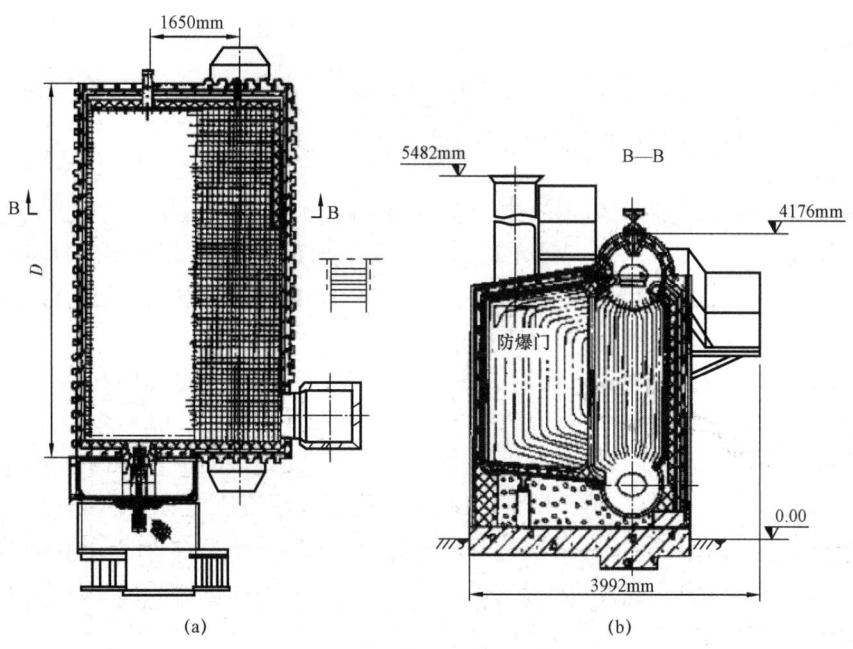

图 15-1-114 水管锅炉结构示意图

注汽锅炉主要部件和辅助装置见表 15-1-25，注汽锅炉结构如图 15-1-115 所示。

表 15-1-25 注汽锅炉的主要部件和辅助装置

名称		主要作用
主要部件	辐射段	保证燃料燃尽并使出口烟气温度冷却到对流段受热面能安全工作的数值
	对流段	利用锅炉尾部烟气的热量加热给水，以降低排烟温度，节约燃料
	燃烧器	将燃料和燃烧所需空气送入炉膛并使燃料着火稳定，燃烧良好
辅助装置	给水泵	将水处理设备处理的给水供应锅炉
	燃料供给系统	储存和运输燃料到锅炉燃烧
	自动控制装置	自动检测、自动保护、自动调节和程序控制
	给水预热器	提升进入对流段的给水温度，防止发生低温腐蚀
	送风装置	由送风机将空气送入炉膛

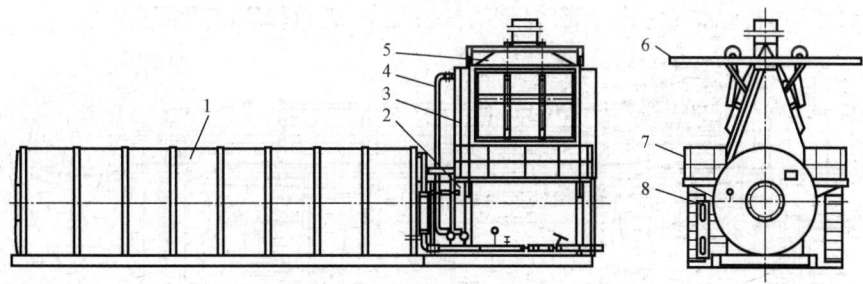

图 15-1-115 注汽锅炉结构示意图

1—辐射段；2—过渡段；3—对流段；4—外部管路；5—烟囱与烟囱过渡管；6—悬吊装置；7—平台扶梯；8—给水预热器

4. 换热器

换热器的种类繁多,按照其传热面的形状和结构进行分类可分为管型、板型和其他形式换热器。常用的换热器形式为管壳式换热器、板式换热器。

1）管壳式换热器

一般来说管壳式换热器制造容易,生产成本低,选材范围广,清洗方便,适应性强,处理量大,工作可靠,且能适应高温高压。管壳式换热器在美国是依据广泛使用的 TEMA 规范进行分类和设计,在欧洲使用 DIM 规范进行分类和设计,在日本使用 JISB 规范进行分类和设计,在我国是按照 GB 151《热交换器》进行分类和设计。

油田常用的类型为固定管板式换热器、浮头式换热器和"U"形管式换热器。

(1) 固定管板式换热器。

固定管板式换热器的两端管板,采用焊接的方法与壳体连接固定,如图 15-1-116 所示。这种换热器结构简单、造价低。但壳侧清洗困难,宜用于壳程流体不易结垢或能化学清洗的场合。当管束和壳体之间温差太大而产生不同热膨胀时,会使管子与管板的接口脱开,从而发生介质泄漏。为此常在外壳上焊一节膨胀节,以减小热应力。因此,这种换热器比较适合用于温差不大或温差较大但壳程压力不高的场合。

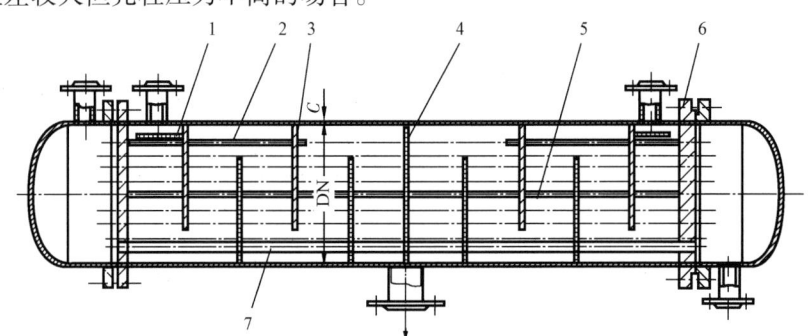

图 15-1-116 固定管板式换热器结构示意图

1—防冲板;2—拉杆;3—单弓形折流板;4—分流割板;5—旁路挡板;6—带法兰管板;7—传热管

(2) 浮头式换热器。

浮头式换热器两端管板只有一端管板与壳体固定,而另一端可以在壳体内自由移动,该端称为浮头,如图 15-1-117 所示。当两种介质温差较大时,管束和壳体之间不产生温差应力,浮头端可设计成可拆结构,容易清洗,但是结构较复杂,造价较固定管板式高。

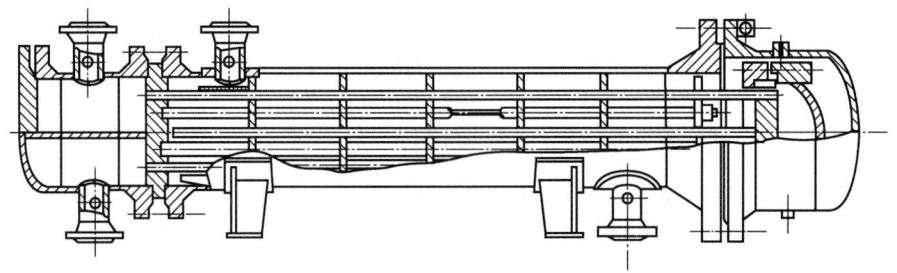

图 15-1-117 浮头式换热器结构示意图

(3)"U"形管式换热器。

"U"形管式换热器仅有一块管板,将管子弯成"U"形,管子两端固定在同一块管板上,如图15-1-118所示。由于壳体和管子分开,管束可以自用伸缩,不会因管壁、壳壁之间的温差而产生热应力,热补偿性能好。管程为双管程,流程较长,流速较高,传热性能好,承压能力强。"U"形管式换热器,一般用于高温高压的情况下。

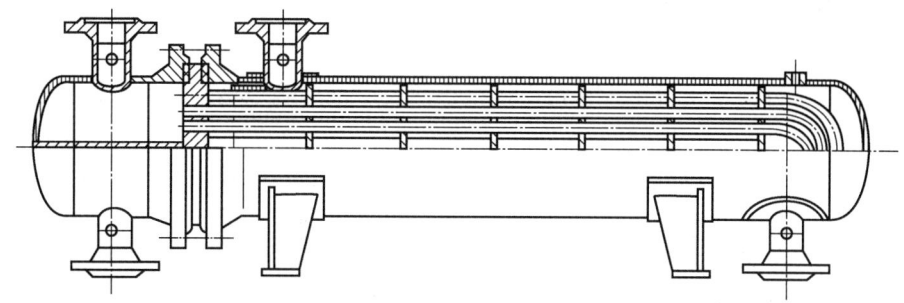

图15-1-118 "U"形管式换热器结构示意图

2)板式换热器

板(片)式换热器的基本构造如图15-1-119所示。板片是传热元件,一般由0.4~0.8mm的金属板压制成波纹状,波纹板片上贴有密封垫圈,板片按照设计的数量和顺序安放在固定压紧板和活动压紧板之间,然后用压紧螺柱和螺母压紧,上下导杆起着定位和导向作用。固定压紧板、活动压紧板、导杆、螺柱、螺母、前支杆可统称为板式换热器的框架;众多的板片和垫片可称为板束。板式换热器的零部件品种少,通用性极强,十分有利于成批生产和使用维修。

板式换热器的主要优点是:总传热系数高,占地面积小,可多种介质换热,对数平均温差大,末端温差小,使用和维护方便。主要缺点是:工作压力小,一般不超过1.6MPa,焊接型板式换热

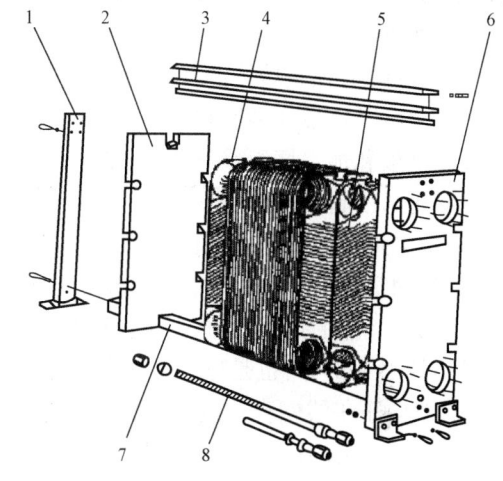

图15-1-119 板(片)式换热器结构示意图
1—前支柱;2—活动压紧板;3—上导杆;4—垫片;
5—板片;6—固定压紧板;7—下导杆;8—压紧螺柱、螺母

器可达2.5MPa;工作温度取决于垫圈材料所能承受的温度;有较大颗粒和纤维的介质时,由于板间流道的平均间隙小,且流道曲折多变,流道容易堵塞。

八、原油存储设备

1. 储罐的主要分类

油田常用储罐从结构形式上分为立式储罐、卧式储罐及球形储罐。

卧式圆筒形储罐的容量较小,常用于储存带压油品。球形储罐的容量相对大一些,一般用

于储存带压介质。立式圆筒形储罐通常为常压或微正压储罐,按其罐顶结构又可分为固定顶储罐、浮顶储罐,以及既有浮顶又有固定顶的内浮顶储罐三大类。

1）立式储罐

（1）固定顶储罐。

固定顶储罐按罐顶形式通常可分为锥顶储罐、拱顶储罐和网壳顶储罐。拱顶、网壳顶甚至锥顶也可用作内浮顶储罐的固定顶。

① 锥顶储罐。

锥顶储罐通常分为自支撑锥顶和柱支撑锥顶两类。锥形罐顶是一种形状接近于正圆锥体的罐顶。

a. 支撑锥顶,其顶部荷载通过锥顶周边支撑于罐壁上。锥顶坡度最小为1/6,最大为3/4。

b. 柱支撑锥顶,其顶部荷载依靠檩条、梁及支柱支撑。锥顶坡度不应小于1/16。支柱可采用钢管或型钢制造。采用钢管制造时,可制成密闭式,也可设置放空孔和排气孔。柱子下端应插入导座内,柱子与导座不得相焊,导座应焊在罐底板上。此种结构国内较少采用,但国外工程中常要求采用。

② 拱顶储罐。

拱顶储罐的顶是球体的一部分（球缺）,为自支撑。拱顶又可分为无加强肋拱顶（一般容积小于$1000m^3$）、带加强肋拱顶（一般容积大于$1000m^3$而小于$20000m^3$）。带加强肋拱顶由5～6mm顶板和加强筋组成,球壳的曲率半径为0.8～1.2倍罐直径。

③ 网壳顶储罐（球面网壳）。

当带加强肋拱顶球壳的曲率半径超过40m时,罐顶单位面积用钢量会增加很多,已不太适用。当固定顶尺寸较大时,可采用网壳顶。网壳顶的网壳通常为球面网壳,网壳顶储罐就是由球面网壳支撑的拱顶储罐。因它没有支柱,也可以称作网壳自支撑球面顶。球面顶就是拱顶,是球体的一部分,也是球缺。工程上常用的球面网壳顶有两类：

a. 双向子午线网壳。网壳由两组子午线上的交叉杆件组成。构架可视为双层,一组子午线上的杆在上层,另一组子午线上的杆在下层,构成完整的网壳。网壳和其上的蒙皮不相焊,蒙皮板之间采用焊接连接,起密闭作用。网壳常由型钢制作,蒙皮多为4～6mm钢板。网壳顶的设计、制作和安装通常由专业技术公司完成,设计方仅需按工况需要提出要求即可。

b. 短程线三角球面网壳。三角形网壳的网架全部为三角形单元。三角形单元由构件组成。三角形的3个顶点位于球面上,每个顶点与6根杆件相连。API 650对此种网壳有详细规定,即采用铝质网壳构件和铝质蒙皮,蒙皮和构件采用铆接相连。铝材较贵,国内较少采用。此种网壳也可采用钢质构件和钢质蒙皮。网架的设计、制作和安装通常由专业技术公司完成,设计方仅需按工况提供要求即可。

（2）浮顶储罐。

浮顶储罐一般指外浮顶罐,浮顶直接漂浮在储液表面上,随着储液液面上下浮动。浮顶与罐壁之间有一个环形空间,在这个环形空间中配有密封元件。浮顶和环形空间中的密封元件形成了储液表面的覆盖层,使罐内的储液与大气完全隔离,从而大大减小了储液在储存过程中的蒸发损失,保证了安全,减少了对大气的污染。

浮顶有单盘式、双盘式和浮子式等多种形式。

单盘式浮顶主要由单盘和环形浮舱两部分组成。其中单盘是一层薄钢板,环形浮舱由浮舱顶板、浮舱底板、内边缘板、外边缘板、隔板及加强框架、加强肋等组成的若干独立隔舱组合而成。

双盘式浮顶由浮顶顶板、浮顶底板、边缘板、环向隔板、径向隔板及加强框架等组成。浮顶底部为水平的,而顶部具有一定的排水坡度。对于直径较小的储罐,顶板坡度是向心的,浮顶中央最低,即"V"形浮顶;对于直径较大的储罐,顶板坡度是双向的,即"W"形浮顶,浮顶中央及边缘较高。

在单盘和双盘浮顶上一般设置有浮顶支柱、自动通气阀、浮顶排水系统、浮顶密封系统、量油导向装置、转动扶梯及轨道、浮顶人孔、船舱人孔、静电导出线、泡沫挡板等附件。

(3) 内浮顶储罐。

内浮顶储罐是在固定顶储罐内部再加上一个浮动顶盖。它主要由罐体、内浮盘、密封装置、导向和防转装置、静电导线、通气孔、高低液位报警器等组成。

内浮盘材料除了碳钢和不锈钢外,还有铝合金板、硬泡沫塑料、各种复合材料以及它们的组合。

内浮顶罐具有许多优点,应用范围越来越广,是一种很有发展前途的储罐。美国石油协会认为:设计完善的内浮盘是迄今为止控制油罐蒸发损耗最好和最经济的方法。

2) 卧式储罐和球形储罐

典型球形储罐的结构主要由球体、支柱、拉杆、平台和扶梯组成。球形储罐形式多样,按壳体层数不同,可分为单层和双重壳球罐;按支撑方式不同,可分为柱式和裙式;按球壳板的结构形式不同,可分为桔瓣式、足球瓣式和混合式。目前工程中广泛采用的是支柱支撑的桔瓣式和混合式球形储罐。

卧式储罐结构简单,主要由封头、筒体和鞍式支座组成。

2. 储罐的结构设计

卧式储罐和球形储罐设计详见相关规范,在这里不再详细叙述。

下面主要介绍立式圆筒形储罐结构设计。

1) 罐壁设计

罐壁厚度计算常用两种方法:一是定点法,即一英尺法;二是变点法。定点法用于较小油罐设计,采用此方法时各圈壁板的应力分布比较合理;对于较大的油罐,如 $5 \times 10^4 \mathrm{m}^3$ 以上(直径 60m 以上)油罐,采用变点法时材料利用比较合理,但计算比较麻烦。

(1) 定点法罐壁厚度计算。

$$t_\mathrm{d} = \frac{4.9D(H - 0.3)\rho}{[\sigma]_\mathrm{d}\phi} \qquad (15-1-121)$$

$$t_\mathrm{t} = \frac{4.9D(H - 0.3)}{[\sigma]_\mathrm{t}\phi} \qquad (15-1-122)$$

式中　t_d——储存介质条件下罐壁板的计算厚度,mm;
　　　t_t——试水条件下罐壁板的计算厚度,mm;
　　　D——油罐内径,m;
　　　H——计算液位高度[从所计算的那圈罐壁板底端到罐壁包边角钢顶部的高度,或到溢流口下沿(有溢流口时)的高度],m;
　　　ρ——储液相对密度(取储液与水的密度之比);
　　　$[\sigma]_d$——设计温度下钢板的许用应力,MPa;
　　　$[\sigma]_t$——常温下钢板的许用应力(按规范规定),MPa;
　　　ϕ——焊接接头系数,取 $\phi = 0.9$(当标准规定的最低屈服强度大于 390MPa 时,底圈罐壁取 $\phi = 0.85$)。

罐壁最小公称厚度不得小于式(15-1-121)与式(15-1-122)计算厚度和各自壁厚附加量之和的较大值。壁厚附加量应按式(15-1-123)计算:

$$C = C_1 + C_2 \qquad (15-1-123)$$

式中　C——壁厚附加量,mm;
　　　C_1——钢材厚度负偏差(按钢材标准或订货要求确定,当钢板的负偏差不大于 0.25mm 时,可忽略不计),mm;
　　　C_2——腐蚀裕量(应根据使用环境、腐蚀特性、防护措施等因素确定),mm。

罐壁最小公称厚度不得小于表 15-1-26 的规定。

表 15-1-26　罐壁最小公称厚度

油罐内径 D,m	罐壁最小公称厚度,mm
$D < 15$	5
$15 \leq D < 36$	6
$36 \leq D \leq 60$	8
$D > 60$	10

(2)定点法计算示例。

某 10000m^3 拱顶储罐,内径 $D = 28.50$m,计算液位高度 $H = 15.86$m(罐壁底端至包边角钢的距离),包边角钢为 75mm×75mm×10mm,与罐壁搭接,所储油品的密度为 840kg/m^3,设计温度为 5~40℃。

许用应力:

Q345R:

$$[\sigma]_d = [\sigma]_t = \frac{2}{3}\sigma_s = \frac{2}{3} \times 345 = 230(\text{MPa})$$

Q235B:

$$[\sigma]_d = [\sigma]_t = \frac{2}{3}\sigma_s = \frac{2}{3} \times 235 = 156(\text{MPa})$$

式中 $[\sigma]_d$——设计温度下壁板许用应力，MPa；

$[\sigma]_t$——常温下壁板许用应力，MPa。

按 GB 50341《立式圆筒形钢制焊接油罐设计规范》规定，取钢板厚度负公差 Q345R 为 $C_1 = 0.25$mm，Q235B 为 $C_1 = 0.8$mm；取腐蚀裕量 $C_2 = 1.0$mm；取壁板材料宽度为 1600mm（考虑切边量 20mm，环缝间隙 3mm）。计算结果见表 15-1-27。

表 15-1-27　10000m³ 油罐壁板厚度计算表

壁板层数	各层高度，m	$H-0.3$，m	材质	许用应力 $[\sigma]$ MPa	储液相对密度 ρ	焊缝系数 φ	操作条件下计算厚度 t_d，mm	试水条件下计算厚度 t_d，mm	钢板厚度负公差 C_1，mm	腐蚀裕量 C_2，mm	圆整后公称厚度 t，mm
1	1.583	15.56	Q345R	230	0.84	0.9	8.82	10.50	0.25	1.0	12
2	1.583	13.98	Q345R	230	0.84	0.9	7.91	9.44	0.25	1.0	12
3	1.583	12.39	Q345R	230	0.84	0.9	7.02	8.36	0.25	1.0	10
4	1.583	10.81	Q345R	230	0.84	0.9	6.12	7.30	0.25	1.0	10
5	1.583	9.23	Q345R	230	0.84	0.9	5.23	6.23	0.25	1.0	10
6	1.583	7.65	Q235B	156	0.84	0.9	6.39	7.60	0.8	1.0	10
7	1.583	6.06	Q235B	156	0.84	0.9	5.06	6.03	0.8	1.0	8
8	1.583	4.48	Q235B	156	0.84	0.9			0.8	1.0	8
9	1.583	2.89	Q235B	156	0.84	0.9			0.8	1.0	6
10	1.583	1.31	Q235B	156	0.84	0.9			0.8	1.0	6

注：(1) 第五层的厚度考虑上、下焊接，取 10mm。

(2) 顶部 3 层的厚度实际上是由结构稳定性决定的。

(3) 变点法设计简介。

式（15-1-121）和式（15-1-122）分别为 GB 50341《立式圆筒形钢制焊接油罐设计规范》规定的在操作状态下和试水状态下确定计算壁厚的公式。式中都有一个"$H-0.3$"，其中 0.3 指 0.3m，为下一层壁板或底板对所计算壁板提供加强作用的定量描述，即计算液位高度降低 0.3m。因为计算液位高度降低量固定为 0.3m，所以常被称为定点法。用此方法确定大型储罐壁厚显得不够准确。API 650 中给出了另一种方法，即所谓变点法。

GB 50341《立式圆筒形钢制焊接油罐设计规范》和 API 650 计算罐壁厚度的公式基本一致，如果用 $[\sigma]_d \phi$ 代替 S_d，用 $[\sigma]_t \phi$ 代替 S_t，则两个规范的公式已没有任何区别。

若将式（15-1-121）和式（15-1-122）分别改为：

$$t_d = \frac{4.9D(H-X)\rho}{[\sigma]_d \phi} \quad (15-1-124)$$

$$t_t = \frac{4.9D(H-X)}{[\sigma]_t \phi} \quad (15-1-125)$$

则可视为变点法。

为使罐壁厚度的计算值更准确,考虑底板或下一层壁板对其上壁板的加强作用不用固定值 0.3m 表述,而用变量 X 表述。变量 X 就是变点法的实质。API 650 对"变点法"计算有明确规定且有算例,可参照使用。

应说明的是,API 650 提供的方法不是直接求取 X 为多少,而是用这种方法求出的壁厚可以通过公式推算出变量 X 的确定值,这个 X 可能大于 0.3m,也可能小于 0.3m,甚至可能为"负"值。

2）罐壁包边角钢设计

罐壁上端应设置包边角钢。包边角钢与罐壁的连接可采用全焊透对接焊结构或搭接结构。包边角钢自身的对接焊缝必须全焊透。浮顶罐罐壁包边角钢必须设置在罐壁外侧,如图 15-1-120(b) 所示。

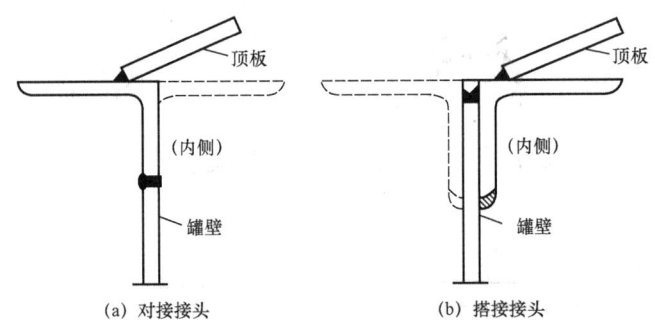

图 15-1-120 包边角钢与罐壁连接接头

油罐罐壁上端包边角钢的最小尺寸应符合表 15-1-28 和表 15-1-29 的规定。

表 15-1-28 固定顶储罐包边角钢的最小尺寸

油罐内径 D, m	包边角钢尺寸,mm × mm
$D \leqslant 10$	角钢 50 × 5
$10 < D \leqslant 18$	角钢 63 × 6
$18 < D \leqslant 60$	角钢 75 × 10
$D > 60$	角钢 90 × 10

表 15-1-29 浮顶储罐包边角钢的最小尺寸

油罐内径 D, m	包边角钢尺寸,mm × mm
$D \leqslant 5$	角钢 63 × 6
$D > 5$	角钢 75 × 6

3）顶部抗风圈设计

浮顶储罐没有固定顶盖,为使储罐在风载作用下保持上口圆度,需在储罐上端沿圆周设置抗风圈。第一个抗风圈通常设置在离罐壁上端口 1m 处(可兼作平台走道)。

（1）顶部抗风圈所需最小截面模数。

$$W_z = 0.083 D^2 H_1 \omega_k \tag{15-1-126}$$

式中　W_z——顶部抗风圈的最小截面模数（当设置 2 个或 3 个抗风圈时，指总截面模数），cm^3；

　　　D——储罐内直径，m；

　　　H_1——储罐高度，m；

　　　ω_k——50 年一遇风荷载标准值，kPa。

在选择抗风圈截面时，应使抗风圈截面模数最小值 $W_{min} \geq W_z$。

在计算 W_{min} 时，应计入抗风圈与罐壁连接处两侧各 16 倍壁板厚度范围内的罐壁截面，如图 15-1-121 所示。当罐壁板有附加量时，计算时应扣除厚度附加量。

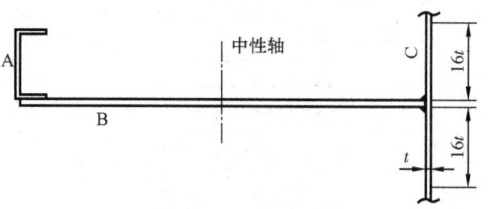

图 15-1-121　抗风圈基本结构示意图

（2）顶部抗风圈常用结构。

顶部抗风圈常用结构如图 15-1-121 所示。抗风圈由三部分截面组成：

① 截面 A，由型钢或钢板煨制；

② 截面 B，常由 6～12mm 钢板制作；

③ 截面 C，由上、下各 16 倍罐壁有效厚度组成。

当盘梯穿过顶部抗风圈时，顶部抗风圈上盘梯洞口外侧各截面（图 15-1-122 中 A—A、B—B 诸截面）的截面模数均应不小于顶部抗风圈的最小截面模数 W_z。

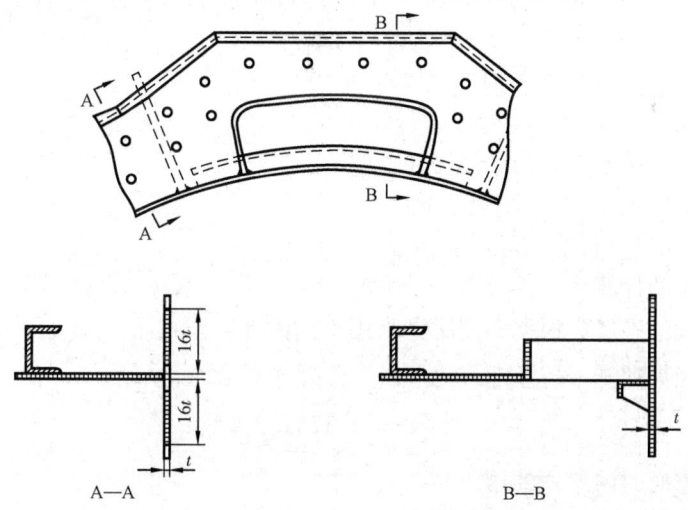

图 15-1-122　抗风圈穿盘梯处截面示意图

盘梯洞口处罐壁采用角钢加强，角钢两端伸出洞外的距离不应小于顶部抗风圈的最小宽度（图 15-1-122 中 B—B 位置的宽度）。加强角钢的尺寸不应小于罐顶包边角钢的尺寸。

抗风圈腹板开洞边缘应采用垂直安放的扁钢加强。加强件有效截面积不应小于32倍罐壁厚度范围内的截面积。扁钢两端与罐壁双面满角焊,并与罐壁加强角钢焊接成一体。顶部抗风圈应设置垂直支撑。支撑间距应能满足顶部抗风圈上活动荷载及静荷载的要求,且支撑间距不应超过顶部抗风圈外侧边缘构件竖向尺寸的24倍。顶部抗风圈外侧及盘梯洞口无防护侧应设置栏杆。

顶部抗风圈自身部件的对接接头应采用全焊透结构(必要时可加垫板)。对于顶部抗风圈与罐壁的连接,上侧应采用连续焊,下侧可采用间断焊。

4) 中间抗风圈设计

为了保持罐体的圆度,必要时需设置加强圈,按薄壁圆筒稳定计算。应使许用临界压力 $[p_{cr}] \geq$ 设计外压 p_0。

对于设有固定顶的油罐,应将罐壁全高作为风力稳定性核算区间;对于敞口油罐,应将顶部抗风圈以下的罐壁作为核算区间。

(1) 许用临界压力的计算。

核算区间的罐壁筒体许用临界压力按式(15-1-127)至式(15-1-129)计算:

$$[p_{cr}] = 16.48 \frac{D}{H_E} \left(\frac{t_{min}}{D}\right)^{2.5} \quad (15-1-127)$$

$$H_E = \sum H_{ei} \quad (15-1-128)$$

$$H_{ei} = h_i \left(\frac{t_{min}}{t_i}\right)^{2.5} \quad (15-1-129)$$

式中 $[p_{cr}]$——核算区间罐壁筒体的许用临界压力,kPa;
D——储罐内直径,m;
H_E——核算区间罐壁筒体的当量高度,m;
t_{min}——核算区间最薄圈罐壁板的有效厚度,mm;
H_{ei}——第 i 圈罐壁板的当量高度,m;
t_i——第 i 圈罐壁板的有效厚度,mm;
h_i——第 i 圈罐壁板的实际高度,m。

(2) 设计外压的计算。

罐壁筒体的设计外压应根据不同罐型采用不同的计算公式。

对于敞口的浮顶油罐:

$$p_o = 3.375 w_k \quad (15-1-130)$$

对于与大气连通的内浮顶油罐:

$$p_o = 2.25 w_k \quad (15-1-131)$$

对于存在内压的固定顶油罐:

$$p_o = 2.25 w_k + q \quad (15-1-132)$$

式中 p_o——罐壁筒体的设计外压,kPa;

w_k——50年一遇风荷载标准值,kPa;

q——抽油时罐内最大允许负压值[可取$q=0.49$kPa(见 GB 50341《立式圆筒形钢制焊接油罐设计规范》)],kPa。

风荷载标准值应根据建罐地区的实际状况及油罐的高度,按照 GB 50009《建筑结构荷载规范》的规定进行计算。

$$\omega_k = \beta_z \mu_s \mu_z \omega_o \quad (15-1-133)$$

式中 β_z——高度z处风振系数,对油罐取$\beta_z=1$;

μ_s——风荷载体型系数,应取驻点值$\mu_s=1$;

μ_z——风压高度变化系数,可在 GB 50341《立式圆筒形钢制焊接油罐设计规范》中查取;

ω_o——基本风压,kPa/m²。

(3) 中间抗风圈的数量及在当量筒体上的位置。

当$[p_{cr}] \geq p_0$时,不需要设中间抗风圈。

当$p_0 > [p_{cr}] \geq \dfrac{p_0}{2}$时,应设1个中间抗风圈,中间抗风圈的位置在$\dfrac{1}{2}H_E$处。

当$\dfrac{p_0}{2} > [p_{cr}] \geq \dfrac{p_0}{3}$时,应设2个中间抗风圈,中间抗风圈的位置分别在$\dfrac{1}{3}H_E$和$\dfrac{2}{3}H_E$处。

当$\dfrac{p_0}{3} > [p_{cr}] \geq \dfrac{p_0}{4}$时,应设3个中间抗风圈,中间抗风圈的位置分别在$\dfrac{1}{4}H_E$、$\dfrac{1}{2}H_E$、$\dfrac{3}{4}H_E$处。

其他情况以此类推。

(4) 中间抗风圈在实际罐壁上的位置应符合以下规定:

当中间抗风圈位于最薄罐壁板上时,距上面一个加强截面的实际距离等于在当量筒体上的距离。当中间抗风圈不在最薄罐壁板上时,距上面一个加强截面的实际距离需要通过换算确定。

(5) 中间抗风圈所需最小截面尺寸。

中间抗风圈所需最小截面尺寸应符合表15-1-30的规定。

表15-1-30 中间抗风圈用角钢最小截面尺寸

油罐内径D,m	中间抗风圈最小截面尺寸,mm×mm×mm
$D \leq 20$	角钢 100×63×8
$20 < D \leq 36$	角钢 125×80×8
$36 < D \leq 48$	角钢 160×100×10
$D > 48$	角钢 200×150×12

注:中间抗风圈可以用同等截面模数的型钢或组合件代替角钢。

中间抗风圈与罐壁的连接应使角钢长肢保持水平、短肢朝下,长肢端与罐壁相焊,上侧采用连续角焊,下侧可采用间断焊。中间抗风圈自身接头应全焊透、全熔合。中间抗风圈离罐壁环焊缝的距离不应小于150mm。

(6) 中间抗风圈计算实例。

已知有10000m³拱顶罐,罐内径 $D = 28.50\text{m}$,罐壁高度15.86m,基本风压 $\omega_0 = 0.7\text{kPa}$,地面粗糙度B类,其余条件见表15-1-31。

按GB 50341《立式圆筒形钢制焊接油罐设计规范》进行中间加强圈设计:

$$\omega_k = \beta_z \mu_s \mu_z \omega_0 \quad (15-1-134)$$

取 $\beta_z = 1, \mu_s = 1, \mu_z = 1.14$,于是有:

$$\omega_k = 1 \times 1 \times 1.14 \times 0.7 = 0.8(\text{kPa}) \quad (15-1-135)$$

许用临界压力为:

$$[p_{cr}] = 16.48 \frac{D}{H_E} \left(\frac{t_{min}}{D}\right)^{2.5} \quad (15-1-136)$$

取 $t_{min} = 6 - (1.0 + 0.8) = 4.2(\text{mm})$,则:

$$H_E = \sum H_{ei} \quad (15-1-137)$$

对于6mm壁板段,有:

$$H_{e1} = 2 \times 1.583 = 3.166(\text{m}) \quad (15-1-138)$$

对于8mm壁板段,有:

$$H_{e2} = 2 \times 1.583 \times \left[\frac{4.2}{8-(1.0+0.8)}\right]^{2.5} = 1.196(\text{m}) \quad (15-1-139)$$

对于Q235B 10mm壁板段,有:

$$H_{e3} = 1 \times 1.583 \times \left[\frac{4.2}{10-(1.0+0.8)}\right]^{2.5} = 0.297(\text{m}) \quad (15-1-140)$$

对于Q345R 10mm壁板段,有:

$$H_{e4} = 3 \times 1.583 \times \left[\frac{4.2}{10-(1.0+0.25)}\right]^{2.5} = 0.758(\text{m}) \quad (15-1-141)$$

对于Q345R 12mm壁板段,有:

$$H_{e5} = 2 \times 1.583 \times \left[\frac{4.2}{12-(1.0+0.25)}\right]^{2.5} = 0.302(\text{m}) \quad (15-1-142)$$

于是有:

$$H_E = 3.166 + 1.196 + 0.297 + 0.785 + 0.302 = 5.746(\text{m}) \quad (15-1-143)$$

$$[p_{cr}] = 16.48 \times \frac{28.50}{5.746} \times \left(\frac{4.2}{28.50}\right)^{2.5} = 0.681(\text{kPa}) \quad (15-1-144)$$

因为：

$$\frac{p_\text{o}}{p_\text{cr}} = \frac{2.29}{0.681} = 3.36 \quad (15-1-145)$$

故需设 3 个抗风圈,抗风圈间距为：

$$\frac{H_\text{E}}{4} = \frac{5.746}{4} = 1.4365(\text{m}) \quad (15-1-146)$$

经反向推算,抗风圈实际位置如图 15-1-123 所示(第 3 道加强圈计算位置因距焊缝太近而略下移)。

5）底板设计

（1）底板的排列形式。

对于直径较大的油罐,为了减小焊接变形,常采用纵横交错排列形式且配设环形边缘板。日本某油罐设计公司明确规定,当最下段壁板厚度大于 15mm 时,必须配设环形边缘板。GB 50341《立式圆筒形钢制焊接油罐设计规范》规定,当罐直径小于 12.5m 时,罐底可不设环形边缘板。

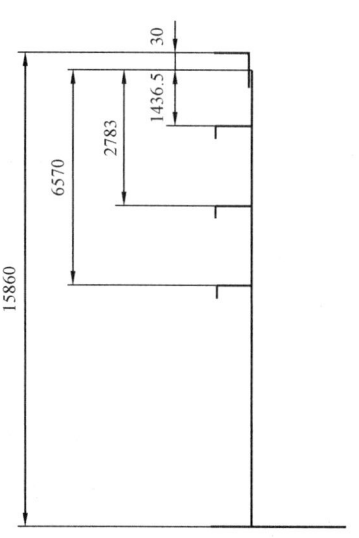

图 15-1-123　中间抗风圈位置图
（单位：mm）

（2）罐底板厚度。

不包括腐蚀裕量,罐底中幅板最小公称厚度应不小于表 15-1-31 中的规定,环形边缘板最小公称厚度应符合表 15-1-32 中的规定。边缘板的材质应与底圈罐壁板材质相同。

表 15-1-31　中幅板最小公称厚度

油罐内径,m	中幅板最小公称厚度,m
≤10	5
>10	6

表 15-1-32　环形边缘板最小公称厚度

底圈罐壁板公称厚度,mm	环形边缘板最小公称厚度,mm
≤6	6
7~10	7
11~20	9
21~25	11
26~30	12
≥30	14

关于底板的尺寸和厚度,说明如下：环形边缘板的宽度和厚度与抗震有关,与在微正压下罐壁被举升有关,对此类情况尚需做具体分析。表 15-1-36 给出了边缘板的最小厚度。一般来说,边缘板厚度应与底圈板厚度相匹配,但何为最佳配套,尚无定论,需经综合分析或凭经验确定。一般情况下,环形边缘板的厚度可为 2/3 倍底圈板厚度或略低。

（3）底板的连接形式。

罐底板可采用搭接、对接或两者组合,如图 15-1-124 所示。对较厚板,宜选用对接形式

(环形边缘板均为对接连接)。采用搭接时,中幅板之间的搭接宽度不应小于5倍板厚,且不应小于30mm。当有环形边缘板时,中幅板应搭在环形边缘板的上面,搭接宽度不应小于60mm。采用对接时,焊缝下面应设厚度不小于3mm的垫板,垫板应与罐底板贴紧并定位。中幅板与边缘板对接时,当中幅板厚度不大于10mm且两板厚度差不小于3mm,或者中幅板厚度大于10mm且两板厚度差大于中幅板厚度的30%时,应按图15-1-124的要求削薄厚板边缘。

中幅板不超过多大厚度时可以搭接,达到多大厚度时必须对接,对此尚无定论。一般认为厚度大于8mm时宜对接,在8mm及8mm以下时可搭接。对接工作量较大,但抗意外事故的能力较强。

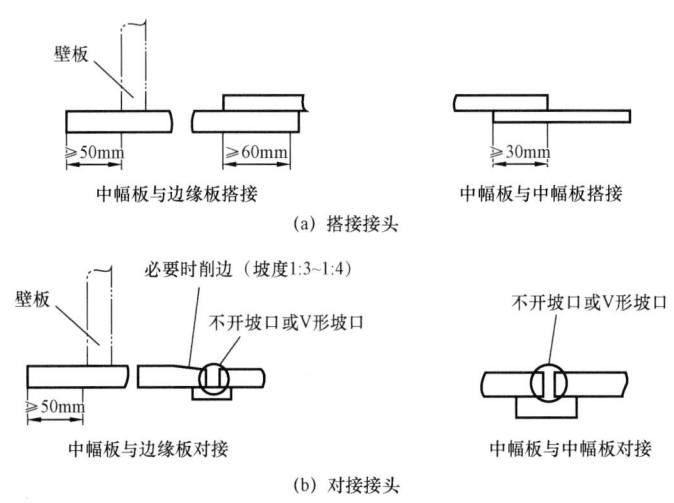

图15-1-124 罐底中幅板焊接接头

如图15-1-125所示,厚度不大于6mm的罐底环形边缘板对接焊缝可不开坡口,焊缝间隙不宜小于6mm。厚度大于6mm的环形边缘板对接焊缝应采用"V"形坡口。边缘板与底圈壁板相焊的部位也应做成平滑支撑面。

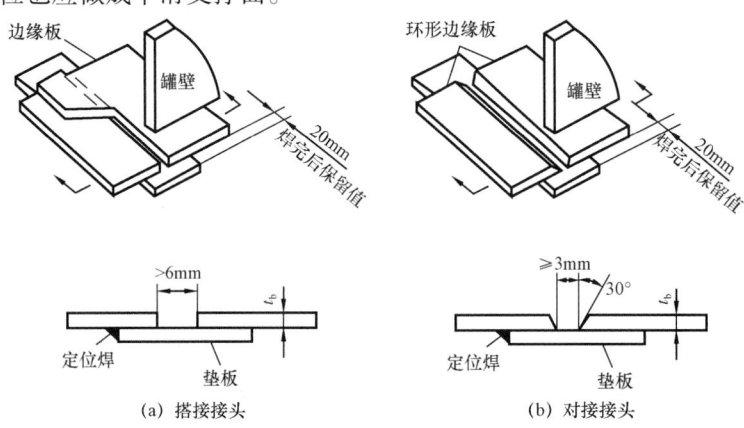

图15-1-125 边缘板焊接接头

中幅板、边缘板自身的搭接焊缝,以及中幅板与边缘板之间的搭接焊缝应采用单面连续角焊缝,焊脚尺寸应等于较薄件的厚度。

三层板重叠处,最上层钢板应做切角处理,如图15-1-126所示。

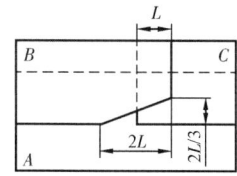
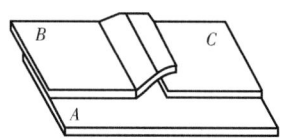

图15-1-126 三层板重叠处接头

罐底板任意相邻的三块板焊接接头之间的距离,以及三块板焊接接头与边缘板对接接头之间的距离,不得小于300mm。边缘板对接焊缝至底圈罐壁纵焊缝的距离,不得小于300mm。

底圈罐壁板与边缘板之间的"T"形接头,应采用连续焊,如图15-1-127所示。罐壁外侧焊脚尺寸及罐壁内侧竖向焊脚尺寸,应等于底圈罐壁板和边缘板两者中较薄件的厚度且不应大于13mm;罐壁内侧径向焊脚尺寸,宜取1.0~1.35倍边缘板厚度,需要考虑抗震设计的储罐可取较大值。当边缘板厚度大于13mm时,罐壁内侧可开坡口,如图15-1-127(b)所示。

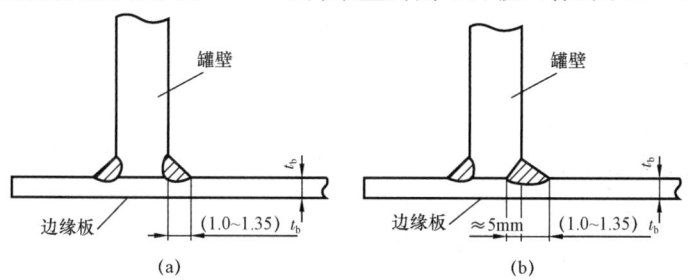

图15-1-127 底圈罐壁板与边缘板之间的"T"形接头

6) 拱顶设计

(1) 拱顶结构。

如图15-1-128所示,拱顶是一个球缺,通过包边角钢与罐壁连接。一般情况下球壳半径 $R = (1.8 \sim 1.2)D$。若取 $R = D$,则 $\sin\alpha_1 = \dfrac{D_1}{2R}$,而 $D_1 \approx D$,所以 $\sin\alpha_1 = 0.5$,$\sin\alpha_2 = \dfrac{r}{R}$。罐顶球壳主要由瓜皮板组成。瓜皮板之间搭接连接,搭接宽度不小于40mm。

顶部中心部位用一块圆板与瓜皮板搭接。

(2) 自支撑式拱顶球壳的稳定校核。

一般情况下,球壳的厚度由压应力作用下稳定条件控制,应满足:

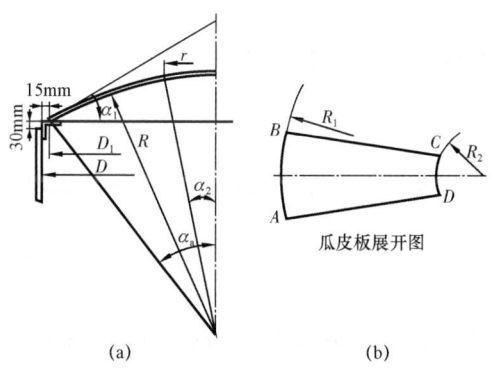

图15-1-128 拱顶结构示意图

$$p \leqslant 0.1E\left(\frac{t}{R}\right)^2 \qquad (15-1-147)$$

$$p = p_1 + p_2 + p_3 + p_4 \qquad (15-1-148)$$

式中　p——外载荷，Pa；
　　　p_1——球壳单位面积自重载荷，Pa；
　　　P_2——操作条件下罐内可能产生的真空度，Pa（一般可取 $p_2 \leqslant 500$Pa）；
　　　p_3——风载荷，Pa；
　　　p_4——雪载荷，Pa；
　　　E——弹性模量，MPa；
　　　t——球壳板有效厚度，mm；
　　　R——球壳曲率半径，mm。

对于光面球壳，当 $p = 2200$Pa 时，按规范规定设计，不需要再校核其稳定性。当油罐直径较大时，光面球壳很难满足稳定性要求，需要在球壳内加焊肋条，组成带肋球壳。带肋球壳按 GB 50341《立式圆筒形钢制焊接油罐设计规范》规定进行稳定设计。无论外载荷 p 是否大于 2200Pa，均应分别按 GB 50341《立式圆筒形钢制焊接油罐设计规范》核算刚性环的有效抗拉截面积。当设计压力产生的升举力大于罐顶板及其所支撑附件的总重时，尚需按 GB 50341《立式圆筒形钢制焊接油罐设计规范》校核罐顶与罐壁结合处刚性环的有效抗压截面积。

（3）自支撑式锥顶设计。

自支撑式锥顶结构如图 15-1-129 所示。自支承式锥顶用于小直径储罐。自支承式锥顶顶板的最小厚度为：

$$t_{\min} = 0.21\frac{D}{\sin\theta} + C \qquad (15-1-149)$$

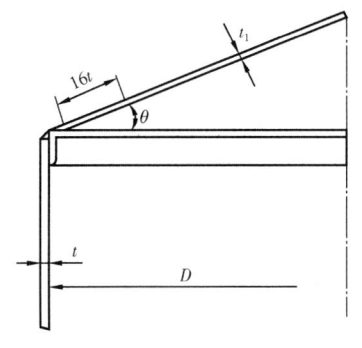

图 15-1-129　自支撑锥顶结构示意图

式中　$t_{\min}$——顶板最小厚度，mm；
　　　D——储罐内径，m；
　　　C——顶板板厚附加裕量，mm；
　　　θ——圆锥母线与水平面夹角（确定 θ 时，应使顶坡度不大于 3/4 且不小于 1/6），(°)。

应使顶板公称厚度 $t_1 \geqslant t_{\min}$。应使罐顶与罐壁连接处的有效抗拉截面积满足：

$$A \geqslant \frac{2.3D^2}{\sin\theta} \qquad (15-1-150)$$

式中　A——有效抗拉截面积（按 GB 50341《立式圆筒形钢制焊接油罐设计规范》确定），mm^2；
　　　D——储罐内径，m。

当设计压力产生的升举力大于罐顶板及其所支撑附件的总重时，尚需按 GB 50341《立式圆筒形钢制焊接油罐设计规范》校核刚性环的有效抗压截面积。

第二节 伴生气处理设备

一、压缩机

1. 压缩机的分类

压缩机种类繁多,按不同的使用条件,压缩机分为容积式、动力式和热力式三种类型。详细分类如图 15－2－1 所示。

容积式压缩机分为两个基本形式:往复式和旋转式。

往复式压缩机由一个或多个气缸组成,每个气缸带一个可前后移动的活塞或柱塞,随着每一次冲程的进行,气缸排出一定容积的气体。隔膜压缩机使用液压脉动的柔性隔膜压缩气体。

旋转式压缩机包括瓣叶型、螺杆型、滑片型和液环型四种类型。每种压缩机由一个壳体和一个或几个转子组成。每次旋转时,转子相互啮合,如叶轮式或螺杆式,排出固定容积的气体。

动力式压缩机分为径流式(离心式)、轴流式和轴流—离心式。动力式压缩机是旋转的,并保持气体连续流动的。当气体通过压缩机中的旋转部件(叶轮或叶片式转子)时,气体加速,同时速度头转换成气体的静压,这种转换一部分是在旋转的叶轮或叶片中完成的,一部分是在静止的扩压器或静止的叶片中完成的。

喷射器热力式压缩机是将高流速的气体或蒸汽通过喷射引向机器内部,然后在扩压器中把混合物的动能转换成静压。

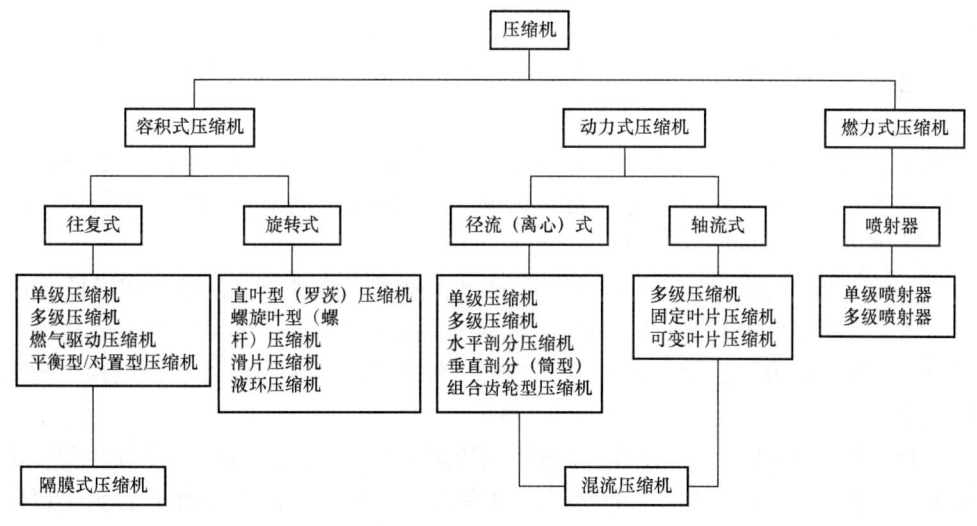

图 15－2－1 压缩机类别

图 15-2-2 表示了目前工业生产的各种压缩机的工作范围。

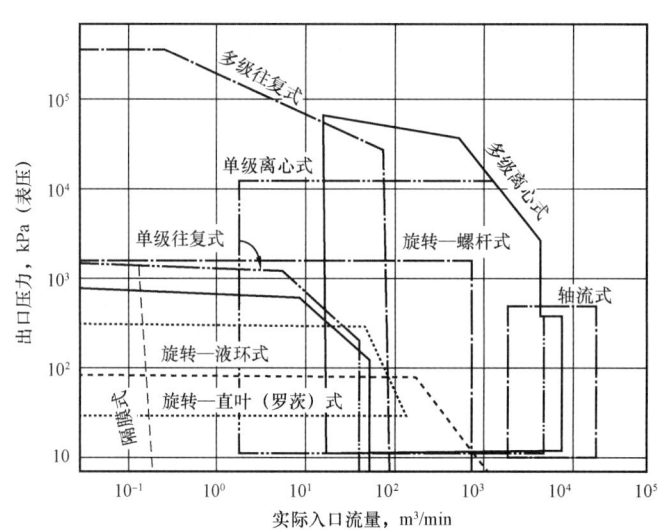

图 15-2-2 压缩机工作范围

在天然气处理中常用的压缩机主要是螺杆式压缩机、往复式压缩机和离心式压缩机。

1) 螺杆式压缩机

螺杆式压缩机是回转式压缩机的一种。石油天然气站场上应用较广泛的回转式压缩机是螺杆式压缩机。

回转式压缩机的结构特点是具有不同形式的转子(即回转活塞)。一台机器可以由单个转子、双转子或多转子组成。

(1) 分类。

螺杆式压缩机按照结构形式可分为单螺杆压缩机和双螺杆压缩机,其中,双螺杆压缩机可做成工作腔无油的干润滑形式,也可以做成有润滑的喷油形式,但单螺杆压缩机目前仅能做成喷油或喷水的湿式结构。

① 无油(干式)螺杆式压缩机:螺杆之间并不直接接触,相互之间存在着一定的间隙,通过一对螺杆的高速旋转而达到密封气体、提高气体压力的目的。利用同步齿轮来传递运动、传输动力,并确保螺杆间的间隙及其分配。

② 喷油螺杆式压缩机:喷入机体的大量的润滑油起着润滑、密封、冷却和降低噪声的作用。喷油螺杆式压缩机中不设同步齿轮,一对螺杆就像一对齿轮一样,由阳螺杆直接拖动阴螺杆转动;同时,由于油膜的密封作用,取代了轴封。所以,喷油螺杆式压缩机的结构更为简单。

(2) 结构。

如图 15-2-3、图 15-2-4 所示,阴螺杆、阳螺杆在"∞"字形气缸中平行地配置,并按一定传动比反向旋转而又相互啮合。通常,凸齿的螺杆称为阳螺杆;凹齿的螺杆称为阴螺杆。一般阳螺杆与发动机相连,由阳螺杆或相互啮合或经过同步齿轮带动阴螺杆转动。利用阳螺杆、阴螺杆共轭齿形的相互填塞,使封闭在壳体与两端盖间的齿间容积大小发生周期性变化,并借助于壳体上呈对角线布置的吸气、排气孔口,完成对气体的吸入、压缩与排出。螺杆式压缩机的主要零部件有:阴螺杆、阳螺杆、机体、轴承、同步齿轮(有时还有增速齿轮)以及密封组件等。

螺杆式压缩机工作时要不断向工作腔喷入润滑油,起着润滑、冷却、密封和消声作用。润滑主轴承、止推轴承、轴封的润滑油,推动油活塞、平衡活塞的压力油,这些油最后和高压气体混合着排出压缩机。这些油必须分离出来,经过冷却、过滤、加压后循环使用。为防止制冷系统中的杂质随吸气进入压缩机对转子、机体造成磨损,必须设置吸气过滤器,如图 15-2-5 所示。

图 15-2-3　螺杆结构示意图

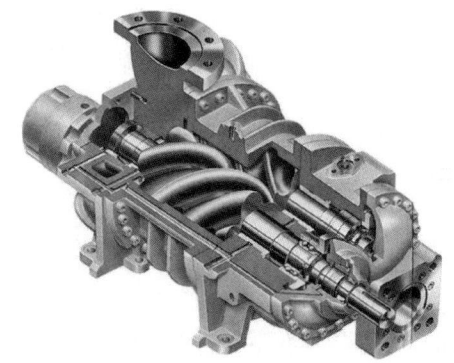

图 15-2-4　螺杆式压缩机结构

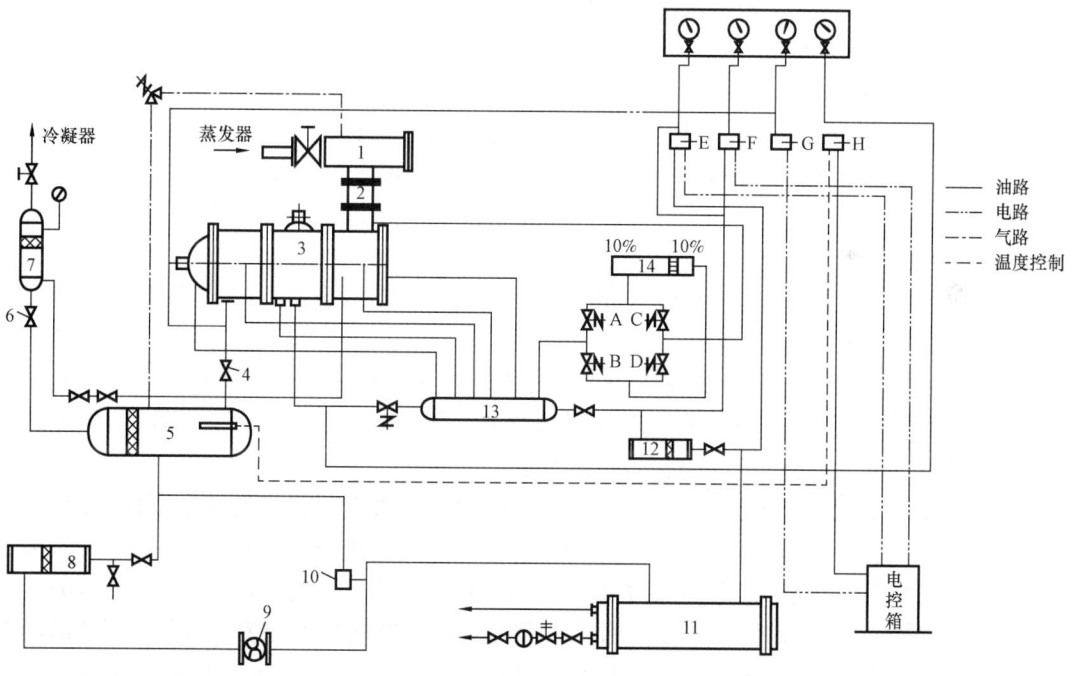

图 15-2-5　螺杆压缩机组典型系统图

1—过滤器;2—吸气止逆阀;3—螺杆式制冷压缩机;4—排气止逆阀;5—一次油分离器;6—阀;7—二次油分离器;8—粗过滤器;9—液压泵;10—油压调节阀;11—油冷却器;12—精过滤器;13—油分配总管;14—液压缸

(3) 工作原理。

工作过程(吸气):开始时气体经吸气孔口分别进入阴螺杆、阳螺杆的齿间容积,随着螺杆的回转,这两个齿间容积各自不断扩大。当这两个容积达到最大值时,齿间容积与吸气孔口断开,吸气过程结束。需要指出的是,此时阴螺杆、阳螺杆的齿间容积彼此并没有连通。

工作过程(压缩):螺杆继续回转。在阴螺杆、阳螺杆齿间容积彼此连通之前,阳螺杆齿间容积中的气体受阴螺杆齿的进入先行压缩。经某一转角后,阴螺杆、阳螺杆齿间容积连通,通常将此连通的阴螺杆、阳螺杆呈"V"字形的齿间容积称作齿间容积对,齿间容积对因齿的互相挤入,其容积值逐渐减小,实现气体的压缩过程,直到该齿间容积对与排气孔口相连通时为止。

工作过程(排气):在齿间容积对与排气孔口连通后,排气过程开始。由于螺杆回转时容积的不断缩小,将压缩后具有一定压力的气体送至排气管。此过程一直延续到该容积达最小值时为止。

(4) 排气调节。

① 变转速调节:螺杆式压缩机的排气量和转速成正比关系。因此,改变压缩机的转速就可以达到调节排气量的目的。该调节方法的主要优点:整个压缩机机组的结构不需要作任何变动,而且在调节工况下,气体在压缩机中的工作过程基本相同。如果不考虑相对泄漏量(喷油机器还有相对机油损失)的变化,压缩机的功率下降是与排气量的减少成正比例的,因此,这种调节方法的经济性较好。通常的调速范围是额定转速的60%~100%。

② 停转调节:螺杆式压缩机用交流电动机驱动且功率较小时,可以采用这种调节方法,对较大功率的螺杆式压缩机,一般采用电动机与压缩机脱开,电动机空转,压缩机停转的调节方式。此时,在压缩机和电动机之间必须加装离合器。

③ 控制吸入调节:利用压缩机吸气管上的进气调节阀进行调节。控制吸入调节又分为停止吸入和节流吸入两种。停止吸入时,压缩机空转,因而只能进行间断调节。

④ 进、排气管连通调节:此调节方法只需在排出管道上安装一个调节阀。调节工况时,压缩的气体沿旁通管道经此调节阀流回吸入口。

⑤ 空转调节:它实际上是停止吸入和进、排气管连通调节联合使用的一种综合调节方法,采用一种在截断吸入的同时,能使进、排气管连通的减荷阀。它可在停止吸入调节示功图的基础上,考虑将气体经安装在压缩机排气止回阀前的连通管向进气管道即大气排放而得到。

⑥ 柱塞阀调节:当需要减少输气量时,将柱塞阀打开,基元容积内一部分制冷剂气体就回流到吸气口。适用于小型、紧凑型螺杆式压缩机。

⑦ 滑阀调节:滑阀调节与活塞式压缩机部分行程压开吸气阀调节的基本原理相同,它是使齿间容积在接触线从吸入端向排出端移动的前一段时间内仍与吸气孔口相通,并使这部分气体回流到吸气孔口。也就是说减短了螺杆的有效轴向长度,以达到调节排气量的目的。该调节方法是在螺杆式压缩机机体上位于排气一侧机体两内圆的交点处装一简称滑阀的滑动调节阀,且能在气缸轴线平行方向上来回移动。滑阀的运动是由与它连成一体的油压活塞推动进行连续无级调节。一些结构中,启动时,滑阀是由电动机经减速后驱动的。滑阀的背面在非调节工况时与机体固定部分紧贴,而在调节工况时与固定部分脱离,离开的距离取决于欲调节排气量的大小。

滑阀的前缘形成径向排气孔口,当滑阀移动时,径向排气孔口一起移动。滑阀的位置离固定端越远,回流孔长度越大,输气量就越小,当滑阀的背部接近排气孔口时,转子的有效长度接近于零,便能起到卸载启动的目的。滑阀轴向移动的动作是根据吸气压力和温度,通过液压传动机构来完成。

滑阀调节的特点是:调节范围广,可在 10%~100% 的排气量范围内进行无级自动调节;调节方便,适用于工况变动频繁的场合,特别适用于制冷、空调螺杆机组中;调节的经济性好,在 50%~100% 的排气量调节范围内,动力机消耗的功率几乎可与压缩机排气量的减少成正比例地下降;可实现卸载启动,特别是在闭式系统中;使压缩机的结构及其自动调节系统复杂化,这是它的主要缺点。

2) 往复式压缩机

往复式压缩机是靠一个或几个作往复运动的活塞来改变压缩腔内部容积的容积式压缩机。目前往复式压缩机由曲轴带动连杆,连杆带动活塞,活塞做上下运动,通过改变压缩机腔体容积实现增大气体压力的目的。

(1) 分类。

往复式压缩机的分类方法很多,名称也各不相同,通常有如下几种分类方法。

① 按压缩机的气缸位置(气缸中心线)可分为:

a. 卧式压缩机,气缸均为横卧的(气缸中心线成水平方向),布置成"D"形、"H"形、"M"形。

b. 立式压缩机,气缸均为竖立布置的(直立压缩机),布置成"Z"形。

c. 角式压缩机,气缸布置成"L"形、"V"形、"W"形和星形等不同角度。

② 按压缩机气缸段数(级数)可分为:

a. 单段压缩机(单级),气体在气缸内进行一次压缩。

b. 双段压缩机(两级),气体在气缸内进行两次压缩。

c. 多段压缩机(多级),气体在气缸内进行多次压缩。

③ 按活塞的压缩动作可分为:

a. 单作用压缩机,气体只在活塞的一侧进行压缩,又称单动压缩机。

b. 双作用压缩机,气体在活塞的两侧均能进行压缩,又称复动或多动压缩机。

④ 按压缩机的排气终压力可分为:

a. 低压压缩机,排气终了压力在 0.3~1MPa。

b. 中压压缩机,排气终了压力在 1~10MPa。

c. 高压压缩机,排气终了压力在 10~100MPa。

d. 超高压压缩机,排气终了压力在 100MPa 以上。

⑤ 按压缩机排气量的大小可分为:

a. 微型压缩机,输气量在 $1m^3/min$ 以下。

b. 小型压缩机,输气量在 $1~10m^3/min$。

c. 中型压缩机,输气量在 $10~100m^3/min$。

d. 大型压缩机,输气量在 $100m^3/min$ 以上。

⑥ 按压缩机的转速可分为:

a. 低转速压缩机,在200r/min以下。
b. 中转速压缩机,在200~450r/min。
c. 高转速压缩机,在450~1000r/min。

⑦ 按传动种类可分为:
a. 电动压缩机,以电动机为动力者。
b. 气动压缩机,以蒸汽机为动力者。
c. 以内燃机为动力的压缩机。
d. 以汽轮机为动力的压缩机。

⑧ 按冷却方式可分为:
a. 水冷式压缩机,利用冷却水的循环流动而导走压缩过程中的热量。
b. 风冷式压缩机,利用自身风力通过散热片而导走压缩过程中的热量。
c. 混冷式压缩机。

⑨ 按动力机与压缩机之传动方法可分为:
a. 装置刚体联轴节直接传动压缩机或称紧贴接合压缩机。
b. 装置挠性联轴节直接传动压缩机。
c. 减速齿轮传动压缩机。
d. 皮带(平皮带或三角皮带)传动压缩机。
e. 无曲轴—连杆机构的自由活塞式压缩机。
f. 正体构造压缩机即摩托压缩机动力机气缸与压缩机座整体制成,并用共同的曲轴的压缩机。

(2) 结构。

往复活塞式压缩机主要由传动机构、工作部件及机身构成,此外还有润滑、冷却、调节等辅助系统。传动系统是曲柄连杆机构,由电动机、发动机通过皮带或联轴器带动曲轴旋转,连杆的大头装在曲轴上,其小头与十字头相连,因而,曲轴通过连杆带动十字头在滑道内作往复运动,再由十字头带动活塞组件在气缸内作往复运动。由一根连杆对应的气缸活塞组为一列。

工作部件包括气缸、气阀、活塞组件及填料等。气缸的内表面与活塞工作端面所形成的空间是实现气体压缩的工作腔。气阀是装在气缸上控制气体作单向流动的,吸气阀只能吸气,排气阀只能排气。气阀的启动动作主要由缸内外压力差及气阀弹簧控制。活塞在气缸内作往复运动时,使工作腔的容积作周期变化,它与吸、排气阀的启动动作相配合,实现包括膨胀、吸气、压缩和排气四个过程的工作循环,从而不断吸入、压缩并排出气体。

压缩机的润滑分两个系统。一个供传动机构的润滑,靠轴头的齿轮油泵循环供油实现强制润滑:往复式压缩机轴头齿轮油泵,安装在机身的前端上,它是将机身油池内的润滑油送入曲轴油孔去润滑运动机构各摩擦部分的关键设备。油泵内主要有主动齿轮、从动齿轮、泵体、泵座等。当一对相互啮合的转动齿轮在吸油腔内脱开时,由于容积扩大而产生吸油作用,在排油腔进入啮合时,由于容积的缩小而产生压油作用;另一个供气缸内活塞组件等润滑,靠高压注油器注入气缸和活塞杆密封填料。

往复式压缩机典型结构如图15-2-6所示。

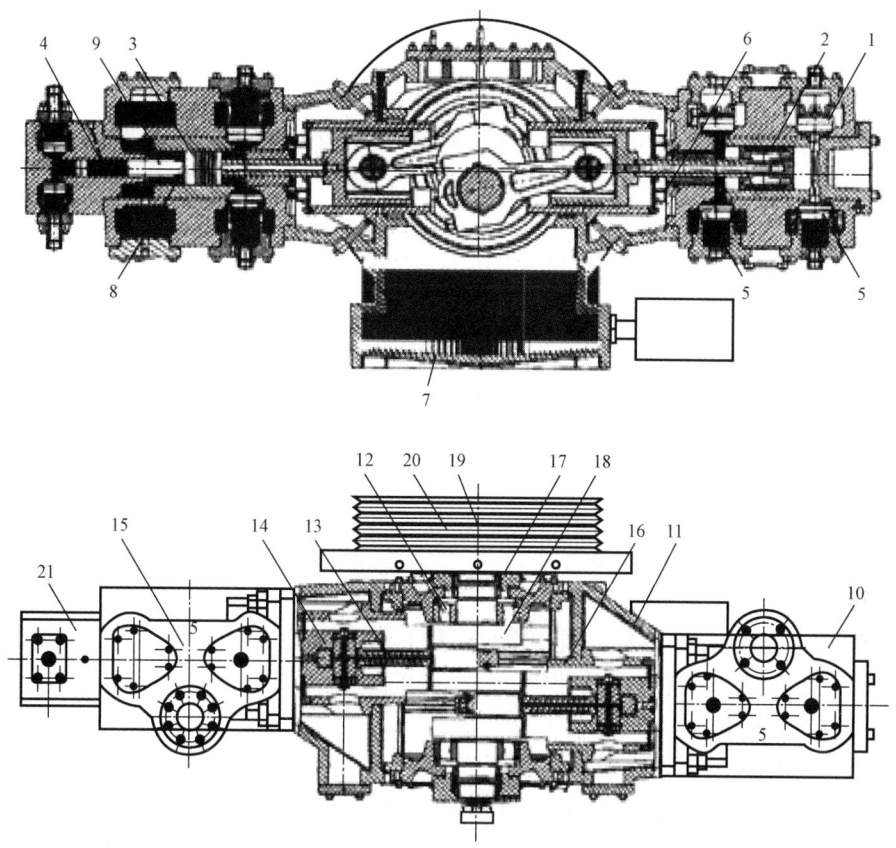

图15-2-6 往复式压缩机典型结构示意图

1—吸气阀；2—第Ⅰ级活塞；3—PTFE导向环；4—PTFE/PEEK活塞环；5—排气阀；6—联同刮油环的填料；
7—大容量润滑油池；8—平衡容积；9—第Ⅱ、Ⅲ级活塞；10—第Ⅰ级气缸；11—承受2.4MPa(表压)气压的机身；
12—主轴承(滚动)；13—连杆；14—挂有巴氏合金的十字头；15—第Ⅱ级气缸；16—十字头滑道；
17—专用机械密封；18—曲轴；19—电动机的联轴器；20—飞轮；21—第Ⅲ级气缸

(3) 工作原理。

往复式压缩机主驱动带动，然后由连杆和十字头将曲轴的旋转运动变成活塞的直线往复运动。双作用气缸，即盖侧和轴侧都有相应的工作腔。以盖侧为例，当活塞由盖侧始点(外始点)位置向轴侧开始运动时，盖侧容积变大，腔内残留气体膨胀，压力下降，与进气腔内压产生压差。当压差大于吸气阀弹簧力时，吸气阀打开。随着活塞继续向轴侧运动，将气体吸入缸内，活塞到达内止点时吸气完毕。随后活塞又从轴侧位置向盖侧方向反向移动，此时吸气阀关闭，随着活塞的继续移动缸内容积不断变小，已吸入的气体受到压缩。压力逐步升高，当缸内压力高于排气腔压力且压力差大于排气阀弹簧力时，排气阀打开。缸内已被压缩的气体开始排出。当活塞返回到外止点(盖侧始点位置)时，排气完毕。至此完成一个工作循环。轴侧工作腔的工作原理与此相同，但有180°的相位差(即当气缸轴侧吸气时盖侧排气，轴侧排气时盖侧吸气),由于活塞不断地作往复运动,使气缸内交替发生气体的膨胀、吸入、压缩和排出过程,从而获得连续脉动的压缩气源。

(4) 排气调节。

① 调节目的。

通常,用户总是根据最大耗气量来选择压缩机。在使用过程中,由于种种原因,用户对气量的需求常常是变化的。当容积流量大于耗气量时,管网中气体压力就会升高;当容积流量小于耗气量时,管网中的压力又会降低。压力过高时会导致破坏性事故,因此管网中的压力波动必须控制在一定的范围内,这就需要对压缩机的容积流量进行调节。

② 对调节的要求。

容积流量调节应尽量满足以下要求:

a. 尽可能实现容积流量的连续调节,使容积流量随时和耗气量相等;

b. 对微小型压缩机,调节系统力求简单、操作方便、工作可靠;

c. 对中大型压缩机,调节工况的经济性要尽可能高。

③ 调节方法。

压缩机的容积流量调节可能是连续的,也可能是分级的。在最简单的情况下压缩机只有排气和不排气两种工作状况,即为间断调节。

压缩机调节方法的分类都是以调节器在机器上作用的部位来区分,常见有下列四种:

a. 作用于驱动机构的调节:单机停转调节、多机的分机停转、驱动机停转调节和离合器脱开调节以及变转速调节。

b. 作用于气体管路的调节:进气节流调节、截断进气口调节,以及进气与排气连通调节。

c. 作用于气阀的调节原理和调节机构:全行程压开进气阀和部分行程压开进气阀。

d. 连通补助余隙容积调节容积流量:连通固定补助余隙容积、连通可变补助余隙容积和部分行程连通补助余隙容积。

3) 离心式压缩机

离心式压缩机是一种叶片旋转式压缩机(即透平式压缩机)。在离心式压缩机中,高速旋转的叶轮给予气体的离心力作用,以及在扩压通道中给予气体的扩压作用,使气体压力得到提高。早期,由于这种压缩机只适于低、中压力及大流量的场合,而不为人们所注意。但随着各种大型化工厂、炼油厂、输气管道、储气库、天然气液化工厂的建设,离心式压缩机已经成为压缩和输送化工生产中各种气体的关键机器,占有极其重要的地位。随着对气体动力学的深入研究,离心式压缩机的效率不断提高,又由于高压密封、小流量窄叶轮的加工、多油楔轴承等关键技术的研制成功,解决了离心式压缩机向高压力、宽流量范围发展的一系列问题,使离心式压缩机的应用范围大为扩展,以致在很多场合可取代往复式压缩机,而大大扩大了应用范围:在油气储运工程领域,新建天然气长输管道干线压气站离心式压缩机已占据了主导地位;大中型天然气深冷处理装置及天然气液化装置冷剂循环压缩机也主要选用离心式压缩机;另外随着离心式压缩机技术的进步,近2年在排压相对不太高的中大型储气库中也开始采用离心式压缩机与往复式压缩机配合满足注采工况需求,有效减少压缩机台数、占地等,随着国内储气库建设第二批高潮的到来及储气库大型化的发展,离心式压缩机在储气库中的应用预计将越来越多。工业用高压离心式压缩机的压力有$(150\sim350)\times10^5$Pa的,海上油田注气用的离心式压缩机压力有高达700×10^5Pa的。作为高炉鼓风用的离心式鼓风机的流量有的大至7000m^3/min,功率大的有52900kW,转速一般在10000r/min以上。有些化工基础原料,如丙烯、乙烯、丁二烯、苯等,可加工成塑料、纤维、橡胶等重要化工产品。在生产这种基础原料的石油化工厂中,离心式压缩机也占有重要地位,是关键设备之一。除此之外,其他如石油精炼、制冷等行业中,离心式压缩机也是极为关键的设备。

(1) 分类。

离心式压缩机分类见表15-2-1。

表15-2-1 离心式压缩机分类

分类	名称	说明
按排气压力分	低压压缩机	排气压力在294~980kPa
	中压压缩机	排气压力在980~9800kPa
	高压压缩机	排气压力在9800~98000kPa
	超高压压缩机	排气压力>98000kPa
按功率分	微型压缩机	轴功率小于10kW
	小型压缩机	轴功率处于10~100kW
	中型压缩机	轴功率处于100~1000kW
	大型压缩机	轴功率处于1000kW以上
按吸入气体的流量分	小流量压缩机	流量小于100m^3/min
	中流量压缩机	流量处于100~1000m^3/min
	大流量压缩机	流量大于1000m^3/min
按结构特点分	水平剖分型	
	垂直剖分型	

(2) 结构。

离心式压缩机由转子及定子两大部分组成。转子包括转轴、固定在轴上的叶轮、轴套、平衡盘、推力盘及联轴节等零部件。定子则有气缸,定位于缸体上的各种隔板以及轴承等零部件。在转子与定子之间需要密封气体之处,还设有密封元件。

(3) 工作原理。

汽轮机(或电动机)带动压缩机主轴叶轮转动,在离心力作用下,气体被甩到工作轮后面的扩压器中去。而在工作轮中间形成稀薄地带,前面的气体从工作轮中间的进气部位进入叶轮,由于工作轮不断旋转,气体能连续不断地被甩出去,从而保持了压缩机中气体的连续流动。气体因离心作用增加了压力,还可以很大的速度离开工作轮,气体经扩压器逐渐降低了速度,动能转变为静压能,进一步增加了压力。如果一个工作叶轮得到的压力还不够,可通过使多级叶轮串联起来工作的办法来达到对出口压力的要求。级间的串联通过弯道回流器来实现。

叶轮是离心式压缩机对气体做功的唯一部件。气体介质在高速旋转的叶轮的推动下,随叶轮一起做旋转运动,从而获得速度能,并由扩压器部分转化为压力能。并在离心力的作用下由叶轮出口甩出,沿扩压器、弯道、回流器进入下一级叶轮进一步压缩增压,直至由压缩机出口排出,才算完成气体介质输送和增压的任务。

(4) 排量调节。

① 压缩机出口节流调节。

调节压缩机出口管道中的节流阀门开度是一种最简单的调节方法。它的特点是不改变压缩机的特性曲线,仅随阀门开度的不同而改变管网阻力特性曲线,从而改变压缩机的工况点。

由于出口节流,阀门关小,管网阻力加大,使整个系统的效率有所下降,且压缩机性能曲线愈陡,效率下降愈多,故应尽量少用。不过,这种调节方法简单易行、操作方便,故采用者仍不在少数。

② 压缩机进口节流调节。

调节压缩机进口管道中阀门的开度是又一种简便且可节省功率的调节方法。改变进气管道中的阀门开度,可以改变压缩机性能曲线的位置,从而达到改变输送气流的流量或压力。

为使压缩机进口流场均匀,要求阀门与压缩机进口之间设有足够长的平直管道。进气节流也因方法简单易行、操作方便,故也是一种较多采用的调节方法。

③ 进气预旋调节。

在叶轮之前设置进口导叶,并用专业机构使各个叶片绕自身的轴转动,从而改变导向叶片的角度,可使叶轮进口气流产生预旋。

总体来说,进气预旋调节比进出口调节的经济性好,但可转动导叶的机构比较复杂。故在离心式压缩机中实际采用得不多,而在轴流压缩机中采用的较多。

④ 利用可转动的扩压器叶片调节。

具有叶片扩压器的离心式压缩机,其性能曲线较陡,且当流量减小时,往往首先在叶片扩压器出现严重分离导致喘振。采用可转动的扩压器叶片调节可以很好地满足流量调节的要求,但改变出口压力的作用很小,这种调节机构相当复杂,因此较少单独使用,常与其他方法联合使用。

⑤ 改变压缩机转速调节。

调节压缩机转速,其压力和流量的变化都较大,从而可显著扩大稳定工况区,且并不引起其他附加损失,亦不附加其他结构,因而它是一种经济简便的方法。应当指出,切割叶轮外径与减小转速有大体相同的性能曲线变化,它也是在不得已的情况下可以采取的一种方法。可以采用的有汽轮机、直流电动机调速及变频调速装置调节等。

从经济性上来看,各种调节方式关系如下:改变转速 > 进气预旋 > 进气节流。

如有可能,亦可同时采用两种调节方法,以取长补短,效果更佳。

⑥ 安全保护系统。

为了保证离心式压缩机的安全稳定运行,必须设置一个完整的安全保护系统。

a. 温度保护系统。

观察、控制压缩机各缸、各段间的气体温度、冷却系统温度、润滑系统油温、主电动机定子温度以及各轴承温度,当达到一定的规定值就发出声光信号报警和联锁停机。

b. 压力保护系统。

观察、控制压缩机各缸、各段间的气体压力、冷却系统压力、润滑系统油压,当达到一定的规定值就发出声光信号报警和联锁停机。

c. 流量保护系统。

观察、控制压缩机冷却系统水流量,当达到一定的规定值就发出声光信号报警。

d. 机械保护系统。

离心式压缩机产生轴向位移,首先是由于有轴向力的存在。而轴向力的产生过程如下:在气体通过工作轮后,提高了压力,使工作轮前后承受着不同的气体压力。如果所有叶轮同向安装,则总轴向力相当可观。从机组设计、制造、安装方面为了平衡压缩机的轴向力,通常采取的措施有:设置平衡盘、设置止推轴承、采用双进气叶轮、叶轮背靠背安装。随着运行磨损等原因导致轴向位力增大,须设置轴向位移保护系统,监视转子轴向位置的变化,达到一定规定值时就发出声光报警和连锁停车。常见的轴向位移保护器的类型有:电磁式、电触式、电涡流式、液压式。

离心式压缩机是高速转动的设备,不可避免发生振动,但振动超过限值时危害很大,可能导致疲劳断裂、紧固件松脱等,发生间接和直接事故,危害设备及操作人员。因此,压缩机须设置机械振动保护系统,当振动达到一定规定值时,就能发出声光报警和连锁停车。

e. 喘振控制保护。

喘振是压缩机在流量减少到一定程度时所发生的一种非正常工况下的振动。喘振造成:压缩机性能恶化,工艺参数大幅波动;对轴承产生冲击;机组静动件碰撞,机器破坏;密封破坏,尤其是氧气压缩机,严重时大量气体外逸,引起爆炸恶性事故。为此,设置防喘振保护系统。目前大型压缩机组都设有手动和自动控制系统。即可自动和手动打开回流阀或放空阀,确保压缩机不发生喘振现象。

出现喘振的根本原因是压缩机的流量过小,小于压缩机的最小流量(或者说由于压缩机的背压高于其最高排压),导致机内出现严重的气体旋转分离,外因则是管网的压力高于压缩机所能提供的排压,造成气体倒流,并产生大幅度的气流脉动。脉动的频率和脉动的振幅与管网的容量有关,管网的容量愈大,脉动的频率就会愈低,脉动的振幅就愈大,反之,管网容量小,则脉动频率高而振幅小。

喘振的危害性极大,但至今还不能从机器的设计上予以消除,只能在运转中设法避免其发生。防喘振的原量就是针对引起喘振的原因,在喘振将要发生时,立即设法把压缩机的流量加大。防喘振的具体方法有两种:部分气流放空法和部分气流回流法。

部分气流放空法是当压缩机进气量降低到接近喘振工况时,流量传感器 1 传出信号给伺服电动机 2 号,使之产生动作操纵执行机构,即打开防喘振放空阀 3。于是部分气流放空,压缩机背压立即降低,流量就自动增加,工况也就远离喘振工况了,采用这种方法将会浪费部分压缩功,而且白白损失了部分气体。

部分气流回流法作用原理与上述放空法相同,其区别只是在于通过防喘振阀的气体流回到机器进气管加以回收,这种方法适宜于处理有毒、易燃、易爆炸或经济价值较高而不宜放空的气体情况,这种方法也要浪费部分压缩功。

此外,防喘振还有其他方法,例如改变压缩机的转速等。

上述防喘振的措施虽然可以避免喘振的出现,以保护机器,但不应让压缩机长期处于开启防喘振阀的状态下操作,这将造成很大浪费。应该检查生产操作系统,找出影响压缩机喘振的外在原因并加以解决,这才是防喘振的治本方法。

以上论述了离心式压缩机的最小流量工况和最大流量工况,可知这两种极限工况之间才是稳定工况区域。衡量压缩机级的性能好坏除了要求具有较高的压力和较高的效率以外,还要求有较宽的稳定工况区。

2. 压缩机的选型

1)压缩机特点

(1)螺杆式压缩机的优缺点。

① 优点:

a. 零部件少,易损件少,可靠性高;

b. 操作维护方便;

c. 没有不平衡惯性力,运转平稳安全,振动小;

d. 具有强制输气的特点,排气量几乎不受排气压力的影响,工况适应性强;

e. 螺杆式压缩机的转子齿面实际上是有间隙的,因此对湿行程不敏感,能耐液击;

f. 排气温度低,可在较高压比的工况下运行;

g. 可实现制冷无级调节,采用滑阀机构,使制冷量可从 15% ~100% 进行无级调节,节省运行费用;

h. 容易实现自动化,可实现远程通信。

② 缺点:

a. 转子齿面是一空间曲面,需利用特制的刀具,在价格昂贵的设备上加工,机体零部件加工精度也有较高的要求,必须采用高精度设备;

b. 由于齿间容积周期性地与吸、排气口连通,故压缩机噪声高;

c. 由于受到转子刚度和轴承寿命等限制,压缩机内部只能依靠间隙密封,所以螺杆式压缩机只能适用于中、低压范围,不能用于高压场合;

d. 由于喷油量大,油处理系统复杂,故机组附属设备多;

e. 螺杆式压缩机依靠间隙密封气体,在小容积范围内不具有优越的性能。

(2)往复式压缩机的优缺点。

① 优点:

a. 可应用于较广泛的压力范围;

b. 热效率高、单位耗电量少、加工方便;

c. 对材料要求低,造价低廉;

d. 生产、使用、设计、制造技术成熟;

e. 装置系统较简单。

② 缺点:

a. 转速受到限制；

b. 结构复杂、易损件多、维修工作量大；

c. 运转时有振动；

d. 输气不连续、气体压力有波动。

（3）离心式压缩机的优缺点。

① 优点：

a. 离心式压缩机的气量大，结构简单紧凑，质量轻，机组尺寸小，占地面积小，相对于活塞式压缩机，在制冷量相同时，质量较活塞式压缩机轻 5~8 倍。

b. 由于它没有汽阀活塞环等易损部件，又没有曲柄连杆机构，运转平衡，操作可靠，运转率高，摩擦件少，因此备件需用量少，维护费用及人员少。

c. 工作轮和机壳之间没有摩擦，无需润滑。在化工流程中，离心式压缩机对化工介质可以做到绝对无油的压缩过程。

d. 离心式压缩机为一种回转运动的机器，它适宜于工业汽轮机或燃气轮机直接拖动。对一般大型化工厂，常用副产蒸汽驱动工业汽轮机作动力，为热能综合利用提供了可能。

② 缺点：

a. 离心式压缩机目前还不适用于气量太小及压比过高的场合。

b. 离心式压缩机的稳定工况区较窄，其气量调节虽较方便，但经济性较差。

c. 目前离心式压缩机效率一般比活塞式压缩机低。

d. 一般要用增速齿轮传动，转速较高，对轴端密封要求高，这些均增加了制造上的困难和结构上的复杂性。

2）压缩机的选型注意事项

（1）气体性质对压缩机选用的要求。

① 安全问题。天然气压缩机压缩介质是烃类气体混合物。因此，安全问题是突出问题。天然气的主要组分和常用介质在大气压力下在空气中的爆炸极限见表 15-2-2。

表 15-2-2　天然气中主要组分和常用介质在大气压力下在空气中的爆炸极限

爆炸极限 （体积分数）	数值							
	CH_4	C_2H_6	C_3H_8	C_4H_{10}	C_5H_{12}	H_2S	H_2	NH_3
上限,%	15.0	12.45	9.5	8.41	7.8	45.5	74.2	27.0
下限,%	5.0	3.22	2.37	1.86	1.4	4.3	4.1	15.5

这些气体一旦泄漏到表 15-2-2 的程度，就有在厂房内引起爆炸事故的可能。因此，所选用的压缩机应有较好的密封措施，如选用活塞式压缩机要设置前填料函，其他如润滑设备、驱动机的防爆性能及车间的通风、安全、防爆、防静电、消防设施等，都应十分重视。

另外，天然气所处压力、温度越高，则爆炸范围越大，特别是压力影响很显著，随着压力的增高，爆炸下限差不多保持不变，而上限却大大增加，以甲烷为例，增加情况见表 15-2-3、表 15-2-4。

表15-2-3 不同压力下甲烷爆炸极限

压力,MPa	爆炸极限(体积分数),%	
	下限	上限
0.10	4.5	14.20
3.20	4.45	44.20
6.40	4.00	52.90
12.80	3.60	59.00
19.20	3.15	60.00

表15-2-4 不同温度下甲烷爆炸极限

温度,℃	爆炸极限(体积分数),%	
	下限	上限
20	6.00	13.40
100	5.45	13.50
200	5.05	13.55
300	4.40	14.25
400	4.00	14.70
500	3.65	15.35
600	3.35	16.40
700	3.25	16.75

防止压缩机或管道内形成爆炸性混合物的措施是避免产生死角,压缩机开车前需进行置换。死角处置换将不够充分,有可能在局部形成爆炸性混合物,这个问题需要注意。

② 气体性质的影响。在一个装置的生产过程中,气体组成和性质往往会发生变化。因此,所选机组对气体组成应有较大的适应能力。一般应给出一定的组成变化范围,选用离心式压缩机时更应注意,否则将因气体分子量和绝热指数等参数的显著变化,对压缩机的出力产生严重的影响。

③ 压缩过程中的液化问题。天然气在压缩过程中可能有液化,因此应注意凝液的分离和排除。对于活塞式压缩机,为了避免装缸事故,压缩机的各级气缸余隙容积都应略大一些,凝液多的出口阀应放在气缸下部,防止凝液积聚。同时曲轴箱应注意适当的密封,以防液化后的气体渗漏到曲轴箱内,降低润滑油的闪点和黏度。

对于喷油螺杆式压缩机或滑片式压缩机,应根据气体组成规定最低的排气温度,以免有气体液化而稀释润滑油。一旦润滑油被稀释,应有重新恢复润滑油性质的再生措施。

选用离心式压缩机时,轴密封油中可能漏入气体而被稀释,为此系统中应有脱气分离器。为提高脱气效率,脱气器上应配备有电或蒸汽加热器及搅拌器、抽气措施等。

④ 排气温度的限制。天然气主要组成是烷烃,因此对排气温度的限制不像炼厂气那样严格,为了减少油蒸气碳化和着火的危险,排气温度一般在140℃以下。

⑤ 下游工艺对润滑油含量的限制。伴生气进行深冷处理或液化时,压缩机增压伴生气携带润滑油进入冷箱,可能在冷箱中凝固影响冷箱换热效果,严重时堵塞冷箱造成装置停产。

(2) 压缩机的选型原则。

在满足以上要求及驱动机适应性的前提下,若有几种类型压缩机可供选择,再进一步对各种压缩机做选型比较。选型比较时,一般可参考以下原则:

高压和超高压压缩时,一般采用活塞式压缩机。但随着工业装置大型化,压缩机的排气量越来越大,选用离心式压缩机所具有的优点会增加。自21世纪初以来国外中大型储气库中应用离心式压缩机的量逐渐增加。

离心式压缩机具有输气量大而连续,运转平稳,机组外形尺寸小,质量轻,占地面积小,设备的易损部件少,使用期限长,维修工作量小,气体不会被润滑油污染等优点。对于气量较大且波动幅度不大,排气压力为中低压的情况宜选用离心式压缩机。应根据实际生产特点及工况变化情况选择机组。

当流量较小时,离心式压缩机的叶轮变窄,加工制造困难,工作情况不稳定。特别是多级压缩的情况下,由于气体被压缩,后几级叶轮的流量更小。因此,离心式压缩机的最小流量受到限制。由于速度型压缩机是先使气体得到动能,再把动能转换为压力能。因此相对空气密度小的气体,要得到同样的压缩比,必须使气体的速度更高才行。但这样,摩擦损耗等会增加,因此离心式压缩机压缩低分子量的气体是不利的,但在高压下,由于气体的密度增加,分子量小的缺点得到克服。当流量较小时,应选用活塞式压缩机或螺杆式压缩机。

喷油螺杆式压缩机由于兼有活塞式和离心式压缩机的许多优点,可调范围宽、操作平稳,不但在制冷工业上应用广泛而且在天然气集输和加工工业上也逐步得到应用。

无油螺杆式压缩机除气量调节,除了单级压缩比低,不如喷油螺杆式压缩机外,也具有上述优点,而且可以处理湿气。

活塞式压缩机采用多台安装,一般设置1台备机,以便万一某台机组检修时,不致严重影响装置的生产。离心式压缩机和螺杆式压缩机一般不考虑备用机组。

3) 驱动机的选型

(1) 驱动机类型。

压缩机的驱动方式有燃气轮机驱动、蒸汽轮机驱动、电动机驱动。通常,酸气压缩机功率较小,可选使用电动机或者燃气发动机驱动,且以电动机居多。

燃气轮机是利用天然气作为燃料的驱动机,其燃料来源较为便利。燃气轮机排气温度很高,热能损失很大,存在着能源整体效率较低、运行可靠性差的不足。同时燃气轮机的效率对负荷的变化非常敏感,当负荷低于额定负荷的70%时,燃气轮机的效率显著降低。另外燃气轮机的检修周期间隔较短,检修费用高。相对于其他驱动方式,燃气轮机的设计制造技术复杂,定型和完善的周期长,目前各主要燃气轮机制造厂商的产品均是按标准开发的,不能提供与压缩机轴功率紧密配合的非标燃气轮机,因此在选择燃气轮机作驱动设备时需要进行压缩机匹配性研究。

工业汽轮机利用蒸汽作为驱动来源,汽轮机具有转速高、功率大、经济性好、性能优良的优点。相对于燃气轮机制造技术复杂,产品系列标准化的特点,蒸汽轮机的部件通用化和标准化程度高,设计和制造成本低,生产周期短,且汽轮机型号多样化,可以根据压缩机轴功率的需求进行设计,使压缩机与汽轮机的配合达到最优化。

采用电动机驱动的特点是设备简单、可靠、易于维修;无固定大修期,可频繁启动、噪声低、无灰尘、无粉尘污染;在轻载状态下消耗很低;一次投资较低,使用寿命长,安装维修费用低。不同驱动机优缺点比较见表15-2-5。

表15-2-5 不同驱动机优缺点比较

项目	电动机	蒸汽轮机	燃气轮机	天然气发动机
适合驱动活塞式压缩机	是	不	不	是
适合驱动离心式压缩机	是	是	是	是
需供电量	非常高	高	低	中等
操作人工费	低	高	中等	高
维修费	低	高	中等	高
润滑油消耗量	低	低	低	中到高
需冷却水量	非常低	高	低	中等
适当的速度变化	无	有	有	有
可得到的不同功率机组数	多	中等	少	多
高环境温度下负荷下降情况	少	少	多	中到少

(2)驱动机选用的基本原则。

① 驱动机的转速与被驱动的压缩机转速相匹配,这样可以省去减速或增速齿轮箱的机械损失,并使结构简化。

② 驱动机选型应考虑环保相关要求,在环保允许的条件下,生产装置的工艺压缩机的驱动机应优先考虑利用天然气作燃料。采用天然气发动机或燃气轮机。

辅助系统设备和中、小型机组宜采用电动机驱动。

在电源比较充足的场合,或环保要求较高的场合,可以考虑选用电动机驱动。

③ 驱动机的额定功率应比压缩机的轴功率大,一般应留有10%~25%的余量,以备压缩机超载和空气试车之用。

④ 选择燃气轮机时,首先应考虑整个压缩系统整体设计的主要参数、建设期、燃气轮机的热效率、燃料气的消耗量等,以及运行、管理、维护要领及运行费用等。

在选择何种机型时,应考虑是否能适应压缩机的预想流量变动、需要备用台数、是否具有长期动转的可靠性、维修容易,以及售后服务效果等,一般宜选用轻型(航改型)或重载型燃气轮机。

⑤ 燃气轮机的余热应合理利用,选用时应当把燃气轮机与工艺对动力和热力的总需要结合起来分析,实现能源梯级利用。所选机组的动力效率宜在30%左右,余热回收站总热量的50%左右,实现总热效率80%左右。如果工艺对热需求量小,不能满足机组对热、动比的要求时,可选用回热循环或蒸汽回注循环机组,以尽可能提高机组的动力效率。

根据经验,余热回收利用这部分工程投产工期较长,为此燃气轮机需设旁通烟道,以确保简单循环部分可以先投产运行,以及运行过程中出现热、动比不平衡时,还可以利用旁通烟道进行调节。

⑥ 选择燃气轮机和天然气发动机组时,注意如果当地现场安装条件与机组设计条件不同,则须进行功率校正。机组一般是按15℃,海平面或静压101.325kPa(绝压)设计的。

⑦ 交流电动机一般有三种:笼型异步电动机、绕线型异步电动机和同步电动机。笼型异步电动机结构简单、紧凑、价格较低、管理方便,但功率因数低。同步电动机能改善电网的功率因数,单价格高,管理要求也较高,一般用在功率400kW以上的场合。绕线型异步电动机特点是启动电流小,一般笼型异步电动机的启动电流为额定电流的4~7倍,同步电动机的启动电流为额定电流的3~5倍,而绕线型异步电动机的启动电流只为额定电流的1.5~2倍。因此在启动条件困难的场合,如电网容量不大或需要用高速的电动机降速以带动有大飞轮的压缩机时,因采用绕线型异步电动机。

当压缩有爆炸危险的气体时,电动机要有防爆性能。防爆电动机的选型必须符合使用场所爆炸危险等级要求。

大型压缩机采用封闭式的防爆电动机有困难时,电动机可作为正压通风结构,通风的方式有开式循环和闭式循环两种。在开式循环中,冷却电动机的空气由室外的鼓风机供给,空气通过密封的地沟或管道,从底部进入电动机,并由装在电动机轴上的风扇导流,热空气由排风管排到室外。在闭式循环系统中,冷却电动机的空气从密封的地沟或管道进入电动机的底部,并由装在电动机轴上的风扇导流,热空气从电动机底部排回密封地沟或管道,再由鼓风机送入水冷却器,然后再循环使用。为了补充循环系统中的泄漏,室外有鼓风机向密封地沟补齐。

在压缩机启动之前,必须先启动通风装置,以清除通风系统中的爆炸性介质。

4)压缩机冷却系统

压缩过程因气体压缩机机身摩擦会产生大量的热,一般需配套设置冷却系统对机组进行冷却,常见的压缩机冷却部位/对象及冷却目的见表15-2-6。

表15-2-6 压缩机冷却部位/对象与冷却目的

冷却部位/对象	冷却目的	备注
气体级间或段间	(1)限制被压缩气体温度; (2)减少压缩机功耗; (3)减少活塞力与压缩机质量; (4)便于分离被压缩气体中所含的水与润滑油及混合气中可能液化的组分	视气体情况,如吸入干气便无水,气体无油润滑,便无油分离
末级排气后	(1)使排气温度降低,体积缩小,即容积流量下降,故气体输送管道直径减小; (2)便于分离被压缩气体中所含的水与润滑油及混合气中可能液化的组分	对热泵压缩机及排气直接进入高温反应塔又无需分离其他物质时例外

续表

冷却部位/对象	冷却目的	备注
气缸部位	大多数气缸(包括填料)均需冷却,以导出活塞环等因摩擦产生的热量,间或也有气体压缩热	气体无油润滑时尤应冷却;气缸有油润滑时少数中小型压缩机气缸由空气自然冷却
机身部位润滑油	润滑油在润滑运动摩擦面后带走了摩擦热,自身温度升高,为保持黏性循环润滑,故需经过冷却	冷却后油温保持在 50~60℃ 之间

结合不同的外部依托及环境条件,可供选择的冷却方式见表 15-2-7。

表 15-2-7 冷却介质与方式

冷却介质	冷却方式	优点	缺点
空气	由扇风机直接向风冷冷却器吹风或吸风	(1) 空气获取方便且无需代价,无水或缺水地区很合适; (2) 在年平均气温 25℃ 以下地区合适使用; (3) 操作方便; (4) 结构紧凑,占地面积小	(1) 冷却器一般集中布置,对大型压缩机困难较大; (2) 环境温度变化大,被压缩气体工况欠稳定,宜用变速风机; (3) 与被压缩气体温差较大,一般 10~15℃,在我国南方不合适; (4) 风机噪声大,要消耗电能,且大于水冷式电耗能
水	由水通过冷却器冷却气体及通过气缸冷却水套冷却气缸,一般水循环使用,由水冷却塔将热水再冷却	(1) 水冷却效果好,与被压缩气体温差为 5~10℃; (2) 被压缩气体工况较稳定	(1) 冷却塔主要靠水蒸气吸收潜热,故要消耗较多水; (2) 一般冷却水都要经过水处理; (3) 水冷却器要定期进行清理,因为即使水处理后仍可能结垢; (4) 环境温度小于 0℃ 时,停机时必须把水放掉,或加防冻剂
水+空气	也称混冷方式,即水冷却器系统中水是封闭循环,冷却后的热水再由空气散热器吹风冷却	(1) 冷却水基本无损耗; (2) 可以用无杂质的中性水; (3) 可方便地加防冻剂(如乙二醇等); (4) 可用于缺水或无水地区,寒冷地区等	(1) 被压缩气体与空气温差较大,通常大于 15℃; (2) 环境温度高时气体难以被冷却到希望的温度,为此要给风冷散热器喷水
水+水	压缩机冷却系统为封闭式,用水或其他冷却介质进行冷却,冷却后的热水再由开式水冷却塔喷淋来冷却	(1) 冷却水基本无损耗; (2) 可以用无杂质的中性水; (3) 可方便地加防冻剂(如乙二醇等); (4) 压缩机系统冷却水温度受环境影响小; (5) 再冷却塔属水/水传热冷却,水蒸发很少	(1) 价格较高; (2) 仍需补充少量水; (3) 适宜于中、小型机组

续表

冷却介质	冷却方式	优点	缺点
润滑油	喷油螺杆式压缩机中,大量的润滑油被喷入所压缩气体介质中,一方面降低排气温度,另外也给轴承、机械密封、滑阀等摩擦副提供润滑	(1)润滑油有一定消耗; (2)受外部影响小	(1)排气中含有润滑油可能对下游工艺造成影响; (2)对工艺介质纯净度要求较高,否则会影响润滑油的润滑效果; (3)一般需设置除油器,回收润滑油

5)压缩机噪声控制

压缩机是使气体获得能量并能输送气体的机械。它在运行过程中产生强烈的噪声,一般都在 80dB 以上,而且呈中低频特性,传播距离比较远。尤其在夜晚,严重影响周边人们的生活。压缩机产生的高噪声对设备操作人员的身心健康也有很大的危害。因此在设计中需考虑压缩机噪声治理的问题。

一般,压缩机、压缩机空冷器对厂界处的噪声影响符合 GB 12348《工业企业厂界环境噪声排放标准》Ⅱ类标准的昼间标准值,即 LAeq≤60dB;夜间标准值,即 LAeq≤50dB。

压缩机常见的降噪措施有:

(1)减振手段:压缩机振动会引起原本固体间的噪声,振动越强烈,噪声也越大,所以通常需要在压缩机的底部或者周围采取减振措施。

(2)压缩机的隔声措施:通常压缩机会在一个单独的房间,压缩机内部的一些机械噪声会通过空气传播,这时候我们就可以采取整个房间的吸声手段来减少噪声量。

(3)墙壁隔音:通过墙壁的隔音,可以有效减少噪声通过机房传播到外界的声音,可以减少 20dB 以上的噪声。

二、膨胀机

1. 膨胀机的分类

绝热等熵膨胀是获得低温的重要效应之一,也是对外做功的一个重要热力过程,而作为用来使气体膨胀输出外功以产生冷量的膨胀机则是能够实现接近绝热等熵膨胀过程的一种有效机械。膨胀机可分为活塞式和透平式两大类,一般来说,活塞膨胀机多适用于中、高压小流量领域,而低、中压相对流量较大的领域中则多用透平膨胀机。透平膨胀机具有占地面积小(体积小)、结构简单、气流无脉动、振动小、无机械磨损部件、连续工作周期长、操作维护方便、工质不污染、调节性能好、高效率等特点;而活塞膨胀机正相反,一般多用在高膨胀比小流量的场合。这里主要介绍透平膨胀机。

(1)透平膨胀机的分类如图 15-2-7 所示。

(2)透平膨胀机通流部分的基本形式如图 15-2-8 所示。

(3)径—轴流工作轮的形式如图 15-2-9 所示。

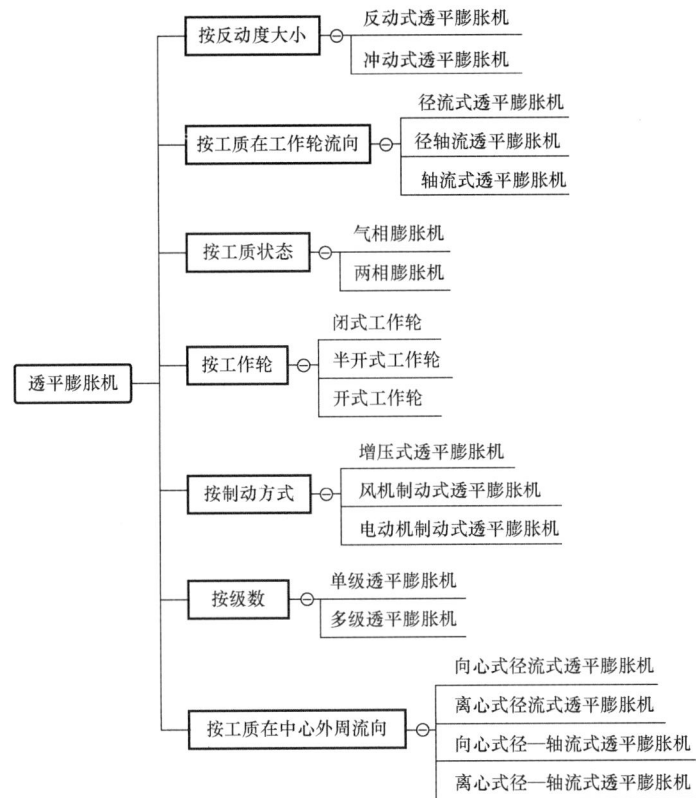

图 15-2-7 透平膨胀机分类

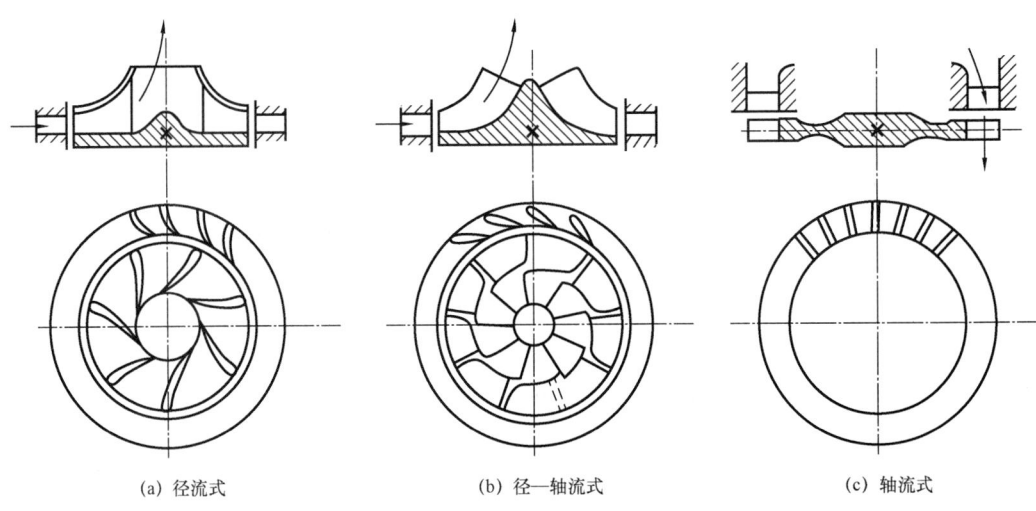

(a) 径流式　　　(b) 径—轴流式　　　(c) 轴流式

图 15-2-8 透平膨胀机通流部分的基本形式

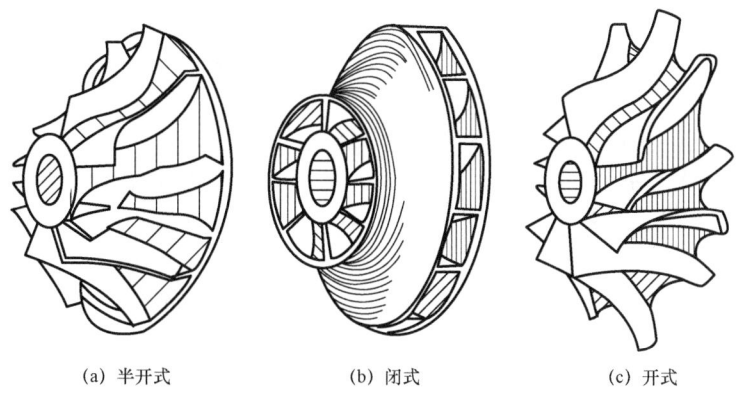

(a) 半开式　　　　　　(b) 闭式　　　　　　(c) 开式

图 15-2-9　径—轴流工作轮的形式

2. 透平膨胀机的工作原理

透平膨胀机是一种低温机械。膨胀机的出口状态通常接近于冷凝温度,有时出口已带有部分液体。这样,在计算时就必需考虑到实际气体的影响。

表 15-2-8 中可以看出不同形式叶轮工作状态。

表 15-2-8　不同形式叶轮工作状态

叶轮工作状态	$(u_1^2 - u_2^2)/2$
向心径流式工作轮	>0
轴流式工作轮	≈0
离心径流式工作轮	<0

由此可见,向心径流式工作轮具有最大的比焓降和温降。

在透平膨胀机中,喷嘴和扩压器是固定元件,其内工质流速的增加和减少是由工质的比焓变化来实现的,所以在理想情况下,工质在喷嘴和扩压器中的流动过程就属于这类流动。

膨胀过程工作轮所产生的功只取决于工作轮进、出口的速度而与工质的性质无关。

透平膨胀机是一种高速旋转的热力机械,它是利用工质流动时速度的变化来进行能量转换的,因此也称为速度型膨胀机。它由膨胀机通流部分、制动器及机体三部分组成。

工质在透平膨胀机的通流部分中膨胀获得动能,并由工作轮轴端输出外功,因而降低了膨胀机出口工质的内能和温度。图 15-2-10 给出了透平膨胀机主机的剖面示意图。

膨胀工质由进气管进入蜗壳 2,被均匀地分配进入喷嘴,经过喷嘴 4 膨胀,降低了压力和温度后进入工作轮 3,在工作轮中工质进一步膨胀做功,然后经由扩压器 1 排入膨胀的出口管道,而膨胀功则由和工作轮相连的主轴 7 向外输出。由膨胀机主轴输出的能量可被用来驱动一台压缩机或一台发电机;如果输出的能量较小,则可用风机或油制动器来平衡能量,以使透平膨胀机有一个稳定的运行条件。

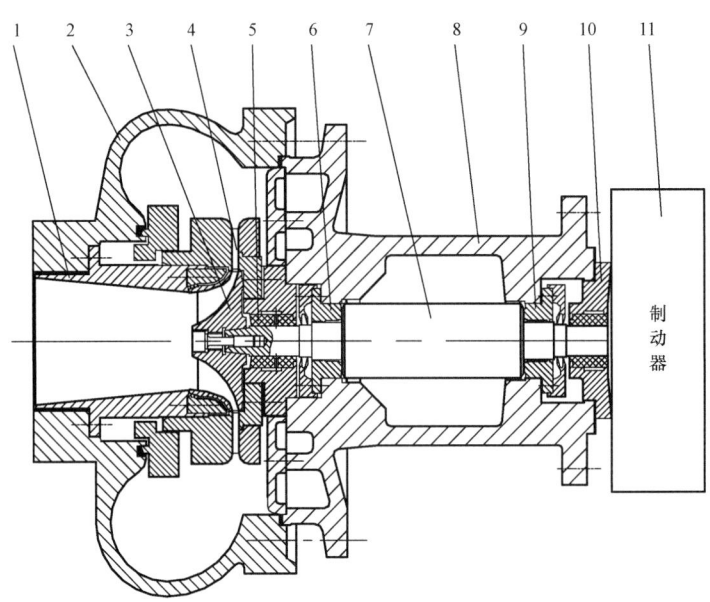

图 15-2-10 透平膨胀机主机结构示意图
1—扩压器;2—蜗壳;3—工作轮;4—喷嘴;5—内轴封;6—内轴承;7—主轴;
8—机壳;9—外轴承;10—外轴封;11—制动器

3. 透平膨胀机的组成

透平膨胀机由主机、密封气系统、供油系统、仪控系统等组成。

1) 主机

主机由蜗壳、转子、喷嘴、传动机构、轴承、密封、机身等组成。

(1) 蜗壳:它是为了使气流顺利改变方向并均匀分配给喷嘴,原则上保证气流在出口内圆上成轴对称流动。材料为铝合金、铜合金或不锈钢。

(2) 喷嘴:透平能量转换的主要部件,近年来均采用叶片可以转动的可调喷嘴,以调节流道的通流面积,从而调节气量。材料为 3Cr13 或 2Cr13 等。

(3) 转子:由主轴、膨胀机工作轮、增压机工作轮及轴封组成。

通常采用的双旋臂转子,即两个工作轮外伸在两个轴承之外,转子是透平的核心部件,除要求有良好的空气动力性能外,由于它是高速转动零件,还要求有较高的动平衡精度及要求自振频率(临界转速)远离其工作转速。

(4) 轴封:避免膨胀段的冷气体向常温段的轴封泄漏,不仅造成冷损失而且会使轴承的润滑油冻结而造成损坏,因而采用轴封加以阻止。轴封形式为迷宫密封,一种非接触式动态密封。

(5) 压机轮:回收膨胀机发出的功,仅是一种制动器。

(6) 主轴:传递功率的零件,一段在常温下工作,另一段在低温下工作,要求有足够的刚性、强度。材料为不锈钢或合金钢。

(7) 传动机构:调节转动叶片的角度,以改变喷嘴流道的面积而设定,通常有手动及遥控两种。

(8) 轴承:支撑主轴并保证主轴顺利稳定运转,为了保证主轴的轴向定位并承受一定的轴向力,除径向轴承外,还有推力轴承,常用的有油轴承及气体轴承。

油轴承:承载能力大,可靠性好,轴承线速度可达70m/s。油轴承具有承载能力必须具备3个条件,即存在油楔、具有相对运动、油有一定的黏性。

气体轴承:小型高速转子。

(9) 机身:水平剖分式及整体式。

2) 密封气系统

由于透平膨胀机侧通常工作在低温状况之下,而其轴承机身又处在常温环境之中,为了减少高压低温气体通过迷宫密封的泄漏而降低冷量损失,防止轴承润滑油冻结造成整个机组失效,在机组中采用常温的密封气体通入密封中段,以阻止低温气体向轴承段泄漏,保证机组的安全。

3) 供油系统

油田气透平膨胀机一般工作在压力高、转速高的环境下,因此对轴承的润滑供油系统有比较高的要求,主要是供油压力、油量、清洁度及油气分离等。

供油系统主要由以下几部分组成:

(1) 油箱:采用密封的压力油箱,有利于进入油箱气体的回收利用,防止可燃气体的外漏。

(2) 油泵:连续提供具有一定压力、油量的润滑油。

(3) 油冷却器:冷却通过轴承后温度上升的油,保证油的黏度。

(4) 油过滤器:过滤油中的固体微粒,保证润滑油的清洁度。

(5) 蓄能器:贮油蓄能作用,保证因停电等突然故障,能向机组提供1min左右的油量,从而保证机组的安全。

(6) 油气分离器:分离进入油箱的润滑油中的气体。

(7) 液流阀或安全阀:调节供油压力或保证油泵出口压力不过高。

4) 仪控系统

适时监控机组运转情况及采集机组运行数据,保证机组安全运行。

4. 膨胀机的选型

在各种通用的透平形式中,径流反作用式透平结构在天然气制冷透平膨胀机中占主导地位。通过使用可变的入口导向叶片,这些设备可在宽的入口流量和压力条件下运行,其运行速度非常高。因此,在设计和操作中需要注意的问题与其他类似的复杂旋转设备是一致的。

最常用的组合是透平膨胀机—压缩机,膨胀机的动力用于压缩工艺气体。在这种情况下,压缩机叶轮与膨胀机叶轮在同一根轴上运转。动力回收的其他应用是膨胀机—泵或膨胀机—发电机。通常需要用齿轮箱,把膨胀机的速度降低为被驱动设备所需要的速度。

因为动力回收和制冷是应用透平膨胀机的主要目的,所以,旋转速度的确定是以膨胀机的效率最佳为原则,但是这样做往往会损害压缩机,使压缩机效率降低。通常使用的径流型膨胀机效率为80%~83%,径流型压缩机效率为68%~70%。

1) 膨胀机的工况

膨胀机的工况即运行时的工作状态,它是膨胀机结构形式的原则和设计的基础。

一般在选择膨胀机时,工况由用户提出,比如:

(1) 物料组分。物料是混合气还是纯组分气体,是干气还是湿气,是否具有腐蚀性、毒性等。

(2) 供气量。即膨胀机处理的有效气体成分的容积,供气量是稳定还是非稳定等。

(3) 进气压力和进气温度。进气压力和进气温度会随季节、昼夜等原因而发生变化,因此在选型过程中应格外注意。

(4) 排气压力和排气温度。膨胀机的排气压力和排气温度是根据用户最终确定。

2) 选型原则

(1) 满足供气量和压力的要求;考虑气体流量的变化。

(2) 运行可靠性高,使用寿命长。

(3) 运行的经济性好,节能省电、省油、省水、维护工作简便等。

(4) 被润滑的介质不与润滑油发生接触;判断气体的组成与洁净度。

(5) 考虑压缩比。

(6) 考虑投资成本。压缩机形式选定以后,需要结合整体工艺流程来确定压缩机数量。

3) 适用工况

一般来说,当具备下述一个或几个条件时,表明可以选择透平膨胀机工艺循环:

(1) 气流中存在自由压降;

(2) 贫气;

(3) 要求较高的乙烷回收率(级回收30%以上乙烷);

(4) 装置布局要求紧凑;

(5) 公用工程(水、电、燃料等)费用高;

(6) 操作灵活(即容易适应产品和压力的较大变化)。

5. 膨胀机的调节

对于设备来说,为了提高整个装置的运行经济性,选择合理有效的透平膨胀机调节方法非常重要,好的调节方法应能使机器始终运行在最佳特性比范围内,并具有较高的运行效率。根据结构和配置的不同,透平膨胀机冷量调节的方法主要有转动喷嘴叶片组调节、机前节流调节、部分进气调节、改变喷嘴叶片高度调节、多台机组组合调节。

1) 转动喷嘴叶片组调节

它是靠安装在外部的执行机构(可以是电动的、气动的或手动的执行器)来带动喷嘴叶片转动而改变通道截面积来实现的。调节时,通过传动机构同步转动均匀排列在导流器盘上的所有的喷嘴叶片,使叶片倾斜角改变,改变喷嘴喉部通道截面积从而改变膨胀机的气量。它基本属于对膨胀量 m 的一种调节方式;但对于气体增压后再进入膨胀机膨胀的增压机制动透平膨胀机来说,由于膨胀气量的改变使膨胀机轴端输出功率也发生变化,造成增压后气体参数的改变,从而改变了膨胀机的进口参数,也就改变了等熵比焓降 Δh_s,所以对这类膨胀机来说,喷嘴叶片组调节是量和质的混合调节。

转动喷嘴组件分为固定盘和转动盘,喷嘴叶片尾部的转动销与固定盘固定,而头部设有滑槽,当执行机构带动转动盘(外盘)转动时,通过插在滑槽中且固定在转动盘上的销就能带动喷嘴组转动。

转动喷嘴叶片组调节性能好,在调节过程中能最大限度地利用工质的等熵比焓降,操作平稳、方便,是目前透平膨胀机所普遍采用的。

2) 机前节流调节

在透平膨胀机的进口管道中,设置气动薄膜(或电动、手动)调节阀,通过调节阀开度的改变来调节膨胀前的气体压力,从而改变膨胀机等熵比焓降 Δh_s 和流量 m,以实现制冷量调节的目的。这种调节方法基本上属于质的调节。但由于调节阀的特性以及膨胀机进口压力等变化对喷嘴进气量的改变,在气体节流的同时,也会使气体量发生改变,确切地说是一种质和量的混合调节。这种调节方法结构简单、工作可靠、操作方便,可大大简化膨胀机的结构,又可实现较宽范围的无级调节,若配以可变转速的风机制动,把特性比调到最佳值附近,则对膨胀机的等熵效率没有太大的影响。因此,这种调节方法在小型透平膨胀机中获得较广泛的应用。它的最大缺点是不能充分利用工质的有效焓降,降低了装置的运行经济性。

3) 部分进气调节

部分进气调节相当于把圆周方向的喷嘴叶片组分成几个数目不等的互相隔开的小组,每一个小组都可以单独控制进气与否,考虑到结构的因素,一般设 3~4 个小组,调节时根据需要可以全开各小组喷嘴,或选开部分小组喷嘴组成不同的组合。它基本属于量的一种调节方式。

当喷嘴组数目无限多时,它具有较好的调节性能,否则就应和节流调节配合一起使用,机器的效率与喷嘴组开启的数量有关。部分进气调节方法简单可靠,常用在冲动式透平膨胀机中,这时对膨胀机等熵效率影响不大。但用于反动式透平膨胀机时,由于不进气的一段喷嘴弧产生的鼓风损失和气体周向窜漏,以及反动度的改变,增加了膨胀机的部分进气损失。这种调节方法现在较少采用。

4) 改变喷嘴叶片高度调节

改变喷嘴叶片高度的调节原理是在工作轮进口宽度不变的情况下,通过传动机构来轴向移动喷嘴压盖(压盖上铣有与喷嘴叶片断面相同形状的槽),来实现导流器叶片宽度的改变,基本属于量的调节。改变导流器叶片宽度的调节是各种调节方法中调节性能最好的一种方法。它可以充分利用膨胀机的焓降。显然,这种调节方法结构比较复杂,制造加工的要求也较高,因而在一定程度上限制了它的推广应用。

这种调节方法在调节过程中,喷嘴出口与叶轮进口间的间隙以及进口冲角是不变的,它的附加损失主要是过度损失,它主要是由喷嘴开度过大时气流出喷嘴对叶轮的冲击损失和喷嘴开度过小时造成的工作轮内的涡流损失,在透平膨胀机的设计时应充分考虑工况的调节要求,以设定合理的喷嘴开度范围,尽可能减少调节时的附加损失;另一项就是喷嘴和压盖间的内泄漏损失。实验表明,采用这种调节方法,当负荷减少 50% 时,膨胀机效率仅降低 7% 左右。

5) 多台机组组合调节

按工况调节要求,设置 2~3 台容量不同的透平膨胀机组来满足变负荷的需要。届时根据情况来确定开哪一台、哪两台或全开。这种调节方法成本较高,且不能实现无级调节。在小型的采用风机制动的透平膨胀机中有采用,以节流调节配合使用效果较好。

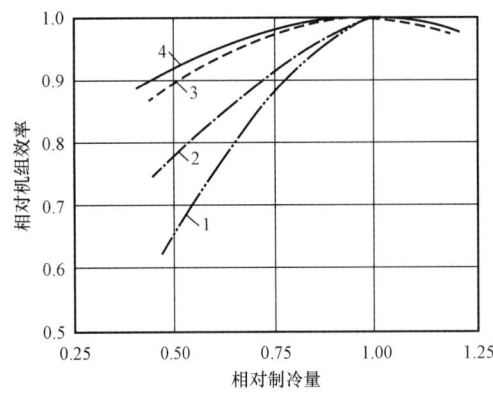

图 15-2-11 透平膨胀机特性曲线
1—全节流调节（风机）；2—部分进气调节；
3—转动喷嘴叶片组调节；4—改变喷嘴叶片高度调节

图 15-2-11 是反动式透平膨胀机几种调节方法在调节性能上的比较。从图中可以看出，改变喷嘴叶片高度和转动喷嘴叶片组的调节特性相差不多，是最好的；而全节流的调节特性最差；部分进气加节流的混合调节特性介于 1 和 2 之间；多台机组组合调节加节流的混合调节特性介于 1 和 3 之间。实用上，考虑结构的复杂性、加工工艺性、装配维修方便性和调节可靠性等因素，对于大中型透平膨胀机，目前国内外绝大部分厂商都采用转动喷嘴叶片组的调节方法。对于小型的透平膨胀机，由于结构尺寸的限制，一般仍采用节流调节方法为主。

对于增压机制动的透平膨胀机来说，采用转动喷嘴叶片组调节制冷量，有两种不同的工艺流程，一种是工作介质先通过增压机提高压力，从而提高了单位工质的制冷能力，经装置换热器换热后直接进入同轴的膨胀机进行膨胀。对于这类透平膨胀机来说，在冷量的调节过程中由于膨胀功的改变，而使得等熵比焓降亦有所变化，是量和质的混合调节，在调节时要同时考虑转速和 Δh_s 对特性比的影响。另一种流程中膨胀机的气源和增压机的气源相对来说是不相干的。调节时，膨胀气量（冷量）的改变仅影响了增压机的流量和压比，一般来说不会改变膨胀机的等熵比焓降，属于量的调节。只要保持转速不变就能使特性比维持在最佳值附近，获得最佳的运行效率。

对于冲动式透平膨胀机来说，因工作轮前后压力差基本相等，因此大都采用部分进气的调节方法。实验表明，当负荷下降 50% 时，效率约降低 8%，冲动式膨胀机的效率水平较低。

三、分馏塔

分馏塔有板式塔与填料塔两种主要类型。主要是由筒体、封头、塔内构件（包括塔板或填料、降液管和受液盘）、人孔、进出口管板和裙座等组成。

塔设备的外壳（即筒体）多用钢板卷焊而成。塔体的内部安装有塔板、降液管及各种进出物料的进出口管。塔体的下部设有裙座和基础环（圈）。为安装和检修方便，塔体上开有人孔（或手孔），塔顶上装有可以旋转的吊柱，塔外还设有扶梯和平台。

1. 塔体设计

塔设备的筒体主要为圆柱形，其主要尺寸是直径、高度和壁厚。筒体的直径应符合标准 GB/T 9019《压力容器公称直径》中所规定的尺寸系列，卷焊而成的筒体的公称直径系指筒体的内径。筒体的高度计算主要由以下几部分组成。

1) 塔顶空间高度 H_D

由顶部第一块塔板到筒体与封头接线的距离（不包括封头空间）叫塔顶空间高度。为了便于安装人孔及破沫网，减少塔顶出口气体的携带量，通常 $H_D = 1.2 \sim 1.5 \text{m}$。

2) 塔底空间高度 H_B

由塔底第一块塔板到塔底封头接线的距离称为塔底空间高度。为了保证塔底产品抽出的稳定,使塔底液体不流空,一般可取塔底产品的停留时间为 10~15min,如果塔底排量很大,停留时间可缩小至 3~5min。此外,如果塔底是采用热虹吸式再沸器加热,塔底与再沸器之间有管路连接。为便于再沸器返塔物料的两相分离,塔底空间应适当扩大。

3) 进料空间高度 H_F

进料如果是液相,则 H_F 应稍大于一般的塔板间距,并满足安装人孔的需要即可。如果是两相进料,H_F 则要取得大一些,以利于进料两相的分离。一般可取 $H_F = 1.0~1.2m$。

4) 筒体的总高度 H

筒体的总高度 H 可由式(15-2-1)计算:

$$H = H_B + \sum_{\substack{i=1 \\ i \neq n_f}}^{n=1} H_{Ti} + H_F + H_D \qquad (15-2-1)$$

式中 H_{Ti}——从塔底往上数第 i 板与第 $i+1$ 板之间的板间距;

n——进料板数量;

n_f——进料板序号(从塔底往上数)。

2. 附件设计

1) 除沫器

当塔内操作气速较大时,会出现塔顶雾沫夹带。这不仅造成液相物料流失、气体纯度下降,也使得塔的效率降低,还可能发生环境的污染。为了避免这种情况,需在塔顶设置除沫器。

常用的除沫器有丝网除沫器、折流板除沫器及旋流板除沫器。此外,还有多孔材料除沫器和玻璃纤维除沫器。在分离要求不严格的情况下,也可用于填料层作除沫器。

(1) 丝网除沫器。

丝网除沫器具有比表面积大、除沫效率高和空隙率大、压力降小的突出优点,质量亦较轻。因而成为应用最广泛的除沫器。

丝网除沫器适用于洁净气体。不适用于雾滴中含有或易析出固体物质的情况(如碱液、碳酸氢铵溶液等),因为液体蒸发后留下的固体会堵塞丝网。当雾沫中含有少量悬浮物时,应注意经常冲洗。

丝网除沫器使用的气液过滤网形式及其基本参数见表 15-2-9。

表 15-2-9 气液过滤网形式及其基本参数

型号	容积质量,kg/m³	比表面积,m²/m³	空隙率 ε
SP	168	529.6	0.9788
HP	128	403.5	0.9839
DP	186	625.5	0.9765
HR	134	291.6	0.9832

注:(1) 其他气液过滤网的参数及性能可向专业除沫器制造商查询。
(2) 气液过滤网容积质量数据系按密度 7930kg/m³ 计算。

操作气速的确定。合理的气速是除沫器取得较高除沫效率的重要因素。气速过低,雾滴对丝网不能形成撞击;气速过高,聚集在丝网的雾滴不易降落,会被气流重新带走。

丝网除沫器的液泛气速 u_f(即丝网除沫器操作中的极限气速)计算公式为:

$$u_f = K \sqrt{\frac{\rho_L - \rho_G}{\rho_G}} \qquad (15-2-2)$$

式中　ρ_L, ρ_G——液滴和进口气体的密度,kg/m³;
　　　K——气液过滤网常数(见表15-2-10)。

表15-2-10　气液过滤网常数

型号	K
SP	0.201
HP	0.233
DP	0.198
HR	0.222

丝网除沫器的操作气速 u_g:

$$u_g = (0.50 \sim 0.80) u_f \qquad (15-2-3)$$

丝网除沫器的直径 D_1:

$$D_1 = \sqrt{\frac{4Q}{\pi u_g}} \qquad (15-2-4)$$

式中　Q——气体处理量,m³。

根据计算所得的 D_1 选用 HG/T 21618《丝网除沫器》中的丝网除沫器有效直径 D 值,得到丝网除沫器规格直径 DN。实际使用中,常用的设计气速取 1~3m/s,丝网层的蓄液厚度为 25~50mm。此时取网层厚度为 100~150mm,可获得较好的除沫效果。若除沫要求严格,厚度可取偏大值或采用两段丝网。当采用合成纤维丝网,且纤维直径为 0.005~0.03mm 时,制成的丝网层应压紧到重度为 1100~1600N/m³,网层厚度一般取 50mm。

根据除沫效率的要求,确定网块厚度。一般选用 $H=150$mm 的丝网除沫器;如除沫要求不高,可选用 $H=100$mm 的丝网除沫器。

丝网除沫器的网块结构有盘形和条形两种。盘形结构采用波纹形丝网缠绕至所需直径。网块的厚度等于丝网的宽度。条形网块结构采用波纹形丝网一层层平铺至所需的厚度,再以格栅和定距杆连成整体,如图 15-2-12 所示。根据塔器结构、人孔开设位置,确定丝网除沫器的形式。当人孔设在除沫器的上方,或虽然无人孔但设有法兰时,选用上装式丝网除沫器(图 15-2-13)。当人孔设在除沫器下方时,选用下装式丝网除沫器(图 15-2-14)。

(2) 折流板除沫器。

折流板除沫器结构简单、不易堵塞,但金属耗量大,造价较高。多用于小型塔器。

折流板除沫器中最常用的是角钢除沫器(图 15-2-15)。折流板由 50mm×50mm×3mm 的角钢制成。夹带液体的气体穿过角钢通道时,依靠碰撞及惯性作用而达到截留及惯性分离。其适宜气速 u 可按式(15-2-5)计算:

$$u = (0.085 \sim 0.1)\sqrt{\frac{\rho_L - \rho_G}{\rho_G}} \qquad (15-2-5)$$

式中 ρ_L, ρ_G——液相、气相密度,kg/m^3。

根据塔内气速和上升气量,即可确定除沫器的高度。折流板除沫器可除去直径为 5×10^{-5}m 以上的液滴。增加折流次数,能保证足够高的分离效率,其压力降一般为 50~100Pa。

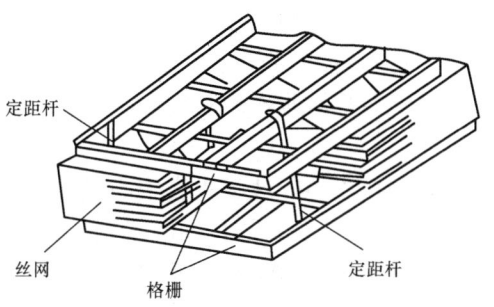

图 15-2-12 网块结构

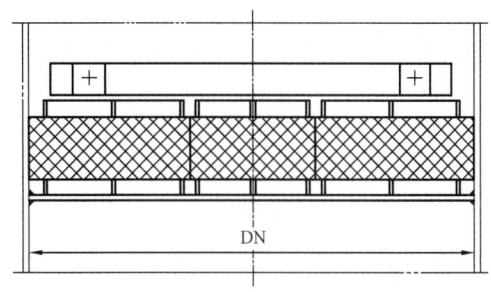

图 15-2-13 上装式丝网除沫器

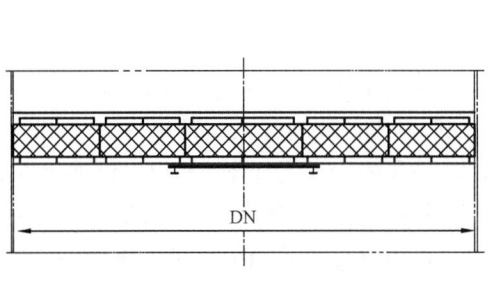

图 15-2-14 下装式丝网除沫器

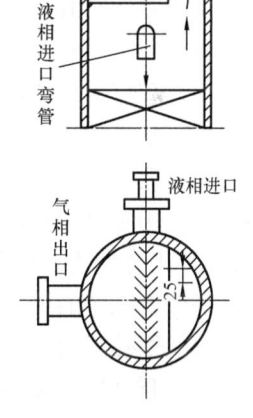

图 15-2-15 角钢除沫器

(3)旋流板除沫器。

旋流板除沫器由固定的风车状叶片组成,如图 15-2-16 所示。夹带液滴的气体通过叶片时产生旋转,在离心力的作用下将液滴甩至塔壁,从而实现气—液分离,其除沫效率可达 95%。

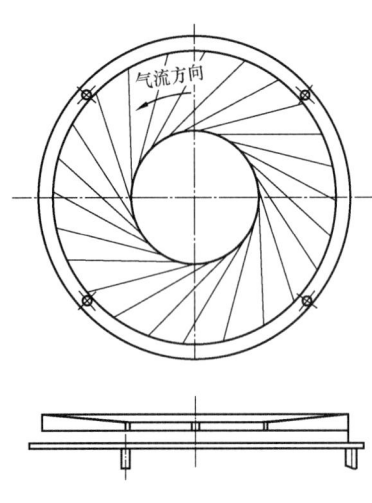

图 15-2-16 旋流板除沫器

2）人孔、手孔

人孔是供人员通过塔器的出入口，用于设备和零部件的安装、检修操作；手孔是供手及手提灯等手持工具通过塔器的出入口，用于人员不允许进入或不必进入塔器时，进行设备和零部件安装、检修操作。塔体上人孔、手孔设置过多。尤其是人孔设置过多，会使塔体的直线度难以达到要求。所以，一般板式塔可每隔 10～15 层塔板或 5～7m 高塔段设置人孔 1 个。板间距小的塔按塔板数考虑；板间距大的塔按塔高考虑。直径不小于 800mm 的填料塔，可在每段填料层的上、下方各设人孔 1 个，直径小于 800mm 的填料塔，可在每段填料层的上、下方各设手孔 1 个。无论设置人孔或手孔均兼作填料装卸孔。手孔兼作卸料孔时允许斜置。

板式塔的人孔中心线与降液板垂直中心线的夹角宜选为 90°，且所有人孔宜在同一方位。但是，当塔器公称直径小于 1m 且人孔、手孔较多时，应将相邻人孔、手孔布置在对称的方位，以免人孔、手孔开设在同一方位上，焊后使塔体产生较大的弯曲变形。

人孔水平中心线至塔平台上表面的距离宜为 700～1000mm，最大不宜超过 1200mm，最小为 600mm。安装在框架内或室内的塔器，其人孔、手孔的设置还应考虑楼板位置等具体情况。

塔体人孔、手孔压力等级的确定，必须考虑水压试验压力的作用。

符合以下情况之一者，宜选用带颈对焊法兰人孔、手孔：

（1）设计压力大于 2.5MPa 的塔器；

（2）设计压力不小于 1.6MPa 且介质易燃的塔器；

（3）介质的毒性程度为极度或高度危害的内压塔器；

（4）设计温度不小于 350℃ 的内压塔器；

（5）低温内压塔器。

塔器筒体上宜采用垂直吊盖人孔。当必须采用回转盖人孔时，应注意回转盖开启方向上是否存在障碍物（如工艺配管、外部附件等）或打开后是否妨碍检修人员的出入。

装有散装填料或催化剂的塔器，其卸料用人孔、手孔内宜设置如图 15-2-17 所示的填料挡板，借以保护人孔、手孔，并在不卸出填料或催化剂的情况下更换人孔、手孔垫片。为防止物料在人孔、手孔筒节内积聚、结焦、局部过热或死区，宜用设有内芯挡板或非金属隔热层的带芯人孔、手孔，如图 15-2-18 所示。

当人孔处的塔内部没有可供进塔人员蹬踏的物体时，应在塔内壁设置出入人孔用的扶手和爬梯。

人孔处的塔盘间距应不小于人孔公称直径与塔盘支撑梁高度及 50mm 之和，且不小于 600mm。

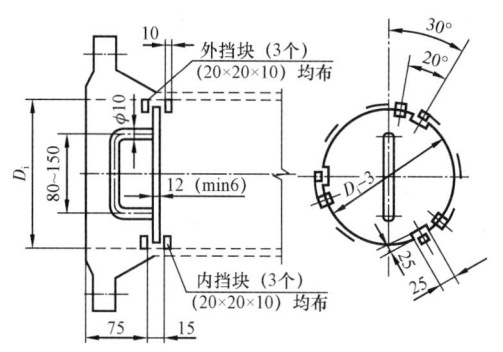

图 15-2-17 人孔、手孔内填料挡板(单位:mm)

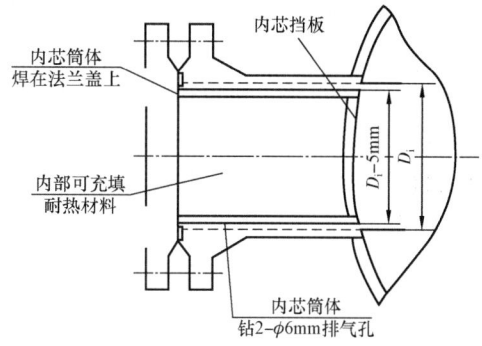

图 15-2-18 带芯人孔、手孔

3) 吊柱

高度超过 15m 的室外无框架的整体塔,为了更方便、更经济地安装和拆卸内件,装入和更换填料,一般应在塔顶设置吊柱。

吊柱的吊钩与塔顶的距离一般为 1000mm 以上,手柄至操作平台上表面距离一般为 1200~1600mm 之间。

吊柱设置的方位应满足吊柱中心线与人孔中心线间有合适的夹角,使人站在平台上能操纵手柄,转动吊柱,将吊钩的中心线转到人孔附近,以便起吊塔的内件或填料。

吊柱的起吊载荷按填料或零部件的质量确定,回转半径参考塔径确定。如果无特殊要求,可按起吊载荷与回转半径从 HG/T 21639《塔顶吊柱》中选用适宜的规格。

吊柱的安装位置及尺寸详见图 15-2-19。

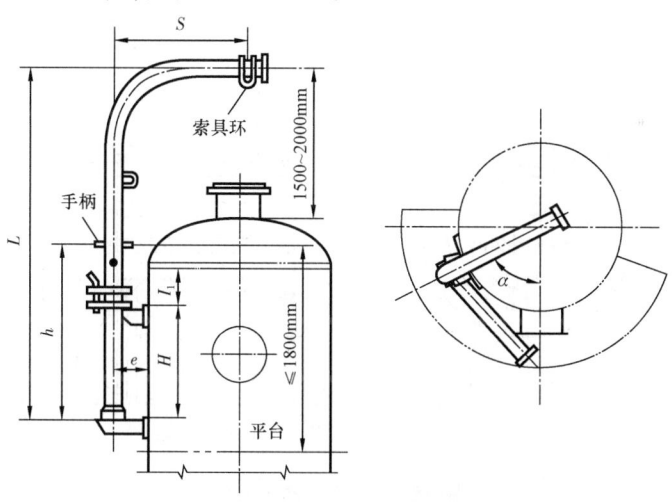

图 15-2-19 吊柱安装位置及尺寸

4) 吊耳

整体吊装的塔器,应设置吊耳,这将为现场安装带来很大的方便。吊耳的结构形式及安装方位与位置应与施工安装单位协商确定。吊耳常用形式有板式和轴式。

较低的塔,吊耳设在塔顶,如图15-2-20所示。而高大的塔,吊耳不宜设在塔顶。否则,吊装中将需用很高的抱杆。吊装卡扣也笨重,拆卸又困难。此时,往往在塔体重心以上适当部位安装吊耳。装于塔体的板式吊耳(图15-2-21)与装于塔顶的板式吊耳相似,结构较简单。轴式吊耳(图15-2-22)的结构亦简单,系由一段圆钢管内加十字筋或井字筋构成,不仅刚性好,而且钢丝绳可沿吊耳轴滑移,可适应外力方向的变化,所以对钢丝绳的附加弯曲应力比板式吊耳要小,只是捆扎钢丝绳比较麻烦。选用吊耳结构形式时,除考虑吊耳本身的结构特点外,还应考虑设计和安装单位的实践经验。

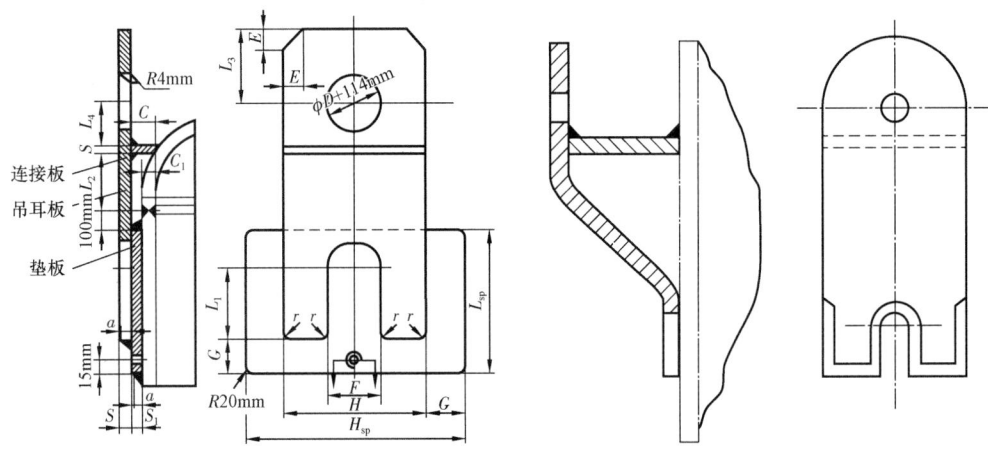

图15-2-20 安装于塔顶的板式吊耳　　　　　图15-2-21 安装于塔体的板式吊耳

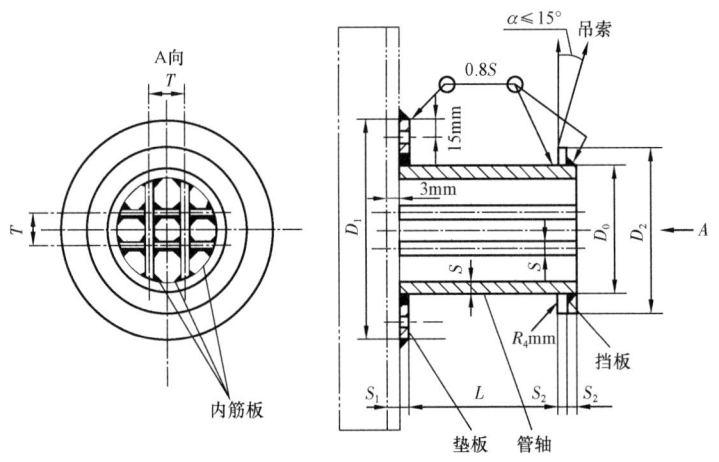

图15-2-22 轴式吊耳

吊耳一般对称装设。其具体标高的确定,还应考虑吊装机械与起吊方法。从受力角度看,塔的吊点越高,则起吊力越小,卷扬机负荷也越小,但塔体承受的最大弯矩将增加,而且吊点高,抱杆的高度也要加高,其承载能力将降低(对同样断面的抱杆,承载能力与抱杆高度的平方成反比)。反之,吊点低则起吊力大,卷扬机负荷大。但塔体承受的最大弯矩降低,且抱杆高度可降低,不过稳定性差,易出现倾覆。所以,吊点的具体标高应经综合考虑、比较后确定。

凡规定在制造厂整体热处理后交货的塔器,其施工图(或详细设计图纸)应包括吊耳及补强板。不得在安装现场临时焊接吊耳。

吊耳焊接在塔上,为避免焊缝交叉,与塔体焊缝相交处,应将塔体焊缝磨平,且留出 15mm 左右不焊。

吊耳与塔体相焊部位的材质,一般应当相同。当塔体为复合钢板或不锈钢板制造而裙座筒体以碳钢为主时,应将吊耳焊在裙座上。这对于复合钢板的塔体,可以防止两层钢板脱开;对于不锈钢塔体,可以节省不锈钢材,同时也易于保证设备质量。吊装时应在塔体上部的适当位置,打上卡扣(图 15-2-23),调整受力情况,并防止绳扣从吊耳轴上脱出。

对于吊耳结构设计,除在工程设计中另有规定,可根据 HG/T 21574《化工设备吊耳设计选用规范》选择适当的形式及规格。

当选择标准吊耳但超出标准规定的要求时,或自行设计吊耳时,应进行以下计算:

(1) 吊耳的强度校核;

(2) 吊耳处塔体的局部应力校核。

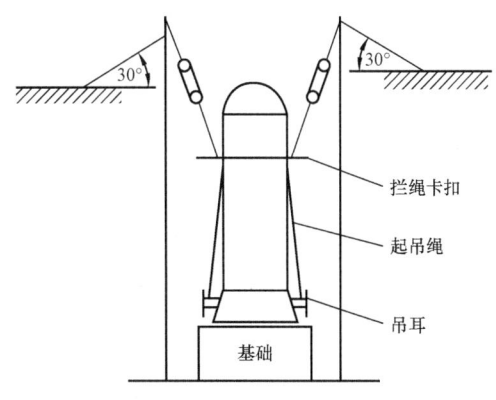

图 15-2-23　在裙座上焊接吊耳起吊示意图

吊耳的材料一般为碳钢或低合金钢,吊耳与塔体的连接垫板采用与塔体相同的材料。

5) 塔板

塔板的结构据装配特点可分为整块式塔板和分块式塔板两种。一般塔径为 300~800mm 时,采用整块式塔板;当塔径大于 900mm,采用分块式塔板;塔径在 80~900mm 之间时,整块式、分块式塔板均可采用,视具体情况而定。

(1) 整块式塔板结构。

小塔的塔板均做成整块式的,相应地,塔体则分成若干段塔节,每个塔节内装有若干块塔板,各塔节之间用法兰连接。整块式塔板结构大致如图 15-2-24 所示,板上开有孔眼,塔板边沿圆周有一高约 70mm 的塔板圈;塔板圈与塔内壁的间隙一般为 10~12mm,用密封填料(如石棉绳)压紧密封。塔板的一端为降液管,一般成弓形,也有圆管形,降液管的上端伸出塔板一定高度,以构成溢流堰(低于塔板圈的高度)。塔板用定距管和拉杆固定在塔体的支座上,定距管用以保持所需要的板间距。碳钢塔板的厚度一般为 3~4mm,若物料有腐蚀性,塔板厚度可适当增加。

(2) 分块式塔板结构。

当塔径较大时(≥800mm),人可以进入塔内安装检修塔板,塔板可分成数块,通过人孔送入塔内,装到焊死在塔体内壁的塔板固定件上,这时可采用分块式塔板结构,其塔体不必分成若干塔节。

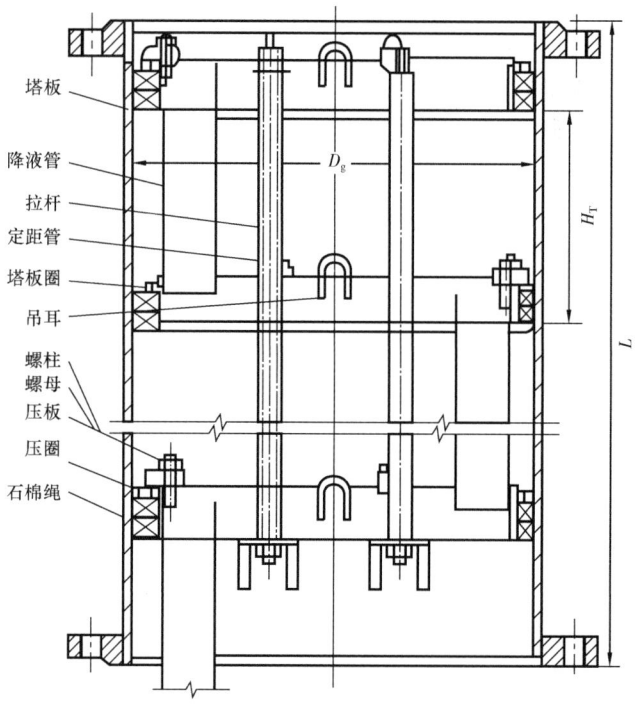

(a) 主视图

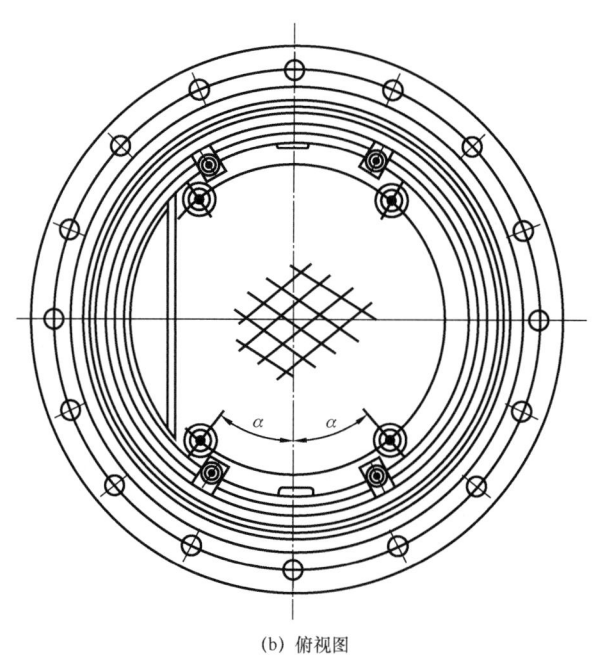

(b) 俯视图

图 15-2-24　整块式塔板结构

在分块式塔板中,当塔径为 800～2400mm 时可采用单流式塔板,塔径在 2000～2400mm 及 2400mm 以上可采用双流式塔板。

分块式塔板的结构形式目前推荐采用自身梁式及槽式,它们具有结构简单、便于制造和安装、刚度大的优点。

图 15-2-25 是单流分块式塔板装配图。为了便于了解塔板结构,主视图上,上层装有塔板,下层未装塔板,只画出塔板固定件。俯视图上做了局部拆卸剖视,以便显露出塔板下面的塔板固定件。

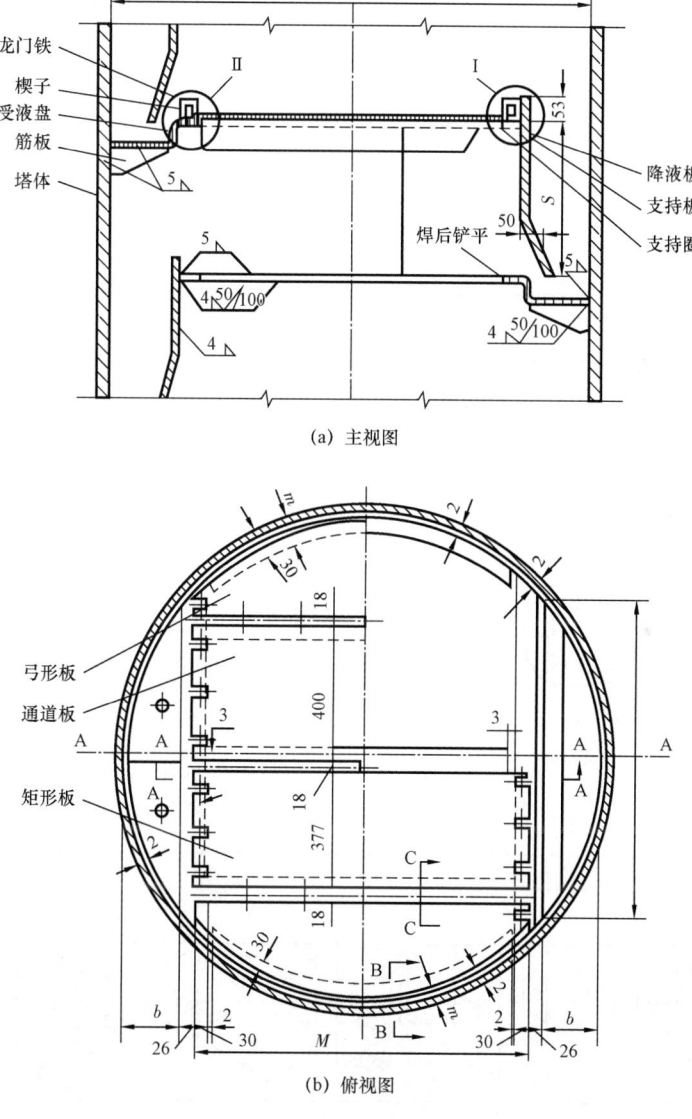

图 15-2-25 单流分块式塔板结构(单位:mm)

塔盘上的板块,根据其效能及形状可分为矩形板、弓形板及通道板三种,如图15-2-26至图15-2-28所示。

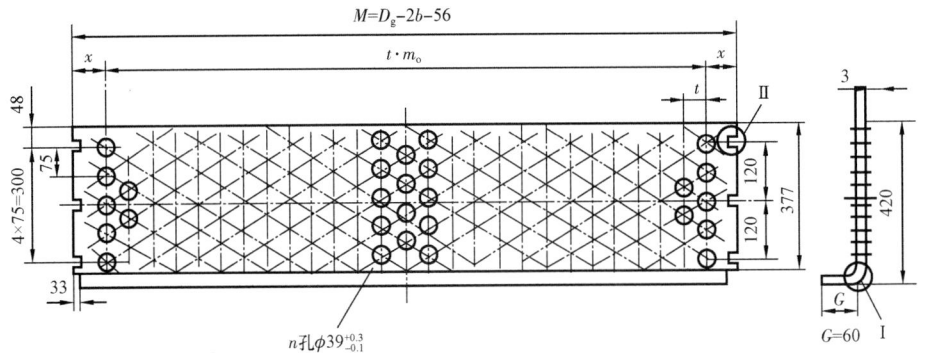

图15-2-26 矩形板结构(单位:mm)

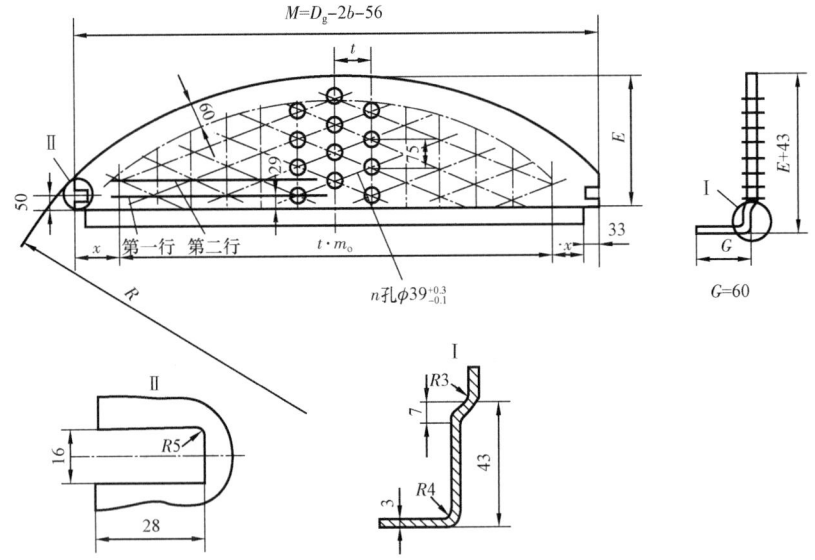

图15-2-27 弓形板结构(单位:mm)

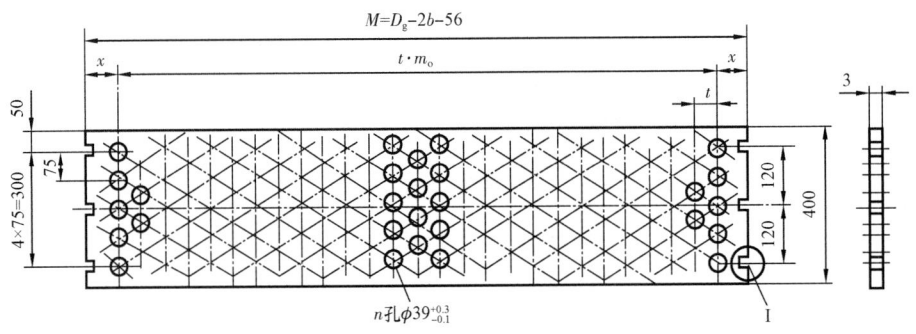

图15-2-28 通道板结构(单位:mm)

矩形板和弓形板都带有翻边式的自身梁,梁和板构成一个整体。矩形板的一个长边有自身梁,另一长边无自身梁,长边尺寸与塔径、堰宽有关,短边尺寸统一取为420mm,以便塔板能够通过直径为450mm的人孔。矩形板的其他尺寸如图15-2-26所示。

弓形板的弦边做成自身梁,其长度与矩形板相同。弧边直径与塔径D_g及弧边至塔内壁的径向距离m值有关,当$D_g \leq 2000$mm时,$m = 20$mm;当$D_g \geq 2200$mm时,$m = 30$mm。

通道板为无自身梁的一块平板,其上有把手,便于拆卸,在安装检修时为塔内的通道。它的两个长边是搭在矩形板或弓形板的自身梁上,长边的尺寸与矩形板相同,其他尺寸如图15-2-28所示。

板块的宽度以能从人孔进出为度,一般矩形板宽420mm(其中直板宽377mm),通道板宽400mm,弓形板宽度随塔径不同而异。

单流式塔盘每层有2块弓形板及一块通道板,矩形板的数目则随塔径而异,见表15-2-11。

表15-2-11 塔板分块数目表

塔径,mm	800~1200	1400~1600	1800~2000	2200~2400
弓形板数	2	2	2	2
矩形板数	0	1	2	3
通道板数	1	1	1	1

6)降液管

降液管有固定式降液管和可拆卸式降液管。如无特殊要求,均采用固定式降液管,如图15-2-29所示。降液板的长度即堰长l_w,一般由工艺决定,对于单流型标准浮阀塔板,有标准系列可供参考。降液板的高度H也由工艺决定,其他尺寸如图15-2-29所注。

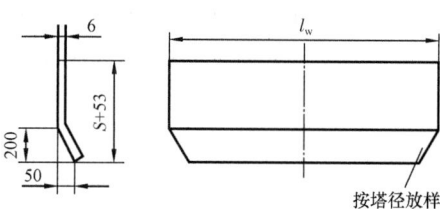

图15-2-29 固定式降液板结构(单位:mm)

7)受液盘

常用的受液盘有平形和凹形两种。图15-2-30为凹形受液盘,其深度h由工艺决定,有50mm、125mm、150mm三种,常用的为50mm。受液盘板厚与塔径有关,当$D_g = 800 \sim 1400$mm时,厚度δ取4mm,$D_g = 1600 \sim 2400$mm时,$\delta = 6$mm。凹形受液盘上应开一定数量的泪孔,当$D_g \leq 1400$mm时,只需开一个直径为10mm的泪孔。

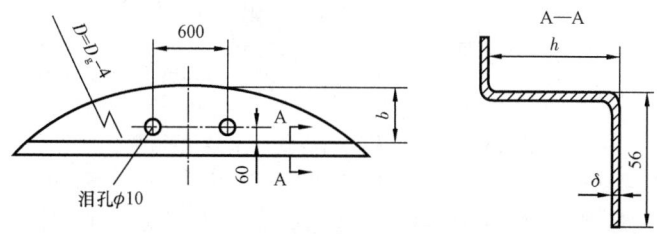

图15-2-30 凹形受液盘结构(单位:mm)

四、冷换热器

参见本章第一节"七、原油加热、换热设备"中"4. 换热器"的内容。

第三节 注 入 设 备

注水是油田增产普遍采用的措施之一。油田开发后期大部分采用油层注水,以保持油层压力,从而提高原油产量。随着钻井深度的增加,注水油层也不断加深。随着二次采油及稠油的开采,注蒸汽、注气和注二氧化碳工艺设备也开始应用。

一、注水设备

离心式泵与柱塞泵是油田广泛采用的泵型。在选择注水泵时,应适应油田开发过程,兼顾已使用泵型和用泵习惯,确定合适泵型。注水泵的参数选择需要根据注水量、井口压力、管路损失综合确定,其计算分别同离心式泵与往复式泵,不再重复阐述。

1. 泵的分类

1)离心式注水泵

离心式注水泵的工作原理与多级离心泵一致,一般采用节段式多级离心泵作为注入设备。离心式注水泵结构如图15-3-1所示。

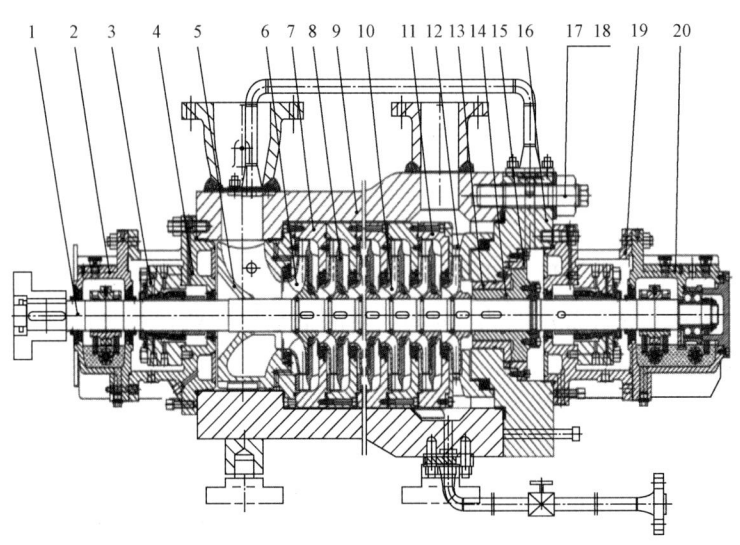

图 15-3-1 多级离心式注水泵结构图

1—轴;2—轴承部件(驱动侧);3—机械密封部件;4—密封箱体(驱动侧);5—吸入函体;6—首级叶轮;7—中段;8—导叶;9—筒体部件;10—次级叶轮;11—末级中段;12—末级导叶;13—平衡套;14—平衡盘;15—平衡套压盖置;16—泵盖;17—泵盖双头螺柱;18—加厚螺母;19—密封箱体(非驱动侧);20—轴承部件(非驱动侧)

离心注水泵、注水电动机、润滑油供给系统、冷却水供给系统,应设有运行参数监测及超限报警和连锁停机功能:

(1) 注水泵入口压力检测、过低保护;
(2) 注水泵单机组润滑油供给压力检测、过低保护;
(3) 注水泵轴承温度检测、超温保护;
(4) 注水电动机轴承温度检测、超温保护;
(5) 注水泵出口水温检测、超温保护;
(6) 注水电动机定子风温检测、超温保护;
(7) 润滑油站供油压力检测、过低保护;
(8) 润滑油站油箱高低液位报警;
(9) 冷却水供给压力检测、过低保护。

2) 往复式注水泵

往复式注水泵一般采用柱塞式注水泵,是容积泵的一种。柱塞泵在设计时,其效率用计算方法很难确定,只能用试验方法确定。传动方式有皮带传动和键连接传动两种。电动泵的效率范围是 $\eta = 60\% \sim 90\%$。用于油田注水的柱塞泵效率一般较高,计算传动损失在内的泵效可达85%甚至90%以上。往复式注水泵机组构成如图15-3-2所示。

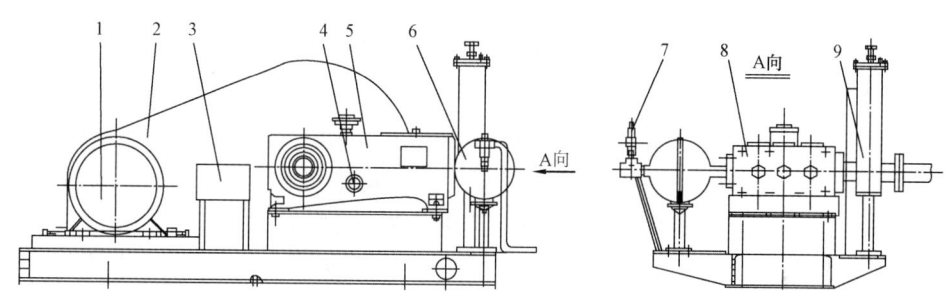

图15-3-2 往复式注水泵机组构成图

1—电动机;2—皮带罩;3—自控盘;4—油标;5—动力端总成;
6—球型稳压器;7—安全阀;8—液力端总成;9—吸入稳压器总成

往复式泵多采用曲柄连杆作传动机构,如图15-3-3所示,单动往复泵的出水是极不稳定的,为改善不均匀性,往复式注水泵一般用一根曲杆连接多个单动泵,组成一台多动泵,其出水流量变化如图15-3-3(c)中所示,较为均匀。

图15-3-4为往复式泵的特性曲线,其扬程与流量无关,理论上应是平行于纵坐标轴 H 的直线,但实际上因液体难以无泄漏,且随泵的扬程增加,泄漏也严重,所以,实际的特性曲线如图15-3-4中虚线。

为了进一步均匀供水,以及减少管路内由于流速变化而造成液体的惯性力作用,一般常在压水及吸水管挖路上装设密闭的腔室,达到缓冲调节效果。

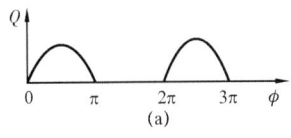
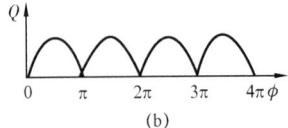
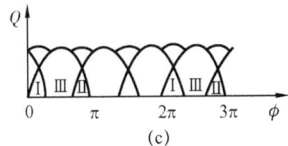

图 15-3-3 流量变化图

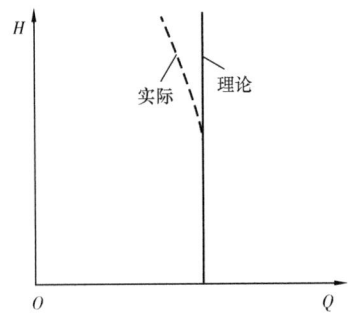

图 15-3-4 往复式特性曲线图

往复式注水泵应具有下列保护功能：
(1) 泵入口压力检测、过低保护。
(2) 泵出口压力检测、超限保护。
(3) 泵液力端润滑油系统的油压、温度和油箱油位的超限保护。

2. 泵的选型

根据用泵地点能源情况，若电源充足，宜采用电动机驱动注水泵；若无电源或电源不可靠，则可采用其他驱动方式，可选择多台小排量往复式注水泵或大流量的离心式注水泵，若选用离心式泵达不到泵效大于75%的标准要求，也可选用成熟可靠的高效大排量往复式注水泵替代中小排量的低效离心式注水泵。当往复式注水泵机组电动机配电为低压时，泵机组宜采用变频调速技术；配电为高压时，泵机组可采用其他成熟可靠的调速技术。注水泵的参数选择需要根据工程需求确定。

离心式注水泵流量计算：

$$q_v = 3.6 P_3 \eta / (p_2 - p_1) \tag{15-3-1}$$

式中 q_v——注水泵运行流量，m^3/h；
P_3——注水泵运行功率，kW；
η——注水泵运行效率；
p_1——注水泵进口压力，MPa；
p_2——注水泵出口压力，MPa。

往复式泵的流量计算：
单作用泵：

$$Q_t = 60 i F s n \tag{15-3-2}$$

双作用泵：

$$Q_t = 60i(2F - f)sn \qquad (15-3-3)$$

式中 Q_t——泵的理论流量，m^3/h；
i——缸数；
F——活塞或柱塞作用面积，m^2；
f——活塞杆断面积，m^2；
s——活塞或柱塞行程，m；
n——往复次数，min^{-1}。

二、注聚合物设备

注聚合物泵应选用低剪切高压往复式泵，额定压力应能满足工程适应期所辖油田注入井完成配注的最高压力，并应留有井口压力上升 2~3MPa 的余地。泵的相关规定执行 SY/T 6462《油田用注聚合物泵》的相关规定。

注聚合物泵采用柱塞泵，其主体结构与普通柱塞泵一致，由动力端、液力端、底座、电动机和传动件等组成。动力端采用普通往复式泵通用的曲柄连杆机构，动力由窄 V 带传递。液力端由缸体、进出口阀、柱塞和填料等组成。过流部件均采用耐高压、对聚合物黏度无影响的金属材料，通道光滑，流速变化均匀。进出口阀采用大锥度弹簧锥面阀，泄漏少，过流畅通，水力性能好。柱塞密封采用两组两软一硬密封形式，柱塞的导向性能好，填料受力均匀，密封性能好。其结构特点为：

(1) 采用窄 V 带传动，传递效率高，整机质量减轻。
(2) 长冲程、低冲次。
(3) 液缸体采用整体式结构，吸入阀和排出阀直通式布置，提高了泵对高黏度介质的输送能力。
(4) 采用上导向弹簧 120°锥阀，适合于高黏度聚合物的输送。中间隔套设计成锥孔，降低流道阻力。
(5) 设计阀起落高度为普通往复式泵阀起落高度的 2 倍左右。
(6) 柱塞基体材料为 45 号钢，采用喷焊工艺，硬度高，耐磨耐腐蚀。
(7) 十字头与柱塞连接处浮动找正，提高了密封函的使用寿命，降低了噪声。

注聚合物泵输送的介质为聚丙烯酰胺母液，浓度 5000mg/kg，黏度 3000~4000mPa·s，它是一种非牛顿黏弹性流体。据有关资料统计，一台额定排量 $4.0m^3/h$ 的泵，剪切率每降低 1%，每天即可节约聚丙烯酰胺干粉费用 115 元。由此可见，注聚合物泵的主要考核指标应是泵对介质的黏度剪切率，所以该系列泵的设计技术关键是：降低对聚合物的剪切，提高聚合物的保黏性，即聚合物通过泵的吸入口吸入，再通过排出口排出，整个过程介质的黏度下降要少，以消耗较少聚丙烯酰胺母液而达到较多增产之目的。

降低泵对介质剪切率的措施如下：
(1) 降低泵的冲次可减少阀门对聚合物分子链的剪切次数，减少机械降解，提高保黏率。

（2）在保证阀门无撞击条件下，增大阀门的开启高度，降低阀隙流速，减少介质阻力。

（3）在结构设计上减小泵阀关闭的滞后角，可减少回流损失，提高泵的容积效率，同时也减少液体回流时通过较小间隙产生的机械降解。

（4）采用上导向120°锥阀，可以减少下导向阀翼对液体的分流，且由于120°锥阀类似球面，密封性能好，可减少高压液体通过微小缝隙倒流产生的机械降解。

（5）液缸体内介质过流通道均圆滑过渡，有效地降低了对介质的机械降解。

（6）与液体接触的所有零部件的材质，全部为 Cr 不锈钢，消除了铁、镁、铜离子对聚丙烯酰胺溶液的降解。

第四节　采出水处理设备

一、除油罐类设备

根据结构和功能，除油罐主要分为自然除油罐、混凝沉降罐、斜板除油罐以及聚结除油罐（图15-4-1 至图15-4-4）。沉降罐是指采出水在竖流状态下使水中油、水、悬浮固体靠密度不同而自然分离的立式沉降罐。斜板沉降罐是一种在沉降罐内装设许多间隔较小的平行倾斜板或内切圆直径较小的平行斜管的沉降罐，在油田污水处理中用于自然沉降，也可用于混凝沉降，特点是分离效率高，污水在罐内停留时间较短，容积较小，占地面积较少，但它承受水量、水质变化的适应能力相对较差。

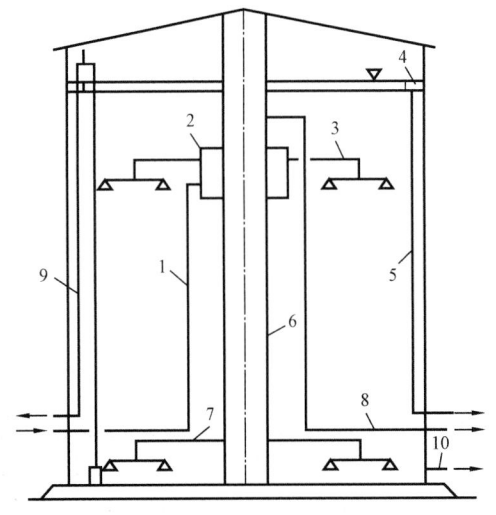

图15-4-1　自然除油罐
1—进水管;2—配水室;3—配水管;4—集油槽;
5—出油管;6—中心柱管;7—集水管;
8—出水管;9—溢流管;10—排污管

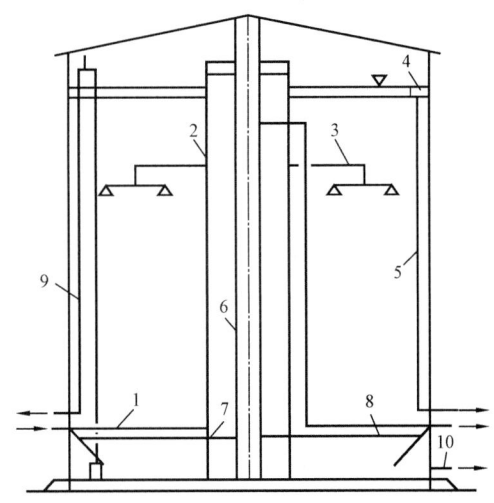

图15-4-2　混凝沉降罐
1—进水管;2—中心反应筒;3—配水管;4—集油槽;
5—出油管;6—中心柱管;7—集水管;
8—出水管;9—溢流管;10—排污管

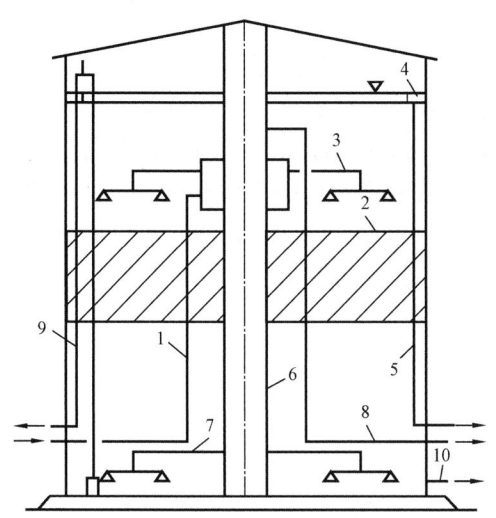 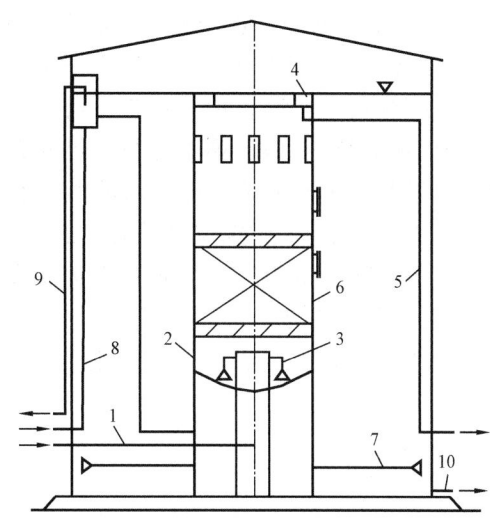

图 15-4-3　斜板沉降罐
1—进水管;2—波纹斜板;3—配水管;4—集油槽;
5—出油管;6—中心柱管;7—集水管;
8—出水管;9—溢流管;10—排污管

图 15-4-4　聚结除油罐
1—进水管;2—配水室;3—配水管;4—集油槽;
5—出油管;6—聚结材料室;7—集水管;
8—出水管;9—溢流管;10—排污管

二、气浮设备

1. 气浮设备的主要分类

气浮法是固液分离或液液分离的一种技术,油水分离效率很高,对于去除胶态油与乳化油具有较好的作用。近年来随着气浮设备在污水处理工程中的广泛应用,气浮设备的结构和种类也在不断变化和增加。气浮装置主要有:溶气气浮装置、叶轮式气浮装置、喷嘴式气浮装置等。

2. 气浮设备的结构

1) 溶气气浮装置

溶气气浮装置主要设备为:压力溶气装置、溶解气释放装置和气浮分离装置。

(1) 压力溶气装置。

压力溶气装置由溶气水量加压泵、溶气设备和溶气罐组成。

① 溶气水量加压泵选择。

根据所选择的工艺流程(全流加压、部分原水加压和回流水加压)来确定溶气水量。全流加压流量为气浮装置设计流量。而部分原水加压流量和回流水加压流量需要计算确定。

根据计算溶气流量和设计采用压力选择加压泵,当需要加压泵溶气时,一般选用多级离心泵。通过泵叶轮的多级高速旋转,达到最佳碎细混合效果。在满足溶气要求的前提下,控制气体注入量以便把因气体的吸入而造成对泵的伤害降低到最小限度。一般情况下,气体量不超过泵供水量的2%~3%,不会影响泵的正常工作。

② 溶气设备。

溶气方式有多种形式,主要为水泵吸气式、射流溶气式和气体压缩机供气式(或压力气源供气)三种。第一种方式由于吸气造成水泵叶轮易出现气蚀和吸气量较难控制,水泵效率降低,无论从经济效益还是从安全程度上来说都不够满意。第二种方式虽省去了空压机,但因射水器能量损失很大(高达40%~60%),气液接触时间较短,因此溶气效率较低,一般仅为30%,因而不够经济。第三种溶气方式供气稳定,溶气效率可高达60%左右,常采用空气压缩机供气。若是采用天然气为气源时,适用于供气压力在0.2~0.4MPa的天然气气源情况下,且供气强度能满足浮选的需要时采用。在不能满足天然气供气压力的情况下,目前油田多采用射水器与泵吸入相结合方式,或在射水器管路增加管道混合器方式提高溶气效率。

③ 溶气罐的结构形式。

压力溶气罐的形式颇多,主要有如图15-4-5所示几种。

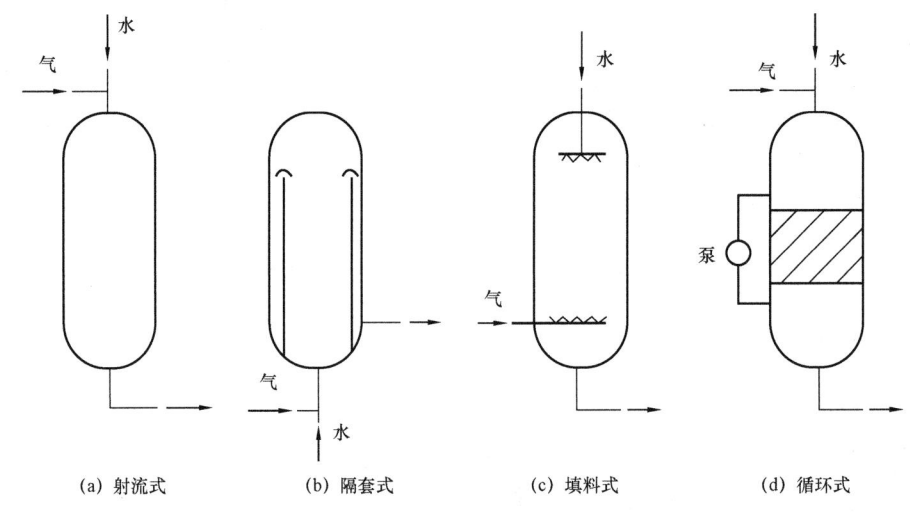

图15-4-5 压力溶气罐结构示意图

通过各种形式的溶气罐在油田使用结果比较(表15-4-1),以填料式为最佳。填料式的溶气罐的溶气效率比不加填料的溶气效率高30%左右。在填料的选择上,以阶梯环填料最佳。压力溶气罐有多种,一般推荐压力供气的喷淋式填料罐(图15-4-6),该种压力溶气罐用普通钢板卷焊而成。

表15-4-1 各种形式溶气罐在不同溶气压力条件下溶气效率比较

填料种类	水温,T	溶气效率,%				
		0.1MPa	0.2MPa	0.3MPa	0.4MPa	0.5MPa
无填料	24	48.5	59.8	59.0	53.7	53.6
波纹片	24	60.2	81.0	81.5	83.5	79.5
拉西环	24	73.6	80.4	86.3	85.1	80.6
阶梯环	24	80.5	83.1	90.4	89.1	87.0

另外,溶气罐的控制水位不宜过高,这是因为气相高度越大,溶气效率越高。增加填料层的高度可以提高溶气效率,但是提高到一定程度后,由于介质推动力降低,效率的提高减缓,因

此不要过于增加填料层的高度,一般填料高度取1m左右即可。水温对溶气效率影响很大,降低水温可以提高溶气效率,不同水温、压力下的空气理论溶气量如图15-4-7所示。

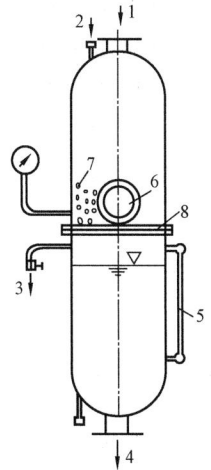

图15-4-6 喷淋式填料罐
1—进水;2—进气;3—放气;4—出水;
5—水位计;6—观察窗;7—填料;8—密封圈

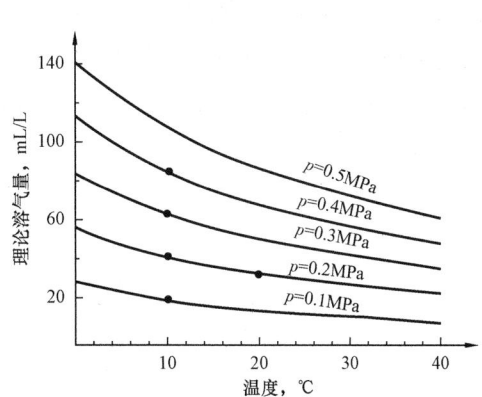

图15-4-7 不同水温、压力下理论溶气量图

由于布气方式、气流流向变化等对填料罐溶气效率几乎无影响,因此,进气的位置及形式一般无需多加考虑。

溶气水的过流密度(溶气水流量与罐的截面积之比)应适当。根据同济大学试验结果所推荐的TR型压力溶气罐的型号、流量的适用范围及各项主要参数列于表15-4-2。

表15-4-2 压力溶气罐的主要尺寸

型号	罐直径 mm	流量适用范围 m³/h	压力适用范围 MPa	进水管管径 mm	出水管管径 mm	罐总高（包括支脚),mm
TR-2	200	3~6		40	50	2550
TR-3	300	7~12		70	80	2580
TR-4	400	13~19		80	100	2680
TR-5	500	20~30	0.2~0.5	100	125	3000
TR-6	600	31~42		125	150	3000
TR-7	700	43~58		125	150	3180
TR-8	800	59~75		150	200	3280
TR-9	900	76~95		200	250	3330
TR-10	1000	96~118		200	250	3380
TR-12	1200	119~150		250	300	3510
TR-14	1400	151~200		250	300	3610
TR-16	1600	210~300		300	350	3780

(2) 溶气释放装置。

增大溶气量可提高除油效率。好的释放条件是指:溶入的气体要彻底析出,析出的气泡要均匀、微细、稳定、密集,并要有与颗粒附着的良好条件。气泡析出可以说是溶气的逆反过程,溶气的释放是气浮选净水工艺的关键环节,一般通过溶气释放器来完成,理想的释放器应满足:产生的气泡直径小,浓度高,释放均匀,稳定性好;出口流速低,不会产生大的紊流和打碎絮凝体;构造简单,不易堵塞,不必常调节,造价和保养费低。

目前国内最常用的溶气释放器为 TS 型溶气释放器(图 15-4-8)及 TJ 型溶气释放器(图 15-4-9)。

① TS 型溶气释放器共有 5 种型号,它们在不同溶气压力下的流量及作用范围见表 15-4-3。

表 15-4-3 TS 型溶气释放器性能

型号	规格 mm	接口尺寸 mm	不同压力下的流量,m³/h					作用范围 cm
			0.1MPa	0.2MPa	0.3MPa	0.4MPa	0.5MPa	
TS-78-Ⅰ	15	15	0.025	0.032	0.038	0.042	0.045	25
TS-78-Ⅱ	25	20	0.052	0.070	0.083	0.093	0.10	35
TS-78-Ⅲ	32	25	0.101	0.130	0.159	0.177	0.191	50
TS-78-Ⅳ	40	25	0.168	0.213	0.252	0.275	0.310	60
TS-78-Ⅴ	50	40	0.234	0.347	0.400	0.450	0.492	70

TS 型溶气释放器主要特点:

a. 释气完全:在 0.15MPa 以上,即能释出溶气量的 99% 左右。

b. 能在较低压力下工作:在 0.2MPa 以上时,即能取得良好的净水效果,节约电能。

c. 释出的气泡微细:其气泡平均直径为 20~40μm,故气泡密集,附着性能好。

② TJ 型溶气释放器。

TJ 型溶气释放器是根据 TS 型溶气释放器的原理,为扩大单个释放器的释出流量及作用范围,以及克服 TS 型释放器较易被水中杂质所堵塞而设计的。

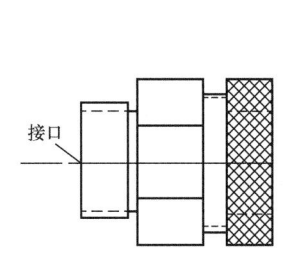

图 15-4-8 TS 型溶气释放器

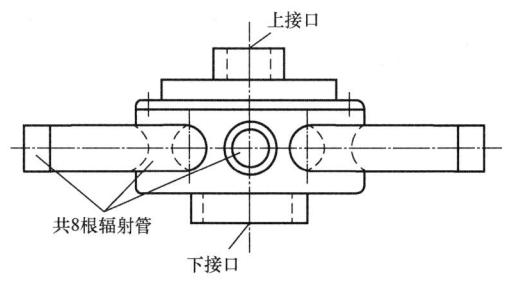

图 15-4-9 TJ 型溶气释放器

TJ型溶气释放器共有3种型号,它们在不同溶气压力下的流量及作用范围见表15-4-4。

表15-4-4　TJ型溶气释放器性能

型号	下接口尺寸 mm	上接口尺寸 mm	不同压力下的流量,m^3/h					作用范围 cm
			0.1MPa	0.2MPa	0.3MPa	0.4MPa	0.5MPa	
TJ-2	25	15	2.0	2.4	2.8	3.1	3.5	60
TJ-5	50	15	3.2	4.6	5.6	6.6		100
TJ-10	80	15	7.0	8.7	10.5	11.8		120

释放器个数可根据所选用释放器的性能及溶气水回流量来确定。释放器间距布置一般为20~30cm,释放器安装方式,以同向流形式为好,如果主流水速度不大,也可采用垂直流和逆向流形式,具体尺寸(如喷射孔口径、干管口径、支管口径、喷射头个数、支管根数、喷射头大小等)根据回流量和溶气水压力确定,每个喷射头的喷射量按3~12m^3/h计算。

释放器安装如图15-4-10所示。

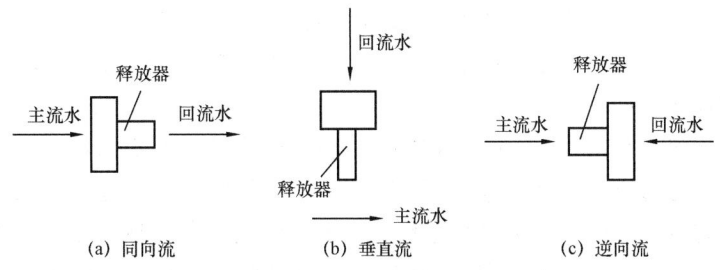

图15-4-10　释放器安装

(3)气浮分离装置。

气浮分离装置主要是完成浮渣(附着气泡的油珠和固体颗粒)与水的分离。浮选器在结构上可分为平流式和竖流式两种,矩形气浮池(图15-4-11)多采用平流式,而圆形气浮罐(图15-4-12)多采用竖流式。

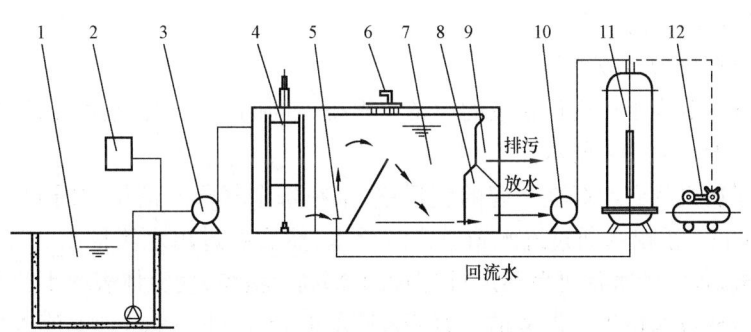

图15-4-11　矩形气浮池结构示意图
1—水池;2—加药;3—提升泵;4—搅拌;5—释放器;6—刮沫机;7—气浮池;
8—溶气水缓冲池;9—渣油池;10—溶气泵;11—溶气罐;12—空压机

气浮罐多为钢结构拱顶罐,可根据具体情况确定其内部构造(如配水方式、集水方式、收油方式等)。

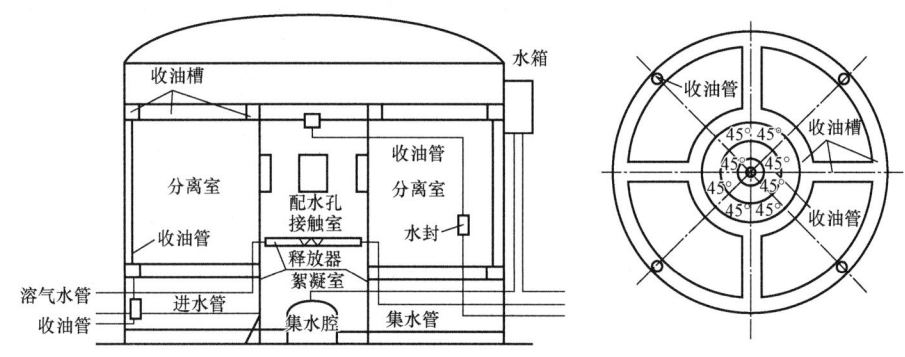

图 15-4-12　圆形气浮罐结构示意图

2) 叶轮式气浮装置

叶轮式气浮装置净化油田采出水的主要优点是:处理效率高,停留时间短,装置体积小。由于叶轮气浮装置溶气量大,气水比达到 6∶1 以上,为全流加压溶气量的 50 倍以上。

(1) 叶轮式浮选机净水原理。

在叶轮式浮选机运行时,采出水进入装有叶轮的水箱,当叶轮旋转时,产生低压区,使水流和箱内的气体分别通过立管进入叶轮中间,然后水气混合被叶轮一起高速甩出。当混合流体通过叶轮周围设置的孔板时,剪切力将气体破碎为微细气泡,气泡附着水中的油珠和固体颗粒上浮,气泡通过水面冒出,油、固体颗粒和部分气泡的混合体留在水面形成浮渣,然后,用刮渣板撇除,分离出的气体通过气控管进入涡管循环使用,处理后水流出箱体外。叶轮浮选机工作原理如图 15-4-13 所示,从原理图中可知,叶轮式浮选机工作时,形成两种流体通路(气体通路和液体通路),和三个不同的区(混合区、气浮区和浮渣区)。当叶轮转动时气体从气浮室的上部顶吸入,同时水从气浮室下部向上提升,两相在混合区混合,在叶轮剪切力下气体破碎为微细气泡并与水充分接触,气泡将水中油珠和固体颗粒附着于表面,形成附着有气泡的油和固体絮凝体,然后进入气浮选区。

(2) 叶轮浮选机构造及性能。

叶轮浮选机一般为工厂生产橇装的设备。根据不同的型号和性能的要求选购,叶轮式浮选机的结构如图 15-4-14 所示。

多数叶轮浮选机具有串联在一起的气浮室,水在每个气浮室的停留时间均为 1min,总停留时间为 4~5min。采出水通过进水箱进入气浮室,然后经过出水箱排出。气浮室和出水箱之间都装有挡板,各气浮室都可单独运行,挡板上部高于液位,使液体表面不产生流动,便于每个浮选室的浮渣通过堰板进入浮渣槽。而挡板底部的开孔,使一个气浮室流入另一个气浮室,最后进入出水箱。为了控制浮选室液位,进入出水箱的水必须通过控制堰板,或在出水箱出水管上安装的液位调节阀,保证出水箱液位平稳,能有效地使浮渣溢流进入浮渣槽。

叶轮浮选机箱体为多边形筒体,能在密闭状态下运行,一般能承受 200mm 水柱正压,

30mm 水柱负压。浮选机也可以制作成圆形筒体,可以承受更高压力。

由于大部分油田采出水的水量和水质(如含油量)是波动的,而叶轮气浮装置处理效率高,采出水停留时间仅 4~5min,因而承受原水水量、水质波动冲击能力低,一般在叶轮浮选装置的上游应设有除油罐。在叶轮气浮装置密闭运行中,循环气量控制在 $3.5m^3/m^3$ 液量(每个气浮室),另外还需要 $0.020~0.045m^3/m^3$ 液量的补气量,以便在气顶和液位之间保持 15~8kPa 的低压。

由于采出水停留时间短,要求气泡附着油珠和悬浮固体能力强,因此,通常通过添加浮选剂的办法提高除油效率,浮选剂要在气浮装置前投加,对药剂品种和投量都要严格控制。经验表明,采出水水质差异较大,浮选剂的种类和投加量必须适应,一般都需要在现场用模拟试验浮选机进行筛选确定。

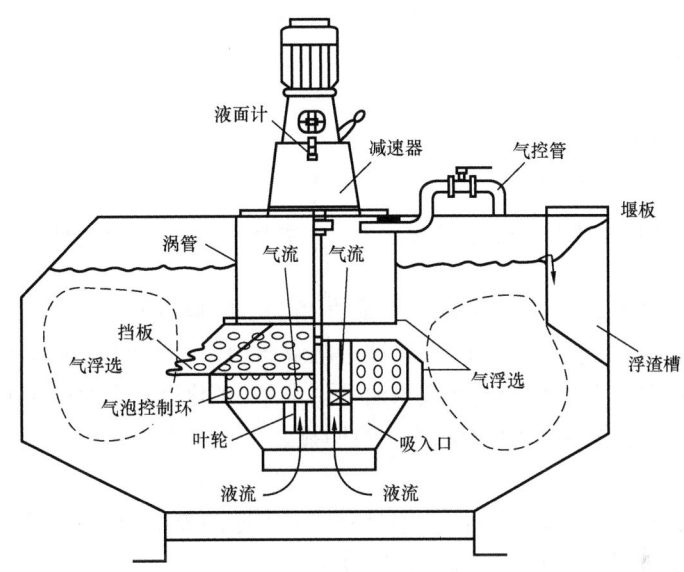

图 15 – 4 – 13　叶轮浮选机工作原理图

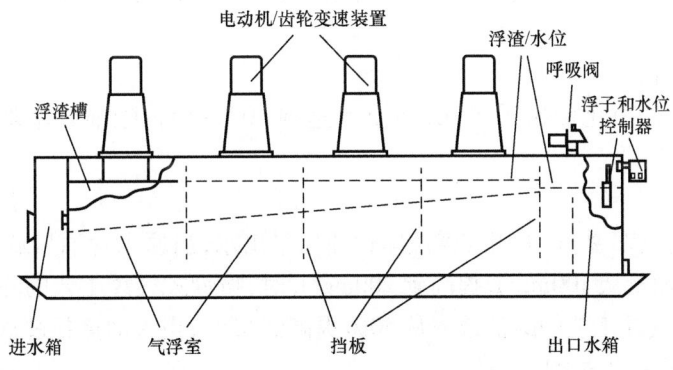

图 15 – 4 – 14　叶轮浮选机结构简图

（3）影响叶轮浮选机效率的因素。

① 采出水矿化度。

在叶轮气浮选净化油田采出水的试验发现，采出水中矿化度从 0 增加到 100000mg/L，除油效率逐渐提高（图 15-4-15），矿化度从 0 提高到 30000mg/L 时，气泡直径随着矿化度的提高而减小（图 15-4-16）。

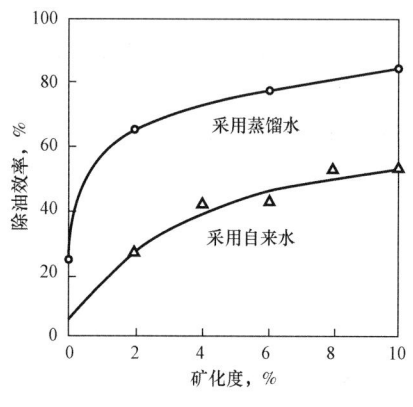

图 15-4-15　除油效率与矿化度的关系

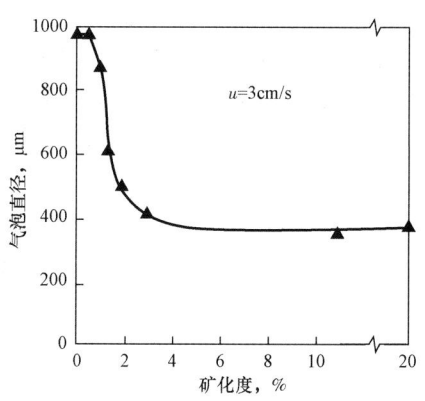

图 15-4-16　气泡直径与矿化度的关系

矿化度高于 30000mg/L 以后，不再对气泡直径发生影响（图 15-4-16），而在这种情况下，除油效率的提高，是由于提高矿化度，溶液中电解质使水系统的电性质和表面性质发生有利于附着的变化，同时还发现在不同类型原油采出水中，矿化度对除油效率的影响也不相同，多价离子比单价离子对除油效率的影响作用更明显。

② 原油类型。

在气浮法净化油田采出水中，除油效率受采出水中原油类型的影响，所含原油扩展系数高的采出水，采用叶轮式气浮法处理的除油效率高。

原油黏度和密度也影响除油效率。原油密度大，油水的密度差就小，根据斯托克斯定律，上浮速度就慢，降低除油效率；原油黏度大，乳化严重，亲水性增强，因此原油较难采用气浮法从水中分离出来。

③ 温度和 pH 值。

采用叶轮气浮法净化油田采出水，当温度达到 60℃ 以后，除油效率随着温度的提高而提高。

④ 含油量。

理论和实验研究都说明，采用气浮法净化油田采出水，当原水含油量低时，对除油效率没有影响；可是当含油量从 100mg/L 提高到 200mg/L 时，喷嘴式气浮工艺的除油效率从 60% 提高到 90%，叶轮式气浮工艺的除油效率从 50% 提高到 65%；当含油量超过 200mg/L，再继续提高，对除油效率不再产生影响。

3）喷嘴式气浮装置

喷嘴式气浮装置的结构（图 15-4-17）与叶轮式气浮装置类似，有串联在一起的气浮室。

喷嘴式气浮法是根据喷射泵的原理,利用浮选后的采出水或净化水为喷射流体。当水从喷嘴高速喷出时,在喷嘴的吸入室形成负压,气体被吸入吸入室。喷嘴式气浮要求有 0.2MPa 以上的工作压力水流,水高速通过混合段时,携带其中的气体被剪切成微细气泡。在气浮室,工作水流压力降低,气泡从水中分离上浮,并把附着在气泡上的油珠和固体颗粒带至水面。喷射水一般采用净化后的水循环使用,因此要合理设计喷嘴(图 15-4-18),确定循环水量及压力,以保证水喷射器能准确地吸入进气量。

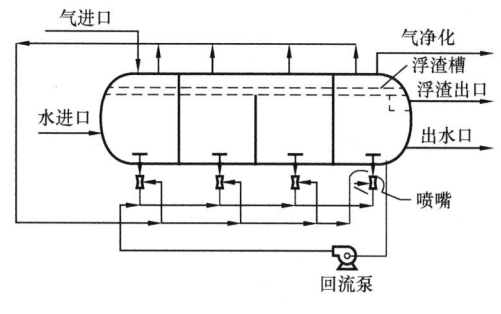

图 15-4-17 喷嘴式气浮装置

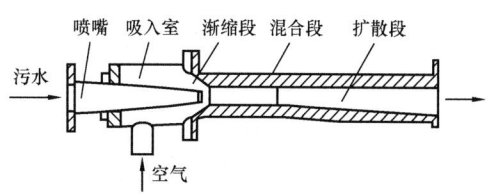

图 15-4-18 喷嘴结构图

与叶轮式气浮法一样,满负荷停留时间为 4~5min,结构紧凑,占地面积小,可采用天然气密闭,可以处理各种含油量的油田采出水。

喷嘴入水较深为好,一般以浸入水中 3m 为宜。另外,喷嘴与气浮室之间要有一段较长的管道,使水和气有充分接触混合的时间,增加溶气量,提高气浮效率。

三、过滤设备

1. 过滤器的主要分类

过滤装置的类型很多,但在油田采出水中,绝大多数过滤工艺采用粒料层过滤。最常用的粒料过滤器为压力滤罐,它的主要目的是去除水中的原油和悬浮固体。压力滤罐实际是快滤池在高于大气压力下操作的构造形式,其外壳为蝶形头盖的一个钢制圆柱体装置,可以立放或卧放,一般在 0.6~1.0MPa 压力下工作。

过滤技术问世以来,虽然对过滤方式和滤池形式做了不少改进,但改进重点是增加滤池的含污能力,即筛选滤料的品种,改进滤料的级配组成,提高过滤的滤速及延长运行周期等。接着,在节约滤池的阀门设备、便利操作、自动化和连续操作等方向上做了许多改进和革新。基于这一系列的努力和改进,形成了如下几种滤罐:

(1) 从水流方向上分类:下向流滤罐、上向流滤罐、双向流滤罐和辐射流滤罐。
(2) 从不同的滤料和滤料组合上分类:单层滤料滤罐、双层滤料滤罐、三层滤料滤罐,以及混合滤料滤罐。
(3) 从药剂投加量和投注点的不同上分类:沉淀后水过滤滤罐和(接触)凝聚过滤滤罐。
(4) 从阀门配置上分类:四阀滤罐、三阀滤罐。
(5) 从冲洗配水方式上分类:小阻力滤罐、中阻力滤罐和大阻力滤罐等。

(6) 从反冲洗方式上分类:水冲洗滤罐、气水冲洗滤罐、表面冲洗滤罐和机械搅拌冲洗滤罐。

(7) 从承受压力状态分类:重力式滤罐、压力式滤罐。

实际上(1)至(7)的分类方式是不能截然分开的,通常在选用时,是将各种方式组合起来,形成一种特定的滤罐。

2. 过滤器的结构形式

压力过滤罐种类很多,油田含油污水处理采用最多的则是下向流压力式石英砂过滤罐[图15-14-19(a)]和下向流压力式核桃壳过滤罐[图15-14-19(b)]。过滤罐主要是由罐体、滤料层、承托层、配水系统、排水系统、搅拌系统和为满足过滤、反冲洗要求而设置的管道、阀门系统组成。

过滤罐的生产、标注应符合 SY/T 0523《油田水处理过滤器》要求,各种滤料技术指标见 SY/T 0523《油田水处理过滤器》。

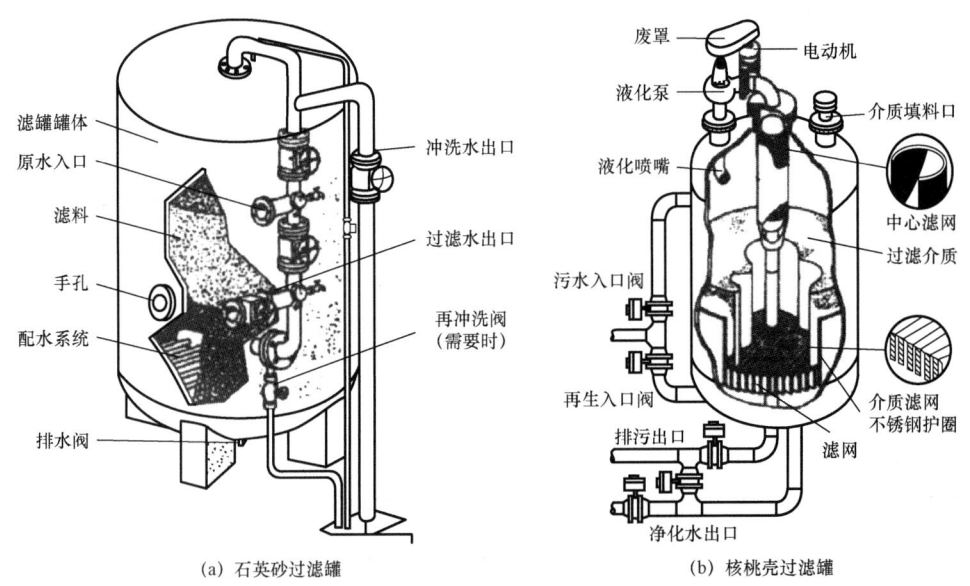

图 15-4-19 压力式过滤罐

四、加药设备

1. 主要分类

油田加药设备主要用于在石油开采中向平台上的井口及其他系统注入絮凝剂、阻垢剂、缓蚀剂、破乳剂等各种药液。设备按加药方式分为液剂投加式和粉剂投加式,按装置的运行控制方式分为自动控制型和半自动控制型,按结构可分为单罐式及多罐组合式。

2. 结构形式

加药设备命名、要求、试验方法、检验规则及标志、包装、运输和贮存应该符合 HJ/T 369《环境保护产品技术要求 水处理用加药装置》。

加药设备(图15-4-20)常用有一体式溶药制备及投加设备、连续溶药制备投加设备、加药计量泵、粉料储存投加设备、絮凝(混凝)剂投加专用检测控制仪表等。采用的是机电一体化结构形式,从安装上可分为固定式和移动式(推车式),每种形式的加药装置均配有搅拌系统、加药系统和自动控制系统。几个固定式橇装可组合成一个整体,加上变频控制系统,可实现就地控制、远程自动控制、手动和自动相互转换加药。加药装置具有结构紧凑,体积小、噪声低、工作平稳、安装简单、操作使用方便等优点。

加药装置通过不同的工艺设计,精确配置各类固体和液体的化学药品的溶液,再用计量泵准确投加,以达到各种设计要求,如除垢、除氧、混凝、加酸、加碱等。

加药过程可手动操作,也可通过PC机、磁翻板液位计、pH计、行程控制器、变频器等各种电器、仪表,使加药装置成为机电一体化产品、实现自动控制。

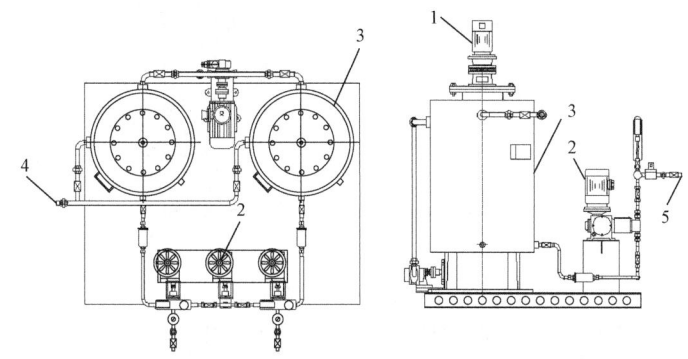

图15-4-20 加药装置外形结构图
1—搅拌器;2—加药泵;3—溶药罐;4—进水管;5—出药管

药装置中溶液桶可根据加药量选定,根据输送介质的不同,有多种材料可供选择,如碳钢(碳钢衬胶)、不锈钢、非金属材质(PE、PVC、PP、PTFE)等。

加药装置的加药量及加药压力,可根据工业流程的需要,选取合适的计量泵。流量从1L/h到8000L/h,压力从0.1MPa到25MPa范围内均可选择到合适的产品。

根据输送介质的不同,选择不同的材质。溶药罐有多种材料可供选择,如碳钢(碳钢衬胶)、不锈钢、非金属材质(PE、PVC、PP、PTFE)等;管阀系统可选择不锈钢、非金属材质(PE、PVC、PP)等;计量泵及搅拌系统可采用不锈钢等。

第五节 特殊设备

一、调油阀

如图15-5-1所示为PN1.6MPa的DN80mm浮子液面调油阀结构图。

调油阀主要由浮子、浮子机构、连接架、连杆机构和阀体组成。

阀体采用双阀芯和双阀座结构,阀体详细结构如图 15-5-2 所示。

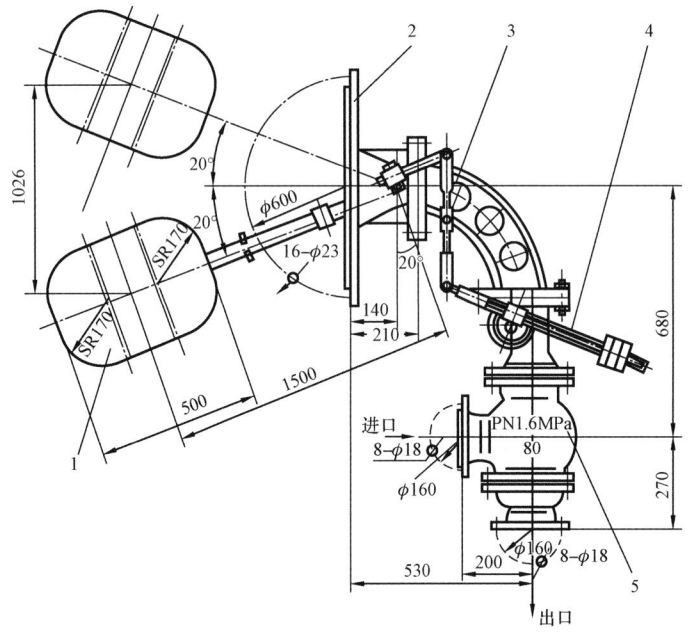

图 15-5-1　调油阀结构图(单位:mm)
1—浮子;2—浮子机构;3—连接架;4—连杆机构;5—阀体

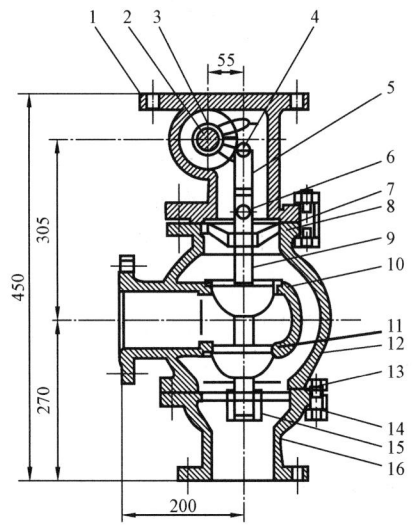

图 15-5-2　调油阀详细结构图(单位:mm)
1—上阀盖;2—曲柄;3—键;4—销轴;5—连杆;6—开口销;7—垫片;8—导向板 1;9—阀芯;
10—上阀座;11—下阀座;12—阀体;13—垫片;14—螺栓;15—导向板 2;16—出口短节

二、泵入口过滤器

如图15-5-3所示是泵进口过滤器结构俯视图。

泵进口过滤器主要由法兰、法兰盖、过滤网和壳体组成。过滤网采用不锈钢丝制作,用于原油的过滤器,一般采用5目不锈钢丝网。过滤网的过滤面积为3~5倍进口面积。当过滤器≥DN300mm时,宜设支座。

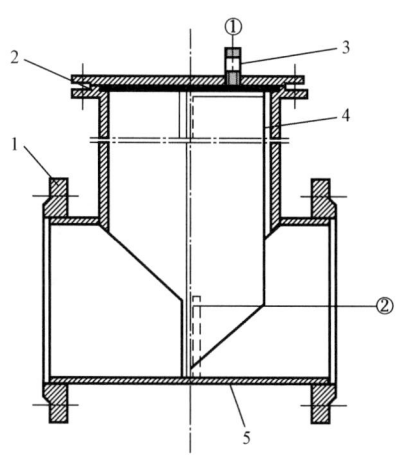

图15-5-3 泵进口过滤器结构图(俯视图)
1—法兰;2—法兰盖;3—排污接管;4—过滤网;5—壳体质进口;① —排污口;② —介质出口

参 考 文 献

陈伟,2009. 机泵选用(石油化工设备设计选用手册)[M]. 北京:化学工业出版社.
丁伯民,曹文辉,等,2008. 承压容器. 北京:化学工业出版社.
黄春芳,2008. 石油管道输送技术[M]. 北京:石油石化出版社.
姬忠礼,等,2015. 泵与压缩机[M]. 2版. 北京:石油工业出版社.
李铭,等,2010. 油田地面工程设计[M]. 东营:中国石油大学出版社.
林宗虎,徐通模,等,2009. 实用锅炉手册[M]. 北京:化学工业出版社.
美国气体加工和供应者联合会,2012. 气体加工工程数据手册[M]. 北京:石油工业出版社.
钱颂文,等,2002. 换热器设计手册[M]. 北京:化学工业出版社.
钱锡俊,陈弘,2007. 泵和压缩机[M]. 2版. 中国石油大学出版社.
日本综研化学株式会社《载热体手册》编委会,1996. 载热体手册[M]. 北京:中国科学技术出版社.
夏清,2015. 化工原理[M]. 天津:天津大学出版社.
郁永章,姜培正,孙嗣莹,2012. 压缩机工程手册[M]. 北京:中国石化出版社.